Prof. Dr. Klaus-Ulrich Benner

DER KÖRPER DES MENSCHEN

Das Wunderwerk des menschlichen Körpers, Aufbau, Funktionen, Zusammenwirken, Abläufe und Vorgänge.

Prof. Dr. Klaus-Ulrich Benner

DER KÖRPER DES MENSCHEN

Das Wunderwerk des menschlichen Körpers, Aufbau, Funktionen, Zusammenwirken, Abläufe und Vorgänge.

Published in this edition 1989 by Galley Press
an imprint of W H Smith Limited

Titel der Originalausgabe:
The Human Body – A comprehensive
guide to the structure and functions of the human body

Komplette Bearbeitung des Textes:
Univ. Prof. Dr. med. Klaus-U. Benner, München
Mitarbeit: Dr. Susanne M. Hillenbrand, München

Fachredaktion: John O. E. Clark
Redaktionsleiter: Ruth Binney
Künstlerische Leitung: Eddie Poulton
Bildredaktion: Zilda Tandy
Produktion: Maasburg GmbH, München

Printed in Austria
ISBN 3 89350 273 4

Bild-Quellen

6 Morton Beebe/The Image Bank; 8 Bull Publishing Consultants/Nick Birch; 16 Rex Features; 23 Mareshal/The Image Bank; 26 Photograph Agfa-Gevaert made on Agfa-contour film; gatefold Lennart Nilsson from his book *Behold Man*, published in the U.S. by Little, Brown & Co., Boston; 38 Rafael Beer 1980; 44 Drs John Heuser + Roger Cooke; 48 London Scientific Fotos; 56 J Stevenson/Science Photo Library; 58 Biophoto Associates; 63 Dr A Leipins/Science Photo Library; 70 Science Photo Library; 75 Joe Baker/The Image Bank; 78 Dr Tony Brain/Science Photo Library; 79 Howard Sochurek/The John Hillelson Agency; 82 John Watney Photo Library; 87 American Cancer Society; 89 Zefa Picture Library; 91 Alex Hubrich/The Image Bank; 92 Manfred Kage/Peter Arnold; 102 Lennart Nilsson from his book *Behold Man*, published in the U.S. by Little, Brown & Co., Boston; 106 From *Tissues and Organs* by Richard G Kessel and Randy H Kardon, W H Freeman and Company; 108 Lennart Nilsson from his book *Behold Man*, published in the U.S. by Little, Brown & Co., Boston; 139 Arthur Seigleman/ Freelance Photographers Guild; 143 Dan McCoy/Rainbow; 144 Clark/Goff/Science Photo Library; 160/161 Russ Kinne/Science Photo Library; 170 Biology Media/Science Photo Library; 176 Science Photo Library; 187 Hank Morgan/Science Photo Library; 188 Jan Hinsch/Science Photo Library; 206 Biophoto Associates; 213 Biophoto Associates; 214 Gene Cox/Science Photo Library; 230 Howard Sochurek/Woodfin Camp & Associates; 237 Manfred Kage/Science Photo Library; 242 Dan McCoy/Rainbow; 244 Manfred Kage/Peter Arnold; 252 Lennart Nilsson from his book *Behold Man*, published in the U.S. by Little, Brown & Co., Boston; 257 Kanaehara Shuppan Co. Ltd; 265 Dr Goran Bredberg/Science Photo Library; 286/7 Adam Woolfitt/Susan Griggs Agency; 290 A R Williams, Charing Cross Hospital/London Scientific Fotos; 295 John Walsh/Science Photo Library; 299 Petit Format/Nesile/Science Photo Library; 306 Dr A Lesk/Laboratory of Molecular Biology/Science Photo Library; 317 National Portrait Gallery, London; 323 Sally & Richard Greenhill.

Inhalt

Einleitung

Der menschliche Körper wird gelegentlich als Wunderwerk oder Mysterium bezeichnet, doch kein Begriff kann ihn vollends beschreiben, vielleicht und gerade wegen seiner erstaunlichen Vielseitigkeiten. Als menschliche Wesen leben wir, atmen, bewegen uns und denken. Und nur durch ein besseres Verständnis dieser und anderer Lebensvorgänge vermögen wir, dem Mirakel halbwegs gerecht zu werden.

Die Absicht dieses Buches ist es, einige Grundlagen von Bau und Funktion verschiedener menschlicher Organe und Organeinheiten darzustellen und sie mit eindrucksvollen Bildern zu unterlegen, um die vielfältigen Fähigkeiten unseres Organismus verständlich und anschaulich aufzuzeigen. Der Buchtext, verfaßt von Experten, die versuchen, selbst schwierigste Sachverhalte auch einem Laien verständlich zu machen, beschreibt die wichtigsten Gewebe und Organe und deckt auf, wie diese allein oder im Verbund miteinander arbeiten.

Das Buch beginnt mit der Beschreibung der Phänomene, die von der Geburt über die Kindheit, die Pubertät und das Erwachsenenalter für Wachstum und Entwicklung typisch sind. Hierauf folgt eine Darstellung der Grundgefüge des Körpers: der Knochen des Skeletts, dem robusten und belastbaren Gerüst für die Weichteile, und der Skelettmuskeln, die mit den Gelenken zusammenarbeiten, um eine ganze Fülle feinst abgestimmter Bewegungen auszuführen; alles eingehüllt in eine dünne, elastische Haut, die einen Schutz vor den schädigenden Umwelteinflüssen bietet, die gleichzeitig aber auch den Kontakt zur Umgebung ermöglicht.

Wie alle Körpergewebe besteht die Haut aus einzelnen Zellen, den kleinsten funktionellen Einheiten, in denen sich die Grundvorgänge des Lebens abspielen. Hier wird die Lebenskraft produziert, die der Körper für seine Funktionen braucht. Zur Erzeugung der Energie wird wiederum Sauerstoff benötigt, den die Lunge mit der Atmung aufnimmt und den das Blut dann zu den Zellen befördert. Blut und Blutgefäße sind eine Transporteinrichtung, dessen treibende Kraft, das Herz, über eine schier unerschöpfliche Pumpleistung verfügt.

Die anderen Rohstoffe, die unser Körper zur Energieherstellung und zum Ersatz untergegangenen Gewebes braucht, bezieht er durch die Verdauung der aufgenommenen Nahrung. Unverdauliche Stoffe und Endprodukte der Verdauung scheidet er mit dem Stuhlgang aus.

Weitere Stoffwechselschlacken, deren Anhäufung unter Umständen schädlich für unseren Organismus wären, können auch über die Nieren entfernt werden, die dazu einen Dauerfilter-Mechanismus besitzen. Diese harnbildenden Organe greifen gleichzeitig regulierend in den Druck, das Volumen und den Säuregehalt unseres Blutes ein.

Zwei Körpersysteme sind dafür verantwortlich, daß die Organe und Organeinheiten ihre Arbeit sinnvoll und aufeinander abgestimmt erledigen. Das Hormon- oder endokrine System steuert mit Hilfe seiner chemischen Botenstoffe, der Hormone, so mannigfaltige Funktionen wie Verdauung und Fortpflanzung. Das Nervensystem sendet, stets kontrolliert vom Gehirn, nervöse Impulse durch den Körper, um beispielsweise die Tätigkeit unserer Muskeln und Drüsen zu lenken. Dabei liefern uns die Sinnesorgane, deren Eindrücke meist direkt zum Gehirn gelangen, ständige Informationen über unsere Umgebung.

Mit Fragen zur Existenz des Menschen, mit einer Schilderung der erstaunlichen Vorgänge bei der Fortpflanzung und grundlegenden Problemen zur Erbmasse und den Gesetzen der Vererbung beschließt das Buch seine Darstellung einer faszinierenden Entdeckungsreise durch den menschlichen Körper.

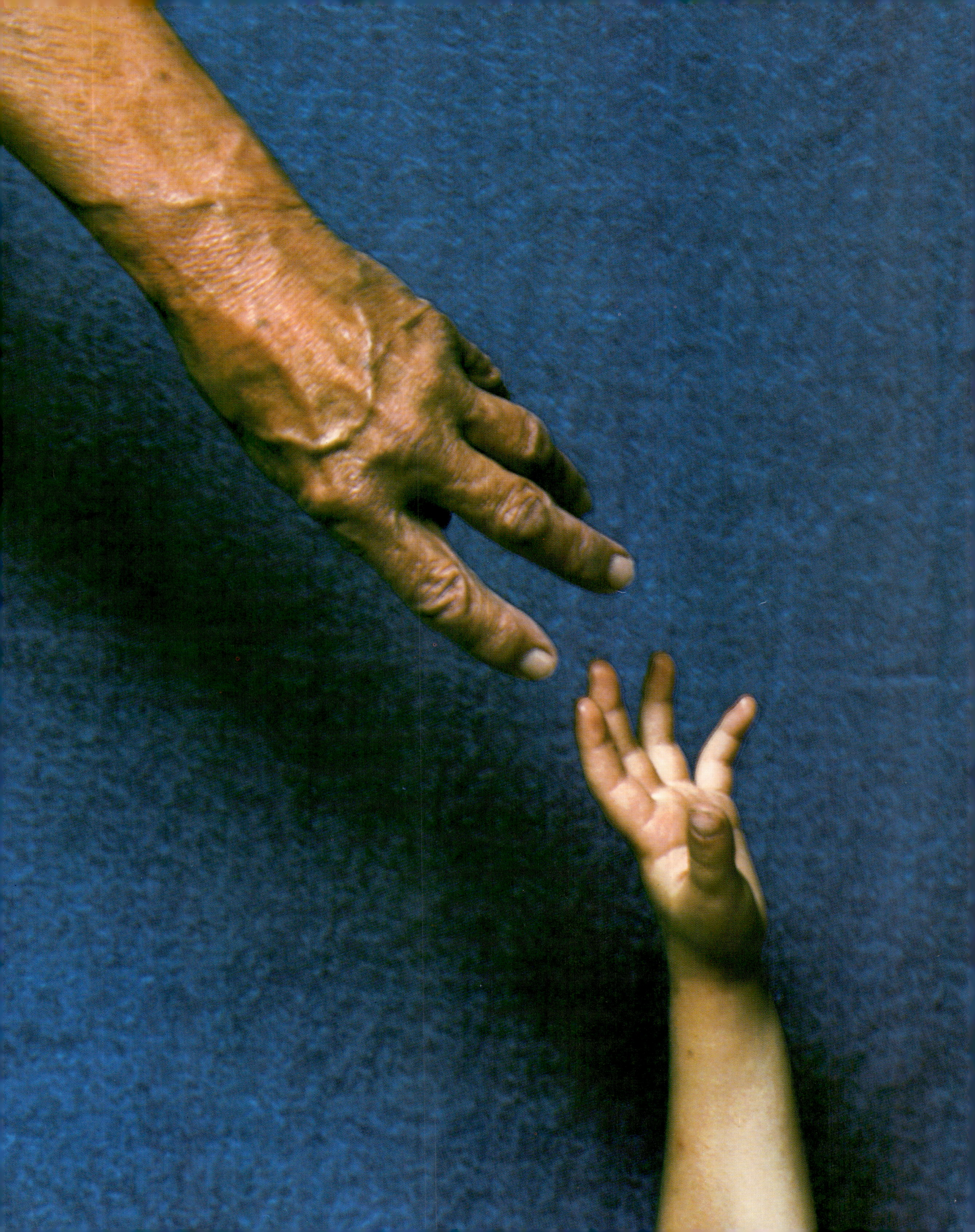

Kapitel 1

Wachstum und Entwicklung

Menschen sind die fraglos kompliziertesten Wesen unseres Planeten. Sie sind nach einem gemeinsamen Bauplan konstruiert und doch sind alle verschieden, jeder Mensch ist ein Individuum. In vielen Ländern werden Menschen heute älter als 70 Jahre, von ihrem Lebensbeginn als befruchtete Eizelle bis zu ihrem Tod sind sie einem ständigen körperlichen und geistigen Wandel unterworfen. Das Wunder menschlichen Werdens und Seins fasziniert gleichermaßen Philosophen, Psychologen und Pädagogen, sein Studium ist ein wichtiger Zweig medizinischer Wissenschaft.

Trotz der Theorien eines Sigmund Freud oder Alfred Adler, eines Carl Gustav Jung oder Jean Piaget und vieler anderer sind bis heute zahlreiche Fragen zur Individualentwicklung unbeantwortet geblieben. Forscher können das Wachstum und die Entwicklung des Menschen relativ exakt vermessen, sie wissen aber immer noch nicht genau, worin die bedeutendsten Einflüsse zur Formung seiner Individualität bestehen und warum bestimmte Veränderungen stattfinden.

Insbesondere wird widersprüchlich diskutiert, inwieweit der Mensch das Resultat der Vereinigung zweier Gensätze, ein Ergebnis seiner Vererbung also ist oder wie sehr ein Produkt seiner Umgebung. Eines ist jedoch gewiß: Mit der Befruchtung wird ein Zug von Entwicklungsschritten in Fahrt gesetzt, der sich unaufhaltsam bis zum Tode fortbewegt.

Wachstum vor der Geburt

Das menschliche Leben beginnt mit der Befruchtung, Samen- und Eizelle verschmelzen miteinander und bilden eine sogen. Zygote. Während der folgenden 40 Wochen teilt sich dieses Gebilde wieder und wieder, bis aus einem stecknadelkopfgroßen Häufchen ein vollentwickelter, kleiner Mensch entstanden ist, ausgestattet für ein eigenständiges Leben außerhalb des Mutterschoßes.

Dies ist möglich durch die mitotische Zellteilung, eine Trennung der Zelle in zwei Hälften nach Verdoppelung ihres Kerninhalts. Die Mitose beginnt im Mutterleib, hält bei vielen Zellen das ganze Leben an und wird von Genen, kleinsten Teilchen innerhalb des Kernes gesteuert. Jedes Gen enthält eine Kopie von Informationen, alle Gene zusammen bestimmen die einzigartigen körperlichen und geistigen Eigenschaften, die der neue Mensch von seinen Eltern erbt.

Nach der Befruchtung in einem der beiden Eileiter enthält die Zygote einen vollen Satz Gen-tragender Chromosomen, eine Hälfte aus der Samen-, eine aus der Eizelle. Die Zygote teilt sich innerhalb von 24 Stunden in zwei Zellen, dann in sich verkürzenden Abständen in vier, acht usw. Zellen oder Blastomere, die immer kleiner werden. Am vierten Tag verläßt das nun maulbeerähnliche, aus 16 Blastomeren bestehende Gebilde (Morula) den Eileiter und gelangt in die Gebärmutter. Dort frißt es sich durch die Deckzellschicht der Schleimhaut (Endometrium) und nistet sich in deren nahrhafter Tiefe ein. Während der fortschreitenden Teilung beginnen die Zellen, sich voneinander zu unterscheiden (Differenzierung) und bestimmte Gewebe zu bilden, wie die Muskulatur oder das Nervensystem, jedes mit einer besonderen Aufgabe.

Wachstum und Entwicklung
Ein alter Mensch streckt seine Hand nach der Hand eines Kleinkindes aus. Diese winzigen Finger werden nach und nach größer und mit der Reifung des kindlichen Nervensystems, mit der Entwicklung seiner Muskeln wird die Hand eine Geschicklichkeit erlangen, die einzigartig für den Menschen ist.

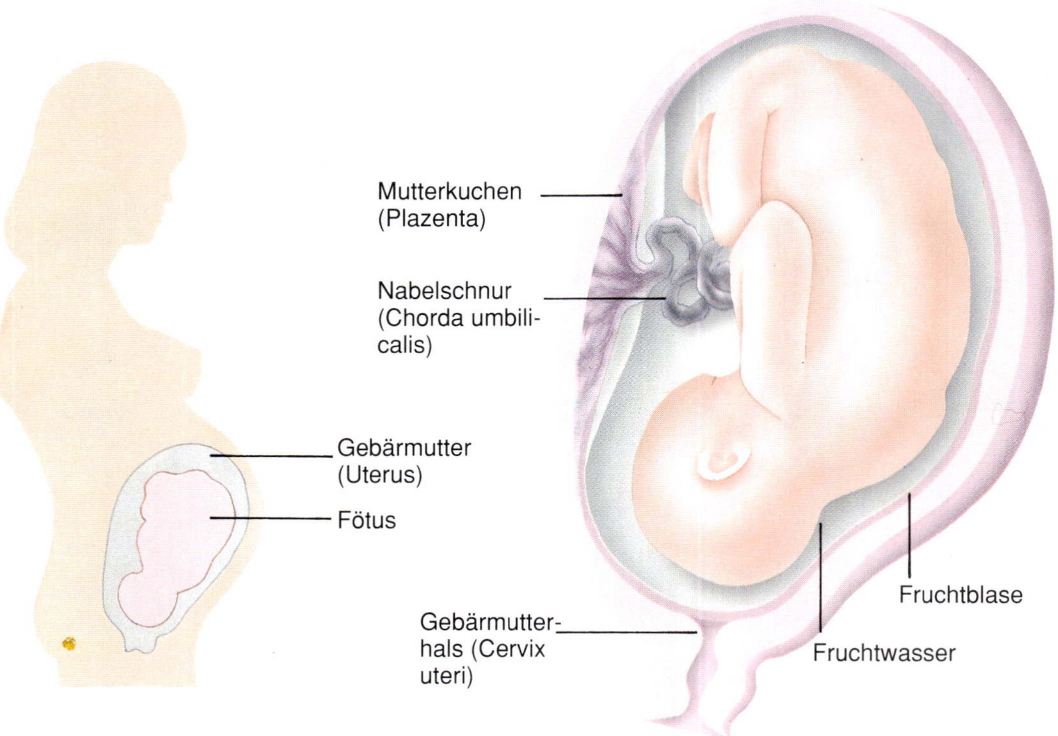

Im Schutz des Mutterleibes *durchläuft der Keimling oder Fötus eine neunmonatige faszinierende Entwicklung. Er erhält, eingehüllt in die Fruchtblase und umspült vom Fruchtwasser, seine Versorgung aus dem Blut der Mutter. Sauerstoff und Nahrungsstoffe wandern im Mutterkuchen, der Plazenta, vom mütterlichen ins kindliche Blut, das durch die Nabelschnur in den Körper des Fötus fließt. Im selben Versorgungsstrang befinden sich auch die Transportwege, die die kindlichen Schlacken zur Ausscheidung in die Plazenta und damit in den mütterlichen Körper befördern.*

Das bemerkenswerte Gen

Zellteilung und -differenzierung sind äußerst komplizierte Vorgänge, die wir noch nicht vollständig verstehen. Eine der verwirrenden Fragen ist, wie die genetischen Anweisungen in der befruchteten Eizelle so übersetzt werden, daß das neue menschliche Wesen alle Gewebe bekommt, um am Leben bleiben zu können und daß die verschiedenen Körperteile sich in der richtigen Reihenfolge aneinander fügen. Die Antwort auf solche Rätsel könnte in den phantastischen Eigenschaften und der Vielfältigkeit der Gene selbst liegen.

Letztlich funktionieren die Gene, indem sie ihrer Zelle Befehle erteilen. Diese folgt und produziert Eiweiße, die sowohl für den Eigenbau, als auch zur intrazellulären Steuerung chemischer Reaktionen bestimmt sind. Während die Zygote sich fortwährend teilt und wächst, werden verschiedene Gene zu unterschiedlichen Zeitpunkten aktiviert. Werden beispielsweise vom Embryo Muskelzellen benötigt, setzen sich nur jene Gene in Gang, die für die Produktion des Muskeleiweißes verantwortlich sind. Es wird angenommen, daß für diesen Selektionsmechanismus abermals bestimmte Gene als Kontrolleure fungieren, indem sie festlegen, welche Gene zur Zeit aktiviert und welche gehemmt werden. Auch scheinen völlig unterschiedliche Gene darauf programmiert zu sein, Befehle zu Zellbau und -teilung zu geben.

Die Art, in der die verschiedenen Körpergewebe im wachsenden Embryo miteinander Kontakt aufnehmen, ist offenbar entscheidend für die Wechselbeziehungen unter den Zellen. Ist das Zellmuster falsch, setzt sich der daraus entstehende Körper verkehrt zusammen und weist bei der Geburt Schäden wie den gespaltenen Wirbelkanal (Spina bifida) auf, bei dem die Hüllen um das Rückenmark unvollständig sind.

Die Zelldifferenzierung ist eine bedeutsame Phase in der menschlichen Entwicklung, auch die kleinste Abweichung vom Normalverlauf ist später von z.T. erheblichen Störungen gefolgt. Angeborene Schäden, wie die Spina bifida, können auf einem Fehler genetischer Befehle oder schädlichen Umwelteinflüssen (wozu auch Medikamente, Alkohol und Drogen zählen) beruhen, die die normale Entwicklung in der Schwangerschaft durcheinanderbringen.

Entwicklung im Mutterschoß

In der dritten Woche nach der Befruchtung gliedert sich der Zellhaufen in der Gebärmutterschleimhaut in drei Gewebsschichten oder Keimblätter: Ektoderm, Mesoderm und Entoderm. Aus diesen drei gehen alle Gewebe und Organe unseres Körpers hervor. Um dieselbe Zeit entsteht im mittleren Keimblatt auch die Rückensaite, ein runder geleeähnlicher Stab, unter dessen Einfluß sich das Zentralnervensystem und die Wirbelsäule bilden. Der Keimling, am Ende der vierten Woche 4 Millimeter lang, wird bis zur achten Woche als Embryo bezeichnet.

Diese kurze Periode menschlicher Entwicklung ist sehr kritisch, da während ihr alle Organsysteme entstehen. Jeder störende Einfluß von außen, Medikamente oder Virusinfektionen, kann verheerenden Schaden anrichten. Der Embryo wächst rasch, von der vierten zur achten Woche vervierfacht er seine Länge auf zweieinhalb Zentimeter. Jetzt ähnelt er bereits einem menschlichen Wesen, seine Organe sind fertig angelegt, er hat Arme, Beine, eine Nase, Augen und sogar Augenlider.

Ab dem dritten Monat bis zur Geburt wird die Frucht als Fötus bezeichnet. In der siebenmonatigen Periode reifen die Gewebe, die Maße des Fötus klettern erstaunlich rapide. Seine Körperlänge steigt auf etwa 50 Zentimeter, sein Gewicht von 30 Gramm auf sechs bis neun Pfund. In der 12. Woche beginnt er, Harn zu produzieren, die äußeren Geschlechtsteile haben sich entwickelt; das Geschlecht des Kindes ist jetzt mit Ultraschall bestimmbar. Die Knochen werden zwischen der 13. und 16. Woche angelegt, Haare und Fingernägel wachsen in der 20. Woche. Ab der 30. Woche wird Fett unter der Haut abgelagert, der Fötus wird glatter und runder.

In der 14. Woche beginnt das fötale Herz, Blut zu pumpen und ab der 18. Woche kann der kindliche Herzschlag durch die mütterliche Bauchdecke gehört werden; die Mutter spürt jetzt Kindsbewegungen. Auch Reflexe haben sich um diese Zeit entwickelt, ab der 14. Woche sind reflektorische Schluckbewegungen zu beobachten. Der Fötus zeigt eine ganze Reihe weiterer Fähigkeiten: Daumenlutschen, Purzelbaumschlagen, Saugen und Schlucken sowie manchmal einen Schluckauf, Händeklatschen und Schlafen; er reagiert sogar auf äußere Reize, wie ein lautes Geräusch.

Zwischen der 26. und 29. Woche reifen die Lungen und bereiten sich auf die Atemfunktion vor. Die Augenlider, ab der neunten Woche geschlossen, öffnen sich wieder; der Körper wird plumper. Der Fötus ändert seine Lage, die meisten Kinder liegen mit dem Kopf nach unten in Richtung kleines Becken.

Aus dem Mutterschoß

Eine normale Schwangerschaft dauert 40 Wochen oder 288 Tage, obwohl die Niederkunft jederzeit ab der 38. Woche bzw. dem 266. Schwangerschaftstag erwartet werden kann; der Geburtshelfer berechnet den Geburtstermin vom Beginn der letzten Menstruation ab. Die Wehen werden durch verschiedene Hormone ausgelöst, darunter das in der Hirnanhangsdrüse gespeicherte Oxytocin, Prostaglandine und Katecholamine.

Der Einfluß der Geburt auf die kindliche Entwicklung wird unter Ärzten immer wieder diskutiert. Einige Fachleute, darunter der französische Frauenarzt Leboyer, vermuten, daß die Geburt durchaus ein traumatisches Erlebnis für das Kind ist - der Wechsel aus dem friedlichen Mutterschoß in die überwältigende, verwirrende Welt. Leboyer fordert daher eine Entbindung in völlig entspannter Atmosphäre und ohne "Gewalt", wozu er den Kaiserschnitt, die Vitalitätsprüfung nach Apgar und eine ganze Palette weiterer Tests zählt, die routinemäßig an einem Neugeborenen in den ersten fünf Minuten seines Erdendaseins vorgenommen werden. Fürsprecher der "High Tech"-Entbindung halten dagegen, daß mit den Praktiken eines modernen Kreissaals schon viele Kinderleben gerettet wurden und gerade der Apgar-Test die Ärzte frühzeitig zur Hilfe alarmiert.

Der Kopf eines Neugeborenen nimmt ein Viertel seiner Gesamtkörperlänge ein. Seine Haut ist trocken, weich und gerunzelt und kann noch von einer zarten (Lanugo-)Behaarung überzogen sein. Die Farbe der Augen ist anfänglich fast immer blau, das Sehvermögen noch unscharf. Auch das Gehör kann durch in den Gehörgängen verbliebenes Fruchtwasser eingeschränkt sein.

Es geht ums Überleben

Überleben ist die Devise der ersten Lebenstage. Das Neugeborene, das bisher in der warmen flüssigen Umgebung des Mutterschoßes geborgen war und sich auf das umfassende Versorgungssystem der Plazenta stützen konnte, muß sich plötzlich an die neuen Umgebungsbedingungen gewöhnen und vor allem seine Luft selbst atmen. Bei der Geburt sind die Lungen noch teilweise mit Fruchtwasser gefüllt. Während der Wehen schütten die fötalen Nebennieren jedoch das Hormon Noradrenalin aus, das die Resorption der Flüssigkeit anregt. Unmittelbar nach der Geburt, mit dem ersten Schrei, füllen sich also die Lungen mit Atemluft.

Das Kreislaufsystem gibt seine totale Abhängigkeit von der Plazenta auf und wird zur selbständigen Funktionseinheit. Dies setzt voraus, daß einige große Blutgefäße verschlossen werden, die im fötalen Kreislauf der Umgehung der nicht atmenden Lungen dienten. Die Nieren sind noch nicht ganz ausgereift und werden in den ersten Tagen durch Hormone, die die Flüssigkeitsbalance des Körpers beeinflussen, unterstützt.

Schließlich muß sich das Neugeborene, das bisher die Nahrung über die Plazenta direkt ins Blut bekam, an die Verdauung von Milch gewöhnen. Die Anpassungsmechanismen sind auch hier äußerst

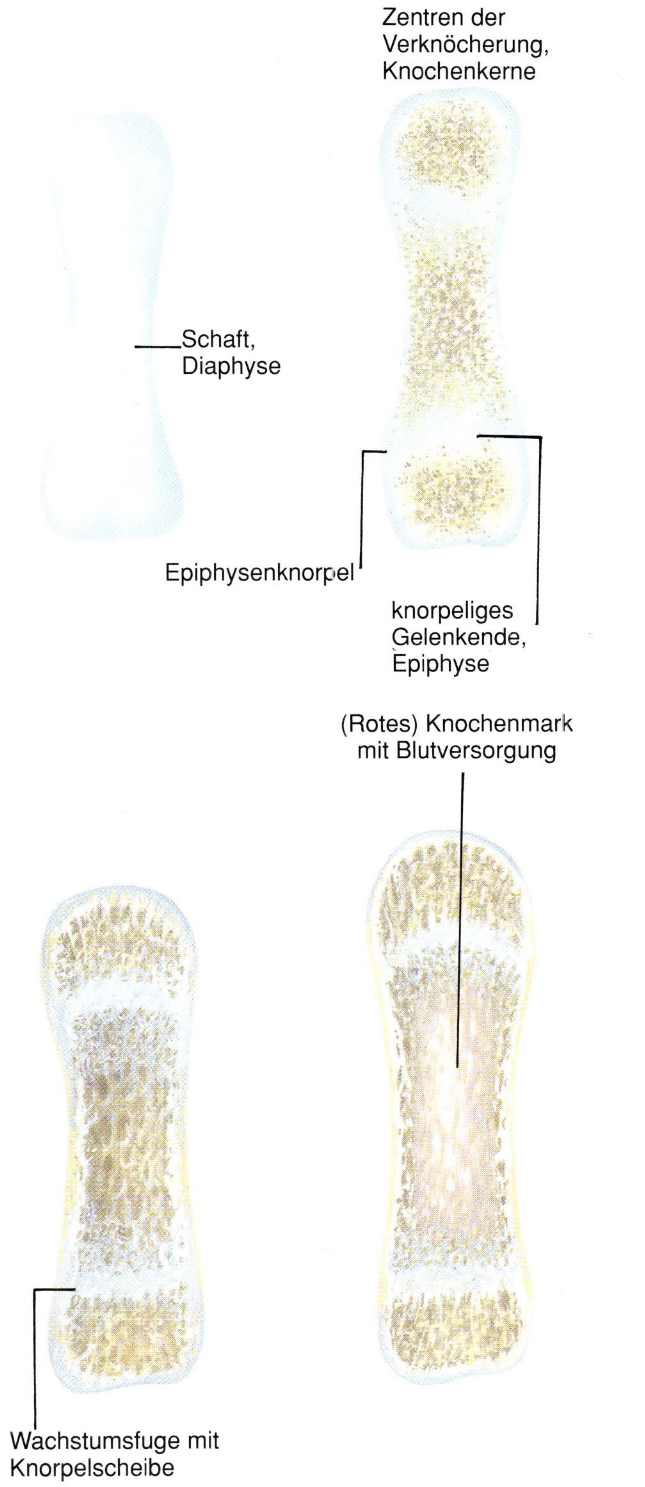

***Die Knochenbildung oder Ossifikation** beim Fötus beginnt in den aus Knorpel vorgeformten Röhrenknochen in Schaftmitte und an den beiden Enden. Zwischen den Knochenzentren bleibt Knorpel erhalten, der später scheibenförmig die Epiphysen- oder Wachstumsfugen ausfüllt. In kleinsten Blutgefäßen oder Kapillaren gelangt das Blut zu den Knochen-bildenden Zellen oder Osteoblasten. Im inneren Knochenhohlraum entwickelt sich das Knochenmark, der Ort der Blutzellproduktion.*

ZELL-DIFFERENZIERUNG

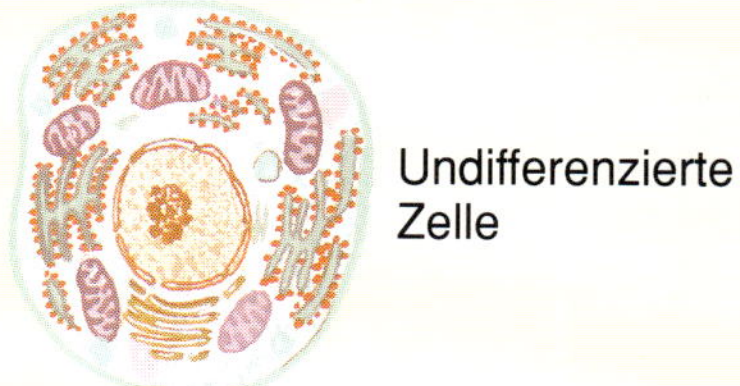

Differenzierung *ist die Umwandlung von nichtspezialisierten Zellen der Keimbläschen (Blastozysten) in Organzellen des Fötus mit typischen Leistungen.*

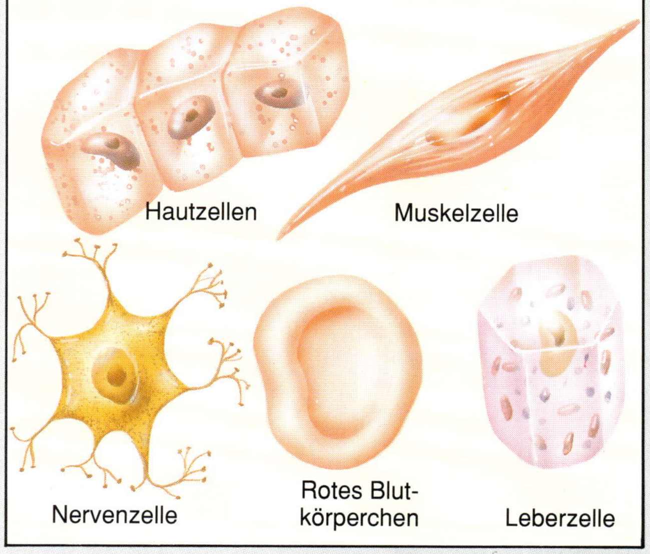

VORGEBURTLICHE ENTWICKLUNG

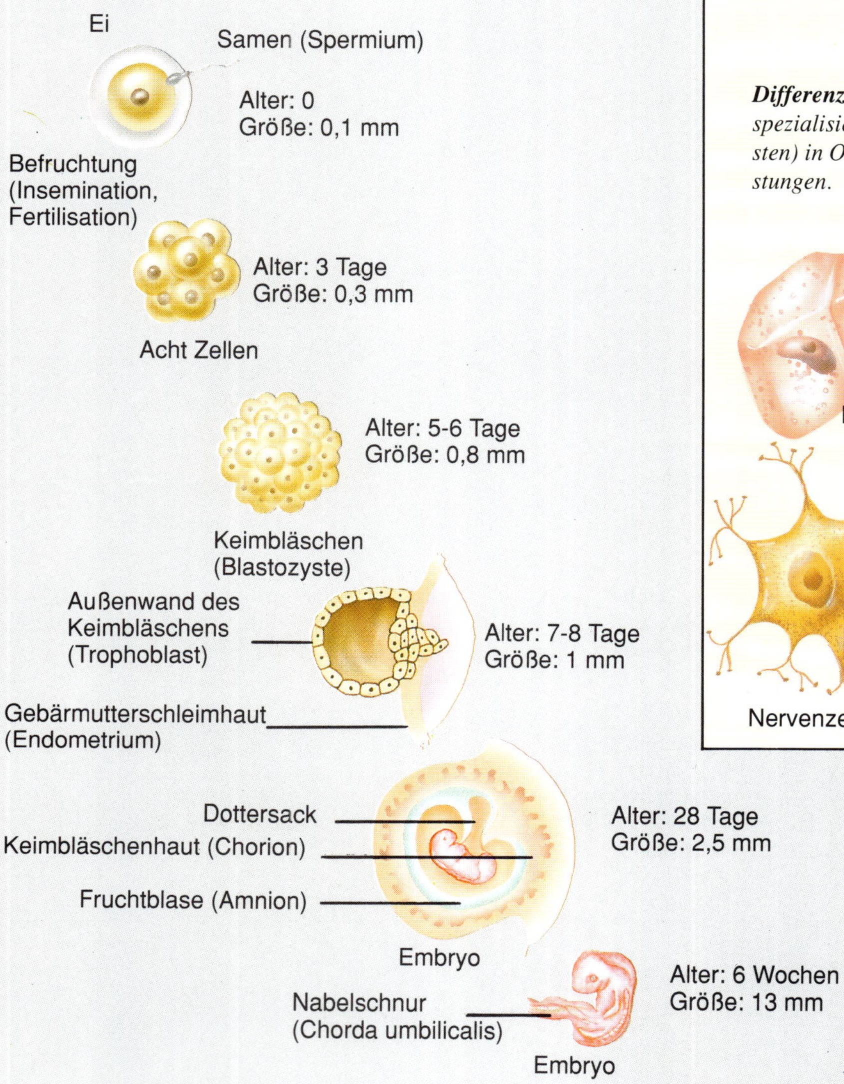

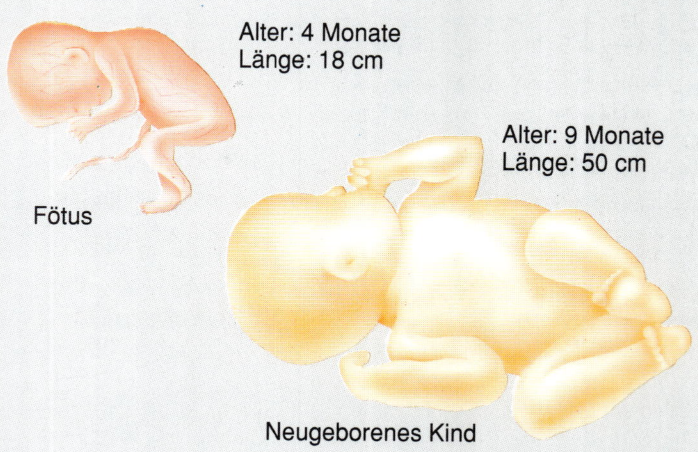

Die früheste und rascheste Phase *menschlichen Wachstums findet im Mutterleib statt. Innerhalb der ersten Wochen nach der Befruchtung bildet sich aus einer Stecknadelkopf-großen Zellkugel ein 13 mm großer Embryo. Zehn Wochen später ist er um das 14 fache größer, also etwa 18 cm lang. Während der 2. Hälfte der Schwangerschaft ereignet sich nochmals ein Wachstumsschub. Zum Zeitpunkt der Geburt, nach neunmonatigem Aufenthalt im Mutterleib, ist das Neugeborene ungefähr 50 cm groß.*

***In dieser Spirale der kindlichen Frühentwicklung** bezeichnen die Farbbande das Durchschnittsalter bedeutsamer Entwicklungsschritte. Erst nach Reifung des kindlichen Nervensystems und der dazu notwendigen Muskeln, nach Erlangen von Kraft und geschicktem Zusammenspiel können körperliche Fähigkeiten, wie Sitzen, Krabbeln oder Laufen erlernt werden. Dies geschieht in der hier dargestellten Reihenfolge, von der jedoch auch Abweichungen beobachtet werden. Der Beginn jedes Farbbandes bezieht sich auf das Alter, in dem 25% aller Kleinkinder, das Ende des Farbbandes auf das Alter, in dem 90% die jeweils dargestellte Körperfertigkeit erworben haben. Die Position des Babys auf dem Farbband gibt dabei an, wann etwa die Hälfte aller Kinder der jeweiligen Altersstufe über das entsprechende Können verfügen.*

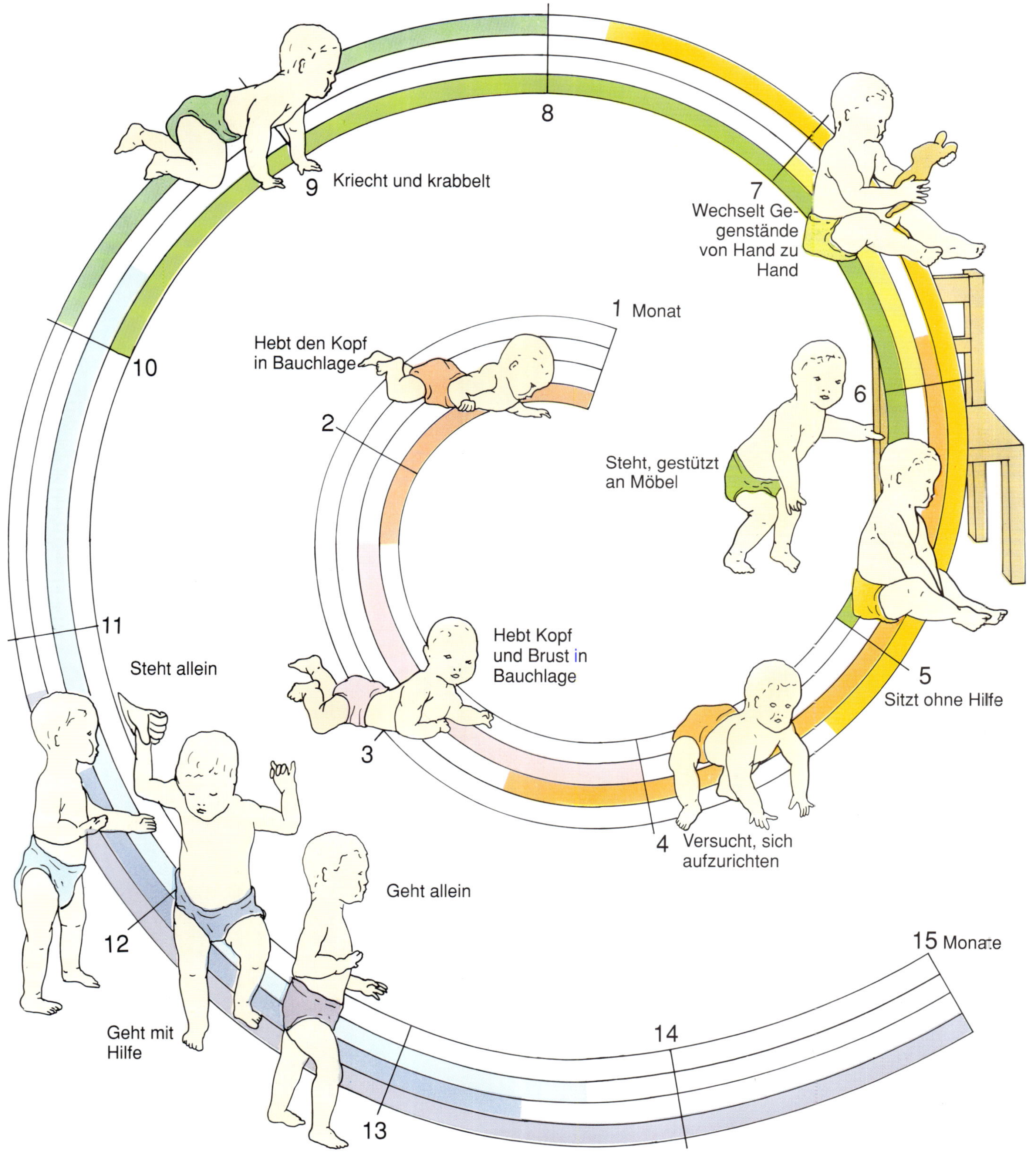

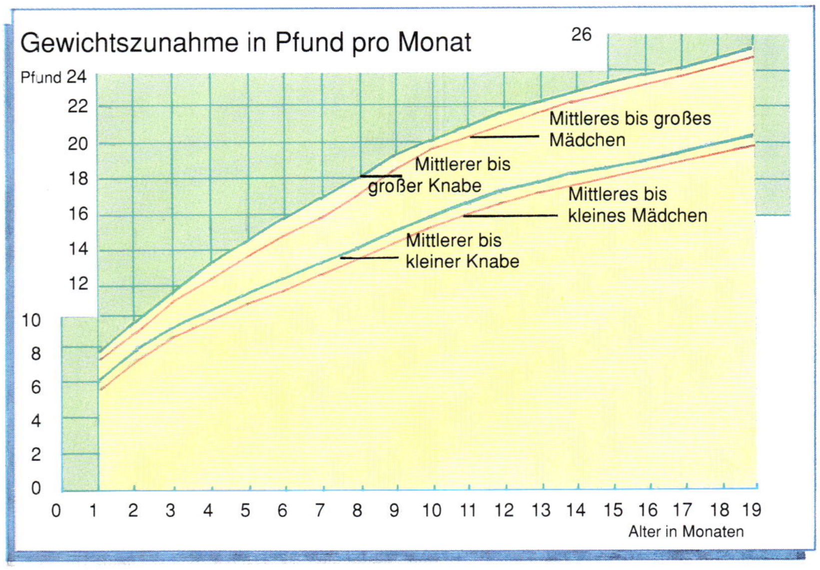

***In den ersten zwei bis drei Lebenswochen** verlieren die Neugeborenen etwas an Gewicht, in der Regel bis zu 100 Gramm. Dann steigern sie bis Ende des 3. Monats ihr Körpergewicht sehr rasch (ca. 28 Gramm/Tag bzw. 200 Gramm/Woche), um danach langsamer zuzunehmen. Zwischen dem 4. und 5. Lebensmonat haben sie ihr Geburtsgewicht verdoppelt, am Ende des 1. Jahres verdreifacht. Das Neugeborene benötigt pro Tag 75 bis 90 Gramm Milch für jedes Pfund seines Körpergewichts - etwa 650 Gramm bei einem normalen 7 Pfund-Baby. Sobald es 10 Pfund schwer oder 3 Monate alt ist, kann der Milch feste Nahrung beigefügt werden. Mit 18 Monaten wiegt ein "Durchschnitts-"Baby 25 Pfund.*

wirksam. Beim Brustkind fördert das Kolostrum, eine gelbliche Flüssigkeit, die vor der ersten Muttermilch von der Brustdrüse sezerniert wird, die Freisetzung kindlicher Hormone, die die Verdauungstätigkeit und Nahrungsaufnahme des Magen-Darmtrakts fördern.

Ein neugeborenes Kind erweckt den Eindruck völliger Hilflosigkeit. Mit seinem großen Kopf auf einem dünnen Hals, der diesen noch nicht tragen kann, mit den kleinen Gliedmaßen und seinen unkoordinierten Bewegungen scheint das Baby zu einer unabhängigen Existenz noch nicht in der Lage zu sein. Aber sein Lebensinstinkt und Tatendrang sind stark entwickelt.

Überlebenssysteme

Kleinkinder brauchen stets Fürsorge, um gesund zu gedeihen und sich körperlich und geistig weiterzuentwickeln. Das Neugeborene kommt zur Welt mit einem tief verankerten Überlebenssystem aus Reflexen und Verhaltensweisen, von denen viele den Zweck verfolgen, die notwendige Aufmerksamkeit und Zuwendung zu ergattern.

Schreien ist die erste Ausdrucksmöglichkeit des Säuglings. Ein Schrei kann Hunger, Müdigkeit oder Unwohlsein bedeuten und er wird nur von wenigen Eltern ignoriert. Wenn Nahrung nicht hilft, wird das Kind aufgenommen und liebevoll getröstet; so werden Gefühlsbande geknüpft, auf die es zunehmend reagiert. Das Neugeborene verfügt noch über weitere Reflexe, von denen einige auf die früheste Zeit menschlicher Existenz zurückgehen. Hierzu gehört der Saugreflex: Wenn seine Wangen berührt werden, dreht sich der Säugling automatisch zur entsprechenden Seite, seine Lippen spitzen sich. Ertasten sie die Brustwarze oder den Schnuller, setzen sofort kräftige Saugbewegungen ein, womit er sich seine Nahrung sichert.

Berührt man die Handinnenfläche des Neugeborenen, beugen sich automatisch seine Finger zur Faust. Sein Greifreflex ist so stark, daß es am Greifarm für einige Sekunden sein eigenes Körpergewicht tragen kann. Die meisten der Reflexe gehen verloren, sobald sich Willkürhandlungen über das instinktive Verhalten legen.

In den ersten Wochen sind regelmäßige Gewichtsbestimmungen die einfachste Entwicklungskontrolle. Das Geburtsgewicht hängt von verschiedenen Faktoren ab: Geschlecht des Kindes (Knaben sind in der Regel etwas schwerer), Anzahl der Geburten (Erstkinder sind leichter), besondere Gewohnheiten (Rauchen etc.) und Krankheiten der Mutter während der Schwangerschaft sowie die Tragedauer. Auch die Vererbung spielt eine Rolle; das Gewicht wird, wie viele andere Körpermerkmale (Augen- oder Haarfarbe) genetisch gelenkt. Die Steuerung übernehmen Polygene - Gengruppen, die blockweise über Generationen weitergereicht werden. Die meisten Neugeborenen nehmen in den ersten Tagen trotz ausreichender Ernährung ab, um ihr Geburtsgewicht jedoch innerhalb von 10 Tagen wieder zu erreichen. Danach sollte das Körpergewicht dann ständig und gleichmäßig ansteigen.

Auf den Beinen

Neugeborene haben noch keine Kontrolle über die Bewegungen ihres Körpers. Werden sie ohne Unterstützung aufgehoben, lassen sie Kopf und Glieder hilflos herabhängen, was Jungeltern nicht selten erschreckt. Nach sechs Wochen jedoch gewinnen die Halsmuskeln an Spannung, der Kopf wird leichter; eine oder zwei Wochen später halten sie ihren Kopf bereits in einer Ebene mit dem Rumpf, wenn sie liegend aufgenommen werden.

Nach und nach verlassen sie auch die nach der Geburt eingenommene Liegeposition. In Bauchlage lernen sie sehr rasch, Kopf und Schultern, auf die Arme gestützt, anzuheben; ihre Körperkontrolle wächst zusehends. Nach 10 Wochen können die meisten sich aus der Seitenlage in die Rückenlage rollen, einen Monat später sogar aus der Bauchlage. Nach sechs Monaten vermag das Kleinkind, seinen Kopf aus eigener Kraft hochzuheben und ist in der Lage, mit geringer Unterstützung aufrecht zu sitzen. Mit der körperlichen Entwicklung reagiert es zunehmend auf seine Umgebung, winkt mit den Armen und zeigt Gefallen beim Spielen mit anderen Menschen.

Die Fähigkeit, seine Balance zu halten, stellt einen Meilenstein in der Kindesentwicklung dar. Erste Übungen bestehen darin, sich in Sitzhaltung nach vorne zu lehnen und mit einer Hand am Boden abzustützen. Mit einem Jahr vermag es, sich zu wenden und zu drehen und gezielt nach Gegenständen zu greifen. Eine gezielte Fortbewegung, meist in Form des Krabbelns, wird nach dem sechsten Monat erlernt und vervollkommnet.

Alle diese Bewegungen sind Training für die schwierige Hürde des Gehens. Ab dem 11. Monat fangen die Kinder an, sich hochzuziehen; ihr Gleichgewicht ist aber noch so gering entwickelt, daß sie ohne Stütze meist wieder hinplumpsen. Das Alter, mit dem Kinder ihre ersten selbständigen Schritte unternehmen, schwankt beträchtlich. Zunächst werden dabei nur kurze Strecken überwunden, von Möbel zu Möbel, dann steigert sich die Gehstrecke, bis schließlich das Zimmer auf unsicheren Beinen durchquert wird. Häufig wird zwischenzeitlich das Krabbeln wieder vorgezogen, um Kräfte für weitere Versuche zu sparen. Manchmal kann auch Krankheit einen Rückfall mit sich bringen. In der Regel aber paßt sich das Kind in seinem zweiten Lebensjahr mit allem an diese neue Form der Fortbewegung an.

Körperliche und geistige Gewandtheit

Innerhalb seiner ersten 12 Monate gewinnt der Säugling beträchtlich an körperlichen und geistigen Fähigkeiten. Dies liegt im wesentlichen an der Entwicklung seines zentralen und peripheren Nervensystems. Bei der Geburt sind eine große Zahl seiner Nerven noch nicht von einer Markscheide eingehüllt (myelinisiert) - eine wichtige Voraussetzung für das komplizierte Zusammenspiel von Nerven und Muskulatur bei Willkürhandlungen. Gegen Ende des ersten Lebensjahres ist die Myelinisierung aber praktisch komplett, der Körper bereit für höhere motorische Leistungen.

Auch das Gehirn entwickelt sich innerhalb dieser Zeitspanne beträchtlich. Bei der Geburt macht sein Gewicht im Mittel nur 26 Prozent des Hirngewichts eines Erwachsenen aus; nach einem Jahr ist es jedoch bereits auf mehr als die Hälfte des Gewichts bei Erwachsenen geklettert. Mit dem zweiten Lebensjahr ist das Gehirn praktisch reif und wächst danach nur noch in geringem Maße. Das mächtige frühkindliche Hirnwachstum ist möglich durch die relativ lockeren Schädelnähte, die sich erst im vierten Lebensjahr endgültig knöchern verfestigen.

Eintritt in die Gesellschaft

Das Baby kann von Geburt an sehen und hören, es antwortet auf plötzliche oder erschreckende Reize mit Augenblinzeln oder Versteifung und entspannt sich bei beruhigenden Geräuschen. Zunächst ist jedoch noch keine Koordination von Hör- und Seheindrücken festzustellen; obwohl es auf Töne reagiert, dreht es den Kopf nicht unbedingt in Richtung der Schallquelle. In diesem Stadium kann der

"Muster erkennen" *wird häufig zur Untersuchung des Verhaltens von Kleinstkindern angewendet. Der Untersucher registriert das Alter, in dem die Kinder durch Augenbewegungen Interesse an bestimmten Gegenständen bekunden. Bereits zwei Monate alte Babys reagieren dabei jedesmal mehr auf ein "richtiges" Gesicht, als auf ein verzerrtes bzw. einen Gegenstand ohne Gesicht (obere Darstellung). Muster ziehen jedenfalls das Augenmerk länger an als Farben oder wechselnde Helligkeitsstufen, wie Zeitmessungen erkennen lassen.*
Die untere Darstellung zeigt, daß ein Gesicht, Druckbuchstaben oder ein Bullauge die kindliche Aufmerksamkeit deutlich länger auf sich ziehen als einfache, gleichmäßig gefärbte Scheiben.

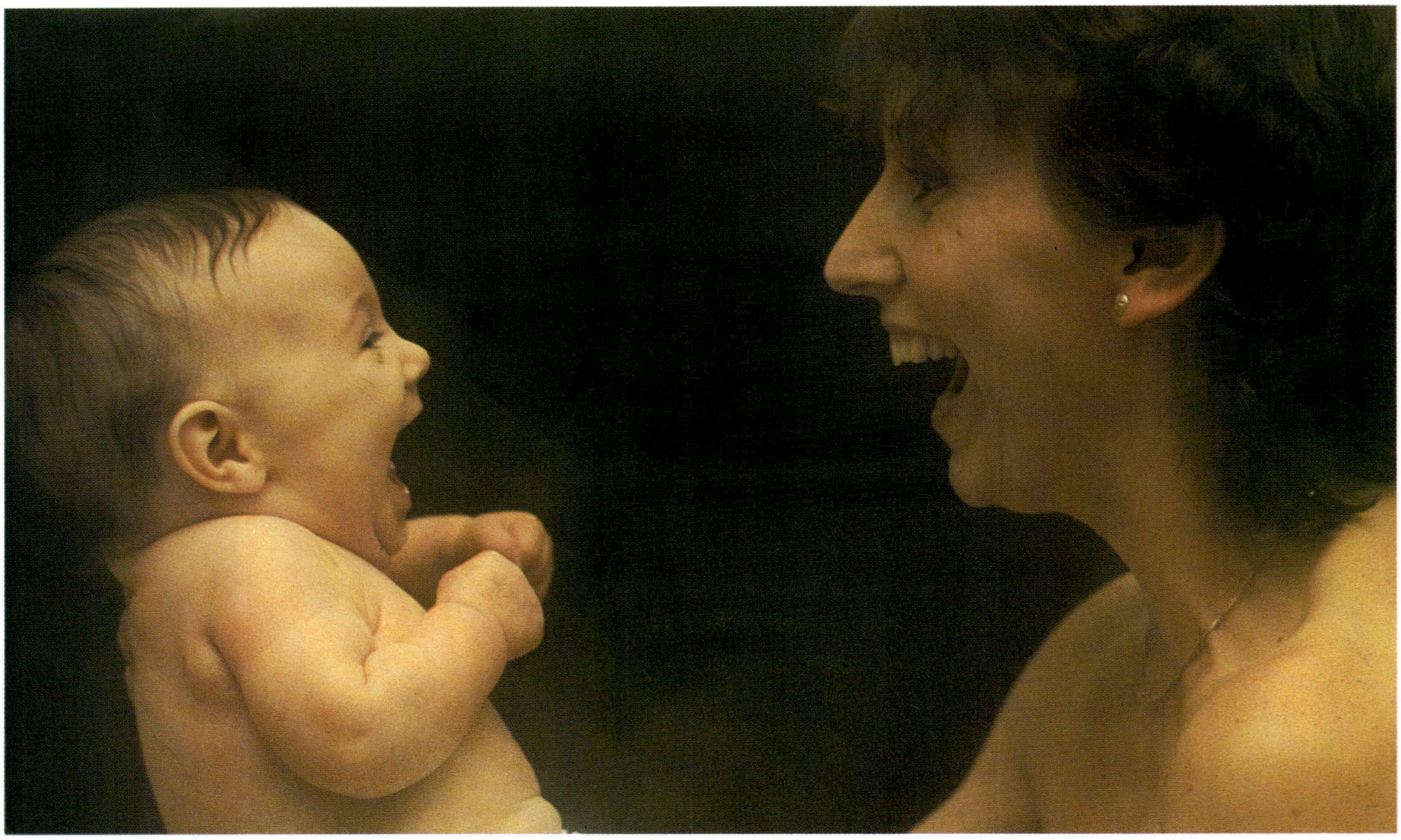

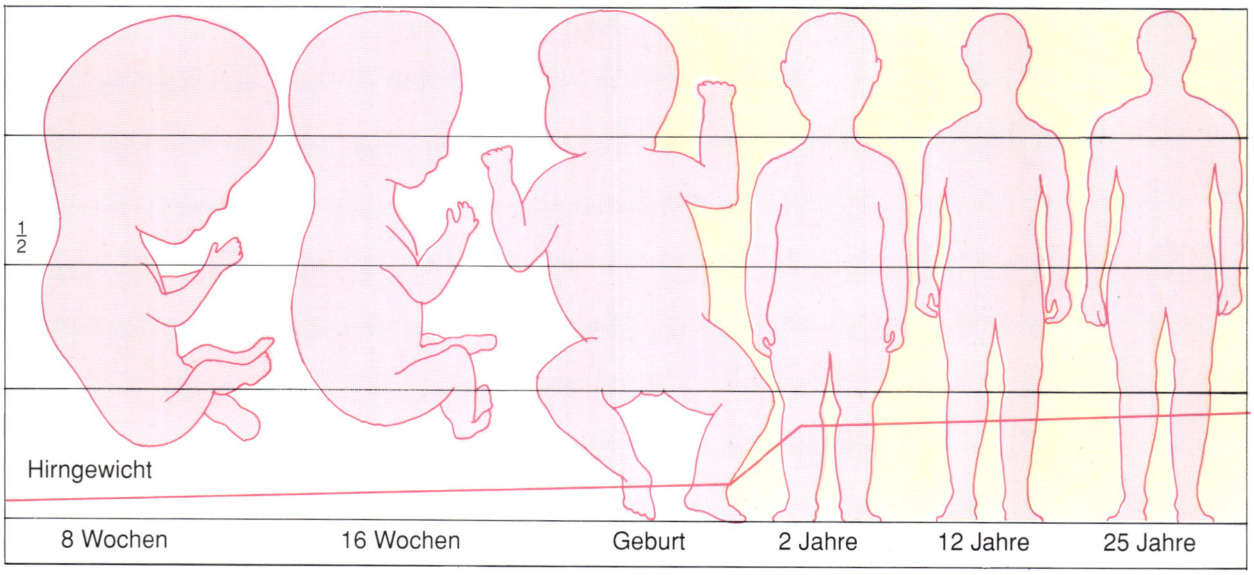

***Die Größenverhältnisse des Körpers** ändern sich während der gesamten Wachstumsphase, von der Empfängnis bis zur körperlichen Reife. Bei einem achtwöchigen Embryo macht der Kopf nahezu die Hälfte, beim Erwachsenen nur noch ein Achtel der Gesamtkörperlänge aus. Das Gehirn nimmt im Mutterleib gleichmäßig an Gewicht zu, wächst in den ersten beiden Lebensjahren sehr rasch, danach wieder langsamer. Auch andere Körperverhältnisse ändern sich. Beim Fötus sind die Arme und Beine kürzer als der Rumpf, beim Erwachsenen dagegen länger. Die Zunahme der Körpergröße ist nicht gleichmäßig und ändert sich mit dem Alter. Zwei Wachstumsschübe sind auffällig: um das 7. Lebensjahr und in der frühen Pubertät, die bei Mädchen etwa ein Jahr früher einsetzt, als bei Knaben. In die Körperentwicklung gehen auch jahreszeitliche Schwankungen ein: Jugendliche scheinen im Sommer mehr zu wachsen und im Winter eher an Gewicht zuzulegen.*

Säugling auch nur auf eine Distanz von ca. 25 Zentimetern scharfsehen - die Entfernung zwischen seinem Gesicht und dem seiner Mutter beim Stillen. Untersuchungen zeigen, daß der Säugling sich zunächst am meisten für Gesichter und deren Formen interessiert. Nach sechs Monaten und einem Zuwachs seiner Fokussierkraft reagiert er auch auf entferntere, ihm vertraute Gesichter mit Lauten und Lächeln.

Ein entscheidender Aspekt kindlicher Entwicklung ist seine Vorbereitung auf die menschliche Gesellschaft, die Ausbildung seiner kommunikativen Fähigkeiten. Bereits in den ersten Tagen reagiert der Säugling auf Stimmen und Geräusche und versucht, diese mit eigenen Lauten zu imitieren. Anfänglich bestehen diese aus Vokalen, sechs Monate später fügt er Konsonanten hinzu und gegen Ende des ersten Jahres benutzt er bereits eine Anzahl von Schlagworten.

Mit Erkundung ihrer Umgebung entdecken Kleinkinder zunehmend ihren eigenen Körper. Zunächst studieren sie ihre Hände und lutschen an Fingern und Zehen. Diese Entwicklungsphase ist von großer Bedeutung für das Zusammenspiel von Auge und Hand; viele Fachleute sind der Ansicht, daß jetzt die Nervenfasern trainiert werden, wenn der Säugling durch bewegliche Gegenstände und große Wandbilder angeregt und zum Zugreifen ermuntert wird. Die Koordination zwischen Auge und Hand entwickelt sich gewöhnlich sehr rasch; mit neun Monaten kann der Säugling die schwierige Aufgabe lösen, Daumen und Zeigefinger einer Hand zusammenzuführen, am ersten Geburtstag hebt er auch kleinere Gegenstände auf.

Die Kinderjahre

Mit zwei Jahren hat das Kind seine anfängliche Hilflosigkeit weit

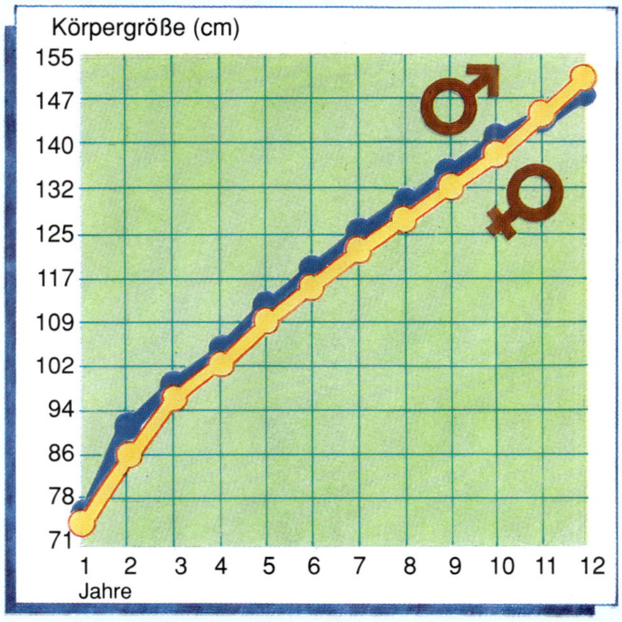

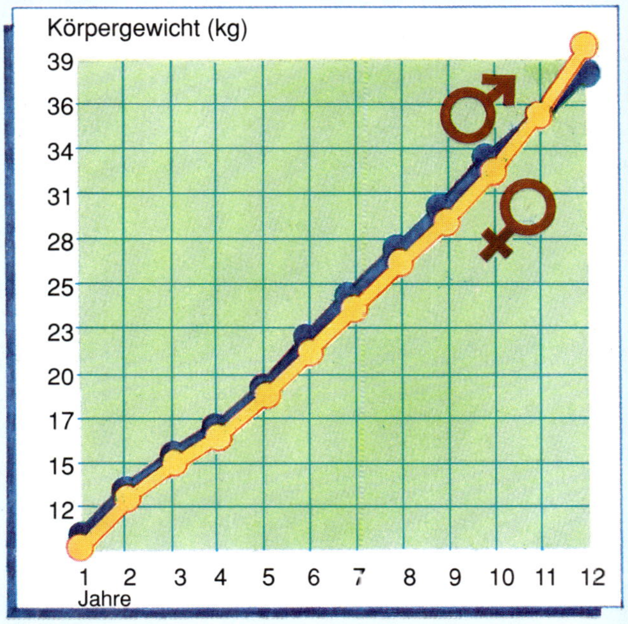

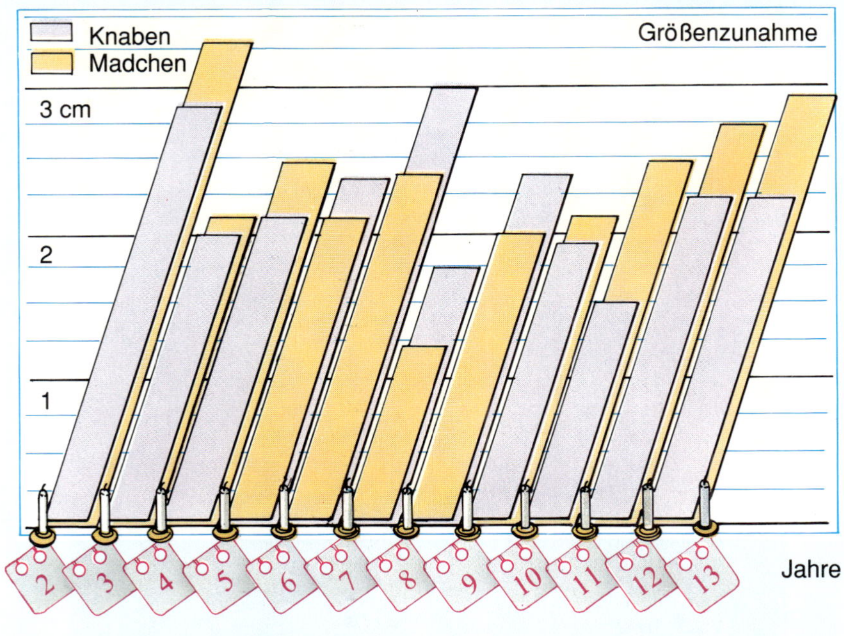

Das Ausmaß des Körperwachstums ist bei Knaben und Mädchen unterschiedlich. Die Knaben (blaue Kurven) sind in den ersten 10 Lebensjahren in der Regel größer und schwerer, ab dem 11. Jahr werden sie dann von den Mädchen (gelbe Kurven) überholt. Auch in der Größenzunahme (untere Darstellung) unterscheiden sich die Geschlechter. Mit Ausnahme der Altersspanne zwischen 5. und 9. Lebensjahr wachsen die Mädchen rascher als die Knaben. Alle statistischen Daten, die diesen Kurven zugrunde liegen, sind bei einer großen Zahl von Kindern erhoben worden. Im Einzelfall sind in den verschiedenen Altersstufen auch größere Abweichungen von diesen "Normwerten" möglich.

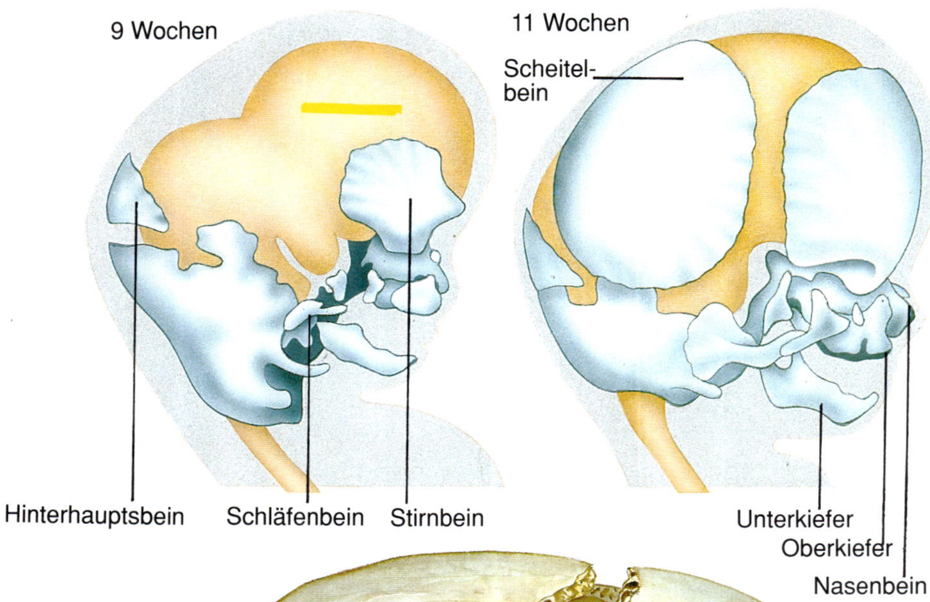

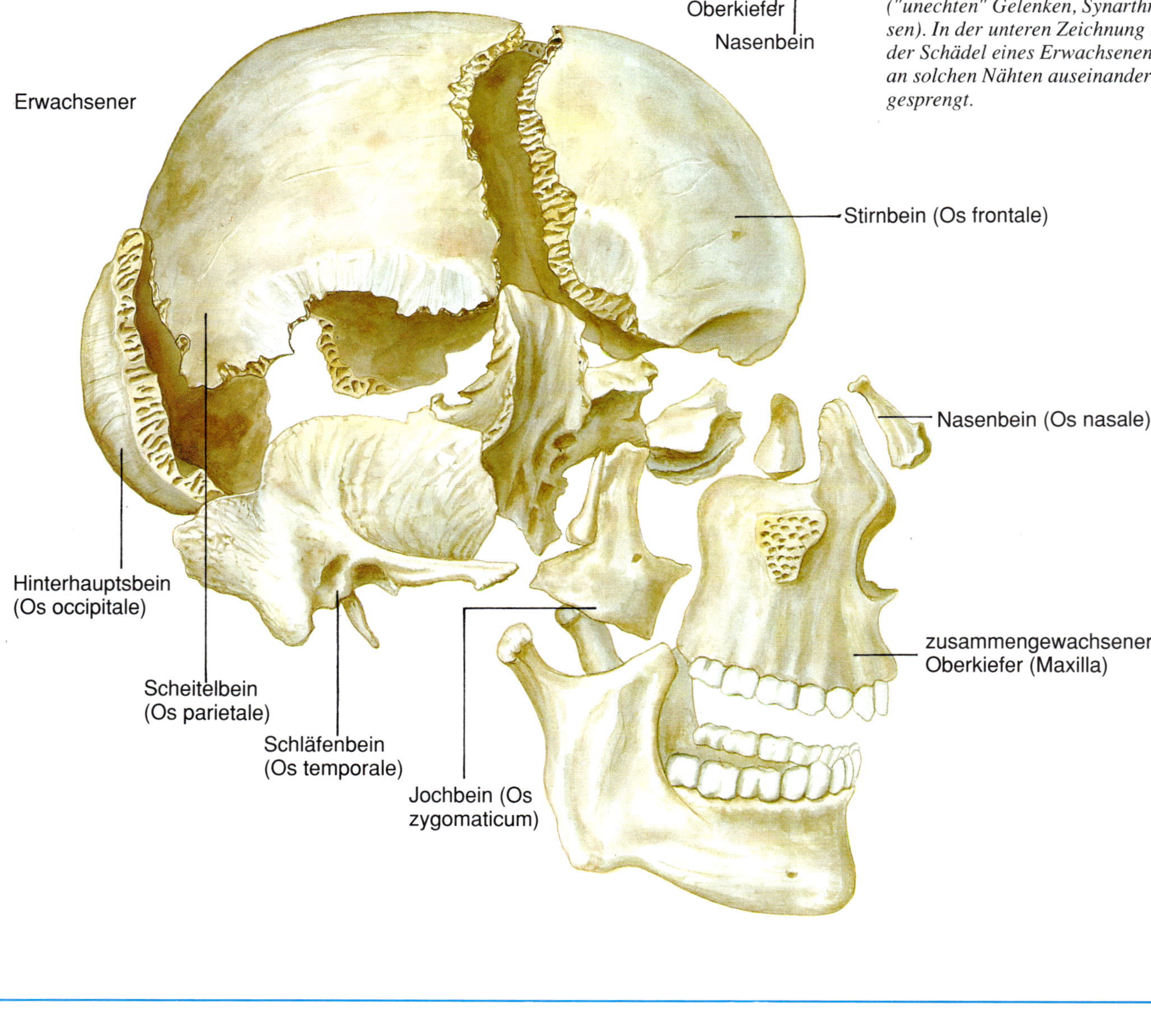

***Die Schädelknochen** brauchen einige Jahre, um sich zu festigen und miteinander zu verwachsen. Bei einem neunwöchigen, ca. 4 cm großen Embryo sind nur die unteren (Basis-) Knochen des Schädels und die Kiefer entwickelt. Zwei Wochen später (der Embryo mißt 7,6 cm) bedecken Stirn- und Scheitelbeine den größten Teil des wachsenden Gehirns. Bei der Geburt sind die verschiedenen Schädelknochen noch getrennt und nur über Weichteilbrücken bindegewebig verbunden. Daher kann sich der Kopf verformen, wenn er durch den mütterlichen Geburtskanal tritt. Die natürlichen Knochenlücken, Fontanellen, schließen sich langsam, die Knochenränder verschmelzen miteinander in Nähten, sog. Suturen ("unechten" Gelenken, Synarthrosen). In der unteren Zeichnung ist der Schädel eines Erwachsenen an solchen Nähten auseinandergesprengt.*

***Das vollständige Gebiß eines Erwachsenen zählt 32 Zähne**, 8 in jeder Hälfte der beiden Kiefer (obere Zeichnung). Die Jahre, in denen die einzelnen Zähne des bleibenden Gebisses (Dentes permanentes) durchbrechen, variieren bei Knaben und Mädchen. Als erste erscheinen die unteren zwei Frontzähne im Alter von 4 bis 5 Jahren. Mit Ausnahme der dritten Mahlzähne oder Weisheitszähne ist das Gebiß im 12. bis 14. Lebensjahr komplett. Beim Durchbruch der bleibenden Zähne werden die ersten oder Milchzähne (Dentes decidui) gelockert und fallen aus. Bei vielen Erwachsenen sind die Weisheitszähne überhaupt nicht angelegt oder kommen nicht zum Durchbruch. Die unteren Darstellungen geben den Stand der durchgebrochenen, bleibenden Zähne bei Knaben (links) und Mädchen (rechts) in unterschiedlichem Alter an.*

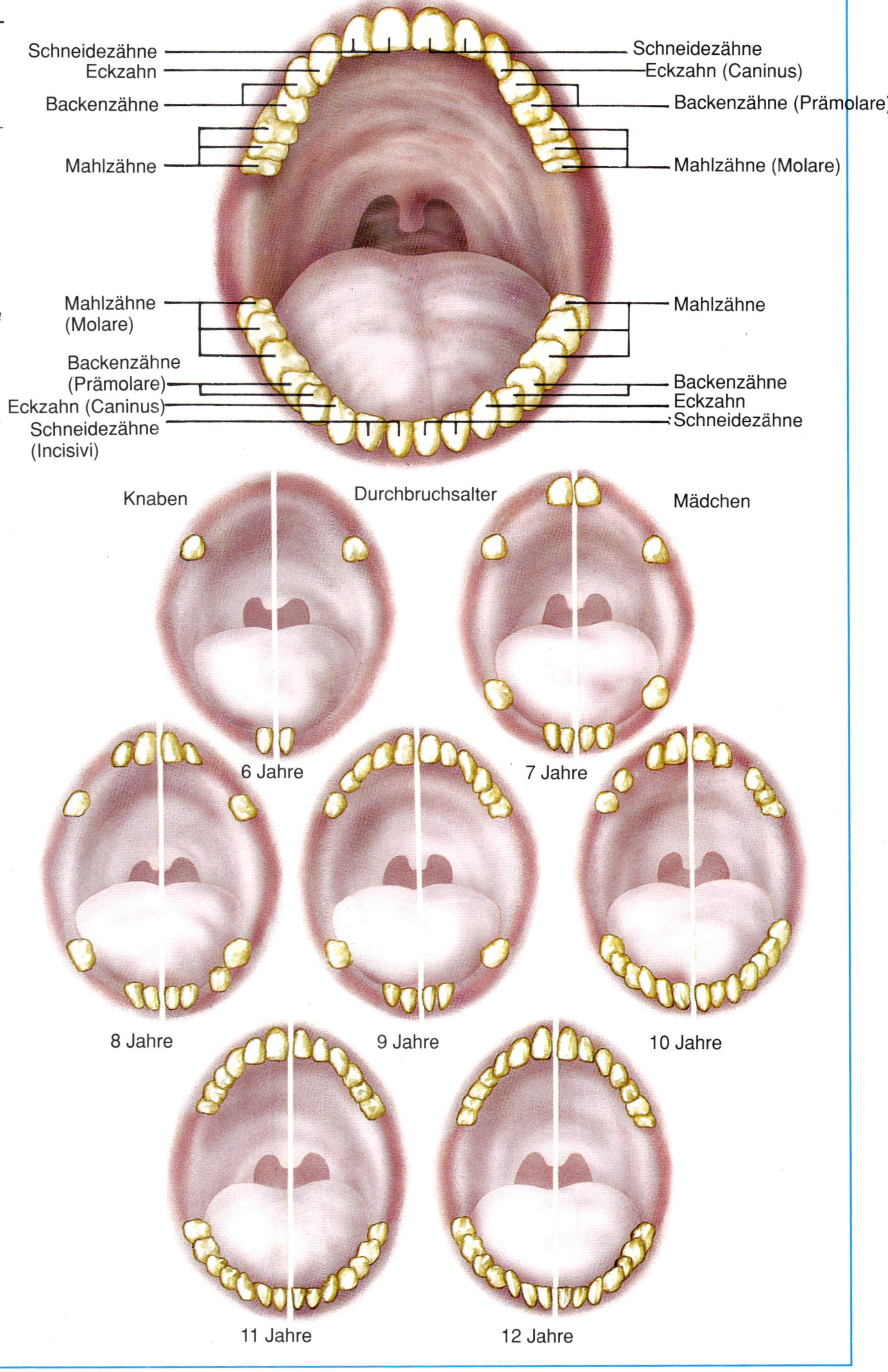

hinter sich gelassen. In den folgenden Jahren wird es körperlich und geistig immer unabhängiger. Wachsende Geschicklichkeit und eine Vielfalt an gesellschaftlichen Erfahrungen befähigen es, zu denken, mit Vernunft zu urteilen und sich neuen Verhältnissen und Menschen anzupassen.

Eine wichtige Stufe auf dem Weg zur Selbständigkeit wird im Alter von etwa zwei Jahren erklommen: Das Kind lernt, seine Harn- und Stuhlentleerung zu kontrollieren - Leistungen, die eine körperliche Reifung, aber auch Einsichten in gesellschaftliche Notwendigkeiten voraussetzt.

Im Kleinkindalter ist das Wachstum langsamer und gleichförmiger, als während der Säuglings- oder Adoleszentenzeit. Im Alter von fünf Jahren erreichen die Kinder etwa die Hälfte ihrer Erwachsenengröße; bis zum 12. Lebensjahr wachsen Mädchen etwas schneller als Knaben.

Das Wachstum wird von Hormonen gesteuert. Der Hypothalamus des Zwischenhirns produziert einen Wachstumshormon-freisetzenden Faktor (GRF), der die Anhangsdrüse an der Hirnbasis (Hypophyse) anregt, das Wachstumshormon Somatotropin zu bilden. Dieses wird mit dem Blut zu Leber und Nieren transportiert und dort zu Somatomedin umgewandelt - einer Substanz, die letztlich für das Knochenwachstum und die Kalkeinlagerungen in die Knochengrundsubstanz verantwortlich ist.

Gegen Ende der Adoleszenz hört das Knochenwachstum mit Anstieg eines Wachstums-hemmenden Faktors (GIF) auf, der die weitere Freisetzung von Somatotropin unterdrückt. Der Mangel an GIF hat ein Riesenwachstum (Gigantismus) zur Folge, wie umgekehrt eine verminderte Produktion von Somatotropin im Kleinkindalter Ursache des Zwergwachstums sein kann.

Die zweiten oder bleibenden Zähne beginnen im Alter von sechs Jahren durchzubrechen: als erster der hintere Mahlzahn (Sechsjahresmolar). Danach erscheinen die zweiten Zähne etwa in der gleichen Reihenfolge wie die Milchzähne, die bleibenden ersetzen die ersten. Die Zahnentwicklung hängt teilweise vom entsprechenden Erbgut, zum Teil aber auch von der Ernährung und der Mundhygiene ab.

Geist und Körper

In der Spanne zwischen dem zweiten und zwölften Lebensjahr nehmen körperliche und geistige Fähigkeiten mit der Entwicklung der Muskeln und des Nervensystems zu. Das Kind lernt im Alter von zwei Jahren, mit Bauklötzen zu spielen, fährt eventuell ab dem dritten Lebensjahr auf einem Dreirad und zieht sich allein an. Mit vier kann es aufgrund seiner fortgeschrittenen Koordinationsfähigkeit Ball spielen, später dann Bäume erklettern, Schwimmen usw; zu vielen dieser Fortschritte treibt es sich häufig selbst an.

Auch in anderen Bereichen reift das wachsende Kind. Mit zunehmender Konzentrationsfähigkeit lernt es zu rechnen, nähen, schreiben und manchmal auch zu lesen. Für die meisten dieser Fähigkeiten ist ein gutes Zusammenspiel von Hand und Auge notwendig. Lesen und Schreiben setzen voraus, daß Figuren oder Bilder erkannt und gedeutet werden.

Die meisten Kinder beginnen mit dem zweiten oder dritten Lebensjahr, auch ohne Anleitung zu zeichnen und zu malen, als erstes wohl ein Mondgesicht, dann aber auch Details, wie Augen oder Kleidung.

Mit wachsenden Kommunikationsmöglichkeiten treten die Kinder in eine neue Entwicklungsphase ein. Die Sprache gestattet ihnen, Sachverhalte zu erfragen, zu argumentieren und eigene Gedanken und Taten zu erläutern. Trotz der materiellen Absicherung, die ihnen zu dieser Zeit das Elternhaus noch gewähren muß, gewinnen sie zu-

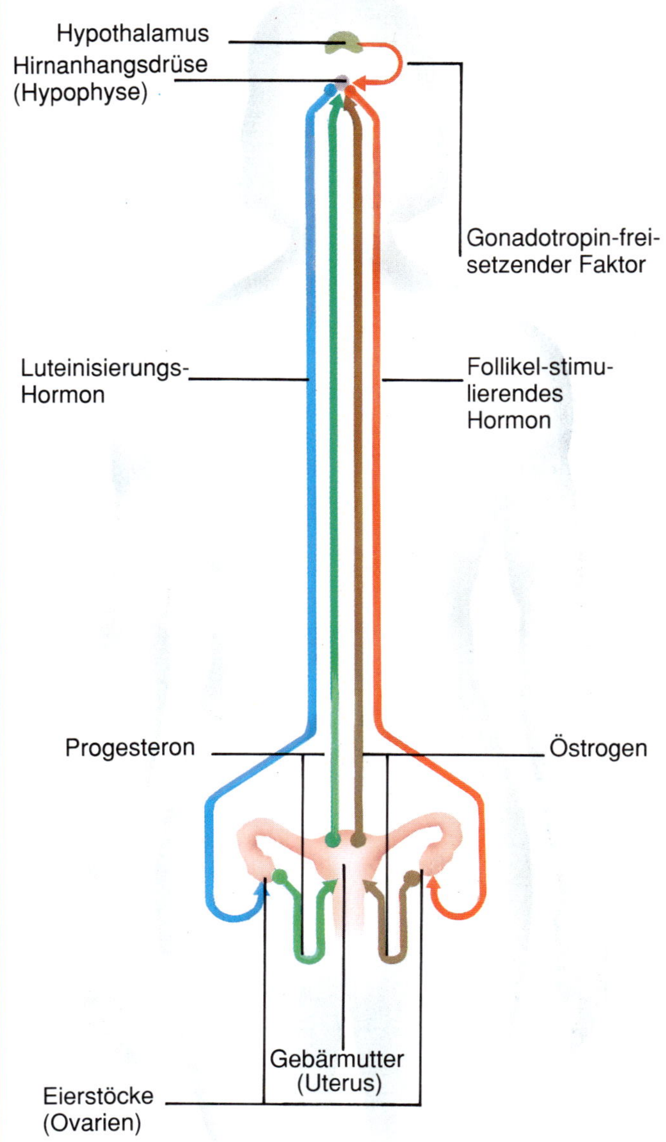

Körperliche und Gefühlsveränderungen, die in der Pubertät stattfinden, werden durch eine Vermehrung der Geschlechtshormone im Blut hervorgerufen. Vom unteren Bereich des Zwischenhirns geht der erste Anstoß aus. Der Hypothalamus scheidet bei Mädchen (links) im Alter von 10 oder 11 Jahren ein Steuersignal aus, den Gonadotropin-freisetzenden Faktor, der die benachbarte Hirnanhangsdrüse (Hypophyse) dazu anregt, Luteinisierungs-Hormon (LH) und Follikel-stimulierendes Hormon (FSH) abzugeben. LH und FSH werden mit dem Blut zu den Eierstöcken (Ovarien) transportiert, wo LH die Bildung und Freisetzung von Progesteron auslöst. Dieses Eierstockhormon fördert das Wachstum der weiblichen Brust und startet die periodischen Veränderungen, die den Menstruationszyklus begleiten. FSH stößt die Eierstöcke zur Abgabe von Östrogen an, das für die Entwicklung der sekundären weiblichen Geschlechtsmerkmale verantwortlich ist. Dazu zählen die Schambehaarung der Frau oder die typische Verteilung ihres Unterhautfettgewebes, wodurch die runderen, weiblichen Formen hervorgerufen werden. Die Konzentrationen der Eierstockhormone werden im Körper gemessen und dem Hypothalamus rückgemeldet, der dann entsprechend die Abgabe der Hirnanhangsdrüsen-Hormone LH und FSH reguliert (sog. negativer Feedback).
Bei Knaben (rechts) findet in der Pubertät eine ganz ähnliche Kettenreaktion statt. Hier üben die Hirnanhangsdrüsen-Hormone ihren fördernden Einfluß jedoch auf die Hoden (Testes) aus, um Testosteron, das bedeutendste männliche Geschlechtshormon, zu produzieren. Testosteron regt u.a. das Wachstum von Bart- und Körperhaaren an und läßt den Kehlkopf größer werden, so daß der Knabe in den Stimmbruch kommt. Das Hormon stößt die Spermienbildung in den Hoden an und fördert die Entwicklung der männlichen Geschlechtsorgane (Genitalien). Auch hier wirkt über einen Rückmelde- (Feedback-) Mechanismus die Blutkonzentration des Testosterons steuernd auf die Tätigkeit des Hypothalamus und damit die Abgabe von LH und FSH aus der benachbarten Hirnanhangsdrüse.
Ebbe und Flut der Hormone sind bei beiden Geschlechtern in der Pubertät für eine ganze Reihe von Erscheinungen verantwortlich, angefangen von den lästigen Gesichtspickeln (Akne) bis zu den heftigen Stimmungsschwankungen, die charakteristisch für das stürmische Teenageralter sind.

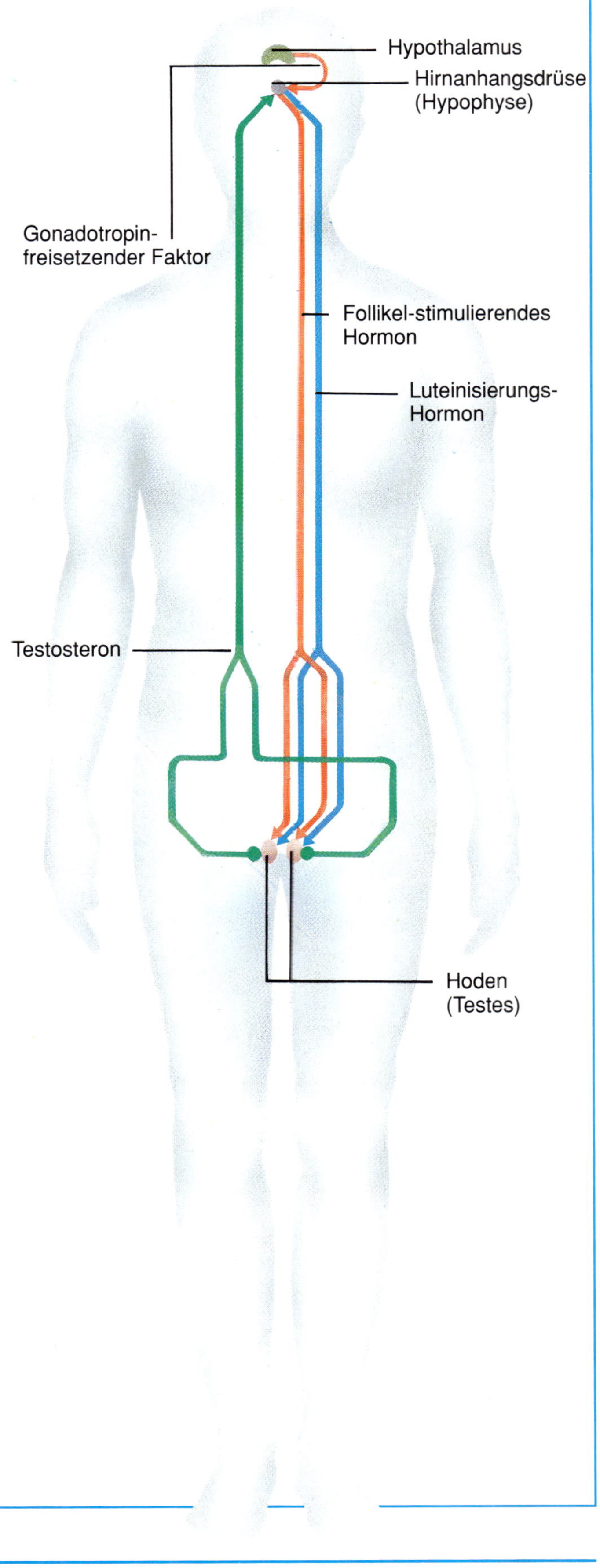

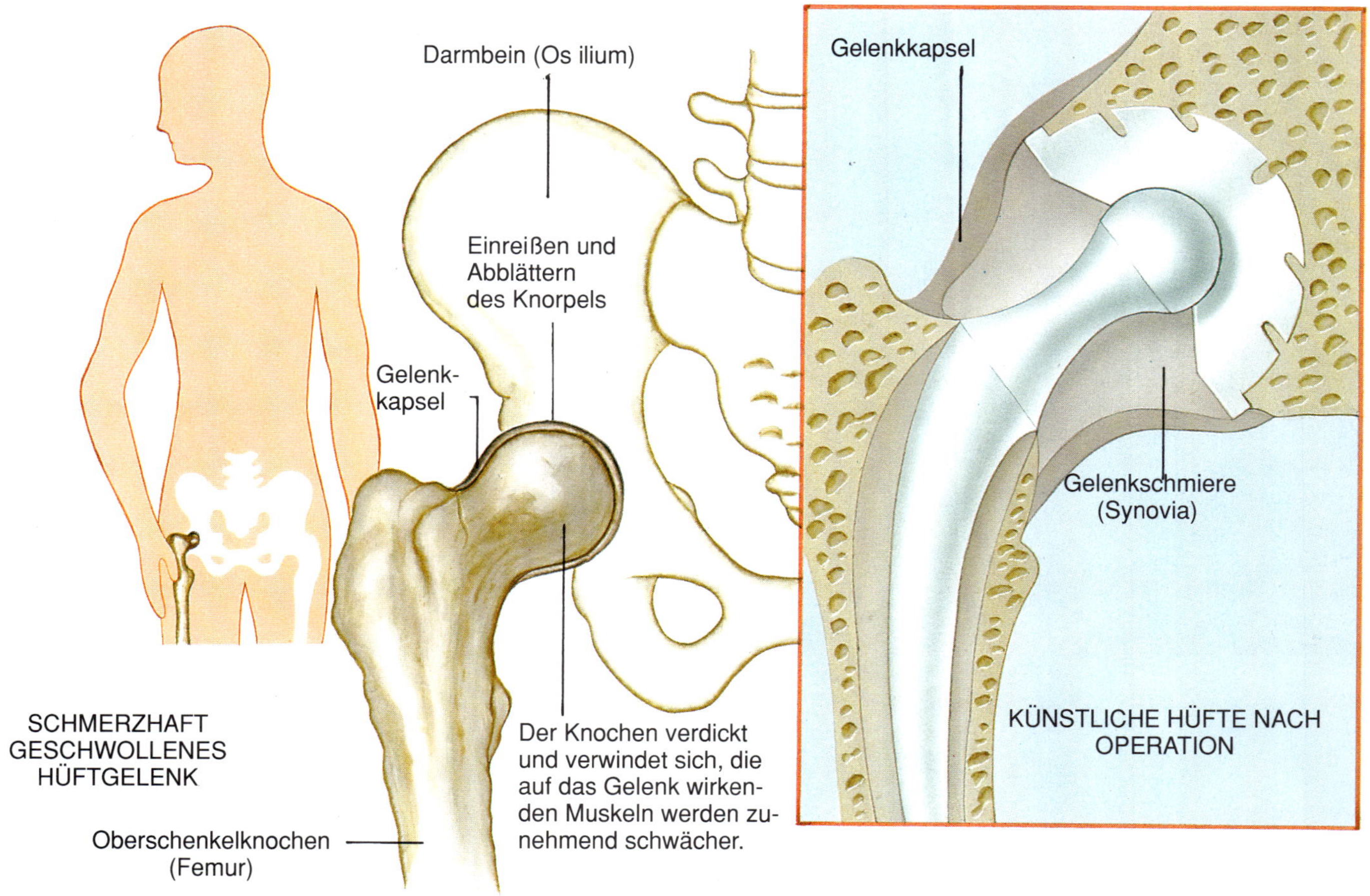

***Eine der Lasten des Alters** ist der unvermeidliche Verschleiß der häufig und stark benutzten Körpergelenke, wie die der Hüfte, der Knie oder der Wirbelsäule. Als Folge mag sich die Osteoarthritis einstellen, eine Krankheit, die mit der Zeit bewegungsunfähig macht. Hierbei werden die weichen Knorpelschichten, die normalerweise die Gelenke überziehen und geschmeidig erhalten, ohne ausreichenden Ersatz abgeschliffen. Ein guter Behelf, besonders für das Hüftgelenk, ist sein künstlicher Ersatz. Der Oberschenkelkopf wird entfernt und durch eine Metall-Plastik-Prothese ersetzt. Solche künstlichen Gelenke haben viel dazu beigetragen, die Beweglichkeit wieder zurückzugewinnen und die Lebensqualität vieler alter Menschen zu verbessern.*

nehmend an Selbstbestimmung.

Manchmal widerspricht ein Kinderwunsch dem des Erwachsenen, es kommt zur Konfrontation und häufig zu Enttäuschungen. Die manchmal noch notwendige Bevormundung wird oft schmerzhaft erfahren. Ein Zuviel davon kann jedoch die Fähigkeiten des Kindes hemmen, für sich selbst Entscheidungen zu treffen. Gleichzeitig lernt das Kind, sich der Gesellschaft anzupassen und erkennt auch die Nöte und Bedürfnisse anderer Menschen.

Die Sturm- und Drangzeit

Die Teenagerzeit oder Adoleszenz ist der Übergang von der Kindheit ins Erwachsenendasein, sie beginnt mit dem Anfang der Geschlechtsreife (Pubertät) und endet mit dem Abschluß des Körperwachstums. Auch diese Phase ist von körperlichen und seelischen Änderungen gekennzeichnet und ist oft sehr bewegt; der Jugendliche kämpft um sein Selbstbewußtsein, seine Unabhängigkeit, er sucht seine persönliche Eigenständigkeit und engagiert sich gleichzeitig politisch oder sozial.

Die frühe Teenagerzeit wird von der Geschlechtsreifung beherrscht. Ihr Beginn wird bei beiden Geschlechtern durch einen Anstieg des Sexualhormonspiegels im Blut ausgelöst, beim weiblichen im Alter von ungefähr 12 Jahren, beim männlichen im Durchschnitt zwei Jahre später.

Bei Mädchen wird die Pubertät durch Luteinisierungshormon (LH) und Follikel-stimulierendes Hormon (FSH) der Hirnanhangsdrüse in Gang gesetzt. LH stimuliert die Eierstöcke, das Hormon Progesteron auszuschütten, das für die Entwicklung der weiblichen Brust und den Beginn der Monatsblutungen verantwortlich ist. FSH regt die Freisetzung des Eierstockhormons Östrogen an, das die weitere Ausprägung der weiblichen Geschlechtsmerkmale bestimmt.

Das erste äußere Zeichen der Geschlechtsreifung bei Mädchen ist das Wachstum der Brustdrüse. Die pigmentierten Flächen um die Brustwarzen (Areolae mammae) vergrößern sich, die Brüste werden zunehmend runder; manchmal beginnt dies schon im achten Lebensjahr und wird gewöhnlich mit 11 Jahren erkennbar. Die Geschlechtsbehaarung beginnt zu wachsen, Ausscheidungen aus der Scheide treten auf, und etwa zwei Jahre später setzt die erste Monatsblutung (Menarche) ein; ein Jahr darauf ist der Eisprung regelmäßig.

Bei Knaben werden erste Pubertätszeichen im Alter von 13 bis 15 1/2 Jahren erkennbar, ausgelöst auch hier durch LH und FSH. Die Hypophysenhormone regen die Hoden an, das männliche Geschlechtshormon Testosteron zu produzieren. Daraufhin wachsen Hoden und Penis sowie die typische männliche Sexualbehaarung. Die Barthaare fangen an zu sprießen, der Kehlkopf wächst - die Stimme wird dunkler, der Jugendliche befindet sich im Stimmbruch.

Die Erwachsenenjahre

Der Beginn des eigentlichen Alterns könnte in der Endphase der Adoleszenz liegen, erkennbar wird er jedoch erst viel später. Die meisten Menschen stehen mit 20 oder 30 Jahren am Gipfel ihrer körperlichen Leistungsfähigkeit. Es gibt nur wenige altersbedingte Störungen, Gesundheit und Wohlbefinden hängen wesentlich von der Lebensweise ab. Regelmäßige Körperbetätigung, ausgeglichene Ernährung, Zurückhaltung beim Rauchen und Alkoholkonsum können spätere ernste und lebensbedrohende Zustände, Krebs- oder Herz-Kreislaufkrankheiten verhüten helfen.

Die turbulenten Jugendjahre sind vorüber, die jungen Erwachsenen wenden sich ihrer beruflichen Karriere zu, knüpfen Beziehungen und kümmern sich um ihren Lebensstil. Der früher übliche Schritt, in diesem Alter eine Familie zu gründen, scheint zunehmend verlassen zu werden. Neuere Statistiken zeigen, daß die Menschen in den westlichen Ländern erst später heiraten oder ihr weiteres Leben als Singles verbringen. Die Zahl der Einpersonenhaushalte ist im Steigen, die traditionelle Familie mit zwei oder mehr Kindern auf dem Rückmarsch.

Die meisten Menschen benutzen das Alter zwischen 30 und 45, ihre berufliche Laufbahn zu konsolidieren, kümmern sich intensiver um politische oder soziale Probleme und bauen ihre Hobbys aus. Das Greisenalter scheint noch weit entfernt, obgleich der 40. Geburtstag mit einer gewissen Besorgnis begangen wird.

Die mittleren Jahre

Auch die mittleren Jahre sind geprägt durch körperliche und emotionelle Umstellungen. Viele Menschen leiden jetzt unter der sogen. Midlife-Krise, oft verglichen mit den Umwälzungen in der Pubertät. Die Kinder verlassen ihr Zuhause, Gedanken über das weitere ge-

Menschen leben heute länger *und die Lebenserwartung nimmt weiter zu. In den USA stieg sie seit 1900 bei Männern im Mittel von 47 auf 69 Jahre und bei Frauen von 51 auf 75 Jahre an. Die Kurve zeigt, wie die Sterblichkeit in Prozent (Todesfälle auf einhundert Menschen) sich mit dem Alter ändert; ihr Maximum liegt um das 71. Lebensjahr.*

schlechtliche Leben tauchen auf, manchmal droht überschwer die Angst vorm Altern.

Frauen durchlaufen ihre Wechseljahre, das Ende ihrer Gebärfähigkeit kündigt sich an. Das Klimakterium beginnt gewöhnlich in den Jahren zwischen 45 und 55 und geht einher mit der Abnahme der Geschlechtshormone im Blut; Monatsblutung und Eisprung hören auf. Die Wechseljahre sind häufig von körperlichen Symptomen und Veränderungen begleitet wie Hitzewallungen, Schrumpfung der Scheide und Knochenentkalkung (Osteoporose). Eine Hormonersatzbehandlung mag diese Symptome lindern, birgt jedoch die Gefahr der Förderung eines Gebärmutter- oder Brustkrebses in sich.

Das Ende des mittleren Alters ist in der Regel durch gesellschaftliche Umstellungen markiert: am eingreifendsten ist wohl der Ruhestand. Einige begrüßen diesen als willkommene Befreiung von der Fron täglicher Arbeit und Routine, für andere ist es eine Enttäuschung, lebenslange und liebgewordene Gewohnheiten und Berufskollegen nun plötzlich aufgeben zu müssen. Heute besteht die Tendenz, den Ruhestand auch als Teil von Arbeitsbeschaffungsmaßnahmen vorzuverlegen. Pensionäre und Rentner sind daher oft noch sehr rege und können sich ein neues Betätigungsfeld aussuchen, das sie körperlich und geistig auslastet.

Die späteren Jahre

Die Lebenserwartung liegt heute ungefähr 25 Jahre über derjenigen des vergangenen Jahrhunderts; dies erschwert die Entscheidung, wann das höhere Alter beginnt. Immerhin, ab dem 55. Lebensjahr treten zunehmend sichtbare Alterserscheinungen auf. Die Haut verliert ihre Elastizität und den Flüssigkeitsdruck (Turgor), sie wird schlaff und runzlig. Die Haare verlieren ihre Farbe, die Muskeln schrumpfen und werden durch Bindegewebe ersetzt, was möglicherweise auf eine verschlechterte Aufnahme von Kalzium bei gleichzeitig höherem Verlust zurückzuführen ist. Die Knochen werden spröde und neigen mehr zu Brüchen, der Knorpel verdickt sich, die Gelenke werden steifer.

Der rasche Abbau im höheren Alter ist jedoch nicht unvermeidbar. Die Forschung zeigt, daß schlechte Gewohnheiten wie Rauchen, ausschließlich sitzende Lebensweise und falsche Ernährung sehr wesentlich zum Abbau und häufigeren Alterskrankheiten beitragen. Das Altern ist ein schrittweiser Prozeß, der schnelle Verfall eher eine Krankheit. Heute ist es ein Hauptanliegen der Altersforschung (Gerontologie), Strategien gegen die üblichen Altersstörungen zu entwickeln und Wege aufzudecken, den Alterungsvorgang hinauszuschieben. Viel ist auf diesem Gebiet geleistet worden; ein langes und gesundes Leben hängt bisher jedoch eher noch von der glücklichen Wahl der Vorfahren ab und ist zweifelsohne auch Folge einer gesunden Lebensweise und positiven Einstellung zum Leben.

__Runzlige Haut__ und graues Haar sind die Zeichen des Alterns. Eine weitere Altersveränderung ist die Größenabnahme durch Verkürzung der Wirbelsäule und gebeugte Haltung. Die Knochen werden porös und spröde, Geschmacks-, Gehör- und Geruchssinn entwickeln sich zurück.

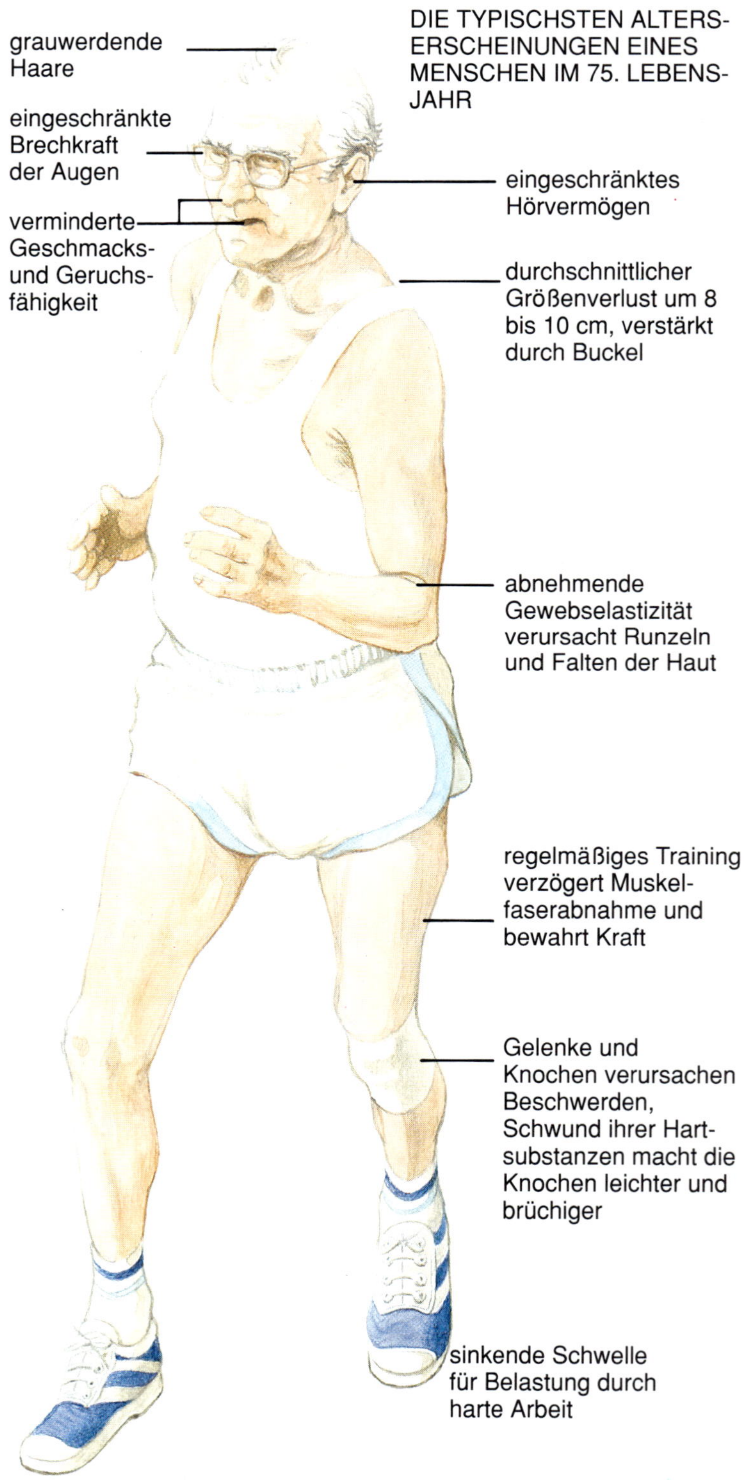

***Die Funktionen der Organsysteme** sind beim älteren Menschen eingeschränkt. Setzt man voraus, daß diese im Alter von 20 Jahren voll, also hundert Prozent intakt sind, so zeigt die Darstellung die noch verbleibenden prozentualen Körperwerte bei einem Menschen in den hohen Siebzigern. Am meisten sind dabei die Ausscheidungsfähigkeit von Leber und Nieren, das Atemvermögen der Lungen und die Schlagkraft des Herzens betroffen. Auch nimmt die Leitungsgeschwindigkeit der Nerven ab und das Gehirn verliert an Gewicht.*

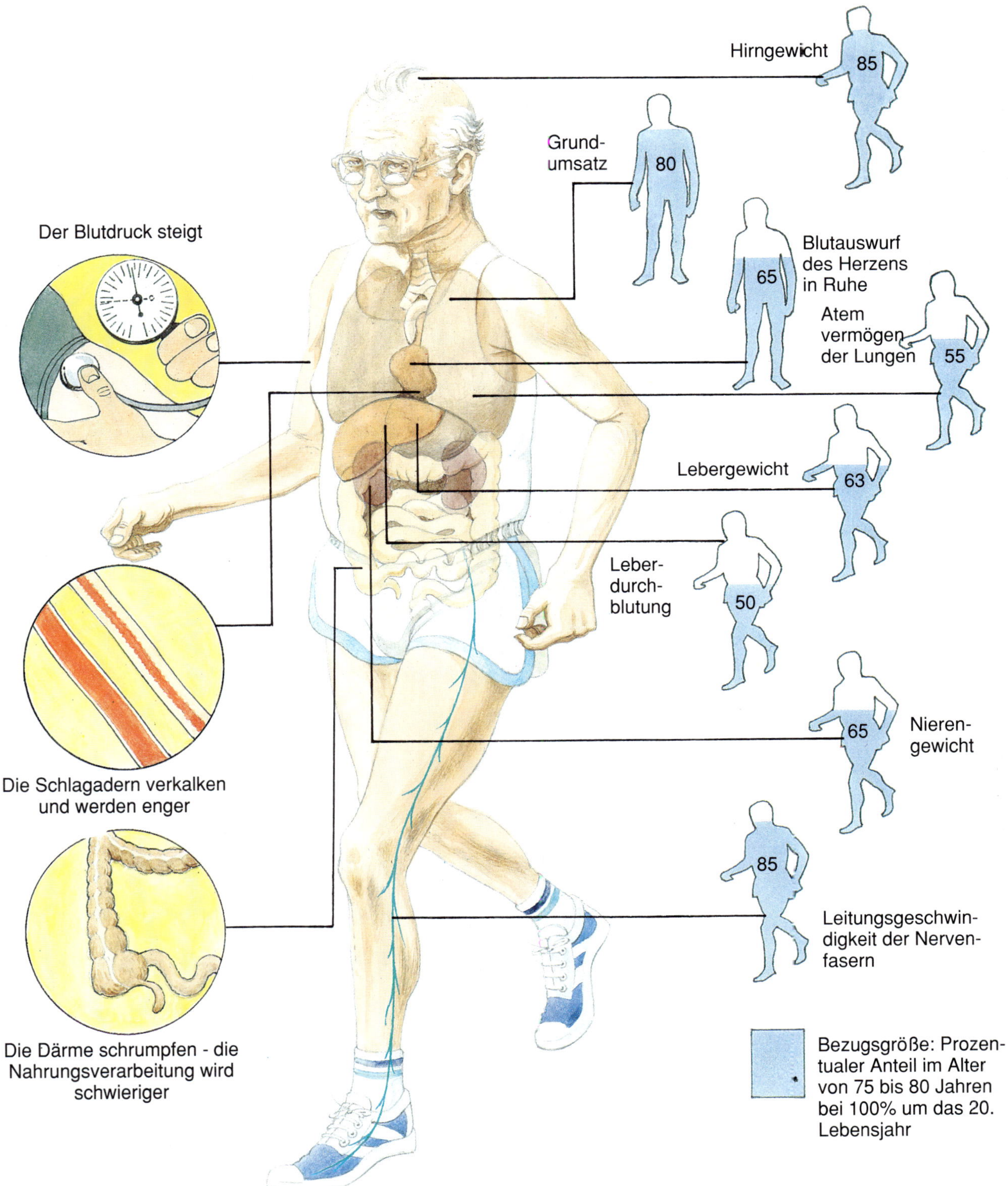

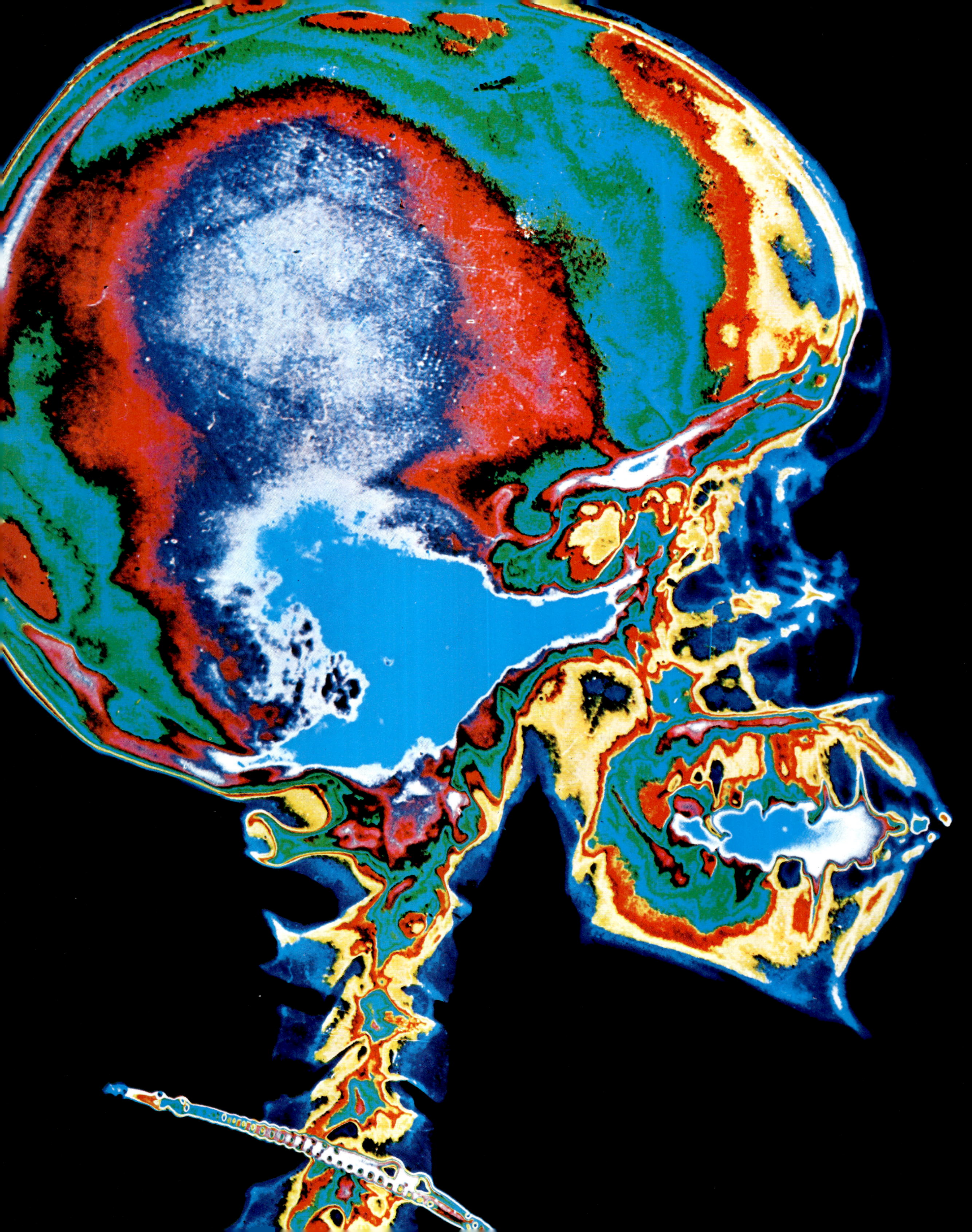

Kapitel 2

Das Skelett

Die Menschen zählen zu den Vertebraten, Lebewesen mit einer Wirbelsäule. Sie werden von einem robusten Innengerüst gestützt, dessen Zentrum eine Säule aus einzelnen festen, miteinander verbundenen Würfeln darstellt. Das wichtigste Material des Gerüsts ist der Knochen - eine Substanz, die nach Brüchen ohne Narbenbildung ausheilen kann. Diese Eigenschaft unterscheidet den Knochen von nahezu allen anderen Körpergeweben. Der Stützapparat ist leicht und doch kräftig, scheinbar simpel in seinem Gefüge und doch in seiner inneren Konstruktion ein Meisterstück der Natur. Knochen ist ein sehr dynamisches Gewebe, das stets ab- und wieder aufgebaut wird, um sich veränderten Verhältnissen rasch und intensiv anpassen zu können. Der Fuß einer Tänzerin, die Hand eines Bildhauers oder der Arm eines Maurers legen ein beredtes Zeugnis für die Leistungs- und Anpassungsfähigkeit unseres Stützapparats ab.

Das biegsame Gerippe

Ohne das Skelett könnte der Mensch sich nicht bewegen, es bietet einen Ansatz für die Skelettmuskeln und beteiligt sich an der Bildung von Hebeln, um die Muskelwirkung zu unterstützen. Das Skelett schützt aber auch lebenswichtige Organe und liefert lebenserhaltende Substanzen - Blutzellen aus dem roten Knochenmark und Mineralsalze aus seinem Knochenspeicher. Das Skelett wächst sehr rasch und paßt sich sehr genau unseren motorischen Gewohnheiten an, es verstärkt sich dort, wo wir es durch Beruf oder Sport intensiver belasten. Das Skelett stützt den Körper wie Pfosten und Balken ein Haus, und doch ist der Körper nicht starr. Wo Knochen auf Knochen trifft, stellt in der Regel ein Gelenk die Bewegungsmöglichkeit zwischen beiden her.

Bereits bei einem fünfwöchigen Embryo sind Teile des Stützgerüsts erkennbar, bis zur Geburt haben sich etwa 350 meist knorpelige Vorstufen gebildet. Das Skelett eines Erwachsenen zählt im Durchschnitt 206 Knochen, die Zahl schwankt aber, da manche Menschen beispielsweise mit einem Wirbel oder Rippenpaar mehr, manche mit einem weniger geboren werden. Auch können Knochen, die normalerweise während der nachgeburtlichen Entwicklung miteinander verschmelzen, zeitlebens separat bleiben.

Die vielfacettierte Säule

Die Wirbelsäule ist ein elastischer, doppelt S-förmiger Stab, der die Masse des Stammes und die oberen Gliedmaßen trägt. Sie besteht aus 24 freien (präsakralen) und neun, zu Kreuz- und Steißbein verschmolzenen Wirbeln. Die sieben Halswirbel sind am kleinsten, sie liefern dem Hals aber den größten Bewegungsspielraum des Rumpfes. Die folgenden 12 größeren Brustwirbel sind über facettierte Gelenkflächen beweglich mit den 12 Rippenpaaren verbunden, während die fünf Lendenwirbel als größte Einzelknochen des Rückgrats beim Stehen das meiste Gewicht aufzunehmen haben. Der fünfte Lendenwirbel sitzt dem Kreuzbein auf, das - bis zum 25. Le-

Die Knochenhülle, *die als Schädel das Gehirn schützt, besteht aus unterschiedlich dicken Teilen, wie dieses Farbbild zeigt; es handelt sich um die Umsetzung eines Röntgenbildes von einem Frauenkopf (mit Halsband) in Falschfarben. Der Schädelknochen ist nur ein Teil des menschlichen Gerippes oder Skeletts, das insgesamt aus mehr als 200 Einzelteilen besteht.*

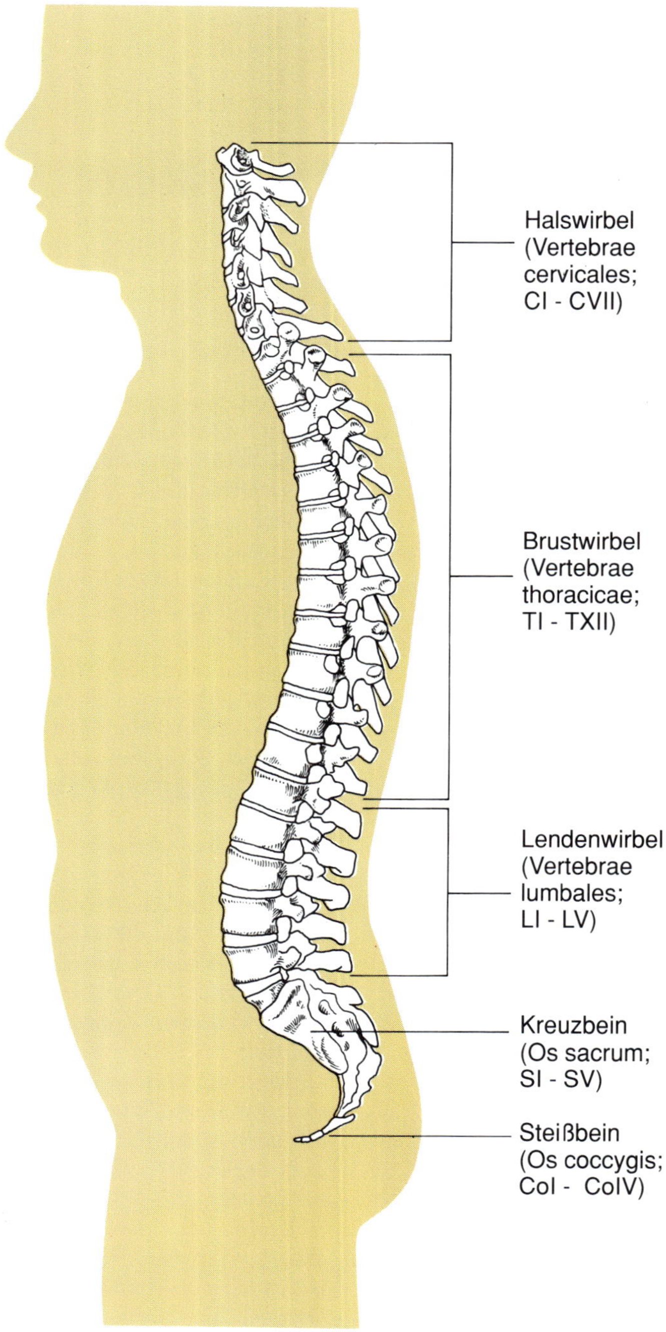

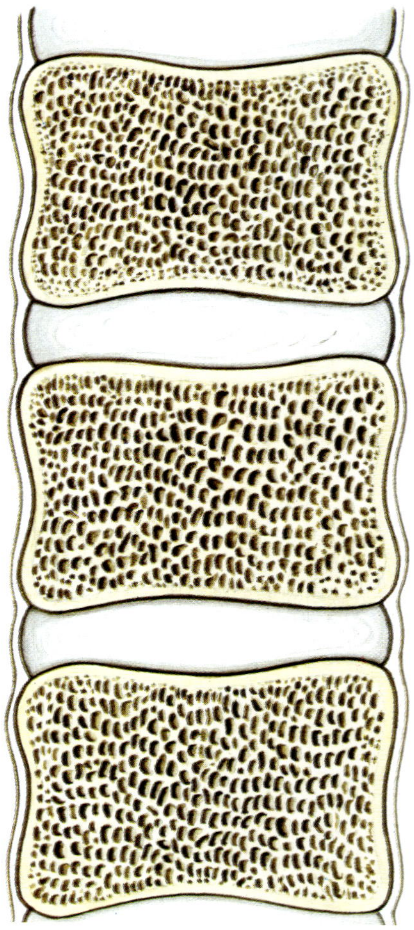

***Die Wirbelsäule** ist beim Menschen zu einer Doppelkurve (wie ein verlängertes S; links) ausgeschwungen, um seine (unter den Säugetieren einzigartige) aufrechte Haltung zu ermöglichen. Ihre 32 bis 35 Wirbel sind kräftig und flexibel. Die Bandscheiben (oben) lassen zwischen den Wirbeln Bewegungen zu und polstern gleichzeitig die Säule, um ständiges Stoßen und Rütteln aufzufangen.*

bensjahr aus fünf Kreuzwirbeln verschmolzen - keilförmig zwischen die beiden Hüftbeine eingepaßt ist und die hintere Beckenwand bildet. An das Kreuzbein ist gelenkig das kleinere Steißbein angehängt, das aus der Verschmelzung von drei bis sechs Wirbelresten entsteht. Das Steißbein ist funktionslos und wahrscheinlich das Überbleibsel (Rudiment) eines Schwanzes.

Die Bausteine der Wirbelsäule

Die einzelnen Wirbel besitzen, mit Ausnahme der ersten beiden Halswirbel, eine einheitliche Grundform, die sich in den einzelnen Abschnitten der Wirbelsäule in Anpassung an die jeweiligen Belastungen jedoch modifiziert. Jeder Wirbel hat einen kurzen, zylindrischen Wirbelkörper (Corpus vertebrae), einen schlankeren, spangenförmigen Wirbelbogen (Arcus vertebrae), einen an diesen nach hinten anschließenden Dornfortsatz (Processus spinosus), zwei seitlich von ihm weggehende Querfortsätze (Processus transversi) und je zwei von ihm nach oben und unten vorragende Gelenkfortsätze (Processus articulares).

Atlas und Axis, die ersten beiden Halswirbel, weichen von diesem Bauplan etwas ab, sie nehmen eine Sonderstellung ein. Der Atlas, Träger des Kopfes, hat die Form eines Ringes, der oben zwei Gelenkflächen für die Gelenkfortsätze des Hinterhauptsbeins besitzt. Dem Atlas fehlt der Körper, sein Material hat sich mit dem Körper des zweiten Halswirbels vereinigt und bildet den Zahn (Dens) des Axis. Insgesamt verfügt der Kopf über drei Gelenke mit sechs isolierten Gelenkkammern: zwischen Atlas und Hinterhaupt ein Gelenkpaar für die Nick- und Seitwärtsbewegungen, zwischen Atlas und Axis ein seitliches Paar sowie ein medianes unpaares Gelenk, in dem sich der Atlasring (und damit der Kopf) um den Axiszahn dreht.

Ab dem zweiten Halswirbel bis zum Kreuzbein werden jeweils zwei benachbarte Wirbelkörper durch eine Zwischenwirbel- oder Bandscheibe (Discus intervertebralis) verbunden. Die Höhe aller Bandscheiben macht etwa ein Viertel der Wirbelsäulenlänge aus. Sie bestehen aus einem äußeren, konzentrischen Faserring (Annulus fibrosus; aus Faserknorpel) und einem zentralen Gallertkern (Nucleus pulposus; aus Chondromukoid-Gallerte). Die Faserringe sind mit den benachbarten Wirbelkörpern verwachsen und stabilisieren die Säule, die Gallertkerne sorgen wie Wasserkissen für eine gleichmäßige Druckverteilung und wirken als Stoßdämpfer. Die Bandscheiben sind an der Bildung der typischen Wirbelsäulenkrümmungen beteiligt. Weitere kräftige Bänder zwischen den Wirbelkörpern und -bögen sowie die ortsständige Rückenmuskulatur stabilisieren das Rückgrat.

Die nach hinten gekrümmte Halswirbelsäule (Halslordose) bildet die federnde Stütze des Kopfes und die ebenfalls nach hinten gebogene Lendenwirbelsäule (Lendenlordose) trägt den Rumpf und übt dabei einen Stoßdämpfereffekt aus. Aufgrund der beiden Gegenkrümmungen (Kyphosen) im Brust- und Kreuzbeinbereich wird zusammen mit der Vergurtung der Säule trotz ihrer exzentrischen Lage eine aufrechte Körperhaltung begünstigt.

Der knöcherne Brustkäfig

Die Wirbelsäule ist in jedem Sinne das Rückgrat des Körpers, an ihr hängen direkt oder indirekt alle Teile des Stammes und der oberen Gliedmaßen. Die Brustwirbelsäule bildet zusammen mit den 12 Rippenpaaren und dem Brustbein das Skelett der Brustwand. Jede Rippe (Costa) ist über Kopf und Höckerchen gelenkig mit den Körpern und Querfortsätzen der Wirbel verbunden, wofür diese kleine, flache Gelenkfacetten besitzen. Die ersten sieben Rippenpaare sind als sogen. echte Rippen über ihren Knorpelfortsatz direkt und (ausgenommen das erste) über echte Gelenke mit dem Brustbein (Sternum) verbunden. Die fünf folgenden Rippenpaare, die sogen. falschen Rippen, treten nur indirekt (Rippen VIII bis X) über den knorpeligen Rippenbogen (Arcus costalis) oder überhaupt nicht (Rippen XI und XII; sogen. fließende oder freie) mit dem Brustbein in Kontakt.

Der Rippenkäfig (Thorax) ist ein gutes Beispiel für ein schützendes und zugleich flexibles Knochengerüst: er bietet Schutz für die Brust- und Oberbauchorgane (im wesentlichen die Lungen, Herz, Leber, Milz und Nieren), gestattet durch seine Beweglichkeit aber auch beträchtliche intrathorakale Volumenverschiebungen, wie sie bei der Atmung stattfinden.

Der schützende Schädel

Der Schädel besteht aus 22 Knochen, die sich dazu vereinigt haben, das Gehirn und die großen Sinnesorgane schützend zu umhüllen. Der Schädel eines Neugeborenen, zusammen mit den ihn umgebenden Weichteilen sein größter Körperteil, ist wegen der offenen Knochennähte noch verformbar. Beim Durchtritt durch den mütterlichen Geburtskanal werden die Knochenplatten der Hirnschale dachziegelartig übereinandergeschoben, der Kopf wird geringgradig verlängert und verringert seinen Umfang. Innerhalb weniger Tage nach der Geburt normalisiert sich die Kopfform wieder. Nach der Geburt verschließen sich die Knochennähte und auch die größeren Weichstellen der Schädeldecke (Fontanellen) verknöchern, die größte, die Stirnfontanelle, im Alter von etwa 18 Monaten.

Der Hirnschädel setzt sich aus acht Knochen zusammen, die über unbewegliche Gelenke, sogen. Suturen, miteinander verbunden sind. Das Stirnbein bildet den vorderen Schädelteil und die Dächer der Augenhöhlen, die beiden Schläfenbeine an der Seite und dem Boden des Hirnschädels (Schädelbasis) enthalten Mittel- und Innenohr sowie die entsprechenden Zuführungsgänge.

Das Mittelohr enthält die kleinsten Knochen des Körpers. Unmittelbar hinter dem Trommelfell sitzen Hammer, Amboß und Steigbügel in Form einer gelenkig verbundenen Knöchelchenkette. Sie nehmen die durch den Schall hervorgerufenen Schwingungen des Trommelfells auf und übertragen diese mit erheblicher Verstärkung auf das Innenohr.

Das Keilbein (Os sphenoidale) ist fledermausähnlich, mit zwei großen Flügeln und zwei kleineren Füßen, die von seinem Körper abgehen. Als zentraler und größter Teil der Schädelbasis verknüpft es die an ihrer Bildung beteiligten Knochen.

Der Gesichtsschädel ist aus 14 Knochen konstruiert, als Grundpfeiler wirken die beiden Oberkiefer (Maxillae). Sie beteiligen sich am Bau von Augen- und Nasenhöhle und an jenem Teil des Mundhöhlendachs, der die tiefen Knochenfassungen für die obere Zahnrei-

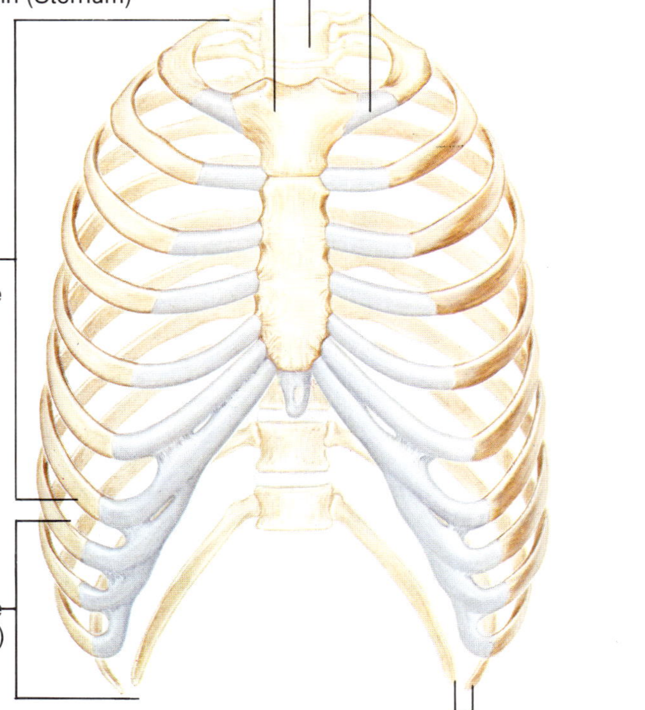

***Zwölf Rippenpaare** umgreifen schützend die Brusteingeweide. Jede Rippe ist hinten gelenkig über eine Hohlfacette mit den Brustwirbeln der Wirbelsäule verbunden. Alle Rippen, mit Ausnahme der beiden unteren (sog. freie Rippen), nehmen vorne mit dem Brustbein Kontakt auf. Die ersten sieben Rippenpaare (sog. echte Rippen) gelenken direkt mit ihm, die folgenden drei verschmelzen knorpelig und verbinden sich mit der siebenten Rippe zum Rippenbogen (Arcus costalis). Die Gelenke mit gummiartigem Knorpel gestatten dem knöchernen Brustkorb, sich bei der Atmung zu bewegen.*

he enthält. Die Oberkieferknochen treten auf jeder Gesichtsseite hervor und verbinden sich mit den schmalen Wangenknochen.

Der Unterkiefer (Mandibula) ist der einzige frei bewegliche Knochen des Schädels und der größte des Gesichtsschädels. Er bildet eine kräftige, hufeisenförmige Knochenspange, die die untere Zahnreihe trägt. Vom horizontalen Körper steigt zu beiden Seiten je ein Ast auf, der vor dem äußeren Gehörgang mit dem Schläfenbein über das Kiefergelenk, ein Gelenk für Dreh-Gleitbewegungen, verbunden ist. Unter der Mandibel ist noch eine kleinere Knochenspange aufgehängt, das Zungenbein (Os hyoideum), der einzige Knochen im Körper, der mit keinem anderen direkt Kontakt aufnimmt. Am Hyoid setzen eine ganze Reihe von Muskeln an, vornehmlich die der Zunge.

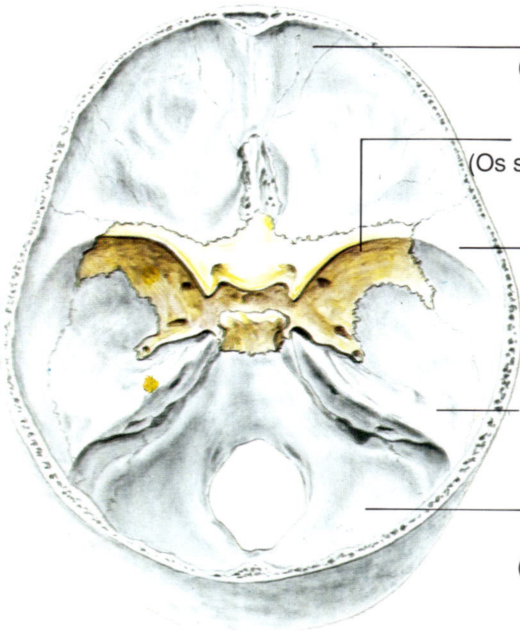

***Der Schädel** ist nicht ein Einzelknochen, sondern setzt sich aus einer ganzen Zahl z.T. schaufelartig gewölbter Knochenschalen zusammen, die über unbewegliche Fugen miteinander verbunden sind. Der Zentralteil des Knochenmosaiks, das die Basis des Schädels bildet, ist das Fledermaus-ähnliche Keilbein (Os sphenoidale), es heftet die übrigen Schädelknochen aneinander.*

Beine und Arme

Der Beckengürtel ist eine Knochenkonstruktion, die die Beine mit dem Knochengerüst des Rumpfes verbindet. Er besteht aus den beiden Hüftbeinen, die zusammen mit dem Kreuzbein einen kräftigen knöchernen Ring bilden. Der Beckengürtel ist mit dem größten Teil des Körpergewichts belastet, hilft bei der aufrechten Körperhaltung und den Körperbewegungen.

Das Skelett des Beines, Stützpfeiler des Körpers, ist kräftiger als das des Armes. Das Oberschenkelbein (Femur) ist der längste und schwerste aller Körperknochen. An seinem oberen Schaftende sitzt auf dem dünneren Schenkelhals der halbkugelige (Ober-) Schenkelkopf, der tief in die Gelenkpfanne des äußeren Hüftbeins reicht.

Der tragende Knochen des Unterschenkels, das Schienbein (Tibia), liegt oberflächlich an dessen Vorderseite und läuft unten im Innenknöchel aus. Das Wadenbein (Fibula), der zweite Unterschenkelknochen, ist gelenkig mit oberem und unterem Schienbeinbereich verbunden. Es dient als Muskelansatz und bildet an seinem unteren Ende den Außenknöchel. Zwischen Innen- und Außenknöchel und dem Sprungbein (Talus) liegt das obere Sprunggelenk.

Der Humerus ist der lange Einzelknochen des Oberarms. Er besitzt wie der Femur einen abgerundeten Kopf, der zusammen mit der flachen Pfanne des Schulterblatts (Scapula) das Schultergelenk bildet. Die abweichenden Größenverhältnisse der Partner - großer Kopf und kleine Pfanne - verleihen dem Arm einen großen Spielraum, das Gelenk ist auf der anderen Seite instabil und gegen Verrenkungen besonders anfällig.

Das untere Humerusende trifft im Ellenbogengelenk auf die beiden Unterarmknochen Elle (Ulna) und Speiche (Radius). Der vorstehende Knochen des Ellenbogens ist das Olecranon der Elle, der unmittelbar darunter zur Daumenseite gelegene Speichenkopf sieht aus wie ein Rad und dreht sich in einem ringförmigen Band, das ihn beweglich an die Elle heftet.

Das Skelett der Handwurzel bilden acht Handwurzelknochen (Carpalia), die in zwei Reihen angeordnet sind. Die große Beweglichkeit der Hand beruht auf den beiden Handwurzelgelenken - das hintere zwischen Speiche und den drei hinteren Knöchelchen, das vordere zwischen den beiden Reihen der Handwurzelknochen.

Auf diese folgen fünf sich fächerartig ausbreitende Mittelhandknochen (Metacarpalia), von denen der erste über ein Sattelgelenk, die anderen vier über federnde, straffe Gelenke mit der Handwurzel verbunden sind. Das Fingerskelett besteht aus je drei Knochen (Phalanges), das des Daumens aus nur zwei. Die Phalangen bilden mit den Mittelhandknochen die Fingergrundgelenke.

Der Daumen nimmt unter den Fingern eine Sonderstellung ein, sein Mittelhandknochen ist kürzer und aufgrund des Sattelgelenks gegen die Handwurzel gut beweglich. Seine Befähigung, sich den anderen Fingern gegenüberzustellen (Opposition), macht die Hand zum allseitigen Werkzeug. Bei fehlender Oppositionsmöglichkeit wäre die Hand nur eine ungelenke Kralle.

Das Fußskelett besitzt nur sieben Fußwurzelknochen (Tarsalia), hat aber ansonsten die gleichen knöchernen Bestandteile wie die Hand: fünf Mittelfußknochen (Metatarsalia) und insgesamt 14 Zehenknochen (Phalanges), die jedoch plumper und kräftiger gebaut sind. Durch eine andere Anordnung der Fußwurzelknochen entstehen die Fußgewölbe: ein Längsgewölbe am Fußinnenrand und ein Quergewölbe in Höhe der Mittelfußknochen. Diese Gewölbe, die den auf die Füße wirkenden Körperdruck elastisch abfedern, werden durch mehrere kräftige Bänder und Sehnen gestützt

Die Stärke des Knochens

Der Knochen ist ein bemerkenswertes Kunstwerk der Schöpfung: Als eines der widerstandsfähigsten Materialien des Körpers verbindet er eine enorme Belastbarkeit mit einer erstaunlichen Leichtbauweise. Das Skelett eines Erwachsenen wiegt etwa 10 Kilogramm, das sind 14 Prozent seines Körpergewichts. Stahlstäbe gleicher Größenordnung würden das vier- bis fünffache wiegen, ohne jedoch eine entsprechende Leistung zu bringen. Knochen ist selbst stärker als Stahlbeton.

Wenn Stahl bricht, ist er nutzlos - Knochen ist lebendes Gewebe, das sich selbst repariert. Er holt sich seine Stärke aus dem Einbau von Mineralsalzen und geformten Eiweißen in ein elastisches Gerüst, jeder zusätzliche Bestandteil erhöht die Stabilität des gesamten Gefüges. Nahezu zwei Drittel des Knochens bestehen aus anorganischen Substanzen, im wesentlichen komplexe Verbindungen von Kalzium und Phosphat. Diese Salze, stabförmige Kristalle, verleihen ihm seine Härte und Festigkeit. Der Rest des Knochens setzt sich aus

Der kompakte Knochen *- eines der härtesten Gewebe des menschlichen Körpers - ist nicht völlig massiv, sondern von Kanälchen und Hohlräumen wabenartig durchlöchert. In Längsrichtung des Knochens liegen die ineinander geschachtelten Zylinder des Havers-Systems (Osteon), die sich im Querschnitt wie die Jahresringe eines Baumes darstellen. Jeder "Ring" erhält seine Festigkeit und Kraft von Mineralsalzen, die in mikroskopisch kleinen Faserbündeln des Eiweißes Kollagen eingelagert sind. An den Wänden der Knochenhöhlen und -bälkchen liegen Zellen, die als Knochenbildner (Osteoblasten) das organische Knochenmaterial produzieren und sich damit einmauern. In den Ringen der Havers-Systeme bzw. in deren Bruchstücken werden sie dann als Knochenzellen (Osteozyten) bezeichnet. Von gleicher Herkunft sind an anderer Stelle die Knochenfreßzellen (Osteoklasten), die Knochensubstanz abbauen und so neue Hohlräume, sog. Howship-Lakunen schaffen können. Im Zentralkanal jedes Havers-Systems befinden sich die Blutgefäße, die für die Ernährung der Knochenzellen sorgen. Die äußere Knochenoberfläche ist von einer festen Hülle, der Knochenhaut (Periost) überzogen.*

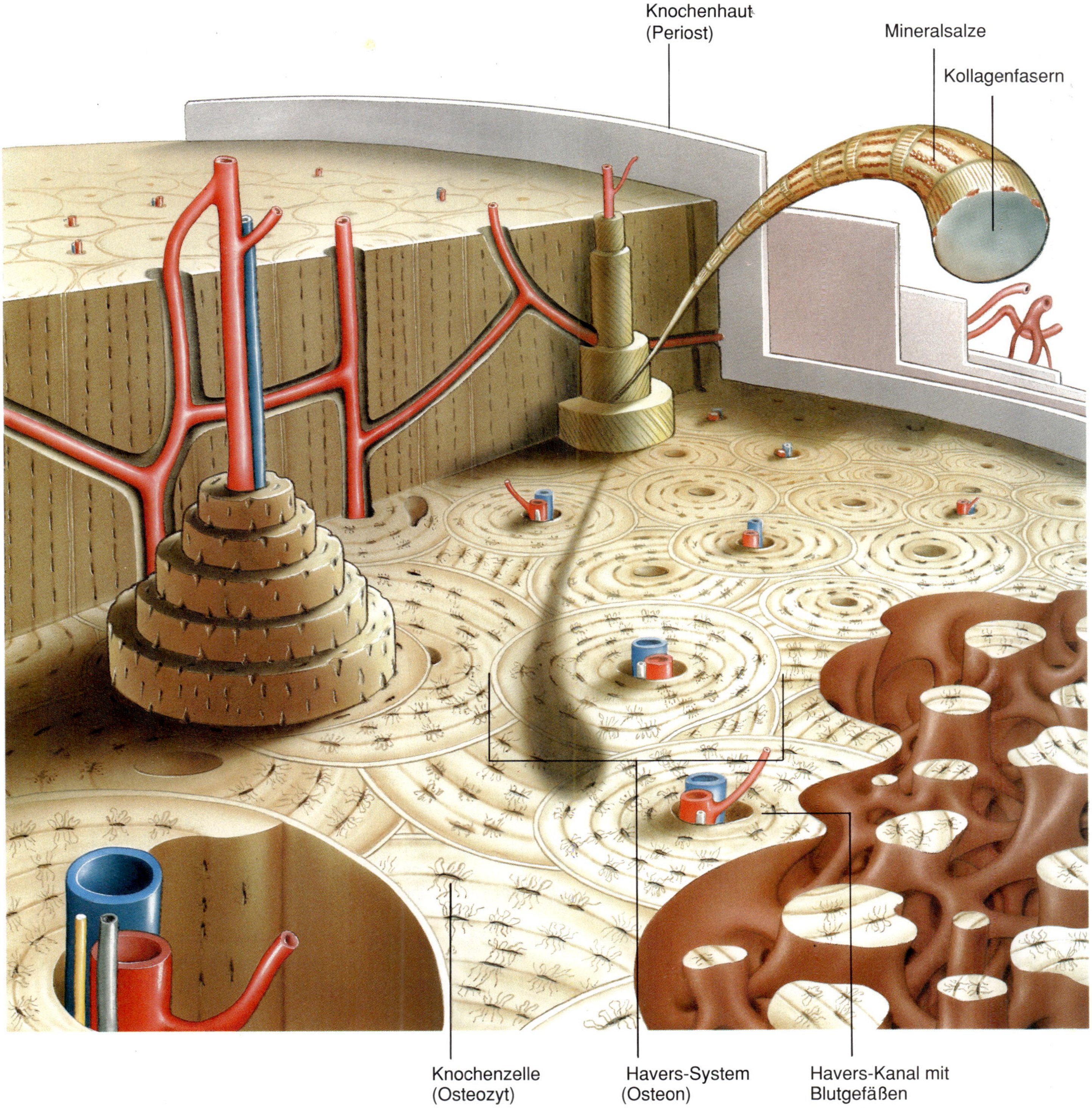

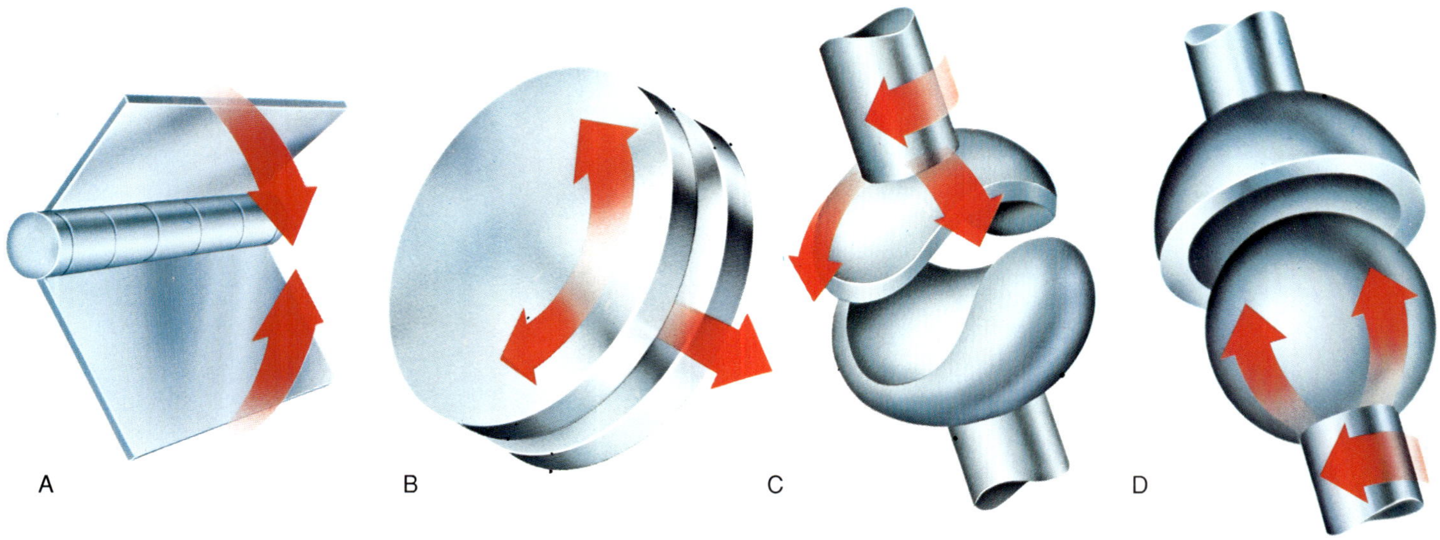

***Die Teile des Stützgerüsts** oder Skeletts werden durch verschiedene bewegliche Gelenke (Diarthrosen) miteinander verbunden. Die Gelenkflächen sind gewöhnlich von glattem, gleitfähigem Knorpel überzogen, der eine Reibung vermindert. Größere Gelenke werden außerdem durch eine schleimhaltige Gelenkflüssigkeit, Synovia, geschmiert. Oft überbrücken Bänder (Ligamenta) die Gelenke. Sie schränken die Bewegungen auf jene Richtungen ein, die von der Gelenkform und den Muskelmöglichkeiten diktiert werden. Der einfachste Gelenktyp ist das Scharnier (A), wie wir es in den Ellenbogengelenken antreffen. Es gestattet Bewegungen um nur eine Achse bzw. in nur einer Raumebene. Flache Gelenke (B) lassen größere, auch seitwärts gerichtete Auslenkungen zu, wie verschiedene Wirbelgelenke. Ein Sattelgelenk (C) ist noch beweglicher, das Mittelhandgelenk des menschlichen Daumens z.B. erlaubt diesem eine Überquerung der Handinnenfläche. Das größte Maß an Beweglichkeit besitzen Kugelgelenke (D) wie Schulter- oder Hüftgelenk.*

Kollagen zusammen, einem zugfesten Eiweiß, das, wenn man es kocht, zu Leim wird. Die Kollagenfibrillen sind in sich verwunden, wie Fasern in einem Strick, und werden von den Salzkristallen gestützt. Nach Entzug der Mineralsalze wird der Knochen biegsam wie Gummi, nach Herauslösung des Kollagens spröde und zerbrechlich wie Glas.

Am aufgesägten Knochen lassen sich zwei Zonen unterscheiden: die äußere, kompakte Rinde (Kortikalis) und die innere schwammartige Schicht aus Knochenbälkchen (Spongiosa). Beim Studium des Feinbaus der Kortikalis erkennt man zahlreiche Einheiten aus konzentrischen, ineinander verschachtelten Knochenlamellen, die auf einem Querschliff an die Jahresringe eines Baumstamms erinnern. Hierbei handelt es sich um sogen. Havers-Systeme (Osteone), die kleinsten Funktionseinheiten der kompakten Knochenschicht. Im Zentrum eines Osteons befindet sich ein Röhrchen, der Havers-Kanal, durch den Blut- und Lymphgefäße sowie Nerven zur Versorgung der Systeme ziehen. In jede der Lamellen eingebettet, reihen sich Knochenzellen (Osteozyten) in kleinen Höhlen (Lakunen) aneinander, die über winzige, radiär zum Havers-Kanal ziehende Kanälchen verbunden sind. Die zahlreichen Osteone in der Rinde werden durch dazwischenliegende ältere Osteon-Bruchstücke (Schaltlamellen) verbunden. Die Anordnung der Kollagenfibrillen und Mineralsalze in der Grundsubstanz der Lamellen erinnert an den Bau von Sperrholz, sie verleiht dem System seine enorme Festigkeit bei gleichzeitiger Elastizität.

Die Oberfläche der kompakten Knochenrinde wird von der Knochenhaut (Periost) überzogen, die Blutgefäße zur Knochenernährung führt und deren innere Schicht aus Zellen besteht, die sich bei Bedarf in knochenbildende Zellen (Osteoblasten) umwandeln können. Dünne Fasern der Knochenhaut (sogen. Sharpey-Fasern) sind mit der Grundsubstanz der Knochenrinde verleimt, andere Fasern verflechten sich mit Sehnen und verankern so Muskeln und Knochen.

Die Spongiosa findet man im Inneren kurzer und platter Knochen, aber auch in den Schaftenden (Epiphysen) der langen Röhrenknochen. Die Bälkchen sind nach den Druck- und Zuglinien angeordnet. Auf diese Weise wird Baumaterial gespart, ohne daß die Festigkeit darunter leidet.

Der Innenraum des Schafts der Röhrenknochen (Diaphyse) ist hohl, was bei der Konstruktion der Rinde keine Einschränkung mechanischer Stärke bedeutet; die Gewichtsersparnis ist jedoch beträchtlich. Besäße der Femur einen soliden Schaft, wäre er um 25 Prozent schwerer. Die Natur nützt aber auch noch solche Hohlräume genauso wie die zwischen den Bälkchen der Spongiosa aus, indem sie sie mit Mark ausfüllt. Im Schwammwerk von Rippen, Wirbelkörpern, Becken- und Schädelknochen befindet sich rotes Knochenmark, eines der biologisch aktivsten Gewebe. Jede Minute gibt es Millionen roter und weißer Zellen sowie Thrombozyten an das Blut ab.

Röhrenknochen wie der Femur sind mit gelbem Knochen- oder Fettmark gefüllt. Dies dient als Energiespeicher, kann aber bei Bedarf (länger dauernder Blutverlust mit Anämie) in rotes Knochenmark umgewandelt werden und dann Blutzellen produzieren.

Wo Knochen auf Knochen trifft

Eine der Grundlagen für die Beweglichkeit unseres Körpers sind die Gelenke, die den größten Teil der mehr als 200 Knochen unseres Skeletts überbrücken. Einige Gelenke wie die Verbindungen zwischen den Wirbelkörpern (Bandscheiben) oder den Knochenplatten des Schädels (Suturen) sind als Haften (Synarthrosen) wenig oder gar nicht gegeneinander verschieblich.

Die echten Gelenke (Diarthrosen) weisen stets eine Höhle, den Gelenkspalt, auf. Die Gelenkflächen der Knochenpartner sind von hyalinem Knorpel überzogen und speziell nach den jeweiligen Bewegungsbedürfnissen geformt - das häufig gewölbte Knochenende wird als Kopf, das ausgehöhlte als Pfanne bezeichnet. Die Knochenmanschette des Periosts überzieht als Gelenkkapsel die Gelenkhöhle und dichtet sie nach außen ab. Die innere Kapselschicht, die Synovialhaut (Membrana synovialis), sezerniert die Gelenkschmiere (Synovia), die den Gelenkknorpel ernährt und zusammen mit ihm die Reibung bei Bewegungen erheblich vermindert. Zellen der Synovialhaut sorgen auch dafür, daß Mikroorganismen und Zellschutt entfernt werden.

Der äußeren Gelenkkapselschicht, der Faserhaut (Membrana fibrosa), aufgelagert verbinden Gelenkbänder die Knochenpartner; sie hemmen bestimmte Bewegungen. Besondere Bildungen eines Gelenkes sind Knorpelkörper in den Gelenkhöhlen, die diese als Scheiben (Disci; im Kiefergelenk) oder halbmondförmige Gebilde (Menisci; im Kniegelenk) vollständig oder unvollständig unterteilen. Schleimbeutel (Bursae synoviales) befinden sich als wasserkissenähnliche Polster überall dort, wo Sehnen über Knochen gleiten oder die Haut besonderer Beanspruchung unterworfen ist. In der Nähe des Kniegelenks finden sich mindestens 12 solcher Beutel, einzelne stehen mit der Gelenkhöhle in Verbindung.

Jedes Synovialgelenk hat sich bestimmten Bewegungen angepaßt; nach ihren Formen unterscheidet man Kugelgelenk, Eigelenk, Scharniergelenk, Zapfen- oder Radgelenk, Sattelgelenk und flaches Gelenk.

Kugelgelenke sind raumläufig, sie gestatten Bewegungen um drei Achsen in allen Ebenen des Raumes. Im Schultergelenk beispielsweise gleitet der halbkugelige, relativ große Kopf in der kleinen, flachen Pfanne des Schulterblattes. Aufgrund des sehr lockeren Kapsel- und Bandapparates ist es das beweglichste, aber auch störungsanfälligste Gelenk des Körpers. Das Hüftgelenk, ebenfalls ein Kugelgelenk, ist in seinen Ausschlägen weniger beweglich, dafür aber stabiler. Die Kugel des Oberschenkelkopfes wird bis über ihren Äquator von der Pfanne des Hüftbeins umfaßt; die Bänder gehören zu den kräftigsten des Körpers.

Eigelenke besitzen einen ellipsoiden Kopf mit einer ähnlich gestalteten Pfanne; dadurch wird eine Drehung ausgeschlossen. Bewegungen sind nur um zwei Achsen möglich. Ein Beispiel hierfür ist das hintere Handwurzelgelenk.

Scharniergelenke bestehen aus einem walzenförmigen Gelenkende, das sich in einem aufgeschnittenen Hohlzylinder dreht. Sie gleichen in ihrer Funktion den Türangeln. Ihre Bewegung erfolgt um nur eine Achse in einer Raumebene. Zu den Scharniergelenken zählen Ellenbogen-, Knie- und oberes Sprunggelenk.

Zapfen- oder Radgelenke enthalten einen Zapfen, der sich in einem Ring dreht. Diese Gelenke gestatten Kreiselbewegungen um nur eine Achse, wie sie im hinteren Gelenk zwischen Speiche und Elle ausgeführt werden (Umwendbewegungen der Hand).

Beim Sattelgelenk gleiten zwei ein- und ausgewölbte Gelenkflächen aufeinander. Dadurch sind Bewegungen um zwei Achsen möglich. Ein typisches Beispiel ist das Gelenk zwischen Handwurzel und Mittelhandknochen des Daumens.

Im flachen Gelenk verschieben sich die platten Gelenkflächen gegeneinander wie im Falle der Zwischenwirbelgelenke.

Wachstum und Knochenneubildung

Der größte Teil des menschlichen Stützapparats wird in der Fötalperiode als hyalinknorpeliges Vorskelett angelegt. Nach und nach wird der Knorpel dann aufgelöst und seine chemischen Bestandteile benutzt, um ihn durch Knochen zu ersetzen. Diese Ossifikation dauert bis zum 25. Lebensjahr an, dann endet das Längenwachstum des Körpers.

Das Knochenwachstum wird durch Hormone von Hirnanhangs- und Schilddrüse, Nebennieren und Geschlechtsdrüsen gesteuert. Ge-

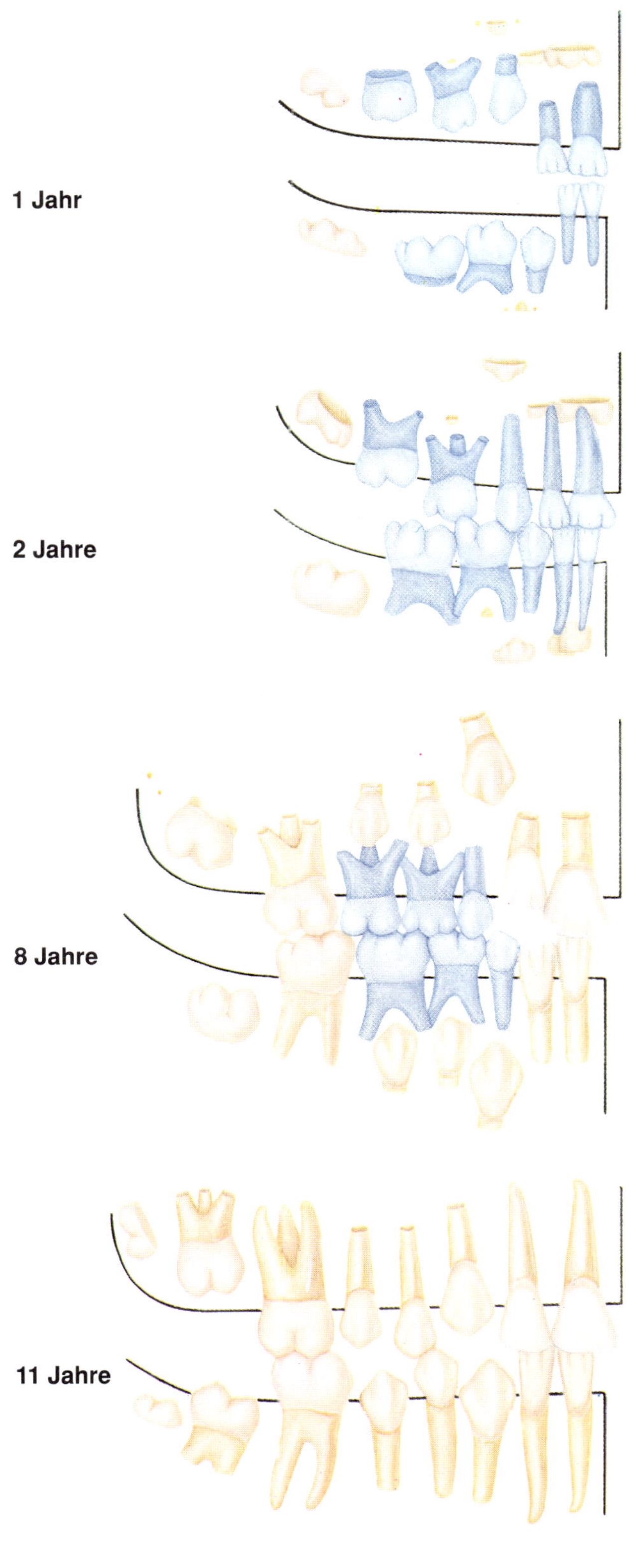

Die Zähne, noch härter als der Knochen, *enthalten wie dieser hauptsächlich Kalksalze. Die Darstellung zeigt die Reihenfolge des Durchbruchs der 20 ersten oder Milchzähne (blau) eines Kindes, denen die 32 zweiten oder bleibenden Zähne (braun) folgen. Die dritten Mahlzähne, bekannt als Weisheitszähne, brechen bei manchen Menschen nie durch. In der Zeichnung ist je eine rechtsseitige Ober- und Unterkieferhälfte dargestellt.*

Ellenbogengelenk
(Articulatio cubiti),
Vorderseite

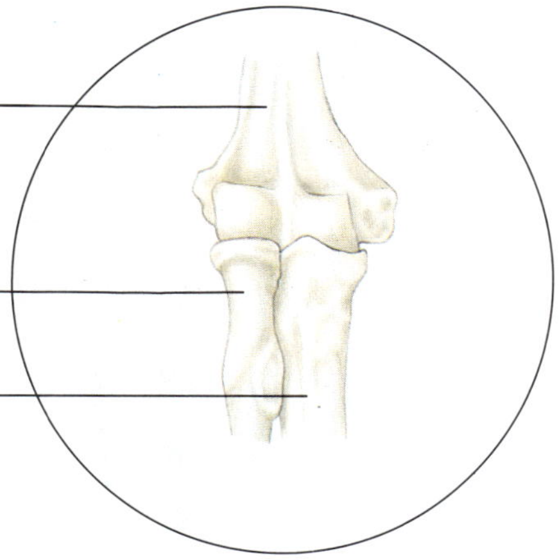

Handskelett, Rückseite

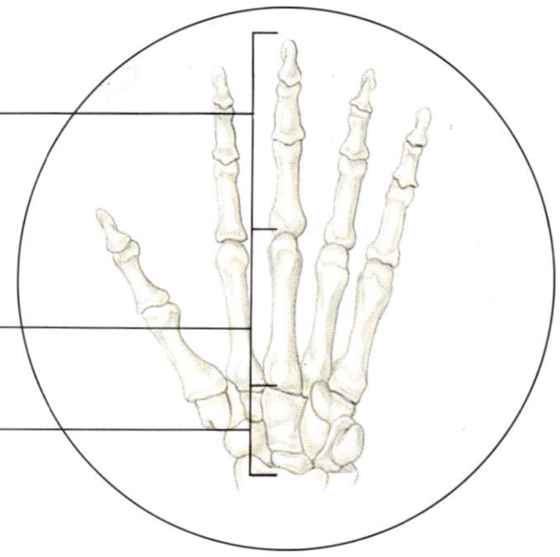

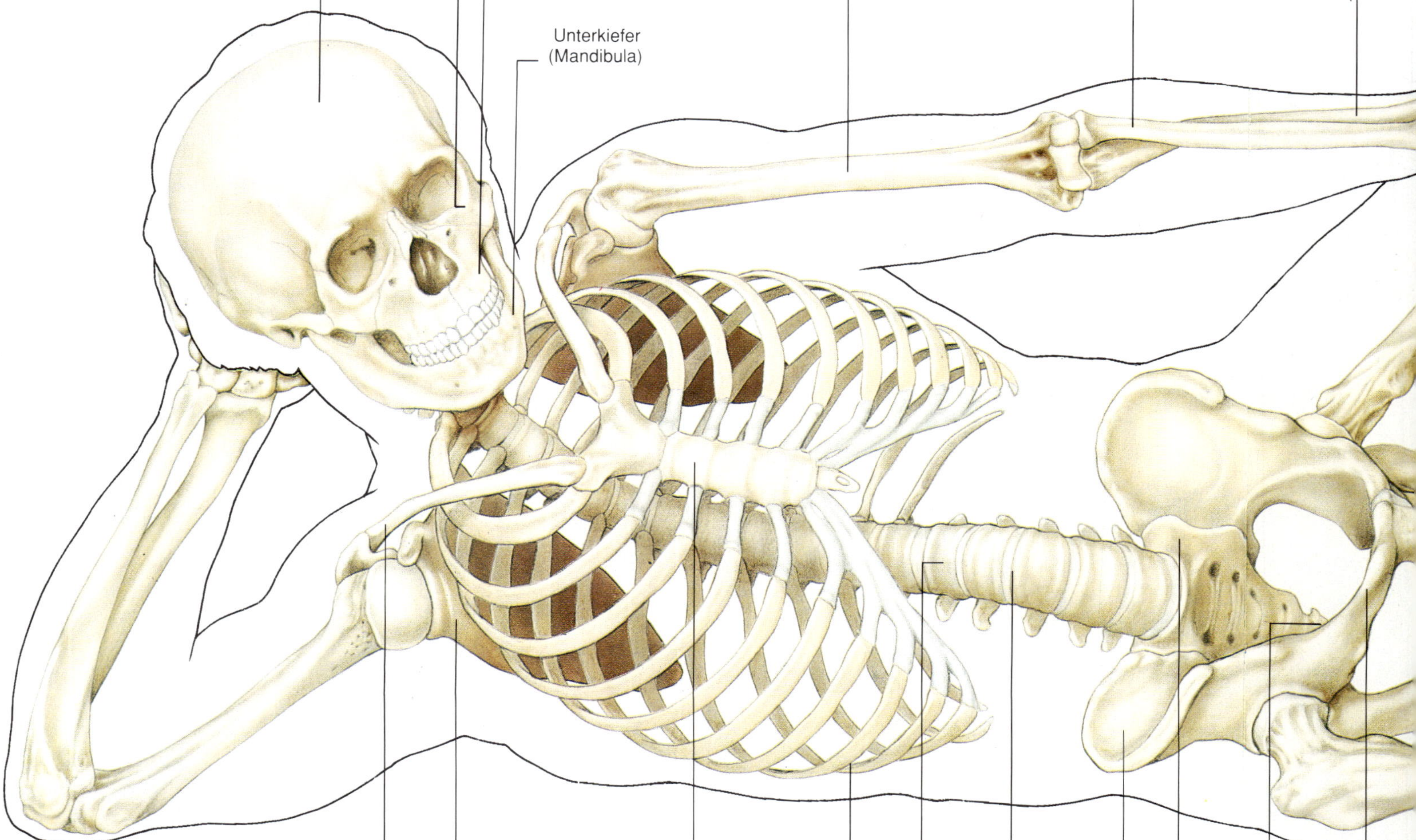

Kniegelenk (Articulatio genus), Rückansicht

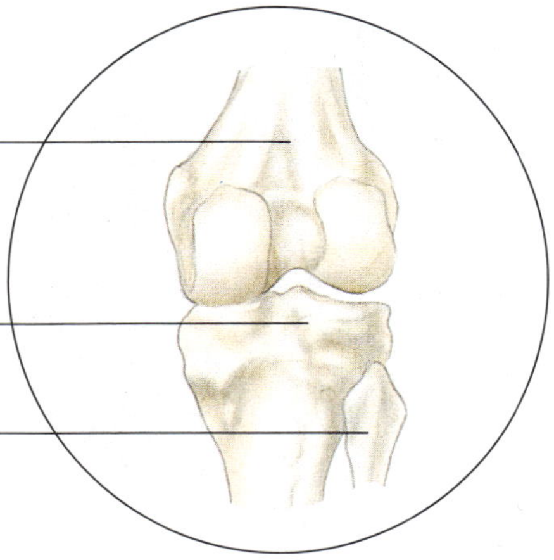

Fußskelett, Unterseite

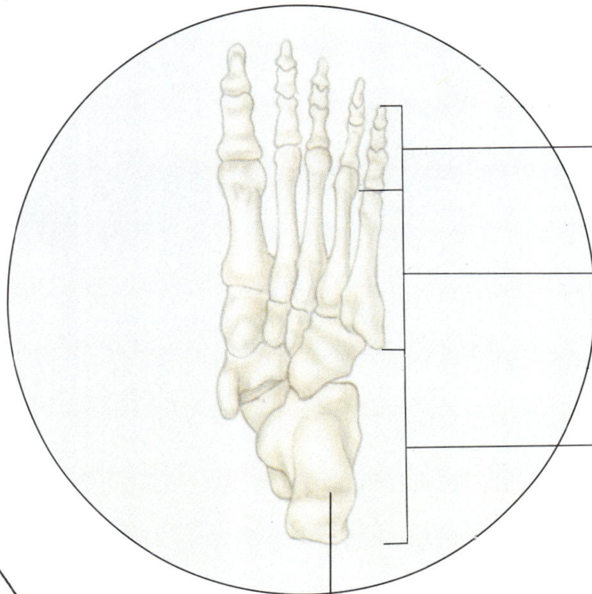

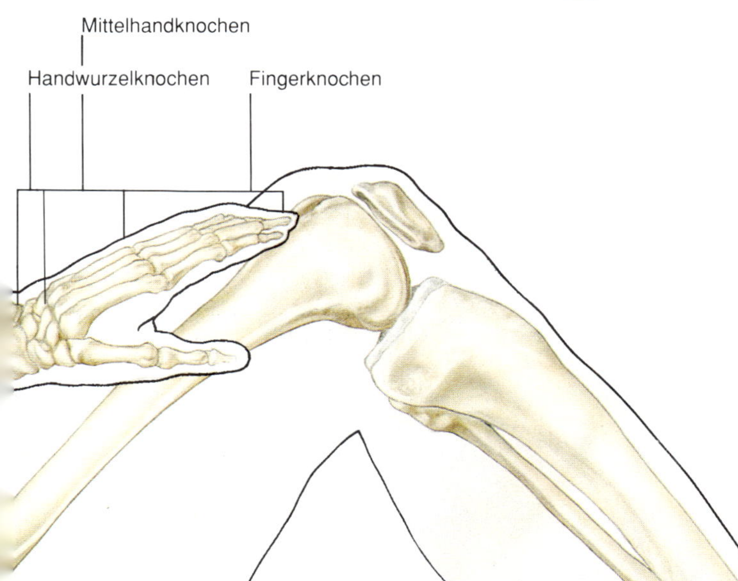

***Stark belastete Gelenke** wie die der Hüfte, Knie oder Wirbelsäule, sind auf ihren Knorpelüberzug angewiesen, um stets weich und fließend zu arbeiten. Der krankhafte Abbau des Knorpels z.B. bei einer Gelenkentzündung (Osteoarthritis) verursacht Reibung, Knochenverschleiß und Schmerzen; das Gelenk steift ein. In schweren Fällen sind viele Gelenke betroffen, was zur Lähmung und Invalidität führt. Bei einer Osteoarthritis der Hand- und Fingergelenke treten knotige Schwellungen im Bereich der Knöchel auf.*

HÄUFIGE STELLEN EINER GELENKENTZÜNDUNG (OSTEOARTHRITIS)

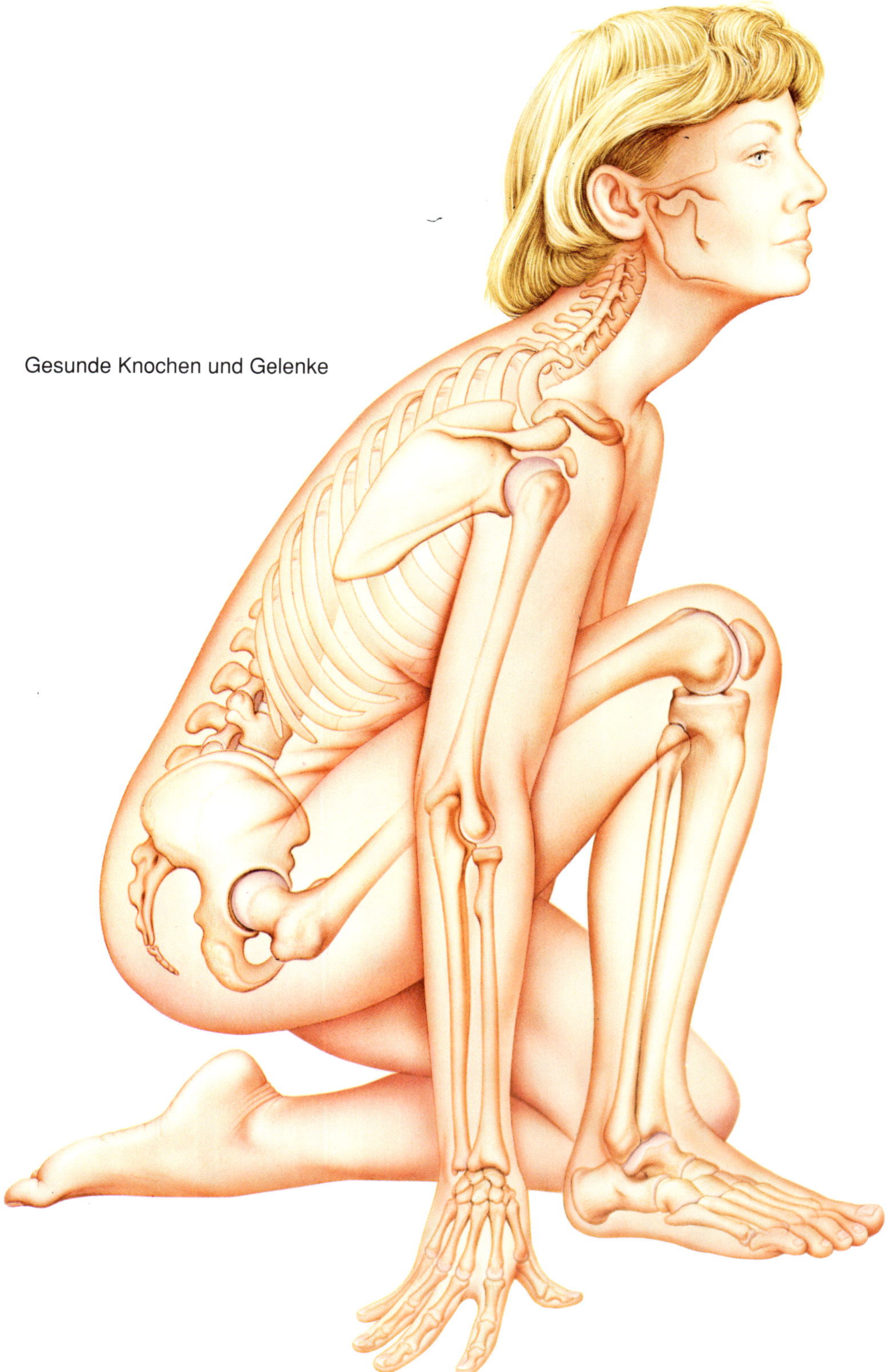

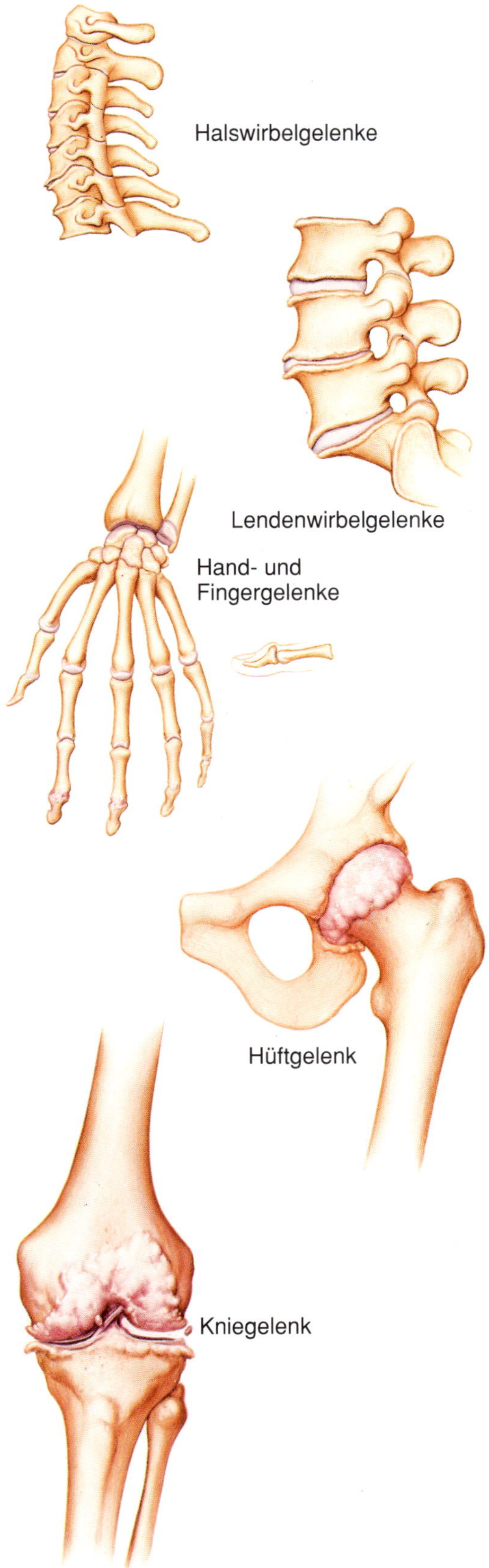

sunde Ernährung trägt zu einem kräftigen Knochenbau bei, besonders, wenn sie genügende Konzentrationen der Vitamine A, C und D enthält. Auch der Druck auf die Knochenenden, durch Knorpel, sich entwickelnde Muskeln oder Verletzungen hervorgerufen, kann das Wachstum positiv oder negativ beeinflussen.

Ein bedeutsames Zeichen der mechanischen Überforderung ist die Arthropathie, eine chronische Gelenkerkrankung mit Abbau der Gelenkbestandteile. Viele Spielarten dieser Krankheit sind bekannt; die klinisch wichtigsten sind die Gichtarthritis, die Osteoarthritis und die rheumatoide Arthritis. Von diesen ist der Entstehungsmechanismus der Gichtarthritis am besten bekannt, sie ist daher auch am erfolgreichsten behandelbar. Gicht ist eine meist erbliche Störung des Purinstoffwechsels, die zu einem Anstieg der Harnsäurewerte im Blut führt. Im Laufe der Jahre lagern sich ausfällende Harnsäurekristalle in Gelenknähe an (Bildung von Knoten, Tophi, häufig im Großzehengrundgelenk) und lösen Entzündungen und Schmerzen aus.

Die Osteoarthritis wird teilweise auf mechanische Ursachen zurückgeführt, da sie fast nur in Verschleißregionen des Körpers in Erscheinung tritt. Sie beginnt in den am meisten belasteten Gelenken - Hüfte, Knie, Wirbel, Hand - und betrifft Frauen doppelt so häufig wie Männer. Am Anfang steht ein Abbau des Gelenkknorpels. Sobald Knochen aufeinander reiben, treten Schmerzen auf - die Bewegung wird eingeschränkt. Die Regenerationsfähigkeit des Knochengewebes ändert sich, die weichen Kanten des zerstörten Knorpels verhärten sich zu Knochenspornen.

Bei der rheumatoiden Arthritis entzündet sich die Synovialhaut einer Gelenkkapsel. Abgestorbene weiße Blutzellen und Zellen des Gelenkgewebes bilden an der Gelenkoberfläche Ablagerungen, den sog. Pannus. Durch die Entzündung freigesetzte Enzyme wenden sich gegen das Gelenk und beginnen, dieses anzudauen. Zwischen den Gelenkpartnern entsteht Narbengewebe, das sich verhärtet und das Gelenk versteift. Ursache der rheumatoiden Arthritis könnte ein flüchtiger Kontakt mit einem noch unbekannten Virus und die fehlerhafte Immunantwort des Körpers sein. In diesem Fall würden die weißen Blutzellen das Gelenkgewebe als Feind ansehen und es angreifen.

Knochen zeugt Knochen

Zerstörte Haut wird stets durch minderwertigeres Narbengewebe ersetzt, zerstörter Knochen hingegen heilt durch Neubildung gleichwertigen Gewebes. Diese Tatsache wurde als wesentlich für den Bestand der menschlichen Rasse angesehen.

Der Schlüssel zur Knochenregeneration ist eine Substanz mit dem Namen "Knochenform-bildendes Eiweiß" (Bone Morphogenic Protein; BMP). Es wandelt Fibroblasten, junge Bindegewebszellen, an einer heilenden Knochenverletzungsstelle zu Knochenbildnern (Osteoblasten) um - aus der zunächst bindegewebigen Narbe (Kallus) entsteht vollwertiger Knochen. In der Klinik werden Untersuchungen zur Wirkung von isoliertem BMP auf Knochenbrüche und die Einheilung übertragenen Knochengewebes durchgeführt. Besondere Bedeutung könnte diese Substanz bei Patienten mit ausgedehnten Verletzungen oder angeborenen Mißbildungen des Gesichts besitzen.

Knochenbanken

Der künstliche Ersatz eines Gelenkes oder das Zusammenflicken des zertrümmerten Unterkiefers sind Spitzenleistungen der modernen Knochenchirurgie. Dabei werden häufig Knochenersatzstücke benötigt, die zur Vermeidung von Abstoßungsreaktionen als "Autotransplantate" am besten aus dem Körper des Patienten selbst stam-

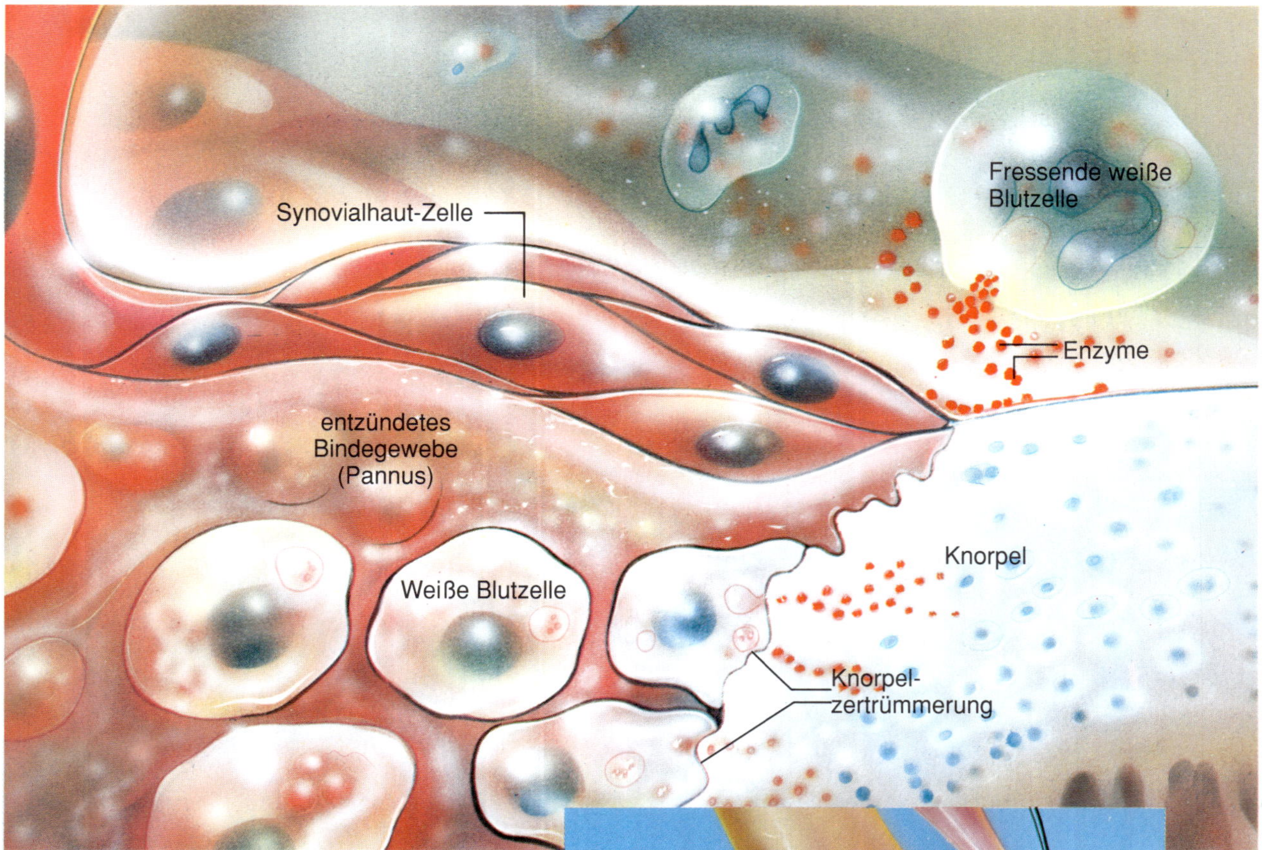

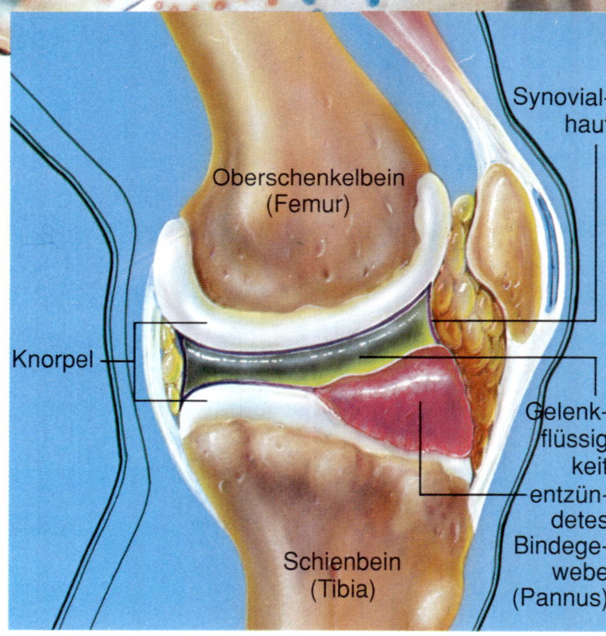

men sollten. Diese Möglichkeit ist jedoch beschränkt und insbesondere bei Kindern nicht anwendbar.

Die Alternative ist ein Fremdtransplantat, das Knochenstück eines Spenders. Das Transplantat wird zur Verhütung der Abstoßung so behandelt, daß es der Empfängerkörper nicht mehr als "fremd" erkennen kann. Dazu werden von Leichen entnommene Spenderknochen gefriergetrocknet und bei Raumtemperatur aufbewahrt oder tiefgefroren und bis zu ihrer Verwendung in einer Knochenbank gelagert.

Ein Blick ins Kniegelenk

Die wichtigsten Bewegungen des Kniegelenks sind Beugen und Strecken, es wird deswegen auch zu den Scharniergelenken gezählt; in Beugehaltung ist es jedoch auch zu Drehbewegungen fähig. Dies erhöht die Flexibilität des Körpers, aber auch die Verletzbarkeit des Gelenkes.

Stabilität liefern vier Hauptbänder und 13 Muskeln, die auf das Gelenk einwirken. In jedem Augenblick müssen Muskeln und Bänder sich an- bzw. entspannen. Die beiden halbmondförmigen Knorpelkeile (Menisci) sorgen für eine verbesserte Anpassung der relativ inkongruenten Gelenkpartner. Ihre Blutversorgung ist sehr schlecht, ihre Fähigkeit zur Selbstreparatur nach Verletzungen also sehr beschränkt. Ein zerstörter Meniskus - Alptraum eines jeden Berufssportlers - muß normalerweise operativ entfernt werden. Bleibt er vor Ort, nutzt er sich langsam ab und kann schließlich Ursache einer Gelenkentzündung werden.

Arthroskopie ist der Blick ins Kniegelenk. Das Arthroskop, ein Fiberglasrohr mit Beleuchtung und Optik, wird durch einen kleinen Hautschnitt in die Kniegelenkhöhle geführt. Durch dasselbe Instru-

Die Zertrümmerung des Knorpels *in einem entzündeten Gelenk wird eingeleitet durch eine Bindegewebsanschwellung, den Pannus. Hier sind Leukozyten (weiße Blutzellen) und Zellschutt versteckt. Andere weiße Blutzellen (Phagozyten), die Freßzellen des Körper-Abwehrsystems, erscheinen auf dem Kriegsfeld, um die Überreste abzuräumen. Gleichzeitig geben sie Wirkstoffe (Enzyme) ab, die den gesunden Gelenkknorpel angreifen (obere Darstellung). Häufig betroffen ist das Kniegelenk (unteres Bild), in dem verschlissener Knorpel zunächst narbig ersetzt, dann rauh und unnachgiebig wird. Der Verlauf einer rheumatoiden Gelenkentzündung ist gut bekannt, ihre Ursache - trotz intensiver Forschung - jedoch immer noch ein Geheimnis.*

ment kann der Chirurg feinste Skalpelle einführen und den zerstörten Knorpel entfernen; dadurch wird die Gefahr einer späteren Osteoarthritis vermindert.

Heikle Bandscheibenoperation

Nirgendwo ist im Körper der Knorpel für die Funktion des Bewegungsapparats bedeutsamer, als im Bereich der Wirbelsäule. Durch die Zwischenwirbellöcher ziehen die Rückenmarksnerven als Informationsträger vom und zum Gehirn. Die Höhe dieser Löcher wird nicht zuletzt von den Zwischenwirbelscheiben bestimmt, deren Funktion im übrigen eine flexible Stabilisierung der Wirbelsäule und eine Dämpfung vertikal gerichteter Stöße ist.

Die Bandscheiben bestehen aus zwei Komponenten: den äußeren, konzentrisch angeordneten, faserknorpeligen Ringen (Annulus fibrosus) und dem inneren Gallertkern (Nucleus pulposus). Bei Degeneration der Faserringe kann der Gallertkern durch plötzliche Belastung herausgepreßt werden und auf die Wurzeln der Rückenmarksnerven drücken. Dieser "Bandscheibenvorfall" (Diskushernie, Pulposusprolaps) verursacht plötzliche Schmerzen, Taubheit und Muskelschwäche in den Gliedmaßen, die von den betroffenen Rückenmarksnerven versorgt werden.

Mangelnde Körperbewegung schwächt auf die Dauer auch das Stützsystem der Wirbelsäule; die Bandscheiben besitzen zudem eine schlechte Blutversorgung und neigen sehr früh zur Degeneration. Es ist deshalb keine Seltenheit, daß beim Vorbeugen und dem Versuch, einen schwereren Gegenstand aufzuheben, eine Diskushernie auftritt und einen plötzlichen Rückenschmerz (Lumbago oder Hexenschuß), der bis in die Beine ausstrahlen kann, auslöst. Dieses Leiden quält viele Mitglieder unserer Wohlstandsgesellschaft.

Bei einem echten "Bandscheibenvorfall" ist sofortige ärztliche Hilfe notwendig. Eine Streckung der Wirbelsäule mag den Druck und damit die Schmerzen lindern, häufig muß aber doch operiert werden. Bei einer normalen Laminektomie wird der größte Teil der beschädigten Zwischenwirbelscheibe entfernt. Die benachbarten Wirbelkörper können sich daraufhin knöchern verbinden. Bei der wesentlich feineren lumbalen Mikrodiskektomie entfernt der Operateur vorsichtig den vorfallenden Teil der Bandscheibe, der Rest bleibt intakt.

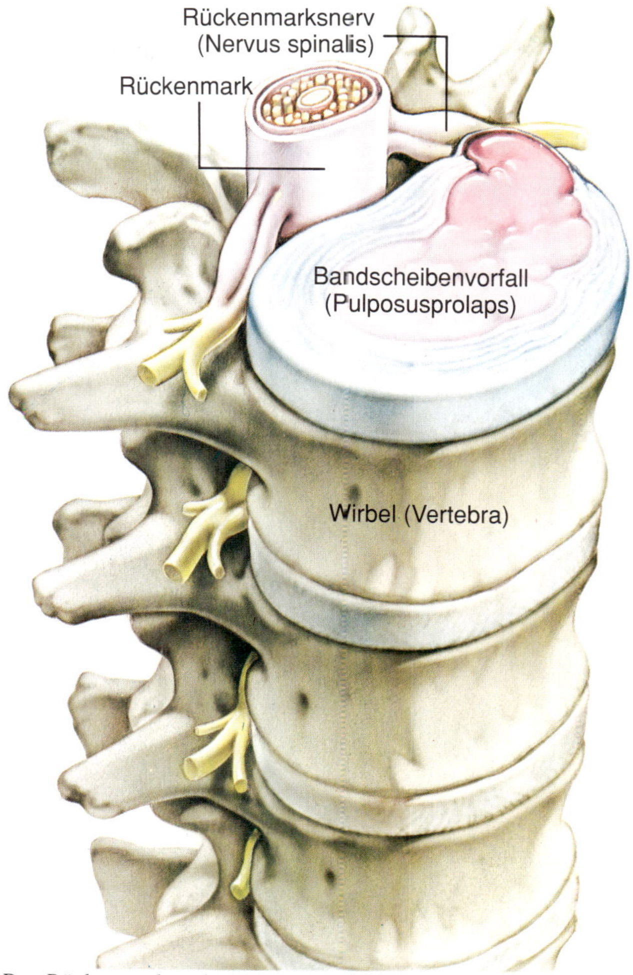

Das Rückenmark und seine Nerven sind durch einen knöchernen Kanal geschützt, der von den Bögen der säulenartig aufeinandergestapelten Wirbel gebildet wird. Die wasserkissenartigen Bandscheiben zwischen den Wirbeln (Disci intervertebrales) sorgen für eine Biegsamkeit der Säule und einen Schutz des Rückenmarks. Wird die Wirbelsäule jedoch überanstrengt (ständig oder durch ein plötzliches Verheben), kann die schwammige Gallerte aus dem Inneren (Nucleus pulposus) auf einer Seite durch den Faserring (Annulus fibrosus) der Bandscheibe hervorquellen und einen sog. Bandscheibenvorfall (Pulposusprolaps) verursachen. Drückt dieser auf einen Rückenmarksnerv (Nervus spinalis), wird die von diesem versorgte Hautfläche schmerzhaft oder taub.

Kapitel 3

Die Muskeln

Jede Bewegung folgt mechanischen Grundsätzen, auch die des Menschen. Wie eine von Menschenhand gebaute Maschine ist der Körper ein Satz von Hebeln, deren Bewegungen die Geometrie der klassischen Mechanik kopieren. Die Hebel werden von Muskeln betätigt - ein Vorgang, der so simpel aussieht und doch so viele komplizierte Einzelvorgänge in sich birgt, daß wir gerade am Beginn sind, dies zu verstehen.

Jeder der mehr als 600 Muskeln des Körpers wird von Nerven versorgt. Ein Netzwerk nervöser Schaltkreise, das Muskulatur und Zentralnervensystem verbindet, überträgt Signale, die den Fluß der Muskelenergie bestimmen. Selbst bei kleinsten Tätigkeiten müssen zahlreiche Muskeln zusammenarbeiten, und oft wird uns dies nicht einmal bewußt, da der Körper viele Bewegungen durch neuromuskuläres Zusammenspiel selbst lenkt.

Obwohl ein Handlungsablauf manchmal viele komplexe Einzeltätigkeiten beinhaltet, ist doch ein einzelner der dabei notwendigen Muskeln immer nur in der Lage, sich aktiv zu verkürzen und dabei zu ziehen - er kann sich nicht aus eigener Kraft verlängern. An der Kontraktion eines Muskels aber sind Milliarden von Eiweißmolekülen beteiligt, die in höchster Übereinstimmung kooperieren.

Unser aktiver Bewegungsapparat hat die unterschiedlichsten Körperfunktionen zu unterstützen, darauf haben sich drei verschiedene Muskeltypen spezialisiert: die Herzmuskulatur, die nur in der Wand des Herzens vorkommt und diese Kreislaufpumpe lebenslang antreibt; die glatte Muskulatur, die am Bau der Wände unserer Körperhohlorgane und Blutgefäße beteiligt ist und wie die Herzmuskulatur unwillkürlich gesteuert wird, also nicht der Kontrolle unseres Bewußtseins unterliegt; die Skelettmuskulatur, die an der Bildung unseres Oberflächenreliefs großen Anteil hat und in der Regel Knochen über Gelenke (den passiven Bewegungsapparat) miteinander verbindet. Wir bezeichnen sie in ihrer Gesamtheit als Willkürmotorik, da ihre Tätigkeit von uns bewußt gesteuert werden kann. Die Skelettmuskulatur ist der größte Einzelposten an Gewebe in unserem Körper, sie nimmt etwa 23 Prozent des Körpergewichts bei einer Frau und 40 Prozent beim Mann ein.

Muskeltätigkeit beschäftigt auch unsere Sinne, geordnete Bewegungen sind nur durch eine unaufhörliche Zusammenarbeit von Sinnesorganen und Muskeln möglich. Diese ständige sensorisch-motorische Integration läuft über das Rückenmark und den Teil des Gehirns ab, der Sinneswahrnehmungen und motorische Befehle miteinander verschaltet.

Muskeln und Bewegungen

"Bewegung ist die Ursache allen Lebens" schrieb einst Leonardo da Vinci. In der Tat werden Körperbewegungen und viele lebenswichtige innere Körperfunktionen durch Muskeln unterschiedlicher Form und Größe ermöglicht. Noch bevor Muskeln den Körper fortbewegen, müssen sie ihn erst entgegen der Schwerkraft in eine aufrechte Körperhaltung bringen. Schon das ruhige Stehen erfordert die Aktivität einer großen Zahl von Muskeln.

Die Kontrolle über den aktiven Bewegungsapparat wird uns nicht

Mit dem Schwung seiner Beine *absolviert der Kunstturner seine Übung am Seitpferd - in erstaunlichem mechanischem Gleichmaß. Der menschliche Körper verfügt über ein Knochengerüst, dessen Einzelteile durch Gelenke und Bänder miteinander verbunden sind. Eine kräftige Muskulatur kann die Skeletteile wie ein gut funktionierendes Räderwerk bewegen. Dazu ist jedoch die Steuerung durch das Gehirn notwendig.*

Im Körper gibt es mehr als 600 *Willkürmuskeln, die insgesamt 40% des Körpergewichts eines Mannes ausmachen. Die kräftigsten sind die großen Muskeln, die hier dargestellt sind. Durch ihre Verkürzungen bewegt sich der Körper, z.B. zum Bücken und Laufen, zum Aufrichten und Greifen. Selbst das feine Mienenspiel wird durch geringe Veränderungen der kleinen Gesichtsmuskeln hervorgerufen. Die Muskeln übertragen ihre Kraft durch starke, unelastische Sehnen auf die Knochen. So werden die Finger beispielsweise von Unterarmmuskeln gebeugt und gestreckt, die mit den Fingerknochen über lange Sehnen verbunden sind.*

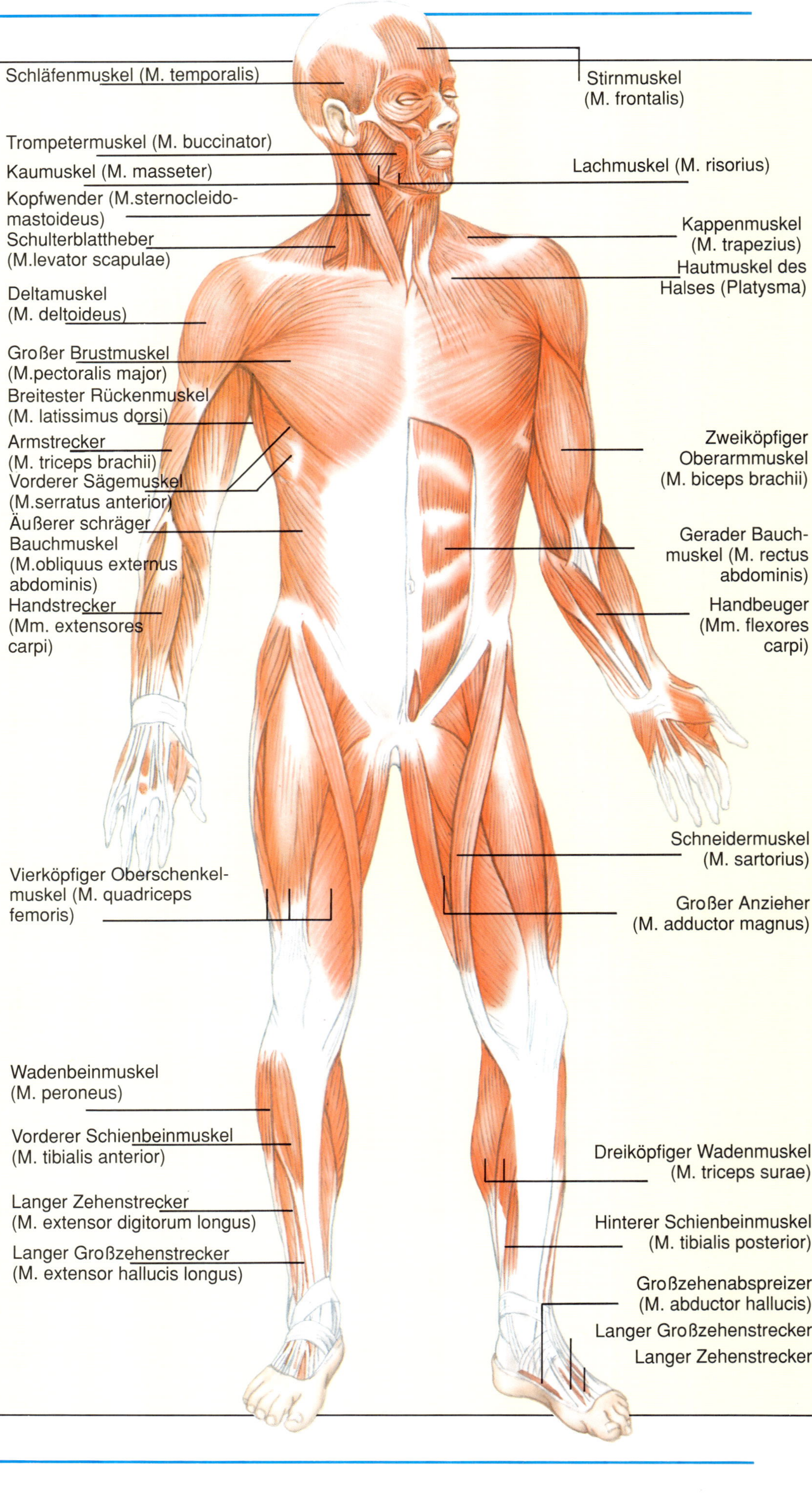

Für ihre Arbeit benötigen Muskeln ständig Sauerstoff. Das lebenswichtige Atemgas fließt mit dem Blut in den Schlagadern, die sich aufzweigen, um jedes Muskelbündel zu umfassen. Von diesen ausgehende feinste Haargefäße (Kapillaren) umspinnen die einzelnen Muskelfasern. Dort findet der "Gasaustausch" statt: Sauerstoff wandert in die Muskelfaser, Kohlensäure kommt heraus. Dieses Abfallprodukt des Zellstoffwechsels wird mit dem Blut in den Venen zur Lunge transportiert, wo es mit der Atemluft den Körper verläßt.

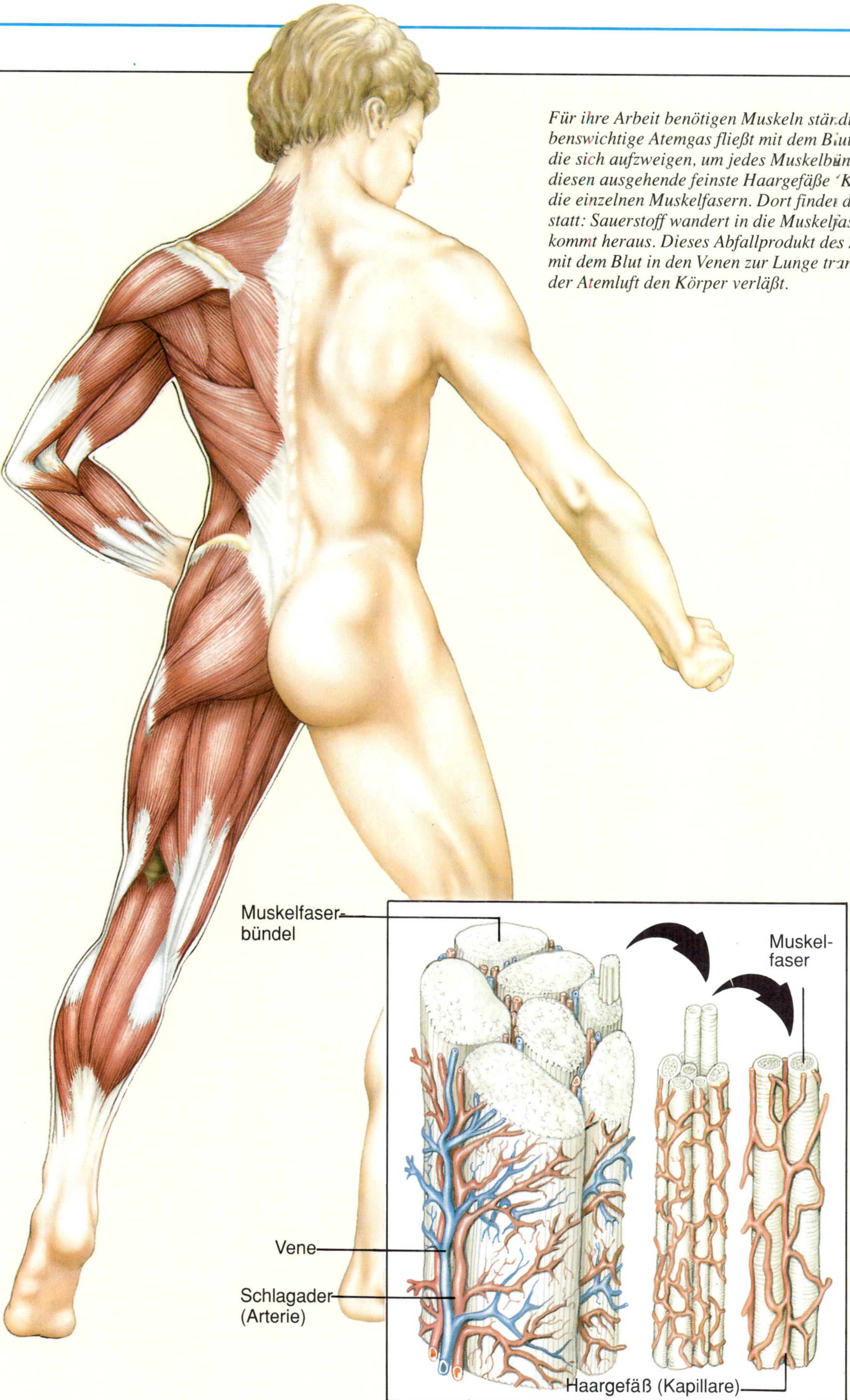

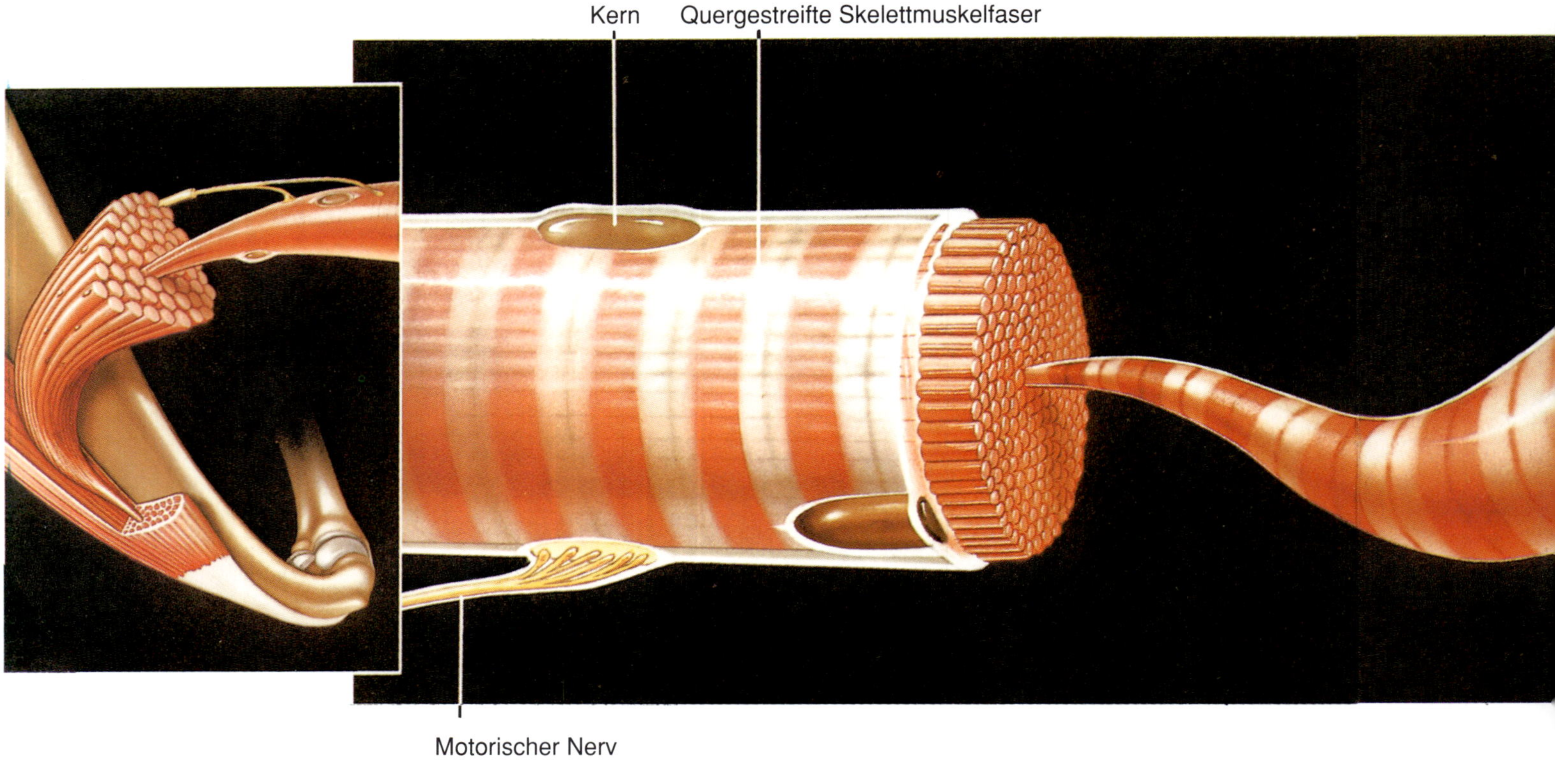

***Die Muskeln** sehen sehr einheitlich aus, sind tatsächlich aber aus Bündeln feinster Fasern zusammengesetzt (links). Jede Faser enthält wiederum kleinste faserförmige Strukturen (dicke und dünne Myofilamente), die sich räumlich zu Sarkomeren anordnen. Auf Signale eines motorischen Nervs gleiten die Filamente übereinander, wodurch der Gesamtmuskel verkürzt wird.*

in die Wiege gelegt. Das Kleinkind muß die Steuerung seiner Willkürmotorik erst systematisch erlernen: zuerst wird der Kopf durch geordnetes Zusammenspiel der Halsmuskulatur gehoben, dann die Schultern mit den Armmuskeln, schließlich der gesamte Körper; ohne Beherrschung der Rücken-, Becken- und Beinmuskulatur wäre Stehen und Gehen unmöglich.

Eine fließende Synchronisation

Das Lernen des scheinbar so einfachen Gehens braucht seine Zeit, verschiedene Muskelgruppen müssen koordiniert werden. Jeder Muskel unseres Körpers übt eine bestimmte Funktion aus, er kann dieser jedoch nur gerecht werden, wenn er in einer fließenden Synchronisation mit anderen Muskeln arbeitet.

Bei einer bestimmten Bewegung werden Muskeln mit gleichsinniger Zugrichtung als Mitspieler (Synergisten) bezeichnet; die entgegengesetzt wirkenden Muskeln sind die Gegenspieler (Antagonisten). Der Bizeps des Oberarms hat für die Beugung im Ellenbogengelenk als Synergist den Brachialis, als Antagonisten den Trizeps, den Strecker im selben Gelenk.

Mit- und Gegenspieler sind funktionelle Gruppen, sie arbeiten in perfekter Abstimmung: kontrahiert sich der eine, bremst der andere durch eine gewisse Spannungsentwicklung überschüssige Ausschläge ab. So erst kommen fließende, abgestufte Bewegungen zustande.

Alle Muskeln entwickeln auch in der Ruhe eine gewisse Spannung (Tonus), die variabel und bei verschiedenen Muskeln unterschiedlich groß ist. Der vom Nervensystem gesteuerte Muskeltonus bestimmt die Haltung unseres Körpers (schlaff oder straff). Manche Muskeln haben vor allem die Aufgabe, die Stellung eines Körperteils zu sichern. Die Funktion solcher Haltemuskeln (z.B. kurze Fußmuskeln) besteht überwiegend in einer der Situation angepaßten Änderung ihres Tonus, weniger in einer Verkürzung.

Hebelsysteme

Die Kraft eines Muskels hängt zum einen von seinen kontraktilen Einzelelementen (ihrer Zahl, ihrem Dehnungszustand etc.), zum anderen von seiner Innervation ab; eine maximale Kraft entwickelt er dann, wenn er durch Training möglichst viel an kontraktilem Muskeleiweiß enthält, und wenn das Nervensystem alle seine Fasern erregt.

Die effektive Umsetzung dieser Kraft wird aber erst durch die Anordnung unseres passiven und aktiven Bewegungsapparats in viele Hebelsysteme möglich. Gewichtheber, Fußballprofis oder Sprinter sind gute Beispiele für die enorme Kraftentfaltung, zu der der menschliche Körper fähig ist. Knochen, einzeln oder in einer Gliederfolge, stellen die Hebel, Gelenke die lebenden Drehpunkte oder Achsen und Muskeln die Kraft, indem sie chemische Energie in Spannung und Kontraktion umwandeln. In der Regel sind an jedem einzelnen Hebelsystem unseres Körpers viele Muskeln, oft auch mit gegensinnigen Effekten, beteiligt.

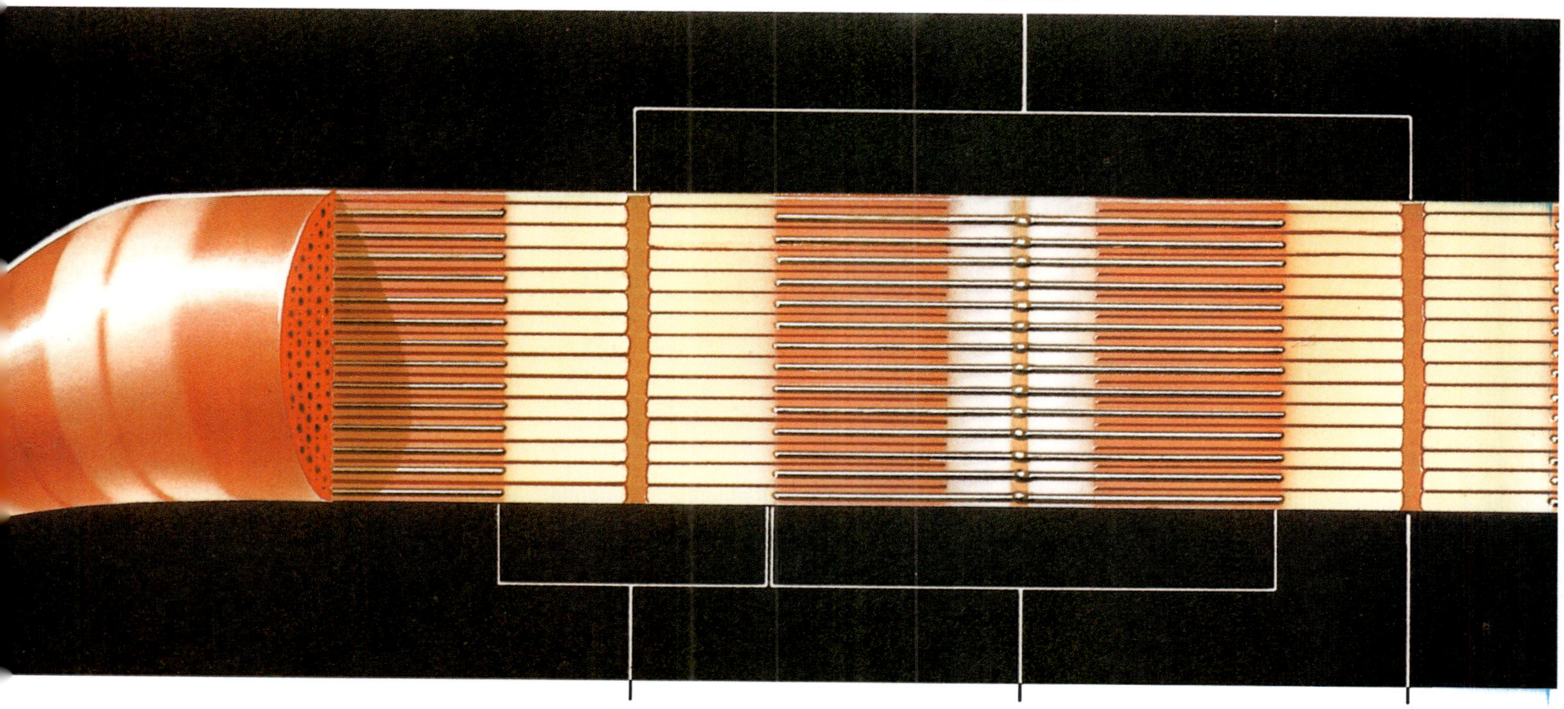

Jeder Hebel besitzt einen Lastarm - die Strecke zwischen der zu bewegenden Last und dem Drehpunkt - und einen Kraftarm - der Abschnitt zwischen Drehpunkt und Muskelansatz. Der Kraftarm ist im Körper fast immer kürzer als der Lastarm. Die auf den Kraftarm einwirkenden Muskeln entwickeln ihre größte Kraft, indem sie sich langsam verkürzen und gleichzeitig eine hohe Spannung entwickeln. Die durch den Hebel verstärkte Kraft erzeugt eine schnelle Bewegung des Lastarms.

Insgesamt gibt es im Körper drei Arten von Hebelsystemen. Zweiarmige Hebel haben ihren Drehpunkt zwischen Kraft- und Lastarm. Während des Gehens wirkt der Fuß als zweiarmiger Hebel, indem er beim Abrollen über Fußsohle und Großzehe durch Drehung um die Achse des oberen Sprunggelenks die Ferse vom Boden erhebt. Dabei ist der Lastarm der Vorderfuß und der Kraftarm das Fersenbein, die Last das Körpergewicht, während der dreiköpfige Wadenmuskel, der über die Achillessehne am Fersenbein ansetzt, die Kraft entwickelt.

Beim einarmigen Hebel befinden sich Last- und Kraftarm auf der gleichen Seite, der Kraftarm ist auch hier meistens kürzer als der Lastarm. Wenn man durch Beugung im Ellenbogengelenk einen Gegenstand aufhebt, ist der Unterarm der einarmige Hebel, der Lastarm reicht vom Ellenbogengelenk bis zur Hand, der Kraftarm vom Gelenk bis zum Ansatz des kraftentwickelnden Bizeps.

Im Körper dominieren Geschwindigkeit und Umfang der Bewegung über die Kraft; er glänzt bei schnellen und feinen Bewegungen mit leichten Gegenständen. Ist großer Kraftaufwand notwendig, erweist sich der Körper trotz seiner natürlichen Hebel oft als unzulänglich. Daher hat sich der Mensch Maschinen und Werkzeuge wie beispielsweise Brechstangen ersonnen, mit denen er seinen Armhebel verlängert und den muskulären Kraftaufwand vermindert.

Faserbündel

Die eigentliche Funktion des Muskels besteht darin, sich aktiv zusammenzuziehen (Kontraktion) und wieder zu erschlaffen (Relaxation). Alle Muskeln bauen sich aus Fasern auf; die kleinsten Baueinheiten der drei Muskelarten des Körpers unterscheiden sich jedoch funktionell und feingeweblich. Die Fasern des Skelettmuskels (definitionsgemäß hat er keine Zellen) sind Zylinder mit vielen Kernen, die sich aus der Verschmelzung einkerniger embryonaler Muskelzellen (Myoblasten) bilden. Skelettmuskelfasern sind viel größer als glatte oder Herzmuskelzellen, manche mit bloßem Auge zu erkennen. Im Schneidermuskel des Oberschenkels gibt es Fasern mit einer Länge von mehr als 30 Zentimetern.

Eine Skelettmuskelfaser kann sich über die gesamte Muskellänge ausdehnen. Gewöhnlich reicht sie jedoch von der Sehne bis zu einem Bindegewebsstreifen innerhalb des Muskels. Die derben, weißlichen Sehnen beginnen häufig tief im Muskel und treten erst an dessen Rand in Erscheinung, um sich über die Sharpey-Fasern der Kno-

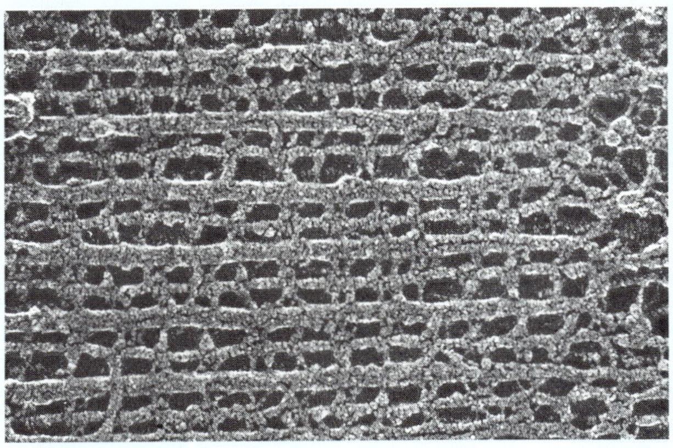

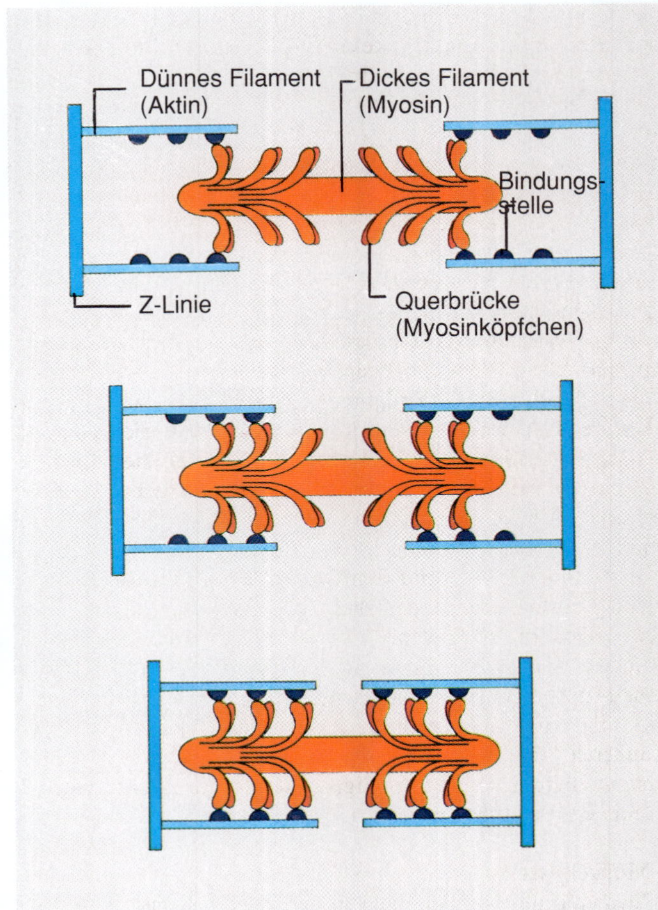

Die Fäserchen (Filamente) in einer Muskelfaser bestehen aus zwei verschiedenen Eiweißen, Aktin und Myosin, die über Querbrücken verbunden sind. Der ruhende Muskel (Mikrofotografie links oben) besitzt ein offenes Muster mit wenigen Querbrücken zwischen den beiden Filamenten. Gleiten die Filamente übereinander, verkürzt sich der Muskel. Die Myosin"köpfchen" legen sich immer wieder an bestimmte Bindungsstellen der dünnen Aktinfilamente, bilden so vermehrt Querbrücken und rufen ein kräftigeres, dichteres Muster hervor (unten links).

chenhaut in der kompakten Knochenrinde fest zu verankern.

Da Muskel- und Sehnenfasern aus unterschiedlichen Materialien bestehen, verschmelzen sie nicht an ihren Kontaktstellen, sondern werden durch Bindegewebe miteinander verknüpft. Jede Muskelfaser ist von einem zarten, retikulinfaserigen Bindegewebe (Endomysium) umgeben. Aus diesem geht eine Bindegewebshülle (Perimysium internum) hervor, die bis zu 12 Fasern zu sog. Primärbündeln gruppiert und eine Verschieblichkeit zwischen den Bündeln ermöglicht. Mehrere Primärbündel werden durch gefäß- und nervenführendes Bindegewebe (Perimysium externum) zu Sekundärbündeln oder Fleischfasern zusammengefaßt. Es verankert gleichzeitig als Epimysium den Muskel an seinen äußeren, festen Bindegewebsmantel (Faszie).

Die Zahl der Fasern in einem bestimmten Muskel steht bei der Geburt fest; nach Zerstörung können sie nicht mehr vollwertig ersetzt werden. Ein Athlet besitzt nicht mehr Muskelfasern als ein Schwächling, seine Fasern sind aber dicker und seine Muskeln enthalten mehr Bindegewebe. Das Körpertraining regt eine gesteigerte Produktion der kontraktilen Muskeleiweiße in den Fasern an, wodurch sie voluminöser werden und die Muskelkonturen durch die Haut deutlich in Erscheinung treten lassen. Solches Muskelwachstum ist bei der Frau jedoch nicht so ausgeprägt wie beim Mann, da der Aufbau des Muskeleiweißes auch vom männlichen Geschlechtshormon Testosteron gesteuert wird (seit der Benutzung von Hormontabletten als Doping hat sich der Unterschied im weiblichen und männlichen Muskelbau aber fast ausgeglichen). Mangelnder Gebrauch kann andererseits zu einem Schwund der Skelettmuskulatur (Atrophie) führen.

Der kräftigste Muskelbau findet sich gewöhnlich um das 30. Lebensjahr. Mit zunehmendem Alter degenerieren die Muskelfasern, ihre Zahl und Größe nimmt ab. Binde- oder Füllgewebe ersetzt die verlorenen Fasern, die Muskeln werden steifer, ihre Reaktionen langsamer. Dieser Rückgang schränkt die muskuläre Leistungsfähigkeit mehr und mehr ein. Er ist jedoch nicht so unausweichlich, wie es scheint. Ständiges Körpertraining, ein wichtiger Aspekt der Vorsorgemedizin, verzögert den Faserverlust und hält die Muskelkraft länger aufrecht.

Rote und weiße Muskeln

Die Skelettmuskulatur enthält drei nach ihrem Erscheinungsbild und der Funktion unterschiedliche Faserarten: Fasertyp I, Fasertyp II und Intermediärtyp. Die Typ I-Fasern sind schmal und enthalten viel Zellplasma (Sarkoplasma). Sie sind reich an Muskeleiweiß (Myoglobin) und Eiweiß für die Zellatmung (Cytochrom), was ihnen eine dunkelrote Farbe verleiht. Typ I-Fasern verkürzen sich langsamer, sind aber zu langdauernden und kräftigen Kontraktionen fähig. Körperübungen mit großer Ausdauer wie Marathonlauf oder Langstreckenschwimmen stützen sich auf die robuste Kraft der roten Muskelfasern. Auch die langen Rückenmuskeln, die der aufrechten Körperhaltung dienen und dementsprechend im langdauernden Spannungszustand stehen, enthalten viele rote Fasern.

Typ II-Fasern haben weniger Myoglobin, Cytochrom und Mitochondrien, sind aber sehr reich an Myofibrillen und bilden das "weiße Fleisch". Sie kontrahieren sich schnell, sind aber für langdauernde schwere Arbeiten nicht geeignet. Typ II-Fasern finden sich in den äußeren Augenmuskeln.

Intermediäre Fasern haben Eigenschaften, die zwischen den beiden anderen Fasertypen liegen.

Die Muskelfasern

Die Dynamik des Muskels liegt in der inneren Konstruktion seiner Faser. Ihr Inhalt besteht zu etwa 80 Prozent aus feinen Fäserchen oder Myofibrillen - je nach Fasergröße hunderte bis tausende, der Rest aus zahlreichen Kernen, Sarkoplasma und anderen typischen Zellbestandteilen wie die energieproduzierenden Mitochondrien, alles von einer dünnen Plasmahaut (Sarkolemm) eingefaßt.

Auf Längsschnitten durch Skelettmuskelfasern zeigen die Myofibrillen bei mikroskopischer Vergrößerung eine rhythmische Aufeinanderfolge von Zonen, die doppellichtbrechend (anisotrop, A-Band) und einfachlichtbrechend (isotrop, I-Band) sind und dieser Muskelart ihr Adjektiv "quergestreift" verliehen haben. In der Mitte eines jeden hellen I-Bandes liegt ein feiner dunkler Z-Streifen. Der Abstand zwischen zwei Z-Streifen wird als Sarkomer bezeichnet.

Bei elektronenmikroskopischer Vergrößerung erkennt man, daß die Myofibrillen sich aus zwei Arten noch feinerer Fäserchen (Myofilamenten) zusammensetzen: den dicken Filamenten aus dem Eiweiß Myosin und den dünnen aus dem Eiweiß Aktin. Die geometrische Anordnung dieser Filamente ist letztendlich verantwortlich für die Querstreifung. Das dunkle A-Band im Zentrum des Sarkomers besteht hauptsächlich aus den dicken Myosinfilamenten. Die dünnen Aktinfilamente, aus zwei benachbarten Sarkomeren im Z-Streifen verfilzt, bilden das helle I-Band. Wo Aktin- und Myosinfilamente sich überlagern, ist das A-Band am dunkelsten. Die Aktinfilamente reichen jedoch nicht ganz ins Zentrum des Sarkomers, so daß hier das A-Band in der H-Zone wieder etwas heller erscheint.

Die Kräfte der Kontraktion

Der Begriff "Kontraktion" beinhaltet nicht immer, daß der Muskel verkürzt ist; technisch beschreibt er lediglich eine Spannungsentwicklung im Muskel. Man unterscheidet zwei Formen: die isometrische Kontraktion, bei der die Spannung des Muskels steigt, er sich jedoch nicht verkürzt, und die isotonische Kontraktion mit gleichbleibender Spannung des sich verkürzenden Muskels. Je nach Höhe des Widerstands, auf den ein aktivierter Muskel trifft, stellt sich die eine oder andere Form der Kontraktion ein.

Verfolgt man die Kontraktion auf mikroskopischer Ebene, bleibt die Breite des A-Bandes konstant, die beiden helleren Zonen (I-Band und H-Zone) verschmälern sich jedoch. Dabei verkürzen sich die Eiweißfilamente nicht, sondern gleiten ineinander. Diese Filamentgleit-Theorie wurde 1954 gleichzeitig in den USA (Huxley, H. und Hanson) und England (Huxley A. und Niedergerke) aufgestellt. Obwohl in einzelnen Schritten noch unbewiesen, gilt sie auch heute noch als grundlegend für den Mechanismus der Muskelverkürzung.

Der Muskel kontrahiert sich nur, wenn er einen entsprechenden Befehl dazu erhält, der in der Regel vom Zentralnervensystem ausgeht. Die Nerven enden in Nähe des Sarkolemms und setzen dort Überträgersubstanzen frei. Diese Neurotransmitter lösen eine Welle elektrischer Aktivitäten aus, die sich über die gesamte Muskelfaser ausbreiten. An der Muskelmembran werden Kalziumionen, elektrisch geladene Teilchen, in das Sarkoplasma abgegeben, die den mechanischen Kontraktionsvorgang anfeuern (sog. elektromechanische Koppelung).

Die Kalziumionen verteilen sich innerhalb der Faser über ein Netzwerk feinster Röhrchen (sarkoplasmatisches Retikulum) und diffundieren zu den Aktin- und Myosinfilamenten. Dort treffen sie auf zwei weitere Eiweiße: Troponin und Tropomyosin, die sich wie eine feine Stickerei um die dünnen Aktinfilamente winden. Kalzium verbindet sich mit dem Troponin und beeinflußt damit irgendwie die Aktivität von Tropomyosin. Seine Fäden verlagern ihren Sitz auf dem Aktinfilament und enthüllen auf diesem Stellen, an die sich die Myosinfilamente anheften können. Die Kettenreaktion dauert wenige Tausendstel einer Sekunde.

Querbrücken zwischen den Filamenten

Von den Myosinfilamenten ragen paarweise runde Knöspchen hervor. Jedes Paar bildet den Kopf eines einzelnen Myosinmoleküls, hochregulierte Fortsätze oder Querbrücken, die den inneren Teil des Muskelkontraktionsmechanismus darstellen.

Die Querbrücken tragen eine Krone aus Adenosintriphosphat (ATP). Dabei handelt es sich um eine organische Verbindung, Hauptquelle und -speicher der Lebensenergie, die wir uns aus der Nahrung holen. Bei der Abspaltung eines anorganischen Phosphats vom hochenergetischen ATP wird Energie frei, die in den Stoffwechsel der Zelle fließt. Aus ATP entsteht das niederenergetische Adenosindiphosphat (ADP)

ATP und die Myosinmoleküle üben offenbar eine sehr starke Anziehungskraft aufeinander aus - nahezu alle Myosinköpfchen einer normalen Muskelfaser sind Träger einer solchen Phosphatverbindung. Jedes der zwei Knöspchen eines Köpfchens hat eine besondere Funktion. Das eine enthält das Enzym Adenosintriphosphatase (AT Pase), das für die Abspaltung des Phosphats vom ATP und damit für die Energiefreisetzung verantwortlich ist. Das andere verbindet sich mit den Aktinfilamenten.

Verlagert sich das Tropomyosin von den Bindungsstellen der Aktinfilamente, sind die Myosinköpfchen in der Lage, sich hier anzuheften. Die Myosin-ATPase spaltet ATP und schürt mit der freiwerdenden Energie die rhythmische Bildung und Lösung von Querbrücken sowie das während der Bindung stattfindende Kippen der Köpfchen. Sie ziehen dabei das Aktin über sich hinweg, lösen sich dann, um an der nächsten Aktinstelle anzuhaften. Binden, Kippen

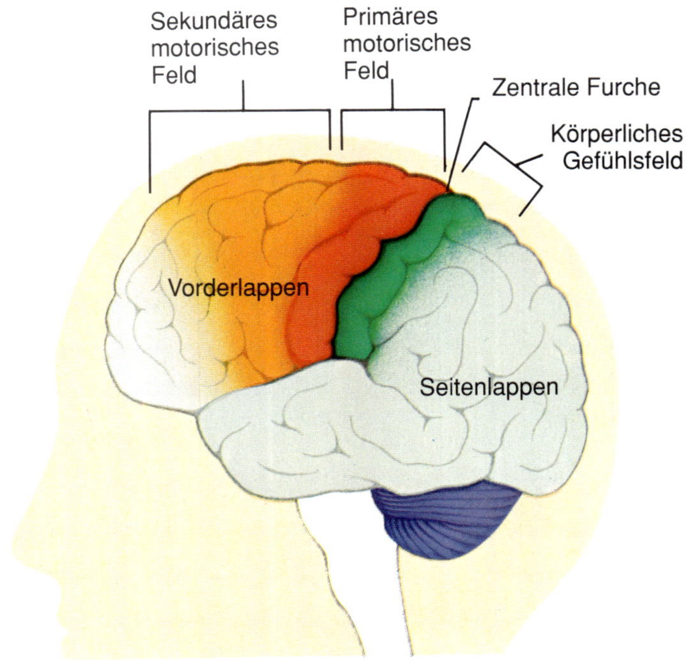

Die Muskelbewegungen werden in verschiedenen Regionen des Großhirns aufeinander abgestimmt, hauptsächlich in seiner äußeren Schicht, der Großhirnrinde (Cortex cerebri). Das primäre motorische Zentrum, ein Band quer über die Mitte der Rinde, steuert die groben Bewegungen. Für feine, kompliziertere Bewegungen ist das sekundäre motorische Rindenfeld verantwortlich. Eindrücke verschiedener Sinne fließen, bevor sie die motorischen Felder erreichen, erst zum körperlichen Gefühlsfeld, dessen Verarbeitungsfähigkeit für alle willkürlichen Muskeltätigkeiten notwendig ist.

und Lösen der Myosinköpfchen bewirken also das Filamentgleiten, d.h. die Muskelkontraktion. Da die Muskelzellen eines Verstorbenen kein ATP mehr produzieren, können sich die Querbrücken kurze Zeit nach dem Eintritt des Todes nicht mehr lösen, es kommt zur vorübergehenden Totenstarre.

Die Bewegung und das Gehirn

Das Zentralnervensystem wird durch sensible Nerven ständig über den Kontraktionszustand der Muskeln und die Stellung der Gelenke informiert. Umgekehrt leiten motorische Nervenbahnen Bewegungsimpulse von der Hirnrinde zur Muskulatur, oft über zwischengeschaltete Interneurone im Rückenmark. Solche Impulse gelangen zu den Synapsen zwischen Neuron und Muskelfaser, wo sie die Freisetzung des Übertragungsstoffes Acetylcholin in den Synapsenspalt auslösen. Dies setzt eine Kette elektrischer und mechanischer Prozesse in Gang, an deren Ende die Kontraktion des Muskels steht. Innerhalb einer Sekunde erreichen Millionen Impulse die motorischen Neurone, einige aus verschiedenen Teilen von Gehirn und Rückenmark, andere aus Sinnesempfängern in den Gelenken, Bändern, Sehnen und Muskeln.

Der Anstoß zur Bewegung geht von der primären motorischen Hirnrinde aus, einer Region der Hirnoberfläche unmittelbar vor der Zentralfurche, die am Hirnkamm vertikal durch beide Hirnhälften zieht. Der Rindenbereich davor enthält ebenfalls Neurone, die mit der Motorik zu tun haben. Das sekundäre motorische Feld soll beispielsweise bedeutend für Bewegungen beim Sprechen sein und komplizierte Handbewegungen koordinieren.

Die motorischen Rindenfelder erhalten aus zahlreichen Hirnregionen elektrische Impulse. Bevor das Gehirn einen Bewegungsplan entwirft, sammelt und koordiniert es die verschiedensten Sinneseindrücke. Im somatosensorischen Rindenfeld hinter der Zentralfurche registriert es die Sinneseindrücke aus den verschiedenen Körperregionen. Gesicht, Gehör, Geruch, Druck- und Schmerzempfindungen sind ebenso wichtig, wie Informationen über Winkelstellungen der Gelenke, Länge und Spannung der Muskeln oder die Geschwindigkeit von Bewegungen.

Motorische Systeme

Der Übergang vom Gehirn zum Rückenmark, der sog. Hirnstamm, ist Kontrollzentrum für Atmung, Herztätigkeit und Blutdruck. Eine der großen Bahnen, die Gehirn und Körperperipherie miteinander verbinden und den Hirnstamm durchziehen, ist die Pyramidenbahn;

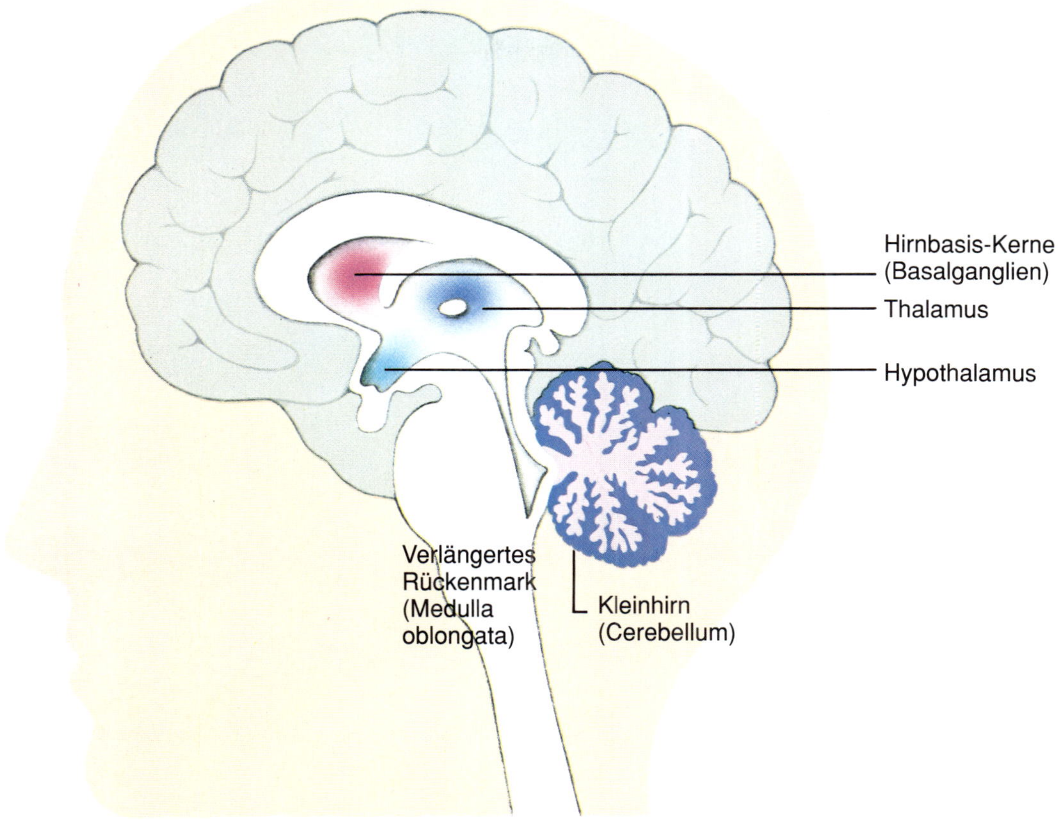

Die Muskeln *können noch so gut ausgebildet und aufeinander abgestimmt sein; ohne Anweisungen durch das Gehirn arbeiten sie nicht richtig. Leitstelle für solche Befehle ist das Kleinhirn (Cerebellum), der größte Abschnitt des Hinterhirns. Dieses ist über motorische Bahnen mit den darüberliegenden Hirnzentren verbunden. Zusammen mit den Kernen der Hirnbasis, den sog. Basalganglien, liefert es Programme für die Zielbewegung. Außerdem ist das Kleinhirn verantwortlich für die ständige leichte Muskelspannung (Muskeltonus), die die Körpermuskulatur während des Wachseins immer funktionsbereit hält.*

sie leitet die Befehle für feine, geschickte Körperbewegungen zur Skelettmuskulatur. Die Zelleiber ihrer Neurone liegen in der Hirnrinde, 60 Prozent in den motorischen, der Rest in den somatosensorischen Feldern. Die Nerven der Pyramidenbahn gehören zu den längsten des Körpers, einige sind über 60 Zentimeter lang.

Im verlängerten Rückenmark, dem untersten Teil des Hirnstamms, überkreuzen sich etwa 80 bis 90 Prozent der Pyramidenbahnnerven, so daß die Skelettmuskeln der rechten Körperhälfte überwiegend von der linken Hirnhälfte gesteuert werden und umgekehrt. Die von den Zellen der Pyramidenbahn geleitete motorische Erregung wird größtenteils über Zwischen- oder Schaltneurone auf ihre Endstrecke, die Motoneurone, umgeschaltet; 10 Prozent der Pyramidenbahnnerven enden direkt an Motoneuronen und sind verantwortlich für eine rasche Muskelerregung.

Überall auf ihrer Strecke vom Gehirn zum Muskel können Impulse zahlreiche Schaltneurone aktivieren und damit die Präzision der Muskelsteuerung variieren. Muskeln mit mehr statischen Funktionen wie die langen Rückenmuskeln erhalten Erregungen von relativ wenigen Pyramidenbahnnerven, vielleicht von 50.000. Handmuskeln mit ihren Feinbewegungen bekommen ihre Impulse von ungefähr 200.000 Nerven der Pyramidenbahn.

Die motorische Einheit

Das motorische Neuron und alle von ihm versorgten Muskelfasern bilden eine sog. motorische Einheit. Im Durchschnitt gehören zu diesem Grundblock unserer Willkürmotorik 150 Muskelfasern, sie können zwischen 3 (äußere Augenmuskeln) und 700 (Bizeps) schwanken. Die Tätigkeit eines Muskels kann umso feiner gesteuert werden, je mehr motorische Einheiten er besitzt (Augenmuskeln ca. 1.500, Bizeps 700 pro Muskel). Innerhalb jeder motorischen Einheit folgen die Muskelfasern dem "Alles-oder-Nichts-Gesetz": entweder kontrahieren sie sich auf die eintreffende Nervenerregung und dies maximal, oder sie bleiben unerregt.

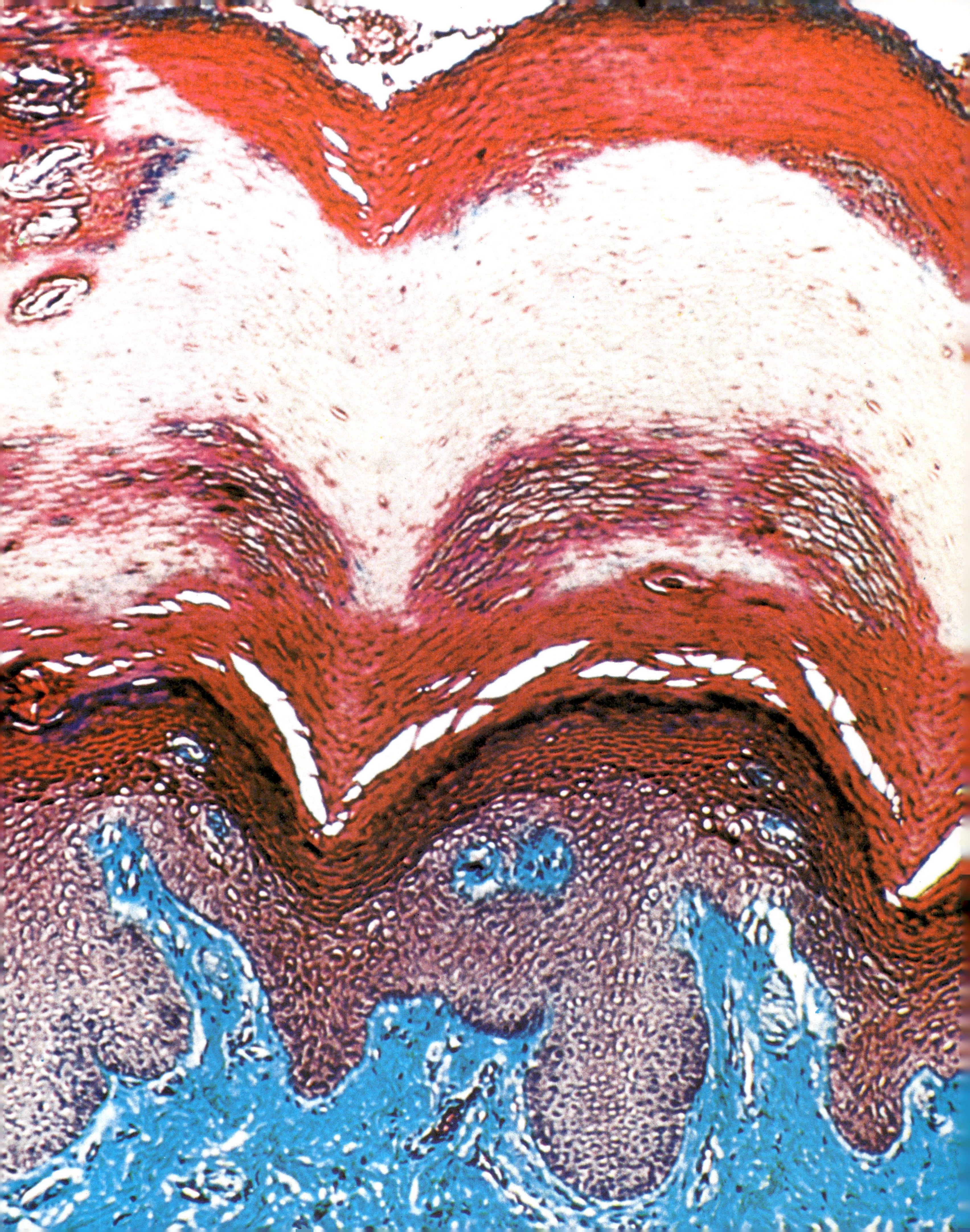

Kapitel 4

Die Haut

Die unseren Körper umgebende Haut (Cutis) ist einerseits eine Schranke zwischen Körperinnerem und -äußerem, andererseits stellt sie einen für uns sehr wichtigen Kontakt zwischen beiden Räumen her. Ihre Schrankenfunktion drückt sich darin aus, daß sie das Eindringen von Mikroorganismen und chemisch oder physikalisch schädigenden Einflüssen verhindert. Auch schützt sie uns gegenüber unserer bedeutend trockeneren Umgebung vor einem größeren Flüssigkeitsverlust; wir bestehen immerhin zu etwa 70 Prozent aus Wasser.

Und doch ist unsere Haut keineswegs undurchlässig. Sie transportiert Wärme, Wasser und darin gelöste Substanzen von innen nach außen und trägt damit wesentlich zur lebenswichtigen Aufrechterhaltung unseres inneren Milieus bei. Außerdem liefert sie als feingesteuertes Sinnesorgan Informationen über unsere Umwelt, die oft eindrucksvoller sind als Worte. Schließlich ist sie in der Lage, fettlösliche Substanzen aufzunehmen und ins Körperinnere zu transportieren - für medizinische Behandlungsmaßnahmen (Einreibung von Salben) von nicht geringer Bedeutung.

Eine Barriere zur Umwelt

Die Haut entsteht aus zwei Keimgeweben: aus dem äußeren Keimblatt (Ektoderm) geht die Oberhaut (Epidermis) und aus dem mittleren Keimblatt die darunterliegende Lederhaut (Dermis, Corium) sowie die Unterhaut (Subcutis) hervor. Epidermis und Dermis bilden die Haut (Cutis) im engeren Sinne, mit der Subcutis werden sie als Hautdecke (Integument) zusammengefaßt.

Die Haut bedeckt eine Fläche von etwa 1,6 Quadratmetern und macht als Decke ungefähr 12 Prozent des Körpergewichts aus. Ihre Dicke, ein bis vier Millimeter, variiert in den verschiedenen Körperregionen. Am kräftigsten ist sie als Leistenhaut an der Handinnenfläche und Fußsohle, am dünnsten als Felderhaut in der Achselhöhle und auf den Augenlidern. Aus der Oberhaut bilden sich die Haare sowie die Finger- und Zehennägel.

Die Epidermis besteht aus mehrschichtigem, verhorntem (keratinisiertem) Plattenepithel, das sich wiederum aus deutlich unterscheidbaren Zellschichten zusammensetzt. Diese Gliederung kommt dadurch zustande, daß in der tiefsten Schicht der Oberhaut, in der Basalzellage, durch rhythmische Teilungsprozesse laufend neue Zellen entstehen. Da die Neubildung von der verfügbaren Körperenergie abhängt, finden die Zellteilungen hauptsächlich in den vier Stunden nach Mitternacht statt, in denen der Körper ansonsten weniger Energie benötigt. In einem Zyklus von 27 Tagen durchwandern die neuen Zellen die Oberhaut und bilden an ihrer Oberfläche die Hornhaut - eine Schutzbarriere für die darunterliegenden Zellen; als Hornschuppen werden sie schließlich abgestoßen.

In der Epidermis überwiegen die sog. Keratinozyten, die das Eiweiß Keratin produzieren, einen wichtigen Bestandteil der Hornhaut, Haare und Nägel. Außerdem kommen in der basalen Schicht noch drei weitere Zellrassen (etwa 15 Prozent) vor: Pigmentzellen (Melanozyten), Riesenfreßzellen (Langerhans-Zellen) und Tastzellen (Merkel-Zellen). Die Melanozyten geben an ihre Nachbarzellen Körnchen mit dem schwarzen Pigment Melanin ab, das die Haut

***Das Leistenmuster** der vielschichtigen Haut einer menschlichen Fingerbeere (Grundlage des Fingerabdrucks) stellt sich im mikroskopischen Schnittpräparat zerklüftet wie ein Gebirge dar. Über die Haut werden Berührung, Wärme und Schmerz empfunden; sie bildet einen Schutzwall gegen das Eindringen von Krankheitserregern in den Körper. Und wenn sie verletzt wird, heilt sie als erstes ab, um die Verteidigungsfront des Körpers wieder aufzubauen.*

Die vielschichtige Haut

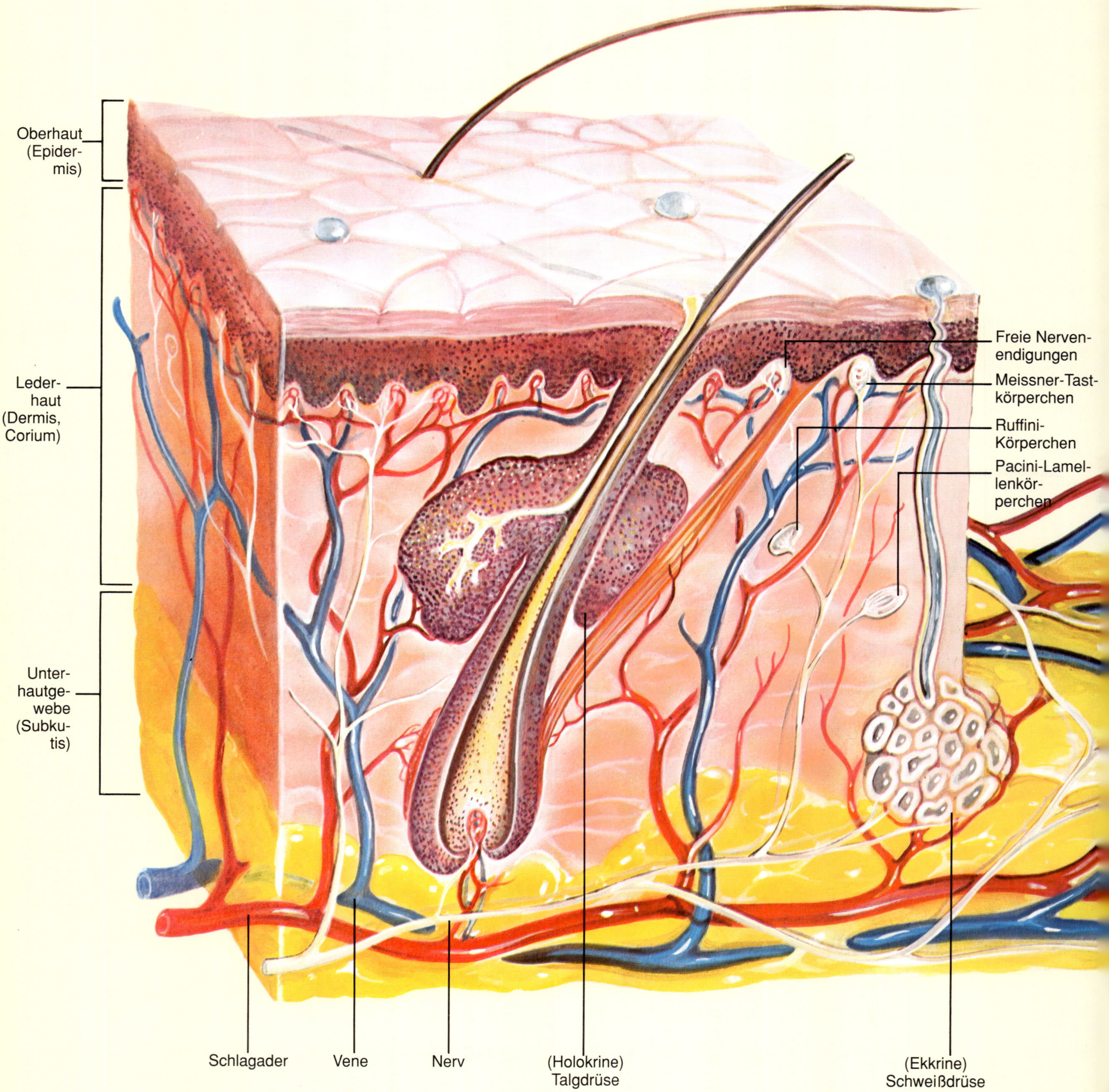

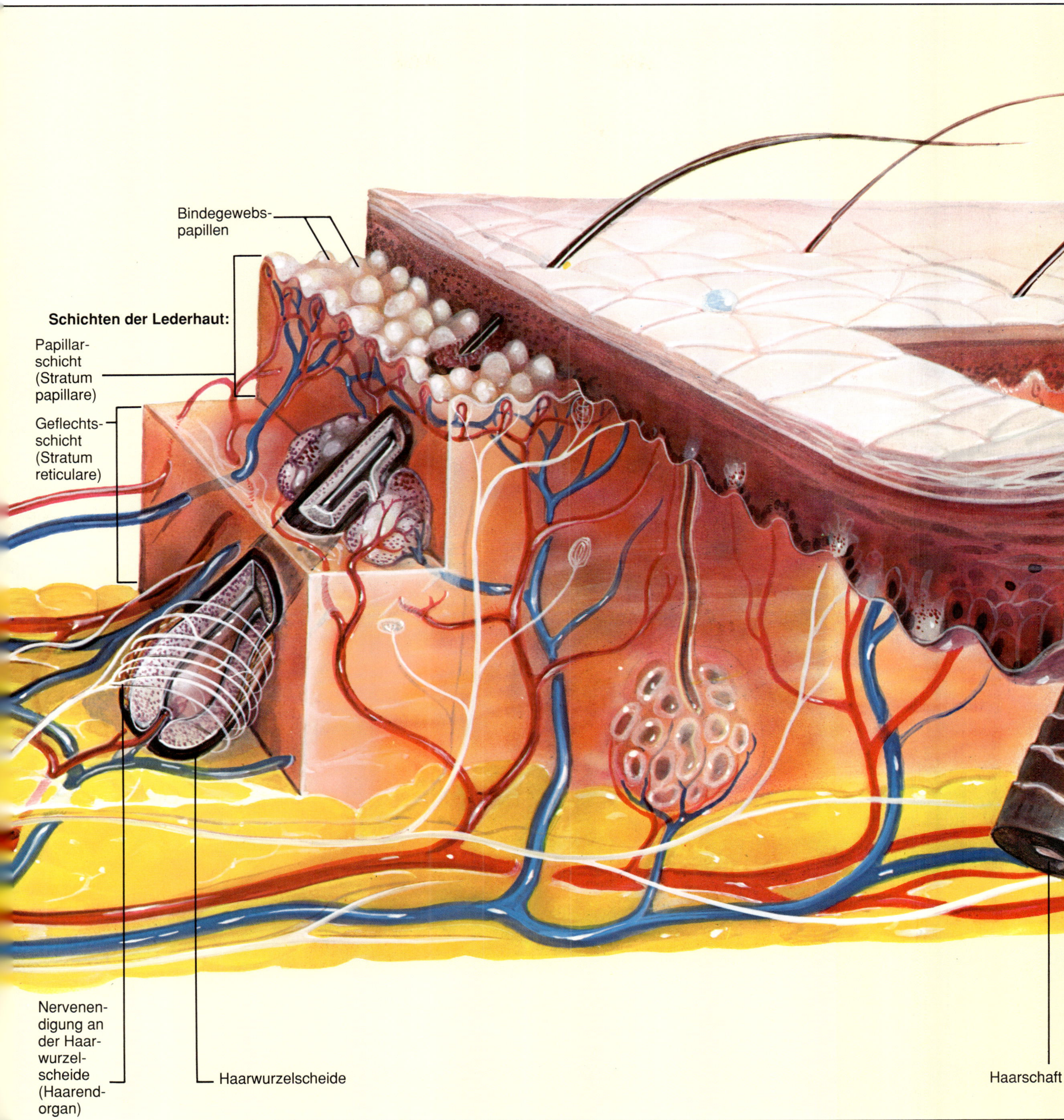

Bindegewebs-
papillen
Schichten der Lederhaut:
Papillar-
schicht
(Stratum
papillare)
Geflechts-
schicht
(Stratum
reticulare)
Nervenen-
digung an
der Haar-
wurzel-
scheide
(Haarend-
organ)
Haarwurzelscheide
Haarschaft

Eine der häufigsten Hautveränderungen bezeichnet man als Komedonen oder Mitesser. Viele solche, gleichzeitig auftretende Mitesser rufen die Akne vulgaris hervor, das gerade bei Teenagern häufige und lästige Pickelgesicht. Der Hauptschuldige dabei ist der Hauttalg, eine von den Talgdrüsen der Haut gebildete Mischung aus Wachs und Fettsäuren. Während der Pubertät werden diese Drüsen durch gesteigerte Hormonaktivität zur vermehrten Talgabsonderung angeregt. Abgestorbene Hautzellen sammeln sich in den Grübchen um die Haarwurzeln an, vermischen sich mit dem Talg und formen so Stopfen, die den weiteren Talgabfluß behindern. Nun schalten sich bakterielle Keime aus benachbarten Talgdrüsen ein; sie setzen Wirkstoffe frei, die saure Reizstoffe und Eiter bilden. Der Eiter durchbricht, da er sonst nirgendwohin kann, die Haarwurzelscheiden und sickert in die Lederhaut. Die Stelle entzündet sich - ein Eiterpickel entsteht. In tieferen Hautregionen können sich Eiterhöhlen (Zysten) entwickeln.

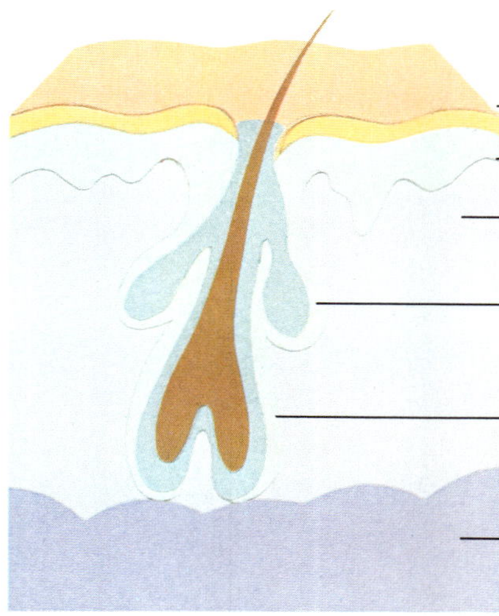

durch Absorption der ultravioletten Sonnenstrahlen schützt. Die UV-Strahlen sind in der Lage, das genetische Material der Hautzellen zu zerstören und damit Hautkrebs hervorzurufen. Das Melanin läßt die der Sonne ausgesetzten Hautpartien braun werden, es ist aber auch für die Farbe der Haare und der Augen verantwortlich. Die Langerhans-Zellen unterstützen das Abwehrsystem des Körpers, indem sie Fremdmaterial in die Haut einschließen. An die Merkel-Zellen der Basalschicht treten freie Nervenendigungen aus der Unterhaut; sie sind damit Empfänger mechanischer Reize (Mechanorezeptoren).

Ein faseriges und fettes Gewebe

Die Lederhaut besteht aus Bindegewebe und nimmt einerseits Kontakt zur Oberhaut, andererseits zur Unterhaut auf; ihre Dicke variiert ähnlich wie die der Epidermis. Sie ist aufgrund ihres hohen Gehalts an Kollagen, einem Fasereiweiß, das in Fibroblasten gebildet wird, sehr zerreißfest (Leder entsteht aus dem Corium von Tierhäuten). Kollagen ist die Grundlage der Narben, die nach Hautverletzungen entstehen. Die Bindegewebszellen der Haut produzieren auch Elastin, ein dem Kollagen verwandtes Eiweiß, dessen Netzstrukturen jedoch im Gegensatz zu Kollagenfasern sehr elastisch sind. Beide zusammen sorgen dafür, daß die Haut gedehnt werden kann, danach ihre ursprüngliche Form aber wieder annimmt.

Die Lederhaut ist reich an Aminozuckern und Uronsäuren bzw. Glukosen, Verbindungen, die als sog. Glykosaminoglykane oder Mucopolysaccharide u.a. den Flüssigkeitsdruck der Haut (Hautturgor) regulieren. Sie spielt eine bedeutende Rolle bei den Immunvorgängen des Körpers, ist gefäßreich und wirkt mit bei der Thermo- und Kreislaufregulation; zahlreiche hier gelegene Rezeptororgane und Nerven machen die Haut zum Sinnesorgan.

Die Dermis läßt sich in eine obere Papillarschicht (Stratum papillare) und eine tiefere Retikularschicht (Stratum reticulare) unterteilen. Beide Schichten unterscheiden sich durch Dichte und Anordnung ihrer Bindegewebsfasern, obwohl ihre Grenzen nicht genau auszumachen sind. Die Papillarschicht enthält immer mehr Zellen des Immunsystems, Nervenkörperchen und Kapillaren. Die Papillen, Bindegewebszapfen, die in Vertiefungen des Epithels ragen, sind in den Leisten der Epidermis, vor allem an den Finger- und Zehenspitzen zu erkennen. Sie bilden Schleifen, Bögen und Wirbel und sind, genetisch gesteuert, für jeden Menschen so typisch und einzigartig, daß er daran erkannt werden kann (Fingerabdruck).

Die Retikularschicht in der Tiefe der Dermis enthält zahlreiche kollagene Fasern, Blutgefäße (über die eine Regulation von Temperatur und Blutdruck erfolgt), Schweißdrüsen, Haarwurzeln und Talgdrüsen.

Die tiefste Schicht der Hautdecke ist die Unterhaut (Subcutis). So wie die Keratinozyten die Oberhaut mit Keratin und die Fibroblasten die Lederhaut mit Kollagen versorgen, so liefern die Lipozyten Lipide für die Unterhaut. Diese Fettschicht schützt Muskeln, Knochen und innere Organe vor Gewalteinwirkung, sie wirkt als Isolation und Energiequelle in mageren Zeiten.

Das Allzweck-Öl

Die Haare entstehen ebenso wie die harte Zellage der Hornhaut aus dem lebenden Gewebe der Oberhaut. Die Haarwurzel, der in den Haartrichtern sitzende Abschnitt unter der Epidermisoberfläche, geht jedoch aus Einstülpungen der Epidermis (Haarfollikeln) hervor, die bis zur Subcutis reichen. In Nähe der Haarfollikel liegen Talgdrüsen, deren Ausführungsgänge in der Tiefe der Haartrichter münden. Diese nur bei Säugern vorhandenen Drüsen produzieren den Talg, eine ölartige Mischung aus Wachs, Fettsäuren, Cholesterol und Material toter Zellen. Der Talg versieht Haare und Fell mit einer wasserdichten Hülle und isoliert den Körper vor Feuchtigkeit und Kälte. Da die Menschen ihr Fell bis auf wenige Stellen verloren haben und sich stattdessen bekleiden, brauchen sie nicht mehr sehr viel Talg zur Isolation. Ihre Drüsen liefern ihn jedoch immer noch im Überfluß.

Die Bedeutung des Talg geht über seine Isolationsfunktion hinaus. Er bindet durch seine Hülle um abgestorbene Zellen der Hornhaut und Haare die Hautfeuchtigkeit, macht die Haare glänzend und die Haut geschmeidig. Talg enthält eine chemische Substanz, die un-

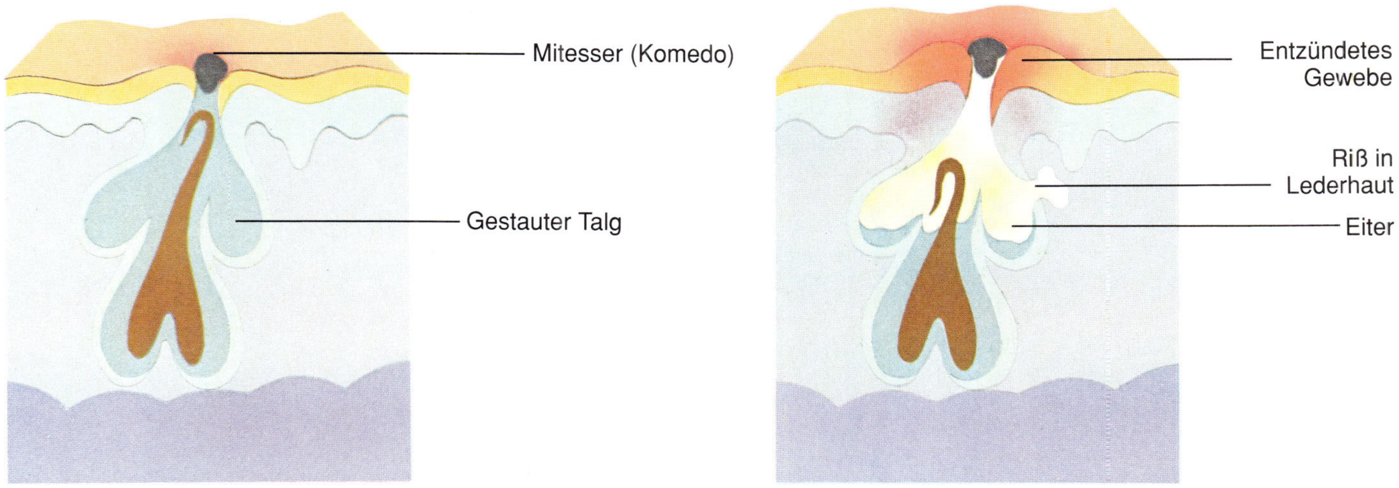

ter dem Einfluß der UV-Strahlen der Sonne sich in Vitamin D umwandelt. Außerdem kann Talg bestimmte schädliche Bakterien töten.

Bei der Seborrhö sondern die Talgdrüsen als Zeichen einer vererbten Hautkonstitution ihr Sekret vermehrt ab, wodurch Haare und Haut einen fettigen Schimmer erhalten. Sogar bei normaler Tätigkeit begünstigen die Talgdrüsen und Haarfollikel im Gesicht, am Hals und oberen Rücken das Entstehen der Akne, vielleicht die häufigste Hautveränderung.

Zwei Gründe zum Schwitzen

Zwei verschiedene Drüsentypen des Körpers produzieren einen unterschiedlichen Schweiß, die apokrinen und ekkrinen Drüsen. Die apokrinen Drüsen werden erst während der Pubertät aktiv, sie zählen daher zu den Geschlechtsmerkmalen. Sie reagieren nicht auf Hitze, sondern auf starke Emotionen wie Angst, Zorn oder Geschlechtserregung. Hier wird mit Hilfe einer Muskelhülle um die Drüse sofort ein trübes Sekret in den Ausführungsgang gepreßt, der wie bei den Talgdrüsen in die Haartrichter mündet. Apokrine Drüsen finden sich nur in den Armhöhlen, im Gehörgang, um die Brustwarzen und Geschlechtsteile. Sie mögen ein Relikt eines einstmals wichtigen Sinnessystems sein, das eine Rolle in unserem Sozialverhalten spielte; ihr Sekret könnte als sexueller Reiz oder zur Markierung von Grenzen gedient haben.

Schweiß, der die Augenbrauen befeuchtet, kommt aus ekkrinen Drüsen. Insgesamt zwischen zwei und drei Millionen sind über den ganzen Körper verteilt und sezernieren wesentlich größere Mengen an Schweiß (Perspiratio sensibilis) als die apokrinen Drüsen - bei heißem Wetter bis zu 4 Liter pro Stunde.

Die ekkrinen Systeme reagieren als Wärmeregler auf Reize aus dem Hypothalamus durch Hautbefeuchtung. Der Schweiß, nahezu vollständig aus Wasser, verdampft und entzieht dem Körper überschüssige Wärme, wodurch die Kerntemperatur konstant bleibt. Einige ekkrine Drüsen - beispielsweise auf der Stirn und in der Achselhöhle, an Handinnenfläche und Fußsohle - antworten auf psychische Belastung, unabhängig von Temperatur oder Muskeltätigkeit.

Die Hautbewohner

Die Haut erscheint dem bloßen Auge leblos; lebende Organismen auf der Haut eines Menschen sind aber genauso zahlreich wie die Menschen auf unserem Planeten. Fauna und Flora sind ständige Hautbewohner. Krankheitserreger ziehen die größte Aufmerksamkeit auf sich, die überwältigende Mehrheit unserer Hautbesiedler ist jedoch harmlos.

Die Haut unterscheidet sich von einer Körperregion zur anderen. Verschiedene Bakterien- und Hefepilzstämme haben sich bestimmten Umgebungsbedingungen angepaßt. Die trockene Spanne des Unterarms, das dichte Gewirr der Haare, die talgige Nasenhaut, alle beherbergen bestimmte Parasiten. Einer der häufigsten davon, die wurmähnliche Milbe Demodex folliculorum, besiedelt die Haarfollikeln der Augenlider, der Nase, des Kinns und der Kopfhaut und legt ihre Eier in die Talgdrüsen.

Die bakterielle Kampffront

Die zahlreichsten Hautbesiedler sind aber Bakterien, die wir bereits bei der Geburt erwerben. Mit Durchtritt durch die mütterliche Scheide nimmt das Kind Bakterien auf, die sich in den ersten Tagen nach der Geburt sehr rasch vermehren. Sie breiten sich aber auch durch Körperkontakt und über abgestoßene Hautschuppen aus.

Die tägliche Schuppung hindert andererseits viele Möchtegern-Siedler daran, ein Standbein in unsere Haut zu stellen. Zusätzlich bilden ortsansässige Bakterien eine Schützenlinie, um die schädlichen Mikroorganismen abzuwehren. Sie bauen den Talg ab und senken mit den anfallenden Fettsäuren den pH-Wert der Haut. Dieser Säuremantel schreckt bestimmte Bakterienarten ab.

Temperaturkontrolle

Die Haut spielt eine wichtige Rolle bei der Regulation der Körpertemperatur. Hierbei handelt es sich um einen Ganztagsjob, der manchmal nur geringe Nachstellungen erfordert, um die engen Grenzen der Kerntemperatur, innerhalb derer die meisten Organe optimal funktionieren, einzuhalten. Dieser Sollwert liegt in der Höhe von 37

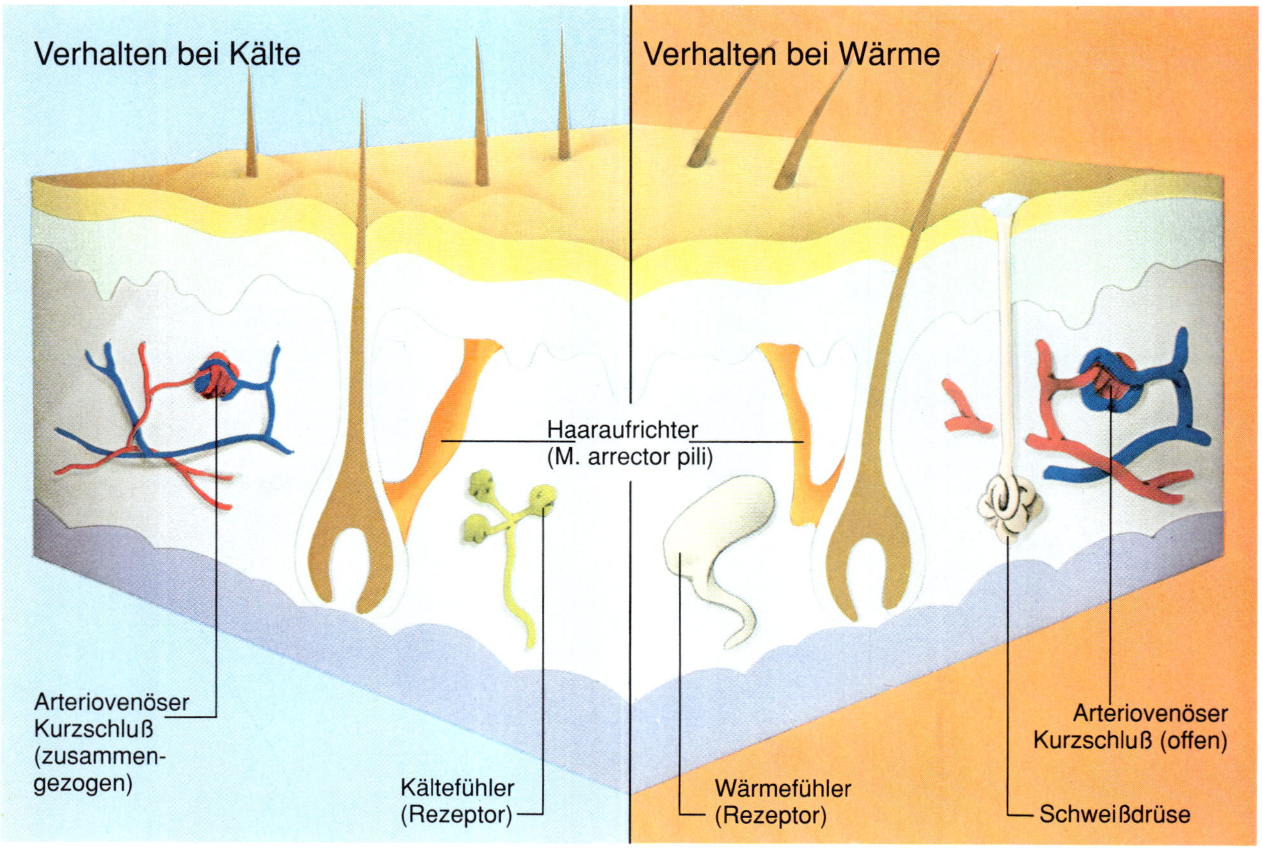

***Die Haut** geht stets auf die Bedürfnisse des Körpers ein, ob in der Winterkälte oder der Sommerhitze. In der Kälte (links) stellen feine Muskeln die Körperhaare aufrecht, um eine Isolationsschicht aus Luft um die Haut festzuhalten. Die Kurzschlußverbindungen zwischen kleinen Schlagadern und Venen (arteriovenöse Anastomosen) verengen sich, um den Blutstrom in den kälteren Außenzonen der Haut zu vermindern. Hitze oder schwerere Körperarbeit lösen die gegenteilige Wirkung aus (rechts). Die Haare aufstellenden Muskeln erschlaffen; die Drüsen befeuchten die Hautoberfläche mit Schweiß, der verdampft und eine Abkühlung hervorruft. Die Blutgefäße der Haut und die Kurzschlüsse zwischen Schlagadern und Venen erweitern sich, so daß mehr Blut in die äußeren Hautschichten gelangt und Körperwärme abgestrahlt werden kann.*

Grad und ist so fein geregelt, daß sich bei Veränderungen um 1,5 Grad der Körperstoffwechsel um etwa 20 Prozent verändert.

Verändert sich die Körpertemperatur nur geringgradig vom Sollwert, sorgen Erwärmungs- oder Abkühlungsvorgänge für eine genaue Regulation. Im Falle der Haut geht es um die Steuerung des Wärmeverlusts. Hier arbeitet sie mit dem Hypothalamus zusammen, einem Nervenzellhaufen im Inneren des Gehirns. Bestimmte Gebiete dieser Region enthalten wärme- und kälteempfindliche Zellen, die auf Veränderungen der Bluttemperatur mit Vermehrung ihrer Impulstätigkeit reagieren; die Haut folgt diesen Befehlen sofort.

Auch unter konstanten Umgebungsbedingungen funktioniert der Kontrollapparat der Hauttemperatur; bei mäßiger Raumtemperatur verliert der Körper durch Konvektion fortlaufend an Wärme, die aber ständig nachproduziert wird.

Die Temperatur wird an der Hautoberfläche von Thermorezeptoren erfaßt, wobei die Haut über wesentlich mehr Kälte- als Wärmerezeptoren verfügt. Auch deren Zahl verteilt sich über den Körper unterschiedlich; in den Lippen sind sie 20mal häufiger als in der Haut von Brust oder Beinen.

Kälterezeptoren sind über das Rückenmark mit dem Hypothalamus verbunden, der bei erhöhter Aktivität motorische Impulse zu besonderen Kreislaufeinrichtungen, den sog. arteriovenösen Anastomosen sendet. Diese Blutstrombahnen zwischen Schlagadern und Venen, die das Kapillarnetz kurzschließen, rufen bei Bedarf eine Umverteilung des Blutstromes hervor. Sie kommen besonders häufig an Händen und Füßen, Augenlidern, Nase, Lippen und Ohrmuscheln (Akren) vor. Der Mittelabschnitt einer Anastomose besitzt eine kräftige Muskelwand, die sich zusammenziehen und damit den Blutstrom zu bestimmten Körperflächen vermindern kann, womit die Wärmeabgabe reduziert wird. Deshalb färben sich unsere Lippen und Fingerspitzen bei Kälte bläulich.

Mit dem verminderten Blutstrom entsteht durch Kontraktion der Haaraufrichter-Muskeln eine Gänsehaut, die aber beim Menschen kaum noch einen Effekt besitzt. Bei Tieren richtet sich das Fell auf und bildet eine wärmende Schutzhülle. Auf übermäßige Erwärmung reagiert der Körper mit Maßnahmen vermehrter Wärmeabgabe. Schweiß wird abgesondert und verdampft, die Hautgefäße erweitern sich, was ebenfalls zur Wärmeabstrahlung beiträgt.

Die Hautfarbe

Die Farbe unserer Haut, Haare und Augen stammt von einem Farbstoff (Pigment), dem Melanin, das in zwei Formen vorkommt: Eumelanin, der Hauptvertreter, ruft die braunen und schwärzlichen Schattierungen hervor, Phäomelanin ist das Pigment der roten Haare.

Melanozyten sind spinnenförmige Zellen in der basalen Oberhautschicht mit unterschiedlich langen Ausläufern, die Kontakt zu

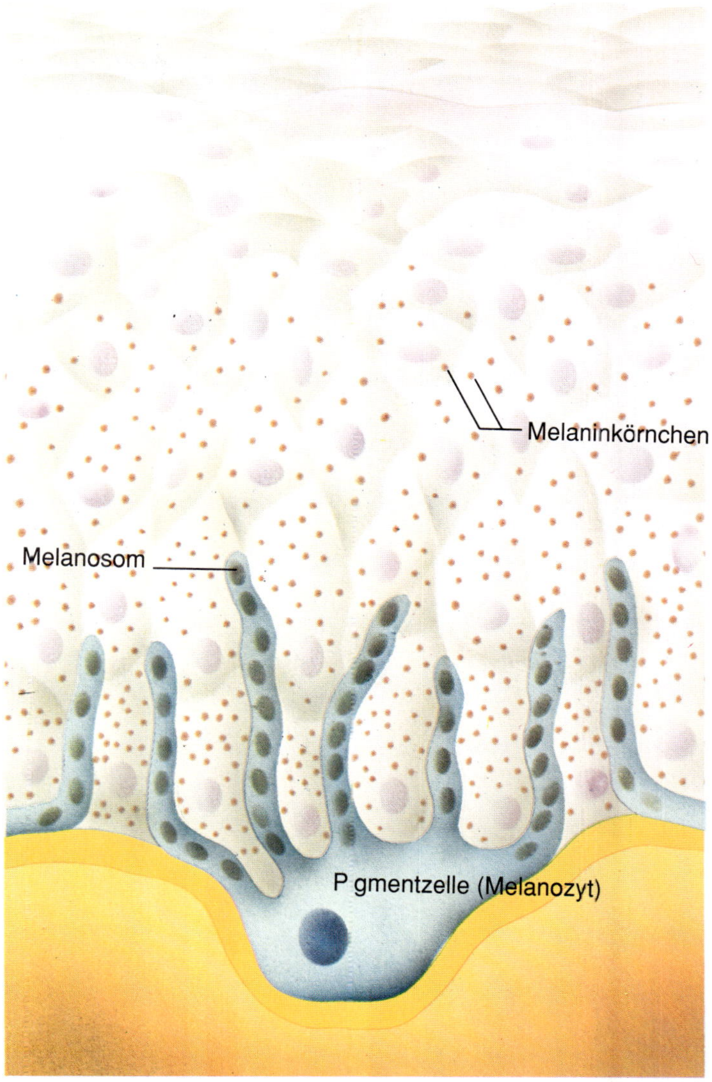

***Die Sonnenbräune** entsteht durch die Tätigkeit von Pigmentzellen in der Haut. Die Funktion dieser sog. Melanozyten wird durch ultraviolette Strahlen der Sonne oder Sonnenlampe angeregt. Sie produzieren vermehrt das schwarze Pigment Melanin, das in die unterste Schicht der benachbarten Oberhautzellen (Stratum basale) eindringt. Die Zellen dieser Grundschicht wandern in der Oberhaut ständig nach außen zur Körnerschicht (Stratum granulosum), die sie in 4 bis 5 Tagen erreichen. Dadurch erhalten die den ultravioletten Strahlen ausgesetzten Hautpartien eine Brauntönung, die als Filter gegen das Eindringen weiterer schädlicher Strahlen in den Körper wirkt.*

vielen umgebenden Zellen aufnehmen. Mit diesen Fortsätzen übertragen sie ihre Pigmentkörnchen (Melanosomen) in die Nachbarzellen und sorgen so für die Hauttönung. Sommersprossen sind Pigmentanhäufungen und besonders bei heller Hautfarbe auffällig.

Alle Menschen haben etwa gleich viel an Melanozyten, ungefähr ein Prozent ihrer Hautzellen. Die Unterschiede in der Hautfarbe gehen auf die Melaninmenge zurück, die diese Zellen produzieren. Der adäquate Reiz dafür sind die gefährlichen ultravioletten Sonnenstrahlen, die auf die Haut treffen; Melanin absorbiert diese und wandelt sie in harmlose infrarote Strahlen um. Je mehr Melanin die Haut besitzt, umso wirksamer ist die Absorption und der Schutz.

Der haarige Mensch

Wie alle Säuger sind die Menschen von einem Haarkleid bedeckt. Unser Fell besteht aber nur aus relativ wenigen und meist feinen Haaren. Lediglich um das Genitale, unter den Armen, im Gesicht des Mannes und auf dem Kopf wächst dichteres Haar - jedoch fehlt die Geschlechts-, Axillar- und Gesichtsbehaarung bei den Kindern, und viele Männer verlieren ihr Haupthaar in frühen Jahren.

Das Haar wächst an jeder Körperstelle, mit Ausnahme der Handinnenflächen, Fußsohlen und Lippen. Die Körperhaare mancher Regionen sind so fein, daß man sie nur erkennt, wenn sie durch eine Gänsehaut beispielsweise bei Kälte oder Erregung aufgestellt werden. Durch die Kombination von schwarzen, braunen und gelben Pigmenten setzt sich die Haarfarbe zusammen.

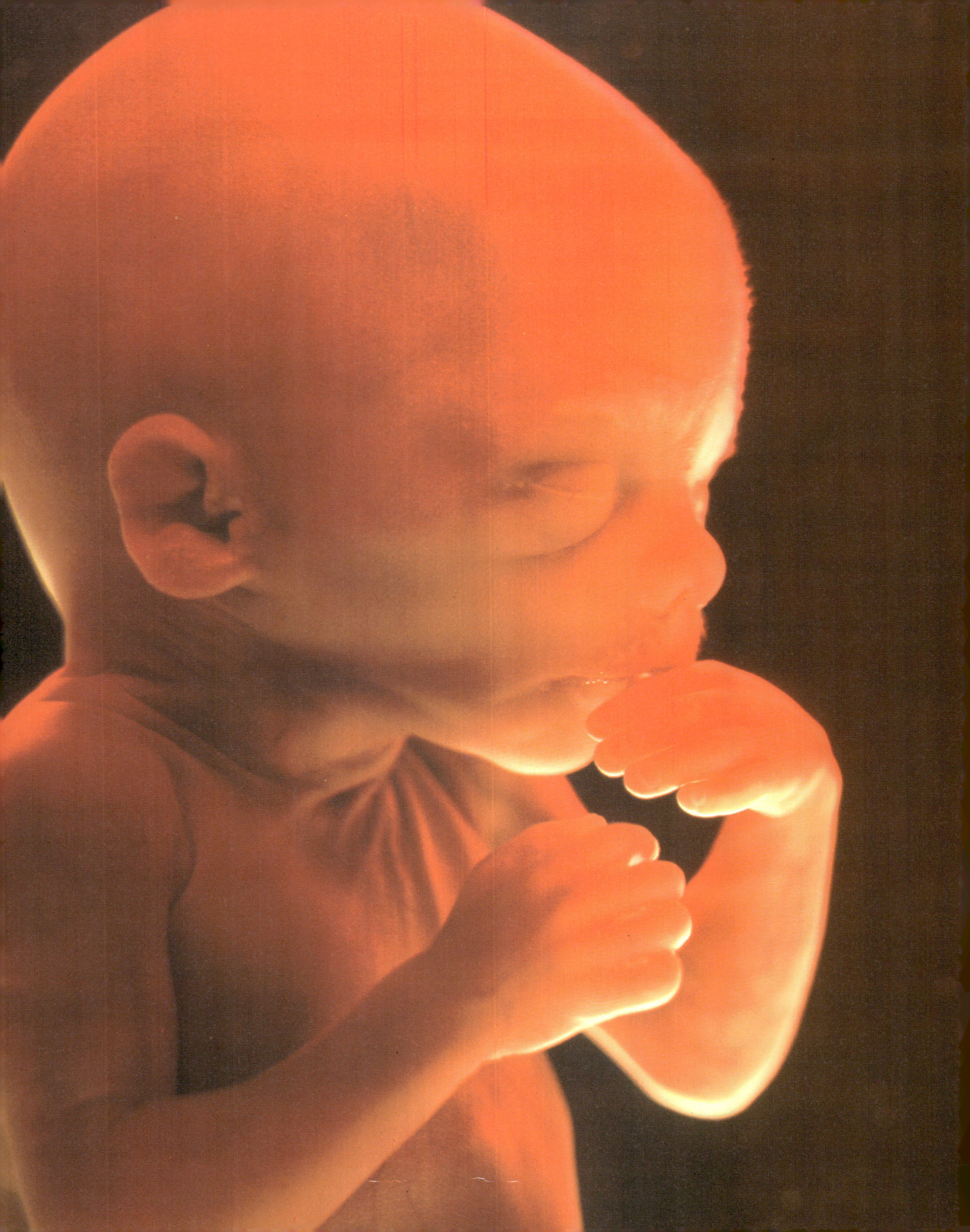

Kapitel 5

Die Zelle

Die Zelle ist die kleinste Einheit des Lebens. Der gesamte Körper setzt sich aus Zellen zusammen. Das Blut, im wesentlichen eine wäßrige Flüssigkeit, ist jedoch aufgrund der Blutzellen weitaus visköser als Wasser. Auch Samen- und Eizelle, aus denen neues Leben hervorgeht, sind letztlich nur Zellen.

Die Zellen setzen sich zum Gewebe zusammen, dieses wiederum bildet Organe und Organsysteme. Jedes Gewebe besteht aus einer bestimmten Zellrasse; es gibt im Körper Hunderte verschiedener Zellarten. Allgemein vermögen sie sich selbst zu vermehren, ihren Stoffwechsel in Gang zu halten und zu wachsen. Sie nehmen für sich wichtige Substanzen auf und produzieren Stoffe, die der Körper wiederum zum Leben dringend benötigt Die Zelle läßt sich also durchaus mit einer Fabrik vergleichen, die Rohmaterialien erhält und daraus hochspezifische Produkte erzeugt. Diese Produkte können für den Eigenbedarf oder anderswo im Organismus gebraucht werden.

Zwei Hauptgruppen
Bei Lebewesen unterscheidet man generell zwei Zellarten: die Prokaryonten und Eukaryonten. Bei den Prokaryonten befinden sich sämtliche Strukturen der Zelleistung im Zytoplasma, einer gallertigen Substanz, die von der Plasmamembran umhüllt wird. Diese Zellen besitzen keinen Kern; ihr genetisches Material, die Desoxyribonukleinsäure (DNS), liegt der Membran an. Wahrscheinlich handelt es sich um die ersten Lebensformen auf unserer Erde. Man findet sie heute selbständig als Einzeller. Im menschlichen Körper kommen Prokaryonten nicht vor.

Eukaryonten sind dagegen viel größer und höher entwickelt. Das Erbmaterial ist in einem Kern gelagert, der sich vom Zytoplasma durch eine Kernmembran absetzt. Im Zellplasma befinden sich sog. Organellen, Träger der Zelleistung, die verschiedene Arbeiten vollbringen. Sie produzieren und verpacken ihre Produkte für den Abtransport. Andererseits zerkleinern sie aufgenommene organische Stoffe, um die Einzelteile weiterverarbeiten zu können. Schädliche Substanzen können abgekapselt werden, um eine Gefährdung der Zelle zu vermeiden.

Die zentrale Schaltstelle
Der Kern ist die größte und auffallendste Organelle in einer menschlichen Zelle. Er enthält all die Informationen, die für ihre Funktion und Vervielfältigung benötigt werden. Er kennt und steuert die Prozesse, mit denen sich die Zelle am Leben erhält.

Innerhalb des Kernes findet man ein Kernkörperchen (Nucleolus), das die Herstellung zelleigenen Eiweißes über die Ribonukleinsäure (RNS) kontrolliert. Hauptbestandteile des Kernes sind aber die aus DNS bestehenden Chromosomen, in denen die genetische Information gespeichert ist.

Besondere Eiweiße, Histone, und DNS bilden das Chromatin. Acht Histone, von der DNS doppelt umwickelt, nennt man ein Nucleosom. Mehrere Nucleosome sind am Bau des Chromosoms beteiligt. Vor der Teilung einer Zelle wird die Information der Chromo-

Vereinigen sich Samenzelle und Eizelle, *resultiert ein Gebilde, das explosiv wächst und sich vervielfältigt - der Beginn des Menschwerdens. In nur 40 Wochen entwickelt sich durch lawinenartige Zellverdoppelungsvorgänge aus dem mikroskopisch kleinen befruchteten Ei das etwa einen halben Meter große Neugeborene. Die ersten wenigen Zellen, aus denen sich der Embryo zusammensetzt, sind zunächst noch baugleich. Aber bald beginnen sie sich zu differenzieren, werden zu unterschiedlichen Zellrassen und beteiligen sich am Bau verschiedener Gewebe. Die Anleitungen, wie dies zu geschehen habe, und das Geheimnis der körperlichen und geistigen Eigenarten des Neugeborenen sind bereits in den Erbeinheiten oder Genen festgeschrieben, die auf den Chromosomen im Kern des befruchteten Eies sitzen.*

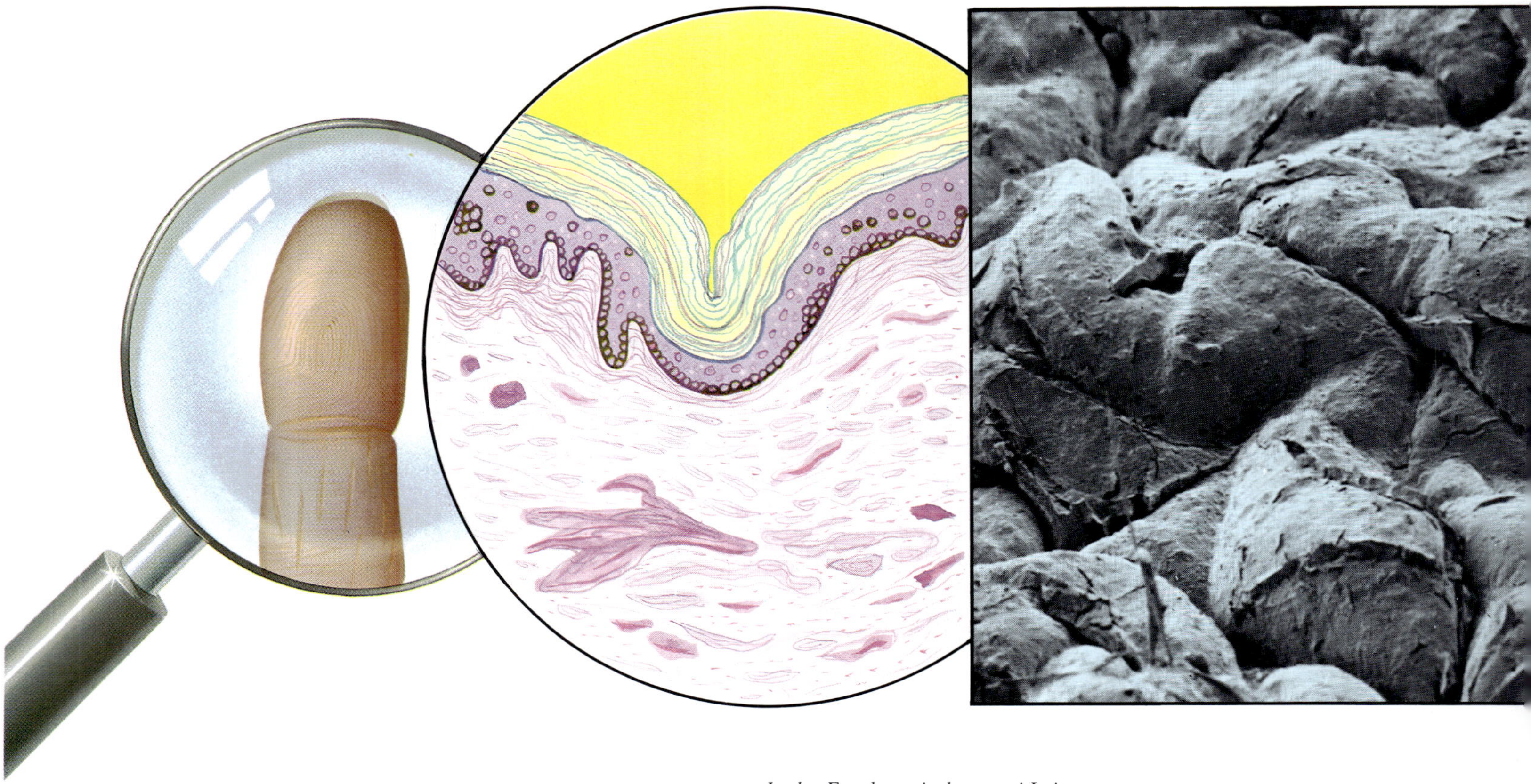

In der Furche zwischen zwei Leisten einer Fingerbeere kann man sehen, wie einzelne Hautzellen sich als Schuppen abstoßen (rechts). Die Haut der Finger besitzt ein für jeden Menschen typisches Muster von spiraligen, parallel angeordneten Leisten und Furchen, von denen eine auf der farbigen Darstellung (Mitte) zu erkennen ist. Bei ihrer ständigen Erneuerung (Mauserung) werden die tiefen Zellen der Oberhaut (Epidermis) zur Oberfläche geschoben, sterben und stoßen sich schließlich ab. Das Elektronenmikroskop zeigt diesen Vorgang bei entsprechender Vergrößerung.

somen kopiert und damit verdoppelt. Beide Tochterzellen, die aus einer Mutterzelle hervorgehen, erhalten daher dieselbe Codierung der Chromosomen.

Die Membran, die den Kern doppellagig umhüllt, besitzt Poren, durch die das Kerninnere mit dem Zytoplasma in Verbindung steht. Auf diese Weise gelangen Eiweiße, die der Kern benötigt, in sein Inneres und RNS-Moleküle zur Eiweißsynthese ins Zytoplasma.

Der Motor

Die Mitochondrien sind die Kraftwerke unserer Zellen - Organellen, deren Aufgabe die Bereitstellung von Energie ist. Sie sind von einer Doppelmembran umgeben, deren innerer Teil zur Oberflächenvergrößerung stark gefaltet ist. An den Falten hängen Enzyme, Eiweiße, die als Katalysator wirken und den chemischen Abbau von Kohlenhydraten und Fettsäuren beschleunigen. Durch die Spaltung entsteht Energie, die gespeichert wird. In Zellen mit sehr hohem Energieverbrauch, wie zum Beispiel in der Leber, machen die Mitochondrien 20 Prozent des Zellvolumens aus.

Mitochondrien unterscheiden sich durch eine weitere Besonderheit von den übrigen Zellorganellen: sie können sich selbst reproduzieren. Jedes einzelne Mitochondrium wird kontrolliert von zirkulär angeordneten DNS-Molekülen und nicht vom genetischen Material des Kernes. Sie verhalten sich auch anders bei der Zellteilung als die

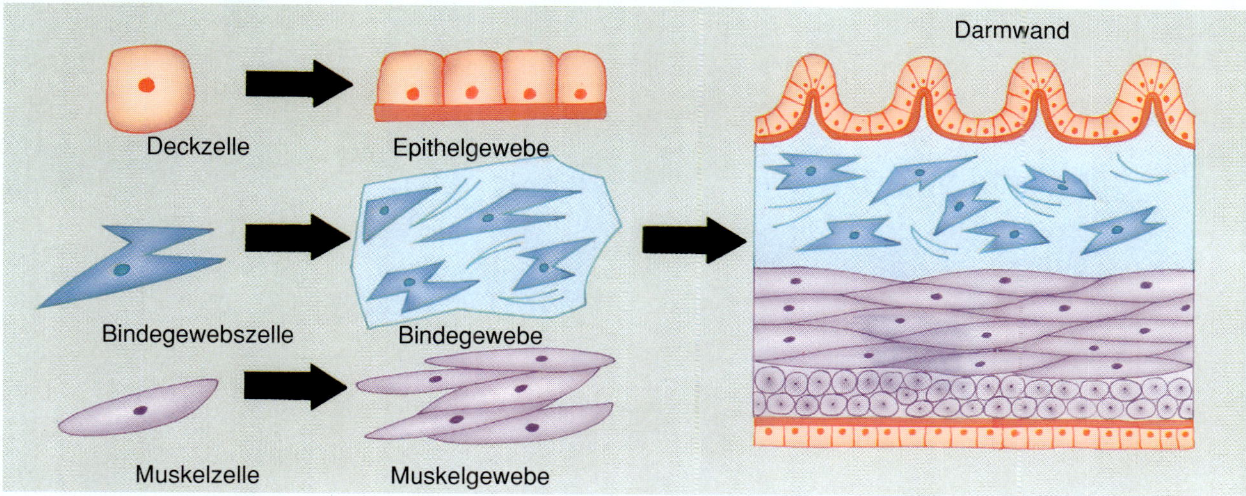

Verschiedene Zellarten haben unterschiedliche Funktionen. Die Wand des Darmrohres illustriert dies recht gut. Die innere Oberfläche besteht aus einer Schicht von Deck- oder Epithelzellen, die sich zu Falten aufwerfen. Das Epithel wird von einer Schicht scheinbar ungeordneten Bindegewebes unterfüttert, das sich ebenfalls aus Zellen zusammensetzt. Darunter liegt dann eine Schicht langer kontraktiler Zellen, das Muskelgewebe.

übrigen Zellbestandteile. Manchmal stammen sämtliche Mitochondrien eines Organismus von der Mutter und nicht wie bei der Kern-DNS von beiden Eltern ab. Dies läßt vermuten, daß die Mitochondrien von Bakterien stammen, die einst mit primitiven Eukaryonten zusammenlebten. Sie haben sich so weit entwickelt, daß sie in allen Lebewesen existieren und ihren eigenen Stoffwechsel lenken, wodurch sie zu den erfolgreichsten Lebensformen wurden.

Die Bausteine des Lebens

Ribosomen, weitere Zellorganellen, sind für die Eiweißsynthese zuständig. Als winzige Kugeln sind sie im Zytoplasma verteilt und reihen sich am endoplasmatischen Retikulum, einem Membransystem innerhalb der Zelle, auf. Sie bestehen aus RNS und Aminosäureketten.

Eiweiße (Proteine) steuern die meisten biochemischen Reaktionen innerhalb der Zelle und stellen gleichzeitig das Material für den Bau der Zelle selbst. Die Proteine unterscheiden sich voneinander durch die Reihenfolge ihrer Aminosäuren, die wiederum in dem Code der Chromosomen-DNS festgelegt ist, der ihre Produktion steuert.

Bei der Eiweißsynthese wird zunächst die DNS eines Gens im Kern in RNS kopiert und ins Zytoplasma geschleust, wo sie von Ribosomen und Enzymen in die Aminosäurenfolge des gewünschten Proteins übersetzt wird. An diesem komplizierten Vorgang sind drei verschiedene Arten von RNS zu erkennen: Messenger-RNS (mRNS) liefert unter dem Diktat der DNS den Code für die Aminosäuresequenz, Transfer-RNS (tRNS) befördert die benötigten Aminosäuren, und ribosomale RNS (rRNS) wird zu Partikeln verbunden, die die Aminosäuren aneinanderheften. Die Ribosomen haben drei Slots an ihrer Oberfläche; einer hält die mRNS, die beiden anderen die t-RNS, während die Ribosomenenzyme die Aminosäuren in der codierten Folge verknüpfen, um das Eiweiß zu bilden.

Produzent und Ordner

Das endoplasmatische Retikulum (eR), an dem die Ribosomen hängen, hat zwei wichtige Aufgaben in der Zelle. Es unterstützt den Aufbau großer Moleküle wie Proteine, Fette oder Kohlenhydrate und trennt neu produzierte Moleküle, die vom Zytoplasma gebraucht werden, von solchen, die abtransportiert werden sollen. Es besteht aus einer vielfach gefalteten Membran in Nachbarschaft der Kernhülle und besitzt einen zisternenartigen Innenraum.

Dieser Raum dehnt sich vom Spaltraum zwischen den Kernhüllen (perinukleärer Raum) bis zur Zelloberfläche aus. Eiweiße werden an der Zytoplasmaseite des eR gebildet und müssen in den Zisternen-

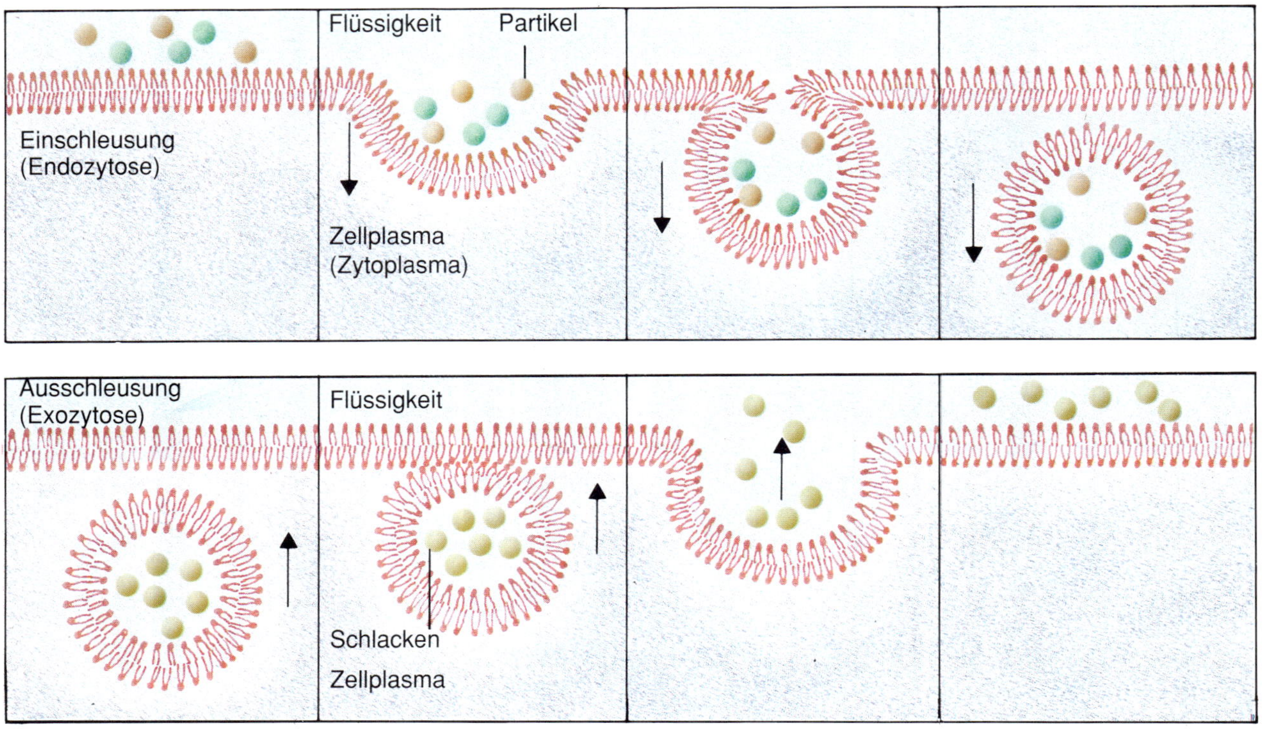

raum gelangen, um ausgeschieden zu werden. Das eR umhüllt auch hochaktive Proteine wie Verdauungsenzyme, um die übrigen Zellbestandteile davor zu schützen.

In elektronenmikroskopischen Studien wurden zwei Arten des eR entdeckt. Das eine hat eine durch Ribosomenbesatz rauhe Oberfläche und wird als Ort der Proteinsynthese angesehen. Das glatte eR besteht meist aus hohlen Röhrchen.

Die Menge an glattem und rauhem endoplasmatischen Retikulum hängt von der Funktion der betreffenden Zelle ab. In Zellen, die viele zu sezernierende Proteine produzieren (Antikörper bildende B-Lymphozyten), überwiegt das rauhe eR; Zellen dagegen, die Fette verarbeiten (zur Herstellung von Steriodhormonen), besitzen mehr an glattem eR.

Vom eR produzierte Proteine oder Membranen werden zu ihrem Bestimmungsort in "buds" oder Vesikeln transportiert, deren Hülle von der Membran des eR stammt. Soll der Inhalt an die Zelloberfläche gelangen, verschmilzt die Vesikelhülle mit der Zellmembran und gibt die Substanz nach außen ab. Wird dahingegen eine Organelle versorgt, so ergießt sich der Vesikelinhalt entsprechend nach innen.

Eiweißverpackung

Ein großer Teil der Vesikel, die am eR gebildete Substanzen enthalten, werden zum Golgi-Apparat geleitet, einem Stapel zusammenhängender Membranen in Kernnähe. Hier findet die Endfertigung und Verpackung der neu synthetisierten Eiweiße statt, bevor sie an den Ort ihrer Weiterverarbeitung transportiert werden.

Im Golgi-Apparat und im endoplasmatischen Retikulum werden zwei Organellen gebildet: Lysosomen für die intrazelluläre Verdauung und Peroxysomen für die Entgiftung der Zelle. Die Verpackung beider Organellen zu Bläschen (Vesikel) ist für die Zellsicherheit von Bedeutung. Kontakt mit ihrem hochwirksamen Inhalt, Enzyme und Sauerstoff, würde zum Untergang der Zelle führen.

Feste Substanzen (Partikel) *werden verpackt, um in die Zelle oder aus ihr heraus zu gelangen. So können Nährstoffe über Einstülpungen der doppellagigen Zellhaut (Zellmembran) aus dem Flüssigkeitsraum außerhalb der Zelle in das Zellinnere (Zytoplasma) eingeschleust werden. Die Membraneinfaltungen umschließen mehr und mehr die Nahrungspartikel und bilden Bläschen (Vesikel), die sich dann im Zellinnenraum befinden (Endozytose). Die Schlacken innerhalb der Zellen werden ebenfalls von Membranen umhüllt und zur Zellwand transportiert, wo sie dann ausgeschleust werden (Exozytose).*

Der Kern (Nucleus) *ist die wichtigste Struktur im Zellinneren. Um ihn herum, im Gelee-ähnlichen Zytoplasma finden sich zahlreiche Organellen - kleine Strukturen, die die verschiedensten Arbeiten der Zelle erledigen. Ribosomen (rote Pünktchen) haften an den vielfach gefalteten Wänden des endoplasmatischen Netzes (hellblau), dem Ort der Eiweißproduktion (Proteinbiosynthese). Die wurstförmigen Mitochondrien (rot) sind die Zellkraftwerke, in deren durch Membranfalten zerklüfteten Innenräumen Enzyme beispielsweise Zucker abbauen, um Energie zu erzeugen (sog. geordnete Multienzymsysteme).*

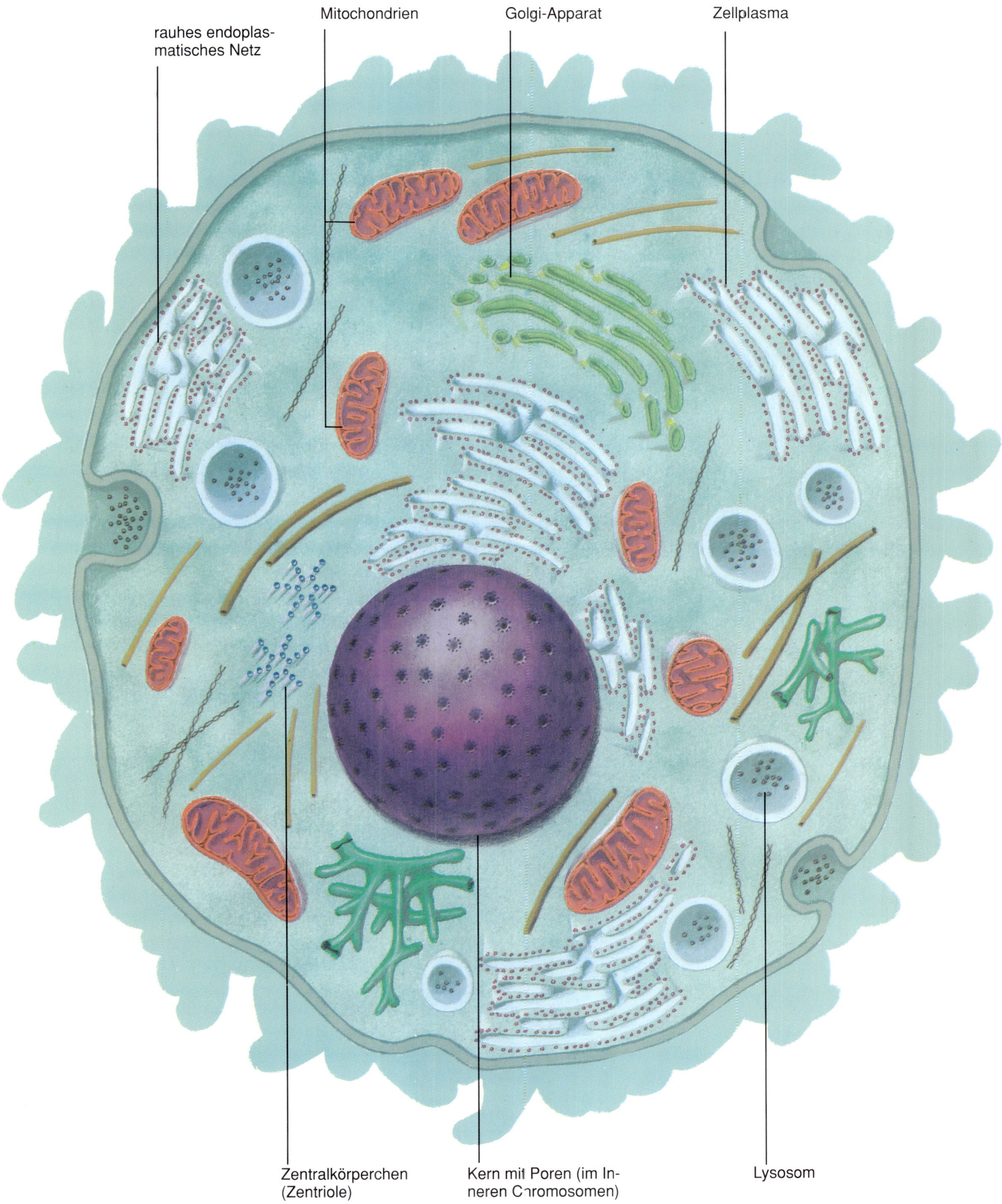
rauhes endoplas-
matisches Netz
Mitochondrien
Golgi-Apparat
Zellplasma
Zentralkörperchen
(Zentriole)
Kern mit Poren (im In-
neren Chromosomen)
Lysosom

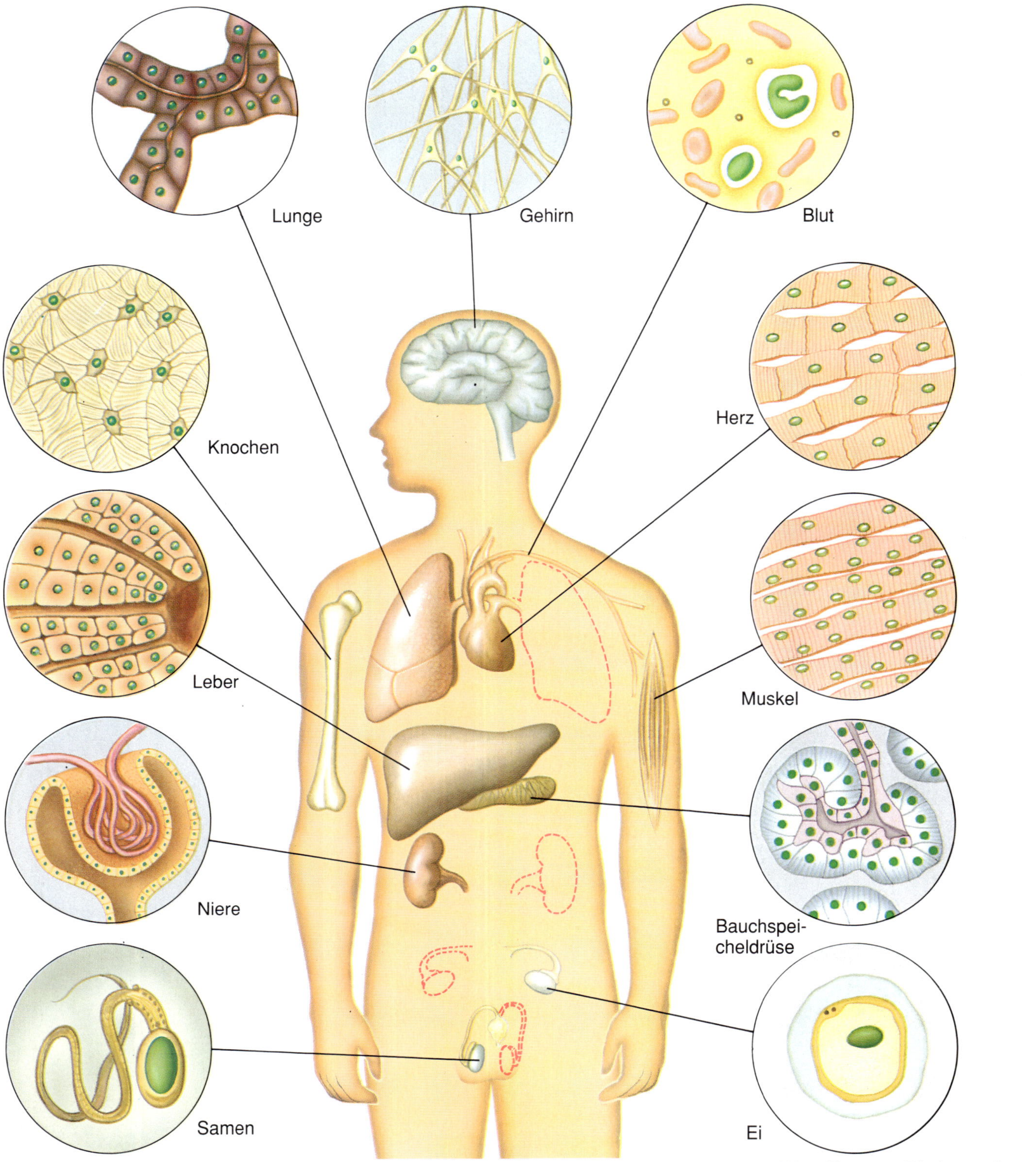

Viele unterschiedliche Zellen *sind am Bau der verschiedenen Körpergewebe beteiligt. Mit Ausnahme der roten Blutkörperchen enthalten sie alle einen Kern (hier grün dargestellt), ihre Formen können jedoch sehr voneinander abweichen. Die Neuronen oder Nervenzellen im Gehirn besitzen viele rankenartige Fortsätze, um mit den Nachbarzellen Kontakt aufnehmen zu können, während Knochenzellen Mineralsalze anhäufen, eingeschlossen in ein steinhartes Grundgewebe.*

Die reifen roten Blutkörperchen *bewegen sich in kleinen Haufen - übereinandergestapelten, eingedellten Polsterkissen ähnlich - innerhalb einer Schlagader fort. Sie enthalten anstelle eines Kerns und anderer Zellorganellen Hämoglobin, womit sie den lebensnotwendigen Sauerstoff zu den übrigen Körperzellen transportieren.*

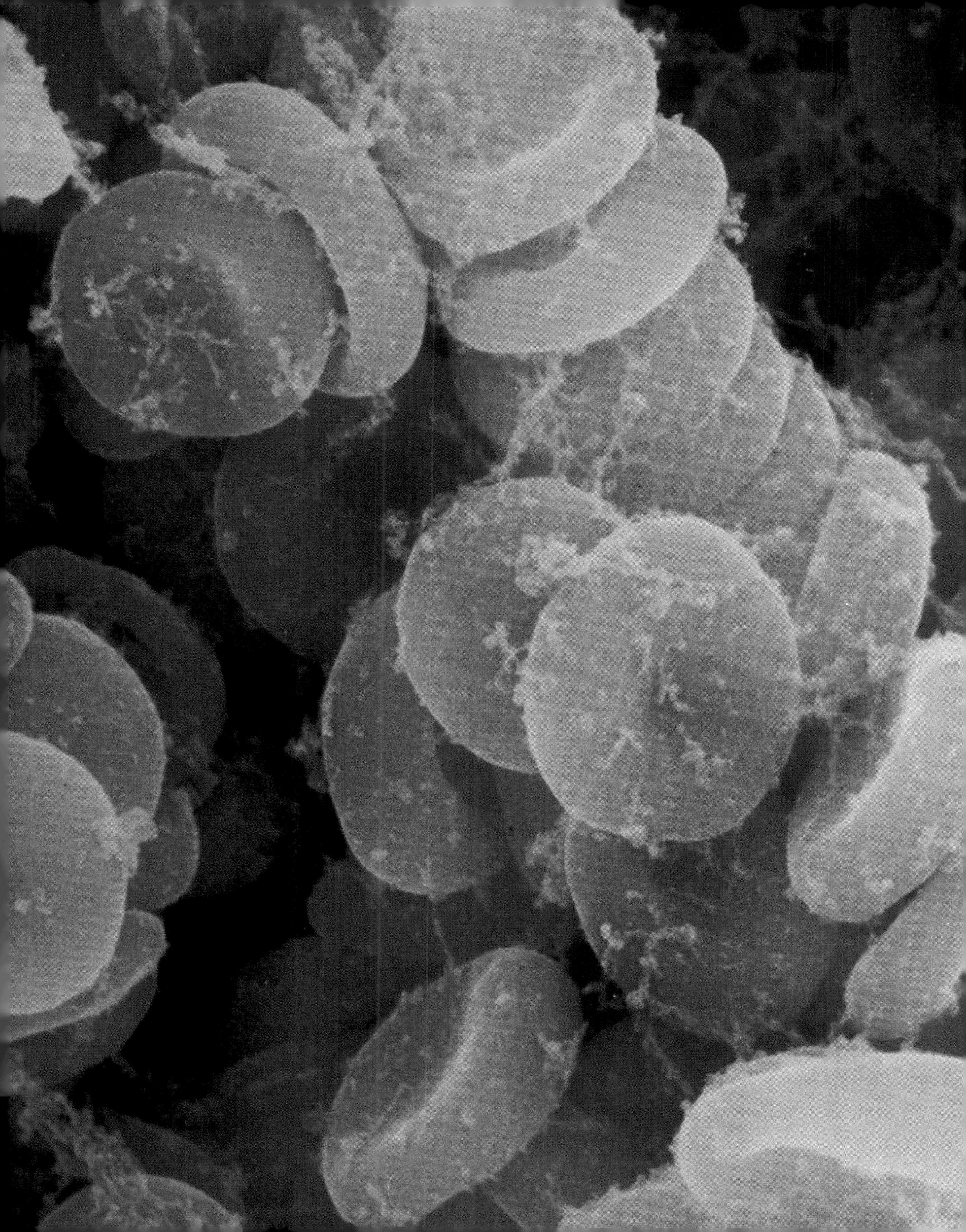

Die Scheidelinie

Alle Zellen werden von einer Plasmahaut (Plasmalemm) begrenzt, die den Zellinhalt von der Umgebung isoliert. Gleichermaßen bedeutend sind die Tore in dieser Membran, die durch Öffnen oder Schließen den Verkehr von Stoffen durch die Haut regeln können. Das Plasmalemm ist lediglich 8-10 Nanometer dick und im Prinzip bei allen Lebewesen gleich. Es besteht aus einer doppelten Protein-Phospholipidschicht. Man kann sich die Phospholipide als kaulquappenähnliche Moleküle vorstellen mit einem wasserabstoßenden (hydrophoben) Kopf und einem wasseranziehenden (hydrophilen) Schwanz. Unzählige dieser "Kaulquappen" reihen sich nebeneinander und Schwanz an Schwanz in zwei Lagen und bilden so die Plasmamembran. Verstreut über diese Phospholipid-Schicht befinden sich "Inseln" aus Eiweiß, die die "Tore" in der Membran ausmachen. Moleküle außerhalb der Zelle können mit den Membraneiweißen reagieren, die "Tore" öffnen und die Zelle betreten. Die Proteine können aber auch die Zelle mit ihren Nachbarzellen verbinden, so daß alle zusammen in Übereinstimmung arbeiten.

Einige kleine Moleküle wie Sauerstoff oder Kohlendioxyd können die Plasmamembran passieren, auch ohne die "Tore" zu öffnen; sie diffundieren einfach zur Seite der niedrigen Konzentration.

Andere Teilchen wie Glukose oder Natrium- bzw. Kaliumionen benötigen für ihren Membrandurchtritt Energie in Form von Adenosintriphosphat (ATP). Die Natrium-Kaliumpumpe ist ein solcher energiefordernder Prozeß; sie steuert den Salzgehalt der Zelle.

Moleküle können die Plasmahaut aber auch mit Hilfe eines Beförderungsmittels durchqueren. In der Membran bildet sich eine Delle, die das ankommende Teilchen, vielleicht ein Bakterium, verschlingt und im Zellinnern zerstört; dies wird als Phagozytose bezeichnet. Ein ähnlicher Vorgang ist die Pinozytose, die Aufnahme flüssiger Substanzen durch die Membran.

Die große Teilung

Wachstum, Erneuerung und Ersatz sind fundamentale Merkmale des Lebens. Ermöglicht werden sie durch die Mitose, den Prozeß, bei dem sich die Zellen selbst reproduzieren und ihre Eigenschaften der nächsten Generation übermitteln. Die genetische Information befindet sich in der DNS, die zusammen mit einigen Eiweißen den Hauptteil des Zellkerns ausmacht. Die Gene sind auf die Chromosomen gereiht wie Perlen auf eine Kette. Aber gerade die Frage, wie sich die Gene aus dem Verband herauslösen können, blieb bis zur Mitte des 20. Jahrhunderts unbeantwortet. Erst die Engländer Watson, Crick, Wilkins und Franklin identifizierten das DNS-Molekül und klärten seine Struktur und Funktion.

DNS ist ein Riesenmolekül in Doppelschraubenform (Doppelhelix), das an eine verdrehte Strickleiter erinnert. Die beiden Stricke der "Leiter" bestehen aus Zucker- und Phosphat-Molekülen, die sich abwechseln. An den Zuckern hängen die sogenannten Sprossen, die Phosphate stellen das Seilstück dazwischen. Die Sprossen selbst entstehen durch Wasserstoffbrücken zwischen stickstoffhaltigen Basen.

Jede Einheit der Helix ist ein Nukleotid und enthält einen Zucker, ein Phosphat und eine Base. Sie entspricht einem Knoten, dem Strickteil zwischen zwei Knoten und einer halben Sprosse. Vier Stickstoffbasen paaren sich, um die Sprossen zu bilden: Adenin und Thymin sowie Cytosin und Guanin. Durch Kombinationen in der Reihenfolge dieser Basen entsteht der genetische Code, die lebenswichtige Information, die die Synthese der vielen unterschiedlichen Eiweiße der Zelle steuert.

Vor der Zellteilung verdoppelt sich die DNS auf bemerkenswerte Weise. Die Leiter wird in der Mitte der Sprossen längs gespalten. Da sich diese Basen nun stets paarweise nach dem gleichen Muster er-

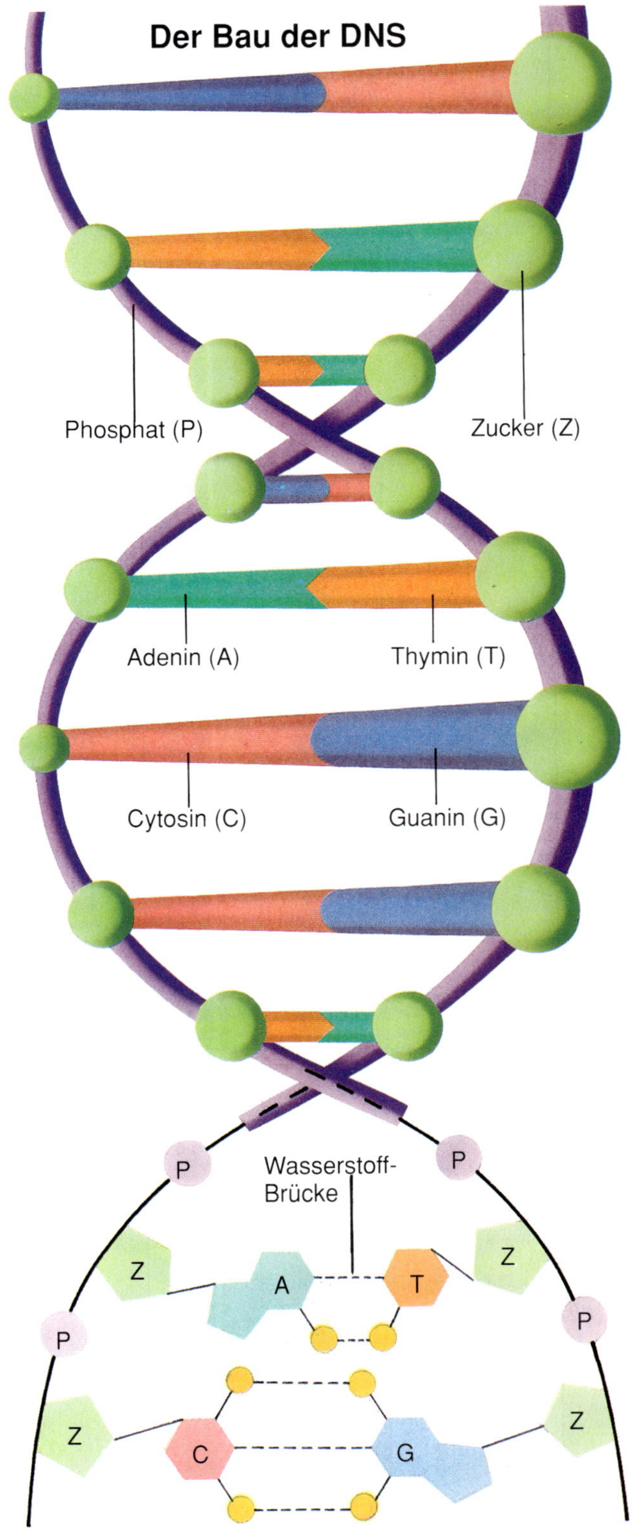

Das lange Doppel-Helix-Molekül *der Desoxyribonuklein-Säure (abgekürzt DNS) setzt sich aus drei Hauptbestandteilen zusammen (links). Die Seitenteile, in ihrer Form an eine verdrehte Strickleiter erinnernd, bestehen abwechselnd aus Zuckergruppen (hellgrün) und Phosphatgruppen (purpurrot), die lange Ketten bilden. Jede "Sprosse" der Leiter setzt sich aus zwei Stickstoff enthaltenden Basen zusammen, entweder Adenin (dunkelgrün) und Thymin (orange) oder Cytosin (rot) und Guanin (blau). In der Sprossenmitte werden die Basen durch relativ schwache Wasserstoff-Brücken verbunden. DNS bildet das Erbmaterial jeder Zelle und befindet sich auf den Chromosomen innerhalb des Kerns.*

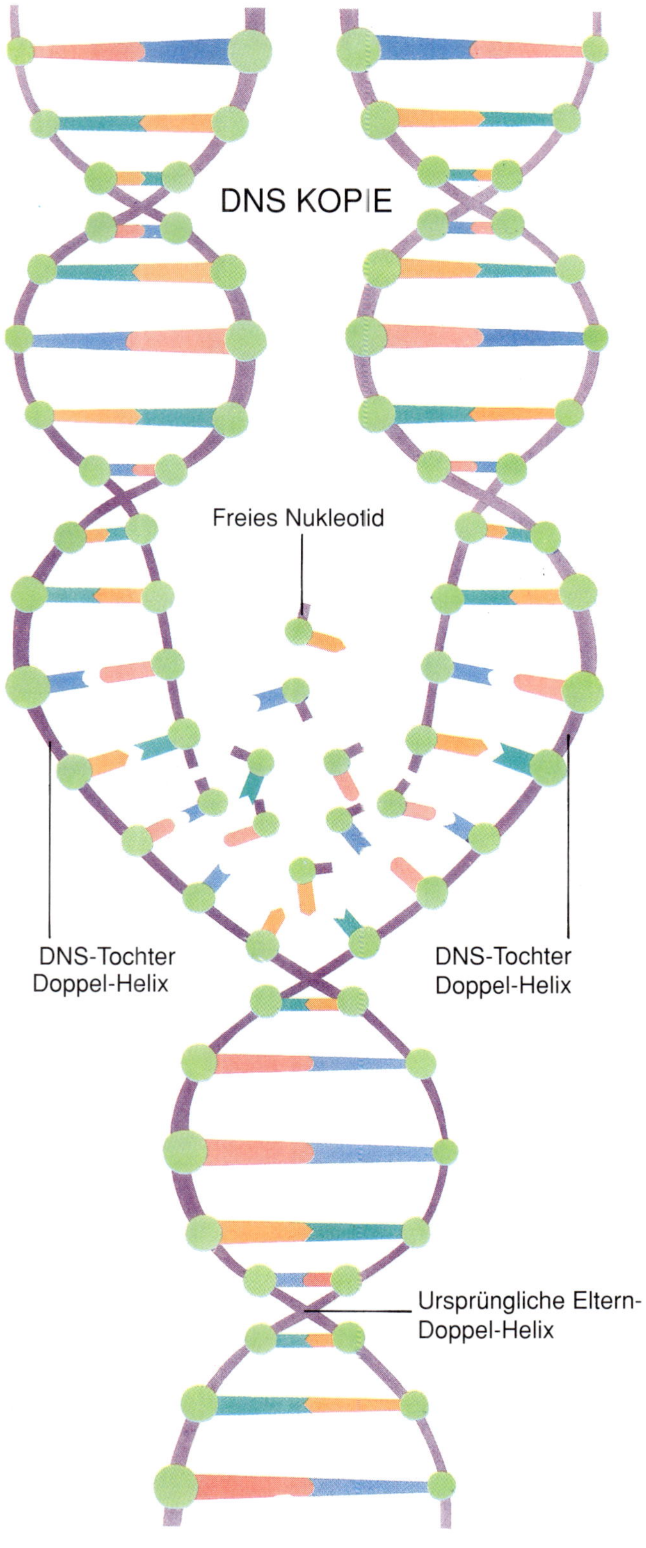

Die DNS öffnet sich bei der Zellteilung *zur Verdoppelung in ihrer Mitte wie ein Reißverschluß. Die "Sprossen" der Ausgangs- (Eltern-) Helix brechen am Ort ihrer schwachen Wasserstoff-Brücken (unterer Teil der Darstellung) und bilden zwei halbe "Strickleitern" (Mitte der Darstellung). Die freiwerdenden Nukleotide - je eine Base mit einem Zucker und einem Phosphat - hängen sich an ihren üblichen Partner, wodurch die Leitersprossen wieder vervollständigt werden und zwei neue, identische Tochterteile entstehen (oben).*

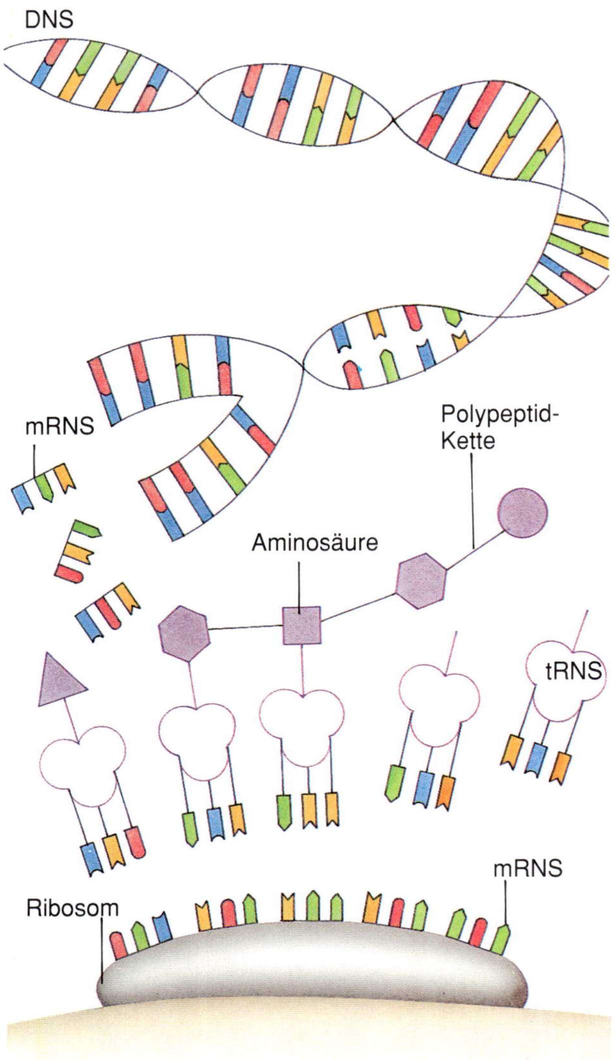

***Die Eiweißproduktion** innerhalb einer Zelle (Proteinbiosynthese) schließt auch eine Öffnung der DNS (links) ein. Die Basenfolge auf den DNS-Teilen wirkt als Chiffre und wird in Form der Messenger-RNS (mRNS) weitergereicht, die sich an ein Ribosom heftet. Moleküle der Transfer-RNS (tRNS) mit den ergänzenden Basensequenzen kommen hinzu, jede an eine von etwa 20 verschiedenen Aminosäuren gekoppelt. Die Aminosäuren hängen sich von der RNS ab und verbinden sich miteinander, um Polypeptidketten zu bilden - den Grundbestandteil des Eiweißes.*

***Die Zellverdoppelung**, Grundlage von Gewebswachstum und -erneuerung, wird als Mitose bezeichnet (Hauptstadien auf der gegenüberliegenden Seite). Zu Beginn der Prophase (oben rechts) werden die gedoppelten Chromosomen im Kern sichtbar und legen sich Spindelfasern an. In der Metaphase ordnen sie sich in der Zellmitte an, um sich in der frühen Anaphase in zwei Teile längs zu spalten. In der späten Anaphase bewegen sich die Chromosomen voneinander fort zu den Zentralkörperchen, während sich die Zelle für die Telophase durch Einschnürung in ihrer Mitte vorbereitet. Schließlich erfolgt eine vollständige Trennung - die Tochterzellen sind das genaue Ebenbild ihrer Elternzelle. In der Interphase kopiert sich die DNS in den zwei neugebildeten Kernen, um für eine weitere Zellteilung bereit zu sein.*

gänzen, erhält jeder Einzelstrang sein passendes Gegenüber, bis zwei identische "Strickleitern" vorliegen.

Nach der DNS-Kopie löst sich die Kernmembran auf und die Chromosomen schwimmen frei im Zytoplasma. Jedes Chromosom birgt zwei DNS-Stränge in sich. Die beiden lösen sich voneinander und wandern zum entgegengesetzten Zellpol. Wenn die Zelle sich nun an ihrem Äquator teilt, befindet sich in den beiden Tochterzellen dieselbe genetische Information.

Der Stoffaustausch

So wie die Zelle Partikel über die Membran durch Phagozytose aufnehmen kann, vermag sie sich auch ihrer Abfallprodukte zu entledigen. Die zu beseitigende Substanz wird zunächst in eine Membran gehüllt und als Bläschen zum Plasmalemm befördert. Dort verschmilzt die Bläschenhülle mit der Zellmembran, der Inhalt entleert sich in den Extrazellulärraum.

Die Nahrung wird unmittelbar nach ihrer Aufnahme in die Zelle von den Mitochondrien verwertet. Sie spalten die Stoffe, um Energie für die Eiweißsynthese, Ein- und Ausschleusung von Substanzen, Membranpumpen und Zellbewegungen bereitzustellen. Die Mitochondrien enthalten reaktionsfördernde Enzyme, in der Zelle hergestellte Eiweiße, die für den Stoffwechsel unentbehrlich sind. Ohne ihren Beschleunigungseffekt wäre die Verwertung der Nahrung zu langsam und uneffektiv. Enzyme sind darüber hinaus spezifisch, sie wirken nur bei einer bestimmten Reaktion. Um beispielsweise einen Zucker aufzuspalten, müssen etwa 50 verschiedene Wechselwirkungen, jede von einem bestimmten Enzym unterstützt, ablaufen.

Diese energieerzeugenden Prozesse fallen unter den Sammelbe-

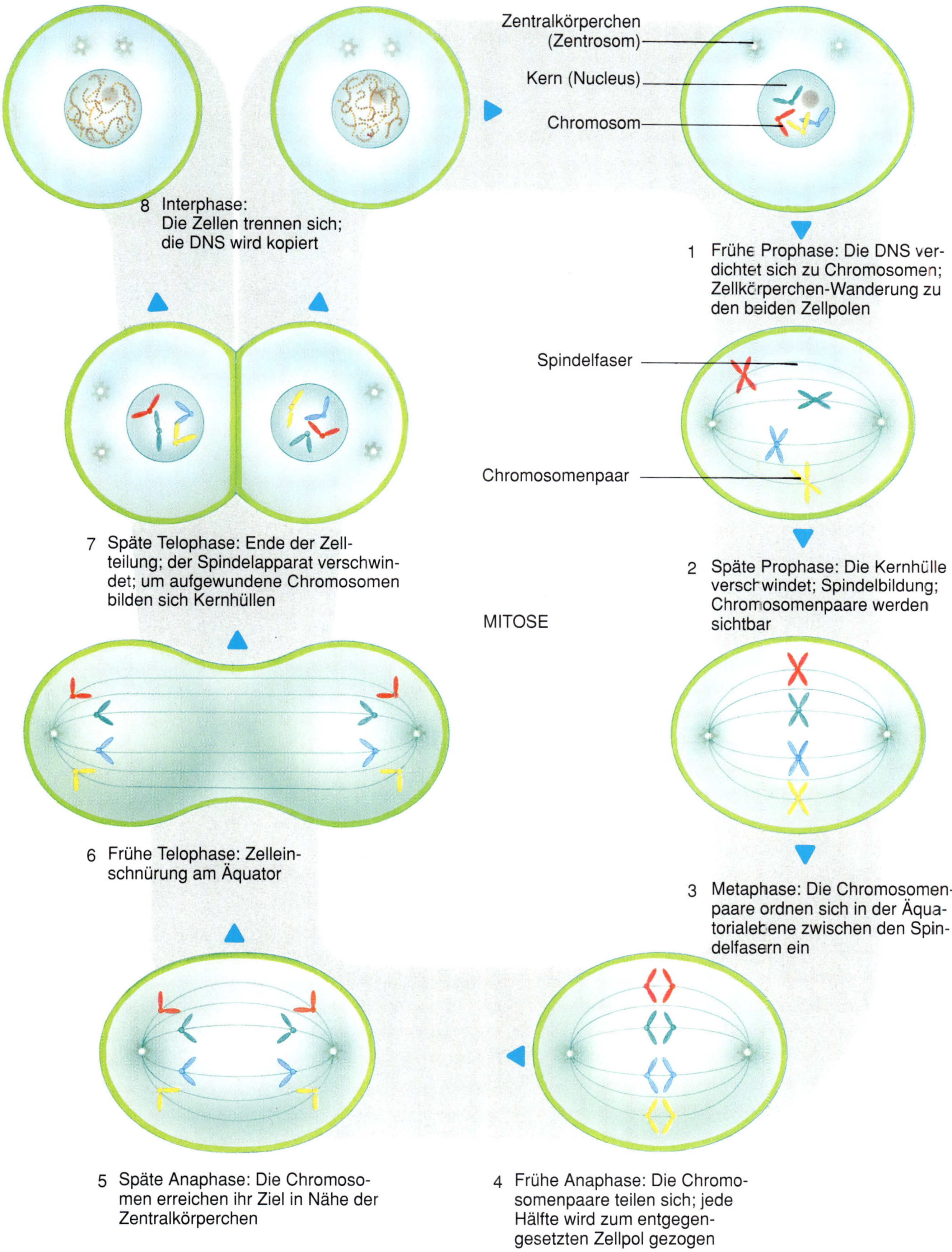

1 Frühe Prophase: Die DNS verdichtet sich zu Chromosomen; Zellkörperchen-Wanderung zu den beiden Zellpolen

2 Späte Prophase: Die Kernhülle verschwindet; Spindelbildung; Chromosomenpaare werden sichtbar

3 Metaphase: Die Chromosomenpaare ordnen sich in der Äquatorialebene zwischen den Spindelfasern ein

4 Frühe Anaphase: Die Chromosomenpaare teilen sich; jede Hälfte wird zum entgegengesetzten Zellpol gezogen

5 Späte Anaphase: Die Chromosomen erreichen ihr Ziel in Nähe der Zentralkörperchen

6 Frühe Telophase: Zelleinschnürung am Äquator

7 Späte Telophase: Ende der Zellteilung; der Spindelapparat verschwindet; um aufgewundene Chromosomen bilden sich Kernhüllen

8 Interphase: Die Zellen trennen sich; die DNS wird kopiert

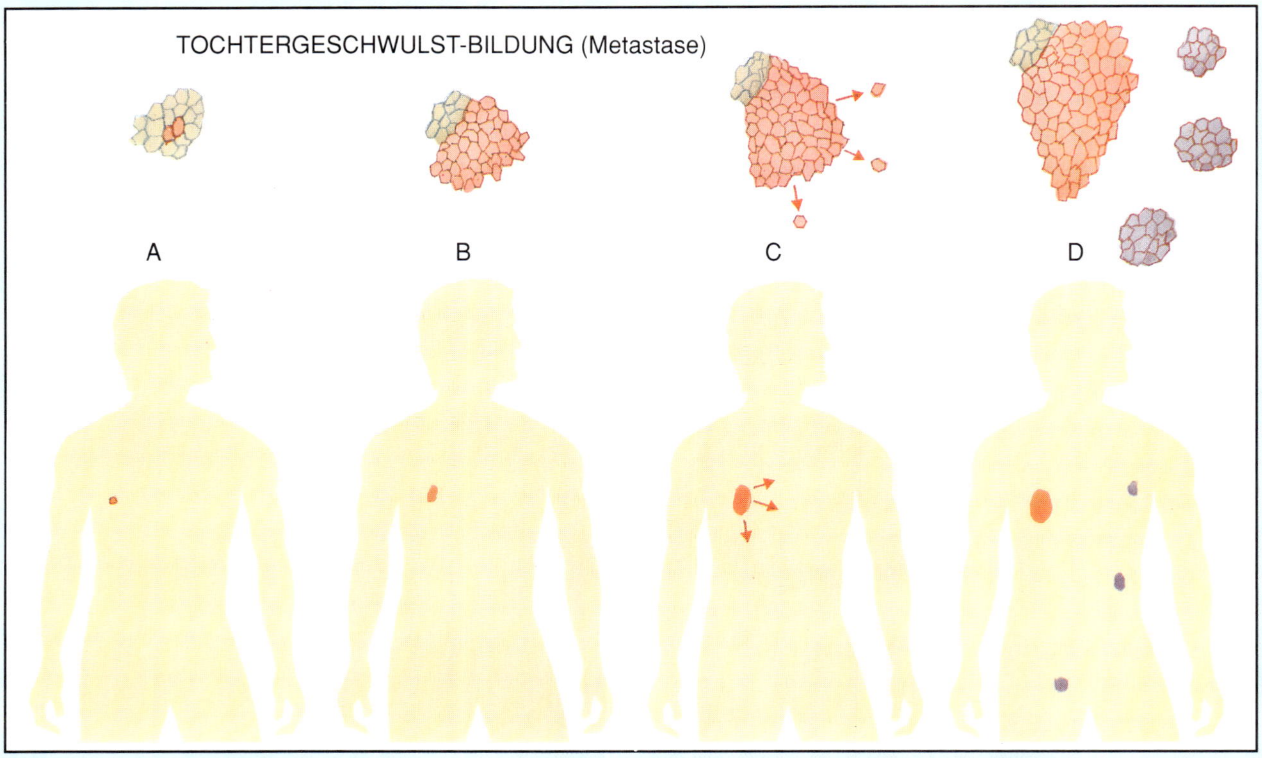

Krebs entsteht, wenn sich Geschwulstzellen unkontrolliert vermehren und unentdeckt über den Körper als Tochtergeschwülste ausbreiten. Aus einem bisher noch unbekannten Grund übersteigt die Vermehrung der Zellen ihren natürlichen Schwund (A), wodurch eine Primärgeschwulst (B) entsteht. Ab einer gewissen Größe sendet diese Krebszellen (C) aus. Diese schwimmen mit dem Blut oder der Gewebsflüssigkeit, um sich als Sekundärgeschwülste (D) an anderen Körperstellen anzusiedeln. Eine Primärgeschwulst z.B. in der Lunge kann für eine gewisse Zeit beschwerdefrei ertragen und bei Früherkennung erfolgreich entfernt werden. Tochtergeschwülste in lebenswichtigen Organen (Leber, Gehirn) sind oft Ursache eines Krebstodes.

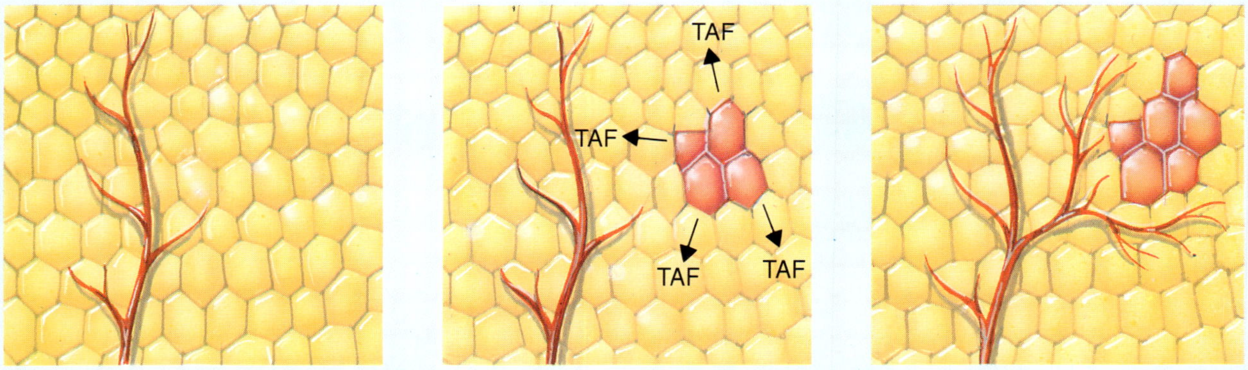

Alle Zellen brauchen für ihre Ernährung eine Blutversorgung (links). Rasch wachsende Geschwulstzellen (rot) benötigen jedoch mehr Blut als normales Gewebe. Dazu setzen sie eine Substanz, den sog. Tumor-Gefäßwachstums-Faktor (TAF; Mitte) frei, der das Aussprossen neuer Blutgefäße in Richtung Geschwulst anregt (rechts). Die Versorgungsverbesserung gestattet den Geschwulstzellen, noch schneller zu wachsen - ein Teufelskreis richtet sich ein.

griff Zellatmung. Der Zellstoffwechsel läuft in zwei Phasen ab. Zunächst entstehen bei der Spaltung Zwischenprodukte wie Alkohol und Säuren. Dieser Schritt benötigt keinen Sauerstoff, es handelt sich um die anaerobe Zellatmung. Für die zweite Phase, die oxydative Zellatmung, ist Sauerstoff erforderlich. Die Zwischenprodukte werden vollständig in die beiden Endprodukte des Stoffwechsels, Kohlendioxyd und Wasser, abgebaut und die für fast alle Lebensvorgänge notwendige Energie freigesetzt.

Speichereinheiten

Die bei der Zellatmung erzeugte Energie steht der Zelle nicht sofort zur Verfügung. Sie wird wie die Energie chemischer Verbindungen vorübergehend gespeichert und erst bei Bedarf freigesetzt. Als Speichermedium dient das Adenosintriphosphat (ATP); es entsteht durch Anlagerung eines Phosphates an das Molekül Adenosindiphosphat (ADP).

Dieser Vorgang verbraucht Energie, die bei der späteren Spaltung von ATP wieder frei wird. Über die im ATP gespeicherte Energie kann also sofort verfügt werden, es sind nicht die 50 Schritte der Zellatmung notwendig. Da die Abspaltung einer Phosphatgruppe vom ATP eine bestimmte Energiemenge freisetzt, ist die Menge dieses Energieträgers ein genaues Maß für den Energiebedarf einer Zelle. Eine Überhitzung der Zelle ist ausgeschlossen, die Stoffwechselprozesse verfügen über stets ausreichenden Brennstoff.

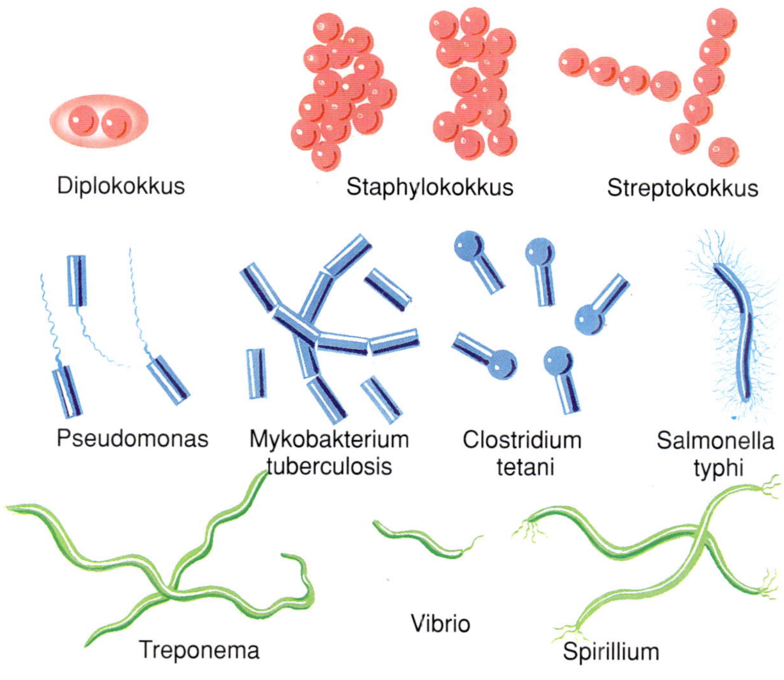

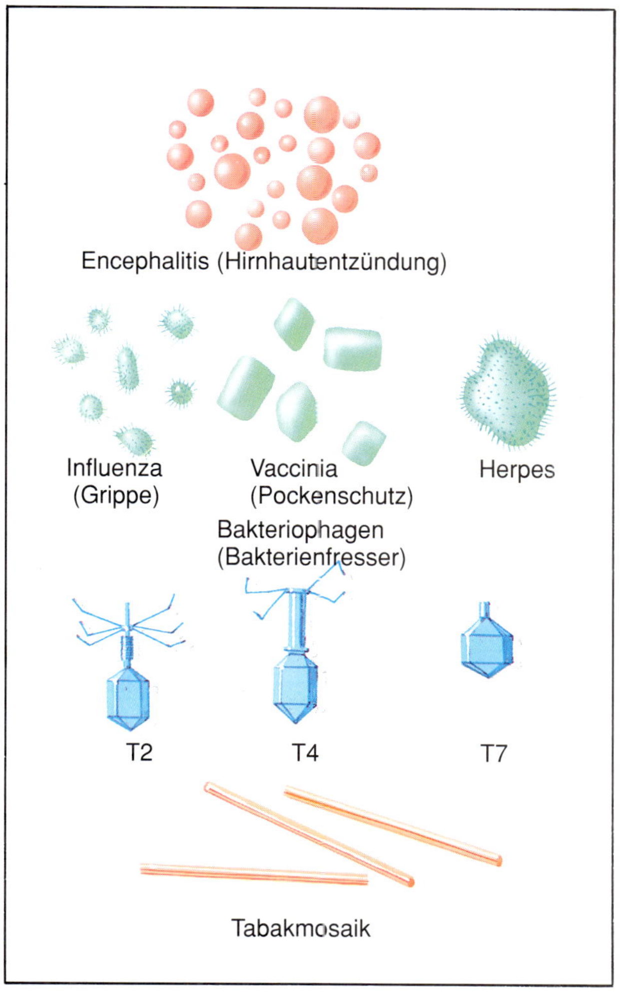

***Bakterien** (oben) sind Einzelzellen, die selbständig lebende Organismen darstellen. Die kugeligen Formen sind die Kokken, die als Paar (Diplokokkus), Haufen (Staphylokokkus) oder Ketten (Streptokokkus) auftreten. Die Erreger der Tuberkulose oder des Wundstarrkrampfs zählen zu den Stäbchenbakterien, die mit oder ohne Geisel vorkommen.*
Den wurmförmigen Bakterien (manche mit Wimpern besetzt) gehören die Salmonellen und die Syphilis verursachenden Keime an. Die Viren (rechts) können nur als Parasiten in einer Gastzelle leben. Manche Phagen, mit dem Buchstaben "T" gekennzeichnet, vermögen Bakterien anzugreifen und zu töten.

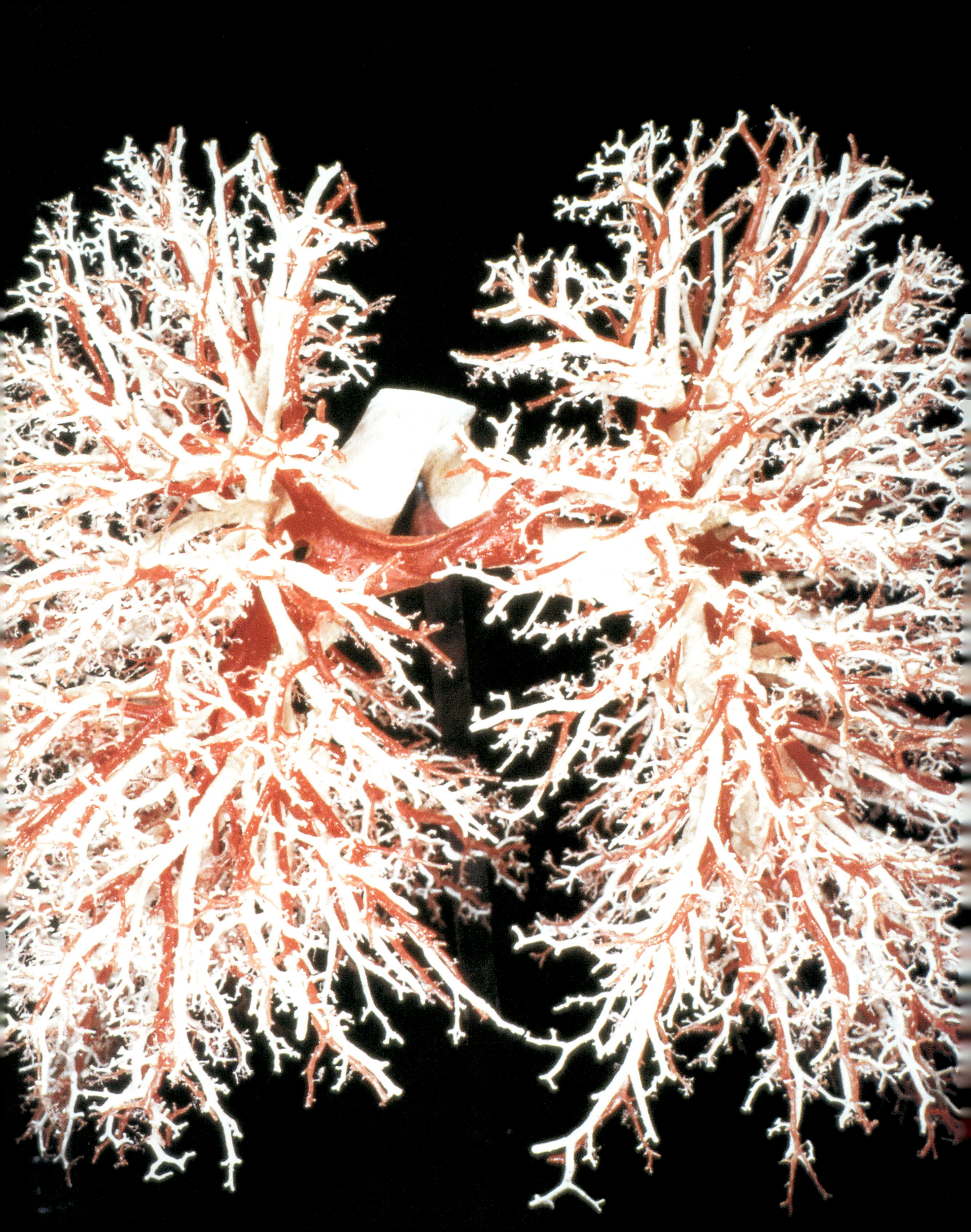

Kapitel 6

Die Atmung

Unser Körper verfügt über zwei große Versorgungsunternehmen: das eine ist für die Zufuhr von Nahrungsstoffen und Wasser, also für die Verdauung (Digestion) zuständig, das andere für die fortwährende Anlieferung des Sauerstoffs, für die Atmung (Respiration). Beide Unternehmen beteiligen sich aber auch an der Entsorgung des Abfalls, der in der Fabrik des Körpers, in unseren Zellen anfällt. Zur Anfuhr der Rohstoffe und Abfuhr der Schlacken beschäftigen sie "die mächtige Transportfirma" Herz und Kreislauf.

Das Atmungs- oder respiratorische System besetzt einen beträchtlichen Teil des Raumes von Gesicht, Hals und Brustkorb und wendet für die Muskel-betriebenen Atembewegungen viel hart erarbeitete Energie auf. Im Laufe von tausenden von Jahren hat es neben der Respiration auch andere Aufgaben übernommen. In der Nasenhöhle, ganz zu Beginn, befindet sich ein Organ, das die in der Atemluft enthaltenen Geruchsstoffe analysiert und an das Gehirn weiterleitet. Solche Sinneseindrücke vermögen uns zu warnen - ein Brandgeruch vor einem Feuer oder der Geruch verdorbener Nahrung vor einer Vergiftung. Die Atemluft wird aber auch dazu benutzt, Töne und Geräusche zu erzeugen, mit denen wir uns sehr exakt mitteilen können.

Ein Stoff fürs Leben

Der durch das respiratorische System aufgenommene Sauerstoff wird über den Blutkreislauf auf alle Zellen des Körpers verteilt. Ohne Sauerstoff gingen die Zellen zugrunde - er ist ein wichtiger Bestandteil ihres Stoffwechsels (Metabolismus), der biochemischen Vorgänge, die den Körper in Gang halten. Aufgenommene Nahrungsstoffe werden, vermischt mit Reaktionsbeschleunigern (Enzymen) und weiteren chemischen Substanzen, im Sauerstoff-geschürten Feuer verbrannt. Dadurch entsteht Energie, die verschiedene biochemische Prozesse in den Zellen antreibt. Man kann also sowohl die Aufnahme von Luft zur Gewinnung des Sauerstoffs, wie auch dessen Verwendung innerhalb der Zelle als Atmung bezeichnen, die äußere als ihren Beginn, die innere als ihr Ende.

Das Herz wird oft als führendes Organ des Körpers angesehen; uns ist allen bewußt, daß das Leben mit dem Ende des Herzschlags aufhört. Dabei übernimmt die Pumparbeit des Herzens jedoch "nur" die Verteilung jener Stoffe, die die Versorgungsunternehmen unseres Körpers bereitgestellt haben. Die Leistungsfähigkeit des Herzens wird demnach ganz wesentlich von der Lieferkapazität des Atemsystems bestimmt (selbst der Herzmuskel ist auf den Sauerstoff der Atmung angewiesen).

Der Atemkasten und sein Inhalt

An seinem sich rhythmisch hebenden Brustkorb sieht man, daß der Mensch atmet - in Ruhe etwa 14mal pro Minute, bei Körperarbeit oder während eines aufregenden Erlebnisses jedoch häufiger. Der hierzu notwendige Apparat läßt sich in drei Teilbereiche gliedern: die Atempumpe (mit Zylinder und Kolben), die Atemwege und der Atemgas-austauschende Lungenabschnitt.

***In den Lungen** teilen sich Luftwege (weiß) und Blutgefäße (rot) auf wie Äste und Zweige eines Baumes. Hier zeigt ein Kunststoffausguß, wie die Luftröhre oder Trachea (Mitte) sich zu jeder Lunge in einen Hauptbronchus aufspaltet. In den Lungen verzweigen sich die Bronchien zu Bronchiolen, den engsten Luftwegen, die in winzigen Luftbläschen, Alveoli, enden. Dort findet der Gasaustausch mit dem Blut statt, das die Alveolen in Haargefäßen, Blutkapillaren, umfließt.*

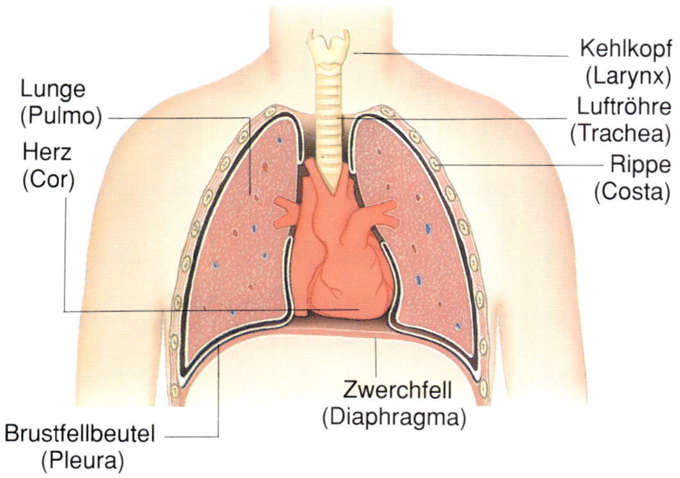

***Auf einem Frontalschnitt** durch den Brustkorb sieht man, wie die oberen Luftwege hinter dem Herzen zu den Lungen ziehen. Die Lungen werden vom zweiblättrigen Brustfellbeutel umgeben und liegen auf den Muskelkuppeln des Zwerchfells.*

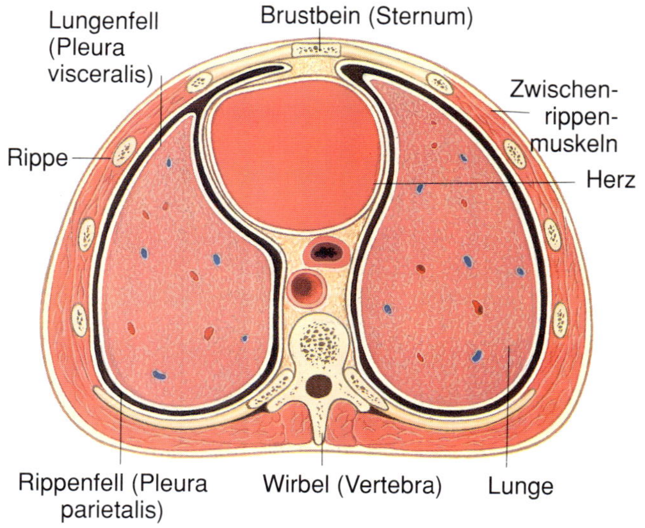

***Ein Querschnitt durch die Brust** enthüllt, wie die Lungen beiderseits vom Rippenkorb geschützt werden. Dieser wird nach hinten durch die Wirbelsäule, nach vorn durch das Brustbein geschlossen. Die linke Lunge ist etwas kleiner, da das Herz mehr in der linken Brusthöhle liegt.*

Die Lungen gleichen einem abgestumpften Kegel mit nach innen eingekehlter, nach außen (zu den Rippen) abgerundeter Oberfläche. Ihre Farbe ist beim Jugendlichen blaßrosa und wird mit zunehmendem Alter durch die eingeatmeten Luftverunreinigungen grau marmoriert. Die linke Lunge ist wegen der Linksverlagerung des Herzens kleiner als die rechte und weist nur zwei Lappen auf (die rechte drei). In ihrem unteren vorderen Bereich befindet sich eine Einbuchtung, in die sich das Herz schmiegt. In Ruhe wird mit jedem Atemzug etwa ein halber Liter Luft bewegt, in den Körper hinein oder heraus; das sind in der Minute ca. sechs Liter oder während einer Nacht 3.000 Liter - ungefähr ein Drittel der Luft eines kleinen Schlafzimmers. Beim Keuchen nach einem 1.000-Meter-Lauf steigt der Luftdurchsatz der Lungen kurzzeitig auf das 20fache an.

Die Luft wird über ein Rohrsystem in die Lungen befördert, das sich in seinem Verlauf immer weiter aufteilt; es gleicht einem umgekehrten, bis in die Blätter ausgehöhlten Baum: seine Wurzeln sind Nasen- und Mundhöhle, der Stamm Rachen (Pharynx) und Luftröhre (Trachea), die Äste die Bronchien und die Zweige die Bronchiolen; diese kleinsten Luftwege enden in den Luftbläschen (Alveolen); das Ganze ist in ein Bindegewebe mit viel elastischem Material (Lungenstroma) eingebettet.

Kolben der Atempumpe

Die elastische, schwammartige Konstruktion gestattet es den Lungen, sich immer wieder ausdehnen zu lassen und zusammenzuziehen. Die Pumpe, die diese Bewegungen erzwingt, besteht aus dem Brustkorb und der Atemmuskulatur; sein Kolben ist das Zwerchfell, das sich innerhalb des Brustkorbzylinders auf- und abbewegt.

Das Zwerchfell (Diaphragma) ist eine Muskel-Sehnenplatte, die als Boden der Brusthöhle den Brust- vom Bauchraum trennt; sie ist hinten an den Lendenwirbeln, seitlich an den unteren Rippen und vorne am Brustbein angeheftet. Ein entspanntes Zwerchfell wölbt sich mit seinen beiden Kuppeln in den Brustraum vor und reicht in seiner Projektion auf die vordere Brustwand an den Oberrand der fünften Rippe (ca. zwei Zentimeter unter den Brustwarzen). Bei Kontraktion flachen sich die Kuppeln (bis zum Unterrand der sechsten Rippe) ab, der Zylinderkolben zieht sich zurück.

Die Lungen müssen wegen ihrer Lage in den Brustfellhöhlen den Bewegungen von Brustkorb und Zwerchfell folgen. Die Brustfell- oder Pleurahöhle ist ein luftdichter, kapillärer Spaltraum zwischen dem Rippenfell (Pleura costalis) und dem Lungenfell (Pleura pulmonalis). Wandständige Pleura, allgemein auch als Pleura parietalis bezeichnet, und eingeweideständige, die Lunge überziehende Pleura (Pleura visceralis) gehen am Lungenstiel ineinander über und sind spiegelglatt, der Spaltraum zwischen beiden mit wenigen Millilitern einer serösen Flüssigkeit gefüllt.

Flacht sich das Zwerchfell ab, muß die Lunge, sich ausdehnend, folgen, da die Kapillarkräfte zwischen den beiden Pleurablättern nur ein Gleiten erlauben, nicht ein Trennen (man stelle sich zwei aufeinanderliegende, plane Glasscheiben vor - dazwischen ein Tropfen Wasser; beide sind gegeneinander verschieblich, jedoch nicht voneinander abhebbar). Bei der Ausdehnung der Lunge entsteht in ihrem Inneren ein Sog - Luft wird über die Atemwege eingeatmet (Inspiration).

Der biegsame Käfig

Der Atmung dient noch eine zweite Gruppe von Muskeln, die sich im Halsbereich, am äußeren Brustkorb und vor allem in den Zwischenrippenräumen befindet. Sie alle ziehen an den Rippen, so daß diese - geführt in ihren Gelenken mit den Brustwirbeln und dem

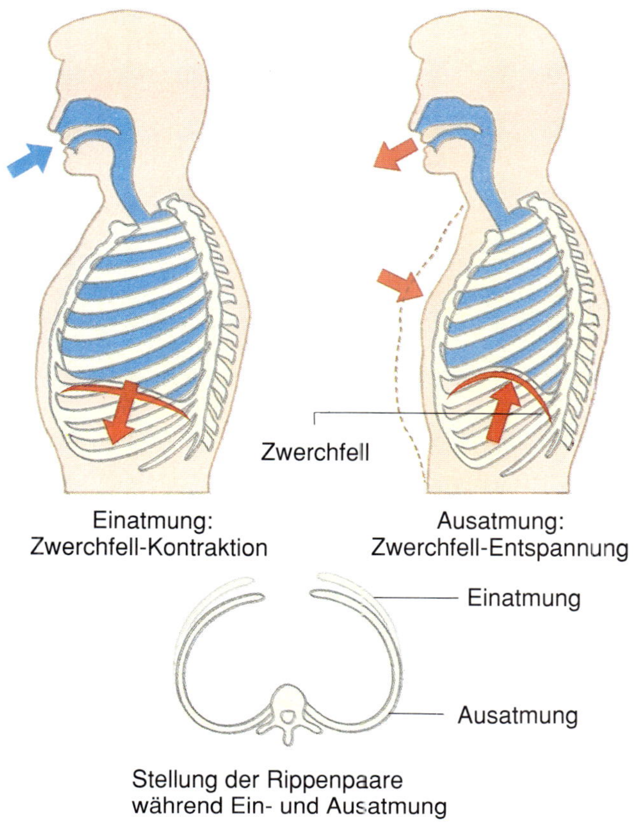

Die Ein- und Ausatmung wird durch Bewegungen der Rippen und des Zwerchfells bewirkt. Zieht sich das Zwerchfell zusammen, flachen seine Kuppeln ab und heben sich die Rippen, vergrößert sich der Brustraum. Die Lungen dehnen sich, Luft wird über die Atemwege eingesogen. Erschlafft das Zwerchfell und senken sich die Rippen, wird die Atemluft wieder ausgestoßen.

Brustbein - nach außen, vorne und oben schwenken. Auch der Erweiterung des Brustraums müssen die Lungen passiv folgen. Bei Ruheatmung sind etwa zwei Drittel der eingeatmeten Luft auf die Kolbenwirkung des Zwerchfells (Bauchatmung), der Rest auf die Bewegung des Rippenkäfigs (Brustatmung) zurückzuführen.

Die Ausatmung (Exspiration) ist wesentlich einfacher, Zwerchfell und Brustmuskeln erschlaffen. Die elastische Spannung, in die das Gewebe der Lungen und der Rippengelenke bei der Einatmung versetzt worden war, und die Schwerkraft sorgen für eine Rückstellung des Brustkorbs; die Atemluft wird aus den Lungen gepreßt.

Das Atemgedächtnis

Die Atembewegungen laufen automatisch ab. Wir können sie zwar beeinflussen, beim Reden oder Husten beispielsweise; zumeist werden sie jedoch durch Reflexe unter dem Einfluß des Gehirns gesteuert.

Im verlängerten Rückenmark, einer entwicklungsgeschichtlich sehr alten Region des Hirnstamms, liegen die sog. Atem- und Kreislaufzentren. Die Atemzentren sind unser Gedächtnis, alle paar Sekunden ein- und auszuatmen, bei Tag und Nacht, unser ganzes Leben lang. Dies ist allerdings nicht ganz richtig: In den ersten neun Monaten unseres Daseins leben wir ja doch im Wasser. Der Fötus schwimmt in der Amnionflüssigkeit, die ihm bis in die Lungen dringt - für ihn kein Problem, denn er wird über die Plazenta von der Mutter versorgt, die für ihn Lunge und Darm ist.

Atmen über die Plazenta

Das Herz besteht aus zwei nebeneinander liegenden Pumpen. Die rechte treibt das Blut durch die Lungen, wo es nach Sauerstoffaufnahme und Kohlensäureabgabe zum linken Herzen zurückfließt. Das linke Herz pumpt das Blut zur Sauerstoffverteilung in die letzte Ecke des Körpers, von wo es nach Kohlendioxid-Aufnahme zum rechten Herzen zurückkehrt.

Anders beim Fötus: In der Wand zwischen seinen Herzvorhöfen (Septum interatriale) findet sich ein Loch (Foramen ovale), durch das das meiste Blut unter Umgehung der (noch nicht entfalteten) Lunge direkt aus dem rechten in den linken Vorhof geleitet wird (die Lungen erhalten nur soviel Blut, wie sie zur Weiterentwicklung brauchen).

Ein Teil des Blutes, das aus der oberen Körperhälfte des Fötus kommt, gelangt aber doch in die rechte Herzkammer und wird von ihr in die Lungenschlagader gepumpt. Diese ist beim Fötus mit der benachbarten Hauptschlagader durch einen Schlagadergang (Ductus arteriosus Botalli) verbunden. Foramen ovale und Ductus arteriosus sind lebensnotwendige Einrichtungen des fötalen Kreislaufs, sog. physiologische Kurzschlüsse oder Shunts.

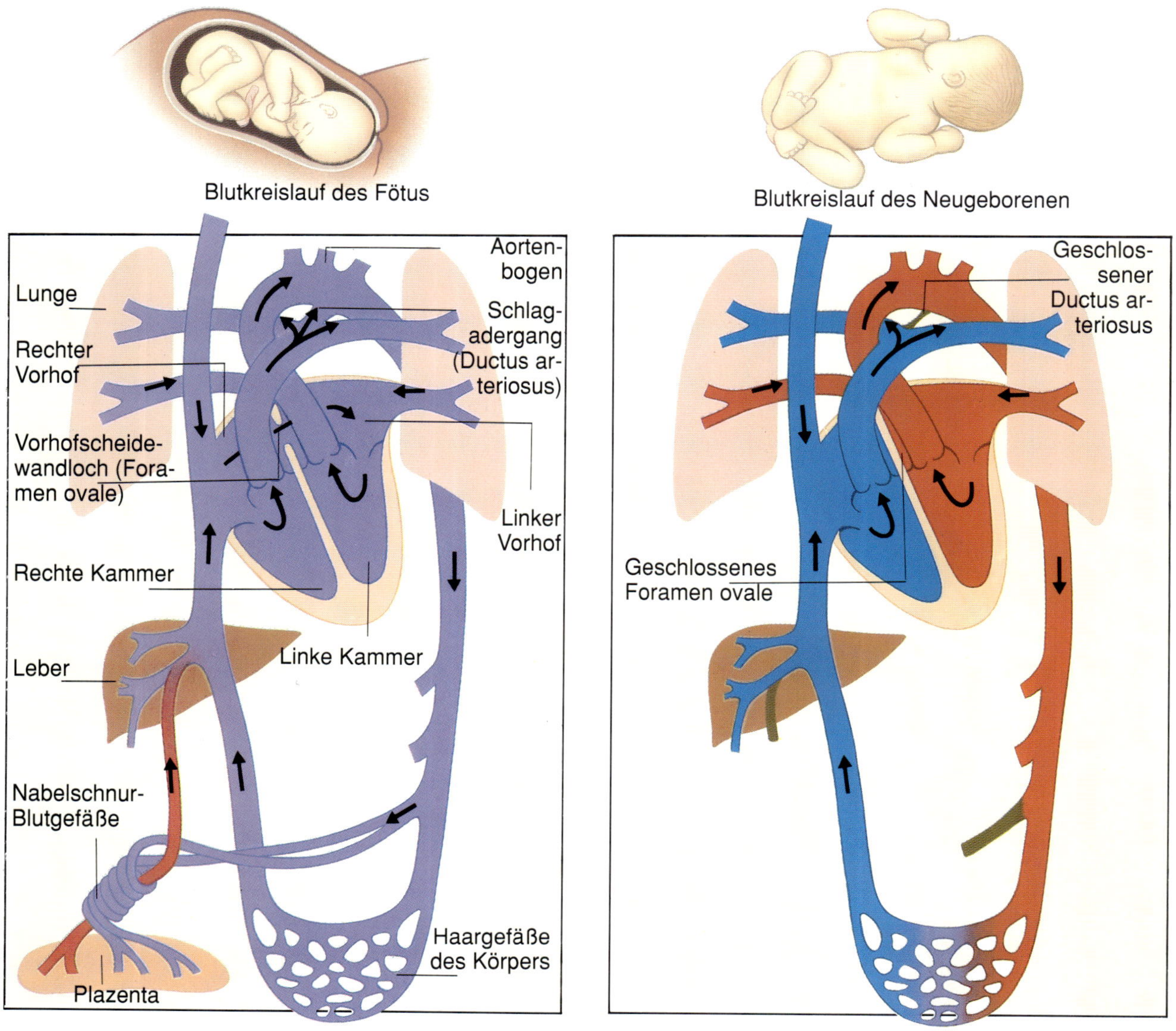

Für den kindlichen Blutkreislauf *bedeutet die Geburt eine entscheidende Veränderung. In der Fötalperiode fließt das Blut aus der Plazenta zunächst zum rechten Herzvorhof und - durch ein Loch in der Scheidewand - direkt zum linken Herzen und in den Körperkreislauf. Unmittelbar nach der Geburt schließt sich das Vorhofscheidewandloch, beim ersten Atemzug entfaltet sich die Lunge. Das Blut aus dem rechten Herzen wird nun zur Sauerstoffaufnahme in den Lungenkreislauf gepumpt und von dort dem linken Herzen wieder zurückgeführt.*

Die Lungen eines Fötus *im Mutterleib (rechts) sind noch mit Fruchtwasser gefüllt. Er wird über die Blutgefäße in der Nabelschnur mit sauerstoffreichem Blut aus der Plazenta versorgt.*

Der erste Atemzug

Die fötalen Lungen sind auch vor der Geburt nicht total kollabiert, sondern unter anderem zu etwa zwei Fünftel ihres Fassungsvermögens mit einer Flüssigkeit gefüllt, die aus den Zellen der Lungenbläschen stammt. Sie enthält einen Surfactant - eine Substanz, die die Oberflächenspannung an Grenzschichten herabsetzt (Spülmitteln im Haushalt sind solche sog. Detergentien beigemischt). Nur mit Hilfe des Surfactants kann das Neugeborene die enormen Kräfte zur Entfaltung der Lungenbläschen überwinden. Der Fötus macht bereits einige Wochen vor seiner Geburt schwache Atembewegungen, um den Surfactant zu verteilen und überschüssige Flüssigkeit aus seinem Lungengewebe auszupressen. Bei der Geburt kontrahiert sich sein Zwerchfell, die ersten Atemzüge sind gewöhnlich von Schreien begleitet. Der Atmungsbeginn ist die erste und größte Körperanstrengung des Neugeborenen. Durch die veränderten Druckverhältnisse im Herzen legt sich eine Klappe vor das Foramen ovale , während der Ductus arteriosus innerhalb weniger Minuten beginnt, sich zusammenzuziehen. In etwa 10 Tagen ist er zu einem soliden, faserigen

Band geschrumpft, das sich zeitlebens zwischen Lungen- und Hauptschlagader ausspannt.

Nach der Geburt schrumpfen auch die Blutgefäße im Nabelstrang, der Kontaktschnur zwischen Fötus und Plazenta; durch ihre Unterbindung und die Abnabelung beschleunigt der Geburtshelfer diesen Prozeß. Es braucht jedoch einige Tage, bis alle kindlichen Lungenbezirke gleichmäßig belüftet (ventiliert) sind und der Lungenkreislauf, der Blutgefäßbereich zwischen rechtem und linkem Herzen, sich vollständig etabliert hat.

Die linke Herzpumpe treibt das Blut mit kräftigen Schlägen in den Körperkreislauf, durch die Hauptschlagader und ihre vielen Aufzweigungen in die verschiedenen Körperregionen und -organe. Hier zweigt sich der Kreislauf in ein tausende Kilometer langes Netzwerk von feinsten Haargefäßen (Kapillaren) auf. Der letzte Schritt der Atmung ist die Diffusion des Sauerstoffs aus den Blutkapillaren in die benachbarten Zellen (sog. innere Atmung); er erfolgt im Austausch mit dem Kohlendioxid, das aus den Zellen in die Kapillaren diffundiert. Die beiden Atemgase werden sozusagen gegeneinander gehandelt, wobei im Bereich von Körper- und Lungenkapillaren entgegengesetzte Wege beschritten werden. Das sauerstoffarme, kohlendioxidreiche Kapillarblut wird in den Venen gesammelt und zum rechten Herzen zurücktransportiert.

Zunächst aber muß die Sauerstoff enthaltende Luft erst einmal eingeatmet werden. Dabei spielt die Nase als Eintrittspforte bereits eine wichtige Rolle: hier wird die Inspirationsluft durch einen Haarfilter vorgereinigt, über ein gut entwickeltes System von Blutgefäßen in der Nasenschleimhaut erwärmt und von der verdunstenden Flüssigkeit des Nasenschleims befeuchtet. Dadurch wird die Einatemluft den Verhältnissen innerhalb der Lunge angepaßt.

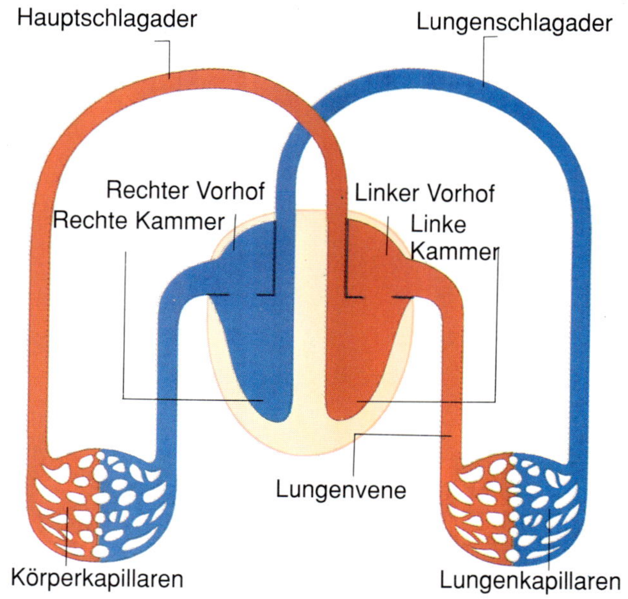

Der menschliche Körper besitzt zwei (parallel geschaltete) Kreislaufabschnitte: den Lungenkreislauf (im Schema rechts) und den Körperkreislauf (links). Die rechte Herzkammer pumpt das Blut zur Sauerstoffaufnahme (Oxygenierung) durch die Lungengefäße, die linke Kammer befördert das oxygenierte Blut in alle Teile des Körpers (üblicherweise werden sauerstoffarmes Blut und seine Gefäße blau, sauerstoffreiches rot dargestellt).

Der Ort des Sprechens

Nach Passage der Nasenhöhle gelangt die Luft durch den Rachen (Pharynx) in den Kehlkopf (Larynx). Dieser, eine komplizierte dreidimensionale Konstruktion aus Knorpelplatten, -ringen, kleinen Knöchelchen, Muskeln und Bändern, ist der Ort des Sprechens. In sein Inneres ragen zwei perlmuttfarbene derbe Gewebsfalten (Plicae vocales) vor, deren Träger die Stimmbänder (Ligamenta vocalia) sind. Die Öffnung zwischen den beiden Stimmfalten oder Stimmlippen ist die Stimmritze, beim Mann 2 bis 2,4 Zentimeter lang (bei der Frau etwas kürzer) und bei ruhiger Atmung 0,5 Zentimeter, bei heftiger 1,4 Zentimeter weit.

Bei der Stimmbildung wird der Kehlkopf zum Blasinstrument, die Stimmritze verengt sich zum sog. Glottisschluß, der Phonationsstellung. Beim Durchpressen der Ausatemluft werden die Stimmfalten in Schwingungen versetzt, wodurch Schallwellen entstehen. Länge, Spannung und Dicke der Stimmlippen bestimmen die Höhe des Tons, der Druck der Exspirationsluft seine Lautstärke.

Ein Baum von Bronchien

Auf den Kehlkopf folgt die Luftröhre (Trachea), der Beginn der unteren Luftwege. Hierbei handelt es sich um ein biegsames, 12 Zentimeter langes Rohr, das seine Lage bei Stellungsveränderungen von Kopf und Hals wechselt. Ihre Wand wird von 15 bis 20 aufeinanderfolgenden C-förmigen Knorpelspangen versteift, welche die Lichtung trotz des Drucks der Hals- und Brustorgane offenhalten.

Die Luftröhre, Stamm des Bronchialbaums, gabelt sich an ihrem unteren Ende in zwei kurze, dicke Äste, die Haupt- oder Stammbronchien. Aus diesen gehen, am Lungenstiel (Hilum pulmonis) beginnend, durch wiederholte Zweiteilungen mehrere Generationen von Ästen (Lappenbronchien, Segmentbrochien) und Ästchen hervor. Während die größeren Bronchien in ihrer Wand noch Knorpelspangen oder -plättchen enthalten, sind die kleineren - nach etwa 20 Teilungen - knorpelfrei. Die kleinsten Zweige des Bronchialbaums, die Bronchiolen, haben einen Querschnitt von weniger als einem Millimeter; sie sind von reichlich glatter Ringmuskulatur umgeben.

Keime, Schmutz und Staubpartikel, die als Schwebestoffe trotz der Filtermechanismen der oberen Luftwege eingedrungen sind, treffen auch hier noch auf Abwehreinrichtungen. Alle Atemrohre sind von einer Schleimhaut ausgekleidet, die aus zwei Zellrassen besteht. Mukoide oder Becherzellen produzieren einen klebrig-schleimigen Überzug, der die Schwebeteilchen der Luft bindet; Zellen mit einem Besatz beweglicher Härchen (Kinozilien), sog. Flimmerhaarzellen, sorgen für deren Abtransport. Durch den koordinierten Schlag der Flimmerhaare wird ein ständiger Flüssigkeitsstrom des Schleims erzeugt, der zum Rachen gerichtet ist und die Staubpartikel mit sich nimmt. Jedesmal also, wenn wir Schleim schlucken, wenn wir mit einem Hüsteln die Kehle vom Schleim befreien, reinigen wir unsere Lungen.

Trauben an einem Weinstock

Wenn der Bronchialbaum mit einem Weinstock verglichen wird, sind die kleinsten Bronchiolen die Ästchen, an denen die Luftbläschen in

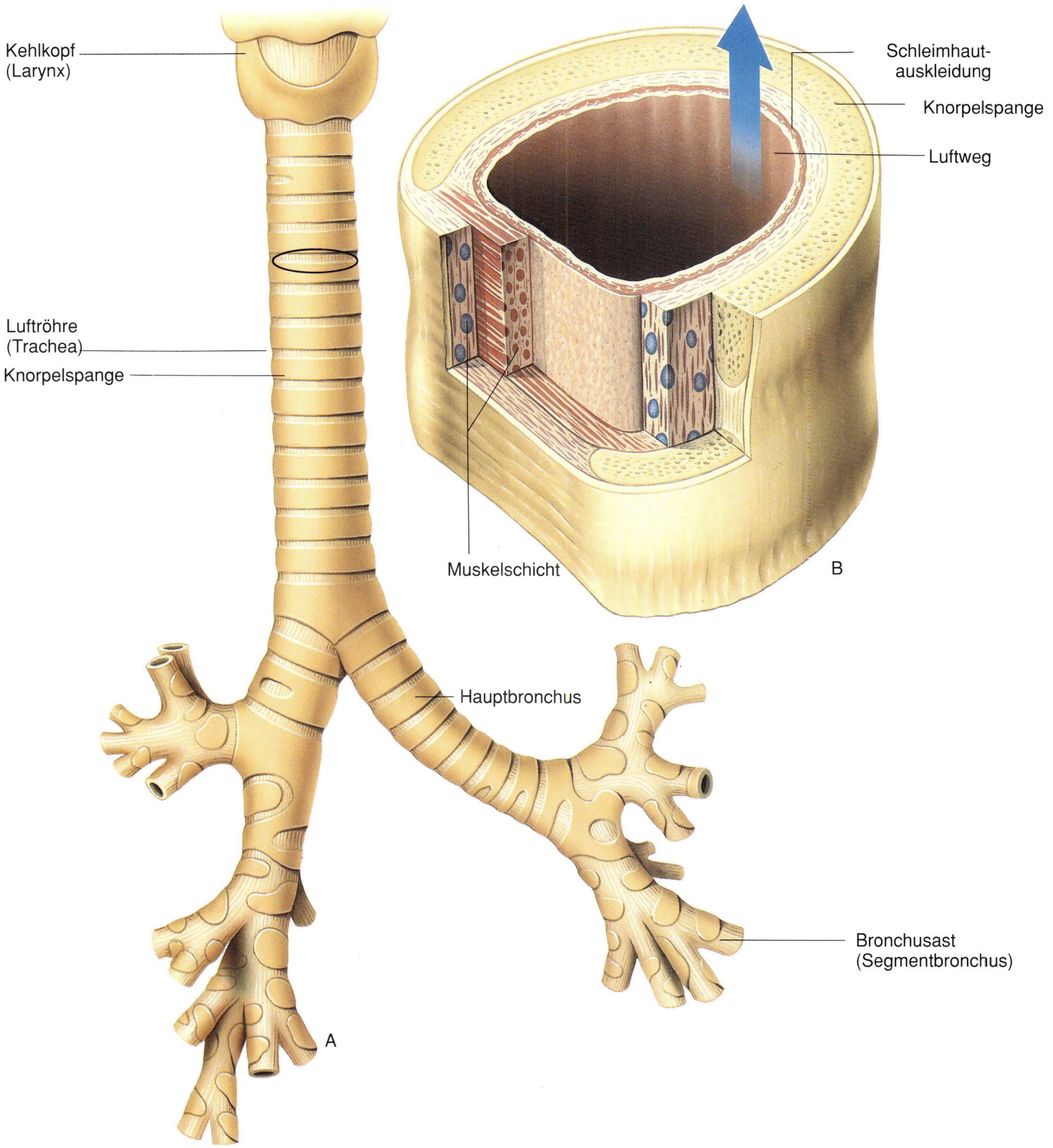

Die Luftwege *des oberen Atemtrakts (A) sind die Luftröhre (Trachea) und die Bronchien. Die Luftröhre reicht vom Kehlkopf bis zur Gabelung in die beiden Hauptbronchien, die sich in der Lunge weiter aufzweigen. Die Luftröhre wird durch Knorpelspangen versteift (B), so daß die Atemwege selbst bei größeren Luftdruckschwankungen stets offenbleiben. Ihre Schleimhautauskleidung trägt unzählige feinste, bewegliche Flimmerhärchen (Kinozilien), die mit dem Schleim Feinstaub und Zelltrümmer aus den Lungen entfernen.*

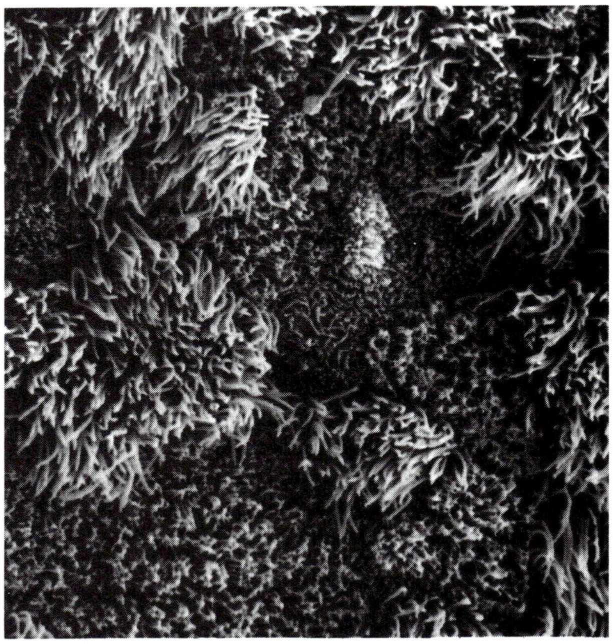

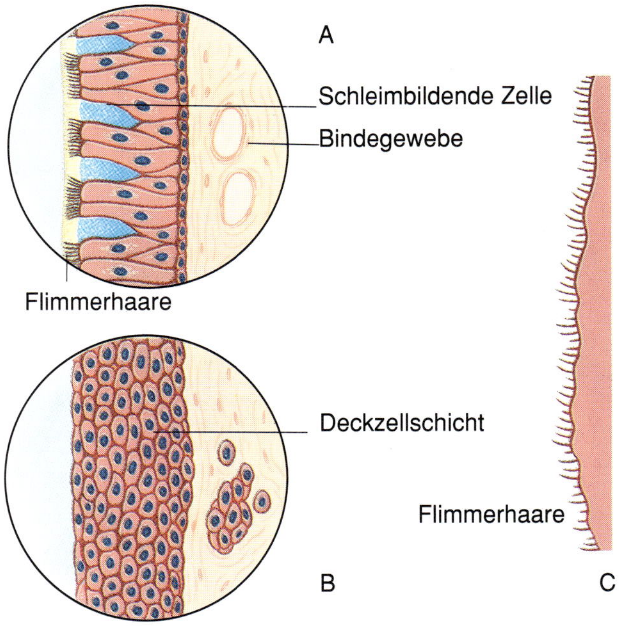

***Unzählige Flimmerhaare** schlagen wie vom Wasser bewegte Seegrashalme (oben links) im gleichen Rhythmus, um den Schleim und darin gefangene Staubpartikel und Bazillen aus den Atemwegen zu entfernen. Die Haare, Kinozilien, sitzen auf Schleimhautzellen (A), die die Luftwege auskleiden; ihr Wellenschlag hält den Schleim im Fluß. (C) Längeres Zigarettenrauchen lähmt die Flimmerhärchen und zerstört sie (B), so daß der Raucher regelmäßig husten muß, um den sich ansammelnden Schleim auszuwerfen.*

***Eine mit dem Computer** verarbeitete Röntgenaufnahme der Lungen (rechts), bei der Flächen unterschiedlicher Dichte in verschiedene sog. Falschfarben umgesetzt werden, enthüllt spannende Details des lebenden Gewebes. Diese Technik ist ein unschätzbares Hilfsmittel bei der Aufdeckung von Krankheiten.*

Rebenform hängen; jede Bronchiole endet in einer Traube von Alveolen. Die Bedeutung dieser Konstruktion liegt in der Vergrößerung der Oberfläche (Diffusionsfläche), von der die Menge des Gasaustauschs und damit die Effizienz der Organfunktion abhängt. Beide Lungen zusammen besitzen etwa 500 Millionen Alveolen mit einer Gesamtoberfläche von ca. 80 Quadratmetern, der Größe eines Tennisplatzes.

Der Stamm der Lungenschlagadern (Truncus pulmonalis), der sauerstoffarmes Blut aus dem rechten Herzen antransportiert, teilt sich in die beiden Äste auf, eine Arteria pulmonalis für jede Lunge. Diese wiederum verästelt und verzweigt sich innerhalb der Lunge ganz ähnlich wie das Bronchialsystem. Die Schlagadern begleiten die Bronchien und bilden schließlich um jede Alveole ein Netz feinster Haargefäße (Lungenkapillaren). Die Gefäße werden ständig von Blut durchströmt; das System gleicht einem flüssigen Förderband, von dem Kohlendioxid abgeladen und im Austausch Sauerstoff aufgeladen wird. Der Lungenkreislauf enthält zwischen 10 und 20 Prozent des gesamten Blutvolumens, also etwa einen halben bis einen Liter.

Der Sauerstoff wird durch Diffusion aus dem Luftbläschen der Lunge in die benachbarte Kapillare transportiert. Die Menge des diffundierenden Gases hängt dabei nicht nur von seinem Konzentrationsunterschied (Konzentrationsgradient) zwischen Alveole und Kapillare und der erwähnten Diffusionsfläche der Alveolen ab, sondern auch von der Diffusionsstrecke; die Dicke der Trennschicht zwischen Alveole und Kapillare spielt für die Lungenleistung eine wichtige Rolle. Diese sog. Blut-Luft-Schranke setzt sich aus den Wandzellen von Alveole und Kapillare sowie dem dazwischen liegenden Bindegewebe zusammen und beträgt normalerweise 0,3 bis 1,7 Mikrometer.

Im Blut der Lungenkapillare wird der Sauerstoff von den roten Blutkörperchen (Erythrozyten) aufgenommen und reist mit diesen in die Körpergewebe. Die Erythrozyten sind mit dem Blutfarbstoff Hämoglobin vollgepackt, der den größten Teil des Atemgases bindet und sich dabei in das hellrote Oxyhämoglobin umwandelt. Eine kleine Menge an Sauerstoff wird in der Blutflüssigkeit (Plasma) in physikalischer Lösung mitgenommen. Im Austausch gegen Sauerstoff

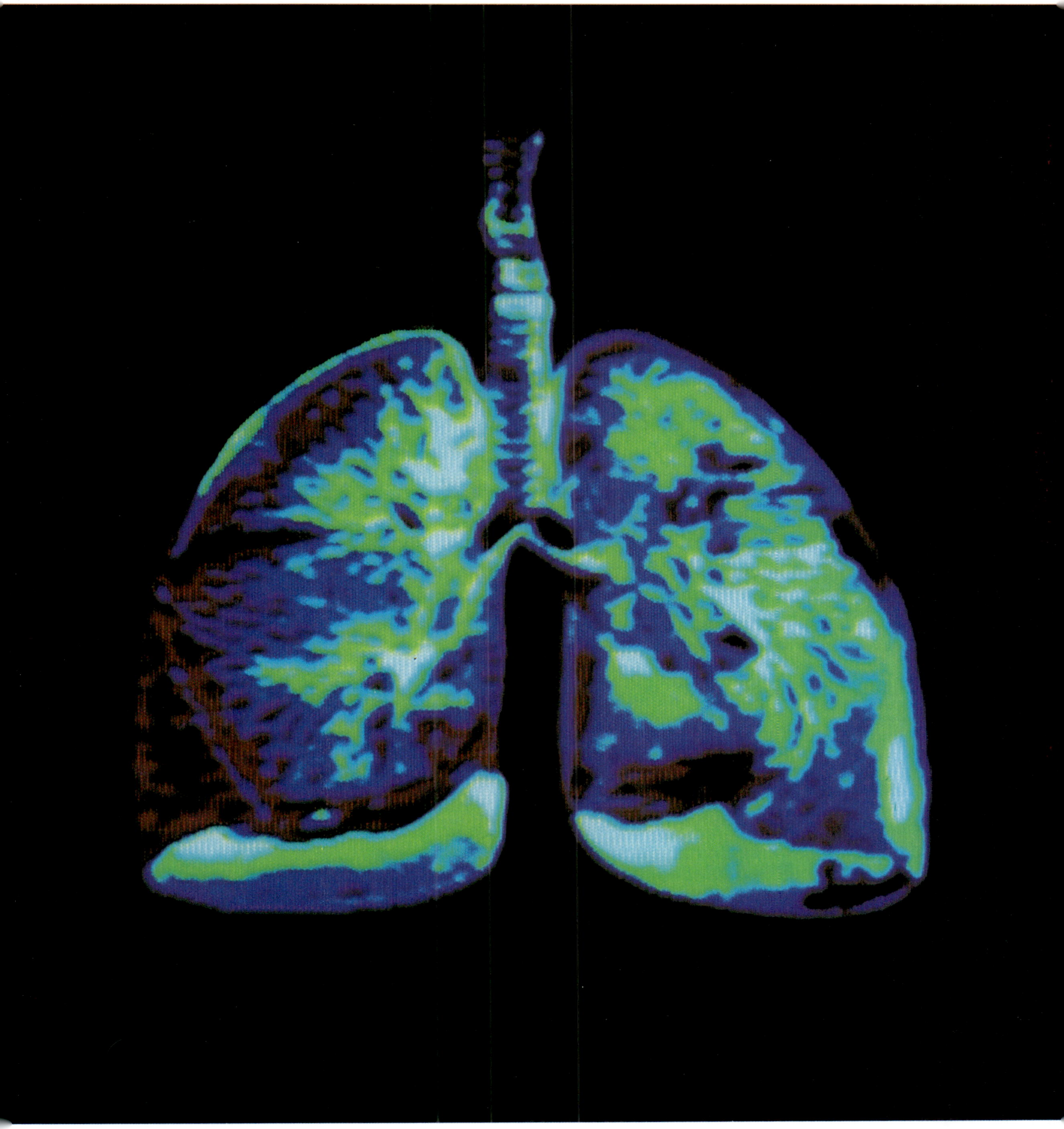

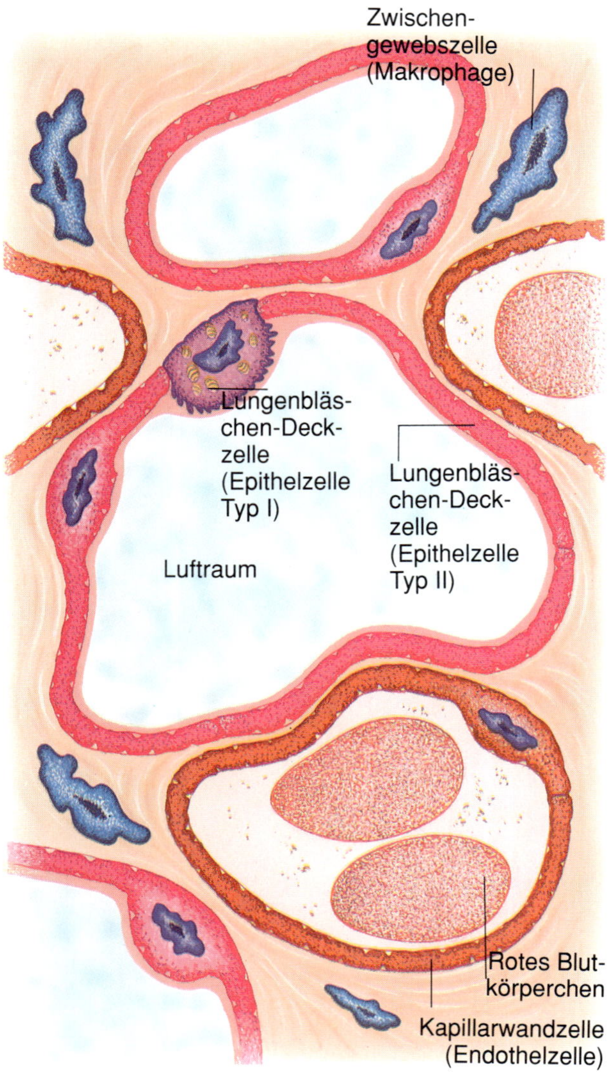

***Der Abstand** zwischen dem Luftraum der Lungenbläschen (Alveole) und den in den Lungenkapillaren befindlichen roten Blutkörperchen ist, wie diese Darstellung zeigt, sehr gering. Dies ist die Grundlage für den guten Gasaustausch in der Lunge. Der Farbstoff in den roten Blutkörperchen, Hämoglobin, bindet den Sauerstoff, der durch die Wände von Lungenbläschen und Kapillare ins Blut gedrungen ist. Im Austausch dazu wandert das Endprodukt des Zellstoffwechsels, Kohlendioxid, durch Kapillar- und Alveolenwand, um ausgeatmet zu werden.*

verläßt ein Teil des Kohlendioxids in der Lungenkapillare die Erythrozyten und diffundiert durch die Blut-Luft-Schranke in die Alveolen, von wo es mit der Atmung aus dem Körper befördert wird. Das desoxygenierte (venosierte) dunkelrot-blaue Blut der Lungenschlagadern wird in den Lungenkapillaren in das oxygenierte (arterialisierte) hellrote Blut umgewandelt, das in den Lungenvenen gesammelt wird und zum linken Herzen fließt.

Die Bedeutung des Surfactants

Das Surfactant ist eine von den Deckzellen der Lungenbläschen gebildete Mischung aus Eiweiß und Fett, dessen wichtigster Bestandteil das Dipalmitoyl-Lecithin ist. Der grenzflächenaktive Faktor verringert die Oberflächenspannung unserer Alveolen und unterstützt die Atmung zeit unseres Lebens. Wenn bei der Ausatmung die Alveolen kleiner werden, verdickt sich der Surfactant-Film an ihrer Oberfläche und verhindert, daß sie vollständig in sich zusammenfallen (kollabieren). Erweitern sich die Lungenbläschen bei der Einatmung, wird der Surfactant-Film dünner, aber auch die Tendenz des Kollabierens ist dann vermindert. Nehmen wir zum Vergleich einen Luftballon: Zu Beginn braucht man beim Aufblasen viel Kraft; ist der Ballon dann teilweise gedehnt, wird das Blasen leichter.

Das sog. Membransyndrom (Hyalin-Membrankrankheit; respiratorisches Distress-Syndrom) ist eine bei Risikokindern - hierzu zählen unreife Kinder mit mangelhaft entwickeltem Atemsystem und Neugeborene mit Sauerstoffmangel vor bzw. unter der Geburt - bis zum zweiten Lebenstag beobachtete Atemstörung. Aufgrund mangelnder Surfactant-Produktion kommt es zu Entfaltungsstörungen der Lungen und zur Bildung hyaliner Membranen. Führende Zeichen dieser Krankheit sind Atemnotanfälle und langsame Atmung mit graublauer Hautverfärbung sowie eine fortschreitende Verschlechterung des Allgemeinzustandes; die Krankheit führt sehr häufig (in 60 Prozent der Fälle) zum Tod durch Atemlähmung.

Wieviel und wie weit?

Für den Leistungssportler und den Lungenkranken, für den Trainer oder den Arzt sind objektive Prüfungen der Lungenfunktion von großer Bedeutung, liefern sie doch Auskunft darüber, wieviel unter Ruhebedingungen geatmet wird und wie weit die Atmung bei maximaler Anstrengung (Atemgrenzwert) zu steigern ist, und geben so wertvolle Einblicke in den Erfolg eines Trainings oder den Verlauf einer Lungenkrankheit. Die Messung verschiedener Atemgrößen wird als Spirometrie bezeichnet; das Spirometer ist ein Gerät, das in seiner einfachsten Form das Volumen der Ausatemluft an der Verdrängung von Wasser mißt und auf einem angeschlossenen Schreiber als Funktion der Zeit registriert. Mit aufwendigeren Meßeinrichtungen können auch die Volumina der Einatemluft und verschiedene andere Gaswerte kontrolliert werden.

Die Inspirationsluft kommt gewöhnlich aus unserer Atmosphäre und ist relativ konstant zusammengesetzt (alle Angaben in Prozent): Stickstoff 78,08; Sauerstoff 20,95; Argon 0,93; Kohlendioxid 0,03; der Rest verschiedene andere, in Spuren vorkommende Gase. Unter Ruhebedingungen liegt in der Ausatemluft der Sauerstoffgehalt bei etwa 17 Prozent, während Kohlendioxid auf annähernd 4 Prozent angestiegen ist. Bei einem Atemzugvolumen von einem halben Liter und einer Atemhäufigkeit (Atmungsfrequenz) von 14 Zügen pro Minute werden sieben Liter Luft in der Minute (Atemzeitvolumen) ein- und wieder ausgeatmet. In dieser Zeit werden vom Körper 280 Milliliter Sauerstoff aufgenommen und 230 Milliliter Kohlendioxid abgegeben.

Bei normaler Einatmung (Inspiration) befinden sich in der Lunge eines gesunden jüngeren Erwachsenen etwa sechs Liter Luft (Totalkapazität). Dieses Volumen setzt sich aus vier Komponeneten zusammen: Das Residualvolumen (ca. 1,2 Liter) ist die Menge Luft, die selbst bei maximal möglicher Ausatmung (Exspiration) noch in den Lungen bleibt. (A) Am Residualvolumen beteiligen sich die Luftmengen in den oberen und unteren Atemwegen (das sog. Totraumvolumen; ca. 0,15 Liter) und in den Alveolen. (B) Das exspiratorische Reservevolumen (ca. 1,1 Liter) ist die Luftmenge, die nach normaler Exspiration noch zusätzlich ausgeatmet werden kann. (C) Das Atemzugvolumen (ca. 0,5 Liter) ist die Menge Luft, die bei normaler In- oder Exspiration bewegt wird. (D) Das inspiratorische Reservevolumen (ca. 3,2 Liter) ist die Luftmenge, die nach normaler Inspiration noch zusätzlich eingeatmet werden kann.

Das Residualvolumen ist unter normalen Verhältnissen kaum beeinflußbar; die Bestimmungen von exspiratorischem und inspiratorischem Reservevolumen sowie des Atemzugvolumens - zusammen-

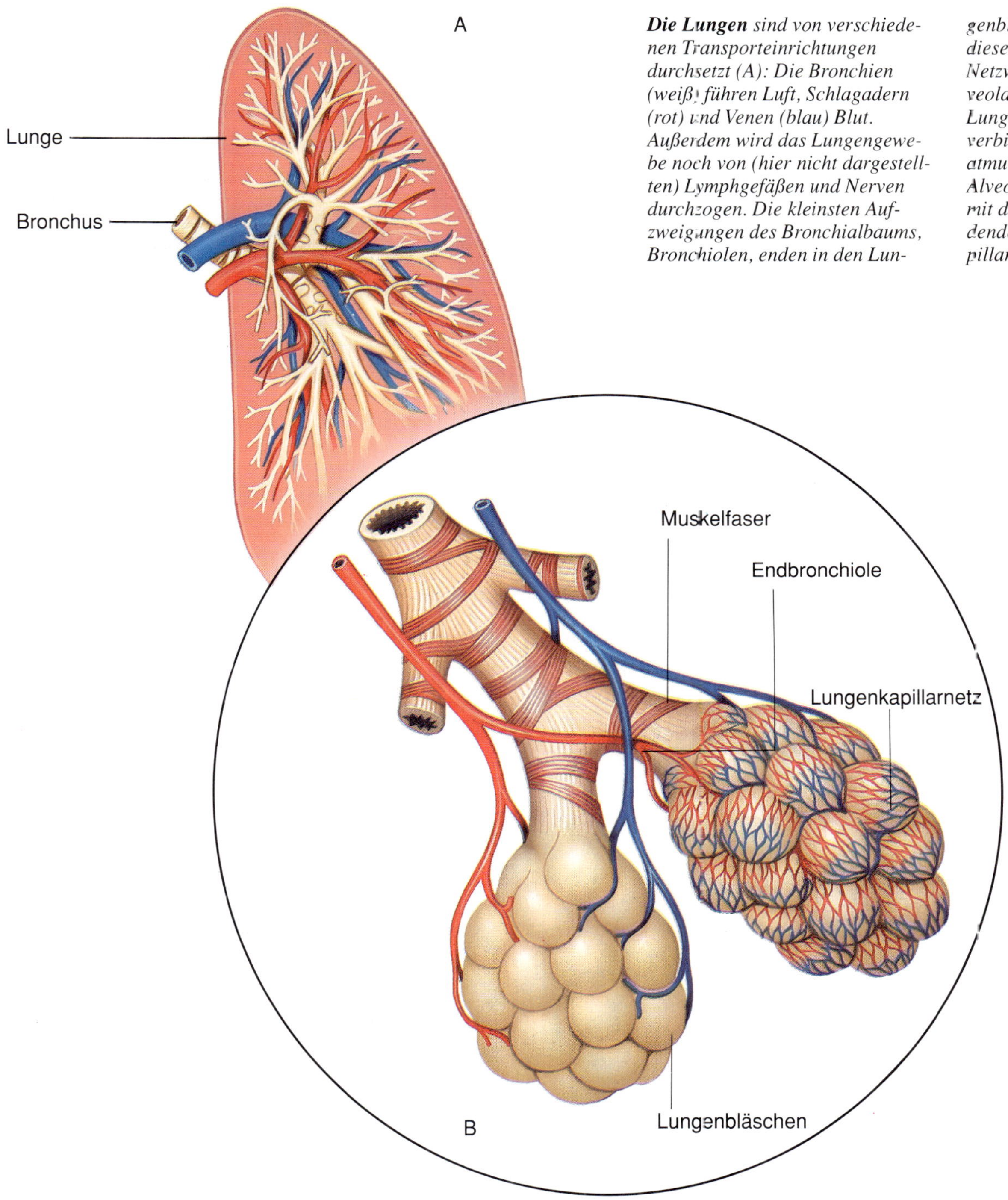

***Die Lungen** sind von verschiedenen Transporteinrichtungen durchsetzt (A): Die Bronchien (weiß) führen Luft, Schlagadern (rot) und Venen (blau) Blut. Außerdem wird das Lungengewebe noch von (hier nicht dargestellten) Lymphgefäßen und Nerven durchzogen. Die kleinsten Aufzweigungen des Bronchialbaums, Bronchiolen, enden in den Lungenbläschen, Alveolen (B). Jedes dieser Bläschen ist von einem Netzwerk von Haargefäßen, Alveolarkapillaren, umgeben, das Lungenschlagadern und -venen verbindet. Der Sauerstoff der Einatmungsluft diffundiert von den Alveolen zu den Kapillaren, das mit der Ausatemluft auszuscheidende Kohlendioxid von den Kapillaren zu den Alveolen.*

***Lungenfunktionstests** ermitteln die Atemleistung der Lungen. Dabei wird der auf einem Fahrradergometer sitzende Patient über einen Atemschlauch mit einem Analysator verbunden. Zentralgerät der Meßeinrichtung ist ein Spirometer, mit dem man die ein- und ausgeatmeten Gasvolumina bestimmen kann.*

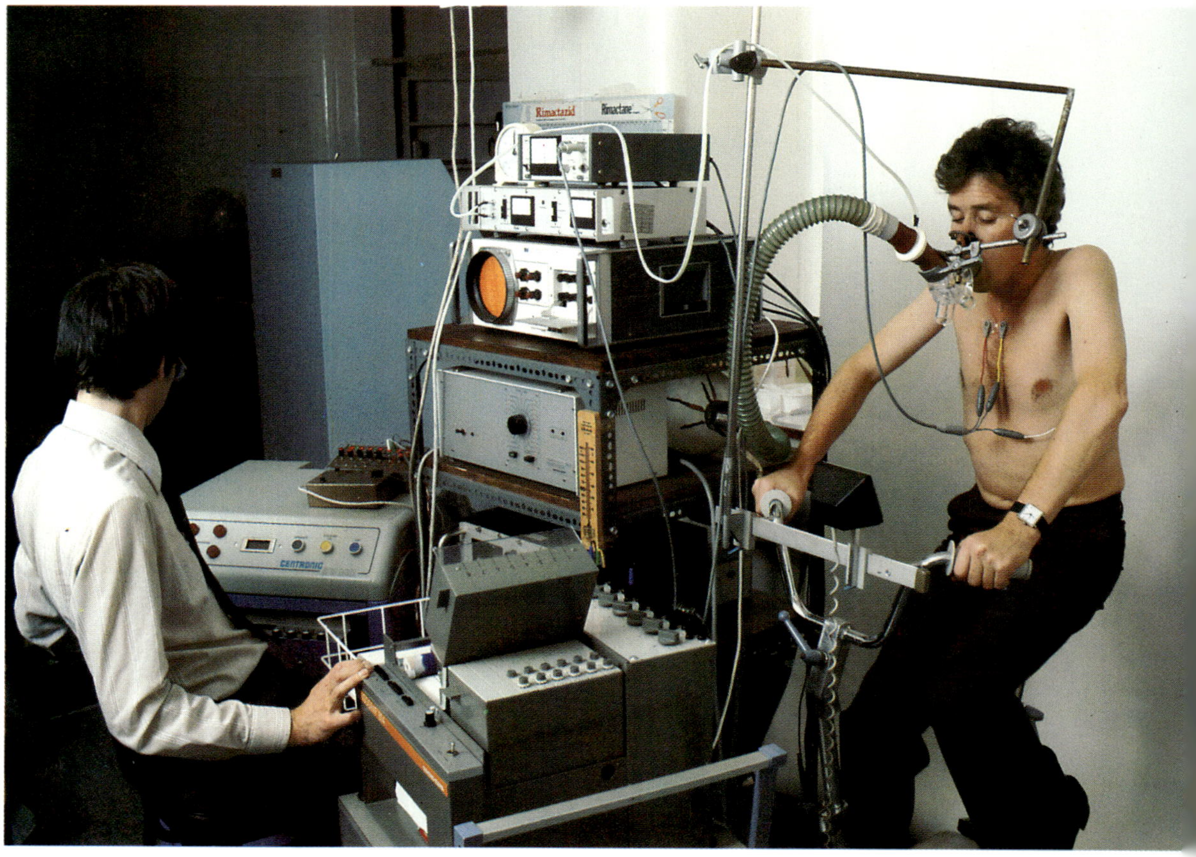

gezählt die sog. Vitalkapazität (ca. 4,8 Liter) - liefern manchmal wertvolle Hinweise; bei einer Gruppe von Atemsystemerkrankungen, den restriktiven Lungenkrankheiten, ist die Vitalkapazität vermindert.

Der Reiz zur Atmung

Menschen, die eine Atemnot bis zum Erstickungsanfall durchlebt haben, beschreiben, wie alles überwältigend das Bedürfnis nach einem Atemzug werden kann. Dieser unwiderstehliche Drang kommt aus der Tiefe des "primitiven", entwicklungsgeschichtlich ältesten Hirnabschnitts, der Medulla oblongata des Hirnstamms, und überlagert jeden anderen Gedanken. Er rührt jedoch nicht, wie man meinen möchte, daher, daß der Körper Luft oder Sauerstoff braucht; das verzweifelte Schnappen nach Luft verfolgt zu allererst den Zweck, Kohlendioxid loszuwerden.

Die Atemzentren im Gehirn reagieren bei der Steuerung der Atmung in erster Linie auf Kohlendioxid. Chemosensible Zellen des Hirnstamms (Chemorezeptoren) messen den Gehalt dieses Gases in der Flüssigkeit, die als Liquor cerebrospinalis Gehirn und Rückenmark umgibt und im steten Austausch mit dem Blut steht. Registrieren sie einen Anstieg des Kohlendioxids, sendet der Hirnstamm erregende Impulse über das Rückenmark zu den Inspirationsmuskeln. Diese Rückkopplung (positiver Feedback) bewirkt, daß durch Vertiefung der Atmung solange Kohlensäure ausgeschieden wird, bis sich die Gaskonzentration im Blut und Liquor wieder normalisiert hat. Weitere Kohlendioxid-empfindliche Rezeptoren finden sich am Bo-

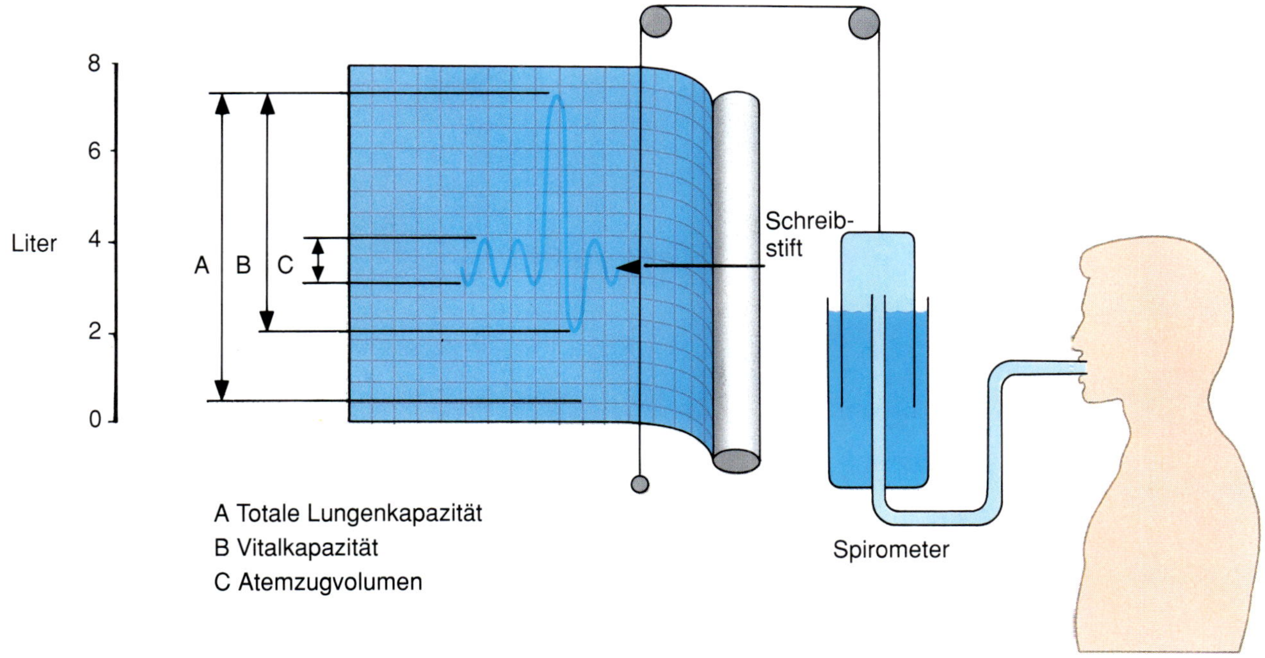

Mit der Spirometrie werden die Atemvolumina ermittelt. Die vereinfachte Darstellung zeigt, daß der Patient in eine Glocke atmet, die in einem mit Wasser gefüllten Behälter hängt. Ihr Gewicht ist mit einem Gegengewicht ausbalanciert. Jede Glockenbewegung wird über einen Schreibstift auf einem gleichmäßig transportierten Papier registriert. Bei jeder Einatmung taucht die Glocke entsprechend dem entnommenen Volumen ein (Aufwärtskurve), bei der Ausatmung hebt sie sich (Abwärtskurve). So können Atemzugvolumen und Vitalkapazität gemessen werden.

gen der Hauptschlagader und in Nähe der Halsschlagader. In Nachbarschaft verschiedener Schlagadern lassen sich aber auch Chemorezeptoren nachweisen, die den Gewebsgehalt von Sauerstoff erfassen; fällt dieser ab, erhöhen Impulse dieser Fühler die Aktivität der Atemzentren - in diesem Fall also ein negatives Feedback, das jedoch nicht so effektiv ist.

Fehlerhafte Rohrverlegung
Mühevolle Atmung (Dyspnoe) und eine verminderte Sauerstoffversorgung des Gewebes (Hypoxie), scheinbar durch Störungen des Atemsystems hervorgerufen, können in Wirklichkeit durch einen Fehler im Kreislaufsystem bedingt sein. Bei Kleinkindern mit bestimmten angeborenen Herzfehlern kann eine beträchtliche Menge Blut durch Kurzschlußverbindungen (Shunts) im Herzen und Gefäßveränderungen an der Lunge vorbeigeleitet werden. Die häufigsten dieser Störungen mit einem sog. Rechts-Links-Shunt sind die Fallot-Tetralogie (Pulmonalverengung, Ventrikelseptumdefekt, überreitende Hauptschlagader, Rechtsherzvergrößerung) und die Transposition der großen Gefäße (Anomalie mit Umlagerung von Haupt- und Lungenschlagader). Kinder mit solchen Herzfehlern werden oft als blue Babys bezeichnet, weil ihre Hautfarbe wegen des in ihr zirkulierenden Mischblutes mit hohem venösem Anteil dunkelblau (zyanotisch) erscheint. Solche embryonal entstehenden Fehler bei der Rohrverlegung sind heute meist durch operative Eingriffe korrigierbar.

Kampffeld Lunge

Das respiratorische System ist aufgrund seines Kontaktes mit der Außenluft den Angriffen zahlreicher in der Luft befindlicher Keime ausgesetzt. Fast jeder Mensch hat schon an Erkältung oder Grippe gelitten; Bakterien und Viren sind in der Regel auch verantwortlich für die Halsentzündung (Pharyngitis) und all die anderen "-itiden" des Mund-Rachenraums, die uns so häufig plagen.

Die Lungenentzündung (Pneumonie) war früher eine tödlich verlaufende Krankheit und gefährdet heute noch ältere und geschwächte Menschen. Sie kann durch drei verschiedene Erreger verursacht werden: Bakterien, Viren und Mykoplasmen.

Bei bakterieller Infektion kommt es zu einer Flüssigkeitsansammlung in den Lungenbläschen und einer Invasion von weißen Blutzellen (Leukozyten). Der entzündete Lungenbereich "läuft voll Wasser" und wird kompakter; auf der Röntgenaufnahme imponiert er als großflächige Verschattung. Die Patienten haben gewöhnlich Fieber,

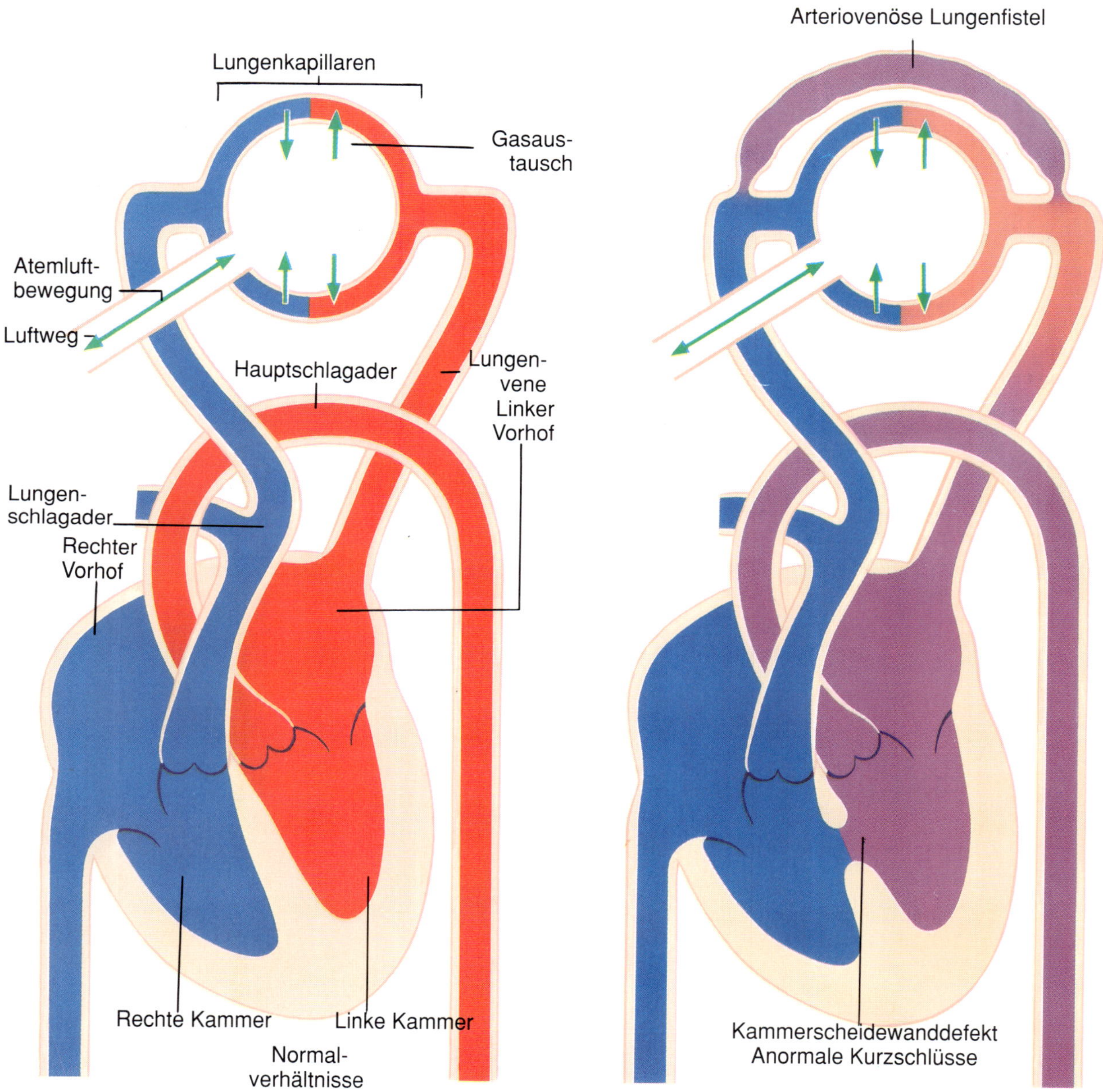

Kurzschlüsse (Shunts) *im Lungenkreislauf verhindern eine ausreichende Sauerstoffbeladung (Oxygenierung) des Blutes. Im normalen Kreislauf (links) sind sauerstoffreiches (rot) und sauerstoffarmes Blut (blau) vollständig voneinander getrennt. Bei einem Kurzschluß (z.B. Fistel zwischen Lungenschlagader und -vene, Herzscheidewanddefekt; rechts) vermischen sich beide, so daß der Sauerstoffgehalt und damit der Nutzen des arteriellen Blutes abnimmt.*

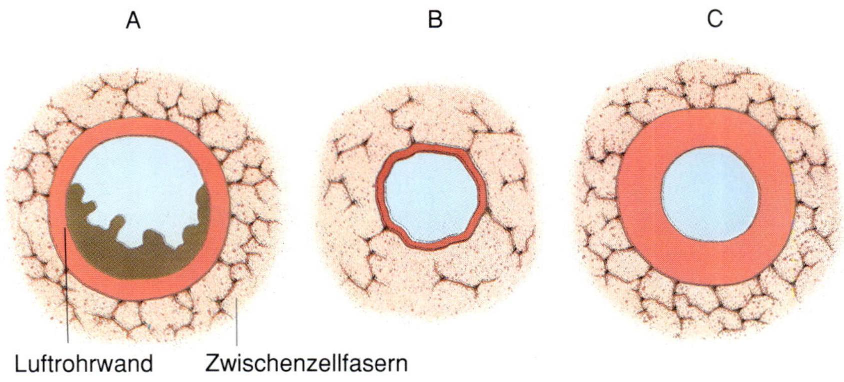

***Eine krankhafte Verlegung** der Luftwege (obstruktive Störung) kann drei Gründe haben: übermäßig gebildeter Schleim (A), Abnahme der Zugkraft des umgebenden Bindegewebes (B) oder abnorme Rohrwandverdickung (C). In jedem Fall ist der Luftstrom durch die Atemwege eingeschränkt, die Atemleistung verschlechtert.*

Husten mit Auswurf, Schüttelfrost und Brustschmerzen. Sind größere Lungenpartien betroffen, treten Störungen des Gasaustauschs in Erscheinung. Die Legionärskrankheit ist eine solche bakterielle Pneumonie, durch Legionella pneumophila hervorgerufen. Sie trat erstmals im Sommer 1976 bei amerikanischen Kriegsveteranen auf, die an einem Treffen in Philadelphia teilnahmen, und besaß eine hohe Sterblichkeitsrate; sie kann heute mit antibiotischen Medikamenten behandelt werden.

Viren sind für etwa die Hälfte aller Pneumonien verantwortlich. Die Symptome ähneln denen einer Grippe: Kopfschmerzen, Fieber, Muskel- und Gelenkschmerzen, Schnupfen, Husten und Halsentzündung. Eine gezielte Behandlung gibt es nicht; viel Ruhe und Flüssigkeit sowie Acetylsalizylsäure (Aspirin®) gegen Fieber und Schmerzen helfen dem Körper bei der Überwindung des Infekts.

Mykoplasmen gelten in der Mikrobiologie als Hybride, sie rangieren zwischen Bakterien und Viren. Sie lösen, häufig bei jungen Erwachsenen auftretend, ein eher mildes Krankheitsbild aus; im Vordergrund steht ein lästiger, rauher Stakkatohusten. Auf der röntgenologischen Lungenaufnahme ist gewöhnlich eine fleckige Verschattung zu erkennen.

Eine weitere Lungeninfektion ist die Tuberkulose oder Tbc, einst weltweit führende Todesursache, die oft mit einer kurzen Pneumonie-ähnlichen Reaktion beginnt. Ihr Erreger, das Mycobacterium tuberculosis, bildet in der Lunge Kavernen, die narbig ausheilen können. Vom Primärherd ist aber auch eine Ausbreitung über den ganzen Körper möglich, manchmal erst viele Jahre nach der Erstinfektion und durch eine Körperschwäche begünstigt. Die Tbc kann heute mit sog. Antituberkulotika erfolgreich behandelt werden und tritt immer noch in Regionen von Armut, mangelnder Hygiene und schlechter medizinischer Versorgung auf.

Lungenfunktionsstörungen

Auch bei den Erkrankungen der Lunge hat es sich als sinnvoll erwiesen, in erster Linie eine Einteilung nach der Art der Funktionsstörung und nicht nach ihren Ursachen vorzunehmen. Häufig ist das erste und hervorstechendste Zeichen der Lungenfunktionsstörung die Atemnot (Dyspnoe), subjektiv vom Patienten als Lufthunger und Beklemmung empfunden. Ursachen einer Dyspnoe können auch Störungen des Herz-Kreislaufsystems oder Faktoren außerhalb des Brustkorbs (z.B. die Atemzentren, Fieber oder Schilddrüsenüberfunktion) sein. Bei gestörter Lungenfunktion liegen prinzipiell zwei Mechanismen zugrunde: Verlegung der Atemwege (obstruktive Insuffizienz) oder Verminderung der gasaustauschenden Oberfläche (restriktive Insuffizienz). Obstruktive Atemstörungen treten auf bei Anhäufung von Schleim in den Luftwegen (chronische Bronchitis), Abbau des Stützgewebes um die Bronchiolen mit Elastizitätsverlust (Lungenemphysem), Verdickung der Bronchienwände (Staublunge) oder krampfartigen Kontraktionen der glatten Ringmuskulatur in den Bronchiolenwänden (Asthma bronchiale).

Restriktive Atemstörungen werden bei Erkrankungen des Lungengewebes, plötzlicher Eröffnung des Brustfellspaltraums und Krankheiten der Brustwand und Atemmuskulatur beobachtet. Neben einer Pneumonie kann auch eine krankhafte Veränderung des Lungenbindegewebes (z.B. bei Sarkoidosen oder Asbestosen) zur Verminderung der gasaustauschenden Lungenoberfläche führen; die Lungen verlieren ihre Elastizität oder Compliance, werden steif und sind nicht mehr vollständig aufblähbar. Paradoxerweise sind die Atemwege oft, obwohl nicht selbst beteiligt, erweitert.

Auch eine Verletzung des Brustkorbs mit Eröffnung des Spaltraums zwischen den beiden Pleurablättern resultiert in einer Einschränkung der Atemfläche. Dringt in den Spalt Luft ein, lösen sich Rippen- und Brustfell voneinander, die Elastizität ihres Bindegewebes läßt die Lunge hilumwärts zusammenschnurren (Lungenkollaps infolge Pneumothorax). Bei jeder Einatmung wird mehr Luft in den Brustkorb gesogen, bis schließlich die Organe des Brustmittelraumes und die intakte Lunge zur Seite verdrängt werden. Sofortige Hilfe ist notwendig, um einerseits weitere Luftvermehrung und damit ernsthafte Organstörungen zu verhindern, um andererseits die eingedrungene Luft aus dem Thorax wieder zu entfernen.

Rauchen besiegt die Selbstreinigung der Lunge

Das Rauchen hat seinen früheren Nimbus verloren und wird heute mehr und mehr als gesundheitsschädigend erkannt: für den Raucher ist es der Selbstmord auf Raten, für die Umwelt eine Verschmutzungsquelle und eine nicht unbeträchtliche Gefahr für die Gesundheit der Mitraucher. Rauchen schadet Magen, Herz, Gallenblase und verschiedenen anderen Körperorganen. Seine Wirkung auf das Atemsystem ist jedoch unmittelbarer und zerstörerischer. Im Tabakrauch befinden sich die toxischen Substanzen Kohlenmonoxid, Nikotin und Teer, die mit jedem Zug inhaliert werden. Sie zerstören unzählige der feinen Flimmerhärchen auf den Deckzellen der Atemwegsschleimhaut und verhindern damit die natürliche Selbstreinigung des Bronchialsystems. Der typische Raucherhusten dient dazu, den sich nun anhäufenden Schleim mit den eingeatmeten Keimen

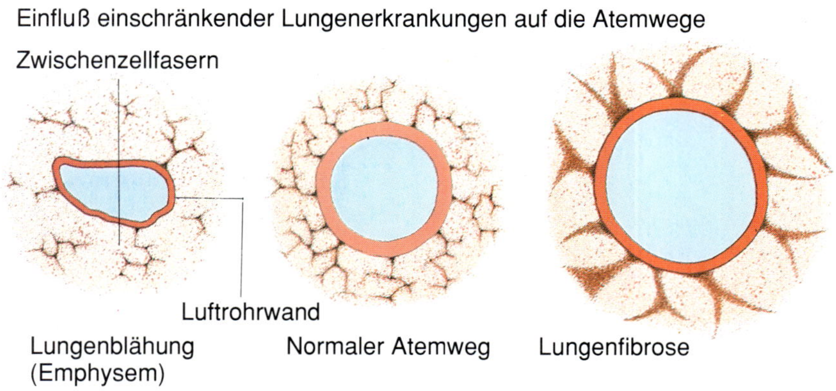

Einschränkende (restriktive) Atemwegserkrankungen stören durch Rohrkaliberveränderungen den Luftstrom zu den Lungen. Bei der Lungenblähung, Emphysem, werden die umgebenden Bindegewebsfasern zerstört und deren radialer Zug vermindert; das Luftrohr klappt zusammen, es kollabiert. Im Gegensatz dazu nimmt bei einer Bindegewebsvermehrung, Lungenfibrose, der Faserzug zu und erweitert die Atemwege (in der Mitte zum Vergleich die Normalsituation).

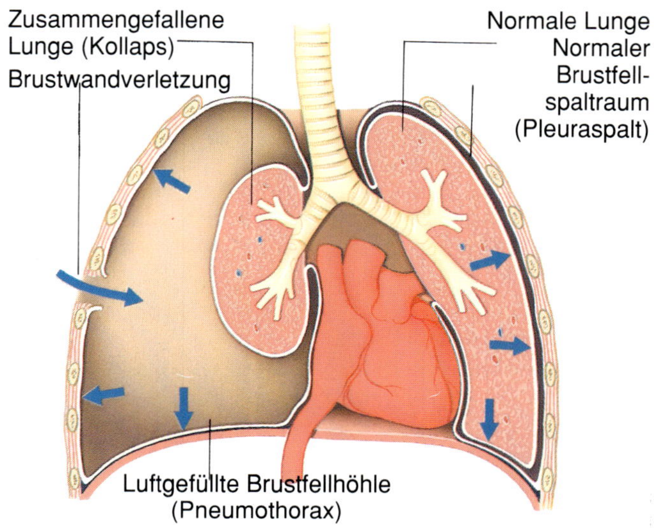

***Der Pneumothorax** ist gewöhnlich Folge einer offenen Brustwandverletzung. Ist das Rippenfell mit eröffnet, strömt bei jeder Einatmung Luft in den Brustfellraum, während sich die Lunge aufgrund ihrer Elastizität zu ihrer "Aufhängungsstelle", dem Lungenstiel, zurückzieht. Bei der Ausatmung wird nur wenig Luft durch das Brustwandloch wieder herausgepreßt. Die Nothilfe besteht in einem luftdichten Verschluß der Wunde, bis das Opfer im Krankenhaus behandelt werden kann und die Lunge sich wieder mit Luft füllt.*

und den abgeschilferten Zellen auszuwerfen. Chronische Inhalation von Zigarettenrauch bewirkt vermehrte Schleimproduktion, größere Infektanfälligkeit, zunehmende Verlegung der Bronchien und eine Erschwerung des Gasaustausches. Rauchen ist die wichtigste Ursache für chronische Bronchialentzündungen und Lungenblähung (Emphysem). Auch der Zusammenhang zwischen dem Zigarettenkonsum und der Entstehung von Lungenkrebs kann ernsthaft nicht mehr bestritten werden.

Asthma und die Luftwege

Asthma ist eine typische Anfallskrankheit, bei der die Bronchiolen durch Kontraktion ihrer glatten Ringmuskulatur verengt werden. Die Verlegung der Atemwege wird gefördert durch eine Anschwellung ihrer Schleimhaut und vermehrte Schleimproduktion. Die typischen Zeichen eines Asthmaanfalls sind gespanntes, keuchendes Atmen, manchmal begleitet von Atemnot und Husten. Das kindliche Asthma bessert sich in der Regel hinsichtlich dieser Symptome während der Pubertät.

Häufigste Ursache ist eine allergische Reaktion der Bronchialschleimhaut; die allergisierenden Substanzen (Allergene) sind Pollen, bestimmte Nahrungsmittel oder -zusätze, Hausstaub, Milben, Tierfell oder Federn. Asthma tritt im Gefolge von Entzündungen oder schwerer Körperarbeit, bei besonders kalter Atemluft, Einnahme bestimmter Medikamente oder Gefühlserregung auf. Ein wichtiger Bestandteil der Asthmatherapie ist die Erkennung der Ursachen und ihre Ausschaltung. Die Hauptstütze der medikamentösen An-

***Der Rauch einer Zigarette** verschmutzt die Atemluft; auch der Mitraucher wird geschädigt. Dieses Antiraucher-Poster der Amerikanischen Krebsgesellschaft weist auf solche Gefahren hin.*

SMOKING
POLLUTES
YOU AND
EVERYTHING
ELSE
American Cancer Society

__Ein gesunder Bronchus__ besitzt einen freien Luftweg, der mit Schleim-bildenden und Flimmerhärchen-tragenden Zellen austapeziert ist. Eine Atemwegsverengung mit Abnahme des Luftstroms kann durch krampfartige Kontraktionen der Ringmuskeln in der Bronchuswand hervorgerufen werden. Aber auch krankhaft gesteigerte Schleimbildung, die die Abräumfähigkeit der Flimmerhaarzellen übersteigt, kann Ursache der Atemwegsverlegung sein.

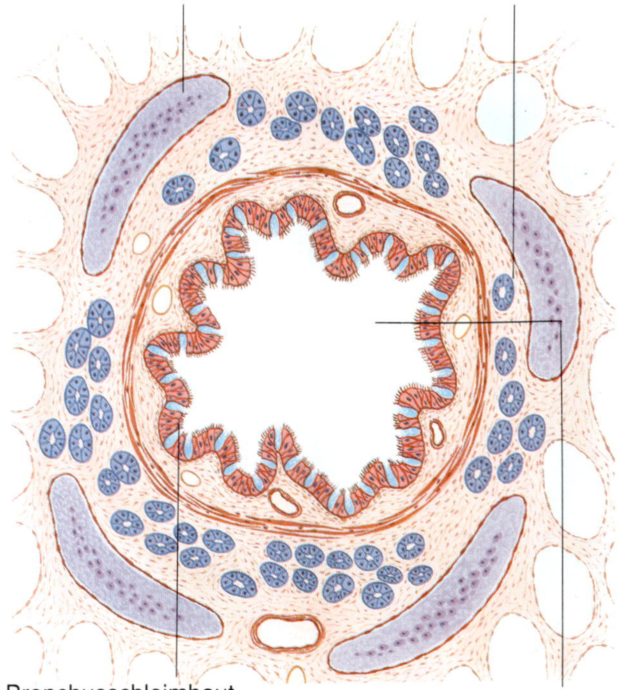

fallsbehandlung sind bronchialerweiternde Substanzen, welche die Muskelkrämpfe aufheben und den Schleim verflüssigen. Sie werden üblicherweise als Sprühnebel inhaliert, um möglichst schnell und nahe an den Ort des Geschehens gebracht zu werden.

Die Technologie gewinnt an Einfluß

Lange Zeit wurde das Atemsystem dazu benutzt, schmerzlindernde und betäubende Mittel in den Körper einzubringen. Wells demonstrierte 1844 in den USA, daß sich nach Einatmung von Lachgas Zähne ohne Schmerzen ziehen ließen. Einige Jahre später wurden auch Äther und Chloroform als Inhalationsnarkosemittel in der ärztlichen Praxis verwendet - die moderne Chirurgie nahm ihren Einzug.

In den späten dreißiger Jahren des vergangenen Jahrhunderts empfahl die Royal Humane Society in London bei Atemstillstand eine rhythmische Kompression der Brustwand - erste Empfehlungen für eine künstliche Beatmung. Ende der fünfziger Jahre dieses Jahrhunderts wurde die Mund-zu-Mund-Beatmung als viel wirkungsvoller propagiert; mit beiden Methoden sind unzählige Menschenleben gerettet worden. Heute sind Beatmungsgeräte (manuelle Apparate, druck-, volumen- oder zeitgesteuerte Ventilatoren) aus dem klinischen Alltag nicht mehr wegzudenken.

Technische Einrichtungen wurden für operative Eingriffe am geöffneten Herzen entwickelt, um die Funktion von Herz und Lungen zeitweilig zu simulieren. Die erste dieser sog. Herz-Lungenmaschinen wurde 1951 erfolgreich eingesetzt und ist seither immer weiter verbessert worden. Dabei wird Blut aus den großen Hohlvenen des Körpers über Schläuche zu einem Oxygenator (den Platz der Lungen einnehmend) geleitet und dann von einer Roller- oder peristaltischen Pumpe (mit Herzfunktion) in die Hauptschlagader befördert.

Die Energie für die körperliche Arbeit wird normalerweise aus dem aeroben Stoffwechsel gewonnen, der inneren aeroben Atmung. Dabei wird ein Molekül der energiereichen Glukose in der Zelle über verschiedene biochemische Prozesse umgewandelt, um 36 Moleküle von Adenosintriphosphat (ATP) zu liefern. ATP ist der bedeutsamste Energiespeicher des Organismus und wird unter anderem dazu benutzt, intrazelluläre Reaktionen zu betreiben. Bei Arbeit fordert der Körper viel an Energie, das Atemsystem muß reichlich Sauerstoff herbeischaffen. Wenn die Arbeit beendet ist, normalisiert sich auch die Atmung wieder.

Bei kurzdauernden, viel Energie verlangenden Körpertätigkeiten kann auch auf anaerobem (sauerstofffreiem) Wege Energie beschafft werden. Durch andere biochemische Schritte werden jetzt pro Glukosemolekül nur zwei ATP-Moleküle erzeugt. Zudem fällt als Endprodukt dieser Reaktion Milchsäure an, die mit steigender Konzentration den Stoffwechsel zunehmend hemmt. Am Ende der Körperbelastung bleibt die Atemtätigkeit erhöht, um Sauerstoff heranzuschaffen, der für die Entfernung (Verstoffwechselung) der Milchsäure benötigt wird. Während der anaeroben Arbeit wird also eine "Sauerstoffschuld" eingegangen, die durch eine auch nach der Belastung anhaltende Atemtätigkeit beglichen wird.

Hieraus können wir etwas für unsere Gesundheit und körperliche Fitneß lernen. Sportarten, bei denen der aerobe Stoffwechsel für die Energiebereitstellung sorgt, wie Langlauf oder -schwimmen sind gesünder für uns als kurzdauernde Höchstleistungen mit anaerober Energieproduktion. Regelmäßiges, nicht übertriebenes Training läßt die Lungen kontinuierlich tiefer atmen und das Herz fester schlagen, um die Sauerstoffversorgung der Muskulatur sicherzustellen. Unser Atemsystem ist dazu gebaut, gelegentlich auch größere Anforderun-

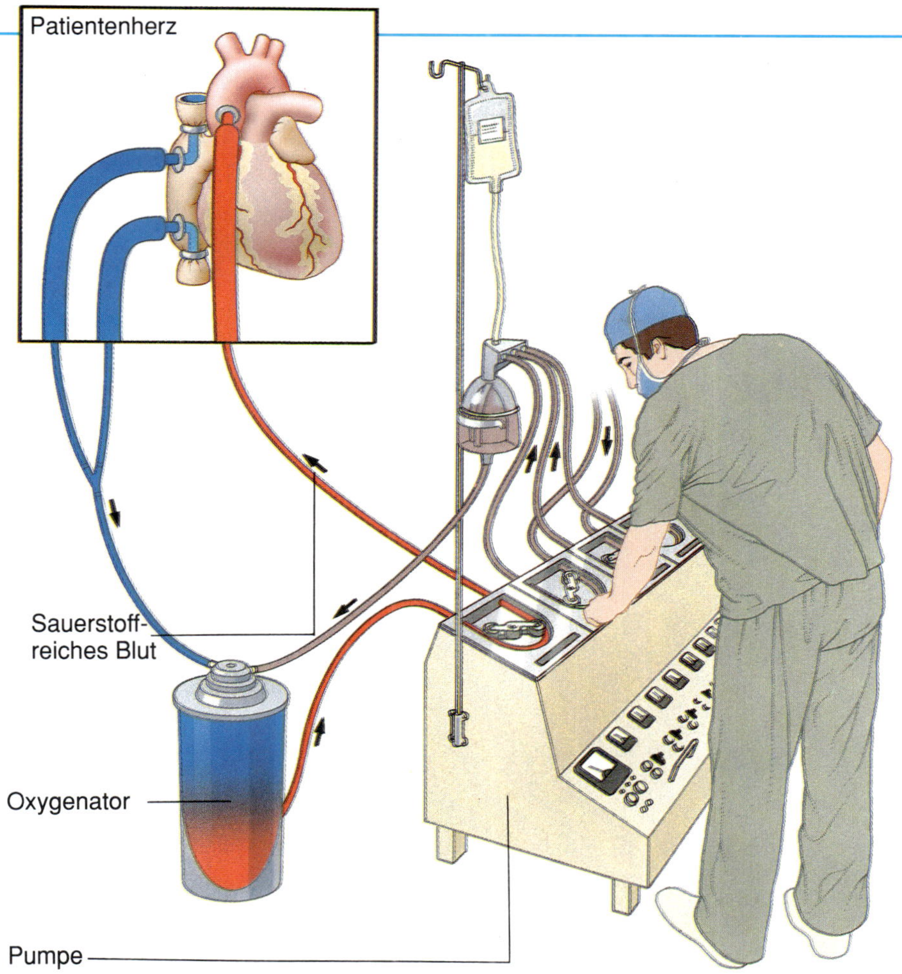

__Eine Herz-Lungenmaschine__ übernimmt die Pumpentätigkeit des Herzens und die Atemfunktion der Lungen. Sauerstoffarmes Blut aus den Hohlvenen, den größten herzzuführenden Blutgefäßen, wird zu einem Oxygenator geleitet. Dort wird das venöse Blut mit Sauerstoff versetzt und in die Hauptschlagader, das größte herzverlassende Blutgefäß zurückgepumpt. So gelangt das sauerstoffreiche Blut wieder in den Körperkreislauf. Mit Hilfe von Nebenpumpen können dem zirkulierenden Blut Plasma oder andere Flüssigkeiten zugefügt werden. Operationen am offenen Herzen (unten) waren vor der Entwicklung einer einigermaßen kleinen und zuverlässigen Herz-Lungenmaschine nicht möglich.

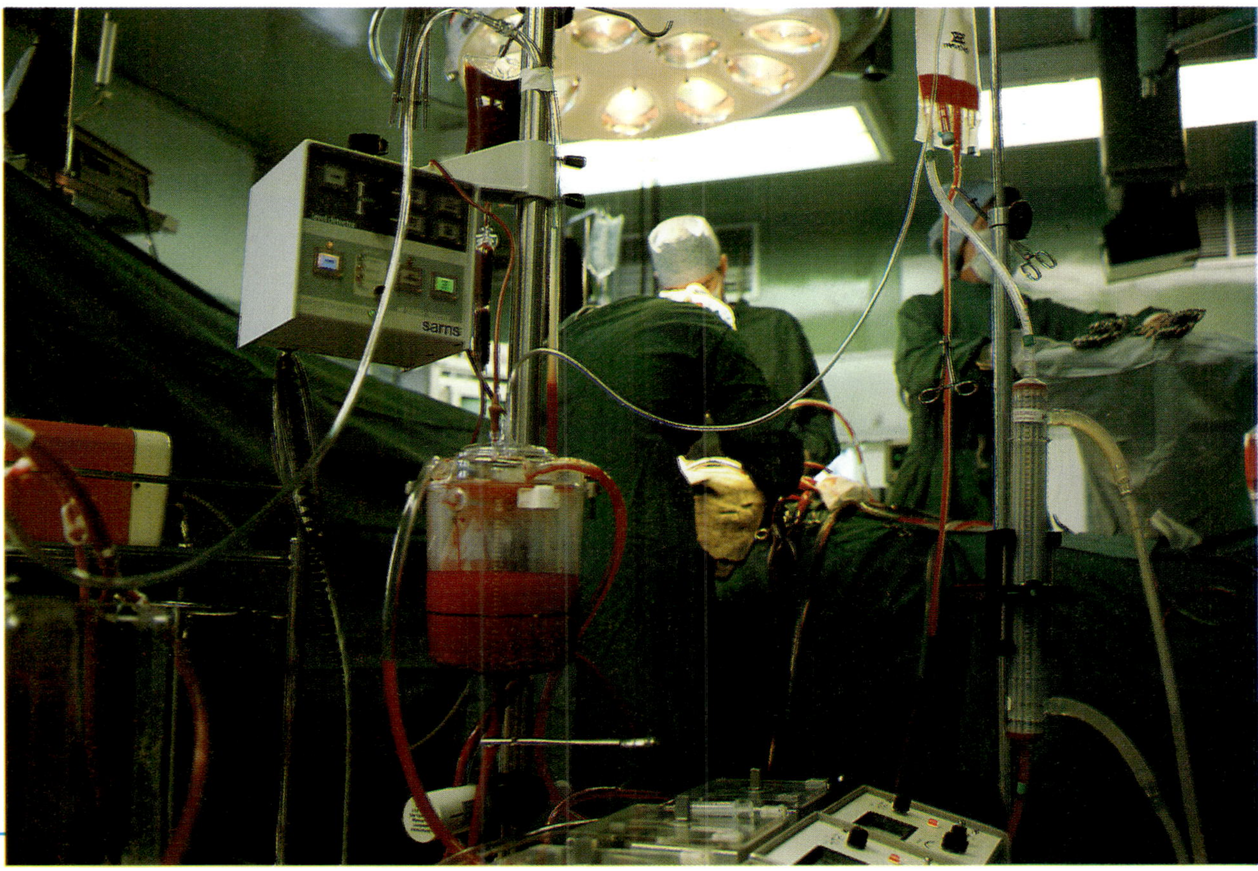

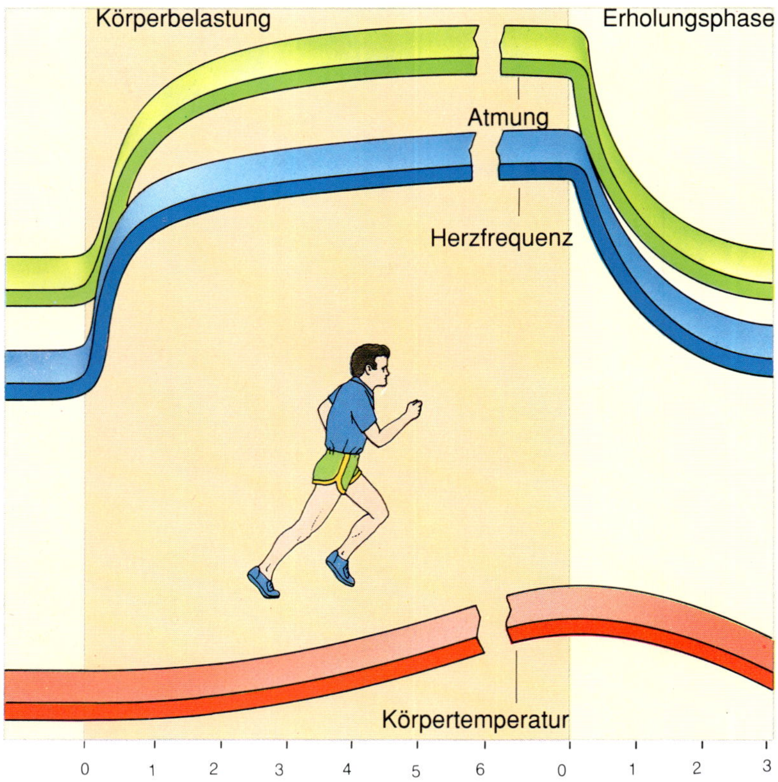

***Bei stärkerer Körperbeanspruchung** benötigen die Muskeln mehr Sauerstoff, der von den Lungen über das Blut angeliefert werden muß. Zu Beginn der Belastung steigen Atmungs- und Herzfrequenz rasch an. Beide pendeln sich schließlich auf einen gleichbleibenden Wert ein, während die langsamer ansteigende Körpertemperatur einen Höchstwert erreicht. Am Belastungsende fallen Atem- und Herzfrequenz schnell, die Temperatur langsamer ab. Bei kurzdauernder Höchstleistung (100 m-Lauf; rechts) reicht die Zeit für die Lungen nicht, den Sauerstoffmehrbedarf zu liefern. Die benötigte Energie wird im Körper anaerob (ohne Sauerstoff) bereitgestellt, der Sprinter atmet während seines Laufs u.U. überhaupt nicht. Danach muß der Atemrückstand wieder aufgeholt, die eingegangene Sauerstoffschuld beglichen werden.*

gen zu meistern. Seine einzige Aufgabe kann es nicht sein, einem Körper zu dienen, der nur wenige Schritte vom und zum Auto tun muß und sich dabei auch noch von schädlichem Tabakqualm überschütten läßt.

In die falsche Kehle

Jeder von uns hat sich schon einmal verschluckt, während des Essens oder Trinkens geredet und dabei etwas vom Nahrungsbrei in die "falsche Kehle" bekommen. Hier soll eine natürliche Schutzeinrichtung die Gefahr des Erstickens bannen: Bei Kontakt eines Fremdkörpers mit der Schleimhaut der Atemwege wird ein Hustenreflex ausgelöst, der häufig bereits zur Entfernung des Fremdkörpers führt. Ist dieser jedoch zu groß und bleibt stecken, läuft das Opfer sehr schnell im Gesicht blau an (verminderter Sauerstoffgehalt des Blutes) und verliert alsbald das Bewußtsein. Ein Kleinkind sollte man in diesem Moment sofort an den Beinen aufheben und ihm einige feste Klapse zwischen die Schulterblätter versetzen; ältere Kinder kann man dabei mit dem Gesicht nach unten über die Knie legen. Beim Erwachsenen im Schock besteht die beste Akuthilfe im Heimlich-Handgriff: Man stellt sich hinter das Opfer und schlingt die Arme in Nabelhöhe um dessen Körper. Die eine Hand wird zur Faust geballt, von der anderen umgriffen und rasch brustkorbwärts gezogen, wodurch ein kräftiges Aushusten provoziert wird.

Tiefes Atmen

Die menschlichen Lungen haben sich den Verhältnissen in unserer Atmosphäre angepaßt und arbeiten optimal bei den Gasdrücken unserer Umgebung. In großen Höhen ist der atmosphärische Druck niedriger; Bergsteiger ohne Atemgerät können sehr schnell in Atemnot geraten; in höchsten Höhen ist eine zusätzliche Sauerstoffzufuhr notwendig.

Unter Wasser sind die Verhältnisse in gewisser Beziehung umgekehrt. Mit zunehmender Tiefe steigt der Druck an, alle zehn Meter um eine Atmosphäre. Schon in einer Tiefe von 70 Zentimetern ist der Druck auf den Brustkorb des Tauchers zu groß, um ihn Luft von der Oberfläche atmen zu lassen; der Schnorchel ist nur bis zu einer Länge von maximal 50 Zentimetern sinnvoll. Für größere Tiefen ist eine spezielle Tauchausrüstung notwendig, entweder ein geschlossener Taucheranzug oder ein Gastank mit Mundstück.

Die Taucherkrankheit

Wir atmen die Luft wegen ihres Sauerstoffgehaltes, sie besteht aber überwiegend aus (dem inerten Gas) Stickstoff. Atmet ein Taucher das Gasgemisch unter dem hohen Druck, der bei Tiefen unter 35 Metern herrscht, dringt auch Stickstoff über die Lungenbläschen ein und löst sich in Blut und Gewebe. Bei zu schnellem Auftauchen entbindet sich der Stickstoff unter Bildung von Gasblasen in den Körperflüssigkeiten und dem Gewebe und ruft die sog. Caisson-Krankheit mit Hautveränderungen, Störungen von Atem- und Nervensystem hervor. Durch langsames Auftauchen oder die Benutzung eines Atemgasgemisches aus Sauerstoff und Helium kann die Krankheit verhindert werden; das letztere ist jedoch schädlich für die Stimmlippen.

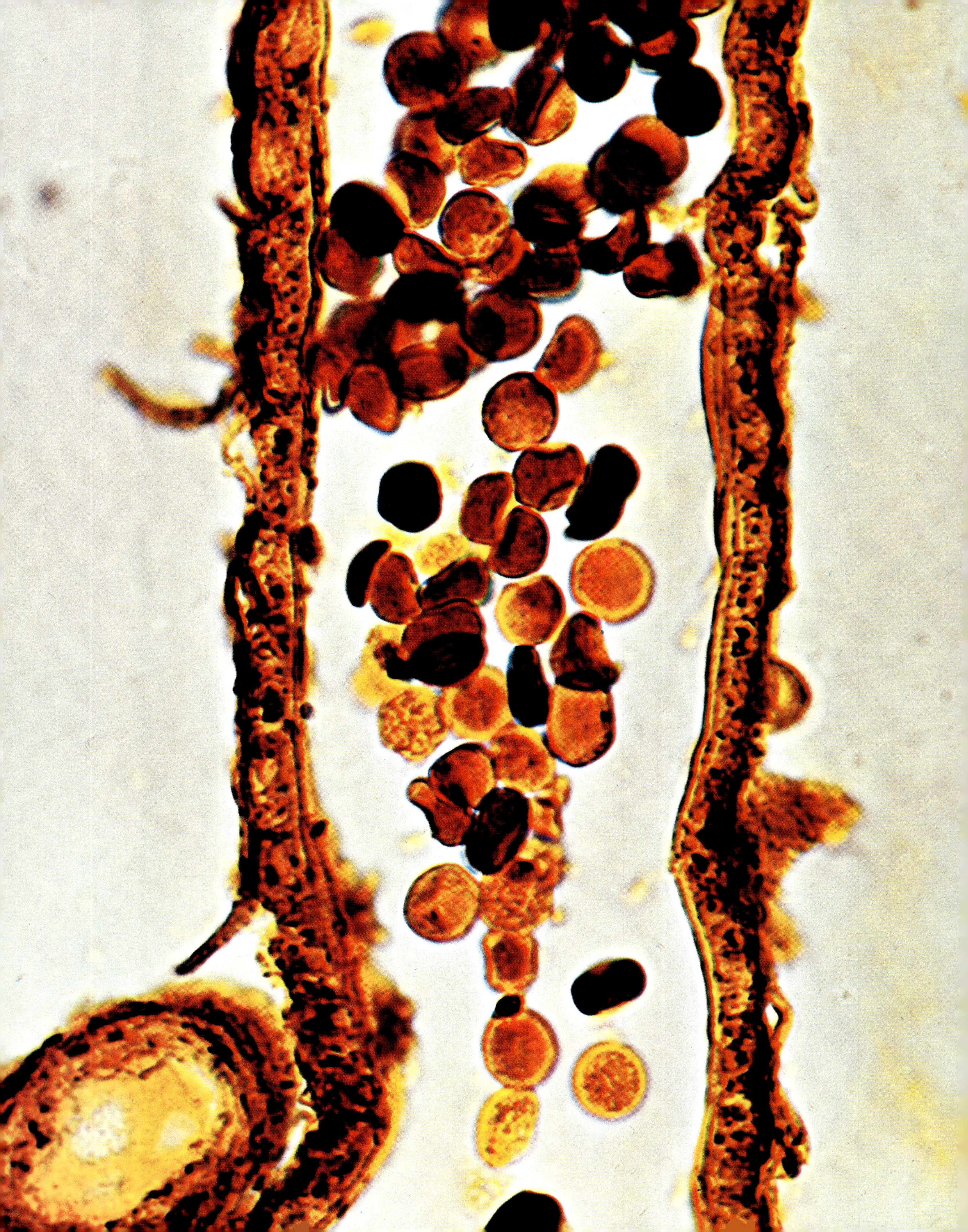

Kapitel 7

Das Blut

"Blut ist ein ganz besonderer Saft", sagt Mephisto zu Faust. Die enorme Vielfalt dessen, was hinter diesem Spruch steht, kann Goethe nur erahnt haben, und auch wir sind noch weit davon entfernt, das Besondere dieses Safts vollständig zu erfassen. Ganz allgemein können wir feststellen, daß Blut der Erfüllungsgehilfe des Kreislaufs ist. Und der hat die Aufgabe, jede Zelle mit Brennstoffen aus der Nahrung, mit Sauerstoff, Vitaminen, Hormonen und Wärme zu versorgen und Stoffwechselendprodukte sowie Wärme von jeder Zelle wieder abzuführen.

Dazu befindet es sich in einem steten Fluß, strömt aber keinem bestimmten Sammelpunkt entgegen, sondern verbleibt in einer endlosen Schleife, dem Kreislauf. Das Ende des Blutstroms ist gleichzeitig das Ende unseres Lebens.

Ein umgekehrter Fluß

Die Pumpe für die Blutströmung ist das Herz, seine Bahnen - ein System aus Röhren unterschiedlichen Kalibers - sind die Blutgefäße. Diejenigen, die das Blut vom Herzen abtransportieren, heißen Schlagadern (Arterien). Ein Chirurg muß mit ihrem Verlauf genauso vertraut sein wie mit seinem Weg zur Arbeit. Das Blut wird oft mit einem Fluß verglichen, der die Organe beliefert. Während der Fluß jedoch als Rinnsal entsteht und durch Vereinigung mit Nebenflüssen wächst, verhalten sich die Arterien, die die Organversorgung wahrnehmen, eher umgekehrt. Sie verzweigen sich in ihrem Verlauf und werden immer kleiner.

Die Arterien besitzen eine relativ dicke Wand mit viel elastischem Bindegewebe, das mit glatten Muskelzellen durchsetzt ist. Ihre Elastizität nimmt den enormen, rhythmisch wachsenden Anfangsdruck, der vom Herzen ausgeht, auf und wandelt ihn so um, daß in den kleineren Arterien und Kapillaren ein langsamer, gleichmäßiger Strom stattfindet. Die über die Arterien ablaufende Druckwelle ist am Handgelenk als Pulsschlag fühlbar.

Die Muskelzellen in der Arterienwand werden vom Nervensystem kontrolliert. Ziehen sie sich zusammen, wird der Durchmesser der Arterien kleiner, so daß weniger Blut hindurchfließen kann. Hierin liegt eine Kontrollfunktion für die Blutversorgung bestimmter Bereiche. Wenn man schneller läuft, erhöht sich die Blutzufuhr zu den Beinmuskeln. Nach einer Mahlzeit erhält der Verdauungstrakt größere Blutmengen. Bei Kälte verengen sich die Arterien der Haut, so daß weniger Wärme nach außen abgegeben wird.

Die Transportbahnen

Arterien teilen sich auf in Arteriolen und diese wiederum verzweigen sich zu Kapillaren. In diesen kleinsten, überall im Gewebe vorkommenden Blutgefäßen findet der Stoffaustausch mit den Zellen statt. Nahrungsstoffe werden zugeführt, Zellstoffwechsel-Schlacken abtransportiert. Die sehr dünnen Kapillarwände sind für den Durchtritt der meisten Stoffe kein großes Hindernis.

Nach den Kapillaren lassen sich die Blutbahnen aber durchaus mit einem Fluß vergleichen. Sie gehen in Venolen über, die sich zu

Blut ist der Lebenssaft des Körpers, *der den energiespendenden Sauerstoff in all seine Gewebe trägt. In einer mikroskopischen Aufnahme eines kleinen Gehirnblutgefäßes (links) ist zu erkennen, wie die roten Blutkörperchen bei verlangsamter Strömung nur noch langsam umeinanderpurzeln. Aufgrund des einsetzenden Sauerstoffmangels wird das Hirngewebe seine Funktion bald einstellen und absterben.*

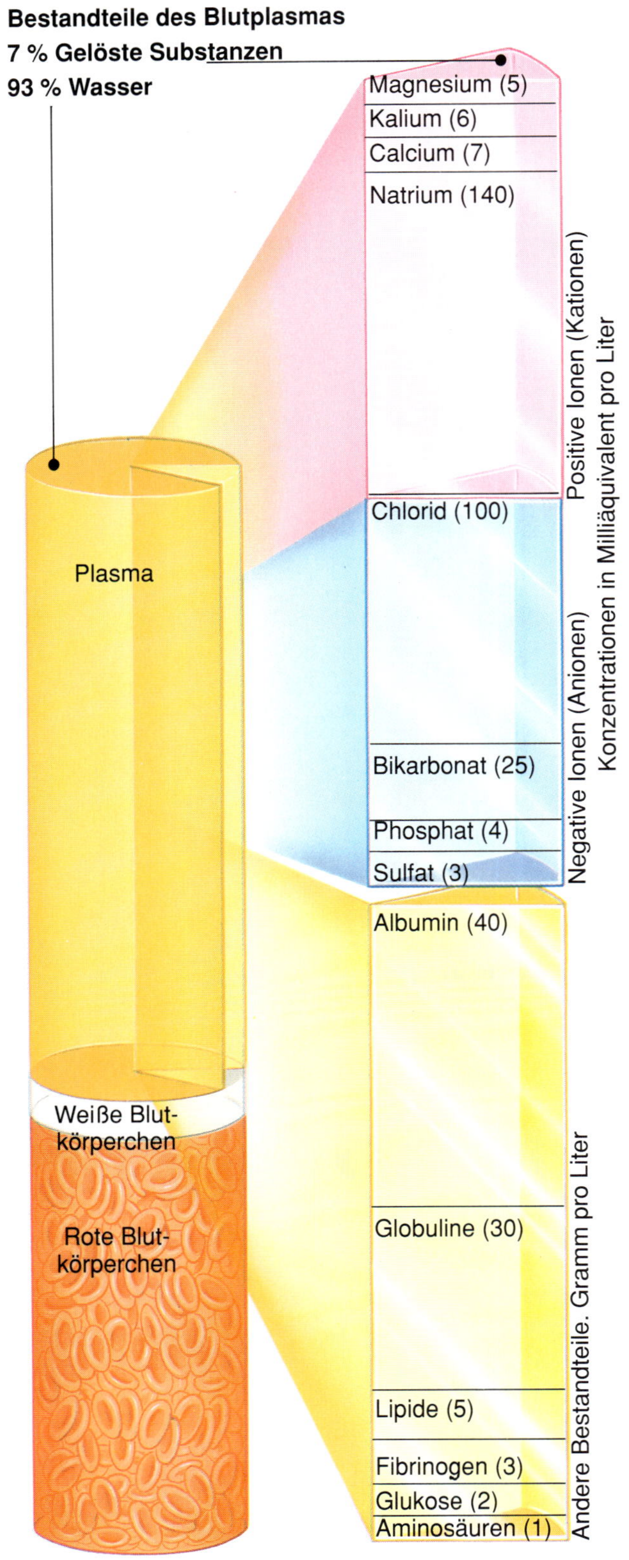

***Bei der Zentrifugation** trennt sich das Blut in drei Schichten (links): Plasma, weiße und rote Blutkörperchen. Das Plasma besteht hauptsächlich aus Wasser und enthält 7 % gelöste*

Festbestandteile, die sich aus anorganischen Salzen (positive und negative Ladungsträger) und organischen Substanzen (Eiweiße, Fette und Kohlenhydrate) zusammensetzen.

kleineren Venen, nach und nach zu großen Venen vereinigen, die das Blut schließlich dem Herzen wieder zuführen.

Die Venen unterscheiden sich deutlich von den Arterien: Ihre Wände sind dünner und weniger straff, der Druck in ihnen ist wesentlich geringer, das in ihnen enthaltene Blutvolumen jedoch erheblich größer als in den Arterien. Die Venen enthalten etwa 75 Prozent, die Arterien 20 Prozent und die Kapillaren 5 Prozent des Blutes. Es hat sich inzwischen von rot auf dunkelblau verfärbt, und seine Strömung ist verlangsamt.

Das Herz ist das Zentrum des Kreislauf-Systems; es füllt sich mit Blut und wirft es dann aus, einmal in jeder Sekunde, unser ganzes Leben lang. Es mag überraschen, daß das Herz zwar mit Blut gefüllt ist, jedoch eigene Blutgefäße benötigt. Diese Kranzschlagadern (Coronararterien) umziehen die Oberfläche wie eine Krone, teilen sich dabei auf und dringen in die Tiefe ein. Venen sammeln das Blut der Herzmuskelkapillaren wieder und leiten es über die Kranzvenen zurück. Dieser Kreislauf, der kürzeste im Organismus, umschließt sozusagen seinen eigenen Motor.

Befindet sich das Blut nach der Zirkulation durch den Körper wieder im rechten Herzen, wird es über Schlagadern zu den Lungen befördert, um hier Kohlendioxyd abzugeben und Sauerstoff aufzunehmen. Danach gelangt es erneut zum Herzen, diesmal in die linke Kammer. Damit ist der Kreislauf, dessen beide (parallelgeschalteten) Teile sich wie eine 8 verbinden, wobei der Schnittpunkt das Herz ist, wieder geschlossen.

Die Sauerstoffaufnahme

Leben ist abhängig von Energie, die der Körper durch Verbrennung von Nahrungsstoffen gewinnt; dazu benötigt er Sauerstoff. Für sein Wachstum und die Erneuerung seiner Gewebe braucht er Rohmaterialien, die er ebenfalls aus der Ernährung bezieht. Atem- und Verdauungssystem tragen Sorge für die Bereitstellung der Reaktionsprodukte. Im Körperinneren übernimmt dann das Blut den Transport und die Zustellung dieser Stoffe.

Die für die Sauerstoffaufnahme bereitstehende Oberfläche in den etwa 500 Millionen Luftbläschen der Lungen ist etwa 80 Quadratmeter groß; dem entspricht das Versorgungsfeld der Blutkapillaren, die die Alveolen netzartig umfassen. Die Dicke der Schicht zwischen Alveole und Kapillare liegt bei 0,3 bis 1,7 Mikrometern. Das Blut in der Kapillare ist also der Luft in der Alveole sehr nahe, der Sauerstoff braucht etwa eine Viertelsekunde für den Austausch.

Während dieser Zeit folgt das Gas einem einfachen physikalischen Gesetz: Gelöst im Flüssigkeitsüberzug der Alveole diffundiert es durch die Wand der Alveole in die Kapillare, vom Ort der hohen zum Ort der niedrigen Konzentration. Hier wandelt sich daraufhin die Farbe des Blutes von bleiern rot-blau zu karmesinrot.

Das Blut nimmt in der Lunge jedoch nicht nur Sauerstoff auf, sondern gibt gleichzeitig das Abfallprodukt des Zellstoffwechsels, Kohlendioxid, das es im Gewebe aufgenommen hatte, an die Alveolen ab, von wo dieses dann abgeatmet wird.

Zahlenspielereien

Nur eine kleine Menge des Sauerstoffs, etwa ein Prozent, ist im Blut gleichmäßig verteilt - in physikalischer Lösung. Der überwiegende Teil ist chemisch an einen Transporter, den roten Blutfarbstoff, gebunden. Dieses Hämoglobin ist ein großer Eiweißkomplex, der an Eisenatomen vier Sauerstoffmoleküle binden kann. Das Eisen des Hämoglobins wirkt wie ein Magnet: Es ist einerseits stark genug, den Sauerstoff aus den Alveolen an sich zu ziehen, andererseits aber wieder nicht so kräftig, um die Abgabe an das Gewebe zu verhindern. Nach Befreiung können die Eisenatome Kohlendioxid binden

__Das Blut__ jagt ständig durch die mehrere tausend Kilometer langen Blutgefäße des Körpers. In diesem Kreislaufsystem wird vom Herzen sauerstoffreiches Blut über die Schlagadern (rot) zu den Organen gepumpt. Gleichzeitig nehmen die Venen (blau) die Gewebsschlacken auf und bringen sie zum Herzen. Ein parallel geschalteter Kreislauf verbindet das Herz mit den Lungen, wo Kohlendioxid abgegeben und Sauerstoff aufgenommen wird.

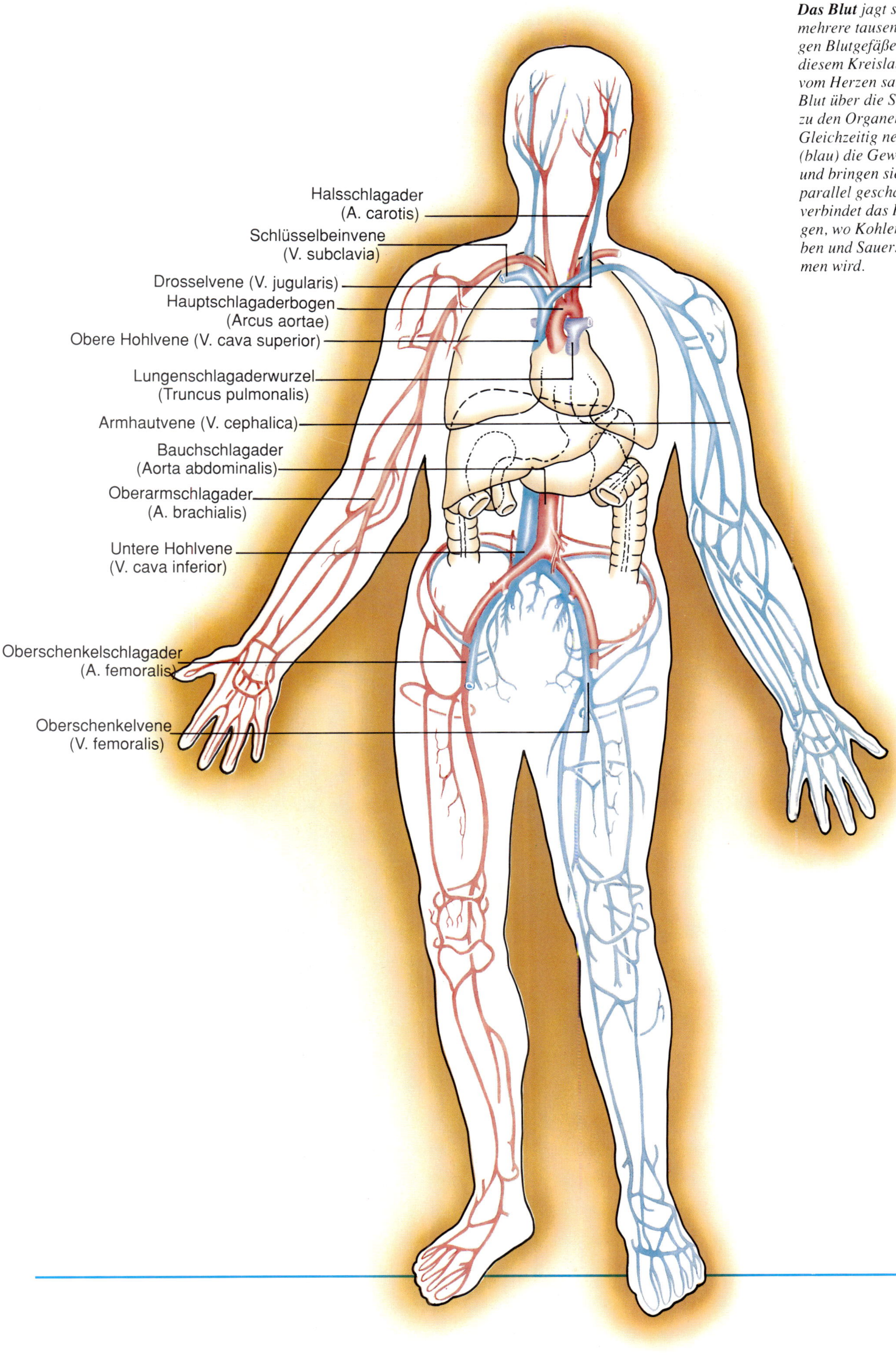

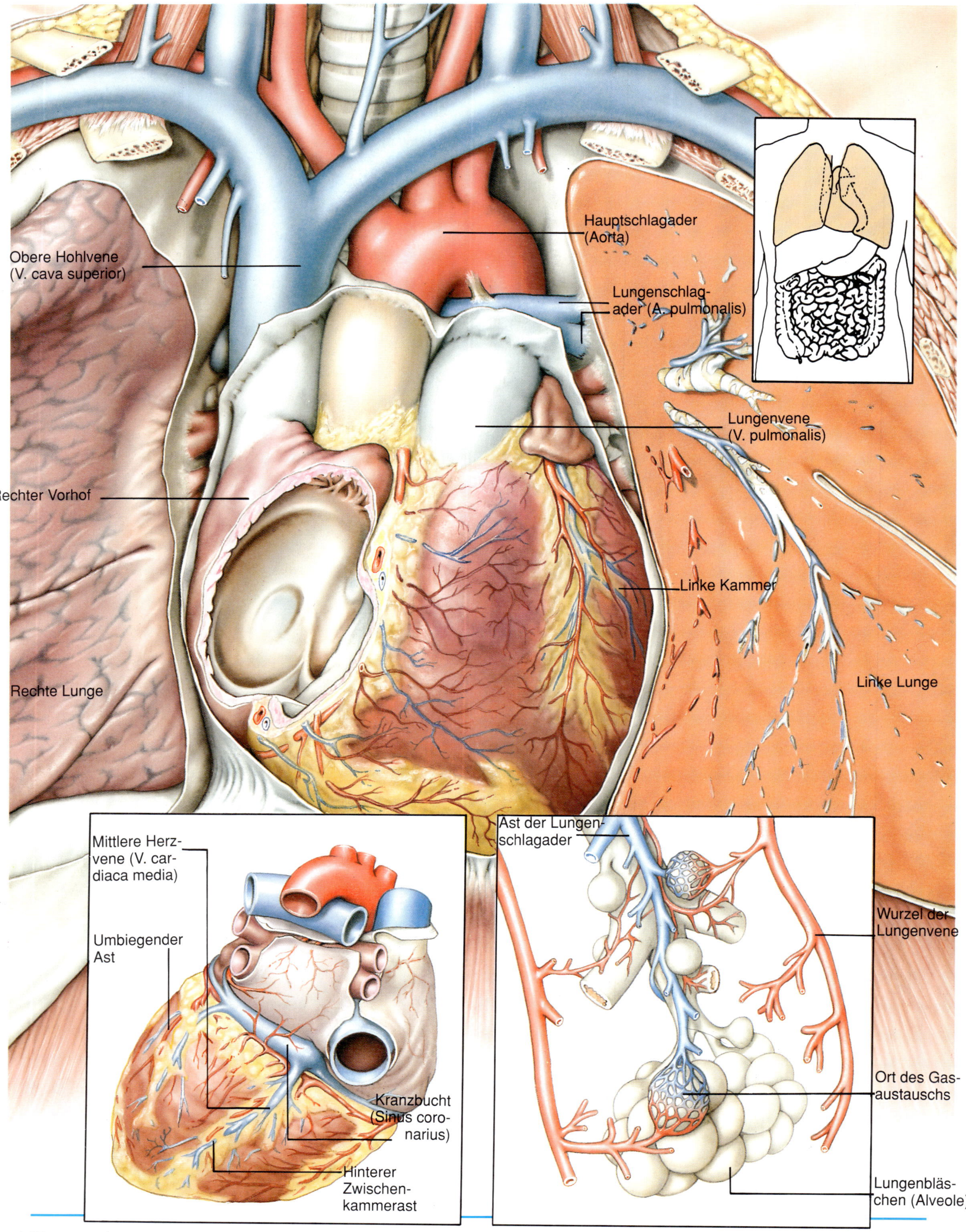
Hauptschlagader
(Aorta)
Obere Hohlvene
(V. cava superior)
Lungenschlag-
ader (A. pulmonalis)
Lungenvene
(V. pulmonalis)
Rechter Vorhof
Linke Kammer
Rechte Lunge
Linke Lunge
Mittlere Herz-
vene (V. car-
diaca media)
Umbiegender
Ast
Kranzbucht
(Sinus coro-
narius)
Hinterer
Zwischen-
kammerast
Ast der Lungen-
schlagader
Wurzel der
Lungenvene
Ort des Gas-
austauschs
Lungenbläs-
chen (Alveole)

***Herz und Lunge** (links) sowie die Verdauungs- und Ausscheidungsorgane (rechts) verfügen über wichtige Nebenkreisläufe. Das Herz hat eine eigene Blutversorgung; Lungenschlagadern und -venen begegnen sich in den Lungenkapillaren am Ort des Gasaustauschs. Das Pfortadersystem (lila) transportiert die Verdauungsstoffe zur Leber. Ausscheidungsprodukte gelangen mit den Schlagadern zu den Nieren, wo sie mit viel Wasser als Harn abgefiltert werden.*

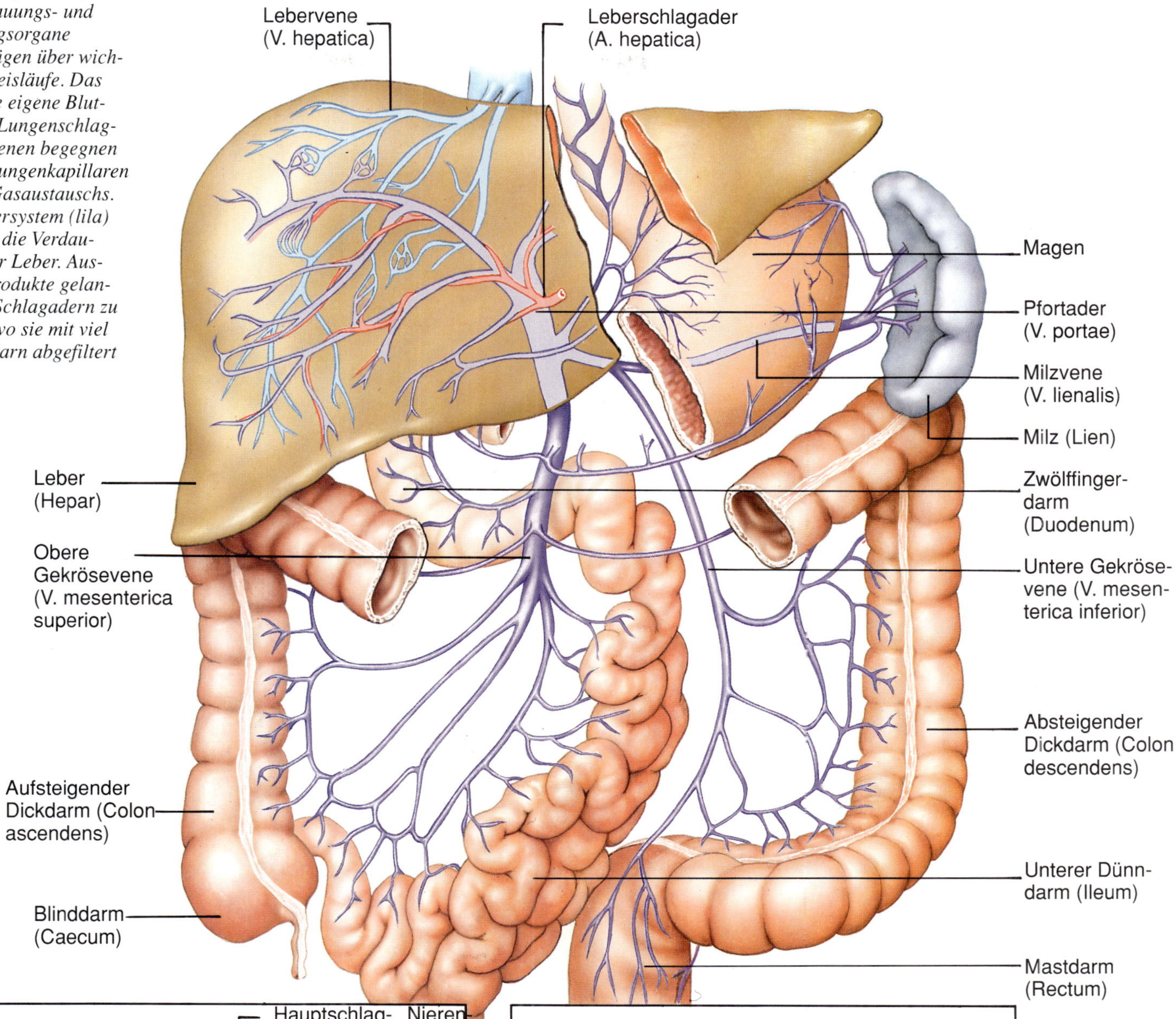

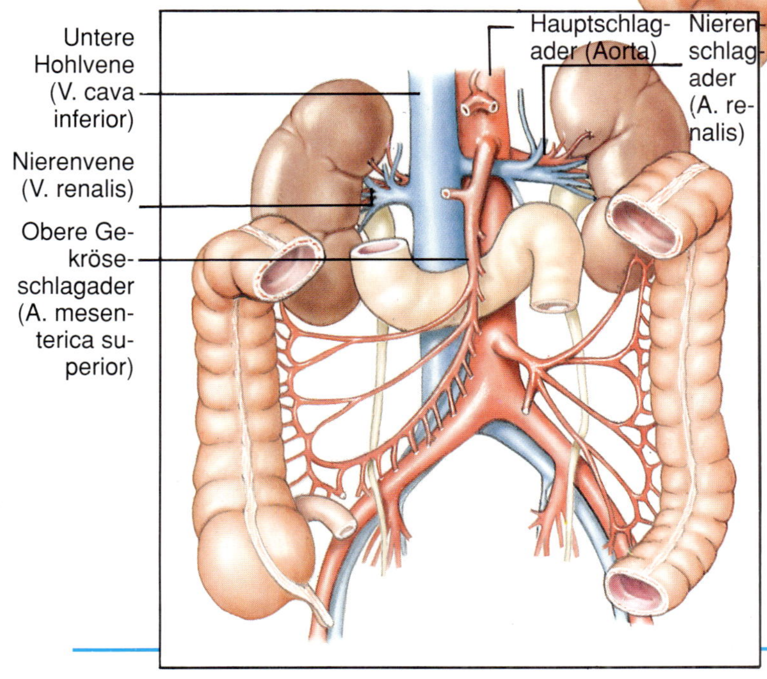

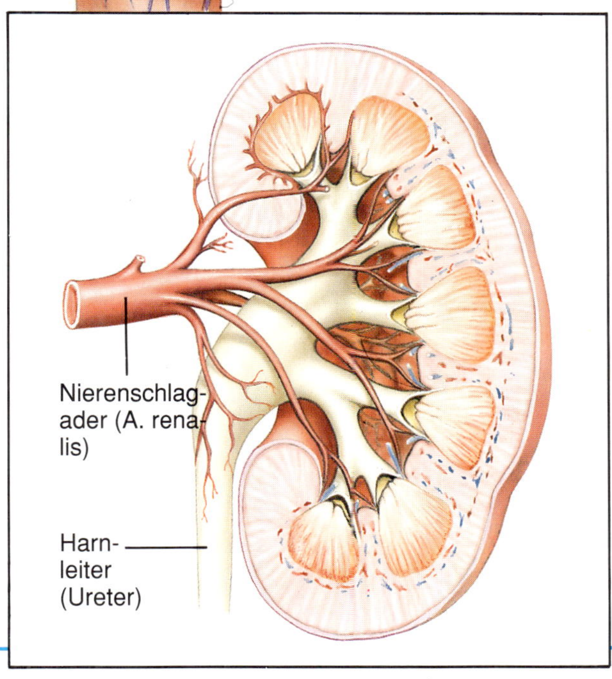

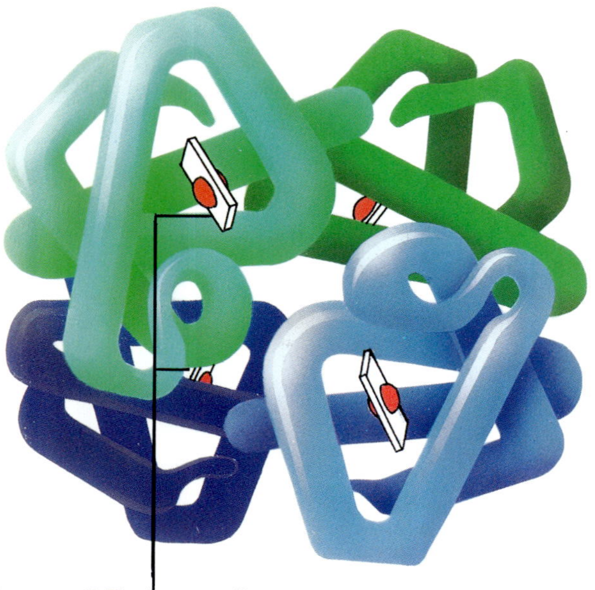

Das riesige Hämoglobin-Molekül *(oben) besteht aus vier knäuelförmigen Eiweißketten, von denen jede einzelne ein Eisenatom umgibt. Jedes rote Blutkörperchen besitzt 300 Millionen Hämoglobin-Moleküle; ein Molekül ist jeweils in der Lage, vier Sauerstoffatom-Paare zu binden. Sie nehmen den Sauerstoff in der Lunge auf und geben ihn im Gewebe ab, das sie mit dem Blutstrom erreichen. Ein Mangel an rotem Blutfarbstoff oder an roten Blutkörperchen (Anämie) hat neben der Hautblässe typische Krankheitszeichen zur Folge.*

und in die Lunge befördern. Doch nutzen nur etwa 30 Prozent des Kohlendioxids diese Transportmöglichkeit.

Auch das Hämoglobin durchsetzt nicht gleichmäßig das Blut; es ist zu Massen in die roten Blutkörperchen (Erythrozyten) gepackt, die man als umhäuteten Hämoglobin-Brei ansehen kann. Streng genommen sind die Erythrozyten keine echten Zellen; sie enthalten keine Zellorganellen und auch nur in ihrer Jugend einen Kern, der bei der Reifung aber ausgestoßen wird. Erythrozyten sind die häufigsten zellulären Bestandteile des Blutes, in einem Liter finden sich 5 Tera (5×10^{12}) Erythrozyten. Ihre Lebensdauer beträgt ziemlich genau 120 Tage. In dieser Zeitspanne haben sie den Weg zwischen Lunge und Herz bzw. Herz und Gewebe ca. 75.000mal zurückgelegt. Ihr Umsatz ist gigantisch: Jede Sekunde werden etwa drei Millionen Erythrozyten geboren und die gleiche Zahl stirbt in dieser kurzen Zeit.

Oberflächenvergrößerung

Energie und Rohmaterialien für die Zellarbeit werden uns letztendlich vom Verdauungssystem bereitgestellt. Auf seinem Weg durch den Kreislauf gelangt das Blut in den Dünndarm, dessen Schleimhaut unzählige fingerähnliche Ausstülpungen, Zotten, aufweist, die in sein Inneres vorragen. Der fünf bis sieben Meter lange Darmabschnitt übertrifft in bezug auf seine Oberfläche noch die der Lungen. Würde man den Dünndarm mit allen seinen Aus- und Einstülpungen flach ausbreiten, so wäre damit mehr als nur ein Tennisplatz bedeckt. Die vorbeikommende Nahrung, die bereits durch Verdauungsenzyme gespalten und in Wasser gelöst ist, wird hier resorbiert.

Wir essen normalerweise zwar nur gelegentlich, die Zellen unseres Körpers müssen aber kontinuierlich versorgt werden. Wie ist das möglich? Das Blut aus dem kapillären Netzwerk der Dünndarmzotten wird von einem großen Gefäß, der Pfortader (V. portae) gesammelt und zur Leber geführt. Diese größte Drüse unseres Körpers besteht aus etwa 100.000 sechseckigen Läppchen (Hepatone), die von Blut getränkt sind, das zwar kaum noch Sauerstoff enthält, dafür aber mit Nährstoffen beladen ist.

Die Leberzellen in den Läppchen vollbringen ihr Stoffwechselwunder, indem sie konvertieren, speichern, wiederverwerten oder freisetzen. Sie befassen sich mit Glukose, Fetten, Eiweißen und anderen Nutzstoffen, sobald es notwendig ist. Etwa 30 Prozent des Blutes, das vom Herzen pro Minute ausgeworfen wird, durchläuft dieses einzigartige Chemiewerk. Das die Leber verlassende Blut verteilt die aufbereiteten Nährstoffe an die Gewebe.

Die Leber ist eines der Organe, die neben einem Arbeitskreislauf einen zweiten Kreislauf zur eigenen Versorgung besitzen. Die Schlagader der Leber bringt sauerstoffreiches Blut aus der Lunge zur Ernährung der Leberzellen. Nach dem Gasaustausch vermengt sich dieses Blut mit dem aus der Pfortader stammenden und wird über die Lebervenen dem Herzen zugeführt.

Lebende Sanitäreinrichtung

Unmittelbar hinter der Leber, im hinteren Oberbauch, liegen die paarigen Nieren. Diese ausgeklügelten Beispiele einer lebenden sanitären Installation filtern Schlacken aus dem Blut, vornehmlich Harnstoff (nach dem das Ausscheidungsprodukt der Nieren, der Harn, benannt ist), Wasser und verschiedene Salze. Unsere Nieren filtern das 40fache unserer Blutflüssigkeit.

Die Niere besteht aus über einer Million von Minifiltern, den Nephronen. Hier erfolgt über eine geschickte Anordnung von Gefäßknäueln, -verknotungen und -schleifen und die Ausnützung einiger Konzentrationsgradienten die Ausscheidung des für den Körper unnützen Materials in die Harnblase, während das von seinen Ballaststoffen geklärte und gefilterte Blut wieder dem Kreislauf zugeführt wird. Mehr als jedes andere Organ bestimmen die Nieren die Zusammensetzung des Blutes. Ihnen obliegt somit die Kontrolle über das Gleichgewicht unseres inneren Milieus.

Die Analyse des Blutes

Blut kann als flüssiges Organ angesehen werden und ist nur mit besonderen Hilfsmitteln zu untersuchen. Bereits im 4.Jh. v. Chr. beobachtete der griechische Arzt Hippokrates, daß Blut, wenn man es in einem Meßkolben stehenläßt, sich durch Senkung in drei Schichten trennt. Die oberste besteht aus einer klaren Flüssigkeit, dem Plasma. Darunter folgt die dünne Lage der weißen Blutzellen. Den schwersten und somit untersten Anteil, 45 Prozent des Gesamtvolumens, machen die roten Blutkörperchen aus.

Das Plasma besteht zu etwa 93 Prozent aus Wasser, in dem viele Substanzen gelöst sind, vom einfachen Kochsalz über kleine Kohlenhydrate (Glukose) zu den Fetten (Lipoiden) und Eiweißen (Proteinen), von denen viele Enzyme sind. In dem weiten Kapillarnetz, wo der Stoffaustausch stattfindet, finden sich nur ca. fünf Prozent des gesamten Körperblutes.

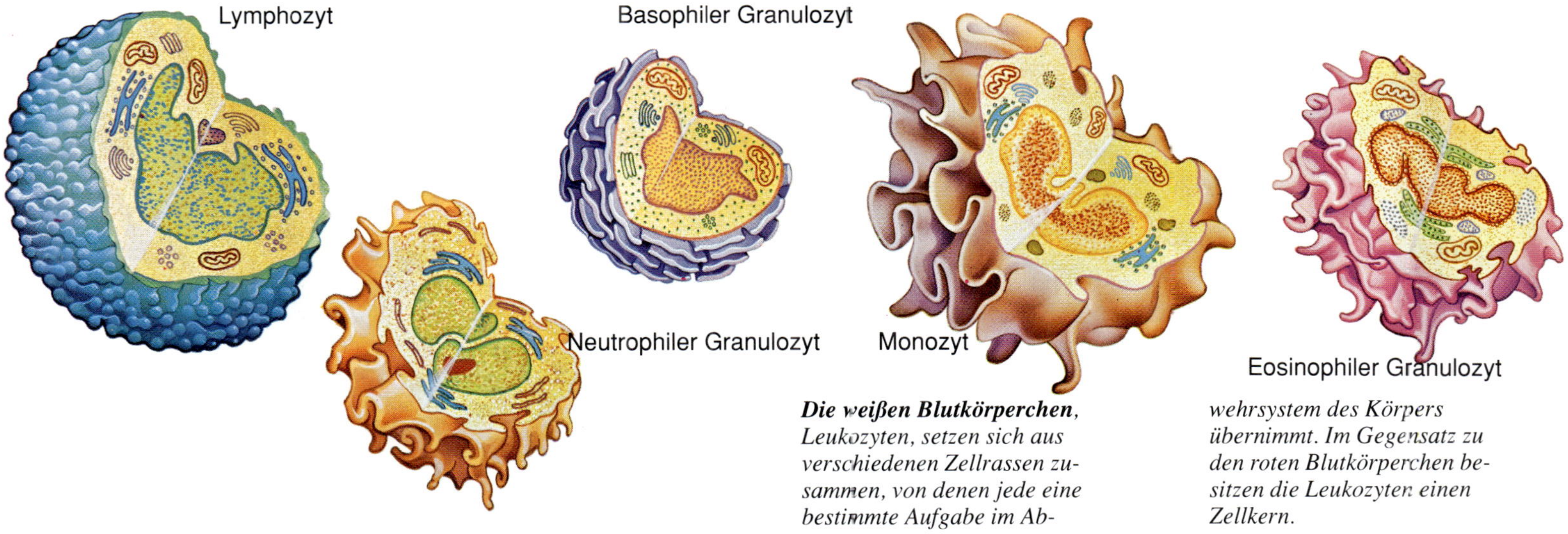

*Die **weißen Blutkörperchen**, Leukozyten, setzen sich aus verschiedenen Zellrassen zusammen, von denen jede eine bestimmte Aufgabe im Abwehrsystem des Körpers übernimmt. Im Gegensatz zu den roten Blutkörperchen besitzen die Leukozyten einen Zellkern.*

Weiße Ritter auf dem Schlachtfeld

Die dünne Mittelschicht im Meßkolben mit sedimentiertem Blut enthält eine Armee, die bereit ist, den Körper bis zum Tode zu verteidigen. Auch sie sterben in Billionenzahl, wenn eine Entzündung im Gange ist. Die Verteidiger sind die weißen Blutzellen (Leukozyten) mit ungefähr fünf Giga (5 x 10^9) pro Liter Blut; auf 600 bis 1000 roter Blutkörperchen kommt demnach ein Leukozyt. Im Gegensatz zu den Erythrozyten handelt es sich um "vollständige" Zellen mit Kern und Organellen. Aufgrund ihrer Selbständigkeit und Unabhängigkeit können Leukozyten überall hingelangen, wo sie gerade gebraucht werden.

Färbt man einen Blutausstrich an und untersucht ihn unter dem Mikroskop, erkennt man 5 verschiedene Zellarten, die das sog. weiße Blutbild ausmachen. Bei der Überzahl ist das Zellplasma körnig oder granuliert, wobei aufgrund der Färbbarkeit der Granula drei Gruppen unterschieden werden: die neutrophilen (60 Prozent der Leukozyten), eosinophilen (5 Prozent) und basophilen (2 Prozent) Granulozyten. Der Rest des weißen Blutbildes besteht aus den Lymphozyten (30 Prozent) und den Monozyten (3 Prozent).

Die Leukozyten-Armee ist ein Team von Spezialisten. Die Hälfte der Truppe patrouilliert im Blut, die andere hat Außendienst und überwacht das Gewebe. Die weißen Zellen sind mobil; mittels amö-

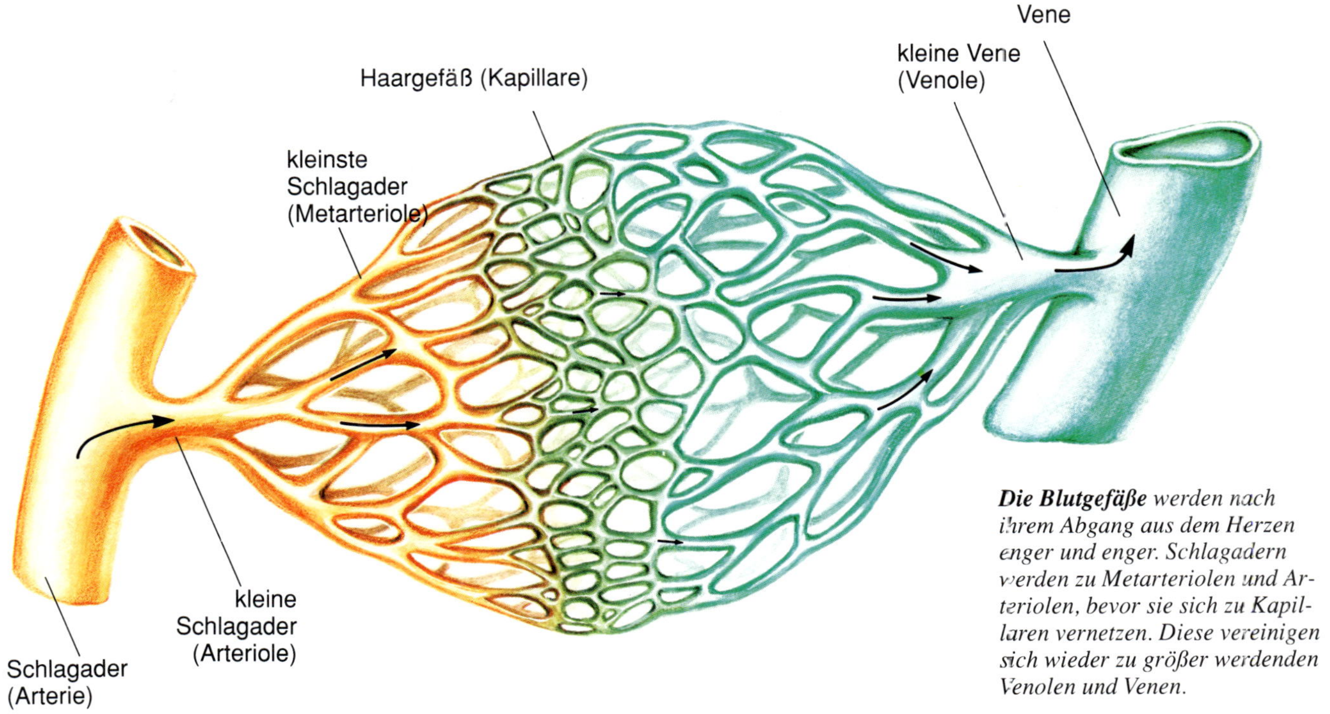

*Die **Blutgefäße** werden nach ihrem Abgang aus dem Herzen enger und enger. Schlagadern werden zu Metarteriolen und Arteriolen, bevor sie sich zu Kapillaren vernetzen. Diese vereinigen sich wieder zu größer werdenden Venolen und Venen.*

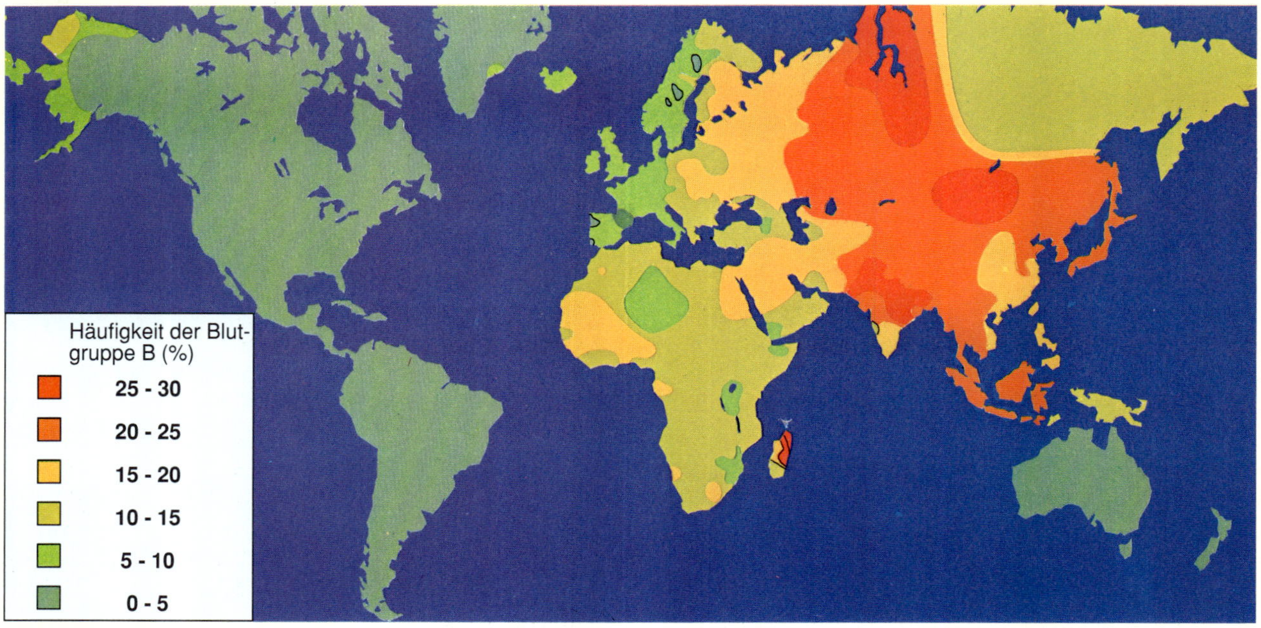

Die Verteilung der Blutgruppen auf der Welt liefert den Anthropologen Hinweise auf frühere Völkerwanderungen. Die Weltkarte zeigt das Vorkommen der Blutgruppe B, die in Zentralchina am häufigsten ist. Westwärts dehnt sie sich bis nach Europa aus, möglicherweise durch die Mongolenzüge im 13. Jh. bedingt. Nach Osten reicht sie über die Bering-Straße bis Nordamerika – ein Beleg für die gemeinsame Abstammung der amerikanischen Indianer und Mongolen. Die Verträglichkeit der Blutgruppen ist bei Blutübertragungen von entscheidender Bedeutung. Die Gruppen, die zueinander passen und sich ohne Risiko miteinander vermischen, sind im Diagramm (rechts) rosa markiert. In der linken Spalte sind die Spender-Blutgruppen (D) aufgelistet, in der Kopfquerspalte die Empfänger-Blutgruppen (R). Jede Gruppe kann problemlos mit sich selbst vermischt werden (A mit A, B mit B usw.) sowie die Gruppen A oder B mit Gruppe AB (Blutgruppe 0 galt früher als Universalempfänger). Wenn jedoch einem Empfänger der Gruppe A z.B. Blut der Gruppe B übertragen wird, kommt es in den Blutgefäßen des Empfängers zu Verklumpungen mit lebensgefährlichen Folgen.

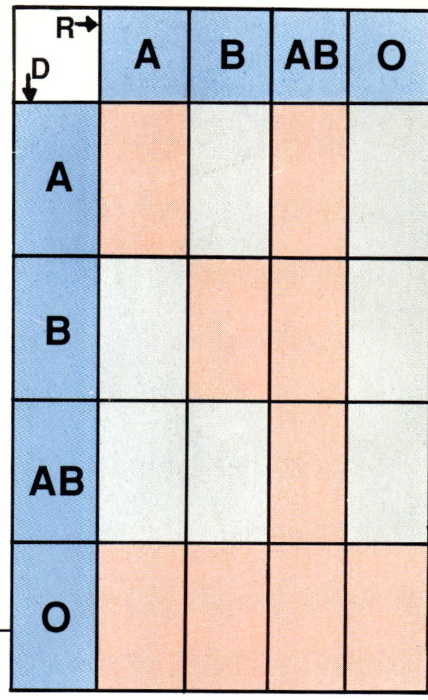

boider Bewegungen kriechen sie durch Kapillaren und können diese an bestimmten Zellspalten verlassen.

Eindringlinge wie Bakterien, Viren, Pilze und Parasiten werden als Feinde erkannt. Irgendwie gelangen solche Fremdkörper immer in unseren Körper, durch Verletzungen der Haut, über die Atmung oder aus dem Verdauungstrakt. Sobald sie lokalisiert sind, tritt die Armee in Aktion. Basophile und einige Lymphozyten beschießen die Feinde mit chemischen Waffen. Dann erscheinen die Neutrophilen, Eosinophilen und Monozyten auf dem Schlachtfeld, umfließen die Eindringlinge und nehmen sie in ihr Zellplasma auf, wo sie dann verdaut werden. Der aus dem Griechischen stammende Begriff dafür ist Phagozytose, was ungefähr "Freßzellentätigkeit" bedeutet. Auf diese Weise wird auch mit den Invasoren verfahren, die dem Gefäßsystem entwichen und ins Gewebe gelangt sind.

Die Leukozyten sind nicht die langlebigsten der Körperzellen; die meisten sind nur wenige Stunden aktiv. Auch ist ihre Truppenstärke im gesunden Blut relativ niedrig. Jedoch verfügen sie über eine starke Reserve, die im Knochenmark, in den Lymphknoten und in der Milz auf ihren Einsatz wartet. Hier können die Zellen eine Woche alt werden. Beim ersten Anzeichen einer Gefahr bewegt sich die Reserve zum Kampfplatz. Gleichzeitig wird die Produktion neuer Zellen erhöht, neue Truppen bereitgestellt. Diese überhitzte Tätigkeit verursacht das Fieber einer Erkrankung. Gliederschmerzen und Halsentzündung (durch das Anschwellen der Lymphknoten) zeigen, daß der Körper zurückschlägt.

Die Geheimarmee

Wie unterscheiden die weißen Blutzellen zwischen Freund und Feind, Körpereigenem und Körperfremdem? Warum vernichten sie sich nicht gegenseitig, stürzen sich auf die Erythrozyten oder gar auf Organe? Die Antwort liegt in der nahezu mystischen Unterwelt der Immunologie. Wir müssen herabsteigen unter die Zellebene, zu den einzelnen Molekülen, die sich zur "Haut" von Bakterien, Viren, Leukozyten oder irgendeinem anderen Stückchen organische Masse verbinden.

Die weiße Armee erkennt die körpereigenen Zellen. Die Moleküle ihrer Hüllen sind von bekannter Farbe und Muster. Mikrobielle Eindringlinge haben jedoch andersartige Mäntel. Die Einheiten, aus denen diese unbekannten Hüllen aufgebaut sind, bezeichnet man als antigene Determinanten und ihre Träger als Antigene. Für die weiße Armee sind diese Antigene das Signal zum Kampf.

Alle Phagozyten folgen dem Schlachtruf und fressen die Eindringlinge auf, tot oder lebendig. Am geschicktesten gehen die Lymphozyten vor. Sie bilden die Geheimarmee, haben die Geheimwaffe. Man unterscheidet zwei Hauptgruppen, B- und T-Lymphozyten ("T" steht für Thymus, die Drüse hinter dem Brustbein, wo diese Lymphozyten geprägt werden). Obwohl sie unter dem Mikroskop gleich aussehen, sind ihre Rollen unterschiedlich, sie unterstützen sich jedoch. Sie nehmen nicht alle direkt am Kampfgeschehen teil. Die Lymphozyten sind individuell vorprogrammiert, den spezifischen "Fingerabdruck" der antigenen Substanz eines Eindringlings zu erkennen, vom gewöhnlichen Erkältungsvirus bis zum Tbc-Bakterium.

Von T-Lymphozyten selbst gibt es drei Spielarten. Einige sind Killerzellen; sie greifen den Eindringling mit chemischen Waffen direkt an. Andere sind Unterdrücker; sie helfen, den Gegenschlag zu steuern und verhindern, daß der Körper sich bei der Verteidigung übernimmt. Die dritte Gruppe sind die Helfer; sie stacheln die B-Lymphozyten an.

Magische Kugeln

B-Lymphozyten produzieren Antikörper - nicht einen anderen Zelltyp, sondern die Wunderkugeln unseres Körpers, jede mit dem Erkennungsmerkmal eines bestimmten Antigens. Sie sind kunstvoll geformte Eiweißmoleküle, die sich auf die Invasoren stürzen und sie kampfunfähig machen. Manchmal haften sie nur an einer Membranstelle eines Antigens. Das freie Ende des Eiweißmoleküls kann dann

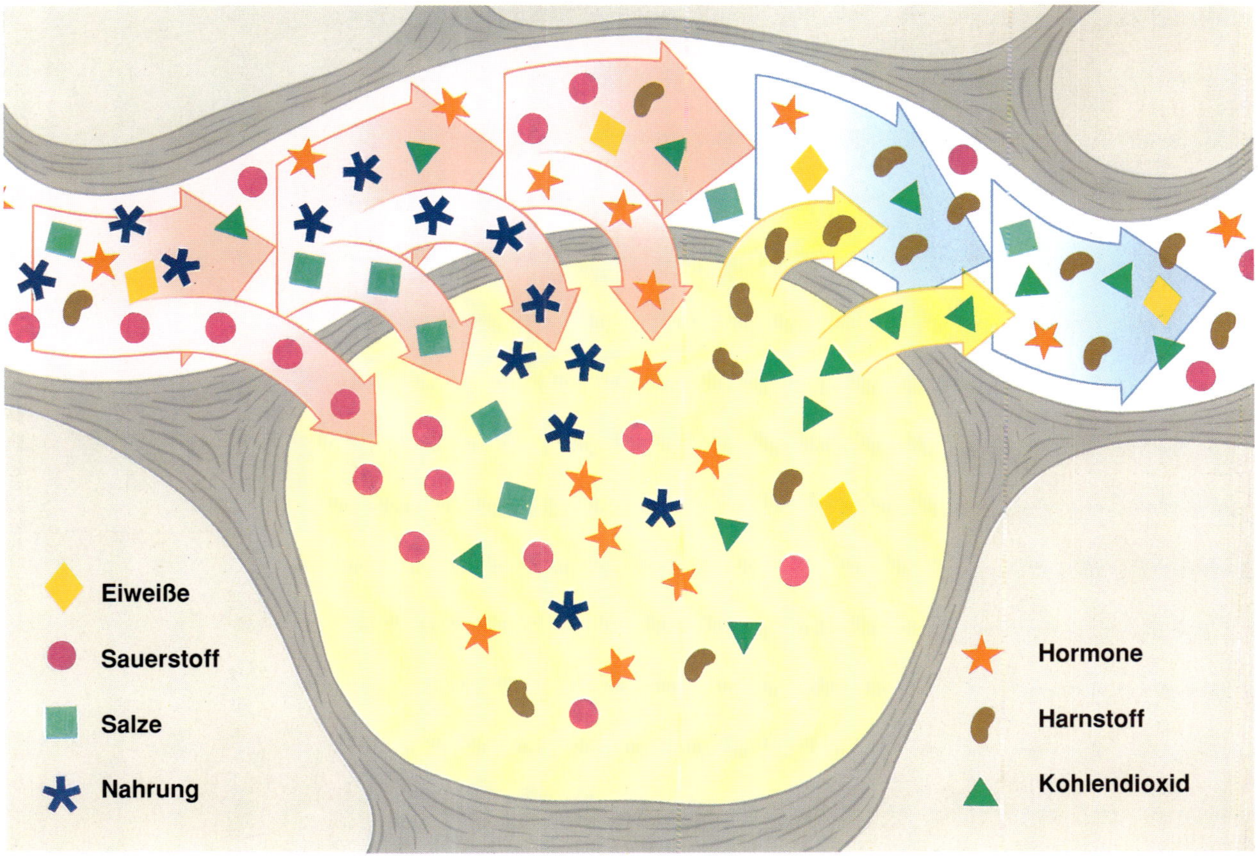

***Blut**, das bedeutendste Transportsystem des Körpers, befördert die lebensnotwendigen Stoffe (rosa Pfeile) zu den Zellen und entfernt von dort die Schlackenstoffe (gelbe Pfeile).*

ein zweites Antigen binden. So werden die Eindringlinge zu immer größeren Massen gekoppelt. Die Antikörper sind die Stützpfeiler unseres Immunsystems.

Das Drehbuch für einen Krieg könnte folgendermaßen ablaufen. Angenommen, ein Virus wagt es, in den Körper zu dringen. Dann werden die Lymphozyten, die auf seine Erkennung programmiert sind, aktiviert. Es brauchen nur wenige Dutzend aus einer Zahl von Millionen innerhalb eines Lymphknotens zu sein. Sobald sie auf ihr Antigen treffen, hängen sie sich an dieses. Sofort werden die B-Lymphozyten transformiert. Viele von ihnen klonen sich zu Plasmazellen, die eine Antikörperfabrik sind. Innerhalb weniger Tage hat sich ein Lymphozyt zu Hunderten von Plasmazellen vervielfältigt, die in atemberaubendem Tempo Antikörper produzieren, pro Sekunde etwa 2.000.

Die Form der Antikörper erinnert an ein Y. Das freie "Armpaar" ist das aktive Ende, das mit den antigenen Determinanten reagiert und sie zerstört. Die Agglutination, die Verklumpung des antigenen Materials durch Antikörper, ist ein weiterer Teil der Kriegsstrategie. Oftmals sind die Fremdkörper zu klein, um von den Makrophagen überhaupt bemerkt zu werden. Im großen Verband allerdings werden sie von den Wachposten erkannt und vernichtet.

Das zelluläre Gedächtnis

Mit Fortgang der Kampfhandlungen wandeln sich einige B-Lymphozyten, stimuliert durch ihre T-Artgenossen, zu "Gedächtniszellen". Sie vermehren die Größe des Lymphozyten-Klons, der programmiert ist, den besonderen Eindringling zu entdecken. Bei der nächsten Konfrontation wird das Antigen auf noch schnellere und massivere Gegenwehr treffen. Dies ist die Grundlage der Immunisierung. Wenn wir einmal eine bestimmte Infektion wie Mumps durchgemacht haben, erkranken wir daran nicht mehr. Die Truppen der "Mumps-Gedächtniszellen" sorgen dafür. Im Gegensatz zu den übrigen Leukozyten werden die Lymphozyten bis zu 20 Jahre alt.

Der Körper kann in diesem Zusammenhang glücklicherweise überlistet werden. Verabreicht man ihm abgeschwächte oder kampfunfähige mikrobielle Invasoren oder nur Bruchstücke davon, reagiert das Immunsystem, als ob die fingierte Invasion echt wäre. Wir werden immun oder resistent. Das Mittel ist die Schutzimpfung (Vaccine), die Abwehrbildung wird Immunisierung genannt. Sie hat Millionen von Menschen in aller Welt das Leben gerettet.

Die Blutfamilien

Gerinnung ist eine Eigenschaft des Blutes, die unzählige Leben gerettet hat. Menschen hatten schon lange die Idee, das Blut eines Gesunden einem Kranken zu übertragen, z.B. einem stark blutenden Unfallopfer. In früheren Zeiten waren solche Übertragungen eine reine Glückssache. Mal konnten die Patienten gerettet werden, doch oft bedeutete die Transfusion auch den Tod, da die Erythrozyten sich unerklärlicherweise und unvorhersehbar verklumpten und den Kreislauf des Empfängers verstopften. Am Anfang dieses Jahrhunderts entdeckte der Wiener Forscher Karl Landsteiner, daß es ganz bestimmte, stets wiederkehrende Unterschiede im menschlichen Blut gibt. Für die Entdeckung der Blutgruppen erhielt er 1930 den Nobelpreis.

Landsteiner und seine Kollegen nahmen von verschiedenen Menschen (inklusive sich selbst) Blutproben und trennten die flüssigen und die zellulären Bestandteile. Danach mischten sie die verschiedenen Zellproben mit unterschiedlichem Plasma: in einigen Proben verklumpten die Erythrozyten, in anderen nicht. Dies war der Beginn der Aufdeckung der ABO-Blutgruppen. Die roten Blutkörperchen tragen wie andere Zellen auch ein besonderes Molekular-

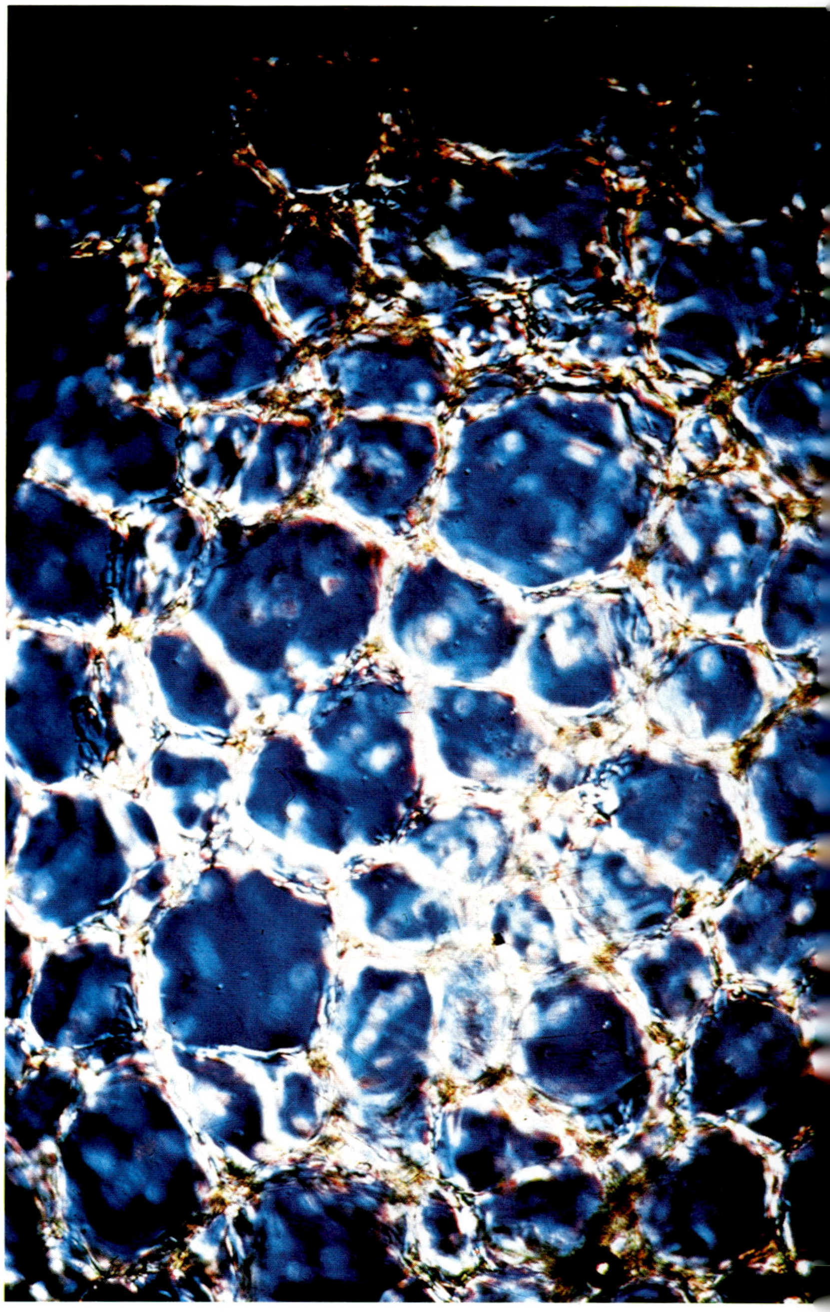

Die kleinsten Blutgefäße *in der Wand der Lungenbläschen (Alveolen) sehen auf dem Mikrophoto wie ein filigranes Flechtwerk aus. In den winzigen, traubenförmigen Gebilden findet der Gasaustausch statt. Die Gesamtoberfläche aller 300 bis 400 Millionen Alveolen liegt in Atemruhestellung bei 55 bis 80 Quadratmetern.*

Blut und Luft treffen sich in den Haargefäßen der Lunge. Ankommendes Blut lädt hier die Schlacke Kohlendioxid ab, während Hämoglobin Sauerstoff bindet und abtransportiert. Dabei gleiten die roten Blutkörperchen im Gänsemarsch entlang der Haargefäße, so daß der Sauerstoff sehr leicht durch die Gefäßwand in die Blutzelle wandern kann.

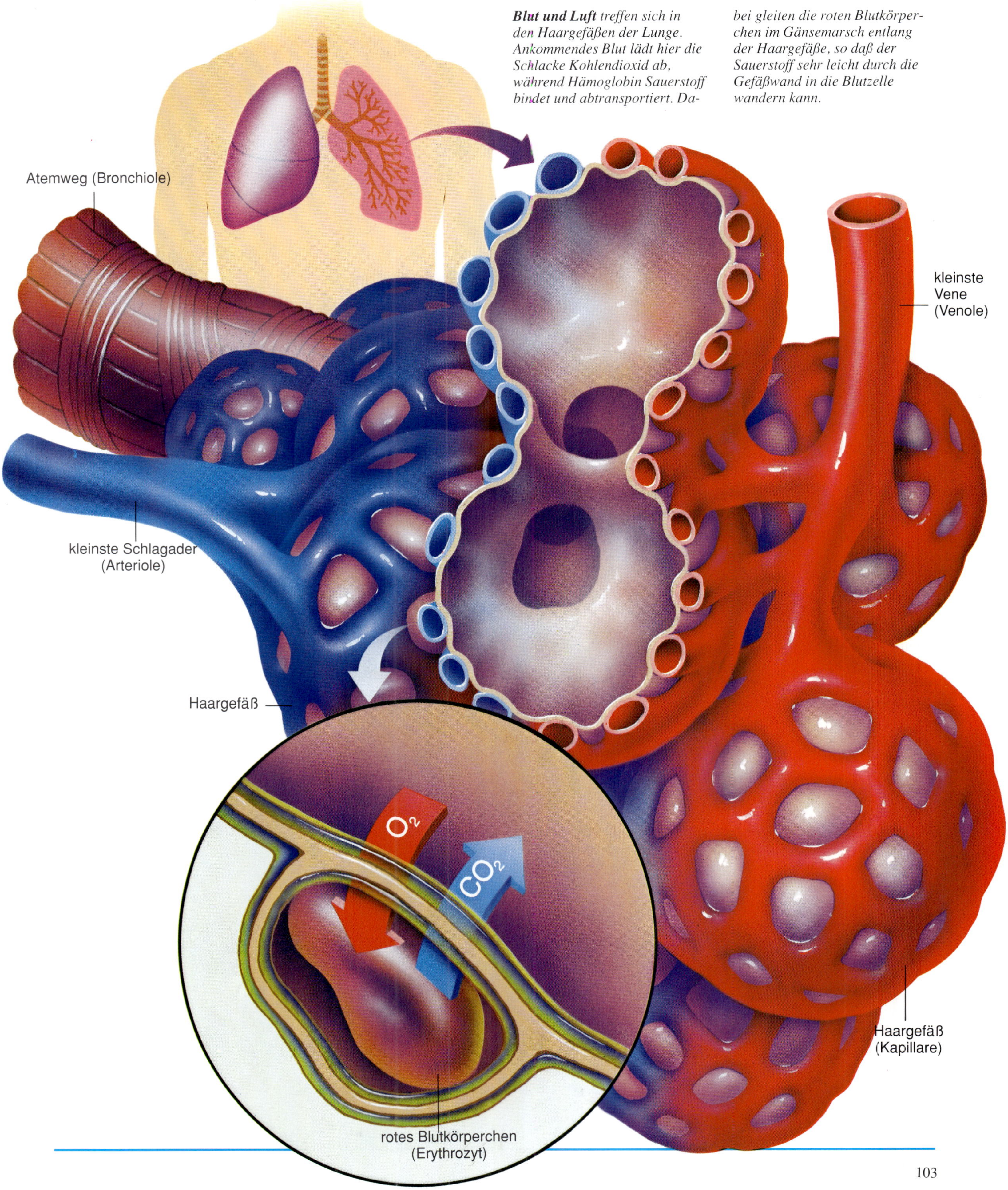

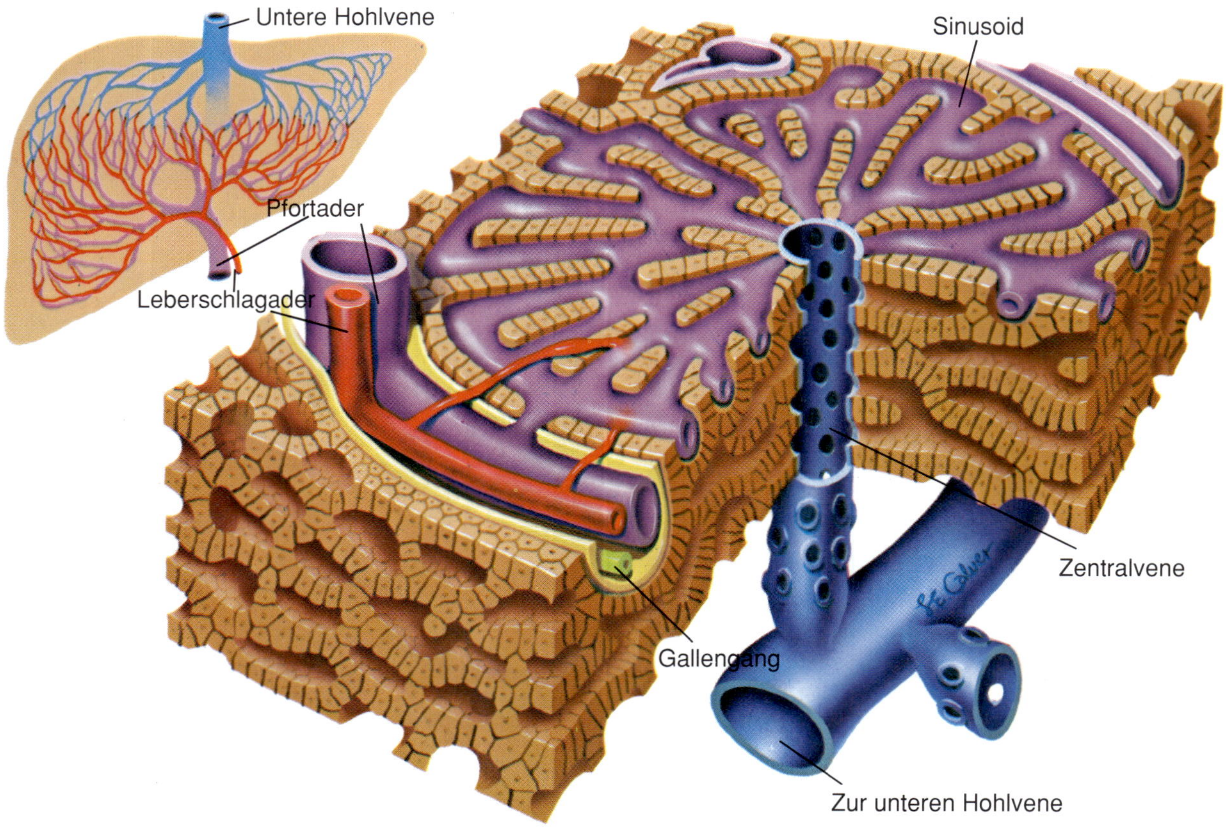

muster auf ihrer Zellmembran. Eine der Molekülarten ist das sog. Agglutinogen, ein Antigen, das die Agglutination oder Verklumpung auslöst. Man unterscheidet zwei Agglutinogene - A und B. Menschliche Erythrozyten können die Antigene A, B, AB tragen oder kein Antigen (0) besitzen. Nach diesen antigenen Eigenschaften werden die Blutgruppen bezeichnet. Im Plasma befinden sich nun Antikörper oder Agglutinine, die jedoch nicht gegen Antigene der eigenen Erythrozyten gerichtet sind. Im Plasma von Menschen der Blutgruppe A findet sich ein Anti-B-Agglutinin, in demjenigen der Blutgruppe B dagegen das Anti-A-Agglutinin. Im Plasma der Gruppe AB sind keine, in dem der Gruppe 0 Anti-AB-Agglutinine. Die Erythrozyten der Blutgruppe 0 können also von keinem Plasma der anderen drei Blutgruppen agglutiniert werden; Blutgruppe 0 galt früher als Universalspender. Da das Plasma der Gruppe AB keine Agglutinine gegen A oder B enthält, wurden Menschen dieser Blutgruppe früher als Universalempfänger behandelt. In Fortsetzung der Untersuchungen Landsteiners sind neben dem AB0- und Rhesussystem bis heute etwa ein Dutzend weiterer Blutuntergruppen aufgedeckt worden. Vielleicht ist der Blut"abdruck" für einen Menschen ebenso einzigartig und charakteristisch wie sein Fingerabdruck.

***Der Leber** fließt Blut aus zwei Quellen zu: Zur Selbstversorgung erhält sie sauerstoffreiches Blut über die Leberschlagader; die Pfortader führt ihr Blut, das mit Verdauungsprodukten angereichert ist, aus dem Magen-Darm-trakt zu. Während die Leberzellen diese Produkte in Bausteine umwandeln, die von den Körperzellen weiterverwertet werden können, strömt das Blut zu den Zentralvenen. Diese stehen mit der unteren Hohlvene des Körpers in Verbindung, die das Blut dem Herzen zurückleitet.*

Festes aus Flüssigem

Die Reaktionen des Blutes auf das Eindringen körperfremder Substanzen sind vielfältig; es wird bereits aktiv, wenn sie nur Zugang gewinnen wollen. Blut gerinnt oder koaguliert, um ein Leck im Gefäß zu dichten und rettet sich selbst vor seinem Verlust und dem lebenswichtiger Substanzen. Andererseits stößt es die stets bereiten Eindringlinge ab.

Bei der Verletzung eines Blutgefäßes kommt es zu drei wechselartigen Prozessen. Das geschädigte Gefäß zieht sich zusammen, um das Auslaufen größerer Blutmengen zu verhindern. Darauf folgt die

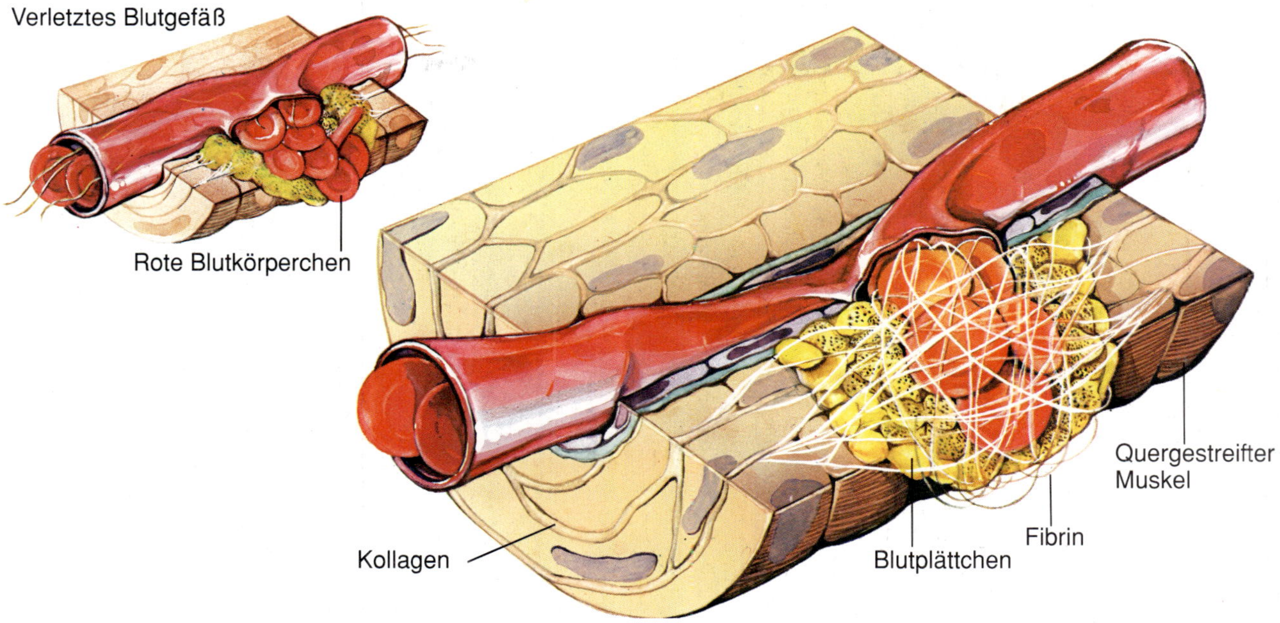

***Blutplättchen** spielen eine Schlüsselrolle beim Verhindern einer Blutung. Sobald ein Blutgefäß verletzt und leck ist, kleben die Plättchen am Kollagen der Gefäßwand und setzen dabei Adenosindiphosphat frei; diese Substanz lockt weitere Blutplättchen zur Klebestelle. Ein Wirkstoff aus dem verletzten Gewebe, Thromboplastin, wandelt das vorbeikommende Plasmaeiweiß Fibrinogen zu Fibrinfäden um, die die roten Blutkörperchen an Ort und Stelle umnetzen und sie in den Plättchenpfropf einbinden.*

Bildung eines Thrombozytenpfropfes. Die sog. Blutplättchen sind eher Zellbruchstücke als ganze Zellen. Etwa ein Viertel so groß wie Erythrozyten schwimmen sie im Blutplasma, immer bereit, eine Öffnung zu versiegeln. Sie werden etwa zehn Tage alt, ein Erwachsener produziert pro Tag im Mittel 200 Milliarden neuer Plättchen. Sobald sie eine Kampfszene betreten, sondern sie Serotonin ab, eine Substanz, die eine sofortige Gefäßkontraktion bewirkt, wodurch sich die Blutung verlangsamt. Sie geben auch andere Stoffe ins Blut ab, die weitere Thrombozyten anziehen und verklumpen lassen. In weniger als einer Minute hilft ein Plättchenpfropf, die Wunde zu verstopfen. Bei kleinen, alltäglich vorkommenden Verletzungen sind in der Regel die Thrombozytenpfröpfe zur Blutstillung ausreichend. Wenn nicht, muß ein Gerinnsel her. Die Gerinnung, der dritte Prozeß, läuft in einer Kaskade chemischer Reaktionen ab, an der nahezu alle Blutbestandteile beteiligt sind. Die ersten Stufen benötigen mit dem Blut zirkulierende Eiweiße, die Gerinnungsfaktoren. Fehlt einer dieser Faktoren, kann es zu schwer stillbaren Blutungen führen. Die Gerinnungsfaktoren arbeiten zusammen, um Prothrombin - ein weiteres Bluteiweiß - zu dem Enzym Thrombin umzuwandeln. Dieses wieder-um fördert die Bildung von Fibrin aus seiner Vorstufe, Fibrinogen, ebenfalls einem im Blut enthaltenen Eiweiß. Fibrin ist nicht löslich und verdichtet sich rasch zu einem feinen Netz, in dem sich Thrombozyten und rote Blutkörperchen verfangen. Die Blutplättchen geben den sog. Fibrin-stabilisierenden Faktor frei, der das Fibrinnetz festigt. Mehr Zellen werden geangelt und so wächst das Gerinnsel. Obwohl der noch neue Verschluß fest aussieht, besteht er zu 99 Prozent aus Wasser. Nun ziehen die Fibrinnetze sich zusammen und pressen eine farblose Flüssigkeit aus. Hierbei handelt es sich um Serum, Blutplasma ohne Fibrin und Gerinnungsfaktoren. Das Gerinnsel trocknet an der Luft zu einer spröden Kruste und wird für den Körper zum natürlichen Heftpflaster.

Die Lymphe: armer Verwandter des Blutes

Blut ist nicht das einzige flüssige Gewebe; nahezu sein "Spiegelbild", vielleicht eher aber sein Verwandter ist die Lymphe. Sie stammt aus dem Blut und kehrt zu ihm zurück. Aus den Blutkapillaren wird zum Zweck des Stoffaustauschs Flüssigkeit filtriert, die jedoch teilweise sehr schnell wieder rückresorbiert wird. Der Rest der Gewebsflüssigkeit, das Nettofiltrat, wird über noch wenig bekannte Gewebsspalten in ein Rohrsystem drainiert, das an die Kapillaren und den venösen Kreislaufabschnitt erinnert. Die Röhren sind die Lymphgefäße, ihr Inhalt die Lymphe. Sie enthält sehr viele weiße Zellen sowie Fette und andere Verdauungsprodukte, denn die Zotten des Dünndarms sind reich an Lymphgefäßen und besonders bedeutsam für die Fettaufnahme.

Die Lymphe schlängelt sich entlang, nur schwach angetrieben vom weit entfernten Druck des Blutes. Die Gefäße vereinigen sich und leiten schließlich die Lymphe über einen großen Kanal, den Ductus thoracicus, in die Brustvene in Nähe des Herzens.

Die Lymphe hat ernährende und Schlacken-reinigende Funktion. Außerdem ist sie ein Reservoir und eine Transporteinrichtung für weiße Blutzellen. Innerhalb des Lymphsystems verstreut liegen die Lymphknoten. Anhäufungen dieser lymphatischen Organe finden sich im Hals, in den Achselhöhlen und den Leisten. Unter Normalverhältnissen sammeln sich Lymphozyten dort an und befreien die Gewebsflüssigkeit von Fremdmaterial und Zellschutt. Im Verlauf einer Infektion aber erhöht sich ihre Tätigkeit enorm, die Lymphozyten vervielfachen sich hier und schwärmen in den Blutstrom, fertig

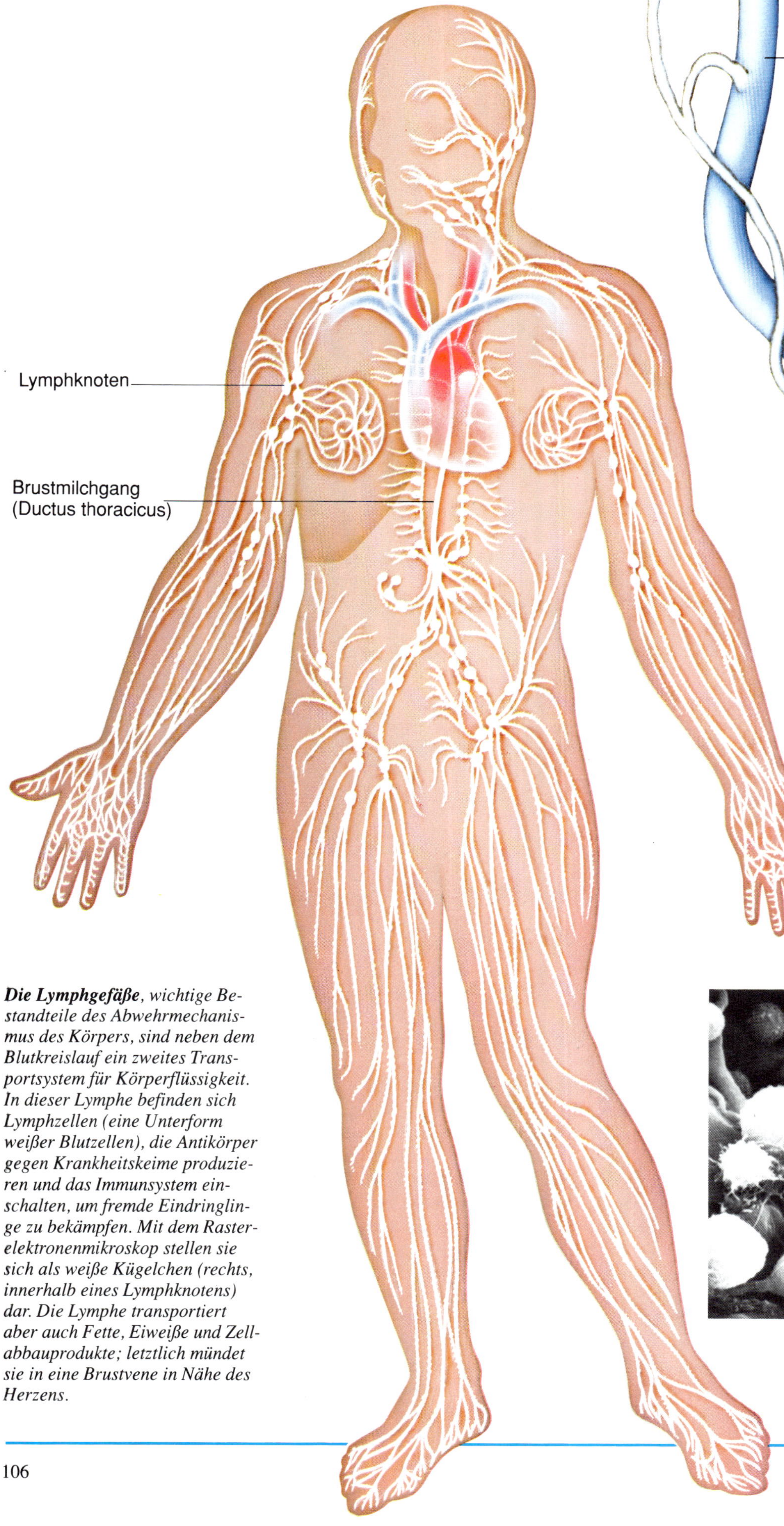

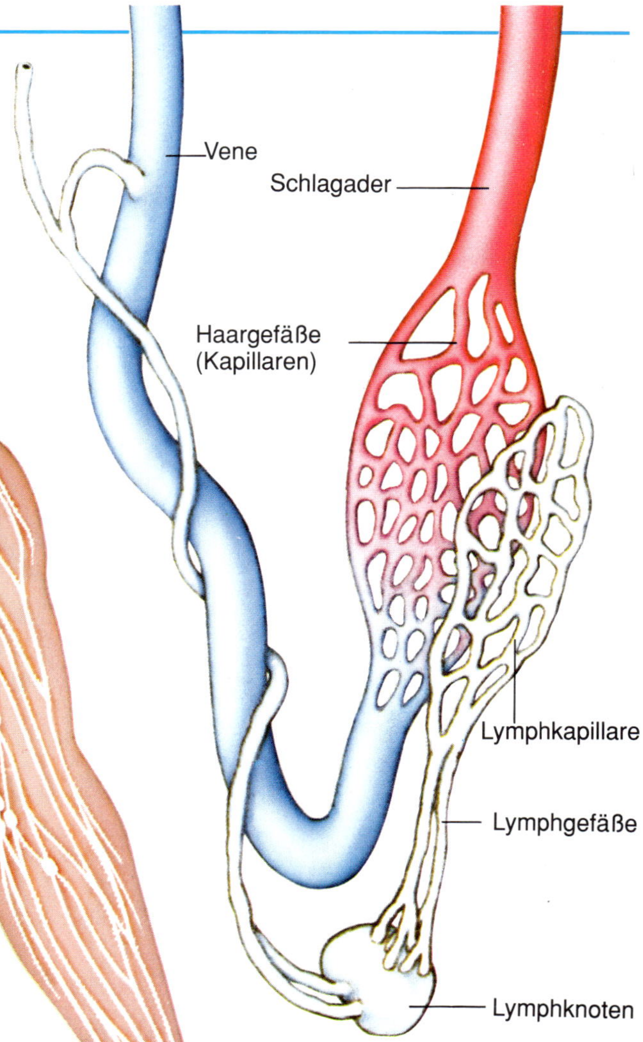

***Die Lymphgefäße**, wichtige Bestandteile des Abwehrmechanismus des Körpers, sind neben dem Blutkreislauf ein zweites Transportsystem für Körperflüssigkeit. In dieser Lymphe befinden sich Lymphzellen (eine Unterform weißer Blutzellen), die Antikörper gegen Krankheitskeime produzieren und das Immunsystem einschalten, um fremde Eindringlinge zu bekämpfen. Mit dem Rasterelektronenmikroskop stellen sie sich als weiße Kügelchen (rechts, innerhalb eines Lymphknotens) dar. Die Lymphe transportiert aber auch Fette, Eiweiße und Zellabbauprodukte; letztlich mündet sie in eine Brustvene in Nähe des Herzens.*

zum Kampf. Dadurch werden die Lymphknoten größer: wir bezeichnen sie dann als "geschwollene Drüsen".

Blut und Knochen

Das glänzende Aufgebot an Blutzellen hat einen unglaublich hohen Umsatz. Ein Erwachsener produziert täglich ca. 100 Milliarden neutrophiler Granulozyten, ganz zu schweigen von den Horden der übrigen weißen und roten Blutzellen sowie den Blutplättchen. Wo kommen sie alle her? Paradoxerweise werden diese Zellen, die im Blut, dem flüssigsten aller Gewebe, leben, in der härtesten Körpersubstanz geboren: im Knochen, genauer gesagt, im geleeähnlichen Knochenmark, das beim Kind fast alle Knochen und beim Erwachsenen nur einige ausfüllt.

Die roten Zellen sollen als Beispiel dienen. Sie entstehen beim Embryo während der ersten Lebenswochen im Dottersack. In der zweiten Schwangerschaftshälfte werden sie in Leber und Milz produziert. In den Wochen vor der Geburt wird diese Aufgabe vom Knochenmark übernommen. Beim Erwachsenen sind hierfür dann vornehmlich das Mark der Schädelknochen, Rippen und Wirbel zuständig. Im Notfall kann allerdings jedes andere Knochenmark zur Zellproduktion wieder gefordert werden.

Die Erythrozyten stammen von "primitiven Zellen" ab, so genannt, weil sie sich erst noch voll entwickeln müssen. Unter hormonellem Einfluß entsteht aus der primitiven Zelle ein Erythroblast, der sich in 16 Abkömmlinge teilt. Diese füllen sich mit Hämoglobin; nach einer knappen Woche sind die roten Zellen, wegen ihres fehlenden Kerns manchmal Korpuskel genannt, fertig, um in den Kreislauf geschleust zu werden.

Die Vorfahren der Blutplättchen, die Megakaryozyten, sind ebenfalls Bewohner des Knochenmarks. Ihr Name bedeutet, daß es sich um Riesenzellen handelt, die Tausende solcher Plättchen ausstoßen.

Die verschiedenen Zellrassen des weißen Blutbilds kommen ebenfalls aus dem Knochenmark. Ihre Entwicklungsreihe beginnt mit sog. Stammzellen, die sich durch Teilung vermehren, um unreife Leukozyten zu liefern, die sich schrittweise entwickeln. Reife Lymphozyten beispielsweise verlassen das Knochenmark mit einer Rate von 200.000 in jeder Sekunde.

Weitere Funktionen des Blutes

In dieser Darstellung konnten nur die wichtigsten Funktionen des Blutes zusammengefaßt werden. Eine komplette Analyse der Tätigkeit des Blutes mag wohl unmöglich sein. Alle paar Jahre werden neue Hormone, Enzyme und Zellarten entdeckt, die das Blut verteilt oder beherbergt. Denken wir nur an die achtziger Jahre - das Jahrzehnt, das uns die mit dem Blut übertragbare Krankheit AIDS bescherte.

Unter manchen Umständen kann das Blut selbst erkranken. Man spricht von einer Anämie, wenn das Blut zu wenige Erythrozyten besitzt oder diese zu wenig Hämoglobin enthalten. Ursache hierfür können fehlerhafte Ernährung, plötzliche oder ständige chronische Blutungen oder eine Erkrankung des Knochenmarks sein. 20 Prozent der Menschen leiden an einer Eisenmangelanämie (das Eisen ist ein Schlüsselbestandteil des Hämoglobins). Die perniziöse Anämie ist Folge eines Mangels an Vitamin B12, gewöhnlich, weil das Vitamin nicht aus dem Verdauungstrakt in die Blutbahn aufgenommen werden kann.

Eine vererbbare Krankheit ist die Sichelzellanämie. Die roten Blutzellen nehmen sichelähnliche Formen an, verstopfen Venen und Schlagadern und hindern so die gesunden Zellen am Transport von Sauerstoff und Nährstoffen. Ein Trost für die Menschen mit Sichelzellanämie ist, daß sie immun gegen Malaria sind.

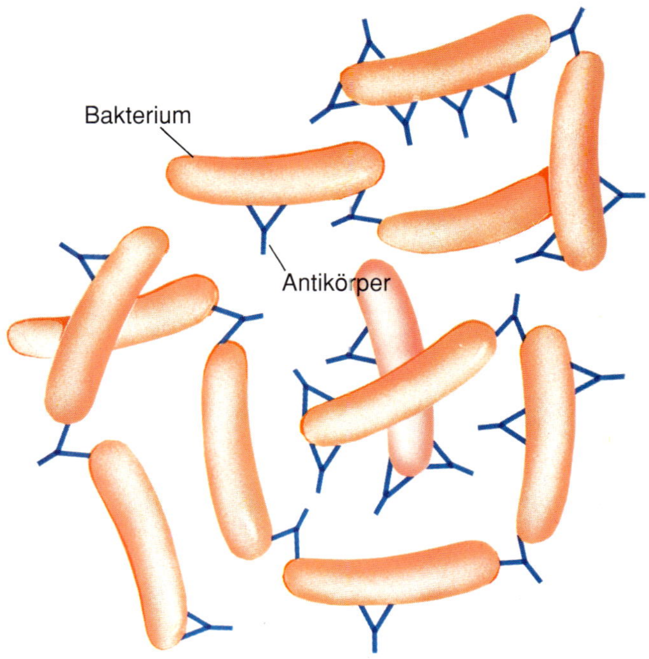

Antikörper *sind Y-förmige Eiweißmoleküle, die sich an eindringende Keime heften oder zwischen diesen Brücken bilden, so daß sie zusammenkleben. Verklumpte Bakterien, sog. Agglutinate, sind ein leichtes Ziel für Freßzellen, Phagozyten.*

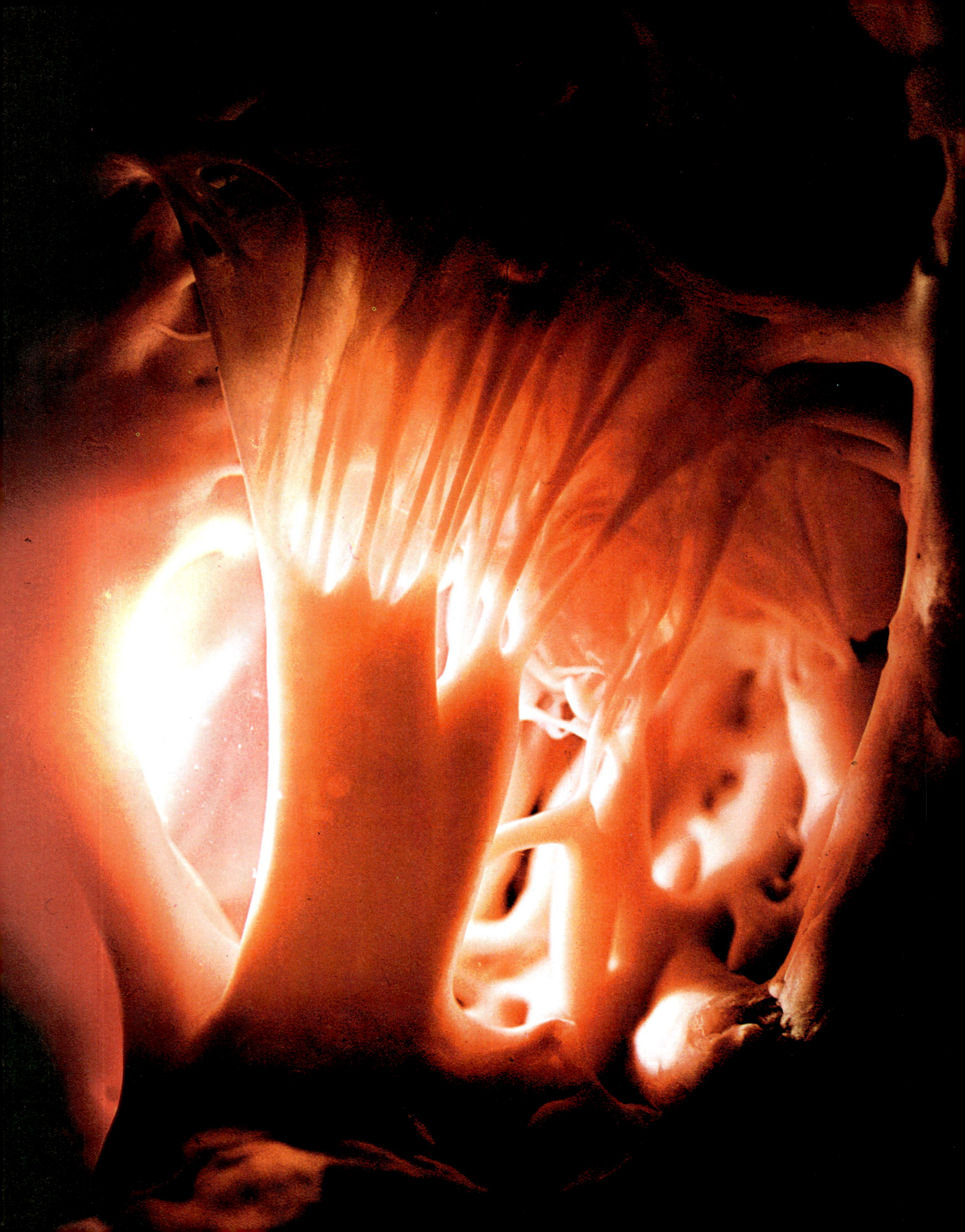

Kapitel 8

Das Herz

Der faustgroße Muskelkörper mit seinen Klappen und Gefäßen, das Herz, hat nicht die Gestalt, die man landläufig unter "herzförmig" versteht. Früher sah man das Herz als den Sitz romantischer Gefühle an; im Altertum noch glaubte man, es beseele den ganzen Körper. Für die Ägypter war das Gewicht eines Herzens ein Maß für die Wahrheit; die Griechen sahen in ihm einen glühenden Ofen, der die Unreinheiten im Blut verbrannte. Die neuzeitlichen wissenschaftlichen Erkenntnisse zwingen aber dazu, all diese mystischen Betrachtungsweisen aufzugeben und das Herz nüchtern als eine robuste Pumpe anzusehen.

Das Herz schlägt ab der vierten Entwicklungswoche eines Menschen bis kurz vor seinem Tod. Mit jedem Herzschlag sendet es lebenspendendes Blut in den Körper, und dies insgesamt etwa zweieinhalbmilliardenmal während eines normalen Lebens.

"Entdecker" des Herzens

Galen, einer der berühmtesten griechischen Ärzte und Lehrer des Altertums (129 bis 199 n. Chr.), sah das Herz als Energiequelle und Spender der Lebenswärme an. Noch Leonardo da Vinci (1452 bis 1519), der sich im Verlauf seiner Studien zum menschlichen Körper auch mit dem Herzen beschäftigte und es ganz richtig als muskulären Hohlkörper beschrieb, war als Kind seiner Zeit der Lehre Galens zu sehr verhaftet. Diese galt unangefochten bis zum frühen 17. Jahrhundert. Erst der englische Arzt William Harvey erkannte 1628, daß sich der Blutstrom nicht wie Ebbe und Flut bewegt, sondern daß das Blut vom Herzen über die Schlagadern in den Körper und durch die Venen zurück zum Herzen fließt. Harvey kann damit als der Entdecker des geschlossenen Blutkreislaufs mit dem Herzen als Pumpe angesehen werden. Diese Erkenntnis ist umso beeindruckender, als Harvey noch keine Vorstellung von dem Bindeglied zwischen Schlagadern und Venen besitzen konnte. Gegen Ende des 17. Jahrhunderts fand Malpighi mit Hilfe geeigneter optischer Instrumente kleinste Haargefäße, die Kapillaren, die eine Brücke zwischen den beiden großen Kreislaufabschnitten bilden.

Das Herz im Mutterleib

Jede Zelle im menschlichen Körper muß versorgt und entsorgt werden - eine Aufgabe, die der Kreislauf nur mit Hilfe des Herzens bewältigen kann; das gilt für die Verhältnisse beim Embryo ebenso wie für die des Langstreckenläufers.

Das embryonale Herz entwickelt sich aus zwei kleinen, eng benachbarten Röhren in der Brustregion, die über noch kleinere Gefäße miteinander verbunden sind und von einem Muskelmantel umhüllt werden. Drei Wochen nach der Befruchtung verschmelzen beide Gefäße zu einem einzigen Hohlraum. In der vierten Woche faltet und dreht sich die winzige Muskeltasche und beginnt zu schlagen. Der Hohlraum teilt sich in einen oberen und einen unteren Raum, was an der Oberfläche durch eine Furche markiert ist. Das Organ nimmt ei-

In der rechten Herzkammer *durchziehen Muskeln und Sehnen den Hohlraum wie Stalaktiten eine dunkle Tropfsteinhöhle. Ihre Kontraktion wirft das Blut durch die Pulmonalklappe zu den Lungen, wo es wieder mit Sauerstoff beladen wird. Das niemals ermüdende Herz schlägt fortwährend, etwa jede Sekunde einmal, für ein ganzes Leben.*

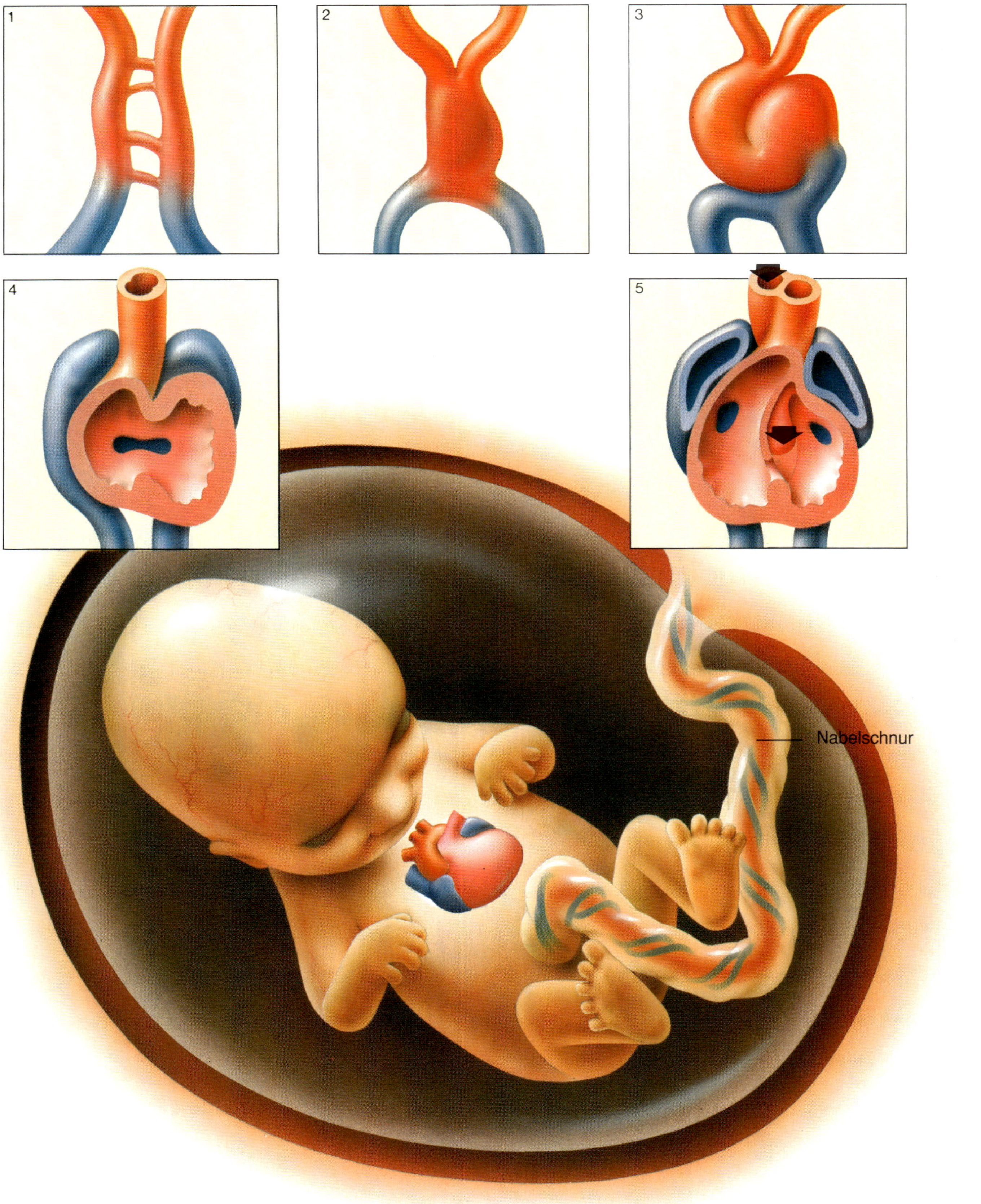
1
2
3
4
5
Nabelschnur

__Das Herz eines ungeborenen Kindes__ entwickelt sich in verschiedenen Stadien (links). Hauptschlagader und -vene des Embryos verschmelzen dort, wo sie in der Brusthöhle eng beieinander liegen. Drei Wochen nach der Empfängnis bilden sich zwischen beiden Gefäßen Brücken (1). Sie fließen zu einem gemeinsamen Hohlraum zusammen (2), bevor sich die oberen Vorhöfe durch Querleisten (spätere Ventile) von den unteren Kammern trennen (3). Der Vorhof-Kammer-Kanal wird ab der 5. Woche durch zwei aufeinander zuwachsende, längsgestellte Gewebsleisten geteilt (4, 5)um die beiden Blutwege wieder zu trennen. Wenn sich die Scheidewand in der Herzmitte geschlossen hat, verfügt das Herz über vier separate Räume. Mit acht Wochen trägt der Fötus bereits die Miniaturausgabe eines Erwachsenenherzens. Es pumpt das Blut durch die Nabelschnur zur Plazenta und wieder zurück, um dort Sauerstoff aufzunehmen und Schlacken abzugeben.

__Das Herz eines Erwachsenen__ (unten) ist ein muskuläres Organ, etwas größer als eine Männerfaust, und wiegt ungefähr 500 Gramm. Es befindet sich in der Mitte der Brusthöhle und wird nahezu vollständig von den Lungen eingefaßt. Das Herz liegt auf der linken Zwerchfellkuppel über der Leber. Es erhält venöses Blut von zwei Hauptgefäßen: aus der unteren Körperhälfte über die untere Hohlvene (V. cava inferior), aus dem Kopf- und Armbereich über die obere Hohlvene (V. cava superior). Nach Sauerstoffbeladung in den Lungen wird das (arterielle) Blut vom Herzen in die Aorta, Hauptschlagader des Körpers, gepumpt. Aus dieser zweigen sich die Schlagadern zur Versorgung des Kopfes und Rumpfes, der Gliedmaßen sowie der Eingeweide ab.

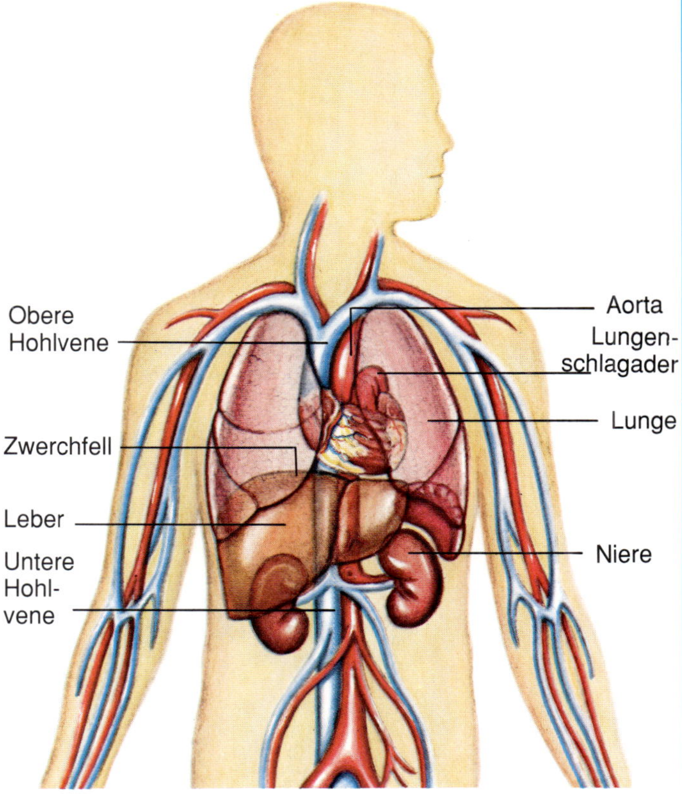

ne S-förmige Gestalt an. Der untere Raum wird durch eine sich einfaltende Zwischenwand in zwei Kammern getrennt - bis zu diesem Zeitpunkt war das Blut nur hin- und hergependelt, nun ist nur noch eine Fließrichtung möglich. In der fünften Woche hat das sich drehende Organ die Form des Erwachsenenherzens angenommen, auch der obere Raum ist durch Abfaltung einer Scheidewand (Septum) in die beiden Vorhöfe geteilt. Jeder Vorhof (Atrium) findet Anschluß an die gleichseitige Kammer (Ventrikel), es entstehen zwei parallel gelegene Pumpen. Während der sechsten und siebten Woche verdrehen sich die großen Blutgefäße und finden Anschluß an die Kammern, während ihre Ventile, die die Einbahnstraße des Blutes gewährleisten, sich unter der Strömung modellieren. Am Ende des zweiten Schwangerschaftsmonats ist das Herz zweieinhalb Zentimeter lang. In der darauffolgenden Fötalperiode werden seine Pulsationen regelmäßig, linkes und rechtes Herz arbeiten als selbständige Pumpen.

Bis zur Geburt ist der kindliche Kreislauf jedoch an die Verhältnisse im Mutterleib gebunden; beispielsweise wird die Lunge noch nicht beatmet, die Leber besitzt noch nicht ihre bedeutenden Entgiftungs- und Ausscheidungsfunktionen. Deshalb wird der größte Teil des Blutes an beiden Organe über Kurzschlüsse (Shunts) vorbeigeleitet. Die Aufgaben des Atem- und Verdauungsapparates übernimmt noch die Plazenta. Das Blut, das zusammen mit dem der Nabelschnurvene aus dem unteren kindlichen Körperbereich zum Herzen gelangt, wird unter Umgehung des noch nicht eröffneten Lungenkreislaufs vom rechten zum linken Vorhof über ein ovales Loch (Foramen ovale) kurzgeschlossen. Unmittelbar nach der Geburt schließt sich das Loch in der Vorhofscheidewand. Unter dem Einfluß der ersten Atemzüge finden noch weitere Veränderungen in Herz und Kreislauf statt. Das Neugeborene ist schließlich körperlich unabhängig von seiner Mutter, die Nabelschnur wird durchtrennt (genauere Beschreibung in Kapitel 6).

Jedes ein halbes Herz
Jede Herzseite bildet eine eigenständige Pumpe. Der Vorhof ist dünnwandig und dehnbar und erhält sein Blut aus großen Venen. Von dort fließt es dann durch ein Ventil in den dickwandigen Teil der Pumpe, die Kammer. Die Kammermuskeln pressen das Blut durch ein weiteres Ventil in eine große Schlagader. Die rechte Pumpe befördert das Blut zur Abgabe von Kohlendioxid und Aufnahme von Sauerstoff in die Lungen. Nach deren Durchfluß gelangt es zur linken Pumpe, die es jetzt im ganzen Körper verteilt. Nachdem es dort Sauerstoff ab- und Kohlendioxid aufgeladen hat, kehrt es über die Venen zum rechten Herzen zurück. Damit schließt sich eine Achter-Tour.

Rastloser Antreiber
Das Herz schlägt in Ruhe etwa 70mal in der Minute, das macht 100.000 Herzschläge jeden Tag und rein rechnerisch ungefähr zweieinhalb Milliarden in einem Menschenleben. Die tatsächliche Schlagzahl mag um einiges höher liegen, da der Körper den größten Teil des Tages aktiv ist und das Herz häufiger schlagen muß, um die Blutversorgung den Anforderungen der arbeitenden Muskeln anzupassen.

Das Blutvolumen eines Erwachsenen beträgt acht Prozent seines Körpergewichts, bei 75 Kilogramm also sechs Liter. In Ruhe wirft das Herz pro Schlag (Herzschlagvolumen) 0,07 Liter und pro Minute (Herzminutenvolumen) fünf Liter aus. Das macht am Tag 7.200 Liter, aber auch hier dürften die tatsächlich transportierten Blutmengen wesentlich höher liegen. Bei stärkerer Körperbelastung kann das Herzminutenvolumen auf Werte zwischen 40 und 50 Liter ansteigen.

Der Herzmuskel muß, um arbeiten zu können, selbst mit Blut versorgt werden. Dazu zweigen die beiden Kranzschlagadern aus der Aorta unmittelbar nach deren Abgang aus dem Herzen ab. Die Herzvenen bringen das im Herzmuskel "verbrauchte" Blut zum rechten Vorhof zurück.

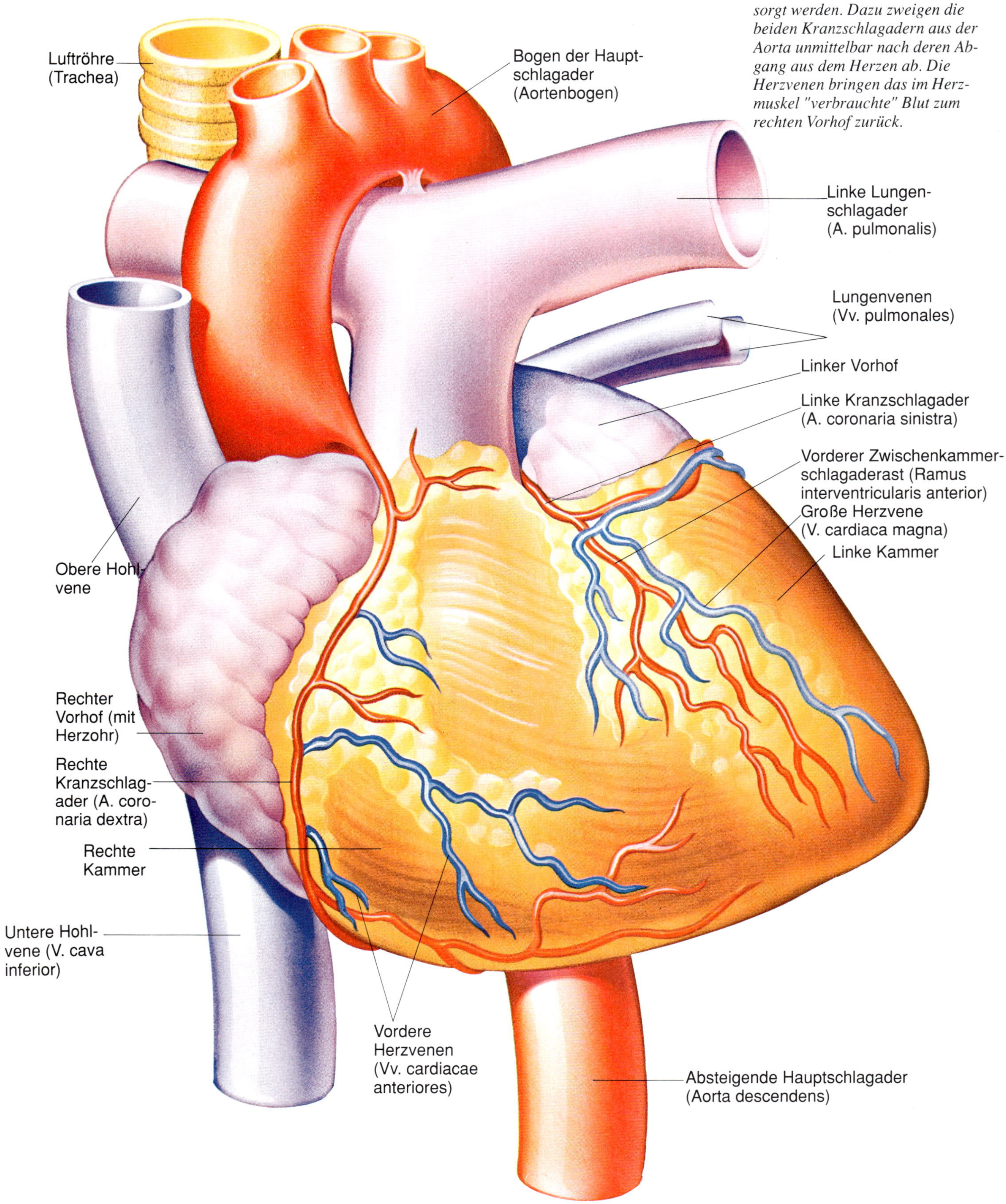

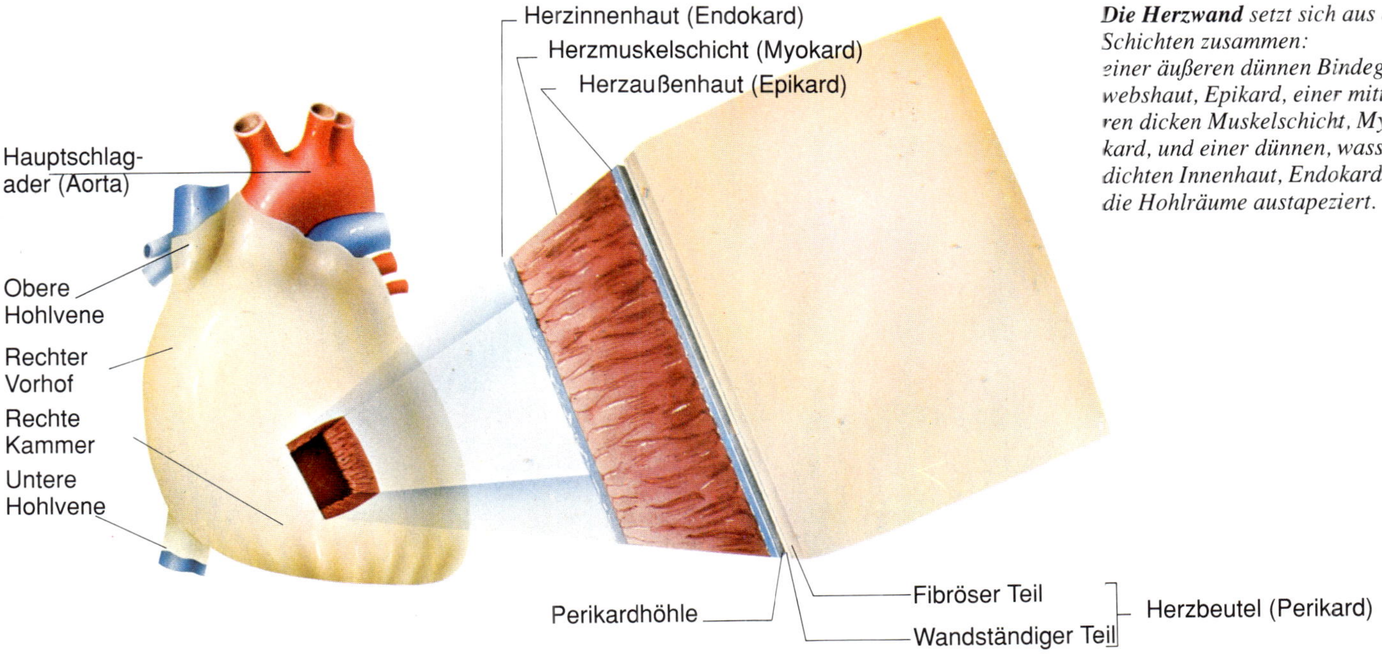

__Die Herzwand__ setzt sich aus drei Schichten zusammen: einer äußeren dünnen Bindegewebshaut, Epikard, einer mittleren dicken Muskelschicht, Myokard, und einer dünnen, wasserdichten Innenhaut, Endokard, die die Hohlräume austapeziert.

Kegel in der Brust

Das etwa faustgroße Herz ähnelt in seiner Form einem Kegel, der auf der Seite liegt. Es ist beim Erwachsenen etwa 13 Zentimeter lang, acht Zentimeter breit und sechs Zentimeter dick und befindet sich im mittleren Teil des Brustraums (mittleres Mediastinum), zu zwei Drittel links und einem Drittel rechts der Medianlinie. Die Spitze des Kegels (Herzspitze oder Apex cordis) ragt nach vorne links unten, der stumpfe Kegelteil (Herzbasis) nach hinten rechts oben, das rechte Herz zeigt zur vorderen, das linke zur hinteren Brustwand. Die Herzvorhöfe umfassen von hinten die Herzbasis. Eine seichte Rinne, die um die Basis laufende Herzkranzfurche (Sulcus coronarius), kennzeichnet an der Herzoberfäche die Grenze zwischen Vorhöfen und Kammern (und in etwa die Lage der vier Herzventile, die sog. Ventilebene). Auf der Vorder- und Rückseite deuten zwei in der Längsachse ziehende Furchen (Sulci interventriculares) die Grenzen zwischen den beiden Kammern an. Die Furchen führen die Herzkranzgefäße und sind mit Fett ausgepolstert, so daß die Organoberfläche glatte, abgerundete Konturen erhält. Das Herz ist von den beiden Lungen und großen Blutgefäßen flankiert und ruht mit seiner Spitze auf der gewölbten Muskel-Sehnenplatte, die als Zwerchfell den Boden des Brustraums (und gleichzeitig das Dach der Bauchhöhle) bildet. Somit befindet es sich im Schutz des Käfigs aus Brustbein, Rippen und Wirbelsäule mitsamt den Bändern und Brustwandmuskeln.

Futteral und Futter

Das Herz wird vollständig von einem Futteral, dem Herzbeutel (Perikard) umgeben. Dessen äußerer Anteil, das faserige Perikard, bildet eine Schutzhülle, die zur Verankerung des Herzens bindegewebig an das Sehnenzentrum des Zwerchfells und an das Brustbein geheftet ist. Der Innenraum zwischen Perikard und Herz wird von einer dünnen, aber festen und sehr glatten Doppelhaut ausgefüttert, die als Epikard eingeweideständig den Herzmuskel überzieht, als seröses Perikard wandständig mit dem fibrösen Perikard verwachsen ist. Der Spaltraum zwischen beiden Blättern enthält einige Tropfen einer Flüssigkeit (Liquor pericardii). Damit ist das Innere des Herzbeutels ein Gleitlager für die permanenten Pumpbewegungen und Volumenschwankungen des Herzens, das Reibungen einschränkt und Verletzungen verhindert.

Auch die Binnenräume des Herzens sind von einem Futter ausgekleidet, das als glatte Zellage die inneren Herzmuskeln, die Herzklappen und deren Verankerungen (Sehnenfäden und Papillarmuskeln) überzieht. Dieses Endokard muß den beträchtlichen Druckschwankungen bei jedem Herzschlag trotzen und dabei "blutdicht" sein - eine sich stets erneuernde Barriere für den vorbeifließenden Blutstrom aufbauen.

Ein nimmermüder Muskel

Zwischen Epikard und Endokard liegt das Kraftwerk des Herzens, der Herzmuskel (Myokard). Spiralige Muskelstreifen winden sich um ein festes Rahmenwerk aus dichtem Bindegewebe, das sog. Herzskelett (das Fasergerüst macht zusammen mit den Herzklappen die Hälfte des Organgewichts aus). Die Muskelstreifen umschlingen die Binnenräume, ihre Wände bildend, und verschmelzen an der Herzbasis in Schleifentouren, wodurch die hier gelegenen Ventile gestützt werden.

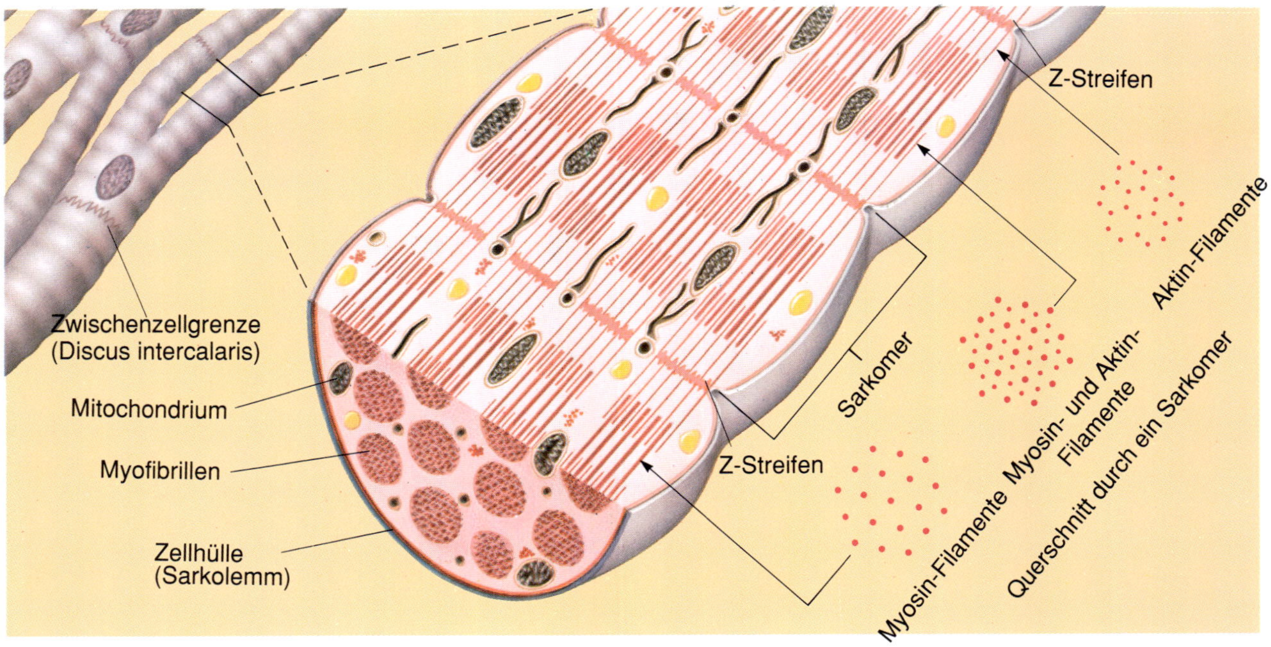

Die Ursache der Herzmuskel-Querstreifung *ist im vergrößerten Längsschnitt zu erkennen. Parallel ausgerichtete Faserbündel des kontraktilen Muskeleiweißes, Myofibrillen, bestehen aus rhythmisch sich wiederholenden Abschnitten, sog. Sarkomeren. In den Sarkomeren überlappen sich feinste parallele Fäserchen aus den Eiweißen Aktin und Myosin. Wenn diese Filamente übereinandergleiten, zieht sich die Muskelzelle in Längsrichtung zusammen. Die rasche Aufeinanderfolge Tausender solcher Kontraktionen (und Erschlaffungen) macht die Pumpwirkung des Herzens aus.*

Die Muskelwände der Vorhöfe sind wesentlich dünner als die der Kammern - die Vorhöfe sind auch weniger Pumpen als vielmehr dehnbare Empfangsräume für das Venenblut. Die Wand der linken Kammer, die den hohen Druck des arteriellen Kreislaufschenkels (Hochdrucksystem) aufbringen muß, verfügt über die größte Muskelmasse und ist an manchen Stellen über eineinhalb Zentimeter dick. Die rechte Ventrikelwand ist um zwei Drittel dünner, sie hat die weniger druckaufwendige Aufgabe des Bluttransports durch die Lungen (Niederdrucksystem).

Der Herzmuskel ist in gewisser Beziehung ein Mittelding zwischen Skelett- und Eingeweidemuskulatur. Mikroskopisch weist er ebenso wie der Skelettmuskel eine Querstreifung auf, er ist jedoch nicht wie dieser willkürlich zu beeinflussen. Seine Grundtätigkeit wird von einem eigenständigen (autonomen) Erregungssystem gesteuert, das der Kontrolle des vegetativen Nervensystems unterliegt. In dieser Hinsicht gleicht der Herzmuskel eher der glatten Eingeweidemuskulatur. Die Herzmuskelzellen sind relativ groß und enthalten wie die Zellen der anderen Muskelarten Aktin- und Myosinfilamente; die molekulare Basis der Kontraktion ist bei allen Muskeln dieselbe. Auch besitzen die Myokardzellen eine große Menge an Mitochondrien - jenen Kraftzentren, die in der Zelle Nährstoffe in Energie umwandeln.

Das Myokard unterscheidet sich jedoch darin von der übrigen Muskulatur, daß es immer wieder entlang seiner Fasern elektrische Impulse leitet. Die End- zu Endgrenze zwischen zwei Herzmuskelzellen markiert sich unter dem Mikroskop als dunkler sog. Glanzstreifen (Discus intercalaris). Hier sind die Membranen der beiden Nachbarzellen miteinander verschmolzen ("tight junctions"), elektrische Signale fließen nahezu ungehindert hindurch. An den seitlichen Zellmembranabschnitten ist der elektrische Widerstand jedoch hundertfach höher. So folgen die Signale dem Weg des geringeren Widerstandes, springen von Zelle zu Zelle und hinterlassen eine Kette von Kontraktionen. Strukturell ist das Myokard ein Gitterwerk einzelner Zellen, verhält sich aber wie ein Synzytium - ein Geflecht von Zellen, die sich zu einem Arbeitsverband zusammengeschlossen haben - wie eine einzige Riesenzelle.

Öffnung und Schluß

Vier gleich widerstandsfähige Ventile arbeiten innerhalb des rastlosen Herzmuskels. Bei der Herztätigkeit öffnen und schließen sie sich in einem ganz bestimmten Takt, wodurch die Strömungsrichtung des Blutes sichergestellt wird. Die vier Ventile bilden zwei Paare: auf beiden Seiten je eine Klappe zwischen Vorhof und Kammer, Atrioventrikular- (AV-)Klappe, und je ein Ventil zwischen Kammern und angrenzenden Schlagadern. Das Gerüst der Klappen bilden derbe Bindegewebsplatten, die von Endokard überzogen und mit ihrer Basis am Herzskelett verankert sind.

Nach ihrem Verschlußmechanismus unterscheidet man Segel- und Taschenklappen. Die dreizipflige Segelklappe (Valva tricuspidalis oder atrioventricularis dextra) liegt zwischen den beiden rechten Binnenräumen und sorgt dafür, daß das einmal aus dem Vorhof in die Kammer gelangte Blut nicht wieder zurückfließt. Dasselbe tut die zweizipflige Segelklappe (Valva bicuspidalis oder atrioventricularis sinistra) im linken Herzen; sie wird wegen ihrer Ähnlichkeit mit einer Bischofsmütze auch Mitralklappe genannt.

Der Mechanismus der AV-Klappen ist recht einfach: Kontrahieren

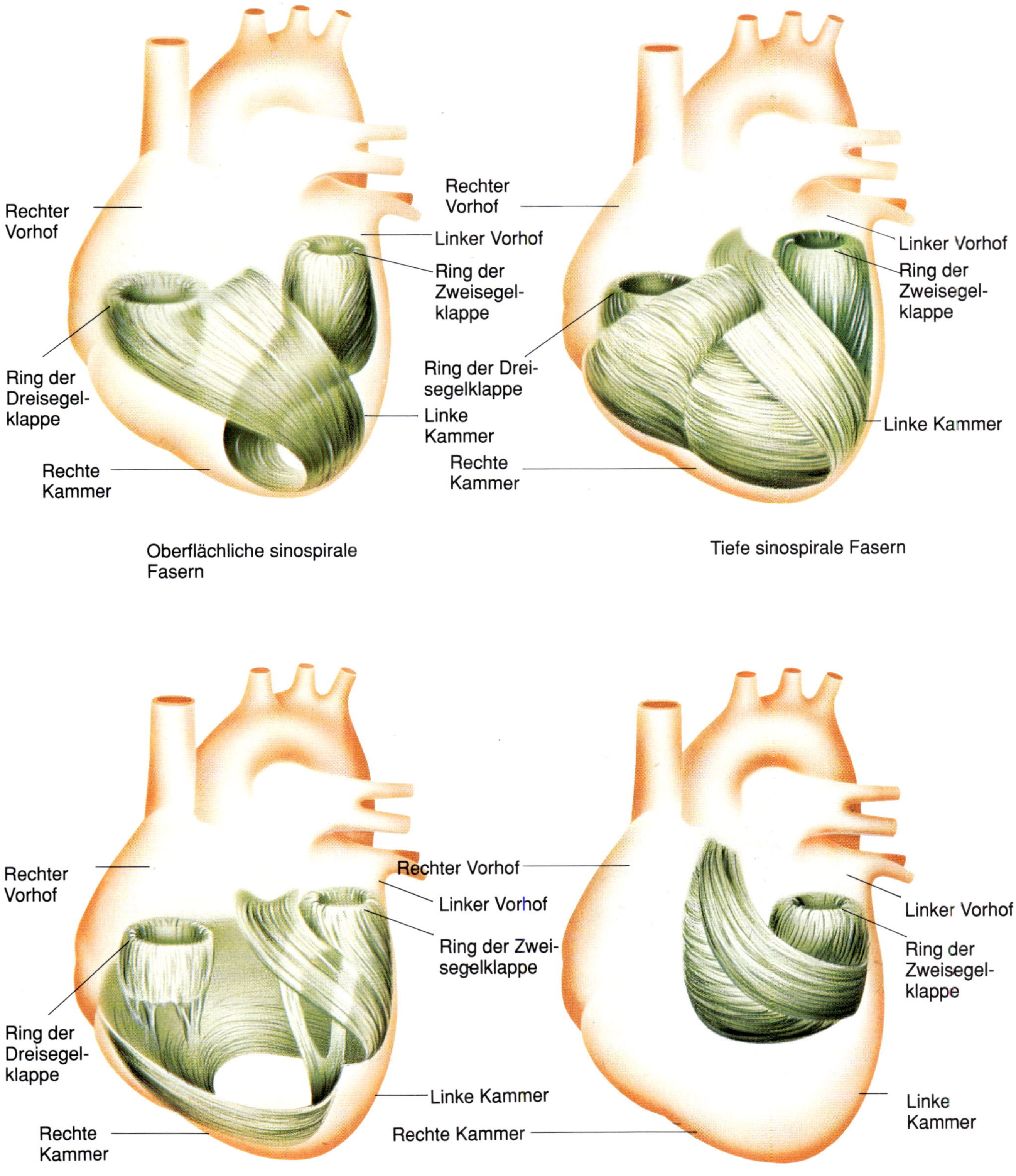

Oberflächliche sinospirale Fasern

Tiefe sinospirale Fasern

Oberflächliche bulbospirale Fasern

Tiefe bulbospirale Fasern

***Der Kraftschlag des Herzens** ist Folge einer plötzlichen Kontraktion der dicken muskulären Kammerwände, die das Blut in den Lungen- bzw. Körperkreislauf pumpen. Dazu befähigt sie die spiralige Anordnung ihrer Muskelfasern. An der Basis der Segelklappen sitzen muskelverstärkte Bindegewebsringe, die zur Abdichtung der Einlaßventile während der Auswurfphase beitragen und einen Blutrückfluß verhindern.*

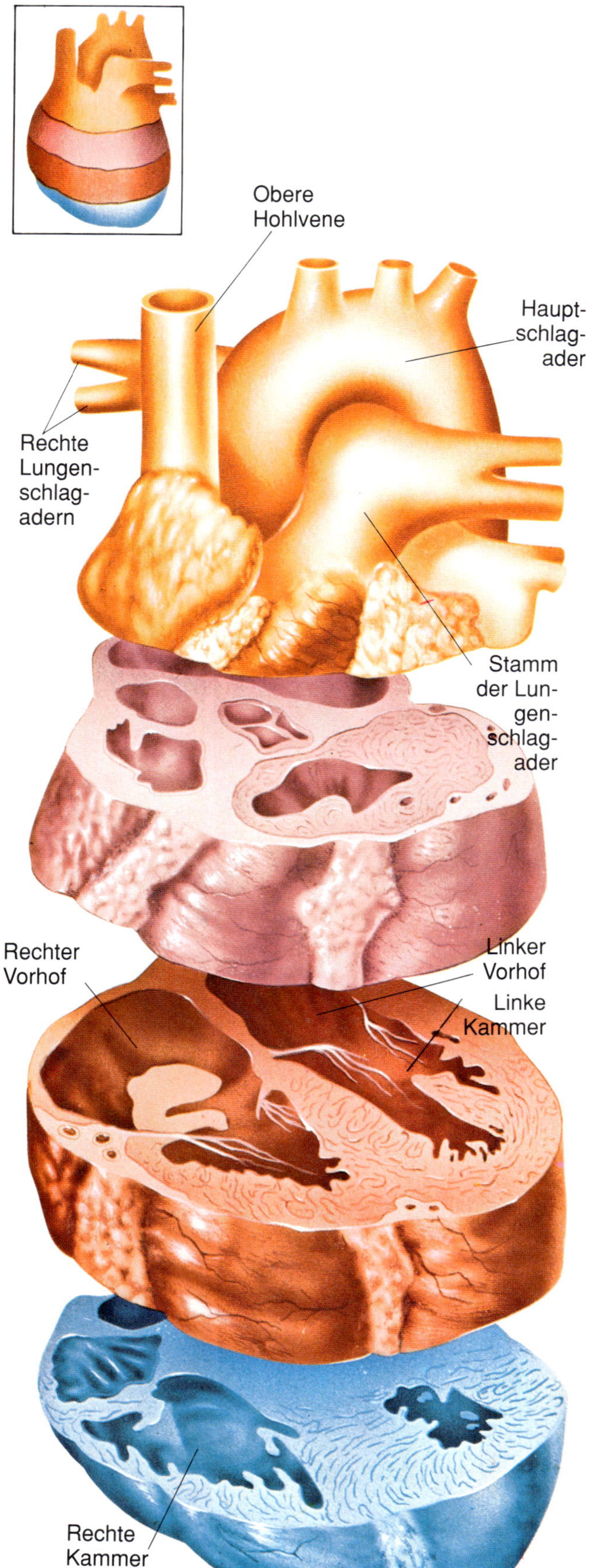

Die Herzräume *unterscheiden sich im Kaliber und in ihrer Wanddicke (vgl. die Querschnitte links). Am auffälligsten sind die unterschiedlichen Wandstärken: Die linke Kammer ist kräftiger als die rechte, sie pumpt das Blut unter relativ hohem Druck in den Körperkreislauf.*

An den Blutkapillaren*, die die traubenförmigen Lungenbläschen umgeben, findet der Gasaustausch in den Lungen statt (rechts). Venöses, kohlendioxidreiches Blut (blau) wird von der rechten Herzkammer über die Lungenschlagadern zu den Lungen gepumpt. Nach seiner Sauerstoffbeladung kehrt das arterielle Blut (rot) über die Lungenvenen zum linken Herzen zurück.*

sich die Kammermuskeln, stößt das Blut unter dem ansteigenden Druck an die Unterseite der Segel und treibt deren freie Ränder aneinander, so daß sie sich schützend vor die rückwärtige Öffnung zum Vorhof legen. Lange Sehnen (Chordae tendineae) verankern die freien Klappenränder mit fingerähnlichen Muskeln im Inneren der Kammern (Papillarmuskeln) und verhindern ein Durchschlagen der Segel in die Vorhöfe. Wenn sich die Ventrikelmuskulatur entspannt und die Kammern weiter werden, legen sich die Segel den Kammerwänden an und geben den Durchfluß von den Vorhöfen wieder frei.

Wenn die AV-Klappen sich schließen, werden die Ventile zu den Schlagadern geöffnet. Bei diesen handelt es sich um sog. Semilunarklappen - jedes der beiden Ventile besteht aus drei halbmondförmigen Taschen. Die Pulmonalklappe (Valva pulmonalis) liegt in der Ausstrombahn der rechten Kammer zum Stamm der Lungenschlagadern, die Aortenklappe (Valva aortae) in der Ausstrombahn der linken Kammer zur Hauptschlagader des Körpers. Auch ihr Mechanismus ist recht einfach. Wird das Blut aus den Kammern gepreßt, drückt es die Taschen zu den Schlagadern auf. Fällt der Druck in den Kammern durch deren Erschlaffung aber ab und ist in den Schlagadern höher, werden die Taschen durch das zurückfließende Blut gefüllt; die Taschenränder legen sich aneinander und schließen den Durchlaß.

Beim Entfalten der Segel- und der Taschenventile, beim Klappenschluß entstehen jeweils dumpfe Geräusche, die in der Medizin als Herztöne bezeichnet werden und die als Herzschlag in Dichtung und Musik unzählige Male beschrieben worden sind.

Die gekrümmte Krone

Alle Gewebe, besonders die arbeitende Muskulatur, brauchen Sauerstoff. Als ruhelos tätiger Muskelkörper ist der Sauerstoffbedarf des Herzens besonders hoch. Zwar fließt durch die Vorhöfe und

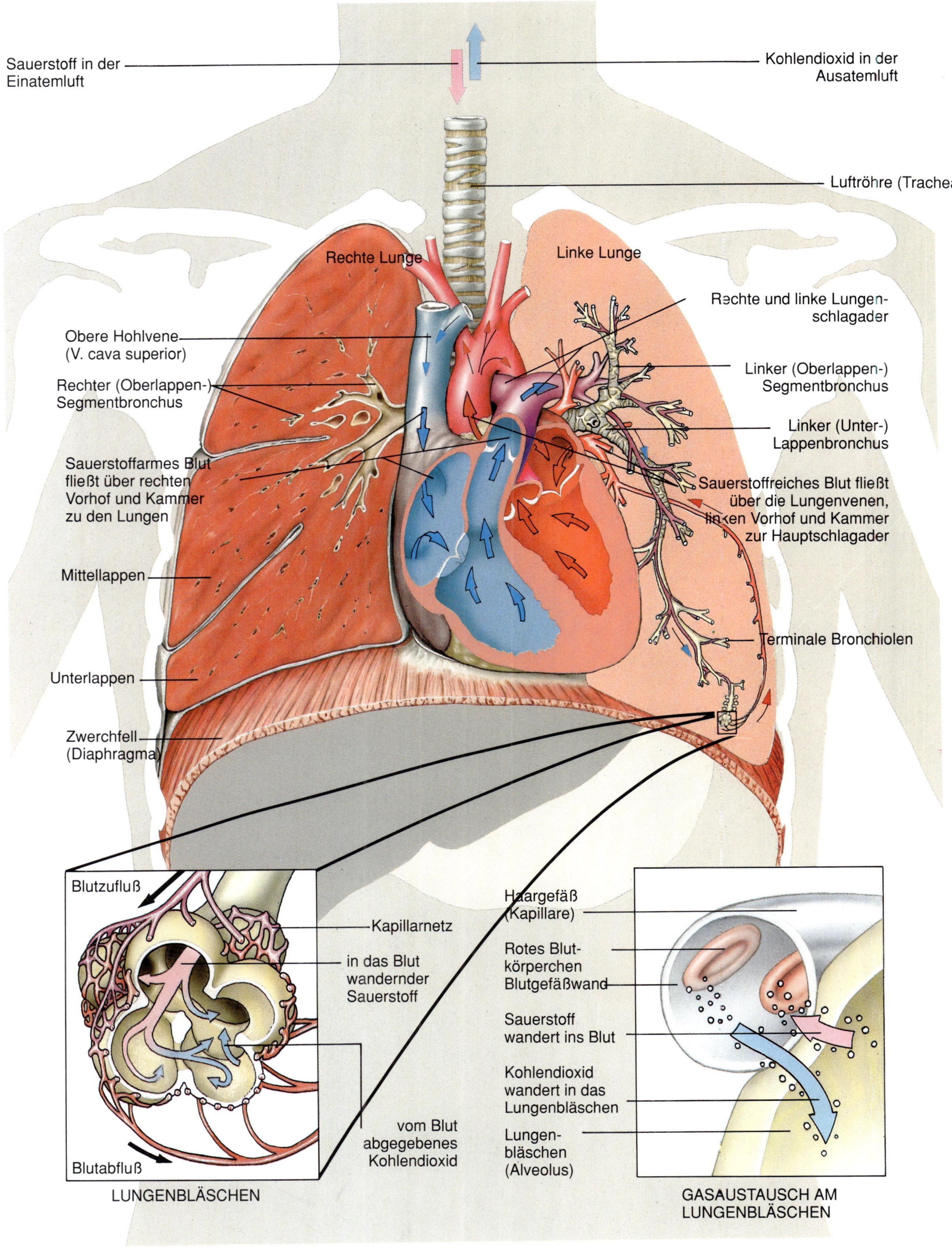
Sauerstoff in der Einatemluft
Kohlendioxid in der Ausatemluft
Luftröhre (Trachea)
Rechte Lunge
Linke Lunge
Rechte und linke Lungenschlagader
Obere Hohlvene (V. cava superior)
Linker (Oberlappen-) Segmentbronchus
Rechter (Oberlappen-) Segmentbronchus
Linker (Unter-) Lappenbronchus
Sauerstoffarmes Blut fließt über rechten Vorhof und Kammer zu den Lungen
Sauerstoffreiches Blut fließt über die Lungenvenen, linken Vorhof und Kammer zur Hauptschlagader
Mittellappen
Terminale Bronchiolen
Unterlappen
Zwerchfell (Diaphragma)
Blutzufluß
Kapillarnetz
in das Blut wandernder Sauerstoff
vom Blut abgegebenes Kohlendioxid
Blutabfluß
LUNGENBLÄSCHEN
Haargefäß (Kapillare)
Rotes Blutkörperchen
Blutgefäßwand
Sauerstoff wandert ins Blut
Kohlendioxid wandert in das Lungenbläschen
Lungenbläschen (Alveolus)
GASAUSTAUSCH AM LUNGENBLÄSCHEN

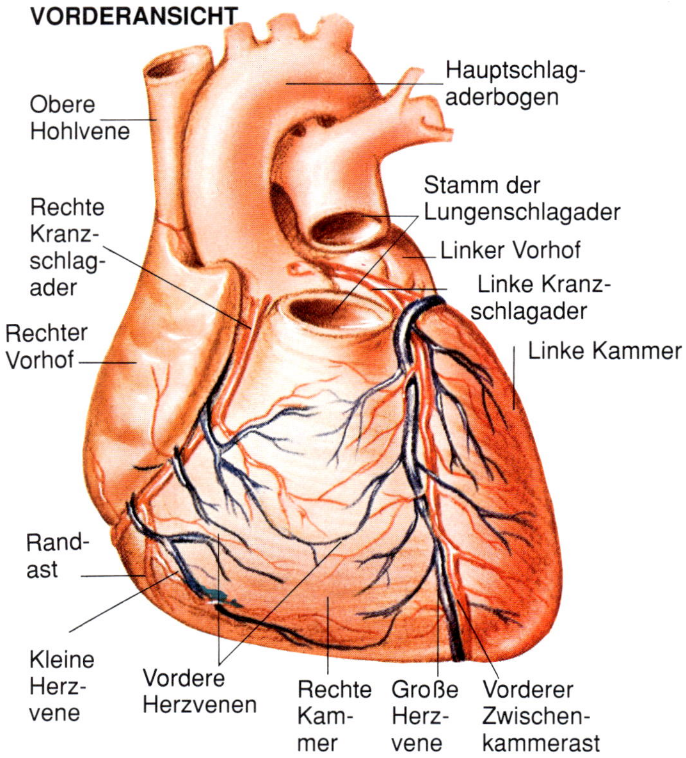

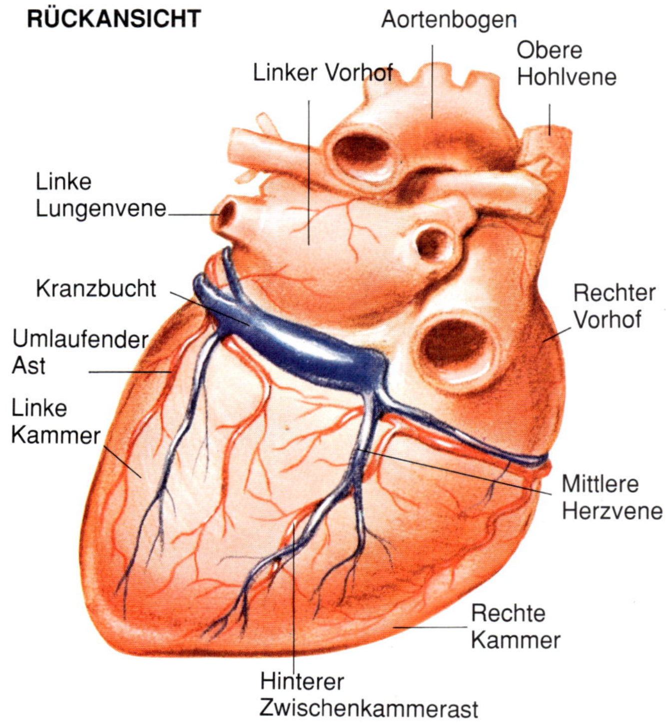

***Die Herzkranzarterien**, dem Organ wie eine Krone aufsitzend (oben, links und rechts), bringen dem Herzmuskel sauerstoffreiches Blut. Während größerer Körperbelastung schlägt das Herz schneller, sein Sauerstoffbedarf steigt an. Die Kranzschlagadern müssen gerade jenem Muskel mehr Blut liefern, der für den Blutstrom sorgt.*

***Die Herz"töne"** werden durch den Wechsel von Kammermuskel-Erschlaffung (Diastole) und -Kontraktion (Systole) erzeugt (unten, links und rechts). Der fein abgestimmte Herztakt ist hier in einer Diagrammfolge nachgezeichnet (sauerstoffarmes Blut blau, sauerstoffreiches rot). Während das Herz in der Diastole erschlafft (1), füllen sich seine Vorhöfe mit Blut-sauerstoffarmes rechts aus den Hohlvenen des Körpers, sauerstoffreiches links aus den Lungen. Die beiden Vorhof-Kammer-Ventile (Mitral- und Trikuspidalklappe) öffnen sich, das Blut strömt - mitangetrieben durch die Vorhofkontraktionen - in die Kammern (2). Dann zieht sich die Kammermuskulatur zusammen (3), das sauerstoffarme Blut wird rechts durch das Lungenschlagaderventil (Pulmonalklappe) in Richtung Lungen, das sauerstoffreiche Blut links durch das Hauptschlagaderventil (Aortenklappe) in den Körperkreislauf gepumpt. In ihrer Diastole erschlaffen die Vorhöfe (4) und füllen sich wieder mit Blut, der Zyklus beginnt von neuem.*

1

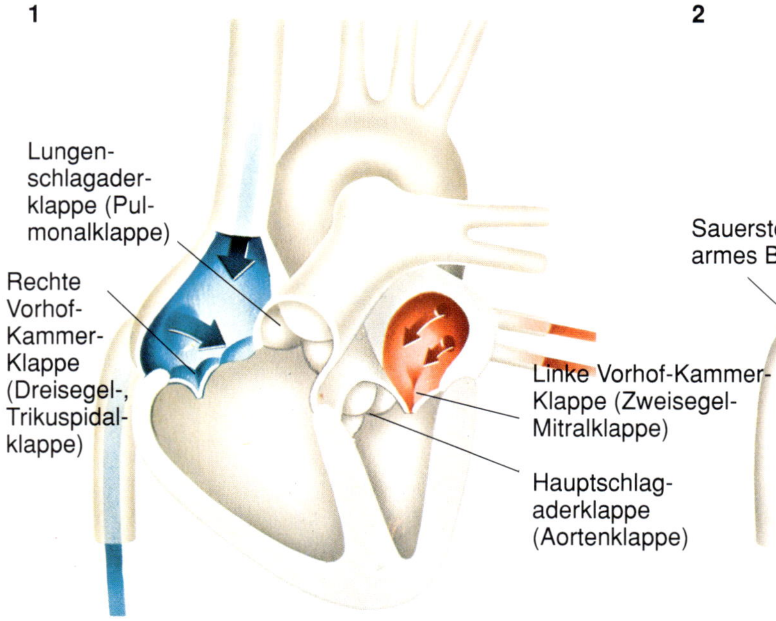

2

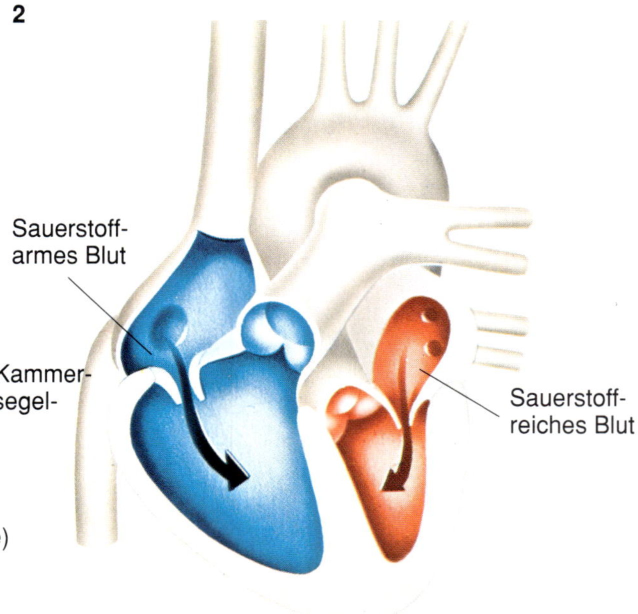

Kammern sehr viel Blut (sog. Arbeitskreislauf des Herzens; in der Anatomie als Vasa publica bezeichnet), seine Strömungsgeschwindigkeit ist jedoch zu hoch, und die Muskelwände des Herzens sind zu dick, um eine Versorgung von hier aus zu ermöglichen; zudem ist das Blut im rechten Herzen sauerstoffarm. Deshalb verfügt auch das Herz über einen eigenen Versorgungskreislauf (die Vasa privata der Anatomen): fünf Prozent des vom Herzen ausgeworfenen Blutes zweigt es zur Selbstversorgung ab. Zwei bleistiftdicke Schlagadern (Koronararterien) verlassen die Aorta unmittelbar hinter ihrer Klappe und umziehen das Herz in der Kranzfurche. Aus diesen geht ein feines Gefäßnetzwerk hervor, das sich soweit aufteilt, bis jede Herzmuskelfaser von einer Kapillare begleitet wird. Die Kranzschlagadern, von den Anatomen mit einer leicht gekrümmten Krone verglichen, transportieren durch den Herzmuskel pro Tag etwa 520 Liter Blut.

Die linke Koronararterie versorgt mit ihren beiden Ästen (Rami interventricularis anterior und circumflexus) die Wand der linken und eines Teils der rechten Kammer, während die rechte Koronararterie überwiegend die rechte Kammer ernährt. An der Versorgung der Vorhöfe beteiligen sich beide Kranzschlagadern. Die Herzarterien werden von Venen begleitet, die den Rücktransport des Blutes aus der Herzmuskulatur übernehmen. Die Venen vereinigen sich in einem größeren Gefäß der Kranzfurche an der Herzvorderwand, im Sinus coronarius, der sich in den rechten Vorhof entleert.

Der Herzzyklus

Der Herzschlag, die Kontraktion des Myokards und die darauffolgende Erschlaffung, wird auch als Herzzyklus bezeichnet. Seine kontraktile Phase mit Auswurf des Blutes in die großen Schlagadern ist die Systole, seine Erschlaffungsphase mit Füllung der Herzkammern die Diastole.

Wenn man den Ablauf der Kontraktion über das Myokard von außen her verfolgt, bekommt man den Eindruck, als würden die verschiedenen Muskelschichten in der Systole das Blut aus dem Herzen wringen. Die erste Kontraktionswelle beginnt am oberen rechten Vorhof und überquert dann beide Atrien - das Blut wird aus den Vorhöfen in die Kammern geschoben. Eine zweite Welle entsteht an der Herzspitze und pflanzt sich über die Kammermuskulatur basiswärts fort - die Kammern werfen ihren Inhalt in die großen abgehenden Gefäße. In der Systole verkürzt sich das Herz, es flacht ab und dreht sich etwa um ein Viertel, die Spitze und Teile der linken Hälfte stoßen an die vordere Brustwand.

Ein normaler Herzzyklus dauert etwa 0,8 Sekunden, die Kontraktion der Vorhöfe nimmt davon 10, die der Kammern 40 Prozent in Anspruch. Die Ventrikelkontraktion läuft in drei Phasen ab: Innerhalb der ersten 0,06 Sekunden spannen sich die Kammermuskeln an, in den folgenden 0,11 Sekunden werden 60 Prozent des Schlagvolumens ausgeworfen; in der dritten ebenso langen Phase wird der Rest des Volumens befördert.

3

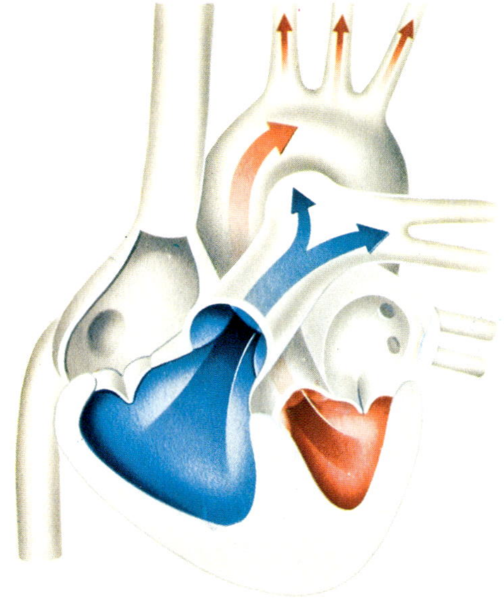

4

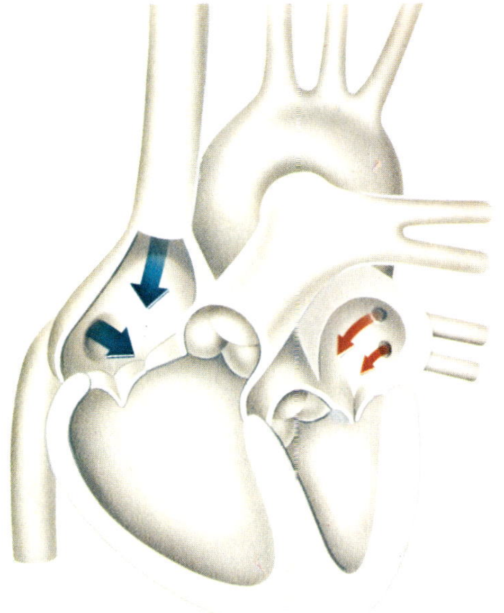

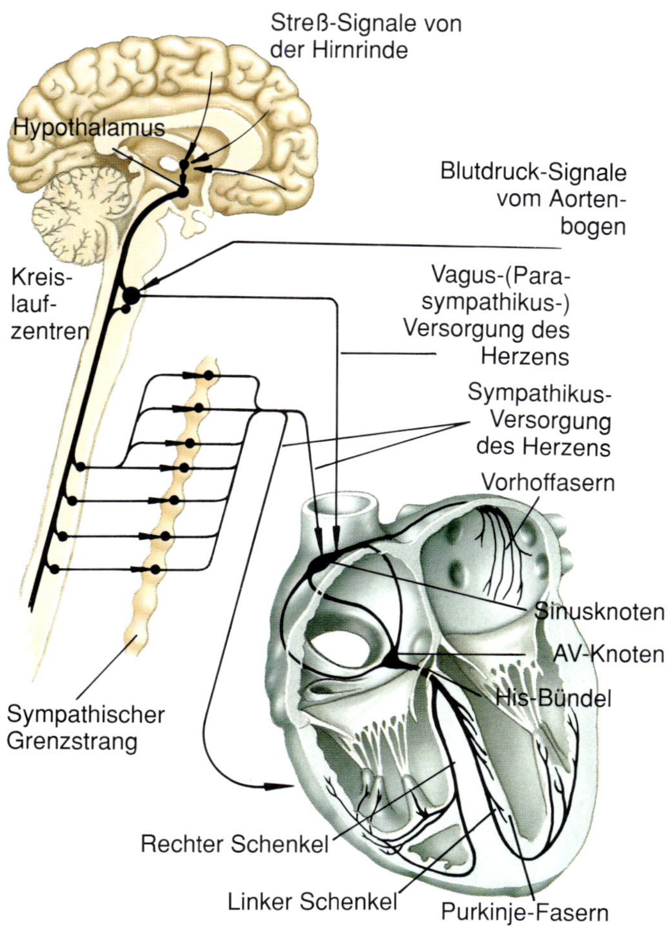

__Bei der regelmäßigen Herztätigkeit__ wirken spontane Zellentladungen wie Zündfunken. Die vom Sinusknoten ausgehenden Reize (als Zellansammlung im rechten Vorhofdach ist er der natürliche Herzschrittmacher) erregen den Vorhof-Kammer-(AV-) Knoten und das His-Bündel. Die Erregung pflanzt sich auf die Purkinje-Fasern fort und durchsetzt die Muskelwände der Herzkammern, die sich daraufhin zusammenziehen. Der Sinusknoten kann in seinem selbständigen Rhythmus vom Gehirn über das vegetative Nervensystem (Sympathikus und Parasympathikus) beeinflußt werden. Die Purkinje-Fasern (links unten vergrößert) sind im Schnittbild des Herzens (rechts) mit eingezeichnet. Sie leiten die Erregung etwa viermal schneller als die übrigen Gebilde des Erregungsleitungssystems.

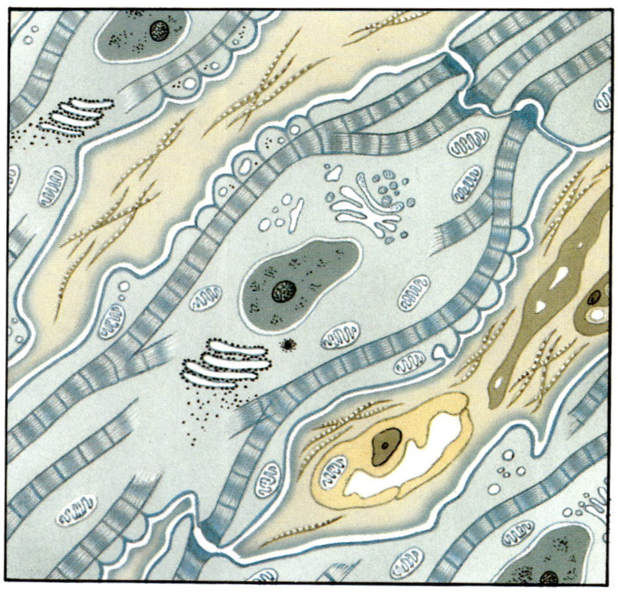
Purkinje-Faserzelle bei starker Vergrößerung

Die innere Verkabelung

Der geordnete Ablauf eines Zyklus, Voraussetzung für die Pumpleistung des Herzens, ist auf die Struktur seiner Muskulatur (z.B. synzytialer Zellverband), auf die physiologischen Eigenschaften seiner Zellen (z.B. relativ lange Erholungsphase oder Repolarisation) und nicht zuletzt auf ein eigenständiges Erregungssystem zurückzuführen, das innerhalb des Organs verkabelt ist.

Der Grundrhythmus des Herzschlags geht von einer Ansammlung spezialisierter Herzmuskelzellen aus, die als Sinusknoten im Dach des rechten Vorhofs (an der Mündung der oberen Hohlvene) liegen. Diese Zellen sind nicht nur in der Lage, Erregungen ohne Verlust zu leiten, sie erzeugen auch die dafür notwendigen Reize selbst. Der vom Sinusknoten gebildete Reiz breitet sich als Erregung zunächst über die Vorhofwände aus und gelangt dann zu einer zweiten Gruppe spezieller Myokardzellen, die als Atrioventrikular- (AV-)Knoten am Boden des rechten Vorhofs in Nähe der Kammerscheidewand liegen. Die Leitungsgeschwindigkeit der Fasern in den Vorhofwänden beträgt 0,8 Meter pro Sekunde, im AV-Knoten fällt sie auf 0,05 Meter in der Sekunde ab. Von hier geht die Erregung auf ein Bündel spezialisierter Myokardfasern, das sog. His-Bündel (benannt nach dem deutschen Anatomen Wilhelm His 1863-1934) über. Dieses beginnt oberhalb der Kammerscheidewand, teilt sich in einen rechten und linken Schenkel und läuft an der Herzspitze bzw. in den seitlichen Muskelwänden in Form feinster sog. Purkinje-Fasern aus. Im His-Bündel wird die Erregungsleitung wieder auf eineinhalb, in den Purkinje-Fasern sogar auf dreieinhalb Meter pro Sekunde beschleunigt.

Ein kontrollierender Einfluß

Die Befähigung, sich spontan zu depolarisieren und Reize zu bilden, besitzen alle Herzmuskelzellen; der Sinusknoten gibt hier jedoch den Schritt an. Seine führende Rolle gegenüber den tieferen Teilen des Reizbildungs- und Erregungsleitungssystems rührt aus seiner schnelleren Depolarisationsfrequenz. Er entlädt sich 70mal in der Minute, der AV-Knoten hingegen 40 bis 60mal und die Zellen im His-Bündel nur noch 20 bis 40mal.

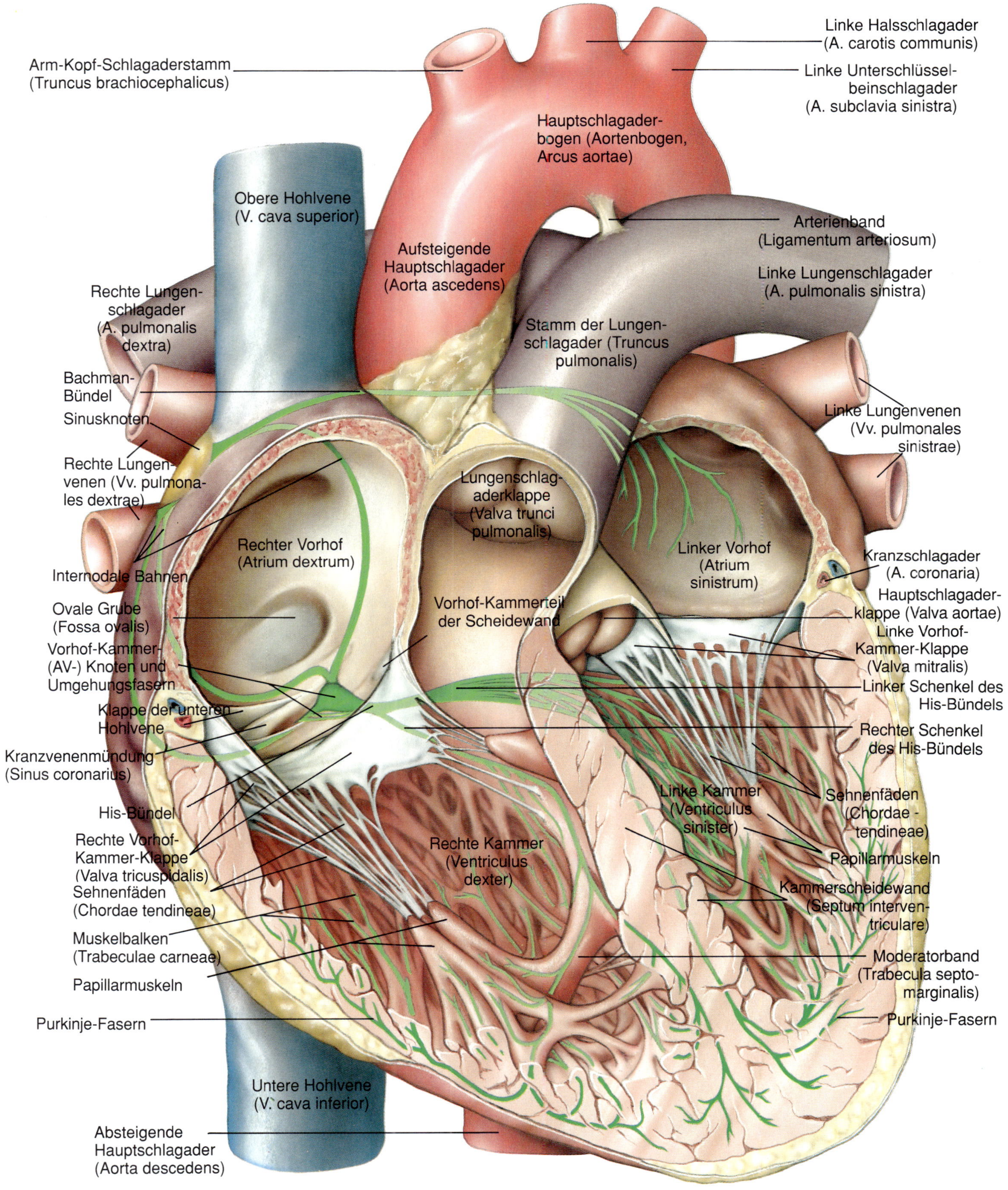
Linke Halsschlagader
(A. carotis communis)
Arm-Kopf-Schlagaderstamm
(Truncus brachiocephalicus)
Linke Unterschlüssel-
beinschlagader
(A. subclavia sinistra)
Hauptschlagader-
bogen (Aortenbogen,
Arcus aortae)
Obere Hohlvene
(V. cava superior)
Arterienband
(Ligamentum arteriosum)
Aufsteigende
Hauptschlagader
(Aorta ascedens)
Linke Lungenschlagader
(A. pulmonalis sinistra)
Rechte Lungen-
schlagader
(A. pulmonalis
dextra)
Stamm der Lungen-
schlagader (Truncus
pulmonalis)
Bachman-
Bündel
Sinusknoten
Linke Lungenvenen
(Vv. pulmonales
sinistrae)
Rechte Lungen-
venen (Vv. pulmona-
les dextrae)
Lungenschlag-
aderklappe
(Valva trunci
pulmonalis)
Rechter Vorhof
(Atrium dextrum)
Linker Vorhof
(Atrium
sinistrum)
Internodale Bahnen
Kranzschlagader
(A. coronaria)
Vorhof-Kammerteil
der Scheidewand
Hauptschlagader-
klappe (Valva aortae)
Ovale Grube
(Fossa ovalis)
Linke Vorhof-
Kammer-Klappe
(Valva mitralis)
Vorhof-Kammer-
(AV-) Knoten und
Umgehungsfasern
Linker Schenkel des
His-Bündels
Klappe der unteren
Hohlvene
Rechter Schenkel
des His-Bündels
Kranzvenenmündung
(Sinus coronarius)
Linke Kammer
(Ventriculus
sinister)
Sehnenfäden
(Chordae -
tendineae)
His-Bündel
Rechte Vorhof-
Kammer-Klappe
(Valva tricuspidalis)
Rechte Kammer
(Ventriculus
dexter)
Papillarmuskeln
Sehnenfäden
(Chordae tendineae)
Kammerscheidewand
(Septum interven-
triculare)
Muskelbalken
(Trabeculae carneae)
Moderatorband
(Trabecula septo-
marginalis)
Papillarmuskeln
Purkinje-Fasern
Purkinje-Fasern
Untere Hohlvene
(V. cava inferior)
Absteigende
Hauptschlagader
(Aorta descedens)

Der Sinusknoten ist aber nicht sein eigener Herr; Fasern des vegetativen Nervensystems kommen aus dem Herzregulations-Zentrum im verlängerten Rückenmark und steuern ihn und das übrige Erregungsleitungssystem. Dieser Regulationsort ist ein Teil der sog. Kreislaufzentren im Hirnstamm, wo sich noch andere lebenswichtige Kontrolleinrichtungen für weitgehend automatisch ablaufende Grundvorgänge unseres Organismus wie z.B. die Atmung befinden.

Ionenpumpe

Um zu verstehen, wie die Herzmuskelzellen selbst Impulse erzeugen und leiten können, müssen wir zurückgehen auf die Stufe kleinster Teilchen und deren Verhalten an Zellmembranen. Ein Atom ist ein normalerweise elektrisch neutrales Gebilde, da der vorwiegend aus Protonen (positiven Ladungen) bestehende Kern mit der - aus negativ geladenen und in Schalen angeordneten Elektronen (negative Ladungen) zusammengesetzten - Elektronenhülle im Gleichgewicht steht. Unter bestimmten Bedingungen (meist, wenn sie sich in Lösung befinden) neigen Atome jedoch dazu, einen oder zwei Ladungsträger abzugeben bzw. aufzunehmen. Natrium- oder Kaliumatome beispielsweise - beide besonders wichtig für die Erregungsvorgänge an Zellmembranen - geben in Lösung ein Elektron ab, wodurch ihre positive Ladung mit einem Proton überwiegt; in dieser Form bezeichnet man die Atome als "Ione".

Wir müssen uns nun in der Membran lebender Herzmuskelzellen Pumpen vorstellen, die ständig damit beschäftigt sind, Kaliumionen (K^+) in die Zelle und Natriumionen (Na^+) aus ihr heraus zu transportieren. Beide Ionen versuchen, diesen Unterschied durch Rückwanderung wieder auszugleichen. Im Ruhezustand ist die Durchlässigkeit der Zellmembran für Na^+ jedoch sehr gering, so daß die Auswanderung der K^+-Ionen überwiegt - im Zelläußeren häufen sich positive Ladungen an, das Zellinnere ist gegenüber dem Zelläußeren negativ geladen (Ruhemembranpotential). Dann aber öffnen sich plötzlich auch "Tore" in der Membran für Na^+-Ionen, die sofort in die Zelle strömen. Der dadurch ausgelöste Wechsel in der Membranladung, die Depolarisation, erzeugt einen Stromfluß. Kurz darauf aber wandern wieder mehr K^+-Ionen aus der Zelle; die Membran erhält ihr Ungleichgewicht zurück, sie wird repolarisiert. Die Ionenpumpen sind für die Aufrechterhaltung dieses Ungleichgewichts (ein natürliches Prinzip der raschen Reaktionsmöglichkeit) verantwortlich.

Die Herzmuskelzellen, am schnellsten die des Sinusknotens, sind zur Selbstdepolarisation befähigt und geben Impulse ab, die sich entlang des Erregungsleitungssystems ausbreiten. Von den Purkinje-Fasern springen sie auf die Zellen des Arbeitsmyokards über und setzen hier die Interaktionen zwischen Aktin- und Myosinfilamenten in Gang, die letztlich zur Verkürzung der Muskelzellen führen. All dies geschieht in weniger als einer Sekunde; was als Ionenpumpe begann, wird schließlich zur Blutpumpe.

Elektrisches Echo

Der im Sinusknoten gebildete Reiz pflanzt sich als Erregung nicht nur über den Herzmuskel fort, er teilt sich auch der Umgebung mit, da alle Körpergewebe gute Stromleiter sind. Wir bemerken zwar die über das Herz ablaufende Erregungsfront nicht, sie erreicht aber trotzdem die Haut und ist an deren Oberfläche auch mit geeigneten Geräten abgreifbar.

Die Wanderung dieser Erregungsfront läßt sich von bestimmten Hautstellen ableiten, ihre Aufzeichnung wird als Elektrokardiographie bezeichnet; das Elektrokardiogramm (EKG) ist eine unschätzbare Hilfe bei der ärztlichen Diagnostik. Das EKG liefert Auskunft über Lage, Frequenz und Rhythmus des Herzens, Ort der Reizbildung, Ausbreitung und Rückbildung der Erregung sowie über deren Störungen. Aussagen zur Kontraktion und der Pumpleistung des Herzens sind jedoch nicht möglich.

Die EKG-Kurve weist prinzipiell eine Grundlinie (Isopotentiale oder 0-Millivolt-Linie) und Auslenkungen aus dieser auf, die man Zacken oder Wellen nennt. Die letzteren werden international einheitlich mit den Buchstaben P, Q, R, S und T gekennzeichnet. Die P-Welle ist Ausdruck des Erregungsablaufs über die Vorhöfe, ihre Rückbildung geht in den folgenden Zacken unter. Q-, R- und S-Zacken, zusammengefaßt als QRS-Komplex, signalisieren die Erregungsausbreitung über die Kammern, während die T-Welle die Repolarisation der Kammern widerspiegelt - die "Erholungsphase" des elektrisch leitenden Gewebes für die nächste Erregung.

Schlagvolumen und Frank-Starling-Mechanismus

Das Herz muß den gesteigerten Bedarf einer arbeitenden Skelettmuskulatur an Sauerstoff und Energie durch eine Erhöhung des zirkulierenden Blutvolumens, des sog. Herzzeitvolumens, decken. Das Herzminutenvolumen (HMV) ist das Produkt aus der Menge des pro Schlag geförderten Blutes und der Schläge pro Minute (HMV = Schlagvolumen x Herzfrequenz).

Unter Ruhebedingungen erhält der linke Ventrikel von seinem Vorhof während der Diastole 70 Milliliter Blut und fügt dieses dem Reservoir bei, das als Restvolumen am Ende der Systole noch in der Kammer geblieben war. Dieses endsystolische Volumen liegt in Ruhe ebenfalls bei 0,07 Litern. Während der Systole wirft die Kammer dann dasselbe Volumen in den Körperkreislauf aus. Der Herzmuskel besitzt nun (wie übrigens auch der Skelettmuskel) eine besondere Eigenschaft: je mehr er gedehnt wird, desto kräftiger kontrahiert er sich.

Bei Körperarbeit "verbrauchen" die Skelettmuskeln mehr Blut, weshalb sein Volumen in den Venen ansteigt. Da viele Venen in Zwischenräumen der Muskeln (Muskelsepten) liegen, werden sie bei deren Kontraktionen ausgepreßt und damit der Bluttransport zum Herzen gefördert. Dort erhöht sich dann die diastolische Füllung der Ventrikel, das Schlagvolumen steigt. Diese Gesetzmäßigkeit beinhaltet der sog. Frank-Starling-Mechanismus: Die Kraft der Kontraktion des Herzens ist proportional zu seiner venösen Füllungsmenge und zum Widerstand, gegen den es anpumpt. Eine wichtige Bedeutung des Frank-Starling-Mechanismus liegt auch darin, daß er das Schlagvolumen beider Herzkammern exakt aneinander anpaßt, damit es beispielsweise im Lungenkreislauf nicht zu einer Stauung oder zum Leerpumpen kommt.

Die Möglichkeit, sein Schlagvolumen um ein Vielfaches zu steigern, ist Zeichen eines gesunden, gut trainierten Herzens. Aber auch Herzfasern haben ihre Grenzen, ihre Kraft ist nicht unendlich zu erhöhen. Die Schranken setzt dabei aber weniger der Muskel selbst als vielmehr die koronare Blutversorgung, die dem Wachstum der Muskulatur nicht in gleichem Tempo folgt. Irgendwann kommt unausweichlich der Moment, wo die mächtige (hypertrophierte) Herzmuskulatur nicht mehr ausreichend Blut erhält.

Schlagzahlen und Reaktionen

Man muß nicht unbedingt das Herz selbst aufsuchen, um die Zahl seiner Schläge (die zweite veränderliche Größe des Herzzeitvolumens) zu messen. Meist genügt es, den Puls einer oberflächlich gelegenen Schlagader (in der Regel die Speichenschlagader in Nähe des Handgelenks) zu ertasten. Jeder Pulsschlag entspricht einer Druckwelle, die vom Herzen bei seiner Systole über das Schlagadersystem ausgesendet wird.

Die Zahl der Herzschläge pro Minute, die Herzfrequenz, wird von

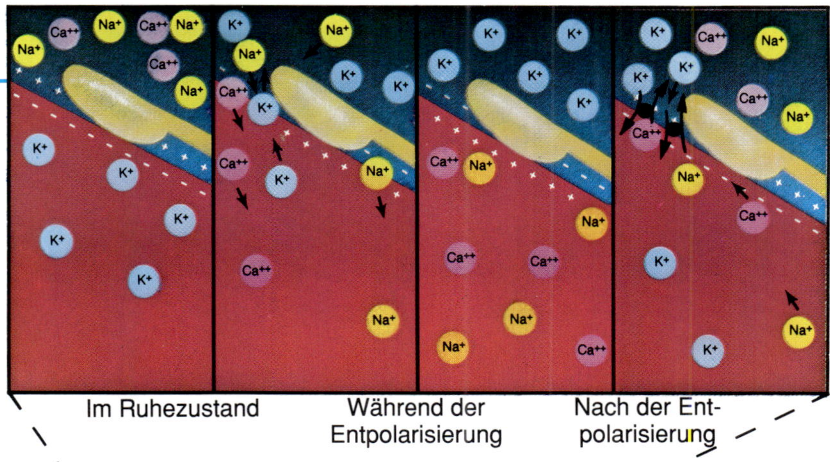

Die Erregungsübertragung im Herzen *beruht auf dem Zusammenspiel chemischer und quasi-elektrischer Vorgänge, allem zugrunde liegt ein Spannungsunterschied zwischen dem Inneren und Äußeren einer lebenden Zelle. Dieser Spannungssprung wird durch eine ungleichmäßige Verteilung geladener Teilchen, Ionen, an der Zellmembran (Zellhaut) hervorgerufen (außen mehr positive Ladungsträger als innen). Durch die eintreffende Erregung fliegt ein "Tor" in der Membran auf, Kalzium- (Ca^{++}) und Natrium- (Na^{+})Ionen dringen zelleinwärts, während die vorher im Zellinneren festgehaltenen Kalium- (Ka^{+})Ionen nach außen stürzen. Das Ergebnis ist eine vorübergehende Entpolarisierung der Membran, ein Strom fließt entlang der Muskelfaser.*

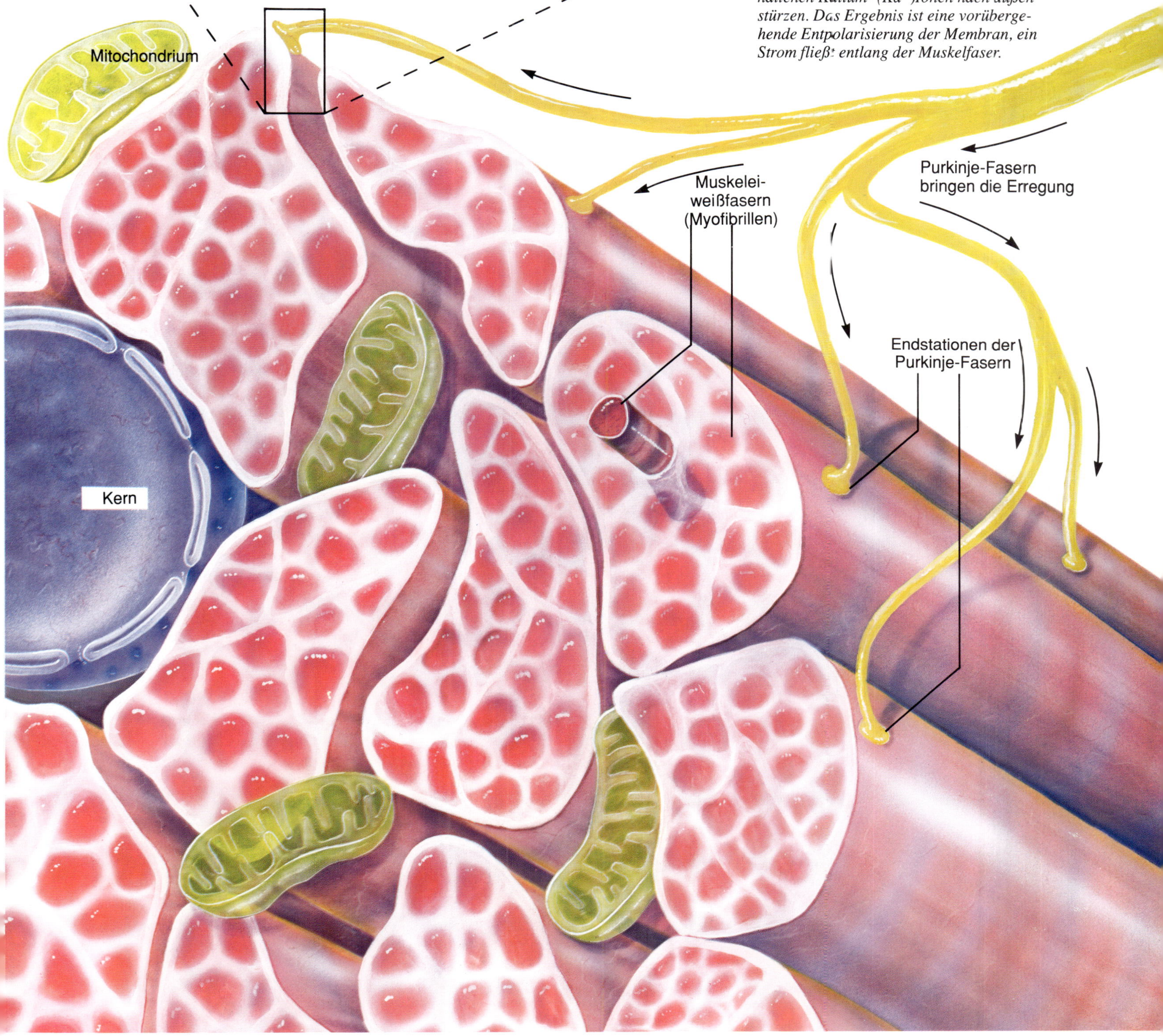

AUFZEICHNUNG DER HERZERREGUNG

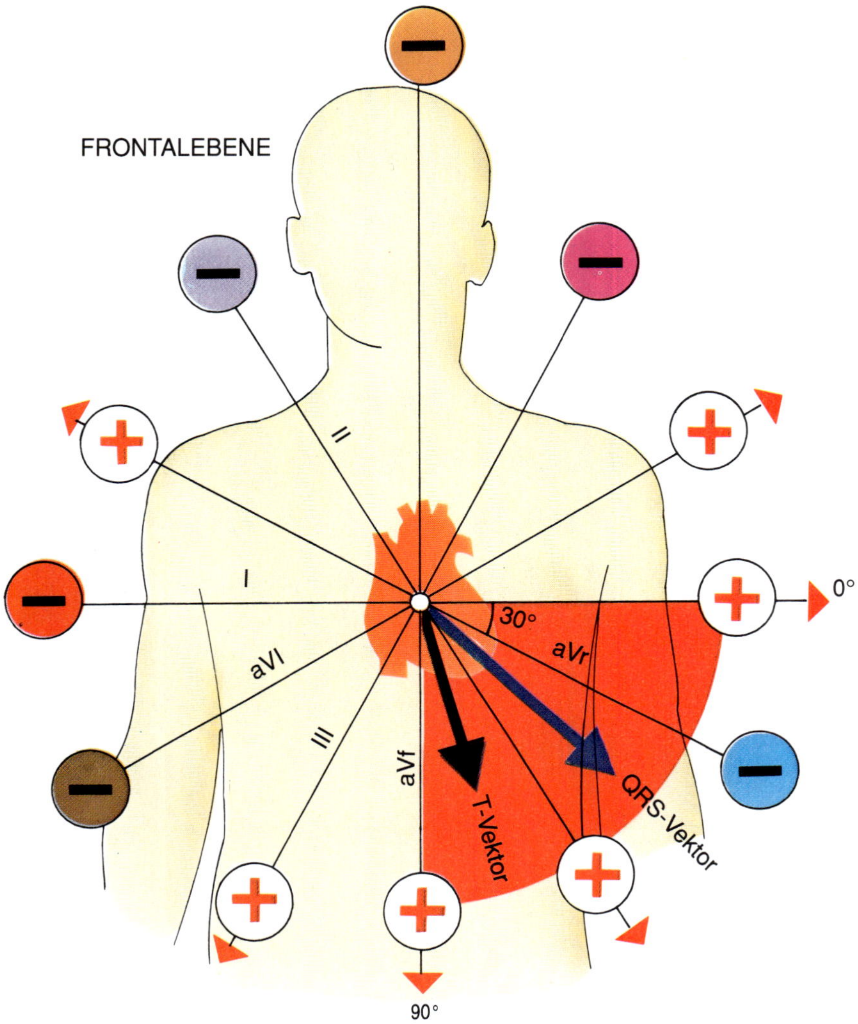

Das Elektrokardiogramm *(EKG) registriert die im Herzen ablaufende elektrische Aktivität. Dabei entstehen charakteristische Kurven mit Zacken (Auslenkung der Kurve aus der Grundlinie) und Strecken (horizontaler Abschnitt zwischen Zacken), wie im unteren Kurvendiagramm aufgezeichnet. Zur gewöhnlichen Diagnostik beurteilt der Arzt zunächst einmal die drei auffälligsten Zacken bzw. Zackenfolgen (gegenüberliegende Seite, Mitte). Die P-Zacke (lila) zeichnet den Erregungsfluß über die Vorhöfe nach, vom Sinusknoten bis zum Vorhof-Kammer- (AV-) Knoten. Q-, R- und S-Zacken (QRS-Komplex) entstehen als Folge der Erregungsausbreitung, Depolarisation, über die Kammern (orange). Die T-Zacke ist schließlich das Ergebnis der Erregungsrückbildung, Repolarisation, in der Kammermuskulatur. Je nach Lage der Ableitelektroden eines EKG-Gerätes an den verschiedenen Hautstellen des Körpers wird ein typisches Elektromuster des Herzens aufgezeichnet. Die blauen Pfeile (links und unten) geben die Richtung des Erregungsflusses an, wenn Impulse während des QRS-Komplexes die Kammerwände durchdringen. Bei Projektion auf die Frontalebene (linkes Diagramm) breitet sich die Haupterregung zu diesem Zeitpunkt normalerweise zwischen 0 und 90 Grad aus. Während der T-Zacke repolarisieren die Kammern sich, die Erregung fließt dann etwa in Richtung der schwarzen Pfeile. Bei Ableitung von den Hand- und Fußgelenken erhält der Arzt eine Frontalansicht der Herzaktivität über den Erregungsfluß in zwei Ebenen. Das EKG kann aber auch dreidimensionale Bilder liefern, wenn weitere Ableitelektroden am Brustkorb in der Horizontalebene angebracht werden (gegenüberliegende Seite).*

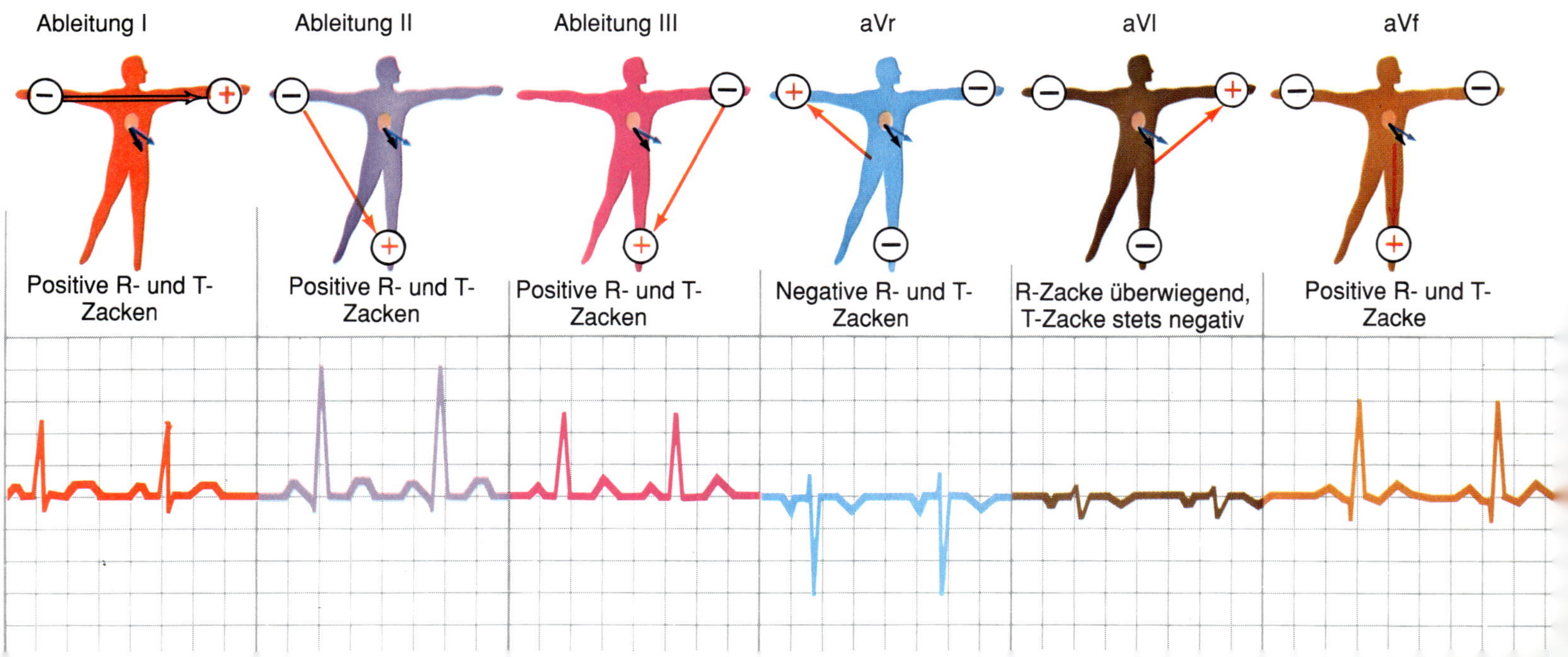

Die elektrische Herzaktivität *projiziert sich bei Ableitung von sechs schrittweise um den Brustkorb angeordneten Elektroden auf die Horizontalebene. Der QRS-Komplex aus den verschiedenen Brustwandableitungen (V_1 bis V_6) ist unten schematisch dargestellt. In V_1 ist er z.B. negativ, weil sich die Erregung entfernt; V_6 ist gleichzeitig positiv - der Herzstrom fließt zu dieser Elektrode.*

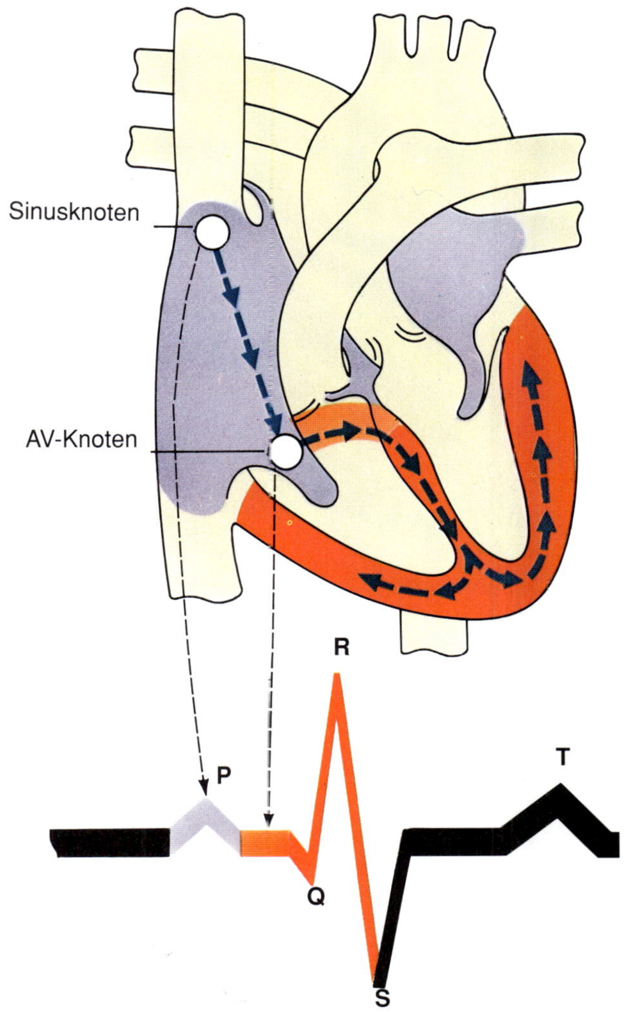

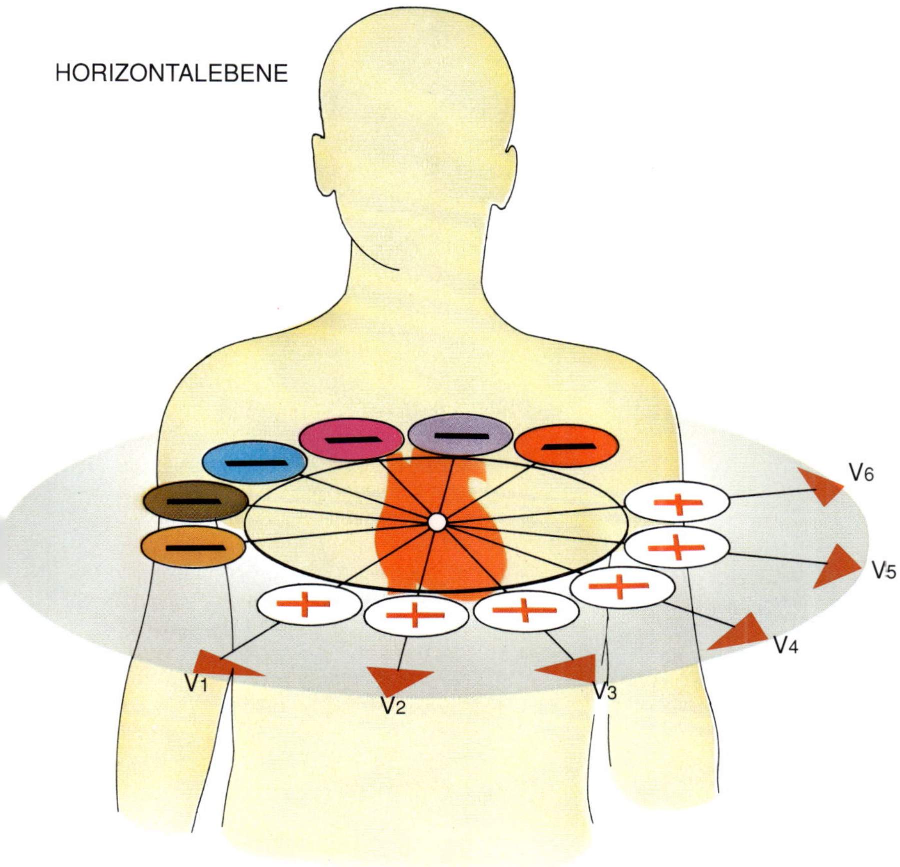

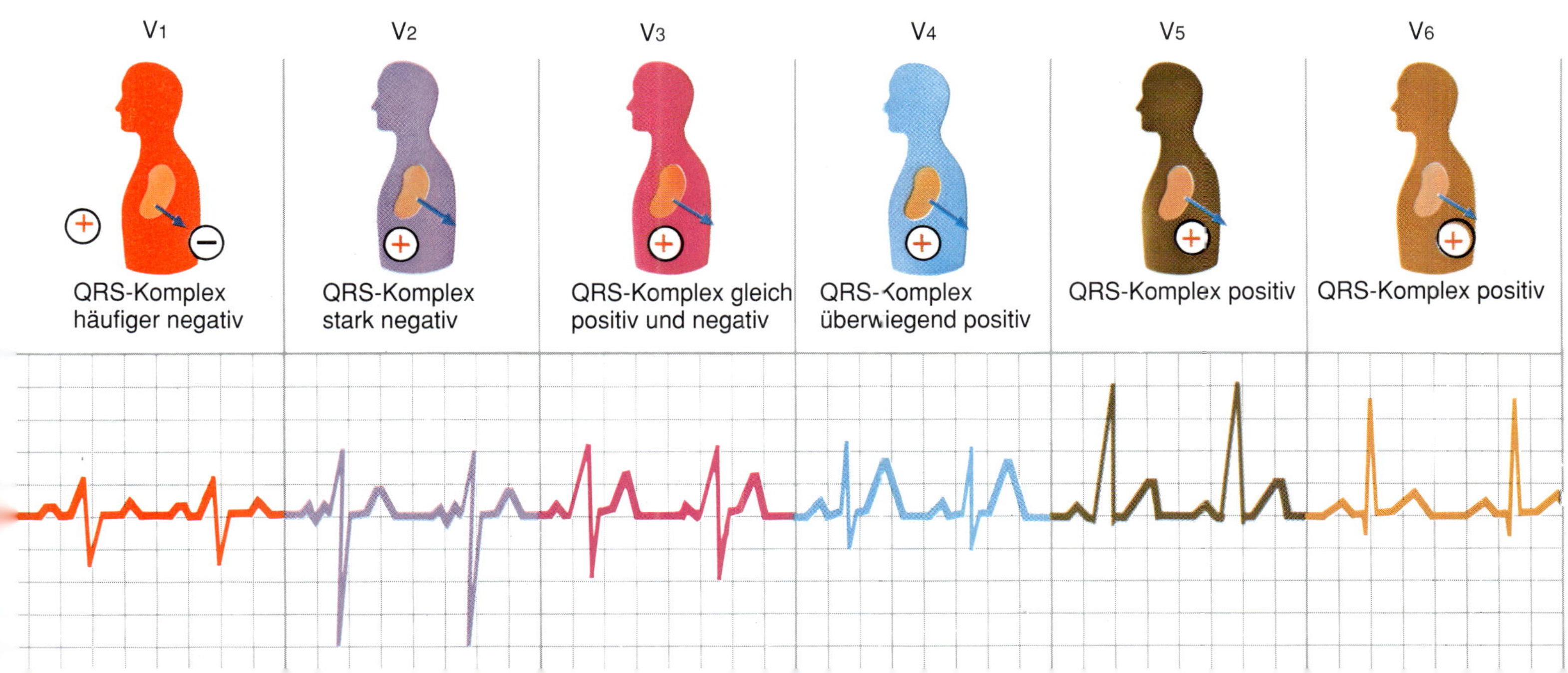

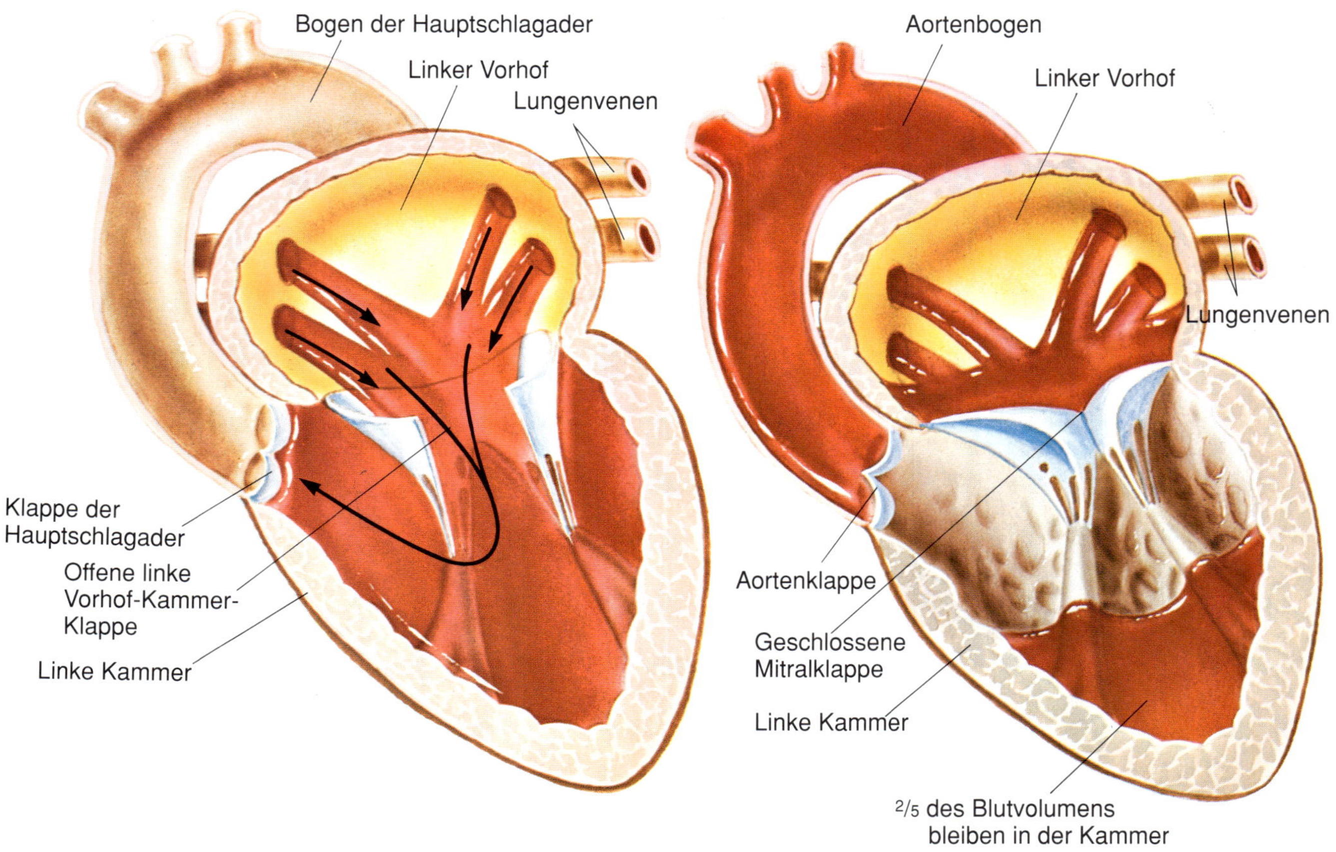

Das Herz wächst *wie andere Muskeln mit dem Training. Regelmäßige Körperarbeit kräftigt den Herzmuskel, so daß er mehr als das doppelte Blutvolumen mit jedem Schlag (sog. Schlagvolumen) auswerfen kann. Dies kann von Vorteil sein, wenn die Körpermuskulatur vermehrt Sauerstoff braucht.*

Das Tempo des Herzschlags (Herzfrequenz) *wird durch die beiden Anteile des autonomen (selbständigen, vegetativen) Nervensystems gesteuert. Impulse über parasympathische Nervenfasern verlangsamen den Herzgang, sympathische Nervenimpulse beschleunigen ihn. Beide Impulsformen kommen aus dem verlängerten Rückenmark, das damit auf körperliche Bedürfnisse und emotionelle Situationen reagiert.*

vielen Faktoren beeinflußt, von der Körpertemperatur über Hormone bis zur Ionenkonzentration im Blut. Die Nebennieren, den beiden Nieren aufsitzend, produzieren die Hormone Adrenalin und Noradrenalin. Das letztere steigert die Kontraktionskraft des Herzmuskels und verengt die Blutgefäße. Adrenalin erweitert die Skelettmuskelarterien, treibt gleichzeitig das Herz an, erhöht die Freisetzung der energiereichen Glukose ins Blut und fördert deren Aufnahme in die Körperzellen. Die Hormone wirken jedoch nicht unmittelbar, Adrenalin braucht z.B. eine Minute, um den Herzschlag anzutreiben.

Eine schnellere und genauer berechnete Steuerung läuft über das Nervensystem, worauf ja bereits eingegangen wurde. Eine Erhöhung der Aktivität des parasympathischen Teils unserer vegetativen Nerven verlangsamt die Herzfrequenz, der Sympathikus hingegen treibt das Herz an. Hitze, Horror, Helligkeit und heiße Liebe - solche Gefühle kommen von den höheren Bewußtseinsebenen der Hirnrinde und gelangen zu den tiefer gelegenen Zentren einfacher Überlebensmechanismen, zu den Atem- und Kreislaufzentren. Dort steigern sie die Aktivität des Sympathikus und damit die Herztätigkeit - es hüpft vor Freude oder rast vor Angst. Parasympathisches und sympathisches Nervensystem ergänzen sich in ihrem Effekt; das eine spart die Energie, die das andere in Bedarfssituationen einsetzt.

Die Speisung der Millionen

Das Herz ist morphologisch und funktionell eine Meisterleistung der Natur, als Zentrum des Kreislaufs reagiert es auf jede Anforderung, selbst aus den verstecktesten Winkeln unseres Körpers. Die größeren Blutgefäße, Schlagadern und Venen, sind reine Transportwege, Autobahnen für den Schnellverkehr, während die Haargefäße oder Kapillaren die eigentlichen Versorgungswege darstellen. Dabei zweigen sich die Schlagadern immer weiter auf und füttern schließlich das Netz der Kapillaren, die sich nach kurzer Strecke wieder zu immer größer werdenden Venen vereinigen. Während der Durchmesser der einzelnen Gefäße von der Arterie bis zur Kapillare ständig abnimmt, wächst der Gesamtquerschnitt der Gefäße durch die fortwährenden Aufzweigungen von 4,5 Quadratzentimetern (Hauptschlagader) auf etwa 4.500 Quadratzentimeter (Kapillaren) an. Die

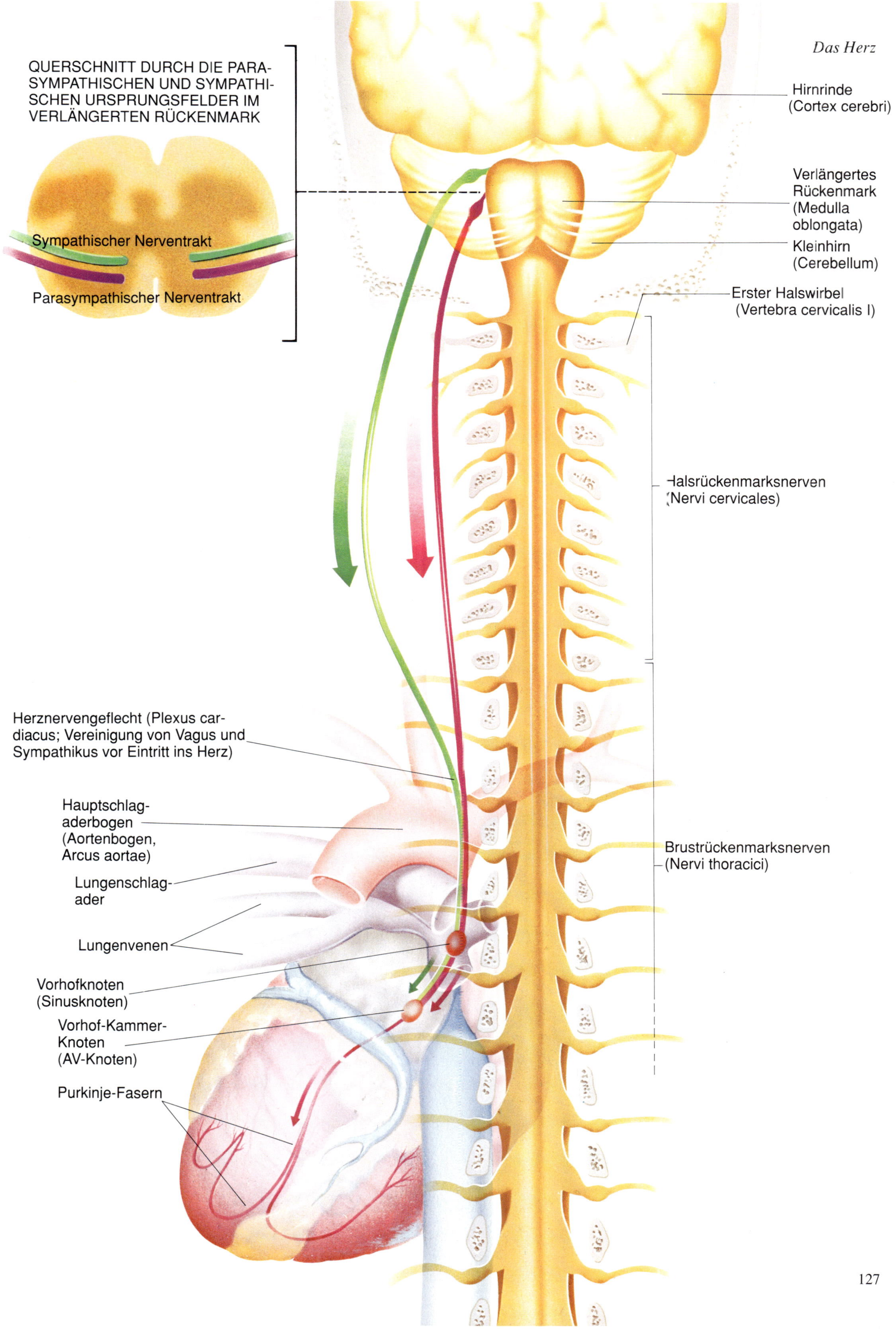
QUERSCHNITT DURCH DIE PARA-SYMPATHISCHEN UND SYMPATHISCHEN URSPRUNGSFELDER IM VERLÄNGERTEN RÜCKENMARK
Sympathischer Nerventrakt
Parasympathischer Nerventrakt
Hirnrinde (Cortex cerebri)
Verlängertes Rückenmark (Medulla oblongata)
Kleinhirn (Cerebellum)
Erster Halswirbel (Vertebra cervicalis I)
Halsrückenmarksnerven (Nervi cervicales)
Herznervengeflecht (Plexus cardiacus; Vereinigung von Vagus und Sympathikus vor Eintritt ins Herz)
Hauptschlagaderbogen (Aortenbogen, Arcus aortae)
Lungenschlagader
Lungenvenen
Vorhofknoten (Sinusknoten)
Vorhof-Kammer-Knoten (AV-Knoten)
Purkinje-Fasern
Brustrückenmarksnerven (Nervi thoracici)

Gesamtlänge der Blutgefäße im Körper wird auf ca. 130.000 Kilometer geschätzt.

Der Blutkreislauf erfüllt verschiedene Aufgaben, wobei die Vehikelfunktion ganz im Vordergrund steht: der Atmung dient der Transport der Atemgase Sauerstoff und Kohlendioxid, der Ernährung die Anlieferung energiereicher Stoffe, der Spülung der Abtransport von Stoffwechselendprodukten, der Organsteuerung die Mitnahme von Hormonen, dem Körperschutz die im Blut enthaltenen Abwehrsysteme und dem Eigenschutz die Gerinnungsfaktoren. Darüber hinaus erfüllt der Kreislauf eine Steuerfunktion der Körperwärme (Thermoregulation): Droht über die Hautgefäße ein Wärmeverlust, werden diese enger gestellt, so daß die für die Funktion der inneren Organe lebenswichtige Kerntemperatur erhalten bleibt.

Vom Wogen zum Sickern

Schlagadern oder Arterien sind definitionsgemäß die Gefäße, die das Blut vom Herzen wegleiten. Im Körperkreislauf enthalten die Arterien das hellrote, sauerstoffreiche und kohlendioxidarme Blut, im Lungenkreislauf ist das arterielle Blut jedoch dunkler, blau-rot, sauerstoffarm und kohlendioxidreich. Hier sind es die Venen, die das "arterialisierte" Blut (zum linken Herzen) leiten.

Die Wände der Arterien und Venen sind prinzipiell gleich gebaut; als Innenfutter (Intima) besitzen sie eine einfache, platte Lage von Deckzellen (Endothel), darauffolgend (Media) eine zirkuläre Schicht glatter Muskulatur, mit elastischen Bindegewebsmembranen verknüpft und nach außen (Adventitia) eine Hülle aus lockerem Bindegewebe. Die Venen sind insgesamt jedoch weiter als die Arterien und haben aufgrund der schwächeren muskulären Mittelschicht dünnere Wände. Die dicke, vor allem bei herznahen Gefäßen sehr elastische Wand der Arterien fängt die pulsatorischen Druckschwankungen des linken Herzens auf und glättet sie (sog. Windkesselmechanismus), indem sie in jeder Herzsystole Bewegungsenergie (des Herzens) in Lageenergie (Dehnung ihrer Wand) umwandelt und diese in der Herzdiastole wieder zurückverwandelt - ein wichtiger Beitrag für den kontinuierlichen Blutfluß in der Peripherie.

Kurz vor Erreichen der Kapillaren, in den Arteriolen, sinkt der Blutdruck wegen des hier höheren Widerstandes jedoch stark ab, das Blut sickert nur noch langsam durch das verzweigte Kapillarnetz, um dann von den Venen wieder aufgefangen zu werden. Drei Einrichtungen unterstützen den weiteren venösen Bluttransport: Zum einen befinden sich die Venen häufig in Begleitung von Arterien, deren Pulsation sich direkt auf die Venenwand überträgt. Zweitens ziehen viele Venen in Bindegewebssepten, die in die Skelettmuskulatur eingebaut sind; durch die Muskeltätigkeit werden die Venen immer wieder zusammengepreßt; die Strömungsrichtung des Blutes zum Herzen ist durch Ventile vorgegeben, die sich (den Taschenklappen der Herzventile baugleich) vor allem in den mittelgroßen Venen von Rumpf und Gliedmaßen befinden. Schließlich üben die atmungsbedingten Druckschwankungen einen rhythmischen Sog auf die Venen im Brustraum aus.

Druck und Spannung

Zwei entgegengerichtete Kräfte erzeugen die ständige Spannung, unter der das Herz-Kreislaufsystem steht. Die eine Kraft rührt von dem Druck, mit dem das Herz unter erheblichem Kraftaufwand Blut in den Körperkreislauf pumpt; er wird über das (flüssige, inkompressible) Blut auf die Gefäßwände übertragen. Die zweite kommt von außen und wird als peripherer Widerstand bezeichnet - eine Kraft, die durch die Ringmuskulatur der Gefäßwand aufgebaut wird und die dem Innendruck entgegenwirkt. Als Maß für den Blutdruck wird die durch ihn bedingte, in Millimetern angegebene Anhebung einer Quecksilbersäule (mm Hg) benutzt. Die Blutdruckdaten sind ebenso wie die des EKG wichtige Hinweise auf den Gesundheitszustand des Herzkreislaufsystems.

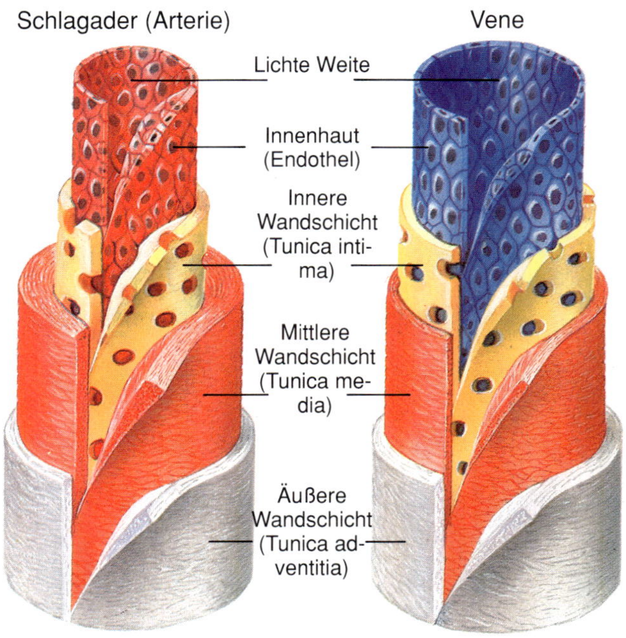

***Das Herz pumpt das Blut**, die Gefäße leiten es durch den Körper. Diese lassen sich in zwei Haupttypen einteilen: Schlagadern, Arterien und Venen. Die Schlagadern verteilen das sauerstoffreiche Blut über immer kleiner werdende Gefäße im Gewebe. Die Venen nehmen das sauerstoffarme, nun mit Schlacken (z.B. Kohlendioxid) angereicherte Blut im Gewebe auf und transportieren es zum Herzen zurück, von wo es zu den Lungen gelangt. Die Schlagadern arbeiten unter einem hohen Flüssigkeitsdruck, sie besitzen kräftige Muskelwände, die durch elastische Membranen verstärkt sind. In den Venen (rechts) herrscht ein niedrigerer Blutdruck, doch auch sie besitzen eine Muskelschicht, die den Blutfluß zum Herzen unterstützt. Einbahn-Klappen in den Beinvenen verhindern einen Rückstrom des Blutes.*

In jeder Arztpraxis - und oft auch vom interessierten Patienten selbst - wird der Blutdruck auf die gleiche Weise gemessen; die Technik geht auf den italienischen Arzt Riva-Rocci (1896) zurück (das Kürzel seines Namens findet sich auf allen Krankenblättern vor der Angabe von Blutdruckwerten wieder, also etwa RR 120/80 mm Hg). Dabei wird eine elastische Luftmanschette mit angeschlossenem Manometer (manchmal noch eine Quecksilbersäule) um den Oberarm des Patienten gelegt und so lange aufgeblasen, bis sie den Blutstrom zum Unterarm (indirekt tastbar durch den Speichenpuls) unterbindet. Der Untersucher legt nun sein Stethoskop unmittelbar unterhalb der Manschette über eine Schlagader in der Ellenbeuge und läßt langsam, aber ständig die Luft aus der Manschette entweichen. Der Druckwert beim ersten Auftreten eines Klopfgeräuschs wird notiert - jetzt ist der arterielle Spitzendruck (systolischer Blutdruck) gerade eben in der Lage, den äußeren (Manschetten-) Druck zu überwinden. Auch der zweite Druckwert, bei dem die Klopfgeräusche wieder aufhören, wird registriert. Dabei handelt es sich um den niedrigsten Druckwert im arteriellen System (diastolischer Blutdruck); er reicht aus, die Schlagader am Oberarm trotz Manschettendrucks ständig aufzuhalten.

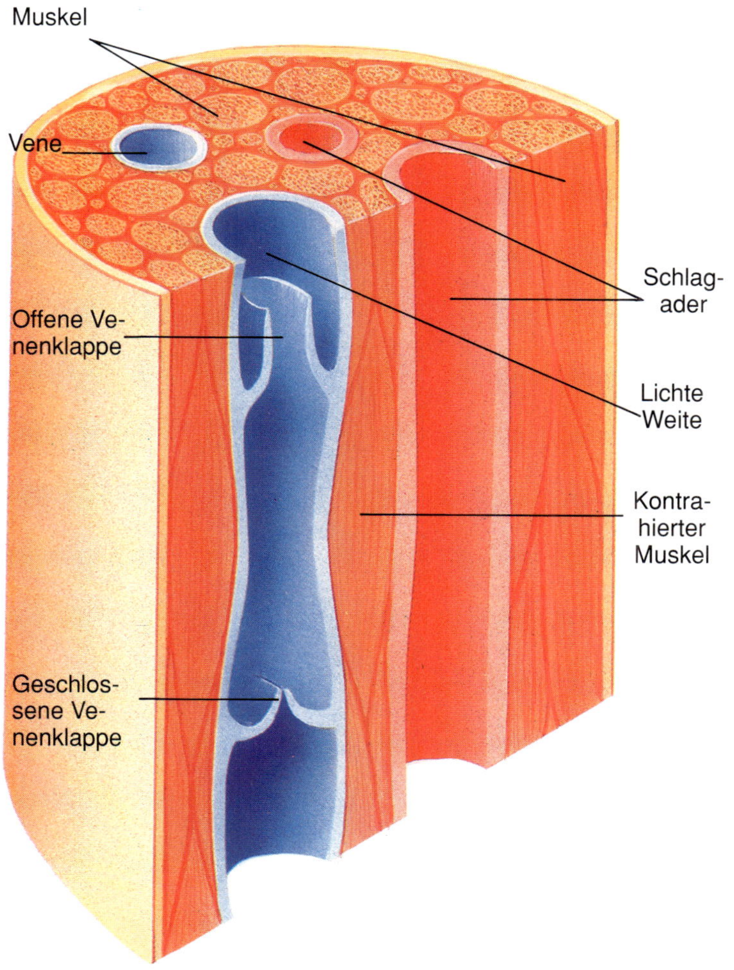

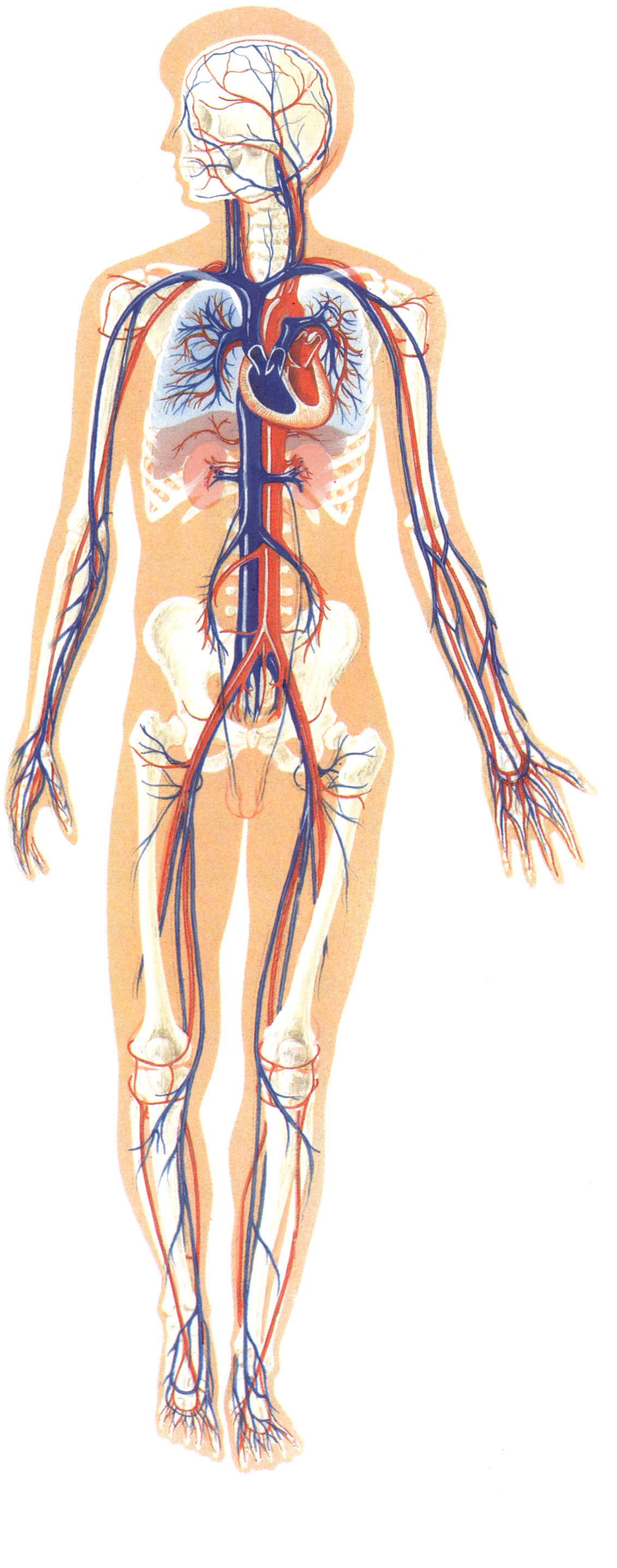

Das Blut fließt entlang einem Druckgefälle (Druckgradient). Sein höchster Druck findet sich in der linken Kammer und der angrenzenden Hauptschlagader, wo normalerweise ein Mitteldruck von 100 mm Hg mit höheren systolischen Spitzen herrscht. Bis zur Aufzweigung in die kleineren Arterien ändert sich daran auch nur wenig. Der stärkste Druckabfall auf etwa 35 mm Hg tritt im Bereich der kleinsten Schlagadern (Arteriolen) auf, da hier der Strömungswiderstand am höchsten ist (etwa die Hälfte des totalen peripheren Widerstands; TPR). Am Ende der Kapillaren, wo diese in die kleinsten Venen übergehen, ist der Druck nochmals auf ca. 20 mm Hg abgesunken. In den Hohlvenen erreicht der Blutdruck den 0-Wert.

Die Strömungsgeschwindigkeit des Blutes folgt in etwa dem Druckverteilungsmuster. Stark beschleunigt vom linken Ventrikel erreicht es in der Hauptschlagader Geschwindigkeiten von 70 Zentimeter pro Sekunde. In den Arteriolen wird sie auf zwei bis fünf Sekundenzentimeter gebremst, um in den Kapillaren nur noch 0,03 Zentimeter in der Sekunde zu betragen. Da die Haargefäße jedoch sehr kurz sind (im Mittel 1mm), braucht das Blut ungefähr drei Sekunden zu ihrer Passage - Zeit genug für einen intensiven Austausch von Sauerstoff und Kohlendioxid sowie der anderen Nähr- und Schlackenstoffe. Auch die Austauschfläche ist von der Natur reichlich bemessen, die Gesamtoberfläche des Kapillarnetzes liegt bei ca. 500 Quadratmetern und ist damit größer, als ein Fußballplatz.

Zusammensetzen des Koronarpuzzles

Viele tausend Male am Tage wiederholt sich das grausame Schauspiel eines Herzanfalls. Er mag zuschlagen wie ein Schmiedehammer und innerhalb von Minuten zum Tode führen, oder auch völlig unauffällig ablaufen, so daß das Opfer den Schaden an seiner Pumpe überhaupt nicht wahrnimmt. Menschen im mittleren und höheren Alter sind am häufigsten betroffen. Die Krankheit wurde in den westlichen Staaten erstmals um die Jahrhundertwende registriert und breitete sich wie eine Seuche aus. Sie war offenbar an sozialen Wohlstand, modernen Lebensstil, Überfluß, an das sog. gute Leben geknüpft.

Heute kennt man viele Mosaiksteinchen dieses Puzzlespiels; es ist äußerst kompliziert. Langsam, mit wachsendem Gesundheitsbewußtsein und entsprechendem Verhalten scheint diese Massenkrankheit wieder abzunehmen. Die Häufigkeit der Todesfälle aufgrund von Herzattacken stieg bis in die siebziger Jahre kontinuierlich, hat heute aber ihren Gipfel wohl überschritten.

Nahezu alle Herzanfälle sind Ausdruck einer tückischen Störung, die abwechselnd als koronare Herzkrankheit, Koronararterienerkrankung oder einfach Herzkrankheit überschrieben wird. Dazu gehört eine Verengung der Kranzschlagadern (Koronararterien), deren Aufgabe die Versorgung des Herzens ist. Gesunde Schlagadern haben eine glatte Innenauskleidung und eine elastische Wand, die eine ungehinderte Blutpassage gestatten. Bei der Koronarkrankheit schwillt die Innenhaut jedoch an, die Wand wird dick und steif. Ablagerungen von Cholesterin, einer natürlichen Blutfettsubstanz, beginnen einen lebensgefährlichen Marsch, der als Gefäßwandverhärtung (Arteriosklerose oder Atherosklerose) bekannt ist und der mit der Gefäßverstopfung (Obstruktion) endet. Neuere Untersuchungen weisen darauf hin, daß die innerste Zellage der Schlagadern, ihr Endothel, an diesen Vorgängen aktiv beteiligt ist und nach Verletzung die Bildung von Fettablagerungen begünstigt. Die entstehenden herdförmigen Veränderungen, die atherosklerotischen Plaques, engen in der Regel die Gefäßlichtung ein und wandeln den normalerweise laminaren Blutstrom in einen turbulenten um. Dies aktiviert lokale Gerinnungsvorgänge, es entsteht ein Gerinnsel (Thrombus), das zusammen mit dem Plaques die Gefäßlichtung verlegen kann. Der Thrombus kann aber auch vom Blutstrom abgerissen und in eine kleinere Arterie geworfen werden (Embolie) und dort zu einer Verstopfung führen.

Die Arteriosklerose kann jede Körperschlagader betreffen, ihr Effekt in den Herzkranzgefäßen ist jedoch besonders schwerwiegend. Die Versorgung unseres Körpers und damit auch des Herzmuskels selbst hängt von einem kräftig pumpenden Herzen ab. Wenn die Kranzschlagadern jedoch verengt werden, läßt das Myokard in seiner Leistung nach, die Blutzirkulation durch den Körper (und durch den Herzmuskel) nimmt ab.

Eine Vielzahl von Faktoren

Die Auslösung einer Koronarkrankheit wird häufig als "multifaktoriell" bezeichnet. Ausführliche, breit angelegte Studien zur familiären Vorgeschichte bei solchen Patienten, zu ihren Ernährungs- und sonstigen Lebensgewohnheiten haben bestimmte Risikofaktoren aufgedeckt, die die Chancen eines Menschen, sich eine Koronarkrankheit zuzulegen, beträchtlich erhöhen. Einige davon kommen auf uns unausweichlich zu - Geschlecht, Alter, familiäre Vorbelastung und ererbte Leiden wie z.B. die Zuckerkrankheit. Über andere Risikofaktoren können wir jedoch selbst entscheiden; dazu gehören das Rau-

***Die Zusammensetzung der Blutfette**, vom Arzt in Lipoproteine niederer Dichte (LDL) und hoher Dichte (HDL) unterschieden, gibt einen Hinweis auf die Gesundheit. Vernünftige Ernährung und Körperbetätigung halten die "guten" HDL hoch,ungesunde Lebensgewohnheiten lassen die "bösen" LDL ansteigen.*

chen, ein hoher Gehalt von Cholesterin und anderen Fetten in unserem Blut, hoher Blutdruck, Übergewicht, mangelnde Körperbetätigung, Streß, zu hoher Zucker- und Alkoholkonsum und noch einige andere persönliche Eigenarten.

Es sollte jedem möglich sein, einige Dinge zurechtzurücken, etwas "richtiger" zu leben, um die Möglichkeit der Entstehung einer Koronarkrankheit zu vermindern. Die wichtigsten Ratschläge sind: rauche nicht, treibe regelmäßig Sport an frischer Luft und halte Dich fit, vermeide Übergewicht, iß weniger tierische Fette, kontrolliere Deinen Blutdruck und laß ihn, falls nötig, auf Normwerte einstellen.

Die Cholesterin-Beziehung

Cholesterin ist eine im Körper vorkommende, seifige Fettsubstanz, die für die normale Funktion des Nervengewebes, für die Bildung von Galle und einigen Hormonen benötigt wird. Der Körper erhält das Cholesterin mit der Nahrung, vornehmlich aus tierischen Fetten und Milchprodukten, und stellt zusätzlich noch in der Leber ein eigenes Cholesterin her. Zur Einstellung des Blutcholesterin-Gleichgewichts besteht ein Regulations-(Feedback-)Mechanismus: je mehr der Mensch davon aufnimmt, desto weniger produziert er selbst. Wenn die Ernährung jedoch zu große Mengen an Cholesterin enthält oder dessen Verstoffwechselung im Körper gestört ist, kann der Überschuß die Entstehung atheromatöser Plaques in den Schlagadern fördern.

Cholesterin ist im Serum unlöslich, es wird, chemisch an Lipoproteine gekoppelt, mit dem Blut transportiert. Aufgrund zahlreicher Forschungsergebnisse unterscheidet man nun zwischen "guten" und "bösen" Lipoproteinen. Die bösen sind diejenigen mit niederer Dichte (low density lipoproteins, LDL), die etwa 80 Prozent des Serumcholesterins enthalten. Hohe Blutspiegel von LDL sind eng verknüpft mit der Arteriosklerose. Die guten Lipoproteine sind die kleineren, schwereren high density lipoproteins (HDL). Höhere HDL-Werte scheinen mit einem verringerten Risiko arteriosklerotischer Gefäßerkrankungen einherzugehen. Einige Forscher sind sogar der Meinung, HDL könnten die Arterienwände vom Fett befreien und es zur Ausscheidung in die Leber transportieren.

Ein einfacher Bluttest, die Bestimmung des Konzentrationsverhältnisses von LDL/HDL (sog. Atheroskleroseindex) kann ein wichtiger Hinweis auf die Entstehung einer Herzkrankheit sein. Das Risiko nimmt ab, so medizinische Untersuchungen, wenn der HDL-Spiegel des Blutes ansteigt. Niedrige HDL-Konzentrationen fanden sich im Blut von Rauchern, Menschen mit Übergewicht und mit mangelndem Körpertraining. Eine Änderung der Lebensgewohnheiten läßt den HDL-Gehalt des Blutes ansteigen und verringert damit die Gefahr der Entwicklung einer Koronarkrankheit.

Das süße Herz

Viele Menschen, die große Mengen an Zucker konsumieren, haben einen hohen Gehalt an Triglyzeriden, einem weiteren Fett, das ebenfalls an Lipoproteine gebunden ist und sich offenbar an der Atherosklerose-Entstehung beteiligt. Der Zucker scheint aber nicht direkt mit arteriosklerotischen Gefäßveränderungen in Verbindung zu stehen. Engländer, die pro Tag 120 Gramm Feinzucker und mehr zu sich nehmen, leiden fünfmal häufiger an Herzattacken als solche, die täglich nur 60 Gramm konsumieren. In Ländern wie Honduras, Kuba oder Costa Rica, wo der Zuckerverbrauch extrem hoch ist, sind

EFFEKT VON LEIBESÜBUNGEN AUF DIE DURCHBLUTUNG

Regelmäßige Leibesübungen *stärken Herz und Körper. Unter dem Einfluß der Kreislaufzentren im Gehirn schlägt während der Körperbetätigung das Herz schneller und kräftiger, die Atmung wird häufiger und tiefer. Der Blutstrom wird aus Leber, Darm und Nieren zur Skelettmuskulatur umgeleitet, wo größerer Sauerstoffbedarf entsteht. Training steigert die Zahl der kleinsten Gefäße, die den Muskel versorgen (Muskelkapillaren) und die Blutmenge, die pro Schlag aus dem Herzen befördert wird (Herzschlagvolumen).*

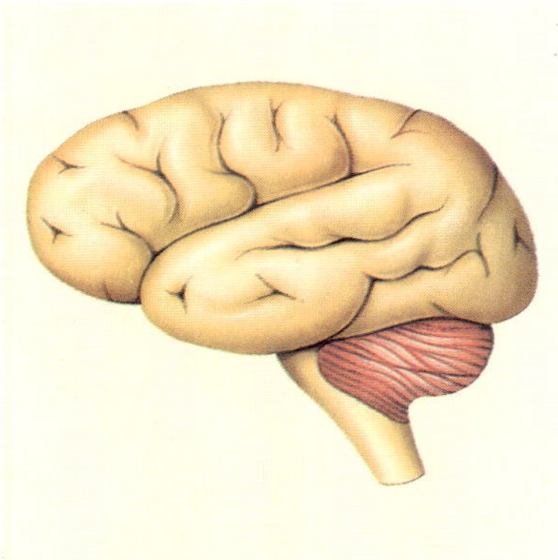

Kreislaufzentren im Gehirn steigern Herztätigkeit

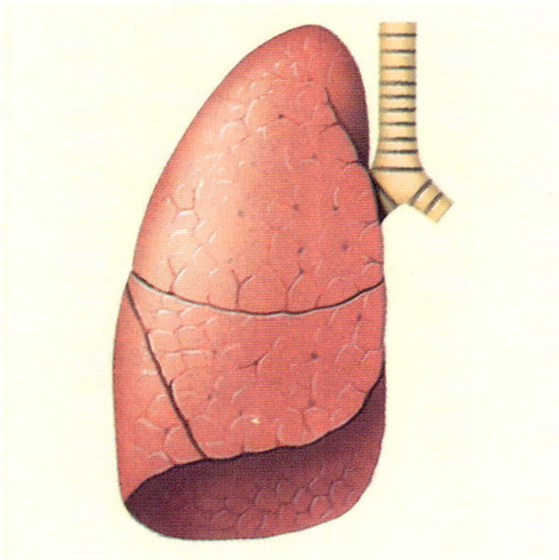

Atemzüge und Atemtiefe nehmen zu

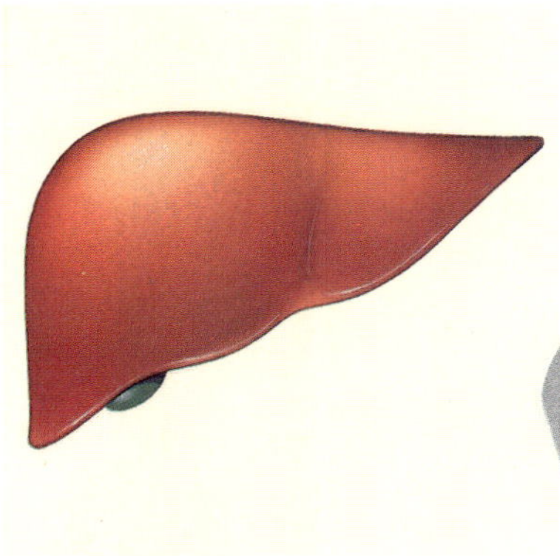

Verminderte Leber- und Darmdurchblutung

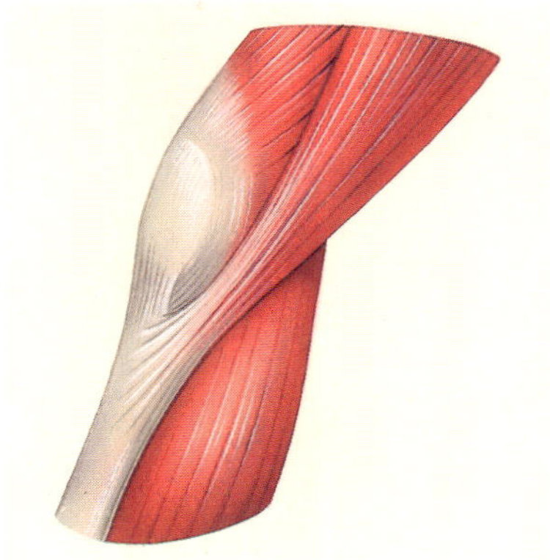

Gesteigerte Muskeldurchblutung

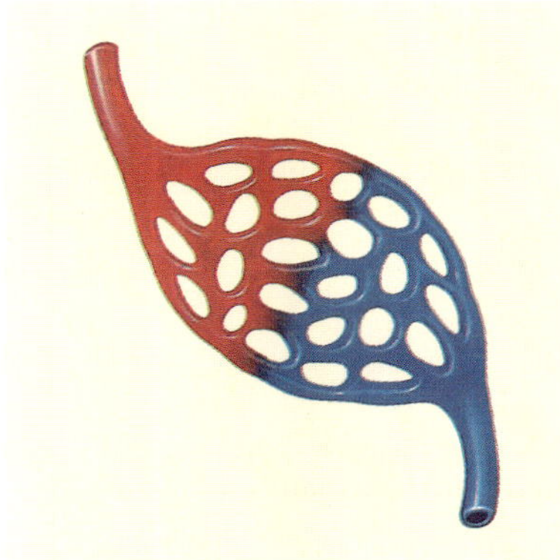

Blutkapillaren in der Muskulatur öffnen und vermehren sich durch Training

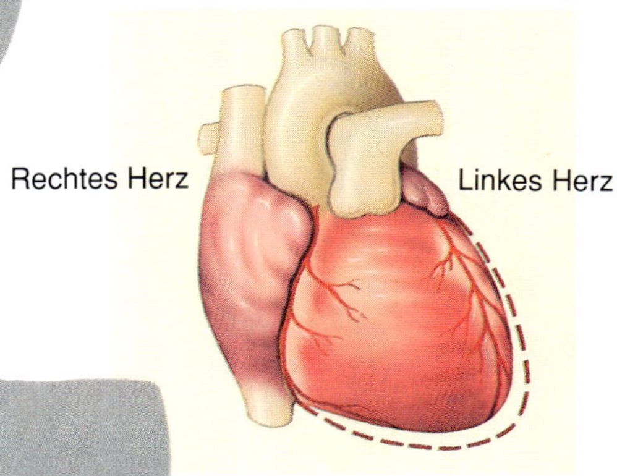

Herzfrequenz steigt mit Körperarbeit; Training steigert Herzschlagvolumen

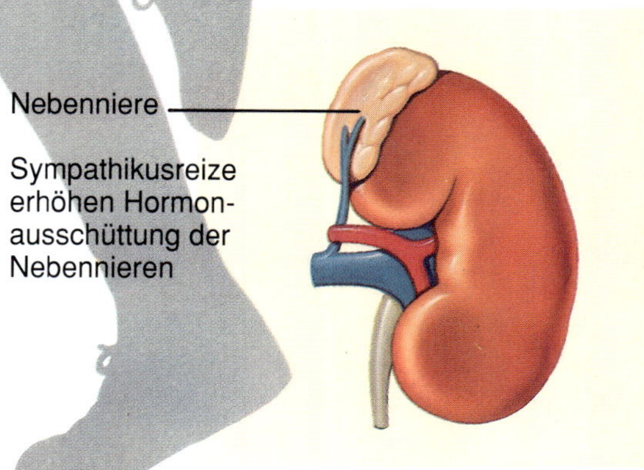

Verminderte Nierendurchblutung

Herzkrankheiten jedoch relativ selten.

In unseren Breiten darf man aber doch feststellen, daß eine "koronar-schonende" Ernährung weniger fettes Fleisch, Milchprodukte, Süßigkeiten und Salz, dafür mehr Gemüse, Obst, Vollkorn, Geflügel und Meeresfrüchte enthalten sollte; ungefähr 15 Prozent der Kalorien sollten aus Eiweiß, 50 Prozent aus Kohlehydraten und 35 Prozent aus Fett stammen.

Herzkreislauftraining

Die Natur hat das Herz zum Gebrauch, nicht zum Mißbrauch entwickelt. Das beste Training für unser Herzkreislaufsystem ist die regelmäßige Körperbetätigung an der frischen Luft wie Dauerlauf, Schwimmen oder Radfahren. Weniger dazu geeignet sind ausschließlich kurze Hochbelastungen, für Untrainierte können sie unter Umständen sogar schädlich sein. Dauertätigkeit erhöht den Sauerstoffbedarf der Muskulatur, der durch eine Steigerung von Herzfrequenz und Herzschlagvolumen sowie eine Zunahme der Atmung gedeckt wird. Körperübungen kräftigen die Muskulatur, auch die des Herzens und der Atmung, die Blutgefäße bleiben elastischer, das Nervensystem reaktionsfähiger; wahrscheinlich wird auch die Gefäßversorgung (Vaskularisation) des Myokards verbessert.

Körperbelastung ist jedoch nicht ohne Risiko: Ein Mensch, der viele Jahre bequem hinter seinem Schreibtisch gesessen hat und sich auch ansonsten kaum bewegt hat und dann plötzlich eine anstrengende Körperübung absolviert, ist unvorsichtig. Sein Herz kann protestieren und sogar aussetzen, aber auch sein Bewegungsapparat ist anfälliger gegenüber typischen Sportverletzungen. Es ist daher ratsam, sich vor Beginn eines langsam aufbauenden Körpertrainings einer sorgfältigen ärztlichen Untersuchung zu unterziehen, eventuell mit einem Belastungs-EKG und einem Atemfunktionstest. Dann kann der Dauerlauf auf den Weg zu einer besseren Gesundheit führen.

Unter zu hohem Druck

Eines der größten Forschungsprojekte der vergangenen Jahrzehnte, das sich mit allen Aspekten der Herzerkrankungen beschäftigt, ist die sog. Framingham-Studie (begonnen 1948 in dem gleichnamigen Vorort von Boston). Daraus geht beispielsweise hervor, daß der Bluthochdruck (Hypertonie) ein bedeutender Risikofaktor ist. Ein Blutdruck in Höhe von RR 120/80 mm Hg ist für einen Erwachsenen normal, Werte um 140/90 scheinen bereits hoch, sind jedoch für einen älteren Menschen, dessen Gefäßsystem an Elastizität eingebüßt hat, noch im Normbereich. Für die ärztliche Beurteilung ist vor allem die Höhe des unteren (diastolischen) Druckwertes von Bedeutung, sagt er doch in erster Annäherung etwas aus über den Zustand des Kreislaufs in der Peripherie (kleinste Arterien und Arteriolen). Jeder diastolische Druckwert über 95 mm Hg (bei wiederholten Messungen) hat als Hochdruck zu gelten und ist behandlungsbedürftig. Nach der Framingham-Studie treten Koronarkrankheiten bei Hypertonikern drei- bis fünfmal häufiger auf als bei Menschen mit normalem Blutdruck.

Bluthochdruck ist ein klassischer "heimlicher Mörder", sehr häufig bleibt er bis ins fortgeschrittene Stadium symptomlos und deshalb unerkannt. Hypertoniker können sich jahrelang gesund und tatkräftig fühlen, tragen jedoch das hohe Risiko in sich, eine koronare Herzkrankheit oder eine Nierenerkrankung zu entwickeln. Der Bluthochdruck entsteht, wenn das Herz gezwungen wird, ständig gegen einen höheren peripheren Widerstand anzuarbeiten, der wiederum durch eine dauernde Engerstellung der Arteriolen verursacht wird. Die Überbelastungen machen die Arterien steif und brüchig, das linke Herz antwortet auf das unphysiologische Training mit vermehrtem Wachstum (asymmetrische Hypertrophie). Ein linksvergrößertes

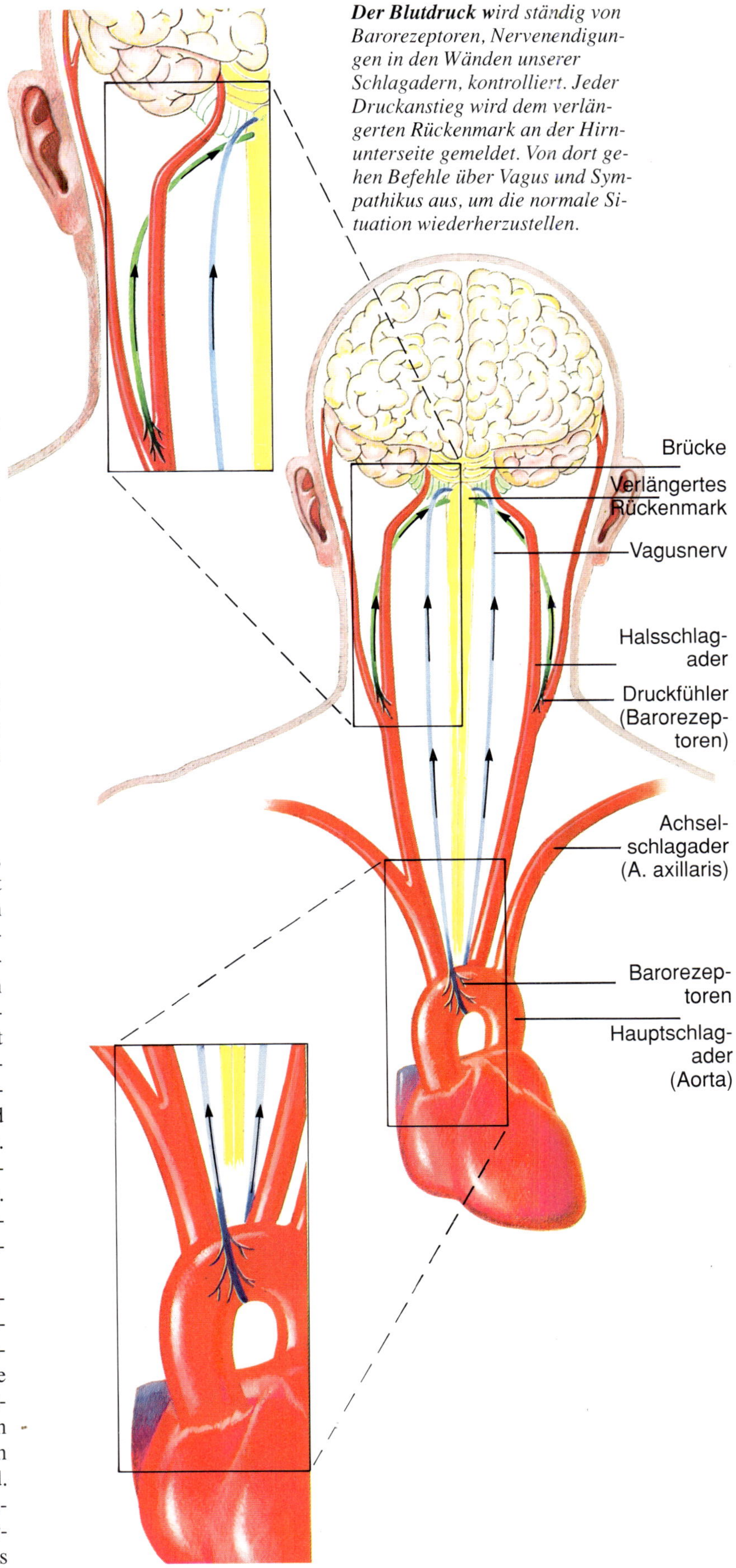

***Der Blutdruck** wird ständig von Barorezeptoren, Nervenendigungen in den Wänden unserer Schlagadern, kontrolliert. Jeder Druckanstieg wird dem verlängerten Rückenmark an der Hirnunterseite gemeldet. Von dort gehen Befehle über Vagus und Sympathikus aus, um die normale Situation wiederherzustellen.*

Herz kommt jedoch zunehmend in Versorgungsschwierigkeiten, bis es schließlich dekompensiert und aussetzt. Vor Einführung blutdrucksenkender Medikamente war Herzversagen die häufigste Todesursache bei Hypertonikern.

Suchen wir nach dem eigentlichen Grund des Bluthochdrucks, so begeben wir uns auf ein weniger gut erkundetes Territorium. Die Überzahl der Hypertonie-Erkrankungen fallen unter den Begriff des sog. primären oder essentiellen Hochdrucks, was aber nur heißt, daß sie nicht die Folgeerscheinung einer anderen Krankheit sind. Häufig kann also neben der Bezeichnung nichts Ursächliches zur Krankheit gesagt werden; ihre Behandlungsbedürftigkeit steht trotzdem außer Frage.

An der Regulation des Blutdrucks in unserem Körper sind sog. Presso- oder Barorezeptoren beteiligt, dehnungsempfindliche Nervenfasern in der Wand von Arterien und Venen. Eine Anhäufung solcher Pressorezeptoren finden sich am Bogen der Aorta und im Bereich der Halsschlagader. Erhöht sich der Blutdruck, warnen die Dehnungsrezeptoren das Gehirn. Von dort gelangen Impulse über das autonome Nervensystem zu den Arteriolen, worauf ihre Wandmuskulatur erschlafft und die Gefäßlichtung sich weiterstellt; der periphere Widerstand nimmt ab und mit diesem der arterielle Blutdruck.

Die Regulation des Blutdrucks wird manchmal mit der Wärmeregelung eines Zimmers verglichen. Dreht man den Raumthermostat (Regler) höher, wird durch vermehrte Brennstoffzufuhr (Steuersignale) die Heizung (geregeltes System) angetrieben, sich auf eine höhere Temperatur einzustellen. Beim Bluthochdruck könnten beispielsweise chemische Substanzen das geregelte System, die Arteriolen oder Widerstandsgefäße in ihrer Lichtung verändern, wodurch der "Barostat"-Mechanismus verstellt und das ganze System auf einer höheren Druckstufe gefahren wird. Neue Theorien zur Entstehung des essentiellen Hochdrucks gehen auf die Verbindung zwischen Herz und Hirn ein. Aufgrund der Beobachtungen an Tieren wird vermutet, daß ein erhöhter Blutdruck die Angstgefühle in Streß-Situationen dämpft. Verdrängt nun ein Mensch fortwährend seine Angst- und Zornempfindungen, könnten die vom Barostat ausgehenden Steuersignale schließlich ignoriert und so der Blutdruck auf Dauer erhöht werden.

Von Herzen - Rauchen und Trinken

Im Bewußtsein der Öffentlichkeit wird das Zigarettenrauchen eher mit Lungenkrebs als mit Herzerkrankungen in Verbindung gebracht. Körperkrankheiten, die unmittelbar im Zusammenhang mit dem Rauchen stehen, kommen jedoch eher vom kardiovaskulären System als von der Atmung.

Rauchen schädigt das Herz auf verschiedene Weisen. Nikotin verengt die Arteriolen und hebt den Blutdruck; außerdem ruft es über das Gehirn die Nebennieren zur vermehrten Produktion von Adrenalin auf, dem Hormon, das die Herztätigkeit antreibt. Das schneller schlagende Herz hat einen gesteigerten Sauerstoffbedarf und muß mehr arbeiten, um diesen zu decken. Sind die Kranzschlagadern bereits verengt oder verlegt, kann eine zusätzliche Belastung kritisch werden. Die hohe Adrenalinkonzentration im Blut stört darüber hinaus den Herzrhythmus.

Kohlenmonoxid, der zweite Bösewicht im Tabakrauch, kämpft mit dem Sauerstoff um dessen Platz am Hämoglobin in den roten Blutkörperchen; es vermag den Sauerstofftransport zum Gewebe um etwa ein Fünftel zu vermindern. Eine Schwangere, die raucht, schädigt neben ihrem eigenen Herzkreislaufsystem das ihres Kindes. Die Schadstoffe im Rauch entwickeln dieselbe negative Wirkung auf kindliches und mütterliches Herz: Frequenz und Blutdruck steigen,

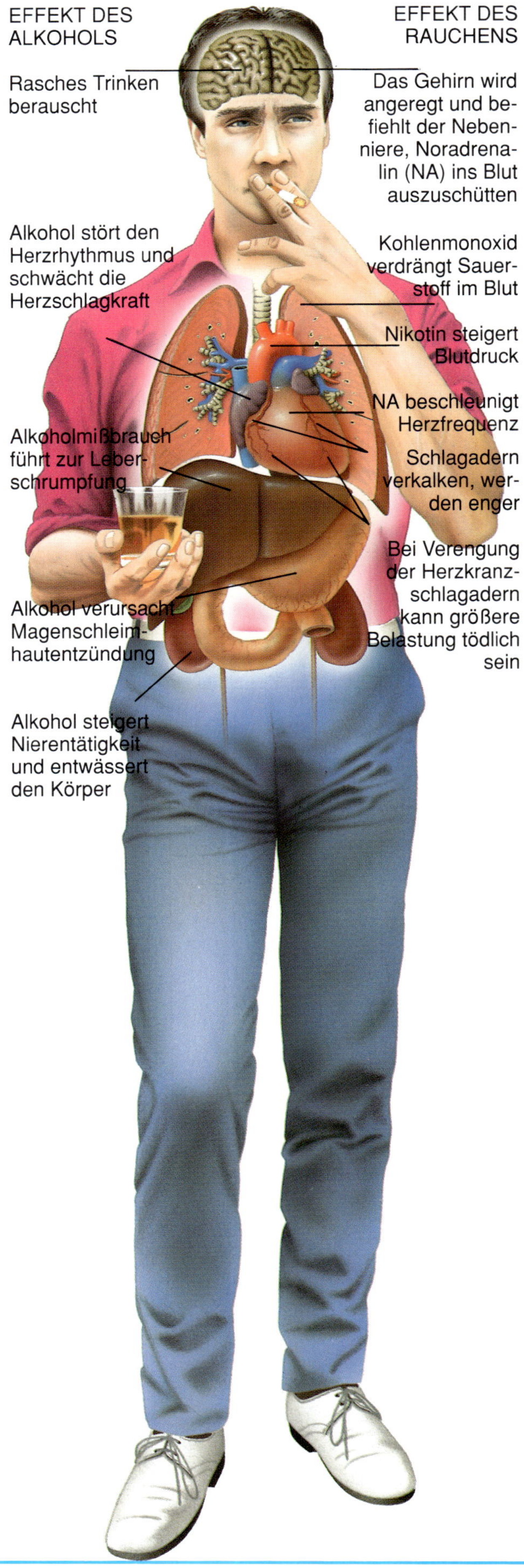

Mißbrauch von Drogen *kann bleibende Herzschäden verursachen. Die krankmachende Wirkung regelmäßigen Alkohol- und Tabakkonsums ist vielfältig (links). Neben Magenschleimhautentzündung (Gastritis) und Leberschrumpfung (Zirrhose) ruft der Alkohol Veränderungen der Herz- und (manchmal) Gehirntätigkeit hervor. Nikotin und Kohlenmonoxid im Tabakrauch, beide toxisch, können ebenfalls das Herz schädigen und den Blutdruck erhöhen. Die Zahl der Todesfälle als Folge von Herzkrankheiten steht in direkter Beziehung zur Zahl der pro Tag gerauchten Zigaretten (unten).*

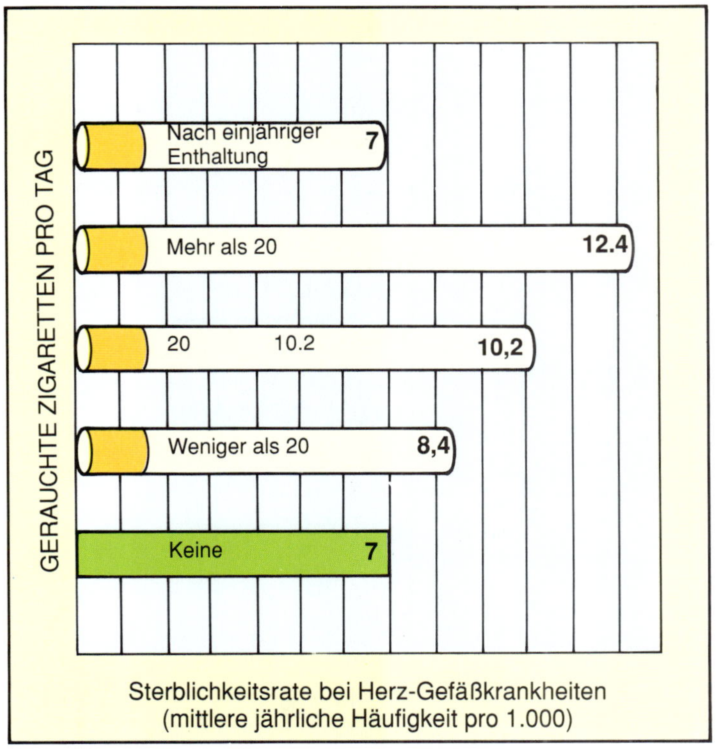

während die Sauerstoffversorgung abnimmt.

Auch der Alkohol ist in seinem schädigenden Effekt auf das Herz gut bekannt. Er stört den Herzrhythmus, steigert den Blutdruck und die Konzentration bestimmter Fette im Blut. Allerdings kommen Untersuchungen, die 1979 an der Harvard Medical School vorgenommen wurden, zu dem Ergebnis, daß bei mäßigem Alkoholgenuß (ein bis zwei Drinks pro Tag) die koronare Belastung niedriger ist als bei stärkerem Alkoholkonsum - und bei völliger Abstinenz. Hier aber ist eine statistische Auswertung äußerst kompliziert, da viele andere Ernährungs- und Lebensgewohnheiten mit einfließen und bei der Auswertung nicht zu berücksichtigen sind. Spätere Studien konnten die Harvard-Ergebnisse nicht bestätigen, zumindest was die Blutkonzentration an HDL und den Alkoholverbrauch anbelangt. Es gibt folglich keinen Grund, das Trinken gleich als Verhütungsmaßnahme von Koronarkrankheiten und Herzanfällen zu empfehlen.

Angina, Thrombose und Infarkt

Nicht alle Herzattacken schlagen ohne Vorwarnung zu; häufig ist die Ablagerung fettiger Materialien in der Kranzschlagader von Beklemmungs- und Engegefühlen in der Brust (Angina pectoris) begleitet. Die Angina kann eine verschwommene, unangenehme Empfindung sein oder ein zermalmender Brustschmerz, der bis in die Glieder fährt. Sie wird durch plötzliche körperliche oder emotionelle Belastungen bzw. ein schweres Essen ausgelöst und dauert gewöhnlich einige Minuten.

Der Schmerz ist auf eine Minderdurchblutung (Ischämie) oder "Krämpfe" der Herzmuskulatur zurückzuführen; den Muskelfasern fehlt vorübergehend der Sauerstoff, da die Kranzschlagadern die momentane Mehrversorgung nicht bewältigen können. Die typische Herzattacke wird durch eine Koronarthrombose in Gang gesetzt. Die atheromatösen Plaques in den Koronararterien wirken wie Magnete auf die Blutplättchen (Thrombozyten), jene Zellfragmente, die normalerweise an der Blutgerinnung beteiligt sind. Die Plättchen kleben an den Plaques und können echte Gerinnsel (Thromben) aufbauen. Wächst ein solcher Thrombus, verengt er die Schlagader und vermindert die Blutpassage, man spricht von einer Koronarthrombose. Schließlich erhält der hinter der Arterie gelegene Herzmuskelbereich nur noch wenig oder gar kein Blut mehr, das Gewebe leidet unter Sauerstoffnot, eine Herzattacke ist im Anmarsch. Wenn nichts unternommen wird, sterben die Muskelzellen ab. Kombinieren wir die medizinischen Namen von Muskel, Herz und Gewebstod, resultiert der "Myokardinfarkt", eine Fachbezeichnung für den Herzschlag.

Das Herz kann jedoch immer noch in der Lage sein, genügend Blut zu pumpen, damit der Körper überlebt. Da ist aber der vernichtende Brustschmerz, der vom nicht versorgten Herzgewebe ausgeht - da sind die Lungen, die sich mit Wasser füllen - da sind die Nieren, die ihre Ausscheidungsfunktion nicht mehr bewältigen, und der Patient wird wegen des Sauerstoffmangels im Gehirn zunehmend verwirrt. Dies sind die Zeichen des Schocks.

In der jüngsten Zeit hat die Behandlung des Herzinfarkts große Fortschritte gemacht. Mehr und mehr Menschen werden durch sofortige Wiederbelebungsmaßnahmen und rasche Verabreichung neuentwickelter Medikamente (z.B. thrombuslösende Substanzen, die das Gerinnsel innerhalb von Minuten auflösen) gerettet. Ein langes, flexibles und dünnes Rohr mit einem kleinen, wurstförmigen Luftballon an der Spitze (Ballonkatheter) kann über eine Körperschlagader zurück in die Kranzschlagader geschoben werden. In Höhe der Engstelle wird der Ballon dann vorsichtig aufgeblasen und die Verengung erweitert ("gesprengt"). Die Herzchirurgie ist in der Lage, die verlegte Kranzschlagaderstelle mit einem aus dem Patientenkörper entnommenen gesunden Gefäß (meist ein Abschnitt aus einer weni-

Ein lebensbedrohlicher Herzanfall *ist meist durch einen Infarkt bedingt, der auftritt, wenn der ernährende Blutstrom zu einem Herzmuskelabschnitt durch Verstopfung einer Kranzschlagader jäh unterbrochen wird. Die gesunde Schlagader (1) besitzt eine dünne Innenhaut. Bei manchen Menschen haben sich jedoch, begünstigt durch ungesunde Lebensweise und Ernährungsfehler, fettige Ablagerungen (Atherome) in der inneren Gefäßwandschicht angesiedelt (2). Dadurch wird deren lichte Weite eingeengt. Schließlich werden zusätzlich Kalksalze in die Wand eingelagert, was zum völligen Gefäßverschluß führen kann. Der Durchblutungsstop macht sich als Infarkt bemerkbar, der betroffene Herzmuskelbezirk stirbt ab.*

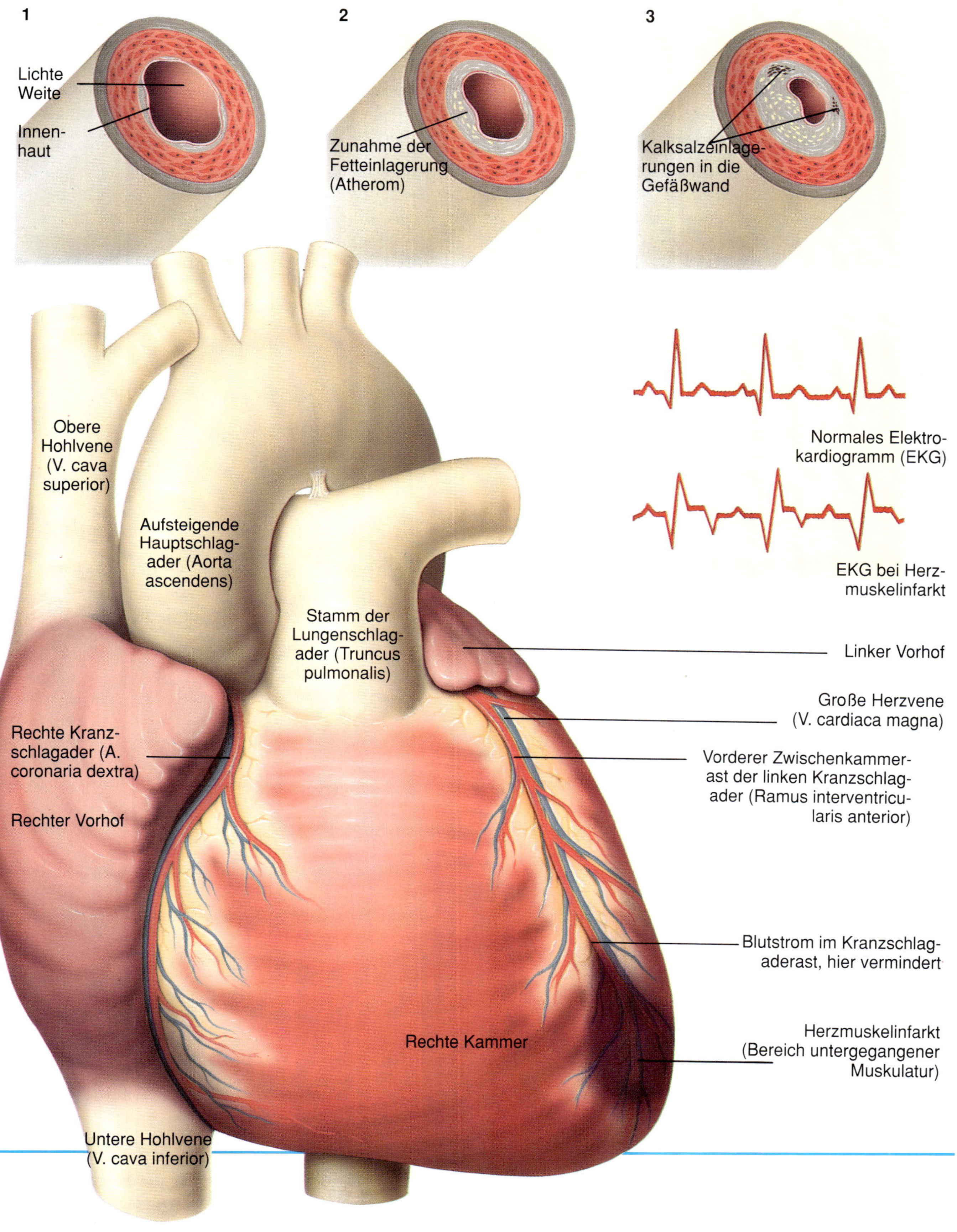

ger notwendigen Beinvene) zu überbrücken (sog. Koronarbypass durch Autotransplantat).

Und trotzdem, den Schlüssel zur wirksamen Verhütung von Koronarkrankheiten haben wir selbst in der Hand. Wir müssen das Rauchen, die fettreiche Ernährung, den übermäßigen Alkoholkonsum, das Übergewicht, die Inaktivität und den Streß hinter uns lassen und unser Leben auf eine entspanntere, gesündere Ernährung mit regelmäßiger Körperbetätigung einstellen.

Die Pumpe beginnt zu versagen

Eine Koronarkrankheit stellt große Anforderungen an den Herzmuskel. Der Oberbegriff für Erkrankungen der Herzmuskulatur ist die Kardiomyopathie; sie kommt in zwei Formen vor: hypertroph und kongestiv. Hypertrophie bedeutet eine Zunahme der Herzmuskelfasern, die die Hauptmasse der Wand bilden. Manchmal verdickt sich auch das Ventrikelseptum, die Scheidewand zwischen rechter und linker Kammer, und schränkt den Blutstrom aus der linken Kammer in den Körperkreislauf ein. Eine verdickte Wand kann die Segel der Mitralklappen verdrehen, so daß diese nicht mehr dicht schließen. Krankheitszeichen einer hypertrophen Kardiomyopathie sind Atemlosigkeit, Benommenheit und unregelmäßige Herzschläge, sog. Palpitationen.

Bei der häufigeren kongestiven Form vergrößern sich die Herzkammern, die Muskelwände ziehen sich zurück und faseriges, nicht kontraktiles Gewebe ersetzt die Herzmuskelzellen. Der Fluß des Blutes durch das Herz ist verlangsamt, es staut sich in den Lungen und in anderen Körperorganen (Kongestion), das Risiko von Gerinnselbildungen steigt.

Der Herzschlag wird langsamer, ein Herzversagen entwickelt sich. Einer oder beide Ventrikel sind nicht mehr in der Lage, Schritt zu halten. Beim Linksherzversagen staut sich das Blut in der Lunge, Wasser sammelt sich in den Luftbläschen und verschlechtert die Atmung. Die Stauung macht sich ebenso an einer Schwellung des Gewebes um die Knöchel bemerkbar; auch die Nieren sind betroffen, der Harnfluß wird eingeschränkt. Beim Rechtsherzversagen staut sich das Blut in die großen Venen zurück und steigert den Blutdruck in den großen inneren Organen wie Leber, Milz und Nieren. Verschiedene Medikamente (z.B. das Digitalis-Glykosid aus der Fingerhut-Pflanze) können diese Effekte vermindern, in schwereren Fällen gibt es zur Zeit nur eine Hilfe: ein neues Herz.

Entzündungen im Herzen

Das Herz kann von bakteriellen und Virus-Entzündungen betroffen sein. Die durch einen Virus hervorgerufene Infektion des Herzbeutels (Perikarditis) führt zu einer Anrauhung und Verdickung des Gleitlagers, der perikardiale Spaltraum füllt sich mit Flüssigkeit. Die Krankheit äußert sich durch Schmerzen in der Brust oder in der linken Schulter; häufig befällt sie jüngere Menschen und hat gewöhnlich eine gute Prognose.

Eine früher fast seuchenartige Krankheit, die häufig zu ernsthaften Komplikationen führte, ist das rheumatische Fieber, das durch die moderne Medizin weitgehend beherrscht wird. Sein Beginn ist unauffällig: ein bakterieller Infekt (meist Streptokokken) zeigt sich an den Gaumenmandeln, in den Nasennebenhöhlen oder in einem Mittelohr. Dann jedoch, bei einigen Patienten, bekämpft der Körper die Bakterien, indem er Antikörper bildet. Diese wenden sich fatalerweise auch gegen das eigene Herzgewebe.

Am verletzlichsten sind dabei die Ventile, besonders die am stärksten belasteten Segel- und Taschenklappen im linken Herzen. Das Klappengewebe entzündet sich und versteift, die freien Segel- oder Taschenränder verbacken miteinander. Die Folge ist eine Klappen-

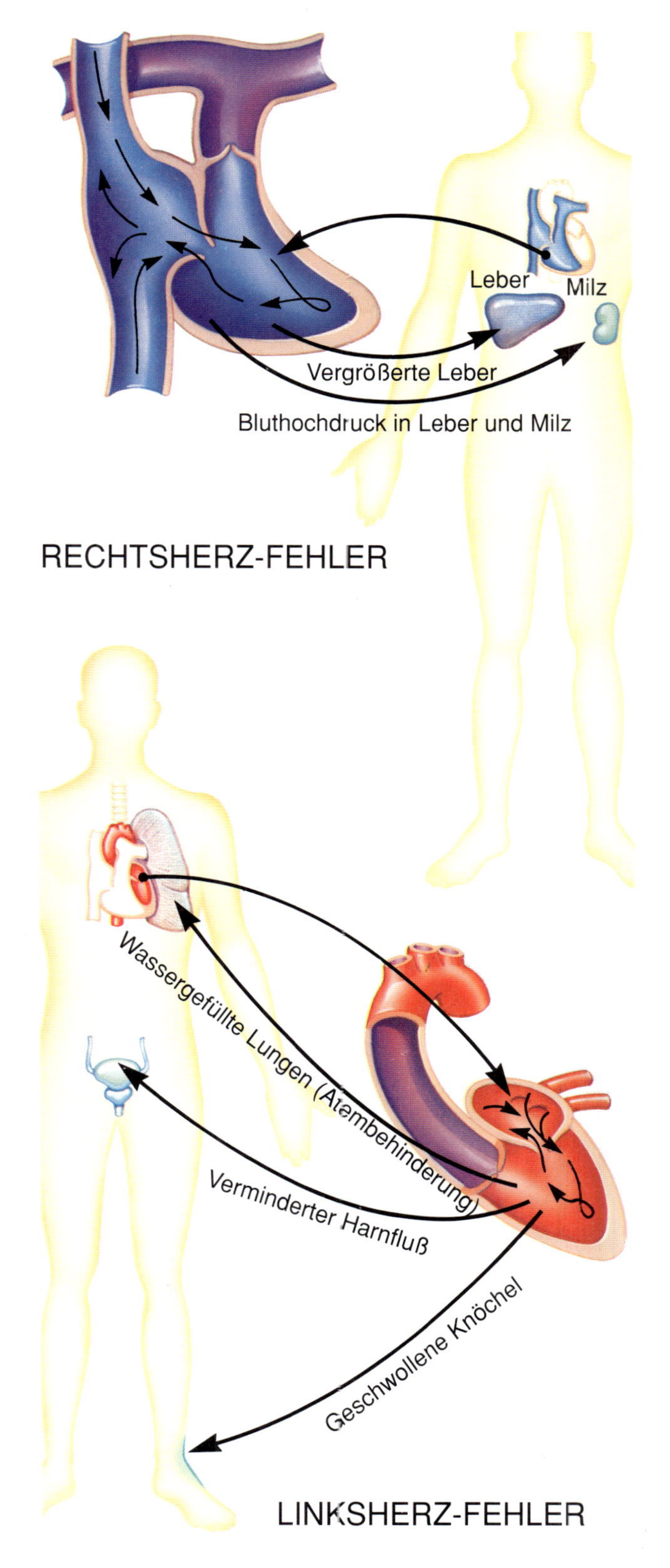

Herzfehler treten auf, wenn die Vorhof-Kammer-Klappen nicht mehr richtig schließen. Dann wird ein Teil des Blutvolumens bei der Kammerkontraktion über die Vorhöfe wieder zurück in jene Organe gepreßt, aus denen das Blut eigentlich kam.

verengung (Stenose). Die Entzündung kann aber auch in eine narbige Schrumpfung der Segel oder Taschen übergehen und eine Verschlußschwäche der Ventile (Insuffizienz) bewirken.

Sanfte Geräusche im Ohr

Normalerweise sind die Herztöne, die der Arzt mit seinem Hörrohr (Stethoskop) an der Brustwand abhört (auskultiert), vom leisen Schwirren des strömenden Blutes begleitet. Klappenerkrankungen ändern das physiologische Schallmuster, sie erzeugen Geräusche. Einige dieser Schalleindrücke signalisieren zwar Veränderungen gegenüber der Norm, ihre Ursache ist jedoch unbedenklich; es sind dies die "unschuldigen" Geräusche. Andere weisen aber auf ernste Probleme hin.

Bei der Aortenstenose beispielsweise müht sich der linke Ventrikel ab, Blut durch die verengte und starre Aortenklappe zu pumpen. Der Druck im Inneren der Kammer kann dabei auf mehr als 300 mm Hg (dreifach höher als normal) ansteigen. Die stenosierte Aortenklappe hat einen "Düsen-Effekt", so als würde man den Daumen auf das Ende eines Wasserschlauchs drücken, um einen schmalen, aber kräftigen Wasserstrahl zu erzeugen. Das Blut schießt mit hohem Druck durch die enge Öffnung in die Aorta und versetzt deren Wand in heftige Schwingungen. Diese und die Turbulenzen kann der Arzt, einen halben Meter vom Patienten entfernt, gut hören. Durch die Wahl typischer Abhörstellen am Brustkorb und die Beachtung der Zeitfolge bzw. des Charakters der Geräusche kann er die Art des Klappenfehlers und seine Lokalisation diagnostizieren. So fallen Schallphänomene, die von einer Mitralinsuffizienz oder einer Aortenstenose herrühren, in die Herzsystole, während Mitralstenose und Aorteninsuffizienz sich in der Herzdiastole bemerkbar machen.

Herzklappenerkrankungen können unterschiedlich schwer sein. Einige Menschen leben damit jahrelang ohne Beschwerden und fühlen sich nur gelegentlich etwas unbehaglich. In den meisten Fällen verschlechtert sich der Zustand jedoch mit der Zeit. Wasser sammelt sich in den Lungen (Lungenödem) und führt zur Atemnot; die Vorhöfe können sich so sehr dehnen, daß die Erregungsleitung gestört wird und ein unregelmäßiger Herzrhythmus auftritt.

Flattern und Flimmern

Wenn die Wand des rechten Vorhofs überdehnt wird, müssen die vom Sinusknoten ausgehenden (Schrittmacher-) Impulse größere Strecken zurücklegen, um die Vorhöfe zu erregen und den AV-Knoten sowie die übrigen Teile des Erregungsleitungssystems zu erreichen. Dies erweitert das Feld kardialer Probleme um die Herzarrhythmien: Kurzschlüsse oder Unterbrechungen stören die elektrischen Vorgänge, die die Kontraktion des Herzens koordinieren.

Beim Herzblock quälen sich die Erregungswellen bis zu einem Stillstand im AV-Knoten, der Schaltstation zwischen Vorhöfen und Kammern. Der Herzblock kann unvollständig (intermittierend) sein, dann passiert jede zweite oder dritte Welle den AV-Knoten. Oder er ist komplett: Die Kammern nehmen ihren eigenen, langsameren Rhythmus der Reizbildung auf; man bezeichnet dies als Ventrikelflucht (ventrikulären Escape).

Ein ektopischer oder vorzeitiger Herzschlag ist häufig auf myokardiale Mangeldurchblutung zurückzuführen. Die Ischämie eines Muskelbezirks läßt diesen krampfen, macht ihn reizbar. Nun depolarisiert er sich spontan, sendet zusätzlich zu den normalen ungeregelte elektrische Wellen über das Herz und beeinträchtigt den gleichmäßigen Kontraktionsrhythmus. Solche Impulse sind gefahrlos, wenn sie seltene Ereignisse bleiben, das Herz überspringt gelegentlich einen Schlag. Kommen die ektopischen Impulse jedoch in längerer Folge, stören den normalen Schrittmacher und die Erregungsleitung, so bereiten sie ernstere Schwierigkeiten.

Ein Schauer solcher Reize kann manchmal ein absolut arrhythmisches Rasen, Herzflattern oder Herzflimmern, auslösen. Beim Vorhofflattern "zittern" diese 250 bis 300mal in der Minute, halten aber noch einen regelmäßigen Rhythmus der Kammern aufrecht. Beim Flimmern geht die Regelmäßigkeit verloren, die Zellen feuern blindlings über das Herz und produzieren jetzt chaotische Einzelkontraktionen. Während des Kammerflimmerns fördern die Ventrikel kein Blut mehr; der Zustand ist also tödlich, wenn er nicht sofort durch äußere Herzmassage oder elektrische Defibrillation behoben wird.

Das mißgebildete Herz

Die embryonale Herzentwicklung ist ein komplizierter Prozeß, der Schleifenbildungen, Faltungen, Drehungen und Dickenwachstum umfaßt. Bei einem von 200 Babys geht hier etwas schief, man spricht dann von angeborenen (kongenitalen) Herzvitien. Die Ursachen solcher Entwicklungsfehler sind wenig bekannt. In einem sehr kleinen Teil der Fälle liefern fehlerhafte, von den Vorfahren ererbte Gene die falschen Anleitungen zum Auf- und Einbau des Herzens im Embryonalkörper. Auch Ernährungsstörungen (z.B. Vitaminmangel), mikrobielle Infektionen (z.B. Röteln) oder die Einnahme teratogener (keimschädigender) Medikamente während der kritischen zweimonatigen Entwicklungszeit nach der Befruchtung können dafür verantwortlich sein.

Die fötalen Lungen sind mit Fruchtwasser gefüllt, der Lungenkreislauf noch nicht eröffnet; der Fötus erhält seinen Sauerstoff noch aus dem mütterlichen Blut. Zwei physiologische Kurzschlüsse (Shunts) sorgen dafür, daß der Lungenkreislauf umgangen wird. Bei der Geburt blähen sich die Lungen mit Luft auf, ihr Kreislauf wird aktiviert und die Shunts geschlossen. Bleibt das ovale Loch (Foramen ovale) jedoch auch nach der Geburt offen, pumpt das Herz mit jedem Schlag Blut aus dem linken in den rechten Vorhof, der sich infolge seiner Überbelastung vergrößert. Ein nicht verschlossener Ductus arteriosus, Verbindung zwischen Lungen- und Hauptschlagader, führt dazu, daß nach der Geburt aus der unter hohem Druck stehenden Aorta stets Blut in die dem Niederdrucksystem angehörende Lungenschlagader fließt. Das Blutangebot an den Lungenkreislauf ist zu hoch, er und das rechte Herz werden überbelastet. Vergleichbare funktionelle Auswirkung hat ein Loch in der Kammerscheidewand (Ventrikelseptumdefekt): Mit jedem Herzschlag wird frisch oxygeniertes Blut aus der linken Kammer dem desoxygenierten Blut der rechten Kammer zusätzlich beigemischt. Solche angeborenen Herzfehler können heute mit gutem Erfolg operativ beseitigt werden.

Am Herzen vorbei

Aristoteles (384 - 322 v.Chr.), der Schüler Platons, verkündete einst: ".... allein das Herz kann einem Schaden nicht standhalten." In den 90iger Jahren des vergangenen Jahrhunderts schrieb der englische Chirurg Paget noch: "Die Herzchirurgie hat mittlerweile wahrscheinlich die Grenzen erreicht, die ihr von der Natur gesetzt sind." Heute operieren die Chirurgen am Herzen zwar nicht mit weniger Respekt vor diesem Organ, sicher aber mit weniger Ehrfurcht. In den 50er Jahren unseres Jahrhunderts wurde erstmals die Herz-Lungenmaschine eingesetzt, die die Herzfunktion für ein bis zwei Stunden übernahm, so daß Eingriffe am offenen Herzen problemloser waren. Schritt für Schritt begab sich die Herzchirurgie auf Neuland: 1952 der Ersatz zerstörter Herzklappen durch ein künstliches Ventil (heute eine Routinemaßnahme) und im gleichen Jahr die Einpflanzung eines künstlichen Herzschrittmachers. Dieser diente zunächst nur der Zeitüberbrückung und wurde abgeschaltet, als das operierte Herz des Patienten seine eigene Reizbildung wieder übernahm. 1960 implan-

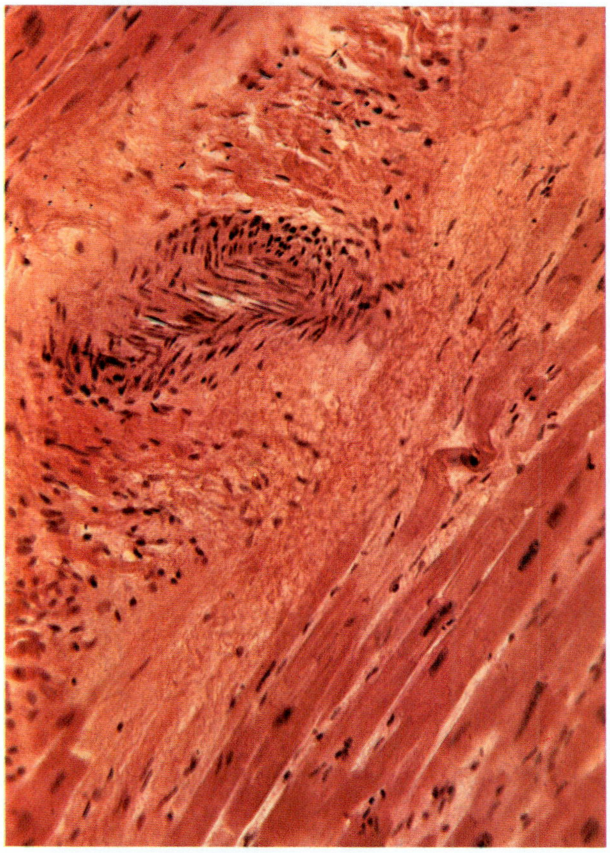

Das rheumatische Fieber kann die Innenhaut des Herzens (und damit die Herzklappen) und seine Muskelschicht treffen. Bei Herzmuskelentzündung (Myokarditis) erinnert die Zerstörung der gestreiften Strukturen unter dem Mikroskop (links) an einen Ast im feingemaserten Holz. Sind die Herzklappen betroffen (Endokarditis), verhärten sie sich durch Narbenbildung, werden undicht und kleben mit ihren Rändern zusammen. Eine solche Stenose, unten an der Mitral- bzw. Aortenklappe ablaufend, macht sich häufig zunächst als Herzgeräusch bemerkbar, das durch Turbulenzen des Blutstroms an der Verengungsstelle oder den Blutrückstrom durch das lecke Ventil verursacht wird. Der Arzt kann mit Hilfe seines Stethoskops das Herzgeräusch abhören oder mit einem Phonokardiographen die Herztöne (normal) und Herzgeräusche aufschreiben. Nicht alle Geräusche sind gefährlich; wenn sie jedoch auf eine Herzklappenerkrankung zurückzuführen sind und diese schwer ist, kann u.U. ein operativer Eingriff notwendig sein. Dabei können funktionsuntüchtige Klappen durch künstliche Ventile ersetzt werden.

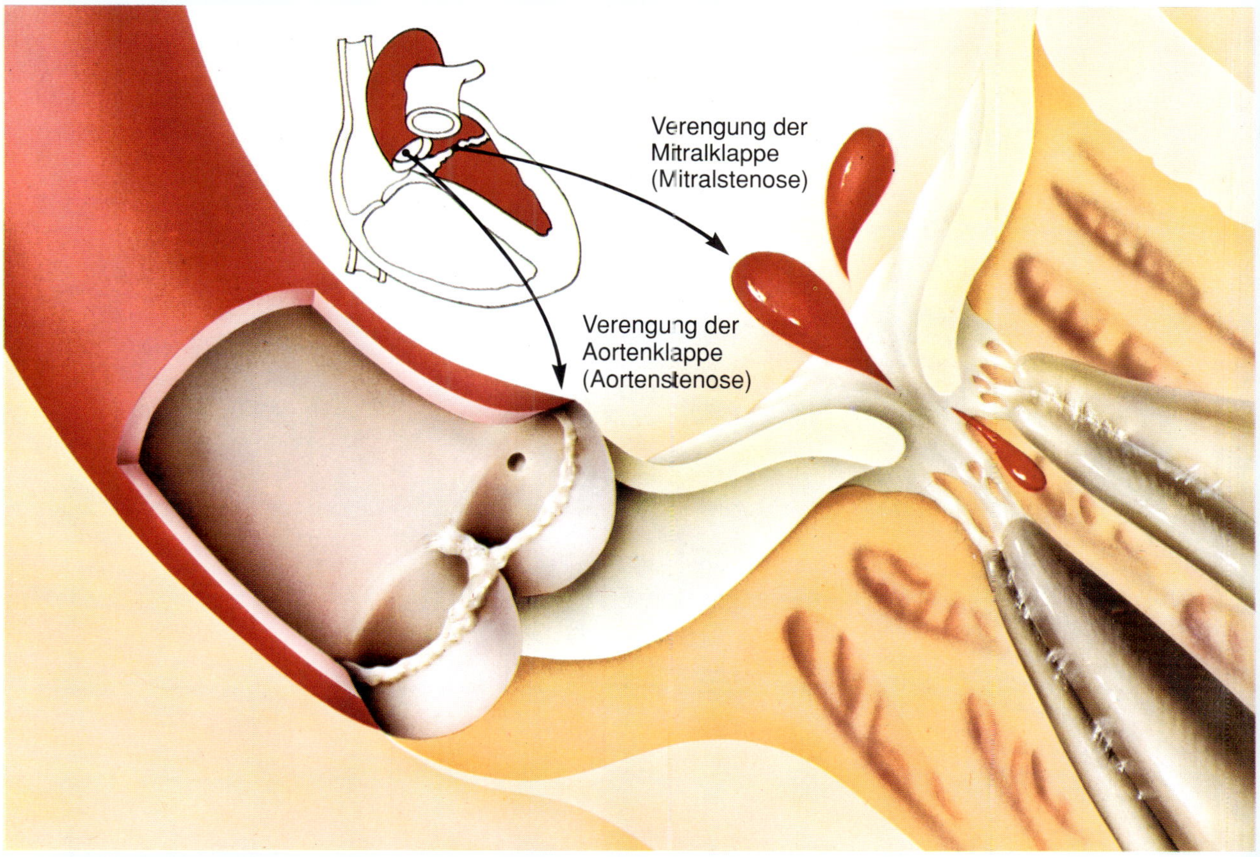

NORMALER KREISLAUF

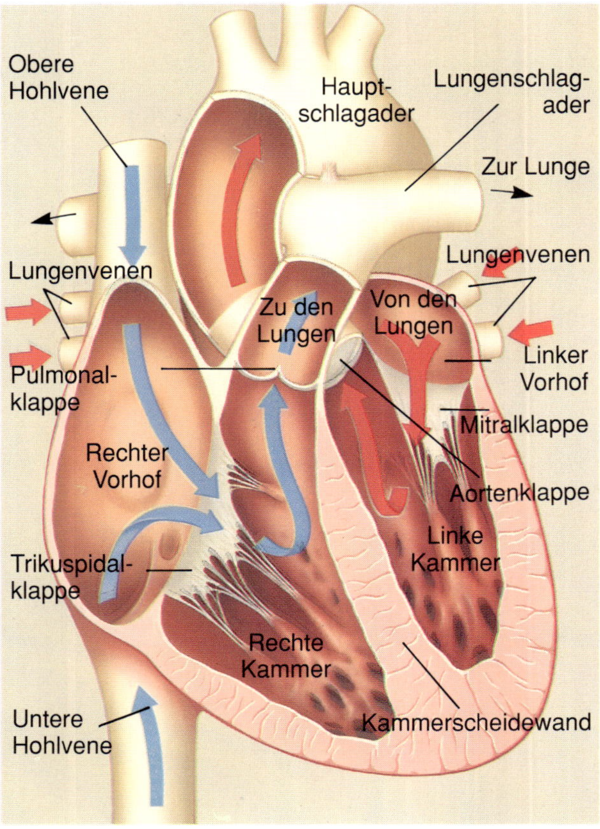

A OFFENER SCHLAGADERGANG (DUCTUS ARTERIOSUS APERTUS)

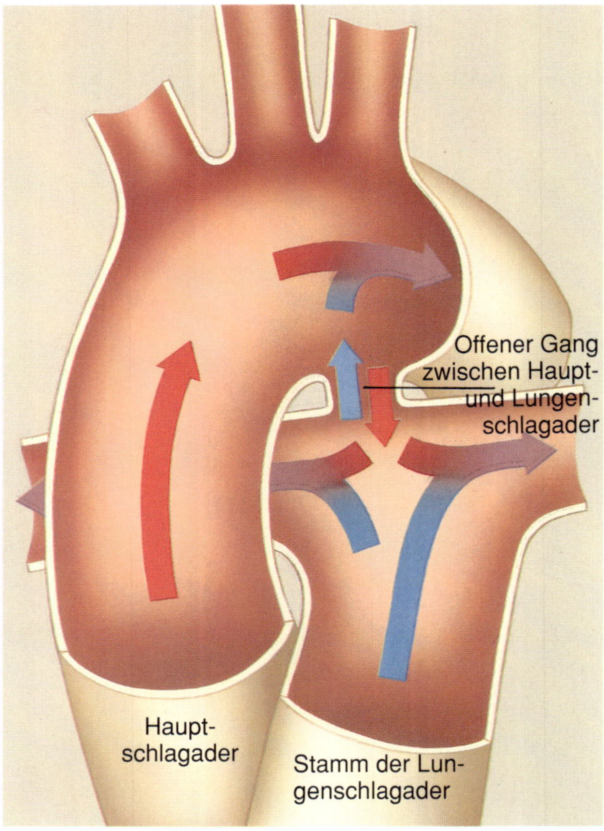

In einem normalen Herzen *(links) - funktionell u.a. zwei nebeneinanderliegende Pumpen - sind Lungen- und Körperkreislauf vollständig voneinander getrennt. Kurzschlüsse zwischen beiden mit einer Vermischung von arteriellem und venösem Blut belasten das Herz, da dieses zur ausreichenden Sauerstoffversorgung des Gewebes härter arbeiten muß. Viele solcher Herzfehler sind angeboren, obwohl sie nicht immer bei der Geburt erkannt werden. Der Embryonalkreislauf besitzt normalerweise an verschiedenen Stellen Kurzschluß-Verbindungen, die seiner besonderen Versorgungslage innerhalb der Gebärmutter gerecht werden. Dazu gehört ein ovales Loch (Foramen ovale) in derVorhof-*

tierte man bereits Dauerschrittmacher in die Brustwand der Patienten. 1967 gelang die erste koronare Bypass-Operation: Ein Stück aus der Beinvene des Patienten wurde genommen, um den verengten Teil seiner Kranzschlagader zu umgehen. Am 3. Dezember 1967 nahm der südafrikanische Herzchirurg Christian Barnard im Groote Schuur Hospital in Kapstadt die erste Herztransplantation vor. Sein Patient war Louis Washkansky, ein 54jähriger Diabetiker; sein Leben wurde um 18 Tage verlängert. Heute sind Herztransplantationen schon längst keine Sensationen mehr (1989 in Deutschland 244), und die Lebenserwartung der Patienten hat sich auf Jahre erhöht.

Herzliche Neuigkeiten

So erfolgreich die Herzverpflanzungen auch sind, man kämpft immer noch mit dem Problem der Abstoßungsreaktionen - dem Abwehrmechanismus des körpereigenen Immunsystems, das das Herz als "fremdes" Gewebe erkennt und versucht, es wieder loszuwerden. Die Schwierigkeiten konnten dadurch verringert werden, daß man ein Spenderherz verwendet, das gut zu dem Gewebstyp des Empfängers paßt; zusätzlich werden für eine gewisse Dauer Immunsystem-unterdrückende Substanzen verabreicht.

Eine völlig andere Art, das Versagen eines Herzens zu behandeln, ist sein Ersatz durch eine künstliche Pumpe. Hier liegt eines der Probleme darin, daß Blut an fremden Oberflächen zur Gerinnung aktiviert wird; selbst wenn es durch Medikamente ungerinnbar gemacht wird, bilden sich doch Plättchenaggregate, die ins Gehirn gespült werden und dort einen Schlaganfall auslösen. Saumlose Ränder im

B DEFEKT DER VORHOFSCHEIDEWAND

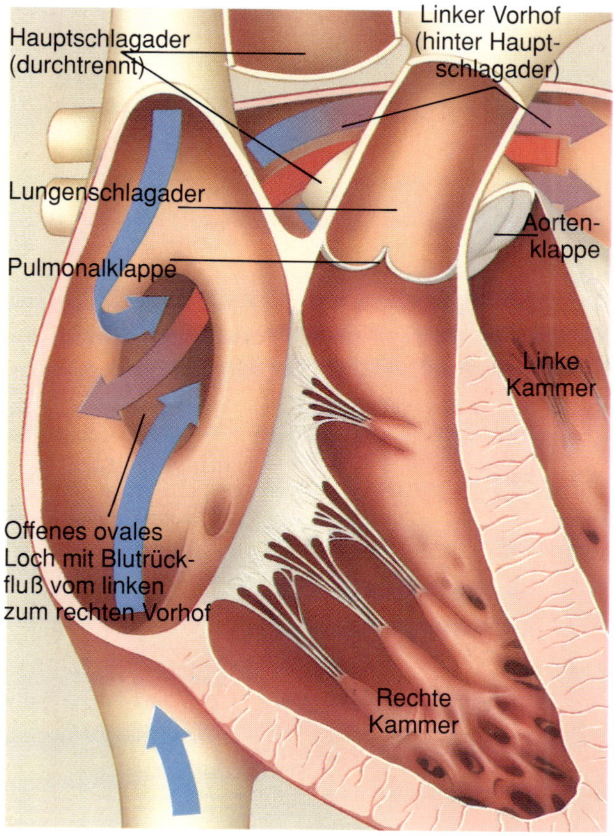

C DEFEKT DER KAMMERSCHEIDEWAND

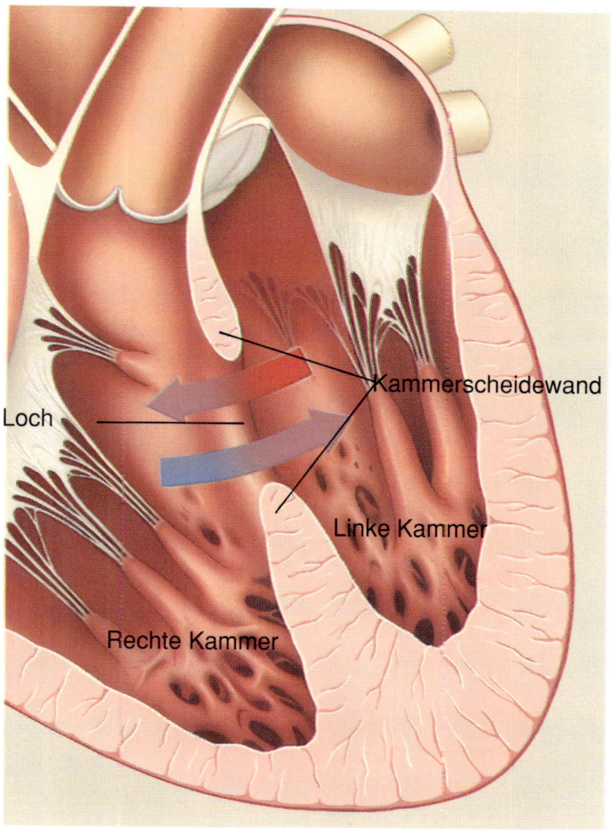

scheidewand des Herzens und ein Verbindungsgang zwischen Lungen- und Hauptschlagader (Ductus arteriosus Botalli). Beide sorgen dafür, daß das Blut im Kreislauf des Ungeborenen die (noch nicht entfaltete) Lunge umgehen kann. Bleiben diese Kurzschlüsse jedoch auch nach der Geburt offen, kann es zu erheblichen Kreislaufstörungen kommen. Beim Defekt der Vorhofscheidewand (B) besteht ein Kurzschluß zwischen rechtem und linkem Herzvorhof, beim Defekt der Kammerscheidewand (C; die aufeinanderzuwachsenden Gewebsleisten haben sich nicht getroffen) pendelt das Blut zwischen linker und rechter Herzkammer. Solche angeborenen Fehlbildungen lassen sich manchmal gut operativ korrigieren.

Innenraum und Kunststoffklappen haben auch diese Gefahr gebannt, eine automatische Regulierungseinrichtung paßt die Pumpfrequenz den jeweiligen Versorgungsbedürfnissen an.

Das künstliche Herz ist nur wenig größer als ein natürliches und besteht aus zwei getrennten, identischen Pumpen. Eingepflanzt in den Brustkorb des Patienten wird es mit Druckluft betrieben, die pulsatorisch eine Membran bewegt und damit Blut durchs Gerät pumpt. Einbahn-Ventile sorgen dafür, daß das Blut nur in der richtigen Richtung fließt. Einen großen Nachteil besitzt der Apparat: Antriebs- und Steuersysteme wiegen etwa 375 Pfund und sind durch zwei meterlange Schläuche mit dem mechanischen Herzen verbunden. Dadurch wird der Bewegungsspielraum des Patienten stark eingeschränkt. Mittlerweile sind Geräte in der Entwicklung, die nur noch die Größe eines Rucksacks haben.

Schätzungen in den USA gehen dahin, daß Mitte der 90er Jahre etwa 25.000 Menschen mit künstlichen Herzen leben werden. Im Augenblick sind jedoch die Überlebenschancen mit natürlichen Ersatzherzen noch deutlich besser. Vielleicht geht der Weg in Zukunft dahin, daß man ein stets verfügbares Kunstherz nur als temporäre Zwischenlösung benutzt, bis ein geeignetes Spenderherz gefunden worden ist.

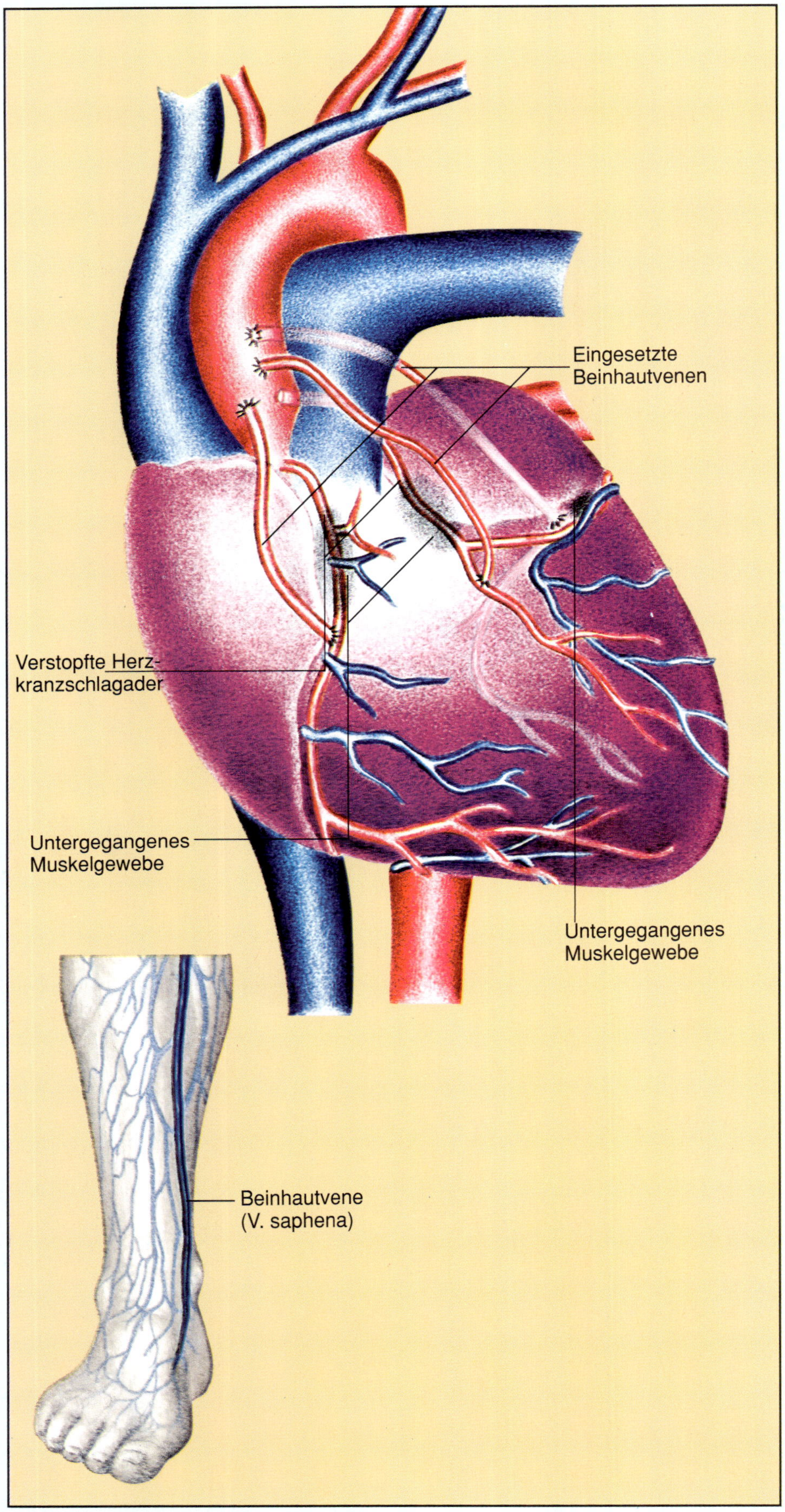

Herzkranzschlagader-Umgehungsoperation (Koronarbypass)

Unzählige Menschen leiden an einer sog. koronaren Herzkrankheit: Eine Herzkranzschlagader wir durch fettige Ablagerungen in ihrer Wand verstopft, der von diesem Gefäß versorgte Muskelbezirk erhält weniger Blut und damit weniger Sauerstoff. Schmerzhafte Beklemmungsgefühle im Brustkorb (Angina pectoris) sind die Folge, ein Herzinfarkt kündigt sich an. Reicht eine medikamentöse Behandlung nicht mehr aus, kann der chirurgische Eingriff in Form einer Umgehungsoperation (koronarer Bypass) Abhilfe schaffen. Teile einer Beinhautvene (V. saphena; die venöse Entsorgung ist hier durch andere Gefäße gewährleistet) werden entnommen und dazu benutzt, die verlegten Kranzschlagader-Stellen zu überbrücken. Dabei kann - je nach Situation - ein Ende der entnommenen Vene (als sog. Autotransplantat) an die Seite der Hauptschlagader angenäht werden, um das Versorgungsblut aufzunehmen. Das andere Venenende wird mit der Kranzschlagader hinter der Verlegungsstelle verbunden. Der Herzchirurg (gegenüberliegende Seite) braucht für seine Tätigkeit ein Mikroskop, das (eingehüllt in ein steriles Tuch) das Operationsgebiet optisch vergrößert. Seit ihrer Einführung in den späten sechziger Jahren wurden unzählige erfolgreiche Operationen dieser Art durchgeführt.

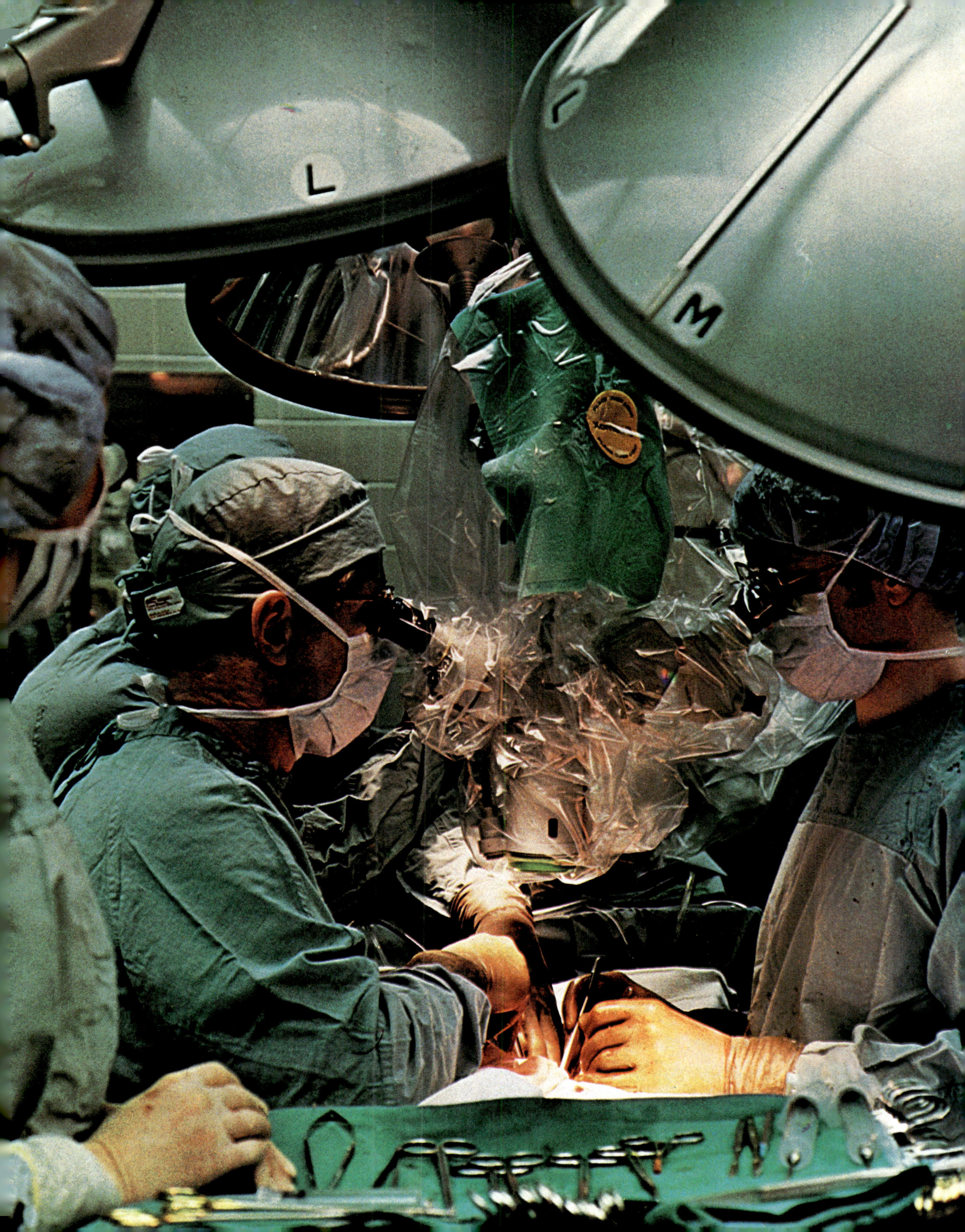
L
M

Kapitel 9

Die Verdauung

Essen "hält Leib und Seele zusammen". Es ist ein Grundbedürfnis des Menschen, das er sich häufig durch geschmackliche Nuancierungen und viele äußere Verfeinerungen so angenehm wie möglich gestaltet: "das Auge ißt mit". Ob es sich nun aber um ein Stück Brot aus der Hand, oder um ein 15-Gänge-Menü an einer festlich gedeckten Tafel handelt, die Verdauung zeigt keine Bevorzugung. Ein gesunder Erwachsener nimmt pro Jahr ungefähr eine halbe Tonne Nahrungsmittel zu sich - und die müssen verdaut werden, unabhängig davon, ob sie dem Körper wertvolle Aufbaustoffe liefern oder nur die Geschmacksnerven kitzeln. Das System, in dem diese Folge von chemischen Prozessen abläuft, ist letztlich ein Schlauch von über acht Meter Länge, der sich durch Form, Lage und Funktion in verschiedene Abschnitte untergliedern läßt: Mund, Schlund (Pharynx), Speiseröhre (Oesophagus), Magen (Gaster), Dünndarm (Intestinum tenue) und Dickdarm (Intestinum crassum). Die Nahrungsstoffe werden bei ihrer Passage durch den Verdauungsschlauch mit einer Vielzahl von chemischen Substanzen vermischt, die sie in einer langen Kette von Reaktionen bis zur Molekülgröße abbauen. Die Nahrungsmoleküle werden dann in das Transportsystem des Körpers (Blut- und Lymphbahnen) aufgenommen. Ihr weiteres Schicksal hängt jetzt von den Langzeitbedürfnissen und den momentanen Notwendigkeiten des Körpers ab. Manche fungieren als Energiequelle, die den Zellstoffwechsel anfeuert. Andere werden zu Bausteinen für den Neubau des Gewebes beim Wachstum oder zum Ersatz untergegangener Strukturen. In Zeiten der Fülle werden Nahrungsteilchen einfach abgespeichert, bis wieder Knappheit herrscht - eine der vielen Einrichtungen zur Sicherung des Überlebens.

Nicht alles, was wir zu uns nehmen, ist verdaubar. Schlackenstoffe bleiben zurück und das Verdauungssystem muß sich ihrer in wirkungsvoller Weise entledigen. Dies mag das weniger glanzvolle Ende der Geschichte sein, es ist aber nicht minder bedeutsam für die Funktion des Systems und damit für die Gesundheit unseres Körpers.

Örtliche Spezialisierung

Die Organisation des menschlichen Verdauungssystems kann am besten verstanden werden, wenn man seine Entwicklung im Embryo verfolgt.

In der Frühphase gehen aus Knospen des Primitivdarms so unterschiedliche Strukturen wie Mittelohr, Mandeln und verschiedene Drüsen (Schilddrüse, Nebenschilddrüse, Thymus), aber auch die Lungen, Leber und Bauchspeicheldrüse hervor.

Während der dritten Embryonalwoche bilden Schichtung, Faltung und Bördelung von Zellagen die Grundlage des Darms. Der Embryo ist noch kaum erkennbar, hat aber eine vorwuchtende Kopffalte, einen mittleren Abschnitt und eine Schwanzfalte. Innerhalb des Kopfes befindet sich der Vorderdarm, aus dem der Schlund- oder Kiemendarm mit seinen Anhangsorganen (Mittelohr, Mandeln und verschiedene Drüsen wie Schilddrüse, Nebenschilddrüsen und Thymus), die unteren Anteile der Atmungsorgane und der Verdauungskanal vom Mund bis zum oberen Zwölffingerdarm mit den anhän-

Trinke eine Tasse heißen Kaffee *und spüre die Wärme. Dieses vom Computer erstellte Bild, eine Thermographie, zeigt die momentane Wärmeverteilung - weiße und rote Flächen sind die wärmsten, blaue und purpurrote die kältesten Bezirke. Ein Schluck heißer Kaffee ist soeben im Magen angekommen, während der nächste sich im Mund befindet. Mit der Thermographie können Spezialisten die Funktion des Verdauungssystems untersuchen. In Verbindung mit weiteren Methoden sind so wertvolle Einsichten in die verschlungenen Wege der Verdauung zu gewinnen - wie Nahrungsstoffe umgewandelt werden, um den Körper zu versorgen.*

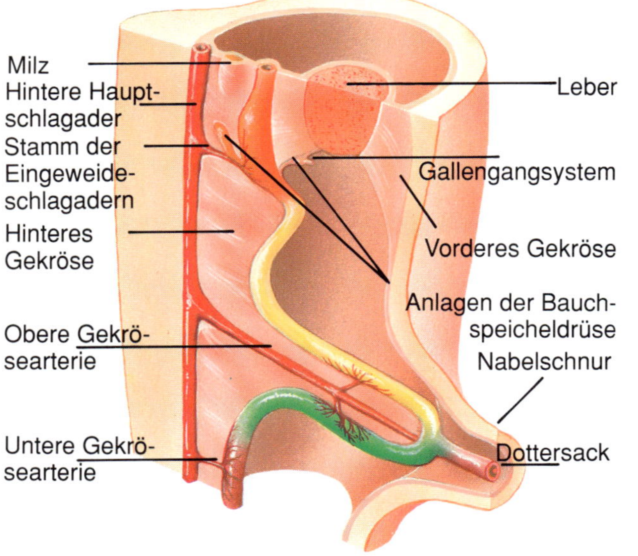

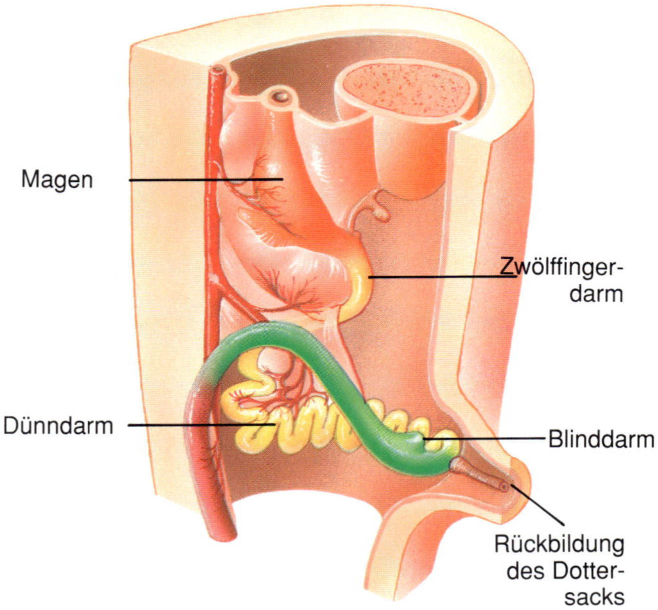

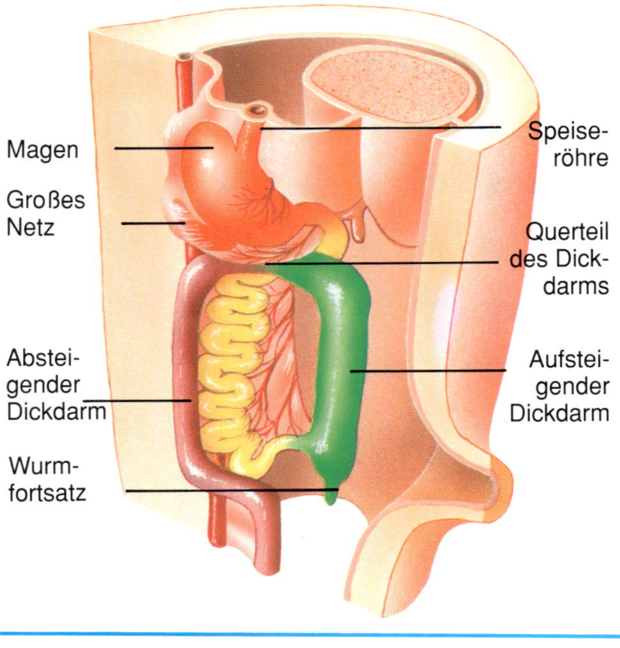

genden Drüsen (Mund- und Ohrspeicheldrüsen, Leber und Gallengänge, Bauchspeicheldrüse) hervorgehen. Der mittlere Abschnitt bildet den Mitteldarm, aus dem Teile von Dünn- und Dickdarm entstehen. Die Schwanzfalte schließt den Hinterdarm ein, den rückwärtigen ausscheidenden Teil von Verdauungssystem sowie Harn- und Geschlechtsapparat.

Tunnel, Gruben und Taschen

Einige Beispiele zeigen die feinsten Windungen des sich entwickelnden Darms in einem Embryo von der Größe eines Reiskorns. Zunächst besitzt er keinen Mund. Allmählich dehnt sich die Höhle des Vorderdarmbeginns in der Mitte des Kopfes in Richtung späterer Gesichtsregion aus. Gleichzeitig bildet sich eine kleine Grube, die Mundbucht, zwischen Stirn-, Ober- und Unterkieferwulst. Die Grube vertieft sich auf den entgegenkommenden Vorderdarm zu und vereinigt sich mit diesem etwa am 25. Tag; eine der beiden Darmverbindungen zur Außenwelt ist geschaffen.

Während der vierten und fünften Woche der Embryonalentwicklung treten in den Seitenwänden des Vorderdarms unmittelbar hinter der Mundbucht aufeinanderfolgende Gewebswülste, die Kiemenbögen, hervor, zwischen denen nach außen (am Embryohals) die Kiemenfurchen, nach innen die vier Schlundtaschen liegen. Diese Strukturen sind offenbar evolutionäre Wiederholungen aus grauer Vorzeit, als unsere fischähnlichen Vorfahren noch Kiemenschlitze zur Verbindung zwischen dem Innen- und Außenraum des Halses besaßen. Millionen von Jahren schrittweiser Weiterentwicklungen haben diese Rachenstrukturen für verschiedene andere Funktionen umgeformt.

***Der embryonale Verdauungstrakt** beginnt während des zweiten Schwangerschaftsmonats eine Reihe von Falten und Taschen zu bilden (links). Zuerst entwickeln sich Magen und Dünndarm, dann der Dickdarm, der sich nach und nach in einen aufsteigenden, queren und absteigenden Teil gliedert. Zur gleichen Zeit entstehen Leber, Bauchspeicheldrüse und weitere Anhangsgebilde des Verdauungskanals. Der Enddarm, Ausgang des Verdauungstrakts, wird als letzter vollendet.*

***Der Mund, die Stimm- und die Halsorgane** entwickeln sich beim Embryo aus den Spalten der Schlundtaschen (rechts). Das sehr einfache Grundmuster dieser Strukturen bei einem fünfwöchigen Embryo ist auf den beiden oberen Zeichnungen zu erkennen, in einem Längsschnitt und einem schräg horizontalen Schnitt (entlang der rot gestrichelten Linie). Während der folgenden Wochen wandern Zellhaufen aus und wachsen, um die Vorläufer von Mandeln, Schilddrüse und Bries (Thymus) im Halsbereich zu bilden (beide unteren Zeichnungen).*

Fünfwöchiger Embryo

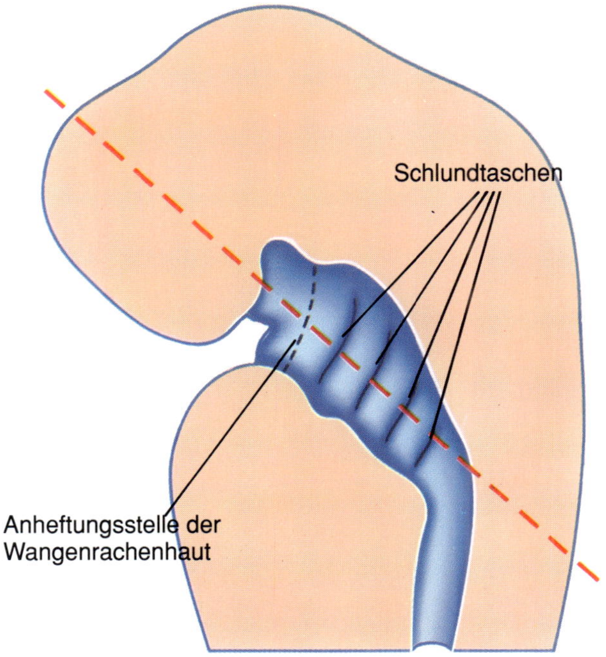

Schematische Horizontalschnitte

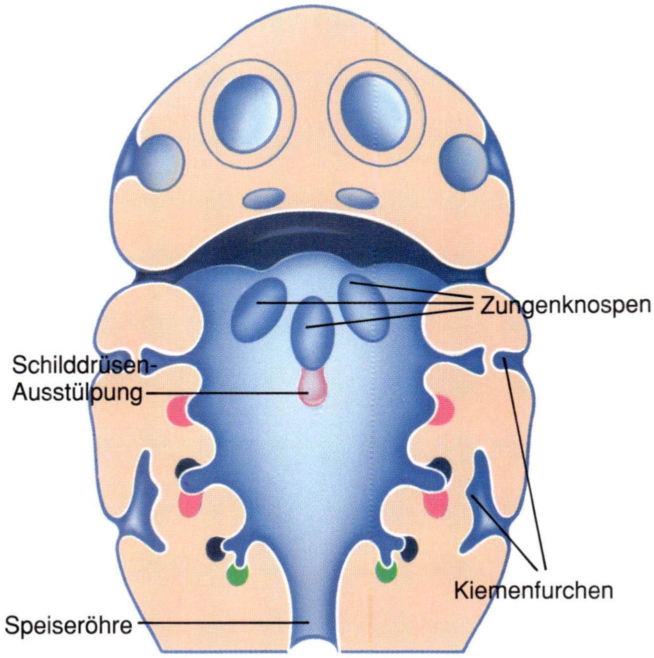

Sechswöchiger Embryo

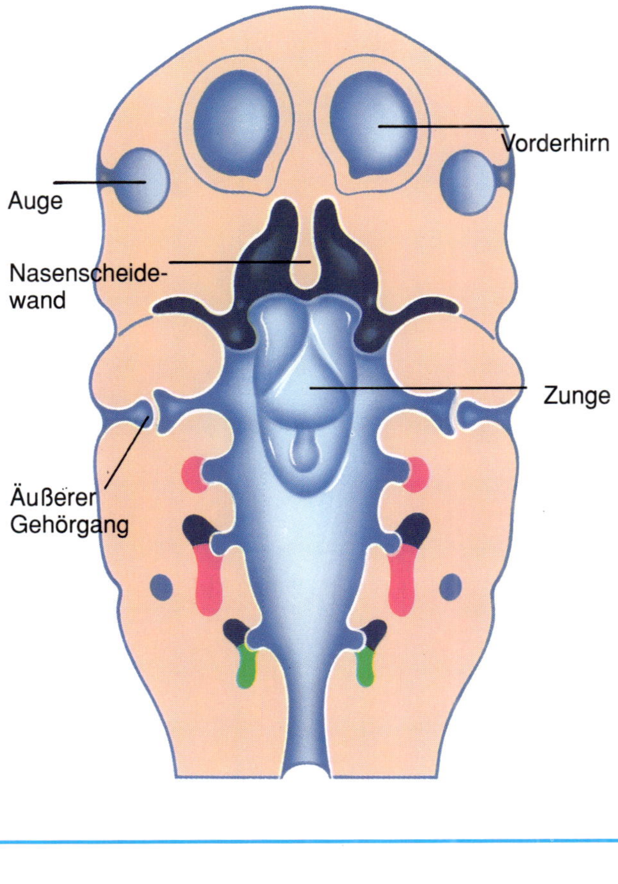

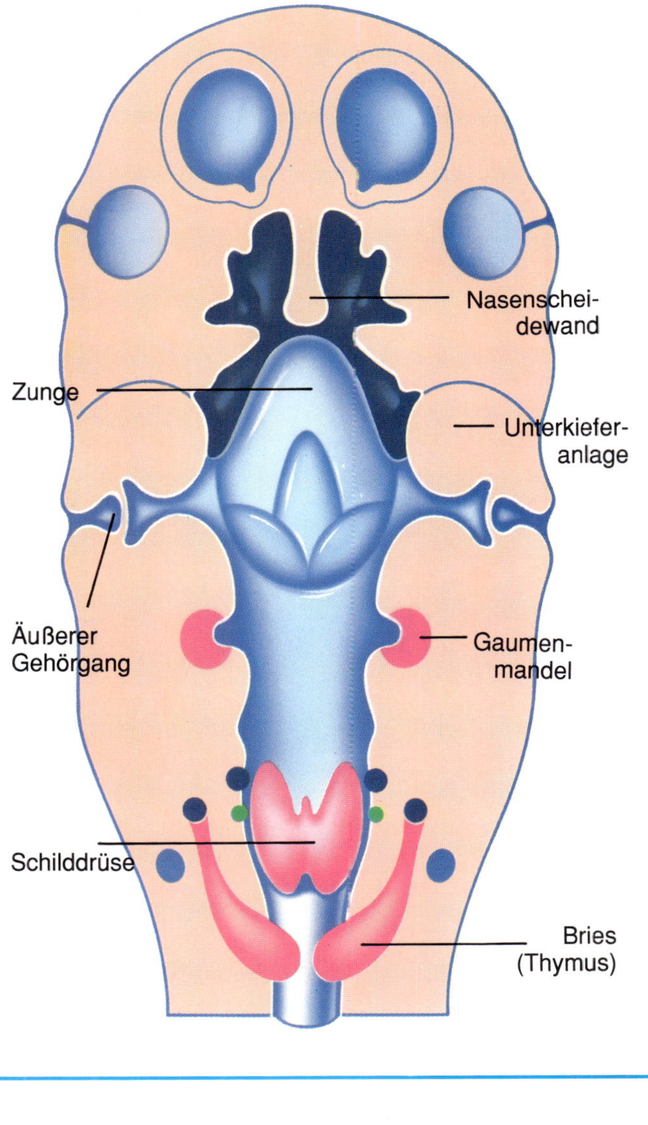

Aus der ersten Schlundtasche jeder Seite entwickelt sich das Mittelohr. Eine Erinnerung an seine Herkunft tragen wir noch in Form der Ohrtrompete (Eustachische Röhre, Tuba auditiva) mit uns, einem Tunnel zwischen der Paukenhöhle des Mittelohrs und dem Nasen-Rachenraum. Die zweite Schlundtasche bildet die Vorstufe der Gaumenmandeln, die dritte und vierte wachsen nach hinten und vorn aus. Die hinteren Deckzellen bilden die Anlagen der Nebenschilddrüsen, die vorderen die des Thymus.

In der Zwischenzeit verlängert sich der Mitteldarm beträchtlich, aus ihm entstehen die vielen langen Schleifen unserer Därme. In der zehnten Woche nach der Befruchtung läßt eine Auftreibung in Nähe des Mitteldarmanfangs den Magen erahnen; das Ileum legt sich in zahlreiche Windungen, während der Dickdarm an Durchmesser zugelegt hat und in einer umgekehrten U-Tour die kleine Leibeshöhle umrahmt.

Aus dem Hinterdarm gehen die Anlagen für den Rest des Dickdarms, den oberen Analkanal und Teile des Urogenitalsystems hervor.

Die örtliche Spezialisierung ist nun beinahe abgeschlossen, das System erhält seinen letzten Schliff. Noch ist der Fötus nicht ganz drei Monate alt und weniger als fünf Zentimeter lang. Und doch dauert es weitere fünf bis sechs Monate, bis das System einem ersten echten Gebrauch unterzogen wird, bis das Neugeborene an der Mutterbrust saugt.

Lebenswichtige Brennstoffe

Ein wichtiges Merkmal seiner Verdauung ist die breite Palette der Nahrungsstoffe, mit denen der Mensch überleben und gedeihen kann. In zoologischer Hinsicht sind Menschen Allesfresser (Omnivoren) mit einer deutlichen Neigung zur Pflanzennahrung (Herbivoren). Die anpassungsfähigen Eingeweide und das erfindungsreiche Gehirn haben es dieser Spezies der Primaten ermöglicht, sich über den gesamten Erdball auszubreiten und pflanzliche oder tierische Nahrung, je nach Region, auszunutzen. Heute ernährt sich ein großer Teil der fünf Milliarden Menschen von relativ wenigen Stoffen - die meisten essen das, was sie anbauen. In den reicheren Ländern dagegen können die Menschen Nahrungsspezialitäten aus aller Welt genießen.

Die drei Hauptbestandteile der Nahrung sind Eiweiße, Kohlenhydrate und Fette. Die erste dieser Gruppen wird hauptsächlich zum Körperaufbau und zur Reparatur benutzt, während die zweite die Körpervorgänge und -funktionen mit Brennstoffen unterstützt; die dritte Gruppe tut beides, sie baut und heizt an. Darüber hinaus braucht der Körper für seine Entwicklung und ein normales Wachstum Vitamine sowie Mineralstoffe, die in kleinsten Mengen aufgenommen und bei vielen Körpervorgängen, beispielsweise bei der Funktion von Nerven und Muskeln, benötigt werden.

Paradoxerweise muß die Ernährung aber auch Bestandteile enthalten, die nicht direkt verdaubar sind, wie etwa die pflanzliche Zellulose. Dabei handelt sich um die sog. Faser-, Ballast- oder Füllstoffe. Ihre Bedeutung für ein gesundes, wirkungsvolles Verdauungssystem wird erst jetzt langsam eingesehen. Wo sie fehlen, treten gehäuft eine Vielzahl von Darmkrankheiten auf, von der Verstopfung bis zum Dickdarmkrebs. Der letzte und zentrale Nahrungsbestandteil ist das Medium, in dem alles andere abläuft. Es ist energiefrei und enthält weder Bausteine noch Vitamine oder Fasern: das Wasser.

Bauen mit Eiweißen

Eiweiße machen etwa ein Sechstel des Körpergewichts aus. Sie sind der Hauptbestandteil von Geweben wie Muskulatur, Haut, Haare und Nägel. Das Eiweiß enthält die Elemente Stickstoff, Kohlenstoff,

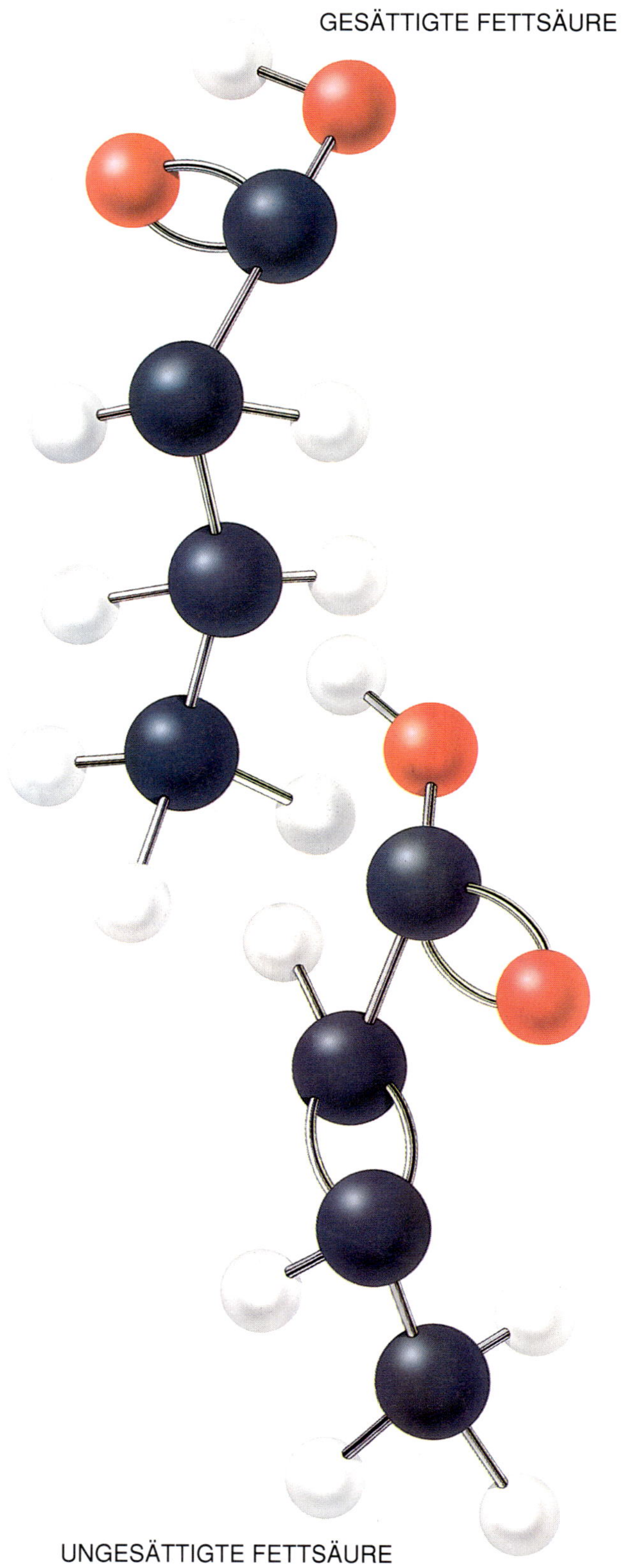

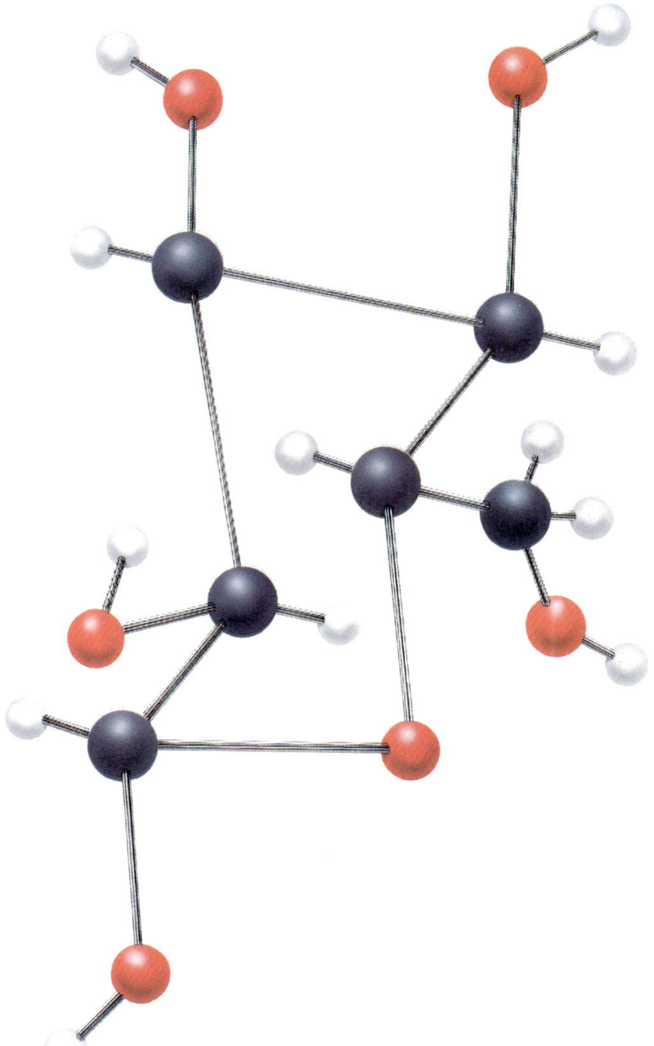

GLUKOSE

EIWEIß

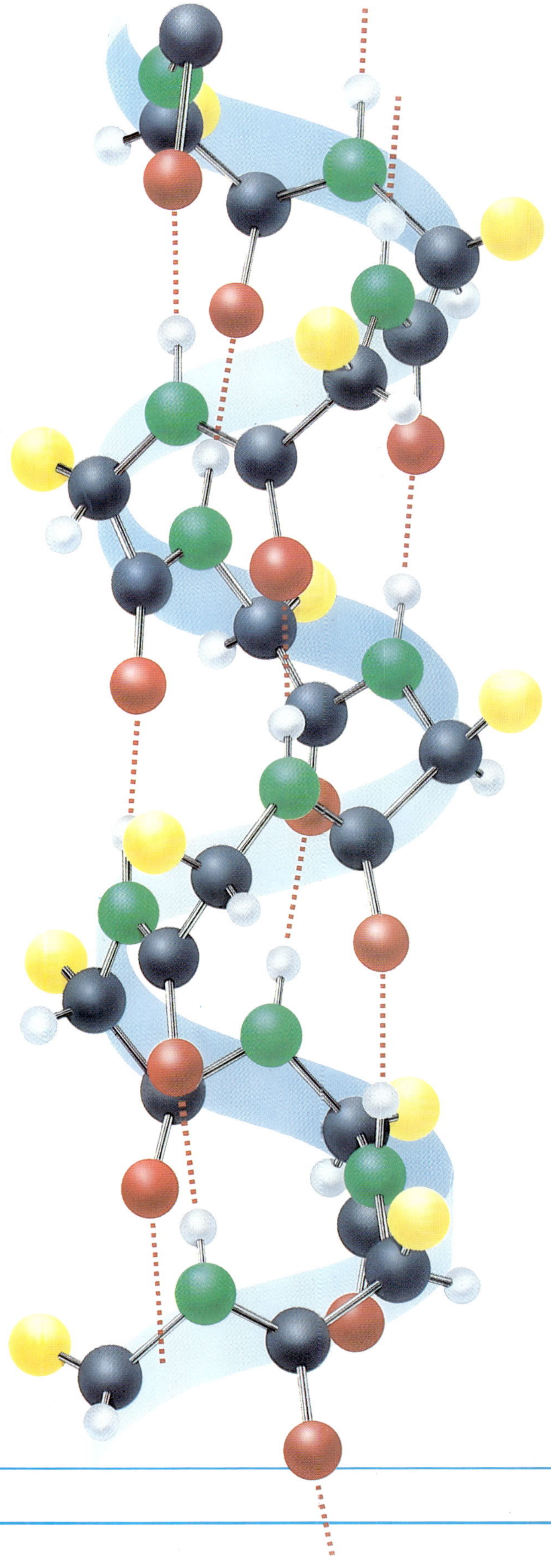

***Die drei Hauptbestandteile unserer Nahrung** sind Kohlenhydrate, Fette und Eiweiß. Das einfachste Kohlenhydrat ist der Blutzucker Glukose (oben). Größere Verbindungen werden bei der Verdauung in diese kleinste Einheit gespalten. Die Kohlenhydrate setzen sich aus Kohlenstoff-, Wasserstoff- und Sauerstoffatomen zusammen. Kombinieren sich dieselben drei Elemente in anderer Weise, entstehen die gesättigten und ungesättigten Fettsäuren (links). Das Eiweiß, weit komplizierter in seinem molekularen Bau, enthält zusätzlich Stickstoff, entweder als Bindungsatom oder in den Aminosäure-Seitenketten. Typische Eiweißmoleküle sind lange spiralige Ketten, entsprechend der Faserstrukturen, die sie bilden.*

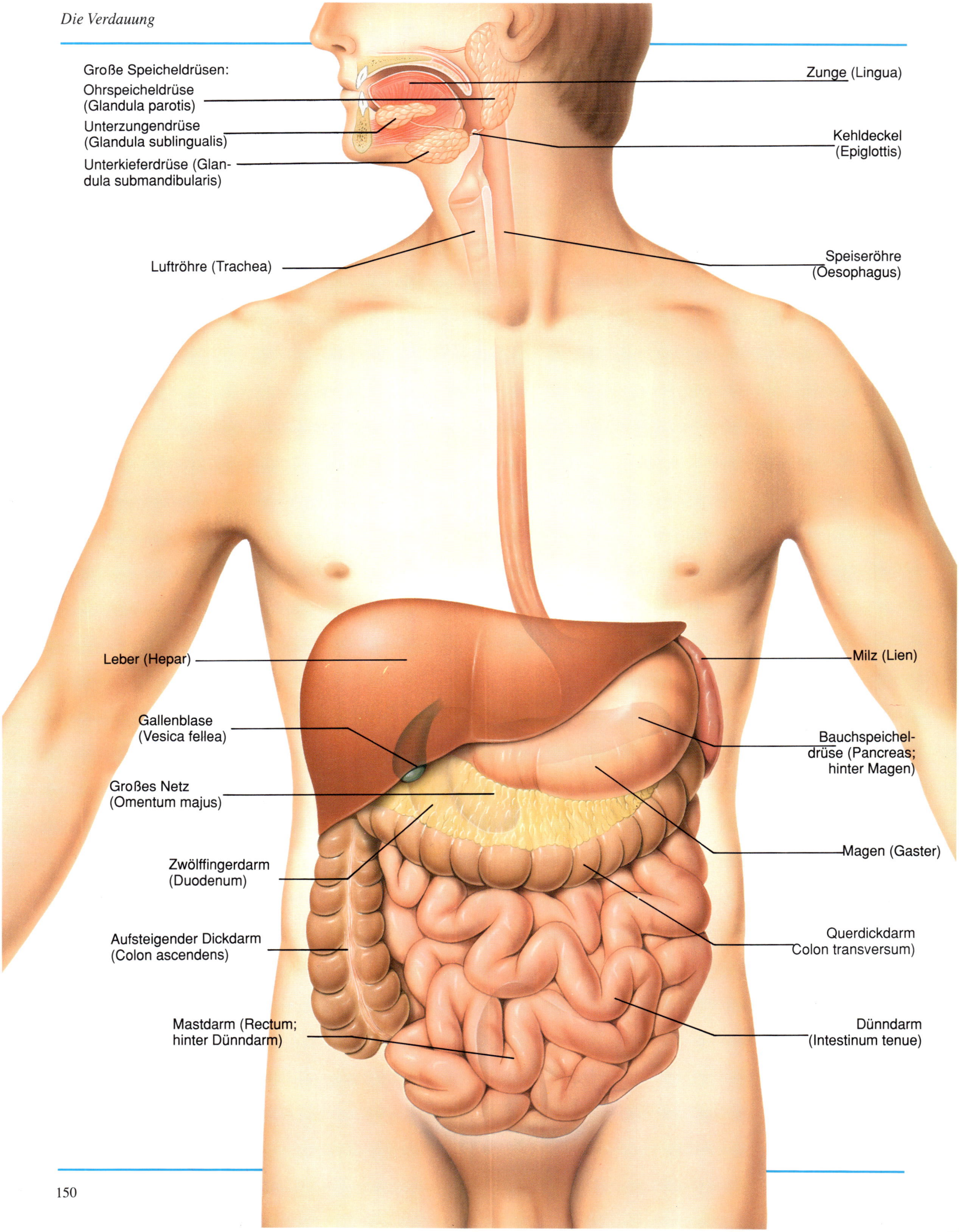
Große Speicheldrüsen:
Ohrspeicheldrüse (Glandula parotis)
Unterzungendrüse (Glandula sublingualis)
Unterkieferdrüse (Glandula submandibularis)
Zunge (Lingua)
Kehldeckel (Epiglottis)
Luftröhre (Trachea)
Speiseröhre (Oesophagus)
Leber (Hepar)
Milz (Lien)
Gallenblase (Vesica fellea)
Bauchspeicheldrüse (Pancreas; hinter Magen)
Großes Netz (Omentum majus)
Magen (Gaster)
Zwölffingerdarm (Duodenum)
Querdickdarm (Colon transversum)
Aufsteigender Dickdarm (Colon ascendens)
Mastdarm (Rectum; hinter Dünndarm)
Dünndarm (Intestinum tenue)

***Der Verdauungskanal** reicht vom Mund bis zum After (links). Der erste Abschnitt bis zum Magen ist relativ gerade, die übrigen weisen Knäuel und Schlingen auf.*

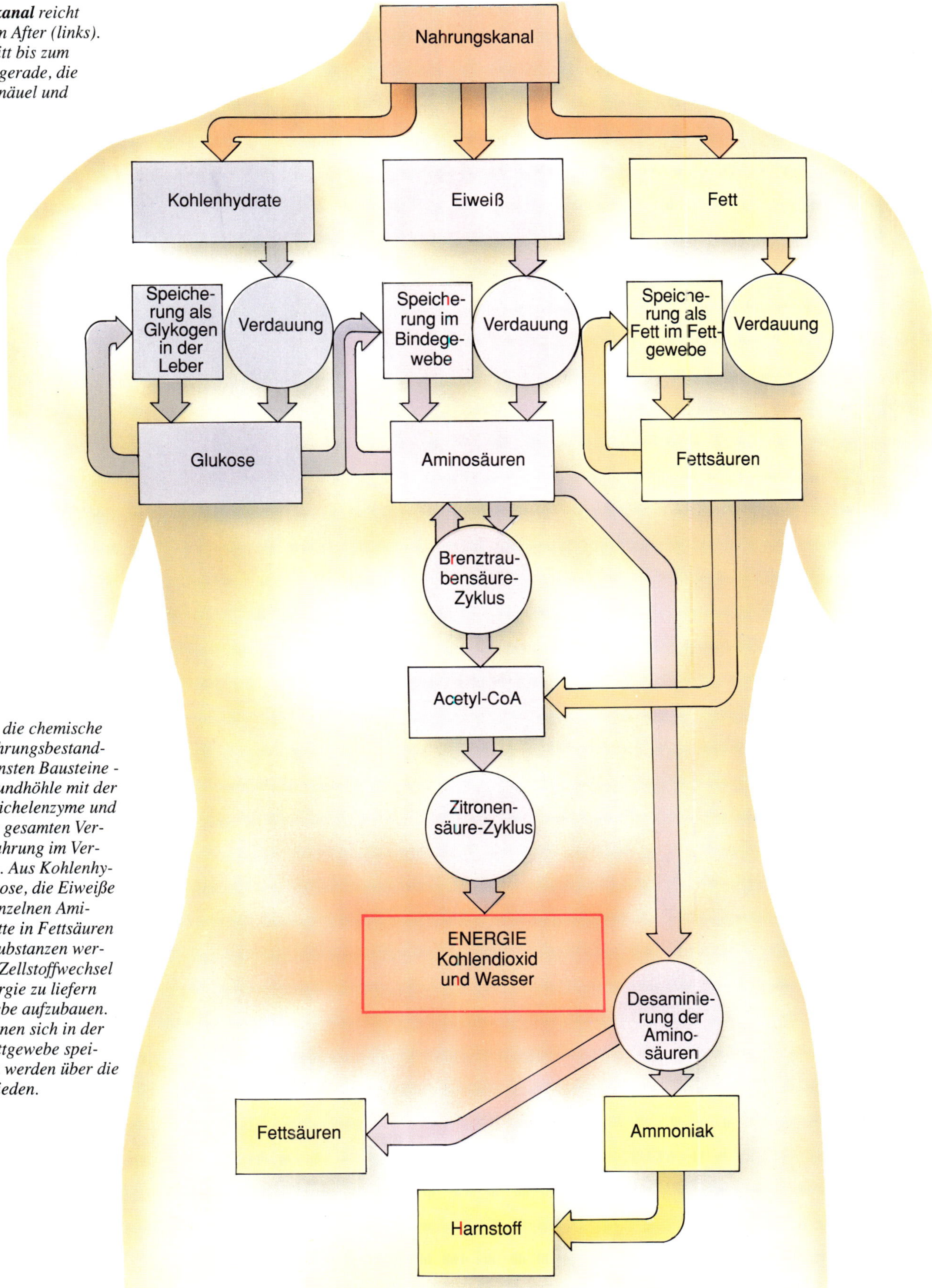

***Die Verdauung** - die chemische Spaltung von Nahrungsbestandteilen in ihre kleinsten Bausteine - beginnt in der Mundhöhle mit der Tätigkeit der Speichelenzyme und hält während der gesamten Verweildauer der Nahrung im Verdauungskanal an. Aus Kohlenhydraten wird Glukose, die Eiweiße werden in ihre einzelnen Aminosäuren, die Fette in Fettsäuren gespalten. Alle Substanzen werden benutzt, den Zellstoffwechsel anzutreiben, Energie zu liefern oder neues Gewebe aufzubauen. Überschüsse können sich in der Leber und im Fettgewebe speichern, Schlacken werden über die Nieren ausgeschieden.*

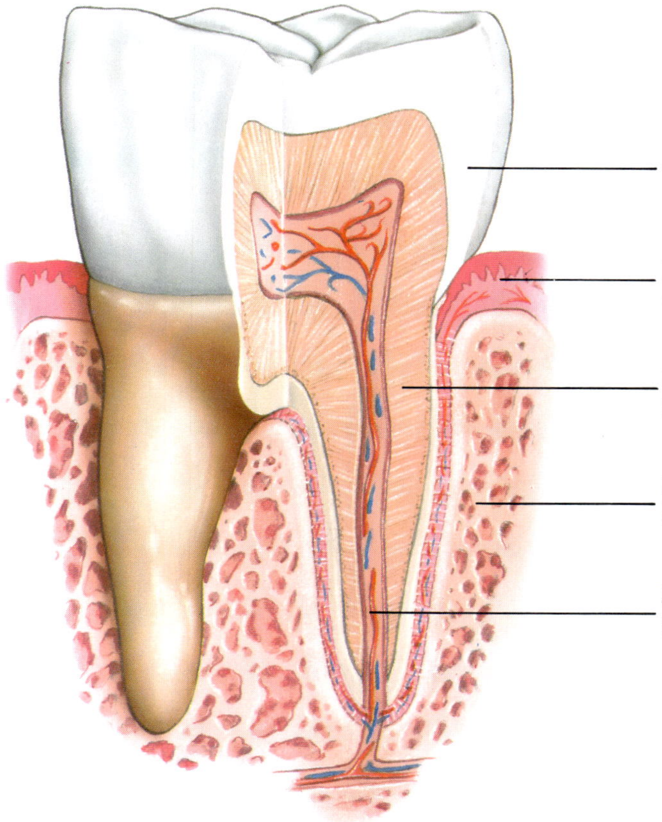

Der Schmelz, äußere Oberfläche des Zahns und härteste Substanz des Körpers, überzieht das Zahnbein (Dentin). Im Inneren des Zahns, der Zahnhöhle, befindet sich das Zahnmark (Pulpa) mit Blutgefäßen und Nerven. Die ersten Zähne oder Milchzähne (rechts; in der Zeichnung weiß) werden von den zweiten sog. bleibenden (blau) aus ihrer Knochenhöhle (Alveole) herausgeschoben. Die acht Backenzähne (Prämolare) des Erwachsenen, zwei in jeder Kieferhälfte, ersetzen die kindlichen Mahlzähne (Milchmolare), während die zweiten Mahlzähne im hinteren Kieferbereich an vorher von Milchzähnen unbesetzten Stellen durchbrechen. Hinter diesen Molaren kann pro Kieferhälfte noch ein weiterer Zahn, der sog. Weisheitszahn, durchbrechen. Schneidezähne (Inzisivi) und Eckzähne (Canini) im Vorderkieferbereich dienen dem Abbiß und der Zertrennung fester Nahrungsbestandteile; die Backen- und Mahlzähne (Prämolare und Molare) zermahlen sie und bereiten sie für den Schluckakt vor.

Wasser und Sauerstoff, die auch in vielen anderen organischen Verbindungen vorkommen. Die großen Moleküle können Tausende von Atomen enthalten und mit moderner Elektronenmikroskopie sogar einzeln sichtbar gemacht werden. Die Eiweiße werden in zwei Hauptgruppen unterteilt, die sich strukturell und funktionell unterscheiden.

Strukturproteine sind die Bausteine des Körpers, bilden Stützgerüste, Wandüberzüge und Deckschichten. Funktionsproteine sind z.B. die Enzyme, chemische Auslöser und Regulatoren. Sie sind vor allem wichtig bei den chemischen Verdauungsvorgängen, wo sie am Abbau von großen Nährstoffmolekülen in verdaubar kleinere mitwirken. Jedes mit der Nahrung aufgenommene Eiweiß besteht aus einer Reihe von Aminosäuren, die wie Perlen einer Kette hintereinander aufgereiht sind. Ein kleines Protein kann ein bis zwei Dutzend Aminosäuren enthalten, ein großes Hunderte bis Tausende. Im ganzen Tierreich gibt es nur ca. 20 verschiedene Aminosäuren. Diese aber können in endlosen Kombinationen miteinander verbunden und wiederholt werden, genauso wie die 26 Buchstaben unseres Alphabets in unterschiedlicher Aneinanderreihung Zehntausende von Wörtern ergeben. Wie jedes Wort hat jedes Protein seine spezifische Bedeutung.

Brennstoff für den Kessel

Zucker ist die Hauptenergiequelle des Körpers. Chemisch gesehen sind die Kohlenhydrate Kombinationen aus vielen verschiedenen Zuckermolekülen, deren einfachstes die Glukose ist. Lange Zuckerketten bilden die großen Kohlenhydrate, pflanzliche Stärke, die in Reis, Kartoffeln, Getreide und anderen Pflanzenteilen vorkommt. Während der Verdauung werden die Ketten in ihre Bestandteile gespalten, die absorbiert und im Zellstoffwechsel verbrannt oder als Glykogen gespeichert werden.

Fette, Öle und Lipide

Fette sind die zweite Energiequelle des Körpers. Meist versteht man unter Fetten halbfeste, leicht schmelzbare Substanzen wie Butter oder Schmalz. Auch Öle werden so bezeichnet, obwohl sie flüssiger, bei Raumtemperatur aber noch viskös sind. Zur besseren Abgrenzung wird diese Gruppe als "Lipide" bezeichnet.

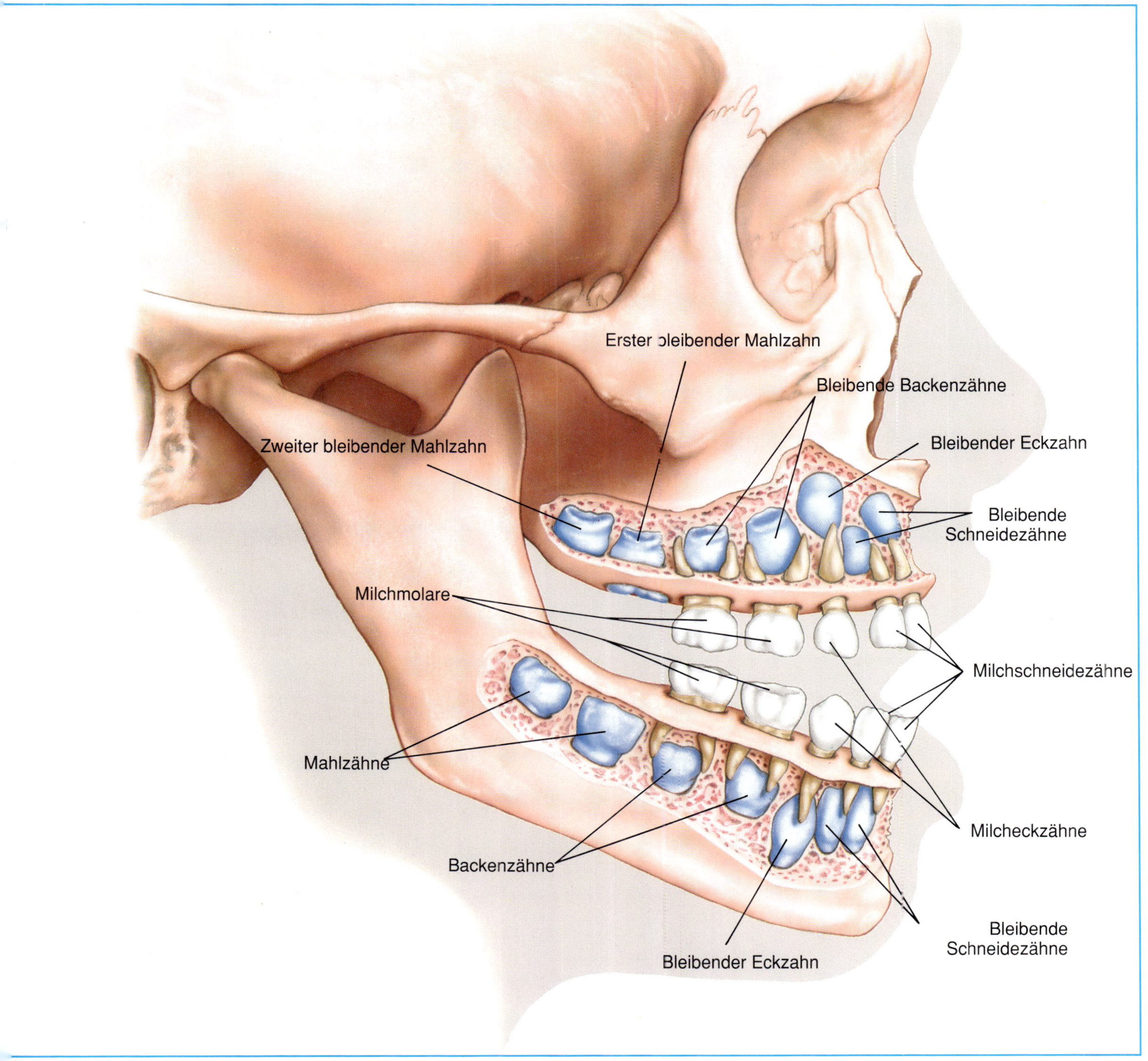

Wie die Eiweiße aus Aminosäuren bestehen und die Kohlenhydrate aus Glukose-Untereinheiten, so sind Fette aus Bausteinen zusammengesetzt. Prinzipiell sind Fettsäuren lange Stränge von Kohlenstoffatomen mit Wasserstoffbindungen. An dem einen Molekülende der organischen Fettsäure befindet sich gewöhnlich eine chemische Bindungsstelle, an der ein kleines Molekül, das Glyzerin, hängt. Ein Glyzerin und drei Fettsäuren verbinden sich zum Triglyzerid, das ein Baustein unserer Nahrungsfette ist.

Lipide dienen dem Zellbau und der -verbrennung. Jede Zelle ist abhängig von dem Lipidgehalt ihrer Membran, der die strukturelle und funktionelle Einheit dieser Haut bewahrt. Fett ist außerdem die konzentrierteste Energiequelle in unserer Nahrung. Der Kaloriengehalt (eine Einheit für den Energieinhalt pro Gewicht) ist doppelt so hoch wie der von Kohlenhydraten oder Eiweißen.

Die Mikronährstoffe

Vitamine und Mineralien werden manchmal auch als Mikronährstoffe bezeichnet, weil wir davon nur geringste Mengen mit der Nahrung aufnehmen müssen. Vitamine gehören zu einer Gruppe verschiedener chemischer Substanzen, meist kleinerer Moleküle, die für die biochemischen Reaktionsabläufe beim Zellstoffwechsel wichtig sind. Ihr Hauptmerkmal ist, daß sie - bis auf wenige Ausnahmen - nicht vom Körper selbst hergestellt werden können, sondern in der Nahrung enthalten sein müssen. Bisher sind ca. 20 verschiedene Vitamine entdeckt worden. Ihr Fehlen ruft die sog. Mangelkrankheiten hervor. Die Blutungen und Geschwüre beim Skorbut sind beispielsweise ein Zeichen von Vitamin-C-Mangel, das (als Ascorbinsäure) in Gemüse und frischen Früchten, vor allem Zitrusfrüchten vorkommt. Die Müdigkeit, der Gewichtsverlust und die Herzschwäche bei der Beri-Beri-Krankheit werden durch einen Mangel an Vitamin B1 (Thiamin) verursacht, das hauptsächlich in Vollkorn, Nüssen, Bohnen und Erbsen enthalten ist.

Mineralien sind Elemente wie Kalzium, Natrium, Eisen, Jod und Phosphor. Manche sind im ganzen Körper reichlich vorhanden wie das Kalzium, ein Hauptbestandteil des Knochens und der Zähne, und Natrium, ein wesentliches Funktionselement für die Übertragung von Nervenimpulsen. Eisen ist wichtig für die Bildung von sauerstofftragendem Hämoglobin, das die roten Blutkörperchen ausfüllt. Andere Mineralien, die Spurenelemente, werden nur in ganz geringen Mengen benötigt, einige davon sind erst kürzlich entdeckt worden.

Die Grundprinzipien einer gesunden Ernährung sind einfach: Man sollte für Abwechslung sorgen, frisches Gemüse und Obst, Vollkornprodukte und weißes Fleisch essen. Vermeiden sollte man, von allem zuviel zu konsumieren, hauptsächlich von Fett und rotem Fleisch.

Ein Biß zum Essen

Die Verdauungsreise startet im Mund; dort beginnt die Aufbereitung der Nahrung. Die ersten Werkzeuge dazu sind die Zähne, die Zunge und der Speichel, im Magen beginnt dann die ausführliche chemische Zersetzung. Die Zähne zerkleinern die Nahrung genauso gut wie Messer und Gabel. Jeder Zahn ist fest in den Kieferknochen (seinen Alveolarfortsatz) verankert und wird vom Zahnfleisch (Gingiva) und einem Netz elastischer Fasern (Parodontium) umgeben. Der im Knochen steckende Abschnitt des Zahnes wird als Zahnwurzel, der darüberragende als Zahnkrone bezeichnet. Im Inneren des Zahnes befindet sich die Pulpa, durchzogen von vielen kleinsten Blutgefäßen zur Ernährung des Zahngewebes und von Nervenfasern, die bei zu großem Kaudruck oder Zahnschmerzen reagieren. Die Pulpa wird vom Zahnbein (Dentin) eingeschlossen, einer knochenähnlichen Substanz, die den größten Teil des Zahnvolumens ausmacht. Das Dentin wird vom Schmelz ummantelt, einer weißlichen Schicht aus der härtesten Subtanz des menschlichen Körpers. Eine Lage von zahnbeinbildenden Zellen (Odontoblasten) kleidet die Pulpenhöhle aus. Ameloblasten sind Schmelzbildner; sie verschwinden aber, sobald der Schmelzmantel fertig ist.

Wie viele andere Säugetiere bekommt der Mensch zweimal in seinem Leben Zähne, nur der Zahnarzt kann weitere Garnituren anfertigen. Die Zahnanlagen werden in der Fötalperiode gebildet; daher können Mangelernährung oder Krankheit der Mutter ernste bleibende Schäden an den Zähnen der Kinder hervorrufen. Die Einnahme des Antibiotikums Tetrazyklin in der Schwangerschaft führt beispielsweise beim Kind zu gelbbraunen Zahnverfärbungen. Die ersten oder Milchzähne (Dentes decidui), 20 an der Zahl, brechen meistens ab dem siebten Monat nach der Geburt durch. Das Alter bei der Erstzahnung ist jedoch sehr unterschiedlich: manche Babys haben bei der Geburt schon Zähnchen, andere an ihrem ersten Geburtstag noch keine. Die zweiten, bleibenden Zähne (Dentes pemanentes) erscheinen ungefähr ab dem siebten Lebensjahr.

Der 4er Satz

Das menschliche Gebiß ist relativ unspezialisiert. Wir haben zwar dieselben vier Zahnarten wie unsere Säugetierverwandten: Schneidezähne (Incisivi), Eckzähne (Canini), Backenzähne (Prämolaren) und Mahlzähne (Molaren), aber nicht in so charakteristischer Ausprägung, wie sie die Eckzähne von Hunden oder die breiten Mahlzähne eines Pferdes aufweisen.

Betrachtet man zuerst die vordere Front im Mund eines Erwachsenen, so finden sich dort acht Schneidezähne, je zwei beidseits der Mittellinie im Ober- und Unterkiefer. Die meißelförmigen Zähne sind zum Abbeißen da. Hinter den Frontzähnen steht in jeder Kieferhälfte ein Eckzahn, vier im ganzen. Diese erinnern nur noch schwach an die großen "Augenzähne" der Fleischfresser, die damit ihre Beute erlegen. Hinter jedem Eckzahn stehen zwei Prämolaren, die zum Zerbeißen, Zerquetschen und Zermahlen dienen. Dahinter befinden sich die drei Molaren, die so kräftig sind, daß man damit Knochen zermalmen und Nüsse aufknacken könnte.

Das vollbezahnte menschliche Gebiß besteht also aus 32 Zähnen. Heutzutage gibt es da aber immer mehr Lücken. Der frühe Verlust von Zähnen ist hauptsächlich auf die mangelnde Mundhygiene und den hohen Zuckerkonsum zurückzuführen. Manchmal fehlt ein Zahn aufgrund einer abnormen Entwicklung, oder es erscheinen zwei statt einem. Bei vielen Menschen gibt es keine Anlage für die dritten, die hintersten Molaren (Weisheitszähne). Diese brechen sonst im zweiten oder dritten Lebensjahrzehnt durch und galten früher als Zeichen der Reife.

Ein beweglicher Muskel

Die Zunge ist ein am Mundboden verankerter, mit Schleimhaut überzogener, gut beweglicher Muskelkörper. Die Zungenoberfläche ist spezialisiert darauf, den Geschmack der Nahrung aufzunehmen. Kleinste zwiebelförmige Nervenstrukturen, Geschmacksknospen, befähigen uns zu Geschmacksempfindungen und warnen vor dem Schlucken verdorbener Nahrung. Die Muskulatur der Zunge ist reichlich innerviert, um das Bewegen der Speisen im Mund und das Zerkauen zwischen den Zahnreihen zu steuern. Die Zunge hilft beim Formen der Sprachlaute und wirkt als Stempel, der den Nahrungsbrei zum Rachen stößt.

Den glitschigen Schlauch hinunter

Die Nahrung wird im Mund durchgekaut und mit Speichel vermischt - einer wässerigen Flüssigkeit, die das Stärke-spaltende Enzym Amylase enthält. Der Speichel macht den Bissen (Bolus) gleitfähig; bis zu eineinhalb Liter werden davon pro Tag sezerniert. Hauptlieferanten sind drei große Drüsen in Mundnähe, die durch den Geruch, den Geschmack oder auch nur den Gedanken an ein bestimmtes Essen angeregt werden. Die Ohrspeicheldrüse (Glandula parotis) befindet sich zwischen Kieferwinkel und Ohr, die Unterkieferdrüse (Glandula submandibularis) auf der Innenseite des Unterkiefers und die Unterzungendrüse (Glandula sublingualis) am Mundboden unterhalb der Zunge.

Zu Beginn des Schluckakts berührt die Zungenspitze den harten vorderen Teil des Gaumens. Der Zungenkörper hebt sich und drückt den Bolus nach hinten in den Rachen (Pharynx). Dieser hat in seiner Wand Muskeln, die den Bissen jetzt weiter zur Speiseröhre (Oesophagus) befördern. Da sich im Pharynx Atem- und Speisewege überkreuzen, kann der Bolus in die falsche Röhre gelangen, man verschluckt sich. Um dies zu verhindern, sind verschiedene Schutzmechanismen eingebaut. Mit dem Schlucken wird die Luftröhre durch die Unterzungenmuskulatur nach vorne oben gezogen und verengt. Der Kehldeckel (Epiglottis) am Zungengrund klappt nach hinten und

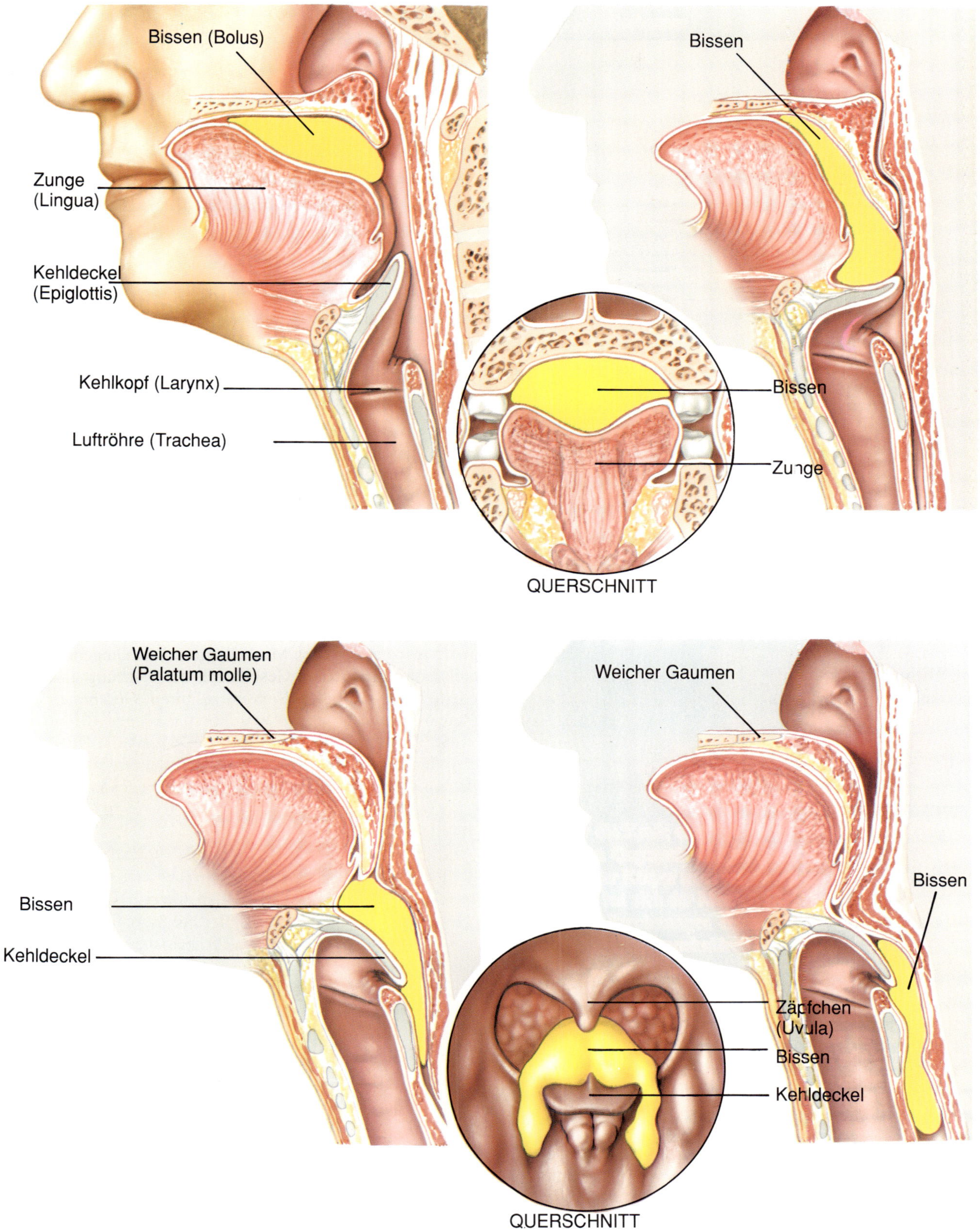

***Die Nahrung wird durch Zerkauen** und Vermischen mit Speichel zu einem weichen Bissen, Bolus, umgewandelt. Der anschließende Schluckakt setzt sich aus einer Reihe komplizierter, meist automatischer Bewegungen von Zunge und Halsmuskeln zusammen. Zunächst stößt der vordere Zungenteil gegen das Dach der Mundhöhle, um den Bissen in den Rachen zu schieben. Der weiche Gaumen schlägt nach oben und dichtet den Nasen-Rachenraum ab. Der Kehldeckel, Epiglottis, legt sich über den Eingang der Luftröhre, Trachea, um ein "Verschlucken" zu verhindern. Ist der Bolus in der Speiseröhre, Oesophagus, angelangt, übernimmt dort eine wellenförmige Kontraktion der Wandmuskeln (Peristaltik) den Weitertransport bis zum Magen.*

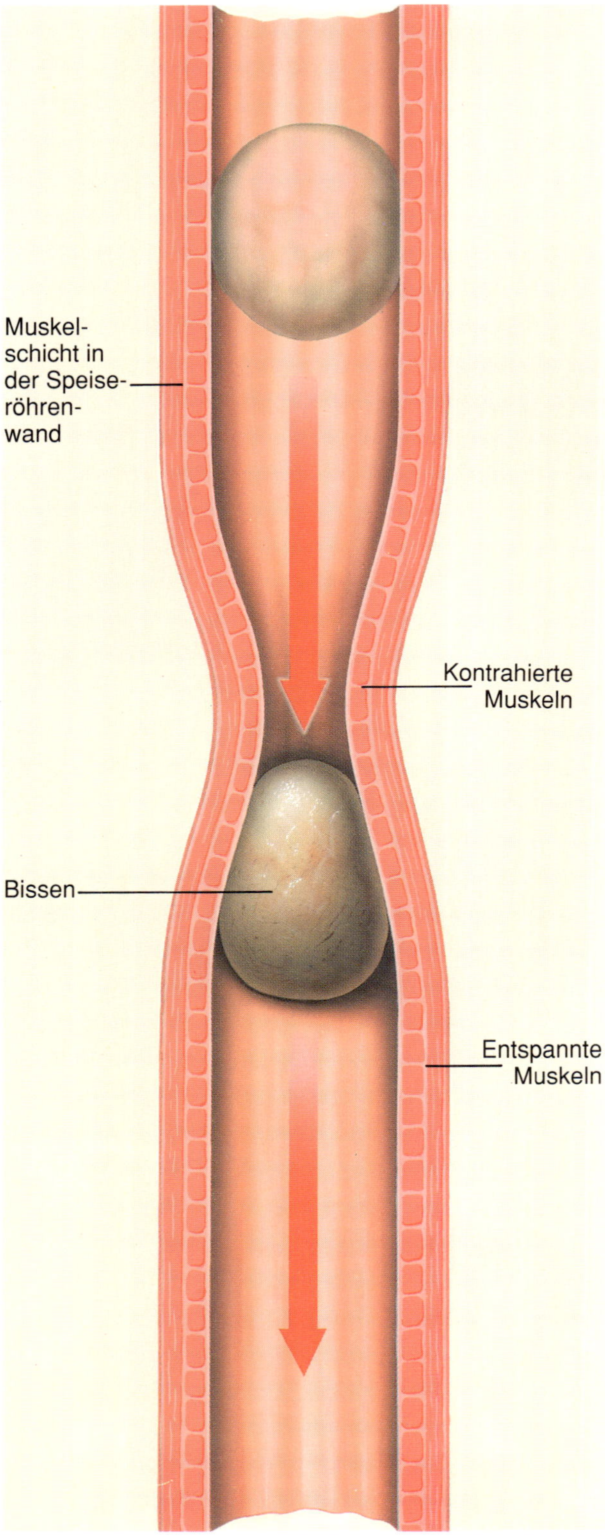

Die Peristaltik *ist eine Welle unwillkürlicher Muskelkontraktionen, die den Bissen durch den Verdauungstrakt schiebt. Das gilt sowohl für die soeben aufgenommene Nahrung in der Speiseröhre, als auch für die verschiedenen Verdauungsstufen in Magen, Dünn- und Dickdarm.*

verschließt den Eingang zum Kehlkopf. Außerdem befinden sich hier Nervenendigungen, bei deren Reizung ein Hustenreflex ausgelöst wird.

Der Schluckakt wird von einer Reihe von Reflexen gesteuert, die Nahrung und Flüssigkeiten in den Verdauungstrakt weiterleiten. Wir schlucken unbewußt hundertmal am Tag; jeder Schluck aber kann zur Katastrophe werden, wenn der Bissen den "falschen Weg" wählt.

Das Schicksal des Bolus

Das ganze Gedärm, vom Anfang der Speiseröhre bis zum Ende des Mastdarms, kann schlangenähnliche Bewegungen ausführen, durch die sein Inhalt schrittweise weitertransportiert wird. Diese Peristaltik ist im Prinzip überall die gleiche, ihre Geschwindigkeit und Kraft unterscheidet sich jedoch in den verschiedenen Abschnitten.

Die Peristaltik wir durch eine zweischichtige Muskulatur und durch Nerven in der Darmwand erzeugt. In der äußeren Muskelschicht sind die Fasern in der Längsrichtung des Rohres angeordnet, in der inneren ringförmig. Zwischen beiden liegt der Plexus myentericus, ein Nervengeflecht. Dieses ist mit einem zweiten Nervengeflecht (Plexus submucosus) verbunden, das sich in der Bindegewebsschicht zwischen Schleimhaut (Mukosa) und Muskulatur (Muskularis) befindet, in der Submukosa.

Ein Speisebrocken oder eine Gasblase im Inneren des Darmrohrs dehnt dessen Wand und löst über das Nervengeflecht eine Muskelkontraktion unmittelbar hinter der Dehnungsstelle aus, wodurch der Brocken bis zum nächsten Segment weitergeschoben wird, wo die Muskeln noch entspannt sind. Dort wird ein neuer Nervengeflechtabschnitt gereizt, die Ringmuskeln kontrahieren sich und befördern den Brocken wieder ein Stück weiter. So laufen Wellen der An- und Entspannung über das Darmrohr hinweg. Im Rachen und in der Speiseröhre sind die peristaltischen Wellen so stark, daß man Nahrung sogar im Kopfstand schlucken könnte. Bei Übelkeit kann eine umgekehrte Peristaltik den Speisebrei aus dem Magen wieder zurück und mit einer erstaunlichen Kraft aus dem Mund befördern. Der biologische Sinn des Erbrechens ist die Befreiung des Verdauungssystems von unverträglicher Nahrung oder einfach einer Überfülle.

Schluß des Systems

Peristaltische Wellen laufen die ca. 25 Zentimeter lange Speiseröhre mit einer Geschwindigkeit von etwa sechs Zentimetern pro Sekunde hinab. Am Eingang zum Magen (Kardia) befindet sich ein Verschlußmechanismus (funktioneller Kardiasphinkter), der den Übergang zur Speiseröhre, außer beim Schluckakt, verschließt und einen Rückfluß der Nahrung verhindert. Dies ist deshalb so wichtig, weil der Magen Salzsäure produziert, gegen die die Speiseröhrenschleimhaut nicht ausreichend geschützt ist. Schwappt dennoch Mageninhalt in den Oesophagus zurück, kommt es zum Sodbrennen.

Zum Kardiaverschluß tragen die Ringmuskeln im Endabschnitt der Speiseröhrenwand und hier gelegene dicke Venengeflechte bei. Auch der Druck innerhalb der Bauchhöhle soll eine Rolle spielen. Sphinktermechanismen sind aber auch an anderen Stellen des Verdauungstrakts recht nützlich, da sie einen Darmabschnitt gegenüber dem nächsten verschließen können, während der Inhalt umgewandelt wird; ihre Steuerung erfolgt nervös und hormonell.

Das Säurebad

Der durchschnittliche Magen eines Erwachsenen faßt eineinhalb bis zwei Liter und stellt alle 24 Stunden dieselbe Menge an "Magensäften" her. Der Magen spielt verschiedene Rollen bei der Verdauung. Er ist ein Vorratsbehälter: Sein oberer sackartiger Abschnitt, der Fundus, speichert eine schnell verzehrte Mahlzeit und gibt sie Schritt für

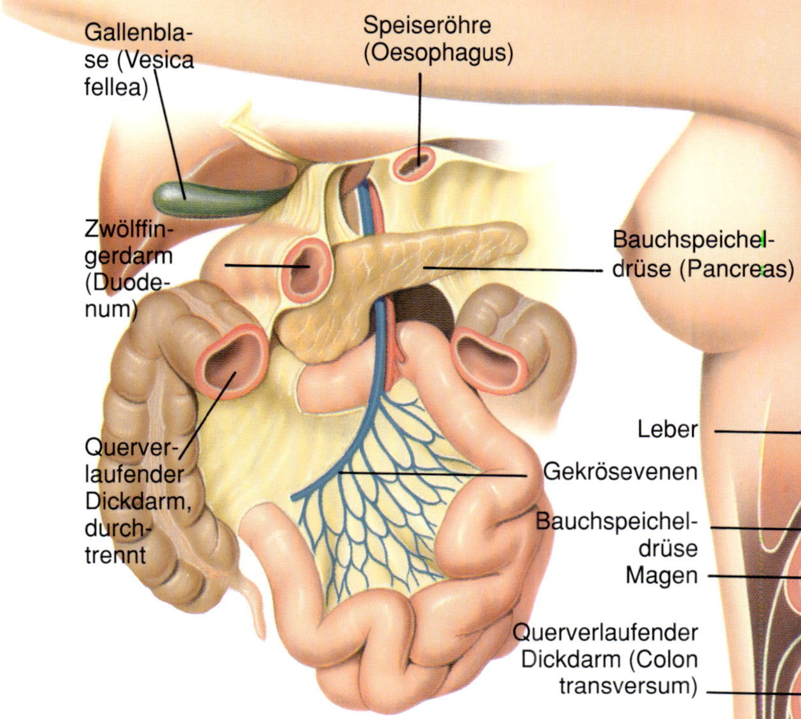

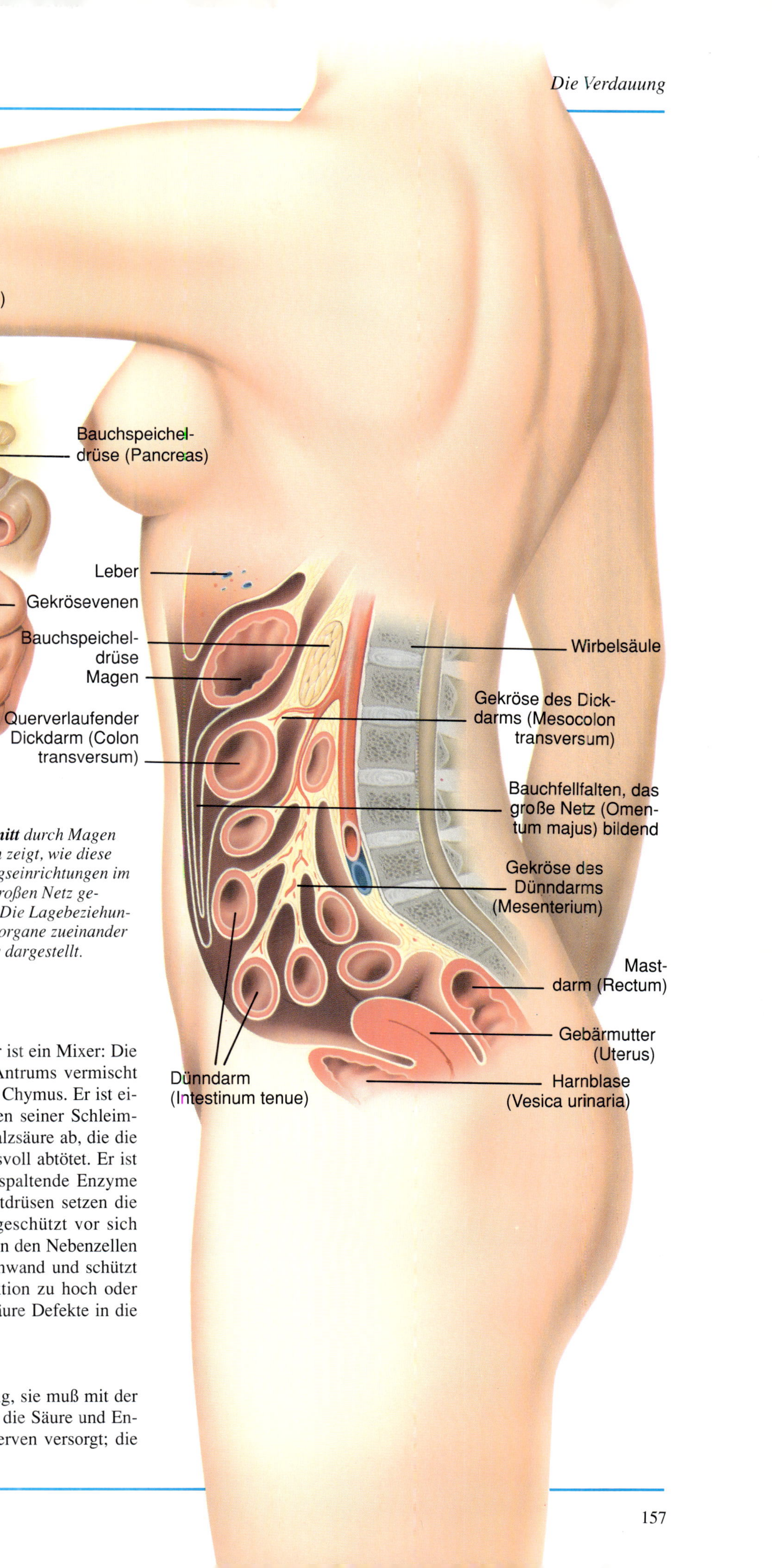

***Ein Längsschnitt** durch Magen und Dünndarm zeigt, wie diese von Versorgungseinrichtungen im Gekröse und großen Netz gespeist werden. Die Lagebeziehungen der Bauchorgane zueinander sind oben links dargestellt.*

Schritt an den unteren Teil, das Antrum, weiter. Er ist ein Mixer: Die kräftige Muskulatur vor allem im Bereich des Antrums vermischt Nahrung und Saft zu einem glitschigen Brei, dem Chymus. Er ist eine Sterilisationseinheit: Belegzellen in den Drüsen seiner Schleimhaut sondern Wasserstoffionen zur Bildung der Salzsäure ab, die die mit der Nahrung eingeschleusten Keime wirkungsvoll abtötet. Er ist ein Verdauungsrohr: Die Salzsäure und Eiweiß-spaltende Enzyme (Pepsin) aus den Hauptzellen seiner Schleimhautdrüsen setzen die Aufspaltung der Nahrung fort. Und er ist gut geschützt vor sich selbst: Eine dicke Schleimschicht, u.a. gebildet von den Nebenzellen der Schleimhautdrüsen, überzieht die Mageninnenwand und schützt ihn vor der Selbstandauung. Ist die Säureproduktion zu hoch oder der Schutzfilm des Schleims zu dünn, frißt die Säure Defekte in die Schleimhaut, Magengeschwüre entstehen.

Die Säfte fließen lassen

Die Kontrolle der Magensaftsekretion ist schwierig, sie muß mit der Ankunft der Nahrung koordiniert werden, auf die die Säure und Enzyme einwirken sollen. Das Organ ist gut mit Nerven versorgt; die

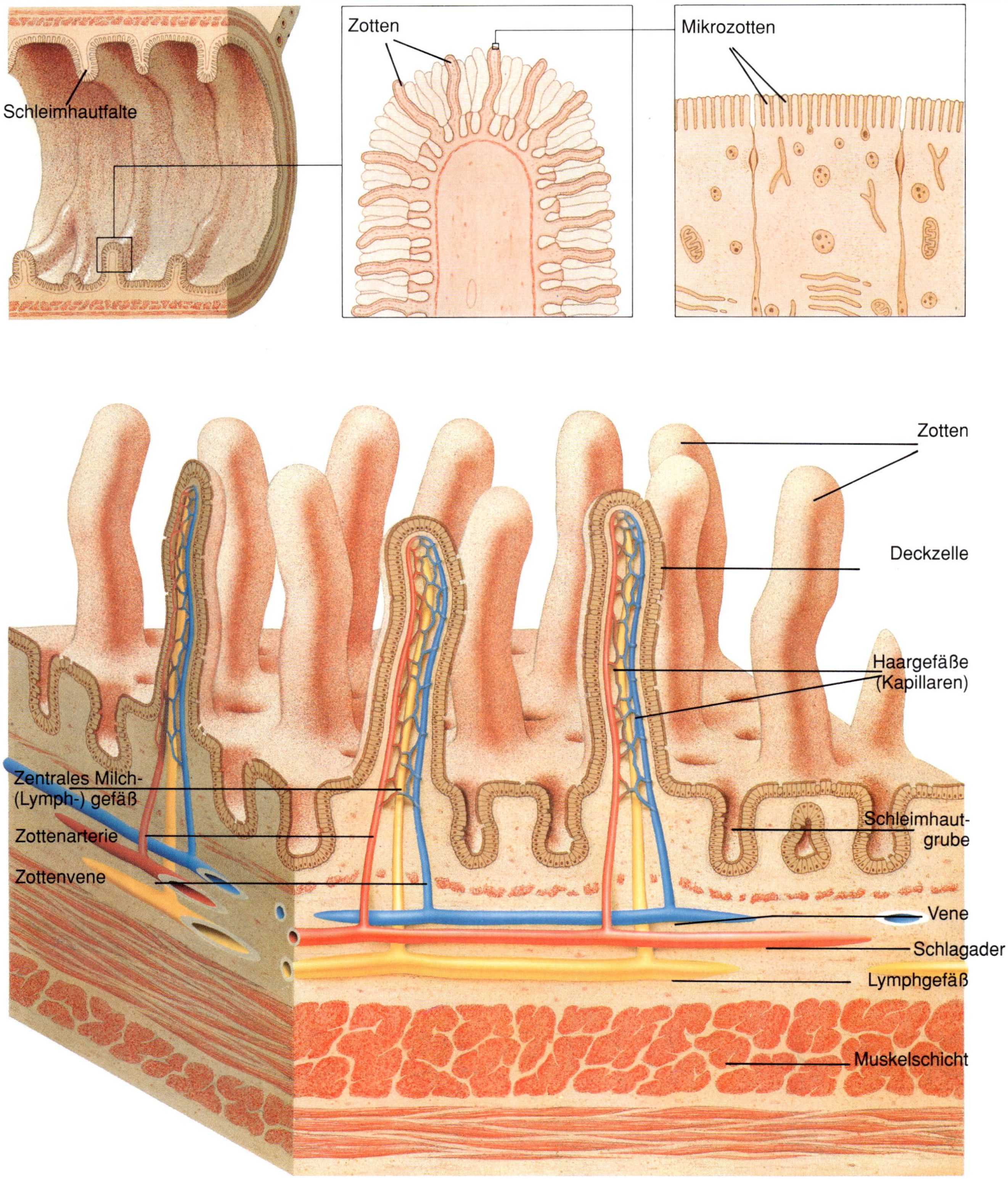

Zur Aufnahme der Nahrungsbestandteile verfügt die Schleimhaut über eine riesige Oberfläche. Drei Vergrößerungseinrichtungen tragen dazu bei: (1) Die Schleimhaut wirft Falten auf. (2) Jede Falte trägt Tausende fingerähnlicher Ausstülpungen, Zotten (Villi intestinales). (3) Die einzelnen Zellen stülpen nochmals ihre Oberfläche in Form von Mikrozotten aus. Jede Schleimhautzotte enthält eine kleine Schlagader und Vene; die Haargefäße zwischen beiden umgeben ein zentrales Milchgefäß (Lymphgefäß), das die aufgenommenen Fettstoffe abtransportiert.

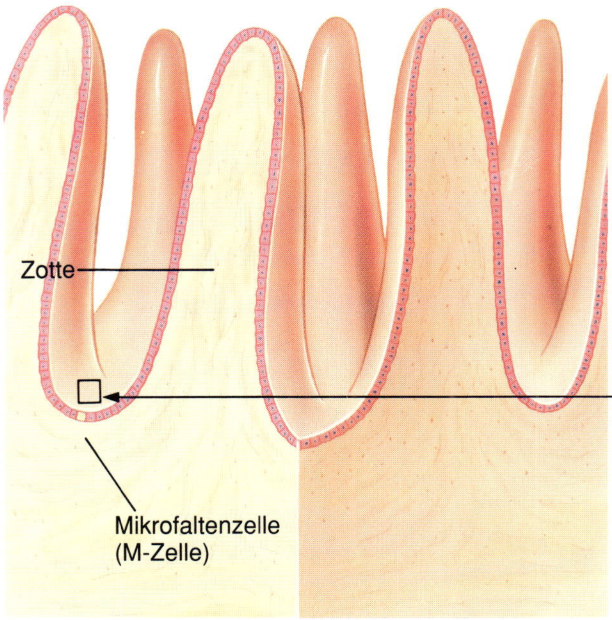

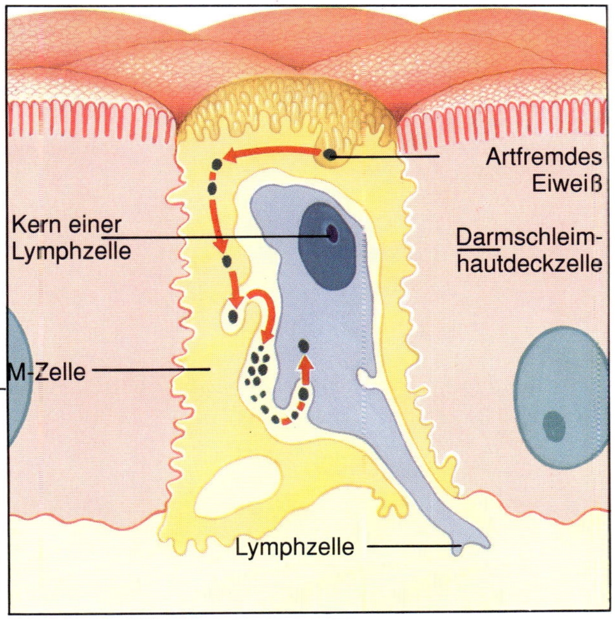

In der Deckschicht der Zotten *sitzen sog. M-Zellen (Mikrofaltenzellen), die sich um Bakterien und andere toxische Stoffe kümmern. Diese Abwehrzellen lenken die Eindringlinge - erkannt als artfremdes Eiweiß - zu einer benachbarten Lymphzelle, die daraufhin Antikörper produziert und den Feind kampfunfähig macht.*

meisten Fasern entstammen dem vegetativen Nervensystem - jenen Nerven, die für die Steuerung der automatischen und unwillkürlichen Aktionen der meist inneren Organe verantwortlich sind. Hier spielt der Vagusnerv, der von dem verlängerten Rückenmark durch Hals-, Brust- und Bauchregion zieht, eine bedeutende Rolle. Die Impulse des Vagus stimulieren die Magendrüsen; der Geruch oder Geschmack von Speisen, ihre Anwesenheit in Mund, Speiseröhre und Magen läßt die Säfte fließen.

Auch Hormone sind eingeschaltet; Reizungen der oberen Magenwandzellen verursachen eine Ausschüttung von Gastrin, das auf dem Blutweg die Magendrüsen zur vermehrten Saftproduktion anregt. Deshalb werden die zerkauten Bissen beim Betreten des Magens sofort von Verdauungssubstanzen angegriffen.

Auch die Entleerung des Magens wird durch das Doppelspiel von Nerven und Hormonen kontrolliert. Der Magenpförtner (Pylorus) erschlafft von Zeit zu Zeit und läßt dabei kleine Chymusportionen in den angrenzenden, etwa 25 Zentimeter langen Zwölffingerdarm (Duodenum) weitergleiten. Die Dehnung seiner Anfangsportion löst einen Reflex aus, der über den Vagus und den Solarplexus die Magenbewegungen sowie dessen Saftproduktion dämpft.

Kommt der Chymus ins Duodenum, regt er auch die Freisetzung der Hormone Sekretin und Cholecystokinin aus der dortigen Schleimhaut an. Diese Hormone tragen mit dazu bei, daß die Magenbewegungen und die Magensaftproduktion nachlassen; sie regen aber gleichzeitig die Gallenblase und die Bauchspeicheldrüse an, sich für die weitere Verdauung vorzubereiten.

Chemische Zersetzung im Dünndarm

Der Dünndarm setzt sich aus drei Abschnitten zusammen: dem Zwölffingerdarm (bereits erwähnt), dem Jejunum (ca. zweieinhalb Meter lang, hinter dem Nabel verknäuelt) und dem Ileum (etwa dreieinhalb Meter lang, mit seinen Schlingen in den rechten Unterbauch ziehend); hier geht er in den Dickdarm über. Jeder Dünndarmabschnitt hat einen inneren Durchmesser von zweieinhalb Zentimeter. Hier findet die eigentliche Verdauung der Nahrung nach ihrer Aufschließung im Magen statt, eine chemische Zersetzung und Absorption der Nährstoffmoleküle. Der Chymus wird im Zwölffingerdarm mit einer Menge von Enzymen vermischt, die von der Bauchspeicheldrüse kommen. Trypsin und Chymotrypsin zerlegen die Eiweiße in immer kleinere Spaltprodukte, bis diese nur noch aus einigen Aminosäuren bestehen. Die Amylase der Bauchspeicheldrüse schließt Stärke- und andere lange Kohlenhydratketten auf und spaltet sie zu Zuckerketten. Die Säfte der Bauchspeicheldrüse reagieren sehr stark alkalisch, sie neutralisieren die ätzende Magensäure, beschleunigen den weiteren enzymatischen Abbau im basischen Milieu.

Die Fette sind schwieriger aufzuspalten, das im Chymus enthaltene Enzym Lipase hat kein leichtes Spiel. Fette sind nicht wasserlöslich und bilden im Darm kleine Kügelchen, in die die Lipase nur schwer eindringen kann. Die Kügelchen müssen erst in feinste Tröpfchen gespalten, also emulgiert werden. Dabei hilft vor allem die Galle, die aus der Gallenblase (Vesica fellea) über den Gallengang (Ductus choledochus) in den Zwölffingerdarm geleitet wird.

Die Vergrößerungseinrichtungen des Dünndarms

Um die vielen Nährstoffe in seiner Lichtung aufnehmen zu können, benötigt das Verdauungssystem eine große Kontaktfläche. Zu deren Vergrößerung besitzt der Dünndarm als Grobrelief etwa 600 Ringfalten (Plicae circulares, Kerckring-Falten), die mit einer Höhe von etwa einem Zentimeter in seinen Innenraum vorragen. Dadurch wird die Schleimhautoberfläche um etwa ein Drittel auf 0,6 bis einen Quadratmeter vergrößert. Des weiteren stülpt die Dünndarmschleimhaut als Feinrelief etwa einen Millimeter hohe blattartige oder fingerförmige Zotten (Villi intestinales) aus, ein Quadratmillimeter der Schleimhaut trägt bis zu 40 Zotten; die Oberfläche wird um das Fünfbis Sechsfache auf vier Quadratmeter vergrößert. Schließlich faltet sich die Plasmahaut der Dünndarmzellen (Enterozyten) nochmals zu eineinhalb Mikrometer langen Mikrozotten (Mikrovilli, Bürstensaum) auf; jeder Enterozyt besitzt etwa 3000 Mikrovilli, ein Quadratmillimeter Schleimhaut ca. 200 Millionen. Durch dieses Submikrorelief wird die Oberfläche nochmals um das 30fache auf 120 bis 150 Quadratmeter vergrößert.

Die teilweise abgebauten Überbleibsel der vorher großen Nahrungsmoleküle driften entlang der Mikrovilli. Sie stehen immer noch unter dem Einfluß der Enzyme. Maltase, Sucrase und Lactase zerlegen die Kohlenhydratmoleküle weiter zu kleinsten Zuckermolekülen. Dipeptidase und Aminopeptidase spalten die großen Proteinmoleküle zu einzelnen Aminosäuren. Nur in dieser Form können die Nährstoffe von den Zellen der Dünndarmschleimhaut aufgenommen und an die Blutkapillaren weitergereicht werden, die in den Zotten ein Netz bilden.

Die Triglyzeride, Bausteine des verdauten Fetts, verschmelzen sogar mit der Zellmembran, die eine Lipidkomponente besitzt, und werden dann im Zellinneren in Proteinhüllen eingepackt zu sog. Chylomikronen; damit sind sie wasserlöslich. Dann gelangen sie unter Umgehung der Blutkapillaren in den Milchgang, ein mikroskopisch kleines Lymphgefäß im Zentrum der Dünndarmzotte. So wird das lymphatische System (dessen Hauptrolle die Körperabwehr und Bekämpfung von Infektionen ist) die bedeutsamste Eintrittspforte für Fett, obwohl das System schließlich auch mit dem Blutkreislauf verbunden wird, indem es in eine große Vene in Herznähe mündet.

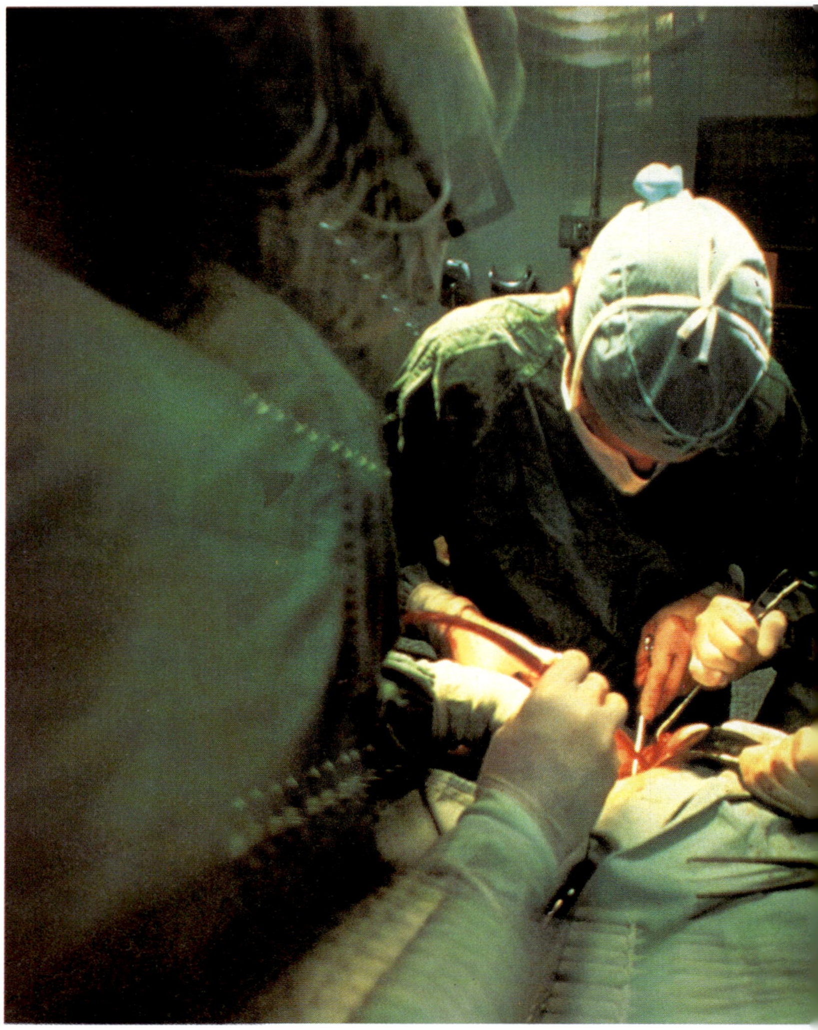

Abwehrsystem des Darms

1677 wurden vom Schweizer Arzt Johan Peyer erstmals kleine Bezirke lymphatischen Gewebes in der Dünndarmwand beschrieben, die bis heute seinen Namen tragen. Peyer dachte damals, es handele sich um Sekretionseinrichtungen für die Verdauung. Mittlerweile weiß man, daß die Peyer-Plaques einen wichtigen Teil des Selbstschutzes ausmachen, den der Dünndarm gegen die Invasion von Bakterien aufbaut.

Die Peyer-Plaques enthalten eine große Zahl von Lymphozyten, den Schlüssel-Zellen des Immunsystems. Sie besitzen außerdem vereinzelt "Mikrofalten", (M-)Zellen, die Bakterien und anderes toxisches Material in sich aufzunehmen scheinen, um diese in Kontakt mit den Lymphozyten zu bringen. Dort werden die Mikroorganismen unschädlich gemacht.

Verbindung zum Bauchfell

Die vielzähligen Schlingen und Schleifen des Dünndarms in der Leibeshöhle sind mit der hinteren Rumpfwand durch eine Gewebsplatte, das Mesenterium, verbunden. Über diese Aufhängevorrichtung wird der Dünndarm nicht nur mit Blut versorgt, sie führt auch die Blut- und Lymphgefäße, welche die im Darm aufgenommenen Nährstoffe abtransportieren.

Die Bauchhöhle ist von einer dünnen Haut, dem Bauchfell (Peritoneum), ausgekleidet, das sowohl die innere Bauchwand, als auch alle Organe innerhalb der Höhle und das Mesenterium überzieht.

Die Ernährungsschlacht ist gewonnen, der Krieg aber noch nicht beendet. Die Speisen, die vielleicht acht oder zehn Stunden vorher in den Mund gelangt waren, befinden sich jetzt - zerlegt in ihre Einzelbausteine - wirklich 'innerhalb' des Körpers, in seinem Blutstrom. Auf diesem werden die Nahrungsteilchen, nun "Kriegsgefangene", zum nächsten Anlaufhafen verschifft: zur Leber.

Die Chemiefabrik

In der klassischen chinesischen Medizin wird die Leber als eines der führenden Körperorgane angesehen. In einem 2300 Jahre alten Text wird sie als Sitz des Zorns und der Seele, als Quelle der Tränen und des Nasensekrets beschrieben. Die traditionelle chinesische Heilslehre legt noch immer großen Wert auf dieses Organ und die Möglichkeiten, wie seine Überfülle oder Leere zu einer Vielzahl von Krankheitszeichen führen können.

Der nach Hippokrates einflußreichste Arzt und medizinische Lehrer des Altertums, Galen (130 bis ca 200 n.Chr.) vermutete, daß Nahrungsstoffe, die vom Darm aufgenommen wurden, in Form des Chylus über Spezialgefäße zur Leber flossen. Dort sollten sie in Blut umgewandelt werden, um mit der Assistenz von Pneuma bei Wachstum und Ernährung zu helfen. Die Leber produziere ständig Blut, das verbraucht werde und im Gewebe verschwände.

Galen hatte in einer Hinsicht recht: Die Verdauungsprodukte fließen tatsächlich über eine besondere Kreislaufeinrichtung direkt zur Leber; Zentralstück dieses sog. Portalkreislaufs ist die Pfortader (Vena portae). Damit gehört die Leber zu den Organen mit zwei Kreisläufen: Sie erhält Blut sowohl über die Leberschlagader (Ast der Bauchschlagader; Versorgungskreislauf), als auch über die Pfort-

***Gallensteine** treten üblicherweise bei Menschen mittleren Alters auf und sind oft von einer Entzündung der Gallenblase (Cholezystitis) begleitet. Die operative Entfernung der Gallensteine (links) ist heute Routine. Wenn erforderlich, wird dabei die ganze Gallenblase herausgenommen.*

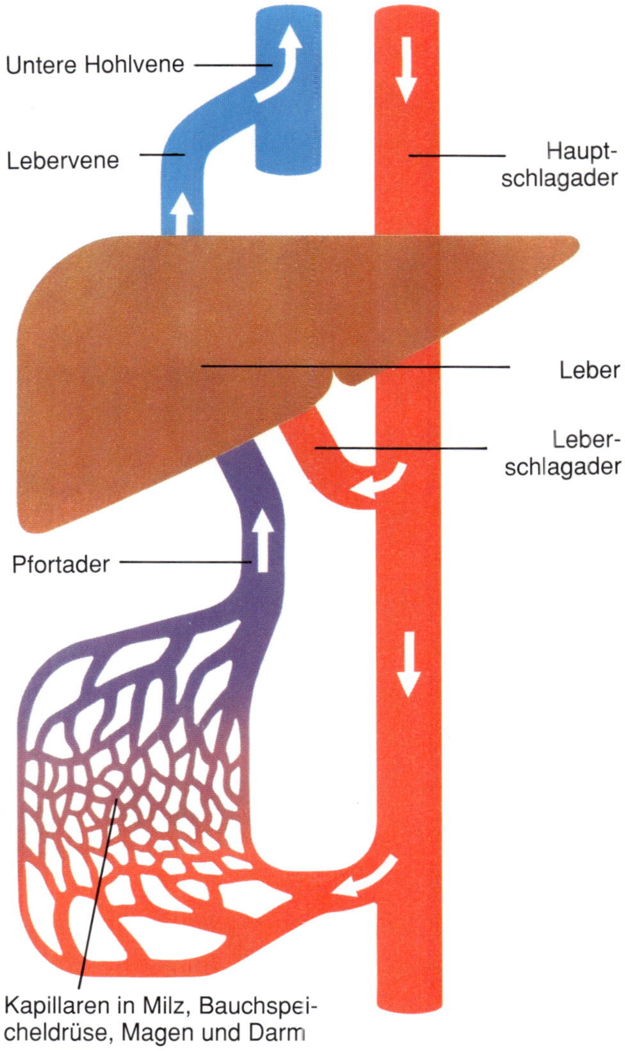

***Die Leber erhält Blut aus zwei Quellen:** Über die Leberschlagader kommt sauerstoffreiches Blut aus der Bauchschlagader und versorgt das Lebergewebe. Über die Pfortader fließt der Leber nährstoffreiches Blut aus dem Verdauungskanal zu; die aufgenommenen Nahrungsstoffe werden von den Leberzellen verarbeitet. Das "verbrauchte" Blut aus beiden Quellen verläßt das Organ über die Lebervenen und fließt zum Herzen zurück.*

ader (Arbeitskreislauf).

Die Leber (Hepar) liegt im oberen Teil der Bauchhöhle unmittelbar unter dem Zwerchfell, mit ihrer Hauptmasse auf der Seite des Oberbauchs. Sie ist mit einem Gesamtgewicht von 2.000 Gramm die größte Drüse des Körpers und wird pro Minute von etwa eineinhalb Litern Blut durchflossen. Zwischen den Mahlzeiten werden mehr als 75 Prozent dieses Volumens vom Darm über die Pfortader antransportiert. Während der Nahrungsaufnahme nimmt der Blutstrom im Portalkreislauf ab, das Blut wird vermehrt auf die Verdauungsorgane verteilt.

Die Leber besteht aus einem größeren rechten und einem kleineren linken Lappen, der die Medianlinie des Körpers überquert und oberhalb des Magens liegt. Die zwei Lappen lassen sich in Segmente und diese wiederum in viele Leberläppchen unterteilen, in deren Mitte stets ein kleines Sammelgefäß (Zentralvene) liegt, das in die Lebervene mündet. Zwischen den etwa einen Millimeter großen Läppchen liegen die sog. periportalen (Bindegewebs-) Felder, in denen sich die "Glisson-Trias" befindet: je ein feiner Ast von Leberschlagader und Pfortader, deren Blut durch das Läppchen zur Sammelvene sickert, sowie ein Gallenkanälchen, das die im Läppchen produzierte Gallenflüssigkeit in umgekehrter Richtung zum Blutstrom abtransportiert.

Die kleinste funktionelle Einheit des Organs ist die Leberzelle (Hepatozyt). Innerhalb des Läppchens bilden die Zellen Balken, die radiär auf die Zentralvene gerichtet sind; zwischen den Leberzellbalken befinden sich die Wege für das Pfortader- und Leberschlagaderblut (Sinusoide). Diese feine Konstruktion ist wichtig für die Organfunktion, jede Störung führt zu einer Beeinträchtigung der Lebertätigkeit.

Der letzte Nahrungsaufbereiter

Die Leber ist der zentrale Ort zur Nahrungsaufbereitung, sie ist chemisch an mehr als 500 verschiedenen Stoffwechselvorgängen beteiligt. Auf einigen der Stoffwechselpfade werden komplizierte chemische Verbindungen gespalten (Katabolismus); auf anderen findet ein Aufbau (Anabolismus) statt, vornehmlich von Eiweißmolekülen. Die Leber wirkt als Kläranlage des Blutes, in der Hormone, Giftstoffe und Abbauprodukte von Medikamenten inaktiviert bzw. ausschei-

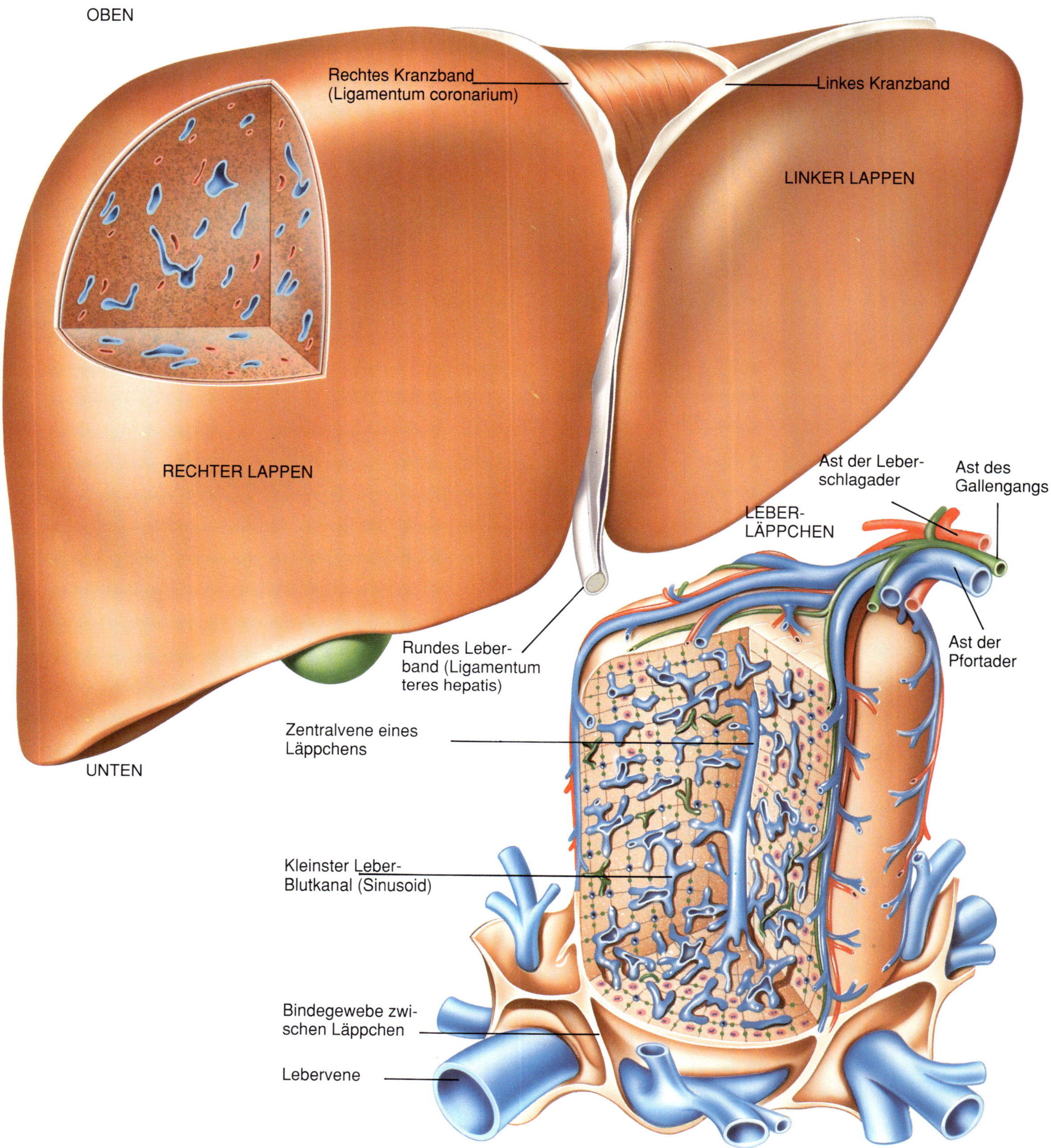

***Die Leber** - eine komplizierte biochemische Fabrik - ist die größte Drüse des Körpers und besteht aus einem großen rechten und einem kleineren linken Lappen (oben und rechts). Jeder Lappen setzt sich aus tausenden von Läppchen zusammen, die von Ästen der Leberarterie und Pfortader durchsetzt werden. Die Gefäße zweigen sich mehr und mehr auf und umgeben schließlich als Blutkanälchen (Sinusoide) jede einzelne Leberzelle. Diese Hepatozyten besitzen zwei Hauptfunktionen: Einerseits verarbeiten sie*

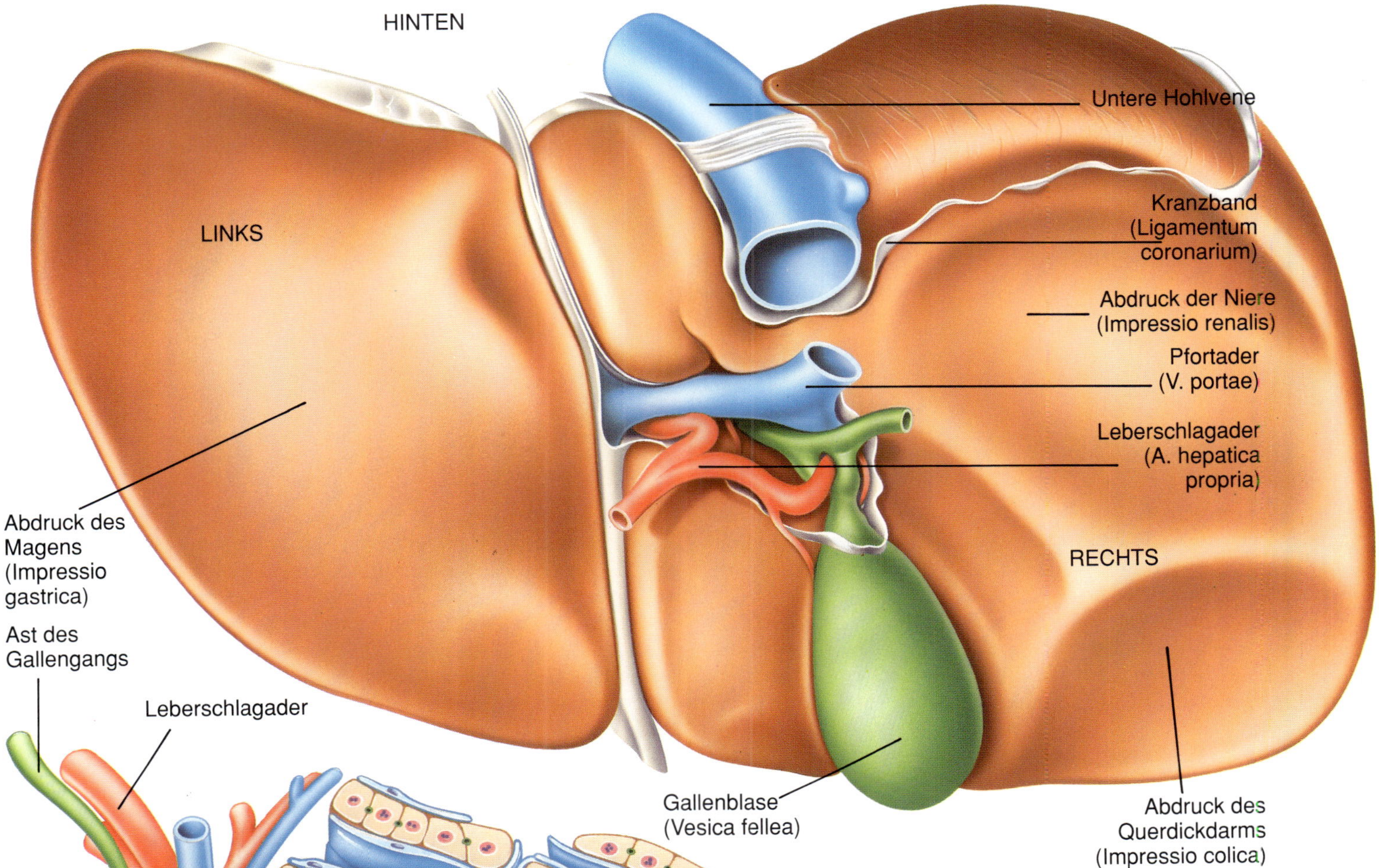

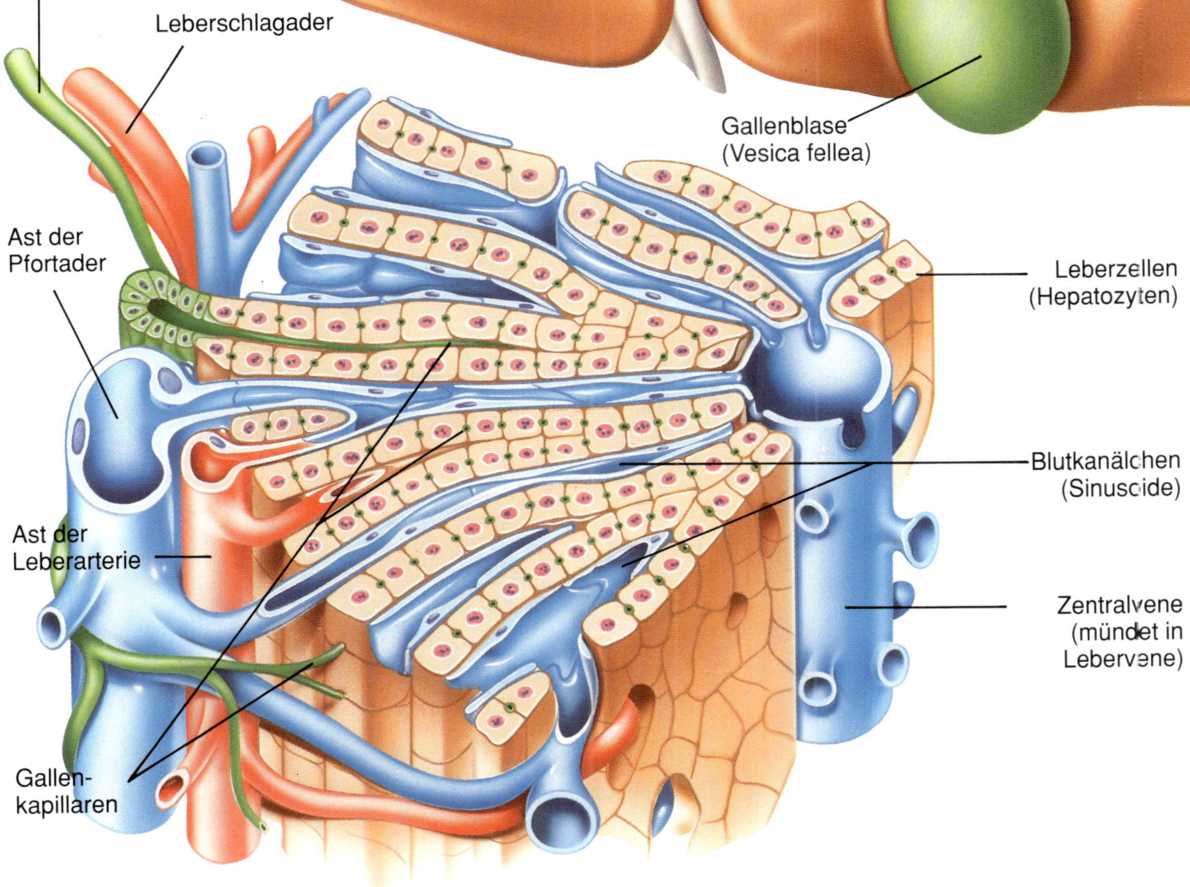

die im Darm aufgenommenen Nahrungsstoffe, wandeln z.B. Glukose zu Glykogen um und speichern es vorübergehend. Andererseits nehmen sie Giftstoffe wie Alkohol aus dem Blut auf und wandeln sie zu harmlosen Abfallprodukten um. Außerdem produzieren die Leberzellen Galle, die über immer größer werdende Gefäße die Leber verläßt, in der Gallenblase gesammelt und eingedickt wird.

***Die Bauchspeicheldrüse**, Pancreas, unter der Leber an der hinteren Rumpfwand befestigt und an ihrem Kopf vom C-förmigen Zwölffingerdarm eingerahmt, ist eine Drüse mit zwei unterschiedlichen Funktionen. Zellgruppen, sog. Acini, produzieren die alkalischen Verdauungssäfte und Fermente, die über den Bauchspeicheldrüsengang in den Zwölffingerdarm fließen. Andere Zellhaufen, sog. Langerhans-Inseln, stellen u.a. das Hormon Insulin her, das in den Blutstrom aufgenommen wird und damit in alle Körperteile gelangt, um in den Zellen den Verbrauch der Glukose zu steuern.*

dungsfähig gemacht werden. Die v. Kupffer-Sternzellen in den Wänden der Lebersinusoide fischen unerwünschte Substanzen und infektiöse Mikroorganismen, die aus dem Darm kommen, weg. Die Leber besitzt drei Hauptfunktionen:

Sie spielt eine Schlüsselrolle im Kohlenhydratstoffwechsel; die Glukose aus der Verdauung wird chemisch in Glykogen umgewandelt, das in der Leber und anderen Organen speicherbar ist. Die überschüssige Glukose wird als Fett in den Fettzellen des Körpers gestapelt.

Sie spielt eine Schlüsselrolle im Fettstoffwechsel; bestimmte Lipide werden dazu benutzt, verschiedene lebenswichtige Fettsubstanzen zu synthetisieren, besonders Cholesterin. Dies ist ein wesentlicher Bestandteil von Hormonen und bedeutsam für die Funktion der Nervenzellen (auf seine Beteiligung am Entstehen der Arteriosklerose wurde im vorhergehenden Kapitel eingegangen).

Schließlich spielt sie eine Schlüsselrolle im Eiweißstoffwechsel. Unbrauchbare Proteine werden in Aminosäuren und kleinere Einheiten gespalten, die dann wieder dem Aufbau nützlicher Eiweiße dienen.

Die Proteine unterscheiden sich von den übrigen Grundnahrstoffen durch ihren Gehalt an Stickstoff. Der in der Leber anfallende "freie" Stickstoff, der den Bedarf des Eiweißaufbaus übersteigt, wird in Harnstoff umgewandelt - ein Sekretionsprodukt der Leber, das an den Blutstrom abgegeben, von den Nieren herausgefiltert und mit dem Urin ausgeschieden wird.

Die Leber und der Alkohol

Die Leber ist die "Entgiftungsstation" des Körpers, auch für den aufgenommenen Alkohol. Fällt er vermehrt an, werden bei seinem Abbau die Leberzellen in Mitleidenschaft gezogen. Weltweit beobachtet man eine direkte Beziehung zwischen Alkoholkonsum und Lebergesundheit; je mehr getrunken wird, desto mehr leidet die Leber. Dabei spielt es keine Rolle, in welcher Form der Alkohol aufgenommen wird, 95 Prozent werden in der Leber verstoffwechselt.

Die leichteste Schädigung ist die Leberzellverfettung, wobei sich das Organ vergrößert und eine gelbliche Farbe annimmt. Die Veränderung ist rückgängig und verschwindet wieder, wenn der Alkoholkonsum abnimmt. Das nächste Stadium des Schadens ist die akute alkoholische Leberzellentzündung (Hepatitis). Das ganze Organ schwillt an, wird weich, der Patient fühlt sich krank, fiebert und bekommt oft eine "Gelbsucht". Der Eintritt in das nächste Stadium, die Leberzirrhose, vollzieht sich zumindest anfänglich unbemerkt. Ein Netz aus bindegewebigen Narben (Ersatz der untergegangenen Hepatozyten) durchzieht das Organ und trennt die noch funktionsfähigen Zellen in Inseln oder Knötchen. Durch die Zerstörung ihrer Zellen versagt die Leber bei immer mehr Stoffwechselaufgaben. Sie schrumpft und läßt weniger an Pfortaderblut durchfließen, das sich rückstaut. Durch die gestauten Gefäßwände wird mehr Wasser in die Leibeshöhle filtriert, ein Wasserbauch (Aszites) entsteht.

Es gibt aber noch viel mehr Krankheitszeichen: Haut und Schleimhäute (Augenbindehaut) färben sich gelb, ihre Blutgefäße sind erweitert, die Handflächen röten sich, die Fingernägel werden weißlich opaque, der Patient ist besonders matt. Einer von zehn starken Trinkern, die täglich mehr als eine drittel Flasche Schnaps oder das Äquivalent an Alkohol konsumieren, erkrankt an einer Leberzirrhose.

Galle und Gallenblase

Pythagoras, besser bekannt als großer Mathematiker, entwickelte im 6. Jh.v.Chr. die Theorie von den vier Elementen, auf denen das Leben basiere: Erde, Luft, Feuer und Wasser. Diese entsprächen den vier Flüssigkeiten des Körpers: Blut (warm und feucht), Schleim ('Phlegma', kalt und feucht) sowie die zwei Farben der Galle, gelb (warm und trocken) und schwarz (kalt und trocken). Das relative Verhältnis dieser Säfte bestimme Gesundheit und Intelligenz. Auch in unserem Sprachgebrauch gibt es noch Begriffe, die auf diese Humorallehre von Pythagoras zurückgehen: melancholisch (von 'melanche' = schwarze Galle) und phlegmatisch.

Die Galle wird in den Leberzellen gebildet und über die Gallenkanälchen aus den Leberläppchen abtransportiert. Eine der Aufgaben der Galle ist es, die Fette im Darm in feinste Tröpfchen zu spalten (Emulgierung). Die Gallenkanälchen aus dem periportalen Feld vereinigen sich zu einem linken und rechten Gang in den beiden Leberlappen und schließlich zu einem gemeinsamen Lebergang (Ductus hepaticus communis), der das Organ an seiner Pforte verläßt.

Der gemeinsame Lebergang ist ca. fünf Zentimeter lang, bevor sich der Blasengang (Ductus cysticus) abzweigt. Dieser mündet in die Gallenblase (Vesica fellea), ein kleines birnenförmiges Säckchen, das in einer Mulde unterhalb des rechten Leberlappens liegt. Ihre Aufgabe besteht darin, die Lebergalle in Verdauungsruhe aufzunehmen, einzudicken und bei Bedarf abzugeben. Größe und Lage der Blase variieren sehr stark; im Durchschnitt hat sie ein Fassungsvermögen von 50 Milliliter. Unter der Abzweigungsstelle des Ductus cysticus wird aus dem gemeinsamen Lebergang der etwa bleistift-

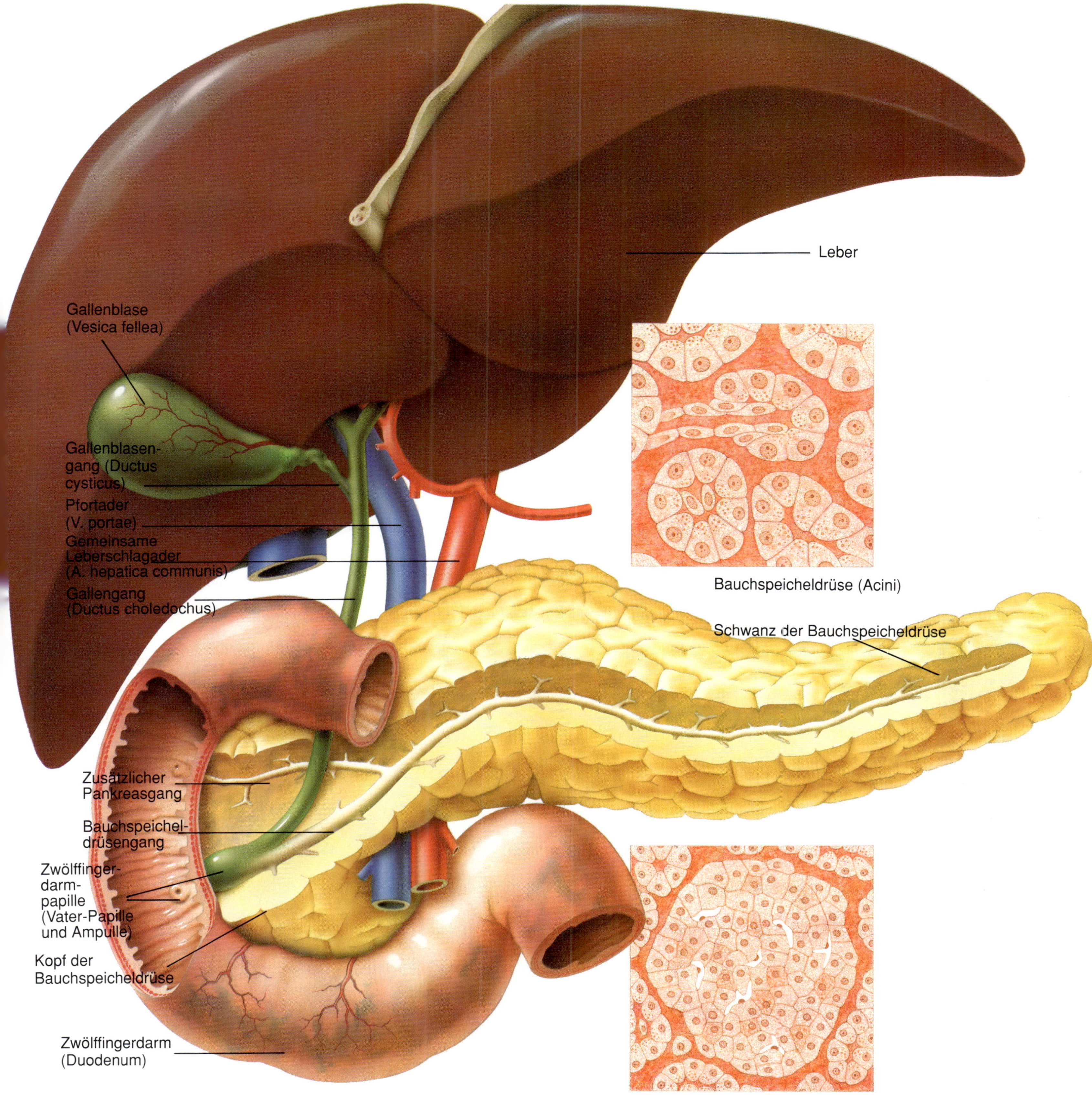

Bauchspeicheldrüse (Acini)

Langerhar s-Insel

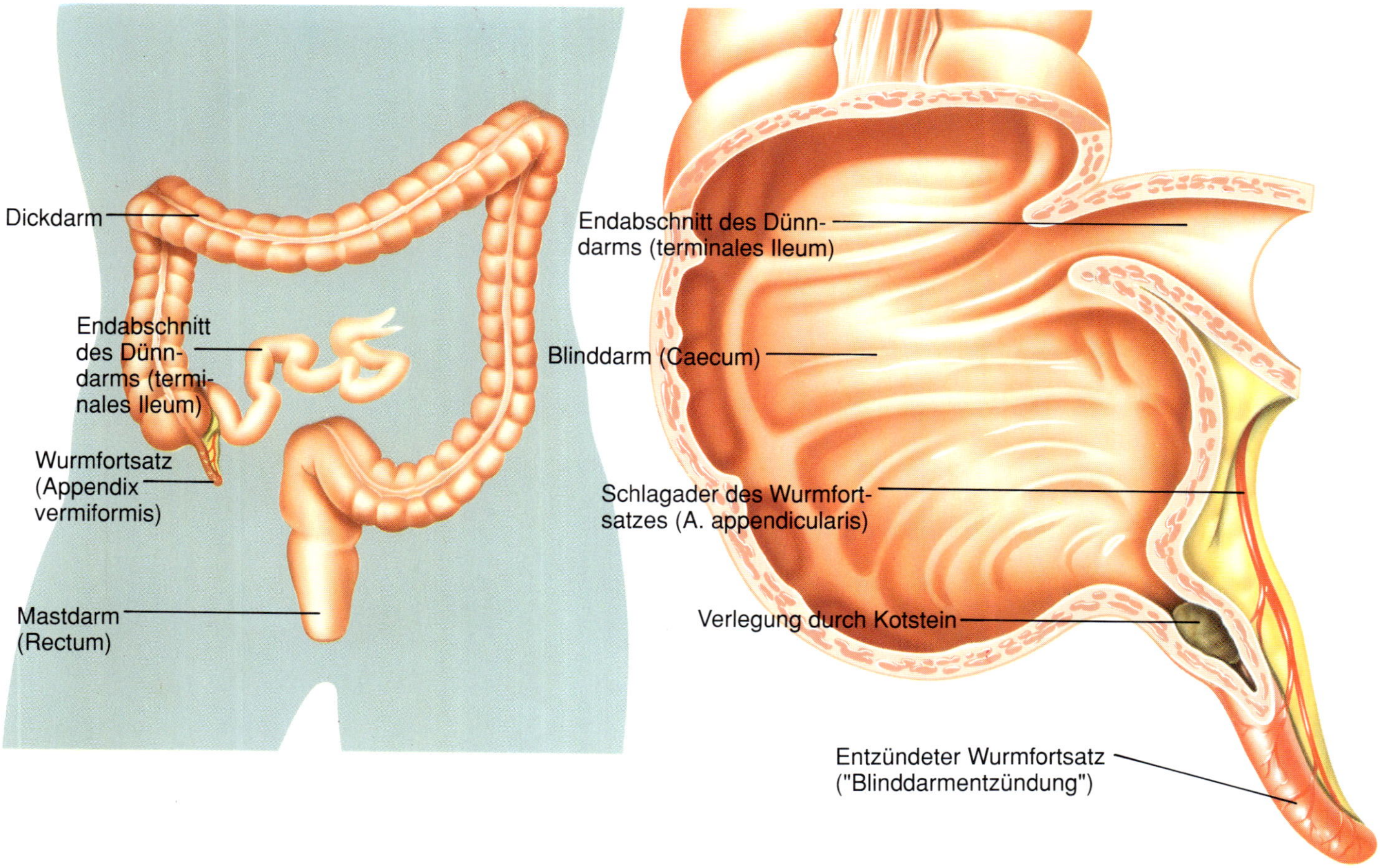

dicke und sieben Zentimeter lange, große Gallengang (Ductus choledochus). Er unterkreuzt den oberen Zwölffingerdarmabschnitt und zieht durch den Kopf der Bauchspeicheldrüse hinab, um im absteigenden Duodenum zu münden. Kurz vorher schließt sich ihm der Gang der Bauchspeicheldrüse (Ductus pancreaticus) an, der die Verdauungssäfte dieser Drüse leitet. Die gemeinsame Mündungsstelle von Gallen- und Bauchspeicheldrüsengang wird von einem Schließmuskel (Sphincter Oddi) bewacht, der sich nur bei Bedarf öffnet und Galle sowie die durch diese aktivierten Verdauungsenzyme ins Duodenum abläßt.

Farbstoffe und Gallensalze

Die Gallenflüssigkeit besteht aus Gallensalzen, Lipiden, Cholesterin und Farbstoffen, Eiweißen und Mineralsalzen wie Natrium. Ihre gelbe Farbe rührt vom Bilirubin her, das aus dem Abbau des Hämoglobins der roten Blutkörperchen stammt (ein erhöhter Bilirubingehalt im Blut ist die Ursache der "Gelbsucht").

Die Gallensalze werden bei der Emulgierung des Fetts im oberen Dünndarmabschnitt benötigt, jedoch nicht mit den entstehenden Fettkügelchen (Chylomikronen) aufgenommen. Sie gehen aber auch nicht bei der Stuhlausscheidung verloren, sondern werden im letzten Dünndarmabschnitt (terminales Ileum) rückresorbiert. So gelangen sie erneut in die Leber, wo sie der Galle wieder beigemischt werden. Dieses Recycling-System (enterohepatischer Kreislauf) ist so leistungsfähig, daß der gesamte Pool an Gallensalzen während der Verdauung einer einzigen Mahlzeit zweimal zirkulieren kann.

Die Abgabe der Galle aus der Gallenblase wird von einem Hormon, Cholecystokinin, veranlaßt, das im Zwölffingerdarm ausgeschüttet wird, wenn sich Nahrung im Magen befindet. Cholecystokinin kommt mit dem Blutstrom zur Gallenblase und regt deren (glatte) Wandmuskulatur zur Kontraktion an.

Enzyme und Hormone

Die Bauchspeicheldrüse (Pankreas) ist ein 70 Gramm schweres, keilförmiges Organ an der Hinterwand der Bauchhöhle, zum großen Teil vom Magen verdeckt. Ihr dickerer Kopfteil paßt genau in die Konkavität der C-förmigen Zwölffingerdarmschleife, ihr spitz auslaufender Schwanz reicht fast bis zur Milzpforte im linken Oberbauch. Die Drüse ist in viele kleine Läppchen gegliedert, von denen jedes einen Sammelgang besitzt, der das Sekret in den Hauptausführungsgang leitet. Häufig findet sich neben diesem Ductus pancreaticus noch ein zweiter, kleinerer Gang (Ductus accessorius), der vor dem Hauptgang ins Duodenum mündet. Cholecystokinin, das Hormon für die Gallenblasenkontraktion, veranlaßt auch die Abgabe der Pankreassäfte.

Innerhalb der Läppchen befinden sich abgekapselte Zellinseln (Langerhans-Inseln), die Hormone produzieren. Am bekanntesten ist das Inselzellhormon, Insulin, das - wie alle anderen Hormone auch - direkt ans Blut abgegeben wird und im ganzen Körper den Glukose-Stoffwechsel kontrolliert. Damit ist das Pankreas sowohl eine exokrine (Enzym produzierende), als auch endokrine (Hormon produzierende) Drüse.

Die Sackgasse Wurmfortsatz

Der Inhalt im Dünndarm ist sehr wässerig, was für die Transportprozesse der Stoffaufnahme auch notwendig ist. Im Dickdarm (Colon) wird das Wasser zum großen Teil wieder resorbiert, wodurch dessen

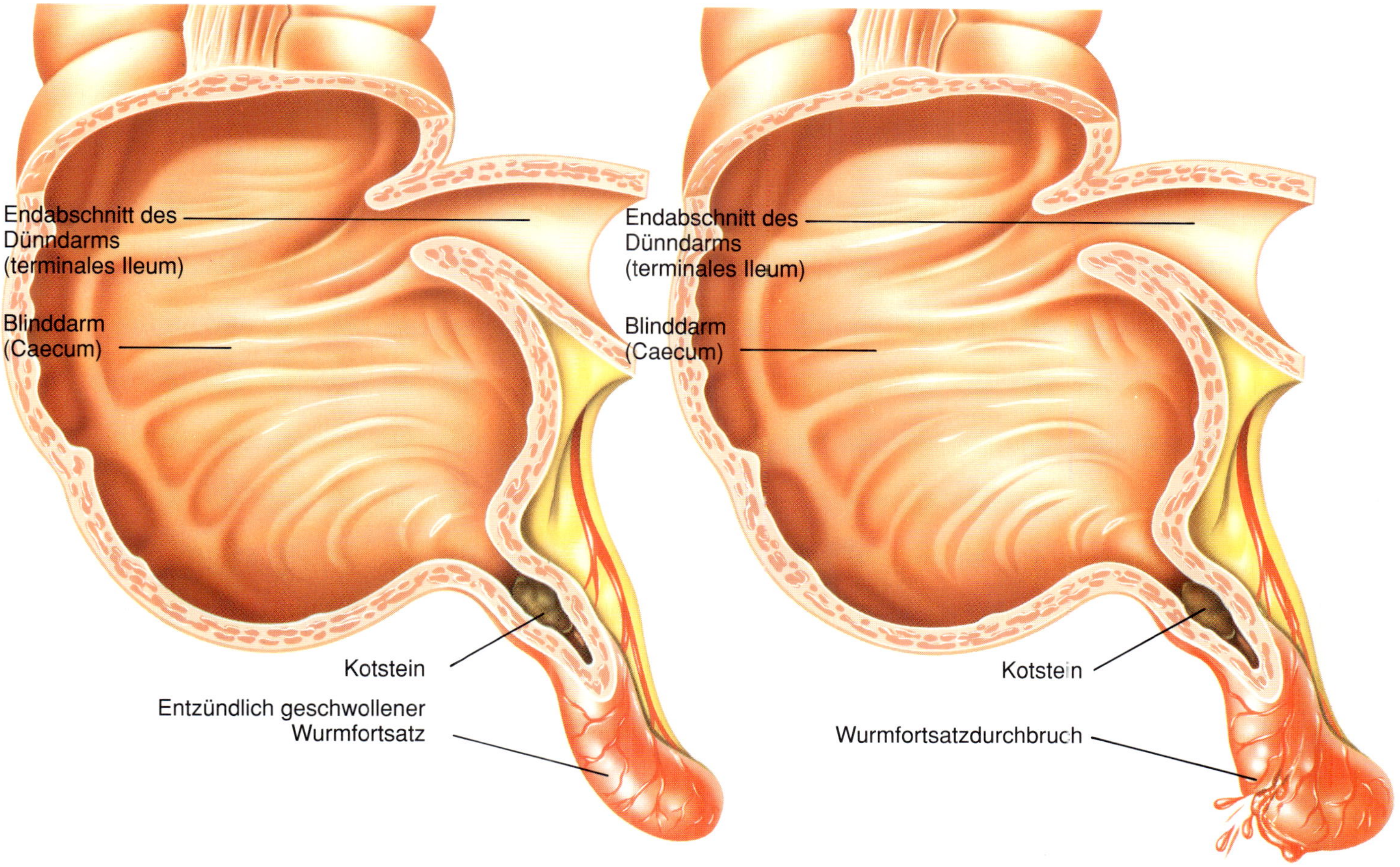

Inhalt eine festere Konsistenz erhält und trotzdem gleitfähig bleibt, damit sich der Körper der unverdaubaren Nahrungsrestbestände entledigen kann.

Am Beginn des Dickdarms, dem Blinddarm (Caecum), findet sich ein wurmähnliches Anhängsel, das scheinbar keine anderen Funktionen besitzt, als nur Krankheitsauslöser zu sein. Diese Sackgasse, der Wurmfortsatz (Appendix vermiformis) ist (bei großen Variationsbreiten) im Mittel zehn Zentimeter lang und ähnelt in seinem Bau dem Dickdarm. Lediglich in der Bindegewebsschicht (Lamina propria) unmittelbar unter der Deckzellage (Epithel) der Schleimhaut finden sich riesige Mengen von Lymphozyten.

Über die Funktion des Wurmfortsatzes sind viele Theorien geäußert worden; neuerdings wird er zum Immunsystem gerechnet. Sicher ist er aber ein Überbleibsel eines in einer früheren Entwicklungsstufe an der Verdauung beteiligten Organteils und für die Klinik von besonderer Bedeutung. Die Entzündung des Wurmfortsatzes (Appendizitis) ist die häufigste der chirurgischen Erkrankungen. Ihre Ursache ist nach wie vor nicht bekannt, manchmal wird eine Blockade des Darminhalts (Kotsteine, Obstkerne etc.) verantwortlich gemacht. In jedem Fall führt die Entzündung zu einer mächtigen Anschwellung des lymphatischen Gewebes und ruft einen Schmerz durch Spannung des umgebenden, gut mit Schmerzfasern versorgten Bauchfells hervor. Die übliche Behandlung ist die operative Entfernung des Appendix (Appendektomie).

Endstation

Der Dickdarm (Colon) hat einen Durchmesser von ca. sechs Zentimetern und ist mit etwa eineinhalb Metern auch viel kürzer als der

Der Wurmfortsatz, *Appendix vermiformis, ist ein blindes Anhängsel am unteren Teil des Blinddarms, Caecum. Wenn er durch verhärtete Nahrungsbestandteile, sog. Kotsteine, verlegt wird, vermehren sich die in ihm befindlichen Bakterien und verursachen eine Entzündung (fälschlich als Blinddarmentzündung bezeichnet). Der Wurmfortsatz schwillt an, füllt sich mit Eiter und löst die typischen Leibschmerzen aus. Unbehandelt kann er durchbrechen und eine lebensbedrohliche Bauchfellentzündung hervorrufen. Medikamente (Antibiotika) können die Entzündung zurückdrängen; die einzige endgültige ärztliche Behandlung besteht in einer operativen Wurmfortsatzentfernung (Appendektomie).*

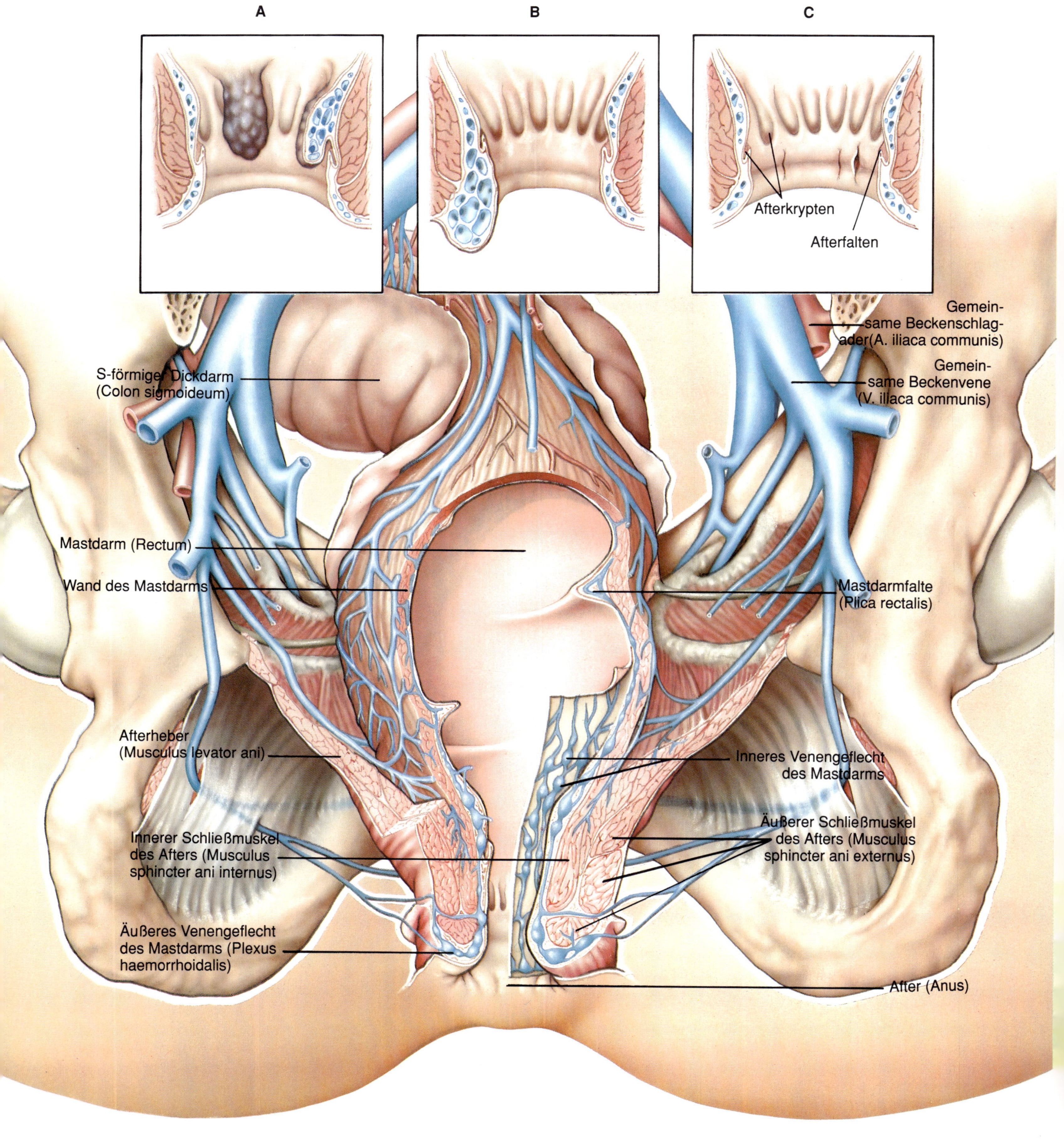
A
B
C
Afterkrypten
Afterfalten
Gemeinsame Beckenschlagader (A. iliaca communis)
Gemeinsame Beckenvene (V. illaca communis)
S-förmiger Dickdarm (Colon sigmoideum)
Mastdarm (Rectum)
Wand des Mastdarms
Mastdarmfalte (Plica rectalis)
Afterheber (Musculus levator ani)
Inneres Venengeflecht des Mastdarms
Äußerer Schließmuskel des Afters (Musculus sphincter ani externus)
Innerer Schließmuskel des Afters (Musculus sphincter ani internus)
Äußeres Venengeflecht des Mastdarms (Plexus haemorrhoidalis)
After (Anus)

***Der Inhalt des Mastdarms** wird durch die inneren und äußeren Schließmuskeln des Afters festgehalten. In seiner Wand findet sich ein ausgedehntes Venengeflecht, aus dem es bei Einrissen bluten kann. Innere Hämorrhoiden (A) treten am Beginn des Afterkanals in Erscheinung. Äußere Hämorrhoiden (B) imponieren zunächst als Schwellung des Afters und verursachen bei der Stuhlentleerung beträchtliche Schmerzen. Die Angst davor kann schließlich zur Verstopfung führen, wodurch das Leiden nur verschlimmert wird. Analfissuren (C) sind Einrisse der Haut, die den Afterkanal auskleidet. Sie verursachen Blutungen und ebenfalls Schmerzen bei der Stuhlentleerung. Ausgeprägte Hämorrhoiden können eine operative Entfernung notwendig machen, Analfissuren heilen oft spontan aus.*

Dünndarm. Sein Beginn ist der Blinddarm, in den der Dünndarm, von einer Klappe (Valva ileocaecalis) geschützt, übergeht. Dann steigt er an der rechten Bauchhöhlenwand auf (Colon ascendens), biegt unterhalb des rechten Leberlappens (rechte Kolonflexur) in den Querdarm (Colon transversum) um, der nach einer zweiten Biegung (linke Kolonflexur) im linken Oberbauch wieder in einen absteigenden Teil (Colon descendens) übergeht. Danach macht er etwa in Mitte des Unterbauchs eine S-förmige Schleife (Colon sigmoideum), um nach hinten als Mastdarm (Rectum) den Bauchraum zu verlassen. Querkolon und Sigmakolon befinden sich innerhalb der Leibeshöhle und werden über Bindegewebsplatten (hier Mesocolon und nicht Mesenterium genannt) versorgt; die übrigen Dickdarmabschnitte kleben direkt an der hinteren Rumpfwand.

Manche Nahrungsbestandteile bleiben unverdaut, vor allem die Zellulosefasern. Diese, zusammen mit den Resten der Verdauungssäfte und Galle, mit abgeschilferten Zellen der Darmschleimhaut und abgetöteten Bakterien bilden die Hauptbestandteile des Kots (Faeces). Nachdem ihm das meiste Wasser entzogen ist, wird er durch die Dickdarmperistaltik in den Mastdarm getrieben. Diese Endstation ist ein gut dehnbarer, ca. 16 Zentimeter langer Sack. Je mehr Faser- und Ballaststoffe die Nahrung enthält, desto geschmeidiger ist der Stuhlgang, desto ungehinderter gleitet er durch den letzten Darmabschnitt zum Ausgang (Anus).

Mikroorganismen (Bakterien) machen etwa ein Drittel des Trockengewichts der Stuhlmasse aus. Diese Bakterien halten sich in allen Dickdarmabschnitten auf; Kot ist ein idealer Nährboden für solche Keime.

Die Millionen von Coli-Keimen im Dickdarm helfen durch ihren Stoffwechsel bei der Verdauung und Synthese bestimmter Substanzen wie z.B. dem Vitamin K. Bei ihrer Tätigkeit entsteht Gas, vor allem Methan, wenn sie die restlichen Nährstoffe zum eigenen Energiegewinn umsetzen. Wieviel Gas (Flatus, "Wind") produziert wird, hängt hauptsächlich von der aufgenommenen Nahrung ab. Bohnen und Erbsen sind beispielsweise bekannt dafür zu blähen, da sie Trisaccharide enthalten, die im Dünndarm nicht verwertet werden können. Im Dickdarm aber werden sie von den Bakterien unter heftiger Gasbildung zersetzt.

Reiseziel

Das Ende des Darms bildet der Analkanal, ein sechs Zentimeter langes Rohr. Er verfügt über verschiedene Verschließmechanismen, die durch Venenschwellungen (Hämorrhoiden), Einrisse (Fissuren), Fisteln und Abszesse gestört werden können.

Zwei Muskelsysteme beteiligen sich am Analverschluß: ein innerer und ein äußerer Sphinkter. Der innere Schließmuskel befindet sich normalerweise im kontrahierten Zustand. Wird der Mastdarm durch eine Anhäufung von Kot gedehnt, werden Nervenimpulse zum inneren Sphinkter geschickt, die diesen (als glatten Muskel) erschlaffen lassen. Nun verhindert aber der äußere (quergestreifte) Sphinkter (wenn er trainiert ist) eine spontane Stuhlentleerung, so daß diese nur stattfindet, wenn die Möglichkeit dafür besteht.

Es gibt keine "normale" Stuhlfrequenz, jeder Mensch hat seine eigenen Gewohnheiten. Der Spruch: "Einmal in drei Tagen bis dreimal an einem Tag" gibt die Spannbreite an, die als normal gilt.

Nahrungsmittelvergiftungen

Krankheiten nach dem Verzehr verdorbener Speisen - solchen, die schädliche Keime enthielten - gehörten in den Zeiten vor der breiten Benutzung des Kühlschranks zur Tagesordnung. Unsere Nahrung ist nicht selten von Keimen (Salmonellen) besiedelt, die Typhus oder Nahrungsmittelvergiftungen verursachen können. Durch Erhitzung werden sie jedoch schnell abgetötet, so daß Speisen, die abgekocht oder pasteurisiert werden (20minütige Erhitzung bei 60°C), ungefährlich sind. Gefahr kann aus Konserven, länger aufbewahrten Nahrungsmitteln oder halbaufgetauter Tiefkühlkost kommen. Sporen von Clostridium-Bakterien, die das Fleisch vergiften, sind sehr resistent, sie überleben auch das normale Kochen (bei 100°C), Salmonellen (in den Exkrementen der Ratten und Fliegen) sind etwa 150 Tage aktiv. Die von den Bakterien ausgeschiedenen Gifte (Toxine) verursachen Erbrechen und Durchfall. Nur das schnelle Einfrieren nach dem Abkochen kann die Vermehrung von Bakterien stoppen. Die effektivste Maßnahme gegen jede Form von Nahrungsmittelvergiftung ist immer noch Sorgfalt und Hygiene in der Küche.

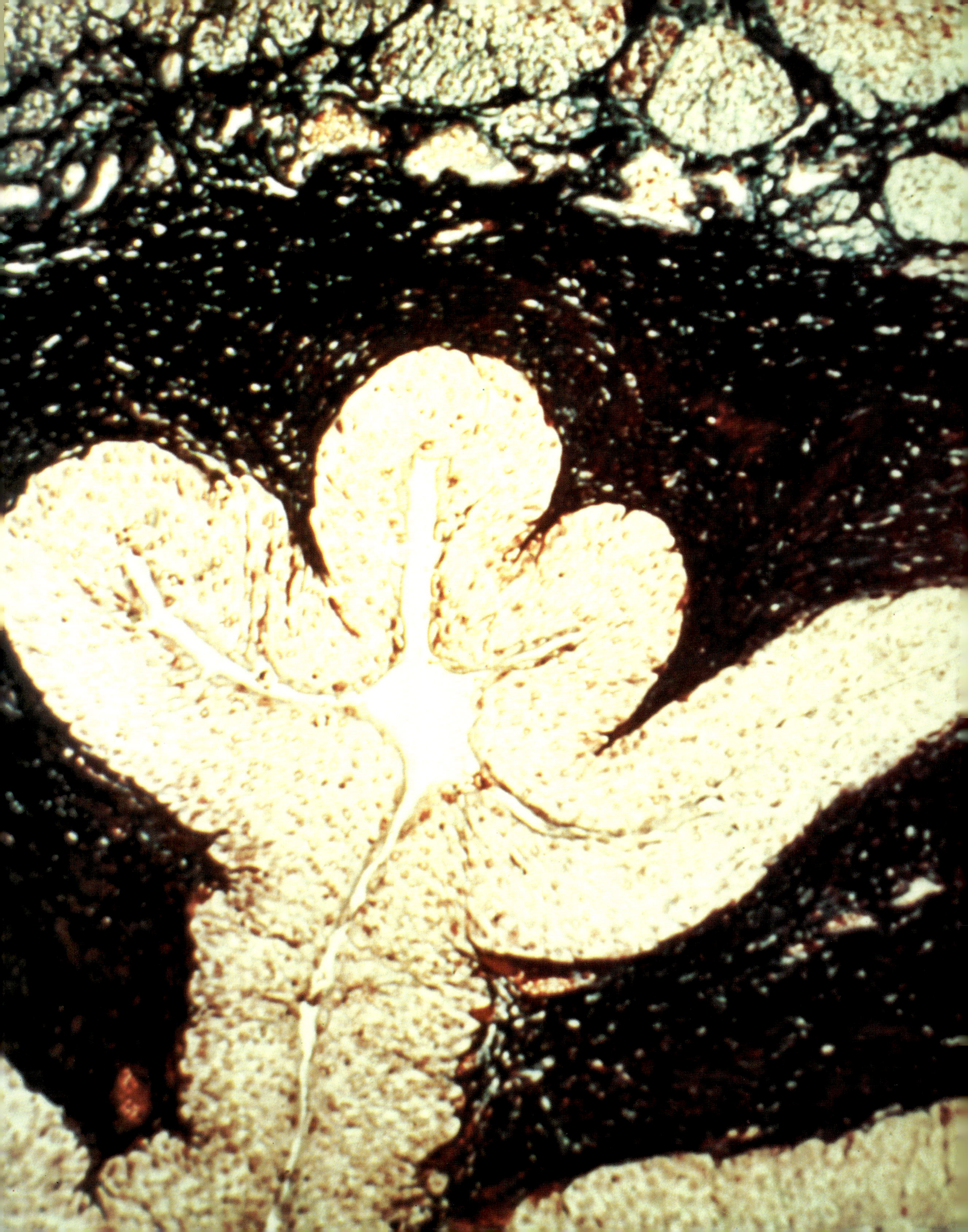

Kapitel 10

Die Nieren

Wenn man vom körperlichen Wohlergehen spricht, denkt man hauptsächlich an die Dinge, die der Körper braucht und die ihm zugeführt werden müssen wie Essen, Trinken oder die Luft zum Atmen. Die weniger angenehmen Probleme einer Abfuhr der Schlacken, die im Stoffwechsel anfallen, werden oft vernachlässigt, sind aber genauso lebensnotwendig Der Körper trennt sich von diesem Abfall auf vier verschiedene Arten: über die Haut von Salzen, Mineralien und Wasser, über die Lunge von Kohlendioxid und Wasser, über den Darm von nicht verdaubaren Nahrungsresten (diese gelangen ja eigentlich nie in den Körper) und Wasser und über die Nieren von einer Vielzahl im Wasser gelöster Substanzen.

Der Balanceakt des Körpers

Die paarigen, im oberen rückwärtigen Bindegewebsraum des Bauches gelegenen Nieren meistern einen großen Balanceakt: Sie regulieren den Flüssigkeitshaushalt des Körpers, sind wesentlich an der Einstellung seines Säuren-Basenhaushalts beteiligt und kontrollieren seinen Gehalt an Salzen und Mineralstoffen. Bei Überangebot wird ausgeschieden, bei zu geringem Angebot eingespart.

Die Funktion der Nieren ist (genauso, wie die der anderen Körpersysteme) an ihre Durchblutung gekoppelt; das Blut wird auf seinem Fluß durch die Nieren gefiltert und damit von überflüssigen und Abfallstoffen geklärt; der Klärungsvorgang findet 24 Stunden am Tage statt. Die Nieren sind aber nur der Beginn dieses Ausscheidungssystems; dazu zählen noch je ein Harnleiter (Ureter), der die beiden Nieren mit der Harnblase verbindet, die Blase selbst (Vesica urinaria) - als vorübergehender Speicher des Urins - und ihre Verbindung zur Körperoberfläche, die Harnröhre (Urethra).

Hinter dieser simplen Beschreibung des Harnapparats verbirgt sich eine unvorstellbare Leistung. Die beiden Nieren eines Erwachsenen werden pro Minute von etwa 1,2 Litern Blut, pro Tag also von ca. 1.700 Litern durchströmt; das ist in Ruhe fast ein Viertel des Herzzeitvolumens. Damit durchfließt das gesamte Blutvolumen des Körpers die Nieren ungefähr 15mal in einer Stunde. In den etwa 2,5 Millionen Nierenkörperchen (Glomeruli) beider Nieren werden in der Minute 120 Milliliter eines Primärharns (glomeruläre Filtrationsrate, GFR) aus dem Blutplasma filtriert. Daraus errechnet sich ein tägliches Filtrationsvolumen von etwa 180 Litern. Das gesamte Plasmavolumen des Körpers von ca. drei Litern ist damit 60mal am Tag Filtrations- und Klärungsprozessen unterworfen. Bezieht man die Filtrationsleistung auf die extrazelluläre Flüssigkeitsmenge unseres Körpers (ca. 14 Liter), so wird diese also 13mal am Tag durch den Nierenfilter kontrolliert.

Von dem Primärharn werden in dem System der Nierenröhrchen (Tubuli) jedoch wieder mehr als 99 Prozent rückresorbiert, so daß lediglich 1,5 Liter Endharn oder Urin pro Tag den Körper verlassen. Dieser Wert schwankt natürlich sehr stark und hängt u.a. davon ab, wieviel wir an Flüssigkeit mit Essen und Trinken aufnehmen, wie hoch die Außentemperatur ist und wieviel wir körperlich arbeiten.

***Der Harnleiter**, Ureter, besitzt eine sternförmige Lichtung, wie bei mikroskopischer Vergrößerung eines Querschnitt-Präparats (links) zu erkennen ist. Er ist paarig angelegt und besitzt eine kräftige Muskulatur in seiner Wandung, um den Urin von den Nieren zur Harnblase zu drücken. Wegen seiner geringen Weite (weniger als 3 mm) kann er leicht verstopfen. Eine solche Blockade, möglicherweise Folge eines festsitzenden Harnleitersteins, bewirkt einen Rückstau des stets weiter produzierten Urins in das Nierenbecken und löst dann meist die unerträglichen Schmerzen einer Nierenkolik aus.*

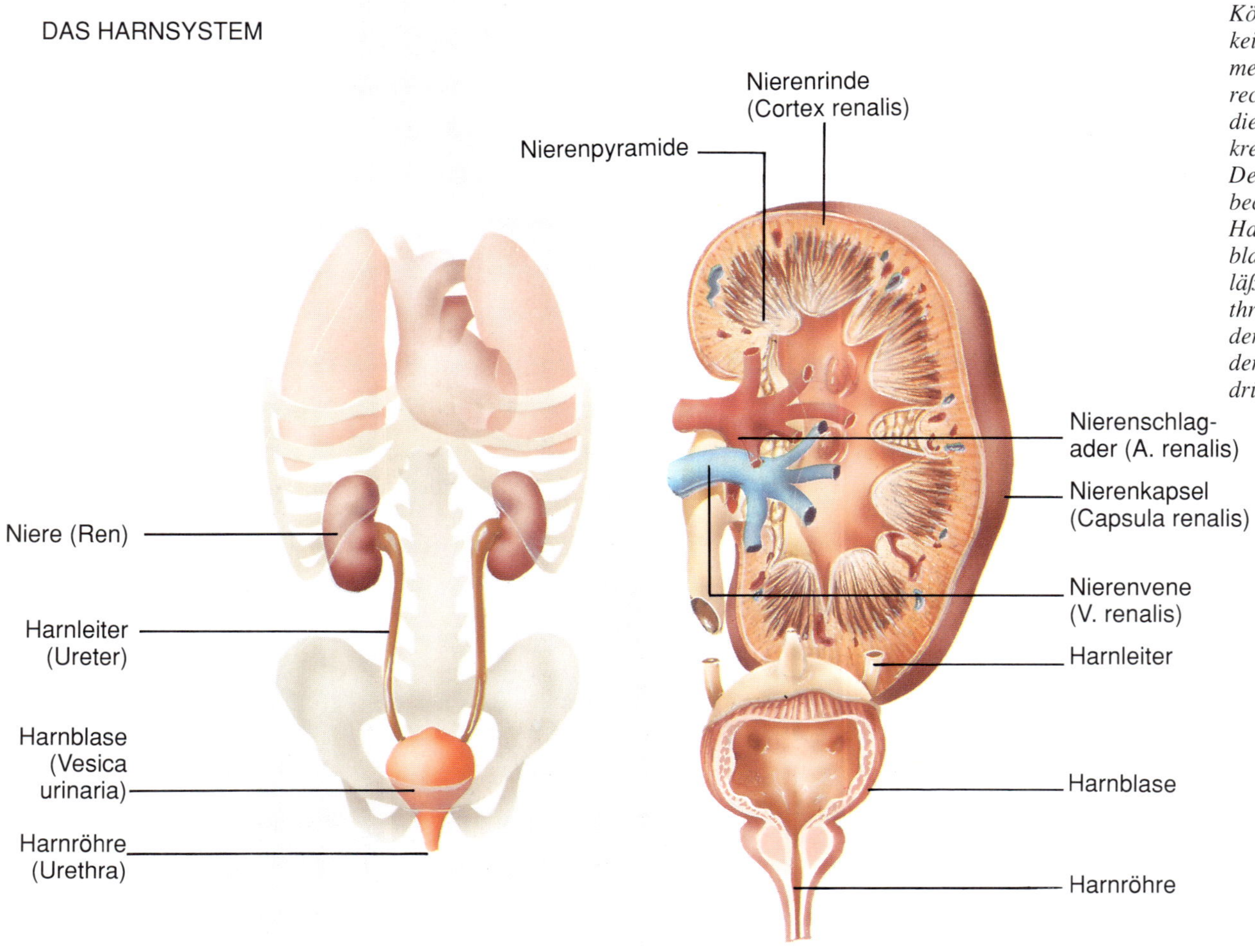

***Das Harnsystem** - Nieren, Harnleiter, Harnblase und Harnröhre - befreit mit der Harnbildung das Blut von seinen Schlacken. Gleichzeitig halten die Nieren das Körpergleichgewicht von Flüssigkeit, Mineralien und Spurenelementen (sog. inneres Milieu) aufrecht. Das geklärte Blut wird über die Nierenvenen dem Körperkreislauf wieder zurückgeführt. Der Urin fließt von den Nierenbecken (Pelvis renalis) durch die Harnleiter (Ureter) in die Harnblase (Vesica urinaria). Diese verläßt er über die Harnröhre (Urethra), die an ihrem Beginn unter der Harnblase beim Mann von der kastaniengroßen Vorsteherdrüse (Prostata) eingefaßt wird.*

Mikroskopische Siebe

Der römische Arzt Galen im 2. Jh. n. Chr. stellte sich das Niereninnere wie eine große Siebfläche mit zahllosen, vom bloßen Auge nicht wahrnehmbaren Poren vor, die der Abfilterung von Unreinheiten in den Urin diene. So unrealistisch waren seine Ansichten gar nicht, wenn man bedenkt, daß die Bedeutung von Herz und Blutkreislauf erst 1500 Jahre später von Harvey erkannt wurde.

Die makroskopische Anatomie der Niere läßt auch kaum Schlüsse auf ihre hochdifferenzierten Funktionen zu. Bei ihrer Untersuchung fällt zunächst auf, daß die Niere von einer derben, widerstandsfähigen Außenhaut (Nierenkapsel) umhüllt wird. Auf einem Längsschnitt erkennt man die Gliederung in eine Nierenrinde (Cortex renalis) - eine sechs bis zehn Millimeter breite, gekörnte Zone dunkelrot gefärbten Nierengewebes - und das streifig in Pyramiden angeordnete Nierenmark (Medulla renalis). Zwischen den Pyramiden reicht die Rinde in Form von Säulen (Columnae renales) bis zum Sinus renalis. Die Pyramidenspitzen ragen in Nierenkelche (Calices), die sich zum Nierenbecken (Pelvis renalis) vereinigen. Aus diesem geht an der Nierenpforte (Hilum renalis) der Harnleiter (Ureter) hervor.

Erst mit der Erfindung des Mikroskops waren Erkenntnisse zur eigentlichen Nierenfunktion möglich. 1659 beschrieb Marcello Malpighi als erster die Nierenkörperchen, hatte aber noch keine rechte Vorstellung von ihrer Bedeutung. Die Ansicht Galens beherrschte noch zu sehr die Medizin der damaligen Zeit, auch hielten viele seiner Kollegen die Malpighi-Körperchen für Hirngespinste. Einen Fortschritt bedeuteten im Jahre 1842 die Beobachtungen des Engländers William Bowman, der in den Malpighi-Körperchen Abschnitte des Nierenkreislaufs, winzige Blutgefäße, erkannte, die der Filterung von Wasser und Schlacken dienten. Bowman hatte damit den ersten Teil des harnbereitenden Systems entdeckt. Bereits zwei Jahre später zeigte Carl Ludwig in Wien, daß das Filtrat der Nierenkapillarknäuel, gesammelt in der Bowman-Kapsel, in einem anschließenden Netz von Röhren konzentriert wird und der Körper den größten Teil des gefilterten Wassers wieder zurückerhält.

Bohnenförmige Nieren

Die Niere gleicht in der Form einer Bohne. Sie ist beim Erwachsenen etwa zehn Zentimeter lang, fünf Zentimeter breit, vier Zentimeter dick und wiegt 120 bis 300 Gramm. Bei reiner Eiweißernährung nehmen beide Nieren an Gewicht zu (Arbeitshypertrophie), bei Entnahme einer Niere kann die andere auf nahezu das doppelte Volumen anwachsen.

Die paarigen Organe liegen beidseits der Wirbelsäule in den Lendengruben (sog. Nierenlager) im hinteren Oberbauch, in dem an die Bauchfellhöhle angrenzenden Bindegewebsraum (Retroperitonealraum) auf der Lendenmuskulatur (Musculi psoas und quadratus lumborum). Ihr oberer Pol, dem die Nebenniere aufsitzt, reicht bis unter den Lendenteil des Zwerchfells, beim liegenden Erwachsenen in Atemmittelstellung bis zum 12. Brustwirbel. Der untere Nierenpol reicht bis zum dritten Lendenwirbel, die Nierenpforte (Hilum renalis) befindet sich in Höhe des ersten Lendenwirbels. Häufig steht die rechte Niere etwa eine halbe Wirbelhöhe tiefer als die linke. Die 12. Rippe zieht an der Grenze zwischen oberem und mittlerem Drittel über die Hinterseite der Nieren. Bei tiefer Einatmung und im Stehen senken sich beide Organe um etwa drei Zentimeter.

Eingeschlossen in einen Fasziensack und umgeben von einer Fettkapsel nimmt die rechte Niere nach vorn und unten Kontakt mit der Leber, dem Zwölffingerdarm und der rechten Dickdarmbiegung auf. Die linke Niere hat Berührungsflächen mit dem Magen, der Milz, der Bauchspeicheldrüse und der linken Dickdarmflexur bzw. dem absteigenden Kolon.

Relativ häufig finden sich Bau- oder Lageanomalien, wie beispielsweise die Hufeisenniere, bei der die unteren Pole vor der Bauchschlagader verwachsen sind, oder ektopische, also verlagerte Nieren. Diese Ektopie kann in Form der Wanderniere bzw. Senkniere erworben, oder sie kann angeboren sein. Im letzteren Fall finden sich auch Veränderungen an den Nierengefäßen und dem Harnleiter.

Das Stickstoffproblem

Warum muß der Körper Stoffe ausscheiden, weshalb können wir nicht genau das aufnehmen, was wir brauchen, und nicht mehr? Der menschliche Körper ist dynamisch, es gibt einen ständigen Umsatz: Zellen altern, sterben ab und müssen ersetzt werden. Ihre Bausteine bestehen im wesentlichen aus Kohlenstoff, Wasserstoff, Sauerstoff und Stickstoff. Das gilt auch für die Restbestandteile, wenn im Körper Eiweiß abgebaut wird.

Kohlenstoff und Sauerstoff können als Kohlendioxid (CO_2) mit der Atmung, Wasserstoff und Sauerstoff als Wasser (H_2O) mit dem Harn ausgeschieden werden; bleibt nur noch der Stickstoff. Als freier, molekularer Distickstoff (N_2) ist er zwar ein reaktionsträges Gas - unsere Atemluft besteht zu 78 Prozent aus N_2. Er kommt aber auch als organische Verbindung im Eiweiß (dreiwertig) vor und ist dann in höherer Konzentration für den Organismus schädlich. Den größten Teil des aus dem Eiweißabbau anfallenden Stickstoffs wandelt die Leber in Harnstoff um und macht ihn dadurch für die Niere ausscheidungsfähig. Urin ist praktisch eine wässerige Lösung von Harnstoff.

Aufrechterhaltung des inneren Milieus

Unsere Lebensführung ist selten sehr gleichmäßig. Es gibt Tage, an denen wir relativ viel essen und trinken, dann kommen wieder Tage des Fastens. An manchen Tagen ist unsere Körperbelastung recht hoch, wir schwitzen und können den Flüssigkeitsverlust nicht ersetzen, an anderen leben wir geruhsamer und nehmen trotzdem größere Flüssigkeitsmengen auf. Die Nieren gleichen mit Hilfe des Bluts und der übrigen Körperflüssigkeiten solche Schwankungen aus.

Körperzellen können von sich aus keine größeren Wechsel verkraften. Sie sind sehr empfindliche Einrichtungen, die zwar ihre spezifische Funktion als Teil eines Gewebes erfüllen, die sich aber nicht um Grundprobleme wie die Kontrolle ihrer Betriebstemperatur oder chemischer Veränderungen in ihrer unmittelbaren Umgebung kümmern können. Sie müssen gehegt und gepflegt werden. Der französische Physiologe Claude Bernard (1813-1878) erkannte als erster die Bedeutung des Gleichgewichts aller innerhalb des Körpers aktiven Kräfte und prägte den Begriff des Milieu interne, dessen Aufrechterhaltung für den Organismus lebensnotwendig ist.

Die Zellräume sind nicht in sich abgeschlossene flüssige Kammern, sondern stehen in ständigem Austausch mit dem extrazellulären Flüssigkeitsraum. Ihre Empfindlichkeit verlangt, daß die Konzentrationen von Salzen, Säuren und Basen im umgebenden Medium stets in sehr engen Grenzen konstant gehalten werden. Wächter über die Konstanz des inneren Milieus sind die Nieren.

Eine Million Mikrofilter

Die kleinste funktionelle Einheit des harnbereitenden Systems in der Niere ist das Nephron (vom Optischen her gelegentlich als "Himbeere mit Spaghetti" bezeichnet). Es beginnt mit einem Gefäßknäuel (Glomerulum aus ca. 30 Kapillaren) innerhalb der Bowman-Kapsel (beide zusammen gelten als Nierenkörperchen), das in Ausgußpräparaten unter dem Rasterelektronenmikroskop in der Tat einer Himbeere gleicht. Darauf folgt der Spaghetti-Teil, das Nieren- oder Harnkanälchen. Dieser Tubulus ist zunächst gewunden (proximales Konvolut), wird dann gerade, macht eine Schleife (Henle-Schleife), um - wiederum in Windungen übergehend (distales Konvolut) - zum eigenen Nierenkörperchen zurückzukehren. Danach schließt er sich mit anderen Harnkanälchen zu den Sammelrohren zusammen.

Die beim Erwachsenen insgesamt 2,5 Millionen Nierenkörperchen liegen zusammen mit den ihnen benachbarten, gewundenen Tubulusabschnitten in der Nierenrinde, während sich die geraden Kanälchen, Henle-Schleifen und Sammelrohre im Mark befinden. Die letzteren münden schließlich an der Spitze der Nierenpyramiden in die Nierenkelche und über deren Vereinigung ins Nierenbecken. Ein Nierentubulus kann bis zu 2,5 Zentimeter lang sein, alle Tubuli aneinandergereiht würden eine Strecke von über 80 Kilometern ergeben.

Die lebenswichtige Blutzufuhr

Ohne Kenntnis ihrer Blutgefäßanordnung sind Bau und Funktion der Niere nicht zu verstehen. Die Nierenschlagader teilt sich an der Organpforte (Hilum renalis) in fünf Segmentarterien auf, die sich nach weiterer Aufzweigung in Zwischenlappenarterien (Aa. interlobares) über die Nierensäulen ins Innere begeben. Dort gabeln sie sich in Bogenarterien (Aa. arcuatae), die zwischen Pyramidenbasis und Rinde verlaufen. Diese wiederum geben Zwischenläppchenarterien (Aa. interlobulares) ab, die radiär zur äußeren Rindenzone ziehen. Jede Zwischenläppchenarterie kann nur als Ast angesehen werden, von dem nach allen Richtungen Zweige, die sog. Vasa afferentia, abgehen - Muttergefäße der Kapillarknäuel in der Bowman-Kapsel. Hier vereinigen sich die Kapillaren auch wieder und verlassen den Kapselraum als Vas efferens, das sich dann in Umgebung der Nierenkanälchen in ein zweites Kapillarnetz aufzweigt. Die peritubulären Kapillaren münden in Venen, die parallel zum Arteriensystem zurück zur Nierenpforte ziehen und sich zur Nierenvene zusammenschließen. Diese mündet in die untere Hohlvene.

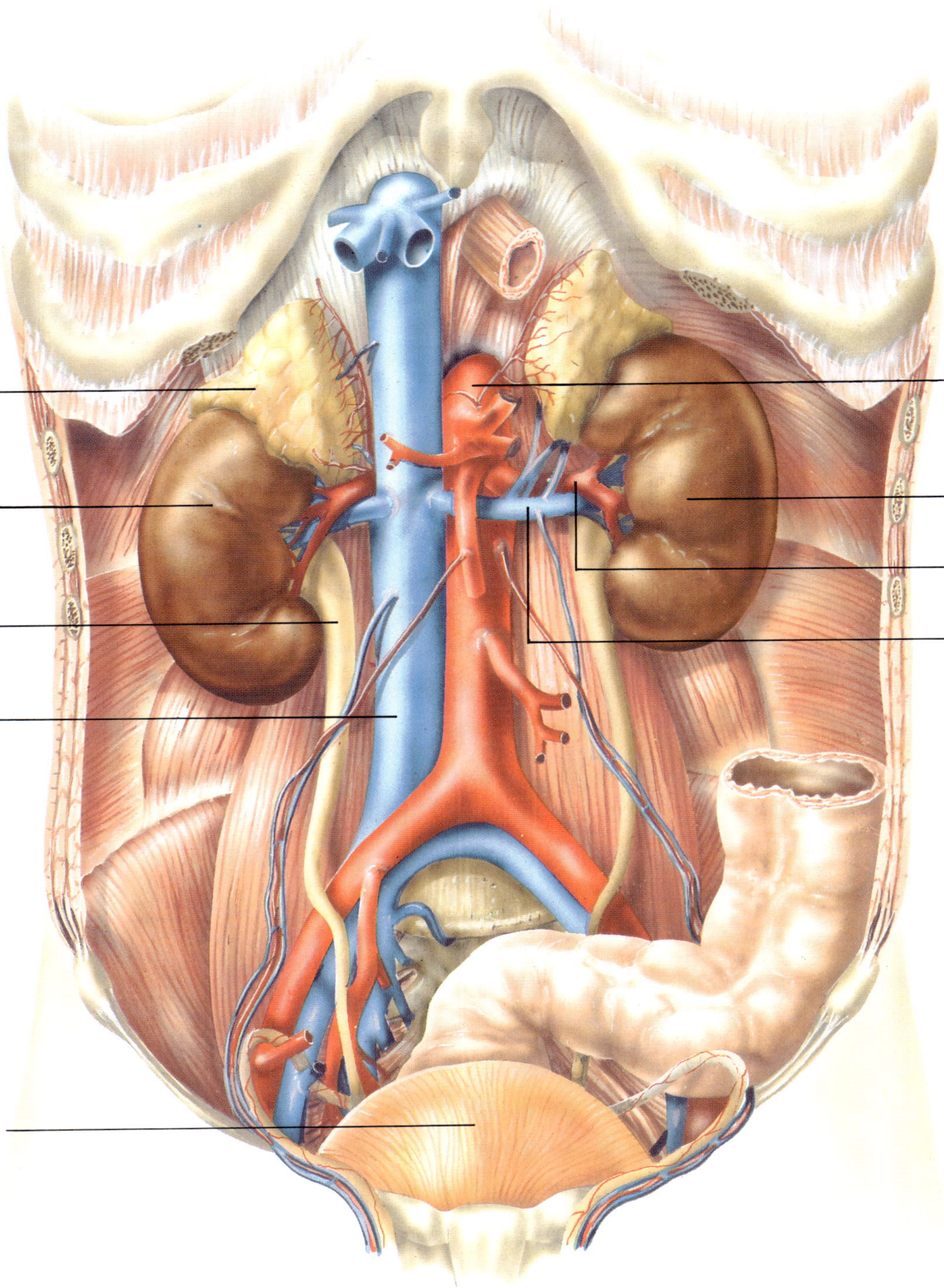

***Die Nieren liegen im Schutz der unteren Rippen**, locker in die Rückwand der Leibeshöhle eingelagert. Sie werden über die Nierenarterien direkt aus der Aorta, der Hauptschlagader des Körpers, mit Blut versorgt. Das in ihnen von Schlacken befreite Blut fließt über die Nierenvenen und die untere Hohlvene zum Herzen zurück, um nach Lungenpassage wieder in den Körperkreislauf gepumpt zu werden. Am aufgeschnittenen Organ lassen sich eine äußere Rinde und ein inneres Mark unterscheiden (rechts). Zum Mark gehören die in die Nierenkelche ragenden Pyramiden, über die der Urin ins Nierenbecken und den anschließenden Harnleiter gelangt.*

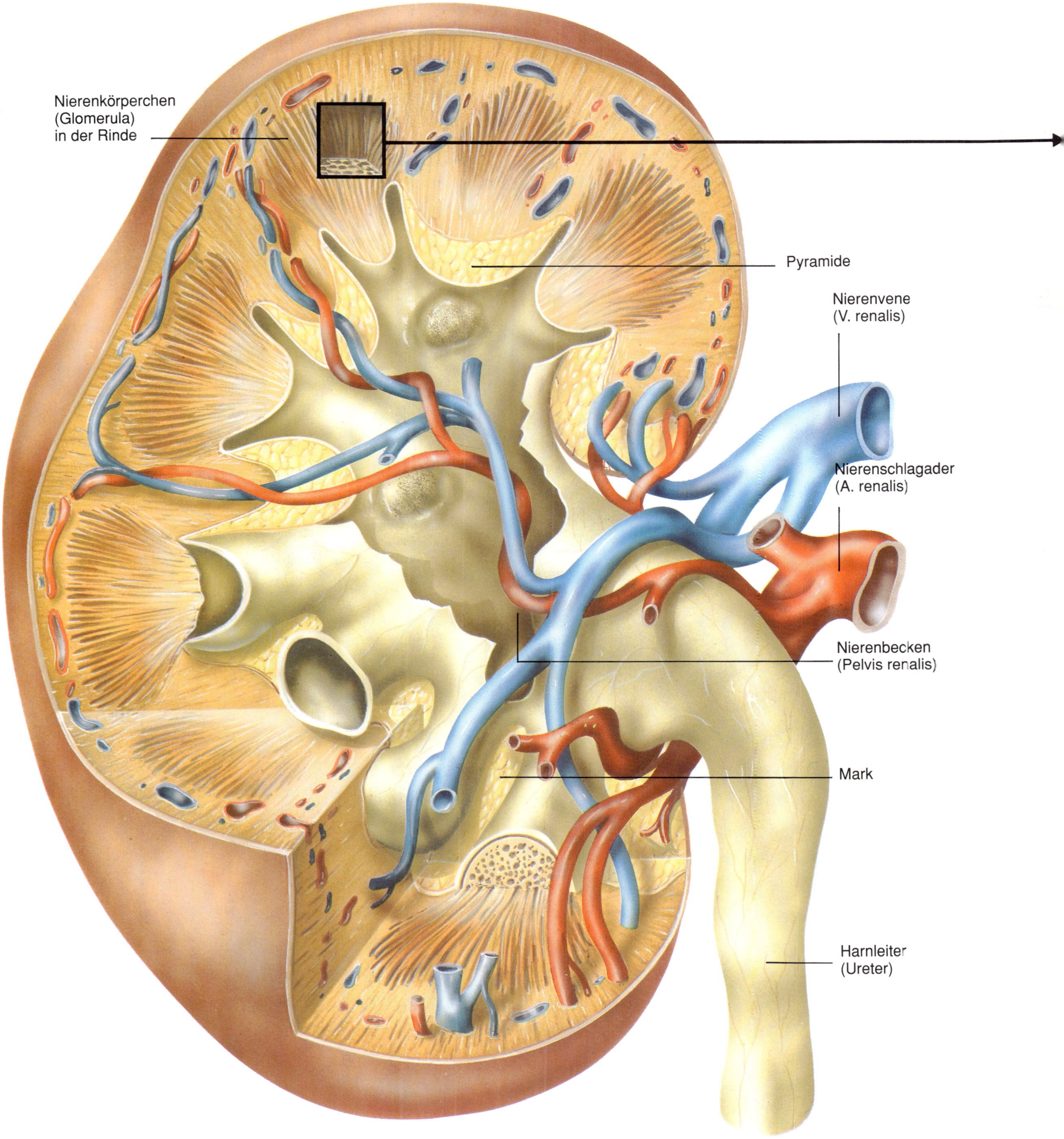
Nierenkörperchen
(Glomerula)
in der Rinde
Pyramide
Nierenvene
(V. renalis)
Nierenschlagader
(A. renalis)
Nierenbecken
(Pelvis renalis)
Mark
Harnleiter
(Ureter)

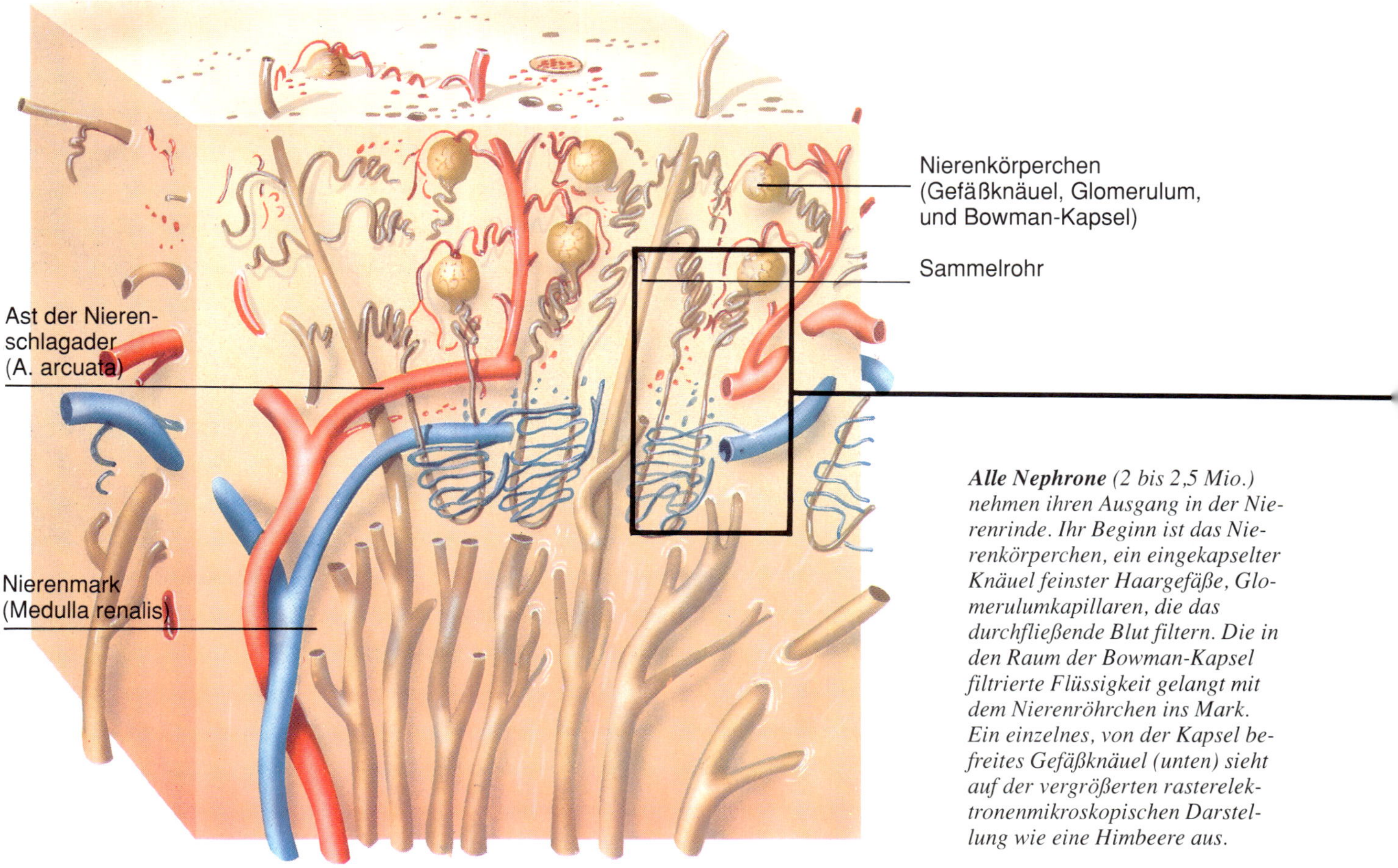

Alle Nephrone *(2 bis 2,5 Mio.) nehmen ihren Ausgang in der Nierenrinde. Ihr Beginn ist das Nierenkörperchen, ein eingekapselter Knäuel feinster Haargefäße, Glomerulumkapillaren, die das durchfließende Blut filtern. Die in den Raum der Bowman-Kapsel filtrierte Flüssigkeit gelangt mit dem Nierenröhrchen ins Mark. Ein einzelnes, von der Kapsel befreites Gefäßknäuel (unten) sieht auf der vergrößerten rasterelektronenmikroskopischen Darstellung wie eine Himbeere aus.*

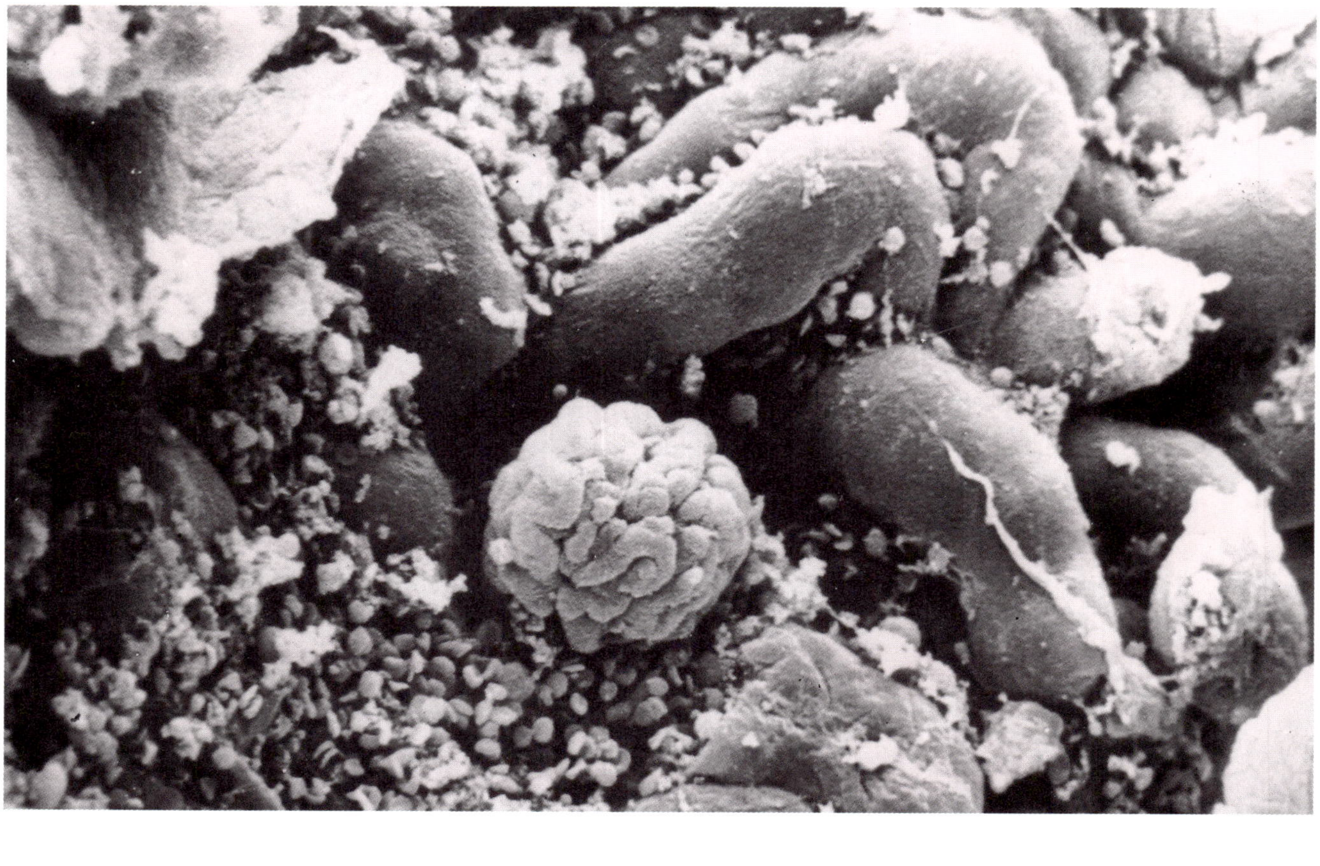

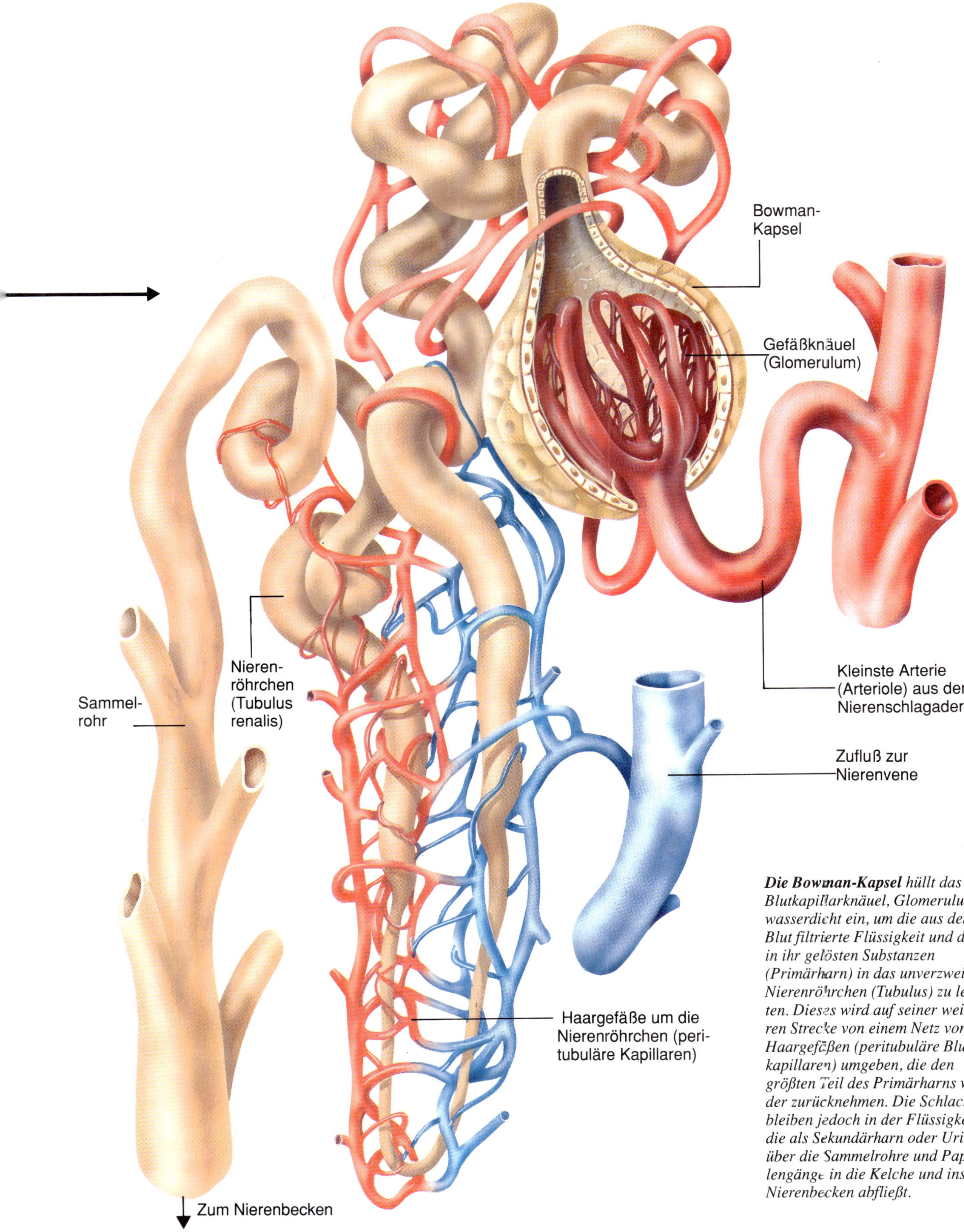

***Die Bowman-Kapsel** hüllt das Blutkapillarknäuel, Glomerulum, wasserdicht ein, um die aus dem Blut filtrierte Flüssigkeit und die in ihr gelösten Substanzen (Primärharn) in das unverzweigte Nierenröhrchen (Tubulus) zu leiten. Dieses wird auf seiner weiteren Strecke von einem Netz von Haargefäßen (peritubuläre Blutkapillaren) umgeben, die den größten Teil des Primärharns wieder zurücknehmen. Die Schlacken bleiben jedoch in der Flüssigkeit, die als Sekundärharn oder Urin über die Sammelrohre und Papillengänge in die Kelche und ins Nierenbecken abfließt.*

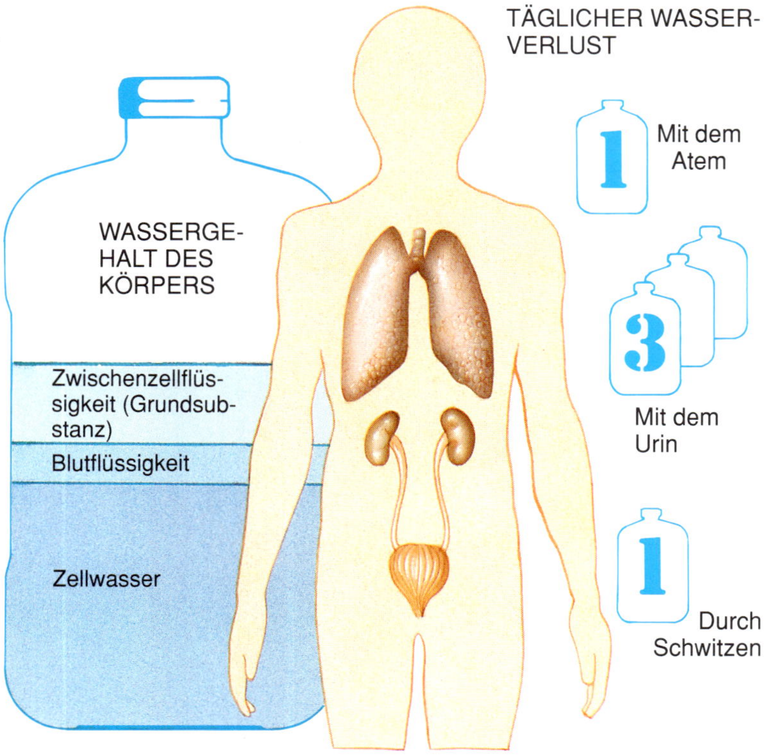

Das Gewicht des menschlichen Körpers *wird hauptsächlich durch sein Wasser bestimmt, das sich im Blut, in der Lymphe, in den Zellen und im Zwischenzellraum befindet. Jeden Tag nehmen wir etwa 2 1/2 Liter Flüssigkeit (mit fester und flüssiger Nahrung) auf und scheiden diese aus Gleichgewichtsgründen auch wieder aus. Jeweils ein halber Liter geht als Atemdampf und mit dem Körperschweiß verloren, eineinhalb Liter verlassen den Körper über die Nieren mit dem Urin.*

Die Nieren sind, ebenso wie Herz und Gehirn, bei der Versorgung mit Blut bevorzugt: Sie werden selbst dann noch durchblutet, wenn andere Körperregionen aufgrund eines Blutverlustes schon längst Mangel leiden; dies unterstreicht ihre lebenswichtige Bedeutung.

Der dreifache Nierenfilter

Der glomeruläre Plasmafilter setzt sich aus drei elektronenmikroskopisch erkennbaren Komponenten zusammen: den Poren in der Innenhaut der Glomerulumkapillare (Weite 70 bis 90 Nanometer), den Spalten in der darunter liegenden Basalhaut (Weite vier bis zehn Nanometer) - einer Filzmatte aus Glykoproteidfasern - und den Schlitzporen zwischen den außen aufliegenden Deckzellen (Weite 30 bis 45 Nanometer). Menge und Zusammensetzung des Primärharns hängen von der Geometrie dieses Filters und der treibenden Filtrationskraft (intraglomerulärer Blutdruck) ab. Mit dem Wasser werden kleinmolekulare Substanzen wie Mineralsalze, Harnstoff, Kreatinin (Stoffwechselprodukt des Muskelgewebes), Aminosäuren und Glukose abfiltriert, während z.B. die Blutzellen und die großen Eiweißmoleküle des Plasmas in den Glomerulumkapillaren zurückgehalten werden.

Höchste Selektivität

In den Primärharn wandern viele Substanzen, deren Verlust der Körper sich eigentlich nicht leisten kann: Glukose (seine Energiequelle), Aminosäuren (Bausteine zur Eiweißsynthese) und Mineralien wie Natrium, Chloride und Phosphate; auch Wasser fließt zu reichlich durch den Filter. Also ist die Niere gefordert, die essentiellen Stoffe aus dem Gesamtfiltrat herauszufischen, die Schlacken aber durchzulassen.

Im Nephron folgt auf die Bowman-Kapsel, die das Glomerulumfiltrat aufnimmt, das proximale Konvolut. Seine Deckzellen tragen an der Seite zur Kanälchenlichtung einen Bürstensaum - unzählige fingerförmige Mikrozotten, die die Epitheloberfläche um ein Vielfaches vergrößern (ähnlich wie im Dünndarm). Außerdem enthalten die Zellen viele Mitochondrien, ein Hinweis für die Leistungsfähigkeit des Kanälchenepithels. In der Tat werden hier bis zu 60 bis 70 Prozent der filtrierten Natriumionen und Wasser, aber auch viele weitere Ionen (K^+, Ca^{2+}, PO_4^{3+}, SO_4^{2+}), Glukose und Aminosäuren rückresorbiert, sogar eine gewisse Menge an Harnstoff wird wieder aus dem Primärharn mitgenommen. Alle diese Substanzen, aktiv oder passiv zurückgeholt, gelangen in das Kapillarnetz um die Harnkanälchen (jenes, das aus den Vasa efferentia der Glomeruli hervorgeht) und damit in das Blut, das über die Nierenvenen das Organ wieder verläßt.

Rund um die Schleife von Henle

Mittlerweile im Nephron, gelangt die bearbeitete Harnflüssigkeit aus dem proximalen Tubulus in die angrenzende U-förmige Henle-Schleife, deren absteigender Schenkel aus der Rinde ins Nierenmark zieht und dabei eine dünnere Wand bekommt. Metabolisch ist der absteigende Schleifenteil passiv. Wasser wandert durch seine Wand zu den Blutgefäßen allein infolge osmotischer Kräfte. Im aufsteigenden Schleifenschenkel nimmt die Dicke der Wand wieder zu. Man nimmt an, daß von diesen Wandzellen nochmals Glukosemoleküle, Natrium- und Chloridionen, diesmal aktiv, aus dem Harn ins umgebende Kapillarnetz gepumpt werden. Dieser Teil des Rückgewinnungsverfahrens braucht wie einige der Transportprozesse im proximalen Konvolut Energie, da jetzt ein Konzentrationsgefälle zu überwinden ist.

Eines der funktionell bedeutsamen Merkmale ist, daß das Nephron im Gewirr der Kapillaren, Nierenkanälchen und des Organstützgewebes praktisch in sich geschlossen ist. Der Kapillarknäuel verläßt als Vas efferens die Bowman-Kapsel und bildet dann um sein eigenes Kanälchen - sein proximales Konvolut, die Henle-Schleife und seine darauffolgenden Kanälchenwindungen (distales Konvolut) - ein zweites Kapillarnetz.

Das regulierende Natrium

Über den aufsteigenden Schleifenschenkel wieder zurück in die Rinde gekommen, bildet das Kanälchen erneut Windungen. Dieses distale Konvolut ist an der Regulation des Natriums beteiligt, einem Stoff, der der Einstellung des Gleichgewichts zwischen den extra- und intrazellulären Flüssigkeiten dient.

Im Urin liegt Natrium in Form eines positiv geladenen Teilchens (Na^+, ein einwertiges Kation) vor, zusammen mit den Anionen Chlorid (Cl^-) und Bikarbonat (HCO_3^-). Der größte Teil von Natrium (etwa

70 Prozent) und anderen Ionen, die durch den glomerulären Druckfilter in die Bowman-Kapsel gelangen, wird im ersten gewundenen Kanälchenabschnitt, im proximalen Konvolut, wieder rückresorbiert. Das distale Konvolut ist daran in geringerem Maße beteiligt, seine Aktivität kann jedoch durch das Hormon Aldosteron verändert werden, um das Natriumgleichgewicht des Körpers genauestens abzustimmen.

Die erste Stufe der hormonell geregelten Natrium-Rückresorption beginnt in der Niere. Der distale Kanälchenabschnitt des Nephrons legt sich mit einer seiner Windungen dem eigenen Nierenkörperchen wieder an. Zellen in der Tubuluswand (Macula densa) und in der Wand des zum Glomerulum führenden Blutgefäßes (Polkissen des Vas afferens) sowie ein unmittelbar benachbarter bindegewebiger Zellhaufen bilden einen funktionellen Verband, den sog. juxtaglomerulären Apparat. Dieser ist für die Produktion von Renin in den Polkissenzellen des Vas afferens verantwortlich. Steigt der Blutfluß durch die Nierengefäße an, wird Renin freigesetzt. Im Blut wandelt es sofort ein plasmatisches "Vorhormon" (Angiotensinogen) in die

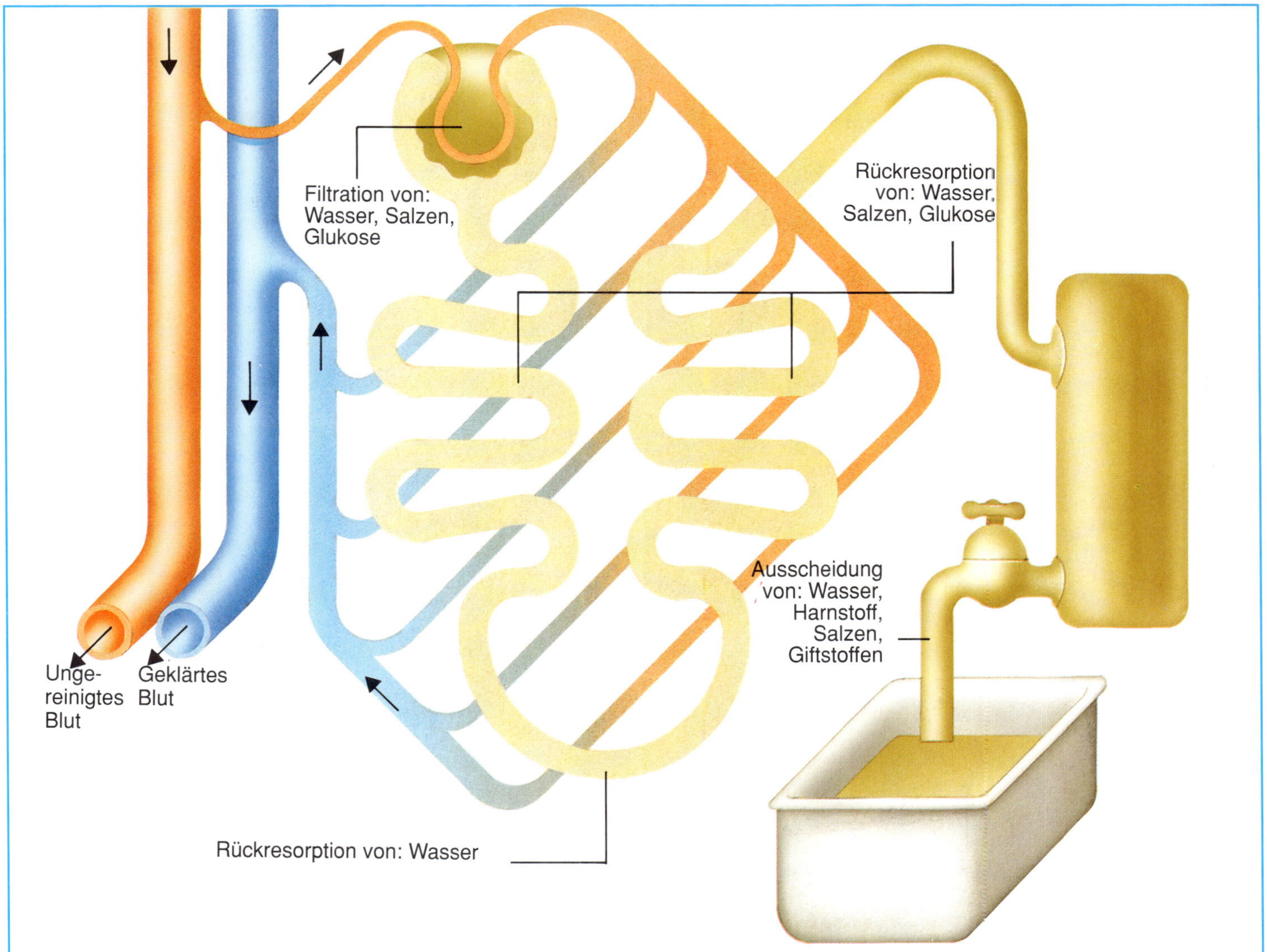

Der gesamte Harnapparat ist wie eine sinnvolle sanitäre Installation - zwei getrennte Systeme aus Spezialröhren, deren Wände nur für Wasser und Salze durchlässig sind. In der Technikersprache sind die Nieren eine Art Bypass-Filter, der dem durchfließenden Blut jeden Tag 190 Liter Flüssigkeit entnimmt. Etwa 99% des Filtrats werden dem Blut wieder zurückgeführt. Nur etwa 2 Liter schlackenreichen Urins werden in der Harnblase zwischengespeichert und verlassen schließlich den Körper. Insgesamt ist der Nierenfilter jedoch äußerst trennscharf: Glukose und Mineralsalze bleiben im Körper. Harnstoff und giftige Substanzen (harnpflichtige Stoffe) werden ausgeschieden.

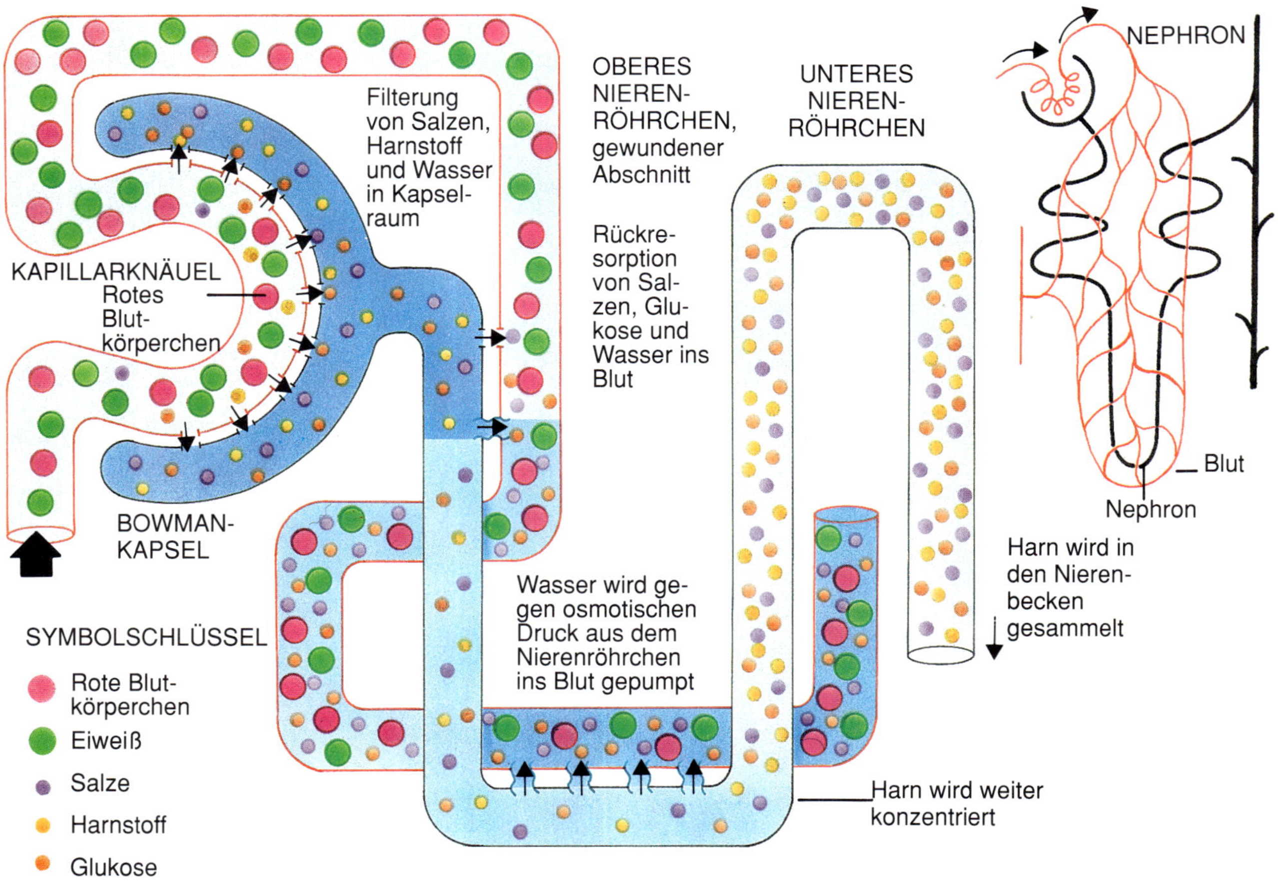

Das Blut erhält auf seiner Reise um das Nephron an unterschiedlichen Stellen Substanzen und gibt andere wieder ab. Rote Blutzellen und Eiweißmoleküle sind für den Filter des Nierenkörperchens zu groß. Salze, Harnstoff und ein großer Teil des Blutwassers werden dagegen in den Raum der Bowman-Kapsel filtriert. Zunächst werden dann Mineralsalze und Glukose zusammen mit Wasser in die benachbarten Blutkapillaren rückresorbiert. Dann wird weiteres Wasser ins Blut zurückgepumpt. Harnstoff und einige Salze verbleiben im Urin, der deshalb immer konzentrierter wird.

Hormon-ähnliche Substanz Angiotensin I um. Durch den Einfluß eines Plasmaenzyms (angiotensin-converting enzyme, ACE) entsteht nun Angiotensin II, das in den Nebennieren die Freisetzung ihres Hormons Aldosteron anregt (Angiotensin II verengt auch sehr stark die Widerstandsgefäße und hebt so den Blutdruck). Das Aldosteron wird mit dem Blut in die Nieren transportiert und veranlaßt die Zellen des distalen Tubulus, ihre Natrium-Rückresorption zu verstärken. Fällt der Aldosteronspiegel im Blut ab, steigt die Natriumausscheidung mit dem Urin.

Natrium und die anderen Ionen können aber nicht alleine befördert werden, sie befinden sich in Lösung, und deshalb ziehen sie das Wasser mit sich aus dem Nierenkanälchen in das Blut (oder mit dem Urin aus dem Körper).

Aufrechterhaltung der Wasser-Balance

Die distalen Kanälchen verschiedener Nephrone vereinigen sich zum Sammelrohr. Seine Lichtung weitet sich allmählich und die Wand wird stärker, wenn es sich mit anderen Sammelrohren zum Papillengang (Ductus papillaris) vereinigt und auf der Papille in den Nierenkelch mündet.

Es wird angenommen, daß das im Hypothalamus gebildete und in der Hirnanhangsdrüse gespeicherte antidiuretische Hormon (ADH, Vasopressin) in den Sammelrohren seinen Angriff findet. Ausgeschüttet wird ADH, wenn die Konzentration gelöster Teilchen in der extrazellulären Flüssigkeit zunimmt oder die zirkulierende Blutflüssigkeit abfällt; im ersten Fall schlagen Osmorezeptoren im Gehirn, im zweiten Dehnungsrezeptoren im Herzen an und reizen die Hypophyse auf nervösem Weg, vermehrt ADH freizusetzen. Dieses kommt mit dem Blut zu den Sammelrohren der Nieren und steigert dort die Wanddurchlässigkeit für Wasser, das nun nochmals vermehrt dem Harn entzogen und dem Blut zurückgegeben werden kann. Fällt der Hormonspiegel ab, werden die Rohrwände "wasserdicht" und der ausgeschiedene Urin weniger konzentriert. In Abhängigkeit von den Bedingungen im Körperinneren kann der Urin viermal konzentrierter sein als die Körperflüssigkeiten (und ist dann von dunkelgelber Farbe), er kann bei Bedarf aber auch bis zu dreimal stärker verdünnt sein.

Die Nieren und der Blutdruck

Aldosteron und ADH haben noch eine weitere wichtige Aufgabe: die Aufrechterhaltung des Blutdrucks. Der Zusammenhang zwischen Blutdruck und Harnproduktion (ein weiterer Regelkreis in unserem Körper) wird durch folgendes Beispiel deutlich: Bei einem Unfall verliert ein Mensch viel Blut, sein Blutdruck sackt ab. Zunächst ein-

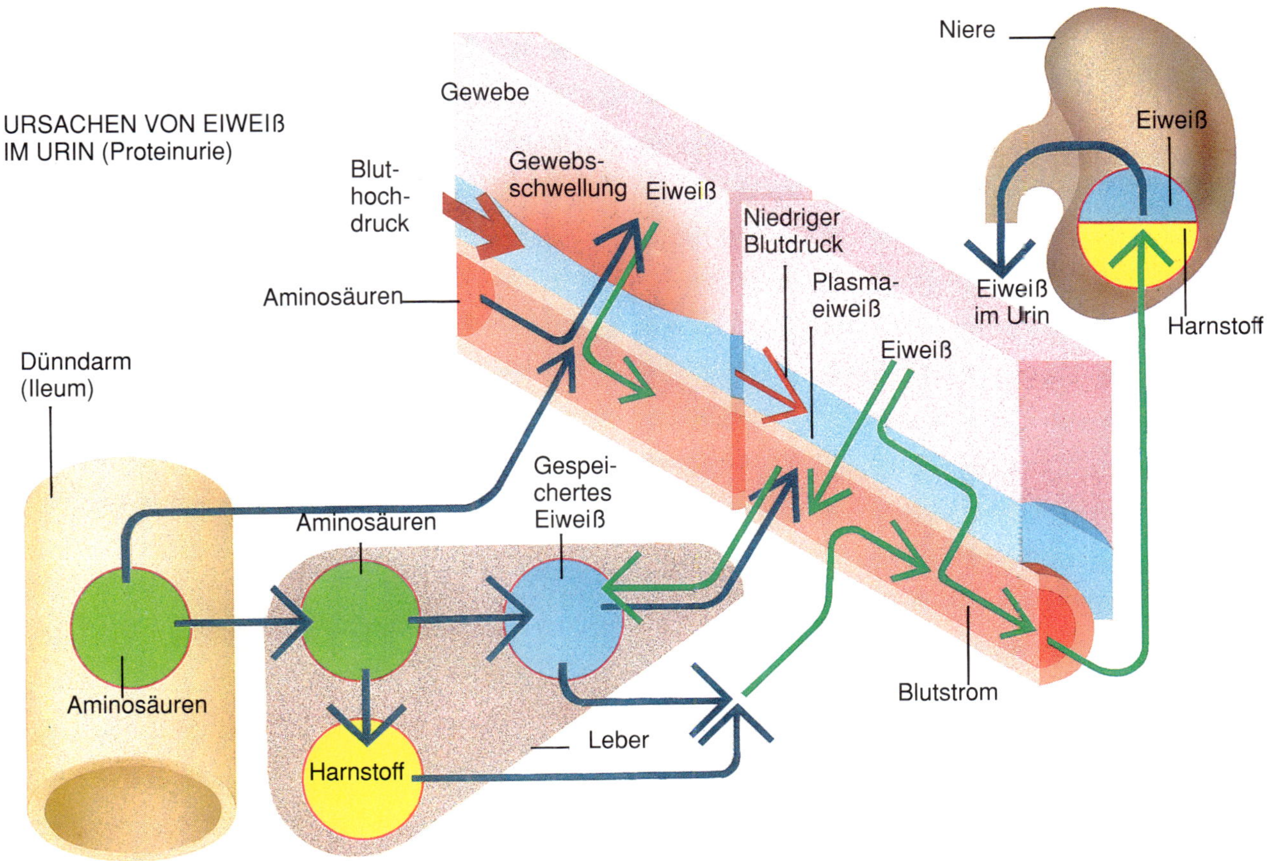

Das meiste Nahrungseiweiß *wird während der Verdauung in Aminosäuren aufgespalten und in der Leber gespeichert oder weiter verarbeitet, wobei als Schlacke Harnstoff zurückbleibt. Geringe Spuren von Eiweiß im Urin sind, besonders nach Körperanstrengungen, normal. Bluthochdruck kann eine Gewebsschwellung (Ödem) und Freisetzung von Eiweiß ins Blut verursachen, niedriger Blutdruck einen Anstieg der Plasmaeiweiße. Bei solchen Überschüssen kann das Eiweiß dann in der Niere mit dem Harn ausgeschieden werden. Diese sog. Proteinurie ist üblicherweise ein Hinweis auf eine Stoffwechselstörung oder Nierenkrankheit.*

mal versucht der Körper, die Folgen des Blutverlusts dadurch aufzufangen, daß er viele kleine Gefäße, besonders die der Haut und des Magen-Darmtrakts, zustellt (ein Zeichen ist die Hautblässe) und das Blut in die lebenswichtigen Organe, vor allem in Herz und Gehirn, umverteilt; man bezeichnet dies als Zentralisation. Außerdem steigt die Herzfrequenz an. Auf längere Sicht muß aber der Flüssigkeitsverlust ersetzt werden. Die Abnahme des zirkulierenden Blutvolumens wird von den Dehnungsrezeptoren des Herzens erfaßt und an die Hypophyse gemeldet, wo jetzt vermehrt ADH ausgeschüttet wird; die Nieren schränken die Wasserausfuhr auf ein Minimum ein.

Der Blutdruckabfall bedeutet gleichzeitig eine verminderte Durchblutung der Nieren, worauf der juxtaglomeruläre Apparat mit einer vermehrten Freisetzung von Renin reagiert. Dadurch erhöht sich der Blutspiegel von Angiotensin II, in den Nebennieren wird Aldosteron ausgeschüttet und in den distalen Nierenkanälchen aus dem Harn vermehrt Natrium (und mit diesem Wasser) ins Blut zurückgeholt. ADH und Aldosteron normalisieren also das zirkulierende Blutvolumen nach einem Verlust wieder.

Die Nieren und der Bluthochdruck

Patienten mit fixiertem Bluthochdruck (Hypertonie) sollten auf eine salzarme Ernährung achten. Der Grund für diesen Ratschlag liegt im Zusammenhang mit der vorhergehend erläuterten Urinproduktion, dem Wasserhaushalt und dem Blutdruck. Wird wenig Salz mit der Nahrung aufgenommen, bleibt der Blutspiegel an Renin und Angiotensin II (das äußerst Blutdruck-steigernd wirkt) niedrig. Dem Harn wird in der Niere weniger Wasser entzogen und der Kreislauf mit weniger rückresorbiertem Wasser belastet.

Viele Nierenkrankheiten, aber auch zu hoher oder zu niedriger Blutdruck können die Nephrone schädigen und den glomerulären Filter zerstören. Normalerweise werden die stickstoffhaltigen Schlacken aus dem Eiweißstoffwechsel wie Harnstoff mit dem Urin entsorgt. Ist die Nierenfunktion gestört, sammeln sich solche Substanzen im Körper an und sind dann schädlich. Man setzt einen Patienten mit Nierenerkrankung auf eiweißarme Diät, um die Harnstoffmengen im Blut von vornherein so gering wie möglich zu halten. Gleichzeitig muß seine Ernährung genügend Kalorien enthalten, damit der Körper zur Energieversorgung nicht auf seine eigenen Eiweiße zurückgreifen muß, die die Stickstoff-Schlacken erhöhen würden.

Ins Nierenbecken

Kommen wir zum Urin zurück, der in den Sammelrohren angelangt ist. Die Reise durch die Niere ist noch nicht ganz beendet. Die Sammelrohre vereinigen sich in den Nierenpapillen, den in die Nierenkelche ragenden Spitzen der Nierenpyramiden, zu Papillengängen. In jeder Papille fließt Urin von insgesamt 70.000 Nephronen zusammen. Die Nierenpapillen enthalten aber auch die Scheitel der langen Henle-Schleifen. Dieser innere Markanteil weist demnach zwei getrennte Strukturen zur weiteren Konzentrierung des Harns auf, die hier nach dem Gegenstromaustauschprinzip arbeiten. Wenn die Funktion der Nierenpapillen gestört ist, verläßt stark verdünnter und natriumreicher Urin die Papillengänge. Dieser empfindliche Bereich ist häufig bei Infektionen oder medikamentösen Schäden der Niere betroffen.

Die Nierenkelche, an ihrem Rand fest mit der Papille verwachsen, schließen sich nach unterschiedlicher Ausprägung zum Nierenbecken zusammen. Die Wand der Kelche, des Nierenbeckens und des sich anschließenden, etwa 25 Zentimeter langen Harnleiters besitzen glatte Muskulatur, die die Weiterbeförderung des Urins mit peristaltischen Wellen in die Harnblase übernimmt.

Der Vorratsbehälter

Eine leere Harnblase ist klein und geschrumpelt wie eine Trockenpflaume. Der ausdehnbare Beutel besteht aus einem Korbwerk miteinander verflochtener, glatter Muskelfasern, die in Spiralentouren von der Blasenspitze (Apex vesicae) bis zum Blasenhals (Cervix vesicae) ziehen. In ihrer Gesamtheit bezeichnet man die Fasern als Musculus detrusor. Am Blasengrund bildet der Muskel Verschluß- und Öffnungseinrichtungen für die Harnleiter, am Blasenhals den unwillkürlichen inneren Verschluß der Harnblase zur Harnröhre.

Die beiden Harnleiter laufen an der Rückwand des Abdomens abwärts und münden, von hinten schräg durch die kräftige Muskelwand tretend, in Höhe des Blasengrundes. Aufgrund des Mündungswinkels funktionieren die Öffnungen als Ventile, sie verhindern bei Erhöhung des Blaseninnendruckes einen Rückfluß des Harns und damit eine Infektionsgefährdung von Nierenbecken und Nieren.

Die Größe der Harnblase wechselt mit ihrem Füllungszustand. Bei einem Inhalt von etwa 350 Millilitern entsteht Harndrang, willkürlich kann etwa das doppelte Volumen zurückgehalten werden; dann aber überwiegt nur der Gedanke nach der nächsten Toilette. Die Blase kann sich noch weiter dehnen, so bei den verschiedenen Formen der Harnverhaltung. Beim Mann sitzt am Blasenausgang die Vorsteherdrüse (Prostata), die den Beginn der Harnröhre (Urethra) umgreift. Bei krankhafter Vergrößerung der Drüse wird die Harnröhre zusammengedrückt und der Blasenauslaß blockiert. Bei einer solchen Stauung kann die Blase bis zu 1,8 Liter fassen.

Die Innenauskleidung einer leeren Harnblase ist vielfach gefaltet, die Deckschicht dieser Schleimhaut wird als Übergangsepithel bezeichnet (oder als Urothel, da dieses nur in den Harnwegen vorkommt). Schleimhautfalten und die Konstruktion des Epithels sind Reserveeinrichtungen, die die breite Entfaltung der Blase möglich machen. Das Urothel bildet mit seiner "urindichten" Deckzellage einen Schutz des Gewebes gegenüber dem hochkonzentrierten und dadurch gewebeschädlichen Endharn.

Der Harndrang

Während die Muskulatur der Blasenwand glatt ist und nicht unserer Willkür unterliegt, sind die Muskeln am Beckenboden, dem Grund der Bauchhöhle, quergestreift und gehören der Willkürmotorik an. Hierzu zählt auch der am Blasenhals liegende äußere Harnröhrenschließer (Musculus sphincter urethrae). Die Blasenentleerung ist daher steuerbar. Vor dem Wasserlassen sinkt der Beckenboden, der Harnröhrenschließer wird zusammen mit weiteren Beckenbodenmuskeln entspannt. Der Detrusormuskel in der Blasenwand kontrahiert sich, der Urin wird herausgepreßt. Damit gelangt er auf seine letzte Strecke innerhalb des Körpers. Bei der Frau ist die Harnröhre zweieinhalb bis vier Zentimeter lang, hat eine Weite von vier Millimeter und wird nur von Urin durchflossen. Beim Mann mißt sie hingegen 20 bis 25 Zentimeter und wird unmittelbar nach Austritt aus der Harnblase, noch innerhalb der Prostata, zu einer Doppelzweckröhre; sie nimmt die Samenleiter auf. Unmittelbar vor ihrer Öffnung im Penis weist die Harn-Samenröhre in ihrer Schleimhaut eine Reihe von Spiralfalten auf. Dadurch wird der Urinstrom gebündelt und nicht gießkannenartig gestreut.

Wenn die Nieren sich beschweren

Die Nierenbeschwerden lassen sich auf drei Ursachen zurückführen: Nierensteine, verschiedene Ausmaße einer Entzündung (häufig mit einer Infektion gekoppelt) und Fehlfunktionen.

Nierenstörungen mögen zunächst an einer Veränderung des Urins erkannt werden: an Geruch, Farbe, Menge oder Klarheit. Nierenbeschwerden haben ebenso weniger typische, den ganzen Körper betreffende Auswirkungen. Ungleichgewichte in den Körperflüssigkeiten, den Salzen und der Blutzusammensetzung haben weitläufige Auswirkungen. Sie reichen von einem unbestimmten Müdigkeitsgefühl und Muskelkrämpfen zu Sehstörungen, Schwindel, Fieber und Flüssigkeitsansammlungen (Ödeme), die zu einer Anschwellung um die Knöchel, Augenlider oder andere Körperpartien führen. Das Gesamterscheinungsbild solcher Zeichen liefert dem Arzt jedoch Hinweise auf die zugrunde liegende Nierenerkrankung. Die Laboruntersuchung von Urinproben gibt ebenfalls wertvolle Aufschlüsse.

Steinleiden

Nierensteine sind ein altes Leiden der Menschheit - sogar bei ägyptischen Mumien wurden sie gefunden. In manchen Familien treten sie über Generationen immer wieder auf, oft ist ihre Entstehung auf einen vererbten Stoffwechseldefekt zurückzuführen.

Über 80 Prozent der Nierensteine enthalten Kalzium, gewöhnlich als Kalzium-Oxalat; andere bestehen aus Phosphaten oder Uraten (vor allem bei der Gicht). Die Steinbildung steht mit dem Kalziumspiegel im Blut in Verbindung. Überfunktion der Nebenschilddrüsen, Knochenfraß bei Krebs und Ernährungsfehler wie überreiche Milchzufuhr oder ein Überschuß an Vitamin D kommen in Betracht. Die Entstehung von Steinen wird aber auch gefördert, wenn der Harnfluß verringert ist wie bei längerer Entwässerung, oder wenn sich sein Säuregehalt ändert wie bei Harnwegsentzündungen. Die wertvollste und einfachste Maßnahme, um wiederholte Steinbildung zu verhüten, ist eine ständige und hohe Flüssigkeitszufuhr.

Die Auswirkungen eines Steines hängen von seiner Größe ab; sehr kleine passieren die Harnwege ohne Krankheitszeichen. Sind sie größer als etwa einen Zentimeter, so bleiben sie im Nierenbecken, vielleicht auch ohne Symptome. Hier können sie weiter wachsen und trotzdem weitgehend unerkannt bleiben, sogar wenn sie fast den gesamten Harnraum ausfüllen. Mittelgroße Steine bereiten die meisten Beschwerden. Sie gelangen oft in den Harnleiter und bleiben dort stecken. Der Harn staut sich zu den Nieren zurück, während die peristaltischen Bewegungen der Harnleiterwand versuchen, die Steine weiter zu treiben. Die begleitenden, unerträglichen Schmerzen treten in Wellen auf, die der Peristaltik entsprechen, und werden häufig als Nierenkolik (genauer Harnleiterkolik) bezeichnet. Die Behandlung reicht von Medikamenten bis zum operativen Eingriff. Eine dünne, führbare Sonde (Ureteroskop) wird über Harnröhre und Blase in den Harnleiter eingeführt, um den Stein zu ergreifen und zu entfernen oder ihn vor Ort zu zerstören, damit der Harnstrom die Fragmente fortspült. Die Zertrümmerung mancher Steine mit Ultraschallwellen

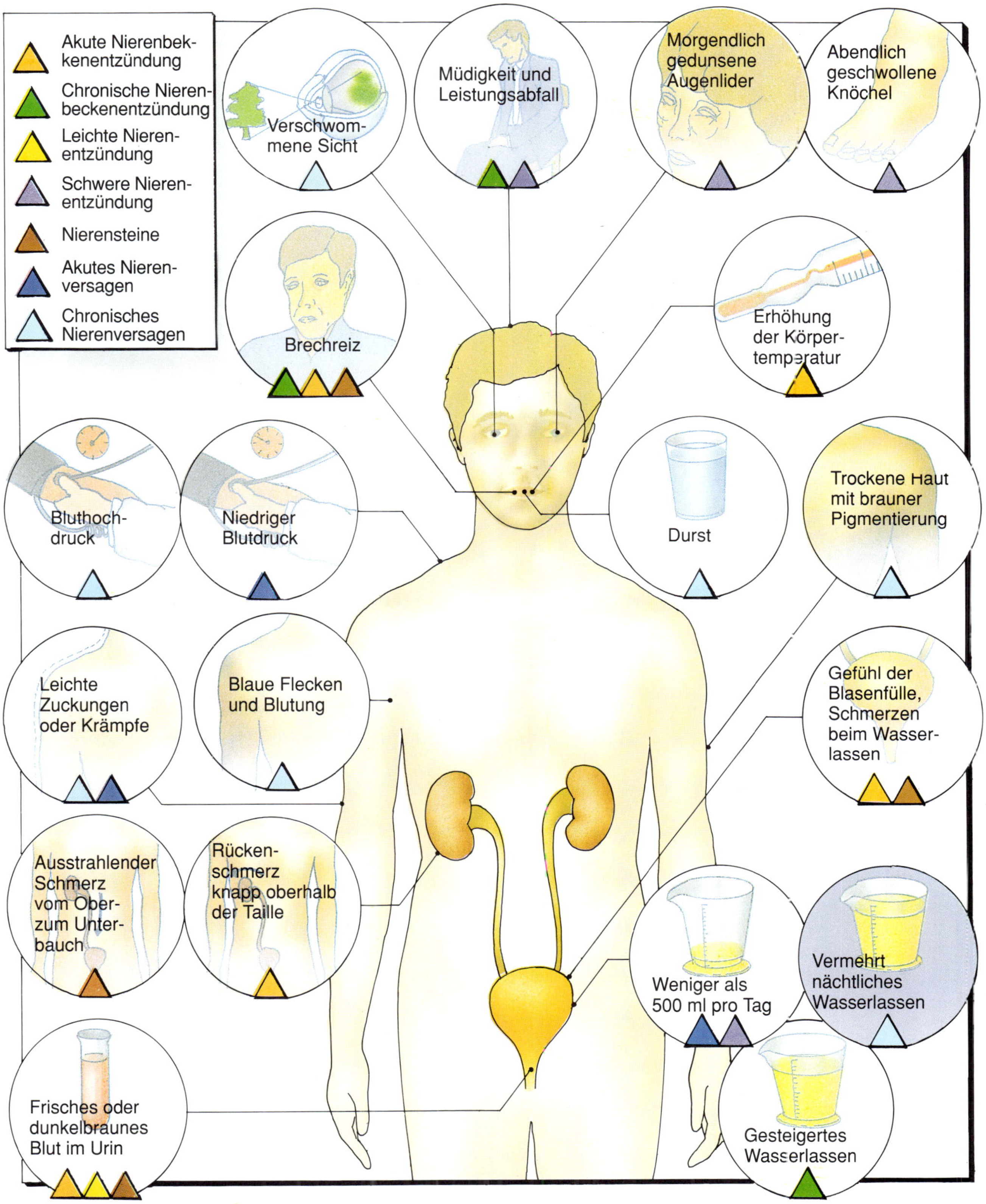

Mangelhaft arbeitende Nieren *können viele verschiedene Krankheitszeichen im ganzen Körper hervorrufen. Beispielsweise kann eine akute Pyelonephritis - Entzündung der Niere und ihres Beckens - den Harn dunkel färben sowie Fieber, Rückenschmerzen und Brechreiz auslösen. Die schwere Nierenentzündung, Glomerulonephritis, verursacht hingegen einen Bluthochdruck, verminderte Harnbildung und geschwollene Knöchel durch Gewebswasseransammlungen. Brechreiz und ausstrahlende Bauchschmerzen treten bei Nierensteinen auf, wobei sich der Urin dunkel oder trüb verändern und Blut enthalten kann. Am schlimmsten ist das Nierenversagen, das in seiner chronischen Form von einem breiten Fächer von Krankheitszeichen begleitet ist, z.B. von Krämpfen, hohem Blutdruck, gesteigertem Durstgefühl und vermehrtem nächtlichen Wasserlassen; auch das Sehen kann betroffen sein. In allen Fällen ist ärztliche Untersuchung und Behandlung notwendig.*

Ein völliges Nierenversagen führt binnen weniger Tage zum Tode. Heute kann solchen Patienten mit einer künstlichen Niere - zumindest für eine gewisse Zeit, vielleicht bis zur Nierenverpflanzung - geholfen werden. Prinzipiell arbeiten solche Geräte mit einer selektiven Blutfilterung oder der Blutwäsche, Dialyse. Ihr Zentralteil, der Dialysator, besteht aus einem Behälter reinen Wassers, in dem konzentriertes Dialysat gelöst ist. Arterielles Blut aus dem Arm des Patienten wird in den Dialysator gepumpt, wo es, umgeben von der Waschlösung, durch ein Netz von Röhren aus halbdurchlässigen Kunststoffhäuten fließt. Diese Membranen halten Zellen, Plasmaeiweiße und andere großmolekulare Substanzen im Blut zurück (Zeichnung rechts), lassen Harnstoffe und andere Abbauprodukte jedoch in das benachbarte Dialysat wandern. Das Blut wird dann über eine Luftblasenfalle in eine Armvene des Patienten zurückgeleitet. Die Waschlösung wird ständig erneuert, das verbrauchte Dialysat ist somit der Harn des Patienten.

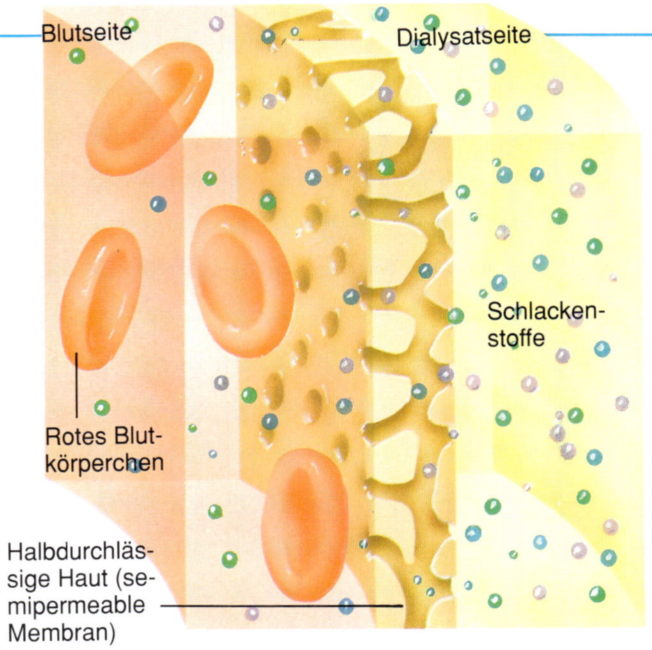

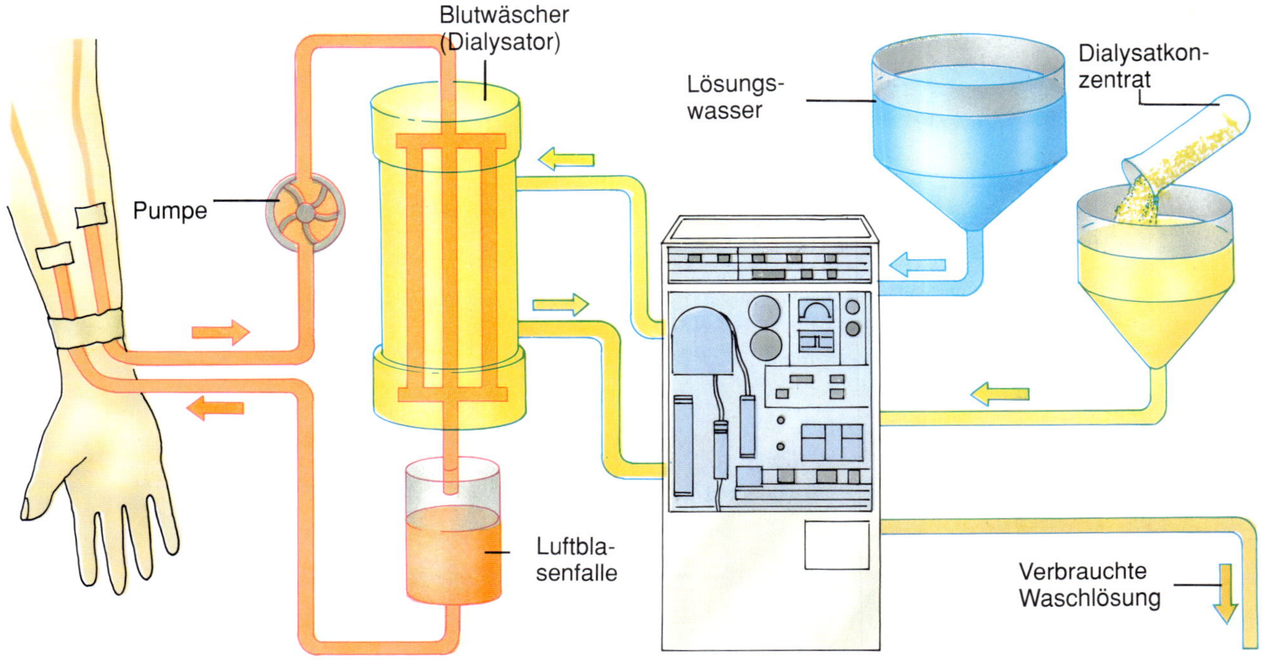

hat sich ebenfalls als erfolgreich erwiesen.

Steine bilden sich auch in der Harnblase; sie können Schmerzen, Harnverhaltung und Blut im Urin (Haematurie) verursachen. Auch hier sind die Steine gewöhnlich mit Hilfe eines Zystoskops oder durch Ultraschallwellen zu zertrümmern und zu beseitigen.

Infektion und Entzündung

Das Risiko einer Besiedelung des Harntraktes mit Keimen ist bei Frauen größer als bei Männern. Ihre kürzere Harnröhre begünstigt eine Infektion von außen; die Harnblasenentzündung (Zystitis) kann auf das Eindringen von Krankheitserregern oder auf Reizstoffe im Urin zurückgeführt werden.

Die Entzündung der Nieren läuft unter einer ganzen Zahl von Namen, je nachdem, welcher Teil des Organs befallen ist. Eine Glomerulonephritis betrifft die Filtereinrichtung, ist verknüpft mit verschiedenen zugrundeliegenden Störungen und Ursache von etwa 30 Prozent der Fälle chronischen Nierenversagens. Einige Streptokokken-Infekte, die zunächst als Halsentzündung oder Scharlach in Erscheinung treten, können manchmal einige Wochen später zu einer Glomerulonephritis führen. Wenn die glomeruläre Erkrankung einen plötzlichen Blutdruckanstieg und eine Haematurie zeigt, spricht man auch von einer akuten Nephritis.

Bei der akuten Nierenbeckenentzündung (Pyelonephritis) spielt sich die Entzündung, häufig auf dem Boden eines Infektes, in den oberen ableitenden Harnwegen (Sammelrohre, Papillargänge und Nierenbecken) ab. Schwangerschaft, Harnverlegung, Diabetes und verschiedene Medikamente begünstigen ihre Entstehung; als Zeichen treten Fieber, Schüttelfrost und Haematurie auf. Wird der Infekt nicht behandelt, bilden sich Nierenabszesse und bleibende Vernarbungen aus.

Viele Patienten mit einer chronischen Pyelonephritis haben eine Harnwegsverlegung mit Rückstau und anschließender Infektion. Es müssen aber nicht wie bei der akuten Form spezifische Symptome auftreten; manchmal wird die Erkrankung erst bei einer Routine-Untersuchung aufgedeckt. Einige Patienten leiden unter hohem Blutdruck und allgemeinen Beschwerden. Die chronische Pyelonephritis ist für etwa 20 Prozent der Fälle chronischen Nierenversagens verantwortlich.

Versagen der Nieren

Wenn die Nieren ihre Arbeit nicht mehr schaffen, aus einem von mehr als Dutzend Gründen, ist das Ergebnis ein Nierenversagen; es kann rasch (akut) oder langsam schleichend (chronisch) in Erscheinung treten.

Das akute Nierenversagen entwickelt sich innerhalb von Stunden oder Tagen. Die Ursachen rangieren von starkem Blutverlust bis zur schweren Glomerulonephritis, von einer Vergiftung (z.B. mit Frostschutzmittel) bis zur plötzlichen und kompletten Harnverlegung. Eine Ausheilung ist sehr wahrscheinlich, vorausgesetzt, ärztliche Hilfe ist sofort greifbar, möglicherweise mit vorübergehender Ernährung durch die Venen und Kurzzeit-Dialyse, um den Patienten über die kritische Phase hinwegzubringen. Es kann allerdings sechs Wochen dauern, bis die Nieren wieder mit der Harnproduktion beginnen und vielleicht Jahre, bis ihre Funktion wieder normal ist.

Chronisches Nierenversagen ist die häufigste Todesursache einer Nierenkrankheit. Seine Symptome sind vielfältig und wechselhaft, zu Anfang nur angedeutet und unbestimmt. Sie rühren von einer Anhäufung von Stoffwechselschlacken im Blut her, verbunden mit einem Zusammenbruch der normalen Blut-Harnschranke und einem Scheitern weiterer wichtiger, von den Nieren kontrollierter Prozesse. Die Untersuchung einer Harnprobe zeigt dem Arzt, wie weit die Störung fortgeschritten ist, durch das Auftreten von Eiweiß, roten und weißen Blutkörperchen und Harnzylindern (aus eiweißhaltigem Material, das in die Harnkanälchen gestopft und dann in die Blase ausgewaschen wurde). Wenn die Nieren versagen, gibt es zwei Behandlungsmöglichkeiten: Ersatz durch eine Maschine oder die Niere eines anderen Menschen.

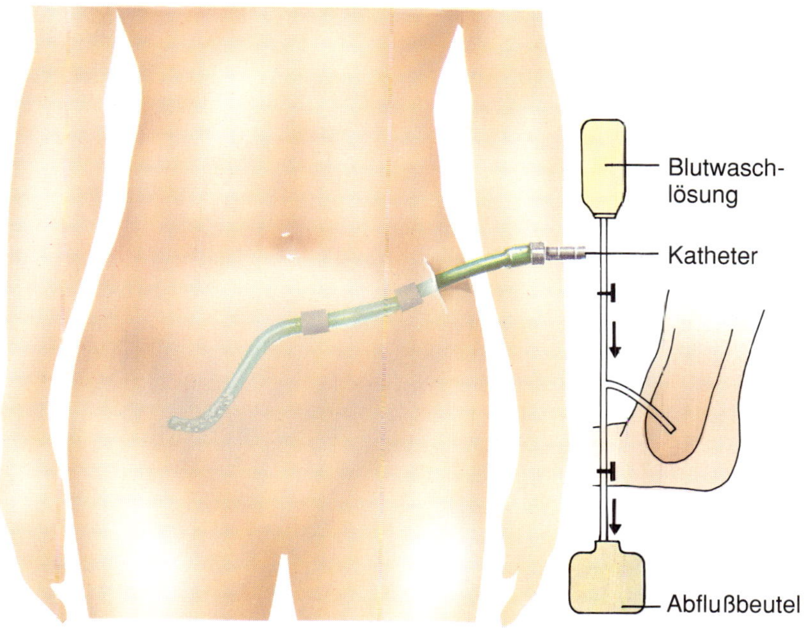

Eine Alternative zur künstlichen Niere *ist die ständige, tragbare Peritonealdialyse-Einrichtung; mit ihr erhält der Patient eine gewisse Bewegungsfreiheit. Für die Blutwäsche wird als halbdurchlässige Haut das Bauchfell, Peritoneum, benutzt - eine natürliche, semipermeable Membran, welche die Leibeshöhle auskleidet und alle in ihr befindlichen Organe überzieht. Die frische Waschlösung, das Dialysat, wird fortlaufend über einen Katheter in die Bauchhöhle geleitet, die gebrauchte Lösung über denselben Infusionsschlauch wieder herausgeführt und in einem Abflußbeutel aufgefangen.*

Die künstliche Niere

Die Niere war das erste größere Organ, dessen Hauptfunktion von einer Maschine, dem Dialysator, nachgeahmt werden konnte. Alle künstlichen Nieren arbeiten nach dem Prinzip der Dialyse: der Wanderung kleiner Teilchen von einer Flüssigkeit in eine andere, beide durch eine poröse, halbdurchlässige (semipermeable) Membran voneinander getrennt. Größere Moleküle wie Eiweiße können diese Trennhaut nicht passieren. In einem Dialysator befindet sich auf der einen Seite der semipermeablen Membran das Blut mit seinen Zellen, Plasmaeiweißen, Salzen und Schlacken, auf der anderen Seite eine handelsübliche Salzlösung mit der richtigen Mischung und Konzentration kleiner Moleküle. Die Schlacken und unerwünschten Mineralien wandern vom Blut durch die Membran in das "Salzbad", die Zellen und Eiweiße bleiben jedoch zurück. Das Flüssigkeitsvolumen des Salzbades ist so groß, daß die Schlacken schnell verdünnt werden und ihre Konzentration im Blut sich normalisiert. Das Prinzip klingt einfach, die Praxis ist es nicht. Mögliche Komplikationen können eine Blutgerinnung innerhalb des Gerätes, eine Vergiftung des Patienten durch die Dialyseflüssigkeit oder das Einschleusen eines Infektes sein. Die Dialyse kann einige Stunden pro Tag notwendig sein, an mehreren Tagen jeder Woche.

Jedesmal muß mit einer großen Kanüle ein neuer Gefäßzugang als Verbindung des Patientenkreislaufs mit dem Gerät geschaffen werden; dies zerstört im Laufe der Zeit die Blutgefäße des Patienten. Eine Hilfe ist die Anlage länger brauchbarer künstlicher Verbindungen (sog. Shunts) zwischen einer Armvene und -schlagader mit einer Kunststoffkanüle oder die Schaffung einer arteriovenösen Fistel, die viele Male angezapft werden kann. Einige Patienten suchen das Krankenhaus oder Dialysestationen auf; die modernen kompakten Geräte sowie deren narrensichere Handhabung gestatten aber auch eine Heimdialyse.

Eine relativ junge Entwicklung ist die Peritonealdialyse. Diese benutzt die körpereigene semipermeable Membran, das Bauchfell (Peritoneum), das die Bauchhöhle auskleidet und sich über alle darin gelegenen Organe zieht. Über einen Gummikatheter wird Dialyseflüssigkeit in die Bauchhöhle geleitet und nach ausreichendem Kontakt mit dem Bauchfell (bei dem die Schlackenstoffe wie in einem Dialysator aus den Blutgefäßen durch das Bauchfell in das Dialysebad wandern) wieder entfernt.

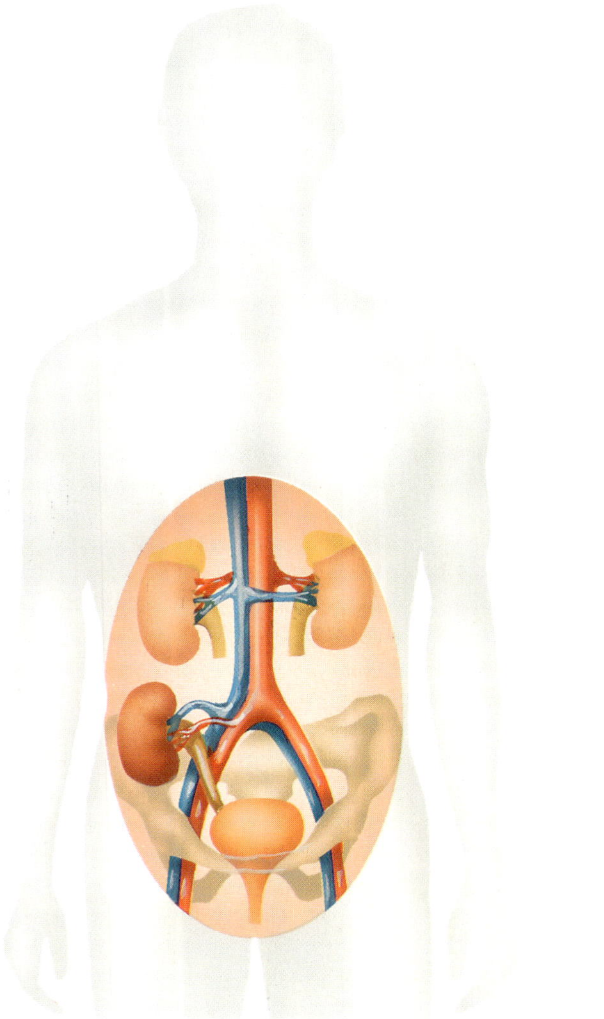

Nierentransplantation

Heute ist die Niere das bei weitem am häufigsten transplantierte Organ. Seit den 40er Jahren haben die verschiedenen Nierenersatztechniken geholfen, auch Transplantationsprogramme für viele andere Organe wie Herz oder Lunge zu entwickeln. Alle solchen chirurgischen Maßnahmen finden jedoch ihre Grenze im Immunsystem des Empfängers, das versucht, ein als fremd erkanntes Organ abzustoßen. Die Möglichkeiten der heutigen Nierentherapie haben den Vorteil, daß man sich bei einem Patienten mit chronischem Nierenversagen solange mit einer Dialysebehandlung behelfen kann, bis ein immunologisch gut passendes Spenderorgan gefunden ist. Ein vergleichbares Stand-by-Vorgehen gibt es bisher beim Ersatz von Herz, Lunge oder Leber noch nicht.

Als Transplantat kann die Niere eines soeben Verstorbenen genommen werden, sofern er selbst mit einem Paß oder seine Angehörigen die Erlaubnis dazu erteilt haben. Im anderen Fall kann ein gesunder, enger Familienangehöriger eine seiner Nieren spenden; die Entfernung ist ein relativ einfacher und sicherer Eingriff. Die dem Spender bleibende zweite Niere hat Funktionsreserven genug, um die Doppelbelastung aufzufangen.

In den 80er Jahren hat Cyclosporin A die Situation verändert; es handelt sich um eine immunosuppressive Substanz: sie dämpft das Immunsystem des Empfängers und hilft bei der Aufnahme der transplantierten Niere. Mit sorgfältiger Gewebsidentifikation und -anpassung verbessern sich die Transplantationsergebnisse immer weiter.

Bei funktionsuntüchtigen Nieren *bietet nur die Nierenverpflanzung (Nierentransplantation oben, Vorbereitung rechts) eine Dauerlösung. Üblicherweise beläßt man die Patienten-Nieren an Ort und Stelle und bringt das Spenderorgan etwas tiefer im Beckenraum ein, wo es teilweise durch den Hüftknochen geschützt ist. Dabei näht man die Spenderniere umgedreht an, um den neuen Anschluß an Schlagader und Vene des Beckens zu erleichtern. Der Harnleiter wird verkürzt und eine Verbindung mit der Harnblase hergestellt.*

Eine erfolgreiche Verpflanzung *setzt eine gewisse Verträglichkeit von Spender- und Empfängergewebe voraus. Bei schlechter Übereinstimmung wird das Transplantat abgestoßen. Das Abwehrsystem (Immunsystem) des Empfängers wird dazu angefeuert, alles zu zerstören, was es als "Eindringling", als Fremdgewebe empfindet. Das Problem kann teilweise durch Verabreichen von Medikamenten beherrscht werden, die das Abwehrsystem unterdrücken (immunosuppressive Substanzen).*

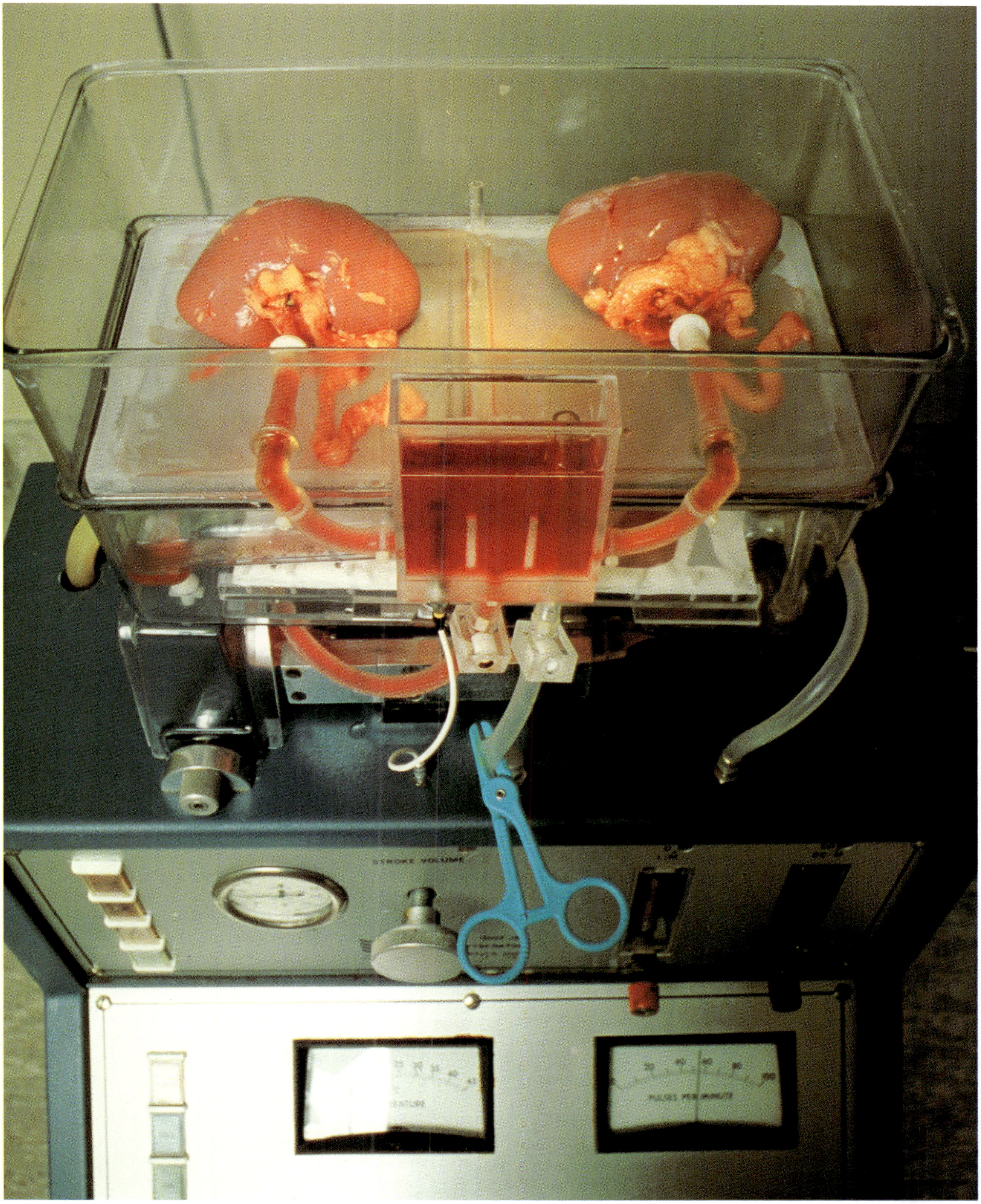
STROKE VOLUME
PULSES PER MINUTE

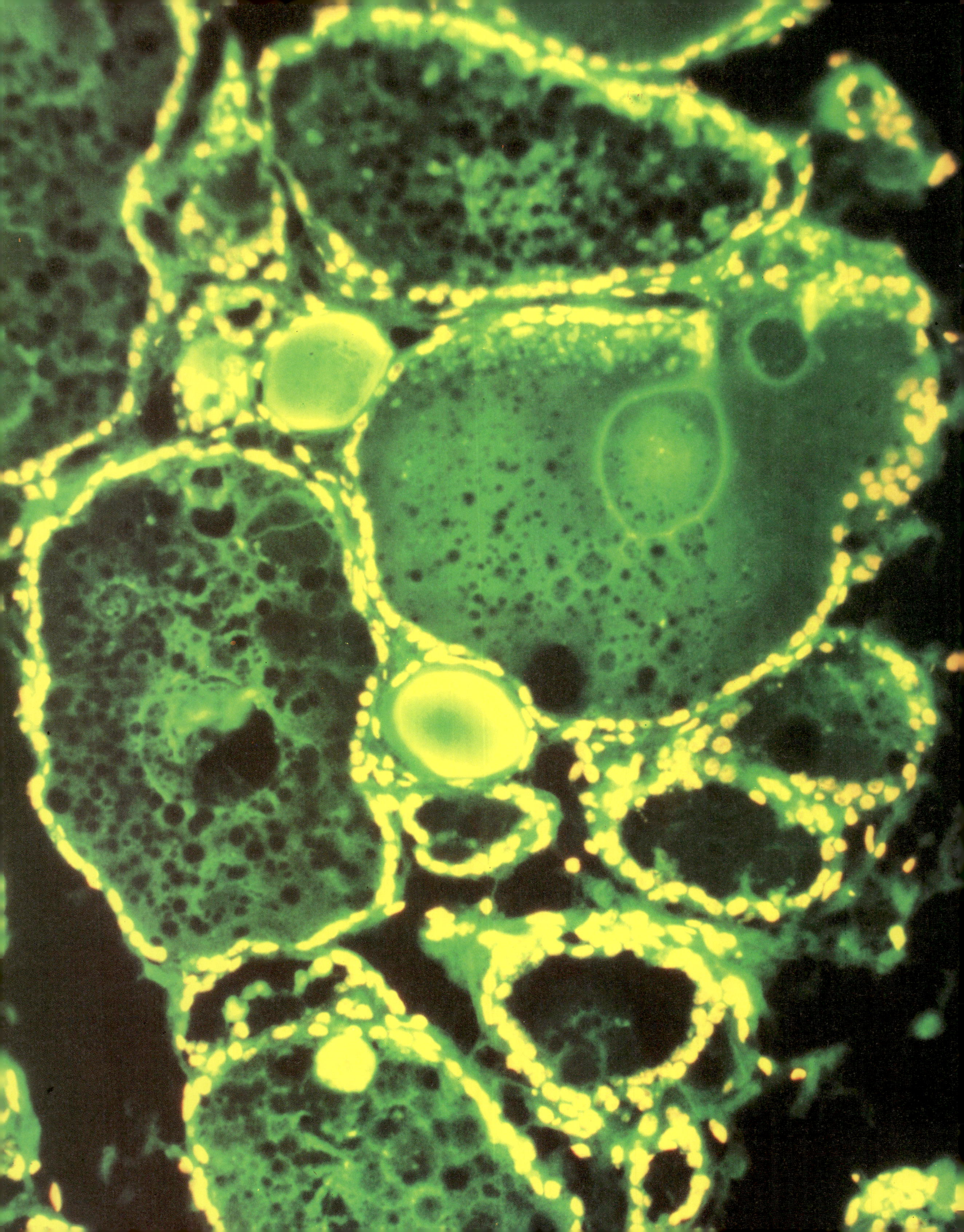

Kapitel 11

Das endokrine System

Der menschliche Körper ist ein kompliziertes System gegenseitig abhängiger Organe und Gewebe, die, um richtig funktionieren zu können, zusammenarbeiten müssen. Eine Vielzahl physiologischer Prozesse vom Wachstum und von der Entwicklung bis zur Verdauung und Fortpflanzung müssen fortlaufend überwacht und gesteuert werden. Dies geschieht unbewußt mit Hilfe des endokrinen Systems, das seine Aufgabe mit einer Vielzahl chemischer Botenstoffe, den Hormonen, erfüllt.

Die Hormone gelangen über den Blutkreislauf in alle Körperteile, wo sie bestimmte Reaktionen auslösen. Dabei muß jeder hormonelle Einzeleffekt genauestens überwacht werden, da es sonst zu einer Störung des fein ausgewogenen Gleichgewichts des Körpers kommen kann. Das Geheimnis dieses Kontrollmechanismus ist die Rückkopplung (Feedback), bei welcher Eingabeziel und Ergebnis ständig verglichen werden.

Viele Prozesse arbeiten mit negativer Rückkopplung: das wahrgenommene Ergebnis (Output) wird so rückgekoppelt, daß das Eingabeziel (Input) vermindert oder ausgeschaltet wird. Dadurch wird das System in einem konstanten Zustand gehalten. Wird das Output aber durch äußere Einflüsse gestört, wirkt es auf das Input und das System stellt den Gleichgewichtszustand wieder her. Beispielsweise hält ein Thermostat ein Heizungssystem durch Ein- und Ausschalten der Heizung auf der festgelegten Temperatur. Seltener dagegen ist die positive Rückkopplung, wo das wahrgenommene Output das Input verstärkt und zu einer wachsenden Leistung führt, bis die Grenzen des Systems erreicht sind.

Das endokrine System arbeitet normalerweise mit negativer Rückkopplung. Das hormonfreisetzende Organ registriert den Hormonspiegel im Blut bzw. das Niveau der Substanz, die durch das Hormon gesteuert wird. Wenn der Wert zu hoch steigt, wird die Hormonausschüttung reduziert bzw. unterbunden, oder ein entgegenwirkendes Hormon wird zur Senkung des Hormonspiegels ausgeschüttet. Wenn andererseits der Hormonblutspiegel zu niedrig ist, wird die Hormonausschüttung eingeleitet bzw. gesteigert. Dieses ausgewogene Kontrollsystem gewährleistet dem Organismus immer einen adäquaten Hormonspiegel.

Hormonfabriken

Die meisten Hormone sind Proteine und werden in den endokrinen Drüsen erzeugt, die sich an verschiedenen Körperstellen befinden. Zu den wichtigsten Drüsen zählen die Hirnanhangsdrüse (an der Unterseite des Gehirns), die Schilddrüse und die Nebenschilddrüsen (im Halsbereich), die Bauchspeicheldrüse und die Nebennieren (im Bauchraum) sowie die Keimdrüsen. Das Hauptmerkmal der Drüsen ist, daß die von ihnen produzierten Hormone in den Blutkreislauf (oder manchmal in andere Gewebsflüssigkeiten) entleert und so durch den Körper transportiert werden. Eine andere Gruppe von Drüsen gibt ihr Sekret über ein Gangsystem ab und erreicht damit direkt ihren Wirkungsort (meist eine Oberfläche). Dies sind die exokri-

***Die Speicherung** von Hormonen in der Schilddrüse kann durch eine besondere mikroskopische Technik, die Fluoreszenzmikroskopie, demonstriert werden. Die glänzenden Membranen umhüllen Hormonbläschen, Follikel, in denen der Wirkstoff zwar inaktiv ist, sehr schnell aber mobilisiert werden kann, um den Stoffwechselanforderungen des Körpers gerecht zu werden.*

nen Drüsen. Einige, wie z.B. die Bauchspeicheldrüse, besitzen sowohl endokrine als auch exokrine Anteile.

Die übergeordnete Drüse
Die wichtigste endokrine Drüse ist die Hirnanhangsdrüse (Hypophyse). Sie ist den anderen endokrinen Drüsen übergeordnet und steuert deren Funktion. Die Hypophyse ist etwa erbsengroß, hängt mit einem Stiel am Gehirn und sitzt in einer Grube der inneren Schädelbasis (im sog. Türkensattel) über dem Gaumen auf der Höhe des Nasenrückens.

Die von der Schilddrüse (Glandula thyroidea) produzierten Hormone steuern den Zellstoffwechsel, den komplizierten biochemischen Prozeß, bei dem die Nahrung in wertvolle Substanzen und Energie aufgespalten und die Abfallstoffe des Körpers ausgesondert werden. Sie ist eine fleischige Drüse und liegt im Hals, unmittelbar unter dem Kehlkopf. Auf ihrer Rückseite befinden sich die vier Nebenschilddrüsen (Epithelkörperchen; Glandulae parathyroideae), die den Kalzium- und Phosphathaushalt des Körpers steuern - Substanzen, die für die Gesundheit von Knochen und Zähnen unerläßlich sind.

Dem oberen Pol jeder Niere sitzen die beiden dreispitzähnlichen Nebennieren auf. Die von ihnen produzierten Hormone regulieren den Flüssigkeits- und Mineralhaushalt im Körper, den Glukosestoffwechsel sowie eine der lebenswichtigen Funktionen - die Reaktion auf Belastung und Gefahr.

Die Bauchspeicheldrüse (Pankreas) liegt nahezu unerreichbar an der Hinterwand des Bauchraums, unterhalb der Leber, hinter dem Magen und vor der Wirbelsäule. Mit ihrem exokrinen Anteil erzeugt sie eine Reihe von Verdauungsenzymen, die über einen Gang (Ductus pancreaticus) in den Zwölffingerdarm in Nähe des Magenausgangs gelangen. Mit seinem endokrinen Anteil stellt das Pankreas auch die wichtigen Hormone Insulin und Glukagon her, die den Glukosespiegel im Blut regeln.

Die Keimdrüsen, paarweise angelegt, haben bei den Geschlechtern unterschiedliche Funktionen. Beim Mann liegen sie als eiförmige Hoden (Testes) außerhalb des Bauchraums im Hodensack (Skrotum). Bei der Frau befinden sich die mandelförmigen Eierstöcke (Ovarien) im Beckenbereich der Bauchhöhle. Die Geschlechtshormone Östrogen, Progesteron, Testosteron und Androsteron werden sowohl beim Mann als auch bei der Frau produziert. Durch ihr unterschiedliches Verhältnis ist das Endergebnis der Hormonwirkungen bei beiden Geschlechtern jedoch völlig verschieden. Das Übergewicht an Testosteron und Androsteron ist verantwortlich für die Ausbildung der äußeren männlichen Geschlechtsmerkmale, wogegen Östrogen und Progesteron das Erscheinungsbild des weiblichen Körpers prägen.

Körperliches Wohlbefinden und Ausgewogenheit hängen wesentlich von der ordnungsgemäßen Arbeit der endokrinen Drüsen ab. Die Fehlfunktion nur einer Drüse kann tiefgreifende Auswirkungen auf den ganzen Körper haben. Wenn beispielsweise die Funktion der Hypophyse beim wachsenden Kind gestört ist, kann ein Zwerg- oder Riesenwuchs resultieren. Von der Norm abweichende Geschlechtshormonspiegel bedingen Unfruchtbarkeit oder die Ausbildung unerwünschter sekundärer Geschlechtsmerkmale, Bartwuchs bei der Frau oder die Entwicklung von Brüsten beim Mann.

Die endokrinen Drüsen können ebenso wie die übrigen Körperteile von Geschwulstbildung betroffen sein. Selbst die gutartigen Tumoren sind in der Lage, das endokrine System zur hormonellen Über- oder Unterproduktion zu veranlassen. In solchen Fällen ist eine chirurgische oder Bestrahlungs-Behandlung notwendig. Glücklicherweise ist eine Reihe endokriner Mangelfunktionen durch gleichwertigen künstlichen Ersatz (Substitution) behandelbar. Das fehlende Hormon wird in Tablettenform gegeben oder eingespritzt. Das bekannteste Beispiel einer Substitutionstherapie ist die regelmäßige Verabreichung von Insulin bei Patienten mit Zuckerkrankheit (Diabetes mellitus).

Wie alles funktioniert
Der Arbeit unzähliger Wissenschaftler ist unsere heutige Kenntnis über das endokrine System zu verdanken. Trotzdem ist unser Wissensstand nicht über allgemeine und oberflächliche Vorstellungen hinausgekommen, das Verständnis für Details noch immer unvollständig und Gegenstand weiterer Forschung. Mit zunehmender Kenntnis der Wirkungsweise der einzelnen Hormone wächst die Möglichkeit der Ärzte, neue Wege in der Therapie zu beschreiten.

Chemische Botenstoffe
Der Informationstransport über den Blutweg ist ein relativ langsames, aber generell sicheres Verfahren, sowohl nahe gelegene, als auch entferntere Organe zu erreichen. Da jedoch alle mit dem Blut zirkulierenden Hormone zu allen Körperorganen kommen, ist es wichtig, daß die Wirkung jedes einzelnen spezifisch ist. Ansonsten würden sie sich mit Sicherheit, schon alleine wegen der Rückkopplungsmechanismen, gegenseitig behindern. Die Hormone wirken wie Schlüssel, die ausschließlich in das Schloß ihrer Zielzellen in Organen und Geweben passen. Das Hormon kann also nur die Zellen beeinflussen, von denen es erkannt wird, und die Zellen können nur von den für sie bestimmten Hormonen angesprochen werden.

Chemische Bausteine werden zu einzelnen Hormonen zusammengefügt, von denen es nach ihrer Struktur drei Gruppen gibt. Am häufigsten sind die aus Aminosäuren zusammengesetzten Glykoprotein- und Peptidhormone. Auch die Steroidhormone, deren Grundbaustein das Cholesterol ist, sind weit verbreitet. Die dritte Gruppe leitet sich von der Aminosäure Tyrosin ab und ist seltener.

Die Hormonherstellung im Körper ist vergleichsweise einfach. Am Anfang werden im Zellkern der betreffenden endokrinen Zelle Entwürfe für die Protein- und Peptidhormone entworfen. Diese Pläne werden vom "Zeichenbüro" in Form von Ribonukleinsäure (RNS) aus dem Zellkern zu der Montagefabrik, den Ribosomen im Zellplasma, transportiert. Die DNS kontrolliert den als Transkription bezeichneten Zusammenbau der Protein- und Peptidmoleküle zu Hormonen. Schließlich wird das fertige Hormonmolekül vom Golgi-Apparat in Bläschen (Vesikel) verpackt. Bei Bedarf werden diese Moleküle durch die Zellwand in den Blutstrom abgegeben. Manche Hormone entstehen auf noch einfachere Weise aus in den Zellen befindlichen Vorläufermolekülen, die ohne eigenen Effekt und schnell zusammengebaut sind. Benötigt der Körper ein Steroidhormon, wird ein Enzym in der Zelle aktiviert, das eine Kette von Reaktionen in Gang setzt, bei denen aus den Bausteinen im Zytoplasma die Hormonmoleküle zusammengesetzt werden. Diese gelangen dann leicht durch die Zellmembran in die Blutbahn.

Ein Teil davon wird sofort verbraucht, der andere bleibt als Abrufreserve zur Verfügung. Durch Bindung an ein Plasmaeiweiß wird die Wirkung des Hormons vorübergehend aufgehoben, es zirkuliert aber weiter mit dem Blut. Diese Bindung kann leicht gelöst werden und die volle Aktivität des Hormons wiederherstellen. Andererseits können bestimmte Hormone in einzelnen Körperorganen zu Substanzen mit unterschiedlichem Effekt umgebaut werden.

Funktion der Hormone
Hormone, die ihre Zielzelle erreicht haben, docken an deren Bindungsstellen an und aktivieren die Zelle. Diese Aktivierung kann

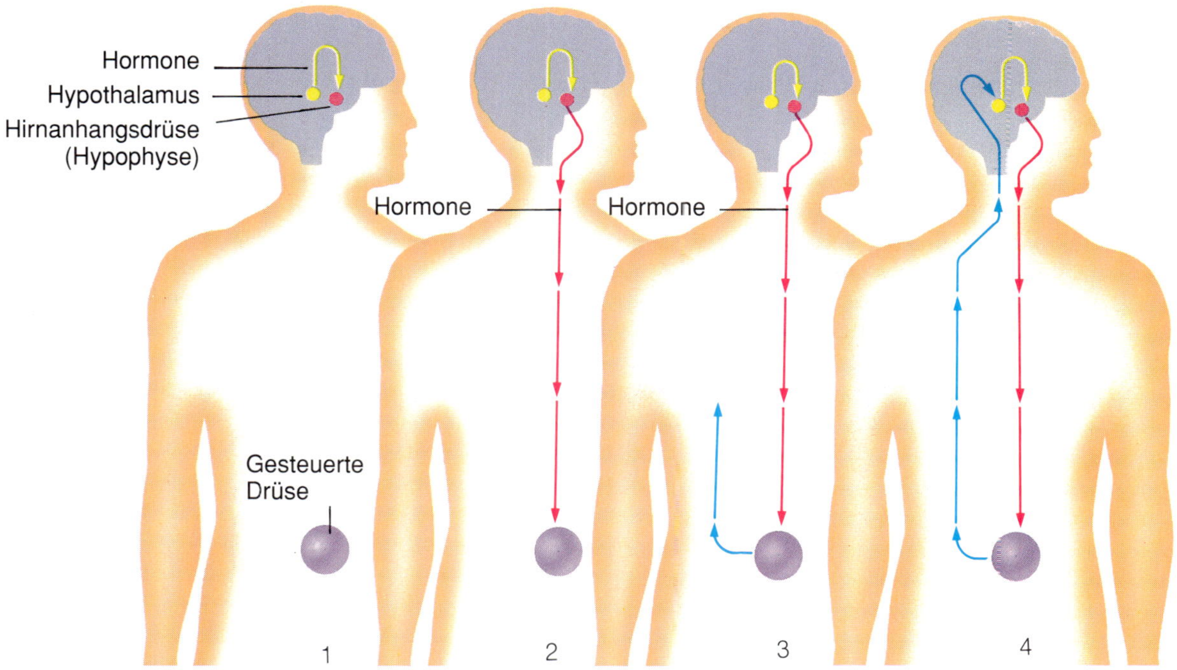

Der Hypothalamus, Teil des Zwischenhirns, vermag eine Kette hormoneller Reaktionen auszulösen, die durch ein sog. Feedback gesteuert werden. Anfänglich löst ein Hypothalamus-Hormon (1) die Abgabe eines Hirnanhangsdrüsenhormons aus (rote Pfeile, 2). Dieses gelangt über den Blutkreislauf zu einer entfernt im Körper gelegenen Drüse und regt sie an, ein eigenes Hormon auszuschütten (blaue Pfeile, 3), das ebenfalls über den Blutkreislauf seinen Bedarfsort erreicht. Gleichzeitig kommt das Hormon aber auch zum Zwischenhirn und stellt dort die Förderung der Hirnanhangsdrüse ab (4).

verschiedene Auswirkungen haben. Zum einen kann sich die Membrandurchlässigkeit für bestimmte Ionen oder Moleküle ändern und die Zelltätigkeit in Gang setzen. Zum anderen können sich die Botenstoffe ("first messengers") an Rezeptoren der Membranaußenseite binden und im Zellinneren die Entstehung eines Boten ("second messenger") auslösen. Steroidhormone dringen durch die Zellhaut und finden im Zellinneren ein spezifisches zytoplasmatisches Bindungsprotein.

Nachdem die Hormone ihre Aufgabe erfüllt haben, werden sie entweder gleich im Zielgewebe abgebaut oder zur Leber transportiert und dort unwirksam gemacht. Die wasserlöslichen Abbauprodukte werden vornehmlich über die Nieren ausgeschieden.

Führungsrolle der Hypophyse

Die Hirnanhangsdrüse (Hypophyse) nimmt eine gewisse Führungsrolle im endokrinen System ein. Sie steht in enger Beziehung zu dem Hypothalamus, dem wichtigsten Bindeglied zwischen Nervensystem und endokrinem System. Unter dem Einfluß des Hypothalamus produziert die Hypophyse sog. glandotrope Hormone, die ihrerseits die peripheren Körperdrüsen zur Bildung und Freisetzung eigener Hormone veranlaßt. Als Kontrolle dient in der Regel ein Rückkopplungsmechanismus im Sinne eines negativen Feedback, der entweder auf der Ebene der Hypophyse oder des Hypothalamus greift. Das ausgeschüttete Endhormon wirkt nicht nur an der Zielzelle, sondern hemmt rückläufig entweder die Freisetzung der glandotropen Hormone der Hypophyse oder den fördernden Einfluß des Hypothalamus auf die Hypophyse.

Der Informationsaustausch zwischen Hypothalamus und Hypophyse erfolgt ebenfalls über Hormone, die in den Neuronen des Hypothalamus gebildet werden (sog. Neurosekretion). Die Mehrheit dieser Botenstoffe gelangt über eine Art Pfortader-System auf kurzem Blutweg zur Hypophyse, zwei Hypothalamushormone kommen entlang von Nervenbahnen in die Hirnanhangsdrüse und werden dort gespeichert.

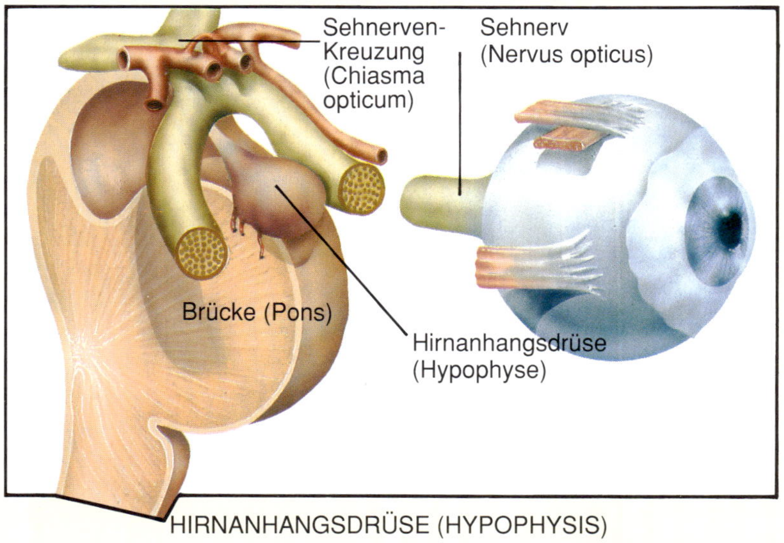

HIRNANHANGSDRÜSE (HYPOPHYSIS)

Die Hirnanhangsdrüse kontrolliert fast alle anderen Hormondrüsen des Körpers. Dieses erbsengroße Gebilde hängt mit einem Stiel an der Hirnbasis unter der Sehnervenkreuzung. Die Schilddrüse umgreift von vorn die Luftröhre unmittelbar unter dem Kehlkopf. Eingebettet in die Rückseite ihrer beiden Lappen liegen die vier Nebenschilddrüsen. Die Hormone der Schilddrüse steuern den Zellstoffwechsel, die der Nebenschilddrüsen den Kalziumgehalt im Blut. Unter der Leber liegt die Bauchspeicheldrüse. Sie produziert u.a. Insulin, das den Blutzuckerumsatz im Körper reguliert.

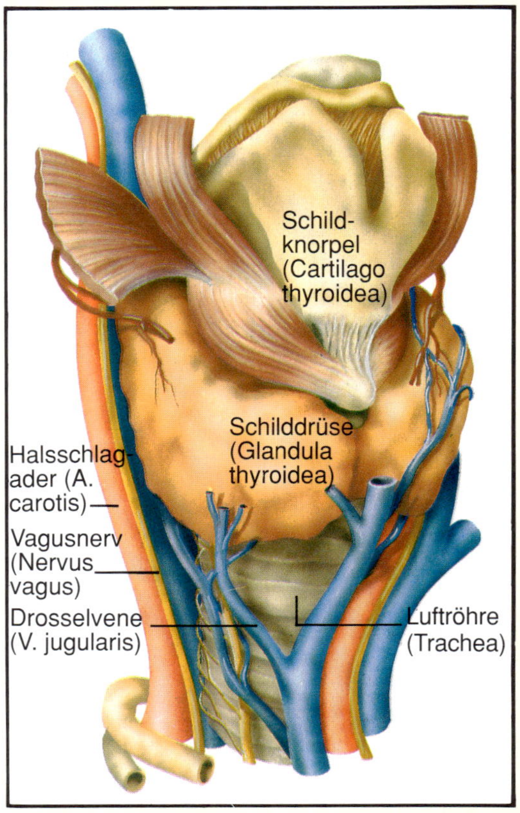

SCHILDDRÜSE
(GLANDULA THYROIDEA)

Die Hypophyse teilt sich in zwei Bereiche: einen Vorderlappen (HVL) und einen Hinterlappen (HHL), beide mit unterschiedlichen Aufgaben. Der HVL stellt Hormone her, die die peripheren Drüsen zur Tätigkeit anregen; zwei davon wirken als Endhormone direkt auf ihr Zielgewebe (Somatotropin und Lipotropin). Der HHL dient als Zwischenspeicher der beiden Hypothalamushormone Adiuretin (ADH) und Oxytocin.

Fast alle Gewebe des Körpers werden durch Somatotropin (STH) - bekannt als Wachstumshormon - direkt beeinflußt; es steuert das Wachstum von Muskeln, Knorpel und Knochen. Kinder mit einem STH-Mangel zeigen den sog. hypophysären Zwergwuchs, sie behalten einen kleinen Körper mit kindlichen Gesichtszügen, ausgeglichenen Proportionen, aber altersentsprechender Intelligenz. Bei rechtzeitiger Diagnose kann der hypophysäre Zwergwuchs durch Hormonersatz erfolgreich behandelt werden. Überproduktion von STH bei Kindern führt hingegen zum hypophysären Riesenwuchs, Körpergrößen von über zwei Meter sind die Folge. Bei Erwachsenen führt die Hormonüberproduktion zur abnormen Vergrößerung der Körperenden (Akren: z.B. Kinn, Finger, Zehen) - ein Krankheitsbild mit dem Namen Akromegalie.

Prolaktin ist ein Hormon des HVL, das bei Wöchnerinnen die Milchbildung anregt. Es wirkt außerdem hemmend auf die weiblichen Gonaden. Stillende Mütter haben selten einen Eisprung und Monatsblutungen, das Schwangerschaftsrisiko ist vermindert und alle Anforderungen sind auf Stillen eingestellt.

Der Saugreiz an der mütterlichen Brustwarze fördert nicht nur die Sekretion von Prolaktin, sondern auch die von Oxytocin. Dieses im HHL gespeicherte Hormon ist zum Einschießen der Milch notwendig. Körperliche und seelische Belastungen schränken den Effekt von Oxytocin ein und verringern den Milchfluß. Entspannung löst das Problem.

Eine Untergruppe der glandotropen Hormone des HVL sind die Gonadotropine, die auf die Keimdrüsen wirken: luteinisierendes Hormon (LH) und Follikel-stimulierendes Hormon (FSH). Ihre Wir-

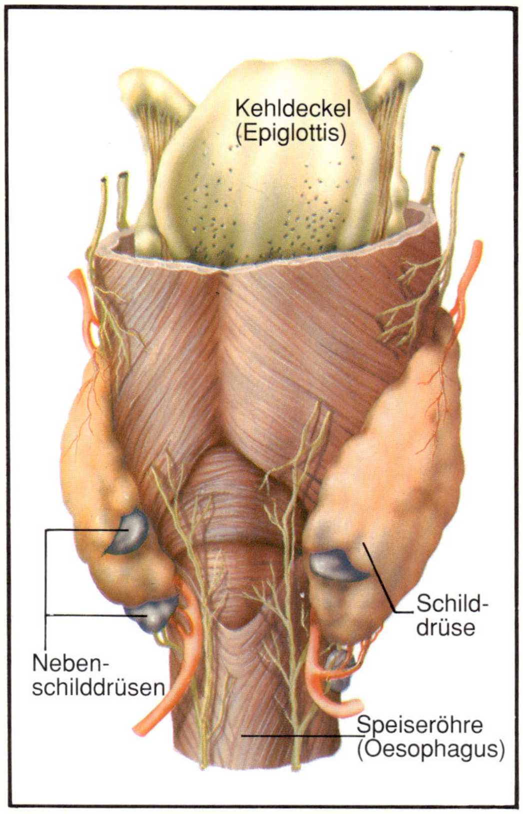

NEBENSCHILDDRÜSE
(GLANDULA PARATHYROIDEA)

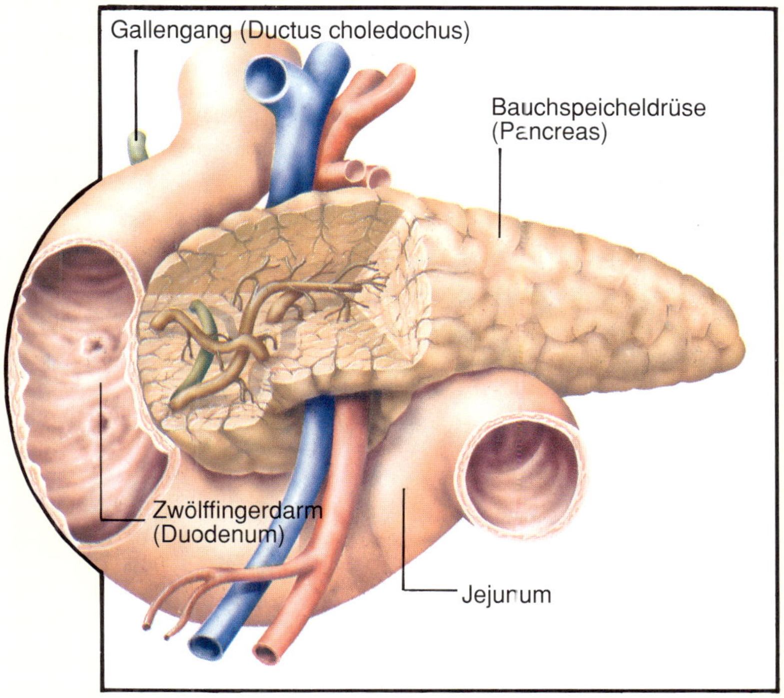

BAUCHSPEICHELDRÜSE (PANCREAS)

kung wird in Kapitel 15 behandelt.

Die letzten beiden bisher genauer bekannten Hormone des HVL sind das Adrenokortikotropin (ACTH) und das Thyreotropin (TSH). Thyreotropin steigert die Schilddrüsentätigkeit und Adrenokortikotropin regt die Glukokortikoidproduktion in den Nebennieren an. Auch hier besteht ein Feedback: Neben ihrem spezifischen Effekt wirken die Glukokortikoide zurück auf die Hypophyse und hemmen eine weitere Abgabe von ACTH.

Der Verlust des Geschlechtstriebes und die Impotenz beim Mann kann manchmal auf die überschüssige Produktion von Prolaktin in der Hypophyse zurückgeführt werden. Dieselbe Störung führt bei der Frau zur Unfruchtbarkeit und ruft eine Milchsekretion der Brustdrüsen hervor, auch wenn kein Säugling zu stillen ist. Dies sind typische Beispiele einer Hypophysenfehlfunktion. Ihre häufigste Ursache sind Tumoren mit übermäßiger Hormonproduktion. Diese können direkt auf ihre Zielorgane wirken, aber auch die Wirkung anderer Hormone beeinflussen. Die gewöhnliche Behandlung eines Tumors ist seine chirurgische Entfernung oder seine radiologische Zerstörung. Der operative Zugang zur Hypophyse erfolgt über die Nase. Bei der Geschwulstentfernung besteht immer die Gefahr, daß der noch normale Rest der Drüse mitbeseitigt wird. Dann benötigt der Patient für die Dauer seines Lebens einen medikamentösen Hormonersatz.

Der Hinterlappen der Hypophyse ist viel kleiner als ihr Vorderlappen; er speichert die Hypothalamushormone Oxytocin und Vasopressin. Das erstere ist für das Einschießen der Milch in die Brustdrüse der stillenden Mutter verantwortlich. Außerdem stimuliert es die Kontraktion der glatten Muskulatur, besonders die der Gebärmutter, und verstärkt die Austreibungswehen unter der Geburt. Es hilft bei der Nachgeburt und veranlaßt, daß die Gebärmutter einer Stillenden rasch ihre ursprüngliche Größe wiedergewinnt.

Vasopressin - auch als Antidiuretisches Hormon (ADH) bekannt - kontrolliert das zirkulierende Blutvolumen und seine Kochsalzkonzentration. Rezeptoren in der Herzwand und im Gehirn registrieren Blutverlust oder einen Anstieg der Salzkonzentration im Blut und lö-

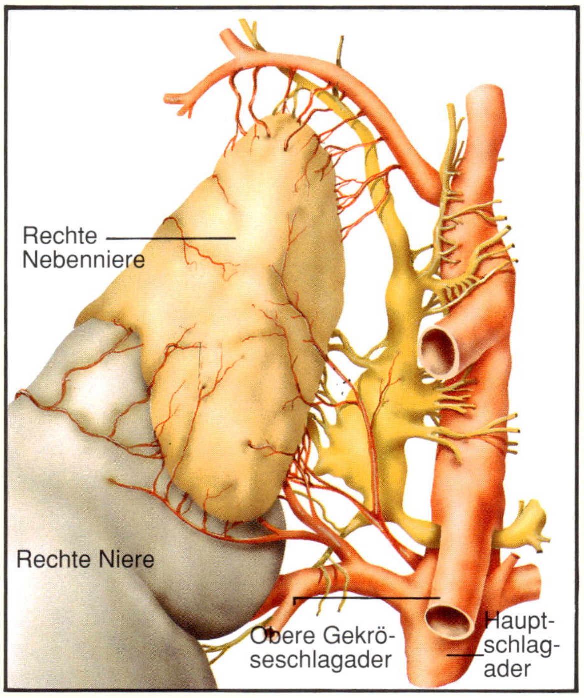

NEBENNIERE (GLANDULA SUPRARENALIS)

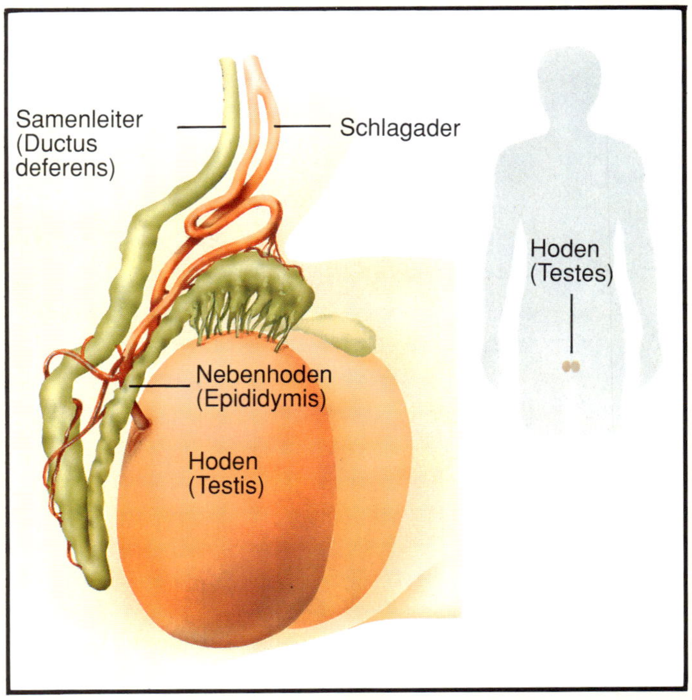

HODEN (TESTES)

Jeder Niere sitzt eine Dreispitz-ähnliche Nebenniere auf. Ihre Hormone werden wie die aller endokriner Drüsen mit dem Blutkreislauf im ganzen Körper verteilt. Deswegen verfügen die Nebennieren über eine reiche Blutversorgung, die teilweise direkt aus der Bauchschlagader stammt. Ihr Haupthormon, Adrenalin, bereitet den Körper auf Streß- oder Gefahrsituationen vor. Die Hoden, zwei eiförmige Drüsen im Hodensack, sind die Hauptproduzenten männlicher Geschlechtshormone. Deren bedeutendstes, das Testosteron, ist beim Knaben in der Pubertät verantwortlich für die Entwicklung der sog. sekundären Geschlechtsmerkmale, beim Mann u.a. für seinen Geschlechtstrieb. In den Hoden wird aber auch der Samen gebildet und gespeichert.

sen eine ADH-Freisetzung aus dem HHL aus. Dieses regt die Nieren zur vermehrten Rückresorption des Wassers aus dem Harn ins Blut an, wodurch der Urin konzentrierter wird. Das Blutvolumen steigt an, die Salzkonzentration im Blut verringert sich wieder.

Die Schilddrüse

Die Schilddrüse stellt die Hormone Thyroxin (T_4), Trijodthyronin (T_3) und Kalzitonin her. Die beiden ersten fördern den Stoffwechsel aller Zellen, das Wachstum und die Reifung des Körpers. Beide sind im Blut größtenteils an Plasmaeiweiße gekoppelt. Es wird vermutet, daß das ungebundene T_3 die aktive Form des Hormons darstellt und T_4 sowie das gebundene T_3 Speicherformen sind. T_4 kann bei Bedarf vor Ort in T_3 umgewandelt werden. Das hypophysäre Thyreotropin oder Thyroidea-stimulierende Hormon (TSH) ist für die Produktion der Hormone verantwortlich. Über Rückkopplungsmechanismen zwischen Schilddrüse, Hypophyse und Hypothalamus werden Produktions- und Ausschüttungsrate von T_3 und T_4 kontrolliert. Das dritte Hormon der Schilddrüse, das Kalzitonin, hilft bei der Regulati-

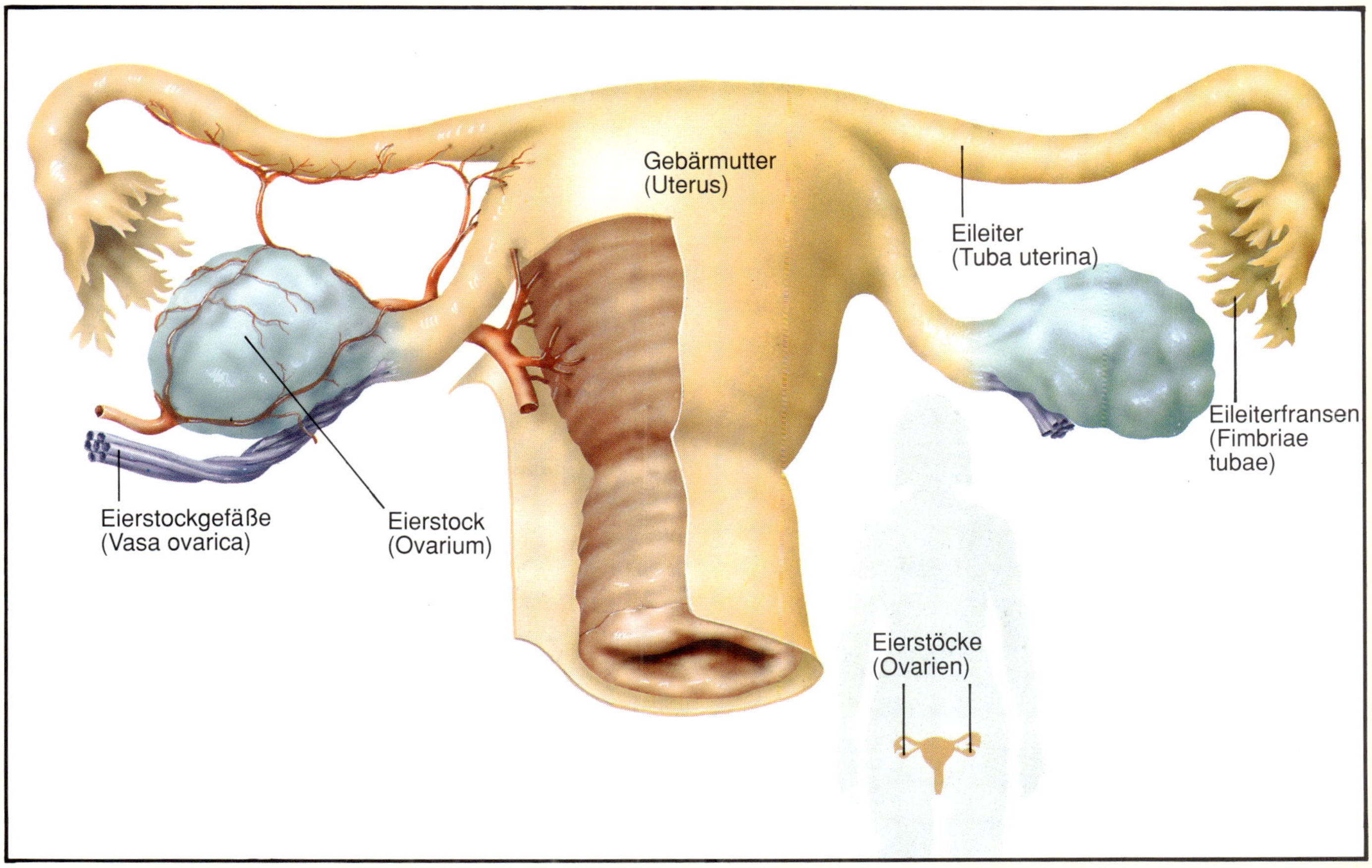

EIERSTÖCKE (OVARIA)

Die weiblichen Gechlechtshormone werden überwiegend in den beiden Eierstöcken produziert - Drüsen, die sich beiderseits der Gebärmutter im Bauchraum befinden. Bei der jungen Frau bewirken sie die Ausprägung der sog. sekundären Geschlechtsmerkmale, nach der Geschlechtsreife sind sie für den Menstruationszyklus verantwortlich. Im 28-Tage-Rhythmus macht der weibliche Körper tiefgreifende Veränderungen durch, z.B. wird in der Zyklusmitte ein Ei von einem der Eierstöcke ausgestoßen. Der Eisprung, Ovulation, kann durch Einnahme der hormonellen "Antibabypillen" unterdrückt werden; er hört während der Schwangerschaft und nach der Menopause auf.

on des Kalziumspiegels im Körper.

Schlüsselelement von T_3 und T_4 ist das Jod, das der Körper mit der Nahrung, vornehmlich mit Getreide und Meeresfrüchten, aufnimmt. Bei jodarmer Ernährung versucht der Organismus durch Vergrößerung der Drüse das wenige ihm noch angebotene Jod voll auszuschöpfen. Diese Drüsenvergrößerung wird als (Jodmangel-) Kropf oder Struma bezeichnet. Er tritt gehäuft (endemisch) in Gegenden mit jodarmer Nahrung (Bayern, Österreich, Schweiz) auf. Seine Entstehung kann durch Jodzusatz, z.B. zum Kochsalz, verhindert werden. Jodmangel ist allerdings nicht die einzige Ursache der Kropfbildung.

Schilddrüsenerkrankungen sind nach dem Diabetes mellitus die zweithäufigsten Störungen des endokrinen Systems. Überfunktion der Drüse führt zum Krankheitsbild Hyperthyreose oder zur Thyreotoxikose. Eine spezielle Form der Schilddrüsenüberfunktion ist die Basedow-Krankheit, die mit einer diffusen Schilddrüsenvergrößerung, manchmal mit Kropfbildung und weit hervortretenden Augen einhergeht. Der hohe Hormongehalt im Blut beschleunigt den Stoff-

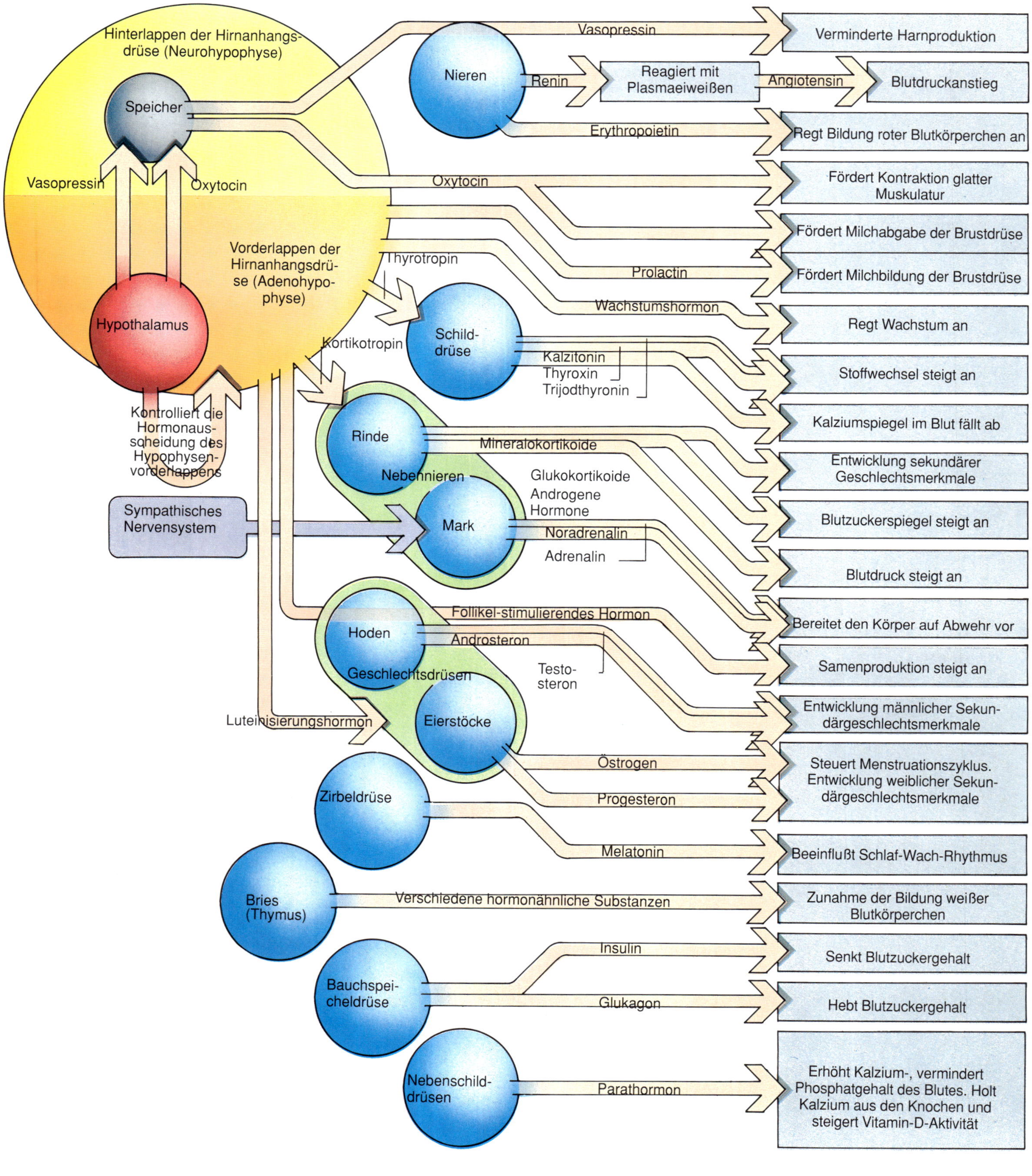
Hinterlappen der Hirnanhangsdrüse (Neurohypophyse)
Speicher
Vasopressin
Oxytocin
Vorderlappen der Hirnanhangsdrüse (Adenohypophyse)
Hypothalamus
Kontrolliert die Hormonausscheidung des Hypophysenvorderlappens
Sympathisches Nervensystem
Vasopressin
Nieren
Renin
Reagiert mit Plasmaeiweißen
Angiotensin
Blutdruckanstieg
Verminderte Harnproduktion
Erythropoietin
Regt Bildung roter Blutkörperchen an
Oxytocin
Fördert Kontraktion glatter Muskulatur
Fördert Milchabgabe der Brustdrüse
Thyrotropin
Prolactin
Fördert Milchbildung der Brustdrüse
Wachstumshormon
Regt Wachstum an
Schilddrüse
Kortikotropin
Kalzitonin
Thyroxin
Trijodthyronin
Stoffwechsel steigt an
Kalziumspiegel im Blut fällt ab
Rinde
Mineralokortikoide
Entwicklung sekundärer Geschlechtsmerkmale
Nebennieren
Glukokortikoide
Androgene Hormone
Blutzuckerspiegel steigt an
Mark
Noradrenalin
Adrenalin
Blutdruck steigt an
Bereitet den Körper auf Abwehr vor
Follikel-stimulierendes Hormon
Hoden
Androsteron
Testosteron
Samenproduktion steigt an
Geschlechtsdrüsen
Entwicklung männlicher Sekundärgeschlechtsmerkmale
Luteinisierungshormon
Eierstöcke
Östrogen
Progesteron
Steuert Menstruationszyklus. Entwicklung weiblicher Sekundärgeschlechtsmerkmale
Zirbeldrüse
Melatonin
Beeinflußt Schlaf-Wach-Rhythmus
Bries (Thymus)
Verschiedene hormonähnliche Substanzen
Zunahme der Bildung weißer Blutkörperchen
Bauchspeicheldrüse
Insulin
Senkt Blutzuckergehalt
Glukagon
Hebt Blutzuckergehalt
Nebenschilddrüsen
Parathormon
Erhöht Kalzium-, vermindert Phosphatgehalt des Blutes. Holt Kalzium aus den Knochen und steigert Vitamin-D-Aktivität

Viele Körperreaktionen *werden durch die endokrinen Drüsen und ihre Hormone ausgelöst. Das Diagramm (links) zeigt, wie Hypothalamus und Hirnanhangsdrüse (rot und gelb) andere Drüsen (blau) anregen, ihre Hormone zu bilden, deren Hauptwirkung rechts skizziert ist.*

wechsel der Zellen in erheblichem Ausmaß. Der Patient leidet an Schweißausbrüchen, ständigem Hungergefühl und Gewichtsverlust. Eventuell können Herzprobleme und Gemütsschwankungen auftreten.

Die Therapie der Basedow-Krankheit besteht entweder in einer medikamentösen Drosselung der Schilddrüse, ihrer operativen Teilentfernung oder einer Gabe von radioaktiven Jodisotopen. Diese werden in der Drüse angereichert und zerstören sie durch ihre Strahlung. Ein eventuell später auftretender Hormonmangel kann therapeutisch ersetzt werden.

Auch sog. Autoimmunerkrankungen, wie z.B. die Hashimoto-Krankheit, können Ursache eines Kropfes sein. Betroffen sind hauptsächlich Frauen im mittleren Alter. Das körpereigene Schilddrüsengewebe wird dabei als fremdartig angesehen und von Antikörpern angegriffen. Die Schilddrüse wird von einer riesigen Zahl von Lymphozyten und anderen weißen Blutzellen durchdrungen, die der Körper in seiner Verwirrung massenhaft herstellt.

Eine Unterfunktion der Schilddrüse (Hypothyreose) kann ebenso schwerwiegende Folgen haben wie ihre Überfunktion. Bei Kleinkindern führt sie zu Wachstums- und Reifungsverzögerungen (Zwergwuchs, gestörte Sexualentwicklung), zum Kretinismus. Eine Behandlung mit Schilddrüsenhormonen innerhalb der ersten sechs Lebensmonate kann einen Teil der Störungen verhindern.

Beim Erwachsenen verursacht eine Schilddrüsenunterfunktion das Myxödem mit den folgenden Symptomen: Müdigkeit, Heiserkeit, Kälteempfindlichkeit, trockene Haut, Haarausfall, Depressionen, Unfruchtbarkeit und Menstruationsstörungen. Bei solchen Patienten findet man diagnostisch bei hohem TSH-Spiegel niedrige Thyroxin- und Trijodthyroninkonzentrationen im Blut. Die Krankheit kann verschiedene Ursachen haben; darunter Jodmangel, Schilddrüsenschädigungen oder Störungen der Hypophysenfunktion. Therapeutisch werden Schilddrüsenhormone in Tablettenform verabreicht.

Die Nebenschilddrüsen

Kalzium ist ein lebenswichtiges Mineral, das zum Aufbau von Knochen und Zähnen dient, das aber auch frei im Körper vorkommt. Der Körper benötigt es für die Funktion von Nerven- und Muskelzellen sowie für die Blutgerinnung. Die Nebenschilddrüsen, erdnußgroße Organe an der Rückseite der Schilddrüse, steuern mit ihrem Hormon, dem Parathormon, den Blutspiegel von Kalzium.

Unser Skelett ist der größte Speicher von Kalzium, das im Knochen größtenteils an Phosphat gebunden ist. Parathormon mobilisiert den Speicher und erhöht die Konzentration von Kalzium, gleichzeitig aber auch die des Phosphates im Blut. Um einer schädigenden Anhäufung entgegenzuwirken, steigert das Parathormon die Phosphatausscheidung über die Nieren.

Die Überfunktion der Nebenschilddrüsen ist durch einen hohen Kalziumgehalt im Blut gekennzeichnet, der von Aufweichungen des Skeletts und der Bildung von Nierensteinen begleitet wird. Eine Unterfunktion, z.B. nach Drüsenschädigung, ist von einem erniedrigten Blutkalziumspiegel gefolgt. Dabei kommt es zu Zuckungen und Krämpfen der Skelettmuskulatur, in schweren Fällen zur Tetanie. Die Behandlung besteht in einer Verabreichung von Kalzium in Tablettenform oder in der Verordnung kalziumreicher Nahrung.

Die Verwertung des Kalziums, das wir uns täglich mit der Ernährung zuführen, erfolgt mit Hilfe des Hormons Kalziferol. Dieses wird aus Vitamin D in der Leber und in den Nieren hergestellt. Eine hohe Parathormonkonzentration und ein niedriger Phosphatspiegel im Blut regen die Kalziferolproduktion an. Kinder, Schwangere und stillende Mütter benötigen in besonderem Maße Kalzium. Es verwundert daher nicht, daß Wachstumshormone, Östrogen (während der Schwangerschaft gebildet) und Prolaktin (im Zusammenhang mit dem Stillen) die Kalziferolproduktion fördern.

Das Pankreas - eine Mehrzweck-Drüse

Aktive Körperzellen brauchen Energie und erhalten sie aus den Kohlenhydraten der Nahrung, die zu Glukose abgebaut und ins Blut aufgenommen werden. Das Hormon der Bauchspeicheldrüse (Pankreas), Insulin, schleust die Glukose in die Zellen. Der größte Teil des Pankreas ist mit der Herstellung von Verdauungsenzymen beschäftigt. Über dieses exkretorische Drüsengewebe fleckenförmig verteilt finden sich kleine Zellhaufen mit inkretorischer Funktion, die Langerhans-Inseln. Hier werden die Hormone Insulin und Glukagon hergestellt. Die Langerhans-Inseln registrieren nach Nahrungsaufnahme den Glukoseanstieg im Blut und schütten Insulin aus, das die Körperzellen veranlaßt, Glukose aufzunehmen, und damit den Blutgehalt wieder normalisiert. Nicht alles davon wird sofort gebraucht, der Überschuß wird als Glykogen in Leber und Muskeln gespeichert, bei erhöhtem Energiebedarf wieder freigesetzt und in Glukose umgewandelt. Das zweite Hormon der Langerhans-Inseln, Glukagon, tritt immer dann in Aktion, wenn der Glukosespiegel im Blut abfällt. Um eine zu große Abnahme zu verhindern, bremst Glukagon die Glykogenproduktion und macht aus dem Leberglykogen wieder Glukose.

Störungen dieses Zusammenspiels sind die Ursache des Diabetes mellitus. Glukose reichert sich im Blut an, kann aber nicht in die Zellen eingebracht werden. Dies führt zu Müdigkeit und Gewichtsverlust, da Körperfett und Muskulatur zur Energiegewinnung abgebaut werden müssen. Der Glukosespiegel bleibt hoch und überschreitet die Nierenschwelle; Glukose wird mit dem Urin ausgeschieden. Damit wird der Urinfluß erhöht, was wiederum einen starken Durst zur Folge hat.

Bei Patienten mit Diabetes mellitus sind viele Organe von der Krankheit betroffen: Augen, Nieren, Blutgefäße und Herz sind in Mitleidenschaft gezogen.

Bei Kindern ist der Diabetes in der Regel auf eine ungenügende Insulinproduktion zurückzuführen. Er kann plötzlich auftreten und dann ernsthafte Stoffwechselentgleisungen bewirken, die früher größtenteils tödlich endeten. Durch die Gewinnung von Insulin aus der Bauchspeicheldrüse von Kühen oder Schweinen, heute gentechnologisch hergestellt, ist eine Therapie des jugendlichen Diabetes möglich. Insulin muß als Eiweiß injiziert werden, da es in Tablettenform im Darm abgebaut würde.

Eine mildere Form des Diabetes kann beim Erwachsenen vorkommen: der Körper spricht auf das in normaler Menge vorhandene produzierte Insulin nicht an. Üblicherweise sind die Patienten übergewichtig und oft älter als 40 Jahre; in vielen Fällen reicht eine zuckerarme Diät zur Behandlung aus.

Durst und erhöhte Urinausscheidung können auch Zeichen einer

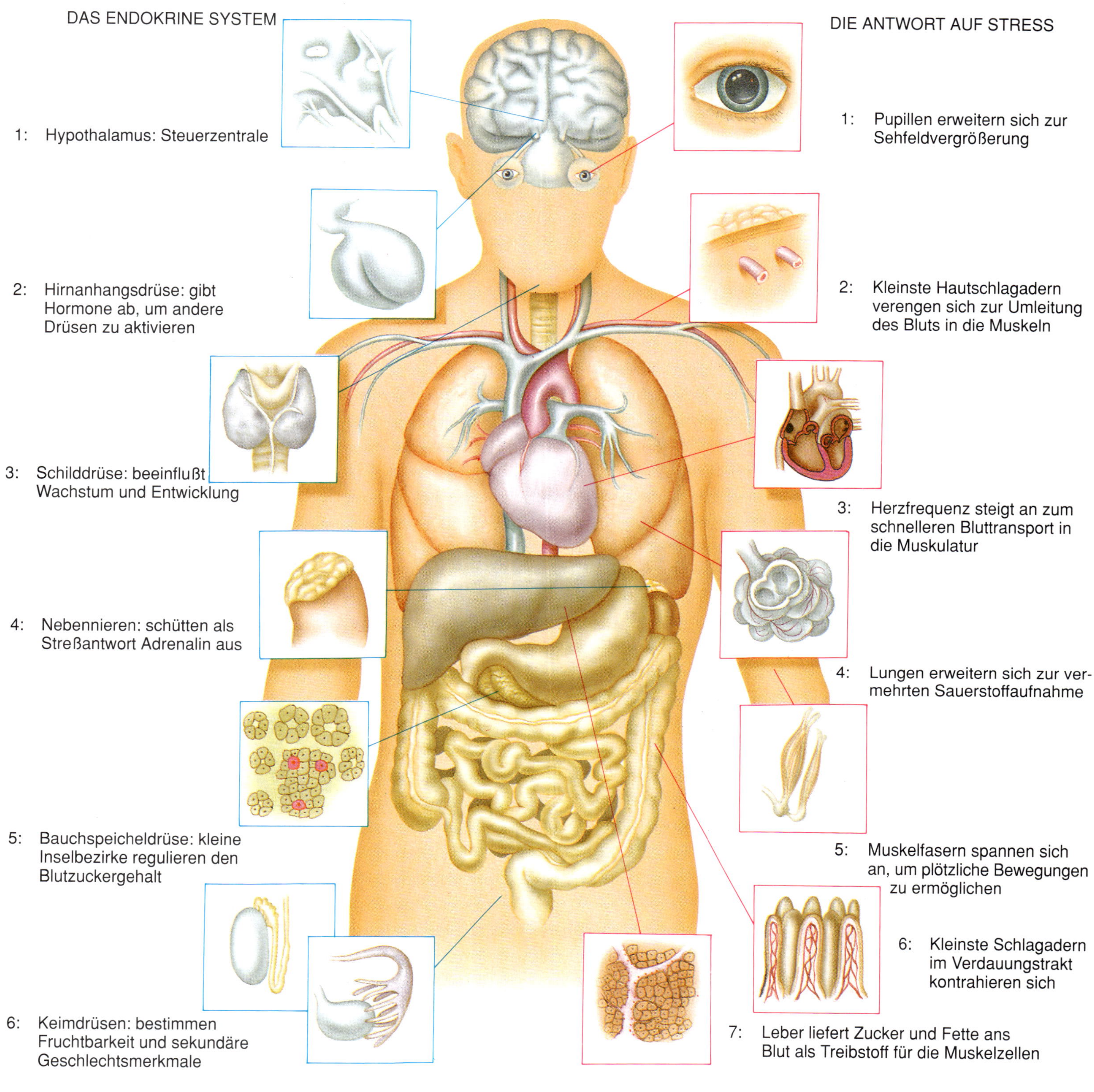

***Die wichtigsten Drüsen** des endokrinen Systems und ihre Wirkungen sind links aufgeführt. Eine der schnellsten Reaktionen auf plötzliche körperliche oder seelische Belastung (Streß) ist die Ausschüttung von Adrenalin aus der Nebenniere. Sein Hauptzweck ist, besonders die Muskeln auf Kampf oder Flucht vorzubereiten. Innerhalb von Sekunden finden im Körper zahlreiche Veränderungen statt (rechte Hälfte des Diagramms): die Pupillen erweitern sich, um die Umgebung besser überschauen zu können; die kleinen Gefäße in Haut (Hautblässe) und Verdauungstrakt verengen sich, das Blut wird in die Muskeln umgeleitet, wo es benötigt wird; die Lungen erweitern sich zur vermehrten Sauerstoffaufnahme; die Muskelfasern werden vorgespannt, um plötzliche und rasche Bewegungen zu gestatten; Glukose und Fette werden von der Leber ins Blut abgegeben.*

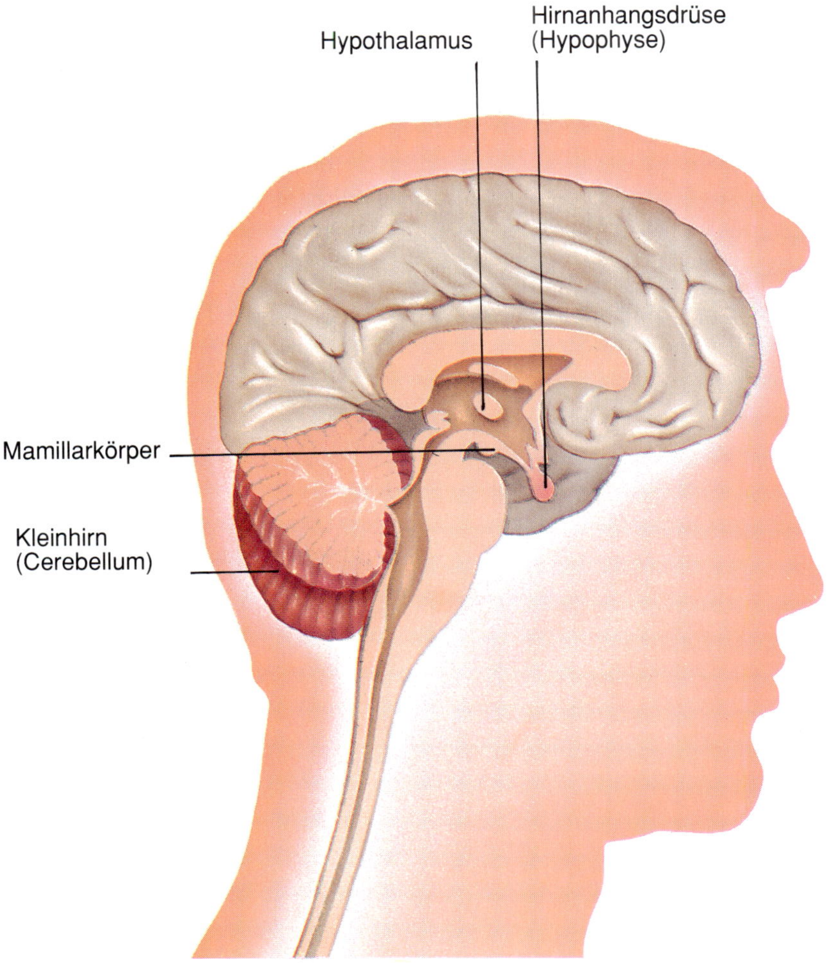

***Der Hypothalamus** und die Hirnanhangsdrüse (Hypophyse) sind eng benachbart und über Nerven und Blutgefäße mit dem Gehirn verbunden. Auf Reize vom Gehirn gibt der Hypothalamus Hormone ab. Einige, wie Oxytocin und Vasopressin, wandern entlang Nervenbahnen (neurosekretorische Bahnen) zu ihrem Speicher im Hinterlappen der Hypophyse. Von dort werden sie bei Bedarf ausgeschüttet: Oxytocin, um die Geburtswehen und die Milchabgabe der Brustdrüsen zu fördern, Vasopressin (antidiuretisches Hormon, ADH), um den Wasserverlust des Körpers einzuschränken. Dies geschieht durch eine Steigerung der Wasserrückresorption in den Nieren. Andere Hypothalamushormone werden über Blutgefäße, ein sog. Pfortadersystem, in den Vorderlappen der Hirnanhangsdrüse transportiert und rufen Sofortreaktionen hervor: Prolaktin, Luteinisierungs- und Follikel-stimulierendes Hormon wirken auf Brustdrüsen und Eierstöcke, adrenocorticotropes Hormon regt die Nebennierenrinde und Thyroidea-stimulierendes Hormon die Schilddrüse zur Hormonproduktion an, Wachstumshormon (Somatotropin) fördert das Körperwachstum.*

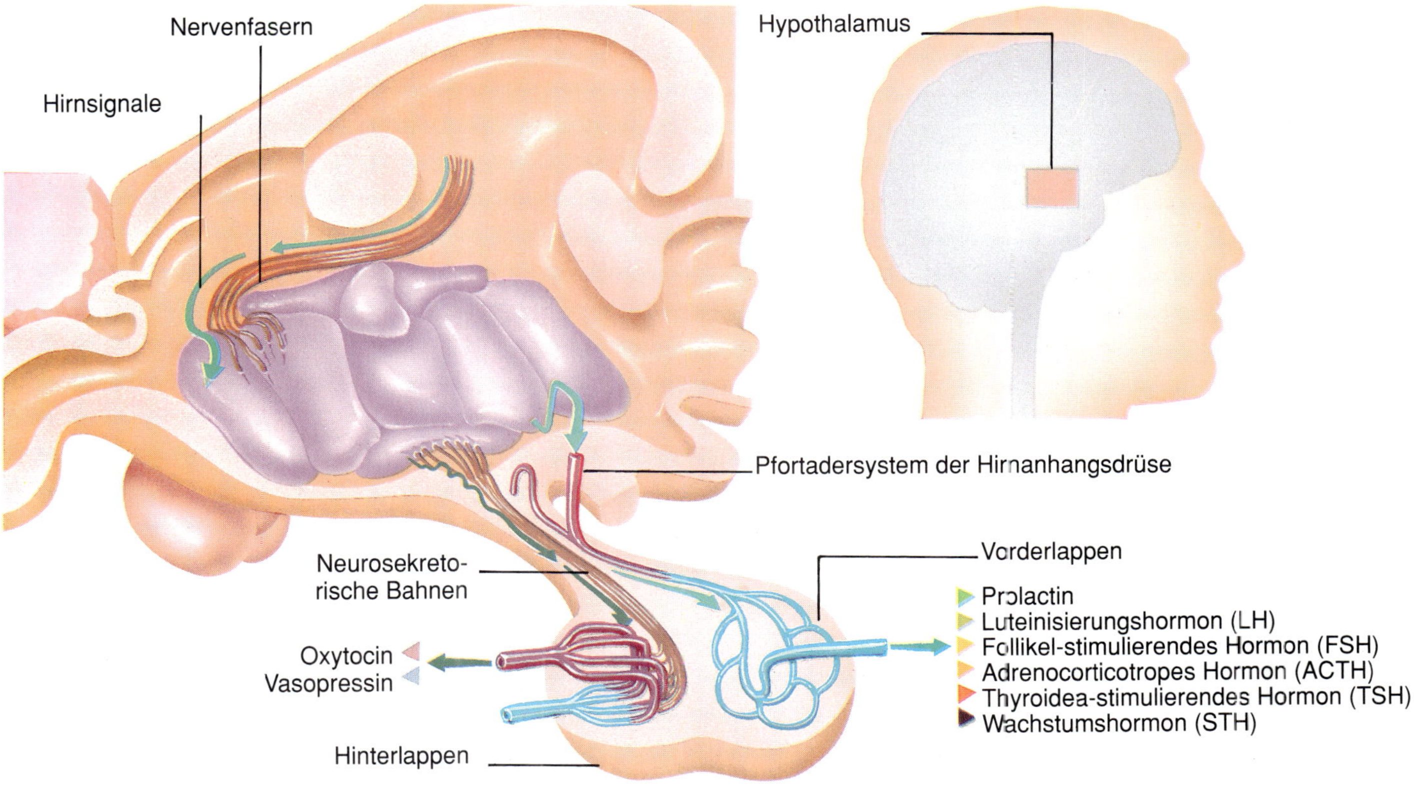

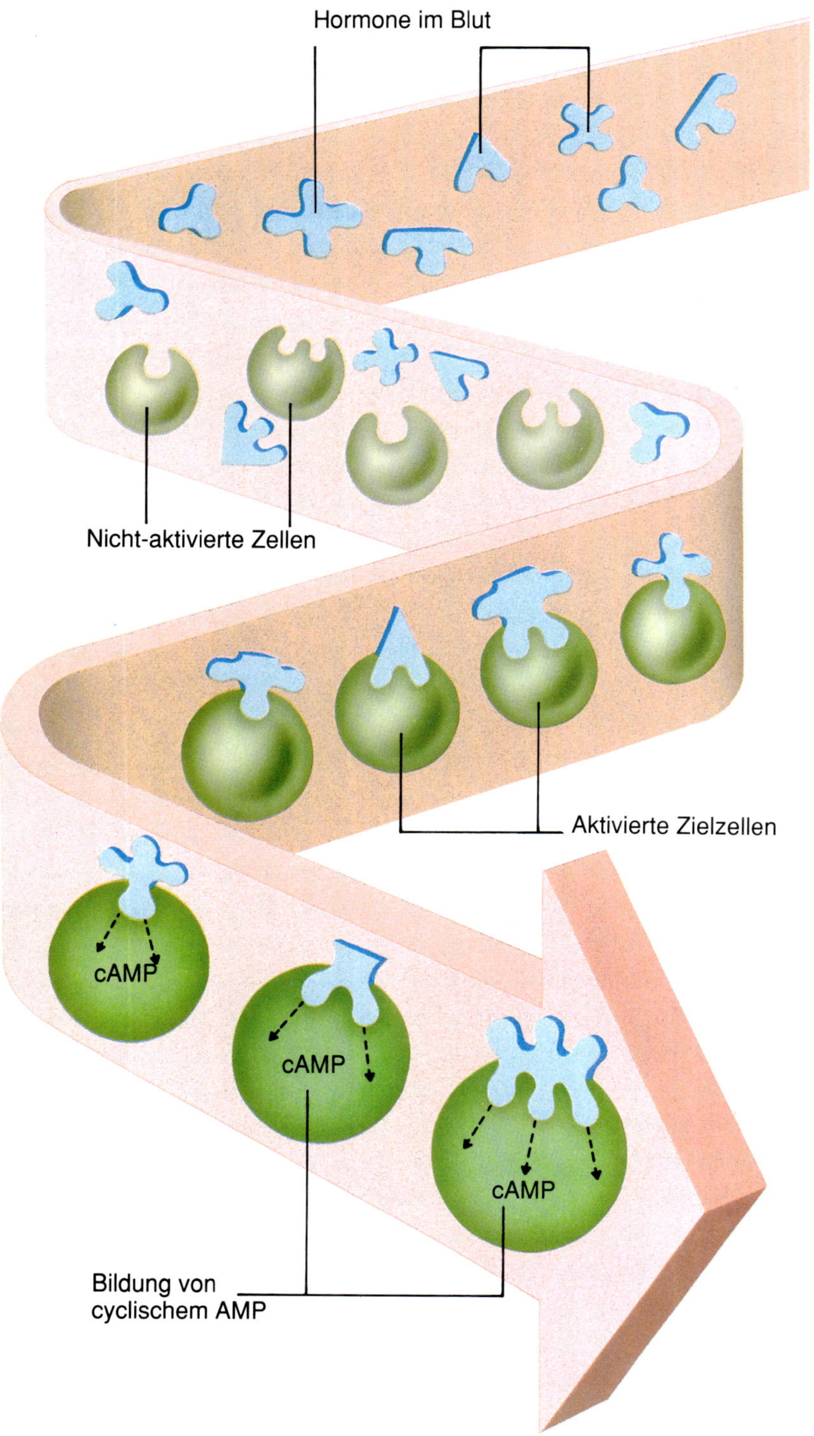

***Jedes Hormon** wirkt spezifisch und nur auf Zellen eines gewissen Zielgewebes. Das Hormon paßt zu seiner Bestimmungszelle wie ein Schlüssel in sein Schloß (oben). Besteht Kontakt, bildet sich das sog. cyclische AMP (cAMP). Diese Verbindung wiederum löst eine Reihe von Ereignissen aus, die den spezifischen Hormoneffekt ausmachen.*

***Das Blutvolumen** des Körpers steht weitgehend unter hormoneller Kontrolle (rechts). Seine Abnahme wird vom Vagusnerv an die Hirnanhangsdrüse gemeldet, die zwei Hormone ausschüttet: Vasopressin und adrenocorticotropes Hormon (ACTH). Vasopressin verringert die Harnausscheidung, ACTH fördert die Aldosteronbildung in den Nebennieren und schränkt damit die Salzausscheidung der Nieren ein.*

anderen Krankheit sein, dem Diabetes insipidus. Seine Ursache liegt in einem Mangel an Vasopressin, die Wasserrückresorption in den Nieren ist vermindert; der Körper verliert enorme Flüssigkeitsmengen.

Nebennieren

Die Nebennieren, die den Nieren am oberen Pol aufsitzen, bestehen aus zwei Gewebsbezirken, der äußeren Rinde und dem inneren Mark; beide sind sehr leistungsfähige Hormonproduzenten mit vielfältigen Funktionen. In der Rinde entstehen die sog. Mineralokortikoide oder Steroidhormone, die den Flüssigkeits- und Elektrolythaushalt des Körpers regulieren. Beim Conn-Syndrom verursacht eine Überproduktion dieser Hormone Bluthochdruck, weil im Körper zuviel Natrium und Wasser zurückgehalten wird.

Eine wichtige Aufgabe der Glukokortikoide ist es, die Verteilung der Kohlenhydrate im Körper, vor allem die der Glukose, zu überwachen. Gebildet werden sie in den beiden inneren Schichten der Rinde. Auch männliche Geschlechtshormone, die Androgene, entstehen (sogar bei Frauen) in der Nebennierenrinde. Durch genetische Defekte kann eine Überproduktion der Androgene einsetzen, die bei jüngeren Frauen männliche Geschlechtsmerkmale entstehen läßt. In extremen Fällen können solche Mädchen wie Jungen aussehen. Eine therapeutische Blockade der Androgenproduktion schwächt die Symptome ab und läßt diese Mädchen wieder fruchtbar werden.

Die Nebennieren sind auch während der Geburt aktiv; es gibt Hinweise, daß der Geburtsvorgang von den Androgenen der kindli-

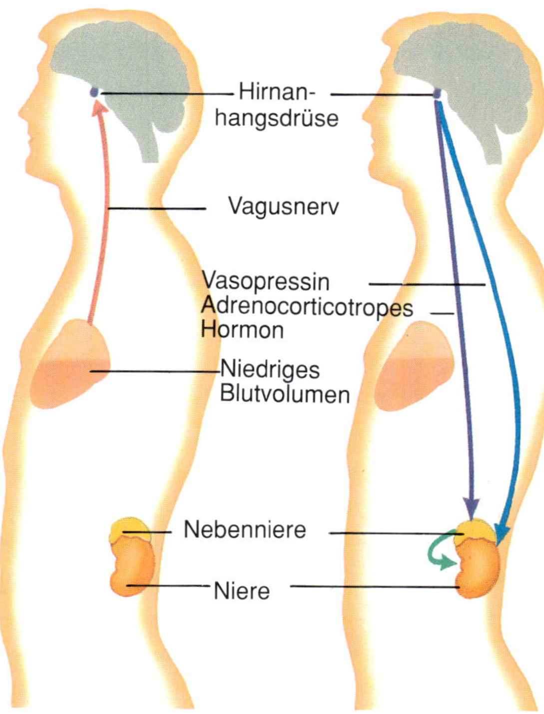

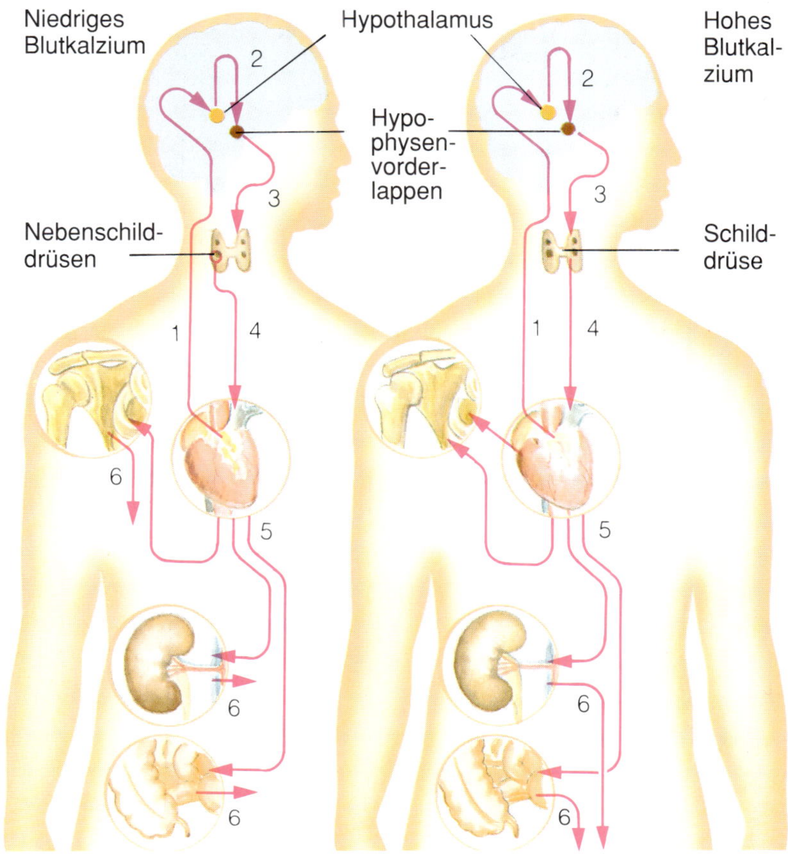

__Der Blutspiegel__ des Kalziums - Hauptspeicher sind die Knochen - wird durch die Nebenschilddrüsen geregelt. Seine Abnahme wird vom Hypothalamus registriert und an die Hirnanhangsdrüse weitergemeldet. Aus deren Vorderlappen gelangt ein Hormon mit dem Blutkreislauf zu den Nebenschilddrüsen, die nun Parathormon ausschütten. Dieses hat drei Wirkungen: Es beschleunigt die Kalziumaufnahme mit der Nahrung im Darm, vermindert die Kalziumausscheidung in den Nieren und fördert die Kalziumfreisetzung aus dem Knochen. Steigt der Kalziumgehalt des Blutes zu stark an, kommt über Hypothalamus und Hirnanhangsdrüse der hormonelle Befehl an die Schilddrüse, das Hormon Kalzitonin zu produzieren. Dieses ist Gegenspieler des Parathormons: Die Aufnahme von Kalzium im Darm wird eingeschränkt, seine Ausscheidung in den Nieren und sein Einbau in den Knochen gefördert.

chen Nebennieren ausgelöst wird. In den letzten Schwangerschaftswochen steigt die Ausschüttung von Androgen an. Es wird in der Plazenta in Östrogene umgewandelt, die den mütterlichen Hormonhaushalt aus dem Gleichgewicht bringen und die Wehen einleiten.

Eine Unterfunktion der Nebennieren findet man bei der Addison-Krankheit, bei der u.a. folgende Symptome auffallen: dunkle Pigmentation der Haut, Müdigkeit, Gewichtsverlust und Schwindel. Diese Krankheit wird durch Ersatz der fehlenden Glukokortikoide behandelt. Es ist jedoch schwierig, die Hormonmenge der Körperaktivität anzupassen. Eine Überdosierung ruft die Symptome des sog. Cushing-Syndroms hervor: Stammfettsucht, ein charakteristisches Mondgesicht, Stiernacken und Kugelbauch bei relativ dünnen Beinen. Hinzu kommen noch gesteigerte Blutungsneigung, Bluthochdruck, Mattigkeit, Zuckerverwertungsschwierigkeiten im Sinne eines Diabetes mellitus, Rückenschmerzen, Störungen der Fortpflanzung und der Psyche.

Oft ist das Cushing-Syndrom auf eine Störung der Hirnanhangsdrüse zurückzuführen. Ein Hypophysentumor kann die Überproduktion von ACTH bewirken, das die Nebennierenrinde zur vermehrten Ausschüttung von Kortikoiden zwingt. Andere Tumoren, hauptsächlich in der Lunge, erzeugen Substanzen, die dem ACTH sehr ähnlich sind und die dieselben Auswirkungen haben. Darüber hinaus gibt es auch hormonaktive Tumoren in der Nebennierenrinde selbst.

Eine große Zahl von Erkrankungen ist von Entzündungserscheinungen begleitet, wie z.B. Asthma und rheumatische Arthritis. In diesen Fällen kann die Entzündung und ihre zerstörerischen Folgen mit Kortikosteroiden erfolgreich unterdrückt werden. Bei längerfristiger Behandlung ist jedoch wegen der Gefahr eines sich bildenden Cushing-Syndroms Vorsicht geboten.

Viele Leistungssportler und Bodybuilder benutzen, obwohl es verpönt ist und verfolgt wird, die sog. Anabolika zum Muskelaufbau. Bei längerem Gebrauch dieser mit den Hormonen der Nebennie-

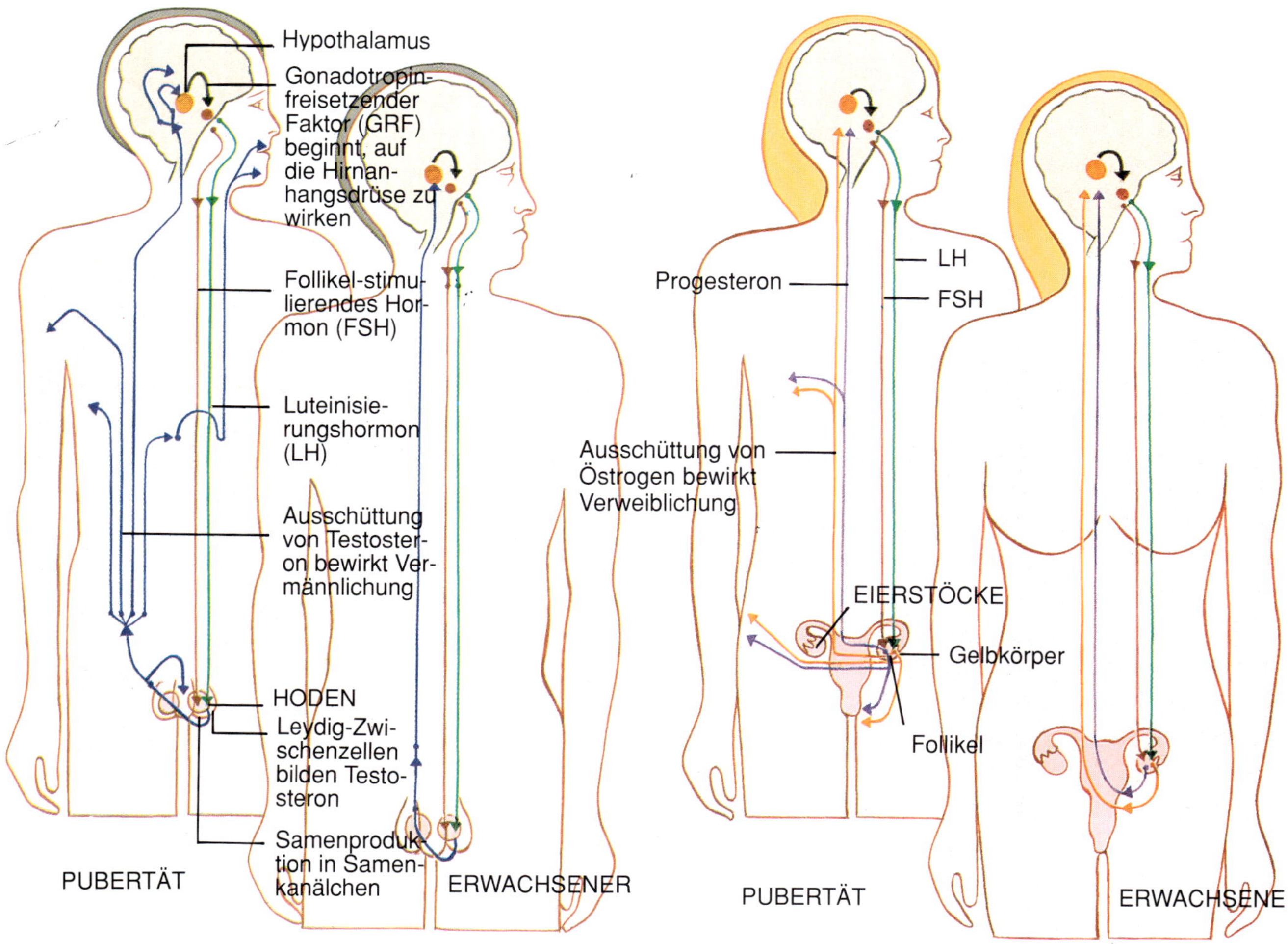

renrinde verwandten Stoffe treten in der Regel schwerwiegende, den Körper schädigende Komplikationen auf.

Wenn wir uns erschrecken oder einem plötzlichen Streß ausgesetzt werden, bereitet sich unser Körper auf eine sofortige Reaktion vor: Flucht oder Kampf. Dies ist die Aufgabe der Hormone, die in dem Nebennierenmark gebildet werden. Körperliche oder seelische Belastungen sind Anlaß für die Ausschüttung von Adrenalin und Noradrenalin; der Körper mobilisiert seine Reserven. Das Herz schlägt stärker und schneller, der Blutdruck steigt und das Blut wird vermehrt in die Skelettmuskulatur umgeleitet, die somit sofort einsatzbereit ist.

Gonaden - die Geschlechtsdrüsen

Ohne die Keimdrüsen, die Hoden beim Mann und die Eierstöcke bei der Frau, wäre eine geschlechtliche Reifung und sexuelle Aktivität unmöglich. Die Entwicklung zum Mädchen oder Knaben beginnt bereits in der Gebärmutter, etwa 40 Tage nach der Befruchtung. Beim Knaben bilden sich die Hoden und erzeugen das männliche Hormon Testosteron, welches die Entstehung von Glied und Hodensack anregt. Bei Mädchen fördern die Keimdrüsenhormone die Entwicklung von Eileiter, Gebärmutter und Scheide.

Bei der Geburt arbeiten die Eierstöcke und Hoden noch nicht mit voller Kraft, sie stellen aber kleine Mengen Geschlechtshormone her, vornehmlich Östrogen bei Mädchen und Testosteron bei Knaben. Gleichzeitig erzeugt die Hypophyse minimale Mengen an ge-

***Die Veränderungen** bei Knaben und Mädchen während der Geschlechtsreife, Pubertät, werden durch Geschlechtshormone der Keimdrüsen ausgelöst, die unter dem Einfluß von Hirnanhangsdrüsenhormonen gebildet werden. Wie bei den meisten endokrinen Reaktionen beginnt die Reaktionskette im Hypothalamus. Aus dieser Befehlszentrale kommt der Gonadotropin-freisetzende Faktor (GRF), der die Hirnanhangsdrüse zur Abgabe von Follikel-stimulierendem Hormon (FSH) und Luteinisierungshormon (LH) zwingt. Diese regen die Hormonproduktion in den Keimdrüsen an, bei den Knaben die Hoden (oben links), bei den Mädchen die Eierstöcke (oben rechts).*

schlechtlichen Steuerungshormonen, aber das System glimmt vor sich hin. Während der Pubertät kommt es mit einem plötzlichen Geschlechtshormonstoß zu einschneidenden Veränderungen. Die genauen Ursachen dafür sind unbekannt, aber die Wirkung ist klar ersichtlich: bei Mädchen entwickeln sich die Brüste und das Becken wird breiter, bei Jungen beginnt der Bart- und Körperhaarwuchs und der Stimmbruch setzt ein. Bei beiden Geschlechtern fängt das Wachstum der Achsel- und Schamhaare an.

Die sekundären Geschlechtsmerkmale entstehen durch die Wirkung der Geschlechtshormone Östrogen, Progesteron, Testosteron und Androsteron. Diese Hormone werden sowohl bei Mädchen wie auch Knaben gebildet, ihr Effekt hängt jedoch mit der jeweiligen Konzentration zusammen. Die beiden ersten sind hauptsächlich mit weiblichen Funktionen verbunden, die beiden letzten mit männlichen.

Die Pubertät setzt bei Mädchen zwischen dem 10. und 16. Lebensjahr ein, bei Jungen zwischen dem 14. und 18. Lebensjahr. In manchen Fällen beginnt die Geschlechtsreife früher oder beginnt, wenn der Hypothalamus oder die Hypophyse geschädigt sind oder ein hormonaktiver Tumor der Hirnanhangsdrüse schon vor diesem Zeitraum die Keimdrüsen anregenden Gonadotropine freisetzt. Die Gonaden entwickeln sich ungewöhnlich frühzeitig mit voller Geschlechtsreife und den charakteristischen sekundären Geschlechtsmerkmalen bei den betroffenen Kindern. Im Gegensatz dazu schränken Störungen der Hoden oder Eierstöcke die Produktion der Geschlechtshormone ein und verzögern die Pubertät.

Mit der ersten Monatsblutung (Menarche) beginnt bei Frauen ein regelmäßiger, hormonkontrollierter Menstruationszyklus, der sich etwa alle 28 Tage wiederholt und in dessen Mitte der Eisprung stattfindet. Ein großer Teil der Gebärmutterschleimhaut wird am Ende jedes Zyklus als sog. Monatsblutung ausgestoßen. Alle hormonellen Veränderungen werden vom hypophysären Gonadotropin kontrol-

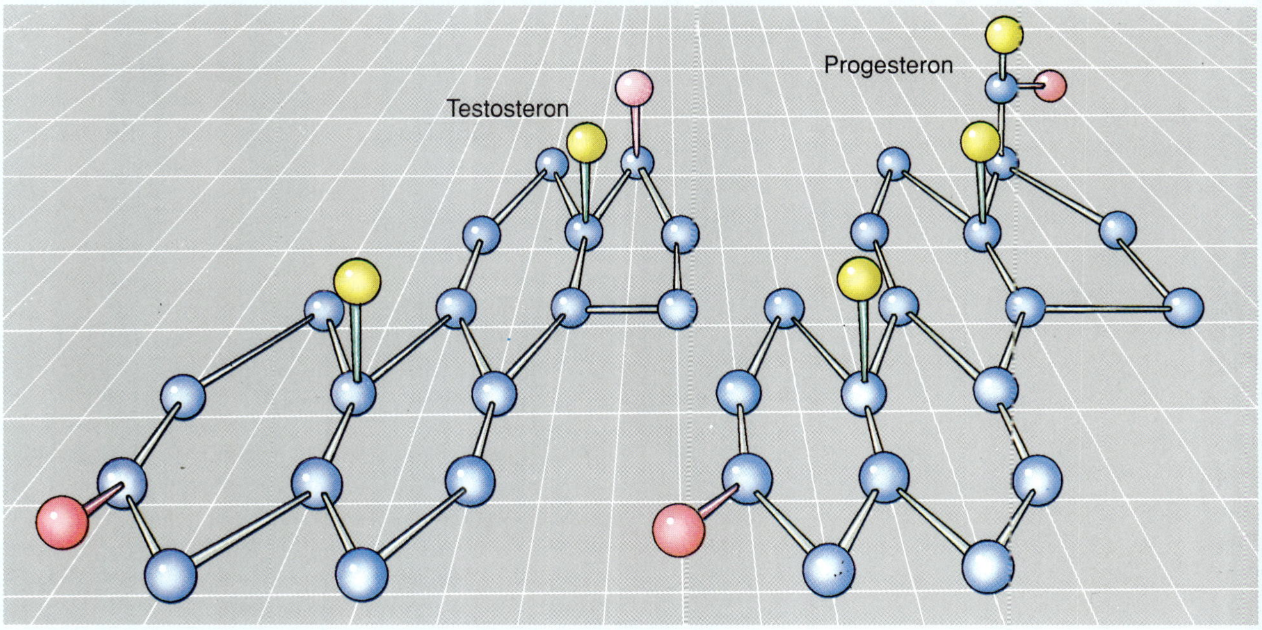

Die meisten Unterschiede zwischen Mann und Frau sind auf die Wirkung der Geschlechtshormone zurückzuführen, beim Mann im wesentlichen auf Testosteron, bei der Frau auf Östrogen und Progesteron. Ein Vergleich der Molekularstruktur dieser Hormone macht deutlich, wie wenig sie sich voneinander unterscheiden. Die Moleküle von Testosteron und Progesteron (oben) bestehen aus aneinanderhängenden Ringen und von diesen abgehenden Atomen. Progesteron besitzt jedoch eine Gruppe aus drei Atomen an einer der Ecken, während Testosteron hier nur ein Atom trägt. Deshalb könnte man überspitzt sagen, der wesentliche Unterschied zwischen Mann und Frau seien zwei winzige elementare Teilchen.

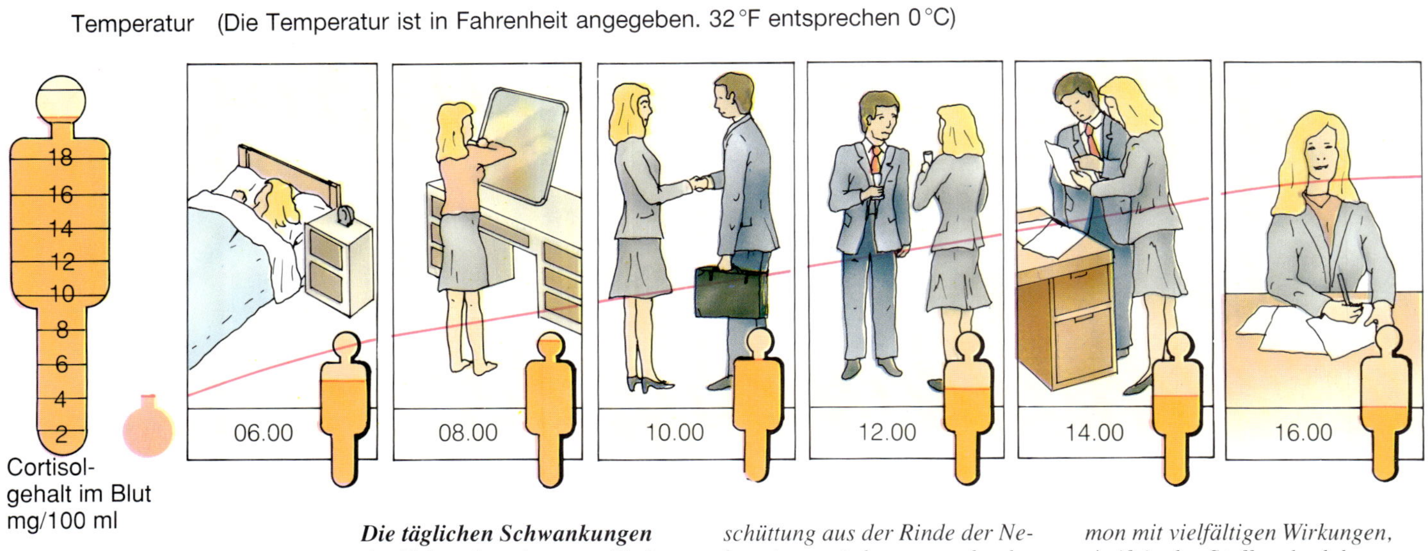

***Die täglichen Schwankungen** des Nebennierenhormons Hydrokortison im Blut wirken sich auf Körperstoffwechsel, Schlaf-Wach-Rhythmus und geistige Leistungsfähigkeit aus. Seine Ausschüttung aus der Rinde der Nebennieren wird angeregt durch adrenocorticotropes Hormon (ACTH), das wiederum ein Produkt der Hirnanhangsdrüse ist. Hydrokortison, ein Steroidhormon mit vielfältigen Wirkungen, greift in den Stoffwechsel der energiespendenden Kohlenhydrate wie Glukose und Glykogen ein. Thyroxin aus der Schilddrüse beeinflußt den Sauerstoffver-*

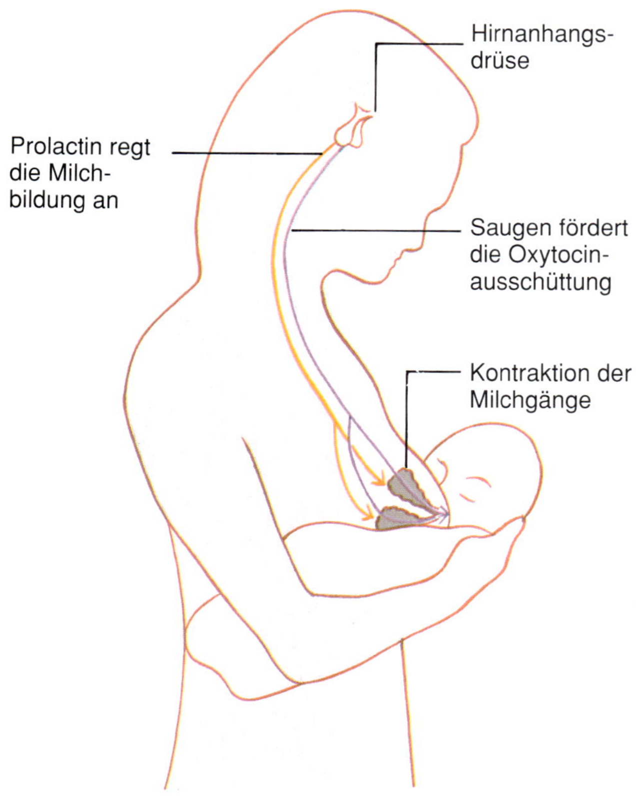

Nach der Geburt wird die Milchproduktion durch das Saugen an der Mutterbrust angeregt. Die Hirnanhangsdrüse der Mutter setzt die Hormone Oxytocin und Prolactin frei. Das erstere drückt die Milch in die Milchgänge, das letztere hält die Milchbildung in Gang.

liert, sie bereiten den weiblichen Körper jedesmal auf eine Befruchtung vor.

Das Follikel-stimulierende Hormon (FSH) der Hypophyse fördert die Reifung der Eizelle im Follikel des Ovars; aus dem Sekundär- entsteht der reife Tertiärfollikel (Graaf-Follikel). Dieser sondert Östrogen ab, das u.a. die Gebärmutterschleimhaut (Endometrium) zu starkem Wachstum anregt. Etwa am 14. Tag des Zyklus kommt es zur Ausschüttung von luteinisierendem Hormon (LH) aus der Hypophyse. Der Graaf-Follikel stößt daraufhin seine Eizelle aus und wandelt sich zum Gelbkörper (Corpus luteum) um. Dieser sezerniert das Gelbkörperhormon Progesteron, das die Sekretionsphase der Gebärmutterschleimhaut einleitet und diese zur Einnistung des Keimlings vorbereitet.

Der weitere Verlauf des Zyklus hängt nun davon ab, was mit der aus dem Follikel befreiten Eizelle passiert. Vereinigt sie sich nicht innerhalb von 48 Stunden mit einer Samenzelle (Befruchtung), stirbt sie ab. Der Gelbkörper zerfällt, vom 7. bis zum 14. Tag nach dem Eisprung nimmt die Progesteronbildung ab. Dadurch löst sich ein großer Teil der Gebärmutterschleimhaut ab. Mit dem Einsetzen der Monatsblutung beginnt ein neuer Zyklus.

Wird die Eizelle jedoch befruchtet, setzt eine hormonelle Reaktion ein. Nach etwa vier Tagen kommt die befruchtete Eizelle als Morula in die Gebärmutter und ihre Schleimhaut. Hier beginnt der Aufbau der Plazenta, die jetzt die Progesteronproduktion des bis dahin aktiven Gelbkörpers übernimmt und eine weitere Follikelreifung sowie die Schleimhautabstoßung verhindert. Außerdem stellt sie Steroidhormone her, die für die Ernährung und Entwicklung des Embryos lebenswichtig sind.

Befruchtung und Einnistung sind hormonell geregelte Vorgänge, die durch dem Körper künstlich zugeführte Eierstockhormone verhindert werden können. Dabei wird der Hirnanhangsdrüse vorgetäuscht, es läge eine Schwangerschaft vor; diese setzt nun kein FSH und LH frei, weshalb im Eierstock die Follikelreifung ausbleibt, somit kein Eisprung und auch keine Befruchtung stattfinden kann. Dies ist das Prinzip der Antibabypille oder Ovulationshemmer. Grundvoraussetzung ihrer Wirkung ist die regelmäßige Einnahme,

brauch und die Wärmeproduktion der Zellen, wobei die Kontrolle der Körpertemperatur eine der Hauptfunktionen des Hypothalamus darstellt. Die geistige Leistungsfähigkeit scheint mit der Körpertemperatur verknüpft zu sein.

da sonst bei Abfall des Blutspiegels der Pillenhormone die Hypophyse mit einer sofortigen Ausschüttung der Gonadotropine reagiert. Die ständig hohe Hormonzufuhr hat aber auch negative Auswirkungen auf die Körperorgane. So steigt beispielsweise das Risiko einer Blutgerinnung innerhalb der Gefäße, der Entstehung einer Thrombose, an. Deshalb wurden Antibabypillen mit möglichst niedrigen Hormonkonzentrationen entwickelt.

Auch die männlichen Geschlechtsmerkmale entstehen unter dem Einfluß der Gonadotropine. Die Produktion des Testosterons im Hoden unterliegt der Steuerung durch das LH aus der Hirnanhangsdrüse. Dieses Hormon ist jedoch auch die Ursache von Aggressionen, und es regt den Geschlechtstrieb an, wobei der genaue Mechanismus noch unklar ist. Follikel-stimulierendes Hormon (FSH) und Testosteron stimulieren gemeinsam in den Hoden die Bildung von Samenzellen. An der Steuerung der Produktion männlicher Hormone sind negative Feedback-Mechanismen über Hypophyse oder Hypothalamus beteiligt.

Andere endokrine Gewebe

Neben den endokrinen Drüsen gibt es überall im Körper verteilte Zellen oder Zellverbände mit endokriner Funktion; so im Verdauungskanal, wo Hormone erzeugt werden, die die Produktion der Verdauungssäfte anregen. Der Magen z.B. sezerniert Gastrin, welches die Salzsäurebildung in den Magendrüsen auslöst. Die angedaute Nahrung erreicht dann den Zwölffingerdarm und stellt hier einen Reiz zur Freisetzung von Cholecystokinin und Pankreozymin dar; das erstere regt die Gallensekretion und letzteres die Enzymproduktion im Pankreas an.

Auch in den Nieren, deren Hauptaufgabe ja in der Ausscheidung überschüssiger Flüssigkeit, Mineralien und Abbauprodukten des Stoffwechsels liegt, finden sich hormonbildende Zellen. Renin beeinflußt den Blutdruck über die Bildung von Angiotensin, einer Substanz, die einerseits die Blutgefäße enger stellt und andererseits in den Nebennierenrinden die Freisetzung des Hormons Aldosteron bewirkt. Beides führt letztlich zu einer Erhöhung des Blutdrucks. Erythropoetin ist ein wichtiger Reiz bei der Bildung der roten Blutkörperchen im Knochenmark.

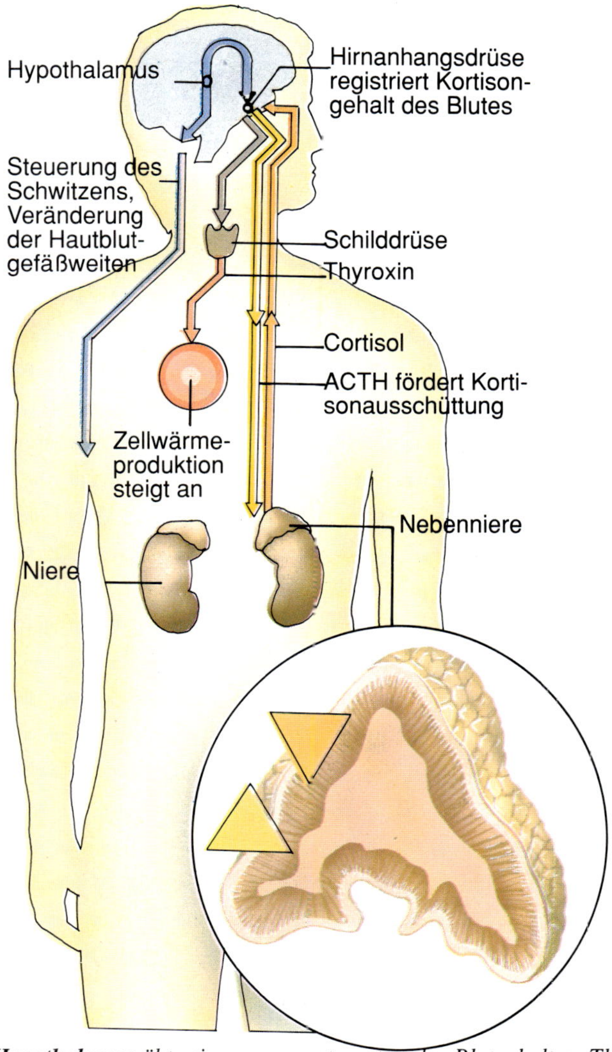

***Der Hypothalamus** übt seinen unmittelbaren Einfluß auf die Körpertemperatur aus, indem er die Tätigkeit der Schweißdrüsen und die Hautdurchblutung reguliert. Über die Hirnanhangsdrüse steuert er den Blutgehalt an Thyroxin und Hydrokortison, die die mit dem Stoffwechsel zusammenhängende Wärmeproduktion kontrollieren.*

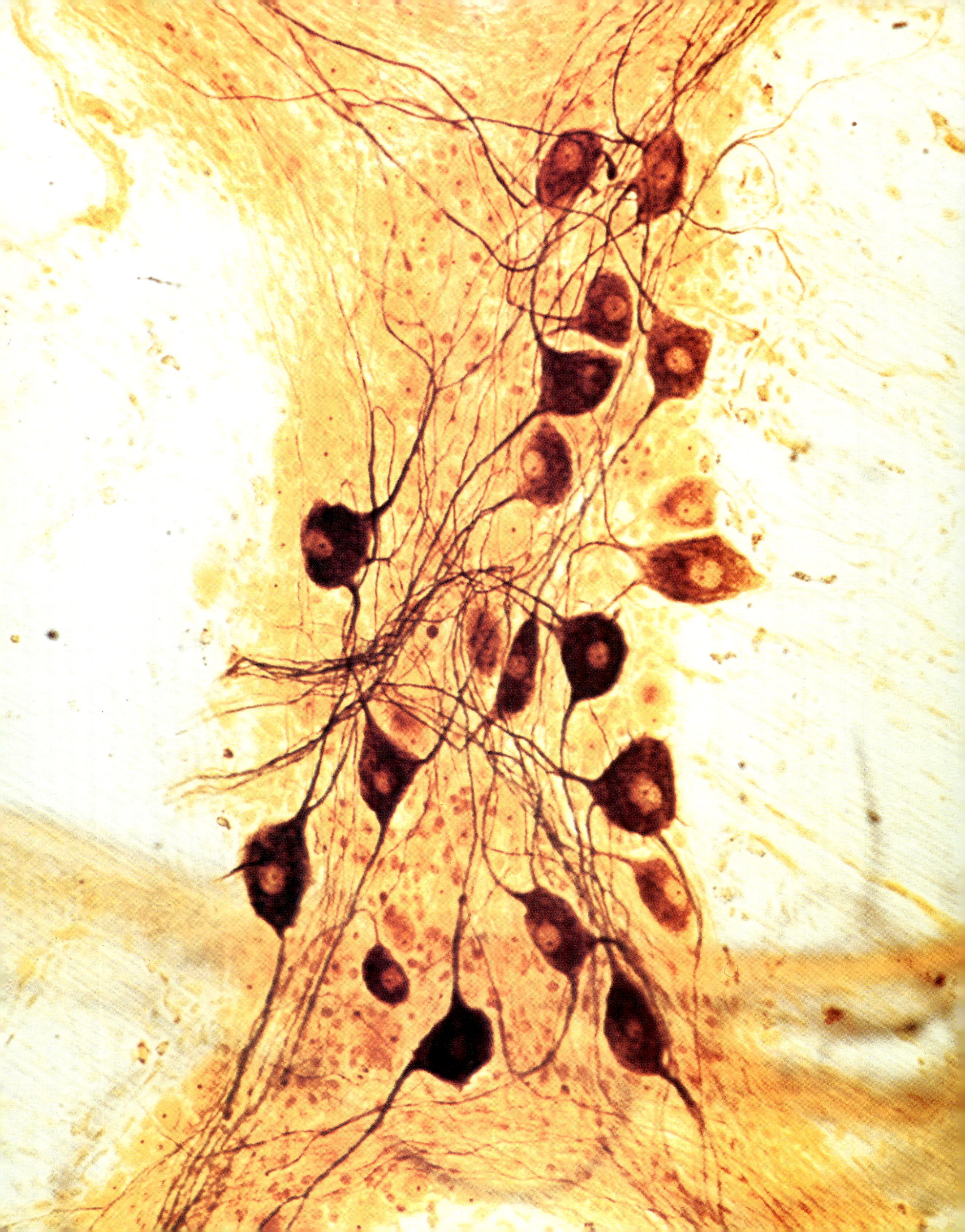

Kapitel 12

Das Nervensystem

Lautlos und unaufhörlich transportieren unsere Nerven Impulse vom und zum Gehirn, während wir wach sind oder tief schlafen. Jede Bewegung, die wir machen, ein unbewußtes Zwinkern des Auges oder das Steuern eines Autos, alles, was wir fühlen - sogar unsere Träume - hängt vom Funktionieren des Nervensystems ab. Dieses hochkomplizierte und ausgeklügelte Netzwerk erstreckt sich durch den ganzen Körper. Es nimmt ständig Informationen auf und leitet Befehle weiter, so daß Muskeln und Organe in Aktion treten können.

Das Nervensystem besteht aus dem Gehirn, dem übergeordneten Sitz der Sinne und Sinneswahrnehmungen, dem Rückenmark, wichtigste Leitungsbahn dieses Kommunikationssystems, sowie den Nerven, einem weitverzweigten Netzwerk, dessen Fasern ins Rückenmark hinein und hinaus führen. Das ganze System ist so kompliziert, daß man die Funktionsweisen der einzelnen Elemente immer noch nicht genau kennt. Wir können uns jedoch einen groben Überblick darüber verschaffen, wie das ganze System den Körper steuert. Höhere Funktionen, Gedächtnisleistungen etwa, Vergleiche und Entschlüsse, finden im Gehirn statt, während der Rest des Nervensystems Sinneswahrnehmungen zum Gehirn übermittelt und von dort Befehle weiterleitet, um Bewegungen und Reaktionen des Körpers steuern zu können.

Systeme innerhalb von Systemen

Im Gegensatz zu den Blut- oder Lymphbahnen bilden die Nerven keine einheitliche Einrichtung, es handelt sich viel eher um verschiedene, in Verbindung stehende Systeme. Einige davon sind räumlich voneinander getrennt, andere unterscheiden sich nur hinsichtlich ihrer Funktion. Gehirn und Rückenmark gelten als Zentralnervensystem, die übrigen nervösen Strukturen werden dem peripheren Nervensystem zugerechnet. Ein Teil davon ist das autonome Nervensystem, das jedoch ganz bestimmte Aufgaben zu erfüllen hat und für jene Körperfunktionen verantwortlich ist, die nicht der bewußten Steuerung unterliegen, also etwa Herzschlag oder Automatik von Nieren und Verdauungstrakt. Das autonome Nervensystem gliedert sich in den Parasympathikus sowie den Sympathikus. Diesen beiden fallen zum Teil gegensätzliche Aufgaben zu, sie kontrollieren sich gegenseitig und erreichen dadurch ein Gleichgewicht.

Wie alle anderen Körpergewebe bestehen auch Nerven aus Zellen. Nervenzellen, Neuronen genannt, sind jedoch in vielerlei Hinsicht etwas Außergewöhnliches, es handelt sich um die größten oder mindestens die längsten Zellen des Körpers, manche sind bis zu einem Meter lang. Das Nervensystem bedient sich schwacher elektrischer Impulse oder Reize, die durch die Nervenzellen weitergeleitet werden. Informationen der sensorischen oder sensiblen Nerven werden mit hoher Geschwindigkeit weiterverarbeitet, so daß Reaktionen in Bruchteilen von Sekunden ablaufen. Nervenimpulse erreichen Geschwindigkeiten von bis zu 400 Stundenkilometern. Im Gegensatz dazu schüttet ein anderer Steuerungsmechanismus des Körpers, das endokrine System, Hormone in den Blutkreislauf aus. Bis der er-

***Die Nervenzelleiber** (mit ihren Kernen) sehen auf dieser mikroskopischen Aufnahme eines Vagus-Abschnitts aus dem Darm wie schwarze Flecken in einem Fasergewirr (von Dendriten) aus. Der Vagus, einer der lebenswichtigen, direkt aus dem Gehirn abgehenden Nerven, zählt zu den längsten unseres Körpers. Über ihn befiehlt das Gehirn den Drüsen des Darms, ihre verdauungsfördernden Stoffe, Enzyme, in die Darmlichtung auszuschütten. Er aktiviert aber auch die glatte Muskulatur der Darmwand, die angedaute Nahrung weiterzuschieben.*

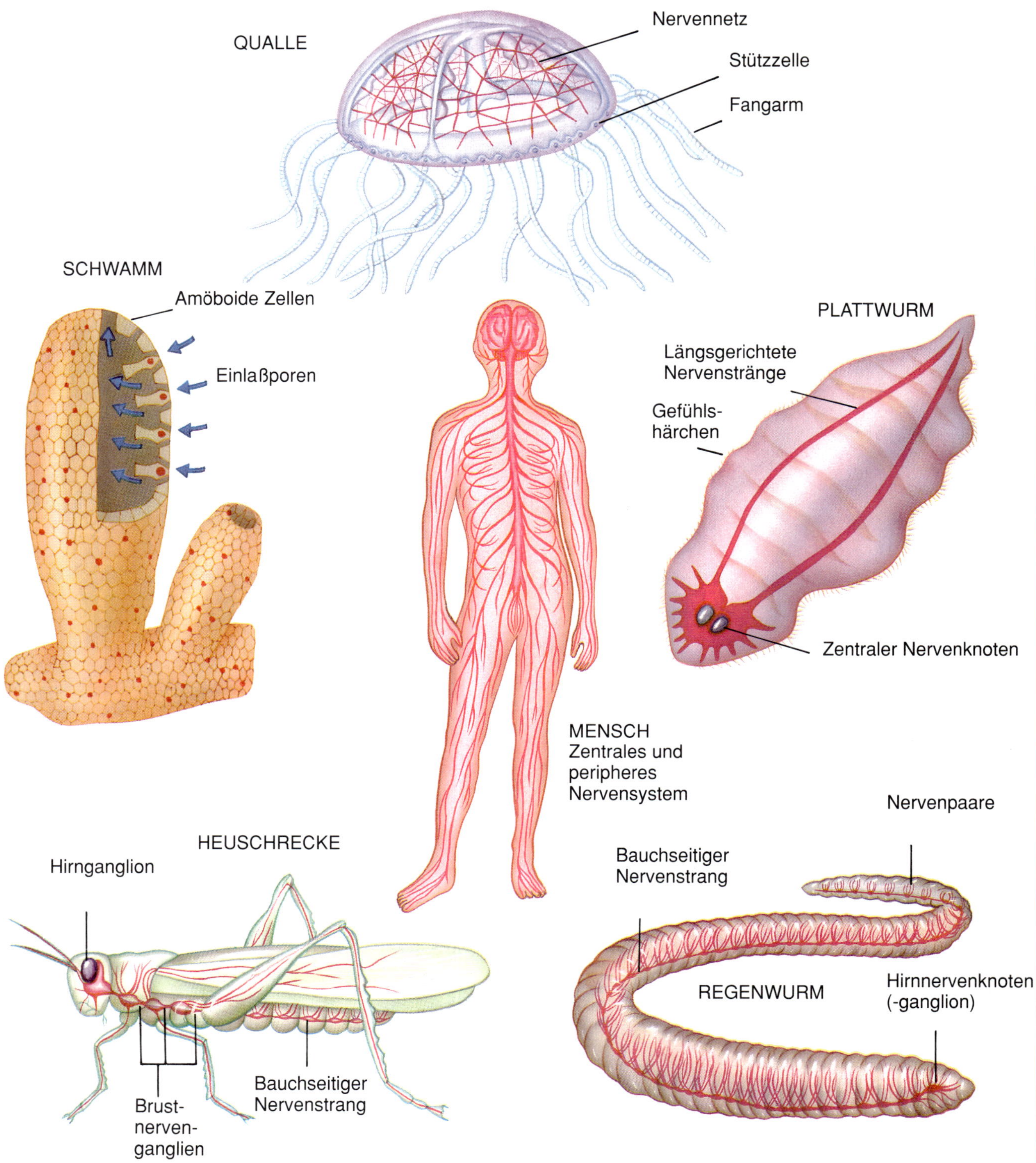

Menschen besitzen das am weitesten entwickelte Nervensystem aller Lebewesen. Es besteht aus einem zentralen Teil (Hirn, Rückenmark) und einem peripheren Abschnitt (Körper-, Eingeweidenerven). Das System der Wirbellosen ist viel einfacher. Der Schwamm hat überhaupt keine Nerven, er ist auf Botenstoffe angewiesen, die von seinen amöboiden Außenwandzellen abgegeben werden. Die Qualle hat ein reich verzweigtes Zellnetzwerk. Der Plattwurm verfügt bereits über zwei zentrale Nervenknoten (Ganglien) und davon abgehende Nervenstränge. Bei Regenwürmern zweigt sich ebenfalls in jedem Glied seitlich ein Nervenpaar ab. Das Gehirnganglion bei Insekten ist ein Primitivgehirn, das als Kontrollstelle wirkt.

wünschte Effekt eintritt, können dabei allerdings mehrere Stunden vergehen.

Ein weitverzweigtes Netz

Bei der Beschreibung des Nervensystems steht der Anatom vor einem ähnlichen Problem wie der Techniker, der erklären soll, wie eine Telefonzentrale funktioniert - das Ganze ist ein äußerst kompliziertes System, und niemand weiß genau, wo es anfängt und wo es aufhört. Unsere Nerven verzweigen sich wie Telefonleitungen aus der Zentrale. Sie führen bis in die entferntesten Bereiche des Körpers, erreichen Fußsohle wie Scheitel und sind sowohl an der Körperoberfläche als auch im Inneren zu finden. Bei den Nerven handelt es sich um hochspezialisierte Zellen, die Informationen von einem Teil des Körpers in einen anderen weiterleiten. Die meisten sind wie ein Seil gebündelt und bilden einen Strang. Manche Nerven sind nur etwa 0,02 Zentimeter dick und von cremigweißer Farbe.

Nervenzellen weisen die gleichen Bauprinzipien wie andere Zellen auf, besitzen also eine Zellmembran, die den Kern und das Zytoplasma enthält. Sie unterscheiden sich jedoch von der Form her. Nehmen wir als Beispiel einen motorischen Nerv, der Befehle vom Gehirn zu einem Muskel weiterleitet. An einem Ende befindet sich ein Bündel von Fortsätzen, Dendriten genannt. Am anderen Ende sieht man einen langen, dünnen Fortsatz, das Axon, das sich bis zu 150mal aufzweigt und mit bis zu 150 verschiedenen Muskelfasern Kontakt aufnehmen kann.

Nerven sind zwar unter Umständen dünner als Haare, erreichen jedoch eine erstaunliche Länge. Der Nerv, der vom unteren Ende der Wirbelsäule bis zur Zehenspitze verläuft, ist fast einen Meter lang. Andere messen dagegen nur einige Millimeter. Die meisten Nerven sind Glieder einer Zellkette, anstatt in direkter Verbindung zu einem Muskel zu stehen. Jedes Axon nimmt an sog. Synapsen Kontakt mit den Dendriten der darauffolgenden Zelle auf, zwischen ihnen bleibt jedoch eine winzige Lücke, der Synapsenspalt. Die Nervenimpulse müssen diesen Spalt überwinden und tun dies mit Hilfe von chemischen Stoffen, den Neurotransmittern.

Eine Kettenreaktion

Sobald ein elektrisches Nervensignal das Ende eines Axons erreicht hat, wird aus kleinen Bläschen der Überträgerstoff freigesetzt, der sich rasch über den Synapsenspalt verteilt und die Dendriten der nächsten Zelle erregt, die ihrerseits ein neues elektrisches Signal in ihren Zellen erzeugen und weiterleiten. Dieser Vorgang spielt sich im Bruchteil der Zeit ab, die zu seiner Erklärung notwendig ist. Jede Synapse setzt der Übertragung einen gewissen Widerstand entgegen, so daß die Nervenbotschaft im Laufe ihres Fließens schwächer wird.

Scheinbar behindern die Synapsenspalträume einen kontinuierlichen Fluß der Nervenimpulse. Sie besitzen jedoch eine wichtige Funktion: Sie wirken als Ventile und gestatten den Erregungsfluß nur in eine Richtung. Zellen sind vielen verschiedenen Einflüssen unterworfen, die letztlich entweder stimulierend oder hemmend wirken. Die Reaktion der Zelle hängt vom Gleichgewicht zwischen den einzelnen Reizen ab. Dadurch und durch die Vielfalt der Kontaktstellen erhält das System erhöhte Präzision und Kontrolle.

Nervensignale werden also auf Einbahnstraßen transportiert. Wenn wir beispielsweise anfangen zu gehen, fließen Signale vom Gehirn durch das Rückenmark in die Beinmuskulatur. Die Befehle werden von motorischen Neuronen übertragen, die man auch als efferent bezeichnet, da sie Botschaften aus dem Gehirn nach außen, in die Peripherie leiten. Stößt man sich jedoch den Fuß an, so werden die Empfindungen von sensiblen Nervenzellen ans Zentralnervensystem weitergeleitet. Diese Neuronen beginnen als Sinnesempfänger; sie sind afferent, da sie Informationen von der Peripherie zum Zentrum, dem Gehirn, transportieren. Beide Arten von Nerven können im selben Nervenbündel enthalten sein und sich ziemlich ähnlich sehen.

Automatische Steuerung

Viele Vorgänge im Körper sind automatisch, so etwa die Atmung, der Herzschlag oder die Funktionen von Verdauungstrakt und Nieren. Wir müssen also nicht ständig ans Atmen denken bzw. unserem Magen den Befehl geben, tätig zu werden, wenn wir etwas gegessen haben. Diese Vorgänge laufen unbewußt ab, stehen jedoch unter der Kontrolle des Nervensystems.

Für die Steuerung der lebenswichtigen Funktionen ist das autonome Nervensystem verantwortlich. Es besteht aus dem Parasympathikus und dem Sympathikus, die im Körper verschiedene Wege beschreiten. Die Neuronen des Parasympathikus beginnen an der Hirnbasis und führen unmittelbar bis zum Zielorgan, wo die entsprechenden Impulse umgesetzt werden.

Die Neuronen des Sympathikus nehmen einen etwas umständlicheren Weg und laufen von der Wirbelsäule zu einer Zwischensynapse, wo sie in einem Nervenknoten (Ganglion) auf ein zweites Neuron stoßen. Das Ganglion fungiert als Schaltstation und gibt den Impuls über den zweiten Nerv an das Zielorgan weiter. Vom ersten Brustwirbel bis zum vierten Lendenwirbel befindet sich neben jedem der 31 Wirbel ein Ganglionpaar.

Die meisten Organe des Körpers stehen mit dem Sympathikus und Parasympathikus in Verbindung; beide Systeme haben oft gegensätzliche Effekte. Der Sympathikus wird in Zuständen gesteigerter Aktivität wirksam, wahrscheinlich um mit Streß- oder Notsituationen fertig zu werden. Der Parasympathikus blendet Aktivitäten aus, seine Nerven neigen dazu, für Entspannung zu sorgen. So wird die Arbeit eines Organs ausgewogen reguliert.

Es wird komplizierter

Das menschliche Nervensystem ist äußert kompliziert, es läßt sich nicht so einfach analysieren und begreifen. Die Nervensysteme der niederen Tiere sind viel einfacher, ihre Untersuchung mag eine Hilfe für das Verständnis des menschlichen Nervenapparates sein.

Niedere Lebewesen wie etwa Amöben und Schwämme kommen noch ohne Nervensystem aus. Zu den einfachsten Tieren, die über Nerven verfügen, gehören Seeanemonen, Quallen und Korallen. Ihre Zellen sind in inneren und äußeren Schichten angeordnet, wobei sich an der Basis der äußeren Schicht ein Nervennetz befindet. Dieses Netz besteht aus miteinander verbundenen Nervenzellen, zwei oder drei Axone jeder Zelle sind mit den Axonen anderer Zellen verbunden. Genau wie bei den Wirbeltieren sind die Axone nicht miteinander verschmolzen - der Nervenimpuls hat eine Synapse zu überwinden.

Doch bei diesen Tierarten ähneln sich die Axone, und es gibt keine sich verzweigenden Dendriten. Die Impulse können in beliebiger Richtung über die Nervenzelle weitergeleitet werden, so daß sich jeder Reiz über das Netzwerk im ganzen Körper ausbreiten kann. Bei gewissen Seeanemonen gibt es erste Hinweise auf Nervenspezialisierungen in Form von ein oder zwei deutlich ausgeprägten Bahnen, an denen die Nervenimpulse schneller weitergeleitet werden können.

Bei der Seeanemone ballen sich die Nervenzellen um den Mund, es gibt jedoch kein Gehirn. Höhere Tiere weisen eine deutlich erkennbare Kopfregion auf und sind in der Lage, sich fortzubewegen. Durch Bewegung kann ein Tier seine Umwelt besser kennenlernen, es ergeben sich jedoch auch neue Probleme. Das Vorhandensein eines Kopfes, der bei der Bewegung die Richtung angibt, ermöglicht die Entwicklung besonderer Sinnesorgane, um jene Informationen

Das weitverzweigte Nervensystem *geht von Gehirn und Rückenmark aus, um jeden Körperabschnitt zu erreichen. In den peripheren Nerven findet ein Gegenverkehr statt. Die sensiblen und sensorischen Reizempfänger für Gefühl, Gesicht, Gehör, Geruch und Geschmack leiten ihre Erregungen zum Gehirn, wo sie verarbeitet werden. Das Gehirn antwortet mit Befehlen, die über Hirn- und Rückenmarksnerven zu unseren Organen und Geweben übertragen werden. Daher sind wir in der Lage, auf äußere Reize sofort zu antworten.*

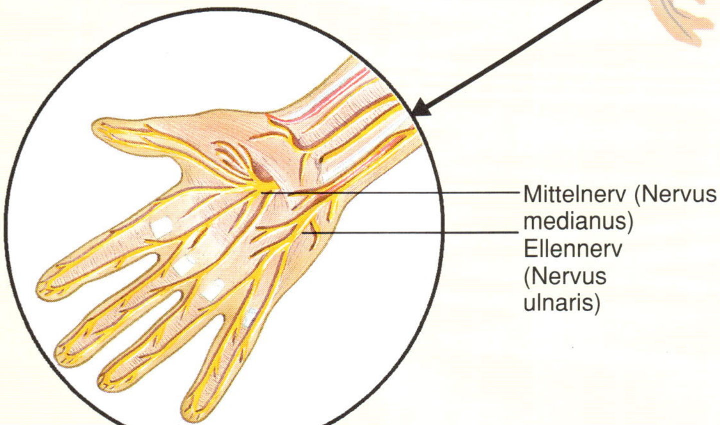

NERVEN DER HAND

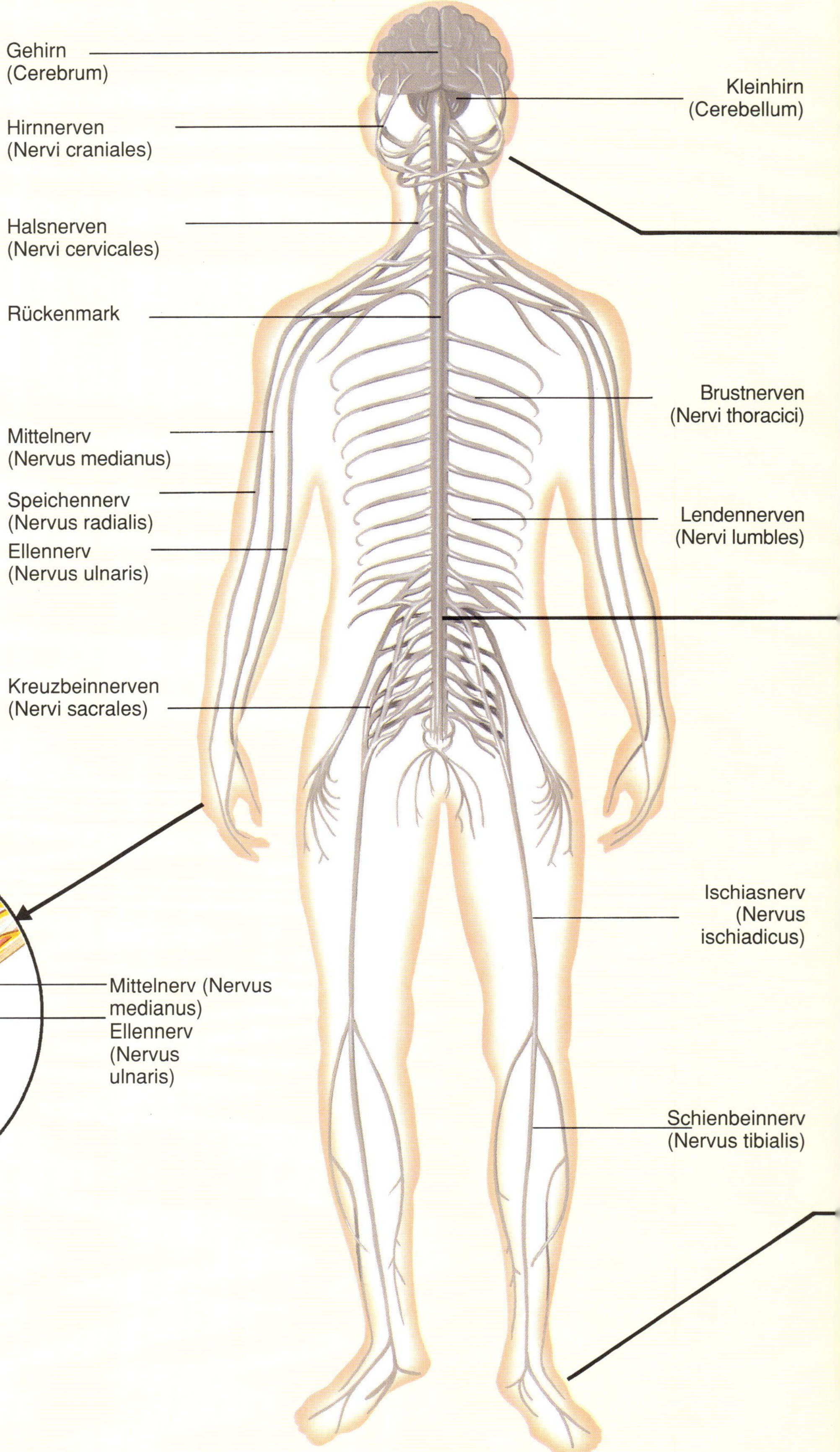

PERIPHERES NERVENSYSTEM

HALS-, GESICHTS- UND KOPFNERVEN

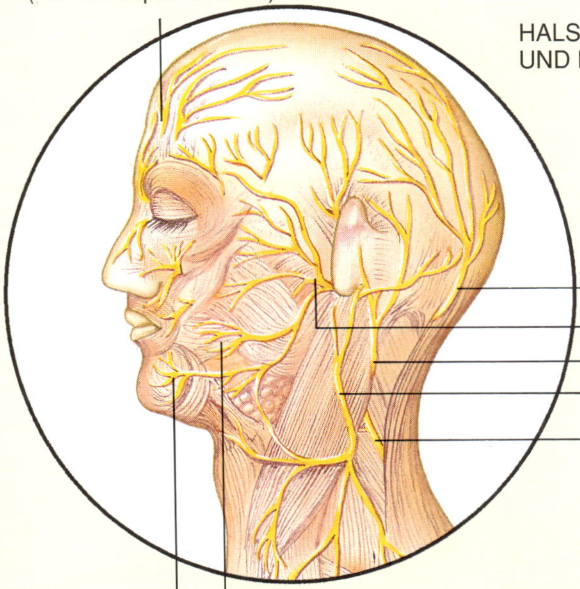

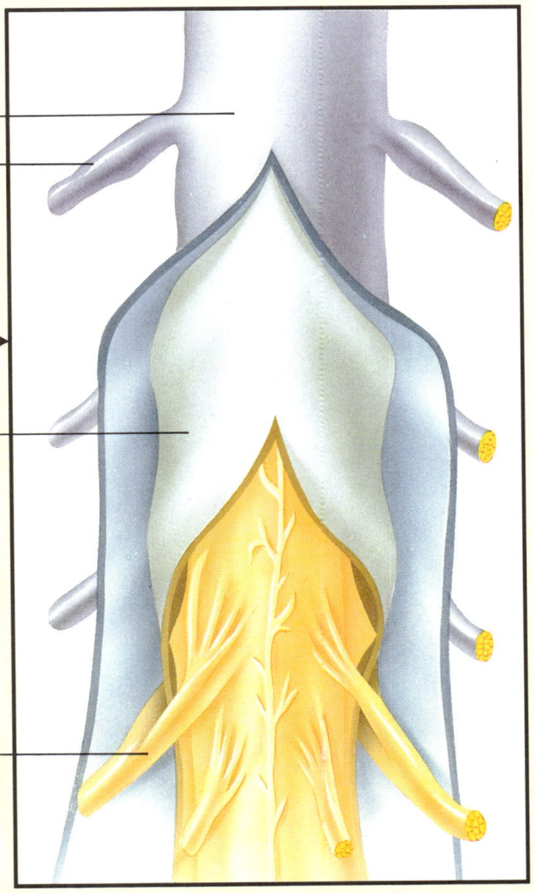

RÜCKENMARK UND SEINE HÄUTE

NERVEN DES FUSSES

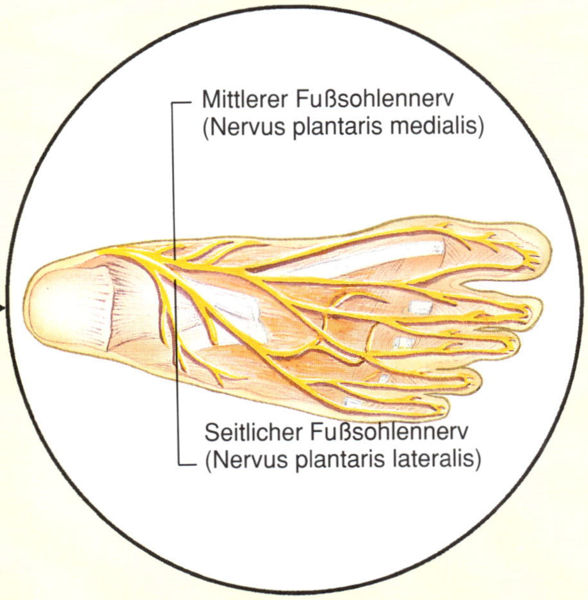

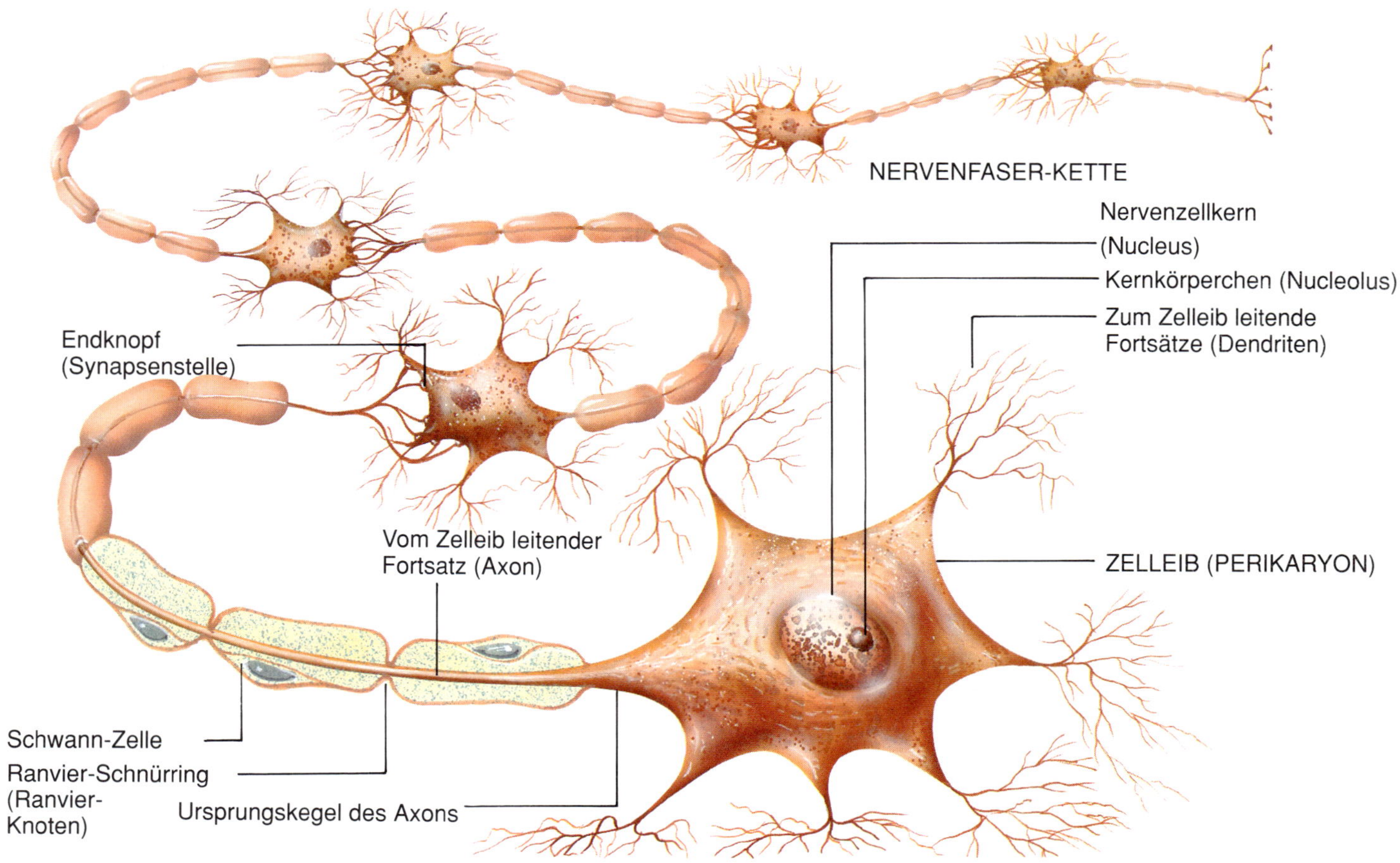

***Ein einzelner Nerv besteht** aus einer Aneinanderknüpfung vieler Nervenzellen, einer Kette von Neuronen. Jedes Neuron setzt sich aus einem Zelleib (Perikaryon) mit Kern (Nucleus) und den Zellausläufern zusammen - zuleitenden Fortsätzen, Dendriten, und einem fortleitenden, dem Axon. Dieser Achsenzylinder entspringt am Ursprungskegel (Axonhügel) des Zelleibs und wird alsbald von Schwann-Zellen umhüllt, in deren Aufeinanderfolge Spalten, Ranvier-Schnürringe, zu erkennen sind. An seinen Endauftreibungen (Endknöpfen) nimmt das Axon Kontakt zu Nachbarzellen auf.*

sammeln zu können, die zur Lösung der neuen Probleme beitragen.

Die rudimentären Augen an einem Ende des Plattwurms bilden die Frühform eines derartigen Systems. Zwar dienen die Augen nur dazu, auf Licht zu reagieren (das im übrigen gemieden wird), dennoch treten in diesem Bereich verstärkt Nervenzellen auf, die einfache Gehirnfunktionen haben und deshalb Hirnganglion genannt werden. Vom Hirnganglion gehen zwei dicke Nervenzellen in den hinteren Teil des Körpers ab und bilden Nervenstränge. Fast alle höherentwickelten Tiere weisen ein entsprechendes Schema auf.

Ein Gehirn bringt Vorteile

Die Evolution führte zu "bausteinartigen" Tieren, die aus einer Reihe sich wiederholender Segmente bestehen. Diese Unterteilung läßt sich gut bei Regenwürmern und Blutegeln beobachten. Jedes Segment enthält lebenswichtige Organe sowie ein Nervenganglion und laterale Nervenpaare, wobei die Ganglien benachbarter Segmente miteinander in Verbindung stehen. Darüber hinaus finden sich drei große Nervenfasern, die durch den ganzen Wurm verlaufen. Wenn diese Fasern, die die Ganglien umgehen, heftigen Reizen ausgesetzt werden, senden sie rasch aufeinanderfolgende Impulse, das Tier kann umgehend reagieren.

Im Kopf des Regenwurmes befindet sich ein gut ausgeprägtes Hirnganglion, das zusammen mit einem weiteren Ganglion unter dem Schlund ein funktionsfähiges Gehirn bildet. Doch das Gehirn steuert den Körper nicht vollständig. Seine Hauptfunktion besteht darin, die Aktivitäten der verschiedenen Ganglien sowie des gesamten Körpers zu integrieren. Schneidet man einen Regenwurm in zwei Teile, so bleibt das hintere Stück, das nicht mehr mit dem Gehirn verbunden ist, genauso aktiv wie der vordere Abschnitt.

Insekten, Krustentiere und Spinnen wirken differenzierter als der Regenwurm, doch ihr Nervensystem weist keine wesentliche Höherentwicklung auf. In der Regel besitzen sie zwischen den Augen ein Hirnganglion sowie ein zweites Ganglion seitlich unter dem Darmkanal. Von hier verläuft ein Nervenpaar in den hinteren Teil des Tieres, wobei jedes Körpersegment von kurzen Nerven versorgt wird. Das Gehirn wirkt als integrierender Faktor der Aktionen der einzelnen Segmente, die ansonsten unkoordiniert ablaufen würden.

Über das höchstentwickelte Nervensystem aller Wirbellosen verfügen die Weichtiere, also Schnecken, Tintenfische, Kalamare und Kraken. Kalamare haben ein echtes Gehirn, das in einem knorpeligen Schädel ruht. Darüber hinaus weisen sie einige riesige Nervenzellen auf, die durch den Körper verlaufen. In den letzten Jahren hat man derartige Zellen zur Untersuchung der Nerventätigkeit herangezogen. Seescheiden, entwicklungsmäßig auf dem Weg vom Wirbellosen zum Wirbeltier, sind noch etwas weiter entwickelt und besitzen einen hohlen Nervenstrang, der im Rücken des Tieres verläuft und quasi ein rudimentäres Rückenmark bildet.

Wirbelsäule und Rückenmark

Bei Tieren mit Rückgrat - also echten Wirbeltieren - und deutlich unterscheidbarem Kopf sind die Wirbel, aus denen sich das Rückgrat zusammensetzt, eines der wenigen erkennbaren Anzeichen für einen Segmentbau des Körpers. Nervenzellen der im Embryo noch sichtbaren primitiven Segmente bilden das Gehirn und die Hirnnerven, wobei aus einigen davon der Parasympathikus hervorgeht.

Das Nervensystem sämtlicher Wirbeltiere, also der Fische, Amphibien, Reptilien, Vögel und Säugetiere besteht aus den gleichen Elementen: Gehirn, hinterem Nervenstrang und Segmentganglien. Das Gehirn übernimmt bei den Wirbeltieren demzufolge lebenswichtige Funktionen, da die anderen Nervensysteme allein das Leben nicht aufrechterhalten können. Wenn das Gehirn stirbt, bedeutet das den Tod des ganzen Lebewesens.

Das Nervensystem als ausgedehntes Netzwerk

Lungen, Leber, Verdauungsorgane und die meisten anderen lebenswichtigen Systeme befinden sich in einem bestimmten Teil des Körpers. Das periphere Nervensystem dagegen ist weit vernetzt. Die Nerven verlassen das Rückenmark, zweigen sich wiederholt auf und bilden ein Netzwerk, das sich über den gesamten Körper erstreckt. Hochempfindliche Körperpartien wie etwa die Fingerspitzen und Lippen weisen zahlreiche Nervenenden auf, während weniger empfindliche Bereiche wie z.B. der Rücken über weniger Nervenenden

Schwann-Zellen bilden die isolierenden Mark-(Myelin-)-Scheiden, die den ableitenden Zellfortsatz, Axon, einhüllen. Die Zeichnung zeigt, wie die Scheide bei einem reifenden Nerv dicker wird, wie sie sich mehr und mehr um ihn windet. Dort, wo ihr Kern ist, baucht die Schwann-Zelle sich aus (Fotografie). Die isolierende Markhülle verleiht der markreichen Faser eine hohe Erregungsleitungsgeschwindigkeit. Wegen ihres hohen Fettgehalts erscheinen markreiche Nervenfasern weiß, während marklose grau sind.

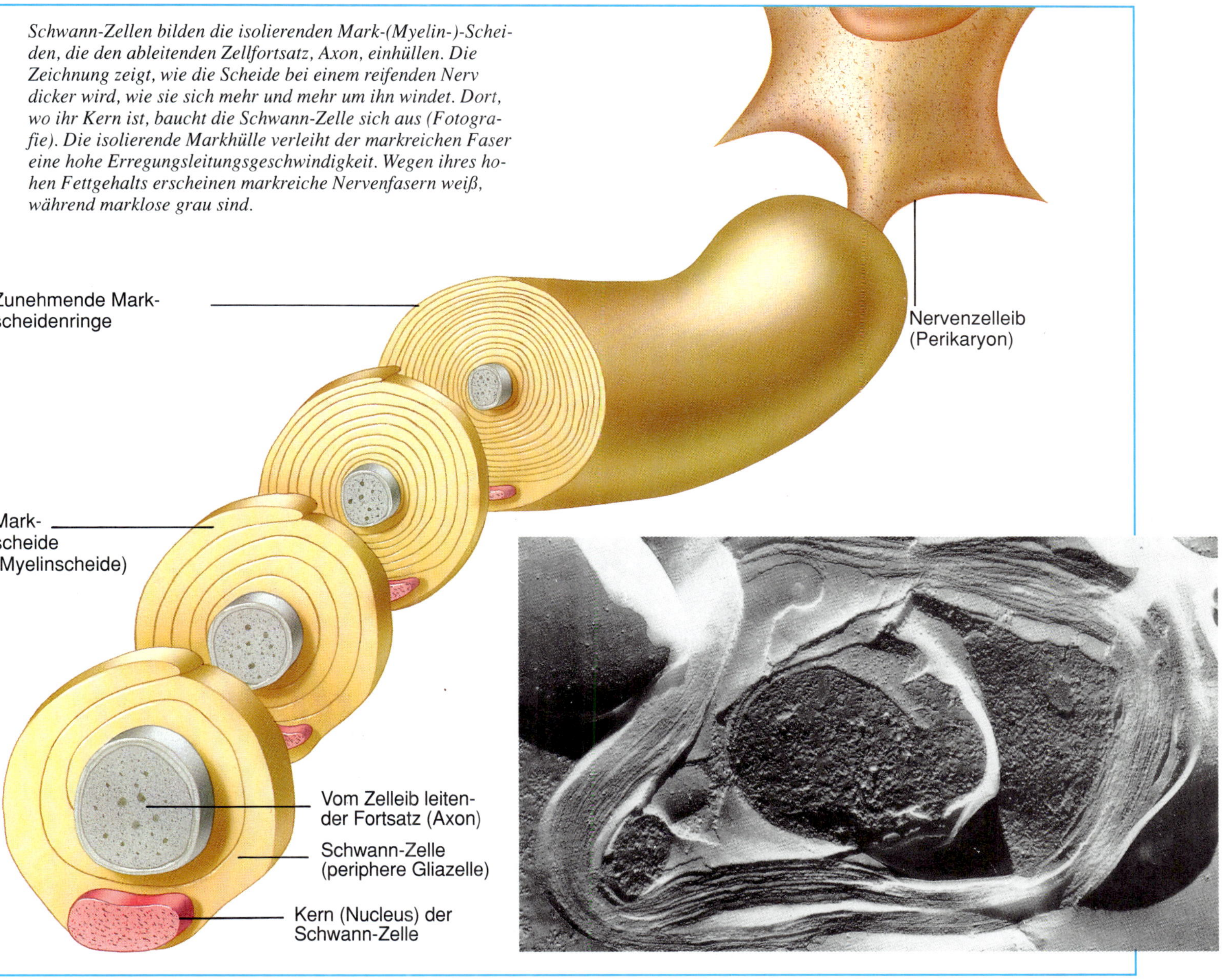

verfügen. Je nach ihrer Lage besitzen Sinnesnerven Empfänger (Rezeptoren), die auf Berührung, Temperatur oder bestimmte chemische Stoffe reagieren. In einigen sehr empfindlichen Körperteilen wie etwa der Zunge findet man alle drei Arten von Rezeptoren.

Die meisten peripheren Nerven gehen aus dem Rückenmark hervor wie die Äste aus einem Baumstamm. Nervenzellansammlungen (Ganglien) außerhalb des Rückenmarks fungieren als Schaltstationen und dienen zur Kanalisierung des Informationsflusses und entsprechender Reaktionen. Die Rückenmarksnerven steuern die Bewegungen des Körpers, so daß schwere Rückenverletzungen mit Markschädigung Lähmungen verursachen können. Die Hirnnerven führen direkt aus dem Gehirn zum Gesicht, zu den Zähnen und zum Mund. Nur ein wichtiger Hirnnerv, nämlich der Vagusnerv, der zum parasympathischen Teil des autonomen Nervensystems gehört, zieht bis zum Darmtrakt hinunter.

Die meisten Nervenzellen verfügen lediglich über ein einziges Axon, aber viele Dendriten. Diese sind etwa zwölf Millimeter lang und teilen sich häufig auf, so daß ein Neuron wie ein Gebüsch aussieht. Die Enden der Dendriten laufen in Tausenden kleiner Fortsätze aus, über die Informationen aus vielen anderen Nervenzellen eintreffen. Sie werden im Zellkörper gespeichert, und wenn sie zur Erzeugung eines neuen Impulses führen, so wird dieser über das Axon weitergeleitet.

Ein Axon geht in der Regel am Ursprungskegel aus dem Zelleib hervor. Der Durchmesser eines menschlichen Axons liegt zwischen 25 und 2,5 Mikrometer, seine Länge reicht von 25 Mikrometern bis zu etwa einem Meter.

Ein Axon besitzt gewöhnlich auf seiner ganzen Länge keine Verzweigungen, wenn doch, so gehen die Äste (Kollateralen) normalerweise im rechten Winkel ab. Das Ende des Axons splittert sich jedoch auf, aber nicht in dem Ausmaß, wie dies bei Dendriten der Fall ist. Jede Verzweigung läuft in eine Endauftreibung, das sog. Endknöpfchen, aus. Diese Auftreibungen treten in Kontakt mit Dendriten, Zelleibern oder Axonen anderer Zellen oder enden an Muskelfasern.

Isolations-, Ernährungs- und Schutzleim

Die Nervenzellen sind von Neuroglia umgeben, unterschiedlichen Zellrassen, die früher dem Stützgewebe zugerechnet wurden, deren Funktionen aber viel eher in der Isolation, der Ernährung und dem Schutz der Nervenzellen zu sehen sind. Die Gliazellen bilden zwar eine Barriere zwischen den Blutgefäßen und dem Nervengewebe, lassen aber Ernährungssubstanzen wie Sauerstoff oder Glukose und Wasser durch. Die Gliazelle des peripheren Nervensystems, die sog. Schwann-Zelle, kann ein einzelnes oder mehrere Axone umhüllen. Bei größeren Axonen kompliziert sich das Bild. Während der Entwicklung windet sich die Schwann-Zelle um das Axon herum und bildet eine Doppelspirale mit bis zu 80 Windungen. Die Membran der Schwann-Zelle besteht teilweise aus Fett und erinnert an ein Isolierband, das als dicke Schutzschicht das Axon gegen benachbarte Zellen abschirmt. Die Membranwindungen der Schwann-Zelle bilden die Markscheide; von einer Markscheide umgebene Axone leiten Nervenimpulse schneller als Axone ohne Isoliermantel.

Der erste Teil des Axons, vom Ursprungskegel an, ist markscheidenfrei, und auch die dann folgende Scheide ist nicht lückenlos. Eine Schwann-Zelle ist zwischen 0,3 und 1,5 Millimeter lang, die einzelnen Zellen sind voneinander durch schmale Lücken getrennt. Kurze Abschnitte des Axons sind also ohne Hülle, man nennt sie Ranvier-Knoten. An solchen Knoten kann das Axon mit benachbarten Zellen Kontakt aufnehmen, und nur hier sind Abzweigungen möglich.

Jeder periphere Nerv besteht aus Tausenden solcher Fasern und

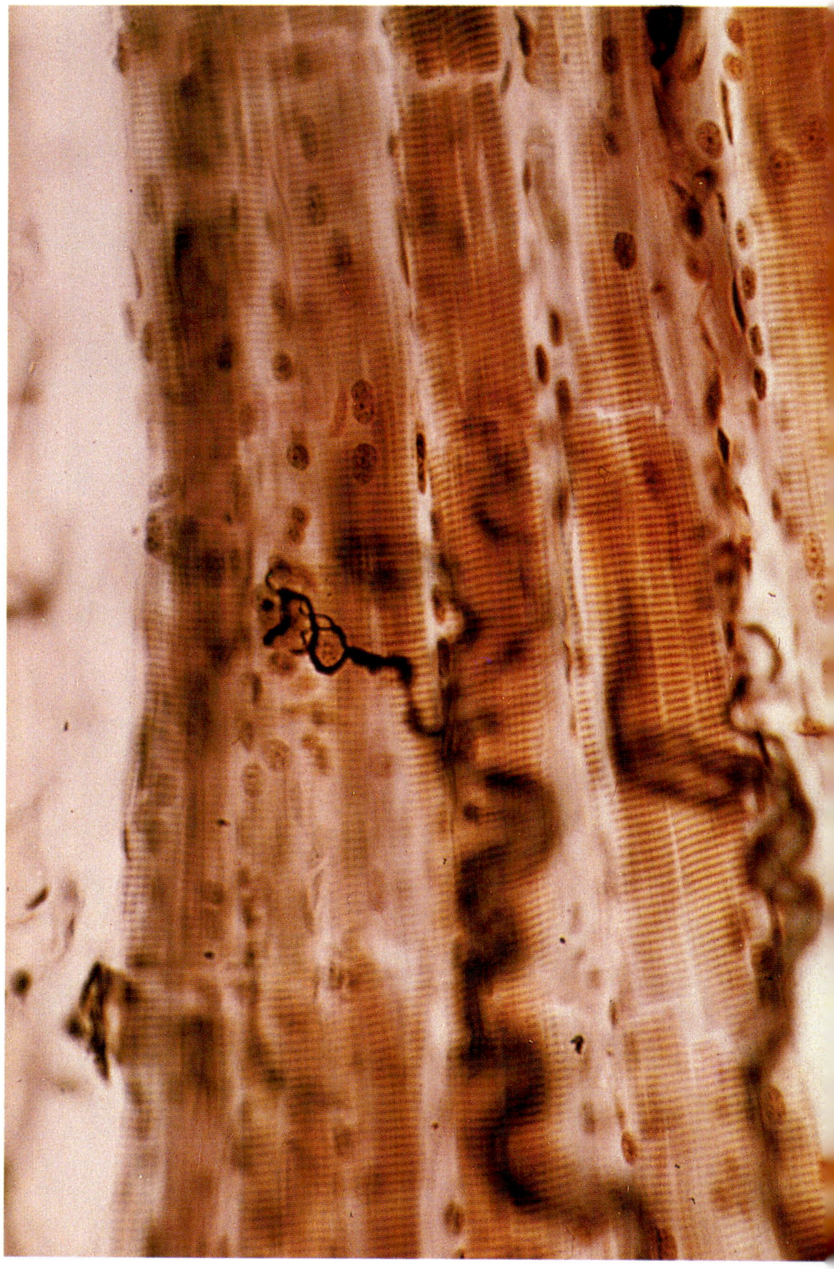

***Eine Nervenerregung** erreicht den Muskel über die motorische Endplatte, eine verzweigte Zellformation (Mitte der mikroskopischen Fotografie). Bei Eintreffen der Erregung wird an der Endplatte ein Überträgerstoff (Acetylcholin) freigesetzt, der in den angrenzenden Muskel wandert. Darauf gleiten die kontraktilen Eiweißfäden, Myofibrillen, in den Muskelfasern übereinander und verkürzen so den Muskel. In der Zwischenzeit baut ein Spaltstoff, Acetylcholinesterase, das Acetylcholin ab und hebt seine Wirkung auf. Vor Eintreffen der nächsten Erregung wird somit das Feld geräumt - Voraussetzung für die folgende Aktion.*

***Die motorische Endplatte** besteht aus einer Reihe von Anschwellungen, sog. synaptischen Endknöpfen, die von den Muskelzellen durch einen (sub-)synaptischen Spaltraum getrennt sind. Jeder Endknopf enthält Bläschen, Vesikel, in denen ein chemischer Überträgerstoff (Acetylcholin) gespeichert ist.*

***Bei Eintreffen einer Nervenerregung** entleeren die Vesikel ihr Acetylcholin in den (sub-)synaptischen Spaltraum. Dadurch wird innerhalb der Muskelzelle eine Freisetzung von Kalziumionen ausgelöst, die die Muskelfilamente übereinandergleiten lassen.*

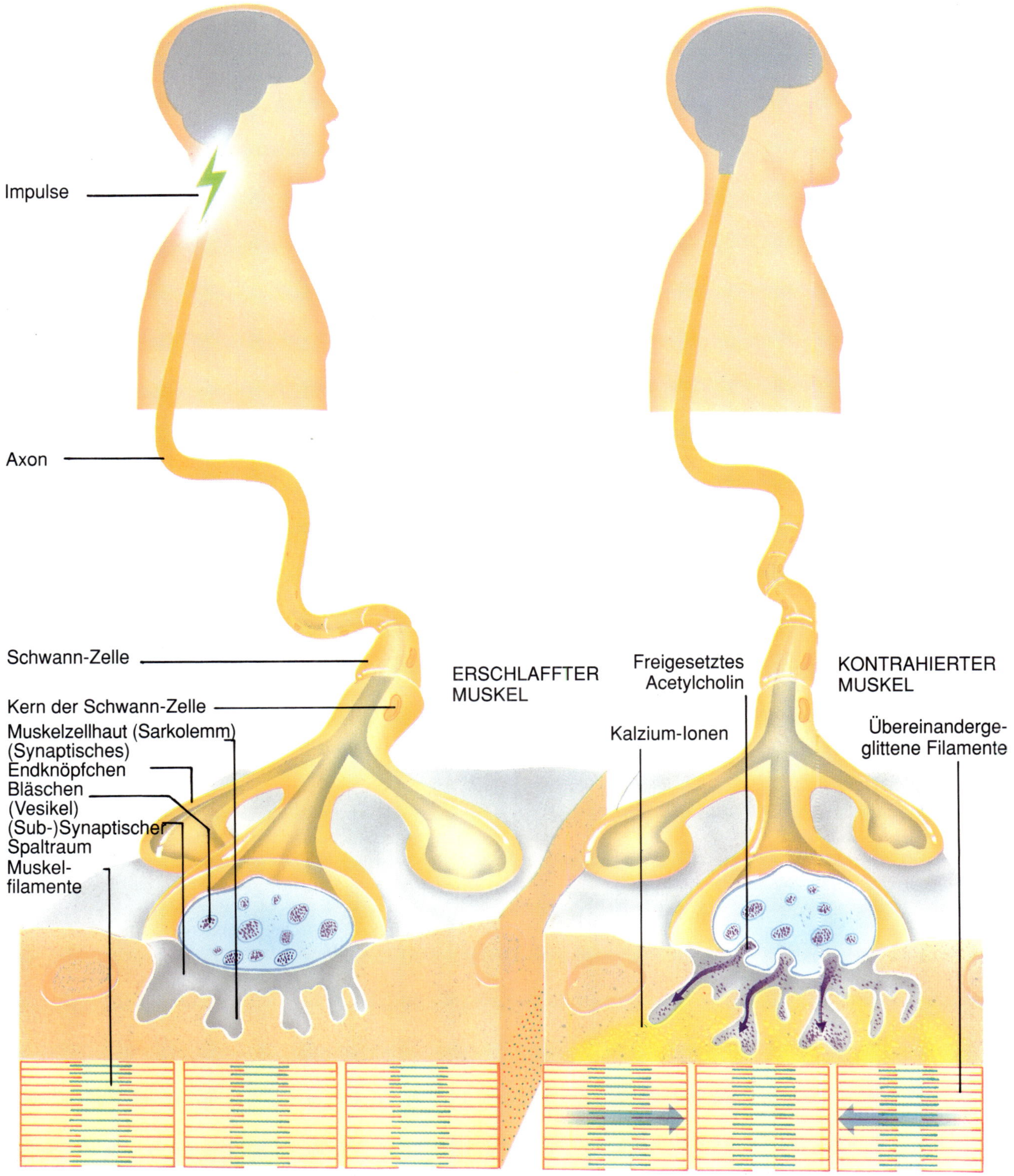

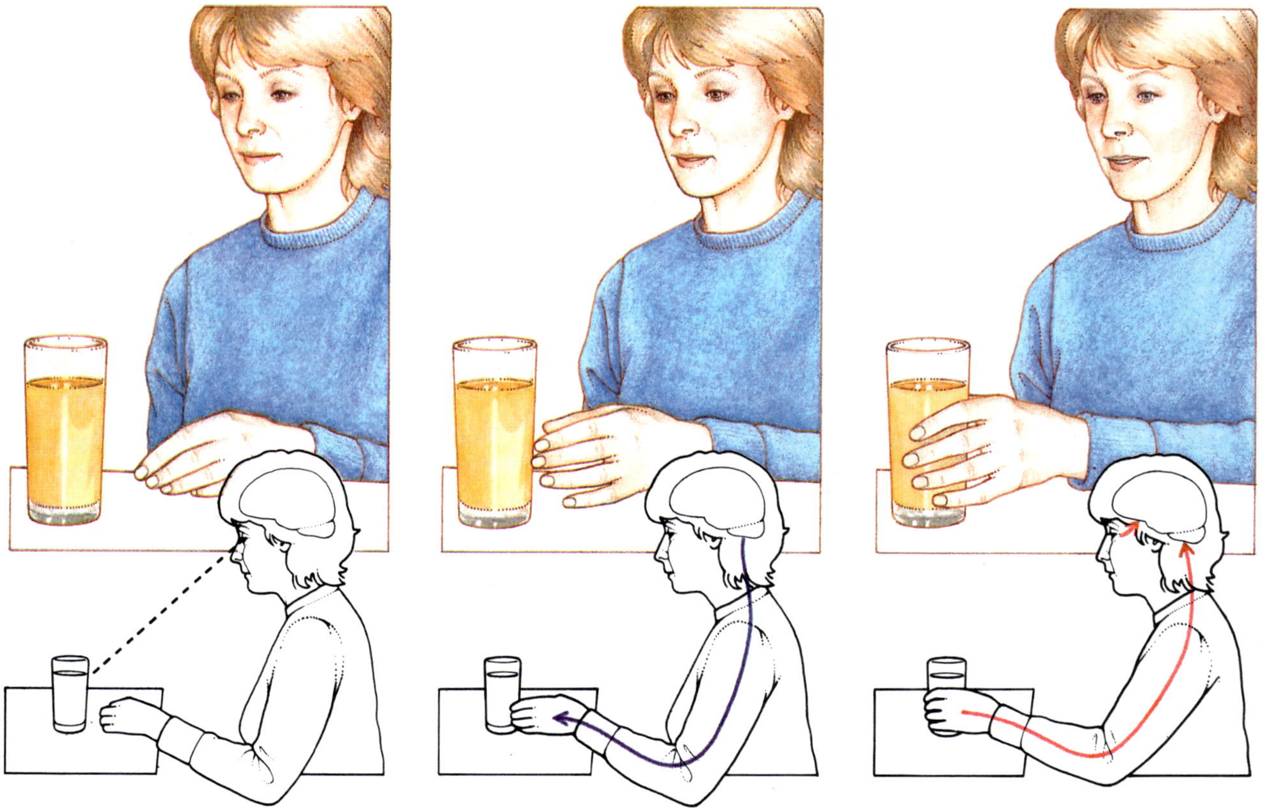

__Die Augen melden__ dem Gehirn den Standort des Glases.

__Das Gehirn__ sendet motorische Impulse zu den Muskeln des Arms, um diesen zum Glas zu bewegen.

__Tastempfänger__ der Hand erkennen das Glas und melden dies ans Gehirn.

ist mit einem Telefonkabel zu vergleichen, das viele isolierte Einzellitzen enthält. Nerven besitzen Axone mit großem und kleinem Durchmesser, mit und ohne Markscheide. Durch die Markscheide erscheinen die Axone weißlich, Nerven ohne Markscheide sind eher grau. Deshalb bezeichnet man Bereiche, die vornehmlich aus Nervenzelleibern bestehen, wie etwa die Großhirnrinde (Cortex cerebri) und den inneren Teil des Rückenmarks, als graue Substanz.

Die Möglichkeit der Veränderung

Der Vergleich des Nervensystems mit einem Telefonnetz bietet sich an, da bei beiden Elektrizität im Spiel ist. Nervenimpulse sind kleine elektrische Ströme, die im Axon durch geladene Teilchen (Ionen) in einem sehr komplizierten chemo-elektrischen Prozeß geleitet werden. Der Durchgang eines Signals geht mit einem plötzlichen Anstieg der elektrischen Spannung, dem Aktionspotential, einher. Seine Fortleitung hängt von der Potentialdifferenz zwischen Zellinnerem und -äußerem ab. Befindet sich der Nerv im Ruhezustand, ist das Nerveninnere gegenüber dem Nervenäußeren negativ geladen.

Dieser Spannungsunterschied, das Ruhemembranpotential, ist durch eine ungleiche Verteilung geladener Teilchen (Ionen) bedingt. Innerhalb des Axons beträgt die Konzentration der Kaliumionen etwa das 20- bis 100fache gegenüber der Flüssigkeit außerhalb der Zelle. Umgekehrt ist die Konzentration der Natriumionen außerhalb des Axons fünf- bis 15mal höher als im Inneren.

Die Ladungsträger versuchen, ihre Konzentrationsdifferenz durch Wanderung über die Membran auszugleichen, im Ruhezustand können das aber fast nur Kaliumionen. Sie drängen so lange von innen nach außen, bis die sich aufbauende elektrische Spannung weitere Wanderungen erschwert.

Die Botschaft wird weitergegeben

Über Synapsen werden Informationen von einem Nerv auf den anderen oder auf einen Muskel übertragen. Der Nervenreiz überwindet den Synapsenspalt mit Hilfe einer Überträgersubstanz. Eine Synapse besteht aus drei verschiedenen Teilen: der präsynaptischen Membran des Endknopfs eines Axons, dem synaptischen Spaltraum und der postsynaptischen Membran etwa des Dendriten eines benachbarten Neurons. Motorische Nerven enden an sog. motorischen Endplatten der Muskelfasern.

Präsynaptisch ist das Axonende in der Regel zum Endknöpfchen aufgetrieben, in dessen Plasma sich zahlreiche Bläschen mit einem oder mehreren Neurotransmittern als Inhalt befinden. Der schmale synaptische Spaltraum selbst ist mit einer klebrigen Substanz gefüllt, die präsynaptische und postsynaptische Membranen fest miteinander verbindet.

Sobald der Reiz den präsynaptischen Bereich eines Axons er-

Motorische Impulse *des Gehirns befehlen den Armmuskeln, das Glas zu ergreifen und aufzuheben.*

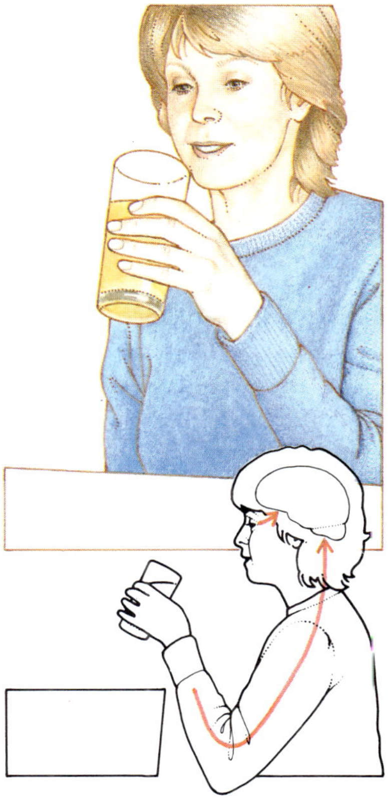

Sinneseindrücke *von Augen und Arm informieren das Gehirn über die Armstellung.*

Gefühlseindrücke *der Lippen setzen das Gehirn davon in Kenntnis, daß das Glas am Mund angelangt ist.*

reicht, kommt es zur Ausschüttung des Überträgerstoffes (z.B. Acetylcholin), der sich über den synaptischen Spaltraum ausbreitet und sich mit den Rezeptormolekülen der postsynaptischen Membran verbindet. Dort wird eine elektrochemische Reaktion (Depolarisation) in Gang gesetzt, die die nächstfolgende Nervenzelle oder die entsprechende Muskelfaser erregt. Die Erregungsübertragung braucht eine bestimmte Zeit: Von der Freisetzung des Überträgerstoffs bis zur Depolarisation an der postsynaptischen Membran vergehen etwa fünf Hundertstelsekunden.

Nach seiner Freisetzung bleibt das Acetylcholin nur für etwa eine oder zwei Tausendstelsekunden aktiv, ehe es enzymatisch abgebaut wird. Die inaktivierte Substanz geht jedoch nicht verloren, sondern wird von der präsynaptischen Membran wieder aufgenommen und in den Endknöpfchen in neu verwendbares Acetylcholin umgewandelt.

Reize wirken zusammen

Wenn Neurotransmitter durch Depolarisierung der postsynaptischen Membran die nächste Nervenzelle erregen, so hat dies fördernde Auswirkungen. Synapsen können jedoch auch einen hemmenden Einfluß ausüben, wenn der Effekt des Neurotransmitters eine Steigerung der Polarisierung der postsynaptischen Membran bedeutet. Dadurch wird eine Depolarisierung erschwert; wenn die Nervenzelle aber bereits aktiviert ist, kommt es unter Umständen zu einer Verringerung der Reizübertragungsgeschwindigkeit. Je nach ihrer Lokalisation und Art der Überträgerstoffe kann die Synapse erregungsfördernd oder -hemmend sein. So wirkt Acetylcholin am Übergang vom Nerv zum Muskel stimulierend, in anderen Bereichen des autonomen Nervensystems jedoch hemmend.

Eine einzige motorische Zelle im Vorderhorn des Rückenmarks kann Hunderttausende von synaptischen Kontakten aufnehmen, von denen alle stimulierend oder hemmend wirken können. Auch wenn ein Einzelreiz an einer Erregersynapse nicht stark genug ist, um die Zelle so weit zu depolarisieren, daß eine neue Erregung entsteht, könnte ein nachfolgender Impuls einen Verstärkungseffekt besitzen. Diesen kumulativen Effekt nennt man zeitliche Summation. Ein ähnliches Phänomen ist die räumliche Summation, sie tritt jedoch nur in Erscheinung, wenn zwei Synapsen, die auf der gleichen Nervenzelle räumlich voneinander getrennt sind, gleichzeitig eine Erregung weiterleiten.

Erregungen an Synapsen mit gegensätzlichen Wirkungen können sich jedoch gegenseitig neutralisieren. Oder es kann eine starke Erregung eine entgegengesetzte schwächere überlagern. Die allgemeine Reaktion einer Nervenzelle auf die vielen Reize, die sie aufnimmt, hängt deshalb von der gemeinsamen Wirkung aller aktiven Synapsen ab, d. h. die Reaktion einer einzigen Nervenzelle kann vom Input Hunderttausender anderer Neuronen bestimmt werden. Das Ender-

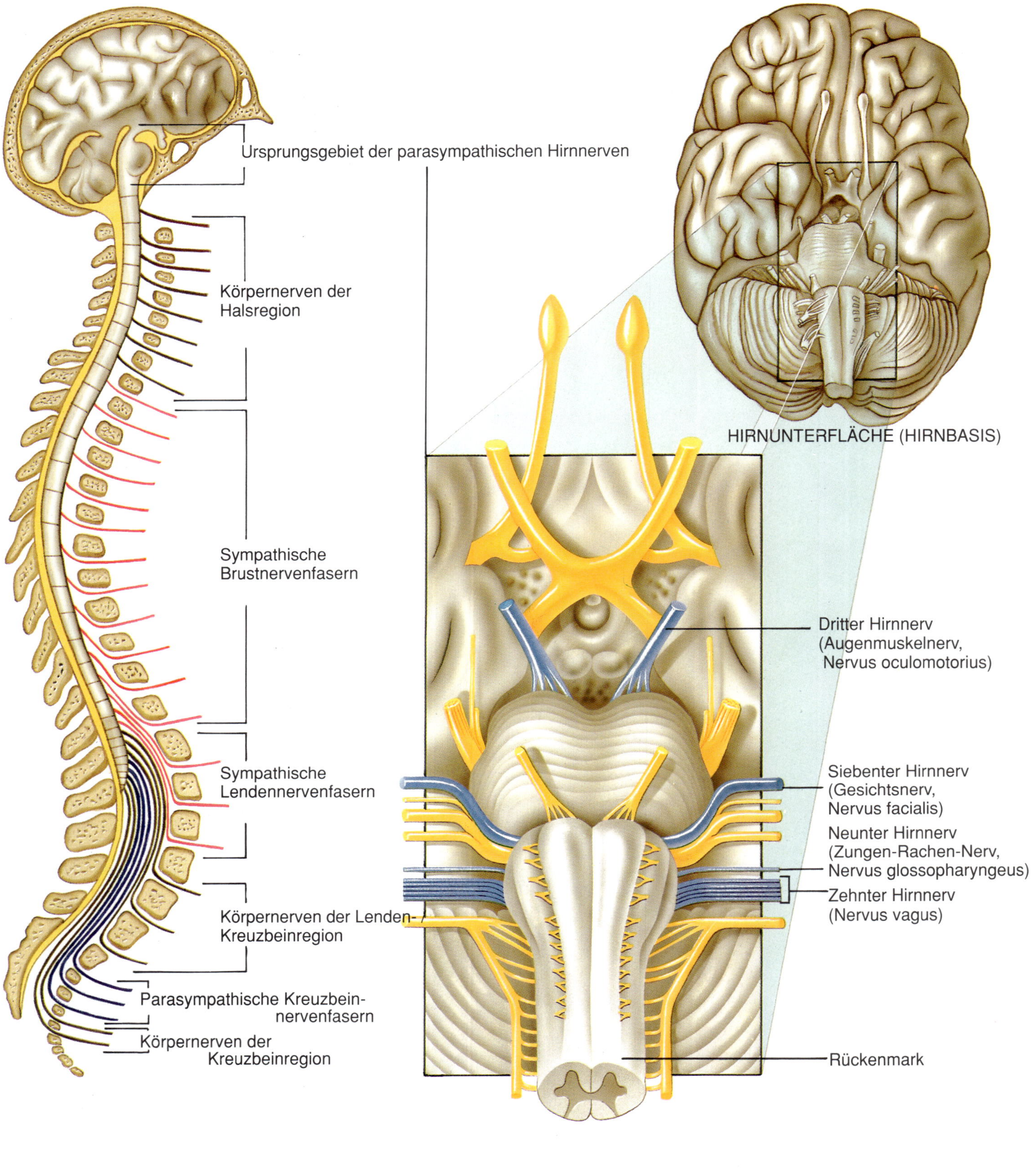

***Das vegetative (autonome) Nervensystem** besteht aus Sympathikus (rot) und Parasympathikus (blau). Alle sympathischen Nerven entspringen dem Rückenmark, und zwar aus 15 Segmenten der Brust- und oberen Lendenregion, während die parasympathischen direkt aus dem Gehirn (vier Hirnnerven) und aus acht Rückenmarkssegmenten im unteren Lenden- und Kreuzbeinbereich hervorgehen. Weitere acht Hirnnerven sind gelb, die Körpernerven der Halsregion schwarz eingezeichnet.*

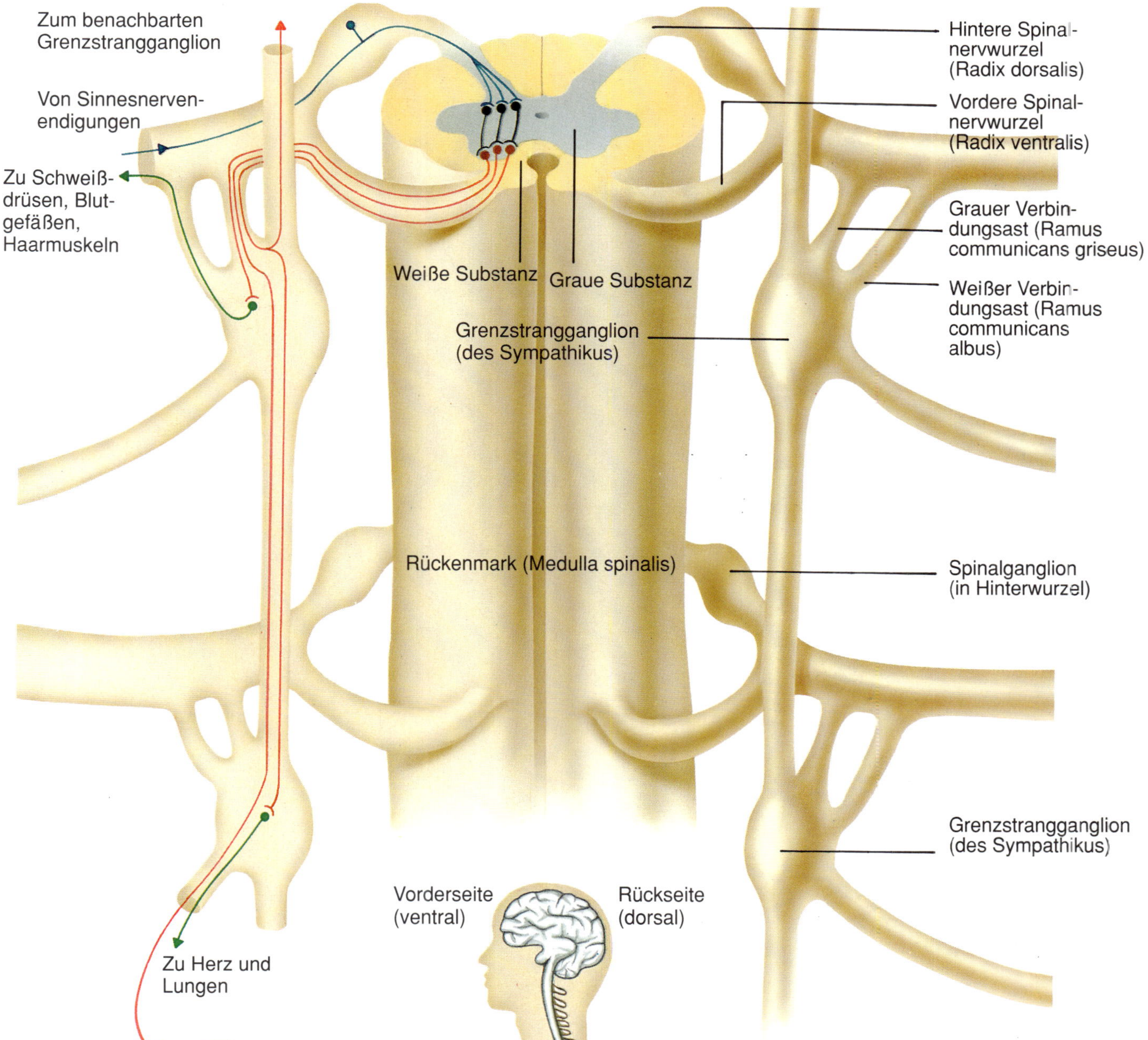

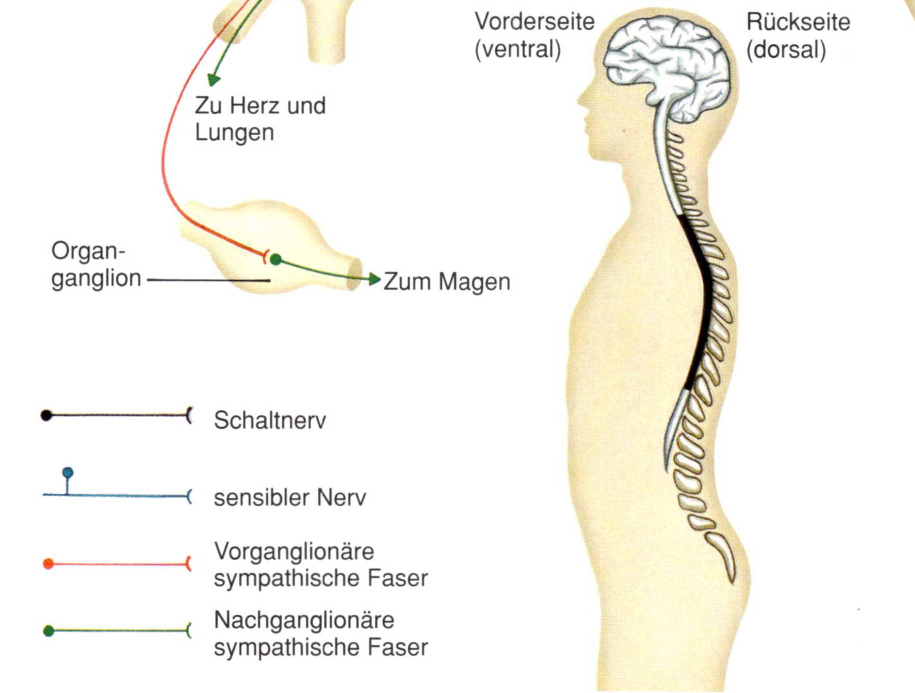

Die sympathischen Nervenfasern *verlassen das Rückenmark über eine ganze Reihe von Wurzeln und Ganglien im Brustbereich (betreffender Rückenmarksabschnitt im Profilbild schwarz). Sie steuern automatische Funktionen wie Atmung, Herzschlag, sogar das Schwitzen. Die Ganglien sind Nervenumschaltstationen, die bei Bedarf Erregungen sortieren und umleiten können. Ein Rückenmarksnerv leitet Erregungen stets in beiden Richtungen - zum Gehirn und von ihm fort - immer in Verbindung mit der grauen Rückenmarksubstanz.*

gebnis könnte beispielsweise eine kaum wahrnehmbare, genau abgestimmte Bewegung des Körpers sein.

Sensorische und motorische Reize

Das Gehirn ist das wichtigste Steuerungsorgan des Körpers und bildet zusammen mit dem Rückenmark das Zentralnervensystem. Um seine Aufgabe erfüllen zu können, muß das Gehirn wissen, was im Rest des Körpers vor sich geht. Und es muß die Möglichkeit haben, Befehle in den Körper zu schicken. Beide Funktionen erledigt das periphere Nervensystem.

Angenommen, man sieht ein Glas frisch gezapftes Bier, so wandern sensorische oder afferente Impulse vom Auge zum Gehirn, wo man das Glas erkennt. Entschließt man sich nun, nach dem Glas zu greifen, werden motorische oder efferente Impulse vom Gehirn an die Armmuskulatur gesendet, die entsprechende Greifbewegung auszuführen. Beim Ergreifen gelangen erneut sensorische Impulse zum Gehirn mit der Meldung, daß sich das Glas kalt anfühlt. Außerdem senden die Tiefenrezeptoren der Armgelenke und -muskeln Informationen über die genaue Position des Arms an das Gehirn, so daß das Glas an die Lippen geführt werden kann, ohne es auf seinem Weg mit den Augen verfolgen zu müssen. Und sobald man das Glas leert, beginnt die Arbeit des autonomen Nervensystems. Dieses leitet eine ganze Reihe automatisch ablaufender Reaktionen ein wie etwa die Kontraktionen der Speiseröhre zum Transport der Flüssigkeit in den Magen oder die Sekretion der Verdauungssäfte.

Im täglichen Leben laufen viele Nervenaktivitäten im Zusammenhang mit willkürlichen Handlungen unter Ausschaltung des Bewußtseins ab, das Nervensystem funktioniert auch während des Schlafs. Normalerweise müssen wir nicht darüber nachdenken, den nächsten Atemzug zu machen, können aber bewußt den Atem anhalten oder schnell hintereinander tief durchatmen. Während des Schlafs sorgen Hautrezeptoren für Muskelbewegungen, damit man sich auf die andere Seite dreht, um jene Körperpartien zu entlasten, auf denen man längere Zeit gelegen hat.

Ein System der raschen Reaktion

Das Gehirn kontrolliert jedoch nicht alle Tätigkeiten des peripheren Nervensystems. Wenn in einer Notlage rasches Handeln erforderlich ist, so kann das Rückenmark die entsprechende Reaktion auslösen. Ein gutes Beispiel dafür ist, daß man die Hand rasch zurückzieht, wenn man etwas Heißes berührt. Sensorische Reize werden von den Rezeptoren der Finger über die afferenten Nervenfasern zum Gehirn geleitet, wo die Assoziation zum Schmerz erfolgt. Sofort fließen motorische Impulse in die Muskeln des Armes und der Finger. Gleichzeitig wird aber ein Reflex aktiviert, der auf der Ebene des Rückenmarks stattfindet und den wir vielleicht in frühen Kinderjahren schmerzhaft erlernt haben. Dieser bewirkt, daß wir die Hand in tausendstel Bruchteilen einer Sekunde zurückziehen, lange bevor entsprechende Befehle aus dem Gehirn eintreffen.

Eine einfache Untersuchung gestattet es dem Arzt, durch Prüfung von Eigenreflexen die Funktion des Rückenmarks zu testen: Bei Eigenreflexen finden Reiz und Antwort im selben Organ statt. Ein leichter Schlag auf die mäßig gespannte Sehne eines Muskels, z. B. auf die Patellarsehne des vierköpfigen Oberschenkelmuskels, führt zur Dehnung von Sehne und Muskel und reizt hier befindliche Rezeptoren. Die sensorische Erregung gelangt zum Rückenmark und wird dort auf ein motorisches Neuron umgeschaltet, das die Kontraktion des gedehnten Muskels bewirkt. Im Fall des Patellarsehnenreflexes schnellt der Unterschenkel nach vorne. Eigen- oder Fremdreflexe dienen überwiegend dem Schutz des Körpers vor plötzlichen, unvorhersehbaren Schäden.

Das Gehirn ist Herr der Lage

Die Rückenmarksreflexe werden auch durch das Gehirn beeinflußt; greift es nicht ein, sind die Reflexe übersteigert. Dieses Phänomen tritt bei der spastischen Paralyse auf, wenn durch Verletzungen des Rückenmarks Befehle aus dem Gehirn die Nerven unterhalb der Schädigung nicht mehr erreichen können. Die Reflexe laufen schneller ab, und die Gliedmaßen werden in den Gelenken gebeugt, da die Beuger kräftiger sind als die Strecker. Wenn der Rückenmarksnerv jedoch verletzt ist, kommt es zum Verlust der Sinneswahrnehmung. Die Paralyse beeinträchtigt auch die Muskeln, die an Tonus verlieren und erschlaffen.

Fasern des peripheren Nervensystems verbinden sich miteinander, um größere Nervenstränge zu bilden, die Anschluß an das Rückenmark und das Gehirn finden. Es gibt 12 Hirnnervenpaare, die unmittelbar mit dem Gehirn in Verbindung stehen, und 31 Spinalnervenpaare, die mit dem Gehirn über das Rückenmark Kontakt aufnehmen. Die Hirnnerven können motorische oder sensorische Botschaften weiterleiten und unterstützen die Muskelfunktionen und Wahrnehmungen im Bereich des Kopfes und des Halses. Zu ihren wichtigsten Aufgaben gehört die Weiterleitung von Eindrücken unserer höheren Sinnesorgane, die sich als Rezeptoren für Gesicht, Gehör, Gleichgewicht, Geruch und Geschmack im Kopfbereich befinden.

Wie der Name schon sagt, leitet der Sehnerv Informationen vom Auge zum Gehirn, während der Oculomotorius, der Trochlearis und der Abducens jene Muskeln versorgen, die den Augapfel bewegen. Der Trigeminus führt Gefühlsempfindungen aus dem Gesichtsbereich und versorgt die Kaumuskulatur, während der Riechtrakt Geruchsempfindungen aus der Nase zum Riechhirn sendet. Der Gesichtsnerv ist mit einem Teil der Geschmacksrezeptoren der Zunge sowie mit den mimischen Muskeln verbunden. Andere Geschmacksempfindungen der Zunge werden durch den Glossopharyngeus an das Gehirn geleitet. Autonome Nervenfasern, die diese Nerven begleiten, steuern die Funktion der Speicheldrüsen.

Der Hypoglossus innerviert die Zungenmuskulatur, während der große Muskel im vorderen und hinteren Halsbereich, der den Kopf bewegt, vom Accessorius versorgt wird. Der Vestibulocochlearis leitet die Sinneseindrücke von Innenohr und Gleichgewichtsorgan zum Gehirn. Der zehnte Hirnnerv, der Vagus, reicht als längster Hirnnerv zu allen wichtigen Organen im Brust- und Bauchraum und ist für die Motorik der Eingeweide verantwortlich.

Nervenschädigung

Sämtliche Hirnnerven verlassen den Schädel oder betreten ihn durch kleine Löcher und Spalten, sie sind besonders gefährdet. Krankhafte Veränderungen im Kopfbereich können unerwartete Folgen haben, wenn diese Nerven mitbetroffen sind. Handelt es sich beispielsweise um den Olfactorius, kann es zum Verlust des Geruchssinns kommen, selbst wenn die Nase dabei unverletzt geblieben ist. Wenn ein Tumor auf den Sehnerv drückt, so kann dies zur ein- oder beidseitigen Erblindung führen.

Bei der multiplen Sklerose, einer nach wie vor unheilbaren Krankheit, werden die Markscheiden der Fasern im Zentralnervensystem zerstört, was die Übertragung von Nervenerregungen beeinträchtigt. Die Krankheit tritt schubweise auf, zwischen den Anfällen können Erholungsphasen liegen.

Kommunikationsweg

Das Rückenmark, Teil des Zentralnervensystems, liegt innerhalb der schützenden Wände des Wirbelkanals. Dieser wird von den übereinandergeschichteten Wirbeln und den dazwischen befindlichen Bandscheiben gebildet. Innerhalb des Kanals liegen die Wurzeln der

***Der Vagus**, im Kopfbereich als zehnter Hirnnerv bezeichnet, kommt direkt aus dem Gehirn, zieht aber - ungleich den anderen Hirnnerven - weit fort vom Kopf bis in den letzten Darmabschnitt. Krankheiten mit Vagusbeteiligung, manchmal psychosomatischen Ursprungs, lösen Verdauungsstörungen durch träge Darmtätigkeit aus und vermindern die Bildung von Verdauungsenzymen, wodurch Magengeschwüre entstehen können.*

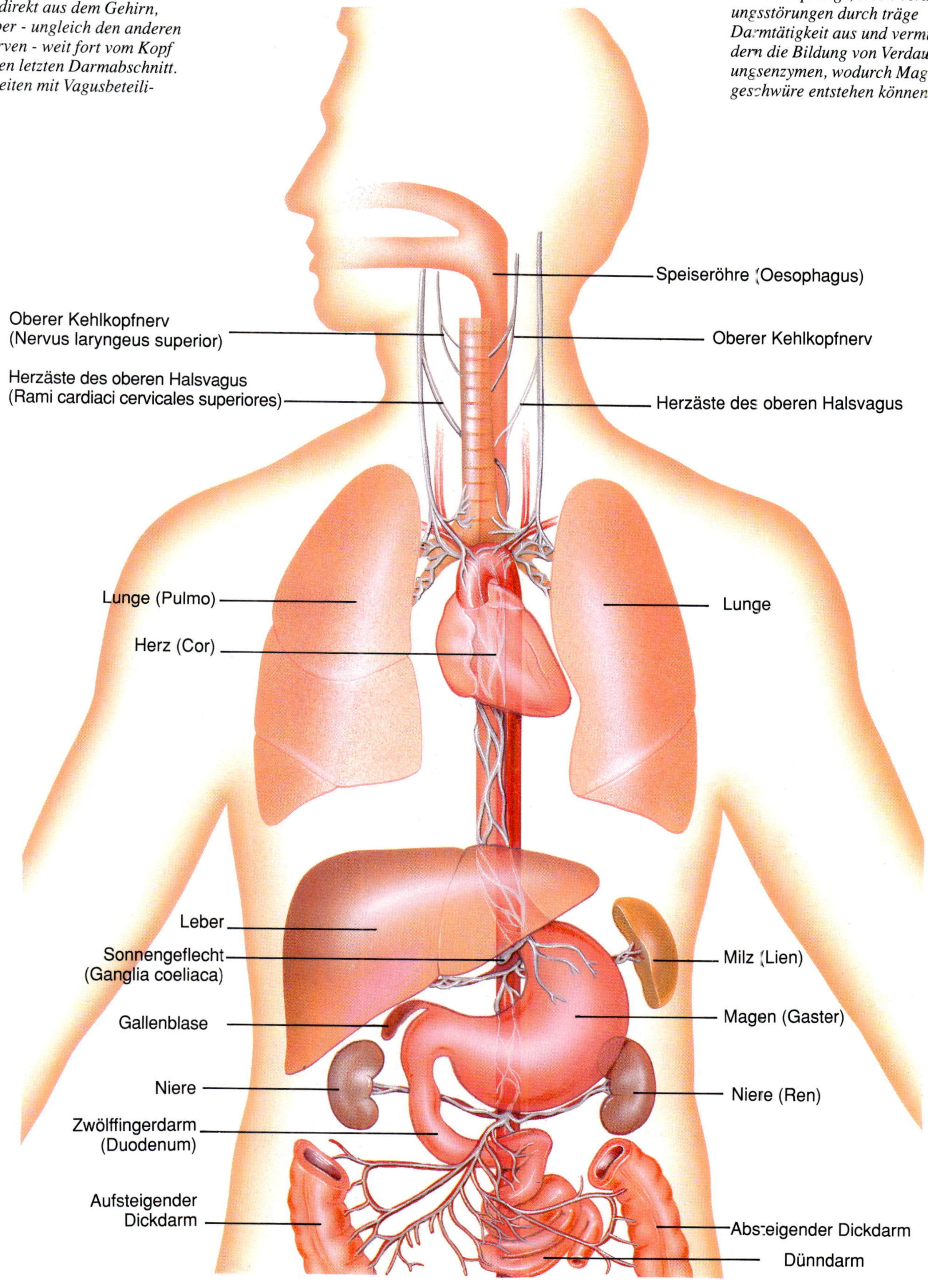

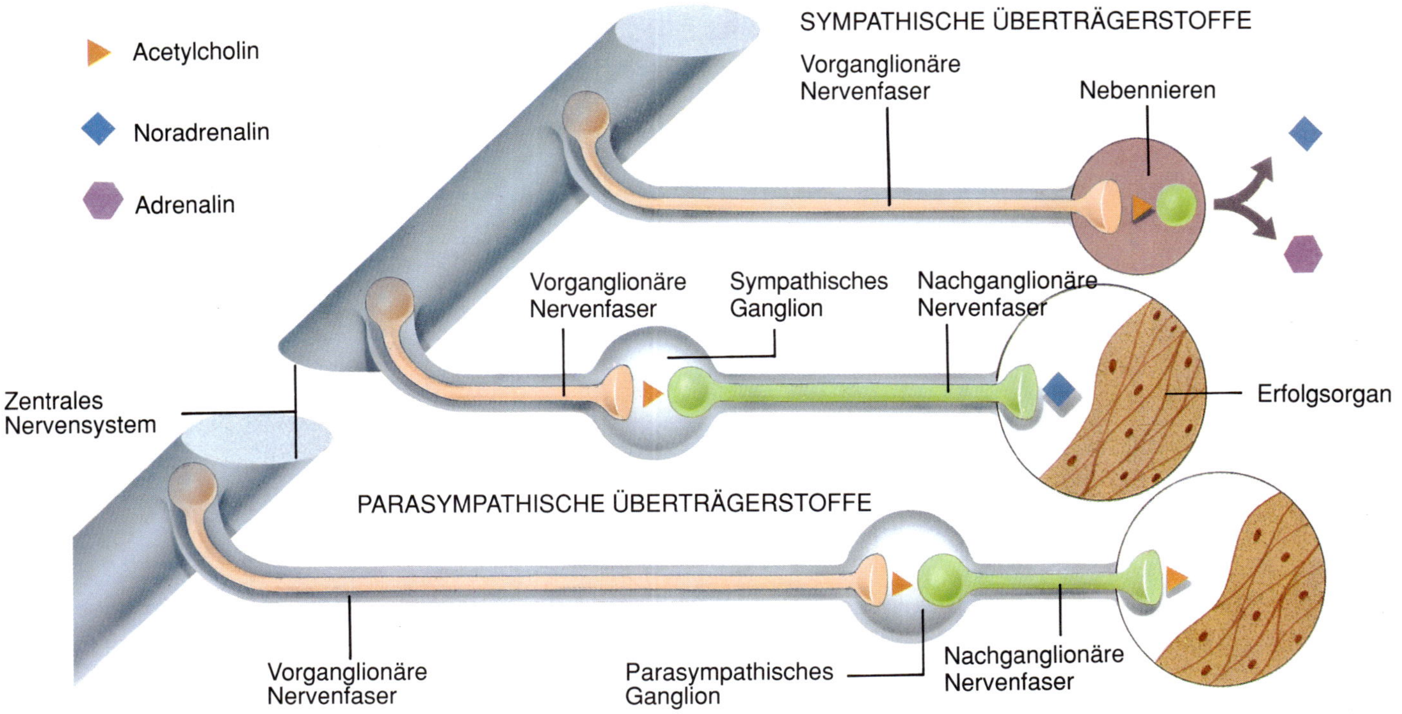

Rückenmarksnerven, die paarweise aus den Zwischenwirbellöchern hervortreten. Jeder Nerv hat zwei Wurzeln, die vordere (Radix ventralis) für motorische Impulse und die hintere (Radix dorsalis), die die sensorischen Impulse leitet.

Da die Spinalnerven aus zahlreichen Axonen bestehen, imponieren sie als typische Stränge. Die Zelleiber der Nervenfasern, die die Vorderwurzel der Spinalnerven bilden, liegen im Vorderhorn des Rückenmarks. Die Zelleiber der Hinterwurzelaxone befinden sich dagegen in einer kleinen Auftreibung im Verlauf der hinteren Wurzel, im sog. Spinalganglion.

Vorder- und Hinterwurzel vereinigen sich noch innerhalb des Wirbelkanals und verlassen ihn dann als Spinalnerv durch das Zwischenwirbelloch. Infolge unterschiedlichen Längenwachstums ist das Rückenmark kürzer als der Wirbelkanal. Am Beginn des Rückenmarks verlassen die Spinalnerven die Wirbelsäule im rechten Winkel, während die Nerven im unteren Rückenmarksabschnitt noch eine Strecke innerhalb des Kanals ziehen, bis sie zu ihrem Zwischenwirbelloch gelangen. Die Nerven aus den tiefsten Rückenmarkssegmenten bilden in Verlängerung des Marks ein pferdeschweifförmiges Nervenfaserbündel, die sog. Cauda equina.

Nach dem Verlassen des Wirbelkanals teilt sich der Spinalnerv in zwei Äste auf, die sowohl sensorische als auch motorische Fasern enthalten. Der kürzere, hintere Ast (Ramus dorsalis) versorgt Haut und Muskulatur des Rückens. Der vordere Ast (Ramus ventralis) des Spinalnervs zieht zu Haut und Muskeln des seitlichen und vorderen Rumpfbereichs.

Die Vorderäste der Spinalnerven ziehen zum Teil zwischen den Rippen nach vorne und versorgen jeweils einen Muskel sowie einen umschriebenen Hautbereich (Dermatom), der vorne weiter nach unten reicht als an der Hinterseite des Körpers. Die Dermatome überlappen einander, so daß der Ausfall eines Spinalnervs einen Hautbezirk weniger sensibel werden läßt, aber nicht völlig empfindungsfrei macht. In den Gliedmaßen verlaufen die Hautversorgungsareale vertikal. Die Beine mit ihrer kräftigen Muskulatur brauchen viele motorische Fasern, während die Arme - insbesondere die Hände - zahlreiche Nervenleitungen benötigen, die die vielen sensorischen Informationen transportieren und die feinen Bewegungen steuern.

Überträgerstoffe (Neurotransmitter) *verleihen den vegetativen Nerven ihre Funktion. Diese chemischen Substanzen (Hormone) werden am Ende einer Nervenfaser freigesetzt, um in dem darauffolgenden Gewebe (Nerv oder Endorgan) eine bestimmte Wirkung zu erzielen. Die Wahl des Überträgerstoffs hängt von der Stellung der Nervenfaser ab; beispielsweise verwenden alle vorganglionären Nervenfasern als Transmitter Acetylcholin. Bei den nachganglionären Fasern unterscheiden sich die beiden vegetativen Systeme: Der Sympathikus benutzt Noradrenalin (und Adrenalin), der Parasympathikus Acetylcholin.*

Sekundäre Schaltstationen

Um den besonderen Anforderungen gerecht zu werden, vereinigen sich Spinalnerven zu Geflechten (Plexus), bevor sie in die einzelnen Gliedmaßen ziehen. Die drei wichtigsten Geflechte, Hals-, Arm- und Lenden-Kreuzbeinplexus, setzen sich aus den vorderen Ästen der

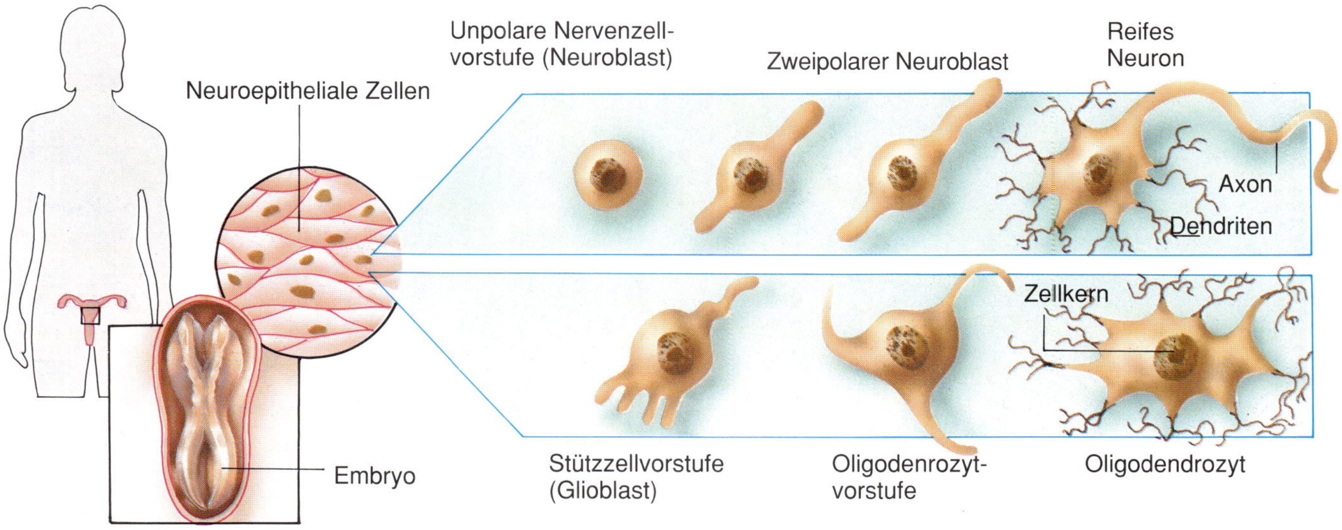

***Die Entwicklung des Nervensystems** und der Nerven beginnt im frühen Embryonalstadium. Neuroepitheliale Zellen entlang des Spaltes der sich zum Rohr schließenden Neuralrinne bilden die Vorstufen der beiden Zellrassen, aus denen sich unser Nervengewebe zusammensetzt: Neuroblasten liefern die Nervenzellen, Glioblasten das Stützgewebe. Aus den letzteren gehen die Oligodendrozyten hervor, Zellen mit einer Unzahl von Zellausläufern.*

Spinalnerven zusammen. Das Halsgeflecht entsteht aus den ersten vier Halsnerven und versorgt die Haut hinter dem Ohr, am Kieferwinkel und im seitlichen Halsbereich. Es innerviert die Treppenmuskeln und die unteren Zungenbeinmuskeln. Auch der für die Bauchatmung verantwortliche Zwerchfellnerv stammt aus dem Halsgeflecht.

Das am unteren Ende des Halses hinter dem Schlüsselbein gelegene Armgeflecht setzt sich aus den vorderen Ästen der Halsnerven V bis VIII zusammen. Die Nerven kreuzen und mischen sich im Plexus, verlaufen durch den Arm nach unten und begleiten die großen Blutgefäße. Die Armnerven befinden sich stets an typischer Stelle, so daß Verletzungen eines bestimmten Nervs immer die gleichen Symptome hervorrufen. Eine Schulterverrenkung kann beispielsweise den Axillarnerv in Mitleidenschaft ziehen und den Bereich über der Schulter gefühllos machen, während ein Bruch des Oberarmknochens den Speichennerv (der sich spiralförmig um den Oberarmknochen windet) beeinträchtigen und dann die Streckungsbewegung im Handgelenk verhindern kann. Für die Bewegung und die Empfindungen in den Fingern und Händen ist der Mittelnerv verantwortlich, der im Karpalkanal des Handgelenks verläuft. Schwillt das Gewebe innerhalb des Kanals, so drückt es auf den Nerv und es kommt zu brennenden Schmerzen in den Fingern und zu einer Muskelatrophie des Daumenballens, zum sog. Karpaltunnelsyndrom.

Die Beine werden durch das Lenden-Kreuzbeingeflecht nervös versorgt, das sich aus den vorderen Ästen des vierten Lendennervs und der ersten vier Kreuzbeinnerven zusammensetzt. Zahlreiche Fasern verbinden sich zum Ischiasnerv, der etwa den Durchmesser eines Kleinfingers erreicht und damit der dickste Nerv im Körper ist. Er zieht durch die Gesäßmuskulatur, stellt Verbindungen zu den hinteren Oberschenkelmuskeln und der Haut her, teilt sich dann, wird dünner und versorgt schließlich die Wadenmuskulatur und die Füße. Irritationen dieses Nervs bezeichnet man als Ischiassyndrom oder Hexenschuß, der häufig durch Druck auf die Nervenfasern beim Austritt aus dem Wirbelkanal ausgelöst wird: der Schmerz zieht in der Regel bis ins Bein. Ursache eines Hexenschusses kann ein Bandscheibenvorfall sein.

Nervenbahnen

Innerhalb eines Spinalnervs findet sozusagen ein Gegenverkehr statt, er leitet sowohl sensible als auch motorische Impulse in einen bestimmten Körperteil. Zu jeder Zeit können sich verschiedene sensible Informationen vermischen. Sind sie jedoch einmal in das Rückenmark eingespeist, so werden sie geordnet und in Fasergruppen oder Nerventrakten gesondert weitertransportiert. So führt eine Nervenbahn beispielsweise nur Schmerz- oder Temperaturempfindungen, während andere ausschließlich Berührungsempfindungen leiten. Dann gibt es eine Nervenbahn, die für den efferenten motorischen Erregungstransport aus dem Gehirn verantwortlich ist. Zwischen zentralem und peripherem Nervensystem gibt es also einen wichtigen Unterschied: In ersterem werden die Botschaften sortiert, während sie in letzterem in gemischter Form transportiert werden.

Gehirn und Rückenmark bestehen aus einer weißen Substanz - den Nervenfasern und ihren Markscheiden - und aus einer grauen Substanz, den Zelleibern. Am oberen Ende des Rückenmarks nimmt die weiße Substanz einen großen Raum ein, während sich am unteren Ende sehr viel graue Substanz befindet, die lediglich von einer dünnen Schicht weißer Substanz überzogen ist.

Zerstörung durch Krankheit

Verletzungen oder Infektionen können sowohl kurzfristig wie langfristig verheerende Folgen für die Nerven und jene Teile des Körpers haben, die sie versorgen. Die Medizin sucht ständig nach Strategien,

Nervenstörungen zu besiegen. Ein großer Erfolg in diesem Kampf war die Entwicklung eines Impfstoffes gegen Kinderlähmung. Diese gefürchtete Krankheit wird von Viren hervorgerufen, die motorische Neuronen in den Vorderhörnern des Rückenmarks und im Hirnstamm angreifen. Infizierte Zellen werden zerstört, meist sind Lähmungen die Folge. Wenn die Atemmuskulatur betroffen ist, besteht akute Lebensgefahr.

Auch die Tollwut (Lyssa), eine tödlich verlaufende Viruserkrankung, befällt Nervenzellen des Rückenmarks und des Gehirns. Da die Inkubationszeit (Dauer zwischen Infektion und Krankheitsausbruch) zwischen 20 und 60 Tagen beträgt, kann eine Schutzimpfung in dieser Zeit nach einem Biß durch ein tollwutverdächtiges Tier den Ausbruch der Krankheit verhindern. Weniger lebensbedrohend ist die Gürtelrose, eine Infektion, die vom gleichen Virus hervorgerufen wird, der bei Kindern die Windpocken verursacht. Das Virus kann im Nervensystem über Jahre hinweg leben.

Wundstarrkrampf (Tetanus) wird durch Bakterien hervorgerufen, die sich in tiefen Wunden vermehren. Dort wird ein Gift freigesetzt, das motorische Nervenzellen und die Vorderhornzellen des Rückenmarks angreift, so daß es zu tonischen Krämpfen der Muskulatur kommt. Auch Syphilis ist Folge einer bakteriellen Infektion, die im Tertiärstadium das Nervensystem angreift. Meist aber wird die Krankheit in ihrer Frühphase erfolgreich mit Penicillin behandelt.

Bei der Lepra handelt es sich um eine Krankheit, an der sehr viele Menschen in tropischen und subtropischen Ländern leiden. Einzelne periphere Nerven werden von Bakterien befallen und verdicken sich. Die von diesen Nerven versorgten Körperregionen werden gefühllos, auch Haut und Knochen werden in Mitleidenschaft gezogen. Im Gegensatz zur landläufigen Meinung ist Lepra heilbar.

Die Abfolge sensorischer Reize

Sensible und sensorische Rezeptoren reagieren auf eine Vielzahl von Reizen wie Geräusche, Licht, Wärme oder Druck. Aber alle geben ihre Information zum Gehirn als elektrische Impulse weiter. Manchmal, wenn der Reiz von Dauer ist - beispielsweise ein kratzendes, rauhes Hemd -, hört der Rezeptor irgendwann auf, Impulse zu produzieren. Zunächst fühlt man sich also ungemütlich, nach einer gewissen Zeit merkt man jedoch nichts mehr.

Bei Reizung eines Hautrezeptors, durch Berührung eines Fingers etwa, wird die Erregung durch das Axon des ersten Neurons zum Zelleib im Spinalganglion der Hinterwurzel geleitet, passiert diesen und gelangt ins Rückenmark. Dort wird der Reiz auf ein zweites Neuron übertragen, das in die Substantia gelatinosa des Rückenmarks eingebettet ist.

Das Axon dieser zweiten Nervenzelle verläuft durch das Rückenmark und legt sich der seitlichen spinothalamischen Bahn an, die innerhalb der weißen Substanz des Rückenmarks bis zum Gehirn hinaufzieht. Die Nervenerregung erreicht schließlich den Thalamus, die wichtigste sensorische Schaltstation des Gehirns. Hier wird die Erregung auf den letzten Teil ihrer Reise geschickt, und zwar in Richtung des zuständigen Bereichs der Großhirnrinde.

Nachdem diese die Information verarbeitet hat, erzeugt die Hirnrinde einen motorischen Reiz, um beispielsweise den Finger von der Stelle, die er gerade berührt hat, zu entfernen. Der Impuls wird von der motorischen Hirnrinde über die Pyramidenbahn nach unten zur motorischen Vorderhornzelle des Rückenmarks (1. Neuron) geleitet, überwindet die Synapse zum zweiten motorischen Neuron und gelangt mit dem Spinalnerv zum Befehl-ausführenden Muskel.

Vernetzte Nervenreize

Die meisten Nervenimpulse wechseln auf ihrem Weg vom oder zum Gehirn die Körperhemisphäre. So ist die rechte Gehirnhälfte für die sensorischen und motorischen Funktionen der linken Körperhälfte verantwortlich, während die linke Gehirnhälfte die entsprechenden Funktionen der rechten Körperhälfte steuert. Eine Minderdurchblutung in der rechten Gehirnhälfte führt also zur Lähmung der linken Körperhälfte.

Die Geschwindigkeit von Nervenimpulsen hängt von der Art und Größe der jeweiligen Nervenfaser ab. Am schnellsten sind Fasern des Typs Alpha, die Informationen über die Haltung des Körpers von den Eigenzeptoren des Bewegungsapparats leiten. Berührungs-, Druck-, Temperatur- und Schmerzimpulse werden langsamer übermittelt.

Motorische Impulse aus dem Gehirn werden durch die motorischen Rückenmarksneurone weitergeleitet und enden am Muskel. Jeder motorische Nerv endet in einer Gruppe von Muskelfasern, beide bilden die sog. motorische Einheit. Die Anzahl der Muskelfasern in einer motorischen Einheit hängt vom Körperteil ab, der bewegt werden soll. Bei den äußeren Muskeln des Auges werden fünf oder sechs Muskelfasern von einer Nervenzelle versorgt, wohingegen bei den kräftigeren Muskeln des Oberschenkels bis zu 150 Muskelfasern und mehr mit einer einzigen Nervenzelle in Verbindung stehen können.

Automatismen

Sämtliche internen Funktionen des Körpers werden durch doppelte Kontrollsysteme gesteuert, die alle unterschiedlichen Prinzipien folgen. Das endokrine System setzt chemische Botenstoffe ein, während das autonome Nervensystem elektrische Signale verwendet. Das autonome vegetative Nervensystem besteht aus dem Sympathikus und dem Parasympathikus, beide entspringen in verschiedenen Teilen des Zentralnervensystems. An manchen Stellen wirken sie gegensätzlich, und jeder verwendet einen anderen Neurotransmitter, um seine Signale auf die verschiedenen Drüsen und Organe zu übertragen.

Jeder autonome Nervenstrang besteht aus zwei hintereinander geschalteten Neuronen: ein präganglionäres und ein postganglionäres. Die Fasern des letzteren gelangen in der Regel an das jeweilige Erfolgsorgan (glatte Muskulatur der Eingeweide, Drüsen etc.). Die präganglionären Fasern des Sympathikus treten über die Vorderwurzeln des Rückenmarks in Höhe der Brust- und Lendensegmente aus und ziehen zum Grenzstrang auf beiden Seiten des Rückenmarks, wo sie auf postganglionäre Neurone umgeschaltet werden. Im Gegensatz dazu verlassen die parasympathischen präganglionären Nervenfasern das Zentralnervensystem zusammen mit einigen Hirnnerven sowie auf Höhe der unteren Kreuzbeinsegmente.

Ganglienketten

Vom Hals bis zur Hüfte liegen beiderseits der Wirbelsäule kleine Nervenzellanhäufungen, die sog. sympathischen Ganglien. Sie sind miteinander durch Fasern zu einer sympathischen Kette, dem Grenzstrang, verbunden. Die präganglionären sympathischen Nervenfasern treten unabhängig von den Spinalnerven aus der Vorderwurzel des Rückenmarks aus. Sie können dann drei Wege beschreiten: a) Sie werden in den Grenzstrangganglien auf postganglionäre Fasern umgeschaltet; b) sie ziehen entlang des Grenzstranges in ein darüber- oder darunterliegendes Ganglion; c) sie ziehen am Grenzstrang vorbei zu einem peripheren Ganglion.

Alle marklosen Fasern, die die Blutgefäße, Schweißdrüsen und die kleinen Haaraufrichter-Muskeln innervieren, ziehen von den Grenzstrangganglien zurück in die Spinalnerven. Einige postganglionäre Fasern, wie etwa jene zum Herzen, gelangen direkt zu ihrem

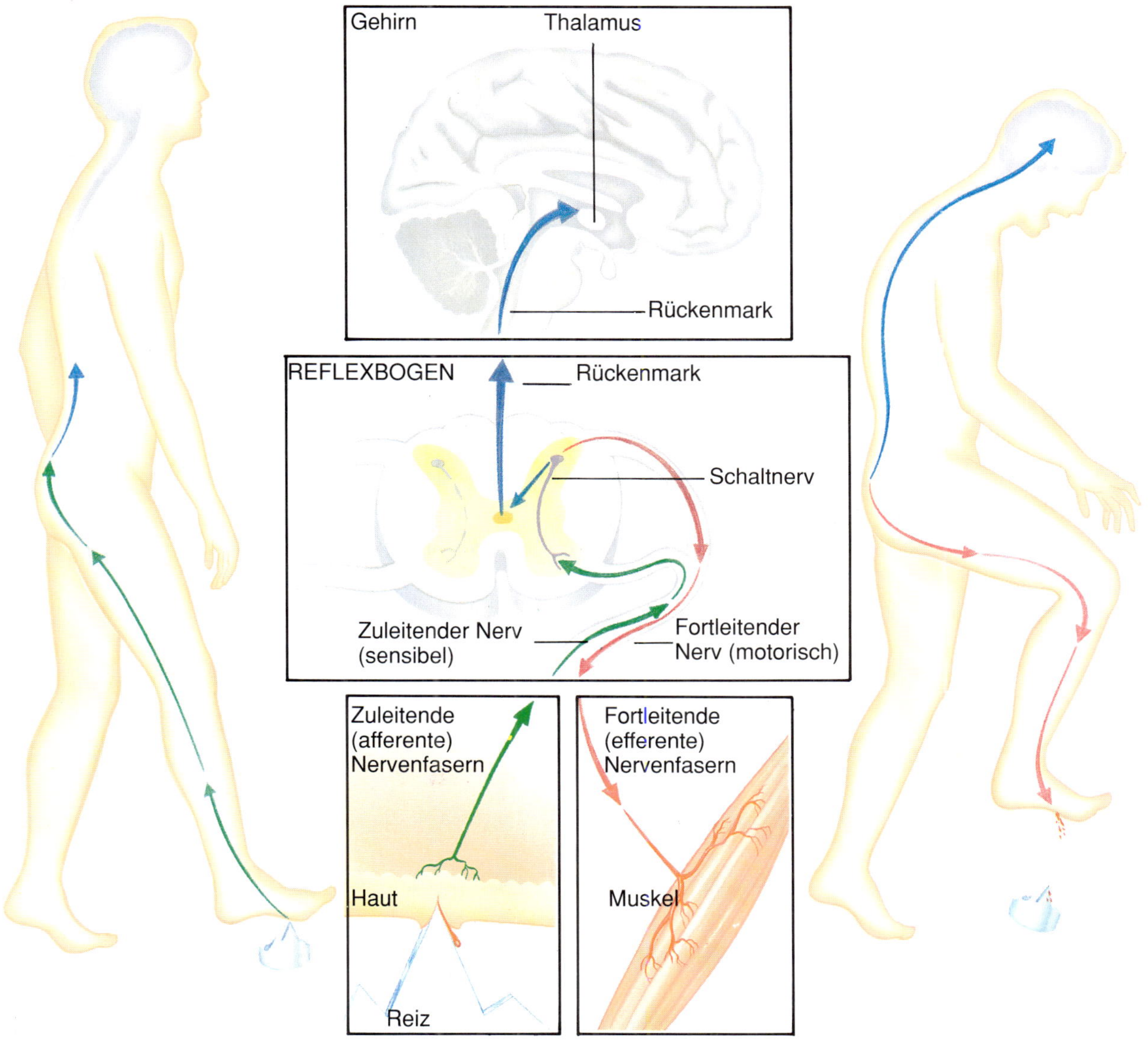

Der Reflex ist ein Abwehrmechanismus. Auf einen plötzlichen Reiz löst er sofort eine Muskelreaktion aus, ohne vorher das Gehirn eingeschaltet zu haben. Im obigen Beispiel wird die Schmerzsensation (grün) von den Sinnesnerven unverzüglich zum Gehirn geleitet, bei Erreichen des Rückenmarks aber auch auf motorische Nervenfasern umgeschaltet, die den Bewegungsbefehl (rot) unmittelbar zu den Beinmuskeln senden, um den Fuß außer Gefahr zu bringen.

Zielorgan, ohne noch einmal mit den Spinalnerven zusammenzutreffen. Die postganglionären Fasern, die Magen-Darmtrakt, Leber, Nieren, Blase und Fortpflanzungsorgane versorgen, kommen aus den prävertebralen Ganglien, dem Ganglion coeliacum und dem Ganglion mesentericum.

Ein weitverzweigtes Netz

Das parasympathische Nervensystem besteht aus einem Kopf- und einem Sakralteil. Seine Ganglien befinden sich in der Nähe der jeweiligen Organe, manche sogar in diesen selbst. Daher sind die präganglionären Fasern verhältnismäßig lang, während die postganglionären Fasern nur Bruchteile von Zentimetern erreichen. Etwa dreiviertel der parasympathischen Fasern finden sich in den beiden Vagusnerven, die durch ihre zahlreichen Verzweigungen alle großen Organe im Brust- und Bauchraum nervös versorgen.

Weitere parasympathische Fasern ziehen mit den Hirnnerven zu den inneren Muskeln der Augen sowie zu den Nasen-, Tränen- und Speicheldrüsen. Am unteren Ende des Rückenmarks treten die restlichen parasympathischen Fasern aus drei Sakralsegmenten aus und vereinigen sich in den Beckennerven. Die Zweige dieser Nerven ver-

__Schwache Hautreize__ - ein feiner Nadelstich etwa - aktivieren großkalibrige Nervenfasern. Kommen diese Impulse im Rückenmark an, schließen sog. SG-Zellen teilweise die Schmerz"schleuse" und beschränken die Anzahl der Reize, die zu den sog. T-Zellen und weiter zum Gehirn geleitet werden. Als Folge wird nur eine leichte Berührung empfunden.

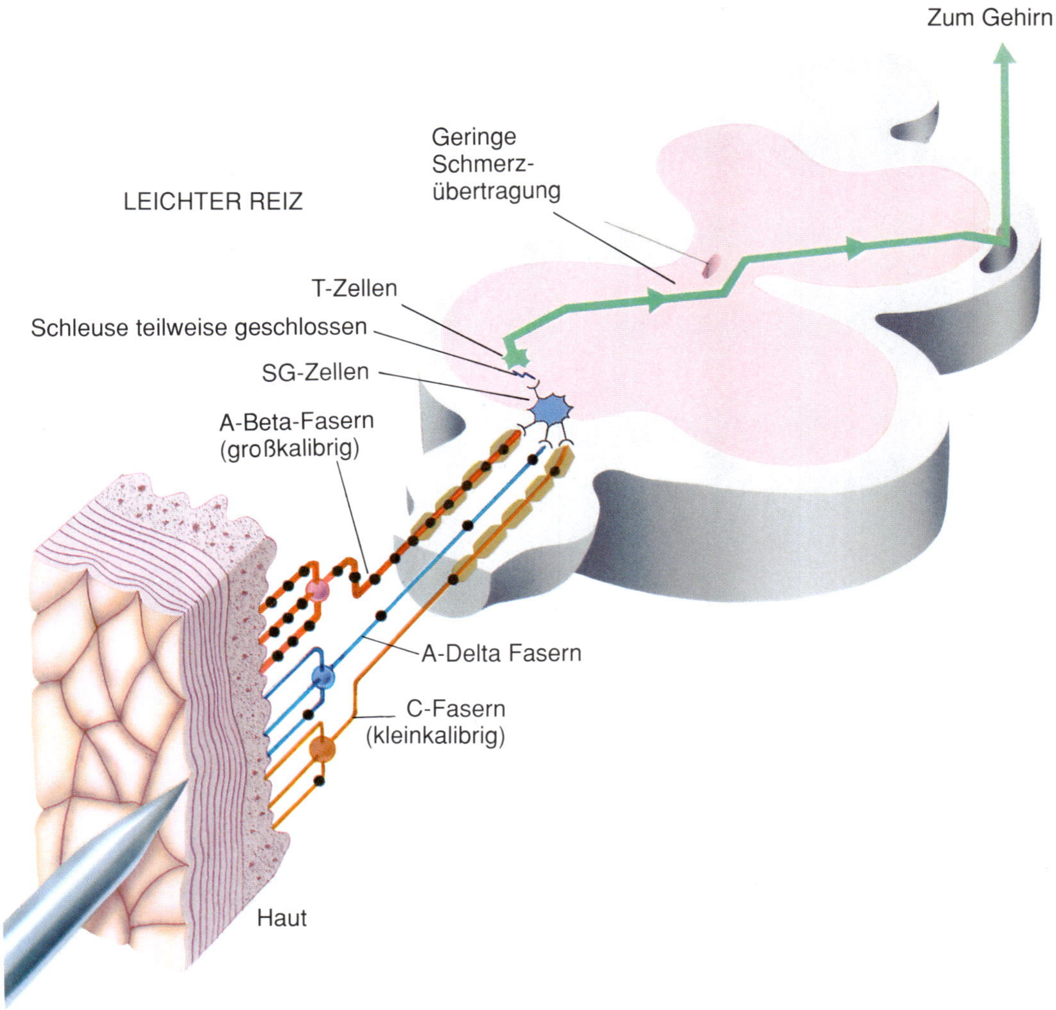

teilen sich auf Darm, Harnblase und Harnleiter sowie auf die äußeren Genitalien.

Zahlreiche Organe erhalten Nervenreize sowohl über sympathische als auch parasympathische Fasern. Dabei ergänzen sich die Signale beider vegetativen Systeme häufig; es ist jedoch nicht leicht festzustellen, ob nun ein sympathischer oder parasympathischer Reiz ein Organ in seiner Funktion fördert oder hemmt. Im allgemeinen bereitet ein sympathischer Reiz den Körper auf eine Tätigkeit vor: etwa durch Steigerung der Herzfrequenz bzw. des Blutdrucks sowie durch Umleitung von Blut in die Muskeln. Parasympathische Reize wirken dagegen eher hemmend, d. h. beruhigend auf den Körper.

Ganz am Anfang steht das Nervensystem
Im Embryo ist die erste größere Struktur, die sichtbar wird, das Nervensystem; seine Entwicklung beginnt ab der dritten Woche nach der Empfängnis. Auf der Keimscheibe senkt sich eine Rinne ein, die sich allmählich so weit vertieft, bis die Ränder aneinanderstoßen und verschmelzen. Aus der Rinne ist ein offenes Rohr geworden, das Neuralrohr, an dessen Seiten sich die sog. Neuralleisten aufwerfen. Gleichzeitig entstehen vorübergehend zu beiden Seiten des Neuralrohrs je eine Reihe würfelförmiger Ursegmente, die Quelle zahlreicher Organe. Am vorderen Ende des Neuralrohrs bilden sich drei Bläschen, die ersten Gehirnabschnitte, und aus den Zellen der Rohrwand wird schließlich das Rückenmark.

Diese Phase ist sehr kritisch; schließt sich nämlich das Neuralrohr am hinteren Ende nicht, kommt es zu einer angeborenen Spaltbildung im unteren Wirbelabschnitt (Spina bifida). Bei der leichtesten Form, der Spina bifida occulta, umhüllen die letzten Wirbel das Rückenmark nur unvollständig. Der Spalt kann dünner als ein Haar sein und wird dann möglicherweise nur durch Zufall entdeckt. Ist er jedoch größer, schiebt sich das Nervengewebe bis unter die Haut hoch, so daß die Gefahr einer Verletzung der Nerven oder des Rückenmarks besteht. Derartige Fälle müssen chirurgisch behandelt werden.

Sobald einmal der Grundbauplan festgelegt ist, entwickelt sich das Nervensystem sehr rasch. Aus dem Epithel um das Neuralrohr entstehen Neuroblasten, Vorstufen für die Neuronen des Zentralnervensystems. Sobald genügend Neuroblasten zur Verfügung stehen,

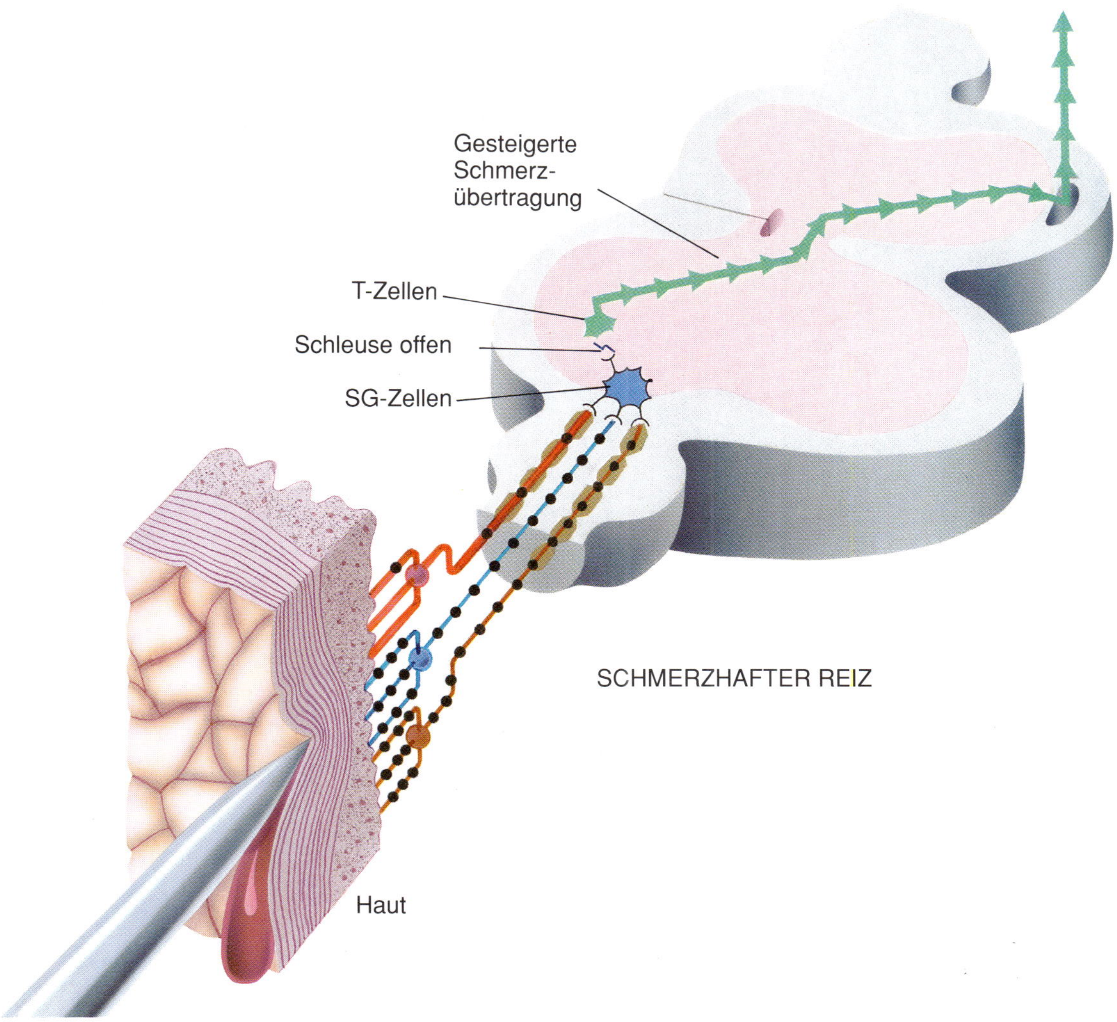

Schmerzhafte Hautreize *- die Nadel sticht in die Haut ein - aktivieren kleinkalibrige Nervenfasern. Wenn ihre Erregung diejenige in den großkalibrigen übertrifft, können die SG-Zellen die Schleusenöffnung nicht länger verhindern. Die starke Schmerzbotschaft gelangt zu den T-Zellen und weiter zum Gehirn.*

bildet das Neuroepithel Gliazellen für das Zentralnervensystem. Die Neuralleisten liefern neben den Schwann-Zellen auch das Material für die Meningen, die Häute von Hirn- und Rückenmark, Zellen für die Zahn- und Pigmentbildung sowie für Teile der Nebennieren.

Gleichzeitig beginnen Arme und Beine sich auszubilden, die wachsenden Gliedmaßen nehmen sich ihre Nerven mit. Ab dem dritten Monat sieht der Fetus wie ein kleiner Säugling aus, und das Neuralrohr ist von einem Rückgrat mit Rückenmark und Nerven ersetzt worden. Die Neuroblasten der Neuralleiste bilden das sympathische Nervensystem, das parasympathische System entsteht aus dem Neuroepithel.

Aus den drei Bläschen entwickeln sich allmählich Nachhirn (gleich vor dem Rückenmark), Mittelhirn und ganz vorne das Vorderhirn. Am schnellsten wächst das Vorderhirn, hier entstehen z. B. Thalamus und Hypothalamus. Nach 13 Wochen sind aus dem Vorderhirn die beiden Gehirnhälften mit noch glatten Oberflächen hervorgegangen. Weitere Wachstumsprozesse des Endhirns und die beengten Platzverhältnisse in der Schädelhöhle führen dazu, daß sich die Hirnoberfläche mehr und mehr furcht.

Entwicklung nach der Geburt

Die Entwicklung des Nervensystems ist mit der Geburt nicht abgeschlossen. Das Gehirn wächst weiter, viele Nervenfasern werden erst jetzt von einer Markscheide umhüllt. Die Ausbildung der Markscheiden ist eng mit den zunehmenden motorischen und sensorischen Fähigkeiten des Säuglings verknüpft.

Beim Kleinkind überwiegen zunächst die Reflexe; der ganze Körper dient dazu, Angst und Hunger sowie grundlegende Gefühle zum Ausdruck zu bringen. Mit zunehmender Gehirnentwicklung treten die Reflexe in den Hintergrund. Nach etwa drei Monaten sind Babys in der Lage, von sich aus zu reagieren. Mit sechs Monaten haben sie Oberkörper und Gliedmaßen unter Kontrolle. Die Steuerung der Beine folgt ein paar Monate später, wenn das Baby zu krabbeln, dann zu stehen und schließlich zu gehen anfängt.

Im Alter von zwei Jahren sind die meisten Nervenfasern von Rückenmark, Hirnstamm und Kleinhirn von einer Markscheide umgeben. Das Kind kann gehen und laufen und beschäftigt sich mit Gegenständen. Auch die geistige Entwicklung hat gute Fortschritte gemacht. Ein zweijähriges Kind bildet einfache Sätze und löst auf-

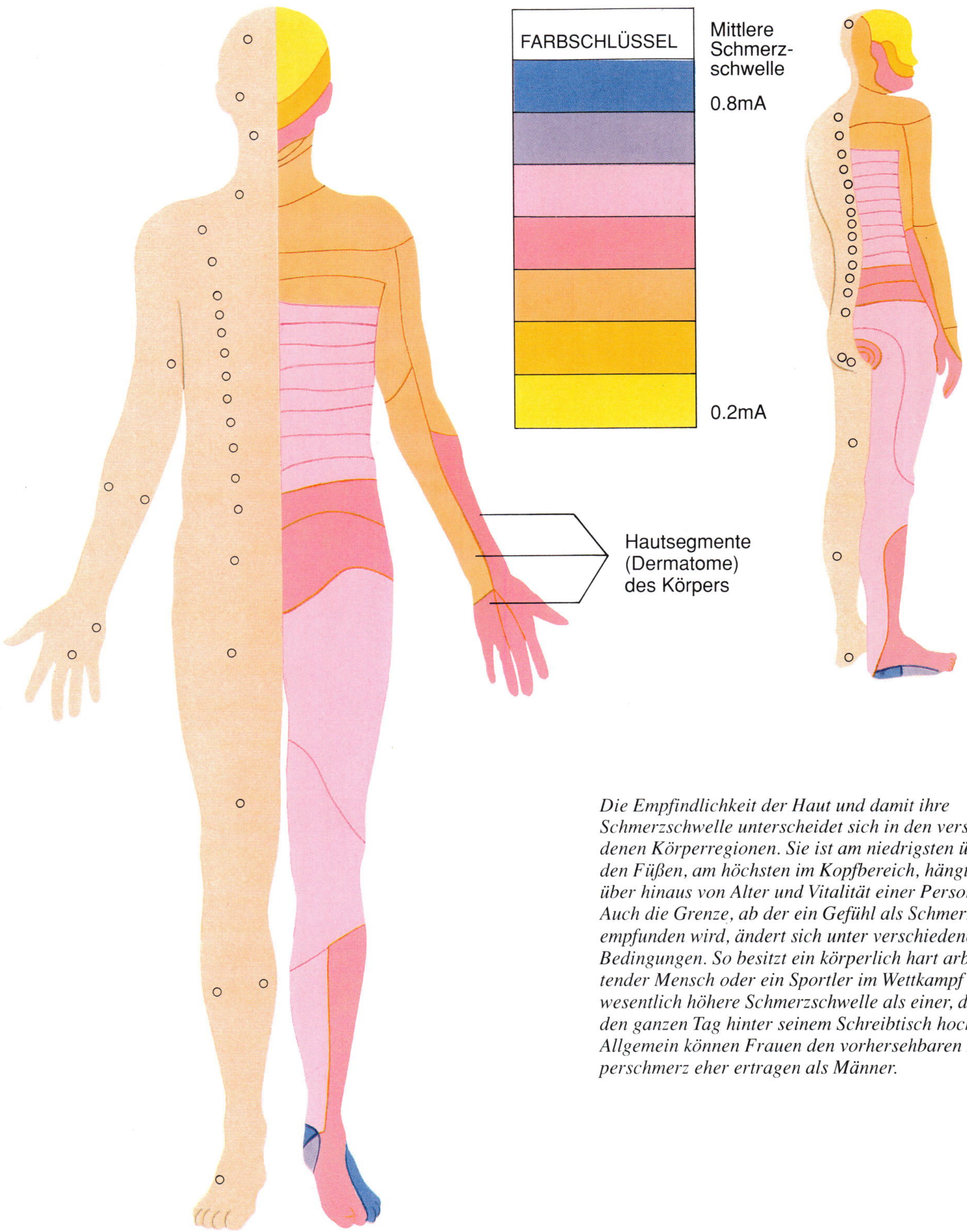

Die Empfindlichkeit der Haut und damit ihre Schmerzschwelle unterscheidet sich in den verschiedenen Körperregionen. Sie ist am niedrigsten über den Füßen, am höchsten im Kopfbereich, hängt darüber hinaus von Alter und Vitalität einer Person ab. Auch die Grenze, ab der ein Gefühl als Schmerz empfunden wird, ändert sich unter verschiedenen Bedingungen. So besitzt ein körperlich hart arbeitender Mensch oder ein Sportler im Wettkampf eine wesentlich höhere Schmerzschwelle als einer, der den ganzen Tag hinter seinem Schreibtisch hockt. Allgemein können Frauen den vorhersehbaren Körperschmerz eher ertragen als Männer.

grund bereits gemachter Erfahrungen Probleme. Das Kind ist aus dem Säuglingsalter heraus, und obwohl das Nervensystem sich nach wie vor weiterentwickelt, paßt es sich eher an neue Bedürfnisse an, anstatt ganz neue Fähigkeiten zu entwickeln. Dieser Vorgang kann das ganze Leben lang anhalten.

Reiz und Schmerz

Schmerz reicht vom bohrenden, dumpfen Schmerz des Zahnwehs bis zum scharfen, stechenden Schmerz eines Nadelstichs. Der Schmerz ist Teil eines lebenswichtigen Warnsystems, das den Körper vor Schäden schützt. Wenn man sich verletzt, wird der akute Schmerzreiz durch die sensiblen Nerven zum Rückenmark und ins Gehirn übertragen. Das erste periphere Neuron der Schmerzbahn leitet das Signal von der Stelle der Verletzung über sehr schnelle Fasern vom A-Typ an das Hinterhorn des Rückenmarks weiter. Hier übernehmen die zweiten Neuronen und übertragen das Signal auf die andere Seite des Rückenmarks, wo es über die spinothalamische Bahn zum Thalamus im Zwischenhirn gelangt. Dumpfer, länger anhaltender Schmerz nimmt eine andere, langsamere Bahn, die aus einer Kette von miteinander verbundenen Neuronen besteht, die vom Rückenmark zum Hirnstamm, zum Thalamus und schließlich in die Großhirnrinde führen. Diese marklosen Nervenfasern gehören dem C-Typ an.

Auch das autonome Nervensystem kann Schmerzreize aufnehmen und die Signale ins Gehirn übertragen. Da die vom autonomen Nervensystem versorgten inneren Organe jedoch über relativ wenige sensible Rezeptoren verfügen, ist die Schmerzempfindung meist dumpf und anhaltend und schwierig zu orten.

Unterscheidungsebenen

Nervenempfindungen machen sich nur als Schmerz bemerkbar, wenn der Reiz über ein bestimmtes Maß hinaus geht. Dieser Schwelleneffekt ergibt sich aufgrund eines ausgeklügelten Schleusenmechanismus, durch den Signale im Rückenmark moduliert werden. Der Schmerz wird im Rückenmark von sog. T-Zellen geleitet, die durch große oder kleine Nervenfasern an den Reizstellen aktiviert werden. Innerhalb der Substantia gelatinosa (SG) des hinteren Rückenmarks befinden sich andere Zellen, die die Reizübertragung der T-Zellen hemmen. Diese Zellen werden durch Erregungszuflüsse großer Nervenfasern aktiviert, gleichzeitig aber auch von den kleineren (Schmerz-) C-Fasern gehemmt.

Sind keine Schmerzreize vorhanden, werden die Fasern für Berührung und Lageempfindung zusammen mit den SG-Zellen aktiviert. Dies wiederum hemmt T-Zellen, die Schleuse wird geschlossen, es wird kein Schmerz wahrgenommen. Sobald ein Schmerzreiz wirksam wird - beispielsweise durch Treten auf einen spitzen Stein - nimmt die Aktivität der kleinen C-Fasern so lange zu, bis die Hemmwirkung der großen Fasern auf die SG-Zelle überwunden wird. Damit ist die Schleuse geöffnet, der Schmerzreiz gelangt über das Rückenmark zum Gehirn, das ihn nach weiteren Umschaltungen als Empfindung am Fuß lokalisiert. Man versucht nun vielleicht, den Schmerz durch Reiben zu lindern. Dadurch wird die Berührungsempfindung gesteigert, was die Aktivität großer Nervenfasern verstärkt, so daß umgekehrt SG-Zellen aktiviert werden, um die Schleuse wieder zu schließen. Wenn man also eine verletzte Stelle reibt, wird nichts besser, aber der Schmerz läßt nach.

Die Überwindung des Schmerzes

Die Wahrnehmung von Schmerz ist ein natürlicher Warnmechanismus, der sich meldet, wenn etwas nicht in Ordnung ist. Vielleicht ist man mit seiner Hand zu nahe ans Feuer geraten: Die Warnung wird registriert und führt zu einer entsprechenden Reaktion. Hand und Arm werden aus der Gefahrenzone gebracht, der Schmerz hört auf. Ein großes Problem ist aber der anhaltende Schmerz, besonders wenn man wie bei chronischen Kopfschmerzen oder Rheumatismus prinzipiell wenig oder nichts dagegen machen kann. Die erfolgreiche Bekämpfung des Schmerzsymptoms ist somit eine der großen Leistungen der modernen Medizin.

Die beiden wichtigsten Schmerzmittelarten sind die Analgetika, die die Schmerzempfindung im Gehirn ausschalten, und die Anästhetika, die vorübergehend Teile des Körpers oder den ganzen Körper gefühllos machen. Die Palette der Analgetika reicht von einfachen Schmerzmitteln wie Aspirin oder Paracetamol bis zu starken Beruhigungsmitteln wie Barbituraten oder Morphinen. Analgetika wirken fiebersenkend und werden aufgrund ihrer entzündungshemmenden Eigenschaften (anstelle von Kortikosteroiden) zur Behandlung von rheumatischen Krankheiten eingesetzt.

Aspirin und seine Abkömmlinge haben leider unerwünschte Nebenwirkungen, reizen die Magenschleimhaut und können Störungen im Magen-Darm-Trakt hervorrufen. In schweren Fällen kann es sogar zu Magenblutungen kommen. Aspirin sollte Kindern unter 12 Jahren nicht verabreicht werden, da es mit einer tödlichen Leber-Hirn-Krankheit, dem Reye-Syndrom, in Verbindung gebracht wird. Schwache Analgetika werden oft miteinander kombiniert oder auch mit Koffein eingenommen. Viele sind in löslicher, d. h. magenfreundlicherer Form erhältlich.

Starke Beruhigungsmittel wirken auf das Zentralnervensystem, um die Wahrnehmung des Schmerzes zu verändern. Der größte Nachteil dieser Medikamente besteht darin, daß sie süchtig machen. Sie sind daher nur unter strenger ärztlicher Aufsicht einzunehmen. Es bleibt zu hoffen, daß die Pharmakologen zukünftig Arzneimittel entwickeln, die ähnlich wirken wie Endorphine und Enkephaline, natürliche, im Gehirn gebildete schmerzstillende Substanzen.

Anästhetika sind wesentlich älter als Analgetika. Opium (die Grundlage für Heroin) sowie indischer Hanf (Cannabis) waren schon den antiken Kulturen bekannt. Im Mittelalter verwendete man Opiumtinktur (Laudanum) zur Schmerzlinderung. Doch noch im 18. Jahrhundert gab es keine Möglichkeit zur Betäubung eines Patienten, der operiert werden sollte, mit Ausnahme starker alkoholischer Getränke vielleicht.

Im Jahre 1844 benutzte der amerikanische Zahnarzt Horace Wells erstmals das Distickstoffoxid oder Lachgas, um seinen Patienten schmerzlos die Zähne zu ziehen.

In den folgenden Jahren wurde auch Äther und Chloroform zur Betäubung in der Medizin verwendet. Zu Beginn des 20. Jahrhunderts kamen als Schmerzmittel die Barbiturate hinzu. Lachgas wird heute zwar immer noch benutzt, man greift aber mehr und mehr auf gefahrlosere Betäubungsmittel wie Halothan zurück.

Anästhetika machen den gesamten Körper unempfindlich, sobald der Patient das Bewußtsein verliert. Lokalanästhetika wirken nur in einem bestimmten Bereich, werden normalerweise dort injiziert oder appliziert, wo sie wirken sollen. Eines der ersten, das Kokain, wurde bereits 1884 benutzt. Es folgten Zyclopropan, Novocain und Lignocain, das zusammen mit Bupivacain ein wichtiges Mittel für die Epiduralanästhesie darstellt.

Bei dieser Art der Betäubung wird das Anästhetikum in den Raum zwischen Knochenhaut und harter Hirnhaut im Wirbelkanal gespritzt. Damit betäubt man alle Spinalnerven, die in Höhe der Injektionsstelle und unterhalb davon den Epiduralraum durchziehen. So können beispielsweise für operative Eingriffe oder bei der Geburt der untere Bauchraum, der Damm und die Beine gezielt ausgeschaltet werden.

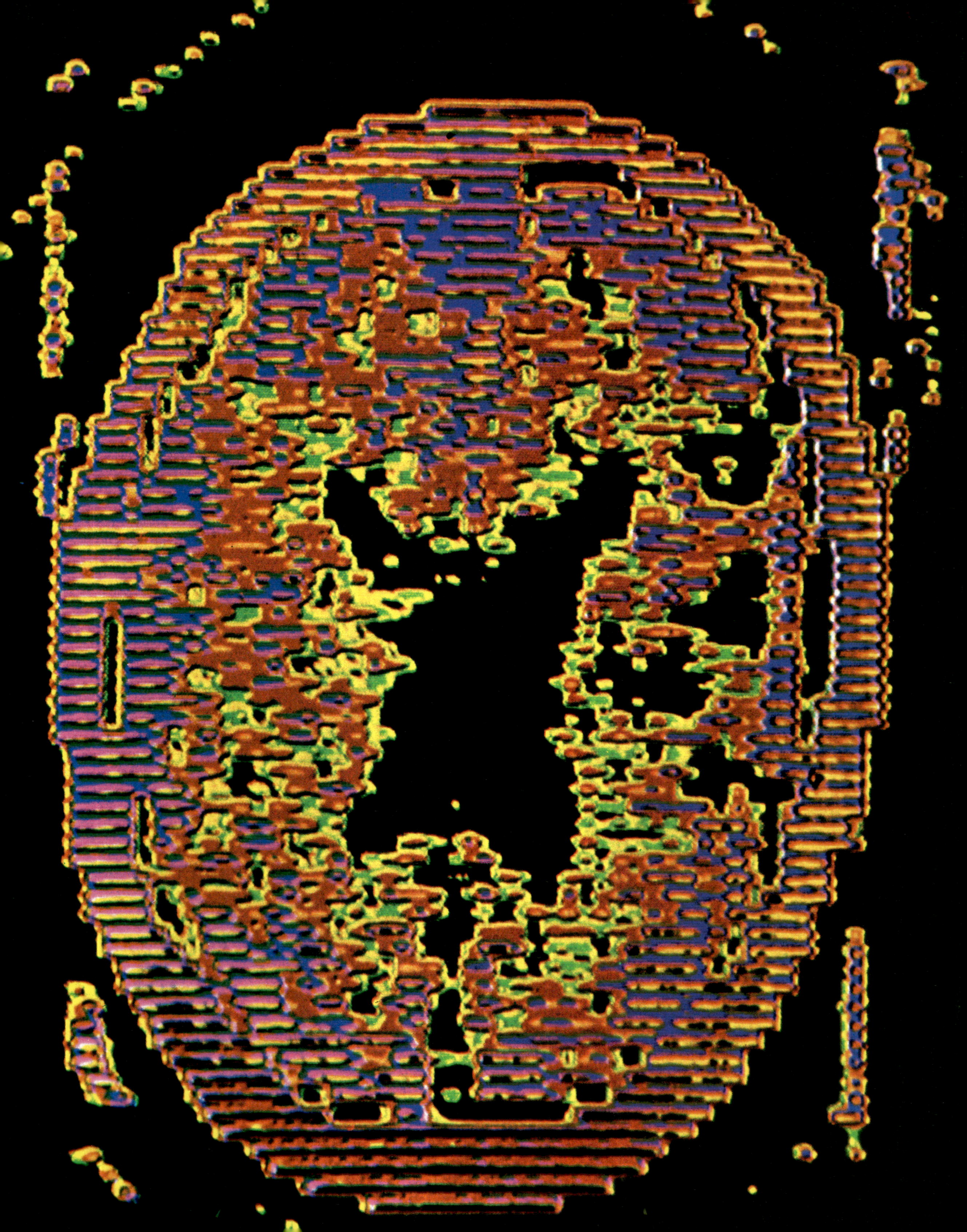

Kapitel 13

Das Gehirn

Ein Unterschied zwischen dem Menschen und den anderen Lebewesen liegt in seinem Gehirn. Es befähigt uns, logisch zu denken, mit unseren Mitmenschen zu kommunizieren, zu lernen, und es verleiht uns Erinnerungsvermögen. Durch diese Fähigkeiten ist der Mensch zur beherrschenden Gattung auf der Erde geworden; er machte sich die Natur untertan, er baut Schiffe und Städte, er reist zum Mond und eines Tages wohl auch zu anderen Planeten oder gar über unser Sonnensystem hinaus.

Im Hirn sind auch menschliche Eigenschaften wie Liebe, Mitgefühl, Warmherzigkeit und Versöhnungsbereitschaft angesiedelt. Malerei, Dichtung, Musik und Theater - alle künstlerischen Errungenschaften der Menschheit rühren aus fast flüssiger Gallerte, die nur etwa zwei Prozent des Durchschnittsgewichts eines Menschen ausmacht.

Das rätselhafte Gebilde Gehirn hat in letzter Zeit viele, beileibe aber nicht alle seiner Geheimnisse preisgegeben. Noch lange Zeit werden Naturwissenschaftler und Philosophen gleichermaßen mit der Erforschung seiner Funktionen beschäftigt sein, und es ist mehr als fraglich, ob es seine letzten Geheimnisse jemals preisgibt.

Steuerung von oben

Das Gehirn bildet den Zentralcomputer des Körpers, der alle Gedanken und fast jede Bewegung steuert. Zahlreiche Nerven leiten Sinneseindrücke aus den verschiedenen Teilen des Körpers ins Gehirn, wo sie mit Informationen aus den Sinnesorganen gemeinsam verarbeitet werden. Nach der Entscheidungsfindung werden ebenfalls über Nervenfasern motorische Anweisungen an die Muskeln weitergegeben. Jedoch laufen nicht alle Handlungen bewußt und willkürlich ab. Das Gehirn steuert auch die automatisch ablaufenden Prozesse wie etwa die Atmung, den Herzschlag und die Verdauung.

Das Gehirn eines Erwachsenen wiegt etwa 1.500 Gramm, ist von zahlreichen Furchen durchzogen und enthält etwa 10 Milliarden Nervenzellen. Den weitaus größten Teil davon nimmt das Großhirn ein. Darunter befindet sich das Kleinhirn und der Hirnstamm, der in das Rückenmark übergeht.

Gehirn und Rückenmark setzen sich aus grauer und weißer Substanz zusammen. Die graue Substanz besteht überwiegend aus Nervenzelleibern (Perikaryen), die weiße aus Nervenfasern (Neuriten oder Axone) und den sie umgebenden Markscheiden. Im Rückenmark ist die graue in die weiße Substanz eingebettet, während im Gehirn die graue Substanz außen liegt.

Versorgung und Schutz

Das Hirngewebe wird durch die Schädelknochen vor schädlichen äußeren Einflüssen geschützt. Innerhalb der Schädelhöhle sorgt die Gehirn-Rückenmarksflüssigkeit (Liquor cerebrospinalis), die in den Hirnkammern produziert wird, für ein weiteres Schutzpolster.

Das Gehirn ist in seinem Verhalten sehr ambivalent. Einerseits lassen sich große Hirnteile ohne erkennbare negative Auswirkungen

***Moderne, computerisierte Abtasttechniken** decken zunehmend die Geheimnisse des lebendigen inneren Gehirnbaus auf - alle größeren Teile sind nun bekannt und bezeichnet. Nervenärzte wissen ebenfalls sehr viel über die Leistung des Gehirns; wie diese jedoch erbracht wird, ist weiterhin unbekannt. Ein kompliziertes Netz unzähliger Nervenverbindungen kontrolliert alle bewußten und unbewußten Gedanken und Handlungen - auf welche Art, bleibt Gegenstand intensiver Forschung.*

Das menschliche Gehirn wird in seinen Dimensionen von denen eines Elefanten oder Wales übertroffen. Verglichen mit dem dazugehörigen Körper ist es (mit bis zu 3 Pfund) jedoch das größte. Auch das Massenverhältnis von lederfarbenem Großhirn und entwicklungsgeschichtlich älterem Nachhirn unterscheidet es von

entfernen, andererseits können bereits geringfügigste Schädigungen bestimmter Hirnbereiche zu größeren Funktionsausfällen im Körper, ja sogar zum Tod führen. Unser Grundwissen über die Funktionsweisen der verschiedenen Gehirnteile leiten wir im wesentlichen aus Veränderungen ab, die nach Hirnverletzungen oder Tumoren beobachtet wurden. Auch elektrische Reizung bei Hirnoperationen ist sehr aufschlußreich. Die kleinste Reizsonde hat eine große Wirkung, wenn man damit die Funktion eines Gewebes erforschen will, in dem ein Stückchen von der Größe eines Stecknadelkopfes bis zu fünf Millionen Zellen enthält.

Wichtigste Informationsquellen sind für uns immer noch die Tiere. Da allen Säugern die gleichen grundlegenden Gehirnstrukturen gemeinsam sind, lassen sich experimentelle Ergebnisse von Katzen oder Affen auf den Menschen übertragen. Gewisse Einschränkungen sind aber notwendig, vor allem wenn es um die Bedeutung des Stirnhirns geht, das beim Menschen wesentlich weiter entwickelt ist.

Auf dem Weg zur Kommandozentrale

Die prinzipielle Einteilung des Gehirns in drei Teile - Hinter- bzw. Rautenhirn, Mittelhirn und Vorderhirn - beruht auf ihrer Lage in Bezug zum vorderen Rückenmarksbereich. Eine andere Gliederung des Gehirns geht von drei Stufen der Entwicklung des Lebens auf der Erde aus. Die erste wird von den Reptilien gebildet, dann kommen die Ursäuger (Paläomammalia) und schließlich die Neomammalia (die späten Säugetiere inklusive des Menschen). Beide Gliederungskonzepte haben zwar Berührungspunkte, doch bietet das erste leichter zugängliche Möglichkeiten zur Beschreibung der Gehirnstrukturen. Am oberen Ende des Rückenmarks entwickelt sich zuerst das Rautenhirn. Aus ihm entsteht ein großer Teil des Hirnstamms sowie in einem Seitenschluß das Kleinhirn.

Im Übergangsbereich vom Rückenmark zum Gehirn befindet sich das verlängerte Rückenmark (Medulla oblongata, Nachhirn, Myelencephalon). Dieser erste faserige Abschnitt des Hirnstamms ist das Reflexzentrum des Körpers, der evolutionäre Kern und primitive Sitz des Überlebenswillens im Menschen, aber auch im Dinosaurier. Hier liegen diejenigen Bereiche der grauen Hirnsubstanz, die die Atmung, den Herzschlag, den Blutdruck und die Magenperistaltik steuern. Vom verlängerten Rückenmark gehen auch die unwillkürlichen Befehle für das Schlucken, Niesen oder Husten aus.

Nervöse Veranlagung

Das verlängerte Rückenmark fungiert darüber hinaus als wichtiger Knotenpunkt. Zwei dicke Nervenfaserbündel, die sog. Pyramidenbahnen, ziehen durch das verlängerte Rückenmark und verbinden

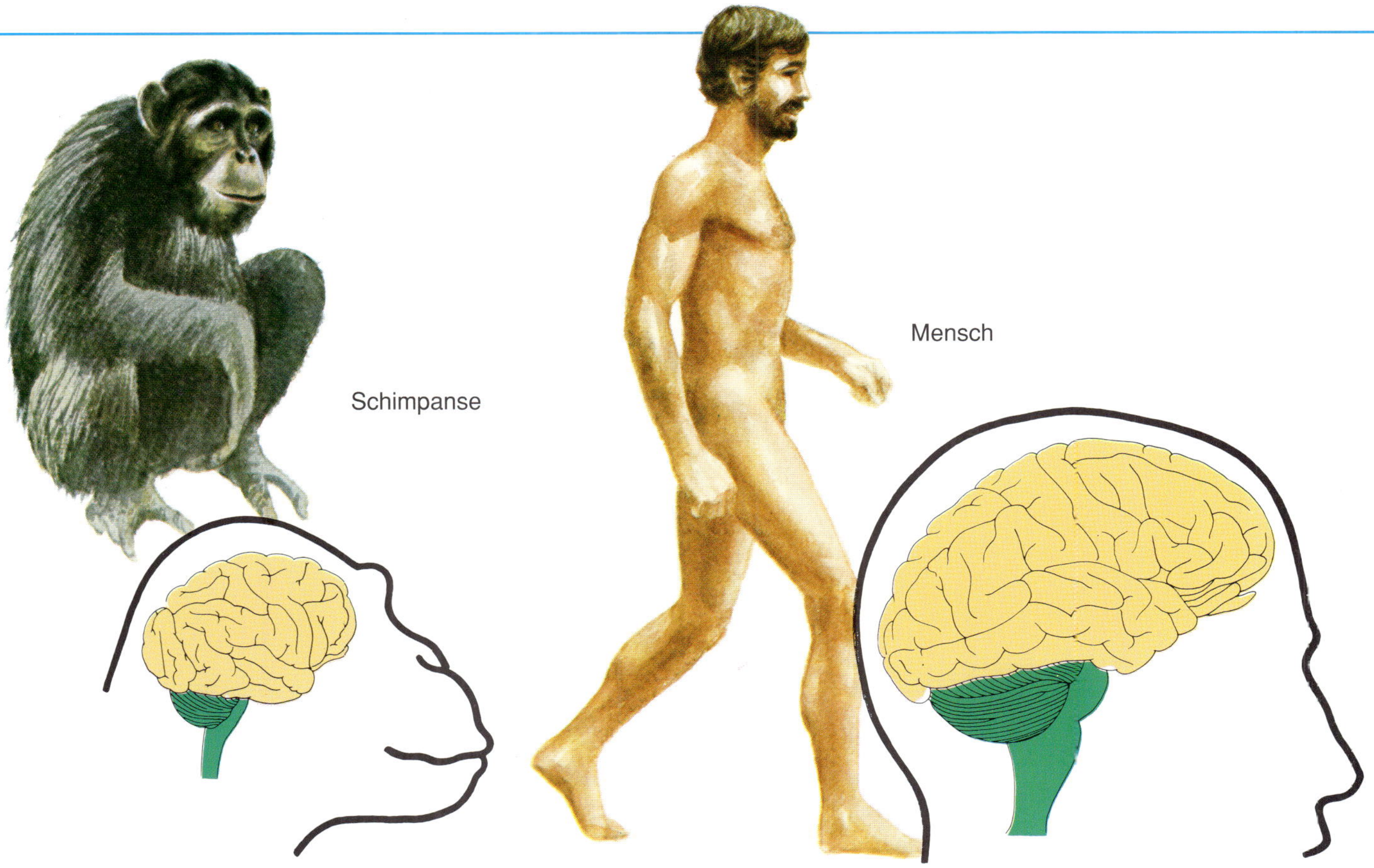

den Tieren: Das Großhirn, Cerebrum - Sitz der Gedanken und der schöpferischen Kraft des Menschen - nimmt zwei Drittel des Gehirns ein. Nur die höher entwickelten Säugetiere, hier vertreten durch Katze und Schimpanse, verfügen über Großhirne, die fast an die Kompliziertheit des menschlichen Gehirns heranreichen.

das Gehirn mit der Körpermuskulatur. An der Pyramidenkreuzung wechseln die meisten Fasern ihre Seite, so daß die linke Gehirnhälfte die rechte Körpermotorik steuert und umgekehrt.

Vom Rautenhirn gehen die 12 Hirnnervenpaare aus, die Kopf, Hals, Brust- und Bauchraum sensorisch und motorisch versorgen. In der Reihenfolge von vorn (rostral) nach hinten (dorsal) und von oben (kranial) nach unten (kaudal) handelt es sich um folgende Nerven: Riechnerv mit Riechfäden (Bulbus olfactorius, N.I), Sehnerv (Nervus opticus, N.II), Oculomotorius (N.III), Trochlearis (N.IV), Drillingsnerv (Nervus trigeminus, N.V), Abducens (N.VI), Gesichtsnerv (Nervus facialis, N.VII), Hör- und Gleichgewichtsnerv (Nervus vestibulocochlearis, N.VIII), Zungenbein-Rachennerv (Nervus glossopharyngeus, N.VIX), Vagusnerv (N.X), Akzessorius (N.XI) und Unterzungennerv (Nervus hypoglossus, N.XII).

Blick von der Brücke

Im Anschluß an das verlängerte Rückenmark folgt das ebenfalls zum Rautenhirn zählende Hinterhirn (Metencephalon) mit seiner ventralen Brücke (Pons) und der Brückenhaube (Boden der Rautengrube), eine Anhäufung weißer Substanz - von Faserzügen also, die die beiden Kleinhirnhälften, aber auch End- und Kleinhirn sowie Endhirn und Kerne der Körpermotorik miteinander verbindet. Aus der Brückenhaube treten ein Drittel der Hirnnerven aus einschließlich des größten, des Trigeminus. Er spaltet sich in drei Äste auf, die die drei Etagen des Gesichts erreichen. In der Brückenhaube liegen aber auch Nervenzellansammlungen (sog. Kerne, Nuclei), die sekretorische Impulse zu den Speichel- und Tränendrüsen senden.

Durch das verlängerte Rückenmark und Hinterhirn bis hin zum Mittelhirn zieht ein Maschenwerk aus grauer und weißer Substanz, die sog. Formatio reticularis. Hier findet eine enge Verknüpfung zwischen motorischen, sensorischen und vegetativen Funktionen statt. Eine Reizung dieser Region über die Sinnesorgane versetzt uns in erhöhte Aufmerksamkeit. Wenn die Reize nachlassen, schlafen wir ein. Auch Beruhigungs- und Schlafmittel greifen mit ihrer dämpfenden Wirkung in diese Strukturen ein. Bei einer Verletzung kann es zu anhaltender Bewußtlosigkeit, zum Koma kommen.

Alarmeinrichtung

Die Formatio reticularis, Schaltzentrum unseres Bewußtseins, sortiert unzählige Nervenreize, die in jeder Sekunde das Gehirn erreichen, und trennt wichtige von belanglosen. Das Gehirn muß beispielsweise nicht ständig darüber informiert werden, wie sich die Schuhe an den Füßen anfühlen. Deshalb werden nur etwa 100 Impulse pro Sekunde an die Regionen oberhalb des Hirnstamms weitergeleitet, und nur einige wenige davon gelangen ins Bewußtsein. Wir nehmen zwar die uns umgebende Geräuschkulisse wahr, konzentrieren uns jedoch in der Regel auf ein einziges Geräusch.

Mit den dazugehörigen Nervenbahnen, kurzen Fasern mit hoher Leitungsgeschwindigkeit, bildet die Formatio reticularis außerdem die Alarmeinrichtung des Körpers: das retikuläre Aktivierungssystem (RAS). Ein Impuls, dem sofortige Aufmerksamkeit zu schenken ist, wie etwa der Geruch von Rauch, wird vom RAS entdeckt und sofort ins Großhirn weitergeleitet, wobei sämtliche anderen Botschaften vorübergehend unterdrückt werden. Der Mechanismus funktioniert auch umgekehrt. Das Bewußtsein instruiert das RAS, alles andere auszuschalten und die Aufmerksamkeit auf eine ganz bestimmte Handlung zu lenken, die ein Höchstmaß an Fertigkeit und Konzentration erfordert. Ohne das RAS könnte ein Tennis-Champion das Gemurmel der Menge nicht ignorieren, während er gerade zu einem Match in Wimbledon aufschlägt.

Das RAS steuert auch einen Vorgang, den wir als Gewöhnung bezeichnen. Eine ungewöhnliche Wahrnehmung, wie etwa das Geräusch eines Preßlufthammers auf der Straße, versetzt das System sofort in Alarmzustand. Sobald das Geräusch identifiziert wurde und nichts Neues mehr darstellt, befiehlt das Gehirn dem RAS, seinen Alarmzustand zu beenden.

Regulator und Koordinator

Das am Rautenhirn hängende und sich nach hinten auswölbende Kleinhirn (Cerebellum) macht etwa ein Achtel der gesamten Gehirnmasse aus. Seine beiden Hemisphären sind stark gefurcht, 85 Prozent der Oberfläche sind in den zahlreichen tiefen Furchen verborgen. Es steht eng mit dem Gleichgewichtsapparat im Innenohr in Verbindung, reguliert die Spannung unserer Muskulatur und koordiniert sämtliche Bewegungsabläufe. Ohne eigene Anregungen zu geben, überwacht das Kleinhirn Impulse von den motorischen Hirnzentren und von Nervenendigungen in der Muskulatur.

Das Kleinhirn modifiziert und koordiniert verschiedene Körperbewegungen, wie etwa den Abschlag eines Golfers oder die feine Fußarbeit eines Tänzers, und erlaubt uns, ein Glas Wasser an den Mund zu führen, ohne einen Tropfen zu verschütten. Wenn wir neue Bewegungsabläufe lernen, wie etwa Radfahren oder Maschine schreiben, braucht es Zeit und Mühe; zahlreiche Bereiche des Gehirns sind beteiligt. Haben wir es aber einmal gelernt, tritt das Kleinhirn in Aktion und sorgt dafür, daß Wiederholungen im Unterbewußtsein ablaufen. Manches deutet darauf hin, daß das Kleinhirn an der emotionalen Entwicklung eines Menschen beteiligt ist und positive oder negative Gefühlsempfindungen abstimmt.

Gut verknüpft

Ein Querschnitt durch die beiden Kleinhirnhälften ergibt identische blattähnliche Muster, die durch ein Netzwerk aus Nervenfasern entstehen. Die Anatomen bezeichneten dies früher als Lebensbaum (Arbor vitae). Die äußere graue Hülle, die Kleinhirnrinde, setzt sich aus grauen Zellen aus drei verschiedenen Zellschichten zusammen; die mittlere davon besteht aus Purkinje-Zellen, den größten und kompliziertesten Nervenzellen des Menschen. Jede dieser Zellen kann mit bis zu 100.000 weiteren verbunden sein, keine anderen Zellen des Gehirns verfügen über so viele Verknüpfungsmöglichkeiten. Eine derartige Organisation ist für die präzise Muskelkontrolle erforderlich.

Zwischen den Kleinhirnhemisphären liegt als unpaarer Mittelteil der Wurm (Vermis). Von ihm gehen drei paarige Nervenfaserbündel aus, die sog. Kleinhirnstiele (Pedunculi cerebelli). Unterer und mitt-

Die zwölf Hirnnervenpaare, üblicherweise mit römischen Zahlen durchnumeriert, verlassen wie Stromkabel den Hirnstamm. Die sensiblen bzw. sensorischen Nerven (in der Zeichnung purpurrot) bringen Informationen der einfachen und höheren Sinnesorgane vom Körper zum Gehirn. Die motorischen Nerven (orange) übermitteln Bewegungsbefehle vom Gehirn zu den Gesichtsmuskeln. Eine Ausnahme bildet der zehnte Gehirnnerv, Vagus, dessen motorische Fasern auch zum Herzen und dem Verdauungssystem gehen.

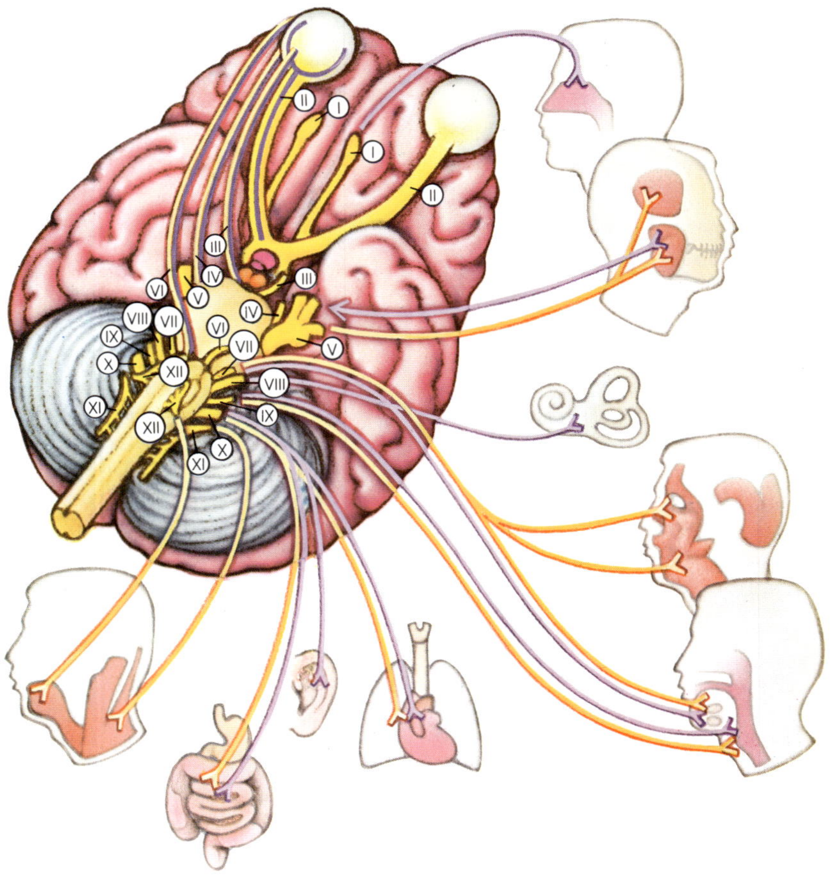

lerer Stiel sind mit dem Rautenhirn verbunden. Sie transportieren ankommende, afferente, Reize zum Kleinhirn. Der obere Stiel leitet abgehende, efferente, Impulse zu dem roten Kern (Nucleus ruber) des Mittelhirns und von dort über den Thalamus ins Großhirn weiter.

Relikt aus der Vergangenheit

Das Mittelhirn im Anschluß an das Rautenhirn war vor der Entwicklung des Vorderhirns für höhere Gehirnfunktionen verantwortlich, wie die Verarbeitung von optischen und akustischen Eindrücken. Diese Aufgaben sind nun dem Vorderhirn zugeteilt, das Mittelhirn ist in seiner Struktur simpler als Vorder- bzw. Rautenhirn. Seine frühere Bedeutung läßt sich noch am Mittelhirndach, der Vierhügelplatte, ablesen, die als Schaltstation für Nervenimpulse von den Augen und Ohren dient.

Zum Mittelhirn zählen die Großhirnschenkel (Pedunculi cerebri), welche die Großhirnhemisphären mit dem Hirnstamm verbinden. In jedem Schenkel findet sich ein dunkler Kern (Substantia nigra), dessen Zellen das Pigment Melanin enthalten - ein Hauptspeicher der biochemischen Substanz Dopamin, die vor Muskelstarre und Tremor schützt. Im Zentrum des Mittelhirns verläuft der Hirn-Rückenmarkskanal, der den Liquor cerebrospinalis (hier ohne Nährstoffe, aber mit vielen Stoffwechselschlacken beladen) herab zu den Räumen um das Rückenmark befördert, von wo dieser in das Blut aufgenommen wird.

Primitive Leidenschaften

Der größte und jüngste Teil des Vorderhirns ist das Endhirn (Telencephalon), das sich in zwei Hälften (Großhirnhemisphären) gliedert. In jeder Hemisphäre befindet sich eine flüssigkeitsgefüllte Höhle mit der Form eines Widderhorns; hier wird die Gehirn-Rückenmarksflüssigkeit (Liquor cerebrospinalis) erzeugt. Diese sog. Seitenventrikel führen zu der zentral liegenden dritten Hirnkammer und durch den schmalen vierten Ventrikel in den Hirn-Rückenmarkskanal.

Die Wand der dritten Hirnkammer wird von den mächtigen Kerngruppen des Zwischenhirns (Diencephalon) gebildet, die als Thalamus (sowie Epi-, Meta- und Hypothalamus) den größten Teil des Hirnstamms darstellen. Zusammen mit Bereichen des (älteren) Endhirns und Bahnen, die mit dem beim Menschen beinahe überflüssigen Geruchssinn verbunden sind, ist das Zwischenhirn Teil des limbischen Systems - der älteste Abschnitt des Vorderhirns, Sitz der menschlichen Leidenschaften und Triebe.

Balanceakt

Genau hier, im Zentrum des Gehirns, befindet sich einer seiner geheimnisvollsten Bezirke. Unter den Hirnwindungen verborgen hat man das limbische System auch emotionelles Gehirn genannt, das ein Gleichgewicht herstellen soll zwischen Angst und Verlangen, zuständig für die täglichen Wünsche und Bedürfnisse. Die Nervenzellmassen sind mit unzähligen Bahnen verknüpft, die nicht nur extreme Gefühle wie Entsetzen und Ekstase befördern, sondern auch die prosaischeren elektrochemischen Botschaften wie Schwitzen und Zittern, was man erinnern und was man vergessen soll. Das limbische System ist der physische Balanceakt auf dem Drahtseil des Überlebens.

Noch kennen wir erst einige prinzipielle Funktionsweisen des Zwischenhirns. Der Thalamus, eiförmiges Kernareal auf beiden Seiten an der Spitze des Hirnstamms, ist eine Schaltstation, die mit einer enormen Zahl von Informationskanälen in Verbindung steht. Er erhält Informationen aus den großen Sinnesorganen, aus den Hirnhemisphären, dem Kleinhirn sowie der Formatio reticularis im Hirnstamm. Diese Vielzahl von Eindrücken wird im Thalamus integriert

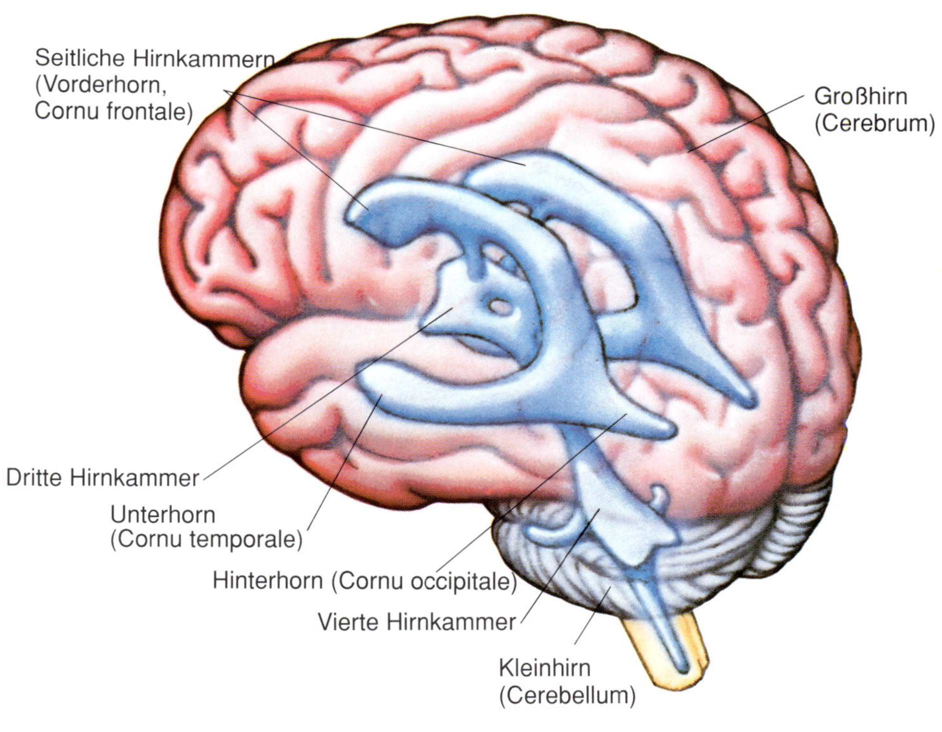

Die Hirn-Rückenmarksflüssigkeit (Liquor cerebrospinalis) *bildet ein Polster um das Zentralnervensystem, das als innerer Stoßdämpfer wirkt. Die blutplasmaähnliche Flüssigkeit wird vom Adergeflecht der Hirnkammern (Plexus choroideus) gefiltert und füllt die Ventrikel aus, Höhlen innerhalb des Gehirns (blau). Aus der tiefsten, vierten Hirnkammer fließt der Liquor um das Rückenmark.*

und in kompliziertere Informationsmuster umgewandelt. Der Thalamus bringt anscheinend emotionale Färbung, subjektive Gefühlszustände und das Bewußtsein der Identität ins Spiel.

Der kleine Diktator

Der Hypothalamus ist zwar nur daumennagelgroß, verfügt jedoch über eine der besten Blutversorgungen und ist die wesentliche Schaltzentrale des Körpers, in der die innere Temperatur und das Gleichgewicht der Körperflüssigkeiten aufrechterhalten werden. Kleinste Rezeptoren messen den Glukose- und Salzgehalt des Blutes und erzeugen Hunger- oder Durstgefühle, wenn die Werte zu stark absinken. Über die benachbarte kirschkerngroße Hirnanhangsdrüse (Hypophyse) sorgt der Hypothalamus für eine Freisetzung von Hormonen, die Wachstum und Geschlechtsverhalten beeinflussen. Außerdem beginnen hier die Reaktionen auf Belastungssituationen, indem chemische Botenstoffe über die Hypophyse zu den Nebennieren geschickt werden. Die chemische Kontrolle ist aber nicht genug für diesen kleinen Diktator des Gehirns; spezielle Zellverbände für die unwillkürliche Muskelbewegung sprühen nur so vor Energie, wenn sie ihre Signale aussenden.

Zwar lassen sich durch experimentelle Reizung bestimmter Teile des Hypothalamus Gefühle wie Wut oder Begierde auslösen, feinere Emotionen und instinktive Verhaltensmuster, wie etwa Partnersuche oder das Verantwortungsgefühl für die eigenen Kinder, sind jedoch in der Wechselwirkung des gesamten limbischen Systems angesiedelt. Das Corpus amygdaloideum (Mandelkern) über dem Hypothalamus modifiziert möglicherweise Wut- und Aggressionsgefühle, damit wir uns veränderten Umständen besser anpassen können. Weiter hinten, aus dem Dach der dritten Hirnkammer vorragend, befindet sich die erbsengroße Zirbeldrüse. Während man sie früher für ein verkümmertes drittes Auge hielt, dürfte es sich wohl um eine lichtempfindliche biologische Uhr handeln, die die Tätigkeit der Geschlechtsdrüsen steuert. Über den Thalami endet ein Fasernetz, die Fornix cerebri, an der Hippokampusformation. Dieses Gebilde überträgt Informationen aus dem Kurzzeitgedächtnis ins Langzeitgedächtnis und vergleicht ständig Signale der Sinnesorgane mit gespeicherten Informationen.

Gewundenes Denken

Das Endhirn (Telencephalon) unmittelbar unterhalb des Schädeldaches ist Sitz des logischen Denkens, der Phantasie und der Kreativität. Seine Oberfläche besteht aus zahlreichen Hirnwindungen (Gyri), die von Hirnfurchen (Sulci) unterteilt werden. Die beiden Großhirnhemisphären werden durch eine Längsspalte (Fissura longitudinalis cerebri) voneinander getrennt.

Die Windungen des Großhirns sind nicht so fein wie jene des Kleinhirns und ihr Verlauf ist bei allen Gehirnen etwa gleich. Einige tiefere Furchen werden dazu verwendet, jede Hirnhälfte in vier Lappen zu unterteilen: Stirn-, Schläfen-, Scheitel- und Hinterhauptslappen (in der Tiefe zwischen Schläfen- und Scheitellappen liegt noch der fünfte, der Insellappen). Die jeweiligen Lappenbereiche stimmen jedoch nicht genau mit den Schädelknochen überein, nach denen sie benannt sind.

Die graue Substanz des Endhirns (die "kleinen" grauen Zellen) befindet sich zum größten Teil an seiner Oberfläche. Diese Großhirnrinde (Cortex cerebri) mißt im Durchschnitt sechs Millimeter. Nur 30 Prozent ihrer Fläche sind von außen sichtbar, der Rest ist in den Furchen verborgen. Unterhalb der Großhirnrinde befindet sich eine Masse weißer Substanz, die Verbindungsfasern, das sog. Marklager.

__Die Projektionsfasern__ breiten sich vom Hirnstamm zum Gehirn fächerförmig aus und bilden die Strahlenkrone (Corona radiata). Sie übertragen Erregungen vom und zum Gehirn.

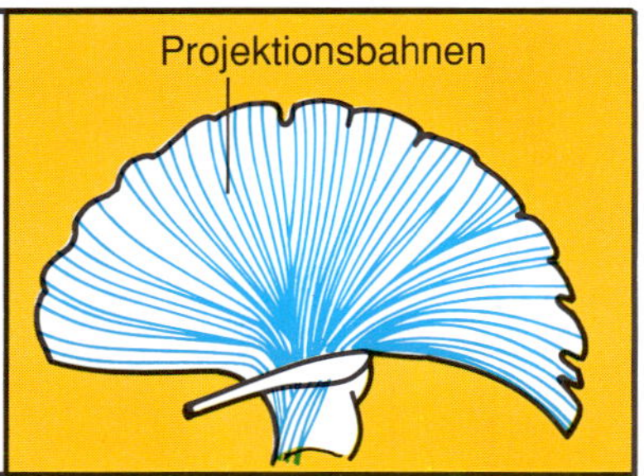

__Die Assoziationsfasern,__ schleifenförmige Bündel, verbinden verschiedene Abschnitte innerhalb einer Hirnhälfte (Hemisphäre). Sie passen die gleichseitigen Hirnrindenbezirke einander an.

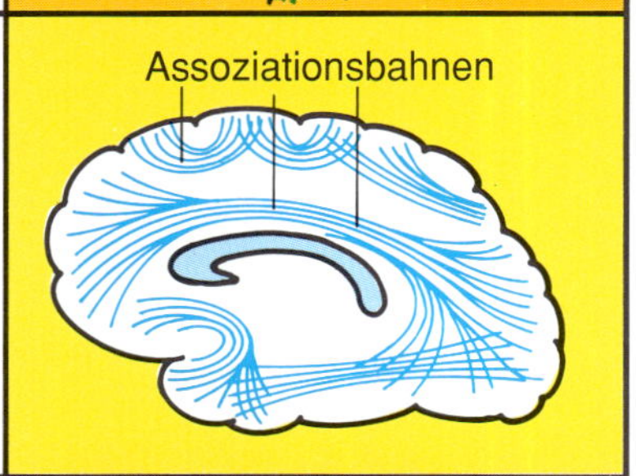

__Die Kommissurenfasern,__ die mächtigsten in Form des Balkenkörpers, verknüpfen die beiden Hirnhälften zur gegenseitigen Abstimmung.

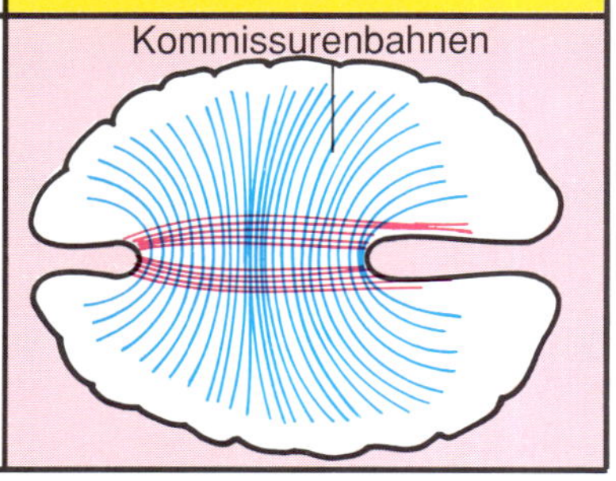

Längs- und Querverbindungen *innerhalb des Gehirns sind durch verschiedene Faserzüge gewährleistet. Projektionsfasern schließen die Hirnrinde an Hirnstamm und Rückenmark an (oben). Innerhalb jeder Hirnhälfte verknüpfen Assoziationsfasern (seitlicher Sagittalschnitt, Mitte) die verschiedenen Rindenbereiche miteinander. Als Kontakt zwischen beiden Hirnhemisphären verlaufen Kommissurenfasern (im Horizontalschnitt, unten), deren mächtigste der Balkenkörper, Corpus callosum, ist.*

Folgerichtig oder schöpferisch? *Diese zwei Möglichkeiten geistiger Tätigkeit werden von verschiedenen Stellen des menschlichen Gehirns gesteuert. Bei den meisten Menschen ist die linke Hirnhälfte für erfahrungsbedingte, schlüssige Überlegungen verantwortlich. Phantasievolles und räumliches Denken, Kunst- und Musikverständnis finden sich in der rechten Hirnhälfte. Ein Überwiegen der einen über die andere Hirnhälfte mag die Begabungen und Vorlieben eines Menschen bestimmen.*

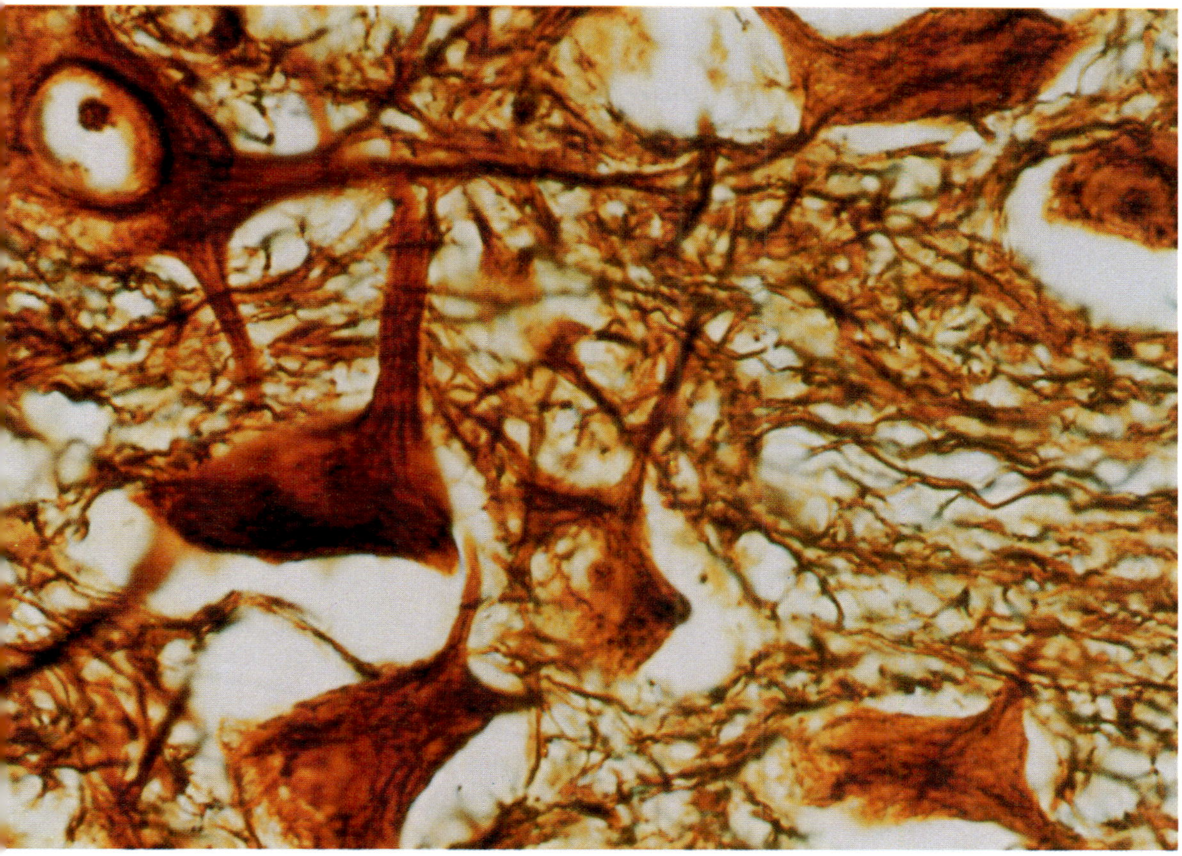

***Die Leistungsfähigkeit** des menschlichen Gehirns beruht auf den unzähligen Kontaktstellen seiner vielen Zellen. Diese mikroskopische Aufnahme, in der die Nervenzellen und ihre Ausläufer angefärbt sind, gibt einen Eindruck vom Reichtum und der Vielfältigkeit der Vernetzung der Informationsüberträger im Gehirn.*

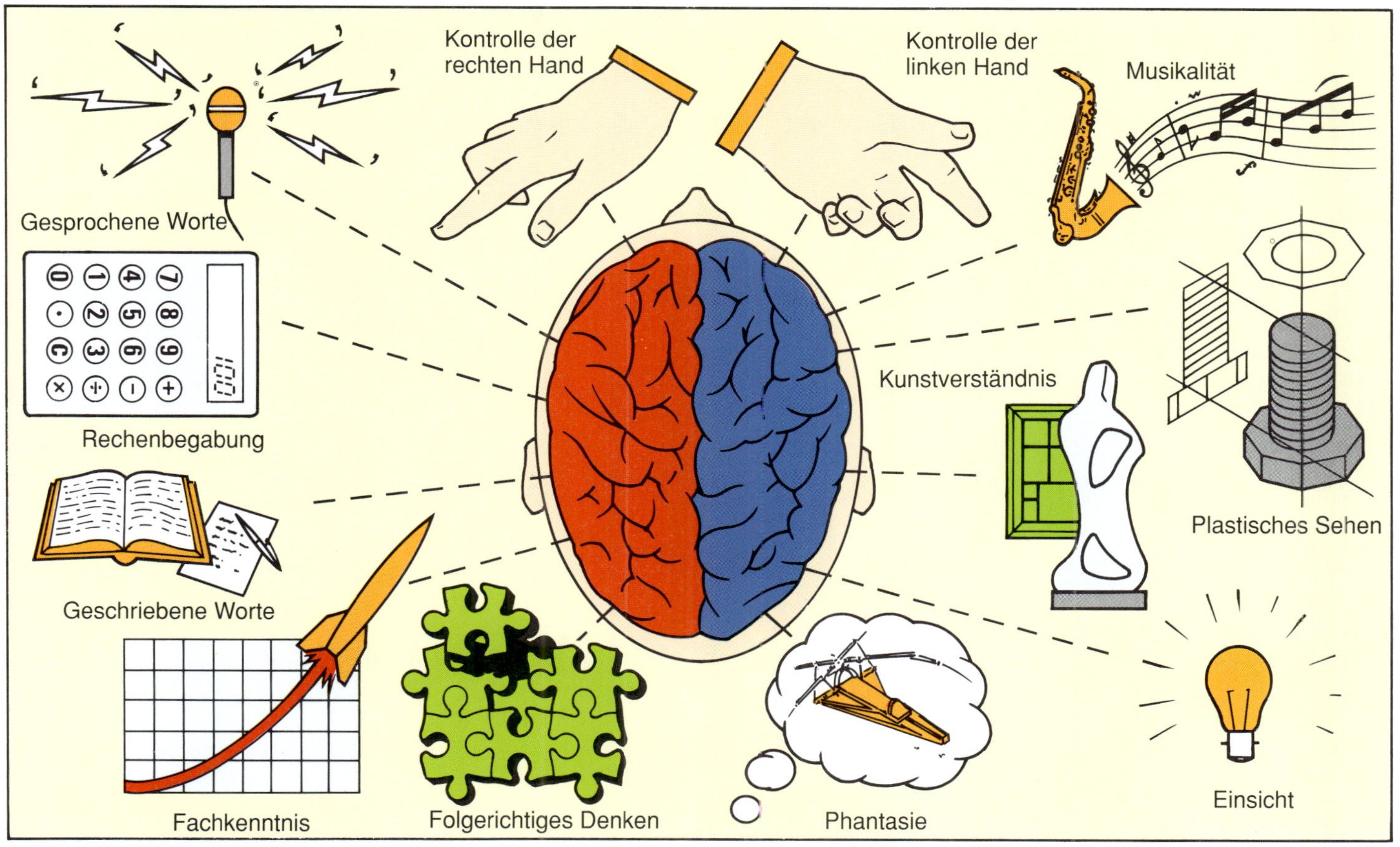

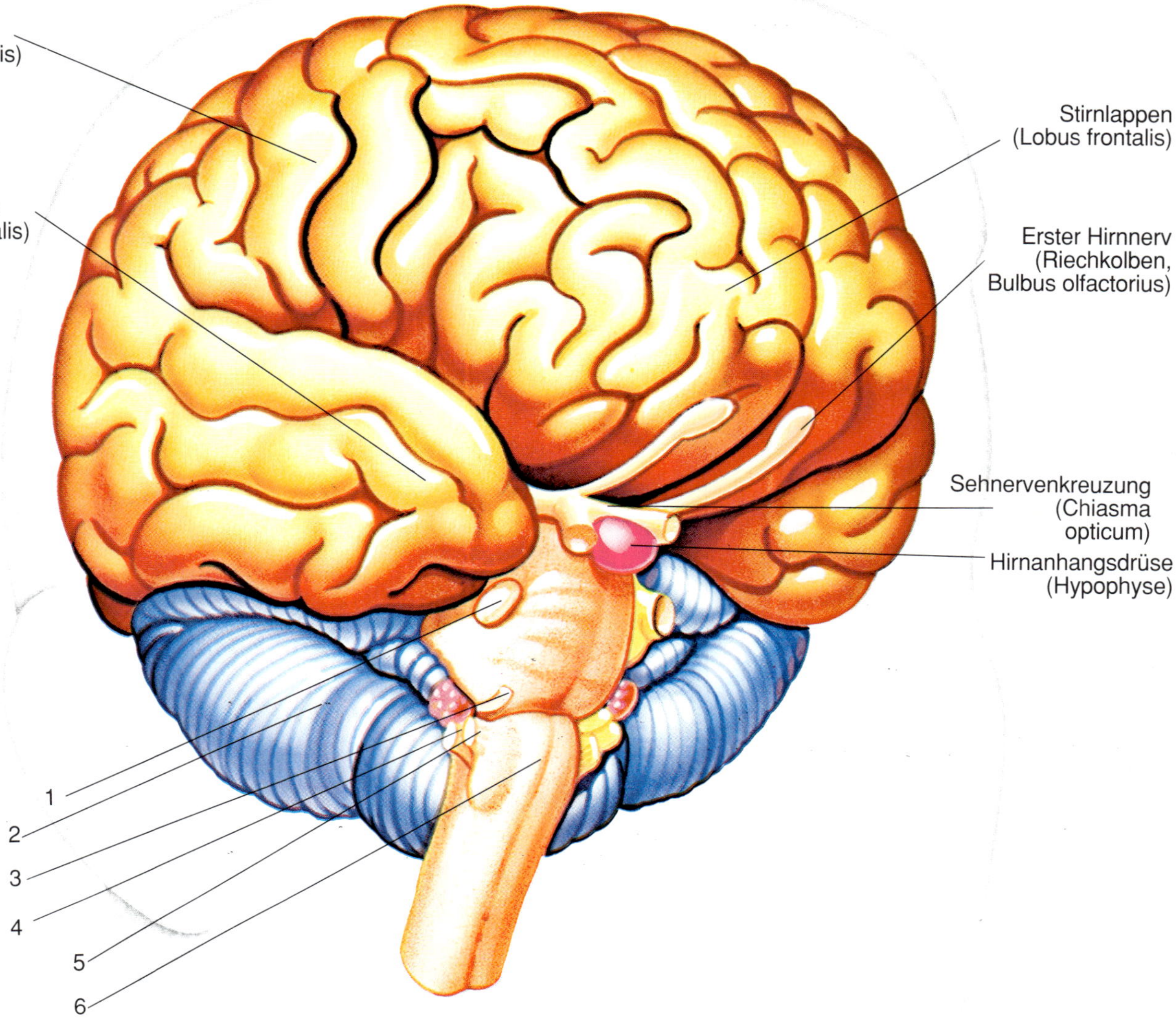

1 Fünfter Hirnnerv (Drillingsnerv, Nervus trigeminus)

2 Kleinhirn (Cerebellum)

3 Siebenter Hirnnerv (Gesichtsnerv, Nervus facialis)

4 Zehnter Hirnnerv (Nervus vagus)

5 Zwölfter Hirnnerv (Unterzungennerv, Nervus hypoglossus)

6 Verlängertes Rückenmark (Medulla oblongata)

Sieht man zum ersten Mal ein Gehirn, *fallen einem die vielen Windungen auf. Oben sind die verschiedenen Lappen des Endhirns und wichtige Hirnnerven bezeichnet.*

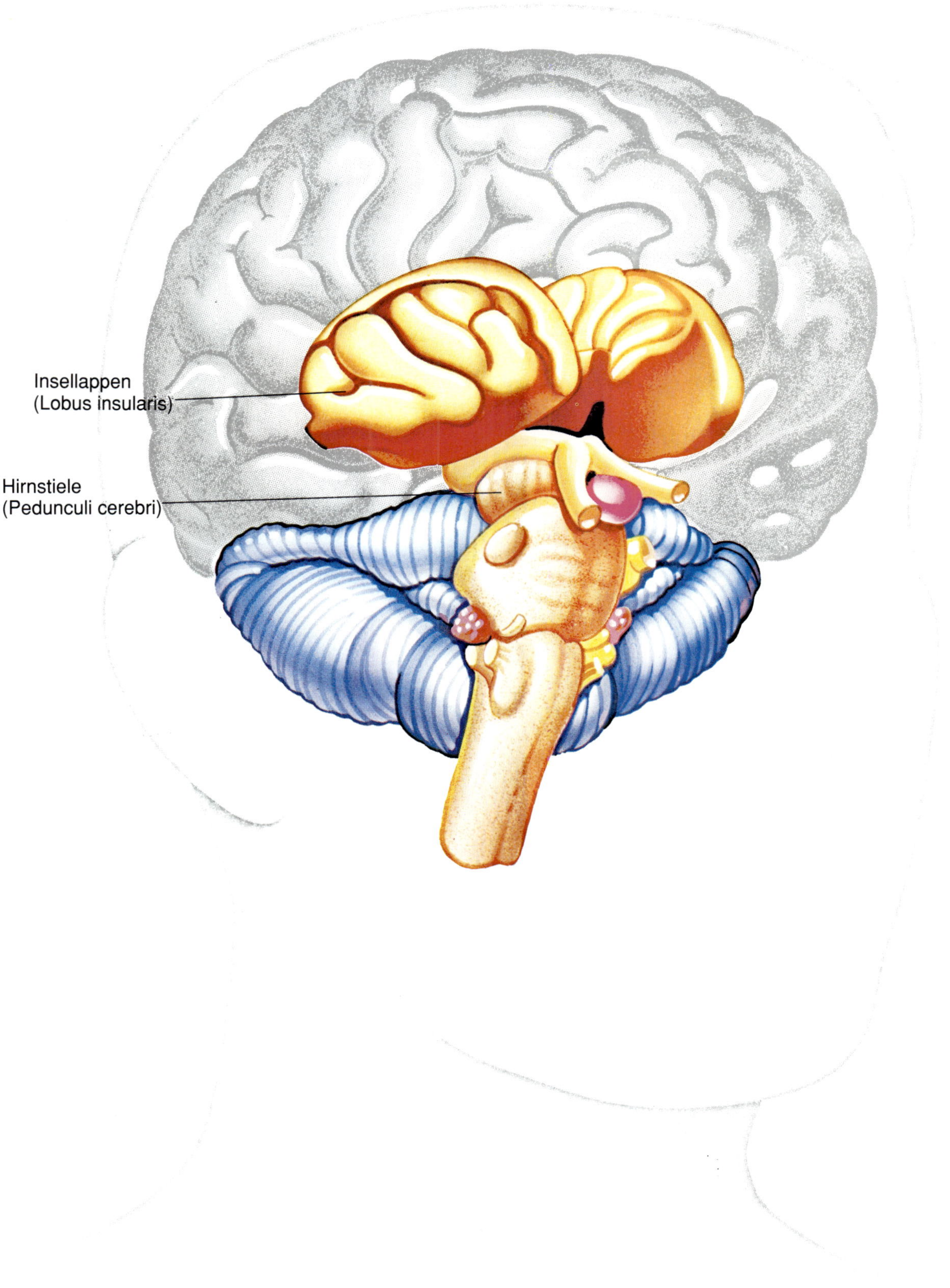

Zum Insellappen in der Tiefe *des Großhirns gelangen Informationen aus den Bauchorganen. Die Hirnstiele gehören dem Mittelhirn an.*

Wie alles verbunden wird

Zwischen den Zentren der Hirnrinde und weiter entfernt liegenden Hirnteilen spannen sich unzählig viele, mikroskopisch feine Kabel aus. Bisher konnte nur ein Bruchteil dieser Verbindungen enträtselt werden, doch ihr Bauprinzip ist bekannt und läßt sich in drei verschiedene Fasergruppen einteilen.

Die zahlreichsten Verbindungen bestehen zwischen verschiedenen Bezirken der gleichen Hirnhälfte; sie passen die Aktivitäten der Hirnrindenareale einander an und sorgen so für raschen Informationsaustausch. Hierbei handelt es sich um die sog. Assoziationsbahnen. Eine lange Assoziationsbahn ist das Cingulum, das als Gyrus cinguli von Rinde bedeckt wird. Es ist ein wichtiger Bestandteil des limbischen Systems, das zeitweilig als weiterer Hirnlappen beschrieben wurde und über dessen genaue Ausmaße immer noch keine Einigkeit besteht; zum limbischen System zählen noch der kleinere Gyrus dentatus und die Hippokampusformation, die ihren Namen wegen ihrer Form eines Seepferdchens auf Hirnschnitten bekommen hat.

Unter Kommissurenbahnen versteht man Leitungen, welche die gleichen Areale beider Hirnhemisphären miteinander verknüpfen. Die mächtigste Kommissurenbahn ist der Balken (Corpus callosum); er ermöglicht eine rasche Kommunikation zwischen den jeweiligen Zentren der beiden Hirnhälften.

Die Projektionsbahnen verbinden höher und tiefer gelegene Hirnzentren miteinander, also beispielsweise Cortex mit Rückenmark. Von allen Rindenbezirken kommend, strahlen die Fasern im Hirnstamm zusammen (Strahlenkranz, Corona radiata) und werden hier in der inneren Kapsel (Capsula interna) zusammengefaßt.

Die Trennung überwinden

Aufgrund seiner Größe (etwa zehn Zentimeter lang) und zentralen Lage glaubten die Wissenschaftler früher, daß der Balken für die korrekte Funktion des Gehirns unabdingbar sei. Für sie vereinigte er die beiden Gehirnhälften zu einer Einheit. Doch um 1850 entdeckte man bei Autopsien, daß manche Menschen mit nur einer Hirnhemisphäre ein normales Leben hinter sich gebracht hatten.

In den 30er Jahren dieses Jahrhunderts beobachtete man, daß epileptische Anfälle nach Durchtrennung des Balkens deutlich nachließen, ohne daß der Patient deshalb ein anomales Verhalten gezeigt hätte. Weitere Forschungsarbeiten, insbesondere durch Roger Sperry in den USA, zeigten, daß die beiden Großhirnhemisphären trotz spiegelbildlichen Aussehens unterschiedliche Funktionen besitzen.

Der entscheidende Unterschied zwischen den Hemisphären besteht darin, daß die rechte Hälfte die linke Körperseite steuert und umgekehrt. Dies zumindest ist symmetrisch, und das Überkreuzen der Nervenbahnen auf der Höhe des verlängerten Rückenmarks ist gut zu erkennen. Weniger deutlich ist die Trennung geistiger Fähigkeiten - hier verschmilzt die Geographie des Gehirns mit der Geographie des Geistes.

Zwei Gehirne in einem

Untersuchungen an Split-Brain-Patienten (mit durchtrenntem Balken) zeigten, daß die beiden Gehirnhälften Informationen verschieden verarbeiten. Eine Seite ist auf Symbole und Logik spezialisiert, während die andere Experte bei der Wahrnehmung von Muster und Raum ist.

Das Denken in der linken Hemisphäre scheint analytisch zu sein (Zerlegung von Vorstellungen), linear (ein Gedanke nach dem anderen) und verbal (sowohl geschrieben als auch gesprochen). Die linke Seite baut Sätze und löst Gleichungen. Das Denken in der rechten Hemisphäre ist synthetisch (Zusammenfassung von Ideen), holistisch (Erkennen von Zusammenhängen während eines einzigen Schrittes) und schöpferisch (visuelles Denken mit dem geistigen Auge). Die rechte Seite hört Musik und hat ausgezeichnete Fähigkeiten für plastische Wahrnehmung. Die linke Hirnhälfte hat dem Menschen Wissenschaft und Technologie gebracht, während die rechte Seite für Kunst und Phantasie verantwortlich ist.

Die eigentliche Funktion des Balkens besteht wohl darin, Bewußtsein und Aufmerksamkeit miteinander zu verknüpfen und den beiden Großhirnhälften die Möglichkeit zu geben, den Lernprozeß und das Gedächtnis miteinander zu teilen. Sperry erhielt für seine Arbeiten 1981 den Nobelpreis.

Auf der Suche nach dem Gold

Es ist zwar kein Problem, diverse Gehirnfunktionen zu lokalisieren, doch auf welcher Seite des Gehirns befindet sich die Intelligenz und wo springt der Funke der Kreativität über? Keine leichten Fragen, denn schließlich lassen sich menschliche Eigenschaften wie diese sehr schwer messen und so gut wie gar nicht definieren.

Herkömmliche Intelligenztests mit ihren Zahlenreihen, fehlenden Wörtern und logischen Puzzles sind weitgehend auf das Denken mit der linken Hemisphäre zugeschnitten. Insofern haben sie statistisch verläßliche Informationen hinsichtlich schulischer Leistungen geliefert. Doch außerhalb der Schule sind sie weniger nützlich, um Erfolge im späteren Leben vorauszusagen. Auf welche Weise lassen sich auch Eigenschaften wie der Umgang mit Menschen oder der Hang zum Glücksspiel messen? Und bis zu welchem Grad sind diese und andere wichtige Merkmale eine Funktion der Intelligenz?

Auf der Suche nach besseren Alternativen haben einige Experten größeres Augenmerk auf die Messung von Reaktionszeiten gelegt, voraussetzend, daß die Kürze der Denkzeit mit dem Ausmaß der Intelligenz verknüpft sei. Andere haben die Lösung täglicher Probleme zur Messung des Intelligenzgrades benutzt, beispielsweise die Suche nach der kostengünstigsten Strecke für Flugverbindungen. Doch keiner der bislang gemachten Tests schneidet gut ab, wenn es darum geht, individuelles Denken zu beurteilen, die Fähigkeit, neue Antworten zu finden; Psychologen halten dies für einen entscheidenden Hinweis auf Kreativität.

Oberflächlich betrachtet könnte man vermuten, daß Kreativität als Gegenteil logischen Denkens in der rechten Großhirnhälfte angesiedelt sein sollte, zusammen mit Musik- und Kunstverständnis. Sicher ist die Fähigkeit, in Bildern oder Tönen zu denken, entscheidend für kreative Prozesse. Mozart schrieb ganze Konzerte im Kopf - ihre nachträgliche Niederschrift war so etwas wie eine lästige Pflicht. Doch um überleben zu können, braucht ein Künstler mehr als Inspiration und Kreativität; er muß sein Fach auch vernünftig und selbstkritisch beherrschen. Es ist die Wechselwirkung zwischen beiden Hirnseiten, die entscheidend ist für die produktiven Gedanken. Einstein bemerkte einmal, seine Einbildungskraft bedeute ihm mehr als sein in Jahren angeeignetes Wissen.

Verantwortliche Bereiche

Die nur durch Experimente feststellbare Links-/Rechtstrennung bei den geistigen Aktivitäten des Gehirns bleibt dem Auge des Anatomen verborgen. Beide Hirnhemisphären sehen gleich aus, mit unregelmäßigen Faltungen der Hirnrinde, die das gesamte Organ bedeckt. Die praktische, orientierende Einteilung der Hirnhälften in fünf Großhirnlappen geschieht nicht völlig willkürlich, da jedem Lappen eine bestimmte Verantwortlichkeit der Organisation des Gehirns zukommt.

Der Stirnlappen ist der vordere Großhirnabschnitt bis zur Zentralfurche (Sulcus centralis), die die Hemisphäre im rechten Winkel zur

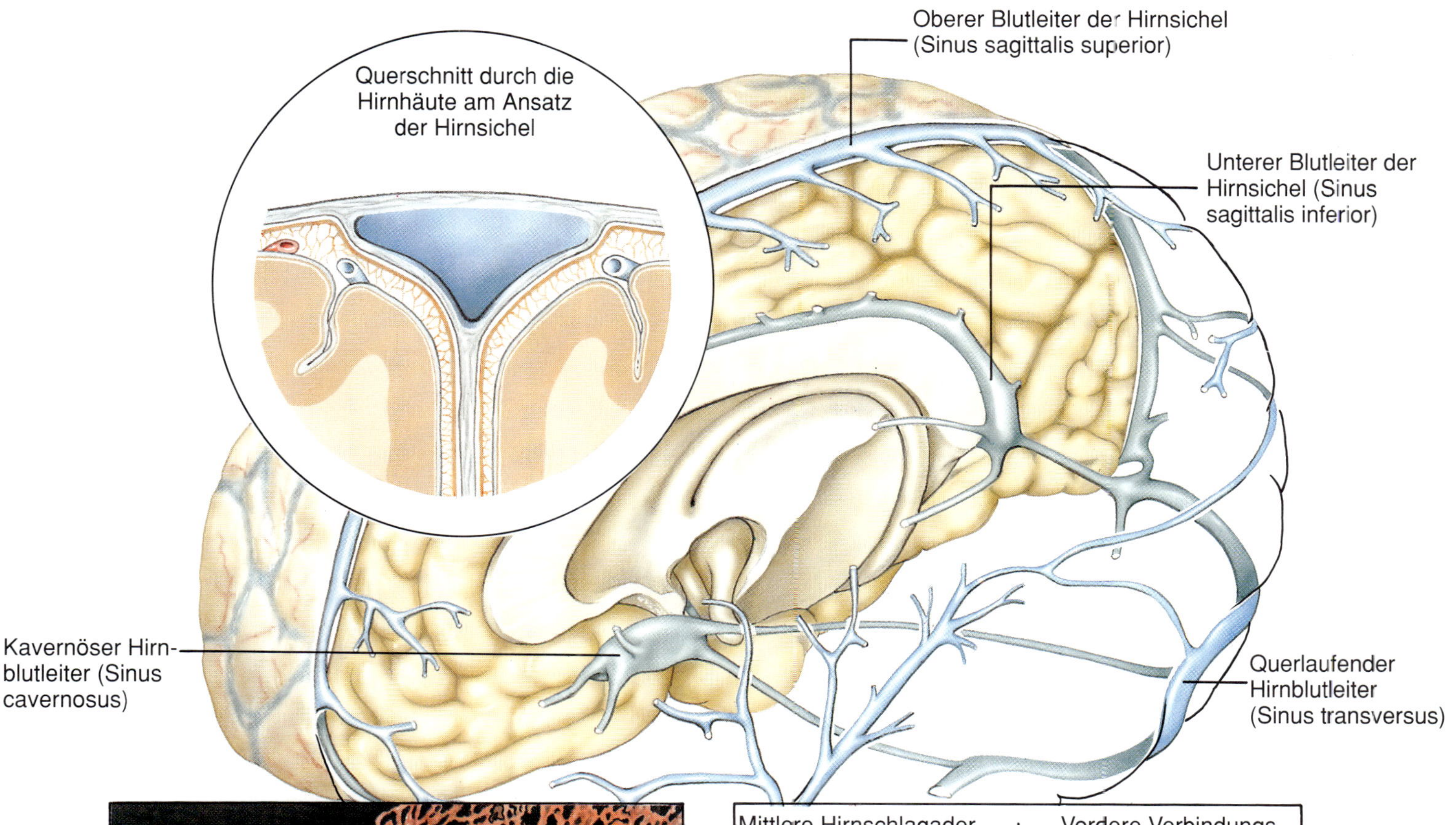

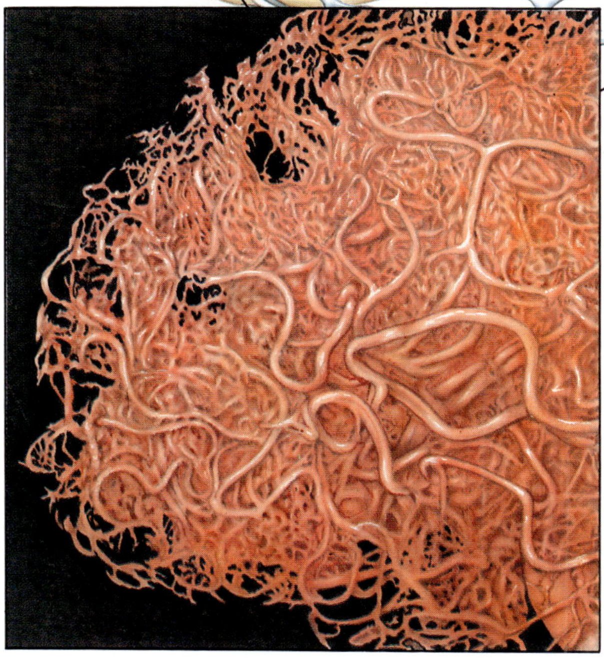

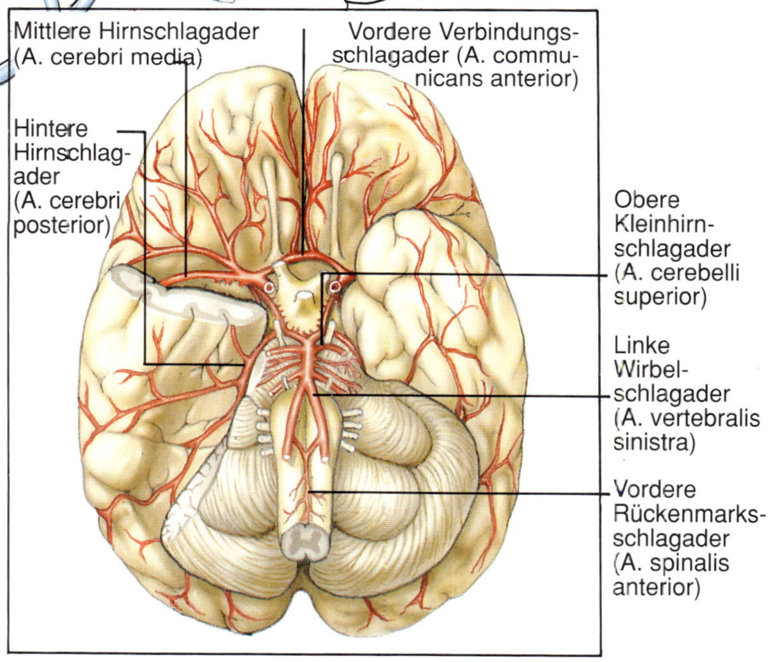

Eine ungestörte Hirntätigkeit *ist nur bei steter Blutversorgung gewährleistet; dazu dienen Tausende sich aufzweigende Schlagadern (links). Wird die Sauerstoffzufuhr nur für einige Minuten unterbrochen, sterben die Hirnzellen ab und sind nicht mehr zu ersetzen. Ein geschlossener Schlagaderring (Circulus arteriosus cerebri) an der Hirnunterseite (rechts) kann als Pannensicherung angesehen werden; von ihm zweigen die Schlagadern zu den Hirnlappen ab. Bei Verschluß an einer Stelle vermag der Ring die Blutströmung umzuleiten und so das bedrohte Hirngebiet weiterzuversorgen. Ein Netz von Venen nimmt die vielen, von den zahlreichen Hirnzellen produzierten Schlacken mit dem Venenblut auf und leitet sie in starre Sammelgefäße, Hirnblutleiter, an der Gehirnoberfläche (oben), die das Blut wieder aus dem Schädelinneren abtransportieren.*

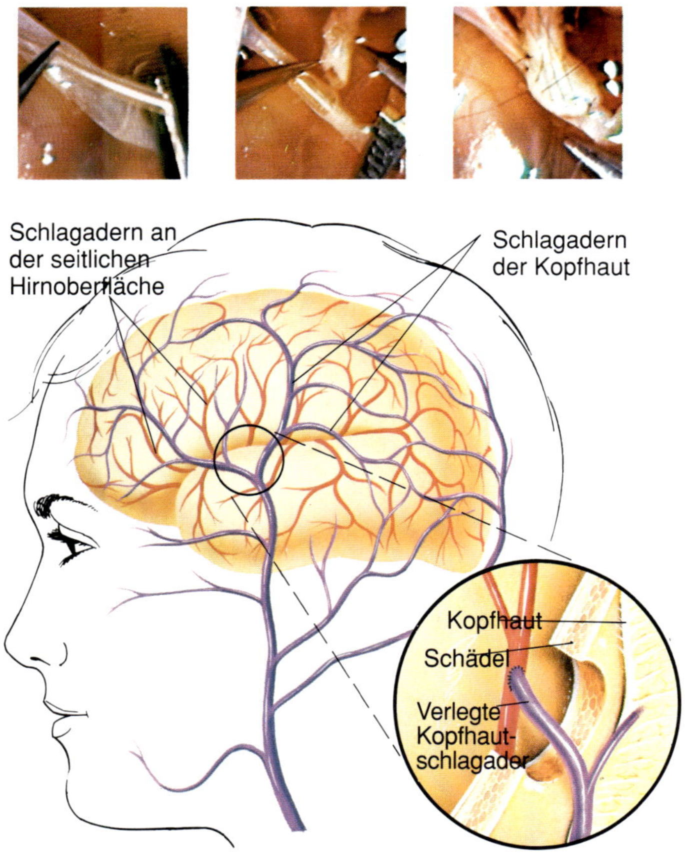

Die operative Umgehung *eines Gefäßverschlusses, Bypass, kann die Versorgung des rasch verhungernden Gehirngewebes wiederherstellen. Eine Hirnschlagader hinter der Verschlußstelle (oben links) wird mit einer (Spender-) Schlagader der Kopfhaut verbunden, wobei ein Plastikröhrchen als Wandstütze dient (oben Mitte). Die beiden Blutgefäße werden mit Mikrostichen aneinandergenäht (oben rechts). Die Zeichnung verdeutlicht, wo der Bypass angebracht und wie die Kopfhautschlagader durch eine Schädelbohrung ins Innere zur Hirnschlagader verlegt wurde.*

Hirnlängsspalte nahezu vollständig halbiert. Im frontalen Stirnlappenbereich vermuten manche Hirnforscher den Sitz der Fähigkeiten für Planung und Auswahl. Der Rindenbereich unmittelbar vor der Zentralfurche (Gyrus praecentralis) gilt als primäres motorisches Zentrum (Motorcortex), er steuert die willkürlichen Bewegungen des Körpers.

Hinter der Zentralfurche, in den vorderen Windungen des Scheitellappens (Gyrus postcentralis) liegt das primäre sensible Zentrum, in dem Empfindungen wie Berührung, Wärme, Schmerz und Körperhaltung registriert werden.

Im dorsalen Bereich des Hinterhauptslappens liegt das optische Primärgebiet (Sehzentrum). Die Impulse von der Netzhaut werden über Fasern des Sehnervs zum Hirnstamm geleitet, die Hälfte davon wechselt an der Sehnervenkreuzung auf die entgegengesetzte Seite. Im sog. Corpus geniculatum laterale werden sie auf das folgende Neuron umgeschaltet und treffen dann mit einer Geschwindigkeit von bis zu 120 Metern pro Sekunde im Sehzentrum ein.

Im Schläfenlappen, unterhalb von Stirn- und Scheitellappen und von diesen durch die Fissura lateralis getrennt, befinden sich die Heschl-Querwindungen, das primäre Hörzentrum.

Die Funktionen dieser Hirnrindenareale ließen sich experimentell durch Stimulationsversuche aufdecken. Die anderen Bereiche der Hirnrinde stehen offenbar nicht in direktem Kontakt mit den peripheren Systemen; sie werden als Assoziationsfelder bezeichnet. Diese "stillen" Rindenareale sollen mit der Verfeinerung sensorischer Informationen zu tun haben, könnten aber auch Lokalisation des Gedächtnisses sein.

Die Tiefe ausloten

In der Tiefe der seitlichen Fissur, völlig verdeckt von Stirn-, Seiten- und Schläfenlappen, befindet sich die Insel (Lobus insularis, Insula). Sie hat das gleiche gefurchte Relief wie die äußeren Lappen und ist wie diese von Rinde überzogen. Die funktionelle Bedeutung des Insellappens liegt weitgehend im dunkeln. Bei ihrer Reizung ist gelegentlich eine Steigerung der Speichelabsonderung beobachtet worden, weshalb sie in Zusammenhang mit dem Geschmackssinn gebracht wurde.

Unter der Inselrinde liegen in jeder der Hemisphären größere Nester grauer Hirnsubstanz, die sog. Basalganglien, seitlich in der durch die Vorder- und Hinterhörner der Seitenventrikel gebildeten Konkavität. Diese Nervenzellhaufen im Marklager der Insel werden in Claustrum, Putamen, Globus pallidus und Nucleus caudatus unterschieden. Putamen und Nucleus caudatus sind entwicklungsgeschichtlich, funktionell und räumlich als Streifenkörper (Corpus striatum) eng miteinander verbunden.

Die Basalganglien bilden zusammen mit ihren Nervenfasersystemen ein äußerst kompliziertes Netz von Verbindungen, eine weitere Gruppe von zentralen Schaltstationen. Die Informationen laufen aus allen Teilen der Hirnrinde, vom Thalamus und aus gewissen Bereichen des Mittelhirns im Corpus striatum zusammen. Die Reaktionen, meist durch den Globus pallidus laufend, scheinen den Muskeltonus und die motorische Steuerung zu beeinflussen. Jedenfalls finden sich relativ hohe Konzentrationen der Nervenüberträgersubstanz Dopamin in den Basalganglien; dieser Transmitter dürfte aus der Substantia nigra des Mittelhirns stammen.

Die äußeren Grenzen

Das Gehirn wird von drei Hirnhäuten, den sog. Meningen umhüllt, die mit der Kalotte das Hirngewebe schützen, zum anderen das Netz der Blutgefäße führen.

Die äußere harte Hirnhaut (Dura mater cranialis) ist eine derbe Membran, die an der Innenseite des Schädels befestigt ist. Sie bildet die Sinus venosi, die venösen Hirnblutleiter.

Mit der Dura verwachsen ist die Spinnwebhaut (Arachnoidea mater cranialis), die im Gegensatz zu dieser zart und gefäßarm ist. Unter der Arachnoidea befindet sich der Subarachnoidalraum (Cavitas subarachnoidalis), der den Flüssigkeitsmantel des Gehirns enthält. Der Liquor wird in den Binnenräumen des Gehirns gebildet und über seitliche Öffnungen aus dem vierten Ventrikel in den Subarachnoidalraum abgegeben. Außer seiner Schutzfunktion dient der Liquor der Hirnversorgung und einer gleichmäßigen Druckverteilung in der Schädelhöhle.

Die innerste Hüllmembran (Pia mater cranialis) schmiegt sich ganz eng an das Gehirn, folgt jeder Kontur und kleidet jede Furche aus. Sie besteht aus einem dichten Geflecht kleinster Blutgefäße, die durch hauchzartes Bindegewebe zusammengehalten werden.

Nahrung für das Gehirn

Die Blutversorgung des Gehirns erfolgt aus zwei Quellen: der inneren Halsschlagader (A. carotis interna) und der Wirbelschlagader (A. vertebralis). Die Wirbelschlagadern beider Seiten treten durch das große Hinterhauptsloch (Foramen magnum) ins Schädelinnere und vereini-

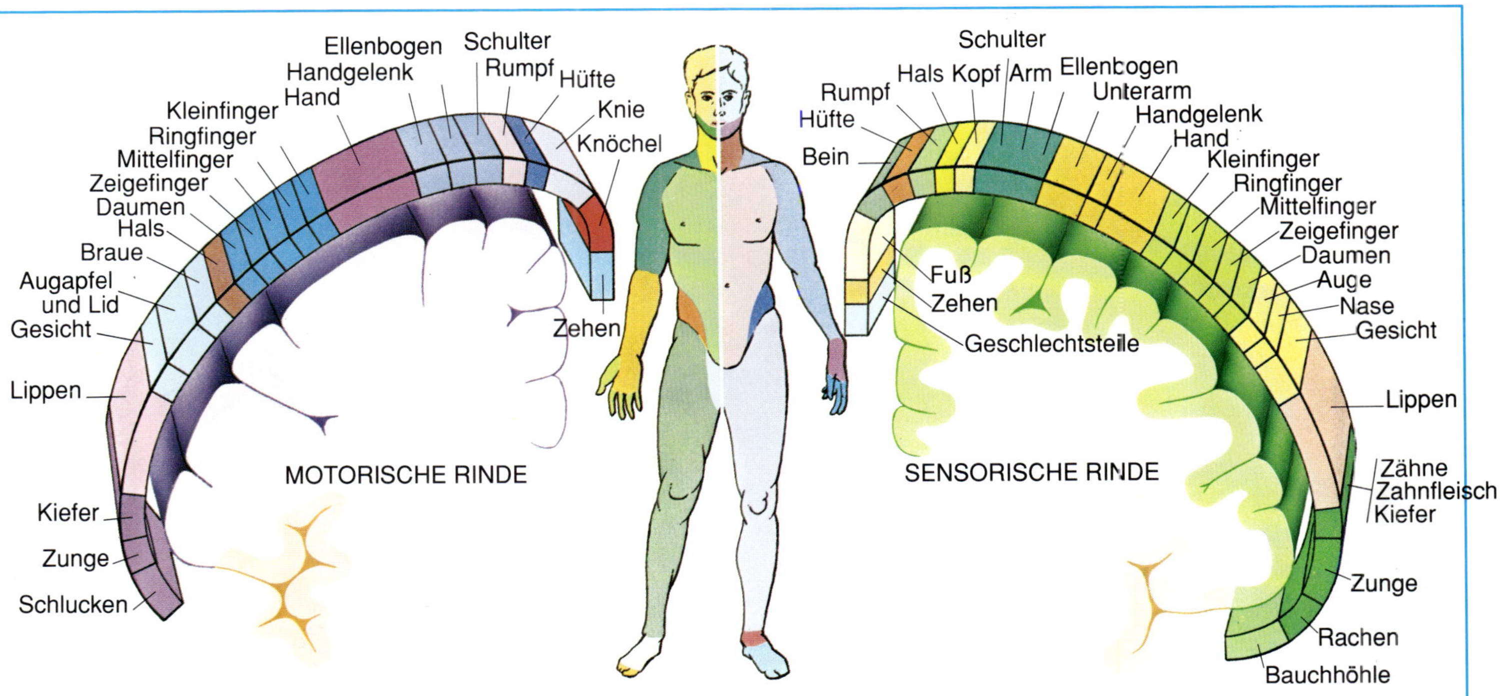

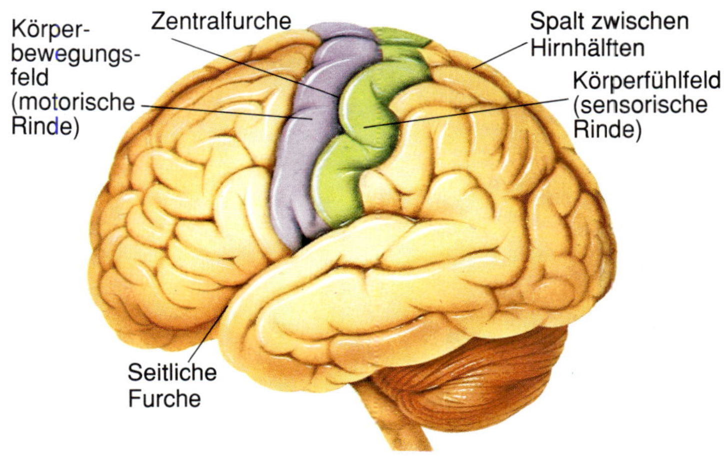

Die Bedeutung der verschiedenen Körperteile (fürs Überleben) kann man an den für sie zuständigen Flächen auf den Windungen der Hirnrinde ermessen; je größer die Fläche, desto mehr Nervenzellen und -fasern enthält sie. Zur besseren Übersicht sind vordere Zentralwindung (Körperbewegungsfeld, motorische Rinde; lila) und hintere Zentralwindung (Körperfühlfeld, sensorische Rinde; hellgrün) oben getrennt dargestellt, wobei grundsätzlich die eine Hirnseite über die gegenseitige Körperhälfte herrscht. Aus der Zuordnung der einzelnen Flächen des linken sensorischen Rindenfeldes (oben rechts) zu den verschiedenen Teilen der rechten Körperhälfte läßt sich z.B. ablesen, daß Lippen, Zunge und Hand über das größte Gefühl verfügen, jeder Finger ist an einer bestimmten Hirnrindenstelle repräsentiert. Ähnliche Beziehungen finden sich zwischen der motorischen Hirnrinde (oben links) und dem Körperbewegungsapparat.

gen sich auf dem "Abhang" (Clivus) vor der Brücke zur unpaaren Schädelbasisschlagader (A. basilaris). Aus dieser gehen die zwei hinteren Hirnschlagadern (Aa. cerebelli posteriores) hervor. Jede der beiden inneren Halsschlagadern zweigt sich nach Durchtritt durch den Karotiskanal der Schädelbasis in eine vordere (A. cerebri anterior) und mittlere Hirnschlagader (A. cerebri media) auf. Die drei Hirnschlagadern auf jeder Seite der Hirnbasis sind über Verbindungsäste zum sogen. Schlagaderkranz (Circulus arteriosus cerebri Willisii) zusammengeschlossen. Großhirn und Basalganglien werden jederseits von den Ästen der A. cerebri anterior (in der Fissura longitudinalis), der A. cerebri media (im Sulcus lateralis) und der A. cerebri posterior sowie von Ästen des Circulus arteriosus versorgt. Man unterscheidet Rindenarterien und Zentralarterien; die ersteren spalten sich innerhalb der Pia mater in kleinere Gefäße auf, die senkrecht in die graue Substanz ziehen. Das Marklager darunter erhält sein Blut aus den Zentralarterien, die durch die Hirnrinde treten und dann etwa fünf Zentimeter weit ins Gehirn vordringen. Kleinhirn und Rautenhirn werden überwiegend von den Kleinhirnarterien (Aa. cerebelli) durchblutet

Innerhalb des Gehirns wird das Blut durch ein feinmaschiges Netz von Kapillaren weitergeleitet und beginnt dann die Rückreise zum Herzen. Die Venen im Gehirn, von denen viele die Schlagadern begleiten, haben dünne Wände und keine Klappen. Sie münden in die venösen Hirnblutleiter, deren Wände aus Dura mater bestehen.

Ein kleines Wunder

Wenn die Blutzufuhr zum Gehirn unterbrochen wird, kann es zu schweren Schädigungen kommen. Ursachen der Mangelversorgung können beispielsweise die Verstopfung einer Hirnschlagader durch ein Gerinnsel (Embolus) oder eine Massenblutung sein, die durch das Zerreißen einer vorgeschädigten und gedehnten Schlagaderwand (Aneurysma) entsteht. Beides führt zu einem Schlaganfall, der oder die Betroffene kann die Sprache verlieren oder auf jener Körperseite gelähmt sein, die der betroffenen Gehirnhälfte gegenüberliegt.

Den Fortschritten der Mikrochirurgie ist es zu verdanken, daß in vielen Fällen die unterbrochene Blutversorgung wieder hergestellt bzw. die drohende Gefahr eines Wandrisses beseitigt werden kann. Der Gefäßverschluß oder das Aneurysma lassen sich mit Hilfe von

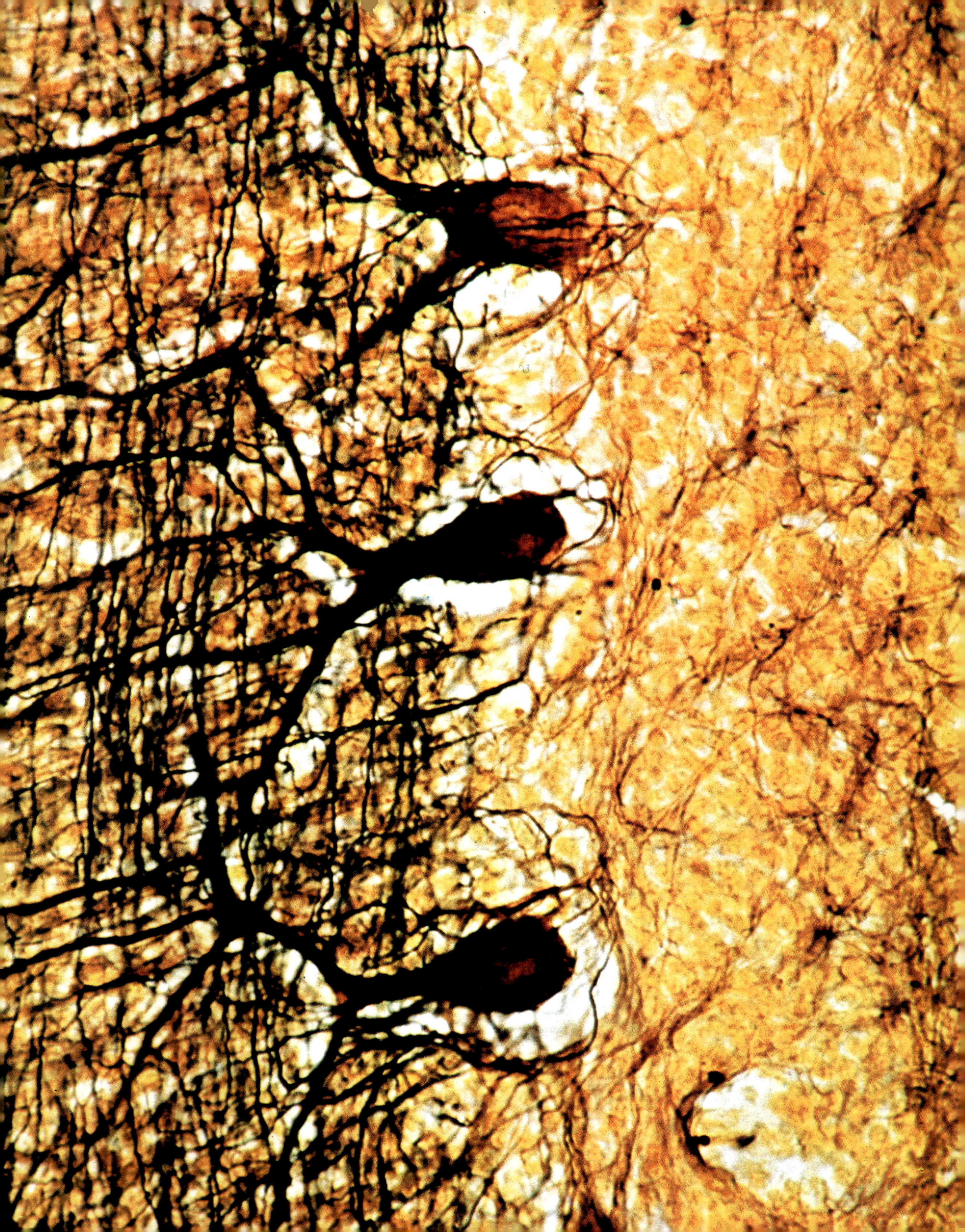

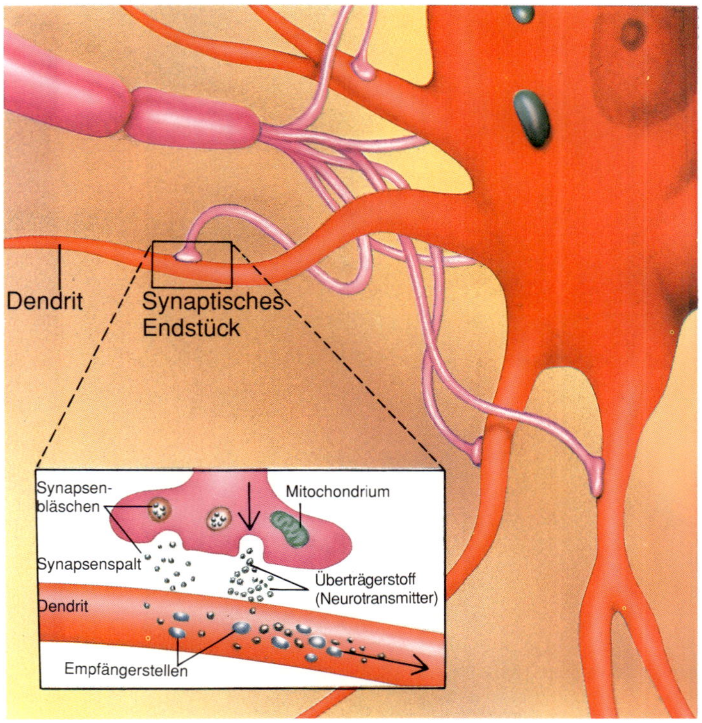

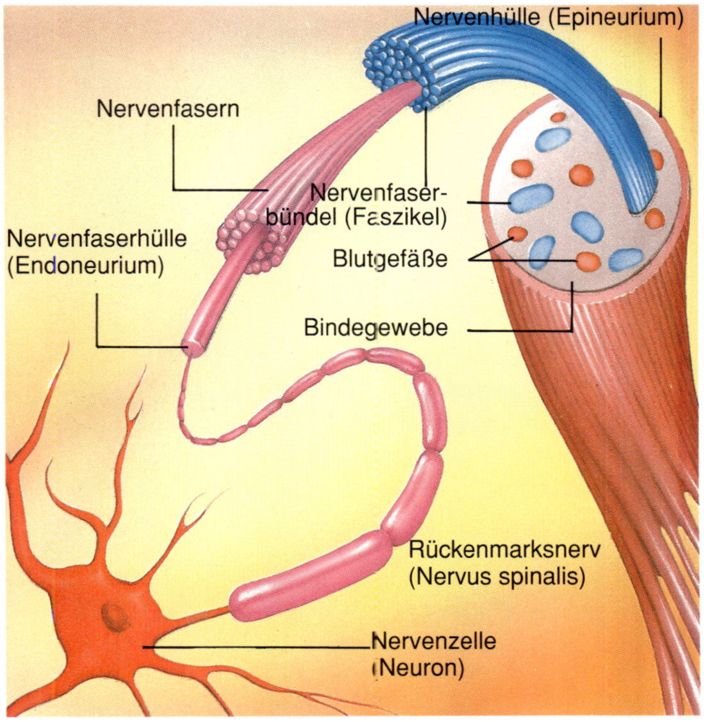

***Durch die Vernetzung der Nervenfasern** im Gehirn (links) - optisch ineinandergreifenden Wurzeln alter Waldbäume ähnlich - werden unzählige verschiedene Leitungswege und Kontakte für Nervenerregungen geschaffen. Hier werden eingehende Informationen gesammelt und ausgewertet, Befehle ausgesendet, denen die Muskeln folgen müssen. Wenig weiß man darüber, wie solche Verbindungen Grundlagen unseres Kurz- und Langzeitgedächtnisses sein können.*

***An Synapsen nimmt** der wegleitende Fortsatz einer Nervenzelle (Axon; oben links) über feine Ranken und Endknöpfchen Kontakt mit den zuleitenden Fortsätzen (Dendriten) seines Nachbarn auf. Aus Bläschen des Endknöpfchens wird bei einer Erregung Überträgerstoff in den Synapsenspalt freigesetzt, der den Impuls an die Nachbarzelle weitergibt. Bündel einzelner Nervenfasern setzen sich zum bindegewebig umhüllten Nerv zusammen, der eine Brücke zwischen Körper und Gehirn schlägt.*

Kontrastmitteln lokalisieren, die sich nach Injektion in die Blutbahn auf dem Röntgenschirm darstellen. Der Operateur sucht sich dann eine geeignete Arterie in der Kopfhaut in Nähe des Gefäßverschlusses, die etwa denselben Durchmesser wie das beeinträchtigte Gefäß hat. Mit einer kleinen zylindrischen Säge wird der Schädel aufgebohrt und die Hirnarterie durch Eröffnung der Dura mater freigelegt. Nach Abklemmung wird das zentrale Ende der durchtrennten Kopfhautarterie in die Wand der Hirnarterie hinter der gefährdeten Stelle mit feinen Stichen "blutdicht" eingenäht. Nach dem Entfernen der Abklemmung erhält die Hirnarterie nun ihr Blut von außen über die Kopfhautschlagader.

Ein sechs Millimeter dickes Wunder

Solche Eingriffe sichern dem Gehirn die Möglichkeit täglicher Wundertaten. Unzählige kleine Botschaften, die sich blitzschnell über die Hirnrinde ausbreiten, gestatten es uns, dieses Buch in die Hand zu nehmen, es aufzuschlagen und mit Interesse und Verstand zu lesen.

Würde die etwa sechs Millimeter dicke Hirnrinde vom Marklager abgehoben und auseinandergefaltet, bedeckte sie eine Fläche von etwa einem viertel Quadratmeter und wöge ca. 500 Gramm. Die Hirnrinde besteht wie die übrige graue Hirnsubstanz aus Nervenzellleibern, einigen Nervenfasern, Blutgefäßen und sog. Neuroglia, nicht erregbaren Zellen, welche die Nervenfasern schützend umhüllen und versorgen.

Die Hirnrinde ist nicht homogen, schon mit bloßem Auge ist eine Schichtung auszumachen. Unter dem Mikroskop erkennt man sechs Schichten (Lamina), deren einzelne Dicken sich je nach Hirnregion unterscheiden. Insgesamt konnten nicht weniger als 52 verschiedene Hirnrindenbereiche mit wechselnder laminärer Struktur identifiziert werden.

Die verschiedenen Neuronentypen der Hirnrinde - zumeist Pyramiden-, Stern- und Spindelzellen - liegen in der Regel in der für sie spezifischen Schicht, Ausnahmen sind jedoch keine Seltenheit. Wie dicht diese Zellen jeweils gepackt sind, mag ein Beispiel verdeutlichen: Eine Gewebsprobe von einem viertel Quadratzentimeter Grundfläche und nur 25 Millimeter Dicke enthält etwa 60.000 Neuronen. Die Gesamtlänge aller Nervenfasern in einem Kubikzentimeter Hirngewebe beträgt aneinandergehängt immerhin tausend Kilometer.

Auf der Spur der menschlichen Gefühle

Wir sind zwar in der Lage, die Anzahl der in der Hirnrinde vorhandenen Neuronen anzugeben und ihre verschiedenen Erscheinungsformen zu beschreiben, doch ihr genaues Zusammenwirken liegt nach wie vor im dunkeln. Die funktionelle Bedeutung der verschiedenen Oberflächenregionen der Hirnrinde ist wesentlich besser bekannt.

Die sensorische Rinde in Höhe der vorderen Windung des Scheitellappens (Gyrus postcentralis) erhält als sensibles Primärgebiet Informationen über Temperatur, Druck und Schmerz aus allen Körpergebieten. Da solche Eindrücke einen Kontakt mit dem Körper voraussetzen, bezeichnet man diesen Bezirk auch als somatosensorische

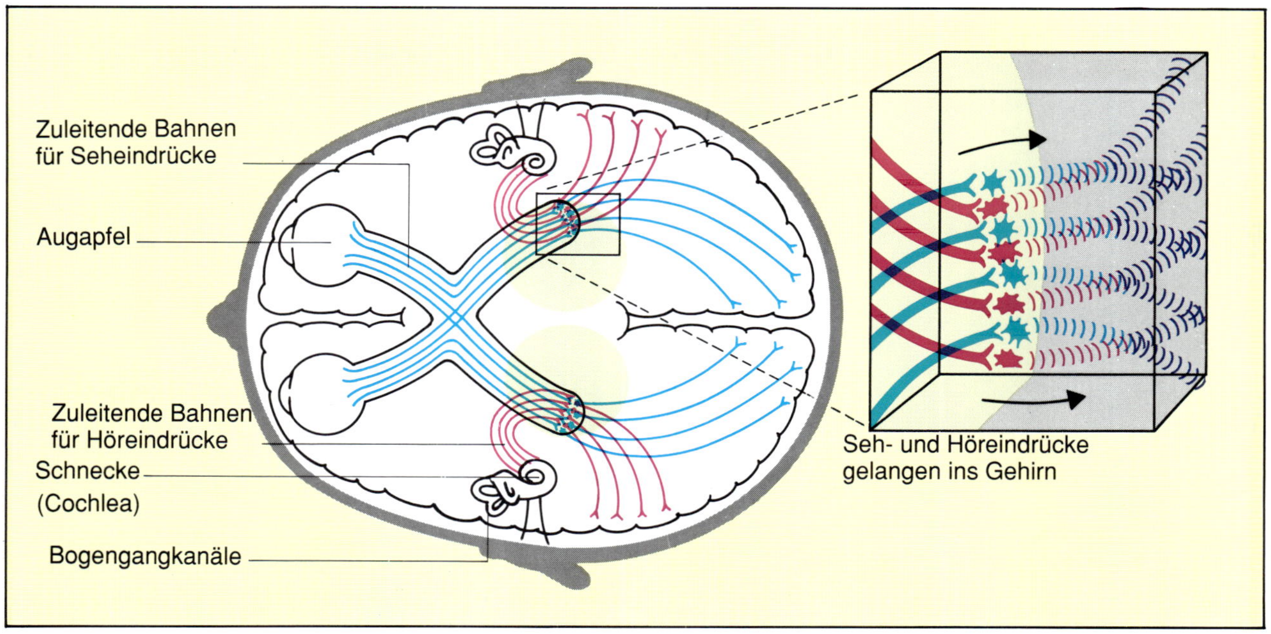

Rinde (Rindenfelder 3,1,2 nach Brodman) oder Körperfühlsphäre. Das sensible Primärgebiet weist eine somatotopische Gliederung auf; Informationen aus bestimmten Körperteilen werden in umschriebenen Rindenabschnitten empfangen, so z.B. am weitesten unten Erregungen aus dem Mund-Rachenbereich und in der obersten Zone der Postzentralregion Erregungen aus dem Bein- bzw. Genitalbereich. Die Kartographierung dieser Zonen hat darüber hinaus gezeigt, daß die empfindlichsten Teile des Körpers (die die meisten Nervenenden enthalten) wie etwa Lippen und Finger einen wesentlich größeren Abschnitt der somatosensorischen Rinde für sich beanspruchen als beispielsweise Rumpf oder Arme.

In den Windungen vor der Zentralfurche, in der Präzentralregion, befindet sich die motorische Rinde. Dieser hintere Stirnlappenbereich ist das Ursprungsgebiet der motorischen Projektionsbahnen, hier entspringt die Pyramidenbahn (motorische Willkürbahn). Auch das motorische Primärgebiet zeichnet sich durch eine somatotopische Gliederung aus, deren Anordnung ganz jener der sensorischen Rinde ähnelt. Der relativ große, für die Hände und Finger reservierte Abschnitt spiegelt die Geschicklichkeit wieder, mit der der Mensch seine Hände einzusetzen weiß. Auch für Mund und Lippen ist ein großer Bereich vorgesehen, was auf die Bedeutung des gesprochenen Wortes hinweist. Die motorische Rinde reagiert auf Informationen aus anderen Hirnbereichen, sie wird insbesondere aus dem optischen System (Sehzentrum) im Hinterhauptslappen von einer entsprechend großen Zahl von Nervenfasern versorgt.

Das Gehirn verfügt über etwa 10 Milliarden Neuronen mit mindestens 1,6 Millionen Kilometer Nervenfaserlänge. Eine einzige Projektionsfaser kann einen Bereich der Hirnrinde versorgen, in dem sich bis zu 5.000 Neuronen befinden, von denen wiederum jedes mit bis zu 4.000 anderen Neuronen Verbindung aufnimmt. Die Zahl möglicher Schaltverbindungen geht daher in die Milliarden.

Auf verschlungenen Pfaden

Die verschiedenen Nervenzellen des Gehirns haben trotz unterschiedlicher Form und Größe die gleichen Baumerkmale: Sie bestehen aus einem Zelleib (Perikaryon) und den Zellfortsätzen, Dendriten und Neuriten. In der Regel verfügt die Zelle über viele kurze Dendriten, ihre Empfangseinrichtungen, und einen längeren Neuriten (oder Axon), ihren Sender. Die Verbindungsstelle zwischen zwei Nervenzellen weist eine typische Formation auf, die als Synapse bezeichnet wird. Eine Nervenzelle im Gehirn hat Tausende bis Zehntausende solcher Synapsen, an denen die Erregungsübertragung stattfindet.

__Das Gedächtnis__ ist in seiner Fähigkeit, Informationen dreidimensional zu speichern, mit einem Hologramm zu vergleichen. Seh-, Hör- und Geruchseindrücke werden von verschiedenen Hirnteilen aufgenommen und verarbeitet. Rufen wir uns aber ein früheres Ereignis ins Bewußtsein zurück, so empfinden wir dabei Gesehenes, Gehörtes und Gerochenes gleichzeitig, die Erinnerung daran muß irgendwie gemeinsam abgespeichert sein.

Wird die Zelle z.B. über ihren Dendriten gereizt, fließt die Erregung quasi wie ein schwacher Strom über den Zellkörper und durch den Neuriten in seine meist zahlreichen Aufzweigungen. Jedes Ende dieser Axonausläufer ist knopfartig aufgetrieben (synaptisches Endknöpfchen) und enthält kleine Bläschen (Vesikel), die mit chemischen Botenstoffen, sog. Neurotransmittern gefüllt sind. Durch die ankommende Erregung öffnen sich einige Bläschen und setzen die Überträgersubstanz in den subsynaptischen Spaltraum frei. Dies ändert die Membrandurchlässigkeit im (Dendriten-) Bereich der Nachbarzelle; es entsteht dort ein Impuls, der so lange weiterläuft, bis er sein Ziel erreicht hat. Der Neurotransmitter im Synapsenspalt wird inzwischen durch Enzyme abgebaut oder von den synaptischen Bläschen wieder aufgenommen und für einen weiteren Gebrauch gespeichert.

Nicht jede Nervenzelle reagiert auf Neurotransmitter in gleicher Weise. Um auf diesen verschlungenen Pfaden Konfusionen zu vermeiden, sind viele Synapsen hemmend - sie hüten die Empfängerzelle vor einer Entladung. Synapsen, durch die eine Zellentladung stattfindet, sind exzitatorisch. Ein ständiges Wechselspiel zwischen solchen und hemmenden Synapsen bestimmt, ob sich ein Neuron entlädt.

*"**Wie heißen Sie?**" ist eine gewohnte Frage, und obwohl man nicht nachdenkt, bedarf es zur Antwort einer ganzen Reihe gleichzeitig geschalteter Vorgänge im Gehirn. Zunächst wird die Frage vom primären Hörgebiet registriert und im benachbarten Feld für Klangerinnerungsbilder (Wernicke-Zentrum) erkannt. Die Signale werden dann über das gebogene Faserbündel nach vorn zum motorischen Sprachzentrum (Broca) und zur motorischen Rinde geleitet. Von dort gehen Befehle an die Muskeln von Mund und Kehlkopf, um die Antwortlaute zu bilden.*

DAS GEHÖRTE WORT

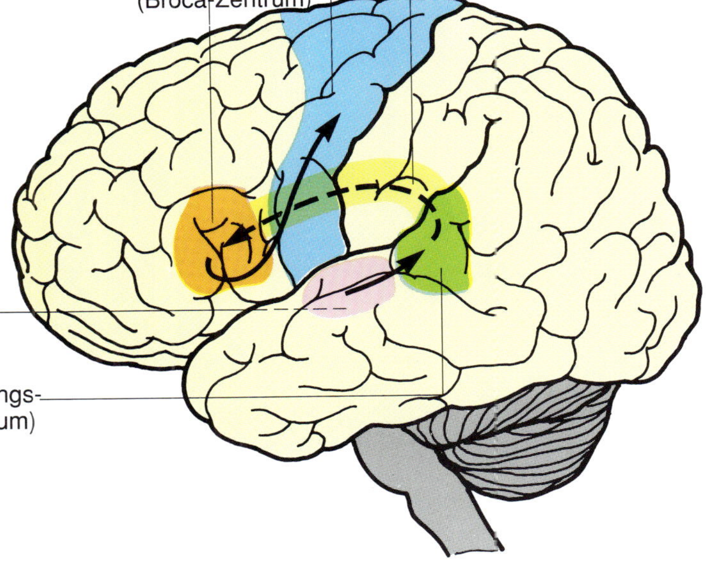

*"**Lesen Sie diesen Absatz laut vor!**" ist eine Aufforderung, die eine Reihe verschiedener Ereignisse in Gang setzt. Zur Erfassung des Textes gelangen Impulse von der Netzhaut des Auges über den Sehnerv zur Sehrinde (Area striata) im Hinterhauptslappen des Gehirns. Von dort durchlaufen die Signale zur Verarbeitung die Winkelwindung (Gyrus angularis), bevor sie derselben Route folgen wie oben (gebogenes Faserbündel, Broca-Zentrum und motorische Rinde). Auch hier werden daraufhin wieder die Sprechwerkzeuge aktiviert.*

DAS GESCHRIEBENE WORT

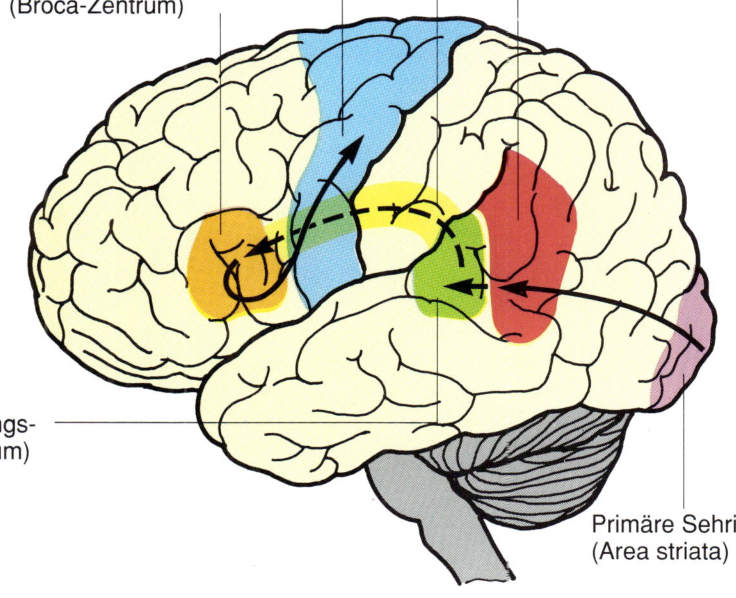

1

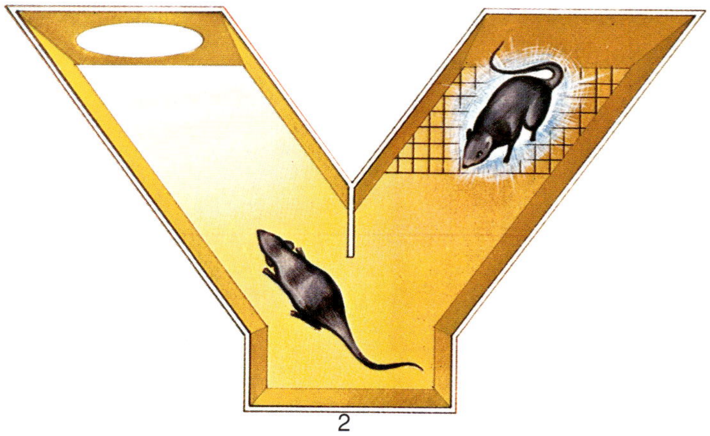

2

Chemische Erinnerungssubstanzen können das besondere (und übertragbare) Verhalten von Versuchstieren steuern. Setzt man eine Ratte in einen Y-förmigen Kasten mit einem hellen und einem dunklen Gang (1), so wählt das Nachttier die dunkle Ecke. Bekommt es dabei immer wieder einen elektrischen Schlag (2), zieht es bald den hellen Gang vor (3). Dieser "Lernprozeß" ist verbunden mit der Bildung einer chemischen Substanz im Gehirn, die man aus dem Gewebe isolieren kann. Injiziert man nun die Substanz einer untrainierten Ratte, läuft diese spontan zum hellen Gang (4) - Erinnerungen sind also auch chemisch speicherbar.

Gehirn ohne Schmerz

In den vergangenen Jahren sind nahezu 30 verschiedene chemische Überträgersubstanzen entdeckt worden, jede davon geeignet, eine gewisse Information weiterzuleiten. Vielleicht wird die diesbezügliche Forschung eines Tages zur Lösung des Schmerzproblems beitragen.

Der Saft des Schlafmohns ist ein seit Urzeiten bekanntes Schmerzmittel, insbesondere wenn er zu Morphium und Heroin weiterverarbeitet ist. 1973 entdeckten Wissenschaftler der Johns Hopkins Universität, daß sich Opium an bestimmte Stellen von Hirn- und Rückenmarksnerven anlagert, an sog. Opiatrezeptoren. Nach der Bindung verlangsamt die Droge die Entladungsgeschwindigkeit der Zellen. Je weniger Signale weitergeleitet werden, desto weniger Schmerz wird im Gehirn gefühlt. Warum aber hat das Zentralnervensystem spezifische Rezeptoren für den Saft einer bestimmten Blume? Die Antwort kam 1975 mit der Isolierung des chemischen Stoffes Enkephalin, der sich in Teilen des limbischen Systems findet. Wenn ein Schmerzimpuls das Rückenmark erreicht, sorgen besondere Neuronen für die Freisetzung dieses Stoffes, der sich an die Opiatrezeptoren anlagert und die Freisetzung von Neurotransmittern blockiert, die das Schmerzsignal weiterleiten würden. Opium als schmerzlindernde Substanz war ein Zufall, die weitere Untersuchung des Enkephalins und anderer im Gehirn produzierter Stoffe könnte jedoch zur Herstellung von Schmerztabletten führen, die nicht abhängig machen.

Schaltkreise des Gehirns

Während die chemischen Prozesse im Gehirn nach und nach geklärt werden, ist die Vernetzung der einzelnen Schaltkreise nach wie vor Gegenstand von Spekulationen. Fortschritte auf anderen Gebieten der Wissenschaft und Technologie bieten ständig neue Modelle zur Erklärung der Bewegung und Verarbeitung von Nervenimpulsen im Gehirn. Einer der neuesten Theorien zufolge könnte das Gehirn die Prinzipien der Holographie benutzen. Das Hologramm ist ein dreidimensionales Bild, das durch Spaltung eines Laserstrahls mit einem Spiegel entsteht. Die Hälfte des Laserstrahls wird direkt auf einen photographischen Film geleitet, während die andere Hälfte an dem aufzuzeichnenden Objekt abprallt, bevor es auf denselben Film trifft. Der Film nimmt nicht das Bild selbst auf, sondern speichert die Interferenzmuster, die durch die Überlappung der beiden Lichtwellen entstehen.

Zur Rekonstruktion des Bildes wird ein Laserstrahl im gleichen Winkel wie der ursprüngliche Strahl auf den Film gerichtet. Durch Drehung des Films können viele verschiedene Bilder auf der gleichen Platte aufgezeichnet werden, wodurch der Laserstrahl in ganz unterschiedlichen Winkeln auftrifft. Noch erstaunlicher ist, daß eine abgebrochene Ecke der Platte dazu verwendet werden kann, die vollständigen, auf der Platte gespeicherten Bilder zu rekonstruieren.

Der Amerikaner Karl Pribram erkannte, daß die Fähigkeit des Hologramms, das Gesamtbild aus einem kleinen Teil zu rekonstruieren, einige verwirrende experimentelle Ergebnisse aus den zwanziger Jahren erklären könnte. Damals war nachgewiesen worden, daß Ratten, denen man beigebracht hatte, auf ihrem Weg durch einen Irrgarten nach der Belohnung zu suchen, diese komplizierten Tätigkeiten immer noch ausführen konnten, auch nachdem wichtige Nervenbahnen ihres Gehirns durchtrennt und weite Teile der Hirnrinde entfernt worden waren. Das ließ darauf schließen, daß sich die Erinnerungsfähigkeit nicht auf bestimmte Gehirnbereiche beschränkt, sondern im gesamten Gehirn angesiedelt ist. Unter Verwendung der Holographie stellte Pribram die These auf, daß das Gedächtnis einzelner Lebewesen nicht in Nervenstrukturen, sondern in chemischen Mustern gespeichert ist, die für Veränderungen in Milliarden von Synapsen sorgen. Damit könnte jede Synapse Millionen von Erinnerungen speichern.

Die holographische Organisation des Gehirns könnte erklären, warum ein gesehenes und gehörtes Ereignis, das ja von unterschiedlichen Sinnesorganen wahrgenommen wird, gleichzeitig ins Bewußtsein zurückgeholt werden kann. Dementsprechend lassen sich zwei getrennte Ereignisse erinnern, während die dazwischenliegenden Erinnerungen unterdrückt werden. Doch auch hier handelt es sich lediglich um eine Theorie.

Fehlen der Worte

Gewisse Gehirnfunktionen sind ohne Zweifel in spezifischen Regionen angesiedelt. Die Sprach- und Sprechfertigkeiten der linken Hirnhemisphäre werden durch drei verschiedene Zentren gesteuert, die sich in der Hirnrinde dieser Seite befinden. Zwei dieser Zentren tra-

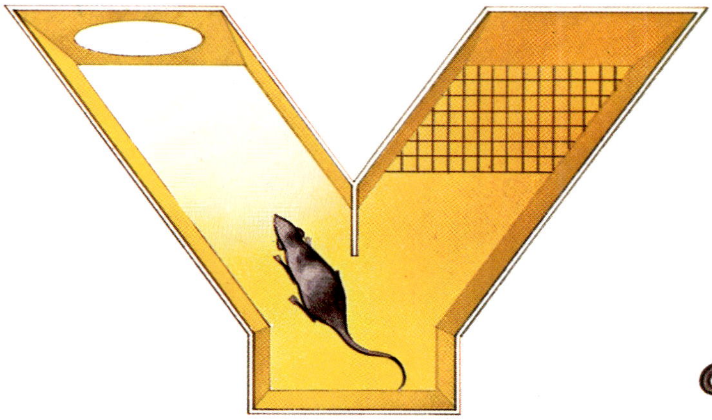

3

4

gen die Namen von Wissenschaftlern aus dem 19. Jahrhundert, die sie entdeckt haben.

Im Jahre 1861 sezierte der Pariser Chirurg Paul Broca die Leiche eines Patienten, dessen einzige Äußerung in 21 Jahren das sinnlose Wort "Tan" gewesen war. Er hatte zwar verstanden, was man ihm sagte, konnte sich jedoch nur mit Gesten und dem "Tan-Tan" verständlich machen. Die Autopsie ergab, daß im Gehirn von Tan (wie der Bedauernswerte zwangsläufig genannt wurde) ein Gewebsbereich von der Größe eines Hühnereis in der unteren linken Region des Stirnlappens fehlte. Diese Zone, das Broca-Zentrum, steuert den Fluß der Wörter vom Gehirn bis zum Mund und befindet sich unmittelbar neben der motorischen Rinde, die Lippen, Zunge und Stimmbänder kontrolliert. Normalerweise sind wir in der Lage, pro Minute etwa 300 perfekt artikulierte Wörter auszusprechen.

Bei Untergang des Broca-Zentrums nach einem Schlaganfall fehlen dem Betroffenen buchstäblich die Worte. Die Sprache nimmt einen Telegrammstil an, so als blieben einige Wörter im Gehirn hängen, während andere ausgesprochen werden: "einige ... hängen ... andere ... ausgesprochen".

Genau hinhören

Das Wernicke-Zentrum, einseitig in der dominanten Hemisphäre im hinteren Bereich der oberen Schläfenwindung gelegen, versetzt uns in die Lage, gesprochene Sprache zu verstehen (Feld für Klangerinnerungsbilder). Wenn wir Worte hören, gelangen die "Töne" in das Hörgebiet der Hirnrinde. Dann werden sie als neurologischer Code in das benachbarte Wernicke-Zentrum weitergeleitet, wo sie zu verständlichen Wortmustern aufgeschlüsselt werden. Sollen die Wörter laut wiederholt werden, so werden die entsprechenden Muster über ein Nervenfaserbündel (Fasciculus arcuatus) in das motorische Sprachzentrum (Broca-Zentrum) übertragen. Der Ausfall des Wernicke-Zentrums hat eine Sprache zur Folge, die zwar einen normalen Rhythmus besitzt, aber sinnlose Silben enthält.

Der dritte, für die Sprache verantwortliche Rindenbezirk in der dominanten Hemisphäre findet sich in der Winkelwindung (Gyrus angularis) am Hinterhauptslappen zwischen Wernicke-Zentrum und Sehrinde. Die Bedeutung dieses optischen Sprachzentrums besteht darin, die Lücke zwischen der gehörten, der gelesenen und der geschriebenen Sprache zu überbrücken. Hier werden die visuellen Wortbilder in Klang umgewandelt, der vom Gehirn interpretiert wird und umgekehrt.

In den Sprachzentren des Gehirns werden die Fähigkeiten des Sprechens, Lesens und Schreibens miteinander koordiniert. Die Wörter, die wir verwenden, ihre Bedeutung sowie die grammatikalischen Regeln werden im Gedächtnis gespeichert. Von allen Wundern des Gehirns ist es das Gedächtnis, das uns das Lernen ermöglicht und das für die menschliche Intelligenz und bewußte Wahrnehmung verantwortlich ist. Die Fähigkeit, das Gewesene mit der Gegenwart zu vergleichen und Wahrnehmungen des einen Tages bis zum nächsten zu behalten, verleiht dem Menschen seinen Sinn für die Zeit und gibt jedem einzelnen von uns das Gefühl einer einzigartigen Identität, die auf seinen eigenen Erinnerungen beruht.

Das Geheimnis des menschlichen Gedächtnisses wartet immer noch auf seine Entschlüsselung. Jeder neue technische Erfolg der extrasomatischen Informationsspeicherung (außerhalb des Körpers) mußte als Erklärung herhalten, doch keine dieser neuartigen Methoden konnte das Geheimnis zufriedenstellend erklären. Man hat das Gedächtnis mit einer Bibliothek, mit dem Speicher eines Computers und den holographischen Speichersystemen der Zukunft verglichen. Ein einziger Kubikzentimeter einer holographischen Platte kann bis zu 10 Milliarden Bits an Informationen speichern. Das einzige Speichersystem, das noch ausgeklügelter als ein Hologramm ist, ist das menschliche Gehirn.

Sichten und sortieren

Bevor ein Ereignis im Gedächtnis gespeichert werden kann, muß es durch das Gehirn erfahren werden. Alle über die Sinnesorgane weitergeleiteten Wahrnehmungen werden kurz vom sog. sensorischen Register behalten. Der Eindruck eines Gemäldes streift kurz die Netzhaut, nachdem das Auge geschlossen wurde. Und der Klang eines Tones hallt im Gedächtnis nach, wenn der Sänger Atem holt.

Diese Eindrücke werden etwa zwei Sekunden lang im Register festgehalten, während das Gehirn entscheidet, ob sie gespeichert werden sollen oder nicht. Die meisten werden für nicht würdig befunden und es wird Raum geschaffen für den ständigen Fluß neuer Informationen. Die speicherwürdigen Informationen gelangen ins Kurzzeitgedächtnis, das Notizbuch des Gehirns, in das Informationen eingetragen werden, während das Gehirn entscheidet, was damit geschehen soll. Das Kurzzeitgedächtnis ist eng begrenzt, und ohne weitere Anstrengung wird die Information nur etwa eine Minute lang festgehalten.

Im Schnitt werden hier nur knapp sieben verschiedene Dinge zu jedem beliebigen Zeitpunkt registriert. Wenn eine neue Notiz fällig ist, wird der älteste Eintrag ausradiert, um Raum zu schaffen. Wenn wir eine Telefonnummer nachgeschlagen haben, wiederholen wir sie, bevor wir wählen. Dieses Aufsagen schärft unser Bewußtsein und hindert andere Informationen, ins Kurzzeitgedächtnis einzudringen und die Nummer auszulöschen, ehe wir den Anruf tätigen. Das Kurz-

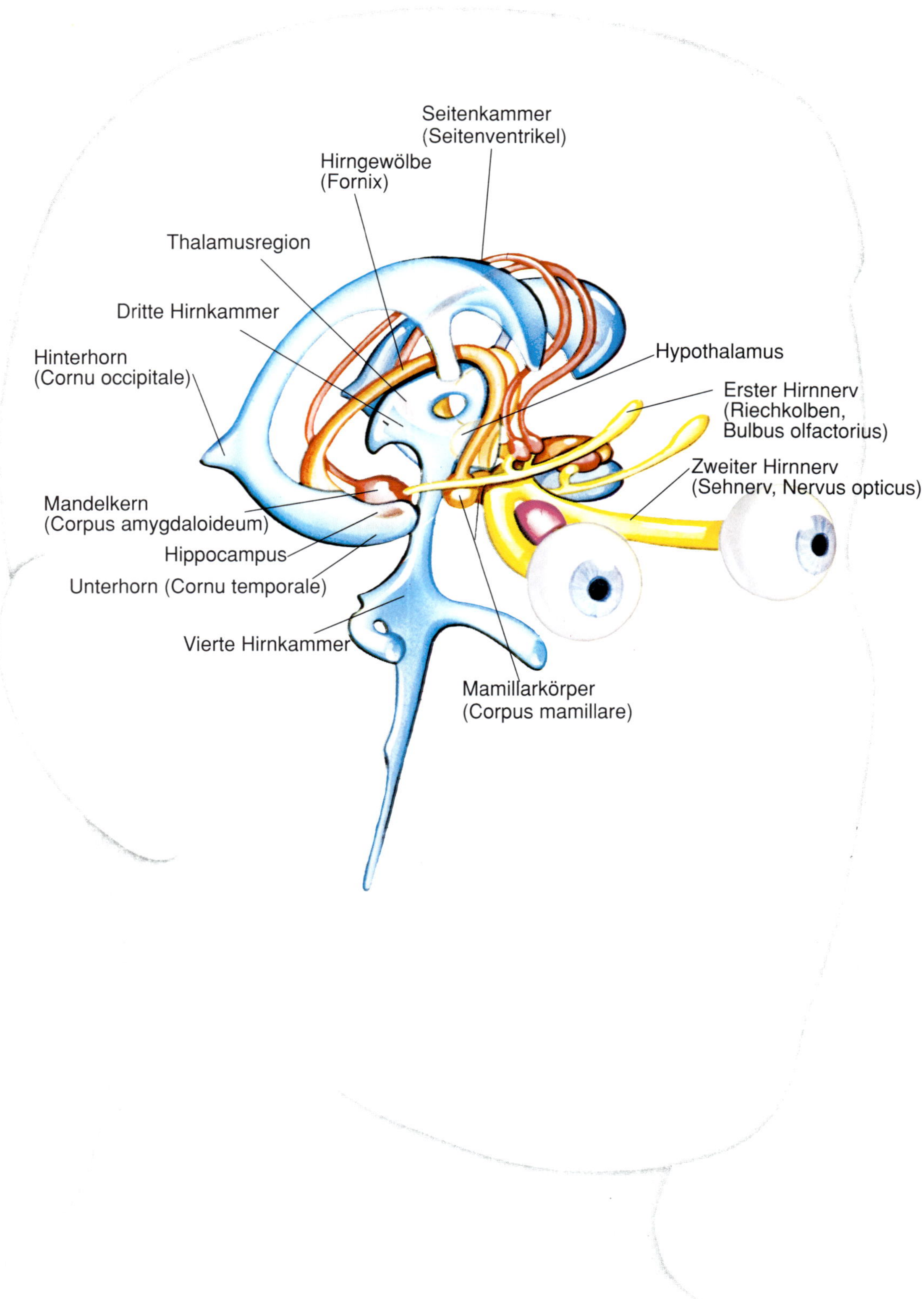

***Die inneren Hirnstrukturen** wölben sich um die in der Mitte liegende dritte Hirnkammer und sind u.a. Empfangszentralen für Gesichts- und Geruchssinn.*

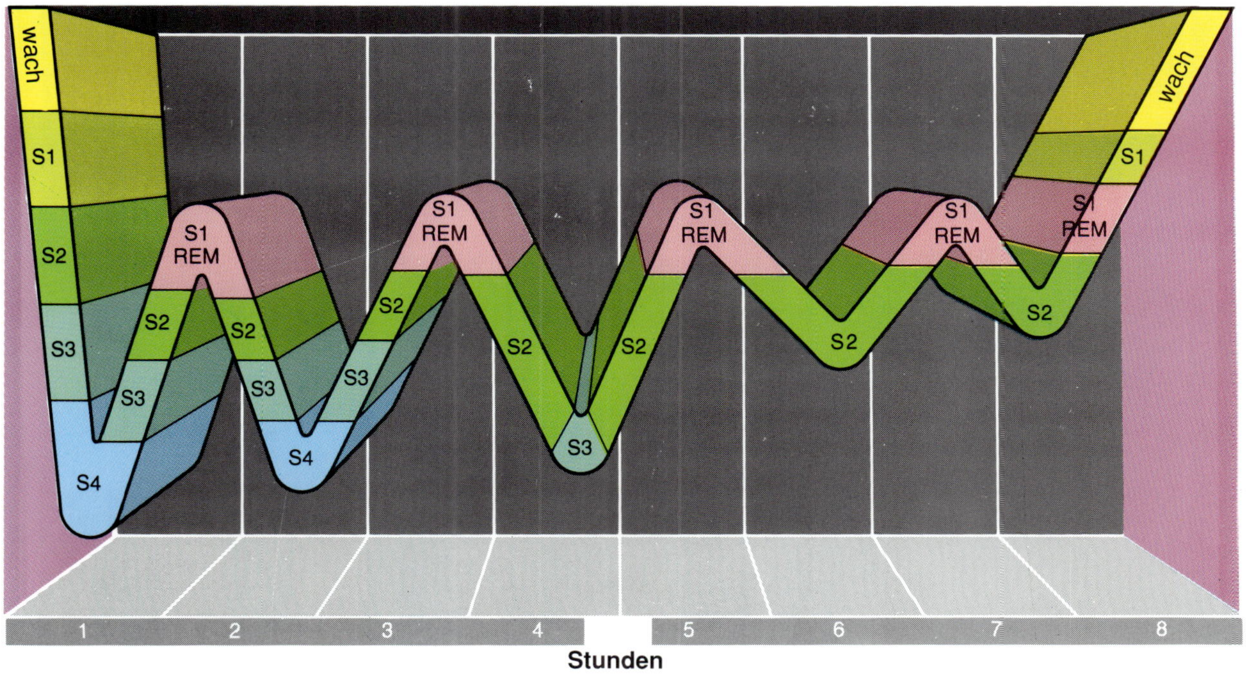

***Die Schlaftiefe** wechselt während der Nacht in einem 90minütigen Zyklus. Von den vier dargestellten Ebenen repräsentiert S4 den tiefsten Schlaf. S1 entspricht dem flachen Schlaf, in dem Traumphasen von schnellen Augenbewegungen (rapid eye movements, REM) begleitet werden.*

zeitgedächtnis scheint primär verbal orientiert zu sein; was wir erinnern, ist der Klang der Zahlen, weniger ihre visuellen Symbole.

Der goldene Schlüssel

Das Langzeitgedächtnis, das alles speichert, was wir über uns selbst und die Welt wissen, scheint sich eines ausgeklügelteren Speicherungssystems zu bedienen. Es beruht auf einem komplizierten Netz von Querverweisen, das die Rekonstruktion eines Gedächtnisinhalts aufgrund eines einzigen Hinweises ermöglicht. So kann der Duft des Parfüms, das die Großmutter zu benutzen pflegte, ein ganzes Kaleidoskop von visuellen und akustischen Eindrücken aus der Kindheit in Erinnerung bringen.

Noch ist die Frage nicht geklärt, ob Kurzzeit- und Langzeitgedächtnis miteinander in Verbindung stehen oder getrennte Speichersysteme bilden. Viele Langzeiterinnerungen, mit denen wir ein Ereignis in seiner Gesamtheit zurückrufen können - was wir getragen und gegessen haben, in welcher Gesellschaft und Umgebung usw. - scheinen viel zu kompliziert und zu sehr optischer Natur zu sein, um durch die begrenzten Möglichkeiten des verbal orientierten Kurzzeitgedächtnisses hindurchgegangen zu sein. Eine Theorie, die Kurz- und Langzeitspeicher miteinander verknüpft, setzt voraus, daß das gesamte Gedächtnis auf Nervenstrukturen beruht.

Jeder sensorische Impuls, der ins Gehirn gelangt, sorgt dafür, daß ein geschlossener Schaltkreis von Neuronen sich entlädt. Für den Bruchteil einer Sekunde bleibt er eingeschaltet, das Gehirn kann ihn wahrnehmen. Bevor das Feuer der Entladungen wieder ausgeht, mag der Schaltkreis eine strukturelle Spur, ein Engramm geschaffen haben, das die Grundlage des Langzeitgedächtnisses bilden kann.

Auf der Suche nach dem Unsichtbaren

Zahlreiche Experimente haben gezeigt, daß diese Engramme des Gedächtnisses nicht in einer bestimmten Formation des Gehirns oder einem gewissen Hirnteil angesiedelt sind; Gedächtnis ist überall. Die Assoziationsrinde, die schweigende Mehrheit der Hirnrinde, wurde als Ort des Gedächtnisses vorgeschlagen, was uns aber kaum über unsere derzeitige Verlegenheit hinweghelfen kann.

Auch verstehen wir nicht die Natur der Engramme. In den 70er Jahren entdeckte Georges Ungar am Baylor College in Houston, Texas, daß bestimmte Arten von Gedächtnis in Form chemischer Substanzen im Gehirn gespeichert werden. Die in der Regel nachts aktiven Ratten wurden trainiert, dunkle Ecken eines Spezialkäfigs zu meiden. Ungar analysierte anschließend Extrakte der Rattenhirne und entdeckte einen neuen chemischen Stoff, den er Scotophobin nannte, was soviel wie "Angst vor der Dunkelheit" heißt. Untrainierte Ratten, denen eine synthetisch gewonnene Form dieser Substanz injiziert wurde, zeigten die gleiche Abneigung gegen dunkle Ecken. Daraus schloß man, daß ein bestimmter chemischer Stoff mit jeder angelernten Fähigkeit in Verbindung steht.

Doch die Chemie allein reicht nicht aus, um die feinsten Nuancierungen, zu denen unser Gedächtnis fähig ist, zu erklären. Einleuchtender erscheint da die Theorie, wonach die Erinnerung in den Nervenbahnen selbst gespeichert wird. Die in einer Nervenkette erzeugte elektrische Aktivität als Reaktion auf einen äußeren Eindruck könnte die synaptischen Verbindungen der Nervenzellen verändern. Sobald die kurzfristige Aktivität abebbt, bleiben die neuen Verbindungen erhalten und schaffen eine Vernetzung von Nerven, die den Eindruck speichern. Die Aktivierung einer oder mehrerer Nervenzellen läßt die ganze Kette wieder aktiv werden, so daß die Erinnerung wachgerufen wird.

Kapitel 14

Die Sinnesorgane

Wir wissen von der Existenz eines Gegenstandes nur deshalb, weil wir ihn sehen, hören, schmecken, riechen oder fühlen können. Damit läßt sich beweisen, daß er da ist. Ohne Sinnesorgane hätten wir keine Vorstellungen von anderen Menschen, von unserer Umwelt.

Augen, Ohren, Zunge, Nase und der Tastsinn nehmen ständig Eindrücke auf und sorgen dafür, daß das Gehirn mit unzähligen Informationen versorgt wird, die dort gedeutet werden und den Gegenständen, die diese Reize erzeugen, Realität verleihen. Unterstützt durch das Gedächtnis, kann der Gesang eines Vogels oder der Duft einer Rose in uns das Bild einer Gartenlandschaft hervorrufen. Auf der anderen Seite kann der bloße Anblick von Blut einen Ohnmachtsanfall oder Erbrechen auslösen.

Sehen und Hören gelten in der Regel als die wichtigsten Sinneswahrnehmungen. Ihr Verlust schränkt den Erfahrungshorizont und Lebensraum der betroffenen Person erheblich ein; dem Geschmacks- und Geruchssinn messen wir ganz zu Unrecht weniger Bedeutung bei.

Sinneszellen zur Wahrnehmung von Berührung und Temperatur sind über den ganzen Körper verteilt; wir fühlen mit den Zehen das Textil eines Teppichs und mit dem Ellenbogen die Temperatur des Badewassers. Die höheren Sinnesorgane, Gesichts-, Gehör-, Geschmacks-, Geruchs- und Gleichgewichtsorgan sind alle im Kopf angesiedelt. Diese exponierte Lage ist nicht ohne Risiko, die meisten Sinneszellen befinden sich jedoch im Schutze des knöchernen Schädels, der auch das Gehirn umhüllt. Ihre Position im Kopf macht den übrigen Körper unabhängiger und beweglicher, ihre Konzentration und die Nähe zum auswertenden Gehirn bedingen kurze und rasche Verbindungsmöglichkeiten.

Die Sinnesorgane sind eigentlich ausgeklügelte und spezialisierte Erweiterungen des Zentralnervensystems. Sämtliche Eindrücke werden als elektrische Impulse unmittelbar ans Gehirn weitergeleitet. Dort werden sie miteinander verknüpft und verarbeitet und sorgen so für ein ständig wechselndes Bild von unserer Umwelt; sie erzeugen zahlreiche bewußte und unbewußte Reaktionen.

Der Reichtum des Gesichts

Dreiviertel unserer Wahrnehmungen laufen über den Gesichtssinn. Die mit den Augen aufgenommenen Reize werden vom Sehnerv direkt ins Gehirn transportiert. Die physikalische Konstruktion des Auges kann mit einer photographischen Kamera verglichen werden: Die Hornhaut als Vorwölbung des Augapfels und die Linse in der vorderen Augenkammer sammeln und bündeln die Lichtstrahlen. Die davor liegende Regenbogenhaut mit der Pupille entspricht der Blende und der lichtempfindliche Teil der Netzhaut dem Film; die Augenlider sind der Verschluß. Die Netzhaut zeichnet bis zu zehn Bilder pro Sekunde auf.

Der Augapfel (Bulbus oculi) liegt im Schutz der Augenhöhle (Orbita), eingebettet in einen Fettkörper (Corpus adiposum), der dem

Das menschliche Auge *- Fenster zur Außenwelt - sammelt jene Eindrücke, die uns mit der Realität verbinden. Diese Ansicht vom Inneren des Auges zeigt die Linse und die veränderliche Blende der Pupille. Die von einem Gegenstand ausgehenden Lichtstrahlen werden durch die lichtbrechenden Medien, im wesentlichen die Linse, auf der Netzhaut scharf dargestellt. Dort sitzen lichtempfindliche Rezeptoren, die nach ihrer Reizung Impulse zum Gehirn senden. Hier werden die Erregungen geordnet und als Eindrücke registriert. Der Gesichtssinn ist also auf eine abgestimmte Zusammenarbeit von Augen und Gehirn angewiesen.*

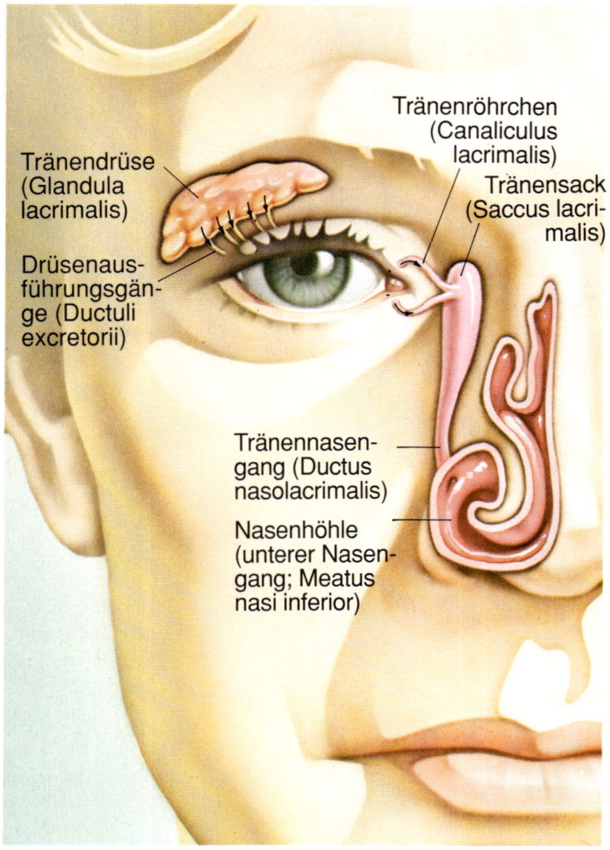

Vermehrter Tränenfluß *wird emotionell, durch Freude oder Trauer, aber auch emotionslos, z.B. durch einen Fremdkörper unter dem Augenlid ausgelöst. Die Tränenflüssigkeit spült über die Vorderfläche des Augapfels, die Hornhaut, und schwemmt dabei Keime und Staubteilchen fort. Am inneren Lidwinkel wird sie über die beiden Tränenröhrchen in den Tränensack und von dort durch den Tränennasengang in den unteren Gang der Nasenhöhle geleitet. Bei starkem Tränenfluß wird die salzige Flüssigkeit im Rachen wahrgenommen.*

Die Stäbchen und Zapfen *bilden eine dicht geschlossene Reihe von Zellen in der Tiefe der Netzhaut am Augenhintergrund. Diese Sinneszellen, Photorezeptoren, reagieren auf einen Lichtreiz und senden ihn als Erregung zum Gehirn. Bevor die Lichtstrahlen jedoch auf die Rezeptorzellen treffen, müssen sie erst Schichten von Nervenzellen und -fasern durchdringen. Die Lichtrezeptoren (1. Neuron der Sehbahn) sind noch in der Netzhaut über bipolare Nervenzellen (2. Neuron) mit den Ganglienzellen des Sehnervs (3. Neuron) verknüpft. Auf dem Eckbild sieht man, wie Vitamin-A-Mangel die Rezeptorzellen schrumpfen und eingehen läßt.*

kugelförmigen Bulbus eine äußerst gleitfähige "Gelenkpfanne" bietet. Den feingesteuerten Bewegungen des Augapfels dienen sechs (Außen-) Muskeln.

Gewisse Automatismen sorgen für einen weiteren Schutz des Auges und des damit in Verbindung stehenden Nervensystems. Der plötzliche Einfall von grellem Licht, Lärm, schnelle Bewegungen vor dem Auge, ja sogar ein Sandkörnchen, das in die Wimpern gerät, lösen einen sofortigen Schluß der Augenlider (Palpebrae) aus. Der Reiz eines Fremdkörpers ruft einen Tränenfluß hervor, der als Spülung wirkt. Die Tränen enthalten außerdem einen leicht antibakteriellen Wirkstoff (Lysozym), der die in der Luft befindlichen Keime bei ihrer Ansiedlung auf der Hornhaut abtötet.

Die Schale des Apfels

Die Wand des Augapfels ist aus drei Schichten aufgebaut; der äußeren (Tunica fibrosa), mittleren (Tunica vasculosa) und inneren Augenhaut (Tunica interna). Die äußere Augenhaut besteht aus der vorderen Hornhaut und der hinteren Lederhaut. Die Hornhaut (Cornea) wölbt sich entsprechend ihrer stärkeren Krümmung auf dem Bulbus vor; am Scheitel ist sie etwas dünner (und damit weniger lichtbrechend) als an ihrem Rand. Sie ist glasklar durchsichtig und gefäßfrei, enthält aber in der vorderen Deckschicht reichlich marklose sensible Nervenfasern. An ihrem Rand geht sie in die weißliche, undurchsichtige Lederhaut (Sclera) über, die aus einem straffen Geflecht kollagener Fasern besteht. Die Sehnen der äußeren Augenmuskeln heften sich in der Sclera an. Sie leistet dem Druck im Augeninneren Widerstand und ist für die Form des Augapfels verantwortlich.

Auch die Zellen der Hornhaut müssen ständig mit Sauerstoff und Nährstoffen versorgt werden. Da sie als Teil des lichtbrechenden Systems keine Blutgefäße enthält, entnimmt sie den Großteil des Sauerstoffs direkt aus der Luft, und zwar durch Absorption aus den Tränen. Die Nährstoffe werden dem Kammerwasser entzogen, einer durchsichtigen Flüssigkeit, die den Raum zwischen Hornhaut und Regenbogenhaut ausfüllt.

Steuerung der Lichtintensität

Unter der Außenhaut liegt die Tunica vasculosa (Uvea) mit ihren drei von vorn nach hinten folgenden Abschnitten: Regenbogenhaut, Ziliarkörper und Aderhaut. Die mittlere Augenhaut ist keine geschlossene Kapsel, sie öffnet sich nach vorn an der Pupille. Die Re-

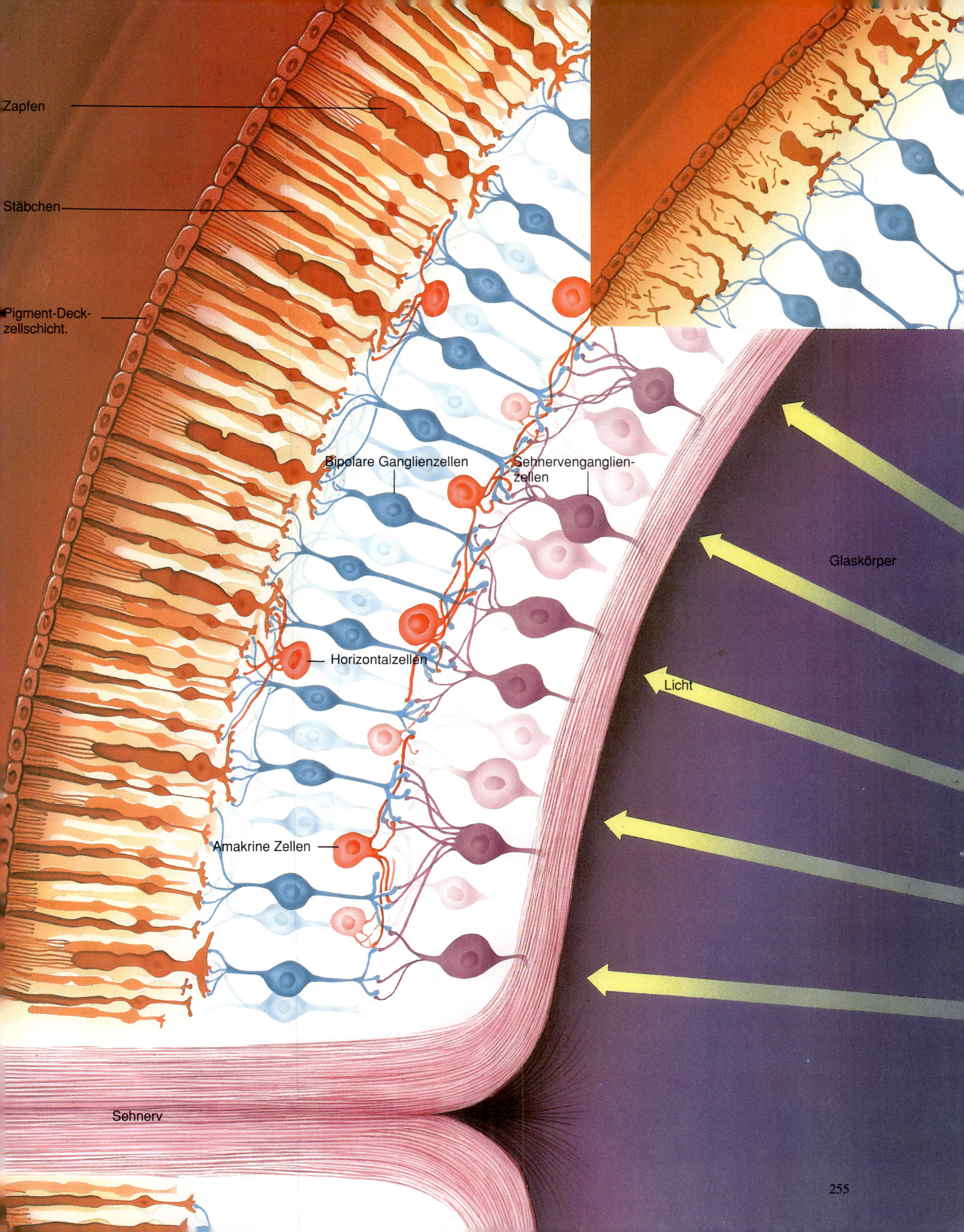

Zapfen
Stäbchen
Pigment-Deck-
zellschicht.
Bipolare Ganglienzellen
Sehnervenganglien-
zellen
Glaskörper
Horizontalzellen
Licht
Amakrine Zellen
Sehnerv

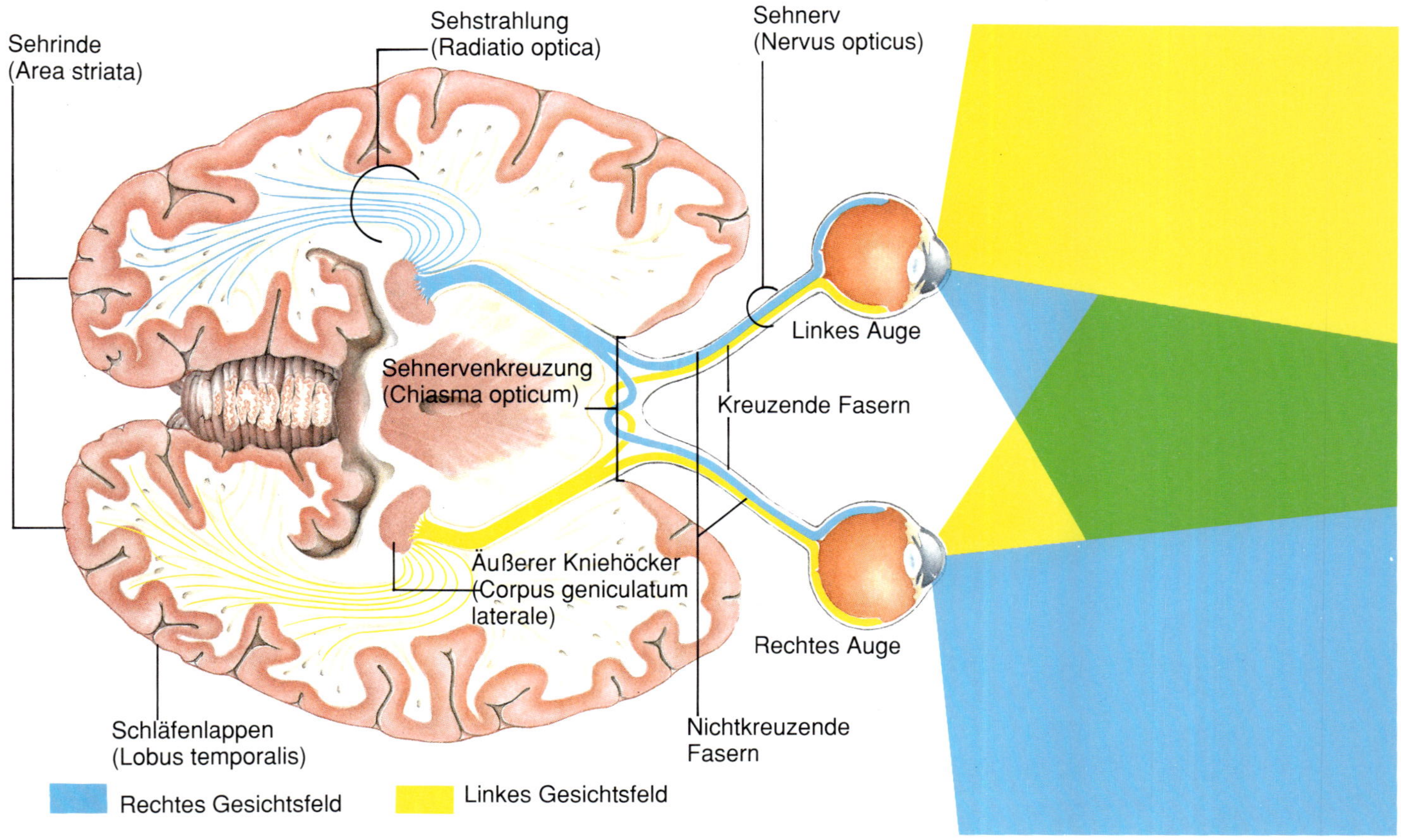

genbogenhaut (Iris) ist der freie, zwischen vorderer und hinterer Augenkammer ragende Teil der Tunica vasculosa. Der Bindegewebskörper der Iris ist nach beiden Seiten von einer Schicht Deckzellen überzogen. Die hinteren Epithelzellen enthalten normalerweise Pigment. Bei dunkelbraunen Augen liegt das Pigment (Melanin) nicht nur im Epithel, sondern auch im Bindegewebe der Iris vor, bei "blauen" Augen ist der Bindegewebskörper pigmentfrei. Im Bindegewebe der Iris liegen zwei glatte (Augeninnen-) Muskeln (Musculi sphincter und dilatator pupillae), die die Pupille bis auf zwei Millimeter verengen oder auf acht Millimeter erweitern. Das Pupillenspiel wird von der Intensität des Lichteinfalls gelenkt, aber auch Angstgefühle und bestimmte Drogen haben einen Einfluß.

Feineinstellung
Die Pupille liegt als kreisförmige Öffnung der Regenbogenhaut vor der Linse und ist schwarz, da wir beim Blick ins Augeninnere unseres Gegenübers die Lichtstrahlen am Einfall hindern. Die von der Hornhaut vorgebrochenen Strahlen werden durch die Linse fein fokussiert, so daß auf der lichtempfindlichen Oberfläche der Netzhaut ein scharfes Bild entsteht. Bei einer Kamera stellt man die Schärfe dadurch ein, daß das Objektiv vorwärts oder rückwärts bewegt wird. Das Auge arbeitet wesentlich eleganter, es ändert die Linsenkrümmung; man bezeichnet dies als Akkommodation. Der auf die Regenbogenhaut folgende Ziliarkörper (Corpus ciliare) sendet von seinen etwa 80 schmalen Fortsätzen feinste Kollagenfasern aus, die den Aufhängeapparat der Linse (Zonula ciliaris) bilden. An der Außenseite des Ziliarkörpers liegt der ringförmige, glatte Ziliarmuskel. Bei Blick in die Ferne (mehr als 6 Meter) ist der Ringmuskel schlaff, die Zonulafasern üben einen Zug auf die Linse aus und flachen sie ab.

Bei der Betrachtung näherer Gegenstände kontrahiert sich der Ziliarmuskel, der Zug der Zonulafasern nimmt ab, die Linse nimmt ei-

***Das Sehorgan** (die Augen) liegt an der Vorderseite des Kopfes (oben), während der eigentliche Gesichtssinn im hinteren und seitlichen Großhirnbereich stattfindet (unten). Die von Stäbchen und Zapfen in der Netzhaut ausgehenden Erregungen fließen entlang der Sehnerven zu deren Kreuzung, wo aber nur die inneren Fasern ihre Seite wechseln. Dadurch werden rechte und linke Gesichtsfeldhälfte beider Augen miteinander vereinigt. Diese "gemischten" Erregungen werden über Sehstrang und -strahlung zur Sehrinde im Hinterlappen des Gehirns geleitet und enden schließlich in den optischen Erinnerungsfeldern der Schläfenlappen der Hirnrinde. Ein Stoß auf den Hinterkopf erschüttert die Sehrinde, dadurch gelangen künstliche Sehimpulse zum Schläfenlappen: "wir sehen Sterne".*

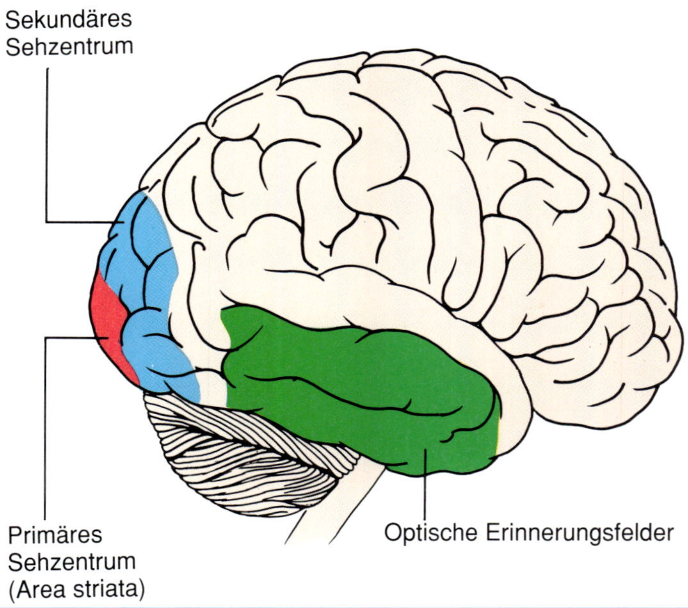

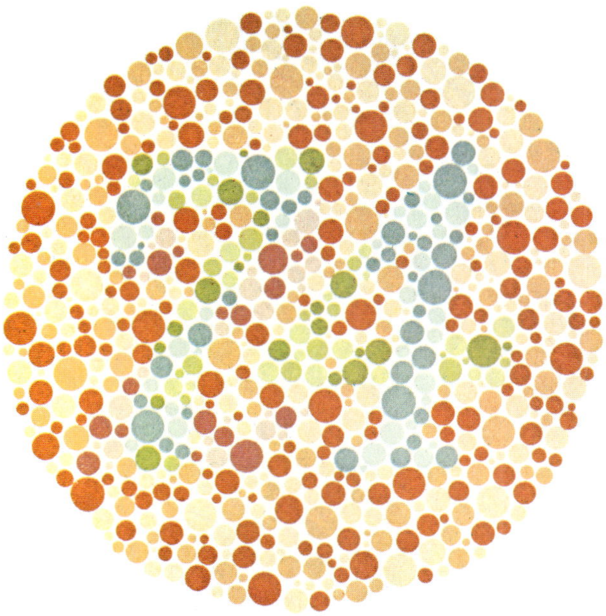

***Farbenblindheit** kommt relativ oft vor: einer von 20 Menschen ist betroffen. Bei der häufigsten, der Rot-Grün-Blindheit, fehlen die entsprechenden Zapfen in der Netzhaut. Handelt es sich um Grün-Zapfen, kann die Zahl 74 in der obigen Farbflecktafel nicht mehr erkannt werden.*

ne rundere Form an und erhält damit eine höhere Brechkraft. Dieser Akkommodationsmechanismus ist begrenzt; ein normales Auge kann höchstens bis zu einer Entfernung von 15 bis 18 Zentimetern vor dem Auge, dem sog. Nahpunkt, scharf sehen.

Die Linsensubstanz besteht aus schalenartig angeordneten Fasern, die während des ganzen Lebens neu gebildet werden. Da die älteren Schalen härter werden, nimmt die Flexibilität der Linse und damit die Akkommodation allmählich ab, der Nahpunkt entfernt sich mit zunehmendem Alter vom Auge.

Nach Brechung durch Hornhaut und Linse durchläuft das Licht den Glaskörper (Corpus vitreum), der sich hinter der Linse befindet und den Hauptteil des Augapfels einnimmt. Er besteht aus einer wasserklaren Gallerte, die viele Mukopolysaccharide enthält und damit eine hohe Wasserbindungsfähigkeit besitzt. Damit übt er den relativ hohen Augeninnendruck aus.

Zapfen und Stäbchen wandeln die Energie um

Das Licht hat mittlerweile die innere Augenhaut (Tunica interna bulbi) erreicht, wo seine Energie in elektrische Nervenimpulse umgewandelt wird. Der lichtempfindliche Teil dieser Netzhaut (Retina) besteht aus zwei Schichten: dem Pigmentepithel und dem nervösen Teil. Diese Pars nervosa wiederum setzt sich aus drei Zellschichten zusammen, drei hintereinander geschalteten Neuronen, die man als in das Auge "vorgeschobenen Hirnteil" ansehen kann. Der Linse am nächsten befindet sich eine Schicht von Sehnervenganglienzellen, es folgen bipolare Ganglienzellen und schließlich die Photorezeptoren.

Diese Photorezeptoren sind es schließlich, die die auf der Netzhaut auftreffenden Lichtstrahlen (Photonen) weiterverarbeiten. Zunächst muß das Licht jedoch durch die Sehnervenganglienzellen und die bipolaren Ganglienzellen hindurch, um sein Ziel zu erreichen. Die Verbindung zu den Fasern des Sehnervs wird durch die innerste Schicht der Sehnervenganglienzellen hergestellt. Jedes Ganglion ist mit einer oder mehreren bipolaren Zellen der mittleren Schicht verbunden, die die Informationen von den äußeren Photorezeptoren weiterleiten. Aufgrund ihrer charakteristischen Form unterscheiden wir zwei Arten von Photorezeptoren: die Zapfen und die Stäbchen. Die Stäbchen sind so empfindlich, daß sie auf ein einziges Photon reagieren, in ihrer Gesamtheit aber lediglich ein hell-dunkles Abbild erzeugen, das jedoch in der Dämmerung völlig ausreicht. Für Farben- und Formensehen sind die Zapfen verantwortlich, die wesentlich mehr Licht benötigen und optimal bei hellem Tageslicht arbeiten. Im menschlichen Auge kommen etwa 18mal so viele Stäbchen wie Zapfen vor, so daß den Erfordernissen der unterschiedlichen Helligkeit bei Tag und Nacht Rechnung getragen wird.

Der Bereich der größten Empfindlichkeit

Etwa in der Mitte der Netzhaut - auf einer Geraden zur Pupille - liegt der gelbe Fleck (Macula lutea). In seiner Mitte befindet sich die flache Sehgrube (Fovea centralis), die gefäßfrei ist und ausschließlich Zapfen enthält. In diesem kleinen Bereich sind die beiden übrigen Nervenzellschichten der Retina zur Seite gedrängt, so daß das Licht ungehindert bis zu den Rezeptoren vordringen kann. Daher ist dies die Stelle des schärfsten Sehens: Wenn wir etwas genau in Augenschein nehmen, so wird das Bild direkt auf der zentralen Fovea abgebildet.

Mit zunehmendem Abstand von der Sehgrube nehmen die Zapfen ab, am Rande des Sehteils der Netzhaut befinden sich nur noch Stäbchen. Dadurch werden auch Gegenstände wahrgenommen, die in der Peripherie unseres Sehfeldes liegen, sie sind jedoch sehr unscharf und fallen nur durch Bewegungen auf. Um festzustellen, worum es sich dabei handelt, muß man genauer hinschauen. Die Kombination aus Zapfen und Stäbchen verleiht dem Auge ein Höchstmaß an Empfindlichkeit und Anpassungsfähigkeit an die unterschiedlichsten Lichtverhältnisse. Die Netzhaut braucht etwa 40 Minuten, um sich an schwaches Licht zu gewöhnen. Doch ein Auge, vollständig an die Dunkelheit adaptiert, benötigt 30.000mal weniger Licht, um die Netzhaut zu aktivieren, verglichen mit der normalen Tageslichtempfindlichkeit. Das beste, was ein photographischer Film in dieser Hinsicht zu bieten hat, ist eine etwa 20fache Sensitivitätsspanne. Nasenwärts des gelben Flecks befindet sich jener Bereich, an dem die Neuriten der Sehnervenganglienzellen sich zum Sehnerv zusammenschließen und den Augapfel verlassen. Die Stelle, an der der Nerv durch die Netzhaut hindurchtritt, der sog. Discus nervi optici, ist frei von Sinneszellen und damit ein blinder Fleck. In der Regel füllt jedoch das Gehirn den fehlenden Teil des Bildes, so daß im Gesichtsfeld kein Loch entsteht.

Die Chemie des Sehens

Die Umwandlung von Photonen in elektrische Impulse in den Nervenzellen ist ein chemischer Vorgang, bei dem das Vitamin A die entscheidende Rolle spielt. Moleküle dieses Vitamins (in grünem Gemüse, Milchprodukten und Leber enthalten) werden zur Aderhaut des Auges transportiert und von den Photorezeptoren aufgenommen. Innerhalb eines Stäbchens vereinigt sich eine modifizierte Form des Vitamins mit dem farblosen Proteinmolekül Opsin und bildet Rhodopsin, das sich im oberen Teil der Rezeptorzelle ausbreitet. Rhodopsin ist lichtempfindlich, vergleichbar mit den Silbersalzen im photographischen Film. Ein Rhodopsinmolekül wird beim Auftreffen eines Photons gespalten, wodurch ein elektrischer Impuls - also ein Nervensignal - in der Zelle entsteht. Die Empfindlichkeit des Auges scheint in direkter Beziehung zur Menge an Rhodopsin in den Rezeptoren zu stehen; am höchsten ist die Empfindlichkeit bei hoher Rhodopsinkonzentration in den Stäbchen.

Die Zapfen verwenden einen ähnlichen Mechanismus; bei ihnen ist das Vitamin A jedoch mit drei verschiedenen Opsinen kombiniert, um drei lichtempfindliche Pigmente zu liefern. Jedes Pigment reagiert auf eine der drei Primärfarben des Lichtes - Rot, Grün und Blau. Je nach der Pigmentkonzentration ist jeder Zapfen besonders empfindlich für Licht einer der drei Primärfarben, und sämtliche Regenbogenfarben lassen sich durch verschiedene Kombinationen der Primärfarben erzeugen.

Abtastsystem

Das Auge wird durch drei paarige, straffe und elastische Muskeln an Ort und Stelle gehalten, von denen der eine den Zug des anderen ausbalanciert. Der obere gerade Augenmuskel dient dazu, den Augapfel nach oben zu rollen, und ist der Gegenspieler des unteren geraden Augenmuskels. Der äußere gerade Augenmuskel zieht den Augapfel zur Schläfenseite, der innere zur Nase, die beiden schrägen Augenmuskeln (oben und unten) rotieren den Augapfel im Uhrzeigersinn bzw. entgegengesetzt. Die Muskeln beider Augen sind aufeinander abgestimmt; da sie ständig unter Spannung stehen, können sie das Auge sehr rasch einstellen - schneller als Bewegungen an anderer Stelle des Körpers.

Die Augenmuskeln sind in der Lage, nicht weniger als sieben abgestimmte Bewegungen auszuführen, so daß wir viele mobile Objekte verfolgen können. Die ersten drei - Tremor, Seitenabweichung und Ruck - sind Folge einer ständigen antagonistischen Muskelspannung. Der Tremor verursacht das kaum wahrnehmbare Zittern eines punktförmigen Eindrucks (vergleichbar einem Lichtpunkt in einem dunklen Zimmer), während die Seitenabweichung das Bild etwas aus dem Mittelpunkt schiebt. Doch bevor die Verschiebung tatsächlich feststellbar wird, erfolgt ein leichter und schneller Ruck, um das Bild wieder zurückzustellen. Diese unwillkürlichen Bewegungsabläufe stellen sicher, daß das Bild ständig neue Netzhautabschnitte erreicht. Damit wird das chemische System der Rezeptoren eines bestimmten

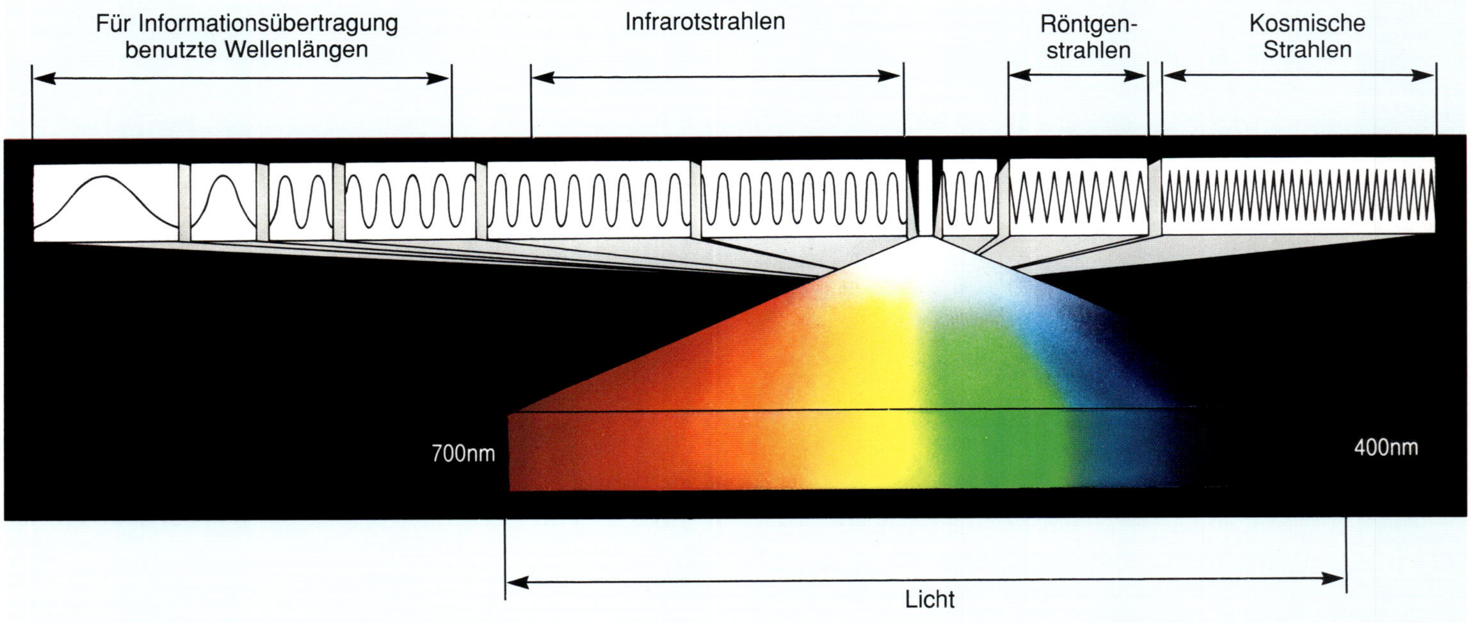

Das Licht, Grundlage menschlichen Sehens, ist nur eine der verschiedenen Strahlenarten aus dem elektromagnetischen Spektrum. Am langen Wellenlängenende befinden sich die Radio- und Mikrowellen, für Funk, Fernsehen und Radar benutzt. Darauf folgen die unsichtbaren Infrarotstrahlen, die von heißen Gegenständen abgegeben werden. Das sichtbare Spektrum besteht aus den Regenbogenfarben von Rot (Wellenlänge ca. 700 Nanometer) bis Violett (400 Nanometer). Kurzwelliger sind die mit dem Auge gerade noch wahrnehmbaren ultravioletten Strahlen, die Röntgen- und Gammastrahlen sowie die ultrakurzen kosmischen Strahlen. Einige Tiere können bei infrarotem oder ultraviolettem Licht "sehen".

AUGENMODELLTAFEL

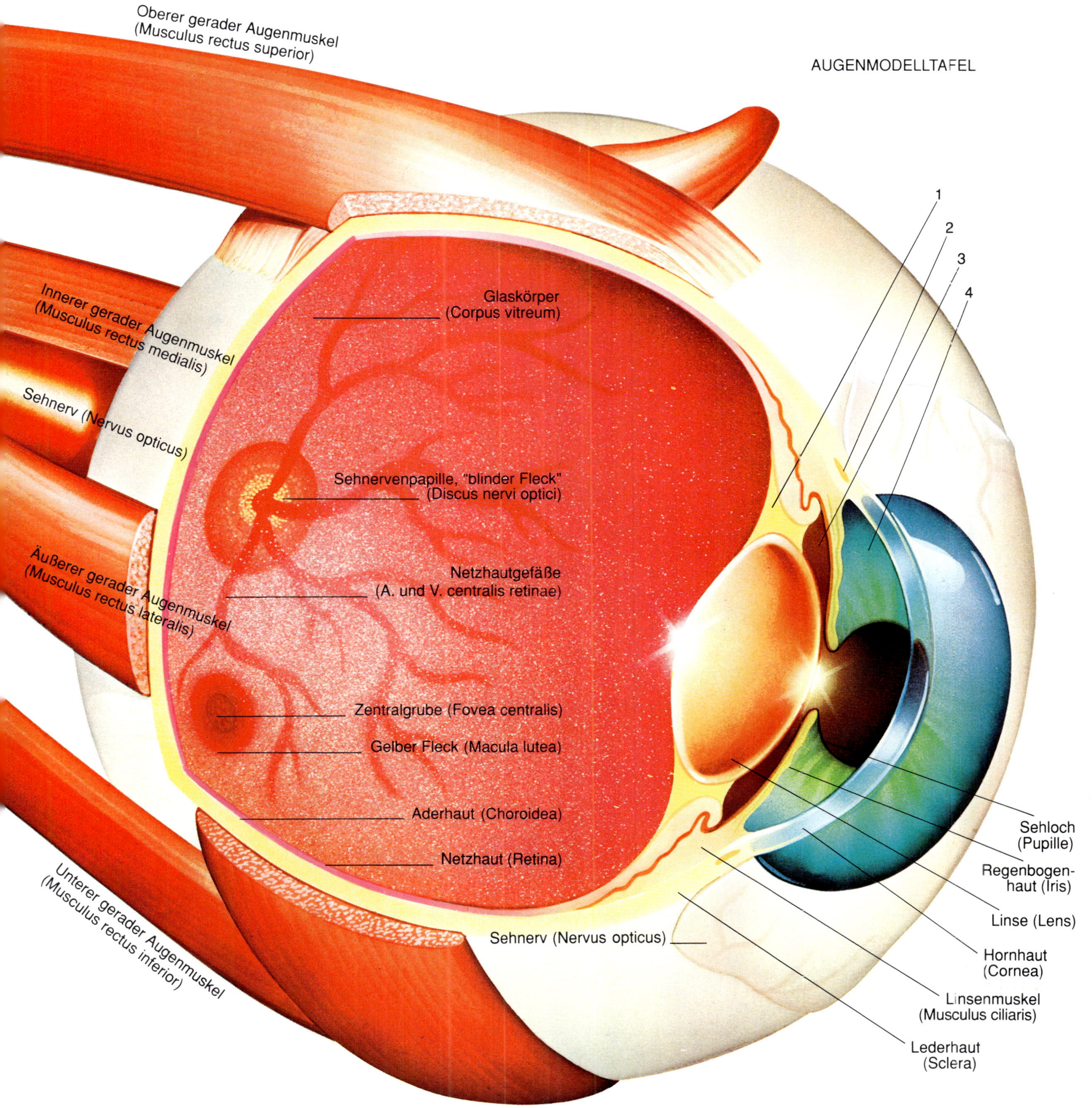

1 Strahlenzone
(Zona ciliaris)

2 Schlemm-Kanal
(Sinus venosus sclerae)

3 Hintere Augenkammer
(Camera posterior bulbi)

4 Vordere Augenkammer
(Camera anterior bulbi)

Bezirks nicht überfordert, die Sehschärfe bleibt bestehen.

Gleitende Verfolgungsbewegungen ähneln der Seitenabweichung, dienen aber der Verfolgung von mobilen Objekten. Rasche Zuckungen ändern die Augenstellung in kurzen Schritten, beispielsweise beim Lesen von einem Wort zum anderen und dann zum Anfang der nächsten Zeile. Jeder dieser Schritte scheint vom Gehirn vorausgeplant zu sein, um das verschwommene Bild der schnellen Punkt-zu-Punkt-Bewegung zu beseitigen. Die meisten Augenzuckungen sind willkürlich, werden aber ebenso durch schnelle, unmittelbar vor dem Auge stattfindende Ereignisse ausgelöst, um eine Gefahr abzuwenden. Auch im Schlaf, während des Träumens im sog. REM-Schlaf, treten ruckartige Bewegungen der Augen auf.

Mit den Augen können wir nicht nur Bewegungen und Farbe erkennen, sondern auch plastisch sehen. Das räumliche Sehen wird durch die Gesichtsaufnahme von zwei Augen ermöglicht, jedes erhält einen leicht unterschiedlichen Eindruck des gleichen Gegenstandes. Um dabei das Doppeltsehen zu vermeiden, kommt eine sechste Augenbewegung, die sog. Vergenz ins Spiel. Die Augen werden nach innen gedreht, um das Bild direkt auf die jeweilige Fovea zu lenken. Während dieser Bewegung mißt das Gehirn das Ausmaß der Muskelspannung und benutzt sie, um die Entfernung zum Gegenstand zu schätzen.

Die kompliziertesten Augenbewegungen hängen mit der Verbindung von Gleichgewichts- und Gesichtssinn zusammen. Sie dient dazu, das Bild eines Gegenstandes in der Fovea zu halten, während Kopf und Körper in Bewegung sind. Dieser Prozeß wird durch den Vestibularapparat im Innenohr unterstützt, der das Gehirn ständig darüber informiert, wie und wohin sich der Kopf bewegt.

***Alle möglichen Farbtöne** können auf einem dreidimensionalen "Farbbaum" dargestellt werden. Auf jeder Asthöhe gibt es neun Grundfarben, die zu ihren Außenzonen an Sättigung zunehmen; ihre Helligkeit verringert sich entlang des Stammes von der Spitze zur Wurzel. Der Stamm selbst ist grau - hell oben, dunkel unten; hier sind Farbton und -sättigung am schwächsten.*

Die Verarbeitung des Bildes

Doch das Einfangen eines Bildes von einem Gegenstand - sei er statisch oder in Bewegung - und die entsprechende Umwandlung in Nervensignale ist nicht alles. Damit wir tatsächlich sehen, muß das Gehirn die Signale analysieren und sie sinnvoll umsetzen. Wenn Rezeptorzellen stimuliert werden, produzieren sie in der Netzhaut eine chemische Nervenüberträgersubstanz, die die bipolaren Retinaganglienzellen aktiviert. Mehrere Stäbchen sind mit einer bipolaren Zelle verbunden, mindestens fünf Stäbchen müssen Impulse abgeben, damit eine Zelle reagiert und eine Botschaft an die angeschlossene Optikusganglienzelle weiterleitet. Im Gegensatz dazu sind die Zapfen einzeln mit den Retina- und Optikusganglienzellen verknüpft. Deshalb brauchen die Augen etwas länger, um bei dämmrigen Lichtverhältnissen auf Abbildungen zu reagieren, da erst genügend Impulse von den Stäbchen weitergeleitet werden müssen.

In den hauchdünnen Schichten der Netzhaut finden sich zahlreiche Nervenverschaltungen: Jede Optikusganglienzelle ist mit einer oder mehreren bipolaren Zellen verbunden, während horizontale und amakrine Zellen Querkontakte herstellen, um so die verschiedenen Eindrücke zu integrieren. Die Neuriten der Optikusganglienzellen schließen sich zum Sehnerv, der an dem blinden Fleck den Augapfel verläßt und direkt ins Gehirn zieht.

Die beiden Sehnerven laufen an der Sehnervenkreuzung (Chiasma opticum) zusammen, wo sich etwa die Hälfte aller Fasern überkreuzen. Die kreuzenden Neuriten stammen aus den inneren Netzhauthälften beider Augen, die ungekreuzten aus den äußeren Hälften. Auf diese Weise gelangen Fasern aus den Netzhäuten beider Augen in jedem Sehnervenstrang (Tractus opticus) zu den beiden Sehzentren der Hinterhauptslappen. Und obwohl jedes Sehzentrum (Area striata) nur die Hälfte des Gesehenen empfängt, entsteht im Gehirn dennoch ein Gesamtbild. Die partielle Überkreuzung der Nerven am Chiasma fördert auch das plastische Sehen.

Das Sehzentrum

Innerhalb des Gehirns endet das dritte Neuron jeder Sehbahn an einer Schaltstation, dem äußeren Kniehöcker (Corpus geniculatum laterale) seitlich unter dem Thalamus im Zwischenhirn. Dieser ist mit dem Sehzentrum im Hinterhauptslappen über die Sehstrahlung (Radiatio optica) verknüpft.

In der Area striata wird zunächst die Form von Gegenständen und ihre räumliche Anordnung sowie die Helligkeit des Gesehenen erkannt. Verbindungen mit dem benachbarten sekundären Sehzentrum bringen dann höhere Sehleistungen zustande. Verletzungen können eine Wahrnehmung von Mustern unmöglich machen. Die einzelnen Abschnitte des Sehzentrums sind über die Sehbahn mit ganz bestimmten Bereichen der Netzhaut verschaltet und sorgen so für eine Punkt-für-Punkt-Wiedergabe des Bildes. Die Fasern aus der Fovea ziehen als geschlossenes (papillomakuläres) Bündel in Sehnerv und Sehstrang zum Kniehöcker (sie nehmen hier schon die Hälfte des Kerngebiets ein) und von dort zur Area striata, wo sie vom größten Bezirk repräsentiert werden.

Die Erkennung von Eigenschaften

Das Sehen eines Gegenstandes und die korrekte Identifizierung erfordert die Verarbeitung des Bildes durch Nervenzellen in der Netzhaut und im Gehirn. Die Retinaganglienzellen sprechen besonders auf Kontraste an, wie etwa eine dunkle Scheibe auf hellem Hintergrund oder eine helle Scheibe vor dunklem Hintergrund. Sie sorgen somit für eine erste Diskriminierungsebene. Zellen in der Hirnrinde reagieren ebenfalls auf unterschiedliche Lichtstärken, aber auf eine kompliziertere Art. Drei Zellgruppen spielen hier eine wesentliche Rolle: einfache, komplizierte und hyperkomplizierte Zellen.

Einfache Zellen funktionieren hauptsächlich bei klar abgegrenzten Lichtschlitzen oder bei scharfen Kanten zwischen einem dunklen und hellen Bezirk. Die Bilder müssen dabei jedoch genau im Rezep-

Farbsättigung
Farbton

torfeld der Zelle liegen und entsprechend orientiert sein. Komplexe Zellen reagieren ebenso auf Schlitz- und Kantenkonturen, aber ganz allgemein, unabhängig von Position und Orientierung des Bildes. Hyperkomplexe Zellen sprechen am ehesten auf Ecken, Winkel und Linien einer bestimmten Länge an und liefern eine Orientierung bzw. räumliche Lokalisierung. Diese Zellen sind hierarchisch geordnet.

Einige Signale aus der sekundären Sehrinde werden in die Schläfenlappen weitergeleitet, die bei der visuellen Erkennung von Gegenständen und der entsprechenden Gedächtnisspeicherung beteiligt sind. Ein weiterer Hirnteil, die oberen zwei Hügel (Colliculi superiores) des Mittelhirns, dient dazu, die visuelle Aufmerksamkeit zu steuern. Gegenstände am Rande des Sehfeldes werden entdeckt, und die Hügelkerne sorgen dafür, daß sich Kopf und Augen drehen, so daß der Gegenstand besser wahrgenommen werden kann. Ein anderer Nervenstrang sendet Signale ins Kleinhirn, den Hirnabschnitt, der für die Muskelkoordination verantwortlich ist. Somit dienen Sinneseindrücke der Augen zur Steuerung von Aktivitäten, die eine Feinabstimmung muskulärer Abläufe erfordern, wie etwa das Fahren eines Autos oder das Fangen eines Balles.

Räumliches Sehen

Wir leben in einer dreidimensionalen Welt, und die beim Sehen ablaufenden Vorgänge sind darauf eingestellt. Doch die auf der Netzhaut entstehenden Bilder sind flächenhaft, so daß das Gehirn sie wieder mit der dritten Dimension versehen muß. Gewisse Tiefeninformationen ergeben sich schon beim einäugigen Sehen. Wenn beispielsweise ein Gegenstand einen anderen überschneidet und Teile davon verdeckt, nimmt das Gehirn einfach an, daß das bedeckende Objekt näher liegt. Die Mechanik des Auges sorgt für eine weitere Informationsquelle. Wenn wir Gegenstände in unserer Nähe betrachten, muß sich die Linse stärker krümmen; das Ausmaß der Krümmung wird empfunden und zur Entfernungsschätzung benutzt. Das funktioniert nur bei Entfernungen bis zu sechs Metern, da die Linse kaum oder gar keine Feinabstimmung für Objekte benötigt, die weiter weg sind.

Zur Erreichung der vollen Tiefenschärfe benötigen wir die stereoskopischen Fähigkeiten beider Augen. Jedes Auge betrachtet die Umgebung aus einem anderen Blickwinkel, und durch das Zusammenfügen der beiden Bilder entsteht ein räumlicher Effekt. Bei Gegenständen, die weniger als 60 Meter entfernt sind, spielt wieder die Vergenz eine Rolle. Jedes Auge wird leicht nach innen gedreht, um sich direkt auf den Gegenstand einzustellen, so daß der Winkel um so größer ist, je näher der Gegenstand liegt. Bei beweglichen Objekten tritt die sog. parallaktische Verschiebung auf. Gegenstände in unmittelbarer Nähe ziehen schneller an uns vorbei als weiter entfernte; das Gehirn kann die jeweiligen Geschwindigkeiten miteinander vergleichen.

Das Spektrum

Für den Wissenschaftler ist Licht eine Form von elektromagnetischer Strahlung. Es belegt nur einen kleinen Teil des breiten elektromagnetischen Spektrums, das sowohl Radiowellen als auch Gammastrahlen umfaßt. Radiowellen können mehrere Kilometer lang sein, während Gammastrahlen Wellenlängen von etwa 10^{-6} bis 10^{-11} Zentimeter besitzen. Das Spektrum des sichtbaren Lichtes liegt zwischen 400 und 750 Nanometer (blauviolett bzw. rot). Die Farben Gelb, Orange und Rot besetzen das Spektrum mit Wellenlängen von 550 bis 700 Nanometer, der mittlere Bereich davon entspricht der Farbe Grün. Werden diese Farben gemischt, resultiert weißes Licht. Zerlegen lassen sich die Farben in einem Regenbogen oder durch ein Glasprisma.

Erstaunlicherweise ist die Netzhaut in der Lage, auch auf Farben zu reagieren, die außerhalb des sichtbaren Spektrums im ultravioletten Bereich liegen. Das fällt normalerweise nicht auf, da unsere Linse ultraviolettes Licht herausfiltert, bevor es die Netzhaut erreicht. Patienten hingegen, bei denen eine Linse wegen grauen Stars (Katarakt) operativ entfernt und durch eine Glas- bzw. Kunststofflinse ersetzt wurde, können auch ultraviolettes Licht sehen.

Die Wahrnehmung des Spektrums

Die Farbe eines Gegenstandes beruht auf seinem Gehalt an Pigmenten, die bestimmte Wellenlängen des auftreffenden Lichtes absorbieren, während sie andere reflektieren oder weiterleiten. Die resultierende Mischung von Wellenlängen nimmt das Auge als bestimmte Farbtönung wahr. Die Aufnahme findet in den farbempfindlichen Zapfen der Netzhaut statt, die drei verschiedenen Zapfentypen erzeugen Nervenimpulse, die den Primärfarben (Rot, Grün, Blauviolett) entsprechen. Die gleichen Impulse hemmen die Wahrnehmung entgegengesetzter Farbtöne. Rotes Licht regt die dafür empfindlichen Zapfen an, Signale zu erzeugen, die vom Gehirn als Rot registriert werden, gleichzeitig jedoch die Empfindlichkeit für Grün reduzieren. Blaue Signale hemmen sowohl Rot als auch Grün (die zusammen Gelb ergeben, die Komplementärfarbe zu Blau).

Wenn die Zapfen falsch verteilt sind oder ungenügend funktionieren, kommt es zur Farbenblindheit, einer angeborenen Störung, die Männer wesentlich häufiger betrifft als Frauen. Echte Farbenblindheit liegt vor, wenn lediglich die Stäbchen in der Netzhaut aktiv sind, so daß der Betroffene nur noch Schatten von schwarz und weiß wahrnehmen kann, doch dies tritt sehr selten auf. Häufiger ist die Dichromasie, bei der ein Zapfentyp auf der Netzhaut fehlt. In den meisten Fällen fehlen die roten oder grünen Zapfen, so daß es zur Rot-Grün-Blindheit kommt. Fehlen die rotempfindlichen Zapfen, kann rotes Licht von der Netzhaut nicht absorbiert werden, gleichzeitig wird die Grünempfindlichkeit nicht gehemmt. Daher wird Grün zu stark empfunden. Fehlen demgegenüber die grünempfindlichen Zapfen, so wird überwiegend Rot oder Blau wahrgenommen. Eine weitere Ursache der Dichromasie besteht in der Verschmelzung der Nervenbahnen für Rot und Grün auf Grund neurologischer Fehlverbindungen oder Pigmentvermischungen in den Zapfen.

Farbenfehlsichtigkeit kann auch auftreten, wenn die Netzhaut zwar alle drei Zapfenarten enthält, ihr Verhältnis aber nicht stimmt. Man bezeichnet dies als anomale Trichromasie: die Farben werden

***Sehhilfen** (Brillen, Kontaktlinsen) benützt bei uns etwa die Hälfte der Mitmenschen, um Sehfehler wie Kurz- oder Weitsichtigkeit, Abbildungsfehler bei veränderten Hornhautkrümmungen (Astigmatismus) oder Alterssichtigkeit (Presbyopie) zu korrigieren. Alle Fehler sind letztendlich auf mangelnde Lichtbrechkraft der Augen zurückzuführen.*

Kurzsichtigkeit

Beim Kurzsichtigen bündeln sich die Lichtstrahlen bereits vor der Netzhaut. Hinter diesem Brennpunkt breiten sie sich wieder aus; es resultiert ein verschwommenes Bild.

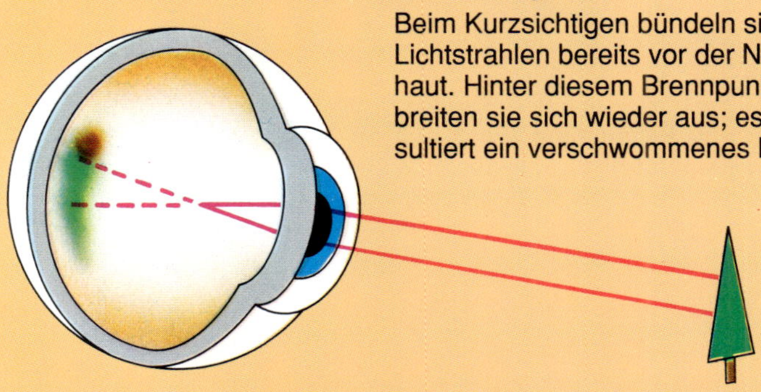

Weitsichtigkeit

Beim Weitsichtigen ist die Brechkraft zu gering, die Lichtstrahlen bündeln sich erst hinter der Netzhaut.

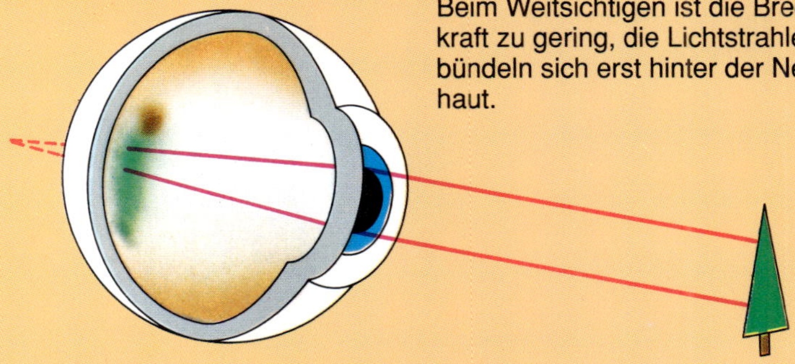

Astigmatismus

Bei unterschiedlichen Krümmungen der Hornhaut in ihren verschiedenen Achsen werden die auftreffenden Lichtstrahlen ungleich gebeugt; das Bild ist verschwommen.

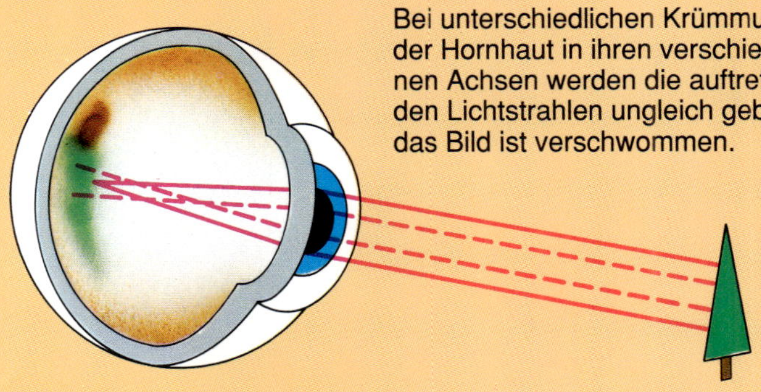

Presbyopie

Mit zunehmendem Alter verlieren die Augen ihre Brechkraft (aktive Veränderung der Linsenkrümmung); nahe Gegenstände verschwimmen.

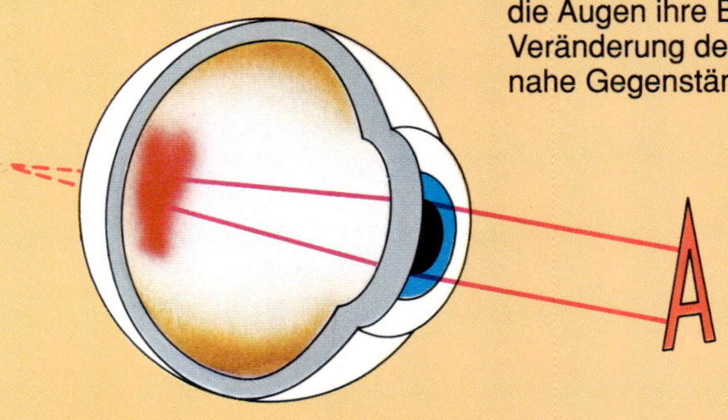

Konkave Linsen

Vorgesetzte konkave Linsen zerstreuen die Lichtstrahlen und bringen ihren Brennpunkt wieder in die Netzhaut.

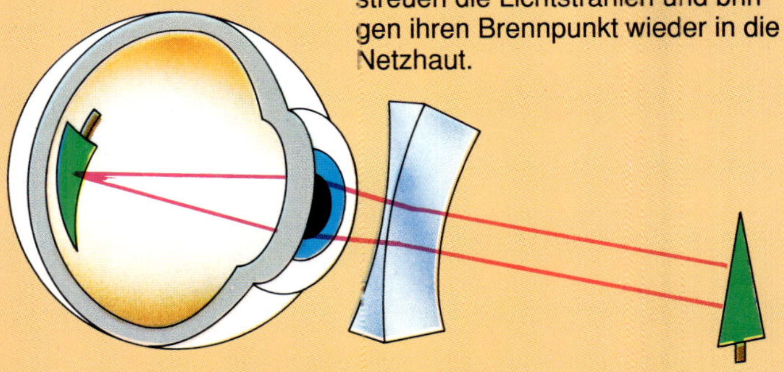

Konvexe Linsen

Vorgesetzte konvexe Linsen beugen die Lichtstrahlen, so daß sie sich wieder auf der Netzhaut bündeln.

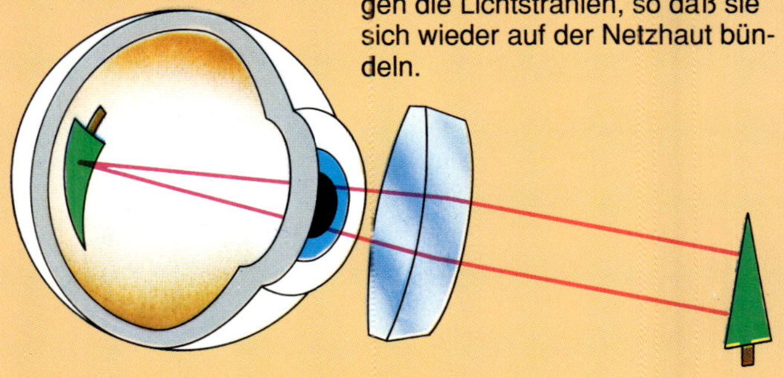

Zylindrische Linsen

Eine zylindrische Linse beugt das Licht nur in einer Achse und gleicht so die Hornhautunebenheit aus.

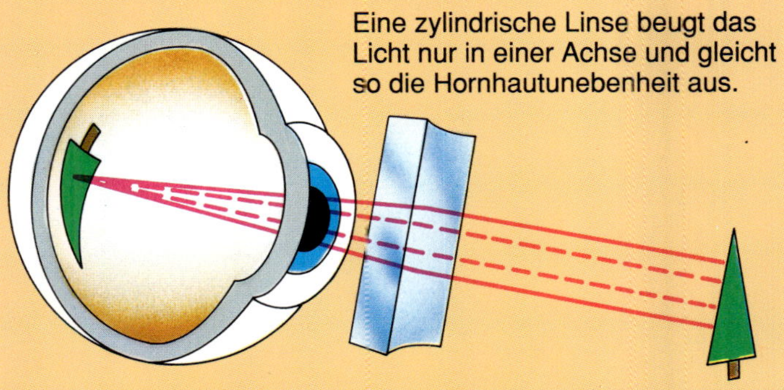

Bifokale Linse

Eine konvexe Linse, oft in der unteren Hälfte einer Bifokalbrille, beugt die auftreffenden Lichtstrahlen und hilft dem alters-(weit-) sichtigen Auge, nahe Gegenstände wieder scharf zu sehen.

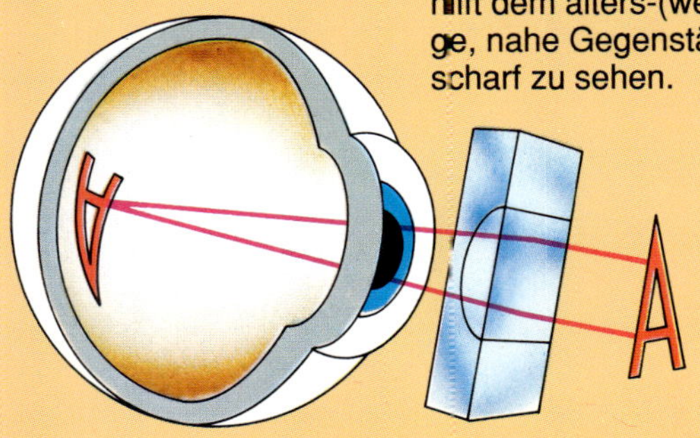

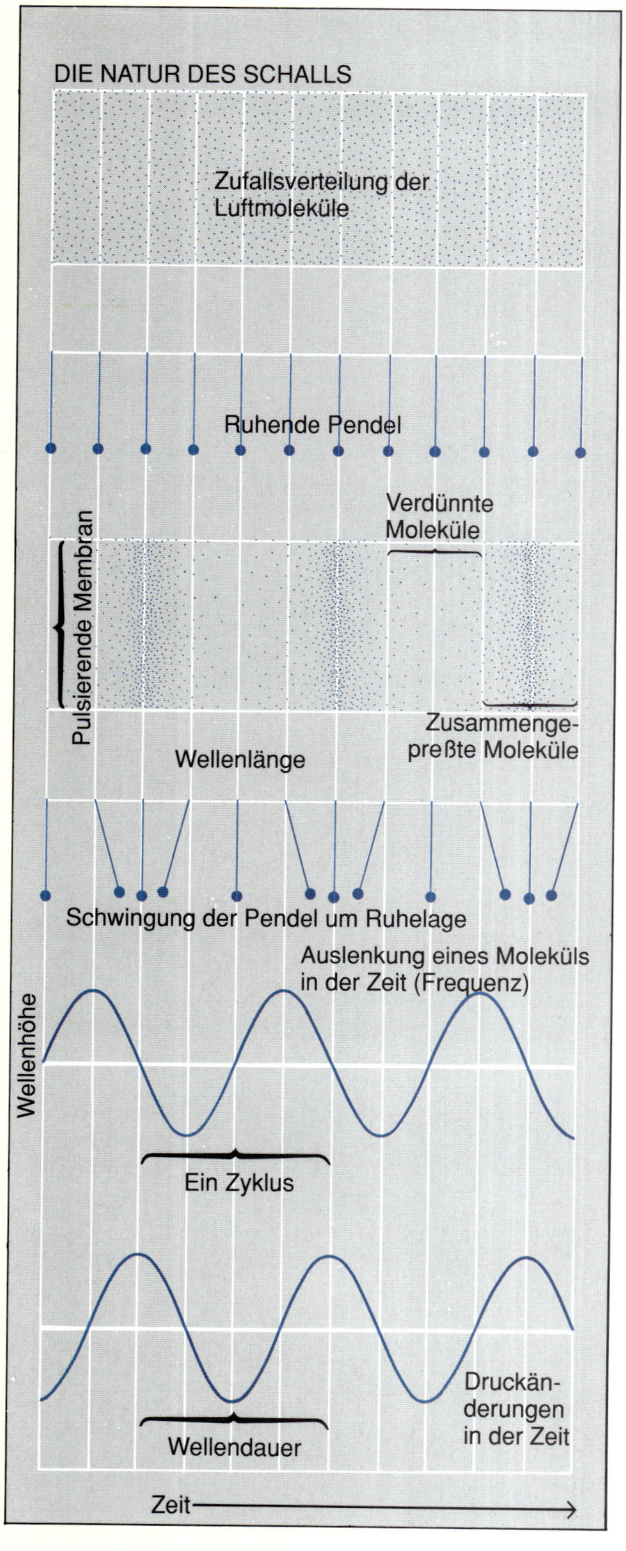

***Schall ist eine Energieform**, die ein Ausbreitungsmedium braucht. In Luft nimmt der Schall die Form regelmäßig sich ändernder Druckwellen an, er besitzt Wellenlänge, Amplitude (Wellenhöhe) und Frequenz (Zahl der Wellen pro Sekunde). In den Kurvendiagrammen links werden die Luftmoleküle mit einer Reihe von Pendeln verglichen. Ruhende Luftteilchen können durch Schallwellen über eine pulsierende Membran in Schwingung versetzt werden. Wie die Teilchen in einer Wasserwelle schwingen die Luftmoleküle um eine Mittellage, werden aber von der Welle nicht fortgetragen. Die Amplitude bestimmt die Lautstärke oder Intensität des Schalls, die Frequenz seine Tonhöhe.*

***Das Corti-Organ**, Sinnesfeld des Hörorgans, wird von einer Gruppe schallempfindlicher Zellen gebildet, deren Anordnung auf dieser rasterelektronenmikroskopischen Aufnahme einem Säulengang gleicht. Jede Zelle sitzt der Basilarmembran auf und endet in einem Busch feiner Härchen (Haarzellen), die zarte Schwingungen der Basilarmembran aufnehmen können.*

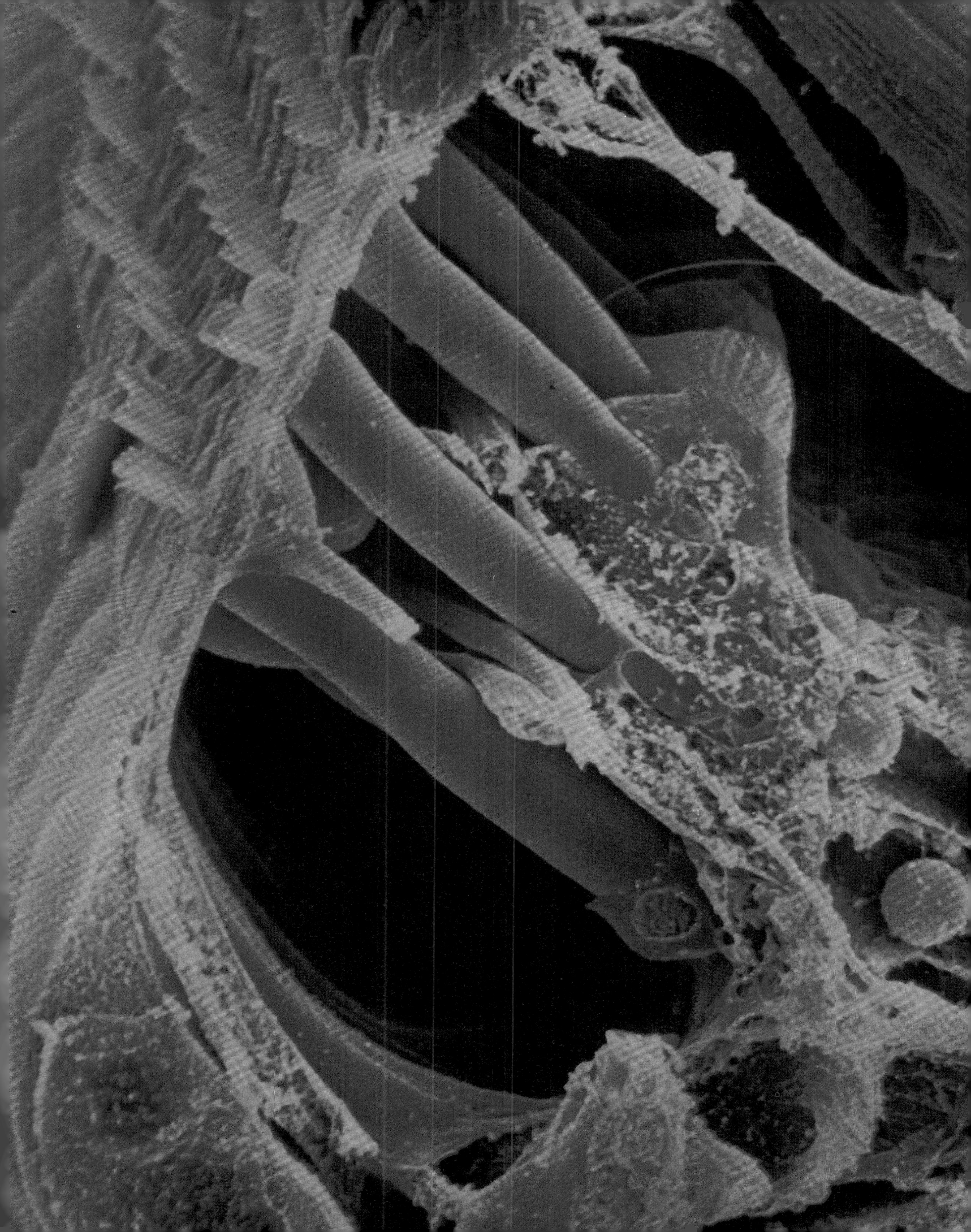

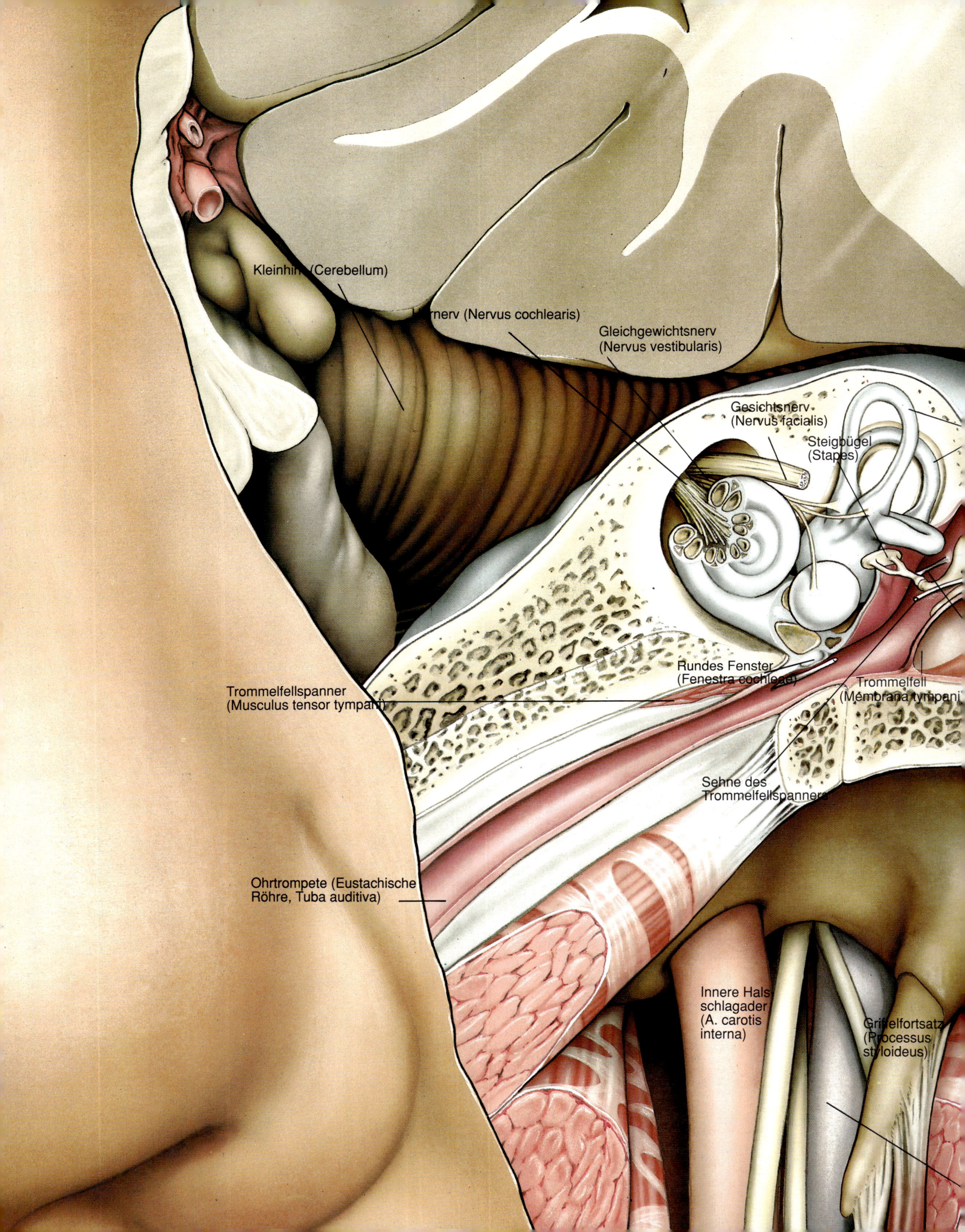
Kleinhirn (Cerebellum)
rnerv (Nervus cochlearis)
Gleichgewichtsnerv
(Nervus vestibularis)
Gesichtsnerv
(Nervus facialis)
Steigbügel
(Stapes)
Rundes Fenster
(Fenestra cochleae)
Trommelfellspanner
(Musculus tensor tympani)
Trommelfell
(Membrana tympani)
Sehne des
Trommelfellspanners
Ohrtrompete (Eustachische
Röhre, Tuba auditiva)
Innere Hals
schlagader
(A. carotis
interna)
Griffelfortsatz
(Processus
styloideus)

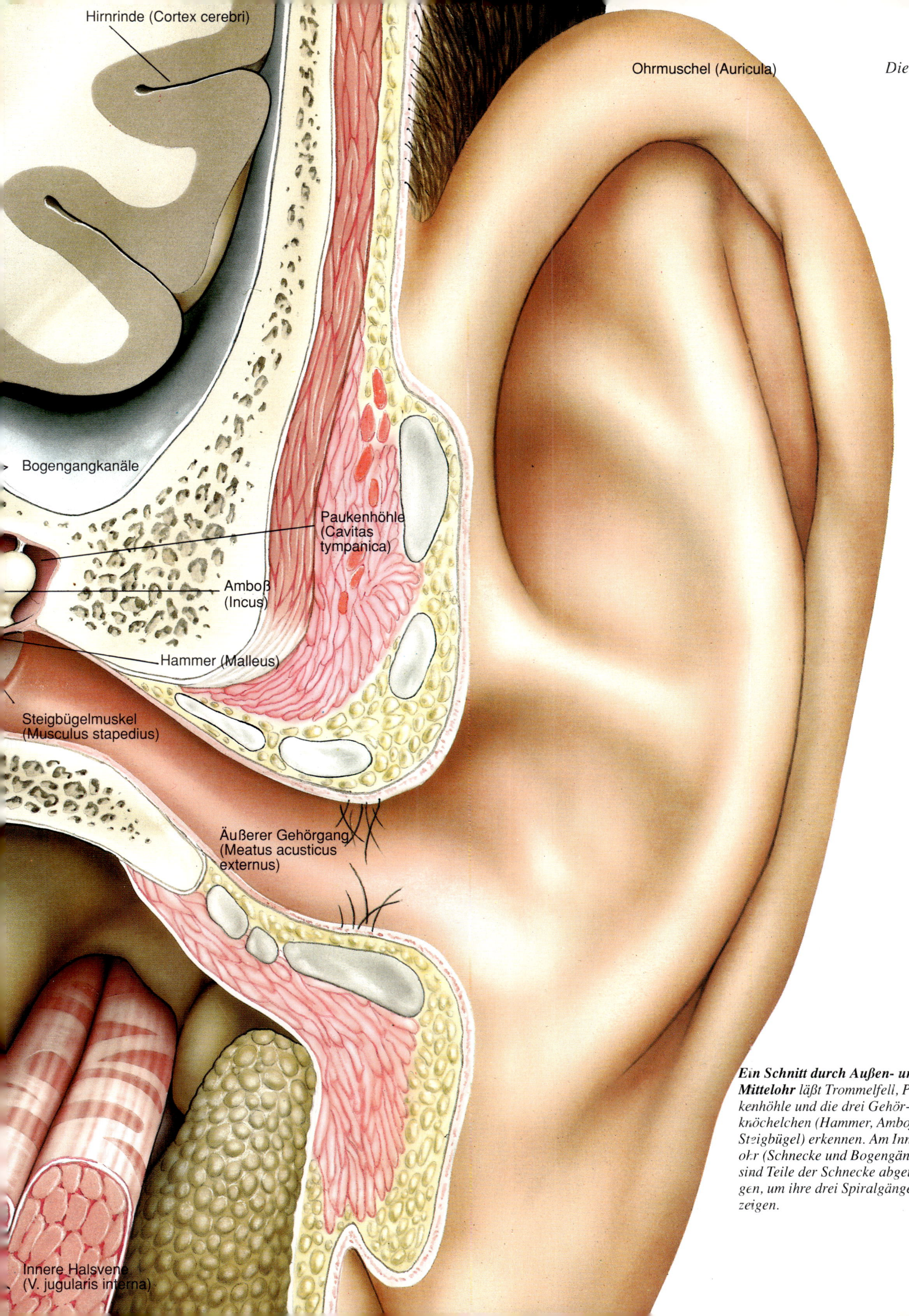

Ein Schnitt durch Außen- und Mittelohr *läßt Trommelfell, Paukenhöhle und die drei Gehörknöchelchen (Hammer, Amboß, Steigbügel) erkennen. Am Innenohr (Schnecke und Bogengänge) sind Teile der Schnecke abgetragen, um ihre drei Spiralgänge zu zeigen.*

falsch wahrgenommen, in einigen Spektralbereichen besteht verminderte Empfindlichkeit. So wird je nach Art der Störung etwa ein helles Rot als Orange oder Blau als Violett wahrgenommen.

Die Korrektur fehlerhafter Linsen
Die Farbenblindheit ist eine angeborene Störung der Netzhaut, die nicht behoben werden kann. Darüber hinaus gibt es eine Reihe von Bauanomalien, die zu Sehstörungen führen. Einige davon sind angeboren, andere durch Unfälle verursacht oder schlicht altersbedingt. Man hat zahlreiche Sehtests entwickelt, um die Funktionstüchtigkeit der Augen zu überprüfen und, wenn möglich, zu behandeln. Die häufigste Ursache für Sehschwäche sind kleinere Fehler in der Konstruktion des Auges, die eine Fokussierung des Bildes auf der Netzhaut verhindern; Kurzsichtigkeit, Weitsichtigkeit und Astigmatismus gehören in diese Kategorie.

Bei der Kurzsichtigkeit (Myopie) kann man ferngelegene Objekte nicht mehr scharf wahrnehmen. Die Störung wird durch eine zu große Krümmung der Hornhaut, einen verlängerten Augapfel oder eine Kombination von beidem verursacht. Parallele, von entfernten Gegenständen ausgehende Lichtstrahlen schneiden sich bereits vor der Netzhaut.

Bei der Weitsichtigkeit (Hyperopie) können näherliegende Gegenstände nicht scharf abgebildet werden. Hornhaut und Linse haben eine zu geringe Brechkraft, die Lichtstrahlen vereinigen sich erst hinter der Netzhaut. Auch hier entsteht ein verschwommener Eindruck. Häufig genügt die Akkomodationskraft der Linse noch, weiter entfernte Gegenstände scharf abzubilden, bei nähergelegenen Gegenständen funktioniert dies jedoch nicht mehr. Bei der Alterssichtigkeit (Presbyopie) treten infolge eines Elastizitätsverlusts der Linse ähnliche Phänomene wie bei der Weitsichtigkeit auf; nahegelegene Gegenstände können nur noch verschwommen wahrgenommen werden, die Fähigkeit zur Nahakkommmodation läßt nach.

Beim normalen Auge ist die Hornhaut nach allen Richtungen gleichförmig gekrümmt, sie bricht die auftreffenden Lichtstrahlen gleichmäßig, so daß auf der Netzhaut ein scharfes Bild entsteht. Beim Astigmatismus ist die Hornhaut in den beiden Ebenen unterschiedlich gekrümmt: das Bild ist verzerrt und unscharf.

Wenn die Optik des Auges unzulänglich ist, kann mit Hilfe von Brillengläsern oder Kontaktlinsen nachkorrigiert werden. Eine konvexe Linse sammelt parallele Lichtstrahlen, womit sich die Weitsichtigkeit normalisieren läßt. Umgekehrt bewirkt eine konkave Linse die Streuung der Lichtstrahlen und behebt so die Kurzsichtigkeit.

In schweren Fällen können chirurgische Eingriffe am Auge notwendig werden. Teile der Hornhaut können herausgelöst, remodelliert und wieder eingenäht werden, auch Hornhauttransplantationen sind heute Routinetechnik. Eine weitere, sehverbessernde Operation besteht darin, radiäre Schnitte in die Cornea zu legen, damit sie bei der Heilung eine bessere Form annimmt.

Doppelbilder
Stereoskopisches Sehen beruht auf dem Zusammenspiel beider Augen; diese Fähigkeit wird im Laufe des ersten Lebensjahres vom Säugling erworben. Gelegentlich läßt jedoch die Kontrolle zu wünschen übrig oder geht ganz verloren, so daß ein Auge in eine andere Richtung blickt, während das andere nach wie vor geradeaus schaut; der oder die Betroffene schielt - ein Zustand, der als Strabismus bezeichnet wird. Manchmal ist die Chirurgie in der Lage, die Augenabweichungen zu verbessern, womit jedoch das stereoskopische Sehen nicht unbedingt wiederhergestellt wird.

Ein weiteres unter Kindern verbreitetes Problem ist die Schwachsichtigkeit (Amblyopie), bei der sich ein Auge nicht richtig entwickelt. Das Gehirn nimmt den Eindruck des schwachen Auges nicht an. Wird der Fehler früh genug entdeckt, läßt er sich durch Augengläser und zeitweilige Abdeckung des normal funktionierenden Auges beheben. Diese einfache Maßnahme zwingt das Kind, sein amblyopes Auge zu trainieren.

Verletzungen, Krankheiten und Fehlfunktionen
Die schwerste Störung des Gesichtssinnes ist die Erblindung, die angeboren oder erworben sein kann. Eine häufige Ursache für erworbene Blindheit ist die Zerstörung der Hornhaut (durch Narbenbildung, Virus- oder Bakterienbefall). Oft gelingt es, die normale Sehfähigkeit durch eine Hornhauttransplantation wiederherzustellen. Dabei wird der geschädigte Bereich herausgeschnitten und stattdessen eine Spenderhornhaut eingepflanzt. Wenn diese in gutem Zustand war, wächst sie problemlos ein, so daß das Auge seine alte Sehfähigkeit wiedererlangt.

Hornhautdefekte sind jedoch nicht die wichtigsten Ursachen für den Verlust der Sehfähigkeit. Weit häufiger treten grauer Star, grüner Star und Netzhautstörungen auf.

Der graue Star (Katarakt), eine Trübung der Linse, kann punktförmig beginnen, breitet sich langsam aus und verwandelt die gesamte Linse in eine milchige, gelbweiße Substanz, die das einfallende Licht streut, anstatt es zur Netzhaut durchzulassen. Die Sicht nimmt nach und nach ab, bis das Auge schließlich völlig erblindet. Die häufigste Form des Katarakts ist der Altersstar, bei dem sich die Linse mit zunehmendem Alter trübt.

Die einzige Behandlungsmöglichkeit des grauen Stars ist die Operation. Die trübe Linse wird entfernt, um dem Licht wieder einen Durchlaß zu verschaffen. Die Erfolgsaussichten einer Staroperation sind in der Regel gut, mit Hilfe von starken Brillen oder Kontaktschalen läßt sich die fehlende Linse recht gut ersetzen.

Der grüne Star (Glaukom) ist ein Sammelbegriff für alle Krankheiten, die zu einer Erhöhung des Augeninnendrucks führen. Dieser wirkt sich auf Linse und Nervenfasern in der Netzhaut aus; wenn die Krankheit nicht behandelt wird, kommt es zur Erblindung. Da sich das Glaukom häufig nur sehr langsam entwickelt, treten oft erst dann Symptome auf, wenn die Sehfähigkeit bereits erheblich eingeschränkt ist. Dann aber kann eine Behandlung nur noch retten, was zu retten ist. Wird die Krankheit jedoch frühzeitig erkannt, läßt sie sich mit Medikamenten oder einer Operation recht erfolgreich behandeln.

Reparatur der Netzhaut
Durch Augenverletzungen oder -krankheiten kann sich die Netzhaut von den darunterliegenden Schichten ablösen (Amotio oder Ablatio retinae), so daß die Sehfähigkeit zum Teil verloren geht. Durch sofortige Behandlung ist es möglich, die Netzhaut wieder an Ort und Stelle anzuheften, heute in der Regel mit Laserstrahlen, die durch die Pupille geleitet werden.

Viele allgemeine (systemische) Erkrankungen schlagen sich auch auf der Netzhaut nieder; eine Untersuchung der Augen kann deshalb manchmal wertvolle Hinweise auf Krankheiten in anderen Körperbereichen geben. Im Verlauf einer nicht behandelten Zuckerkrankheit werden auch die Kapillaren der Netzhaut in Mitleidenschaft gezogen; ihre Wände werden durchlässig, Blutflüssigkeit dringt in das umgebende Retinagewebe und zerstört die Nervenzellen (diabetische Retinopathie). Handelt es sich um die nichtproliferierende Form der Erkrankung, hält sie in diesem Stadium inne; ein großer Teil der Sehfähigkeit bleibt erhalten. Bei der proliferierenden Form schreitet die Degeneration fort und wird häufig durch übermäßiges Wachstum neuer Blutgefäße zusätzlich verschlimmert.

Im Mittelohr werden Schallwellen in mechanische Schwingungen, im Innenohr dann in Flüssigkeitsschwingungen umgewandelt, die zu einer Erregung der Sinneszellen führen. An diesen Energieumwandlungen sind die drei Gehörknöchelchen sowie die Schnecke beteiligt. Die gelenkig miteinander verbundenen Hammer (Malleus), Amboß (Incus) und Steigbügel (Stapes) bilden eine bewegliche Knochenkette zwischen Trommelfell und Membran des ovalen Fensters (A). Um ihre Funktion leichter erklären zu können, ist die Schnecke als sich verjüngendes, gerades Rohr dargestellt (B), im Inneren die Basilarmembran und die Reihe der (Rezeptor-) Haarzellen angedeutet. Durch den äußeren Gehörgang ankommende Schallwellen versetzen das Trommelfell in Schwingungen (C), die von der Gehörknöchelchenkette verstärkt und auf die Membran des ovalen Fensters übertragen werden. Diese Schwingungen setzen eine Wanderwelle in der Schneckenflüssigkeit in Gang, die die Basilarmembran aus ihrer Ruheposition auslenkt. Dadurch werden die Haarzellen gereizt - die Erregung wird über den Hörnerv zum Gehirn geleitet.

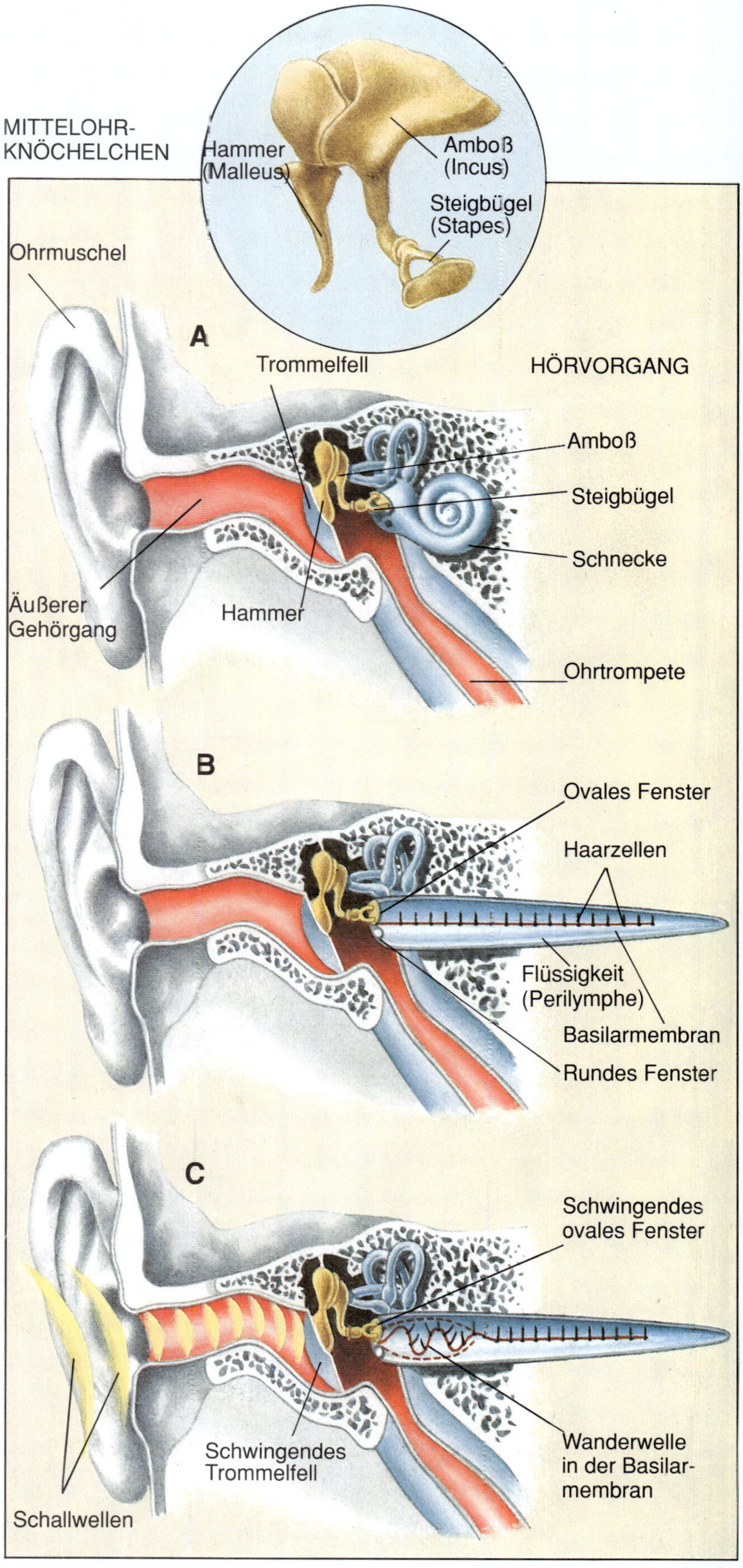

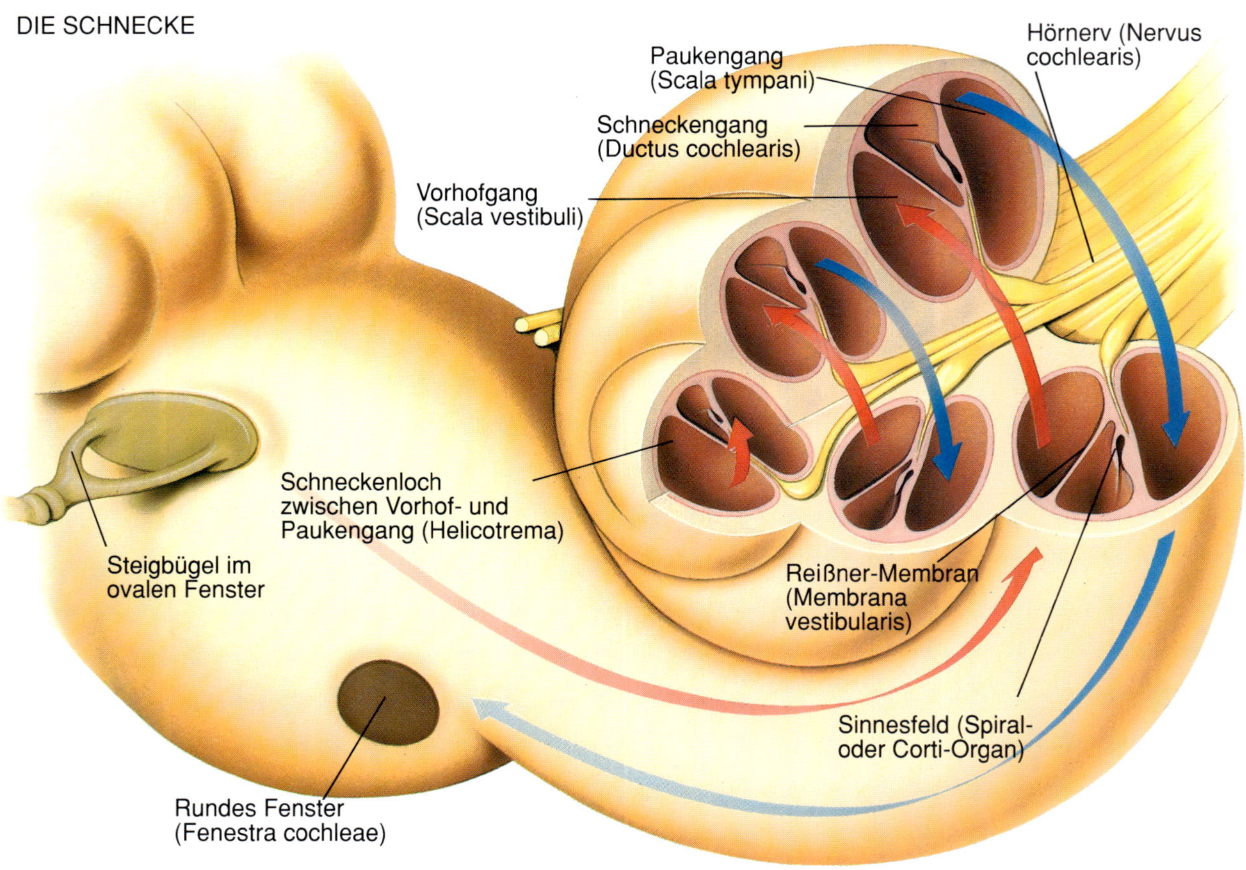

Wanderwellen der Vorhofflüssigkeit *(rote Pfeile) laufen in immer enger werdenden Windungen entlang des Vorhofgangs und reizen das Corti-Organ. Sie werden durch Auslenkungen der Steigbügelfußplatte erzeugt, die die Membran des ovalen Fensters in Schwingungen versetzt. Im Loch der Schneckenspitze, Helicotrema, gelangen die Wellen in den Paukengang und schrauben sich zur Schneckenbasis zurück (blaue Pfeile). An der Membran des runden Fensters erschöpfen sie sich schließlich.*

Das Gehör

Bei unserem Kontakt mit der Umwelt kommt dem Gehörsinn eine mindestens ebenso große Bedeutung zu wie dem Gesicht. Sämtliche Geräusche sind Schwingungen der Luft, die die Ohren aufnehmen und in elektrische Nervenimpulse umsetzen, damit sie vom Gehirn gedeutet werden können.

Schallwellen gehen von einer Schallquelle aus und pflanzen sich in Gasen, Flüssigkeiten und festen Stoffen fort. Hauptschallträger ist die Luft. An der Schallquelle wird die Luft abwechselnd verdichtet (erhöhter Druck) und verdünnt (erniedrigter Druck). Die Luftdruckschwankungen breiten sich mit Schallgeschwindigkeit aus (in der Luft bei 0°C 333 Meter pro Sekunde). Die zeichnerische Darstellung von Schalldruckschwankungen ergibt wellenförmige Kurven. Der Abstand zweier benachbarter Orte mit gleichem Schalldruck wird als Wellenlänge bezeichnet, die maximale Abweichung der Welle aus ihrer Ruhelage ist die Amplitude. Vergrößert sich die Wellenlänge (Abnahme der Schwingungen pro Zeiteinheit), wird ein tieferer Ton gehört, verkleinert sie sich (Zunahme der Schwingungen pro Zeiteinheit), resultiert ein höherer Ton. Die Anzahl der Schwingungen, die Tonhöhe, wird als Tonfrequenz angegeben, Einheit der Frequenz ist das Hertz (Hz = Sekunde^{-1}). Ein Anstieg der Amplitude hat einen lauteren Ton, ihre Abnahme einen leiseren Ton zur Folge.

Eigentlich ist der Ton eine reine, sinusförmige Schwingung. Der "Ton" unserer üblichen Schallquellen (Musikinstrumente, Stimme) ist eine Mischung unterschiedlicher Frequenzen und Amplituden; dabei entsteht zwar auch noch eine periodische, jedoch kompliziertere Schwingung, ein Klang.

Das menschliche Ohr hört Schall mit einer Frequenz von 16 bis etwa 20.000 Hz. Die obere Hörgrenze sinkt mit zunehmendem Alter bis auf Werte um 5.000 Hz ab (Altersschwerhörigkeit, Presbyakusis). Der Schalldruck, der gerade noch gehört werden kann, die sog. Hörschwelle, ist abhängig von der Frequenz (bei 1.000 Hz ca. $3x10^{-5}$ Pa). Am empfindlichsten reagiert unser Ohr auf Frequenzen von 2.000 bis 5.000 Hz. Die Hörschwelle für einen Ton steigt ganz erheblich, wenn gleichzeitig andere Töne erklingen. So können laute Hintergrundgeräusche ein Gespräch maskieren, es nahezu unmöglich machen.

Für das Hören spielt neben der Tonhöhe auch die Lautstärke eine wichtige Rolle; unser Ohr ist in der Lage, auf extrem leise, aber auch extrem laute Geräusche zu reagieren. Der Wahrnehmungsbereich ist so umfangreich, daß die Verwendung einer logarithmischen Skala sinnvoll ist. Zur Messung der Lautstärke hat man sich auf die Einheit Dezibel (dB) geeinigt; da es sich um eine logarithmische Skala handelt, bedeutet eine Verdoppelung der Schallintensität eine Steigerung um drei Dezibel. Ein Geräusch von 93 Dezibel ist damit doppelt so laut wie ein Geräusch von 90 Dezibel.

Im Inneren des Ohres

Die Erforschung des Vorganges, durch den Schallwellen in elektrische Nervenimpulse umgewandelt werden, wird dadurch erleichtert, daß das Ohr aus drei gut voneinander abgrenzbaren Bereichen besteht: das Außenohr, das Mittelohr und das Innenohr, jeder Abschnitt mit ganz spezifischen Aufgaben.

Das Außenohr besteht aus der Ohrmuschel und dem äußeren Gehörgang (Meatus acusticus externus). Es dient der Sammlung und Konzentration der Schallwellen sowie der Ortung der Schallquelle. Ohrmuschel und Gehörgang bilden ein aufeinander abgestimmtes System, das im Optimum unserer Hörempfindlichkeit arbeitet. Die Luft in der konischen Öffnung der Ohrmuschel zum Gehörgang gerät bei 5.000 Hz, die des Gehörgangs bei etwa 2.500 Hz in Schwingung, so daß Schallwellen mit dieser Frequenz hier verstärkt werden.

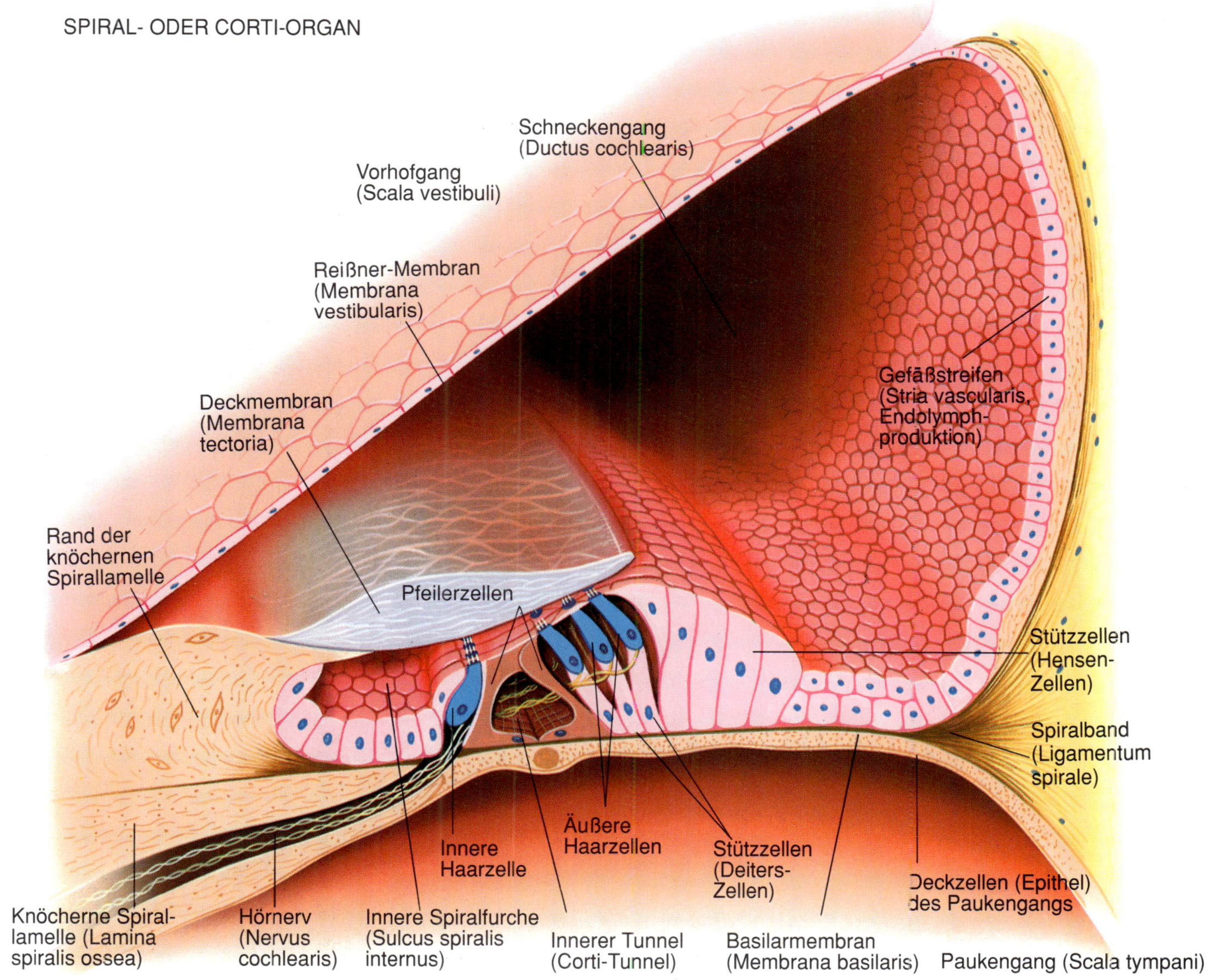

Der keilförmige Schneckengang *wird von Reißner- und Basilarmembran begrenzt. Die letztere trägt das Corti-Organ, Reihen von Stützzellen und haarbesetzten Sinneszellen. Vibrieren die Haarzellen mit einer vorbeikommenden Wanderwelle, senden sie Impulse aus, die durch Nervenfasern zum Hörnerv und von diesem zum Gehirn geleitet werden. Die verschiedenen Abschnitte der Basilarmembran schwingen bei unterschiedlichen Frequenzen und reagieren so auf Töne unterschiedlicher Höhe.*

Die Lokalisierung des Schalls

Die Identifizierung der Schallquelle ist recht kompliziert. Es geht hauptsächlich darum, Unterschiede der Intensität und des zeitlichen Ablaufs, mit dem der Schall aus einer Quelle die beiden Ohren erreicht, wahrzunehmen. Ein Geräusch von der linken Seite gelangt beispielsweise eher in das linke als in das rechte Ohr und wird mit dem linken Ohr auch deutlicher gehört.

Dieses Kriterium entfällt, wenn ein Geräusch direkt von vorne oder hinten kommt; eine Lokalisation ist hier nur wegen der Ohrmuschelform möglich. Schallwellen, die aus einer Quelle hinter dem Kopf stammen, werden durch den Rand der Ohrmuschel z.T. gestreut und stoßen auf nichtgestreute Schallwellen. Das Ergebnis ist eine Verminderung der Frequenzintensität im Bereich zwischen 3.000 und 6.000 Hz vor Erreichen des Trommelfells. Diese Interferenzwirkungen ändern sich, wenn sich die Schallquelle um den Kopf bewegt. Die komplizierten Frequenz- und Intensitätsvariationen können vom Gehirn analysiert werden und gestatten so eine Lokalisierung. Wahrscheinlich läuft die Bestimmung der Tonhöhe ähnlich ab.

Die kleinsten Knochen des Körpers

Töne, die vom äußeren Ohr aufgefangen wurden, landen am Trommelfell, das sich am Ende des äußeren Gehörgangs befindet und das Außenohr vom Mittelohr (Paukenhöhle, Tympanon) luftdicht abtrennt. Aber auch das Mittelohr ist belüftet und durch die Ohrtrompete mit der Außenwelt verbunden. Die Ohrtrompete (Tuba auditiva; Eustachische Röhre) ist eine etwa vier Zentimeter lange Röhre, die den Nasen-Rachenraum mit dem Mittelohr verbindet. Durch diese Verbindung wird gewährleistet, daß der Luftdruck auf beiden Seiten des Trommelfells gleich hoch ist, und daß seine Schwingungen nicht beeinträchtigt werden. Verstopft die Tube etwa bei einem Schnupfen, nimmt der Druck in der Paukenhöhle ab. Das Trommelfell wird leicht eingezogen, die Hörfähigkeit ist vorübergehend eingeschränkt.

Durch die Paukenhöhle zieht die Kette der Gehörknöchelchen, die die Schwingungen des Trommelfells auf eine Membran (ovales Fenster) zum Innenohr überträgt. Hammer, Amboß und Steigbügel, die kleinsten Knochen des menschlichen Körpers, setzen die Schwankungen des Luftdrucks im Außenohr in Änderungen des Flüssigkeitsdrucks in den schneckenförmigen Windungen des Innenohrs um.

Der Mittelohrmechanismus ist ein Wunderwerk lebendiger Technik; er ist notwendig, da die Schallwellen bei einem direkten Übergang von der Luft auf die Innenohrflüssigkeit größtenteils reflektiert würden und sehr viel Energie verloren ginge (Hörverlust etwa 20 Dezibel).

Das Trommelfell ist eine schräg im Gehörkanal verspannte ovale Membran mit starrem Rand und einer konkav gewölbten äußeren Oberfläche, die in einzelne, verhältnismäßig straffe und flexible Bereiche unterteilt ist. Schallereignisse, die das Trommelfell erreichen, erzeugen ein kompliziertes Schwingungsmuster, das für eine sehr wirkungsvolle Übertragung akustischer Energie ins Mittelohr sorgt. Bei Frequenzen über 10.000 kHz verliert diese Art der Übertragung allerdings an Wirksamkeit.

Eine vibrierende Knochenkette

Der Hammer (Malleus) ist mit seinem Stiel am Trommelfell angeheftet, so daß er dessen Schwingungen aufnehmen und über den Amboß (Incus) an den Steigbügel (Stapes) weiterleiten kann. Die Konstruktion der mit Gelenken versehenen Knochenkette sorgt dafür, daß eine Kraft, die auf den Hammer wirkt, um das Dreifache gesteigert wird, sobald sie den Steigbügel erreicht hat.

Auch die unterschiedlichen Größen von Trommelfell und ovalem Fenster erhöhen den Schalldruck. Das elliptische Trommelfell besitzt eine effektive Schwingungsfläche von etwa 0,65 Quadratzentimetern, die mit dem ovalen Fenster verbundene Steigbügelfußplatte hat dagegen nur eine Fläche von ca. 0,032 Quadratzentimetern. Dieselbe Kraft, die auf das Trommelfell wirkt, trifft am Ende der Knochenkette auf eine wesentlich kleinere Fläche; es kommt nochmals zu einer Verstärkung um den Faktor 20.

Überlastungsschutz

Das Ohr wird vor plötzlichen übermäßigen Belastungen, die das Gehör dauerhaft schädigen könnten, durch kleine, rasch reagierende Muskeln geschützt. Der Musculus tensor tympani zieht am Hammer und spannt damit das Trommelfell an, während der Musculus stapedius durch seinen Ansatz am Steigbügel dessen Bewegungsfreiheit einschränkt. Dadurch steht die Energieübertragung im Mittelohr unter ständiger Kontrolle. Bei normaler Funktion kontrahieren sich diese Muskeln automatisch, sobald ein Geräusch 80 Dezibel übersteigt. Die Reaktion setzt bereits Bruchteile von Sekunden später ein und sichert das Ohr vor zu lauten, niederfrequenten Geräuschen ab. Sie reicht jedoch nicht aus, um uns vor dem Detonationsgeräusch einer Explosion zu schützen.

Im Inneren des Innenohrs

Außen- und Mittelohr wandeln Druckwellen in mechanische Schwingungen um; ihre Umsetzung in elektrische Nervenimpulse findet im hochkomplizierten Innenohr statt. Dieses Labyrinth besteht aus einem schneckenförmigen Gang (Cochlea) im Felsenbein, in den ein mit sog. Endolymphe gefüllter Schlauch (Schneckengang, Ductus cochlearis) eingelagert ist. Der Schneckengang ist beiderseits von zwei weiteren Flüssigkeitsräumen begleitet - der Vorhoftreppe (Scala tympani) und der Paukentreppe (Scala vestibuli). Beide Gänge sind mit sog. Perilymphe gefüllt und gehen an der Schneckenspitze (Helicotrema) ineinander über. Die Scala vestibuli beginnt am ovalen Fenster und die Scala tympani endet wieder an der Wand der Paukenhöhle, an der Membran des runden Fensters.

Die Schwingungen der Steigbügelfußplatte am ovalen Fenster führen zu einer Volumenverschiebung der Perilymphe, was wiederum eine Auslenkung der Membran am runden Fenster zur Folge hat. Wären die Membranen zwischen den Perilymphräumen und dem Schneckengang (Reißner- und Basilarmembran) völlig starr, liefe diese Volumenverschiebung in der Scala vestibuli bis zum Helicotrema und entlang der Scala tympani zurück zum runden Fenster an der Wand der Paukenhöhle.

Zum Innenohr zählt auch das in Nähe der Hörschnecke im Felsenbein befindliche Gleichgewichtsorgan (Vestibularorgan), das aus den drei senkrecht zueinander angeordneten Bogengängen, der in ihren Schläuchen enthaltenen Endolymphe und Sinneszellen besteht. Dieses Sinnesorgan hat die Aufgabe, Bewegungen und Beschleunigungen zu messen.

Geräuschempfindliche Haarzellen

Eine dünne, elastische Membran, die sog. Reißner-Membran, trennt den Schneckengang von der Vorhoftreppe. Sie gibt der wellenförmigen Volumenverschiebung, der Wanderwelle, nach. Die Membranauslenkungen werden von der Endolymphe auf die Basilarmembran zwischen Schneckengang und Paukentreppe übertragen und von dort über die Perilymphe zum runden Fenster weitergeleitet. Dieser "Kurzschluß" verhindert, daß die Wanderwelle den Umweg über das Helicotrema machen muß. Reißner- und Basilarmembran schwingen also gleichsinnig, einmal zur Scala tympani, einmal zur Scala vestibuli hin.

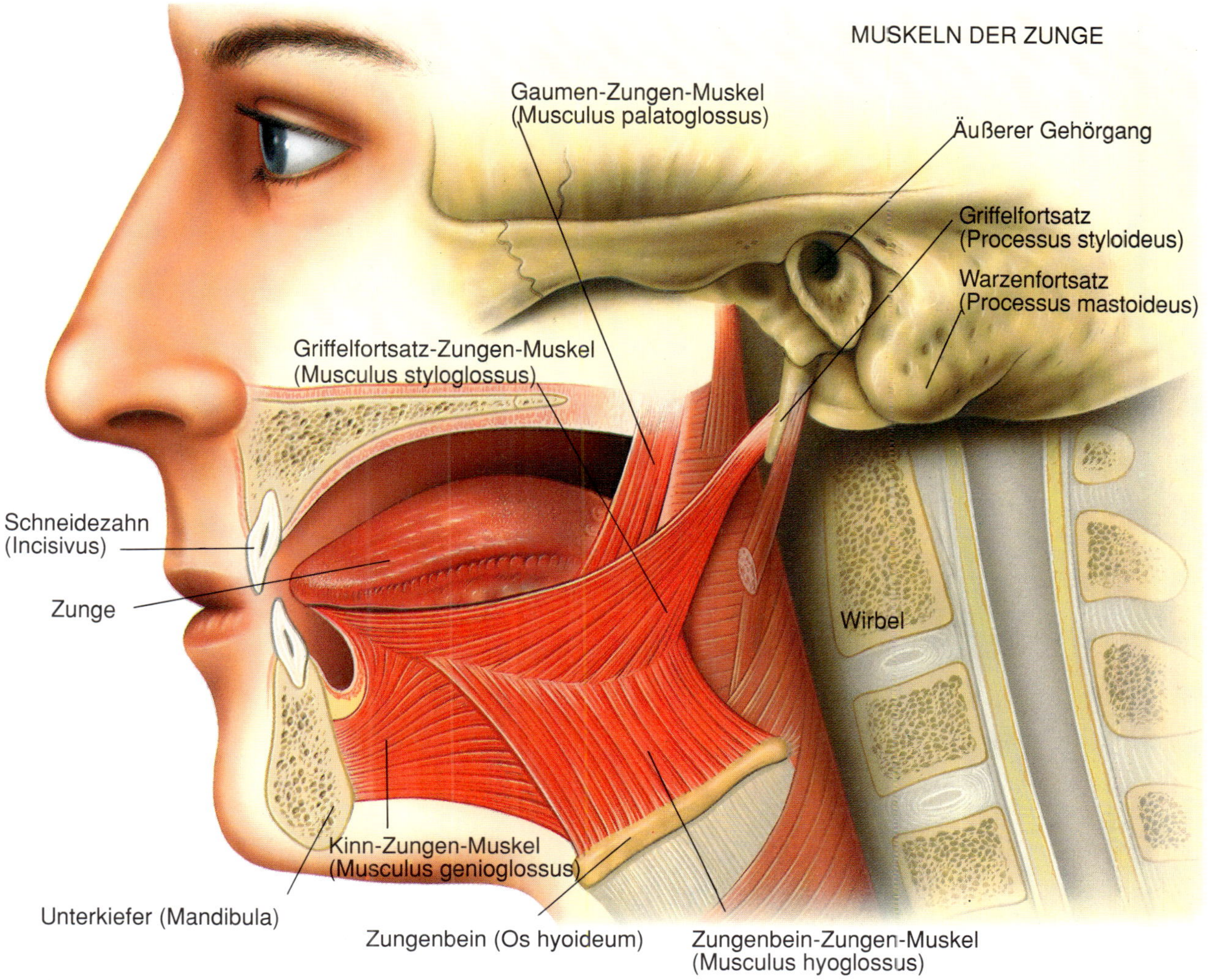

Über der Basilarmembran liegt als spiralförmiger Wulst das Corti-Organ, das aus Sinneszellen - etwa 12.000 äußere (in drei bis fünf Zeilen) und 3.500 innere Haarzellen (einzeilig) - und Stützzellen aufgebaut ist. Die Spitzen der äußeren Haarzellen tauchen in eine Deckmembran (Membrana tectoria) ein, die in den Schneckengang vorragt. Volumenverschiebungen im Schneckengang führen zu Relativbewegungen von Basilar- gegen Deckmembran und damit zu einer geringen Abscherung der Sinneshärchen, dem adäquaten Reiz für die Haarzellen, die dadurch erregt werden. Die Erregung wird über den Hörnerv (Nervus cochlearis) ans Gehirn geleitet.

Die Schnecke registriert jedoch nicht nur einfach ein Schallereignis, sie deutet auch dessen Tonhöhe und schätzt seine Lautstärke ein. Wie dies geschieht, hängt von der Schwingungscharakteristik der Basilarmembran ab. Auf dem Weg von der Basis zur Spitze des Schneckengangs wird die Basilarmembran allmählich breiter und flexibler. Deshalb kann die Membran an unterschiedlichen Stellen ausgelenkt werden: bei Tönen mit hoher Frequenz an ihrer Basis, bei niederfrequenten an ihrer Spitze. Geräusche mit einer bestimmten Frequenz versetzen also einen Bereich der Membran mehr in Schwingung als andere, so daß davon nur eine ganz bestimmte Gruppe von Haarzellen erregt wird, die die Tonhöhe identifizieren kann. Das Ausmaß der Membranschwingung hängt dabei von der Lautstärke des Geräusches ab.

***Die Zunge** ist ein sehr flexibles Organ, das mit den Binnenmuskeln seine Form stark verändern kann. Grobe Bewegungen der ganzen Zunge werden durch die Außenmuskeln veranlaßt, die einen erstaunlich großen Raum innerhalb der Unterkieferspange einnehmen. Auf jeder Seite des Gesichts gibt es vier Muskeln, zwischen denen die Zunge in fast alle Richtungen des Raumes gezogen werden kann.*

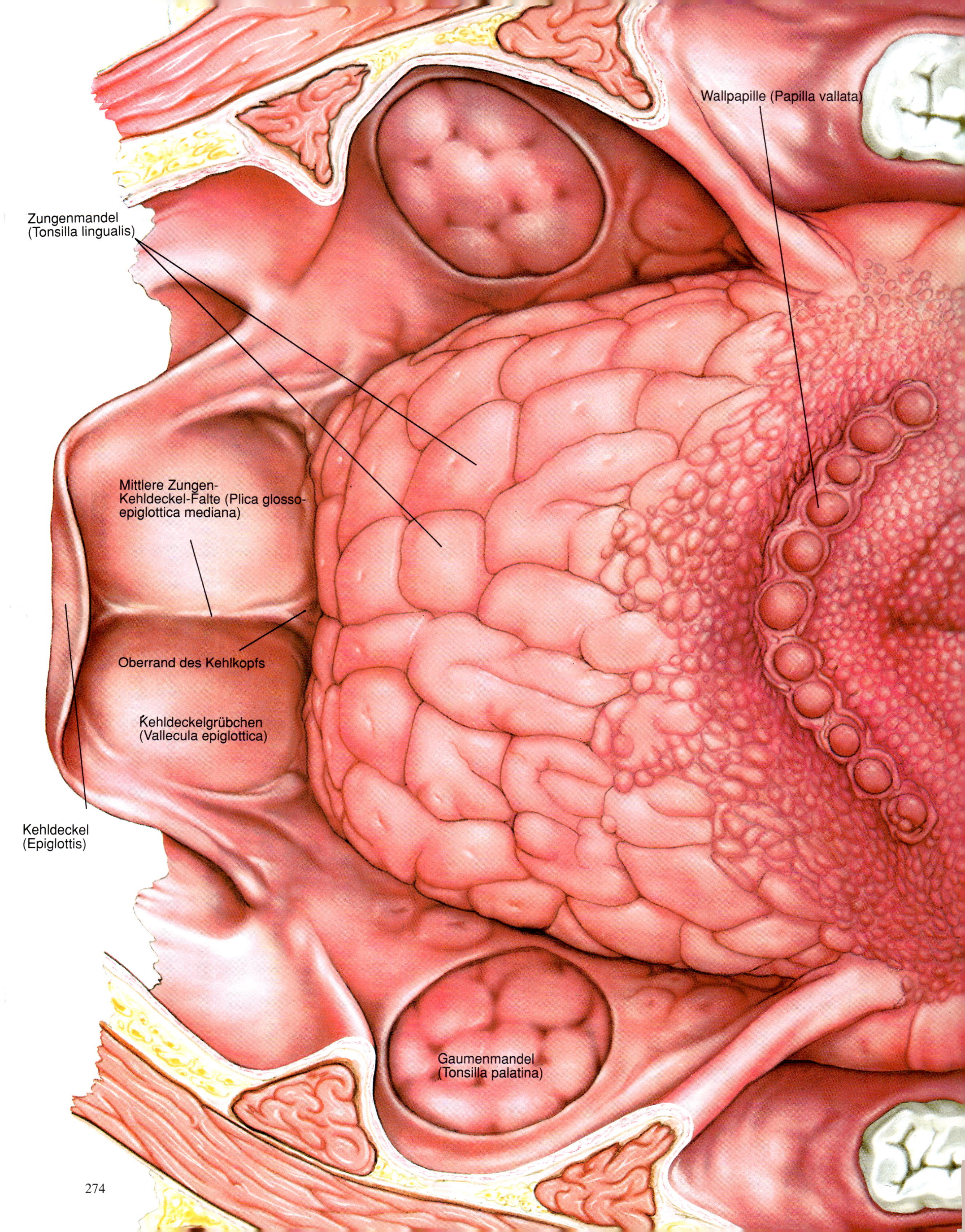

Wallpapille (Papilla vallata)
Zungenmandel
(Tonsilla lingualis)
Mittlere Zungen-
Kehldeckel-Falte (Plica glosso-
epiglottica mediana)
Oberrand des Kehlkopfs
Kehldeckelgrübchen
(Vallecula epiglottica)
Kehldeckel
(Epiglottis)
Gaumenmandel
(Tonsilla palatina)

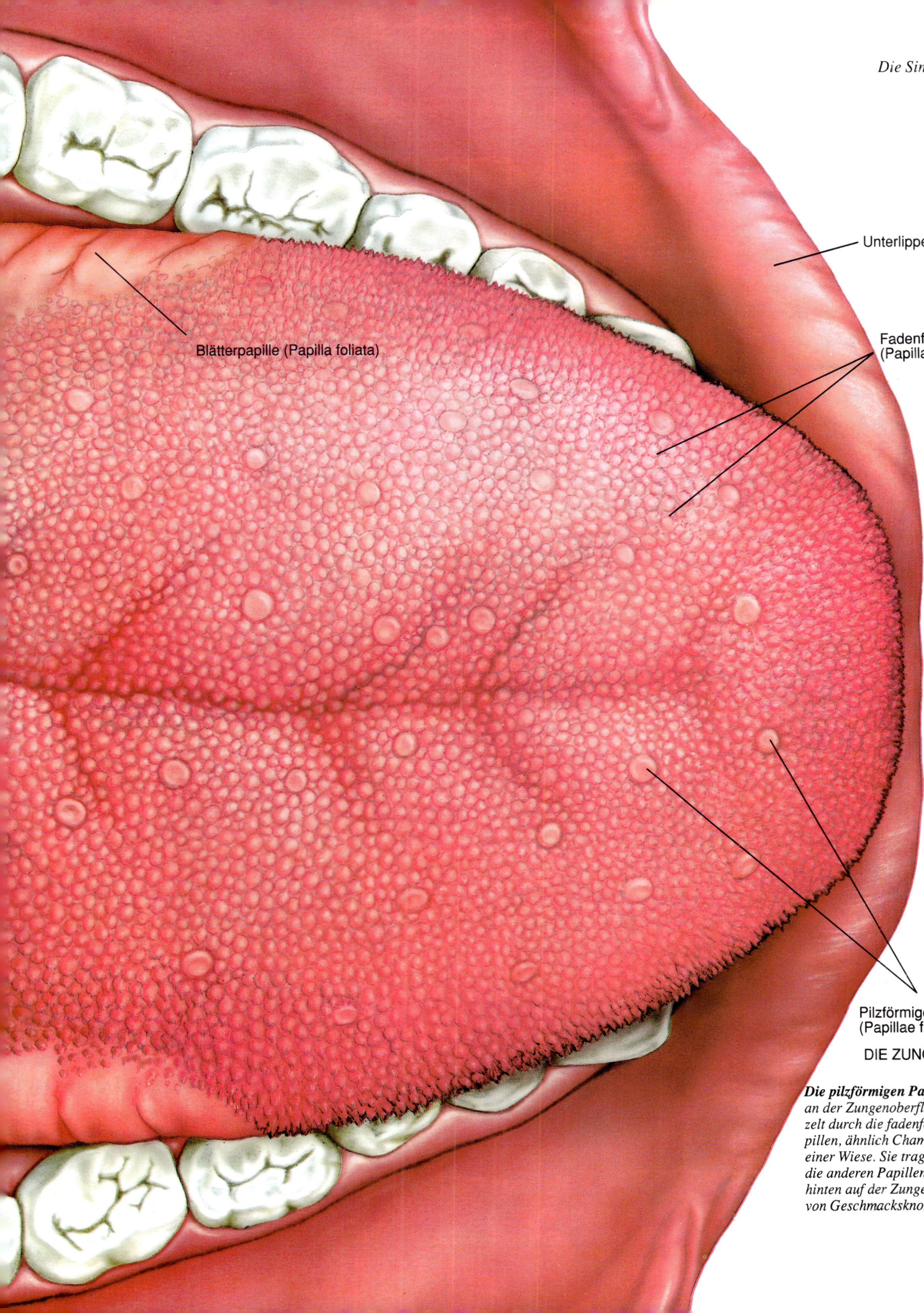

DIE ZUNGE

***Die pilzförmigen Papillen** treten an der Zungenoberfläche vereinzelt durch die fadenförmigen Papillen, ähnlich Champignons auf einer Wiese. Sie tragen, wie auch die anderen Papillenarten weiter hinten auf der Zunge, hunderte von Geschmacksknospen.*

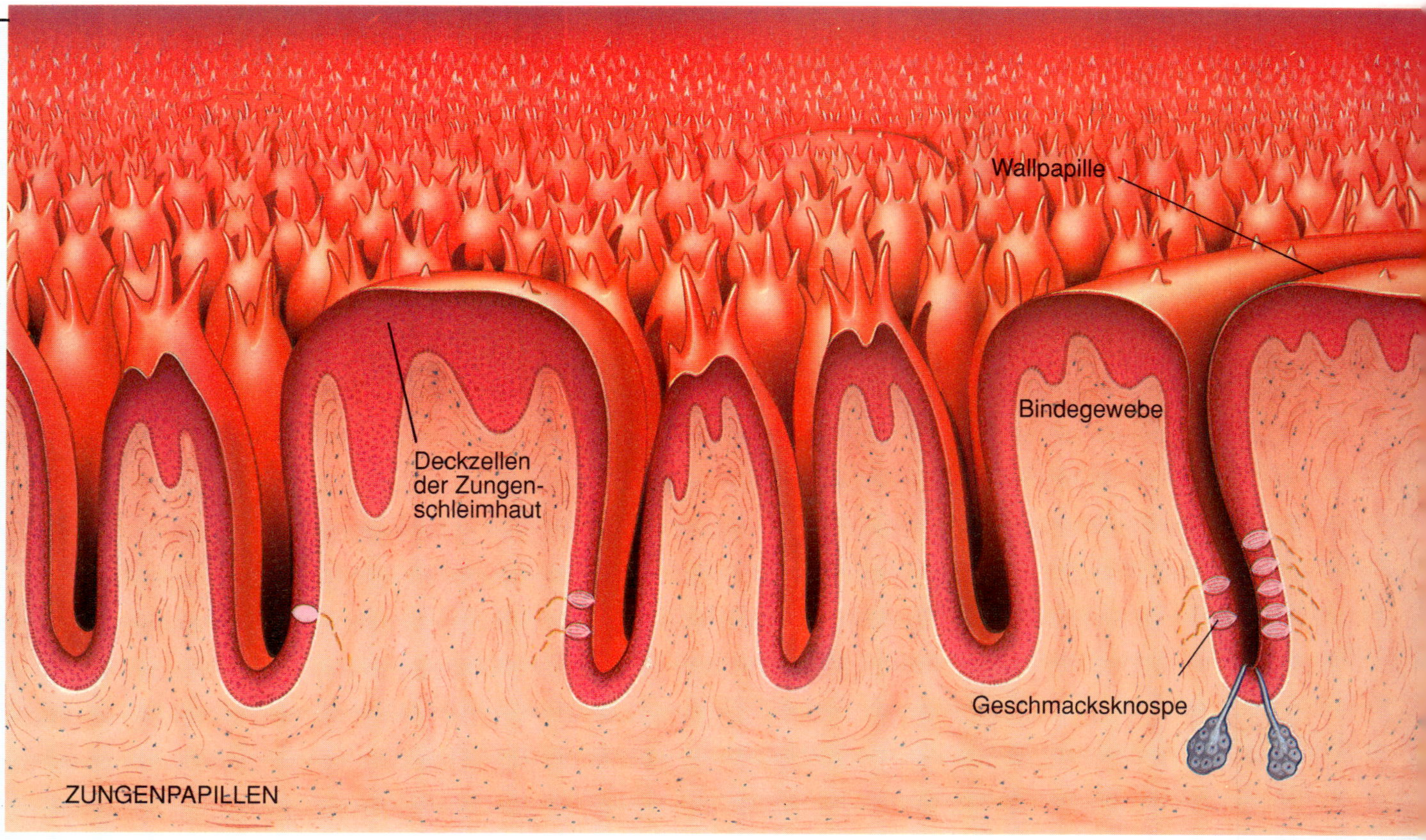

Auf einem Querschnitt durch den Mittelteil der Zungenoberfläche (oben) sind die verschiedenen Formen der drei Papillentypen zu erkennen. Am zahlreichsten sind die konischen fadenförmigen Papillen, die als Tastorgane dienen. Die Geschmacksknospen der abgeflachten pilzförmigen Papillen reagieren auf süße und saure Stoffe, die der Wallpapillen, gehäuft in der Wallgrabenwand sitzend, auf bittere Substanzen. Die Spalträume zwischen den Papillen werden durch Schleim ausgespült, der von Drüsen am Grabengrund produziert wird. Die Geschmacksstoffe müssen löslich sein, damit sie von den Knospen erfaßt werden können.

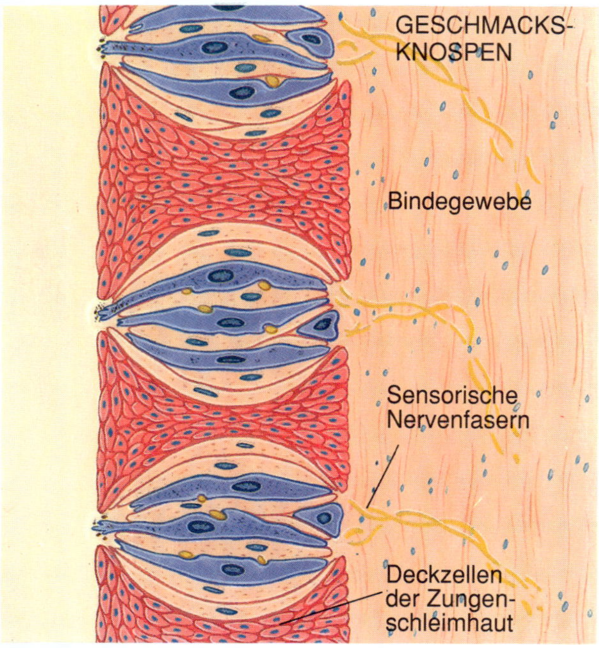

Die einzelnen Geschmacksknospen liegen, eingebettet in die Deckzellen der Zungenschleimhaut, in der Wand der Papillen (links). Bei Kontakt mit gelösten Nahrungsstoffen erregen sie benachbarte sensorische Nervenfasern, die mit drei Hirnnerven direkt ins Gehirn ziehen.

Auf einem Schnitt durch eine Geschmacksknospe (rechts) ist zu sehen, daß sie aus verschiedenen Arten meist länglicher Sinneszellen und aus Stützzellen besteht. Durch eine spaltförmige Öffnung im einhüllenden Deckgewebe, die Geschmackspore, gelangen die gelösten Nahrungsteilchen zu den fingerähnlichen Ausläufern (Mikrozotten) der Sinneszellen. Diese antworten, indem sie einen chemischen Überträgerstoff an Kontaktstellen (Synapsen) zu benachbarten sensorischen Nervenfasern freisetzen. Die Fasern werden erregt und senden Impulse zum Gehirn, das sie als Geschmacksempfindung deutet.

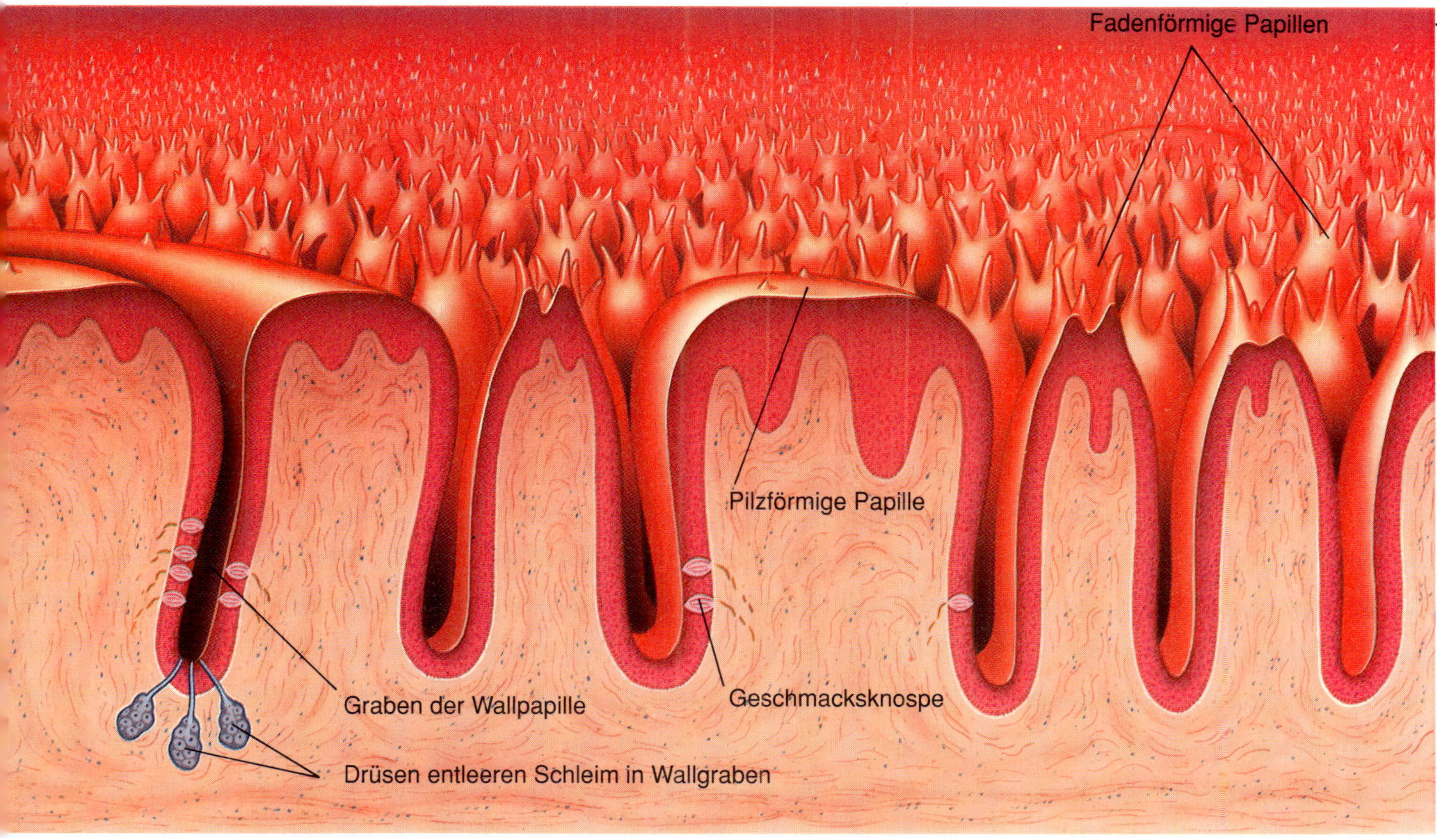
Fadenförmige Papillen
Pilzförmige Papille
Graben der Wallpapille
Geschmacksknospe
Drüsen entleeren Schleim in Wallgraben

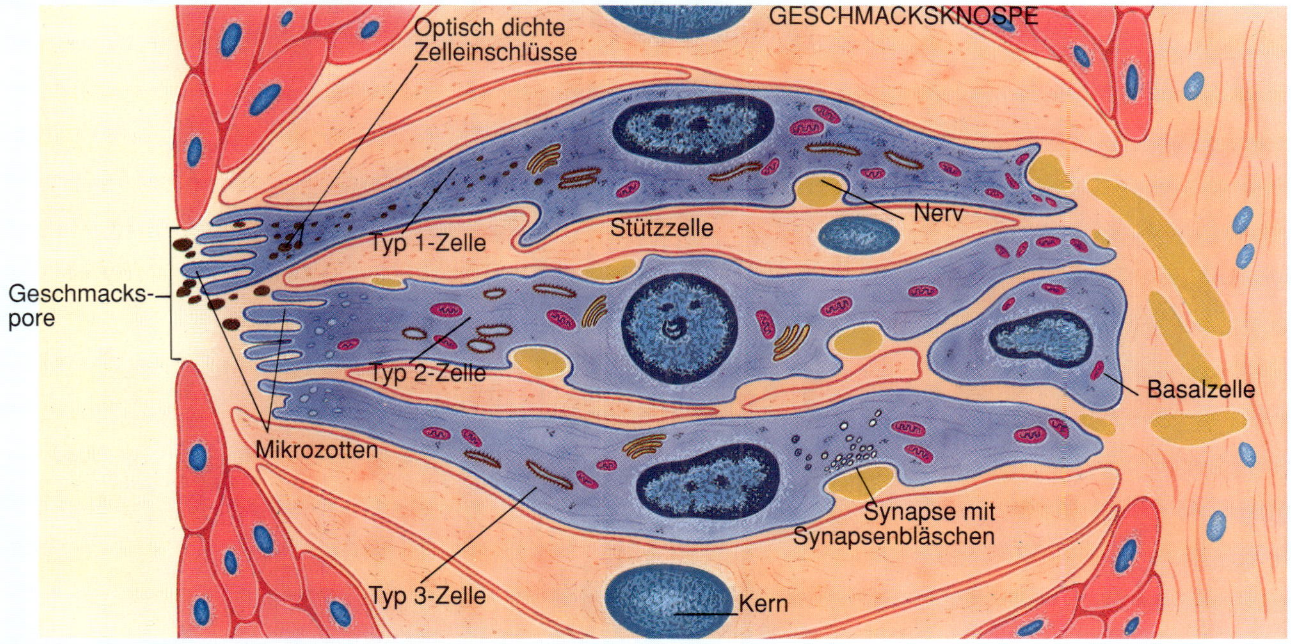
GESCHMACKSKNOSPE
Optisch dichte Zelleinschlüsse
Nerv
Stützzelle
Typ 1-Zelle
Geschmacks-pore
Typ 2-Zelle
Basalzelle
Mikrozotten
Synapse mit Synapsenbläschen
Typ 3-Zelle
Kern

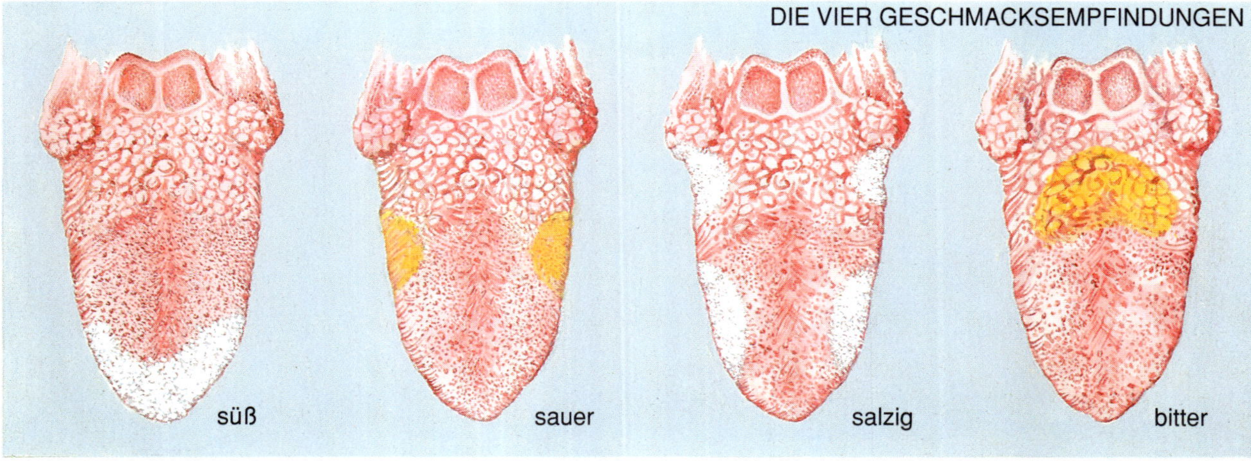

Das Gleichgewicht halten

Im Gleichgewichtsorgan ist das mit Endolymphe gefüllte Gangsystem in zwei sackartige Erweiterungen, Sacculus und Utriculus, und die drei vom Utriculus abgehenden Bogengänge gegliedert, von denen jeder mit einem ampullär erweiterten Schenkel beginnt. Die Sinnesrezeptoren sind auf die Wände der insgesamt fünf Erweiterungen verteilt; Sacculus und Utriculus besitzen je eine Macula, die Ampullen der Gänge je eine Crista. Die Erregungen der Rezeptoren werden über den Gleichgewichts-Gehörnerv (Nervus vestibulocochlearis, N. VIII) zum Gehirn geleitet.

Die Rezeptorzellen tragen an ihrer Oberfläche feinste Sinneshärchen (Zilien), die in den Ampullen in eine schwenkbare gallertige Kupula eingebettet sind; diese besitzt die gleiche Dichte wie die Endolymphe. Dreht sich der Kopf und damit der Bogengang, kommt es infolge der Trägheit der Flüssigkeit zu einem kurzzeitigen Strom, die Kupula schwenkt aus und reizt die in ihr befindlichen Zilien. Die Bogengangsorgane erfassen hauptsächlich Winkel-(Dreh-)Beschleunigungen.

Auch in den Maculae sind die Zilien der Rezeptorzellen in eine Gallerte eingetaucht, die mit relativ schweren Kalzitkristallen, sog. Statolithen oder Otolithen angereichert ist. Diese verschieben die Gallertmembran mit den Zilien schon bei geringen Kopfbewegungen infolge ihrer Trägheit, bei wechselnden Ruhestellungen des Kopfes durch die Richtungsänderung der Erdanziehung.

Bei aufrechter Körperhaltung befindet sich der Mensch im labilen Gleichgewicht, unsere Haltung muß also ständig korrigiert werden. Dazu dient eine Verknüpfung der Vestibulariskerne im Gehirn mit den Augenmuskelkernen, dem Kleinhirn, der Körpermotorik und der Postzentralregion der Großhirnrinde.

Verlust der Hörfähigkeit

Unsere Ohren sind imstande, Geräusche mit höchster Präzision zu identifizieren und analysieren, aufgrund ihres komplexen Baues sind sie aber auch äußerst störanfällig. Schwerhörigkeit ist eine der typischen Alterserscheinungen, doch auch die Jugend bleibt davon nicht verschont. Bereits die Verstopfung des Gehörgangs mit Ohrenschmalz (Cerumen) hat eine Verminderung der Hörfähigkeit zur Folge. Plötzliche starke Luftdruckänderungen, eine Explosion oder ein Schlag aufs Ohr können das Trommelfell zerreißen. Kleinere Löcher heilen normalerweise von selbst. Gefährlicher ist die Narbenbildung, wie etwa nach einer Mittelohreiterung. Dadurch nimmt die Elastizität der Membran ab. Die einzige wirksame Hilfe in solchen Fällen ist eine plastische Rekonstruktion des Trommelfells (Tympanoplastik), bei der der Defekt durch ein Stück Muskelhaut unterfüttert wird.

__Die Zunge__ vermag nur die vier Grundgeschmacksrichtungen zu erfassen; durch ihre Kombination im Gehirn kommt die ganze Breite der feinen Geschmackswahrnehmungen zustande. Jede Geschmacksrichtung wird an verschiedenen Stellen der Zungenschleimhaut wahrgenommen - süß beispielsweise an der Spitze und sauer an den Rändern der Zunge (oben). Die Wallpapillen, in V-Form am Zungengrund angeordnet, registrieren saure Geschmacksstoffe.

__Das feine Unterscheidungsvermögen__ des Geschmackssinns beruht auf komplizierten Nervenverbindungen zu unterschiedlichen Hirngebieten. Das Diagramm rechts zeigt drei Hirnnervenpaare, die Erregungen drei verschiedener Zungenbereiche zunächst zum Hirnstamm leiten. Von dort gibt es Verbindungen sowohl zu Nervenzellansammlungen (Kernen) unter der Hirnrinde, wie z.B. Hypothalamus (nur rechts dargestellt) und Thalamus, als auch zu den höheren Zentren, den sensorischen Hirnrindenfeldern (links).

Durch die Ohrtrompete können Bakterien und Viren aus dem Nasen-Rachenraum in die Paukenhöhle dringen und dort Mittelohrentzündungen auslösen. Die begleitende Schleimhautschwellung schränkt die Beweglichkeit der Gehörknöchelchen und damit die Schalleitung ein. Schwere Infektionen schädigen auch das Trommelfell und ziehen unter Umständen die Luftzellen im Warzenfortsatz in Mitleidenschaft. Eine Behandlung mit hohen Antibiotikadosen ist bei bakteriellen Infekten in der Regel erfolgreich.

Mit zunehmendem Alter wird die Bewegungsfreiheit der Gehörknöchelchen im Mittelohr eingeschränkt, so daß die Hörfähigkeit nachläßt. In besonders schweren Fällen der Mittelohrschwerhörigkeit spricht man von einer Otosklerose. Mit den früher verwendeten trichterförmigen Hörrohren wurde mehr an Schallenergie eingefangen und in den Gehörgang geleitet. Moderne Hörhilfen verstärken den Ton elektronisch, sie sind praktischer und unauffälliger. Durch operative Lösung oder Ersatz der Knöchelchen lassen sich deutliche Verbesserungen erzielen.

Während der Hörverlust bei krankhaften Veränderungen im Außen- und Mittelohr meist auf Schalleitungsstörungen beruht, führen Innenohrveränderungen stets zu Schallempfindungsstörungen. Wer über längere Zeit großen Lautstärken ausgesetzt ist - bei der täglichen Arbeit, in der Diskothek oder durch Kopfhörermusik -

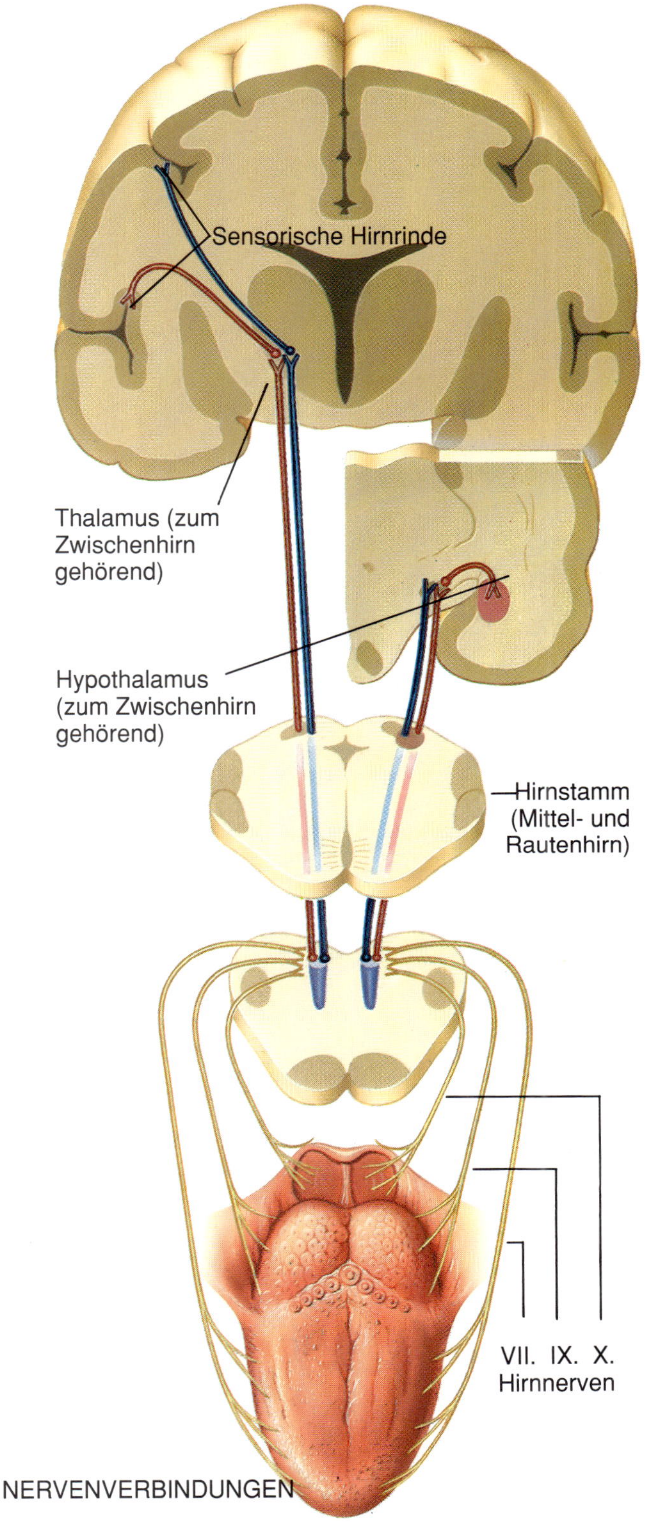

läuft Gefahr, seine Hörfähigkeit einzubüßen. Die akustische Überbelastung resultiert in Stoffwechselstörungen oder direkten mechanischen Schäden der Haarzellen (meist der äußeren) im Corti-Organ. Auch die Altersschwerhörigkeit (Presbyakusis) beruht auf degenerativen Prozessen in den Sinneszellen des Hörorgans.

Ein vielseitiges Organ

Die Zunge ist eines der vielseitigsten Organe des menschlichen Körpers. Die Zungenmuskulatur ermöglicht zahlreiche komplizierte Bewegungen beim Kauen, Saugen und Schlucken und ist außerdem an der Modulation von Lauten zur Erzeugung der Stimme beteiligt. Darüber hinaus ist die Zunge ein empfindliches Sinnesorgan.

Die Zunge besteht im wesentlichen aus quergestreiften Muskelfaserbündeln, die in allen drei Richtungen des Raums angeordnet sind und durch ein medianes bindegewebiges Septum halbiert werden. Den Verlauf dieser Trennwand gibt eine oberflächlich erkennbare mediane Zungenfurche an. Zwischen der Schleimhaut des Zungenrückens und dem Muskelkörper breitet sich eine derbe Bindegewebsplatte (Aponeurose) aus. In die Binnenmuskeln strahlen von beiden Seiten Außenmuskeln ein, die die Zunge mit den benachbarten Knochen (Unterkiefer, Zungenbein, Schädelbasis) verbinden. Vier Außenmuskeln beiderseits verleihen der Zunge ihre große Beweglichkeit. Der Kinn-Zungenmuskel (Musculus genioglossus) zieht von der Innenseite des vorderen Unterkieferbereichs in die Zunge, von ihrer Spitze bis zur Basis. Bei seiner Kontraktion wird die Zunge aus dem Mund gestreckt, da ihr gesamter Sockel nach vorne gezogen wird. Der Zungenbein-Zungenmuskel (Musculus hyoglossus) breitet sich als rechteckige Muskelplatte zwischen dem großen Zungenbeinhorn und dem seitlichen Rand der Zungenaponeurose aus. Bei Kontraktion zieht er den Zungenrand nach unten. Der Griffelfortsatz-Zungenmuskel (Musculus styloglossus) verbindet den hinteren Zungenrand mit der Schädelbasis; er zieht die Zunge nach hinten und oben. Der Gaumen-Zungenmuskel (Musculus palatoglossus) schließlich spannt sich zwischen Gaumenaponeurose und seitlicher Zunge aus (er wirft den vorderen Gaumenbogen auf) und zieht bei Kontraktion den Zungenrand nach oben.

Zusammen sind die Außenmuskeln in der Lage, die Zunge in jede beliebige Richtung zu bewegen. Die vertikalen, horizontalen und longitudinalen Binnenmuskeln verformen die Zunge; dabei wirken meist zwei der Fasergruppen als Gegenspieler der dritten, bei ihrer Kontraktion erzwingen sie deren Dehnung.

Lautbildung

Wollte man im Mittelalter eine mißliebige Person zum Schweigen bringen, so ließ man ihr die Zunge herausschneiden. Auch bei funktionstüchtigen Stimmbändern ist es demnach nicht möglich, ohne die feinabgestimmten Bewegungen der Zunge verständliche Laute zu erzeugen. Zusammen mit den Lippen bildet die Zunge eine Reihe von Resonanzgängen in der Mundhöhle. Die durch die Stimmbänder erzeugten Laute wandern hoch und werden in den Gängen zu spezifischen Sprachlauten oder Phonemen moduliert. Für jeden einzelnen Laut gibt es präzise Bewegungen und exakt abgestimmte Formänderungen der Zunge. Typisch sind Auf- und Abwärtsbewegungen in der Mundhöhle, die zu wesentlichen Änderungen in der Charakteristik der Luftpassage führen. Gleichzeitig kann die Spitze der Zunge sehr schnell jede beliebige Region des Gaumens, der inneren Oberflächen der Zähne oder der Lippen erreichen. Der hintere Teil der Zunge kann bis zu den Innenseiten der Wangen und zum Schlund ausgedehnt werden. Insgesamt können die verschiedenen Zungentätigkeiten für einen Augenblick die ausströmende Luft anhalten. Dies ist Grundlage der Erzeugung bestimmter Konsonanten. Berührt

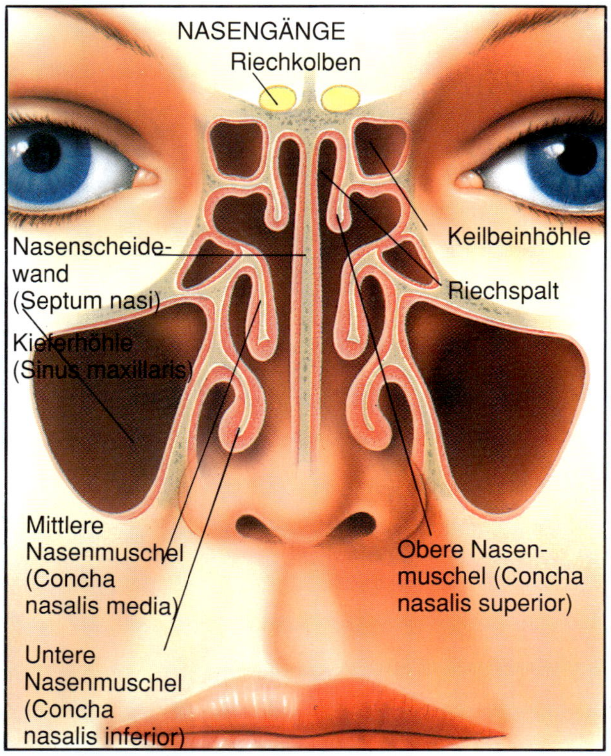

Knorpelwände und gebogene Knochenlamellen bilden ein Labyrinth von Gängen innerhalb der Nasenhöhle. Die obere Nasenmuschel und der Spalt zwischen Muschel und Nasenscheidewand sind von Riechschleimhaut überzogen. Die Sinneszellen nehmen mit ihren schleimbedeckten Sinneshärchen den Geruchsreiz auf und senden Signale aufwärts zu den Riechkolben, die über dem Nasendach in der vorderen Schädelgrube liegen. Die Kolben sind direkt über den Riechstrang mit dem Riechhirn verbunden.

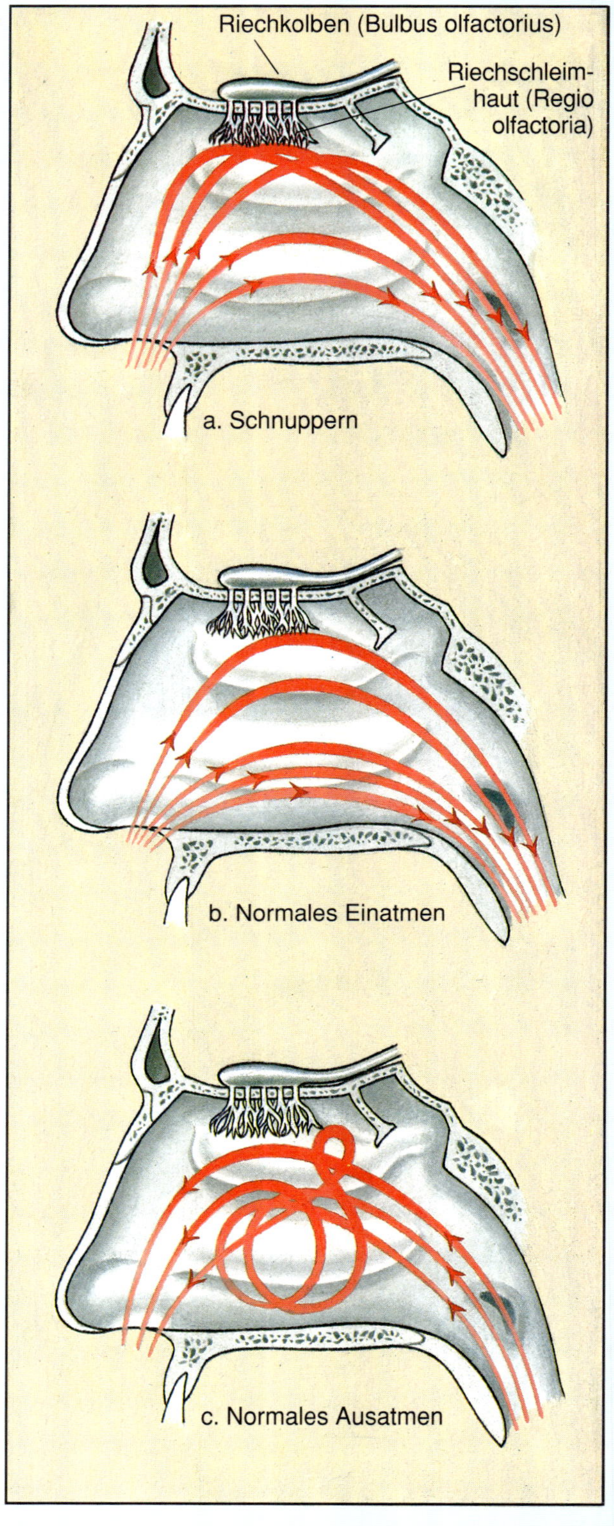

Der Luftstrom durch die Nasenhöhle (rechts) ist unterschiedlich beim Schnuppern, Ein- oder Ausatmen. Wenn man vermehrt schnüffelt, um einen Geruch genauer zu analysieren (a), gelangt die eingezogene Luft hoch in den Riechspalt, wobei die Sinneshärchen der Riechschleimhaut von den Geruchsmolekülen geradezu bombardiert werden. Während des normalen Einatmens (b) kommt nur wenig Luft zu den Geruchsempfängern. Ausatmung (c) verursacht eine turbulente Luftströmung, die Geruchswahrnehmung findet aber immer noch statt.

man beispielsweise kurzzeitig mit der Zungenspitze die Hinterseite der oberen Schneidezähne, ergibt sich ein "d", während ein "k" entsteht, wenn mit der Zungenwurzel für einen Augenblick die Ausatmung blockiert wird.

Rauhe Oberfläche

Wenn man die Zunge (Lingua) herausstreckt und im Spiegel betrachtet, sieht man nur ihre vorderen zwei Drittel, den Zungenkörper (Corpus linguae). Dieser geht an einer V-förmigen, mit der Spitze nach hinten gerichteten Furche (Sulcus terminalis) in die Zungenwurzel (Radix linguae) über. Der sichtbare Zungenrücken (Dorsum linguae) weist bis zum Sulcus eine unebene, samtige Oberfläche mit vielen Geschmacksknospen aus. Im Gegensatz dazu ist die Unterseite der Zunge von einer dünnen, weichen Schleimhaut überzogen, die locker an den darunterliegenden Muskeln befestigt ist. In der Mitte der Unterfläche befindet sich als mediane Schleimhautfalte das Zungenbändchen (Frenulum linguae).

Der vordere Zungenrücken ist von dichtgedrängten Papillen besetzt. Die Oberfläche der Zungenwurzel hinter dem Sulcus ist völlig anders gestaltet. Lymphknötchen (Folliculi linguales) unter der Schleimhaut und Einsenkungen (Krypten) verleihen dem Zungengrund ein höckeriges Relief. Jeder Höcker (Zungenbalg) hat einen Durchmesser von einem bis fünf Millimeter; in die Krypten münden schleimabsondernde Drüsen, ähnlich wie an der Zungenspitze. Am

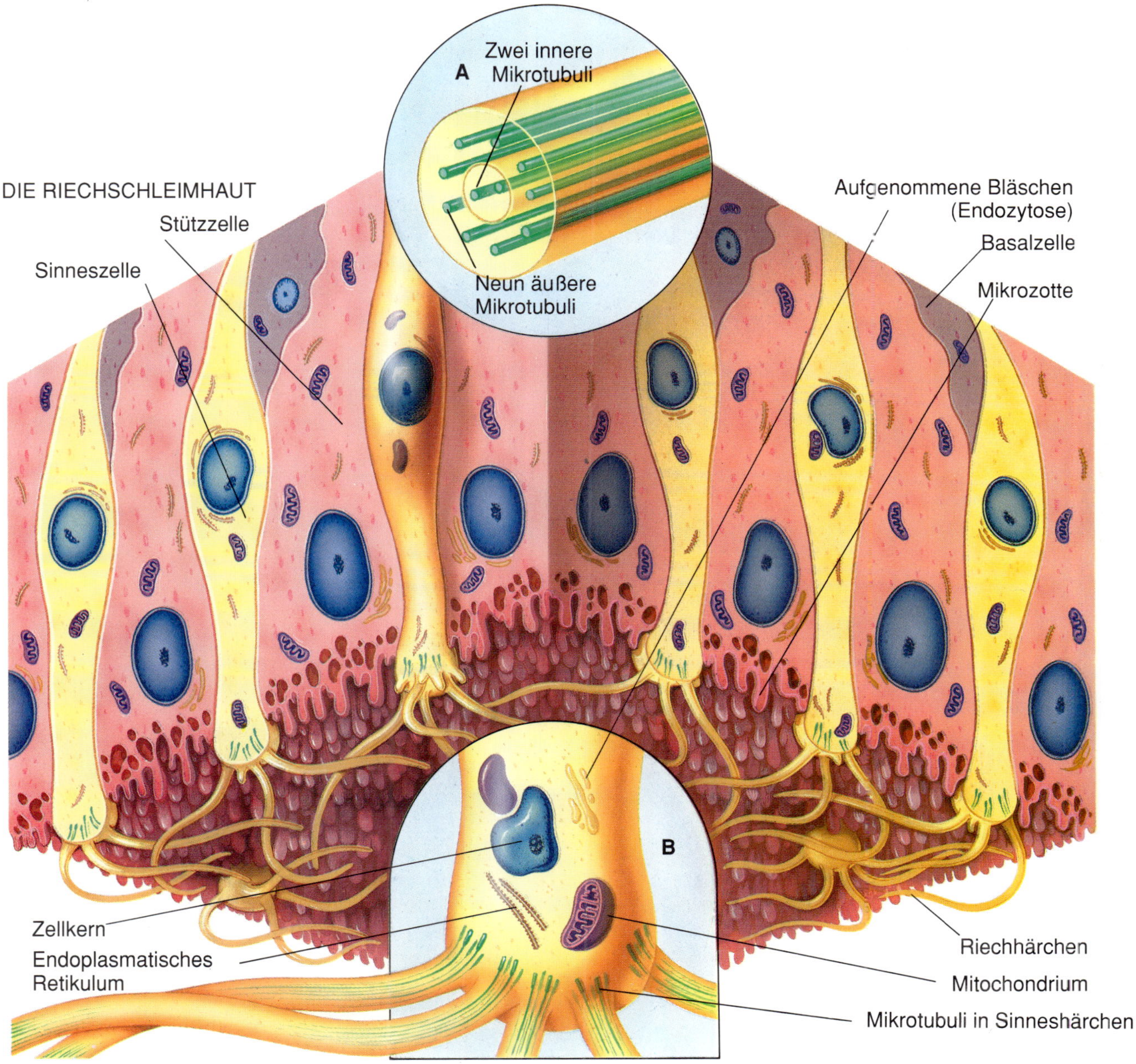

Jede Sinneszelle der Riechschleimhaut ist, wie bei starker Vergrößerung zu erkennen, mit Zellkern und den typischen Zellorganellen ausgestattet und wird von Stützzellen umgeben. Von ihrem zur Oberfläche gerichteten Riechkopf (B) gehen feinste Härchen aus, die von regelmäßig angeordneten Mikroröhrchen (Mikrotubuli) durchzogen werden (A) und zahlreiche Rezeptorstellen aufweisen. Trifft ein Geruchsmolekül auf eine dieser Stellen, wird in der Zelle ein Nervenimpuls ausgelöst. Überreizung durch starke Gerüche führt zur zeitweiligen Unterdrückung des Geruchssinns.

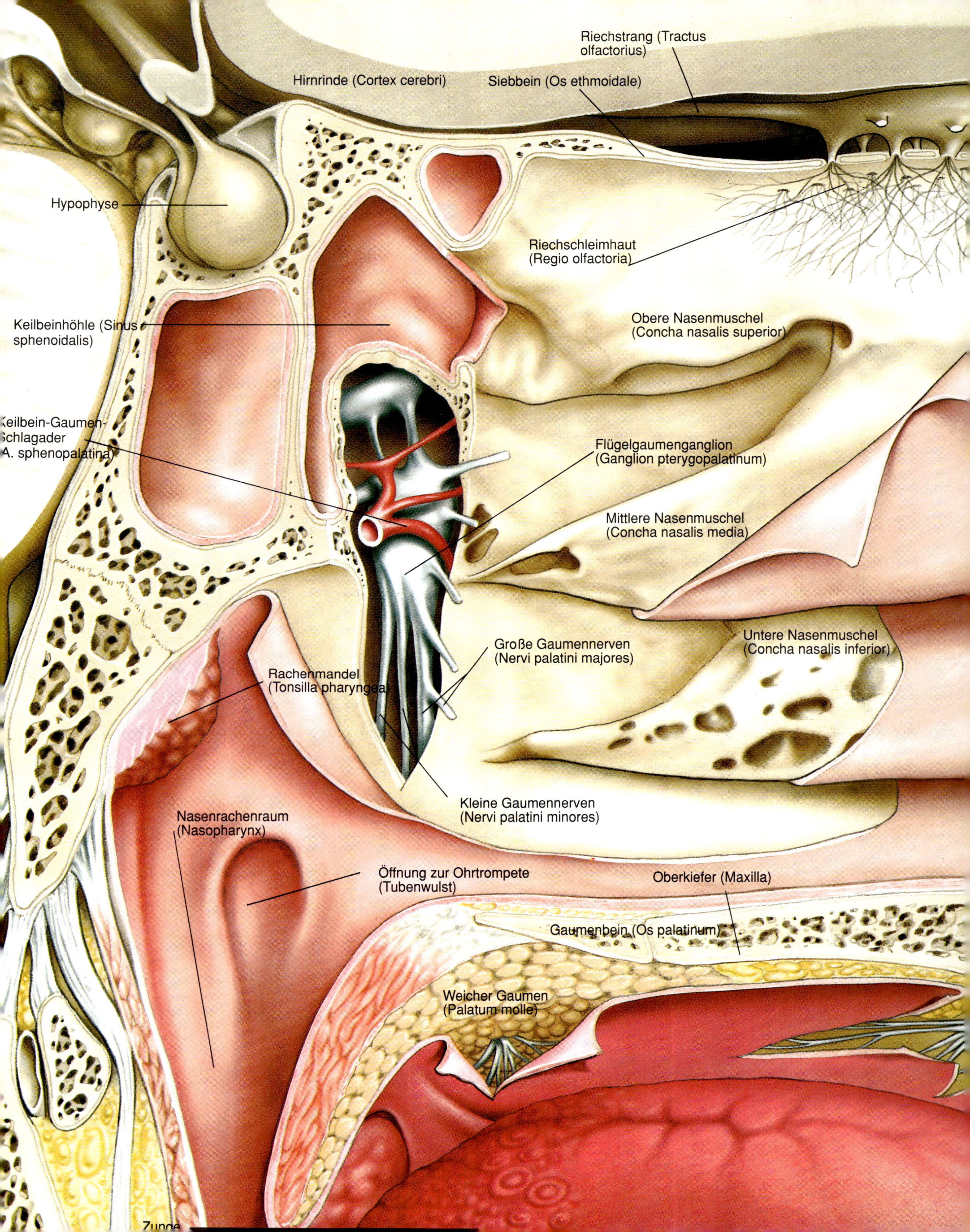
Riechstrang (Tractus olfactorius)
Hirnrinde (Cortex cerebri)
Siebbein (Os ethmoidale)
Hypophyse
Riechschleimhaut (Regio olfactoria)
Keilbeinhöhle (Sinus sphenoidalis)
Obere Nasenmuschel (Concha nasalis superior)
Keilbein-Gaumen-Schlagader (A. sphenopalatina)
Flügelgaumenganglion (Ganglion pterygopalatinum)
Mittlere Nasenmuschel (Concha nasalis media)
Untere Nasenmuschel (Concha nasalis inferior)
Große Gaumennerven (Nervi palatini majores)
Rachenmandel (Tonsilla pharyngea)
Kleine Gaumennerven (Nervi palatini minores)
Nasenrachenraum (Nasopharynx)
Öffnung zur Ohrtrompete (Tubenwulst)
Oberkiefer (Maxilla)
Gaumenbein (Os palatinum)
Weicher Gaumen (Palatum molle)
Zunge

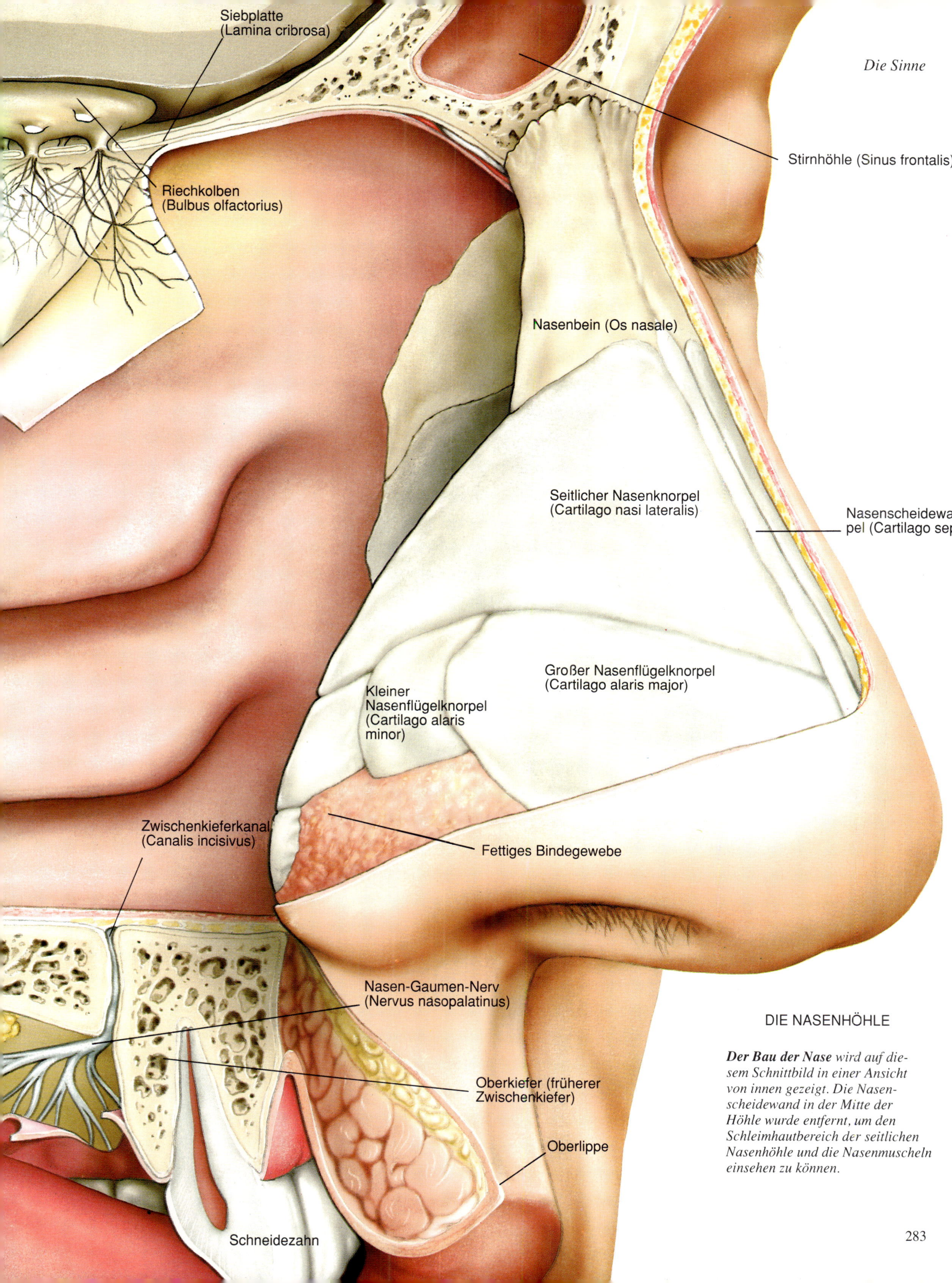

DIE NASENHÖHLE

***Der Bau der Nase** wird auf diesem Schnittbild in einer Ansicht von innen gezeigt. Die Nasenscheidewand in der Mitte der Höhle wurde entfernt, um den Schleimhautbereich der seitlichen Nasenhöhle und die Nasenmuscheln einsehen zu können.*

Sulcuswinkel liegt eine kleine Einsenkung, das Foramen caecum. Von hier aus hat sich beim Embryo die Schilddrüse entwickelt.

Die verschiedenen Arten von Papillen

Auf dem Zungenrücken stößt man auf vier Arten von Papillen: fadenförmige, blätterförmige, pilzförmige und wallförmige. Die Fadenpapillen (Papillae filiformes) sind über den ganzen Zungenrücken verstreut. Ihre Enden bilden kleine, schlundwärts gerichtete, beim Menschen nur schwach verhornende Spitzen. Die weißliche Verfärbung der Zungenoberfläche, der Zungenbelag, entsteht aus einer Schuppenbildung der Papillenspitzen mit weißen Blutkörperchen und ist manchmal ein Hinweis auf eine Erkrankung in anderen Körperbereichen. Die Papillenspitzen übertragen als kleine Hebel mechanische Einflüsse auf die zahlreichen sensiblen Nervenendigungen, die sich in ihren Bindegewebskernen befinden, und bilden so die Grundlage für den feinen Tastsinn der Zunge. Außerdem wirken die Papillen wie feine Raspeln und reinigen Hautverletzungen, wenn wir diese mit der Zunge ablecken. Die Reinigung wird durch die antibakterielle Wirkung des Speichels (seine Lysozyme) gefördert.

Geschmacksempfindungen

Die übrigen drei Papillenarten stehen mit dem Geschmackssinn in Zusammenhang und tragen Geschmacksknospen an ihrer Oberfläche. Sieben bis zwölf warzenförmige Wallpapillen (Papillae vallatae) liegen vor dem Sulcus terminalis zwischen Zungenkörper und -wurzel, ebenfalls V-förmig angeordnet. Unter dem Mikroskop sieht eine solche Papille wie der runde, überkuppelte Bergfried eines Schlosses aus, der von einem tiefen Wallgraben und einem steilwandigen äußeren Wall umgeben ist. Zahlreiche Geschmacksknospen befinden sich in der Schleimhaut der Wände zu beiden Seiten des Wallgrabens. In die Tiefe des Grabens münden Schleimdrüsen, deren wässeriges Sekret den Wallgraben immer wieder ausspült. Bei Kindern und Jugendlichen enthält jede Wallpapille etwa 250 Geschmacksknospen; im Laufe des Alterns nimmt ihre Zahl ab, mit 80 Jahren ist nur noch die Hälfte der Knospen vorhanden.

Die Pilzpapillen (Papillae fungiformes) sind auf Zungenrand und -spitze verteilt. Sie erheben sich etwas über das Zungenniveau und ähneln in ihrer Form den Wallpapillen. Die Blätterpapillen (Papillae foliatae) gruppieren sich schließlich in zwei Reihen an jeder Zungenseite unmittelbar vor den Wallpapillen. Bei den Pilzpapillen sind die Geschmacksknospen an der Oberfläche verteilt, bei den Blätterpapillen an den Seiten.

Geschmacksrezeptoren

Die Geschmacksknospen sind nur unter dem Mikroskop zu erkennen und enthalten 30 bis 80 Rezeptorzellen, von denen viele mit den Endigungen einzelner Nervenfasern verbunden sind. Die Knospen durchsetzen die ganze Höhe der mehrschichtigen Deckzellage einer Papille. Zur Oberfläche nehmen sie über einen engen Kanal, die Geschmackspore, Kontakt auf.

Unter dem Elektronenmikroskop erkennt man den komplizierten Bau der Geschmacksknospen. Sie enthalten nicht weniger als drei verschiedene Zellarten, die vom Knospengrund nach oben ziehen und als fingerähnliche Ausläufer in der Geschmackspore enden. Die Funktion der einzelnen Zellarten ist noch nicht genau bekannt, doch nimmt man an, daß es sich bei zwei Zelltypen um die eigentlichen Geschmacksrezeptoren, bei der dritten um Stützzellen handelt. Sämtliche Zellen werden etwa alle 10 Tage erneuert.

Geschmacksrezeptoren besitzen keine eigenen Axone, sondern nehmen Kontakt mit den Endigungen sensorischer Nervenfasern auf, die im Zungenkörper verlaufen. Beim Embryo entwickeln sich die Geschmacksknospen unter der Einwirkung der benachbarten sensorischen Nervenfasern. Auch beim Erwachsenen bleibt diese enge Verbindung erhalten; wenn sie unterbrochen wird, so stirbt die Geschmacksknospe rasch ab. Wächst der Nerv jedoch in die Oberflächenschicht der Zunge nach, so wird damit die Produktion neuer Geschmacksknospen angeregt.

Geschmacksrichtungen

Jeder Mensch hat seine Lieblingsspeisen, doch die Geschmacksknospen können nur vier verschiedene Geschmacksrichtungen unterscheiden: süß, salzig, sauer und bitter. Für die jeweilige Empfindung sind bestimmte Areale der Zunge verantwortlich. Pilzpapillen reagieren auf süße und saure, Wallpapillen auf saure und bittere und Blätterpapillen überwiegend auf saure Geschmacksstoffe.

Die Übertragung dieser Charakteristiken auf die Zungenoberfläche liefert eine Geschmackskarte, die zeigt, daß an der Zungenspitze vornehmlich süß, zu beiden Seiten sauer und salzig und vor dem Zungengrund Bitteres wahrgenommen wird. Dies erklärt den bitteren Nachgeschmack mancher Süßstoffe: Die Zungenspitze reagiert zunächst auf das Süße; sobald die Sinneszellen am hinteren Teil der Zunge gereizt werden, überwiegt der bittere Geschmack.

Die eigentliche Geschmackswahrnehmung findet auf der molekularen Ebene statt: Moleküle der chemischen Stoffe, die für einen Geschmack verantwortlich sind, wirken mit den Membranen der Sinneszellen in der Pore einer Geschmacksknospe zusammen. Dabei entsteht eine elektrische Störung im Rezeptor, die eine benachbarte Nervenzelle reizt und die Erregung ans Gehirn weiterleitet. Tatsächlich müssen jedoch Impulse von mehreren, miteinander in Verbindung stehenden Sinneszellen zusammenkommen, um im Gehirn eine Geschmackserkennung auszulösen.

Von der Zunge ins Gehirn

Die Geschmacksknospen der Zunge werden von Nervenfasern versorgt, die dem siebten und neunten Hirnnerven angehören. Der Gesichtsnerv (Nervus facialis, N. VII) ist verantwortlich für die vorderen Zungenbereiche und damit in erster Linie für die salzigen und süßen Geschmackswahrnehmungen der Pilzpapillen. Bitterer und saurer Geschmack werden von den Wall- und Blätterpapillen im hinteren Bereich der Zunge aufgenommen, für die der Zungen-Rachennerv (Nervus glossopharyngeus, N. IX) zuständig ist. Die restlichen Geschmacksknospen in der hinteren Mundhöhle und der Umgebung des Kehlkopfeingangs werden vom Vagusnerv (N. X) versorgt.

Was duftet denn da?

Der Geruchssinn wird häufig als unwichtigster unserer Sinne angesehen. Er dürfte jedoch einer unserer ältesten Sinne überhaupt sein, er hat größeren Einfluß auf unser Unterbewußtsein als die anderen Sinneswahrnehmungen. Es besteht kein Zweifel darüber, daß Gerüche eine wichtige Rolle im menschlichen Verhalten spielen. So verfügt der Körper über Drüsen, die bestimmte Gerüche erzeugen. Viele davon scheinen im Zusammenhang mit geschlechtlicher Attraktivität und Erregung zu stehen und werden erst im Laufe der Pubertät interessant. Es gibt jedoch auch andere Geruchseindrücke, die viel früher bedeutend sind, wie etwa im Verhältnis zwischen Säugling und Mutter, wo es geradezu eine Geruchsprägung zu geben scheint. Ein Kind, das an der Mutterbrust saugt, stößt sein Gesicht in einen Haufen von Geruchsquellen, die die Brustwarze umgeben. Andererseits wird der Geruch ihres Säuglings von der Mutter als angenehm empfunden und stimuliert sie, wenn das Kind sich an sie schmiegt.

Ein ganzer Zweig unserer Industrie widmet sich der genau berechneten Reizung des Geruchssinns mit raffiniert zusammengestell-

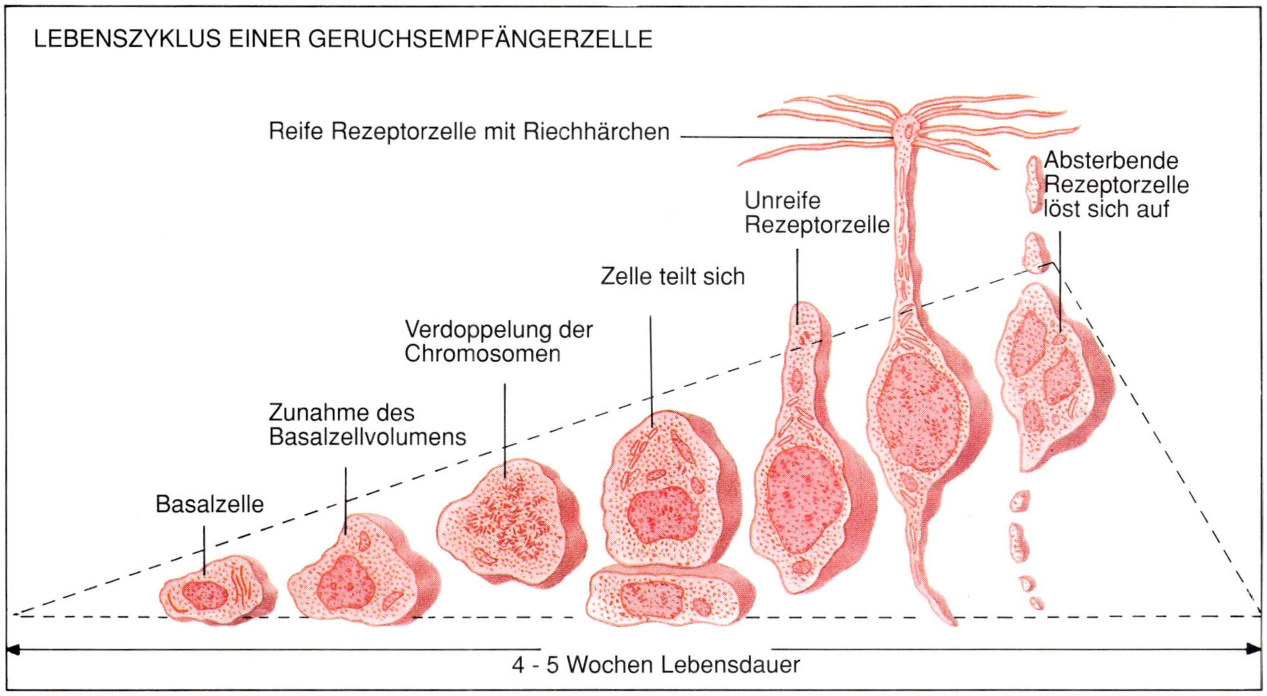

***Geruchsempfängerzellen** leben ungefähr einen Monat. Sie arbeiten jedoch nur eine kleine Spanne dieser Zeit als Geruchsdetektoren, bevor sie sich auflösen und untergehen. Sie entstehen aus Basalzellen, die ständig nachgebildet werden.*

ten Parfümen und Duftkompositionen. Wie wichtig der Geruchssinn eigentlich ist, wird uns immer dann bewußt, wenn wir mit Gesicht und Gehör nicht mehr weiterkommen.

Die Nasengänge

Nur ein geringer Bereich in unserer Nasenhöhle wird vom Riechorgan in Anspruch genommen. Der weitaus größere Teil dient dem Weiterleiten des Luftstromes auf seinem Weg in die Lungen. Innen ist die Nasenhöhle, insbesondere die mittlere und untere Nasenmuschel, mit der Schleimhaut der Atemwege (respiratorisches Epithel) überzogen. Sie besteht aus mehreren Reihen eines sog. Flimmerepithels. Unzählige Deckzellen tragen an ihrer Oberfläche kleinste, bewegliche Härchen (Kinozilien), die mit ihrem geordneten Schlag den Schleim - und mit ihm die feinsten Verunreinigungen der Atemluft - in Richtung Rachen transportieren. Dort wird er verschluckt und die in ihm enthaltenen Krankheitskeime durch den Magensaft unwirksam gemacht.

Die Riechorgane selbst bestehen aus zwei leicht bräunlichen Gewebsbezirken, der Riechschleimhaut (Regio olfactoria mit olfaktorischem Epithel), von denen jeder etwa die Größe einer Briefmarke hat. Riechschleimhäute befinden sich in den Riechspalten am Dach der Nasenhöhlen und über den oberen Nasenmuscheln.

Die bräunliche Färbung der Riechschleimhaut ist auf Pigmente zurückzuführen: die Karotinoide und freies Vitamin A sowie die Phospholipide. Die Bedeutung der Pigmente ist noch nicht geklärt, sie scheinen jedenfalls die Funktion der Riechschleimhaut zu unterstützen. Von Albinos (Tieren ohne Pigmente) weiß man nämlich, daß sie keinen Geruchssinn besitzen.

Bei der normalen Atmung strömt die Luft gleichmäßig durch die Nase, nur ein geringer Anteil erreicht die Riechspalten. Dies reicht jedoch aus, um einen neuen Geruch zu erfassen. Wenn wir versuchen, etwas genauer zu riechen, schnuppern wir. Die Luft gleitet schneller durch die Nase, ihr Fluß zu den Riechspalten verstärkt sich, so daß mehr Riechmoleküle an die Sinneszellen gelangen.

Bei einem Schnupfen läuft die Nase, die Schleimhaut sondert vermehrt Nasensekret ab. Durch Anschwellung der Schleimhaut und die größeren Schleimmengen werden die engen Spalten zur Riechschleimhaut verlegt, so daß dufttragende Luft die Rezeptorzellen nicht mehr erreichen kann, der Geruchssinn ist eingeschränkt.

In der Riechschleimhaut

Unter dem Elektronenmikroskop erkennt man, daß die Riechschleimhaut aus Basalzellen und Stützzellen besteht, aus denen die Sinneszellen vorragen. Jede Rezeptorzelle - und es handelt sich dabei um mehr als 10 Millionen - endet in einer winzigen Anschwellung, dem Riechknopf, aus dem etwa fünf Riechhärchen herauswachsen. Die Härchen sind maximal bis zu 20 Mikrometer lang und liegen zusammengeknäuelt im Schleim; sie können an den Stellen, an denen sie einander berühren, leichte Schwellungen aufweisen. Die Riechhärchen scheinen bestimmte Rezeptorstellen zu besitzen, an die sich spezifische Duftmoleküle heften; dadurch wird die Sinneszelle veranlaßt, einen Nervenimpuls zu erzeugen.

Wie die Geschmackszellen haben auch die Riechzellen nur eine kurze Lebensdauer - sie sind etwa einen Monat lang aktiv, werden dann abgebaut und mit dem Schleim abtransportiert. Es entstehen ständig neue Zellen, die aus der untersten Schicht der Riechschleimhaut stammen, nach oben wachsen und Riechhärchen entwickeln.

Die kurze Lebensdauer mag darauf beruhen, daß die Zellen allmählich durch aufgenommene Duftmoleküle verstopft werden. Es könnte auch sein, daß diese Rezeptorzellen durch ihre besonders exponierte Lage leichter und öfter beschädigt werden. Die am Seh- und Hörvorgang beteiligten Sinneszellen sind besser geschützt, so daß sie normalerweise nicht degenerieren.

Warum riecht der Geruch?

Man hat anhand zahlreicher Theorien zu erklären versucht, was einem bestimmten Stoff seinen charakteristischen Geruch verleiht. Die plausibelste Erklärung ist, daß der Geruchseffekt von der Form der Moleküle des betreffenden Stoffes abhängt und der Art, wie sie sich an (oder in) die Rezeptorstellen der Riechhärchen binden. Gestützt wird diese Auffassung dadurch, daß die Geruchsempfindung bei fortwährender Einwirkung desselben Dufts ermüdet, so daß der Geruch schließlich nicht länger empfunden wird. Diese Ermüdung rührt wahrscheinlich daher, daß die Rezeptoren alle besetzt sind und eine kleine Pause nötig ist, bevor die Rezeptorstellen wieder funktionsfähig sind und der spezifische Geruchssinn reaktiviert werden kann.

Der Kolben, der riecht

Die Riechhärchen sind eigentlich eine direkte Verlängerung des Gehirns. Die Sinneszellen, aus denen sie stammen, ziehen von der Riechschleimhaut (als Fila olfactoria oder Nervi olfactorii) direkt in einen vorgeschobenen Teil des Endhirns, der als Riechkolben (Bulbus olfactorius) bezeichnet wird. Der Bulbus ist nur etwa so groß wie ein Streichholzkopf und liegt an der Basis des Stirnhirns. Von der Riechschleimhaut trennt ihn die Siebplatte (Lamina cribrosa), ein hauchdünner Knochen an der Vorderseite der Schädelbasis.

Die Neuriten der (primären) Sinneszellen ziehen durch die Öffnungen in der Siebplatte und treten von unten in den Riechkolben ein. Hier bilden sie mit den Dendriten großer pyramidenförmiger Ganglienzellen (Mitralzellen) knäuelförmige, synaptische Kontakte (Glomeruli olfactorii). Insgesamt finden etwa 10 Millionen Rezeptorneuriten in nur 2.000 Riechknäueln Anschluß. Aus jedem Glomerulus führen zwei Leitungsbahnen: Ein Bündel von 24 sog. Büschelzellen ist mit dem Kolben der gegenüberliegenden Seite (über die Commissura anterior) verbunden, während die Fortsätze der Mitralzellen (weitere 24; als zweites Neuron der Riechbahn) in tiefere Regionen des Gehirns vordringen.

Jede Mitralzelle, die von einem Riechknäuel ausgeht, ist wie ein elektrischer Schalter - sie kann ein- oder ausgeschaltet sein. Diese dem binären Code eines Computers vergleichbare Anordnung ermöglicht etwa 16 Millionen Zusammenstellungen, so daß für die Erkennung einzelner Gerüche zahlreiche Möglichkeiten bestehen - wenn dies wirklich der Weg ist, auf dem Gerüche umgesetzt werden.

Die Verbindung ins Althirn

Nervenbahnen des Riechorgans führen in viele Bereiche des Gehirns. Nach dem Austritt aus dem Riechknäuel zieht das zweite Neuron der Riechbahn als Riechstrang (Tractus olfactorius) in den Bereich der Mandelkerne zum dritten Riechneuron. Von dort treten die Nerven in die basalen und tieferen Bereiche des Gehirns, einschließlich des Thalamus, der Area entorhinalis (im Bereich des Hippocampus) sowie der lateralen und basalen Mandelkerne selbst. Ein Ableger verläuft darüber hinaus zum Riechhöckerchen sowie zur präoptischen Hypothalamusregion, die mit der Hypophyse verbunden ist. Durch diese Verbindungen erhält der Geruchssinn unmittelbaren Zugang zu vielen Teilen des Gehirns, was beim Seh- und Hörvorgang nicht der Fall ist; sie sind viel exakter abgegrenzt. Signale dieser Sinnesorgane werden von Schaltzentren in den Hirnhemisphären verarbeitet, bevor sie ins übrige Gehirn gelangen.

__Das Aroma oder Bukett__ ist für die Qualität eines Weines ebenso wichtig wie sein Geschmack. Erst wenn der Weinverkoster seine Blume gewürdigt hat, führt er das Glas an die Lippen. Die "Nase" des Prüfers ist so hoch entwickelt, daß er allein über die Blume viele Weine voneinander unterscheiden kann.

Eine charakteristische Eigenschaft des Verbindungsnetzes, das mit dem Geruchssinn in Zusammenhang steht, ist seine Ansammlung in jenen Hirnregionen, die entwicklungsgeschichtlich zu den ältesten zählen. Diese Bereiche werden in erster Linie mit Emotionen und Geschlechtsverhalten in Verbindung gebracht und haben wenig mit höheren Denkvorgängen zu tun. Insgesamt gesehen dient jedoch nur ein kleiner Teil des Gehirns dem Geruchssinn - ein Zeichen für die

untergeordnete Rolle, die diese Art der Wahrnehmung bei uns mittlerweile spielt.

Empfindlichkeit und Unterscheidungsvermögen

Die Fähigkeit, Gerüche zu erkennen, basiert auf zwei verschiedenen Faktoren: Riechschärfe und Unterscheidungsvermögen. Der Duft muß schon ziemlich stark sein, damit wir ihn wahrnehmen, denn der menschliche Geruchssinn ist nicht besonders gut entwickelt. Hunde nehmen Gerüche in Konzentrationen wahr, die um mehrere hundertmillionenmal schwächer sind. Doch wenn es darum geht, verschiedene Gerüche zu unterscheiden, schneiden wir schon besser ab. Die Fähigkeit, Düfte auseinanderzuhalten, nimmt mit zunehmender Übung zu, so daß jemand mit geübter Nase - etwa ein Parfümeur - zwischen Tausenden von Duftnoten unterscheiden kann - ein Können, das neben dem Riechorgan das Gedächtnis als leistungsfähigen und flexiblen Speicher benötigt.

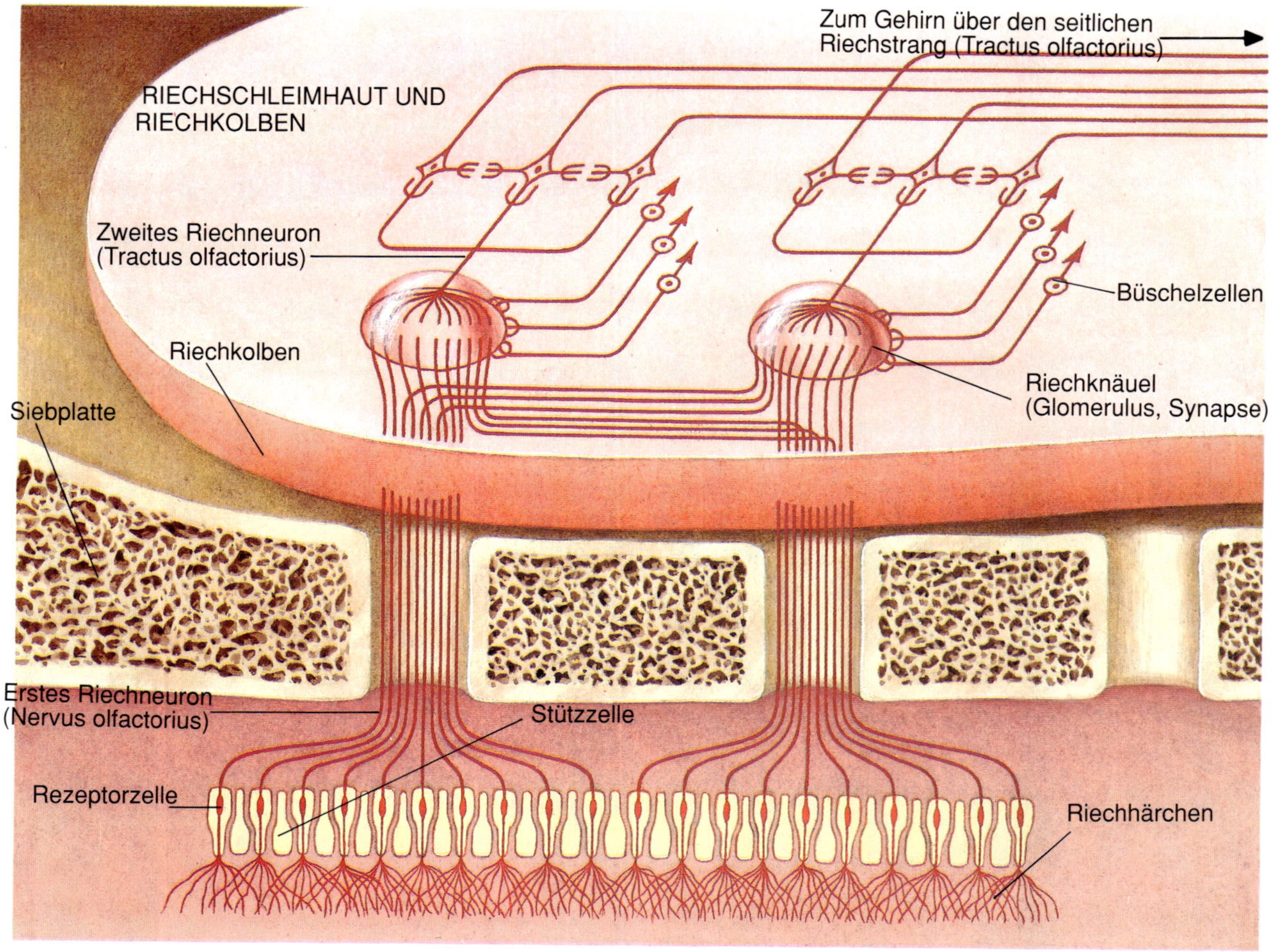

Die Neuriten der Rezeptorzellen *gelangen gebündelt als Riechnerven (Nervi olfactorii) durch die Löcher der Siebplatte in die vordere Grube der Schädelhöhle. Dort geht in den Synapsenknäueln (Glomeruli) des Riechkolbens das erste Neuron der Riechbahn auf das zweite Neuron, den Riechstrang (Tractus olfactorius), über.*

Der vorübergehende Verlust des Geruchssinns ist ein alltägliches Phänomen, das häufig durch eine Erkältung hervorgerufen wird. Allergien und spezifische Infekte der Nasenschleimhaut (Rhinitis) wirken sich ähnlich aus, wobei stets die Nase verstopft ist. Die Empfindlichkeit gegenüber Düften kann auch unter anderen Bedingungen geändert sein. Während der Schwangerschaft können früher als angenehm empfundene Gerüche plötzlich Ekel hervorrufen.

Wesentlich ernster zu nehmen sind Gehirntumoren, die den Geruchssinn zerstören können, ohne das Riechorgan direkt zu beeinträchtigen. Auch bei der Epilepsie kommt es zu Veränderungen der Geruchswahrnehmung; in manchen Fällen tritt die veränderte Geruchsempfindlichkeit bereits mehrere Tage vor einem epileptischen Anfall ein. Doch es wurde auch beobachtet, daß starke Geruchsempfindungen einen epileptischen Anfall zu verhindern vermögen.

Sich ändernde Vorlieben

Jedermann hat einen Lieblingsduft, der sich jedoch im Laufe der Zeit ändern kann. Säuglinge reagieren am positivsten auf den für ihre Mutter typischen Geruch. Kinder mögen zumeist süße, fruchtige Gerüche - etwa den von Erdbeeren - während schwerere Düfte wie etwa Moschus sie nicht beeindrucken. Die Hersteller von Radiergummis oder Süßigkeiten waren sich dieser Vorlieben bewußt und nutzten dies bei ihren Produkten aus. Möglicherweise bedeutet die Vorliebe für derartige feinere Gerüche eine höhere Empfindlichkeit des kindlichen Geruchssinns. Setzt man Kinder unter 10 Jahren einem starken, aber unbekannten Duft aus, so reagieren sie bereits bei geringeren Konzentrationen als Heranwachsende oder Erwachsene zwischen 21 und 39 Jahren.

Wenn die Pubertät erreicht wird, läßt die Vorliebe für Fruchtgeruch (und -geschmack) nach; jetzt beginnt die Phase, in der Mädchen und Jungen durch Duftstoffe wie etwa Moschus und Sandelholz angeregt werden.

Der Mensch besitzt einen natürlichen Körpergeruch, der sich im Laufe seines Lebens allmählich ändert. Der Geruch eines Säuglings gilt generell als etwas Angenehmes, Mütter kennen den typisch süßlichen Geruch ihres Kindes. Dieser verschwindet im Laufe der Kindheit und wird mit dem Beginn der Geschlechtsreife durch einen anderen Geruch ersetzt, wenn beispielsweise Schweiß- oder Talgdrüsen intensiver zu arbeiten beginnen. Geruch ist etwas völlig Natürliches, auch wenn man ihn heutzutage häufig durch Deodorante zu überdecken sucht.

Der als unangenehm empfundene Körpergeruch wird nicht von Drüsen hervorgerufen, sondern ist die Folge mangelnder Körperhygiene. Nicht entfernter Schweiß wird durch Bakterien in Stoffe zersetzt, die für viele Menschen äußerst unangenehm riechen. Das Problem läßt sich sehr einfach lösen: jeden Tag eine Dusche und frische Unterwäsche.

DIE RIECHBAHN

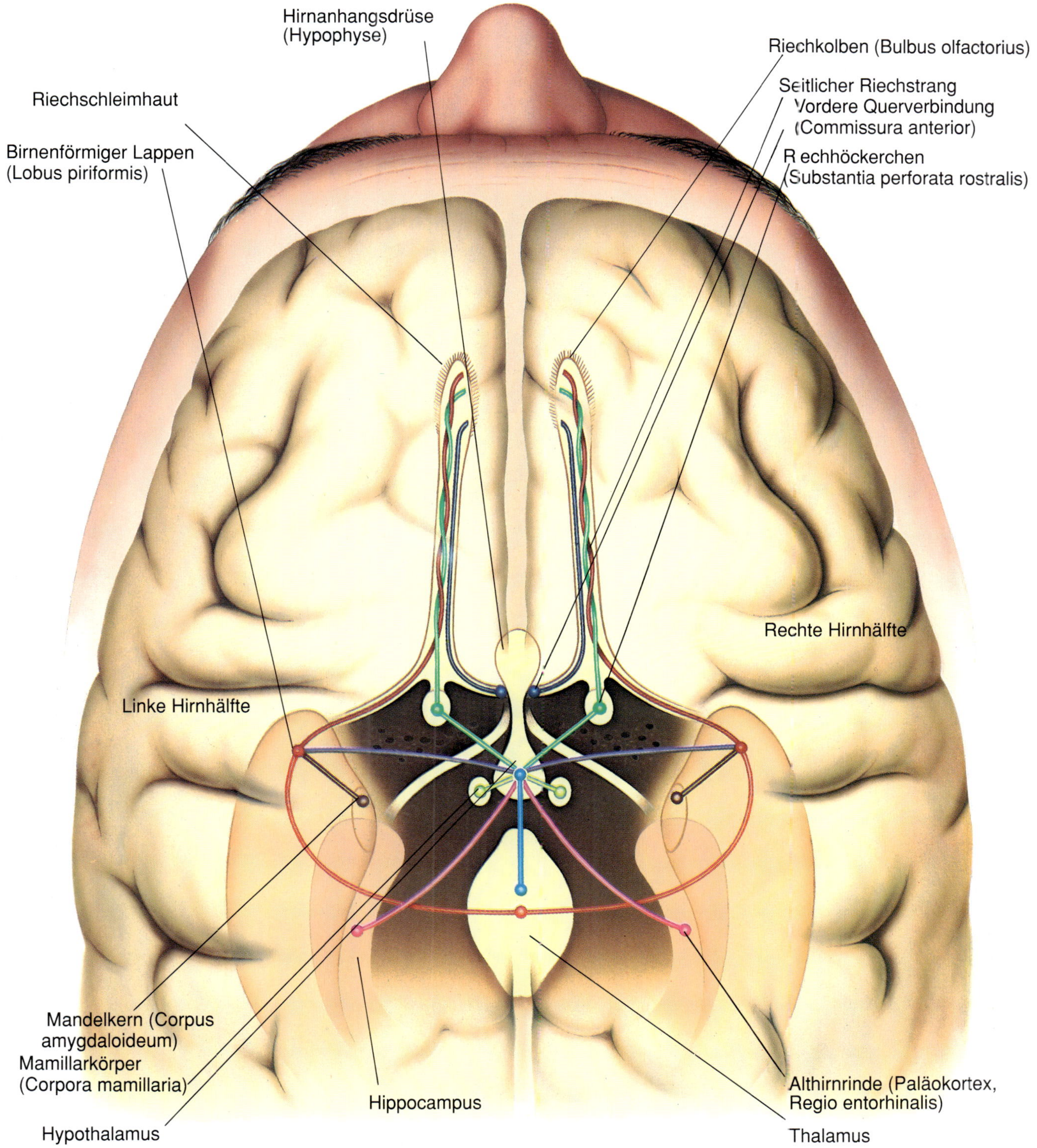

Die meisten Nervenfasern, *die vom Bulbus olfactorius als Riechstrang, Tractus olfactorius, abgehen, ziehen zum Paläokortex, einem entwicklungsgeschichtlich älteren Teil des Hirnmantels (Palaeopallium). Dieser war für die Steuerung primitiven Gefühls- und Geschlechtsverhaltens verantwortlich. Einzelne Verbindungen bestehen auch zur Hirnrinde, die als Neokortex dem jüngeren Hirnmantel (Neopallium) angehört.*

Kapitel 15

Die Fortpflanzung

Die Entstehung des menschlichen Lebens ist ein Wunder. Zwei winzige Zellen - Samen- und Eizelle - verschmelzen zu einem einzigen Gebilde, zu klein, um mit dem bloßen Auge wahrgenommen zu werden. Innerhalb von vier Tagen nistet sich dieser hochaktive Zellkomplex in der Gebärmutter ein und entwickelt sich weiter. Der Wachstumsprozeß läuft mit unglaublicher Geschwindigkeit ab, bis neun Monate später ein vollständiges, atmendes und fühlendes menschliches Wesen geboren wird, ein kleines Abbild seiner Eltern und doch ein Individuum.

Seit Urzeiten hat das Wunder der Empfängnis und Geburt Dichter und Philosophen beschäftigt, die dieses Phänomen mit mythischem Glanz versehen haben. Doch die Fortpflanzung ist, obwohl phantastisch, keineswegs planlos. Im Gegenteil, die raffiniertesten Arbeitsweisen des menschlichen Körpers werden ins Spiel gebracht, wobei gewisse Zeitzyklen, eigens dafür vorgesehene anatomische Strukturen sowie das Zusammenwirken von Drüsen und Hormonen eine entscheidende Rolle spielen.

Die Fortpflanzung umfaßt (wie Yin und Yang) die Ergänzung zweier Hälften - männlich und weiblich - zu einem Ganzen. Trotz der Fortschritte in den medizinischen Wissenschaften, durch die auch Retorten-Babys möglich wurden, sind es nach wie vor der weibliche und der männliche Organismus, die den entscheidenden Beitrag zur Entstehung neuen Lebens leisten. Der männliche Körper ist dazu entwickelt, die männlichen Geschlechtszellen oder Spermien zu produzieren, zu speichern und zu übertragen. Der weibliche Körper stellt die Eizellen her und speichert sie.

Der männliche Geschlechtsapparat

Die Geschlechtsorgane des Mannes sind zum Teil sichtbar und zum Teil im Körper verborgen. Sichtbare Teile sind das Glied (Penis) und der Hodensack, der die beiden eiförmigen Hoden (Testes) enthält. Innerhalb des Körpers befinden sich die Vorsteherdrüse (Prostata), die Samenbläschen (Bläschendrüse, Vesiculae seminales) und eine Reihe von Röhren wie etwa die Samenleiter, die das ganze System miteinander verbinden.

Während des Geschlechtsverkehrs überträgt der Penis die Spermien in den weiblichen Körper. Er besteht aus einem schwammigen, von lockerer Haut überzogenen Gewebe und ist normalerweise schlaff; bei sexueller Erregung richtet er sich auf. Die Erektion ist Folge einer gesteigerten Blutzufuhr und dessen Ansammlung im Schwammgewebe. Der gerundete Kopf des Penis, die Eichel (Glans penis), ist vom Schaft durch einen Gewebsrand, den Eichelkranz (Corona glandis) abgesetzt. Die zurückziehbare Vorhaut (Praeputium) bedeckt normalerweise die Eichel, wird in einigen Ländern (und Kulturkreisen) nach der Geburt aber entfernt (Beschneidung, Circumcision) - eine Maßnahme, die das Risiko von Peniskrebs mindern soll. Durch die in der Mitte des Penis verlaufende Harnröhre (Urethra) wird der Urin aus der Blase befördert. Auf dem Höhepunkt der geschlechtlichen Erregung ist die Harnröhre jedoch Teil des Samenleiters und transportiert das Sperma.

Während der Schwangerschaft *kommt es zu eingreifenden Umstellungen im Körper der Frau. Die fortlaufende Veränderung ihres Körperäußeren läßt sich mit Hilfe der Stereofotografie festhalten. Parallele Lichtstrahlen, von vorn und der Seite auf die Haut projiziert, werden entsprechend den Oberflächenkurven ausgelenkt, so daß eine Konturdarstellung resultiert, wie sie etwa topographische Landkarten aufweisen.*

__Die Geschlechtsorgane__ des Mannes befinden sich zum Teil innerhalb, zum Teil außerhalb seines Körpers. In den Hoden (Testes), die wegen der für sie günstigeren Betriebstemperatur aus dem Körperinneren in den Hodensack (Skrotum) verlagert wurden, findet die Spermienproduktion statt. In den ebenfalls im Skrotum liegenden Nebenhoden (Epididymes) wird der Samen dann zwischengelagert. Bei sexueller Erregung wird nun in die Kammern des Schwellgewebes des schlaffen Penis Blut gepumpt und dort gespeichert, was diesen aufrichtet. Im Augenblick des Samenausstoßes (Ejakulation) steuern Samenbläschen und Cowper-Drüse eine Flüssigkeit bei, die sich mit den Spermien vermischt; der Samen wird über die Harnsamenröhre (Urethra) durch rhythmische Kontraktionen ihrer Wandmuskulatur ausgepreßt.

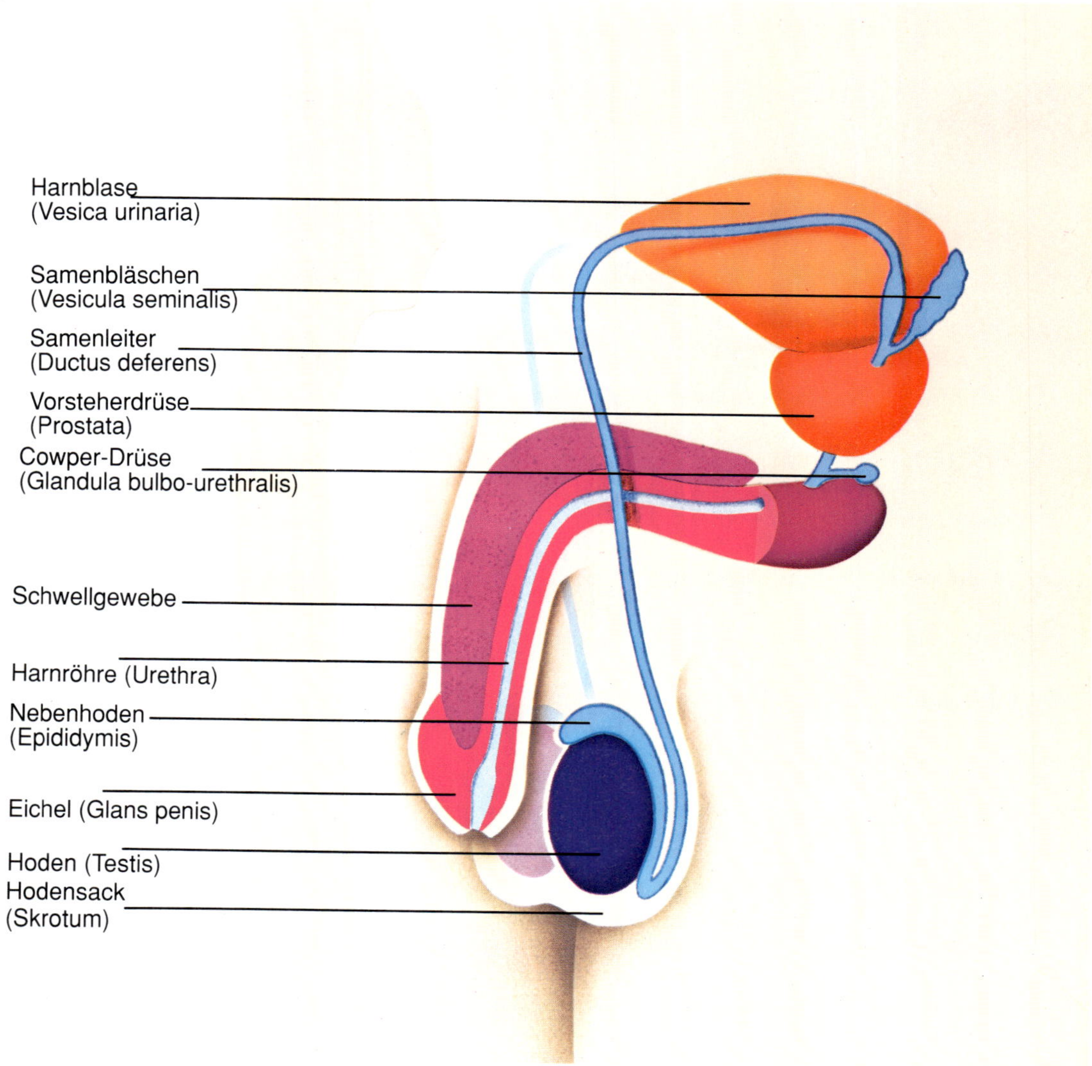

Die Samenfabrik

Die Samenproduktion findet in den Hoden statt, in erstaunlichen Mengen. Während seines Lebens, von der Pubertät an, kann ein Mann bis zu 12 Billionen Samenzellen herstellen. Jede braucht bis zu ihrer Reifung etwa 64 Tage; der Vorgang ist hormonell gesteuert und wird durch das thermostatisierte Milieu im Hodensack unterstützt, das dem Samen eine optimale Aufbewahrungstemperatur gewährleistet.

Die Samenzellen stammen aus den Spermatogonien des sog. Keimepithels, das die Hodenkanälchen (Tubuli seminiferi) auskleidet. Wenn sich (in der Spermatogenese) eine Spermatogonie teilt - und sie tut dies häufig - entstehen entweder Zellen, die der Ausgangszelle gleichen und an der Wand des Hodenkanälchens liegenbleiben, oder solche, die sich in Einzelheiten von ihrer Mutterzelle unterscheiden und sich von der Kanälchenwand entfernen. Nach Eintritt in die Reifeteilung wird aus den Spermatogonien der primäre Spermatozyt. Er besitzt noch, wie die Körperzellen auch, einen kompletten Satz von 46 Chromosomen. In weiteren Teilungsschritten entstehen die Spermatiden, von denen jedes nur noch 23 Chromosomen enthält.

Zum "Keimepithel" gehören außer den Keimzellen auch noch die Sertolizellen (Stützzellen). An diesen angelagert bekommen die Spermatiden (in der Spermiogenese) ihre kaulquappenähnliche Form, entwickeln einen ovalen Zellkörper, in dem sich der Zellkern befindet, und erhalten den langen, peitschenähnlichen Schwanz. Die heranreifende Samenzelle wandert weiter zu ihrem Speicher, den Nebenhoden (Epididymes), die den Hoden aufgelagert sind. Aus dem Nebenhodenschwanz geht der Samenleiter (Ductus deferens), ein 35 bis 45 Zentimeter langer Gang hervor, der den Hoden mit der Harnröhre in der Prostata verbindet. Bevor der Samen jedoch in die Harnröhre gelangt, werden ihm die Sekrete der Samenbläschen und der Prostata beigemischt. Diese Sekrete dienen der Ernährung der Samenzellen und fördern ihre Eigenbeweglichkeit.

Hormonale Steuerung

Die Produktion der Samenzellen wird durch fein gesteuertes Zusammenwirken von Hormonen ausgelöst und beginnt in der Pubertät. Die Hoden stellen jedoch nicht nur die Samenzellen, sondern auch das männliche Geschlechtshormon Testosteron her, das für die Entwicklung und Reifung der primären und sekundären männlichen Geschlechtsmerkmale verantwortlich ist. Die Bildung des Testosterons in den Zwischenzellen des Hodens wird vom Hypothalamus und der Hypophyse des Zwischenhirns gesteuert. Chemische Impulse des Hypothalamus (sog. Releasing Hormones, RH) stimulieren die Hypophyse, Gonadotropin freizusetzen. Außerdem wird sie angeregt, zwei weitere Hormone, das Luteinisierungshormon (LH) und das Follikel-stimulierende Hormon (FSH), abzugeben. Diese Hormone gelangen über den Blutkreislauf in die Hoden, die daraufhin Testosteron bilden. Der Hormonspiegel wird durch einen raffinierten

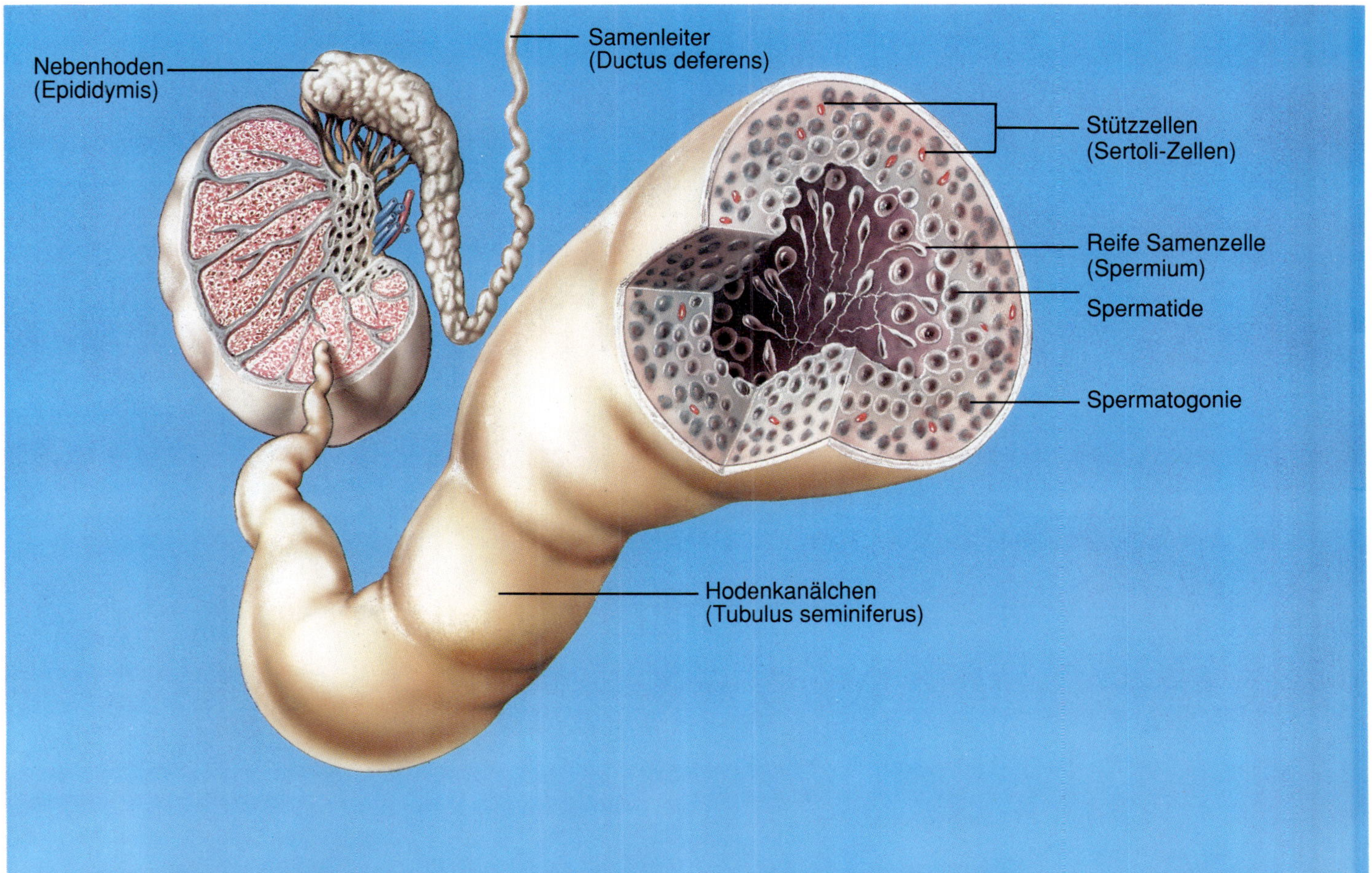

Die Samenfabrik des Hodens besteht aus Tausenden gewundener Hodenkanälchen. In deren Wänden ernähren Stützzellen reifende Keimzellen, die sich bei ihrer Wanderung von der Wand zur Kanälchenlichtung vergrößern und teilen; aus Spermatiden entstehen die fertigen Samenzellen. Pro Tag werden 500 Millionen davon in den Nebenhoden gespeichert und bei Abruf über die Samenleiter und die Harnsamenröhre ausgestoßen.

Rückkopplungsmechanismus (Feedback) konstant gehalten: Testosteronanstieg im Blut hemmt die Produktion des Gonadotropin-freisetzenden Faktors im Hypothalamus, so daß die Ausschüttung von LH durch die Hypophyse verringert wird. Mit dem Absinken des Testosteronspiegels wird die Produktion des Gonadotropin-freisetzenden Faktors sowie von LH angeregt, was wiederum die Tätigkeit der Zwischenzellen im Hoden anregt.

Die weiblichen Geschlechtsorgane

Der "kleine Unterschied" zwischen Mann und Frau spielt für die Frau eine bedeutende Rolle. Nach der Befruchtung der Eizelle durch die Samenzelle muß im Körper der Frau die Frucht sich als Embryo entwickeln und als Fötus heranwachsen, bis dieser schließlich neun Monate später geboren wird.

Im Gegensatz zum Mann sind bei der Frau die primären Geschlechtsmerkmale weitgehend verborgen, so daß bei aufrechter Haltung lediglich das Dreieck der Scham zu sehen ist. Die äußeren Geschlechtsteile bezeichnet man in ihrer Gesamtheit als Vulva; sie besteht aus dem Schamhügel (Mons pubis), der ab der Pubertät die Schambehaarung trägt, und den großen Schamlippen (Labia majora), die den Scheideneingang umsäumen und die Öffnung der Harnröhre bedecken. Zwischen den beiden großen befinden sich die kleinen Schamlippen (Labia minora), zwei sehr empfindliche, unbehaarte Hautfalten. Diese bilden ein kleines Dach, unter dem der Kitzler (Clitoris) liegt. Bei sexueller Erregung schwillt auch die Clitoris - vergleichbar dem männlichen Glied - etwas an, sie stellt den empfindlichsten Teil der weiblichen Geschlechtsorgane dar.

Unmittelbar unterhalb der Clitoris befindet sich die Mündung der Harnröhre (Urethra feminina) und der Scheidenvorhof, der zur Mündung der Scheide (Vagina) führt. Der etwa zehn bis fünfzehn Zentimeter lange Scheidengang kann sehr weit gedehnt werden. Beim Geschlechtsverkehr gelangen nach dem Eindringen des Penis und durch den Samenerguß (Ejakulation) Spermien und Spermienflüssigkeit (Sperma) in die Scheide. Während der Geburt eines Kindes muß sich die Scheide als natürlicher Geburtsweg stark erweitern.

In den oberen Scheidenteil (Scheidengewölbe) ragt der Gebärmutterhals (Cervix uteri). Die Gebärmutter selbst, ein muskulöses, birnenförmiges Organ, das während der Schwangerschaft auf das Hundertfache seiner normalen Größe anwächst, liegt im unteren Beckenraum zwischen Harnblase und Mastdarm. Seitlich der Gebärmutter ziehen die Eileiter (Tubae uterinae) zu den beiden Eierstöcken.

Wie den männlichen Hoden kommt auch den Eierstöcken eine zweifache Aufgabe zu. Zum einen produzieren sie die weiblichen Geschlechtshormone Östrogen und Progesteron, zum anderen reifen in ihnen die weiblichen Geschlechtszellen. Im Gegensatz zum Mann produziert die Frau während ihres Lebens keine Geschlechtszellen mehr, sie ist bereits von Geburt an damit ausgestattet. Von den Vorstufen, den sog. Oozyten, sind etwa 600.000 vorhanden, sie befinden sich innerhalb der Primordialfollikel der Eierstöcke. Theoretisch hätte jeder Oozyt die Chance, zu reifen und befruchtet zu werden. Tatsächlich reifen aber während der fruchtbaren Zeit im Leben der Frau nur etwa 400 Eizellen heran.

Der Menstruationszyklus

Etwa ab dem achten Lebensjahr eines Mädchens beginnt der Hypothalamus mit der Sekretion des Gonadotropin-freisetzenden Faktors, der die Hypophyse zur Ausschüttung zahlreicher Hormone anregt. Zunächst handelt es sich dabei um das Follikel-stimulierende Hormon (FSH), das für das Wachstum der Eierstockfollikel mit den Eizellen sorgt und sie zur Produktion von Östrogen stimuliert. Östrogen ist wiederum für das Wachstum der weiblichen Brust, die Verbreiterung des Beckens und die Entwicklung des äußeren Genitale verantwortlich.

Die Erhöhung des Östrogenspiegels im Blut hat eine Hemmung des Hypothalamus (sog. negatives Feedback) und damit eine Verminderung der Abgabe des Luteinisierungshormons (LH) aus der Hypophyse zur Folge. Der unter Östrogeneinfluß gereifte Follikel platzt und schickt eine Eizelle zur Befruchtung auf den Weg. Diesen Vorgang nennt man Eisprung (Ovulation); häufig wird er von der Frau gar nicht bemerkt, kann aber auch von leichten Krämpfen bis hin zum "Mittelschmerz" begleitet sein.

Die Überreste des Follikels im Eierstock werden zum Gelbkörper, der neben Östrogen auch Progesteron bildet, das die Gebärmutterschleimhaut für die Aufnahme und Versorgung des befruchteten Eis vorbereitet. Wird die Eizelle nicht befruchtet, stellt der Gelbkörper seine Hormonproduktion wieder ein, der Östrogen- und Progesteronspiegel im Blut sinkt. Die Gebärmutterschleimhaut löst sich ab und wird zusammen mit Schleim und Blut durch die Scheide ausgestoßen. Die erste dieser in monatlichen (zwischen 21 und 31 Tage) Abständen wiederkehrenden Monatsblutung (Menstruationszyklus) bei einer jungen Frau bezeichnet man als Menarche.

Der Zyklus beginnt um das elfte Lebensjahr und endet mit der Menopause im Alter von 47 bis 52 Jahren, wenn die Eierstöcke nicht mehr in der Lage sind, ausreichend Östrogen und Progesteron zu erzeugen. Die Menstruation wird zunächst unregelmäßig und hört schließlich ganz auf; die Phase der abnehmenden Ovarialfunktion, die sog. Wechseljahre, ist häufig von Hitzewallungen und Depressionen begleitet.

Die Empfängnis

Walt Whitman hat den Sexualtrieb als "Zeugungsakt der Natur" beschrieben, und sicher ist der Geschlechtsverkehr, abgesehen vom sexuellen Vergnügen, das er bereitet, auch die wirkungsvollste Technik, die Samenzellen in den weiblichen Körper zu bringen. Man unterteilt den sexuellen Reaktionszyklus in vier Stadien: Erregungsphase, Plateauphase, Orgasmusphase und Rückbildungsphase. Jedes dieser Stadien ist durch physische Veränderungen charakterisiert. Beim Mann beginnt die erste Phase mit der Versteifung des Gliedes, die sich ergibt, sobald sich das Schwammgewebe des Penis mit Blut füllt. Auch bei der Frau nimmt die Durchblutung des äußeren Genitales zu, die Scheidendrüsen sondern ein Gleitsekret ab. Beim Eindringen des Penis in die Vagina dehnt sich diese aus, die Gefühlsintensität nimmt zu. In der Orgasmusphase kontrahieren sich die Muskeln von Hoden, Nebenhoden und Samenleiter, die Spermien gelangen in die Harnröhre, vermischen sich mit der Samenflüssigkeit aus Prostata und Samenbläschen und werden jetzt als Sperma stoßweise

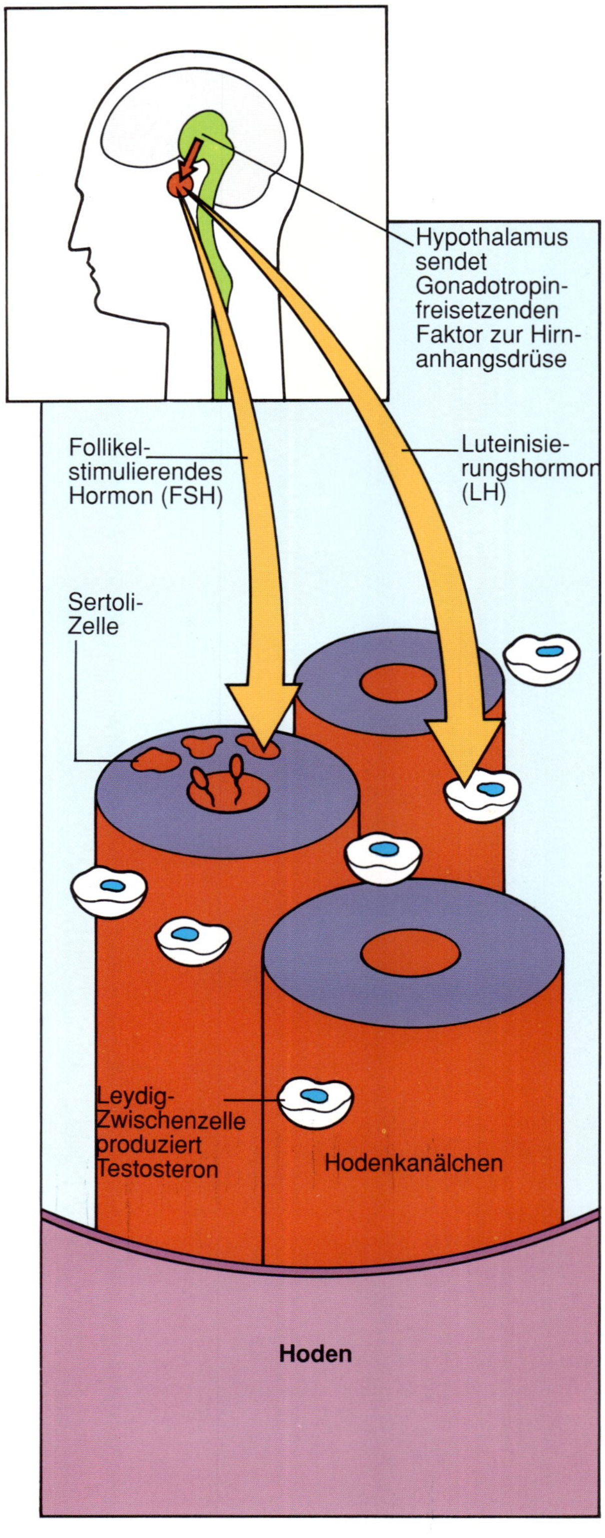

Die Hoden *sind Bildungs- und Wirkungsstätte von Hormonen. Die Samenproduktion wird durch Hormone angeregt, die aus dem Gehirn stammen. Der im Hypothalamus hergestellte "Gonadotropin-freisetzende Faktor" stößt die benachbarte Hirnanhangsdrüse an, Luteinisierungshormon (LH) und Follikel-stimulierendes Hormon (FSH) zu bilden. Diese gelangen mit dem Blutstrom zu den Hoden, wo sie die Produktion von Samen und des Vermännlichungshormons Testosteron anregen. Rechts sind Samenzellen in einer mehr als 1000fachen Vergrößerung dargestellt.*

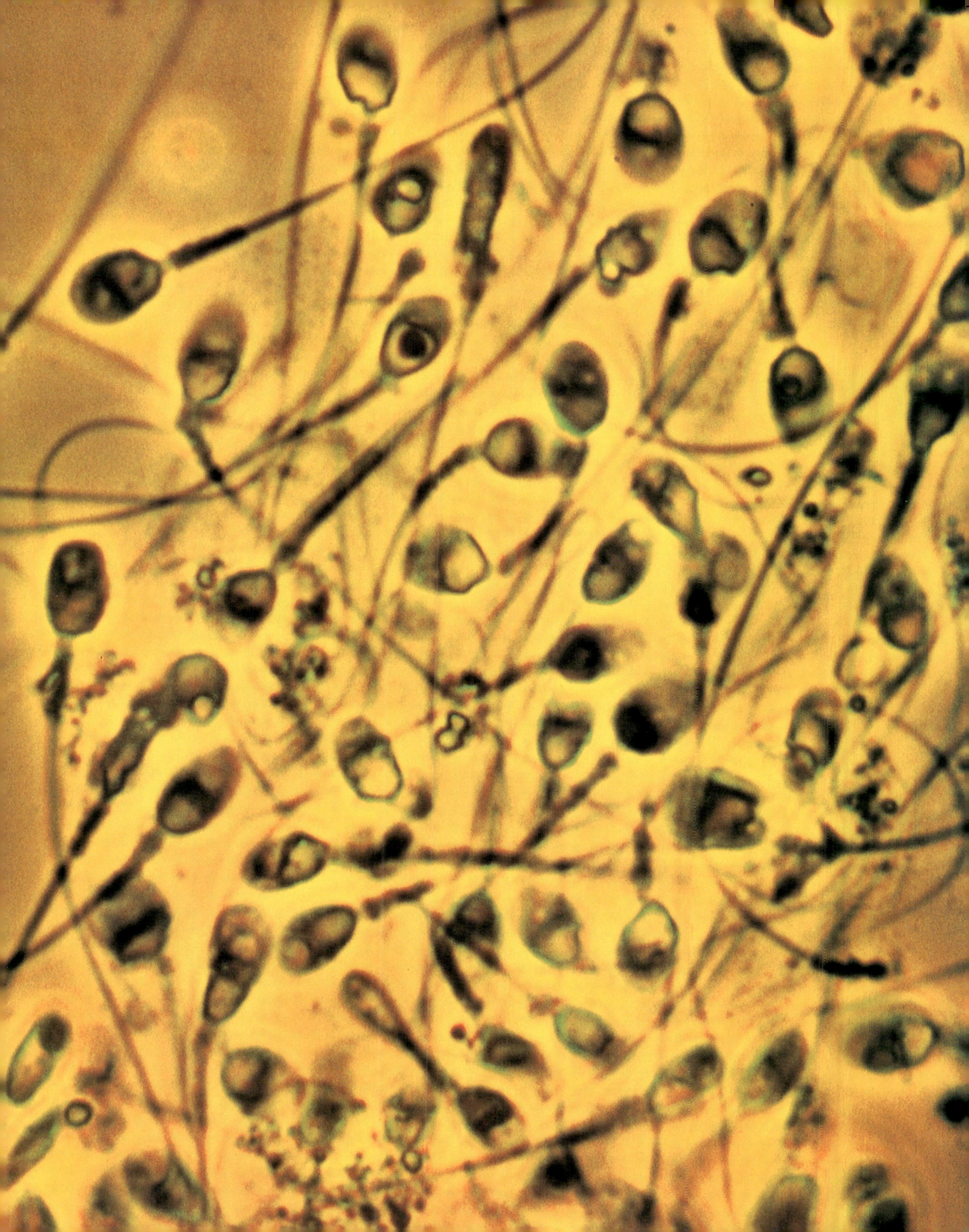

in die Scheide geschleudert (Ejakulation).

Bei einem Samenerguß werden etwa drei Milliliter Sperma abgegeben, das ca. 300 Millionen Spermien enthält (nach drei bis vier Ejakulationen innerhalb von zwölf Stunden ist der Samenspeicher - der Nebenhodengang - leer). Die Spermien schwimmen (rheotaktisch), von Geiselbewegungen angetrieben, mit einer Geschwindigkeit von drei bis fünf Millimeter pro Minute entgegen dem Flüssigkeitsstrom durch die Gebärmutter und die Eileiter. Unterstützt werden sie dabei beispielsweise von den Prostaglandinen und anderen Enzymen des Spermas, die den Schleimpfropf im Gebärmutterhals auflösen. Hat in den vergangenen 48 Stunden eine Ovulation stattgefunden, treffen die Spermien normalerweise im Eileiter auf die Eizelle. Die erste Samenzelle, die die Eizelle erreicht, setzt das Enzym Hyaluronidase frei. Dadurch wird die chemische Eihülle für die Samenzelle durchlässig, die beiden Keimzellen vereinigen sich zur Zygote. Unmittelbar darauf schließt sich die Oberfläche des Eis wieder, andere Enzyme vertreiben die übrigen Spermien und bilden eine undurchdringliche Grenzschicht. Mit Entstehung der Zygote ist die Befruchtung abgeschlossen.

Zwillinge entstehen entweder, wenn sich die Zygote in zwei Keime teilt (eineiige Zwillinge) oder, wenn zwei Eier befruchtet wurden (zweieiige Zwillinge). Im ersteren Fall sind die Kinder erbgleich und stets gleichgeschlechtlich, im letzteren erbverschieden und gleich- oder verschiedengeschlechtlich.

Das Geschlecht des Kindes wird im Moment der Empfängnis festgelegt. Sowohl Samenzelle als auch Eizelle besitzen 23 Chromosomen, also nur die Hälfte der in allen anderen Körperzellen enthaltenen Chromosomen. Das 23. Chromosom (Geschlechtschromosom) des Spermiums ist entweder ein X- oder Y-Chromosom. Verschmilzt nun eine "X-Samenzelle" mit dem Ei, so wird das Kind weiblich. Trägt die Samenzelle jedoch ein Y-Chromosom, entsteht ein Knabe. Durch diesen Befruchtungsvorgang wird die Zygote mit einem kompletten Satz von 23 Chromosomenpaaren ausgestattet und enthält damit das gesamte genetische Material, um lebensfähig sein zu können, und um die Entwicklung des künftigen Menschen bestimmen zu können. In dieser Phase treten Anomalien in Struktur oder Zahl der Chromosomen (Chromosomenaberrationen) als Ursache angeborener Erkrankungen auf.

Die Einnistung des Eis

Innerhalb weniger Stunden beginnt die Zygote zu wachsen und sich weiterzuentwickeln. Mit Hilfe der Flimmerhärchen, die aus vielen der Deckzellen der Eileiterschleimhaut herausragen, wird die Zygote in Richtung Uterus befördert. Die Zellteilung beginnt fast unmittelbar, nachdem die Stränge der Desoxyribonukleinsäure (DNS) in den Chromosomen zu wachsen anfangen. Das befruchtete Ei teilt sich nun in zwei neue Zellen, daraus entstehen dann vier, acht usw. Am vierten Tag nach der Befruchtung erreicht die mittlerweile aus 16 Zellen bestehende Zygote die Gebärmutterhöhle. Mit zunehmender Zellteilung bildet sich die Fruchtwasserhöhle (Amnionhöhle), und wir bezeichnen das Gebilde nun als Keimbläschen (Blastozyste). Bestimmte Zellen verflachen sich und bilden die äußere Trophoblastenschale (aus der sich später die Plazenta entwickelt). Die innere Zellgruppe stellt den Embryoblast (aus dem der Embryo hervorgeht).

Aus dem Trophoblast entsteht die Zottenhaut (Chorion), mit der sich der Embryo etwa eine Woche nach der Befruchtung in die Gebärmutterschleimhaut einnistet. Die Blutgefäße der Zotten nehmen Verbindung auf mit dem Blutkreislauf der Mutter. Dazu dient ein Gewebsabschnitt, aus dem schließlich die Nabelschnur entsteht. In der Zottenhaut wird nun ein Hormon produziert, das extrahypophysäre Gonadotropin (Human-Chorion-Gonadotropin; HCG). Der Nachweis dieses Hormons im Blut ist ein zuverlässiges Zeichen für das Vorliegen einer Schwangerschaft. Die biologische Bedeutung des HCG liegt darin, die Funktion des Gelbkörpers im Eierstock aufrechtzuerhalten, so daß dort weiterhin Östrogen und Progesteron erzeugt werden. Diese Hormone verhindern einen weiteren Eisprung oder eine Menstruation, sind aber auch verantwortlich für typische (unsichere) Zeichen einer Frühschwangerschaft wie Brustschmerz, Übelkeit oder Schwindel.

Bei jeder Zellteilung erfolgt auch eine Zelldifferenzierung. Fehlsteuerungen in dieser Phase können verheerende Auswirkungen haben. Eine verkrüppelte Gliedmaße ist manchmal auf den Verlust oder die Beschädigung nur einer einzigen Zelle zurückzuführen. Der Embryoblast wird zur Keimscheibe, die zunächst aus zwei Zellschichten besteht: dem inneren Keimblatt (Entoderm) und dem äußeren Keimblatt (Ektoderm). In der dritten Woche wächst die Scheibe und verlängert sich, im Ektoderm entsteht eine Längsfurche. Dorthin fließen jetzt Zellen des Ektoderms und stülpen sich ein, so daß zwischen Ekto- und Entoderm ein drittes, mittleres Keimblatt (Mesoderm) entsteht. Die Keimscheibe krümmt sich in der Längs- und Querachse, die Fruchtwasserhöhle umschließt mehr und mehr den gesamten Embryonalkörper und seinen Verbindungsstiel. Der heranwachsende Embryo kann sich in der entstandenen Fruchtwasserblase nun relativ frei bewegen und ist vor der Außenwelt geschützt.

Der Embryo

In den nächsten vier Wochen macht der Embryo drastische Veränderungen durch. Nach etwa dreieinhalb Wochen hat er eine Länge von knapp drei Millimetern. Es entstehen knopfartige Vorläufer der Organe und Gewebe; Zellen wandern durch das Mesoderm und bilden einen Stab, aus dem sich schließlich die Wirbelsäule entwickelt. Das Nervensystem ist zunächst als Neuralrinne im Ektoderm angelegt, die sich zum Neuralrohr schließt. Sein vorderes Ende schwillt an und wird zum Gehirn, der anschließende Bereich zum Rückenmark. Im zweiten Monat entwickeln sich das periphere Nervensystem und das Sinnesgewebe. Beiderseits des Neuralrohrs gliedert sich das Mesoderm in würfelförmige Zellhaufen, sog. Somiten (Ursegmente). Diese liefern das Material für Knochen, Knorpel, Muskeln und wichtige Organe wie Leber, Nieren und Milz. Auch Herz und Blutgefäße entstehen aus dem Mesoderm, wobei das Herz zunächst aus zwei winzigen Röhrchen besteht, die zu einer einzigen Kammer zusammenfließen. Aus dem Entoderm entsteht die Auskleidung der verschiedenen Hohlorgane des Körpers, des Verdauungs-, Ausscheidungs- und Atemtrakts.

Gegen Ende des ersten Monats zeichnet sich bereits die Abgliederung der Extremitäten ab, zunächst nur als winzige Knospen, aus denen dann Arme und Beine werden. Das Wachstum des Kopfes ist fulminant - in dieser Phase ist der Embryo etwa zwölf Millimeter lang, die Hälfte davon nimmt der Kopf ein. Das mittlerweile aus mehreren Kammern bestehende Herz hat seine Tätigkeit aufgenommen, und auch Gehirn und Atemwege entwickeln sich weiter. Mit sieben Wochen fängt die Umwandlung des embryonalen Stützapparates an, Knorpel wird nach und nach durch Knochen ersetzt. Ab der 10. Woche sind bereits die Anlagen für Augen, Nase, Ohren und Kinn erkennbar.

Am Ende des zweiten Monats weist der Embryo, der zunächst wie eine Kaulquappe aussah, deutliche menschliche Züge auf.

Das Lebenserhaltungssystem

Der Embryo wird von der Plazenta versorgt, einem diskusförmigen Organ, das sich in den ersten 10 Wochen der Schwangerschaft dort entwickelt, wo der Trophoblast zuerst in die Gebärmutterschleimhaut

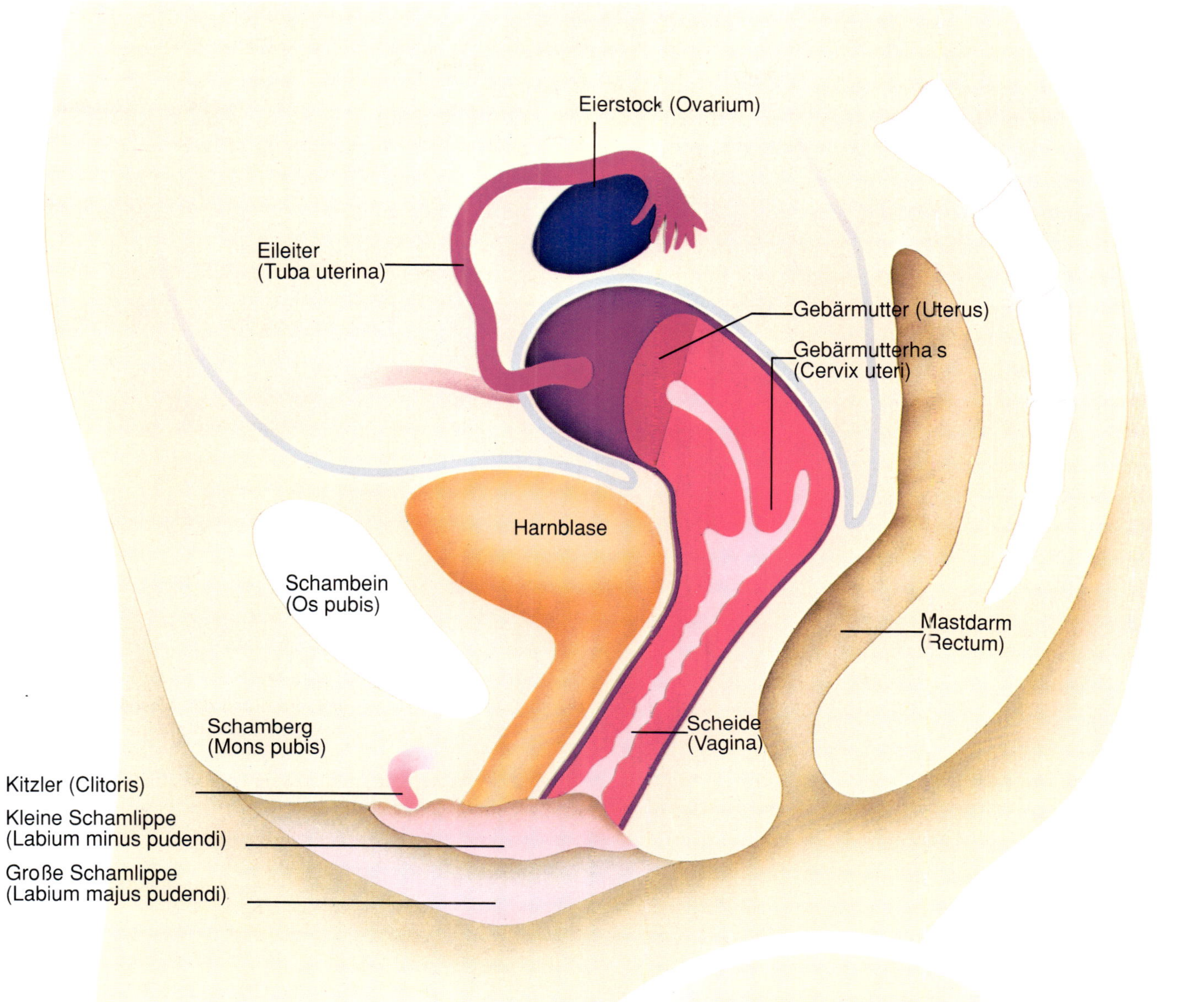

***Die Geschlechtsorgane** der Frau liegen alle innerhalb ihres Körpers. Die beiden Eierstöcke befinden sich unmittelbar neben den Fransen-bewehrten Öffnungen der Eileiter, die beidseits in den Gebärmuttergrund münden. Der Gebärmutterhals ragt als Portio in das Dach der Scheide, die sich zwischen den Schamlippen nach außen öffnet. Die Eierstöcke besitzen zwei Kardinalfunktionen: Eizellen herzustellen bzw. auszustoßen und die weiblichen Geschlechtshormone Östrogen und Progesteron zu liefern. Die Scheide dient während des Beischlafs als Futteral für den Penis und nimmt die ejakulierte Samenflüssigkeit auf.*

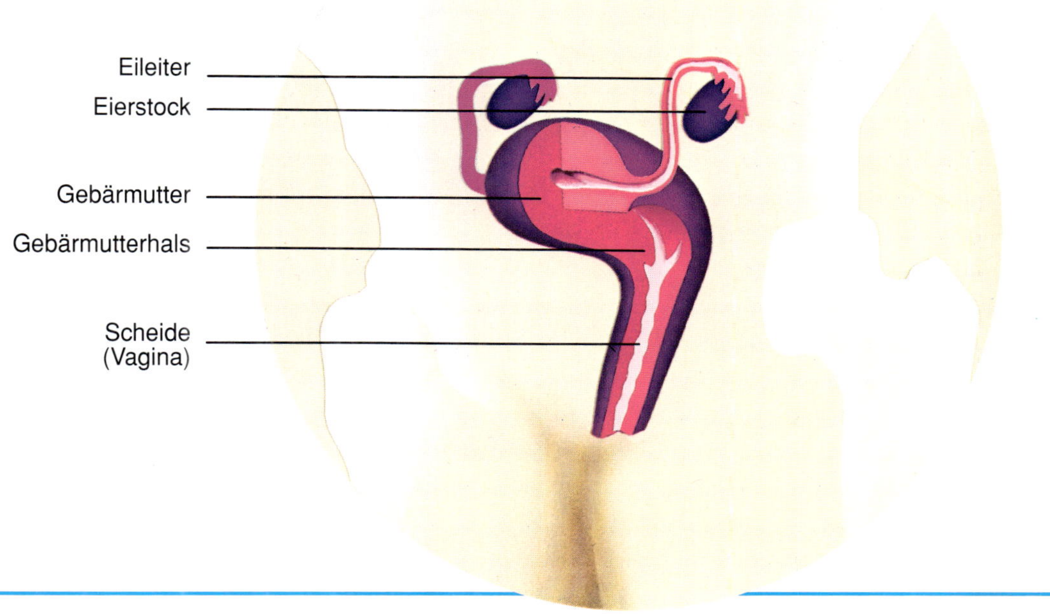

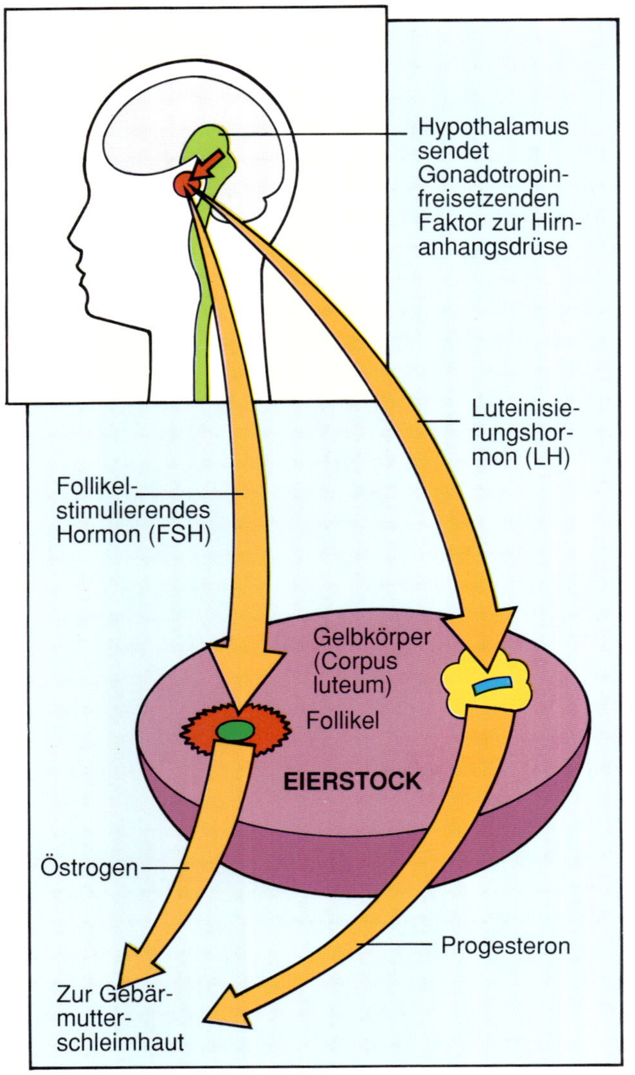

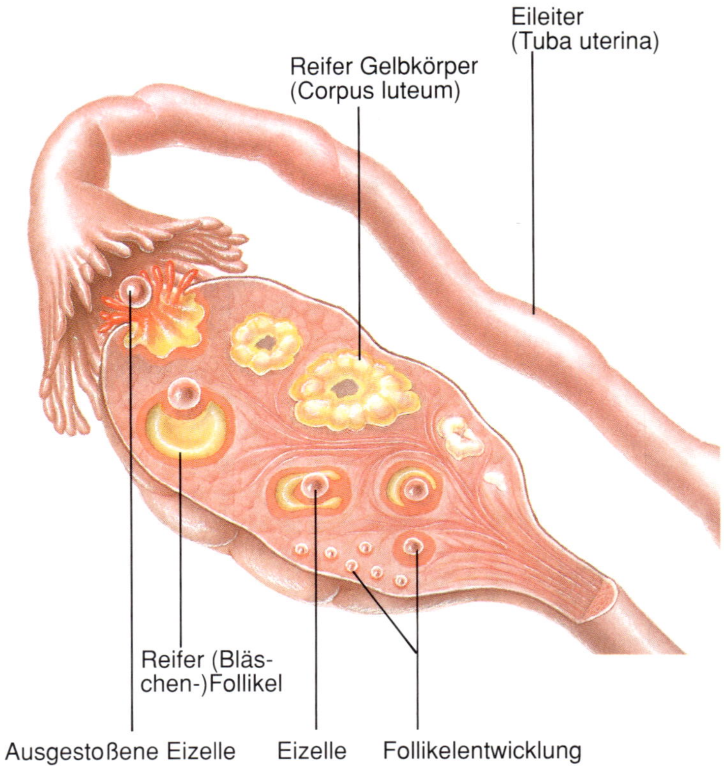

***Die Eierstockfunktion** wird durch Hormone gesteuert (links). Der Gonadotropin-freisetzende Faktor des Hypothalamus löst in der Hirnanhangsdrüse die Bildung Follikel-stimulierenden Hormons (FSH) aus: der Befehl an die Follikel in den Eierstöcken heißt, Östrogen herzustellen (oben). Danach läßt das Luteinisierungshormon den Follikel platzen, eine Eizelle wird ausgestoßen (rechts, in 500facher Vergrößerung). Die leere Follikelhöhle wird zum Gelbkörper, der das Gelbkörperhormon (Progesteron) produziert.*

eingedrungen war. Das Organ, etwa 18 Zentimeter im Durchmesser und knapp 500 Gramm schwer, besteht aus verschiedenen Schichten, wobei nur die beiden unteren (Basalschicht der Gebärmutterschleimhaut und Muskelwand) von der Mutter stammen. Die kindlichen Zotten mit den darin enthaltenen Blutgefäßen werden in den Zottenzwischenräumen vom mütterlichen Blut (aus der Gebärmutterschlagader) umspült. Das kindliche Blut gelangt über die Nabelschlagadern in die Zotten und fließt nach dem Stoffaustausch in der Plazenta über die Nabelschnurvene wieder in den embryonalen Körper zurück. Der Blutstrom in den Zotten wird also vom Herzen des Embryos im Fluß gehalten.

Die Plazenta wirkt als Atmungs-, Ernährungs- und Ausscheidungsorgan. Ihre Zottenzwischenräume füllen sich mit mütterlichem Blut, aus dem das kindliche Blut in den Zotten nicht nur Sauerstoff, sondern auch (durch Diffusion) Eiweiße, Vitamine und andere Nährstoffe zum Wachstum bezieht. Einige davon, besonders Eiweiße werden von der Plazenta selbst erzeugt. Gleichzeitig wandern aus den Blutgefäßen des Embryos Schlackenstoffe ins mütterliche Blut der Plazenta. Es gibt jedoch auch zahlreiche Medikamente und andere schädliche Stoffe, die, von der Mutter eingenommen, über die Plazenta in den Embryo gelangen und diesen schädigen können.

Die Plazenta übernimmt außerdem die Funktion des Gelbkörpers und produziert Östrogen, Progesteron und andere Hormone, die für eine komplikationslose Schwangerschaft erforderlich sind.

Die Entwicklung des Fötus

Ab der achten Woche wird der Embryo, jetzt bereits wie ein winziges Kind aussehend, als Fötus bezeichnet. In den folgenden 36 Wochen steht das Wachstum, weniger die Entwicklung im Vordergrund, und das Gewicht des Fötus steigt um das 100fache von etwa 30 auf 3.000 bis 3.500 Gramm, die Körperlänge von sieben auf 50 Zentimeter. Mit dem Wachstum der Gliedmaßen und des Rumpfes ändern sich auch die Körperproportionen, der Kopf nimmt nur noch ein Viertel der gesamten Körpergröße ein.

Haare, Augenbrauen und Wimpern wachsen in der 20. Woche, gefolgt von den Finger- und Zehennägeln. Gliedmaßen und Rumpf sind vom sog. Lanugo (Wollhaar) bedeckt.

Geschützt durch das ihn umgebende flüssige Medium beginnt der Fötus sich zu bewegen und schluckt auch etwas vom Fruchtwasser. Ab dem fünften Monat lutscht der Fötus am Daumen, einen Monat später bildet sich der für einen neugeborenen Säugling charakteristische Greifreflex heraus. Ab der 20. Woche läßt sich der Herzschlag des Fötus mit dem Stethoskop an der mütterlichen Bauchwand abhören. Ab der 24. Woche ist der Fötus in der Lage, außerhalb des Mutterleibes im Schutz eines Brutkastens zu überleben.

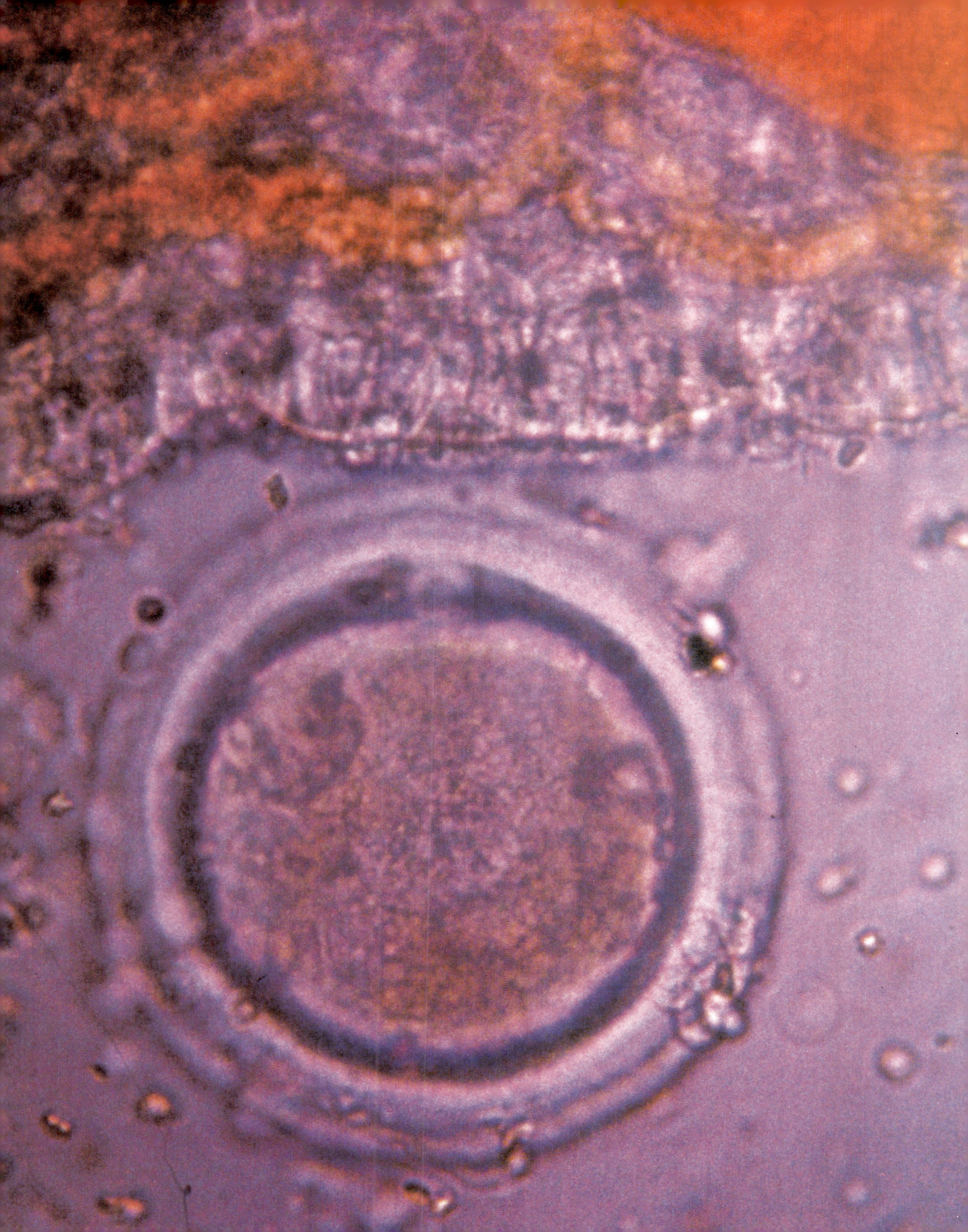

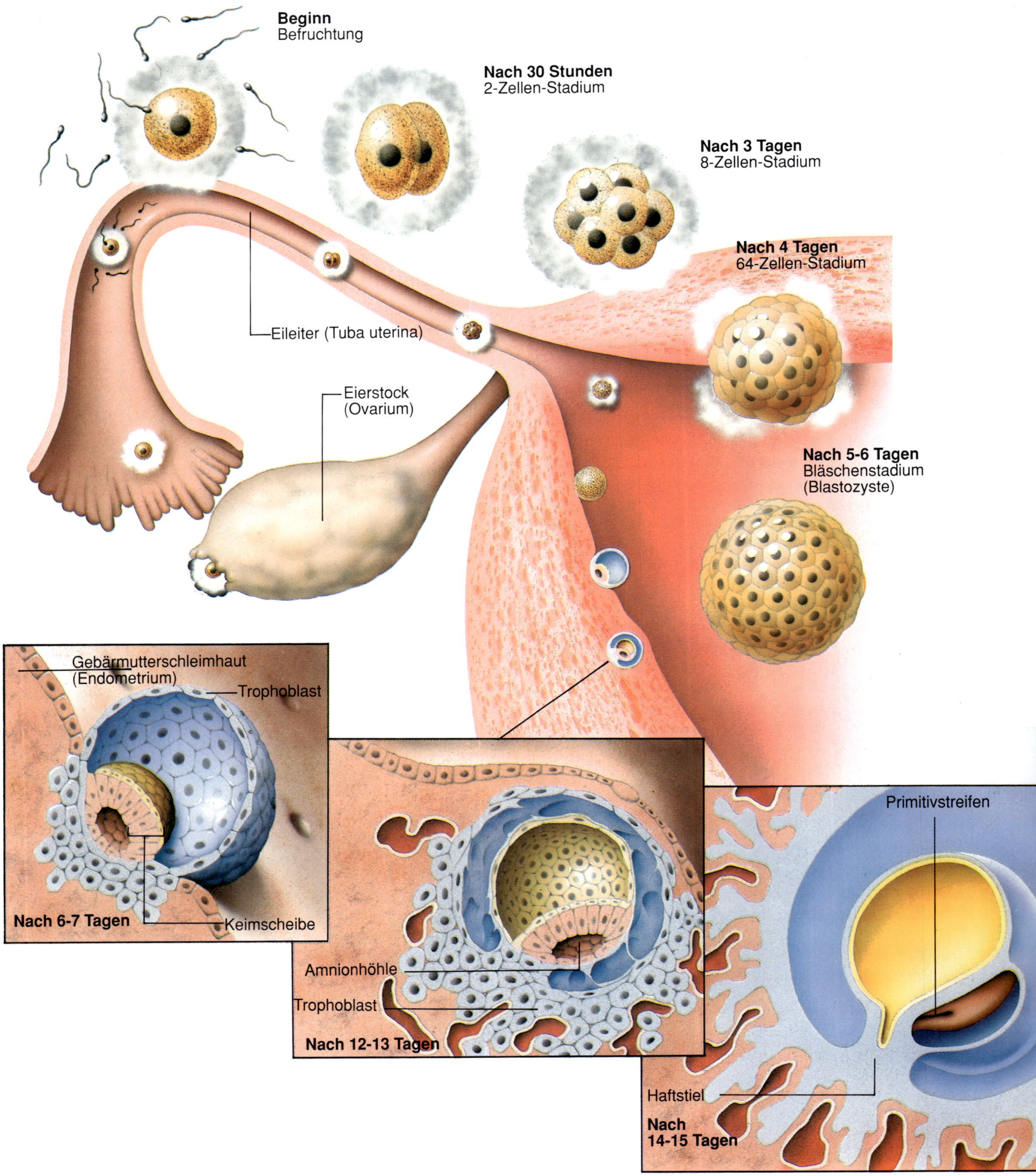
Beginn
Befruchtung
Nach 30 Stunden
2-Zellen-Stadium
Nach 3 Tagen
8-Zellen-Stadium
Nach 4 Tagen
64-Zellen-Stadium
Eileiter (Tuba uterina)
Eierstock
(Ovarium)
Nach 5-6 Tagen
Bläschenstadium
(Blastozyste)
Gebärmutterschleimhaut
(Endometrium)
Trophoblast
Nach 6-7 Tagen
Keimscheibe
Amnionhöhle
Trophoblast
Nach 12-13 Tagen
Primitivstreifen
Haftstiel
Nach
14-15 Tagen

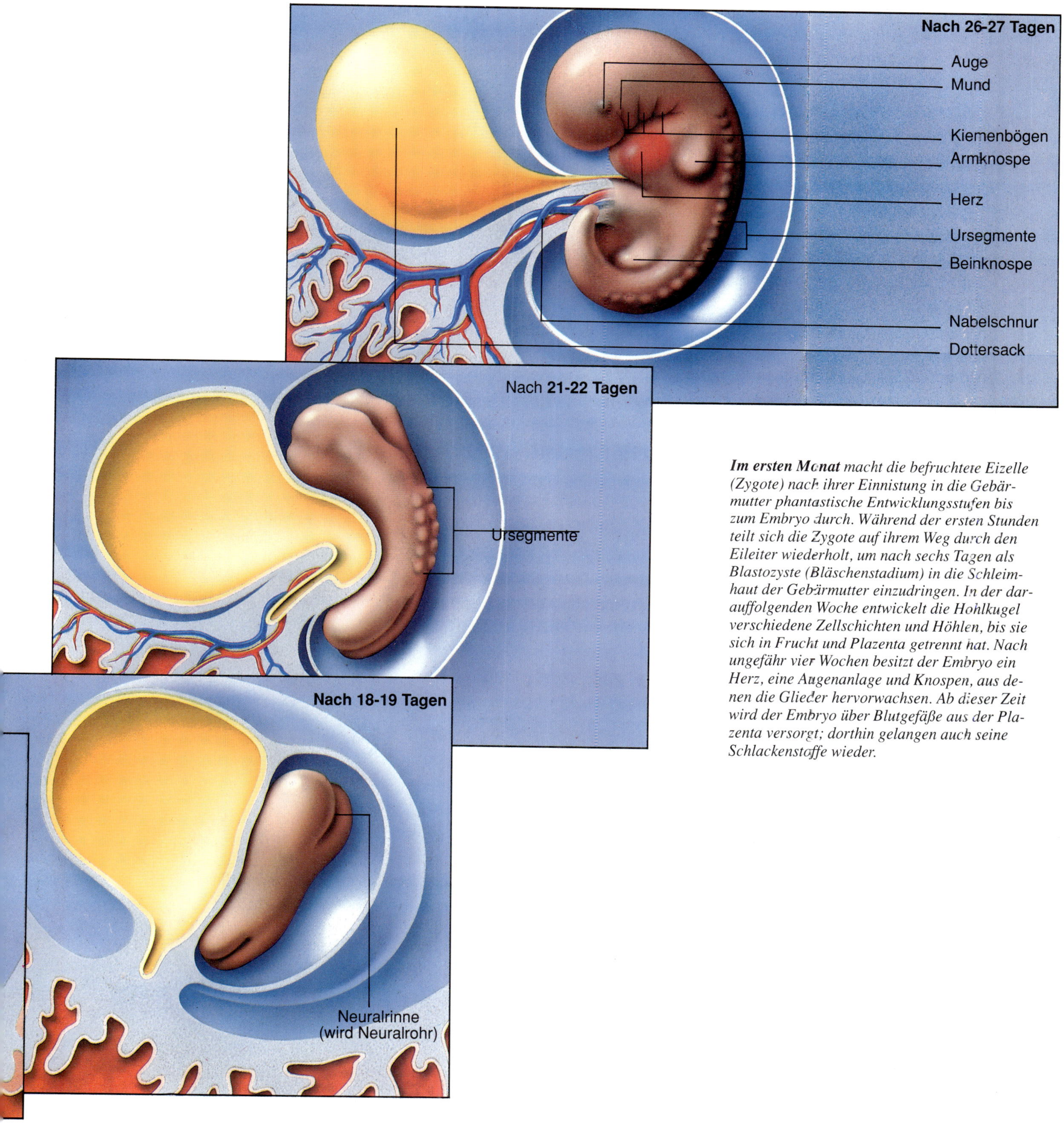

***Im ersten Monat** macht die befruchtete Eizelle (Zygote) nach ihrer Einnistung in die Gebärmutter phantastische Entwicklungsstufen bis zum Embryo durch. Während der ersten Stunden teilt sich die Zygote auf ihrem Weg durch den Eileiter wiederholt, um nach sechs Tagen als Blastozyste (Bläschenstadium) in die Schleimhaut der Gebärmutter einzudringen. In der darauffolgenden Woche entwickelt die Hohlkugel verschiedene Zellschichten und Höhlen, bis sie sich in Frucht und Plazenta getrennt hat. Nach ungefähr vier Wochen besitzt der Embryo ein Herz, eine Augenanlage und Knospen, aus denen die Glieder hervorwachsen. Ab dieser Zeit wird der Embryo über Blutgefäße aus der Plazenta versorgt; dorthin gelangen auch seine Schlackenstoffe wieder.*

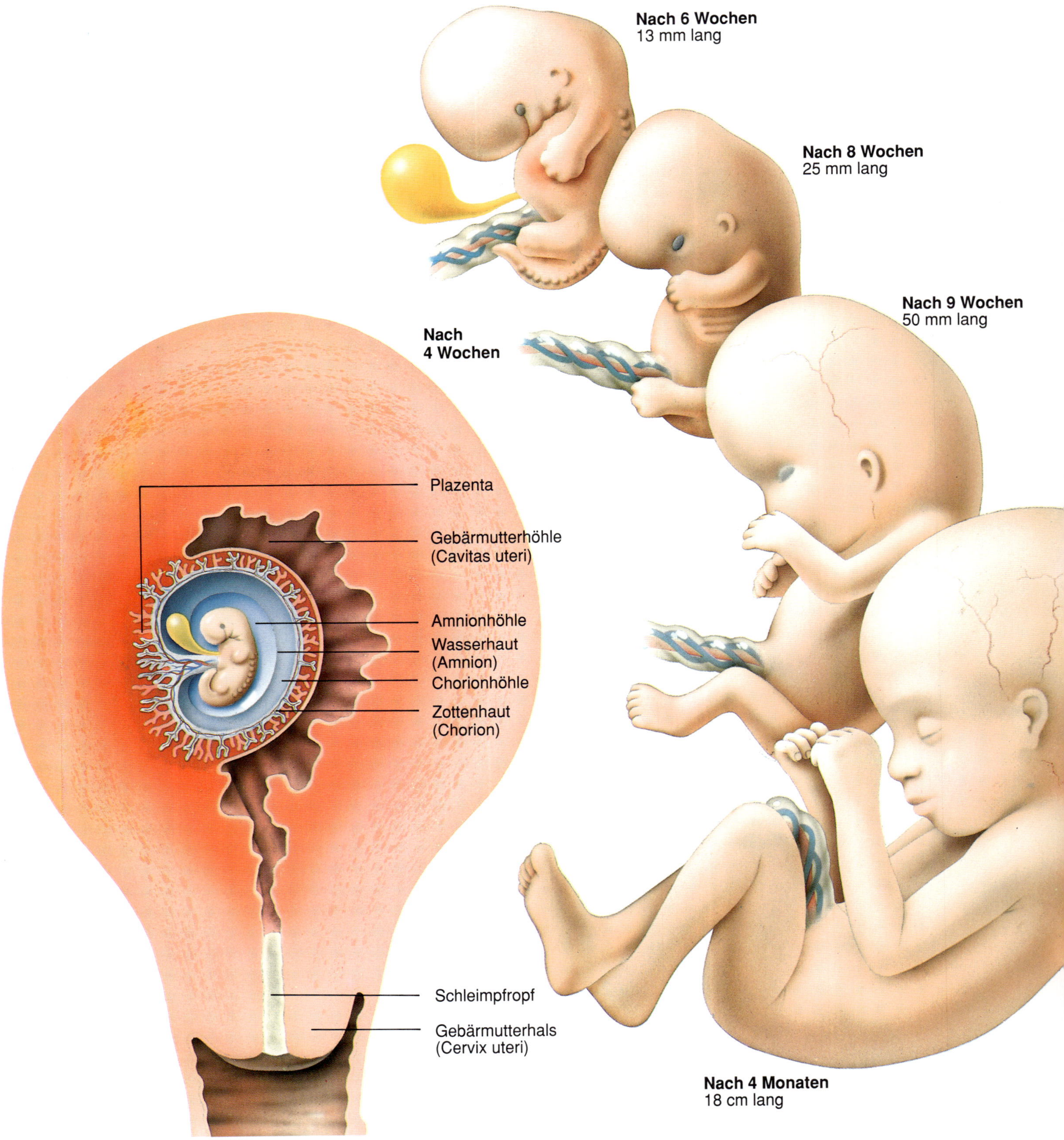
Nach 6 Wochen
13 mm lang
Nach 8 Wochen
25 mm lang
Nach 9 Wochen
50 mm lang
Nach
4 Wochen
Plazenta
Gebärmutterhöhle
(Cavitas uteri)
Amnionhöhle
Wasserhaut
(Amnion)
Chorionhöhle
Zottenhaut
(Chorion)
Schleimpfropf
Gebärmutterhals
(Cervix uteri)
Nach 4 Monaten
18 cm lang

Nach 7 Monaten
Lebensgröße

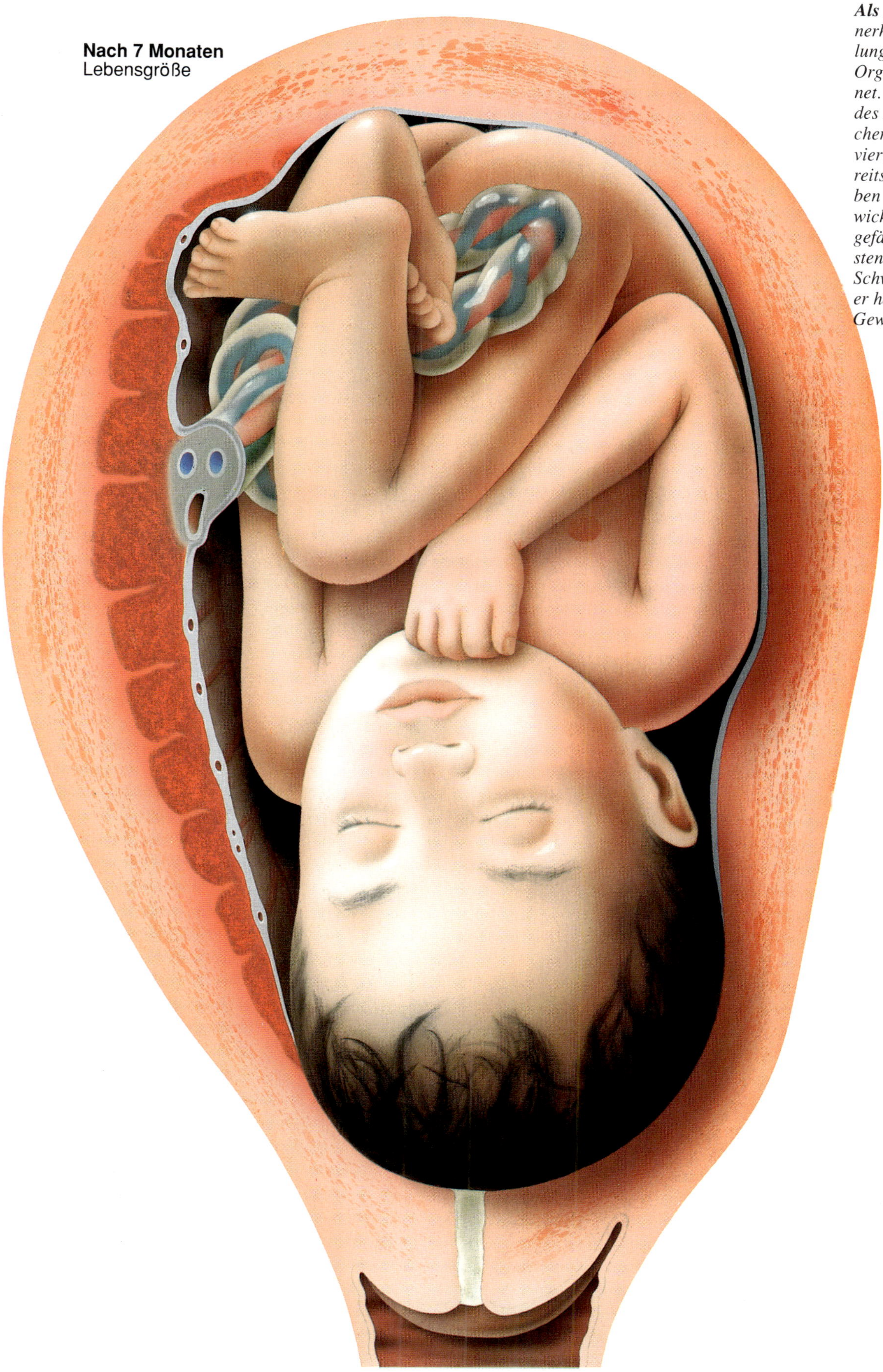

Als Embryo *wird die Frucht innerhalb der ersten acht Entwicklungswochen, einer Periode der Organdifferenzierungen, bezeichnet. Daran schließt sich die Zeit des Fötus, eine Phase vornehmlicher Wachstumsvorgänge an. Im vierten Monat ist der Fötus bereits menschenähnlich. Nach sieben Monaten ist er dann voll entwickelt und zu einer, wenn auch gefährdeten, eigenständigen Existenz fähig. In den letzten zwei Schwangerschaftsmonaten nimmt er hauptsächlich an Größe und Gewicht zu.*

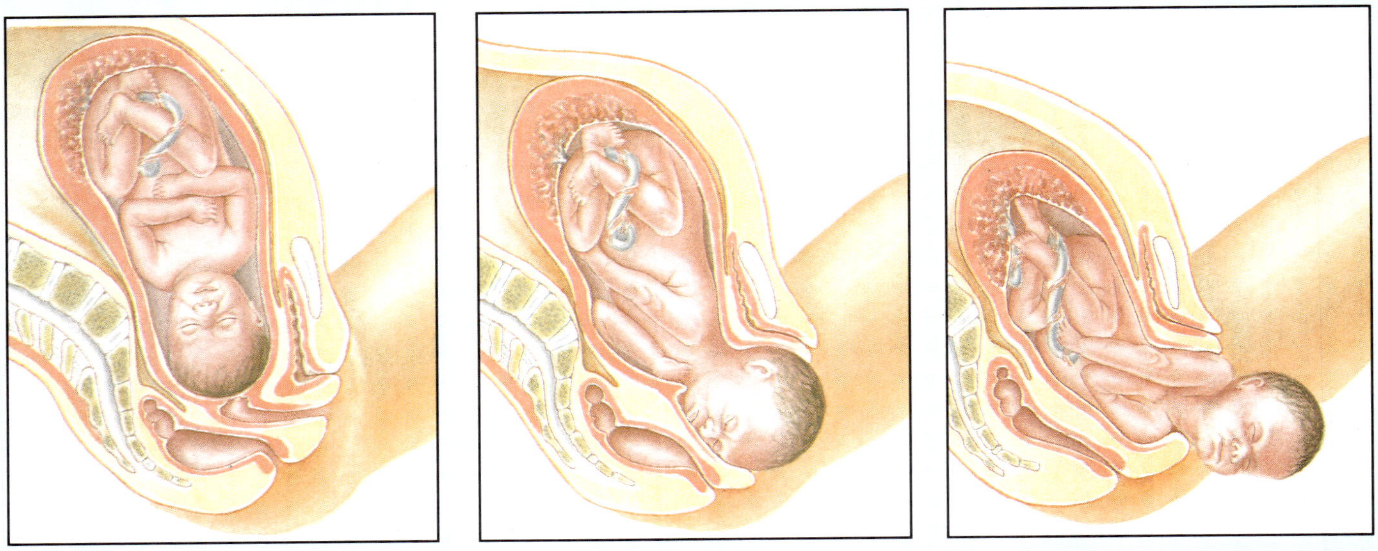

Die Niederkunft, der Weg aus dem Mutterleib, ist die erste und wichtigste Reise des Menschen. Für die Eltern ist sie ein Ende neunmonatigen Wartens und Hoffens. Während der ersten Phase der Entbindung wird der kindliche Kopf durch rhythmische Muskelkontraktionen entlang dem Gebärmutterhals nach unten gestoßen. Dann windet sich der Fötus durch den Geburtskanal, der Kopf tritt aus der Scheide, und mit einer letzten mütterlichen Anstrengung hat sich das Wunder der Geburt wiederholt. Zum Schluß wird die Plazenta ausgestoßen.

Der Körper verändert sich

Während sich der Fötus im Mutterleib entwickelt, ist auch der Körper der Frau drastischen Wandlungen unterworfen. In den ersten drei Monaten ist äußerlich zwar kaum etwas zu erkennen; erst wenn das Wachstum des Fötus einsetzt, kommt es zur charakteristischen Zunahme des Bauchumfangs. Und doch treten bereits vom Moment der Empfängnis an Veränderungen auf, die meistens mit den Hormonen Östrogen und Progesteron zu tun haben. Das Progesteron verhindert jeden weiteren Eisprung und damit die Menstruation. Das Ausbleiben der Monatsblutung ist häufig das erste auffällige (aber unsichere) Anzeichen für das Vorliegen einer Schwangerschaft; auch Übelkeit, Schwindel, geschwollene oder schmerzende Brüste sowie der häufige Harndrang sprechen dafür. Später sorgt dann das Östrogen für eine Lockerung der Beckengelenke und -bänder als Vorbereitung auf die Geburt; dies mag die eigentliche Ursache der Rückenschmerzen einer Schwangeren sein.

Die Hormone wirken sich auch auf den Kreislauf aus. Das Blutvolumen nimmt um fast 50 Prozent zu, und das Östrogen erhöht das Risiko einer Blutgerinnselbildung oder Thrombose. Weitere unangenehme Nebenwirkungen einer Schwangerschaft können Krampfadern und Hämorrhoiden sein.

Eine Schwangere sollte unter ständiger Beobachtung ihres Arztes stehen mit häufigeren und regelmäßigen Visiten in den letzten drei Monaten. Zu den umfassenden Untersuchungen gehören Blut- und Urintests. Dabei wird das Blut u.a. auf seinen Gehalt an Farbstoff (Hämoglobin), der Urin auf Zucker und Eiweiß kontrolliert; Schwangerschaftsanämien oder Schwangerschaftsdiabetes sind keine Seltenheit. Im letzten Drittel achtet der Arzt insbesondere auf den Blutdruck; seine Erhöhung ist Vorbote einer der gefährlichsten Schwangerschaftsstörungen, der sog. Eklampsie. Diese Erkrankung, die früher häufig tödlich verlief, kann heute leicht festgestellt und behandelt werden.

Auch Herzschlag und Wachstum des Fötus sind mit Ultraschallgeräten zu verfolgen. Im großen und ganzen liegt es jedoch an der Schwangeren selbst, durch ausgewogene Ernährung und Schwangerschaftsgymnastik für einen störungsfreien Verlauf der Schwangerschaft zu sorgen und nach der Geburt zu ihren normalen körperlichen Proportionen rasch zurückzufinden. In der Endphase der Schwangerschaft ist es darüber hinaus ratsam, Kurse zu besuchen, die sich mit dem Geburtsvorgang auseinandersetzen, sowie die entsprechenden Atemtechniken zu erlernen, die den Geburtsvorgang wesentlich unterstützen.

Das Verhältnis zwischen Mutter und Kind ist während der Schwangerschaft besonders eng, negative äußere Einflüsse werden leicht an das Ungeborene weitergegeben. Es wird in seiner vorgeburtlichen Entwicklung von Virusinfektionen, Geschlechtskrankheiten, Tabak-, Alkohol- und Drogenmißbrauch bedroht. Erkrankt die Mutter z.B. in den ersten Schwangerschaftsmonaten an Röteln, sind schwere fötale Mißbildungen die Regel. Mittlerweile ist auch bewiesen, daß Rauchen während der Schwangerschaft eine Fehlgeburt, den Tod des Fötus, eine Frühgeburt oder Erkrankungen der kindlichen Atemwege verursachen kann. Alkoholmißbrauch hat fötale Unterentwicklung und andere schwere Geburtsfehler zur Folge. Welche Auswirkungen die Einnahme von Schlafmitteln während der Schwangerschaft haben kann, trat Anfang der 60er Jahre durch die sogen. Contergan-Kinder nur allzu deutlich in Erscheinung.

Ein behindertes Kind zur Welt zu bringen, ist sicherlich der Alptraum jeder Frau, doch durch die Fortschritte der modernen Medizin lassen sich genetisch bedingte Fehlbildungen wie etwa Mongolismus oder Spina bifida (hintere Wirbelsäulenspaltbildung) bereits vor der Geburt aufdecken. Schon ab der 15. Schwangerschaftswoche kann man die Fruchtblase punktieren und das Fruchtwasser untersuchen. Diese Methode wird allmählich durch die Zottenhaut-Biopsie abgelöst, die zwischen der neunten und elften Woche durchgeführt werden kann. Die Zottenhaut enthält sehr viel DNS, so daß die Analyse einer Gewebsprobe Rückschlüsse auf eventuell vorhandene Erbschäden zuläßt.

Der Geburtsvorgang
Die Geburt kann eine äußerst aufwühlende, aber auch sehr traumatische Erfahrung für Kind und Mutter bedeuten. Kulturelle und historische Einflüsse, ja auch bestimmte Lebenseinstellungen und Modeerscheinungen haben die Art und Weise, in der ein Kind zur Welt gebracht wird, auf mannigfaltige und oft wundersame Weise beeinflußt. Nichtsdestotrotz handelt es sich um ein einzigartiges Erlebnis, und wir wissen heute, daß das Erlebnis um so tiefer ist, je mehr eine Frau in der Lage ist, aktiv am Geburtsvorgang teilzunehmen.

Eine komplette Schwangerschaft dauert neun Monate. Dann setzen die Wehen ein, die zur Austreibung des Kindes aus dem Mutterleib führen. Während der gesamten Schwangerschaft bereitet sich die Gebärmutter durch sanfte Kontraktionen auf die Austreibung vor. Im letzten Schwangerschaftsmonat steigern sich diese Kontraktionen, bis die Wehen selbst einsetzen. Der eigentliche Auslöser der Wehen ist nach wie vor unbekannt. Manche Ärzte sind der Ansicht, daß sie einsetzen, sobald die Gebärmutter ihre volle Ausdehnung erreicht hat, während andere glauben, daß der sinkende Progesteronspiegel dafür verantwortlich ist. Das von der Hypophyse ausgeschüttete Hormon Oxytocin wirkt anregend auf die Gebärmutter, aber auch Prostaglandine spielen eine Rolle. Darüber hinaus dürfte der Fötus selbst am Einsetzen der Wehen beteiligt sein.

Die Austreibung kündigt sich durch mehrere Zeichen an. Bei Erstgebärenden stellt sich der Fötus zwei bis drei Wochen vor der Geburt in Kopflage ein; der Gebärmutterhals sowie der untere Teil der Gebärmutter dehnen sich, und der Muttermund wird geöffnet. Dabei wird der Schleimpfropf des Gebärmutterhalses, ein Schutz vor aufsteigenden Infektionen, ausgestoßen. Dieser Vorgang, das erste "Zeichnen", kann von einer leichten Blutung begleitet sein. Die Fruchtblase sinkt in die Scheide ab und reißt, das Fruchtwasser tritt aus und der Geburtsvorgang setzt ein.

Der Geburtsmechanismus läßt sich insgesamt in drei Phasen gliedern. Der erste, soeben angedeutete Abschnitt ("Eintrittsmechanismus"; bei Erstgebärenden die letzten Wochen, bei Mehrgebärenden mit Wehenbeginn) bringt eine Querstellung und ungezwungene Haltung des kindlichen Kopfes zur Beckeneingangsebene mit sich. In der zweiten Phase ("Durchtrittsmechanismus") tritt der kindliche Kopf durch Dehnung des Geburtskanals tiefer, beugt sich (Anpassung an die runde Beckenhöhle) und dreht sich (Nacken wird schamfugenwärts gerichtet); man bezeichnet diesen Vorgang als Einschneiden oder Durchschneiden. In der dritten Phase ("Austrittsmechanismus") kommt es zur Rückwärtsbeugung des Kindes und einer äußeren Drehung. Bei einer normalen Geburt erscheint also zunächst der Kopf, dann drehen sich die Schultern, und im Zuge weiterer Kontraktionen wird das Kind ganz ausgetrieben. Mund und Nase müssen anschließend vom Schleim gesäubert werden, der Säugling stößt den ersten Schrei aus und macht seinen ersten Atemzug. Nachdem die Nabelschnur aufgehört hat zu pulsieren, wird sie abgebunden und durchtrennt.

Bei 95 Prozent aller Geburten tritt der Kopf zuerst aus, und zwar in der sog. Hinterhauptslage. In etwas mehr als drei Prozent aller Geburten wird eine Steißlage beobachtet; das Gesäß oder die Füße des Kindes gehen voran. Hier und da gelingt es, das Kind noch vor Einsetzen des Durchtrittsmechanismus zu drehen; andernfalls ist eine Schnittentbindung, die Öffnung der mütterlichen Bauchdecke (Kaiserschnitt), notwendig, um das Kind ohne Schaden zur Welt zu bringen.

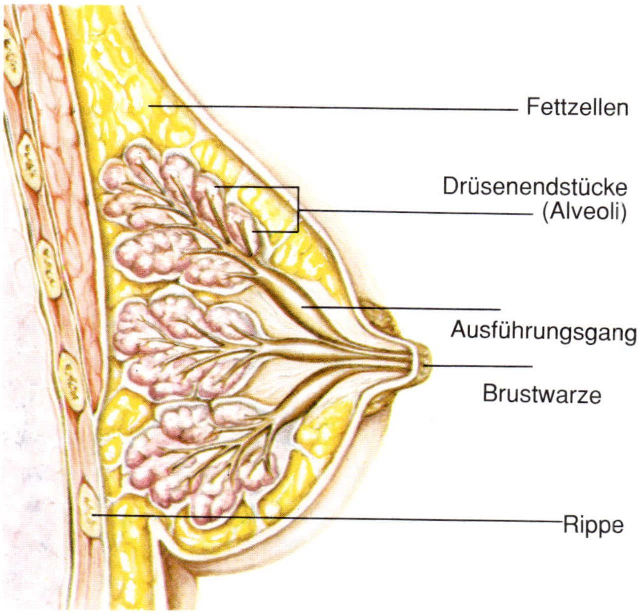

***Die Muttermilch** ist "ansprechend und praktisch verpackt", hat die richtige Temperatur und ist unter den entsprechenden Voraussetzungen stets verfügbar. Ihre Produktion setzt mit dem Saugakt des Neugeborenen ein.*

Nach der eigentlichen Geburt zieht sich die Gebärmutter weiter zusammen und stößt auch die Plazenta mit der Nabelschnur (die "Nachgeburt") aus. Diese wird vom Geburtshelfer genauestens untersucht, um sicherzustellen, daß die gesamte Plazenta ausgestoßen wurde. Damit ist der Geburtsvorgang abgeschlossen.

Der körperliche Zustand des Neugeborenen wird mit dem sog. Apgar-Index bewertet, wobei fünf Kriterien - Herzschlag, Atmung, Muskeltonus, Reflexe und Hautfarbe - in mehrminütigen Abständen nach der Geburt wiederholt mit 0, 1 oder 2 benotet werden (eine bläuliche Hautfarbe könnte z.B. ein Hinweis auf kindliche Kreislaufprobleme sein). Die maximal erreichbare Gesamtpunktzahl beträgt 10; Neugeborene mit weniger als sechs Punkten brauchen sofort ärztliche Hilfe.

Anschließend wird das Neugeborene gewogen und die Größe der Fontanellen - der weichen Lücken im Schädel, die sich noch nicht geschlossen haben - gemessen. Auch die Nervenreflexe werden geprüft. Wenn man einen Finger auf die Wange des Neugeborenen legt, so sollte es den Kopf drehen und den Mund öffnen. Diese natürliche Reaktion des Kindes hat den Zweck, die mütterliche Brustwarze zu finden. Durch das Berühren der Handfläche wird der Greifreflex ausgelöst. Und hält man das Kind aufrecht, so daß ein Fuß den Boden berührt, so macht es einen Schritt nach vorne. Diese Fähigkeit geht jedoch bald verloren und muß Monate später neu erlernt werden.

Sämtliche Tests dienen dazu, die Perfektion des Resultats eines neunmonatigen wunderbaren Vorgangs festzustellen - den Wandel einer einzigen Zelle zu einem neuen Mitglied der menschlichen Gesellschaft.

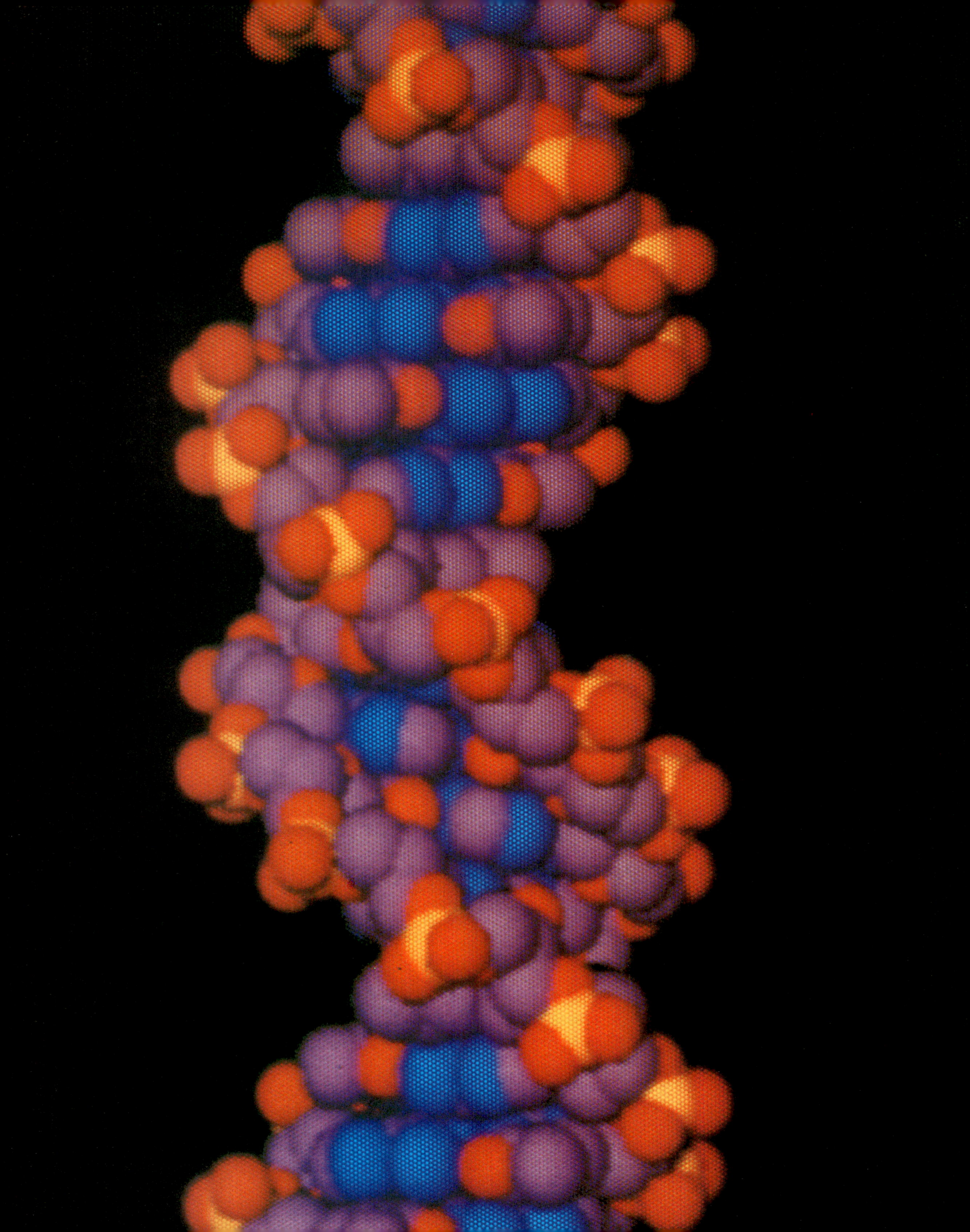

Kapitel 16
Entwicklung und Vererbung

Eine der interessantesten Überlegungen im Zusammenhang mit dem menschlichen Körper ist wohl diejenige, warum wir so sind, wie wir sind. Bei der Empfängnis verschmelzen zwei Geschlechtszellen - die Samenzelle des Mannes und die Eizelle der Frau - miteinander und bilden eine einzige befruchtete Zelle. Diese enthält sämtliche Informationen, damit ein neues menschliches Wesen entstehen kann. Außerdem sind gewisse Eigenschaften wie Haarfarbe, Größe, künstlerische Begabung oder Intelligenz bereits zum Teil festgelegt. Diese Informationen werden von den Eltern übernommen und sind in den Genen gespeichert. Tausende von Genen liegen auf den fadenförmigen Chromosomen (einer Doppelhelix aus DNS).

Jedes menschliche Wesen ist etwas Einzigartiges, geprägt durch die Kombination von Eigenschaften, die es von beiden Elternteilen mitbekommen hat. Der Vorgang, durch den dies geschieht, sowie die Auswahl bestimmter Eigenschaften ist zum Teil auf exakte Programmierung und zum Teil auf zufällige Selektion zurückzuführen. Durch die Vererbung werden Eigenschaften von einer Generation auf die nächste übertragen. Zu den vererbten Merkmalen eines Menschen gehören z.B. Haarfarbe und Körperbau, aber auch Blutgruppe, bestimmte Stoffwechseleigenschaften und der Enzymhaushalt.

Die Wissenschaft von den Erbmechanismen und den Variationen, die dabei sowohl im Tier als auch in der Pflanze auftreten können, nennt man Genetik. Sie hat im Laufe des 20. Jahrhunderts einen Boom erlebt, so daß wir heute nicht nur verstehen, warum wir bestimmte Eigenschaften vererbt bekommen, sondern auch in der Lage sind, eine Reihe ernsthafter Störungen zu erklären und zu behandeln. Sie ermöglicht uns sogar, in die Entstehungsabläufe des Lebens selbst einzugreifen. In der Gentechnologie sind dem Forschungsdrang allerdings ethische und moralische Grenzen gesetzt.

Vererbungsgesetze

Die entscheidende Rolle bei der Vererbung spielen die Gene. Die Hälfte davon stammt jeweils von der Mutter bzw. vom Vater. Aus Ähnlichem entsteht Ähnliches, so daß als Folge der Übertragung erblicher Merkmale die Nachkommen in vielerlei Hinsicht ihren Eltern gleichen. Natürlich gibt es auch Variationen. Zwar werden im wesentlichen gleiche genetische Charakteristika übertragen, doch kommt es stets zu unzähligen Kombinationen, so daß die Wahrscheinlichkeit, daß zwei Menschen - abgesehen von eineiigen Zwillingen - sich "wie ein Ei dem anderen" gleichen, sehr gering ist.

Der Zufall spielt eine große Rolle in der Vererbung, doch findet man auch gewisse Regeln und Muster. Gesetzmäßigkeiten entdeckte als erster der Augustiner-Abt Gregor Mendel im 19. Jahrhundert, und zwar mit einer Reihe von Experimenten an Gartenerbsen. Die Arbeit Mendels in Verbindung mit modernem Wissen über die Zellstrukturen zeigt, daß vererbte Merkmale durch die Gene weitergegeben werden, und daß jeder Mensch zwei Exemplare eines jeden Gens besitzt, und zwar eines von der Mutter und eines vom Vater.

Die Übertragung genetischer Informationen von den Eltern auf

***Das Modell der** Desoxyribonukleinsäure (DNS) windet sich als zusammengerolltes Knäuel verschlüsselter chemischer Informationen schier endlos. Feinste Änderungen in der Anordnung der Atome, die das Molekül bilden, bestimmen die Erbbotschaft der DNS. Sie besitzt die Fähigkeit, sich selbst fehlerfrei zu verdoppeln, um ihre Botschaft weiterzureichen.*

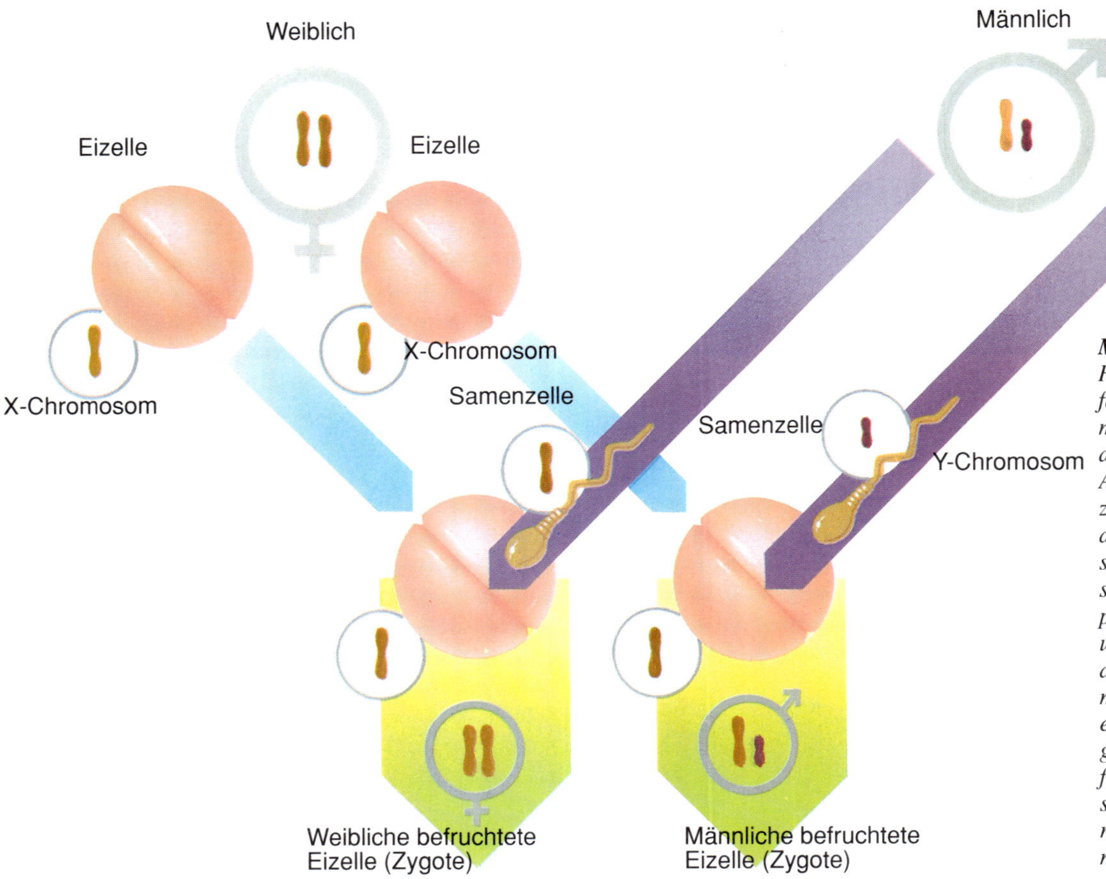

Mädchen oder Knabe? *Diese Frage wird im Moment der Empfängnis von den Geschlechtschromosomen beantwortet, die von den Eltern weitergegeben werden. Alle im Eierstock produzierten Eizellen besitzen ein X-Chromosom, das aus der Teilung der Chromosomenpaare in der Mutterzelle stammt. Normale männliche Körperzellen enthalten jedoch ein X- und ein Y-Chromosom, so daß bei der Keimzellteilung im Hoden Samenzellen entstehen, die entweder ein X- oder ein Y-Chromosom tragen. Vereinigen sich bei der Befruchtung Ei- und Samenzelle, sind die Chancen der Bildung einer weiblichen (XX) oder einer männlichen Zygote (XY) gleich.*

die Nachkommenschaft findet bei der Empfängnis statt, wenn das Spermium und die Eizelle, von denen jede nur die Hälfte der benötigten Chromosomen enthält, miteinander zur Zygote verschmelzen, die wieder den kompletten Chromosomensatz trägt.

Nicht alle Genpaare wirken jedoch gleich prägend. Eines kann beispielsweise dominant und das andere rezessiv sein. Wenn dies der Fall ist, so unterdrückt bei gleichzeitigem Auftreten das dominante Gen das rezessive. Das rezessive Gen tritt nur in den Vordergrund, wenn beide Gene rezessiv sind. Rotes und sehr blondes Haar scheinen Beispiele für die rezessive Vererbung normaler Merkmale zu sein.

Gene können auch kodominant sein. Das beste Beispiel dafür sind die Blutgruppen. Das wichtigste Blutgruppen-Gen kann in drei Formen auftreten, nämlich A, B und 0. Jedes Gen kann dabei verschiedene Formen, die sog. Allele, annehmen, doch jeder Mensch kann nur zwei davon besitzen. Die Gene für die Blutgruppe A und B sind kodominant, so daß jemand, der sowohl ein A- und ein B-Gen erbt, die Blutgruppe AB besitzt. Das Gen für die Gruppe 0 ist rezessiv und kann daher nur bei demjenigen die Blutgruppe 0 ergeben, der zwei 0-Gene besitzt.

Es kann jedoch sein, daß der Vater die Blutgruppe A und die Mutter die Blutgruppe B hat, das Kind aber die Gruppe 0, wenn die Eltern ebenfalls ein stilles bzw. rezessives Gen der Gruppe 0 besitzen. Mit einem Blutgruppengutachten läßt sich somit genetisch eine Vaterschaft bestätigen.

Geschlechtschromosomen und Geschlechtsgebundenheit

Das Erbmaterial befindet sich auf den Chromosomen in den Kernen aller Körperzellen. Jede Zelle enthält 46 Chromosomen, die in 23 Paaren angeordnet sind. Die einzige Ausnahme bilden die Keimzellen, die lediglich 23 unpaare Chromosomen zählen. Von den 23 Chromosomenpaaren unterscheiden sich jedoch die Geschlechtschromosomen dadurch, daß sie nicht immer identisch sind. Die Frau besitzt stets zwei X-Chromosomen, während der Mann über ein X- und ein kleineres Y-Chromosom verfügt.

Dieser genetische Unterschied ist für einige geschlechtsgebundene Erbkrankheiten verantwortlich. Bei der Bluterkrankheit handelt es sich um eine Blutgerinnungsstörung, die durch das Fehlen eines Eiweißes - Faktor VIII - ausgelöst wird, dessen Anlage sich normalerweise auf dem X-Chromosom befindet. Eine Frau mit zwei X-Chromosomen verfügt über zwei Gene mit der Anlage "Faktor VIII", so daß ein Gen für die ausreichende Produktion von Blutgerinnungsfaktoren sorgt, auch wenn das andere Gen abnormal ist. Ein Mann kann im Gegensatz dazu nicht genügend Gerinnungsfaktoren produzieren, wenn sein Gen beschädigt ist, da er ja nur ein X-Chromosom besitzt. Deshalb tritt die Bluterkrankheit bei einer Frau, die ein abnormales Gen hat, nicht in Erscheinung, während sie die Störung an ihre männlichen Nachkommen weitergeben kann.

Geschlechtsgebundene Erbkrankheiten können einzelne Generationen überspringen. Dies gilt besonders für die Farbenblindheit. Das rezessive Gen für Farbenblindheit befindet sich auf dem X-Chromosom. Ein farbenblinder Mann kann das X-Chromosom mit dem abnormen, rezessiven Gen nur an seine Töchter weitergeben, so daß alle seine Kinder normale Farbensichtigkeit aufweisen, da das andere normale X-Chromosom seiner Töchter die rezessive Wirkung des Gens ausgleichen wird, während die Söhne ihr X-Chromosom von der Mutter erhalten. Die Töchter werden jedoch Träger des schadhaften Gens sein. Deren Söhne könnten nun das X-Chromosom erben, so daß bei ihnen die Farbenblindheit zutage tritt. Großväter und Enkelkinder, nicht jedoch die Söhne, könnten deshalb farbenblind sein.

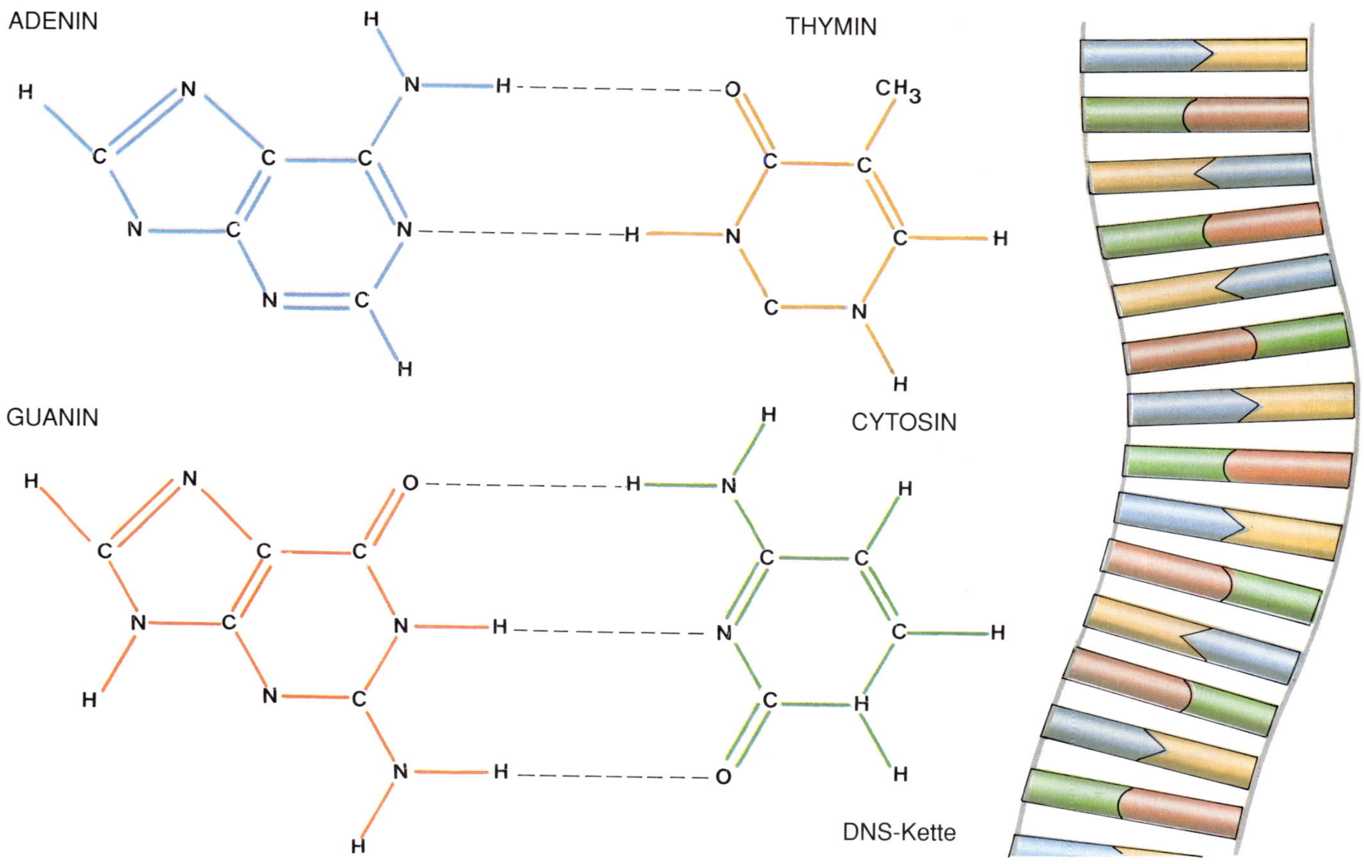

Die Seitenteile der DNS-"Leiter" *setzen sich abwechselnd aus Zucker- oder Phosphatgruppen zusammen, ihre "Sprossen" bestehen aus Stickstoff enthaltenden Basen, die durch Wasserstoffbrücken (unterbrochene Linien) zu Paaren verknüpft sind. Die Basen verbinden sich stets mit demselben Partner: Adenin (blau) mit Thymin (orange) und Guanin (rot) mit Cytosin (grün).*

Polygenetische Vererbung

Bei der Vererbung spielt der Zufall eine große Rolle. Es läßt sich nicht voraussagen, ob eine Eizelle von einem Spermium mit einem X- oder Y-Chromosom befruchtet wird, so daß im ersten Fall ein Mädchen und im zweiten Fall ein Junge entsteht. Beide Fälle sind möglich, und zwar deshalb, weil die Chromosomen nach dem Zufallsprinzip sortiert werden, wenn sie in die Eizellen und Spermien gelangen. Man nennt dieses Prinzip, das vermutlich für alle Gene gilt, auch unabhängige Sortierung.

Die meisten menschlichen Erbmerkmale, etwa die Körpergröße, werden von zusammenwirkenden Gengruppen bestimmt. Dieser als polygenetische Vererbung bekannte Vorgang ist jedoch recht kompliziert, und es läßt sich kaum vorhersagen, welche Merkmale weitergegeben werden. Möglicherweise kontrollieren nur zwei Gene - AA und BB - die Körpergröße. Doch jedes Gen kann zwei Formen oder Allele haben, nämlich A und a oder B und b. (Die Großschreibung bedeutet normalerweise ein dominantes, die Kleinschreibung ein rezessives Gen.) A- und B-Gene machen den Menschen größer, mit a- und b-Genen bleibt der Mensch kleiner.

Ein Mensch mit durchschnittlicher Größe hat von jedem Gen eines, so daß eine genetische Konstellation AAaa BBbb entsteht. Wachsen jedoch zwei Kinder mit durchschnittlicher Größe heran und haben später einmal selbst Kinder, so werden die Gene nach dem Zufallsprinzip zusammengestellt. Die Keimzellen (Gameten) des Menschen enthalten Gene des Typs AABB, AAbb, aaBB oder aabb. Die Möglichkeit der Weitergabe ist bei allen gleich. Statistisch gesehen stehen die Chancen, daß ein Ei mit der Genfolge AABB von einem Spermium mit der Genfolge AABB befruchtet wird, 16:1. Das gleiche gilt für die Gene, durch die die Menschen kleiner werden als der Durchschnitt. Auch hier stehen die Chancen 16:1, daß ein Kind alle vier Allele für Kurzwüchsigkeit erbt.

Damit können Eltern von durchschnittlicher Größe Kinder bekommen, die weit über oder unter der Durchschnittsgröße liegen, was jedoch in weniger als 50 Prozent aller Geburten der Fall ist.

Variationen haben etwas Kontinuierliches. Große Eltern haben in der Regel große Kinder, die jedoch nicht ganz so groß wie ihre Eltern sind. Dementsprechend haben kleinwüchsige Eltern häufig Kinder, die größer sind als sie selbst. Man nennt dieses Phänomen, das sich auch bei der Intelligenz beobachten läßt, Regression auf den Mittelwert. Mag bei der Vererbung der Zufall eine Rolle spielen, so verwendet der Genetiker dennoch die Gesetze der statistischen Wahrscheinlichkeit, um bestimmte Erbmerkmale zu untersuchen, und um in Erbfragen beraten zu können.

Veränderbare Gene

Sämtliche Gene können sich im Zuge zahlreicher Umwelteinflüsse verändern oder mutieren, wobei das Problem der radioaktiven Strahlung am heißesten diskutiert wird. Die meisten Mutationen sind schädlich, da sie normalerweise den Tod des mutierten Organismus hervorrufen, noch bevor dieser geboren wird, auch wenn gewisse nützliche Mutationen bei der selektiven Tier- und Pflanzenzucht zur Erzeugung bestimmter Eigenschaften verwendet werden. Trotzdem bilden Mutationen auch unter menschlichen Populationen wichtige

Auslöser für evolutionären Wandel.

Beim Menschen sind Mutationen und Mutagene (Substanzen, die die Mutationen hervorrufen) von ausschlaggebender Bedeutung. Ergeben sich Mutationen in den Keimzellen, so ist das für die betreffende Person nicht erkennbar, sondern wird wahrscheinlich auf die nächste Generation vererbt. Man hat geltend gemacht, daß Agent Orange, ein chemisches Entlaubungsmittel, das die Amerikaner im Vietnamkrieg einsetzten, zu Mutationen bei den Menschen geführt hat, die damit in Berührung kamen. Fälle von erbgeschädigten Kindern, die danach zur Welt kamen, werden momentan geprüft. Entsprechendes gilt für die Nachkommen jener Menschen, die dem radioaktiven Niederschlag nach der Bombardierung von Hiroshima und Nagasaki ausgesetzt waren, sowie für die Militärangehörigen, die als Augenzeugen früherer Atomtests dienten.

Die meisten Mutationen finden in den Körperzellen statt. Die Vererbung ist dabei nicht betroffen, es kann aber trotzdem zu einschneidenden Veränderungen kommen. Körperzellen ersetzen und vermehren sich ständig, so daß eine Mutation auch an die neuen Zellen weitergegeben wird. Wie andere Gene können mutierte Gene entweder dominant oder rezessiv sein. Dominante Mutationen wirken sich wahrscheinlich auf sämtliche Nachkommen aus, während rezessive Mutationen unter Umständen erst dann deutlich werden, wenn der Träger Kinder mit jemandem hat, der ein entsprechendes rezessives Gen besitzt. Die Wahrscheinlichkeit, daß dieser Fall eintritt, ist sehr gering, außer wenn es sich um enge Verwandtschaftsverhältnisse handelt - insbesondere bei Cousins ersten Grades, die gemeinsame Großeltern haben.

Krebs wird angeblich durch genetische Zellschädigungen verursacht. Mutierte Krebszellen sind nicht richtig programmiert und haben die Fähigkeit zu grenzenlosem Wachstum und Vermehrung entwickelt. Darüber hinaus können sie sich im ganzen Körper ausbreiten. Chemikalien, Radioaktivität, Tabak, Asbest sowie die ultraviolette Strahlung der Sonne können Krebs erregen. Die Auswirkungen radioaktiver Strahlung werden unterschiedlich diskutiert. Neueste Untersuchungen haben ergeben, daß Strahlen das Risiko erhöhen, an bestimmten Krebsformen zu erkranken wie etwa Leukämie (Blutkrebs), und daß dies durch geringste Dosen ausgelöst werden kann. Es genügt bereits eine Röntgenuntersuchung bei einer schwangeren

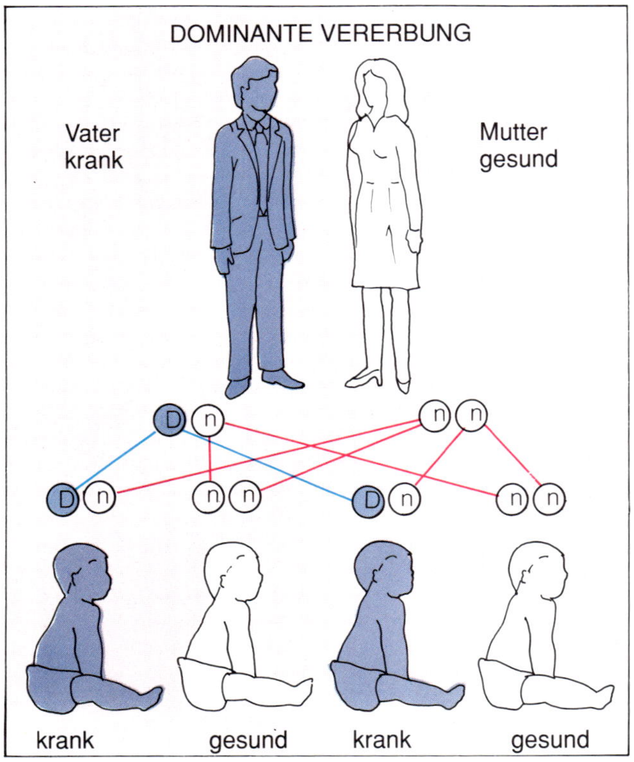

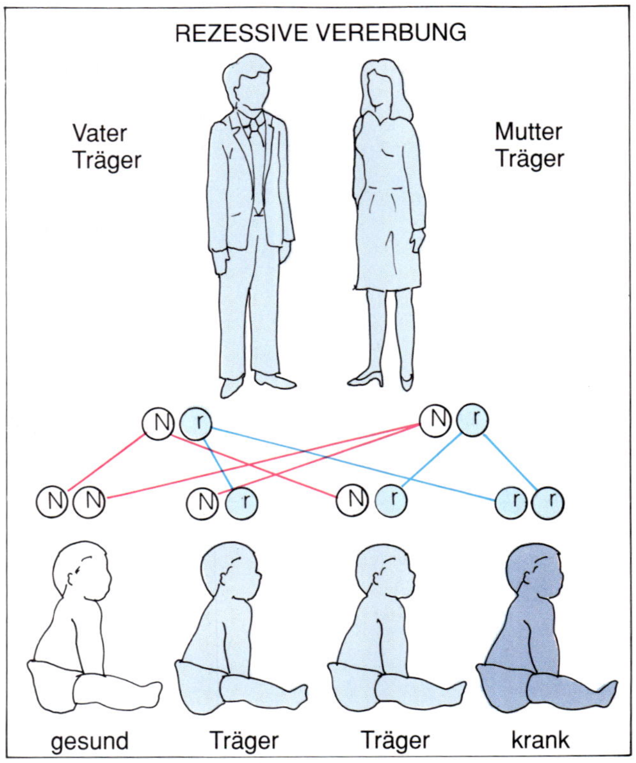

__Eine Erbkrankheit,__ die dominant weitergegeben wird, tritt selbst dann in Erscheinung, wenn lediglich eines der sich paarenden Gene die Krankheitsinformation enthält (oben links). Wird die Krankheit jedoch durch ein rezessives Gen übertragen, offenbart sie sich nur, wenn von beiden Eltern die Gene mit entsprechender Erbanlage aufeinandertreffen. Oben rechts sind Vater und Mutter Träger der Erbanlage: Bei einem der Kinder vereinigen sich beide rezessiven Gene der Eltern, es wird krank. Die vier Blutgruppen des Menschen resultieren aus sechs Kombinationsmöglichkeiten von drei diesbezüglichen Erbanlagen (Tabelle rechts); die Gene I^A und I^B sind dominant (und ergeben die Blutgruppen A, B oder AB) über das rezessive I^0.

VERERBUNG MENSCHLICHER BLUTGRUPPEN

Mögliche Genkombinationen	Resultieren in	Blutgruppe
I^AI^A oder I^AI^O	Nur Antigen A	A
I^BI^B oder I^BI^O	Nur Antigen B	B
I^AI^B	Antigen A und B	AB
I^OI^O	Keine Antigene	O

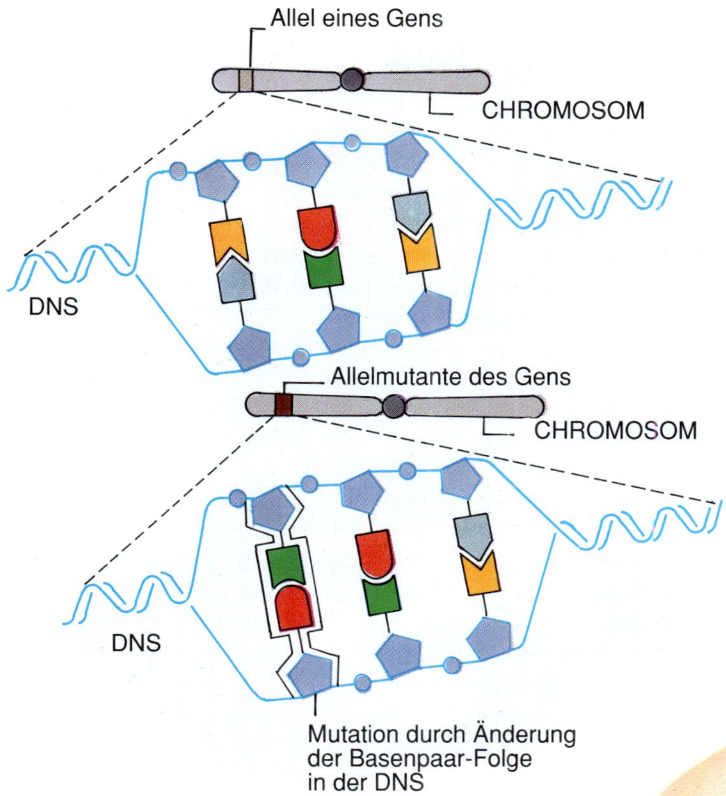

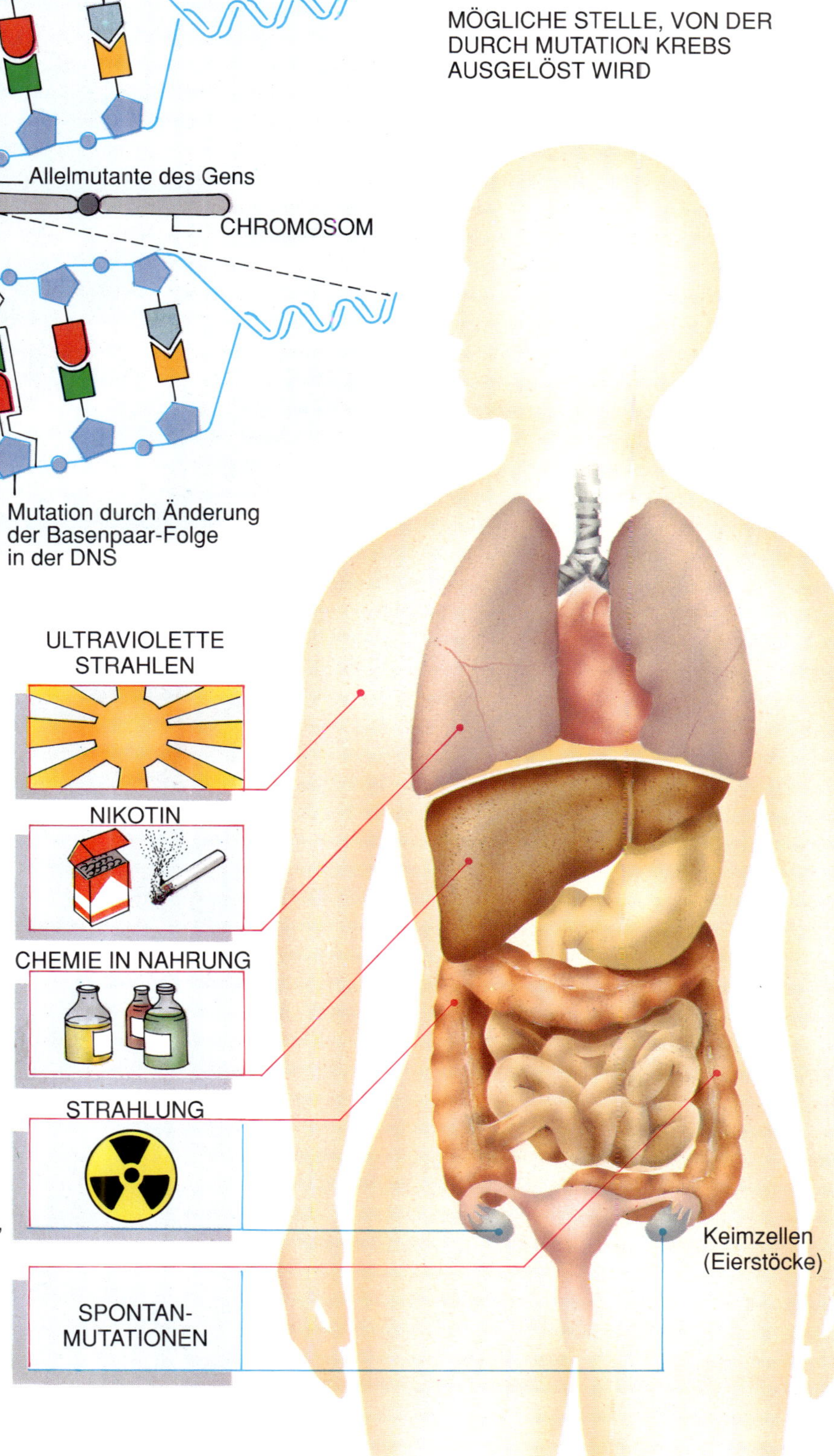

Die Identität eines DNS-Strangs *und damit eines Gens auf einem Chromosom ist durch die Folge der Basenpaare, der Sprossen der DNS-Leiter, vorgegeben. Manchmal wird bei der Zellteilung diese Sequenz nicht genau redupliziert, es entsteht eine Genmutante. Geschieht dies in einer Körperzelle, kann eine nicht übertragbare Krankheit, z.B. ein Krebs auftreten; in einer Samen- oder Eizelle ist der Defekt vererbbar.*

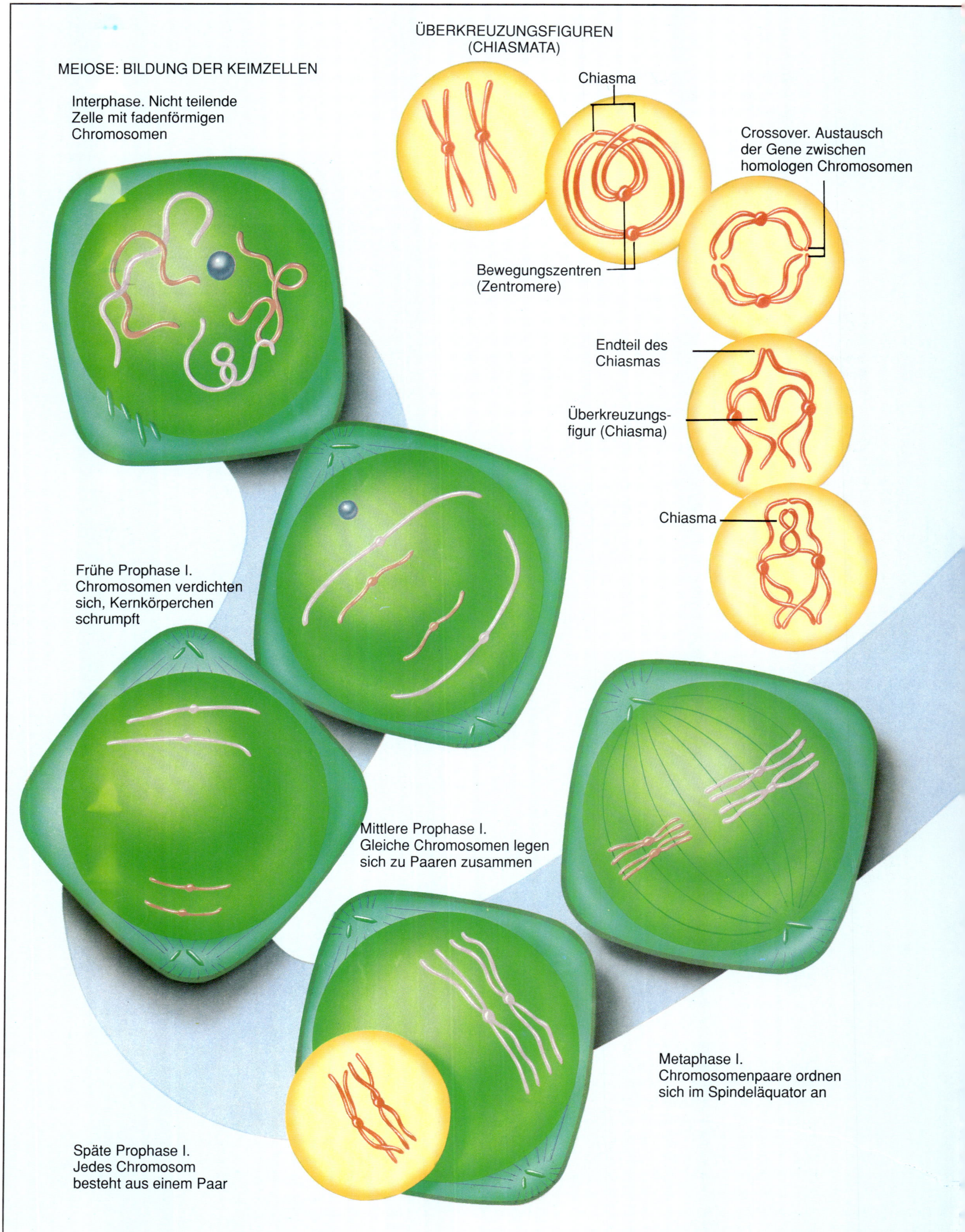
MEIOSE: BILDUNG DER KEIMZELLEN
Interphase. Nicht teilende Zelle mit fadenförmigen Chromosomen
Frühe Prophase I. Chromosomen verdichten sich, Kernkörperchen schrumpft
Mittlere Prophase I. Gleiche Chromosomen legen sich zu Paaren zusammen
Späte Prophase I. Jedes Chromosom besteht aus einem Paar
Metaphase I. Chromosomenpaare ordnen sich im Spindeläquator an
ÜBERKREUZUNGSFIGUREN (CHIASMATA)
Chiasma
Bewegungszentren (Zentromere)
Crossover. Austausch der Gene zwischen homologen Chromosomen
Endteil des Chiasmas
Überkreuzungsfigur (Chiasma)
Chiasma

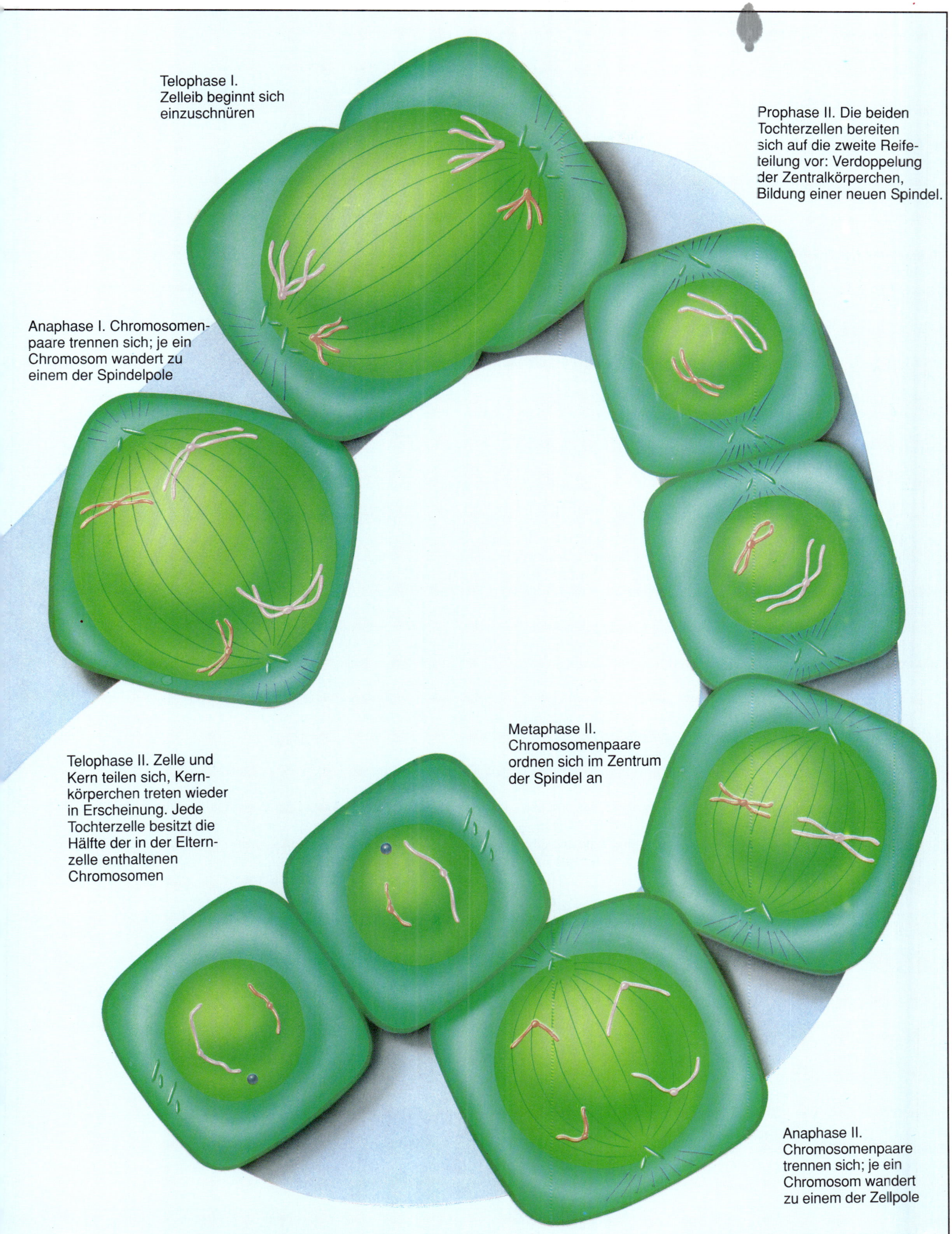
Telophase I.
Zelleib beginnt sich
einzuschnüren
Prophase II. Die beiden
Tochterzellen bereiten
sich auf die zweite Reife-
teilung vor: Verdoppelung
der Zentralkörperchen,
Bildung einer neuen Spindel.
Anaphase I. Chromosomen-
paare trennen sich; je ein
Chromosom wandert zu
einem der Spindelpole
Metaphase II.
Chromosomenpaare
ordnen sich im Zentrum
der Spindel an
Telophase II. Zelle und
Kern teilen sich, Kern-
körperchen treten wieder
in Erscheinung. Jede
Tochterzelle besitzt die
Hälfte der in der Eltern-
zelle enthaltenen
Chromosomen
Anaphase II.
Chromosomenpaare
trennen sich; je ein
Chromosom wandert
zu einem der Zellpole

Frau. Ob es überhaupt so etwas wie eine "ungefährliche" Strahlendosis gibt, ist sehr umstritten.

Die DNS und der genetische Code

Grundlage der Vererbung ist die Zellteilung. Jede Körperzelle trägt in ihrem Kern die Informationen, die ständig die Aktivitäten sämtlicher Zellen und des ganzen Körpers steuern. Darüber hinaus enthält sie sämtliche genetischen Informationen, die bei der Fortpflanzung von den Eltern an ihre Nachkommen weitergegeben werden. Diese Informationen liegen verschlüsselt in Form der Desoxyribonukleinsäure (DNS) vor. Diese außergewöhnliche, biologische Substanz zeichnet sich durch zwei wesentliche Eigenschaften aus: Sie kann Informationen speichern und sich exakt reduplizieren.

In chemischer Hinsicht ist das DNS-Molekül riesig, doch immer noch viel zu klein, als daß es mit gewöhnlichen Mikroskopen zu erkennen wäre. Seine Form erinnert an eine verdrehte Strickleiter - die berühmte Doppelhelix - mit Millionen von Sprossen. Die Seitenteile dieser Leiter bestehen aus einander abwechselnden Phosphat- und Desoxyriboseeinheiten, die Sprossen aus einem verbundenen Paar sog. Nukleinbasen. Es handelt sich um vier verschiedene Basen: Adenin (A), Thymin (T), Cytosin (C) sowie Guanin (G). A kann sich nur mit T und C nur mit G verknüpfen.

Während der Zellteilung kann man die DNS sehen, da sie sich auf den Chromosomen befindet, die zu diesem Zeitpunkt sichtbar werden. Bei den Genen handelt es sich um kurze Abschnitte der Chromosomenfäden. Während der mitotischen Zellteilung, durch die sich die Zellen vermehren, verdoppeln sich die Chromosomen zunächst und werden dann während des Teilungsvorganges der Mutterzelle auseinanderdividiert, so daß jede der neuen Tochterzellen wiederum einen kompletten Chromosomensatz erhält.

Eine Ausnahme bildet jedoch die Entstehung der männlichen und weiblichen Keimzellen (Gameten). Ziel dieser Teilung ist es, eine Zelle zu erzeugen, die nur den halben Chromosomensatz enthält. Dieser Vorgang, die Meiose, wird dadurch erreicht, daß sich die Chromosomen zweimal teilen. Zunächst trennen sich die verdoppelten Chromosomen auf einzelne Zellen, und dann werden die Chromosomenpaare bei Bildung der Tochterzellen geteilt.

Da der Mensch 23 Chromosomenpaare besitzt, können die Chromosomen während der Meiose auf mehr als 10 Millionen verschiedene Arten kombiniert werden. Im befruchteten Ei besteht jedes Chromosomenpaar aus den Hälften jedes Elternteils, so daß die Wahrscheinlichkeit, daß die Kinder genau den gleichen Chromosomensatz erhalten, sehr gering ist. Lediglich eineiige Zwillinge - die aus einer einzigen befruchteten Eizelle stammen - haben identische Chromosomensätze.

Geheiminformation

Chromosomen sind normalerweise im undurchsichtigen Zellkern verborgen und werden nur sichtbar, wenn sie sich unmittelbar vor der Zellteilung vom Kern lösen. Zu diesem Zeitpunkt lassen sie sich färben (das Wort Chromosom bedeutet "farbiger Körper") und durch ein Mikroskop betrachten. Bei starker Vergrößerung erscheinen einzelne Gene zuweilen als dunkle Bänder über den Chromosomenfäden. Die Chromosomen der Speichelzellen der Fruchtfliege (Drosophila) gehören zu den größten Chromosomen überhaupt. Und die Fruchtfliege lebt nur 19 Tage lang.

In der ersten Hälfte unseres Jahrhunderts wurde viel genetische Pionierarbeit anhand von Untersuchungen zahlreicher Generationen der Fruchtfliege durchgeführt. Man zählte die Häufigkeit natürlicher Mutationen, etwa das Auftauchen weißer im Gegensatz zu normalerweise roten Augen, und zeichnete die ersten, noch undeutlichen Karten linear miteinander verbundener Gene, die Fußwege der Vererbung.

Doch auf einer ungenauen Karte verschwommene Spuren zu entdecken, heißt nicht, im dunkeln damit auch den Weg zu finden. Schwerste physische Abnormitäten machen offenkundig, daß die Gene die Briefumschläge waren, in denen sich die grundlegenden Anweisungen befanden, die von Generation zu Generation weitergereicht wurden; in welcher Sprache waren aber die Informationen geschrieben?

Das Medium ist die Botschaft

Offensichtlich wurden enorme Mengen exakter Informationen weitergegeben, und es schien ebenso offenkundig, daß die Botschaften sich auf den riesigen, komplexen Eiweißmolekülen der Gensubstanz befinden mußten. Die DNS-Stränge, die sie zusammenhielten, wurden, da sie nur vier basische Untereinheiten umfaßten, als zu simpel betrachtet, um irgendeine Bedeutung zu haben. 30 Jahre lang folgten die Wissenschafter der Spur des Eiweißes. Im Jahre 1953 veröffentlichten James Watson und Francis Crick eine kurze Abhandlung, in der sie die Struktur der Desoxyribonukleinsäure vorstellten und ihre Bedeutung voraussagten. Damit hatte die DNS-Revolution begonnen, die zu den größten bisherigen Fortschritten der biologischen Wissenschaften führen sollte.

Das DNS-Molekül ist sehr lang, eine Spiralleiter, die beim Menschen aus etwa fünf Milliarden Paaren von Nukleotidsprossen besteht. Die vier Arten der Nukleinbasen schreiben mit einem Alphabet aus nur vier verschiedenen Buchstaben die Sprache unseres Lebens. Doch bei 10 Milliarden Buchstaben pro Molekül bedeutet das etwa 20 Milliarden Informationseinheiten. Ein einziges menschliches DNS-Molekül entspricht einer Bibliothek, die etwa 4.000 Bücher von jeweils 500 Seiten enthält - genug, um einen Menschen exakt zu beschreiben und zu definieren.

Einfachere Organismen wie etwa Bakterien benötigen weniger genetische Informationen, ihre Chromosomen sind häufig einfache DNS-Kreise. Die Botschaft ist weniger kompliziert, die Sprache jedoch die gleiche. Jedes Leben auf der Erde ist in der DNS geschrieben.

Die Sprache des Lebens

Die DNS ist ständig bei der Arbeit. In der Computersprache würde man sagen, daß die DNS während der Reproduktion in Disketten und Dateien geordnet wird (Chromosomen und Gene), und zwar außerhalb des Zellkerns. Diese wiederum kopieren das Originalprogramm (einschließlich Reproduktionsgeheimnis) in die neue Zelle. Zu allen anderen Zeiten fungiert die DNS als Betriebssystem der Zelle, wobei sie sich in bislang noch nicht identifizierter Form innerhalb des Kerns befindet und ständig dafür sorgt, daß in der Eiweißfabrik des Zytoplasmas die Aminosäuren in der korrekten Folge zusammengesetzt werden.

Sonderlieferung

In der DNS liegen eine Reihe von Anweisungen in verschlüsselter Form vor, die die Produktion von Enzymen (Proteinen) bestimmen und ihrerseits dafür sorgen, daß jedes Eiweiß einer Zelle aus der richtigen Folge von Aminosäuren hergestellt wird. Proteine sind die Grundbausteine der Zelle und steuern die Zellvorgänge. Wenn sie in einer falschen Abfolge aneinandergereiht werden, so entsteht ein defektes Eiweiß, das lebenswichtige Funktionen der Zelle stören kann.

Informationen aus der DNS im Kern werden ins Zytoplasma befördert, um durch einen chemischen Botenstoff ihre Aufgaben wahrzunehmen. Dieser Botenstoff ist ähnlich wie die DNS aufgebaut und

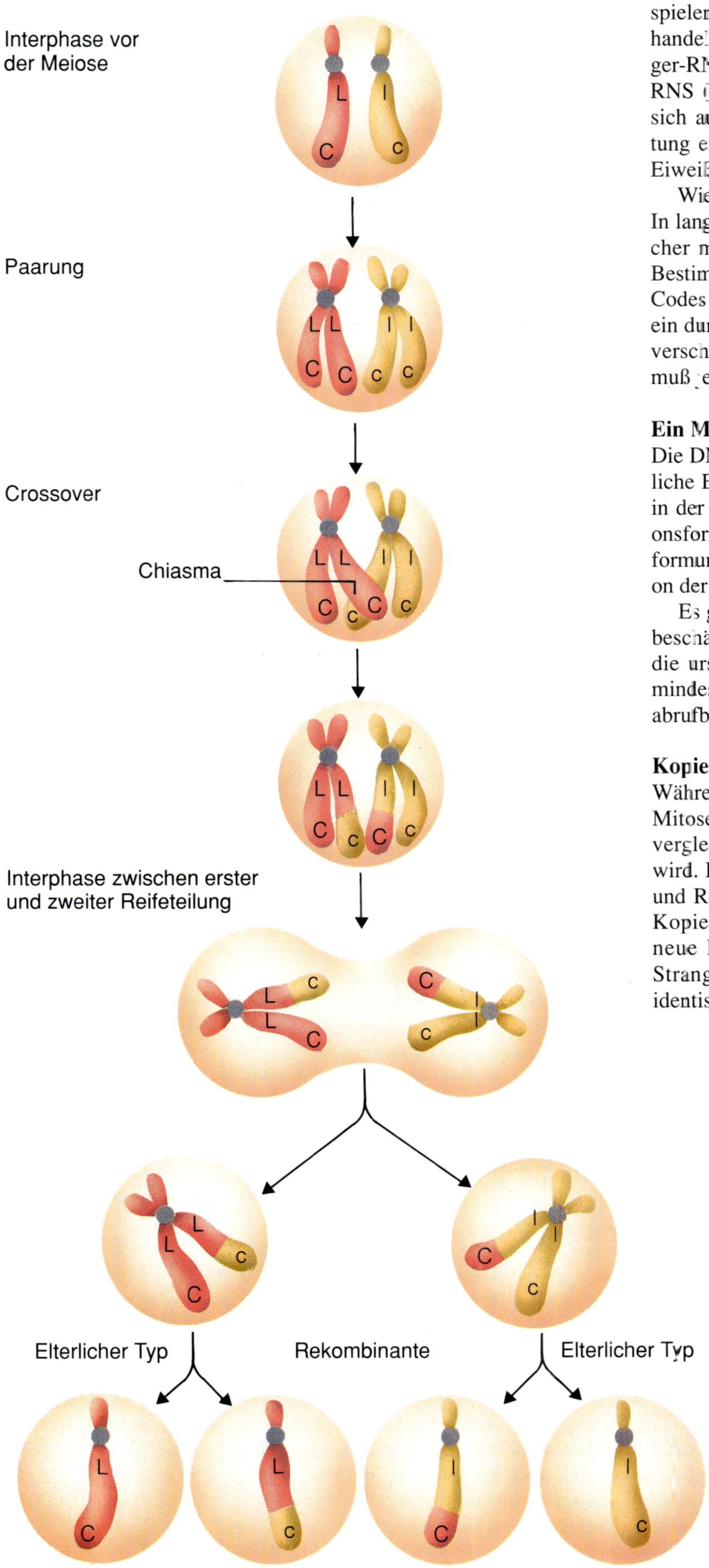

heißt Ribonukleinsäure (RNS). Drei verschiedene Arten der RNS spielen dabei eine Rolle. Ribosomale RNS wird im Kern erzeugt. Es handelt sich um eine direkte Kopie eines Gens, die mittels messenger-RNS (mRNS) durch das Zytoplasma transportiert wird. Transfer-RNS (tRNS) wirkt wie ein Adapter und ermöglicht dem Ribosom, sich aufeinanderfolgenden Aminosäuren anzulagern, die Ausschüttung entsprechender Enzyme anzuregen und sie an eine wachsende Eiweißkette anzugliedern.

Wie die DNS enthält auch die RNS vier Basen oder Nukleotide. In langwierigen Experimenten ist es gelungen, den Code mit künstlicher mRNS aus Strängen eines einzelnen Nukleotids zu knacken. Bestimmte Nukleotide produzieren bestimmte Aminosäuren, andere Codes schalten die Maschinen aus, sobald ein Eiweiß fertig ist. Da ein durchschnittliches Eiweiß etwa 400 Aminosäuren enthält und das verschlüsselte Signal sich aus drei Basen in Folge zusammensetzt, muß jede Eiweißbotschaft aus etwa 1.200 Nukleotiden bestehen.

Ein Mechanismus, der sich selbst repariert

Die DNS-Doppelhelix trägt die verschlüsselten Schablonen für sämtliche Eiweiße, für die Sequenz ihrer Einzelbausteine (Aminosäuren) in der Körperzelle eines Menschen. Sie besitzt auch die Konstruktionsformeln für sämtliche Enzyme, die die Zellaktivität regeln: Umformung der ribosomalen RNS in die Kopie eines Gens, Identifikation der Aminosäuresequenz und Einfügung in die Eiweißkette.

Es gibt sogar einen Enzymsatz, der die DNS selbst überwacht und beschädigte Nukleotide herausschneidet oder Löcher flickt, so daß die ursprüngliche Folge wiederhergestellt wird. Jede Zelle verfügt mindestens über 50 dieser DNS-Wartungs-Enzyme, die zu jeder Zeit abrufbar sind.

Kopien erstellen

Während der normalen Duplikation und Zellteilung im Rahmen der Mitose werden die beiden Stränge der DNS-Doppelhelix getrennt, vergleichbar etwa einem Reißverschluß, der in der Mitte geöffnet wird. Bei diesem Kopierprozeß, der die Grundlage aller Wachstums- und Reproduktionsmechanismen bildet, wird auf jedem Strang eine Kopie erzeugt, die exakt dem abgetrennten Strang gleicht. Jedes neue DNS-Molekül enthält somit einen alten und einen neuen Strang, und das Ganze ist mit dem ursprünglichen Doppelstrang identisch.

***Das Crossover der Genpaare** bei der Meiose - eine Austauschmöglichkeit für viele Tausende von Genen eines Chromosoms - liefert eine Vielzahl genetischer Ausstattungen und feinster Unterschiede zwischen Angehörigen einer Familie. In dieser Darstellung markieren die Buchstaben L und l Allele für das Merkmal lange oder kurze Nase, C und c die Merkmale Locken- oder Glatthaar; L und C sind dominant, l und c rezessiv. Beim Crossover entstehen zwei Chromosome, die dem elterlichen Typ (L/C und l/c) gleichen, und zwei weitere, die sich davon unterscheiden (L/c und l/C)*

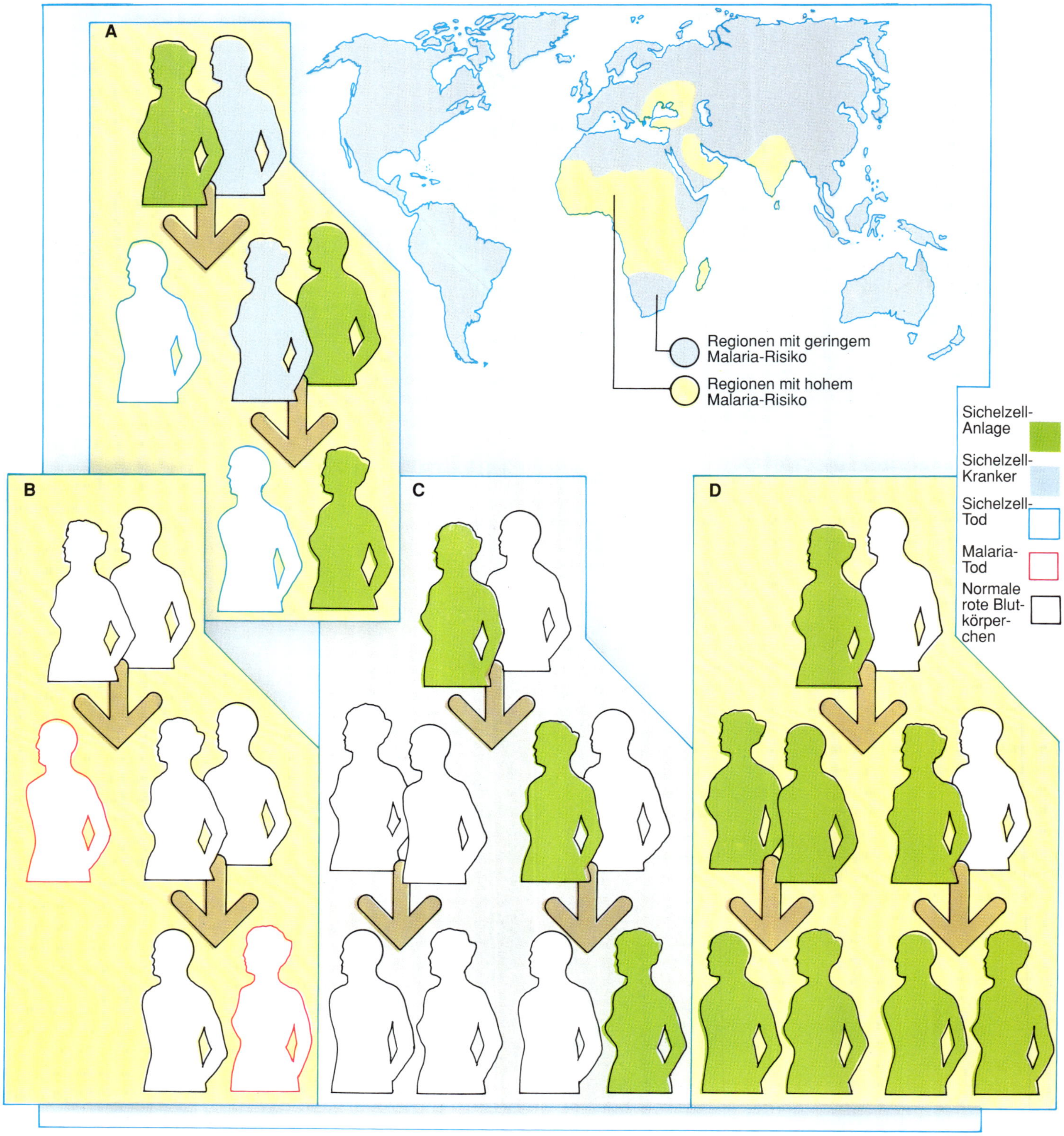

Immunität gegenüber Malaria *ist ein "Vorteil" bei Sichelzell-Krankheit. Diese trat erstmals in tropischen und subtropischen Regionen auf, wo Moskitos als Malariaüberträger weit verbreitet waren. Blut von Sichelzell-Kranken (A) enthält halbmondförmige rote Blutkörperchen, die sich verklumpen und die kleinsten Blutgefäße verstopfen können, was nicht selten tödlich ist (blau umrandete Figuren). Menschen derselben Region ohne Sichelzellanämie (B) erliegen häufig der Malaria (rot umrandete Figuren). Wenn Menschen mit der Sichelzell-Anlage in eine Region ziehen, in der Malaria kaum vorkommt (C), verschwindet das Sichelzell-Gen schließlich. Unter den Trägern der Krankheit (D) sind bei weniger als 1 Prozent die roten Blutkörperchen abnormal; sie zeigen weder Infektionszeichen, noch sterben sie an der Malaria.*

Drei Linien europäischer Königsfamilien litten über mehrere Generationen an erblicher Porphyrie, einer Krankheit mit anfallsweisen Depressionen und Verwirrtheit. In einem der Zweige endete die Erbkrankheit mit dem Tode der Queen Anne. Die beiden anderen Linien trafen sich wieder über die hannoveranische Erbfolge in Georg IV und Karoline v. Braunschweig, was verhängnisvolle Folgen für deren Tochter Charlotte hatte. Der Stammbaum zeigt, daß die Krankheit manchmal Generationen übersprang, jedoch von gesunden Trägern konsequent weitergereicht wurde.

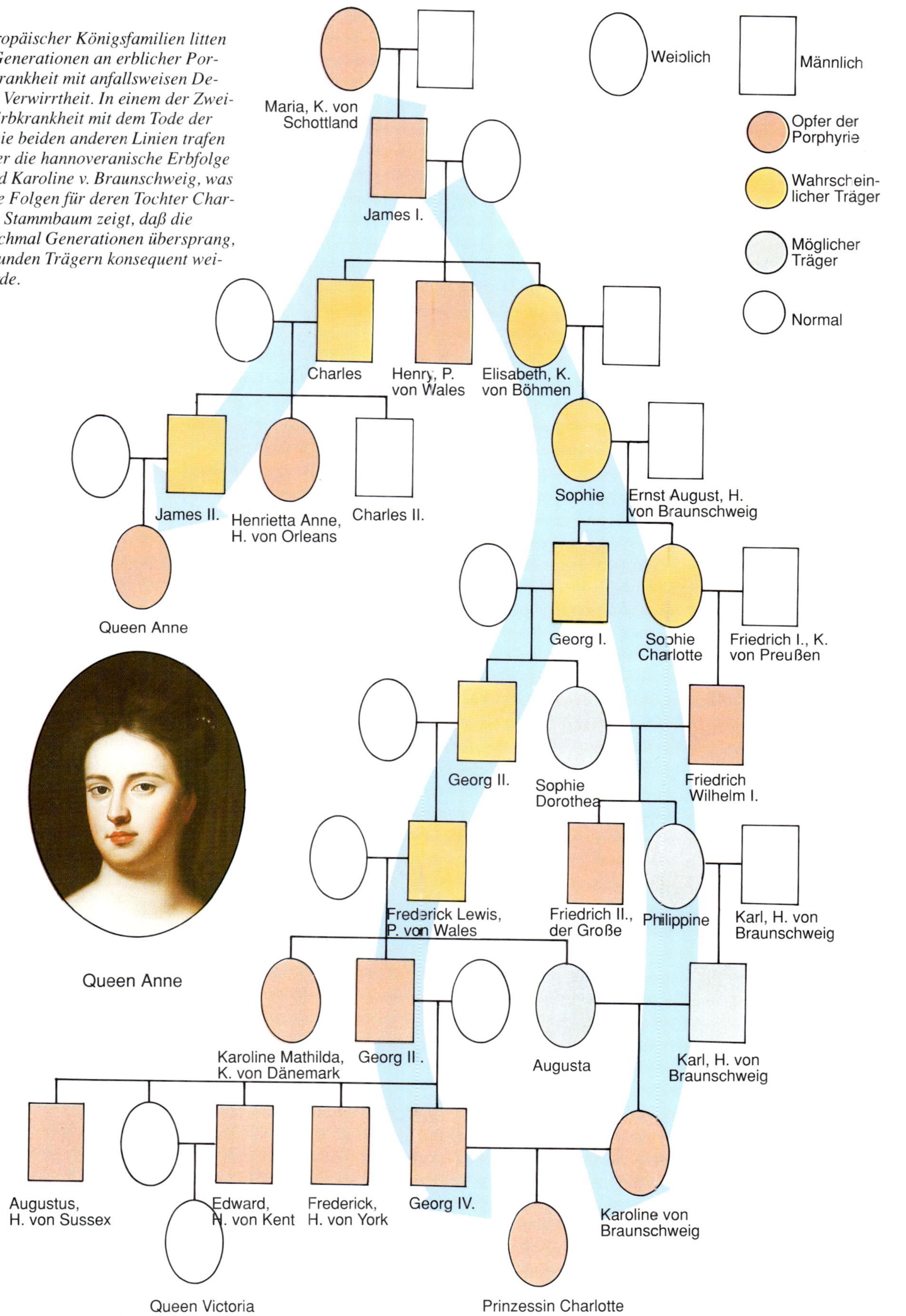

Queen Anne

In der Regel wird die DNS korrekt kopiert, so daß identische Gene entstehen. Ein kleiner Fehler in der Basenfolge führt dazu, daß die falsche Botschaft von der RNS aufgenommen und die falsche Anweisung weitergeleitet wird, daß die Zellfabrik also das falsche Eiweiß herstellt. Diese Änderung des Codes ist die Grundlage für Mutationen. Auch radioaktive oder ultraviolette Strahlung kann den genetischen Code durcheinanderbringen. Doch die DNS-Wartungs-Enzyme sind so effektiv, daß sich von den etwa fünf Milliarden Nukleotidbasenpaaren einer menschlichen Keimzelle nur etwa 15 pro Jahr verändern.

Veränderungen des genetischen Codes - Mutationen - ereignen sich ständig. Findet eine Mutation in den Keimzellen statt, so wird sie unter Umständen an die Nachkommenschaft weitergegeben. Beeinflußt die Mutation ein dominantes Gen, besteht die Möglichkeit, daß die Mutation sich innerhalb einer Population durchsetzt und zur Norm wird. Der Kontrollprozeß, der darüber entscheidet, welche Mutation ständig in den genetischen Code aufgenommen wird, heißt natürliche Auslese.

Die Wahl der Natur

Im Mittelpunkt der Evolutionstheorie von Charles Darwin steht der Gedanke der natürlichen Auslese, die sich in der Redensart "der Tüchtigste wird überleben" zusammenfassen läßt. Darwins Ideen hat man oft so ausgelegt, als müßten die stärksten und aggressivsten Lebewesen dominant werden - eine Naturbeurteilung "nach Zähnen und Fäusten". Doch die Mechanismen der Evolution sind wesentlich subtiler. Darwins Forschung an Tiergattungen auf isolierten Inseln ließen ihn zu dem Schluß kommen, daß jene Mitglieder einer Spezies am erfolgreichsten sein werden, die sich am besten an ihre Umwelt angepaßt haben.

So sind beispielsweise die langen Hälse der Giraffen nicht das Ergebnis eines jahrelangen Streckvorganges, um auch die höchsten Zweige der Bäume zu erreichen. Im Laufe der Zeit konnten Tiere mit längeren Hälsen mehr Nahrung ergattern, lebten deshalb länger und zeugten mehr Nachwuchs. Damit stieg der Anteil der Tiere mit langen Hälsen in der Gesamtpopulation. Mittlerweile wissen wir, daß sich über zahlreiche Giraffengenerationen hinweg die Nukleotidkodierung in der DNS der Giraffen für lange Hälse, die wahrscheinlich als Mutation eines einzigen Tieres begann, fest etablierte.

Die Evolution tritt auf den Plan

Die Natur verbessert sich ständig selbst, und zwar nicht durch irgendeinen riesigen Gesamtplan, sondern durch ständiges Ausprobieren. Wenn eine Mutation positive Auswirkungen auf eine Gattung hat, so wird sie sich wahrscheinlich durchsetzen, wenn nicht, stirbt das Lebewesen aus und die veränderte DNS verschwindet spurlos. Ohne ständige, zufällige Mutationen, die Verbesserungen und Mannigfaltigkeit erzeugen, würde sich das Leben auf der Erde nicht mehr weiterentwickeln, und ein Prozeß von einer Milliarde Jahren würde zum Stillstand kommen.

Die Evolution ist immer noch im Gange. Beim Menschen läuft sie sehr langsam ab und kann nur ganz allgemein erfaßt werden, während man sie bei Organismen mit kürzerer Lebenserwartung gut verfolgen kann. Ein treffendes Beispiel liefert die Medizin. Bei Einführung der Antibiotika reagierten die meisten Bakterien auf deren bakteriziden Effekt. Man hatte offenbar ein Allheilmittel entdeckt, das die Bakterien abzutöten vermochte. Doch spontane Mutationen erzeugten gelegentlich ein Bakterium, das auf die neuen Medikamente nicht reagierte (Resistenz).

In der Ära davor wäre es kein Vorteil gewesen, ein Gen zu besitzen, das für die Resistenz verantwortlich ist. Der breite Einsatz der Antibiotika bedeutete, daß das Gen dem Bakterium zwei Vorteile bot: Überleben im Angesicht des Antibiotikumangriffs und Befreiung der Umgebung von nichtresistenten Keimen, die um denselben Nahrungsraum wetteifern.

Superkäfer gegen Superpillen

Natürlich erwiesen sich die resistenten Bakterienstämme als sehr erfolgreich, insbesondere in Krankenhäusern, wo viel mit Antibiotika gearbeitet wurde. Es mußten also neue Wirkstoffe entwickelt werden, um die resistenten Bakterien zu bekämpfen. Insgesamt sind jedoch auch heute noch die nichtresistenten Bakterienstämme weiter verbreitet, was darauf hinweist, daß sie besser auf das Leben (ohne Antibiotika) vorbereitet sind als ihre resistenten Verwandten, die mit Antibiotika leben müssen. Zur Evolution gehört eine sehr feine Wechselwirkung mit der Umwelt: Eine Genmutation, die das Leben besser an einen bestimmten Umweltfaktor anpaßt, erweist sich unter Umständen beim Umgang mit allen anderen Umweltfaktoren als nachteilig.

Die Entwicklung von Resistenz beschränkt sich nicht auf Bakterien. Der vermehrte Einsatz von DDT gegen Malariamücken hat dafür gesorgt, daß sich Insekten entwickeln konnten, die gegen DDT resistent sind. Maßgeblich beteiligt waren daran die Gene jener Mücken, die genügend natürliche Widerstandskraft gegen das DDT hatten.

Royal Flush

Im 18. und 19. Jahrhundert war an den europäischen Königshäusern die Hämophilie (Bluterkrankheit) weit verbreitet. Dabei handelt es sich um eine Erkrankung, bei der das Blut nicht gerinnt, die durch das weibliche X-Chromosom übertragen wird, sich aber nur auf männliche Nachkommen auswirkt. (Die Ärzte waren sich damals über den Erbmechanismus nicht im klaren). Doch damit nicht genug. Medizinische Untersuchungen direkter Nachfahren dieser Familien zeigten, daß König Georg III. von England an Porphyrie litt, einer erblichen Stoffwechselstörung.

Porphyrine sind purpurrote Pigmente, die in sämtlichen Zellen des menschlichen Körpers enthalten sind. Normalerweise behält der Körper die meisten dieser Farbstoffe, doch ein seltener Erbschaden kann dafür sorgen, daß sie konzentriert und in großen Mengen ausgeschieden werden. Die Anhäufung dieser Pigmente ist mit großen Schmerzen, Lähmungen und Halluzinationen verbunden. Außerdem ist die Haut äußerst lichtempfindlich. Kein Wunder, daß man König Georg für verrückt hielt, der seine Zeit in abgedunkelten Räumen verbrachte oder Bäumen die Hand schüttelte.

Aufgrund eines Evolutionsfehlers, einer mutierten Codesequenz eines seiner Gene, konnte König Georg 1775 die Krise in den amerikanischen Kolonien nicht überwinden. Im nächsten Jahr erklärten die USA ihre Unabhängigkeit, und die Weltgeschichte nahm einen neuen Lauf.

Nur durch Zufall hat die individuelle Vererbung derart drastische Auswirkungen auf das Leben so vieler anderer Menschen. In der Regel ist die Vererbung eine sehr persönliche Angelegenheit. Das zufällige Mischen der Gene unserer Eltern ist das Kartenspiel unseres Lebens. Es wirkt sich auf niemanden außer uns selbst und unsere Kinder aus. Anhand unseres Wissens über die Gene können wir bis zu einem gewissen Grad voraussagen, inwieweit unsere Nachkommen dadurch beeinflußt werden. Andere Strukturen der Vererbung bleiben nach wie vor im dunkeln.

Identische Kartenspiele

Abnorme Zustände, Störungen und Krankheiten versorgen die Wissenschaftler kaum mit Anhaltspunkten über die Vererbungsmecha-

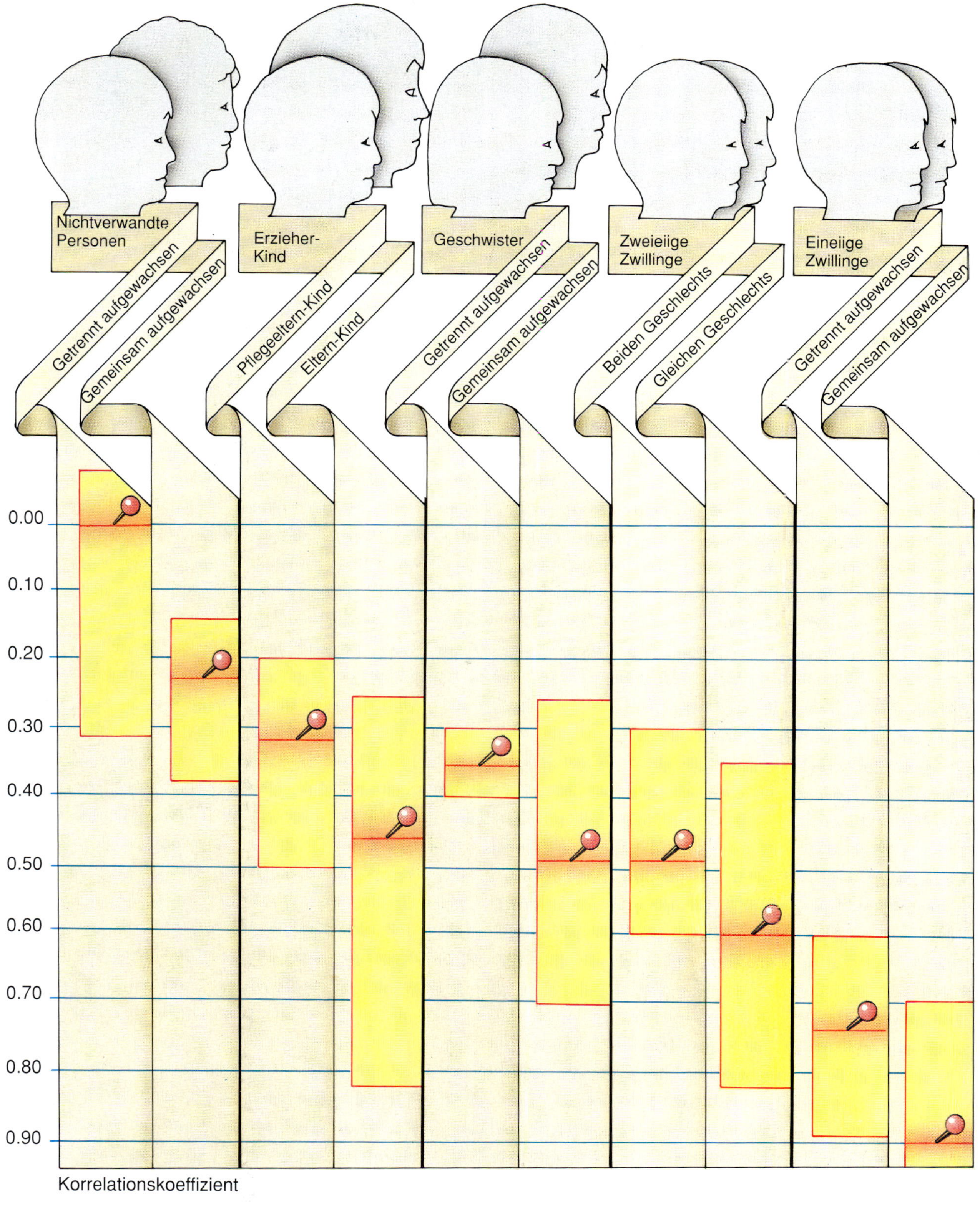

Die relative Bedeutung von Erbanlage ("Natur") und Milieu ("Erziehung") kann durch vergleichende Intelligenztests abgeschätzt werden, wenn man einerseits zwei nichtverwandte Probanden prüft, die getrennt aufgewachsen sind (keine Korrelation), andererseits eineiige, gemeinsam aufgezogene Zwillinge (Korrelation von 0,9) testet. Wie die Tafel zeigt, wächst die Korrelation mit dem Grad der verwandtschaftlichen und räumlichen Beziehung.

Prüft man den Intelligenzgrad *bei einer bestimmten Anzahl von zufällig ausgewählten Menschen (Intelligenz-Quotient (IQ)-Test), so folgt die graphische Darstellung der Ergebnisse einer Normalverteilungskurve. Die meisten Testpersonen (hier 68 %) bilden mit einem IQ von 100 den Zenit der Kurve; sie fällt nach beiden Seiten ab und läuft bei sehr hohen und sehr niedrigen IQ-Werten aus. So haben z.B. nur 0,15 % der Testpersonen einen IQ>149, ebenso viele aber auch einen IQ<51.*

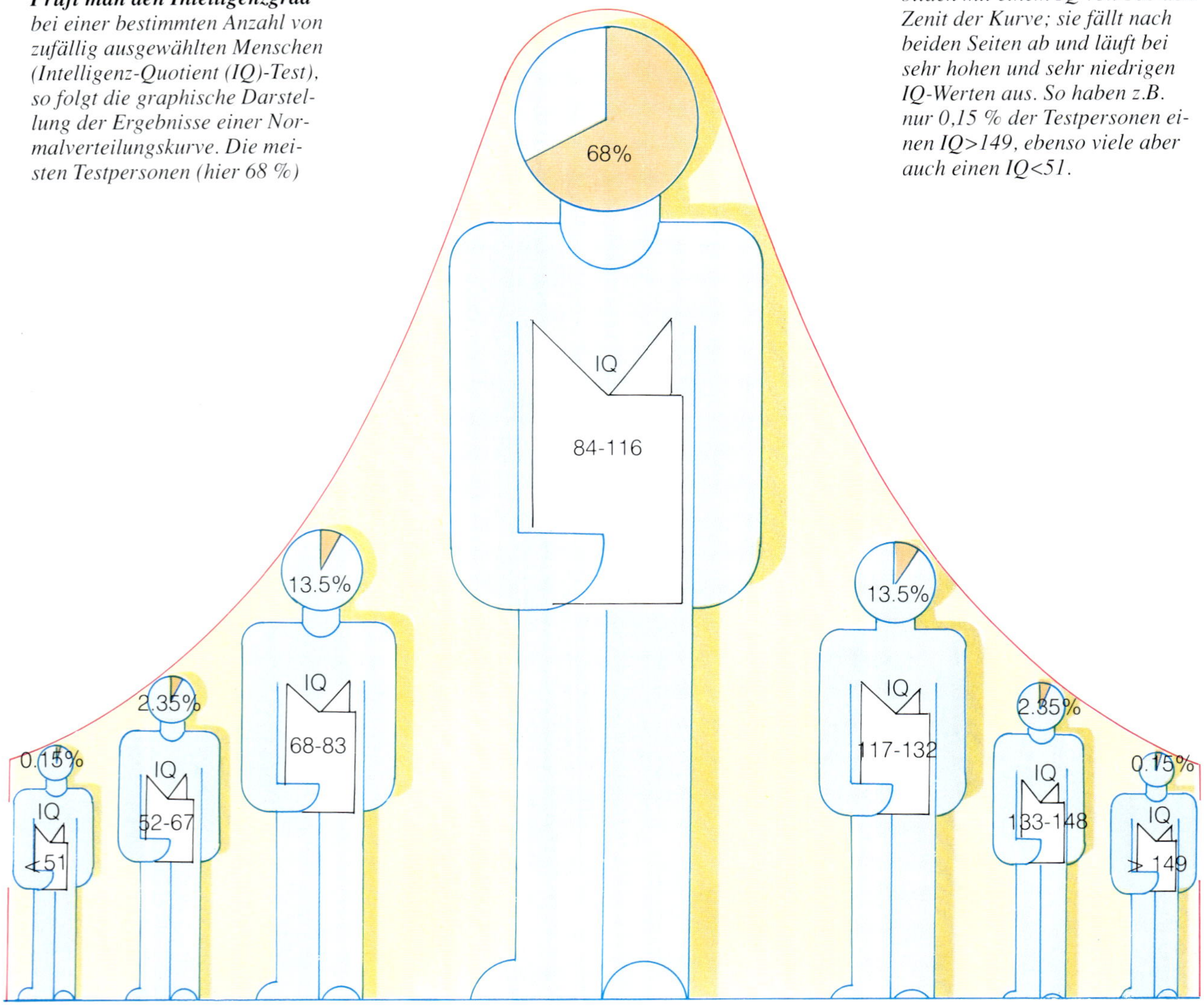

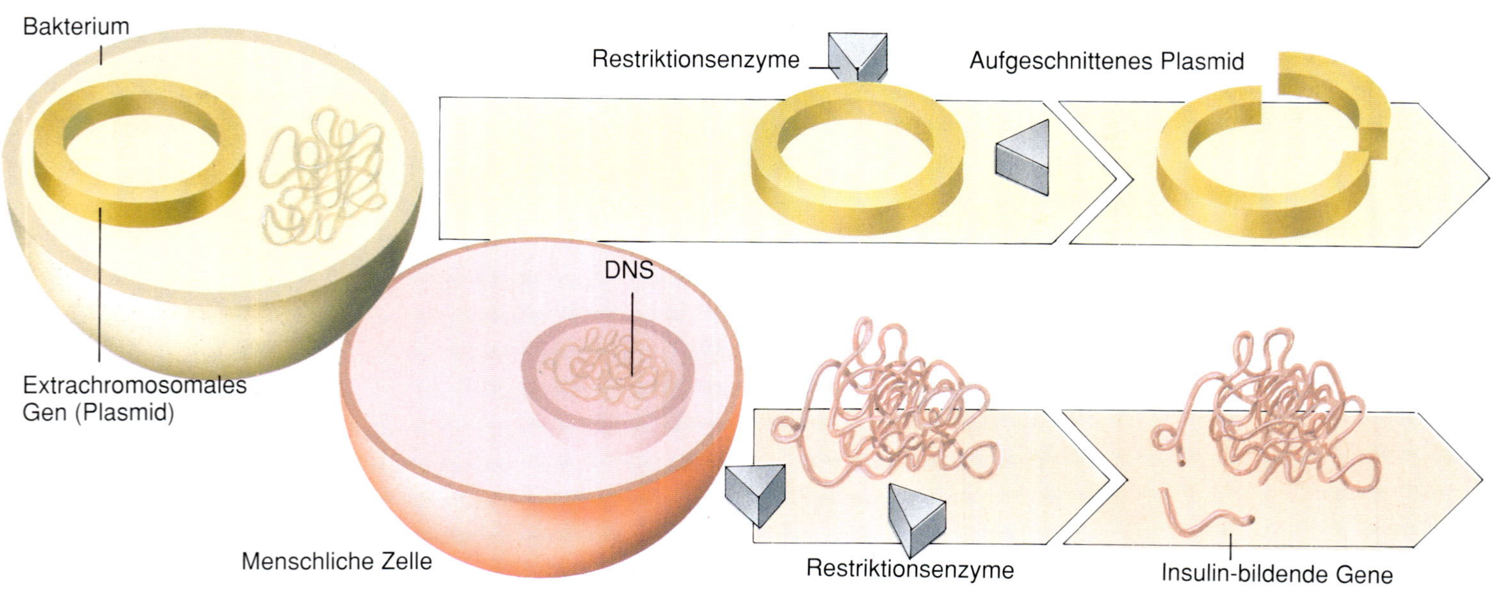

nismen. Die medizinische Pathologie, die die Ursachen sämtlicher Zustände aufzudecken sucht, ermöglichte es den Wissenschaftlern, die vererbten Aspekte einer Störung von Umwelt- oder Ernährungseinflüssen zu trennen.

Bei der Suche nach den Auswirkungen der Vererbung auf normale menschliche Eigenschaften wie etwa Größe, Gewicht oder Intelligenz gibt es keine verläßlichen Wegweiser, und es ist viel schwieriger, die Einflüsse der Umwelt auszugrenzen und zwischen dem, was vererbt, und dem, was erworben wurde, zu unterscheiden.

Deshalb haben Kinder, die mit demselben genetischen Rüstzeug ausgestattet sind (identische Zwillinge), für Genetiker eine besondere Bedeutung: sie sind lebende Bezugspunkte. Gibt es nämlich Unterschiede bei identischen Zwillingen, so müssen sie auf Umwelteinflüsse zurückzuführen sein, da das genetische Material, also die auf der DNS gespeicherten Informationen, bei beiden Zwillingen gleich ist.

Angeborenes versus Anerzogenes

Hat ein hochaufgeschossener Mensch die Größe vom Vater, von der Mutter oder aufgrund einer eiweißreichen Ernährung erhalten? Haben übergewichtige Eltern übergewichtige Kinder aufgrund des Genmaterials, oder weil die Kinder ihren Eltern schlechte Eßgewohnheiten abschauten? Bei der Frage, was angeboren und was anerzogen ist, beziehen sich angeborene Faktoren auf die Gene eines Menschen, während anerzogene Faktoren für sämtliche Umweltfaktoren stehen, denen wir ausgesetzt sind, seien das nun Milieu, Erziehung oder Ernährungsgewohnheiten.

Die Zwillingsforschung ist aufgrund der verhältnismäßig geringen Zahl von Zwillingen, die pro Jahr geboren werden, eingeschränkt (auf 80 Geburten kommt eine Zwillingsgeburt). Identische Zwillinge sind noch seltener, und nur sehr selten werden diese bei der Geburt getrennt und wachsen in verschiedener Umgebung auf. Es gibt daher kaum Forschungsberichte über die Entwicklung von Zwillingen; und auch die vorhandenen konnten die grundlegenden Fragen, was denn nun angeboren und was anerzogen sei, noch nicht beantworten.

Doppeluntersuchung

Eine solche Studie wird entweder unter Verwendung einer bestimmten Eigenschaft wie etwa der Körpergröße durchgeführt, oder man beschäftigt sich mit dem Vorhandensein oder Nichtvorhandensein eines bestimmten Merkmals. Am häufigsten sucht man dabei nach Krankheiten, die einen nicht normalen Zustand beschreiben.

Die primärchronische Polyarthritis kommt bei beiden identischen Zwillingen nur in etwa zehn Prozent aller Fälle vor. Das ist zwar häufiger als beim Rest der Bevölkerung, aber sie kann nicht allein auf genetische Faktoren zurückzuführen sein. Denn wenn dem so wäre, müßte jeder eineiige Zwilling diese Krankheit haben, wenn sein Partnerzwilling sie auch hat. Bei anderen Krankheiten, etwa der manischen Depression, zeigt sich ein viel stärkerer genetischer Einfluß.

Körpergröße und Körpergewicht lassen sich leicht messen und mit Durchschnittswerten vergleichen. Es hat sich gezeigt, daß die Größe von den Genen bestimmt wird, während das beim Gewicht weniger der Fall ist. Diese Erkenntnis stimmt jedoch nicht mit der raschen Zunahme der Durchschnittsgröße japanischer Erwachsener im Lauf dieses Jahrhunderts überein, ein Vorgang, der mit der Verbreitung westlicher Ernährungsgewohnheiten einhergeht.

Bei der Intelligenz war man der Meinung, daß sie zum großen Teil von den Erbanlagen bestimmt sei, auch wenn sie nur schwer meßbar ist. Die Intelligenzquotienten identischer Zwillinge, die getrennt voneinander aufwuchsen, korrelieren wesentlich deutlicher miteinander, als die Normalverteilungskurve andeutet. Die Meinun-

Insulin ist ein Bauchspeicheldrüsenhormon, *das den Zuckerstoffwechsel im Körper kontrolliert; bei bestimmten Formen der Zuckerkrankheit (Diabetes) fehlt es im Blut. Diese Patienten benötigen tägliche Injektionen des Hormons, das früher aus Bauchspeicheldrüsen toter Rinder oder Hausschweine gewonnen wurde. Viele Diabetiker reagieren jedoch gegen das Tierinsulin allergisch; in solchen Fällen ist Humaninsulin, das mit der Gentechnologie gewonnen wird, eine wichtige Hilfe. Gleichzeitig wird einem Bakterium ein extrachromosomales Gen (Plasmid DNS) und einer menschlichen Zelle DNS entnommen. Restriktionsenzyme schneiden das Plasmid auf und trennen die Insulin-bildenden Gene von der menschlichen DNS. Die Gene werden an das Plasmid gekoppelt und den Bakterien wieder eingesetzt. Während ihres Aufenthalts im Brutschrank produzieren die Bakterien nun Humaninsulin, das für den medizinischen Gebrauch gereinigt wird.*

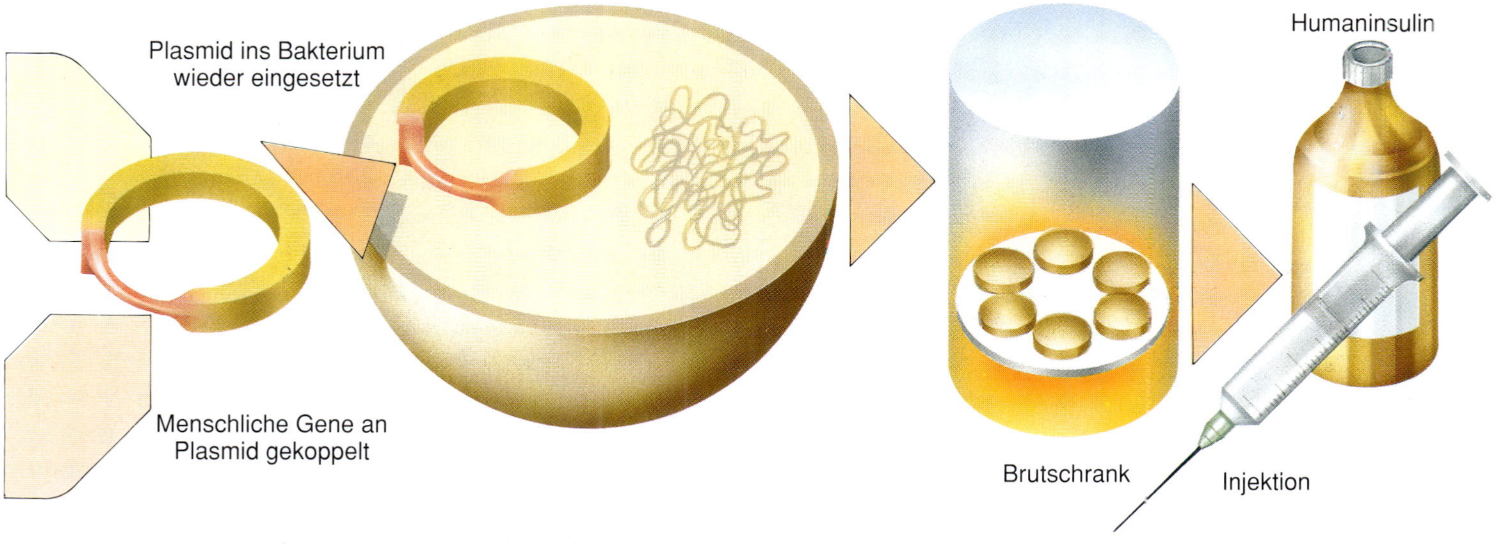

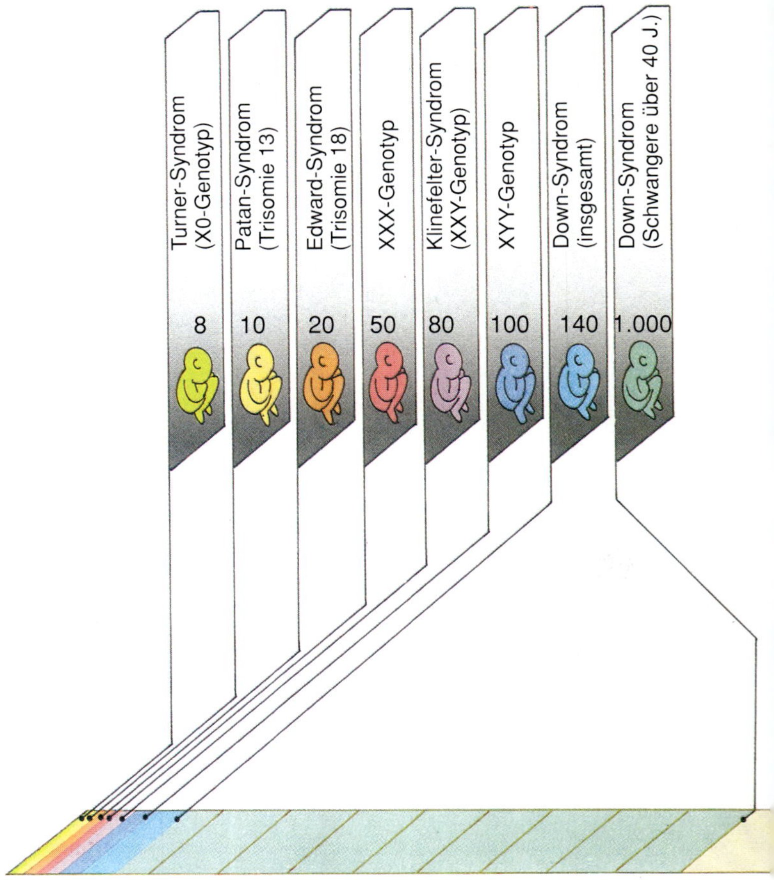

Das Down-Syndrom *(Trisomie 21), eine der häufigeren genetischen Störungen, tritt vor allem dann auf, wenn die Schwangere älter als 40 Jahre ist (in 1 Prozent dieser Fälle). Die graphische Darstellung zeigt die Häufigkeit auch anderer Trisomien und verschiedene Abnormalitäten bei den Geschlechtschromosomen wie das Klinefelter-Syndrom oder das sehr seltene Turner-Syndrom. Dabei sollte aber nicht übersehen werden, daß im Durchschnitt bei 100.000 Geburten 98.590mal völlig normale Kinder zur Welt kommen.*

gen hierzu gehen jedoch auseinander. Als Haupteinwand wird angeführt, daß derartige Untersuchungen die ersten neun Monate des Lebens im Mutterleib nicht beachten. Fest steht jedoch, daß Intelligenz ein Merkmal ist, daß sowohl angeboren ist als auch anerzogen wird.

Das Verhältnis zwischen angeborenen und anerzogenen Merkmalen kann auch interaktiv sein. Änderungen der Ernährungsgewohnheiten oder des Klimas könnten genetische Veränderungen hervorrufen, die bereits in die DNS programmiert sind und sich dann beobachten lassen. Dazu gehört etwa die Zunahme der Größe einer gesamten Population innerhalb einer kurzen Zeitspanne.

Durch die Entdeckung neuer ererbter Merkmale waren die Wissenschaftler in jüngster Zeit in der Lage, einen Eindruck von der im Ablauf begriffenen Evolution des Menschen zu gewinnen. Diese Merkmale stehen im Mittelpunkt bestimmter Wechselwirkungen zwischen Mensch und Umwelt und beziehen sich auf Gene, die die Geschwindigkeit regeln, mit der der Körper Fremdsubstanzen verarbeitet. Dabei handelt es sich größtenteils um Medikamente oder chemische Schadstoffe. Der Mensch beginnt evolutionär auf gewisse synthetische Stoffe seiner Umwelt zu reagieren.

Der Mensch greift ein

Im Rahmen der Evolution des Menschen spielen die geistigen Fähigkeiten eine wichtige Rolle. Anstatt daß der natürliche, ständig ablaufende Prozeß des Ausprobierens die Menschheit in ihren Reaktionen auf Umwelteinflüsse steuert, ist es nunmehr sehr wahrscheinlich, daß die Menschen selbst kräftig mitmischen werden. Mit völlig neuartigen Methoden, die fundamentale Veränderungen hervorrufen, ist der Mensch in der Lage, die Gene und damit die Evolution auf eine Art und Weise zu manipulieren, die noch wie Zukunftsmusik in unseren Ohren klingt.

Kurz nach der Entdeckung der DNS suchte man auch schon nach Möglichkeiten, sie zu manipulieren. Das ist jedoch nicht leicht. Extrahiert man die langen Stränge der DNS-Moleküle aus einer Zelle, so neigen sie dazu, klebrige Klumpen zu bilden. Die Stränge verwickeln sich, die codierte Nukleotidsequenz scheint nirgendwo anzufangen. 1970 wurde an der Johns Hopkins University in Baltimore der Durchbruch erreicht, als man das erste Restriktionsenzym entdeckte. Restriktionsenzyme werden normalerweise aus Bakterien isoliert und haben die Fähigkeit, die DNS in regelmäßige reproduzierfähige Stückchen aufzuspalten.

Diese Enzymform ist das grundlegende Handwerkszeug eines ganz neuen Berufszweiges, des Gentechnologen, geworden. Die Wissenschaft kennt mittlerweile hunderte von verschiedenen Restriktionsenzymen, von denen jedes die DNS auf eine etwas andere Art und Weise spaltet. Der dabei entstehende Genabschnitt kann analysiert werden. Der Stoff, aus dem das Leben ist, wurde somit sichtbar und formbar gemacht.

Diese chemische Schere funktioniert jedoch nur, wenn die Nukleotidsequenz exakt erkannt wird. Vergleicht man die Wirkungen der einzelnen Restriktionsenzyme, wobei jedes auf verschiedene Nukleotidsequenzen beschränkt ist, so kann man große DNS-Stücke in mehrere kleinere Bruchstücke unterteilen. Die Untersuchung dieser Untereinheiten hat dazu geführt, daß die Wissenschaftler viele neue Erkenntnisse über die Bauweise und Steuerung der Gene gewonnen haben. Im Zuge dieser Entwicklung gelang es auch, große Mengen identisches Genmaterial zu erzeugen.

Ein neues Rezept

Der zu duplizierende Abschnitt der DNS eines Bakteriums wird zunächst in ein Plasmid eingebracht, das die Form einer zusätzlichen Genstruktur auf einem Bakterienchromosom darstellt. Plasmide kommen normalerweise in Form winziger DNS-Kreise vor, die sich durch ein Restriktionsenzym öffnen lassen, so daß das neue Stückchen eingesetzt werden kann. Das Plasmid kann dann in seinen Bakterienwirt wieder eingepflanzt werden.

Pflanzen sich dann die Bakterien in großer Zahl fort, so läßt sich das Plasmid wiedergewinnen und das benötigte DNS-Stückchen herauslösen. Man nennt dies DNS-Klonierung. Dabei wird ein einzelnes Gen isoliert, in einen Trägerorganismus eingepflanzt, wo es wächst und Milliarden identischer Klone produziert werden. Die Methode ist auch als rekombinante DNS-Forschung bekannt, da es darum geht, einzelne DNS-Stückchen neu miteinander zu verbinden.

Die ersten Gene wurden 1973 in Kalifornien geklont, und in der Folge kam es zu einer explosionsartigen Ausdehnung der Genversuche. Das Szenario erschien erfolgversprechend; mit dieser Methode konnte man unerschöpfliche Vorräte lebenswichtiger Stoffe wie etwa das menschliche Insulin herstellen, das zur Behandlung der Zuckerkrankheit dient.

Schwere Genschäden

Proteste in der Öffentlichkeit sorgten dafür, daß Experimente mit menschlicher DNS oder mit DNS aus Bakterien, die im Menschen leben, bisher unterblieben. Auf anderen Forschungsgebieten, insbesondere bei der genetischen Beratung, wurden Erbforscher mittlerweile wesentlich mehr akzeptiert.

Das Leid und die Tragödien, die Geburtsanomalien hervorrufen, treffen alle menschlichen Gesellschaften. Man schätzt, daß etwa vier Prozent der Weltbevölkerung an genetischen Anomalien leiden und deshalb Nutzen aus einer Erbberatung ziehen würden. Die meisten Geburtsfehler rühren aus Abweichungen von Chromosomenzahl oder -struktur (sog. Chromosomenaberrationen) her, mindestens ein Prozent aller Kinder trägt eine Chromosomenanomalie. Diese entsteht in der Regel bei der Meiose, wenn Ei- und Samenzelle reifen. Zahlenmäßig am häufigsten (eine von 600 Lebendgeburten) ist das sog. Down-Syndrom, auch Mongolismus genannt. Die betroffenen Kinder sind kleinwüchsig, haben eine zusätzliche Gewebsschicht auf dem Augenlid und sind geistig zurückgeblieben.

Diese Kinder besitzen ein zusätzliches Chromosom (haben also 47 Chromosomen). Bei der Reifungsteilung landen zwei Chromosomen 21 in der gleichen Eizelle. Wird diese nun befruchtet, entsteht ein Kind, das in jeder Zelle drei Chromosomen 21 besitzt. Diesen Zustand nennt man Trisomie (Trisomie 21 ist ein Synonym für Down-Syndrom). Andere Trisomien, die schwere geistige Behinderungen nach sich ziehen, sind Trisomie 18 (Edward-Syndrom) sowie Trisomie 13 (Patau-Syndrom). Bei den meisten Schwangerschaften kommen Chromosomenabweichungen zufällig vor. Für die Eltern mag es wenig tröstlich sein, aber ihre eigenen Chromosomensätze sind normal, und etwas Derartiges wird sich kaum wiederholen.

Fehler, die nicht zum Tode führen

Im Zuge der Mitose kann es zu Bruchstellen in den DNS-Strängen kommen, die dann von den Wartungsenzymen repariert werden. Gelegentlich werden einzelne Stückchen des Genmaterials an falsche Chromosomen angelagert, so daß es zur sog. Translokation kommt. Dies kann an die Nachkommen weitergegeben werden. Eine Translokation, die das Chromosom 22 betrifft und bei der ein kleines Stück mit dem Chromosom 9 ausgetauscht wird, läßt sich oft bei chronisch-myeloischer Leukämie, einer Krebsart, beobachten.

Ist die Teilung des Chromosomensatzes bei der Mitose gestört, können sich zwei Zellen bilden, von denen eine 45 und die andere 47 Chromosomen enthält. Menschen, deren Organismus Zellen mit verschiedenen Genotypen enthält, nennt man Mosaiken. Die Gefahr, erbgeschädigte Kinder auf die Welt zu bringen, ist bei ihnen größer als bei normalen Eltern.

Andere häufige Chromosomenaberrationen betreffen die Geschlechtschromosomen. Ein Mann mit einem zusätzlichen X-Chromosom (Klinefelter-Syndrom; Genotyp XXY) ist wahrscheinlich von schlaksiger Gestalt und zeugungsunfähig, während ein überschüssiges Y-Chromosom dafür sorgt, daß der betreffende Mann sehr groß ist, jedoch kaum die diesem Genotyp zugesprochenen kriminellen Neigungen aufweisen dürfte. Bei Frauen ist der Genotyp mit drei X-Chromosomen in der Regel klinisch unauffällig; es kann jedoch zu einer mangelhaften Entwicklung der sekundären Geschlechtsmerkmale kommen.

Statistische Werte

Genetische Beratung versucht, menschliches Leid durch die Untersuchung statistischer Wahrscheinlichkeiten für Fehlbildungen zu lindern. Ein Ehepaar mit einem behinderten Kind möchte wissen, ob ein weiteres Kind unter den gleichen Fehlbildungen zu leiden haben wird, ganz zu schweigen von den Enkelkindern. Diese Art der Beratung kann auf wissenschaftlicher Basis Antwort darauf geben, ob die Familie vergrößert werden soll oder nicht.

Genetische Beratung ist insbesondere bei den drei grundlegenden Typen des Erbgangs nach Mendel kein Problem: autosomal-dominanter Erbgang (autosomal bezieht sich auf alle Chromosomen außer den Geschlechtschromosomen), autosomal-rezessiver Erbgang (die Risiken für Nachkommen, die Träger sind, sind gering, es sei denn, man ehelicht einen nahen Verwandten) und X-chromosomal-rezessiver Erbgang (Risiken bestehen für männlichen Nachwuchs von Frauen, die Träger sind).

Bei vielen Krankheiten läßt sich verhältnismäßig leicht feststellen, ob es zu einer Wiederholung kommt. Die Mukoviszidose oder zystische Fibrose ist eine autosomal-rezessive Störung, bei der die Chancen 1:4 stehen, daß die Kinder betroffen sind, falls beide Eltern Träger sind.

Die klassische Bluterkrankheit ist ein X-chromosomal-rezessives Leiden, bei dem die Wahrscheinlichkeit, daß der Sohn einer weiblichen Trägerin betroffen sein wird bzw. ihre Tochter Trägerin sein wird, jeweils 50:50 beträgt. Wenn man dies bereits vor 200 Jahren gewußt hätte, wäre die Heiratspolitik der europäischen Königshäuser wahrscheinlich eine ganz andere gewesen.

Wird das Merkmal durch mehr als einen Faktor vererbt, so wird die Erbberatung zwangsläufig weniger exakt sein. Die Statistiken werden auf der Grundlage des empirischen Risikos berechnet - d. h. man geht von der Wahrscheinlichkeit der Wiederholung auf der Grundlage bereits gemachter Erfahrungen aus, wie dieses Merkmal innerhalb anderer Familien vererbt wurde. Das Down-Syndrom wird empirisch mit Frauen in Verbindung gebracht, die jenseits ihres 35. Lebensjahres sind. Da sämtliche Eizellen bereits bei deren Geburt vorhanden waren, nimmt man an, daß es im Laufe des Alterns beim Reifungsprozeß der Eizellen zu gewissen Degenerationserscheinungen kommt. Die Meiose mit Halbierung der Chromosomenzahl läuft in einem derartigen Fall wahrscheinlich unvollständig ab, so daß es zur Bildung eines zusätzlichen Chromosoms kommt. Spätgebärende bringen jedoch glücklicherweise nicht immer ein mongoloides Kind

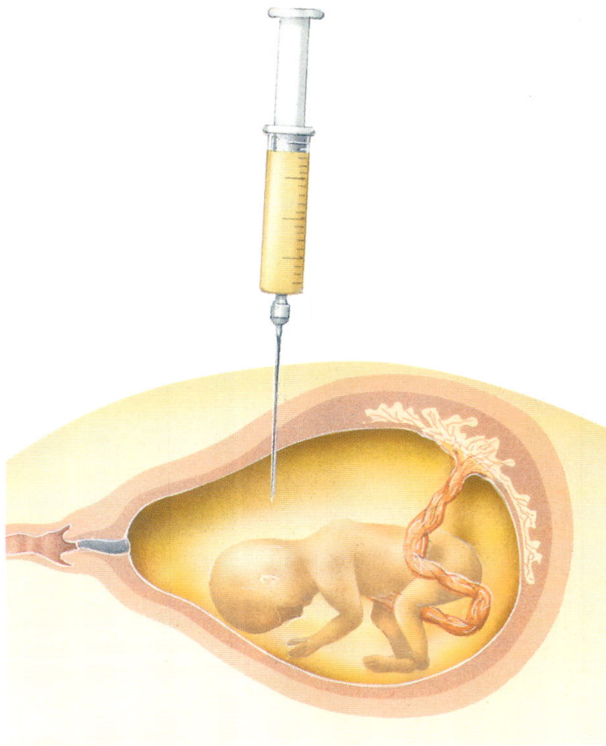

Die genetische Ausstattung eines Fötus kann mit Hilfe der Amniozentese (oben) kontrolliert werden. Über eine vorsichtig durch die Bauchwand in die Fruchtblase eingeführte Kanüle wird eine Fruchtwasserprobe entnommen, in der sich neben Schlacken auch abgeschilferte kindliche Hautzellen befinden. Die Proben werden zentrifugiert, die Zellen entnommen und von einem Teil Kulturen angelegt. Untersuchungen von Fruchtwasserflüssigkeit, Zellen und Zellkulturen liefern u.a. Aufschluß über das Geschlecht des Fötus und sein Genom. Systematische Analysen (rechts) bilden die Grundlage einer genetischen Beratung, die Eltern mit Risikofaktoren vor der Geburt ihres Kindes in Anspruch nehmen können. Fötale Entwicklungsstörungen können bereits in einer sehr frühen Schwangerschaftsperiode erkannt werden.

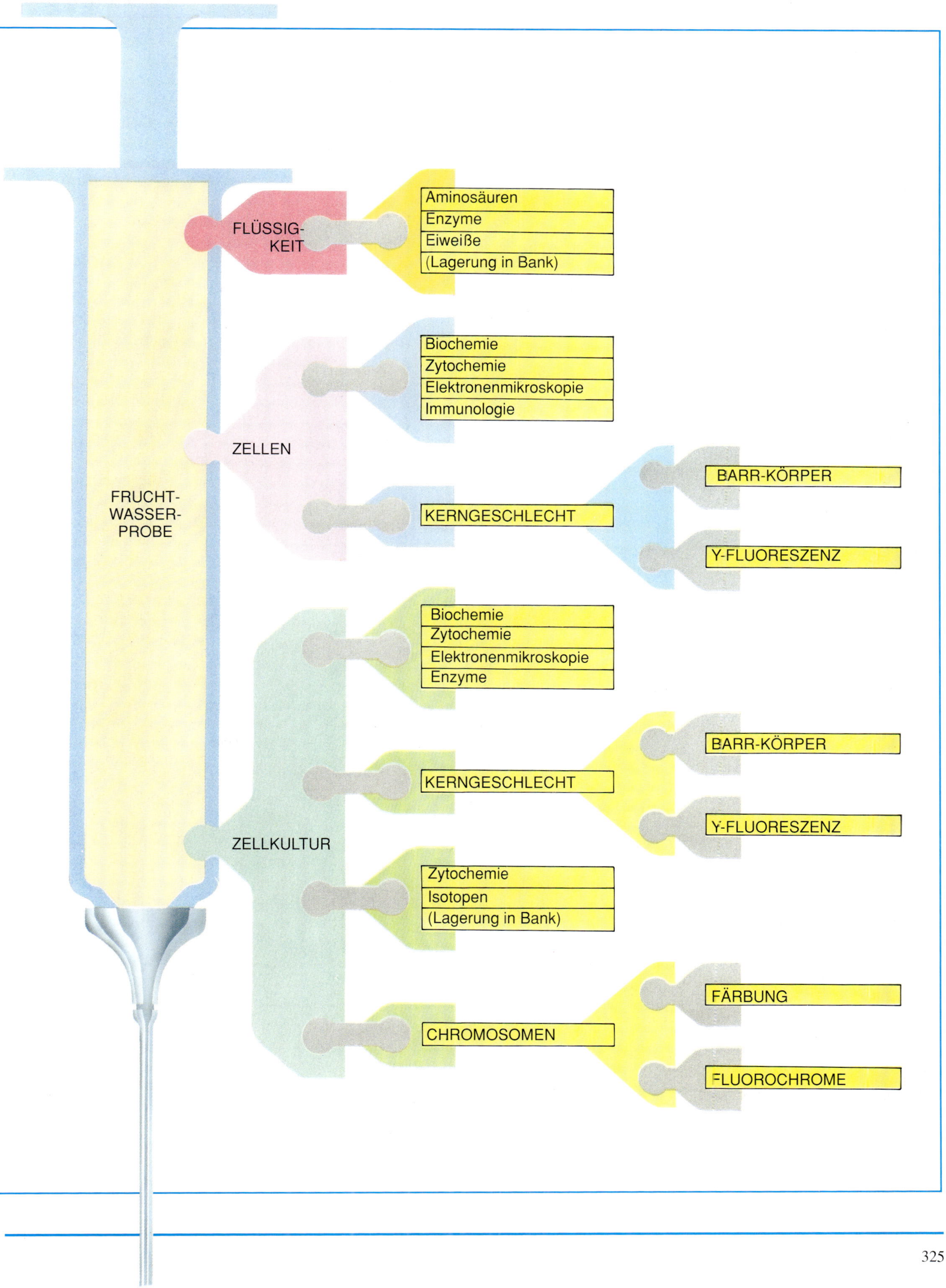
FRUCHT-
WASSER-
PROBE
FLÜSSIG-
KEIT
Aminosäuren
Enzyme
Eiweiße
(Lagerung in Bank)
ZELLEN
Biochemie
Zytochemie
Elektronenmikroskopie
Immunologie
KERNGESCHLECHT
BARR-KÖRPER
Y-FLUORESZENZ
ZELLKULTUR
Biochemie
Zytochemie
Elektronenmikroskopie
Enzyme
KERNGESCHLECHT
BARR-KÖRPER
Y-FLUORESZENZ
Zytochemie
Isotopen
(Lagerung in Bank)
CHROMOSOMEN
FÄRBUNG
FLUOROCHROME

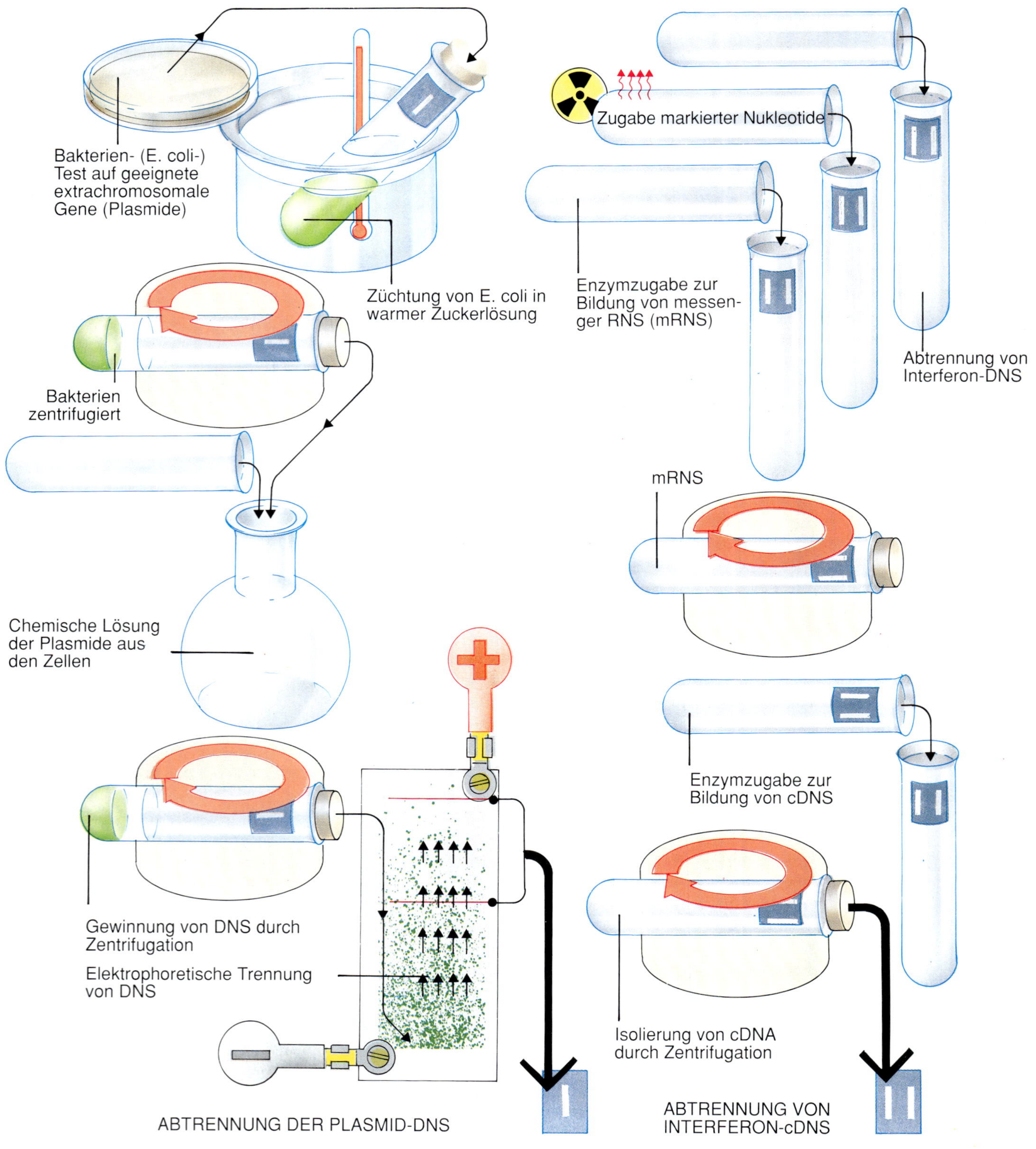

__Interferon__ ist eine Substanz, die zur Behandlung verschiedener Viruskrankheiten erfolgreich eingesetzt werden kann. Dabei handelt es sich um ein Eiweiß, das von attackierten Zellen gebildet wird. Therapeutisch sinnvolle Mengen können jedoch nur mit Hilfe der Gentechnologie gewonnen werden. Plasmid-DNS des Bakteriums E. coli, einem normalen Besiedler des menschlichen Dickdarms, wird durch geeignete Enzyme geöffnet. Die DNS wird mit der Elektrophorese isoliert: Im elektrischen Spannungsfeld trennt sich der gewünschte Plasmidanteil ab. Dieser wird mit Enzymen weiterbehandelt und erneut isoliert, um Interferon-cDNS binden zu können. Beide werden kombiniert, und wenn Tests zeigen, daß sie eine neue E. coli-Kultur besie-

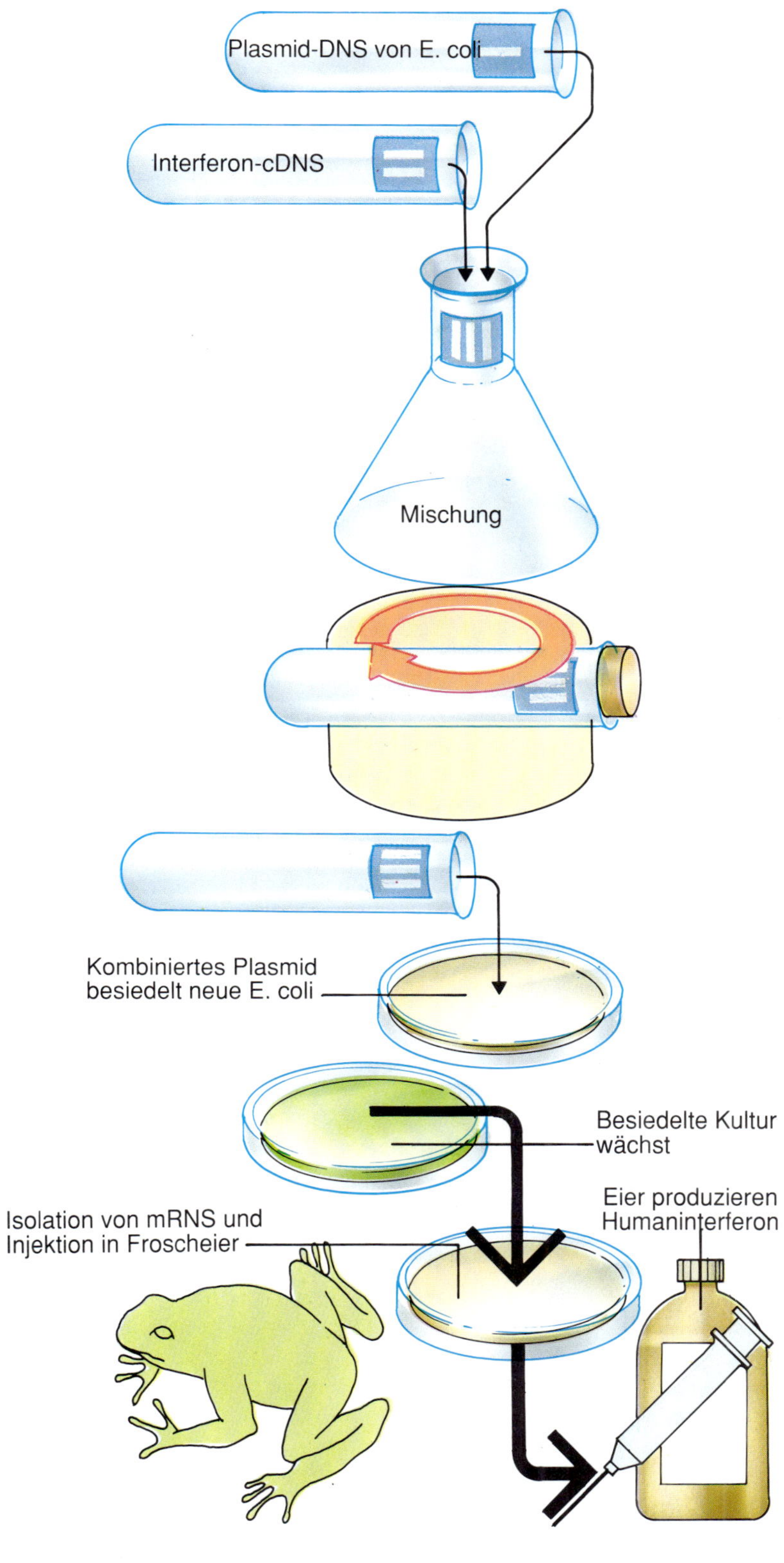

deln, wird ihre RNS in Froscheier injiziert, wo sie nicht als "fremd" erkannt wird. Die Eier fahren fort, menschliches Interferon zu produzieren.

zur Welt, so daß zu seiner Entstehung wohl auch noch andere Faktoren gehören.

Die Amniozentese, die Entnahme von Fruchtwasser durch Fruchtblasenpunktion, ist ein weiteres wichtiges Werkzeug der genetischen Beratung. Die Analyse des Fruchtwassers sowie der Hautzellen, die vom Fetus stammen, gibt bereits lange vor der Geburt Aufschluß darüber, ob chromosomale, immunologische oder enzymatische Störungen vorliegen oder ob bestimmte Gene Fehler aufweisen. Zusammen mit anderen pränatalen Diagnoseverfahren wie etwa Ultraschall oder Biopsie könnte die Amniozentese eine Möglichkeit bieten, Fehler der Natur bereits vor der Geburt zu beheben.

Doch trotz der Fortschritte, die in der Gentechnologie gemacht wurden, ist eine erfolgreiche Behandlung etwa des Down-Syndroms noch nicht absehbar. Momentan und wohl noch in der nächsten Zukunft hat die pränatale Diagnostik nur zwei Aufgaben: Steigerung des menschlichen Wissens durch neue Entdeckungen und gewichtige wissenschaftliche Argumente im Rahmen der Frage, ob die Schwangerschaft vorzeitig beendet werden soll.

Nach Entwicklung der DNS-Klonierung kam es zu heftigen Kontroversen. Man fürchtete biologische Katastrophen, so daß jahrelang die Klonierung nur gestattet war, wenn sie sich an strikten Richtlinien orientierte und an verkrüppelten Organismen vorgenommen wurde, die nur im Reagenzglas überleben konnten.

Mittlerweile sind in vielen Ländern die Beschränkungen aufgehoben worden, was wertvolle neue Erkenntnisse z.B. über die Entstehung des Krebses zur Folge hatte. Nach wie vor gibt es aber vor allem bei uns Stimmen, die ein prinzipielles Verbot der Freisetzung genetisch manipulierter Organismen in die Umwelt fordern. Ihr Argument lautet, daß es nicht möglich ist, eventuelle Umweltschäden vorherzusehen.

Befürworter weiterer Versuche sind beispielsweise Gärtnereibetriebe, die sich von einer genetisch leicht manipulierten Bakterienart, die auf den Blättern von Salat lebt, erhoffen, die Temperatur senken zu können, bei der sich Eis um die Blätter bildet. Der Temperaturunterschied beträgt zwar nur zwei Grad, dennoch könnten kommerzielle Salatzüchter sehr viel Geld sparen, wenn es zu plötzlichen Kälteeinbrüchen kommt.

Investitionen in hohe Erträge

Die rekombinante DNS-Technologie bietet der landwirtschaftlichen Industrie eine Reihe vielversprechender Aussichten. Schweine fressen normalerweise kein Gras, sie können es in ihrem Verdauungstrakt nicht aufschließen. Durch Genmanipulation könnte jedoch eine Rasse von Mikroorganismen hergestellt werden, die die Zellulose des Grases verdaut. Dies würde die Produktion von Schweinefleisch erheblich verbilligen. Des weiteren könnten Merinoschafe dazu gebracht werden, ihr Fell abzuwerfen, sich durch Injektion eines Eiweißes, das aus den Speicheldrüsen männlicher Mäuse stammt, quasi selbst zu scheren. Die Gen-Klonierung würde für eine kostengünstige Produktion dieses Eiweißes sorgen.

Der fruchtbarste Boden für die gegenwärtig praktizierten Rekombinationstechniken ist wohl die Medizin. Die Duchenne-Landouzy-Atrophie ist eine schwere Muskelschwunderkrankung, die bei Knaben früh zum Tod führt. Trägt eines der X-Chromosomen der Mutter den Schaden, besteht eine 50prozentige Wahrscheinlichkeit, daß ihre Söhne betroffen sind. Durch eine Biopsie und unter Verwendung eines Restriktionsenzyms zur Erkennung des DNS-Stücks im betreffenden Gen können Wissenschaftler feststellen, ob ein männlicher Fötus mit dieser tödlichen Krankheit behaftet ist. Auch der unheilbare Veitstanz (Chorea Huntington) läßt sich genetisch beim Erwachsenen oder Kind aufdecken.

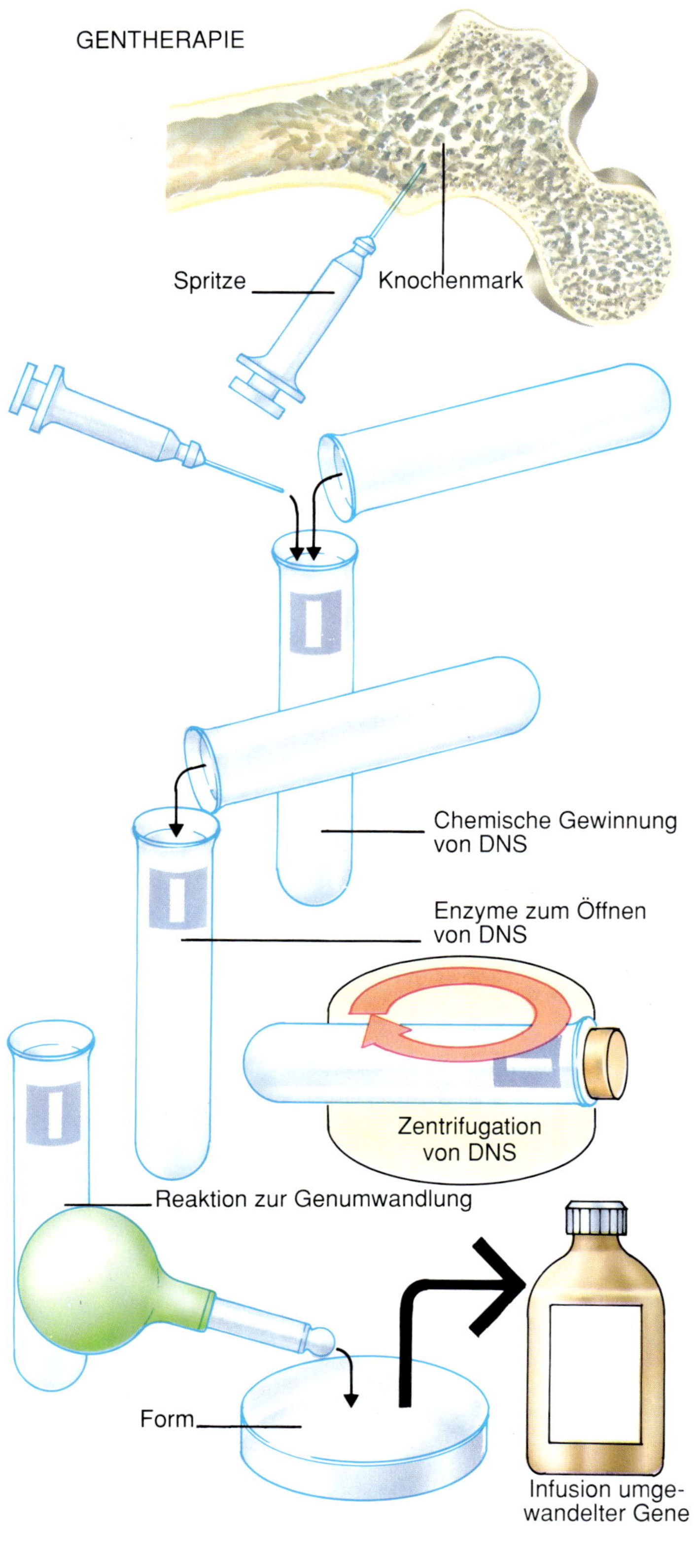

***Gentherapie** ist eine supermoderne Art der Behandlung bestimmter Erkrankungen, die jetzt klinisch geprüft wird. Im Falle einer Krebserkrankung wird DNS aus einer Knochenmarksprobe des Patienten gewonnen, die Gene mit DNS-öffnenden Enzymen versetzt und dann das Ganze dem Patienten wieder eingespritzt.*

Bezahlbares Wunder

Ein anschaulicheres Beispiel der Möglichkeiten einer DNS-Manipulation ist die Interferon-Story. Man hatte beobachtet, daß eine Zelle, die von einem Virus befallen war, einen Stoff zu erzeugen schien, der verhinderte, daß benachbarte Zellen in Mitleidenschaft gezogen wurden. Irgend etwas mischte sich in den Virusinfekt ein (es interferierte mit ihm) - daher der Name "Interferon".

Jahrelang wurde leidenschaftlich diskutiert, ob sich ein solcher Virus-bekämpfender Stoff überhaupt isolieren ließe. Schließlich gelang es mit konventionellen Techniken und unter unglaublichem Kostenaufwand (ein Gramm hätte mehr als 100 Millionen Dollar gekostet), geringe Mengen unreinen Interferons zu isolieren.

Dann nahmen die Gentechniker die Sache in die Hand. Unter Verwendung von DNS-Rekombination, Bakterien und Froscheiern konnten einige Forscherteams die Interferon-Gene erfolgreich klonen und (zu Bruchteilen der ehemaligen Kosten) gewaltige Mengen der Substanz herstellen. Nun war die Medizin in der Lage, sich davon zu überzeugen, daß auch das ansonsten recht nützliche Interferon kein Allheilmittel ist.

Die Manipulation menschlicher Gene

Der Einsatz von DNS-Rekombinationstechniken im Labor zur Erzeugung brauchbarer Substanzen ist mittlerweile täglich geübte Praxis. Eingriffe in die Genstrukturen lebender Menschen sind naturgemäß von ethischen Problemen begleitet. Im Jahre 1980 wagte ein Wissenschaftler an der University of California trotz des Verbots einen entsprechenden Vorstoß.

Zwei seiner Patienten litten an einer erblichen, tödlich verlaufenden Blutkrankheit, der Thalassämie. Sie ähnelt der Sichelzellanämie dadurch, daß auch sie eine gewisse Immunität gegen Malaria bietet. Der Arzt entnahm Knochenmark, das defekte Gen wurde durch ein normales Hämoglobin-Gen ersetzt. Nachdem die Zellen ins Knochenmark eingepflanzt worden waren, klappte jedoch der Gentransfer nicht, das Mark erzeugte nach wie vor geschädigte rote Blutkörperchen.

Andere Wege der Gentherapie scheinen erfolgversprechender zu sein. Schon bald könnte es möglich sein, durch manipulierte Gene bestimmte Enzymmangel- und Krebskrankheiten zu behandeln. Ethisch fragwürdig ist in diesem Zusammenhang die Aussicht, durch Eingriffe in die Genstrukturen der befruchteten Keimzelle nicht nur Genschäden zu beseitigen, sondern den Menschen quasi "verbessern" zu wollen.

Diese Möglichkeit ergibt sich aus den Methoden der künstlichen Befruchtung, die entwickelt worden waren, um kinderlosen Ehepaaren den Wunsch nach eigenem Nachwuchs erfüllen zu können. Der Begriff "Retortenbaby" war geboren. Ist eine Frau aufgrund blockierter Eileiter unfruchtbar, so kann die Verschmelzung von Samenzellen und Ei außerhalb des Mutterleibes vollzogen werden. Einer der dabei entstehenden Embryonen wird dann in die Gebärmutter eingepflanzt.

Einige Wissenschaftler sind nun der Meinung, daß umfassende Forschungsarbeiten an Zellen und Geweben an bei der extrauterinen Befruchtung entstehenden, überzähligen Embryonen die einzige Möglichkeit bieten, bei der Behebung genetischer Störungen rasche Fortschritte zu erzielen.

Eine bessere Kopie

Noch komplizierter wird die Sache durch die Klonierungstechniken. Gene sind nämlich nicht die einzigen Strukturen, die geklont werden können. Wir sind bereits soweit, Hunderte von genetisch identischen Pflanzen oder auch Fröschen erzeugen zu können. Unter Verwen-

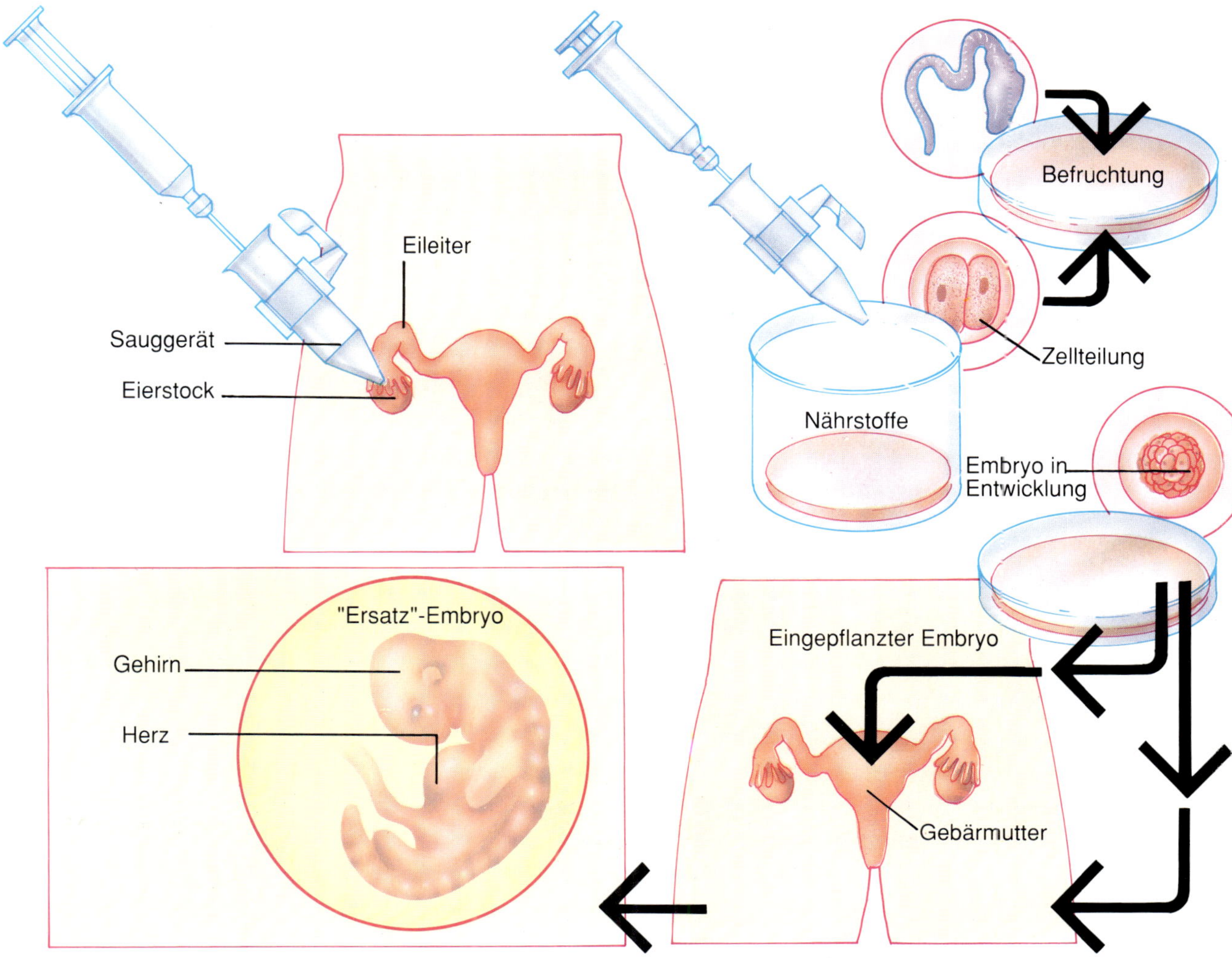

dung eines Mikromanipulators kann der Zellkern eines Froscheis entfernt und durch den Kern einer anderen Zelle ersetzt werden. Nun sind Froscheier zwar wesentlich größer und zahlreicher als die menschliche Frucht, aber die theoretische Möglichkeit der unendlichen Reproduktion eines "verbesserten" menschlichen Embryos besteht durchaus.

Ein Bakterium, das normalerweise friedlich und nutzvoll im menschlichen Darm haust, wird häufig für DNS-Rekombinationstechniken verwendet. Escherichia coli, wie die wissenschaftliche Bezeichnung lautet, wurde so verändert, daß es in industriellen Gärungsanlagen Alkohol erzeugt. Theoretisch könnten derart manipulierte Bakterien wieder zurück in den menschlichen Körper gelangen und auch hier Alkohol produzieren. Was aber scheinbar recht belustigend wirkt, wäre in Wirklichkeit verheerend, wahrscheinlich sogar tödlich.

__"Retortenbabys"__ entstehen bei der künstlichen Befruchtung von Eizellen außerhalb des Mutterleibs. Der Embryo wird dann in die Gebärmutter eingepflanzt, wo er sich während einer normalen Schwangerschaftsdauer weiter entwickelt. Gewebe von "Reserve-" Keimlingen könnte - bei Nichtberücksichtigung aller ethisch-moralischen Aspekte - in Organe von Erwachsenen übertragen werden, um dort als Ersatz verbrauchter oder zerstörter Zellen deren Neubildung anzuregen.

Schöne neue Welt

Als Aldous Huxley in seinem gleichnamigen Zukunftsroman eine Welt beschrieb, in der alle Kinder mit vorherbestimmten Intelligenzquotienten zwischen Alpha plus und Epsilon minus gezüchtet werden, so daß sie die für sie bestimmten gesellschaftlichen Funktionen wahrnehmen können, hatte er die Grenzen des für ihn Vorstellbaren erreicht.

Doch knapp 50 Jahre später hat der menschliche Erfindungsgeist die Grenzen der Phantasie fast gesprengt. Vieles ist machbar geworden; es liegt in unseren Händen, durch Genmanipulation in die innersten Prozesse des Lebens einzugreifen. Aus diesen neuen Fähigkeiten erwächst uns eine große Chance, aber eine noch größere Verantwortung für die Zukunft.

Glossar

A

A. (Aa.) Abkürzung für Arteria (Arteriae) = Schlagader
A. carotis Halsschlagader
Acetylcholin chemische Überträgersubstanz, die an Nerv-Muskel-Verbindungen freigesetzt wird, um den Nervenimpuls umzusetzen
Achillessehne die kräftigste Sehne des Körpers; sie läuft vom Wadenmuskel zur Ferse
Adrenalin Hormon aus dem Nebennierenmark
Aerob Stoffwechselprozeß, für den Sauerstoff benötigt wird
Akkomodation automatisch erfolgende Ausrichtung der Linse durch Kontraktion oder Erschlaffung der für ihre Krümmung zuständigen Muskeln, um verschieden entfernte Objekte gleich scharf zu erkennen
Alveole Ort des Gasaustausches in der Lunge
Amboß (Incus) Gehörknöchelchen im Mittelohr zwischen Hammer und Steigbügel
Aminosäure Molekül, das sich über Peptide zu Proteinen (Eiweißen) verbindet
Amnion Schafs-, Wasserhaut; membranöse, gefäßlose innere Eihaut der Fruchtblase
Anaerob Stoffwechselprozeß unter Abschluß von Sauerstoff
Androgene Überbegriff der Hormone, die für männliche Merkmale zuständig sind (Testosteron)
Antigen Substanz, die in den Körper eindringt und eine Immunreaktion auslöst
Antikörper Bluteiweiß zur Bekämpfung bzw. Zerstörung von Antigenen
Aorta größte Schlagader des Körpers
Apgar-Index Punktsystem zur Vitalitätsbeurteilung des Neugeborenen anhand verschiedener Befunde, eine, fünf und zehn Minuten nach der Geburt
Apokrine Drüse Drüse, die den oberen Teil ihrer Epithelzellen als Sekret abstößt (z.B. Schweißdrüsen)
Arachnoidea mater die mittlere der drei Häute, die Gehirn und Rückenmark umhüllen
Areole der die Brustwarze umgebende, hell pigmentierte Ring
Arterie Schlagader, die das Blut vom Herzen wegtransportiert
Atrium Vorhof im Herzen; in das rechte Atrium fließt das venöse ("verbrauchte") Blut aus dem Körperkreislauf, ins linke das in der Lunge arterialisierte ("aufgefrischte") Blut
Außenohr äußerer Abschnitt des Gehörorgans; besteht aus der Ohrmuschel und dem äußeren Gehörgang und endet am Trommelfell
Autonomes Nervensystem der sympathische und parasympathische Teil des Nervensystems, der "automatisch" arbeitet und vom Bewußtsein nicht beeinflußt wird
Axon Nervenzellfortsatz, der Impulse von der Zelle wegleitet

B

Band siehe Ligamentum
Bandscheiben siehe Intervertebralscheiben
Basalganglien Nervenzellanhäufungen (Kerne) im End- und Zwischenhirn; im Dienst der Körpermotorik
Basophiler Granulozyt Zelle des weißen Blutbildes
Becken knöcherne Struktur, bestehend aus den Hüftbeinen, dem Kreuzbein und dem Steißbein; trägt das Gewicht des Rumpfes und verbindet die Beine mit dem Rumpf
Bindegewebe Gewebe, das die Organe umhüllt und stützt, aber auch im Dienst der Körperabwehr steht
Blastozyst Frühphase der embryonalen Entwicklung; entsteht durch Zellteilung
Blinder Fleck besonderer Bereich der Netzhaut im Auge(Durchtritt des Sehnerven), der nicht mit Sinneszellen ausgestattet ist
Blutplasma flüssiger Anteil von Blut und Lymphe (ca. 55 Prozent des Blutes)
Blutplättchen Thrombozyt; Zellfragment im zirkulierenden Blut; spielt große Rolle bei der Blutstillung und Gerinnung
Blutzellen häufigster Vertreter sind die roten Blutkörperchen (Erythrozyten), die den Sauerstoff transportieren; Blutplättchen (Thrombozyten) sind verantwortlich für die Gerinnung; weiße Blutkörperchen (Leukozyten) bekämpfen Eindringlinge
Bogengang eine der drei Hohlstrukturen, die das Gleichgewichtsorgan bilden
Bronchie Aufzweigung der Luftröhre in den Lungen
Bronchiole kleinerer Ast der Atemwege
Bursa synovialis Schleimbeutel; abgeschlossener, mit geringer Menge an Gleitflüssigkeit gefüllter Spaltraum zwischen Knochenvorsprüngen und Haut, Sehne, Muskeln oder Faszien

C

Caecum blind beginnender Abschnitt des Dickdarms
Carpus Handwurzelknochen
Cerebellum Kleinhirn; u.a. verantwortlich für Symmetrie und Kombination der Willkürmotorik
Cerebrale Hemisphäre Kleinhirnhälfte
Cerebrum Großhirn, aus zwei Hemisphären bestehend
Cervix uteri Gebärmutterhals
Chiasma opticum Kreuzung der Sehnerven
Cholesterol Fettähnliche Substanz, die für den Zellstoffwechsel wichtig ist
Chorion äußere Haut der Blastozyste (Trophoblast); wird zur Zottenhaut
Chromosom Träger des Erbmaterials in den Zellen
Clavicula Schlüsselbein
Clitoris erregbares Gewebe im oberen Scheidenbereich; Kitzler
Cochlea mit Sinneszellen besetzter Teil des Hörorgans; Hörschnecke
Colon längster Abschnitt des Dickdarms; zwischen Caecum und Rectum
Conjunktiva membranöse Bindehaut des Auges und der Lider
Cornea die Hornhaut des Auges
Corpus callosum größte Ansammlung von Nervenbahnen, die die beiden Hirnhemisphären verbindet (Assoziationsbahn)
Corpus luteum Gelbkörper; produziert die Hormone Östrogen und Progesteron
Cortex Rinde; äußerer Bereich eines Organs
Cranium der knöcherne Schädel
Cuticula eine von Zellen an ihrer Oberfläche ausgeschiedene Deckschicht

D

Dendrit kurzer Nervenzellfortsatz, der Impulse empfängt und weiterleitet
Dentin Zahnbein; knochenähnliche Substanz, die die Zahnhöhle umschließt
Dermis Corium oder Lederhaut; Gewebsschicht unter der Oberhaut, in der Gefäße und Nerven verlaufen
Desoxyribonukleinsäure (DNS) im Zellkern befindliches Erbmaterial der Zellen
Diaphragma Zwerchfell
Diastole Erschlaffungs- (Füllungs-) Phase des Herzens
Dickdarm Fortsetzung des Dünndarms, wo die Verdauungsvorgänge abgeschlossen werden; er besteht aus Caecum, Colon und Rectum
Duodenum Zwölffingerdarm; erster Abschnitt des Dünndarms
Dura mater äußere Hülle um Gehirn und Rückenmark

E

Eierstock siehe Ovar
Eisprung die Abstoßung einer Eizelle aus dem Ovar
Embryo Entwicklungsphase des Kleinkindes im Mutterleib; etwa bis zu dem Zeitpunkt, an dem die Organe fertiggestellt sind und ihre Tätigkeit aufnehmen (also ungefähr die ersten drei Monate)
Endokrine Drüse Drüse ohne spezielles Ausführungsgangsystem; Sekretausschleusung direkt in die Blutbahn; Hormonbildner
Endokrinium Gesamtheit aller endokrinen Drüsen
Endolymphe Flüssigkeit innerhalb des Schneckengangs im Innenohr
Endometrium Schleimhaut der Gebärmutter
Endorphin schmerzverdrängende Substanz im Gehirn; endogenes Morphin
Enzym Protein, das spezifisch chemische Reaktionen beschleunigt, ohne sich selbst dabei zu verändern oder aufzubrauchen
Epidermis Oberhaut
Epididymis Nebenhoden
Epiglottis Kehldeckel; dünne schleimhautbedeckte Knorpelplatte, die den Eingang der Luftröhre beim Schluckakt verschließt und das Eindringen von Nahrung verhindert
Epithel Zellüberzug über die ganze äußere und innere Körperoberfläche (aber auch Drüsenepithel oder Sinnesepithel)
Erythrozyt rotes Blutkörperchen
Exokrine Drüse Drüse, die ihr Sekret über Ausführungsgänge in den Körper ausscheidet
Extensoren Streckmuskeln; Muskeln, die allgemein Knochen voneinander fortbewegen (Gegenspieler der Flexoren)
Extrazellulärflüssigkeit Körperflüssigkeit außerhalb der Zellen

F

Femur Oberschenkelbein
Fett energiereiche Nahrungsgrundsubstanz
Fettsäure chemischer Grundbaustein der Fette
Fibrin faserförmiges Eiweiß als Gerüst eines Gerinnsels
Fibrinogen im Blut vorhandene Vorstufe des Fibrins
Fibula Wadenbein, Unterschenkelknochen; läuft parallel zum Schienbein
Flexoren Beugemuskeln; Muskeln, die allgemein Knochen zueinander führen

(Gegenspieler der Extensoren)
Follikel mit Epithel ausgekleidetes bläschenförmiges Gebilde (Haarfollikel)
Fötus (Fetus, Fet) Entwicklungsstufe der Leibesfrucht vom Ende der Embryonalperiode (Ende dritter Monat) bis zur Geburt

G

Galle dickflüssiges, ockerfarbenes Lebersekret; wird in der Gallenblase gelagert und bei Bedarf in den Darm abgegeben, um die Verdauung von Fetten zu erleichtern (Fettemulgator)
Gallenblase Beutel unter der Leber, in dem die Galle gespeichert wird
Ganglion Ansammlung von Nervenzelleibern
Gehörknöchelchen die drei kleinsten Knochen des Körpers: Hammer, Amboß und Steigbügel; bilden im Mittelohr eine Kette zur Schallübertragung auf das Innenohr
Gelenk bewegliche Verbindung von Knochen
Gen kleinster verantwortlicher Faktor für die Vererbung der elterlichen Eigenschaften auf die Nachkommen
Geschlechtshormone chemische Botenstoffe der geschlechtlichen Merkmale und der Fortpflanzung; männliche Geschlechtshormone (Androgene) werden in den Hoden, weibliche (Östrogen und Progesteron) in den Ovarien produziert (beide auch in Nebennierenrinde)
Gewebe Überbegriff für Zellen derselben Gattung oder Funktion
Glandula lacrimalis siehe Tränendrüse
Glandula parotis siehe Ohrspeicheldrüse
Glandula thyroidea siehe Schilddrüse
Glaskörper gelartige Substanz im Augapfel vor der Netzhaut (Corpus vitreum)
Glatter Muskel Muskel, der nicht der Willkürmotorik unterliegt, wie z.B. die Wandmuskulatur des Darms oder der Blutgefäße
Globulin im Blut vorkommende Eiweißgruppe
Glottis Stimmritze
Glukose einfacher Zucker; Endprodukt beim Abbau von Stärke; "die" Energiequelle im Körper
Glykogen Kohlenhydrat, das in Glukose umgewandelt werden kann

H

Haarfollikel Vertiefung in der Epidermis, aus der ein Haar sprießt; dehnt sich bis zur Dermis aus, von wo aus das Haar versorgt wird
Hammer (Malleus) Gehörknöchelchen im Mittelohr; ist mit seinem Stiel ans Trommelfell angeheftet
Hämoglobin roter Blutfarbstoff; bindet und transportiert Sauerstoff und Kohlendioxid
Havers-System strukturelle Grundeinheit des Knochengewebes; besteht aus Havers-Kanal und umgebenden zylindrischen Knochenlamellen
Hepatisch auf die Leber bezogen
Herzfrequenz Anzahl der Herzschläge pro Zeiteinheit
Hippocampus (sehpferdchenähnlicher) Teil des limbischen Systems im Schläfenlappen des Gehirns
Hirnstamm der untere Teil des Gehirns aus Zwischen-, Mittel- und Rautenhirn; setzt sich ins Rückenmark fort
Hoden siehe Testes
Hormone Sekrete endokriner Drüsen
Hüftbein paariger Beckenknochen, mit dem Kreuzbein Bestandteil des Beckengürtels; jedes Hüftbein besteht aus drei Knochen, die im frühen Erwachsenenalter zusammenwachsen (Os coxae)
Humerus Oberarmbein
Hymen Jungfernhäutchen
Hypophyse Hirnanhangsdrüse; nach unten verlagerter Teil des Zwischenhirns; mit dem Hypothalamus Steuerorgan des Endokriniums
Hypothalamus wichtige Kontrollstation im Zwischenhirn; verantwortlich für Hormonsekretion, Körpertemperatur und Wasserhaushalt (siehe auch Hypophyse)

I

Ileum Endabschnitt des Dünndarms zwischen Jejunum und Blinddarm
Immunsystem Körperabwehrsystem mit zwei Funktionskreisen (Knochenmark, lymphatische Organe)
Impuls Erregung, die auf elektrischem und chemischem Weg entlang einer Nervenfaserkette verläuft
Incisivus Schneidezahn
Innenohr Überbegriff für Hör- und Gleichgewichtsorgan (Schnecke und Bogengänge)
Insulin Pankreashormon, das den Blutzuckerspiegel kontrolliert
Intervertebralscheiben Bandscheiben (Disci intervertebrales); kräftige Knorpelscheiben zwischen den Wirbeln, die die Wirbelkörper gegeneinander polstern
Ion elektrisch geladenes Atom
Iris Regenbogenhaut; mit Pigmentepithel bedeckte Blende des Auges hinter der Cornea
Ischiokrurale Muskulatur Muskelgruppe vom Sitzbein zum Unterschenkel, an der Rückseite des Oberschenkels

J

Jejunum Dünndarmabschnitt zwischen Zwölffingerdarm und Ileum
Jugularvene siehe V. jugularis

K

Kammerwasser klare Flüssigkeit in der vorderen und hinteren Augenkammer
Kapillare Haargefäß; kleinstes Blutgefäß (Austauschgefäß) zwischen arteriellem und venösem Kreislaufschenkel
Kardiovaskuläres System Einrichtung zur Blutversorgung des Herzens
Knochenmark Gewebe im Inneren der Knochen; man unterscheidet das rote, blutbildende Mark der Rippen, Wirbel usw. vom gelben Mark (Fettmark) in den Markhöhlen der großen Röhrenknochen
Kohlenhydrat Grundsubstanz der Nahrung
Kollagen strapazierfähige Bindegewebssubstanz
Koronararterien Herzkranzschlagadern
Kreuzbein Os sacrum; aus fünf miteinander verschmolzenen Wirbeln bestehender, dreieckiger Knochen, der sich zum Bau des Beckengürtels keilförmig zwischen die Hüftbeine schiebt

L

Larynx Kehlkopf; Stimmapparat hinter der Zungenwurzel im oberen Halsbereich
Leukozyt weißes Blutkörperchen
Ligamentum straffes bindegewebiges Band, das Knochen oder Knorpel verbindet; häufig in Nähe von Gelenken
Limbisches System Nervenstrukturen an der Unterseite des Vorderhirns; verantwortlich für die Steuerung von Emotionen und Verhaltensweisen
Linse durchsichtiger, bikonvexer Körper im Auge zwischen Iris und Glaskörper mit regulierbarer Brechkraft; fokussiert das Licht auf die Retina
Lipid Fett oder fettähnliche Substanz; allgemein in Wasser nicht löslich
Liquor cerebrospinalis Flüssigkeit, die Gehirn und Rückenmark umgibt
Lumen Kaliber; innerer Durchmesser hohler Strukturen im Körper
Lymphatisches System Sammelbegriff für Lymphgefäße (mit Inhalt) und lymphatische Organe (z.B. Lymphknötchen und -knoten, Milz, Thymus und Mandeln); Drainage- und Abwehrsystem im menschlichen Körper
Lymphe durchsichtige, wässrige Gewebsflüssigkeit (Nettofiltrat des Blutes), die in Lymphgefäßen transportiert wird
Lymphgefäß aus Lymphkapillare hervorgehendes, venenähnliches Gefäß zum Transport der Gewebsflüssigkeit
Lymphozyt Unterart der Leukozyten; wird u.a. in lymphatischen Organen produziert und spielt eine wichtige Rolle bei der Körperabwehr

M

M. (Mm.) Abkürzung für Musculus (Musculi) = Muskel
Mandibula Unterkiefer; der größte und kräftigste Gesichtsknochen
Mark innerer Bereich eines Organs
Maxilla Oberkiefer
Medulla oblongata verlängertes Rückenmark (Nachhirn oder Myelencephalon); Teil des Rautenhirns (dem Hirnstamm zugehörig), das die Brücke (Hinterhirn oder Metenzephalon) mit dem Rückenmark verbindet; zuständig für die Steuerung von Atmung und Kreislauf
Meiose Zellteilung, bei der der Chromosomensatz halbiert wird (Geschlechtszellen)
Melanin dunkles Pigment (aus Melanozyten) in Haut, Haaren und Iris
Meningen Hirn- und Rückenmarkshäute
Menstruationszyklus periodisch (in vierwöchigem Abstand) wiederkehrende Veränderungen an Eierstock und Gebärmutterschleimhaut
Metabolismus siehe Stoffwechsel
Metacarpalia fünf Mittelhandknochen zwischen Handwurzel und Finger; knöcherne Grundlage der Handfläche
Metatarsalia fünf Mittelfußknochen zwischen Fußwurzel und Zehen
Mikrovilli kleinste Zotten; Ausstülpungen der Zelle zur Vergrößerung ihrer Oberfläche (Bürstensaum, Stäbchensaum)
Milchproduktion der Saugakt des Kleinkindes an der mütterlichen Brust setzt das Hormon Prolaktin frei, das die Milchdrüsen stimuliert
Milz Bauchorgan im linken Oberbauch in Nähe der Leber; Abbaustätte der Erythrozyten; Teil des Immunsystems
Mitose die Teilung einer Mutterzelle in zwei identische Tochterzellen
Mittelfußknochen siehe Metatarsalia
Mittelhandknochen siehe Metacarpalia
Mittelhirn Mesencephalon; Verbindung zwischen Di- und Metencephalon mit Dach (Tectum), Haube (Tegmentum) und Großhirnschenkeln (Pedunculi cerebri); wichtige Schalt- und Durchgangsstation
Mittelohr Schalleitender Teil zwischen Außen- und Innenohr; in der vom Trommelfell abgeschlossenen (Pauken-) Höh-

le befindet sich u.a. die Gehörknöchelchenkette (Hammer, Amboß und Steigbügel)
Monozyt Leukozyt; Phagozyt, der im Knochenmark gebildet und ins Gewebe ausgeschleust wird, wo er sich zum Makrophagen entwickelt
Morula aus der befruchteten Eizelle entstandener Zellkomplex
Motorische Endplatte Kontaktstelle eines motorischen Nerven mit einer Muskelfaser (Synapse)
Motorischer Nerv Nerv, der Bewegungsimpulse aus dem Gehirn oder dem Rückenmark auf einen Muskel überträgt
Mucus schleimiges Drüsensekret
Myelin Lipid, das viele Nervenfasern (Neuriten) durch sogen. Myelinscheiden isoliert (Erhöhung der Übertragungsgeschwindigkeit); mit Myelin bedeckte Nerven sehen weiß aus
Myofibrille kontraktiler Bestandteil der Muskulatur; besteht hauptsächlich aus Eiweiß
Myokard Herzmuskulatur
Myometrium muskulöser Teil der Gebärmutterwandung

N

N. (Nn) Abkürzung für Nervus (Nervi) = Nerv
N. vagus zehnter Hirnnerv, der u.a. die Darmperistaltik und die Sekretion von Verdauungssäften anregt
Nabelschnur Verbindung zwischen Föt und Plazenta
Nebenniere Drüse, die den Nieren aufsitzt und in Rinde und Mark Hormone produziert (z.B. Kortison, Aldosteron oder Adrenalin)
Nebenschilddrüsen vier linsengroße, endokrine Drüsen am hinteren oberen und unteren Pol der Schilddrüse; produzieren Parathormon zur Kontrolle des Kalzium- und Phosphathaushalts
Nervenfaser Zellausläufer zur Leitung elektrischer Impulse; sie übermittelt sensorische und andere Informationen vom Körper zum ZNS und motorische Impulse vom ZNS zum Körper
Nervus olfactorius Riechnerv (N. I); zieht vom Nasendach durch die Siebplatte (als Bulbus olfactorius) zum Mittelhirn
Neuroglia Stützgewebe des Nervensystems, wichtig für die Nervenzellfunktion und -ernährung
Neuron Nervenzelle mit allen Fortsätzen (Dendriten und Neuriten); kleinste funktionelle Einheit des Nervensystems
Neurotransmitter chemische Substanz, die an Nervenzellendigungen die Erregung überträgt
Neutrophiler Granulozyt; die häufigste Zelle des weißen Blutbilds
Nucleolus Kernkörperchen
Nucleus Zellkern

O

Oesophagus Speiseröhre; verbindet den Mundrachenraum mit dem Magen
Oestrogen weibliches Geschlechtshormon; u.a verantwortlich für die Ausbildung weiblicher Geschlechtsmerkmale
Ohrspeicheldrüse größte rein seröse Drüse; liegt beidseitig auf dem aufsteigenden Unterkieferast
Olecranon schraubenschlüsselförmiges Ende ("Hakenfortsatz") der Elle ("Musikantenknochen")
Olfaktorisch den Geruchssinn betreffend
Omentum Bauchnetz; als Omentum majus schürzenförmiges, von Bauchfell überzogenes Bindegewebsblatt, das von der großen Magenkurvatur und dem Querdickdarm vor dem Dünndarm herabhängt (enthält Fett und Lymphknötchen)
Osmose Wanderung (Diffusion) einer Flüssigkeit durch eine halbdurchlässige (semipermeable) Membran zum Zweck des Ausgleichs von Konzentrationsunterschieden gelöster Teilchen auf beiden Membranseiten
Ossifikation Knochenbildung; entweder über knorpelige Vorstufe (chondrale Ossifikation) oder direkt aus dem Bindegewebe (desmale Ossifikation)
Ovar Eierstock; paariges Organ beidseits an der hinteren seitlichen Beckenwand der Frau; liefert Eizellen und Hormone
Ovulation siehe Eisprung
Ovum Eizelle
Oxyhämoglobin mit Sauerstoff beladenes Hämoglobin-Molekül
Oxytocin Hypophysenhormon zur Stimulation der Gebärmutterkontraktion (in der Austreibungsperiode) und der Laktation, Freisetzung von Milch aus den Brustdrüsen zum Stillen

P

Palatum Gaumen; bildet Dach der Mundhöhle und Boden der Nasenhöhle; man unterscheidet den vorderen harten und den hinteren weichen Gaumen
Pankreas Bauchspeicheldrüse; exo- und endokrine Drüse des Verdauungstraktes; das exokrine Sekret dient der Verdauung und wird in das Duodenum ausgeschüttet; endokrines Sekret ist u.a. das Hormon Insulin zur Regelung des Zuckerstoffwechsels
Papille (a) kleine Vorsprünge der Dermis in die Epidermis zur gegenseitigen Verzahnung; (b) typische Erhebungen auf der Zunge mit Gefühls- bzw. Geschmacksrezeptoren; (c) Mündungsstelle von Bauchspeicheldrüsen- und Gallengang im Zwölffingerdarm
Parametrium Bindegewebe im Becken um die Gebärmutter, in dem die Uterusgefäße und der Harnleiter verlaufen
Parathormon Hormon aus den Nebenschilddrüsen, das den Kalzium- und Phosphathaushalt steuert
Paukenhöhle Raum des Mittelohres
Pepsin Magenenzym zur Verdauung von Eiweißen
Perilymphe Flüssigkeit in der Vorhof- und Paukentreppe der Hörschnecke (Innenohr)
Peristaltik synchronisierte, wellenartige Kontraktionen der glatten Muskulatur in den Wandungen von Körperhohlorganen (z.B. zum Zweck des Transportes ihres Inhalts)
Peritoneum Bauchfell; einschichtige platte Deckzellage, die Bauchwand und Organe innerhalb des Bauchraums (intraperitoneale Organe) überzieht
Pfortader Vene (ca. fünf bis acht Zentimeter lang), die das Blut aus den unpaaren Bauchorganen sammelt und zur Verarbeitung in die Leber leitet
Phagozyt Freßzelle; absorbiert und neutralisiert Fremdkörper im Körper
Phalangen Finger bzw. Zehen
Pia mater innerste der drei Häute um Gehirn und Rückenmark
Plazenta Mutterkuchen; schwammiges Gewebe mit vielen Bluträumen, die während der Schwangerschaft in der Gebärmutterschleimhaut entsteht; sie ver- und entsorgt das Blut des Föten über die Nabelschnur
Pleura Rippen- und Lungenfell; einschichtige, platte Deckzellage, die die Lungen und das Innere des Brustkorbs überzieht
Plexus Netzwerk miteinander verwobener Nervenfasern; besonders an Hauptabzweigungsstellen vieler Nervenstämme wie im Hals- und Lendenbereich des Rückenmarks
Pons Brücke; Teil des Rautenhirns
Prämolar Backenzahn; 4. und 5. Zahn in jedem Gebißquadranten; kommt im Milch- und bleibendem Gebiß vor
Processus Fortsatz; z.B. im Processus. mastoideus (Warzenfortsatz)
Processus mastoideus spongiöser Knochen hinter dem Ohr
Progesteron Hormon, das im Ovar (Gelbkörper) und in der Plazenta produziert wird; dient der Vorbereitung der Gebärmutterschleimhaut zur Implantation und der Brustdrüsen zur Milchbildung; erhält die Schwangerschaft aufrecht
Prolaktin Hormon aus der Hypophyse; wirkt direkt auf die Brustdrüse und die Milchproduktion
Propriozeptor Eigenrezeptor; Sinnesorgan, das auf Reize aus dem Körperinneren reagiert, wie Zustand der Muskelkontraktion
Prostaglandine sog. Gewebshormone; Fettsäureabkömmlinge, die überall im Körpergewebe vorkommen und eine wichtige Rolle bei der Fortpflanzung spielen
Prostata Vorsteherdrüse; Drüse um den männlichen Harnleiter am Ausgang aus der Harnblase
Protein Eiweiß; organische Verbindung mit Stickstoff; wesentlicher Bestandteil der lebenden Zelle
Pubertät Stadium, in dem der/die Jugendliche geschlechtsreif wird und seine/ihre Befähigung zur Fortpflanzung erhält
Pulmonal zur Lunge gehörend
Puls vom Herzen ausgehende Druckwelle, die über die Gefäßwand hinwegläuft und an einigen Stellen tastbar ist
Pylorus Magenpförtner; Muskelschlinge am Ausgang des Magens, die die Weiterleitung der Speise in den Zwölffingerdarm steuert

R

Radius kürzerer der beiden Unterarmknochen; auf der Daumenseite des Unterarmes
Radix Wurzel; häufig in Verbindung mit Nervenbezeichnungen benutzt
Ranvier-Knoten Einschnürung der Myelinscheide eines markhaltigen Nerven
Rapid Eye Movement (REM) rasche Bewegung des Augapfels während des Schlafes; zeigt Träume an
Rectum Mastdarm; letzter Abschnitt des Dickdarmes vor dem Analkanal
Reflexbogen Kette von Prozessen, die zusammen einen Reflex bilden, z.B. Patellarsehnen-Reflex
Regelkreis mit einem geschlossenen Informationsfluß arbeitendes Rückkopplungssystem
Regenbogenhaut siehe Iris
Renin in der Niere gebildetes Hormon, das indirekt den Salzstoffwechsel und den Flüssigkeitshaushalt reguliert
Respiration Ein- und Ausatmung; Sauerstoff wird in die Lungen aufgenommen und mit dem Blut zu den Geweben transportiert; Abgabe des Stoffwechselendproduktes Kohlendioxid über die Lungen
Respirationszentrum Steuerzentrale der Atmung in der Medulla oblongata
Retina Netzhaut; die mit den Sinneszellen besetzte innere Haut des Augapfels

Rezessiv zurücktretend; Allel, das im Erbgang gegenüber dem Partner zurücktritt
Ribonukleinsäure (RNS) großes Molekül, das in allen Zellen anzutreffen ist; steuert die Zusammensetzung der Aminosäuren zu Proteinen
Ribosomen kleine Zellorganellen, die frei im Plasma schwimmen oder dem endoplasmatischen Retikulum aufsitzen können; sie sind an der Eiweißsynthese beteiligt
Rippe 12 Paare gekrümmter Knochen, die von der Wirbelsäule zum Brustbein ziehen und das Gerüst des Brustkorbs bilden
Rotes Blutkörperchen siehe Erythrozyt
Rückenmark Nervengewebe im Wirbelkanal

S

Sacroiliakalgelenk Articulatio sacroiliacalis; Verbindungsstelle von Kreuz- und Hüftbein
Scala tympani Paukentreppe; flüssigkeitsgefüllter Raum in der Hörschnecke (Innenohr)
Scala vestibuli Vorhoftreppe; flüssigkeitsgefüllter Raum in der Hörschnecke (Innenohr)
Scapula Schulterblatt; bildet zusammen mit dem Schlüsselbein den Schultergürtel
Schädel knöcherne Hülle, die das Gehirn umschließt und schützt
Schambein Os pubis; vorderer Teil des Hüftbeins; Teil des Beckengürtels
Schaumzelle flache Epithelzelle, wie z.B. im Verdauungstrakt
Schilddrüse Glandula thyroidea; produziert die Hormone Thyroxin und Trijodthyronin (T_4 und T_3)
Schleimhaut innere Zellauskleidung von Körperhohlorganen, die Schleim sezernierende Drüsen enthält
Schrittmacher Sinusknoten; kleiner Zellhaufen in der Wand des rechten Herzvorhofs; löst die Reize aus, die das Herz zur Kontraktion veranlassen
Scrotum Hodensack
Sehne fibröser Bindegewebsstrang zwischen Knochen und Muskel
Sensorischer Nerv Nerv, der Informationen von einem Sinnesorgan zum Gehirn oder Rückenmark weiterleitet
Septum Scheidewand zwischen zwei Hohlräumen in einem Organ
Serum Blutplasma ohne Fibrinogen
Sinus allgemeine Bezeichnung für einen kleineren Hohlraum, einen Kanal oder eine Einbuchtung im Körper
Skelettmuskel quergestreifter Muskel; der häufigste Muskel im Körper, als Bestandteil des Bewegungsapparats üblicherweise mit einem Knochen verbunden; führt willkürliche Bewegungen aus
Speichel schwach alkalische Mischung wässrigen Schleims aus den Speicheldrüsen; befeuchtet den Mund, weicht die Nahrung auf, ermöglicht den Geschmackssinn und leistet Vorarbeit bei der Aufspaltung der Kohlenhydrate
Sperma Flüssigkeit der männlichen Keimdrüsen; enthält die Samenzellen
Spermie Samenzelle
Sphinkter Ringmuskel, der die Öffnung und den Verschluß eines Hohlorgans regelt
Spina Wirbelsäule
Spinalnerv Rückenmarksnerv, aus der Vereinigung von hinterer und vorderer Wurzel des Rückenmarks hervorgehend (ca. einen Zentimeter lang); führt sensible und motorische Fasern
Sputum schleimige Substanz, beim Husten aus den Lungen ausgeworfen
Stäbchen hochspezialisierte, lichtsensible Sinneszelle in der Netzhaut, die Rhodopsin enthält; zum Schwarz-Weiß-Sehen
Steigbügel (Stapes) Gehörknöchelchen im Mittelohr; sitzt mit seiner Fußplatte im ovalen Fenster
Steißbein unterster Wirbelsäulenabschnitt (nach dem Kreuzbein); besteht aus vier miteinander verschmolzenen Wirbeln
Sternum Brustbein; spitz zulaufender Brustknochen, an dem die meisten Rippen gelenkig anheften
Stimmband Plica vocalis; Struktur im Kehlkopf, die beim Durchpressen der Luft in Schwingungen gerät und einen Ton erzeugt
Stoffwechsel biochemischer Prozeß in jeder lebenden Zelle; das Gewebe wird durch den Stoffwechsel am Leben erhalten, ohne ihn geht es zugrunde
Subkutan unter der Haut gelegen
Sympathisches Nervensystem Teil des autonomen Zentralnervensystems; bereitet den Körper auf Streßsituationen vor; erhöht u.a. die Herzfrequenz
Synapse Kontaktstelle zweier Nerven oder eines Nerven mit einer Muskelfaser, an der Informationen übertragen werden
Synovia Gelenk- bzw. Schleimbeutel- und Sehnenscheidenflüssigkeit; verhindert Reibung der beiden Bewegungspartner
Systole Auswurfphase des Herzens

T

Talg ölige Substanz aus Fettsäuren, Cholesterol und Ausscheidungen von Hautzellen; schützt vor Infektionen der Hautflora und fettet Haare und Haut ein
Talgdrüsen Hautdrüsen, die Talg produzieren (siehe Haarfollikel)
Talus größter Knochen der Fußwurzel
Tarsalia sieben Fußwurzelknochen
Testes Hoden; zwei im Hodensack befindliche Keimdrüsen, die Samenzellen und Testosteron produzieren
Testosteron männliches Geschlechtshormon des Hodens; verantwortlich für die Ausbildung der sekundären Geschlechtsmerkmale
Thalamus zentrale Schaltstelle im Zwischenhirn, von der u.a. Informationen zur sensorischen Hirnrinde geleitet werden
Thorax Brustkorb; erhält seine Form durch die gekrümmten Rippen; schützt Herz, Lungen und Oberbauchorgane
Thrombozyt siehe Blutplättchen
Thymus lymphatisches Organ in der Hals-Brustregion; wird nach der Pubertät durch einen thymischen Fettkörper ersetzt
Tibia Schienbein; der größere der beiden Unterschenkelknochen
Trachea Luftröhre; führt die Atemluft vom Rachen zu den Bronchien
Tränendrüse schwammähnliches Organ (seröse Drüse) in der Augenhöhle, das die Tränenflüssigkeit sezerniert
Trommelfell Membrana tympani; Membran zwischen Außen- und Mittelohr; überträgt Luftdruckwellen in Schwingungen
Tuba uterina Eileiter; verantwortlich für die Aufnahme der Eizelle nach dem Eisprung und deren Weiterleitung in die Gebärmutter
Tympanon Paukenhöhle, gegen das Außenohr durch die Membrana tympani (Trommelfell) abgeschlossen

U

Ulna Elle; der längere der beiden Unterarmknochen
Unterkiefer siehe Mandibula
Urea Harnstoff
Ureter Harnleiter; führt den Harn von den Nieren zur Blase
Urethra Harnröhre; leitet den Urin aus der Blase
Urin wässrige Lösung von Abfallprodukten aus den Nieren
Uterus Gebärmutter; der Teil des weiblichen Fortpflanzungssystems, in dem sich der Fötus entwickelt
Uvula Zäpfchen; der bei weit geöffnetem Mund erkennbare, hintere Vorsprung in der Mitte des weichen Gaumens (häufig geteilt)

V

V. (Vv.) Vena (Venae) = Vene
V. cava Hohlvene; man unterscheidet die obere Hohlvene, die das "verbrauchte" Blut aus der oberen Körperhälfte dem Herzen zuführt, von der unteren Hohlvene, die das Blut der unteren Körperhälfte zurückbringt
V. jugularis eine der vier großen Venen, die das "verbrauchte" Blut aus Kopf und Hals zum Herzen befördern
V. portae siehe Pfortader
Vagus siehe N. vagus
Valva Klappe; Gewebsplatte mit Ventilwirkung, die die Strömungsrichtung des Blutes als Tasche in Venen, den herznahen Arterien und als Segel in den Herzhöhlen beeinflußt
Vas deferens Ausführungsgang der Hoden
Vasodilatation Weitstellung der Blutgefäße durch Erschlaffung der Wandmuskulatur
Vasokonstriktion Engstellung der Blutgefäße durch Kontraktion der glatten Wandmuskulatur
Vene Gefäß, daß das Blut zum Herzen transportiert
Ventrikel Herzkammer
Vertebra Wirbel; die Wirbelsäule besteht normalerweise aus 33 Wirbeln (24 davon als freie oder präsakrale Wirbel)
Vesikel Bläschen
Villus Zotte; Ausbuchtung der Schleimhaut
Viszeral die Eingeweide betreffend
Vitamin lebensnotwendiger Bestandteil unserer Nahrung, den der Körper zwar nicht selbst herstellen kann, aber dringend benötigt
Vorderhirn vorderer Teil des Embryonalgehirns, aus dem sich das Großhirn entwickelt

W

Wachstumshormon (Somatotropin) (Effektor-) Hormon der Hirnanhangsdrüse, das für das Knochenwachstum verantwortlich ist
Weisheitszahn achter Zahn jedes Gebißquadranten
Weißes Blutkörperchen siehe Leukozyt

X,Y,Z

X-Chromosom Geschlechtschromosom; es trägt die dominanten Gene; Frauen haben zwei X-Chromosomen
Y-Chromosom Männer haben ein X- und ein Y-Chromosom
Yin und Yang Ergänzungs- oder Entsprechungssysteme in der traditionellen chinesischen Heilslehre
Zapfen hochempfindliche Sinneszelle in der Netzhaut zum Farbensehen
Zilien Zellhärchen
ZNS zentrales Nervensystem; umfaßt Gehirn und Rückenmark
Zygote befruchtete Eizelle
Zytoplasma Zelleib (ohne den Zellkern)

Index

Die kursiven Seitenzahlen beziehen sich auf Abbildungen und Bildbeschriftungen.